Sumário geral

CB137526

Parte 1

Parte 2

Kyodo News/Getty Images

Diego Grandi/Alamy/Fotoarena

UNIDADE

3

Ásia: o continente emergente

Complexo Jardins da Baía, em Cingapura, em 2015. Um dos Tigres Asiáticos, Cingapura destaca-se pelo grande crescimento econômico e por suas paisagens futuristas.

Nas últimas décadas, alguns países do continente asiático passaram por mudanças internas que os levaram a ser reconhecidos internacionalmente em áreas como as de desenvolvimento científico e tecnológico – o que resultou também em uma maior presença na economia internacional.

A Índia, a China, o Japão e os Tigres Asiáticos são exemplos dessa nova situação, que redesenha as relações multilaterais comerciais e favorece a emergência de novos atores e disputas.

Alamy/Fotoarena

CAPÍTULO 7

Índia: um país de contrastes

A Índia é um país de contrastes. Em suas metrópoles é possível encontrar favelas, escassez de água e poluição coexistindo com grandes indústrias e prédios de alto padrão, evidenciando desigualdades sociais. O país apresenta enorme riqueza mineral e sua produção agropecuária passou pela chamada Revolução Verde. Neste capítulo estudaremos aspectos físicos e históricos da Índia, a economia, a população, a urbanização e os conflitos nesse país.

EM FOCO

Nova Délhi quer combater poluição do ar com canhão de água

Nova Délhi, uma das capitais mais poluídas do mundo, testou [...] um canhão de água destinado a combater a poluição do ar da cidade, sobretudo as partículas em suspensão tão prejudiciais para a saúde.

O governo realizou o teste na área de Anand Vihar, no leste de Nova Délhi, uma das zonas que costuma registrar os piores níveis de poluição em uma cidade onde o ar já é por si próprio tóxico na maior parte do ano.

"Estamos revisando os níveis de poluição antes e depois do teste, e se os níveis de poluição diminuírem, pensaremos sobre a aquisição", afirmou em entrevista à imprensa Imran Hussain, ministro de Meio Ambiente do governo de Délhi. [...]

O ministro de Meio Ambiente afirmou que também estão explorando outros modos de combater a poluição na capital indiana, como um maior controle da queima de lixo e folhas, dos gases de veículos e do controle do pó gerado pela construção.

"O governo está trabalhando nisso e seguirá fazendo. O ar não tem fronteiras, é um problema presente em toda Délhi e região", sentenciou Hussain.

Sushant Saini [...], que está por trás do projeto e da manufatura do "Canhão anti-smog", explicou [...] que o aparelho "pode ajudar muito na redução da poluição do ar e dos níveis PM2,5 [2,5 partículas por milhão] em Délhi".

Saini afirmou que podem adaptar o canhão às necessidades da cidade e montá-lo sobre um caminhão com um tanque de água, embora tenha notado que para uma grande metrópole como Délhi, de 17 milhões de habitantes, serão necessários muitos desses aparatos.

"Com um tanque de água de 12 mil litros é possível cobrir uma área de 30 quilômetros em uma hora (e os canhões) podem ser instalados também em alguns dos edifícios mais importantes de Délhi", ressaltou [...].

NOVA Délhi quer combater poluição do ar com canhão de água. *Agência EFE*, 20 dez. 2017. Disponível em: <www.efe.com/efe/brasil/patrocinada/nova-delhi-quer-combater-polui-o-do-ar-com-canh-de-agua/50000251-3472691>. Acesso em: 14 dez. 2018.

Sajjad Hussain/Agência France-Presse

1. Discuta com os colegas e responda às questões no caderno.
   a) Em sua opinião, quais são as vantagens e as desvantagens do uso de canhões de água para combater a poluição do ar em Nova Délhi?
   b) Você indicaria alguma outra ação para resolver esse problema? Explique.

Caminhão com canhão de água é utilizado no combate à poluição em Nova Délhi, na Índia, em 2017.

1. Quadro físico

Alamy/Fotoarena

Parque Nacional Silent Valley, em Palakkad, na Índia, em 2016. Esse parque é um exemplo de preservação da Floresta Pluvial Tropical no país.

As formações florestais são predominantes na Índia. Em grande parte do subcontinente indiano encontra-se a Floresta de Monções, com um misto de vegetação perene (permanente) e decídua (que perde as folhas em parte do ano). Esses tipos de vegetação conseguem sobreviver às grandes diferenças de umidade e temperatura.

Na faixa costeira oeste, onde as precipitações e as temperaturas são altas em todas as estações do ano, está a Floresta Pluvial Tropical, com vegetação densa e perene. Nessa formação vegetal encontra-se grande diversidade de espécies, como bambus, cipós, palmas, seringueiras, mognos e sândalos. Nela também há vegetação litorânea, formada por mangues.

Além das florestas, parte do território indiano é coberto por Vegetações Tropicais Complexas. Principalmente no sul do país, há vegetações arbustivas e herbáceas altas, com espécies que resistem a longos períodos de seca e a queimadas. Partes desses biomas estão protegidas em parques nacionais, como o de Hemis, responsável por abrigar os leopardos-das-neves.

Nas regiões próximas à cordilheira do Himalaia, onde as temperaturas são baixas, a vegetação predominante é a Taiga, que apresenta árvores de porte médio. Nas latitudes menores da cordilheira, onde há o predomínio de gelo e de neve, ocorre a Tundra, vegetação rasteira que se desenvolve apenas nos meses de verão.

No noroeste do país encontram-se formações típicas de climas semidesérticos e desérticos, como arbustos e gramíneas espinhosas, adaptadas a curtos períodos chuvosos e quentes. Observe o mapa a seguir.

Índia: vegetação original

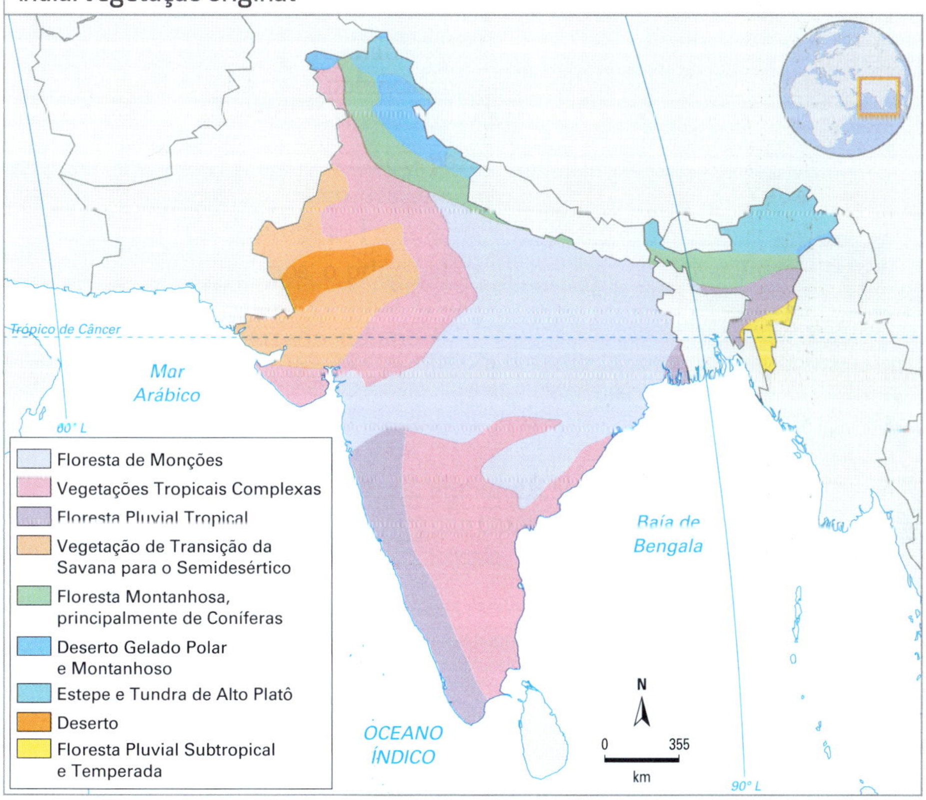

Banco de imagens/Arquivo da editora

Elaborado com base em: IBGE. *Atlas geográfico escolar*. 7. ed. Rio de Janeiro: IBGE, 2016. p. 61.

Como vimos, a vegetação da Índia reflete a combinação de fatores climáticos verificados em cada porção do seu território. Grande parte do subcontinente apresenta altas temperaturas e precipitação na maior parte do ano (curta estação seca) e está sujeita ao clima tropical. Outros tipos de climas encontrados na Índia são: o equatorial (na faixa litorânea oeste, onde está a Floresta Pluvial Tropical), o semiárido (no extremo sul e noroeste), o desértico (em pequena área no noroeste) e o frio de montanha (no extremo norte, nas proximidades da cordilheira do Himalaia). Observe o mapa.

Índia: clima

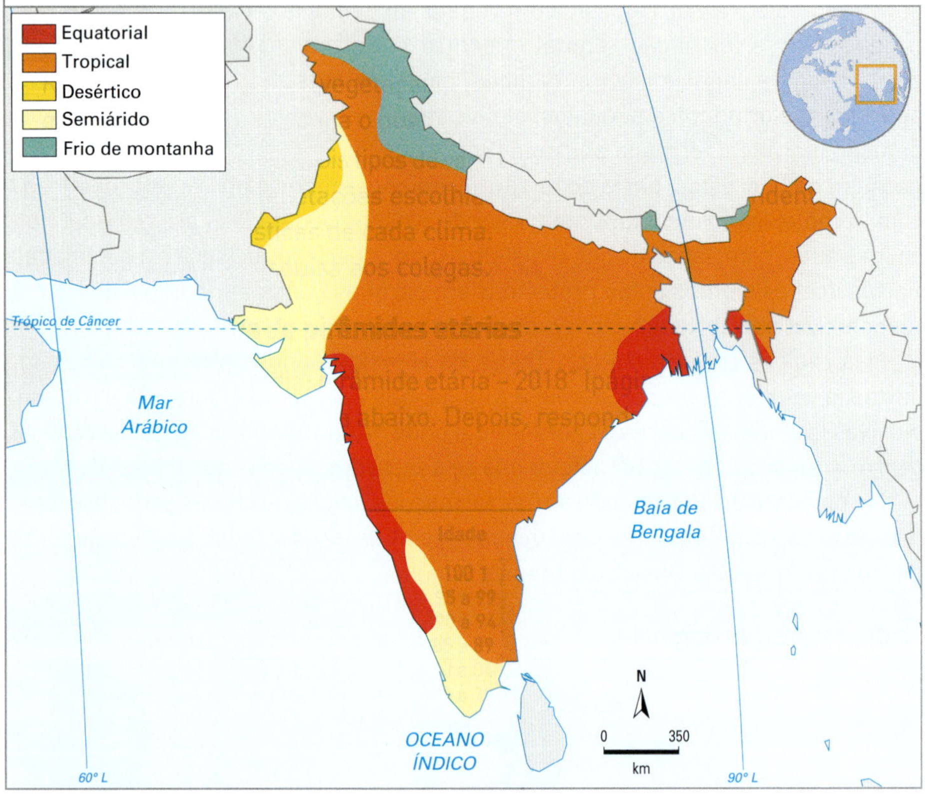

Elaborado com base em: IBGE. *Atlas geográfico escolar*. 7. ed. Rio de Janeiro: IBGE, 2016. p. 58.

Inundação causada por chuva de monções em Thrissur, na Índia, em 2018.

AP Photo/Glow Images

A alternância de períodos de seca e de chuva na Índia é determinada pelos movimentos das massas de ar e pelas estações do ano. As **monções** são um fenômeno fundamental para entender as dinâmicas climáticas na maior parte do país, pois determinam chuvas abundantes no verão, invernos secos e temperaturas elevadas.

Durante o inverno europeu, a Índia recebe massas de ar frias vindas da Europa. Como resultado, formam-se zonas de alta pressão carregadas de ar frio. Esse ar, ao deslocar-se, busca as zonas oceânicas – que estão mais quentes – e carrega consigo toda a umidade do ar do continente. Desse modo, os invernos indianos são menos chuvosos. No verão, ocorre o fenômeno oposto. O aumento das temperaturas proporciona o surgimento de zonas de alta pressão nos oceanos, ocasionando muitas chuvas nas zonas de baixa pressão no continente.

Índia: ventos de monções

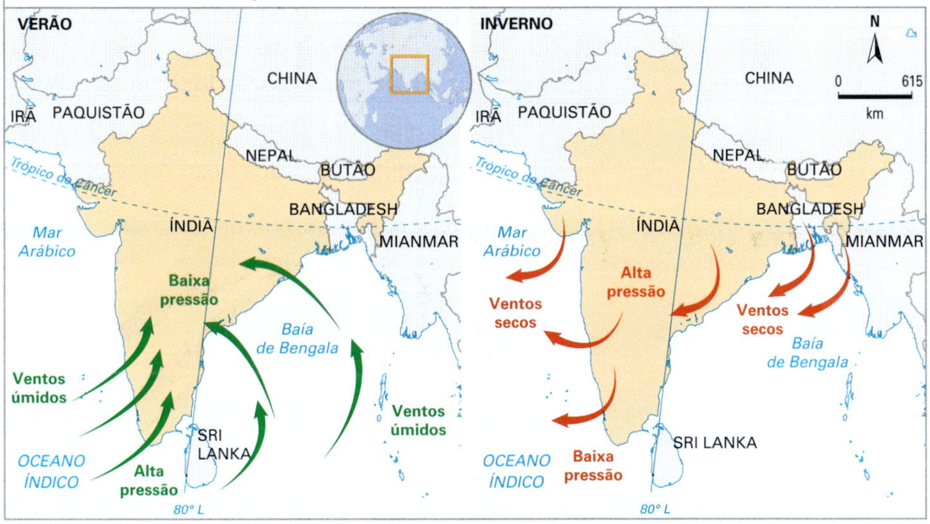

Elaborado com base em: CALDINI, Vera; ÍSOLA, Leda. *Atlas geográfico Saraiva*. 4. ed. São Paulo: Saraiva, 2013. p. 171.

O relevo da Índia apresenta predominantemente planaltos, como o planalto do Decã. Porém, planícies importantes proporcionam impulso à agricultura indiana: a planície Indo-Gangética, no norte do país, é um exemplo. Observe o mapa abaixo.

Índia: relevo

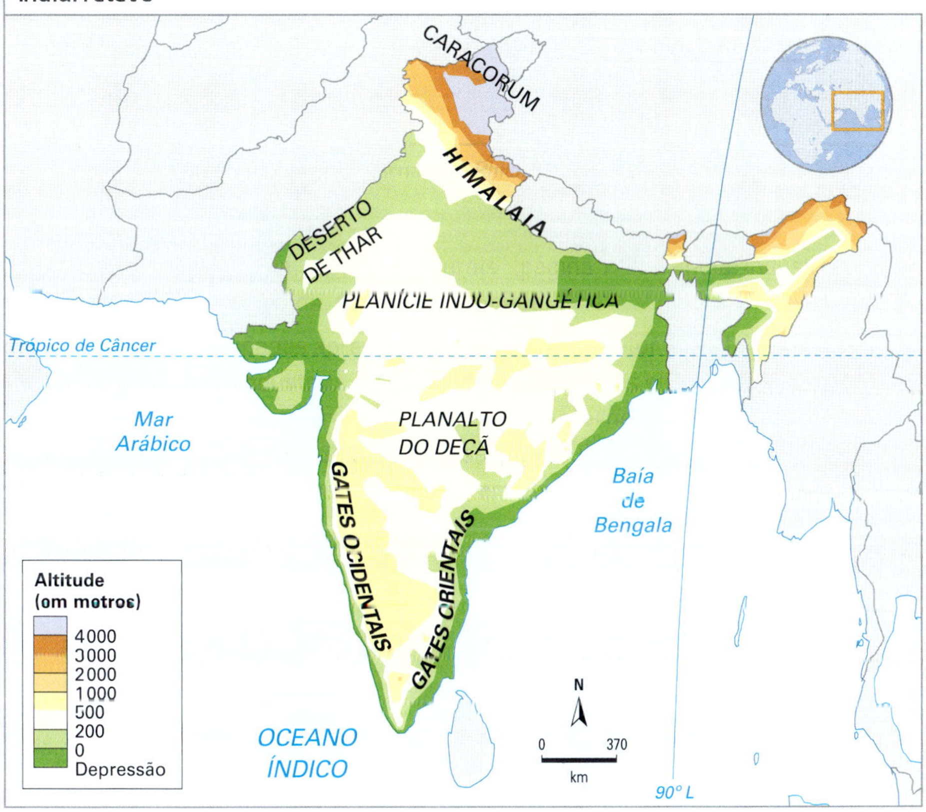

Elaborado com base em: IBGE. *Atlas geográfico escolar*. 7. ed. Rio de Janeiro: IBGE, 2016. p. 46.

Na direção noroeste destaca-se o deserto de Thar, localizado entre a Índia e o Paquistão, com temperaturas que chegam a 50 °C durante o dia e 0 °C durante a noite. A disponibilidade hídrica é baixa e encontra-se água apenas nos oásis.

Nos estados do norte e do noroeste do país, encontram-se cadeias estreitas e altas que formam a cordilheira do Himalaia. No centro da cordilheira situam-se o Nepal e o Butão, que estabelecem fronteiras com a Índia.

O Himalaia é resultado da movimentação de duas placas tectônicas – Indo-Australiana e Euro-Asiática. Ao norte, a Caxemira abriga o segundo pico mais alto do mundo, o K2, com 8 611 m.

Os rios indianos correm para o leste ou para o oeste do país em razão do planalto do Decã, região de interflúvio da maioria dos cursos de água da Índia. Do lado oeste, os rios deságuam no mar Arábico – os rios Tapi e Narmada são exemplos. Já na direção leste, os rios escoam suas águas na baía de Bengala – como os rios Mahanadi e Godavari. Observe o mapa a seguir.

Interflúvio: feição elevada do relevo que funciona como divisora de águas entre as bacias hidrográficas.

Índia: hidrografia

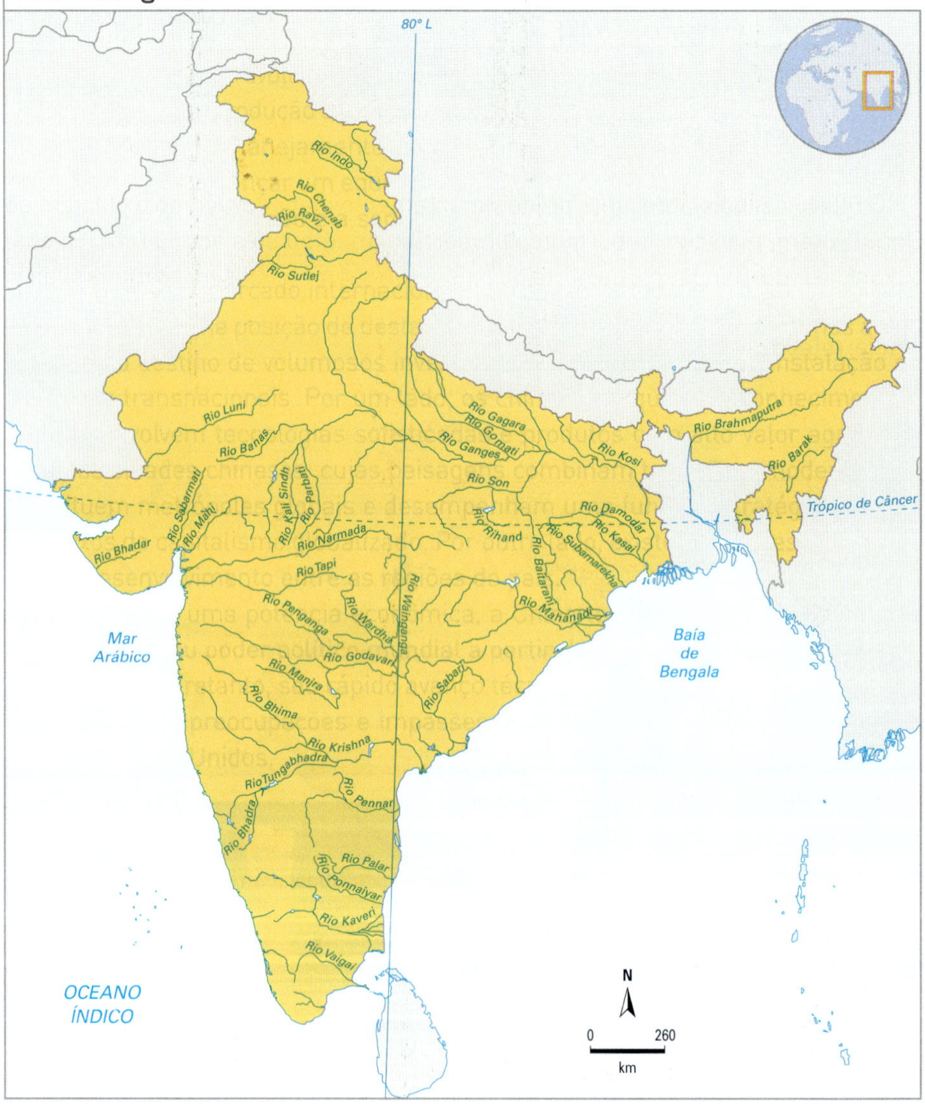

Banco de imagens/Arquivo da editora

Elaborado com base em: INDIA. Water Resources Information System of India. Disponível em: <www.india-wris.nrsc.gov.in/wrpinfo/index.php?title=File%3AIWRISBasins.png>. Acesso em: 2 jan. 2019.

Mesmo com rios abundantes, a falta de água potável é uma realidade na Índia. Entre as razões para isso estão as atividades agrícolas e industriais (como o despejo de resíduos industriais nos cursos dos rios) e a ausência de infraestrutura (como a coleta de esgotos domésticos).

Cartografando

1. Reveja os mapas "Índia: relevo", na página 169, e "Índia: hidrografia", na página 170 . Em seguida, pesquise em jornais, revistas e na internet e localize:
   a) dois rios na direção oeste do planalto do Decã e dois no sentido leste;
   b) três rios na planície Indo-Gangética.

A Índia tem uma grande riqueza de recursos minerais: carvão, bauxita, cobre, ouro e outros minerais preciosos ou semipreciosos. O país também é um dos maiores produtores mundiais de minério de ferro e cromo. Observe o mapa.

Índia: recursos naturais

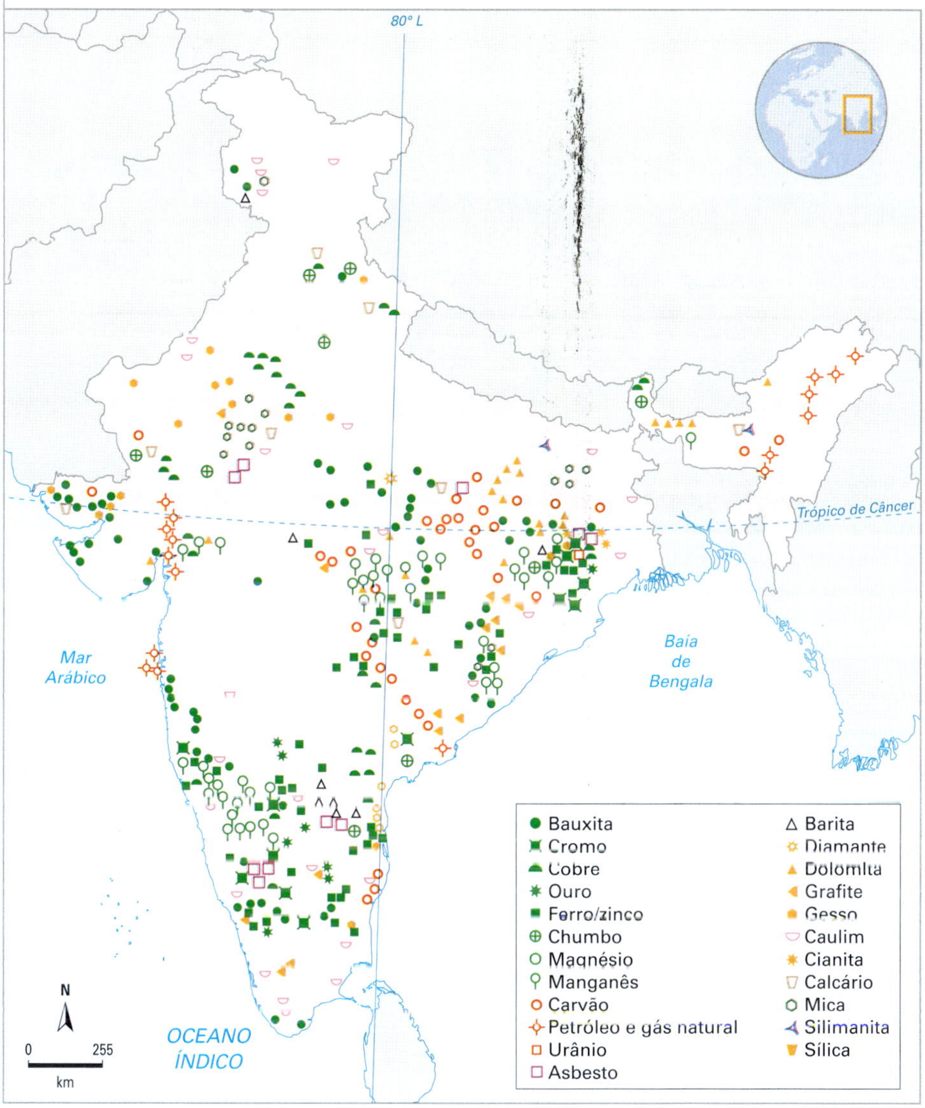

Banco de imagens/Arquivo da editora

Elaborado com base em: INDIA. Envis Centre on Environmental Problems of Mining. Mineral Distribution in India. Disponível em: <www.ismenvis.nic.in/WriteReadData/UserFiles/image/Miscelleneous/political_minerals%20map(1).jpg>. Acesso em: 2 jan. 2019.

O cobre, por exemplo, é destaque nas regiões do Rajastão e de Andhra Pradesh. Há também muitos depósitos minerais na Caxemira, como o alumínio e o caulim (tipo de argila branca utilizada para fazer porcelana, por exemplo). A Índia ainda é famosa pelos diamantes de Golconda e pelas esmeraldas do Rajastão.

2. Colonização e independência

A Índia foi dominada pelo Império Britânico entre 1858 e 1947. Nesse período, as atividades econômicas ficaram sob o controle britânico. O chá, a exploração mineral e a produção têxtil na Índia foram por muitos anos fontes de riqueza para a Coroa britânica.

No século XIX, grandes plantações de chá em território indiano eram mais baratas quando comparadas com a concorrente da época, a China. Assim, sob a administração da Companhia das Índias Orientais, empreendedores arrendavam terras e produziam o chá. Além disso, esse produto era taxado e proporcionava mais lucro para os britânicos.

Album/Fotoarena

Colheita manual de chá em Darjeeling, na Índia, na década de 1870.

As exportações de minerais também rendiam bons ganhos para a Coroa. Minério de ferro e carvão, por exemplo, eram extraídos da Índia para abastecer o mercado britânico. Ferrovias como Jamalpur, em Bengala, e Ajmer, em Rajputana, surgiram com a finalidade de escoar os recursos indianos para os britânicos.

Em relação à produção têxtil, há registros dessa atividade na Índia que datam de 4 mil anos atrás. Durante a utilização da Rota da Seda, por exemplo, entre os séculos II a.C. e XV d.C., a Índia e a China comercializavam seda com a Europa e continuaram com essas trocas mesmo após as Grandes Navegações. No entanto, a partir da Revolução Industrial, no século XVIII, a Grã-Bretanha tornou-se grande produtora de tecidos. Assim, com o domínio britânico na Índia, esta passou a exportar matéria-prima para as indústrias de tecelagem britânicas e a importar os tecidos produzidos por elas, o que causou grande prejuízo para as tecelagens tradicionais indianas.

A Índia conquistou a independência política e econômica apenas após a Segunda Guerra Mundial (1939-1945), com muita resistência e luta, sob a liderança de Mohandas Gandhi (1869-1948) – mais conhecido como Mahatma, que em sânscrito significa "grande alma".

O partido do Congresso Nacional Indiano (INC, na sigla em inglês), de maioria hindu, apropriou-se do poder por meio de outro líder de destaque na luta pela libertação indiana, o primeiro-ministro Jawaharlal Nehru (1889-1964).

Nasce Mahatma Gandhi, a "Grande Alma" da paz mundial

Bettmann Archive/Getty Images

Mahatma Gandhi em 1931.

Mohandas Karamchand Gandhi nasceu na Índia, em 1869, e entrou para a história como um dos fundadores do moderno estado indiano e defensor dos protestos sem uso de violência. Seu nome, Mahatma, em sânscrito, significa "grande alma". Após se formar advogado em Londres, Gandhi foi trabalhar na África do Sul. Ele ficou famoso internacionalmente pela sua política de desobediência civil e o uso do jejum como protesto. Por conta disso, teve a prisão decretada várias vezes. Sua iniciação na política começou após sofrer discriminação racial durante uma viagem de primeira classe em um trem. Quando pediram que fosse à terceira classe por ele não ser branco, Gandhi se recusou e foi jogado para fora do trem. Depois disso, iniciou sua luta contra a discriminação racial. Ele também participou do movimento pela independência da Índia. Uma de suas estratégias era o boicote aos produtos importados, como os tecidos ingleses. Gandhi também era contra a divisão do país em dois estados, mas isso acabou acontecendo com a criação da Índia, predominantemente hindu, e do Paquistão, de maioria muçulmana. Em 20 de janeiro de 1948, Gandhi sofreu um atentado, mas ninguém ficou ferido. Porém, pouco depois, no dia 30, foi morto a tiros, em Nova Délhi, por um hindu radical. Seu corpo foi cremado e as cinzas jogadas no rio Ganges. Indicado cinco vezes para Nobel da Paz, Gandhi nunca foi agraciado com o prêmio. Décadas depois, o erro foi assumido pelo comitê organizador do Nobel. [...]

NASCE Mahatma Gandhi, a "Grande Alma" da paz mundial. *History Channel*. Disponível em: <https://seuhistory.com/hoje-na-historia/nasce-mahatma-gandhi-grande-alma-da-paz-mundial>. Acesso em: 17 dez. 2018.

3. População: estrutura e dinâmica

A Índia apresenta grande diversidade de povos, histórias, culturas e línguas. Existem registros oficiais do governo indiano sobre a existência de mais de 1 500 línguas maternas no país, que, em geral, pertencem a cinco famílias linguísticas: a indo-europeia (indo-ariana, iraniana e germânica), a dravidiana, a austro-asiática, a tibeto-birmânica e a semito-hamítica. Observe o mapa.

Nos estados de Haryana, Rajastão, Uttar Pradesh, Himachal Pradesh, Madhya Pradesh e Bihar, o híndi (língua indo-ariana) é falado por mais de 80% da população. Já no Punjab, mais de 90% da população fala a língua local, o punjabi, também da família indo-ariana. Em Arunachal Pradesh há uma grande diversidade de línguas; a mais utilizada é a nisi (falada por quase 20% da população), de origem tibetana.

Índia: principais famílias linguísticas – 2006

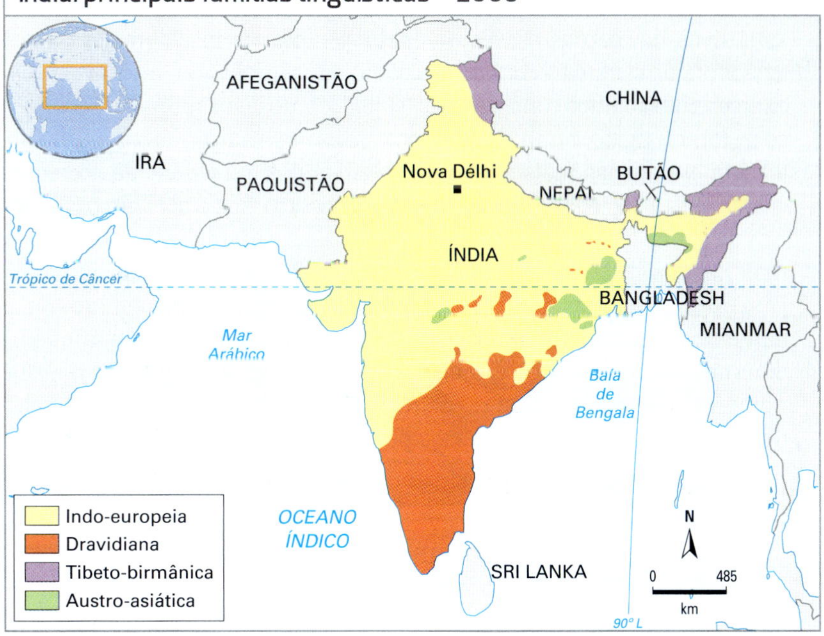

Banco de imagens/Arquivo da editora

Elaborado com base em: VICTOR, Jean-Christophe. *Le Dessous des cartes*: atlas géopolitique. Paris: Tallandier, 2006. p. 117.

A diversidade religiosa também faz parte do dia a dia da população indiana. Alguns estudiosos até afirmam a existência de uma "geografia religiosa", uma vez que em algumas regiões do país há forte influência hindu, enquanto em outras predominam budistas, cristãos e outros grupos.

Outra característica da Índia é a existência histórica de um sistema de castas, mesmo tendo sido banido pela Constituição, em 1950. É um modo de organização social para os seguidores do hinduísmo, principal corrente religiosa do país. Nele, a posição social de um indiano é hereditária, ou seja, determinada pela família em que nasceu.

Dessa forma, existem os **brâmanes**, casta mais alta da sociedade, que abrange sacerdotes e intelectuais, que teriam nascido da cabeça do deus Brahma; os **xátrias**, que correspondem a guerreiros, policiais e governantes, que teriam surgido dos braços do deus hindu e que possuem poder político; os **vaixás**, que correspondem a comerciantes, camponeses e artesãos, originados das pernas de Brahma; e os **sudras**, que são os servos e que teriam nascido dos pés da divindade. Os **párias** não correspondem a nenhuma casta e estão na base da sociedade indiana. Conhecidos como dalits, exercem os trabalhos menos valorizados.

Diálogo com Sociologia

Apesar da proibição, castas ainda dividem país

Apesar de a Constituição indiana ter abolido o sistema de castas há mais de 50 anos, a divisão social baseada nas crenças do hinduísmo ainda persiste na Índia, que tem hoje mais de 2 mil castas e 20 mil subcastas. Determinadas no nascimento, as castas se dividem em quatro classes, tomadas a partir da mais "pura" em direção à menos "pura": brâmanes (sacerdotes), kshatriyas (guerreiros), vaishyas (camponeses) e shudras (servos). Embora a discriminação esteja proibida, o antigo sistema hindu permanece forte e ainda causa violência nas áreas rurais. O governo indiano tentou promover alguns planos para reverter a marginalização sofrida pelos integrantes de castas mais baixas, como criar cotas nas universidades. No entanto, o projeto causou uma onda de protestos no ano passado. De acordo com Haripriya Narasimhan, especialista em Índia do Departamento de Antropologia da London School of Economics, as castas foram determinadas nas escrituras sagradas do hinduísmo, mas é difícil determinar uma data exata de quando o sistema foi adotado. "As castas existem há muito tempo, mas há uns 2 mil anos não tínhamos tantas divisões como temos hoje", afirmou, por *e-mail*, ao Estado. A história do hinduísmo conta que as castas foram originadas por meio do sacrifício de uma entidade espiritual chamada Purusha. Da cabeça de Purusha teriam saído os brâmanes; dos braços, os kshatriyas; das pernas, os vaishyas; e dos pés, os shudras. Além dessas quatro categorias, ainda existem os que estão fora do sistema – conhecidos como párias, dalits ou "intocáveis". Os párias são vistos como impuros por exercerem trabalhos considerados "sujos", como lavar roupa ou recolher o lixo. Segundo Haripriya, o sistema só se tornou rígido durante o período em que o país ficou sob domínio britânico. "Antes de a Índia ser colônia, a casta era apenas mais uma característica dos indivíduos da sociedade." Ela explica que o significado das castas para a sociedade indiana mudou à medida que o país progrediu. A sociedade de castas é hierarquizada e os deveres e benefícios concedidos às pessoas variam de acordo com a posição na escala do sistema. Quanto mais baixa a casta, maiores são as restrições de movimento, de alimentação e de estudo dos textos sagrados. Para exemplificar essa situação, a antropóloga destaca que membros de uma casta superior não podem comer alimentos preparados por integrantes de castas inferiores, que também devem ceder espaço às castas mais altas em lugares públicos. A maneira mais comum de diferenciar membros de castas diferentes é pelo sobrenome, mas dependendo da região do país outras maneiras de identificação também são possíveis. "Podemos determinar a casta de uma pessoa pelos alimentos consumidos, dialetos falados e vestimentas."

APESAR da proibição, castas ainda dividem país. *O Estado de S. Paulo*. 7 ago. 2018. Disponível em: <https://internacional.estadao.com.br/noticias/geral,apesar-da-proibicao-castas-ainda-dividem-pais,37245>. Acesso em: 19 dez. 2018.

1. Após a leitura do texto, reúnam-se em grupos e discutam as tradições religiosas na Índia atual. Ao final, escrevam um texto que sintetize as principais questões levantadas e compartilhem com os outros grupos.

A Índia destaca-se por sua densidade demográfica, sendo um país muito populoso, com quase 1,3 bilhão de habitantes (observe o mapa a seguir). O Brasil, com aproximadamente 210 milhões de habitantes, corresponde a 16% da população indiana. As principais cidades estão no norte, no nordeste e no sul do país. Destacam-se, ao norte, a capital Nova Délhi, Varanasi, Kanpur, Agra, entre outras. Ao sul, Bangalore e Chennai são as mais importantes. No nordeste do país, destacam-se Calcutá e Jamshedpur.

Índia: densidade demográfica – 2014

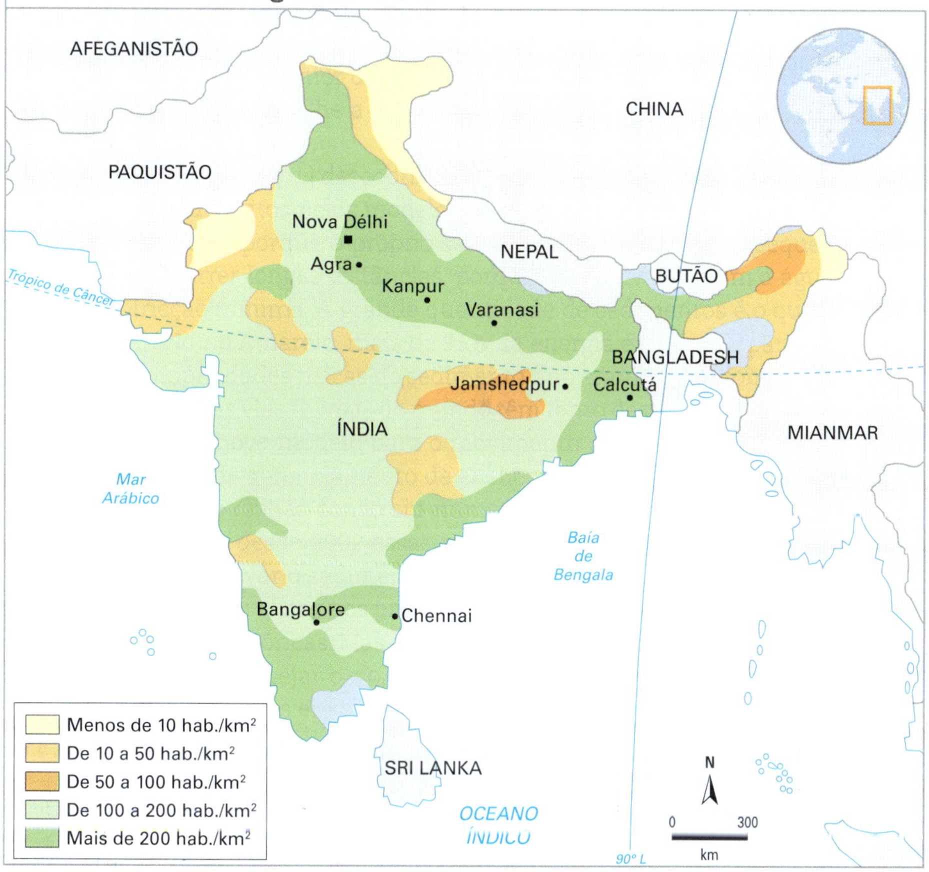

Elaborado com base em: VIVES, Vicens. *Atlas geográfico de España y del mundo*. Barcelona: Instituto Cartográfico Latino, 2014. p. 103.

Multidão se reúne no festival Holi para celebrar a chegada da primavera, em Lucknow, na Índia, em 2016. A população do país é composta majoritariamente de jovens.

A pirâmide etária da Índia revela uma população composta principalmente de jovens e pessoas em idade economicamente ativa. Isso ocorre porque as precárias condições de moradia e saneamento diminuem a qualidade e a expectativa de vida indiana, que é de 65 anos para homens e 69 para mulheres. A Índia é, portanto, um país de muitos jovens e poucos idosos.

Índia: pirâmide etária – 2018

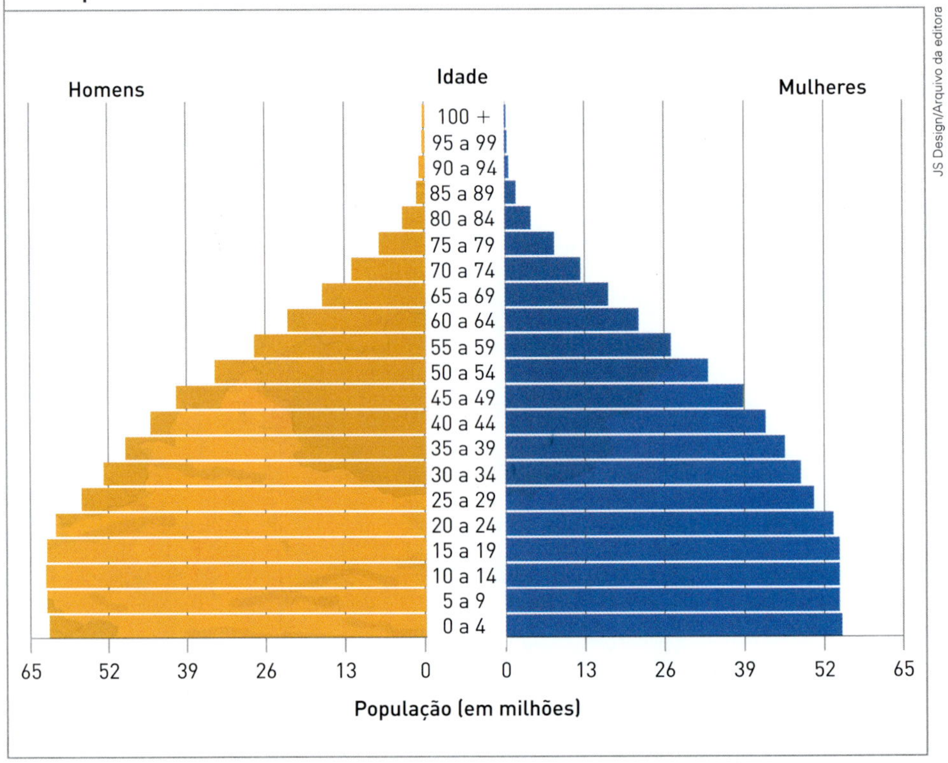

Elaborado com base em: UNITED States Census Bureau. International Data Base. Disponível em: <www.census.gov/data-tools/demo/idb/region.php?N=%20Results%20&T=12&A=separate&RT=0&Y=2018&R=114&C=IN>. Acesso em: 5 fev. 2019.

Índia: Produto Interno Bruto – 1960-2017

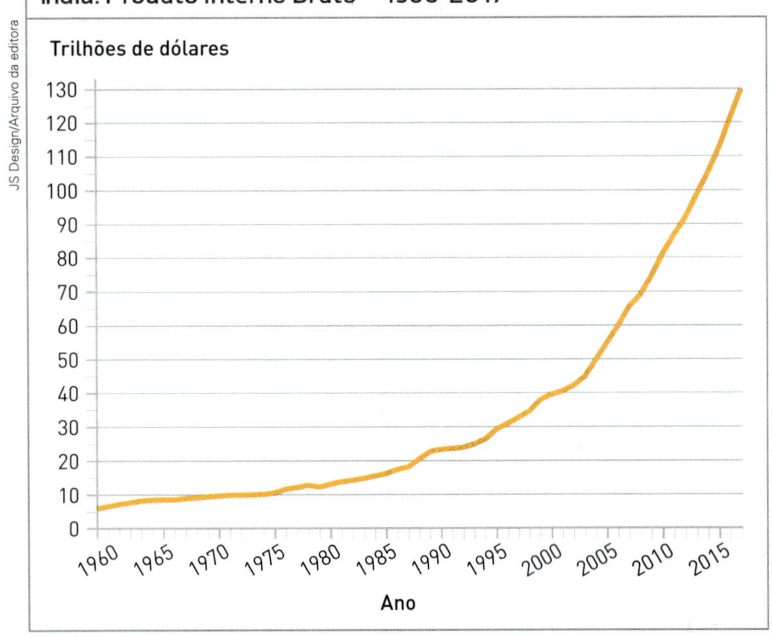

Elaborado com base em: THE WORLD Bank. Data. GDP (constant LCU). Disponível em: <https://data.worldbank.org/indicator/NY.GDP.MKTP.KN?locations=IN&view=chart>. Acesso em: 17 dez. 2018.

A Índia tem apresentado altos níveis de crescimento econômico nas últimas décadas. Segundo o Banco Mundial, em 2017, o Produto Interno Bruto (PIB) indiano alcançou cerca de 2,6 trilhões de dólares, o que correspondia a 6,6% de crescimento anual. Porém, mesmo listada como a sétima maior economia do mundo, a Índia tem boa parte da população vivendo abaixo da linha da pobreza. Segundo parâmetros do Banco Mundial, indivíduos que recebem menos de 1,9 dólar por dia estão em condições de pobreza extrema. Dados de 2015 indicam que 13,4% da população indiana vivia sob tais condições de pobreza.

A Índia recebe imigrantes de muitas partes do mundo. Nas últimas décadas, os maiores fluxos têm origem em Bangladesh, nos Emirados Árabes Unidos e nos Estados Unidos. A imigração está associada a aspectos econômicos, como empregos na indústria e na extração dos recursos minerais, e também à busca por Educação Superior e capacitação.

Apesar de ter o maior sistema de Ensino Superior do mundo, os índices de educação são preocupantes. A Índia é mundialmente conhecida por formar excelentes profissionais em diversos segmentos; no entanto, apenas 73% da população é alfabetizada. Nas áreas urbanas, 84% da população sabe ler e escrever, enquanto nas áreas rurais esse número cai para 68% da população. A não garantia de acesso universal a uma escolarização de qualidade no país faz que muitas famílias indianas se endividem para possibilitar o estudo de filhos e parentes. Com receio de perderem até mesmo suas casas e as de seus familiares para bancos, após formarem-se, muitos jovens indianos emigram para outros países em busca de melhores oportunidades e remuneração.

4. Urbanização, metrópoles e pobreza

Dados do Banco Mundial demonstram que a urbanização cresce cada vez mais na Índia. Entre 2016 e 2017, a taxa de crescimento das áreas urbanas no país foi de 2,3%. As grandes cidades, contudo, são marcadas por contrastes. De um lado, há enormes empreendimentos imobiliários e, do outro, imensas favelas.

Mumbai é considerada a capital financeira, comercial e portuária do país. Localizada na costa oeste, abriga o porto de Mumbai, muito importante para a economia da Índia. Com uma população de cerca de 12 milhões de habitantes, Mumbai tem mais de 60% de sua população morando em favelas. Dharavi é a mais famosa delas. Ao mesmo tempo, a cidade tem prédios históricos, além de construções recentes que custaram milhões de dólares.

Moradias precárias Dharavi, em Mumbai, na Índia, em 2016.

Prédios comerciais e residenciais de luxo em Mumbai, na Índia, em 2017.

Délhi, localizada no alto Ganges, é um importante centro econômico no país. Seus templos e construções arquitetônicas do período colonial britânico misturam-se com edificações modernas.

Fotos593/Shutterstock

Templo Birla Mandir, inaugurado em 1938, em Délhi, na Índia. Foto de 2017.

Nova Délhi, capital da Índia, é o principal centro comercial do norte do país. Destacam-se os setores de tecnologia da informação, artesanato, moda, indústria têxtil e eletrônica. Porém, de 15% a 20% de sua população, de 25 milhões de habitantes, reside em favelas.

Calcutá é a terceira maior cidade do país. Localizada no delta do rio Ganges, foi a primeira capital política da Índia no período da colonização britânica. Destacam-se os monumentos históricos, os novos bairros de compras e turismo internacional, os *sundarbans* e o parque Maidan.

Sundarbans: vegetação de mangue presente em Calcutá, ao longo do rio Ganges.

Alamy/Fotoarena

Rapazes jogam críquete no parque Maidan, em Calcutá, na Índia, em 2016. Esporte pouco difundido no mundo, é o mais popular da Índia.

Porém, assim como Nova Délhi e Mumbai, boa parte da população de Calcutá mora em favelas: cerca de um terço de seus 4,6 milhões de habitantes. Como as demais metrópoles indianas, a cidade possui regiões de alto padrão e zonas de extrema pobreza.

Cartografando

Observe o mapa da população mundial que vive em favelas. Em seguida, faça o que se pede.

Planisfério: população urbana em favelas (%) – 2014

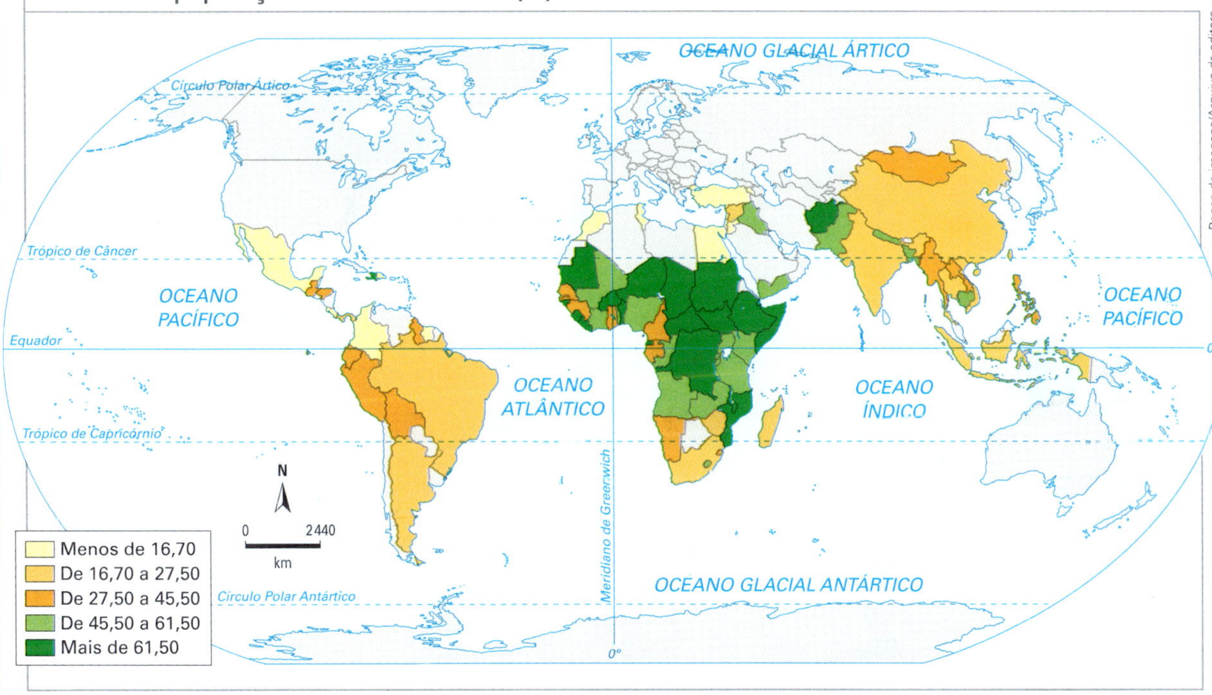

Elaborado com base em: THE WORLD Bank. *Population Living in Slums (% of Urban Population)*. Disponível em: <https://data.worldbank.org/indicator/EN.POP.SLUM.UR.ZS?end=2014&start=2014&type=shaded&view=map>. Acesso em: 19 dez. 2018.

1. Identifique os continentes em que há favelas.
2. Enumere os três países que mais apresentam favelas em cada continente.
3. Escolha uma favela na Índia e faça uma pesquisa na internet sobre sua população, condições de vida, problemas sociais, etc. Apresente as descobertas aos colegas.

5. Atividades econômicas

Indústria, agropecuária, turismo e cinema são as principais atividades econômicas da Índia.

O setor industrial indiano é bastante diversificado. Indústrias de alta tecnologia, de tratamento e transporte de petróleo, automobilísticas, siderúrgicas e mecânicas fazem parte do parque tecnológico indiano. O país conta com uma infraestrutura portuária, rodoviária e ferroviária crescente. Além disso, nas últimas décadas, empresas indianas compraram indústrias localizadas nos continentes europeu, asiático e americano dedicadas às atividades automobilística, siderúrgica, química e aeroespacial.

Apesar do desenvolvimento industrial, a população economicamente ativa não está majoritariamente empregada nesse setor: somente 15% a 20% trabalha na indústria. Observe o mapa.

Índia: indústria – 2014

Elaborado com base em: VIVES, Vicens. *Atlas geográfico de España y del mundo*. Barcelona: Instituto Cartográfico Latino, 2014. p.105.

Índia: Produto Interno Bruto, por setor – 2016

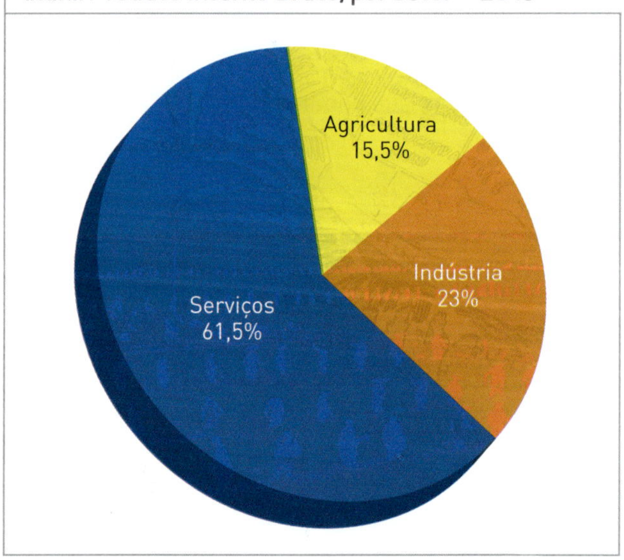

Elaborado com base em: CIA. *The World Factbook*. Disponível em: <www.cia.gov/library/publications/the-world-factbook/geos/in.html>. Acesso em: 28 dez. 2018.

Bangalore, Calcutá, Nova Délhi e Mumbai são os grandes polos industriais do país. Bangalore, por exemplo, destaca-se no setor de alta tecnologia e tecnologia da informação. Em Nova Délhi, encontra-se a empresa pública India Oil, dedicada à extração de petróleo.

Estados como Jharkand e Bengala Ocidental reúnem parques industriais de siderurgia, petroquímica e mecânica. Porém, a concentração industrial está no nordeste. Em Calcutá, Jamshedpur e Asansol, é feita a extração de minério de ferro, carvão e gás natural.

Atualmente, a indústria representa 23% do PIB do país. Os principais consumidores da indústria indiana são os Estados Unidos, os Emirados Árabes Unidos, a China e o Reino Unido. O crescimento anual do PIB era de 3,8% em 2000 e superou os 10% em 2010. Em 2016, a taxa de crescimento foi de 7,1%. Observe o gráfico ao lado.

A agropecuária é outro setor importante na economia indiana. Cerca de 47% da população economicamente ativa do país trabalha na agropecuária. Mas nem sempre foi assim: boa parte das pessoas passou a se dedicar a esse setor após a Revolução Verde (1965-1990). Em linhas gerais, consistiu em reformas políticas e investimentos de infraestrutura que resultaram em aumento de renda para os agricultores, geração de empregos e autossuficiência agrícola. Porém, houve também o uso intensivo de agrotóxicos e o estímulo à monocultura, com sérios impactos ambientais.

O processo de liberalização econômica permitiu o surgimento, na agricultura indiana, de práticas para exportação: o agronegócio. Por isso, o país se destaca também na exportação de produtos agrícolas.

Atualmente, café, arroz e milho são os principais produtos destinados ao comércio internacional. Legumes, algodão, cereais, chá, caprinos e bovinos também são destinados à exportação. O grande desafio da Índia nos últimos anos tem sido conciliar a proteção da agricultura familiar com o comércio exterior e o agronegócio. Observe o mapa.

Índia: panorama da agropecuária – 2014

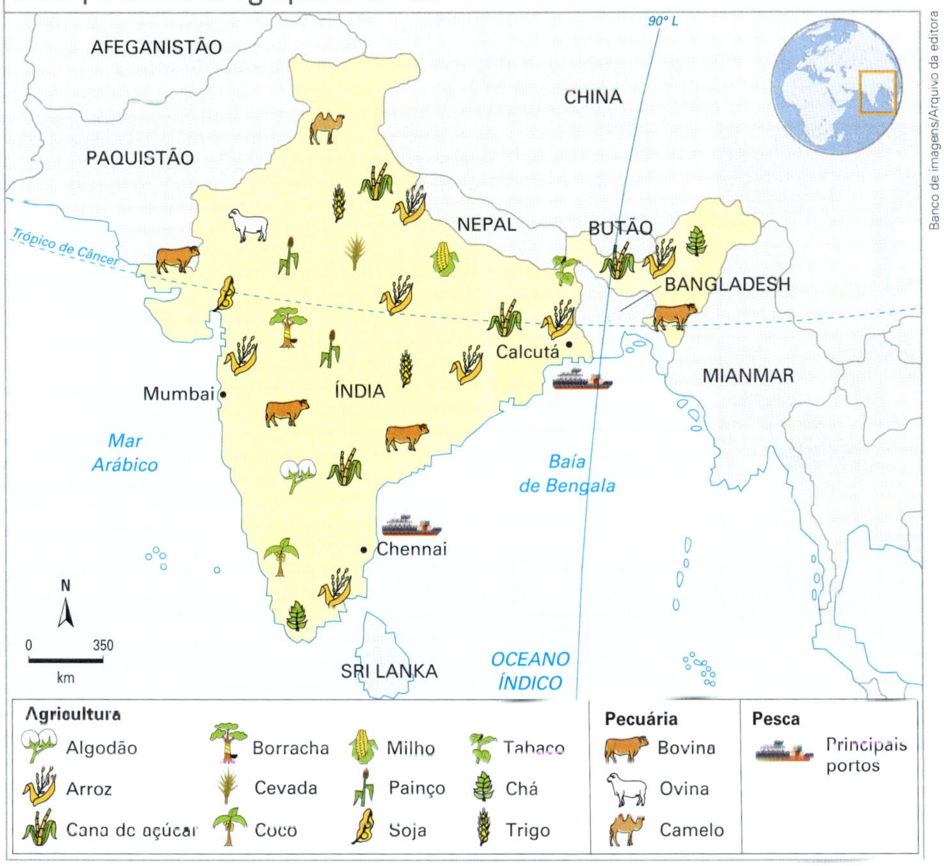

Elaborado com base em: VIVES, Vicens. *Atlas geográfico de España y del mundo*. Barcelona: Instituto Cartográfico Latino, 2014. p. 104.

Uma atividade econômica crescente na Índia é a arte. Bollywood, localizada em Mumbai, é a maior indústria cinematográfica indiana e apresenta consideráveis índices de público e produções. Porém, diferentemente do que ocorre em outros países, como nos Estados Unidos, na Índia existem vários polos cinematográficos regionais. Os indianos produzem e distribuem filmes em mais de vinte idiomas.

A síntese mágica do cinema indiano

> **Cosmogonia:** explicação para a origem do Universo com base em mitos, lendas e crenças religiosas.

Promover a síntese sagrada com o divertimento, beber na fonte da mitologia e da cosmogonia hindus, fundir em uma forma original todas as artes preexistentes: na Índia, o cinema, motivador de uma enorme paixão, estilhaça a distinção ocidental entre cultura nobre e cultura popular.

Um cinema comum, em um bairro popular de Madras, no sudeste da Índia. Imenso (mais de mil lugares), como a maioria das vinte mil salas do país. Completamente lotado: as poltronas foram todas tomadas de assalto, e cadeiras extras foram colocadas à frente da primeira fileira. Nessa tarde, ninguém queria perder *Pennin Manadai Thottu* (literalmente: "Tocar o coração de uma mulher"), sucesso local cuja trilha sonora ecoa pelas ruas da capital de Tamil Nadu há várias semanas. Um bebê chora, algumas silhuetas difusas na penumbra começam o que parece ser um piquenique familiar. [...] Domingo rotineiro em uma sala de cinema na Índia...

Muito além do episódico, a situação representa emblematicamente a relação que os indianos mantêm com o cinema, onde o autêntico fervor popular pode aparecer com desenvoltura aos olhos de um observador ocidental, habituado ao silêncio religioso e à penumbra das salas.

Ruídos, murmúrio, deslocamentos incessantes: todos os que já assistiram a alguma projeção de filme em Bombaim, Madras ou Bangalore, os três polos cinematográficos indianos, devem se lembrar do movimento intenso nas salas. [...] Emoção e fervor durante os números de canto e dança, repetidos por um público em transe que não pensa duas vezes antes de interpelar, felicitar ou recriminar os atores.

O cinema passou a fazer parte da cultura indiana, e seu sucesso foi, sem dúvida, graças ao seu não purismo. Os indianos logo adotaram – e adoraram – essa arte capaz de mesclar, em três horas, representação e narração, danças e canções, romances e espírito épico. [...]

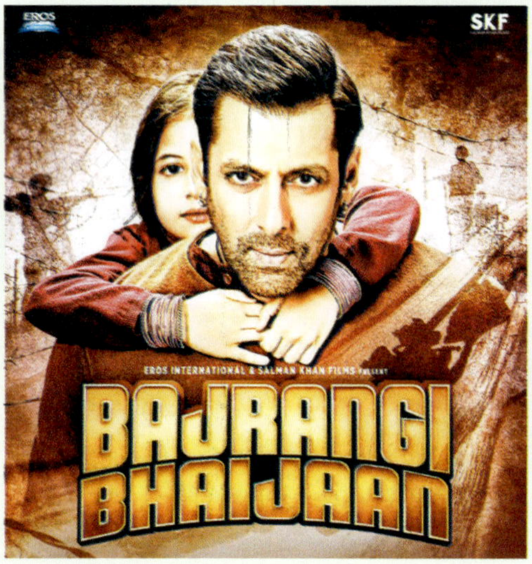

Reprodução/Kabir Khan/Eros International/Eruk Films/Kabir Khan Films/Rockline Entertainment/Salman Khan Films

Cartaz do filme *Bajrangi Bhaijaan*, uma produção indiana de 2015.

Cada filme é vivido como uma longa viagem (algumas vezes, de mais de três horas, sempre de mais de duas), e nela as pessoas mergulham em ficções que vão beber sem escrúpulos na fonte da mitologia e da lenda. [...]

Os indianos não vão ao cinema para ter uma relação com a realidade, eles vão ao cinema como se vai a um ritual, para se comunicarem de modo eficaz com o divino. [...]

A SÍNTESE mágica do cinema indiano. *Le Monde diplomatique Brasil*, 19 maio 2011. Disponível em: <http://diplomatique.org.br/a-sintese-magica-do-cinema-indiano>. Acesso em: 20 dez. 2018.

6. Poderio militar

A Índia é o quinto país no *ranking* mundial em investimentos militares. Uma das razões é a busca de proteção de suas fronteiras. Isso porque algumas regiões são alvos de disputa com seus vizinhos: Paquistão e China. Um exemplo é a Caxemira, que, como estudamos no capítulo 3, é disputada entre Índia e Paquistão. Esses países se envolveram em diversos conflitos pela região, que já foi ocupada e dominada por muçulmanos, indianos e tribos de *pachtuns* e talibãs ao longo dos séculos.

A Índia também disputa com a China a região de Aksai Chin, um pequeno território situado próximo do estado de Jammu e Caxemira. Como vimos no capítulo 3, Aksai Chin pertencia aos indianos, mas foi anexada pela China em 1962. Esse ganho territorial aumentou o poder chinês sobre outro vizinho indiano, Mianmar.

As autoridades do Butão buscaram o apoio de seus aliados indianos para pôr fim ao avanço chinês no território butanês com a construção de uma rodovia. Em 2017, China e Índia anunciaram a retirada de suas tropas do planalto de Doklam, na fronteira com o Butão, onde seus exércitos haviam se enfrentado.

Simultaneamente, Índia e Paquistão tornaram-se membros da Organização de Cooperação de Xangai (SCO). Fundada em 1996, a SCO dedica-se à segurança, e seus membros incluem China, Rússia, Casaquistão, Tajiquistão, Quirguistão e Usbequistão.

Madoka Ikegami/Reuters/Fotoarena

Encontro da Organização de Cooperação de Xangai (SCO) em Beijing, na China, em 2018.

E no Brasil?

Índia abre mercado para maçã fresca do Brasil

[...] Portaria do Ministério da Agricultura indiano, publicada na *Gazeta Oficial da Índia*, altera a legislação local relativa ao controle de pragas, de modo a introduzir a possibilidade de tratamento [...] em trânsito, por 40 dias, nos carregamentos de maçãs oriundas do Brasil.

Desta forma, o governo brasileiro vence mais uma barreira que possibilita a certificação fitossanitária das exportações brasileiras de maçãs à Índia. [...]

De acordo com a Secretaria de Relações Internacionais do Agronegócio do Ministério da Agricultura, Pecuária e Abastecimento (Mapa), a negociação com os indianos durou vários anos e envolveu, além do Mapa, o Ministério das Relações Exteriores e produtores brasileiros.

Antes desta nova regulamentação, havia o requisito de tratamento pré-embarque com brometo de metila, substância potencialmente danosa ao meio ambiente e de uso restrito a determinadas situações. [...]

O Brasil já exportava maçãs para a Índia, mas dependia de autorização daquele país para aplicar o brometo de metila no destino. Tal autorização era renovada anualmente e trazia insegurança para os exportadores. [...]

Nos últimos anos, o principal destino das maçãs brasileiras foi Bangladesh. Com a retirada do entrave fitossanitário, estima Albuquerque, o Brasil deverá ter um crescimento relevante nas exportações para o mercado indiano. [...]

A produção brasileira safra 2016/2017 foi de 1,3 milhão de toneladas. Santa Catarina e Rio Grande do Sul são os grandes produtores de maçãs, seguidos pelo Paraná. A região Sul produz 98% da safra nacional da fruta.

Até julho deste ano, o Brasil embarcou 55 mil toneladas, com divisas de US$ 42 mil. Os principais compradores da maçã brasileira são Bangladesh – em média 35% do volume total exportado –, Irlanda, Portugal, Reino Unido, França, Rússia, Espanha, Emirados Árabes Unidos, Países Baixos (Holanda), Suécia, Arábia Saudita e Índia.

BRASIL. Ministério da Agricultura, Pecuária e Abastecimento. *Índia abre mercado para maçã fresca do Brasil*, 4 set. 2017. Disponível em: <www.agricultura.gov.br/noticias/india-abre-mercado-para-maca-fresca-do-brasil>. Acesso em: 20 dez. 2018.

1. Após a leitura do texto, debata em sala de aula os pontos favoráveis e desfavoráveis das exportações brasileiras para a Índia.

Revisão

1. Escreva um pequeno texto sobre cada um dos assuntos a seguir, estudados neste capítulo.
   a) Fenômeno das monções.
   b) Revolução Verde.
   c) Bollywood.

Pesquisa

2. Reveja os mapas "Índia: vegetação original" (página 167) e "Índia: clima" (página 168). Em seguida, faça o que se pede.
   a) Pesquise imagens de dois tipos de vegetação existentes na Índia e descreva-as.
   b) Correlacione as vegetações escolhidas aos climas correspondentes. Explique as características de cada clima.
   c) Apresente sua pesquisa aos colegas.

Análise comparativa de pirâmides etárias

3. Observe o gráfico "Índia: pirâmide etária – 2018" (página 176) e compare-o com a pirâmide etária brasileira abaixo. Depois, responda às questões.

Brasil: pirâmide etária – 2018

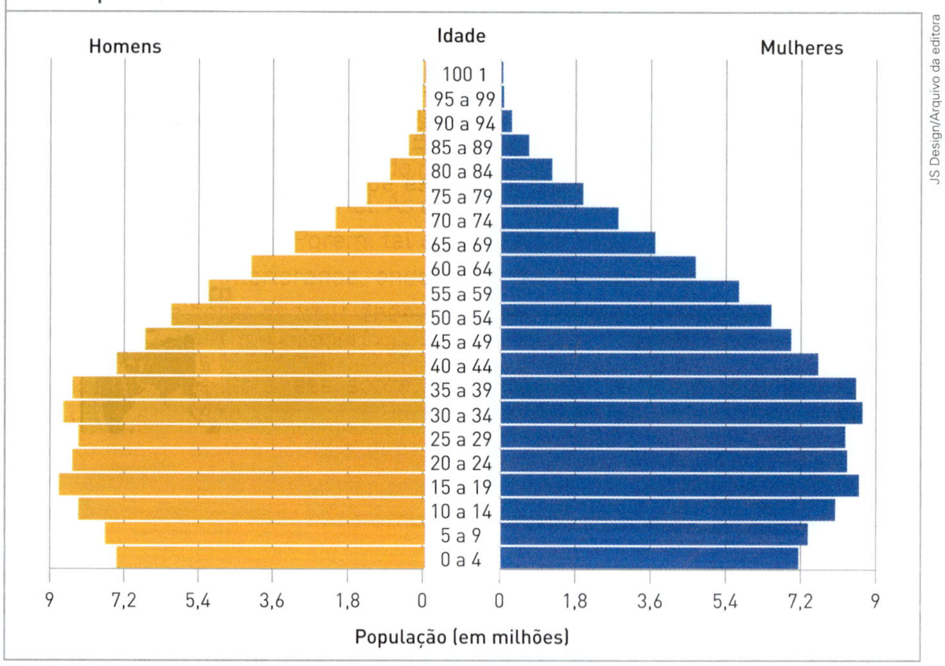

Elaborado com base em: UNITED States Census Bureau. *International Data Base*. Disponível em: <www.census.gov/data-tools/demo/idb/region.php?N=%20Results%20&T=12&A=separate&RT=0&Y=2018&R=-1&C=BR>. Acesso em: 5 fev. 2019.

   a) Em qual país é predominante a população economicamente ativa? Justifique sua resposta com exemplos.
   b) Qual país possuía o maior número de idosos em 2018? E o maior número de crianças? Discuta com a turma as possíveis motivações da realidade demográfica indiana.

Investigação e produção de texto

4. Observe a charge. Com base nela e no que você já estudou sobre a Caxemira, escreva um texto sobre o conflito existente nessa região.

Tony Auth © 2002 Auth/Dist. by Andrews McMeel Syndication

// Charge de Tony Auth, publicada no jornal *The Philadelphia Inquirer*, na Filadélfia, Estados Unidos, em 4 de janeiro de 2002.

5. Reveja os mapas "Índia: recursos naturais" (página 171) e "Índia: indústria – 2014" (página 180). Em seguida, faça o que se pede.

a) Escolha duas cidades apresentadas no mapa do setor industrial indiano e correlacione suas indústrias com os recursos minerais encontrados no território.

b) Pesquise em jornais, revistas, livros e na internet informações sobre a indústria das duas cidades escolhidas e descubra qual é o principal produto vendido no mercado nacional ou internacional.

Resumo

- Existem muitos povos, muitas histórias e culturas na Índia. Inúmeros dialetos e línguas são falados pela população.
- O setor industrial da Índia é bastante diversificado. Seu parque tecnológico é formado por indústrias de alta tecnologia, automobilísticas, siderúrgicas e mecânicas.
- A Índia é um dos maiores produtores mundiais de minério de ferro e cromo e destaca-se na extração de outros recursos naturais.
- Conflitos geopolíticos entre a Índia e seus vizinhos, como China e Paquistão, têm razões históricas e também atuais.

CAPÍTULO

8

China: potência econômica, política e militar

Nos últimos anos, a China tem ocupado o centro dos debates internacionais por seu crescimento econômico e pela ampliação de seu papel político e militar no contexto global.

A história chinesa remonta a milênios. Após longo período imperial, com a sucessão de diversas dinastias, tornou-se república no início do século XX, no ano de 1912. Em 1949, uma revolução levou à criação da República Popular da China, baseada no modo de produção socialista, centralizado no Estado.

Desde então, o planejamento estatal desenvolveu e implementou diversas políticas a fim de alcançar um equilíbrio dinâmico entre as atividades econômicas, o processo de urbanização e a segurança alimentar para a população do país, a maior do mundo.

A abertura ao mercado internacional, promovida ao final dos anos 1970, conduziu a China a uma posição de destaque na economia mundial nos últimos anos, tornando-a destino de volumosos investimentos estrangeiros e de instalação de empresas transnacionais. Por um lado, os chineses adquiriram conhecimento e hoje desenvolvem tecnologias sofisticadas e produtos com alto valor agregado. Algumas cidades chinesas, cujas paisagens combinam tradição e modernidade, constituem metrópoles globais e desempenham uma função estratégica quanto aos fluxos do capitalismo globalizado. Por outro lado, existem grandes disparidades de desenvolvimento entre as regiões do país.

Além de ser uma potência econômica, a China tem desenvolvido estratégias para ampliar seu poder político mundial a partir de iniciativas de cooperação internacional. Entretanto, seu rápido avanço técnico militar e seus interesses geopolíticos geram preocupações e impasses, principalmente com seus vizinhos e com os Estados Unidos.

linlypu/Shutterstock

Beijing, a capital da República Popular da China, em 2018. Essa metrópole é uma das mais populosas do mundo, com mais de 20 milhões de habitantes.

EM FOCO

China constrói a maior fazenda solar do mundo na jornada para tornar-se superpotência verde

No alto do planalto Tibetano, um pôster gigante do presidente chinês, Xi Jinping, guarda a entrada de um dos maiores monumentos da busca de Beijing por tornar-se um colosso de energia limpa.

À direita de Xi, na estrada que leva ao que é supostamente a maior fazenda solar da Terra, um *outdoor* recebe os visitantes com o *slogan*: "Promova o desenvolvimento verde! Desenvolva energia limpa!".

Atrás dele, um mar [...] de painéis azuis profundos corre em direção a um horizonte espetacular de montanhas cobertas de neve – quilômetro após quilômetro de células de silício que se inclinam para o céu a partir do que antes era uma fazenda de gado estéril e varrida pelo vento. [...]

A remota usina solar de 27 quilômetros quadrados encabeça uma lista cada vez maior de símbolos de superdimensões que reforçam a determinação da China de se transformar de vilão do clima em superpotência verde.

Construída a um custo de cerca de 6 bilhões de yuan (721,3 milhões de libras) e em expansão quase constante desde que a construção começou em 2013, Longyangxia agora tem capacidade para produzir 850 MW de energia – o suficiente para abastecer até 200 000 residências – e fica na linha de frente de uma revolução fotovoltaica global, liderada por um país que é também o maior poluidor do mundo.

"O desenvolvimento de energia limpa é muito importante se quisermos cumprir as promessas feitas no acordo de Paris", disse Xie Xiaoping, presidente da *Huanghe Hydropower Development*, empresa estatal por trás do parque, durante uma entrevista em sua sede em Xining, a capital provincial. [...]

Anders Hove, especialista em energia limpa do Instituto Paulson, com sede em Beijing, disse que, em 2012, a energia solar foi descartada como uma fonte potencial de energia para o mercado interno da China, porque era vista como muito cara.

Não mais. Os custos despencaram desde então e, até 2020, a China – que agora é o maior investidor mundial em energia limpa – espera produzir 110 GW de energia solar e 210 GW de energia eólica como parte de um plano ambicioso para reduzir a poluição e as emissões. Até 2030, a China prometeu aumentar a quantidade de energia proveniente de combustíveis não fósseis para 20% do total.

No início deste mês, enquanto isso, a agência de energia da China prometeu gastar mais de US$ 360 bilhões em fontes de energia renováveis, como solar e eólica, até 2020, cortando níveis de poluição e emissões de carbono e criando 13 milhões de empregos no processo. [...]

PHILLIPS, Tom. China builds world's biggest solar farm in journey to become green superpower. *The Guardian*, 19 jan. 2017. Disponível em: <www.theguardian.com/environment/2017/jan/19/china-builds-worlds-biggest-solar-farm-in-journey-to-become-green-superpower>. Acesso em: 20 dez. 2018. (Texto traduzido pelos autores.)

1. De acordo com o texto, quais são os projetos do governo chinês em relação à produção de energia renovável no país?
2. Em sua opinião, por que a criação desta fazenda solar contribui para que a China cumpra os compromissos assumidos no Acordo de Paris, referente às mudanças climáticas?
3. Em dupla, procurem informações sobre outras iniciativas associadas à produção de energia renovável em território chinês e discutam com os colegas.

TPG/Getty Images

Parque Solar Longyangxia Dam, em 2018.

1. Quadro físico

A China possui a terceira maior extensão territorial do mundo (quase 9,6 milhões de quilômetros quadrados), atrás apenas da Rússia e do Canadá. Ocupa cerca de um quarto de toda a Ásia, e seu litoral apresenta mais de 18 mil quilômetros – além de mais de 5 mil ilhas. Devido a tais dimensões, é comumente chamada de país-continente.

A posição geográfica do território chinês tem se mostrado estratégica ao longo da história. Constitui uma importante área de ligação entre duas "Ásias" com características distintas: a marítima – marcada pela umidade (monções), pelas altas densidades demográficas e pelo desenvolvimento da agricultura intensiva – e a continental, com predomínio de terras altas semiáridas e áridas menos povoadas, onde se realizam práticas extensivas de agricultura.

A China faz fronteira com diversos países. São, ao todo, mais de 20 mil quilômetros de fronteiras terrestres. Algumas áreas terrestres e insulares são contestadas há muito tempo por alguns desses vizinhos, como a Índia (que reivindica a região da Caxemira Histórica ou Aksai Chin) e o Japão (que disputa as ilhas Senkaku ou Diaoyu).

China: político

Banco de imagens/Arquivo da editora

Elaborado com base em: VIVES, Vicens. *Atlas Geográfico de España y del Mundo*. Espanha: Instituto Cartográfico Latino, 2014. p. 97.

Com uma base geológica relativamente homogênea e antiga na maior parte de seu território, o relevo chinês é bastante diversificado. A maioria das terras apresenta grande altitude (cerca de 19% com mais de 5 mil metros e 37% entre 2 mil e 5 mil metros).

Destaca-se o planalto Tibetano, que marca o relevo de várias províncias chinesas localizadas no sudoeste do país. Ele é limitado ao norte pela cordilheira de Kunlun, com mais de 7 mil metros de altitude e onde se localizam as nascentes de importantes rios, como o Huang-ho (rio Amarelo) e o Yang-tsé (rio Azul). Ao sul, está a cordilheira do Himalaia, que corresponde à fronteira chinesa com o Nepal e onde se localiza o ponto mais alto do mundo – o monte Everest, com 8 848 metros de altitude.

China: físico

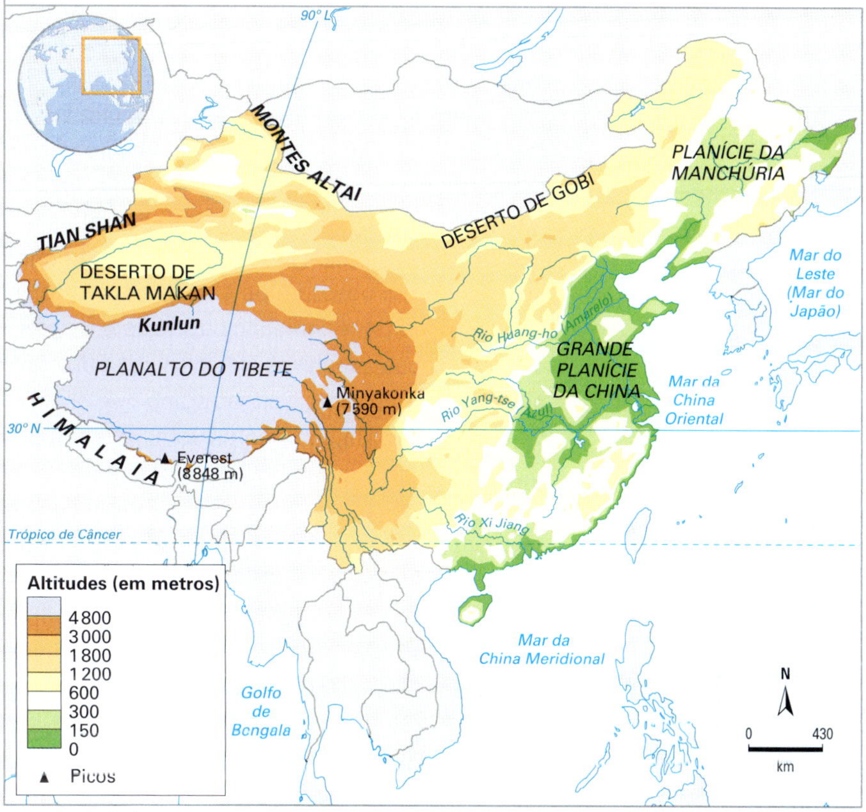

Elaborado com base em: IBGE. *Atlas geográfico escolar*. 7. ed. Rio de Janeiro, 2016. p. 46.

Ao norte existem grandes áreas planálticas, como na fronteira com a Mongólia, onde está o deserto de Gobi – um dos cinco maiores do mundo, considerado importante sítio arqueológico e fonte de petróleo e sal – e o Planalto de Loess (Huangtu), um dos berços da civilização chinesa. Facilmente erodível, seus sedimentos contribuem para a fertilidade das planícies do norte da China. A região de Sichuan, a oeste, e a de Yunnan, ao sul do país, são montanhosas.

Além das terras altas, existe mais de 1 milhão de quilômetros quadrados de planícies (cerca de 10% do território) cercadas por montanhas e colinas. As extensas planícies da China oriental, por onde passam grandes rios como o Yang-tsé, o Huang-ho e o Zhu Jiang (rio das Pérolas), são as áreas mais densamente ocupadas e desenvolvidas do país. Destacam-se a planície da Manchúria a nordeste; a planície norte da China (Huang-Huai-Hai), cortada pelo rio Huang-ho; e a planície do médio baixo Yang-tsé.

View Stock/Alamy/Fotoarena

Planalto Tibetano, na China, em 2017.

Em função de fatores como a latitude e a altitude, existe grande variação climática no país. A distribuição do território chinês por distintas faixas latitudinais (entre 19° N e 52° N) ocasiona níveis variados de insolação entre as regiões do país, com diferença significativa da duração dos dias e das noites. Mais ao norte, por exemplo, durante o verão, se verificam dias de até 17 horas. A topografia também exerce grande influência nas condições de pressão atmosférica, temperatura e umidade.

As chuvas de monções são fundamentais no leste da China, mas, devido às características do relevo, não conseguem atingir as regiões mais ocidentais do país, onde a precipitação anual não passa de 250 mm. Ao norte, chove menos de 1 000 mm/ano, com invernos frios e secos e verões quentes e com mais umidade. Ao sul, estão as áreas mais úmidas e com menor amplitude térmica, cujas precipitações alcançam, em média, 1 500 mm/ano (regiões de Hainan, Guangdong e Fujian).

Em relação aos tipos climáticos, ocorre o predomínio de clima tropical úmido e subtropical úmido na porção sudeste do país, clima temperado (quente e frio) no leste, clima frio de montanha na região do planalto Tibetano (oeste-sudoeste) e climas semiáridos e áridos mais ao norte, como na fronteira com a Mongólia.

Devido a tais condições climáticas, ao longo da história os chineses desenvolveram muitas obras para aproveitar seus recursos hídricos, como represas e canais, irrigação em áreas menos úmidas e drenagem de outras mais chuvosas. No entanto, observam-se grande pressão sobre as águas subterrâneas e poluição das águas superficiais, que, em sua maior parte, não recebem tratamento.

China: tipos climáticos

Banco de imagens/Arquivo da editora

Elaborado com base em: BRITANNICA KIDS. *Climatic Regions of China*. Disponível em: <https://kids.britannica.com/students/assembly/view/137856>. Acesso em: 20 dez. 2018.

// Rio Yang-tsé, em Nanquim, na China, em 2018.

TPG/Getty Images

Diálogo com Física

Por que o rio Amarelo é tão amarelo – e por que é propenso a inundações

O poderoso rio Amarelo ganhou o nome de "tristeza da China" por sua tendência a inundar, com consequências devastadoras, ao longo dos séculos. Agora, um grupo internacional de cientistas afirma ter encontrado a razão pela qual tantos sedimentos se acumulam no rio a uma distância tão longa – dando-lhe o tom amarelo característico e causando frequentes transbordamentos – e estão oferecendo suas descobertas como uma forma de melhorar o planejamento, a construção e o gerenciamento de projetos de engenharia fluvial na China e no exterior.

O rio – o sexto maior do mundo e o segundo mais longo da China e cuja bacia foi o berço da civilização chinesa – recolhe a maior parte do sedimento quando passa pelo planalto de Loess, no centro do país.

O novo estudo [...] descobriu que o rio realmente transporta 10 a 20 vezes mais sedimentos do que os limites descritos pelos modelos físicos existentes.

Isso ocorre porque o próprio sedimento é feito de grãos pequenos e finos, o que significa que ele pode percorrer longas distâncias, porque sua interação com a água, os bancos e o leito do rio produz uma fricção mínima. A grande quantidade de sedimentos é o que dá ao rio sua cor amarela.

[...] "No rio Amarelo, mais de 95% da energia é utilizada para movimentar sedimentos". [...].

As propriedades físicas do sedimento fino eram pouco compreendidas na ciência dos rios, em parte porque poucas vias fluviais do mundo têm tanto desse material quanto o rio Amarelo. Os pesquisadores criaram um novo modelo para o movimento de sedimentos que, segundo eles, será de grande ajuda em projetos de gerenciamento de enchentes.

O governo chinês construiu numerosas represas no rio ao longo dos anos para tentar mitigar as inundações, e desde 2002 essas represas têm liberado grandes quantidades de água limpa uma vez por ano para lavar o sedimento.

O método foi eficaz nos primeiros anos, em alguns locais, baixando o leito do rio a quase dois metros de elevações históricas. Mas o novo estudo descobriu que as barragens podem não ser mais uma forma adequada de manejar o rio, porque reduzem sua capacidade de transportar sedimentos ao capturar a maior parte deles em seus reservatórios. [...]

CHEN, Stephen. Why China's Yellow River is so Yellow – And Why its Prone to Flooding. *South China Morning Post*, 12 jun. 2017. Disponível em: <www.scmp.com/news/china/society/article/2094153/why-chinas-yellow-river-so-yellow-and-why-its-prone-flooding>. Acesso em: 20 dez. 2018. (Texto traduzido pelos autores.)

1. Segundo o autor, que constatações dos cientistas explicam a coloração e as frequentes inundações do rio Amarelo?
2. Aponte as ações tomadas pelo governo chinês para conter essas inundações e comente os resultados alcançados.
3. Em dupla, realizem uma pesquisa sobre a importância do rio Amarelo para a população chinesa. Ao final, escrevam um texto dissertativo com suas principais observações.

Huang-ho, o rio Amarelo, em 2015.

Yan Yan/Xinhua/Agência France-Presse

As diferentes condições geológicas, climáticas e de relevo do país oferecem distintos suportes ecológicos para a distribuição espacial da fauna e da flora no território chinês, fazendo com que a China apresente a segunda maior diversidade de espécies vegetais nativas do mundo, atrás apenas do Brasil.

Nas paisagens áridas e semiáridas ao norte, destacam-se formações estépicas. No planalto Tibetano, a vegetação é característica de terras altas. No extremo nordeste, localizam-se Florestas Boreais de Coníferas. No restante do território, há Florestas Temperadas, Subtropicais e Tropicais. Em virtude da intensa urbanização e das atividades industriais, os ambientes naturais chineses têm sofrido grande degradação, com sérias consequências socioambientais.

China: vegetação original

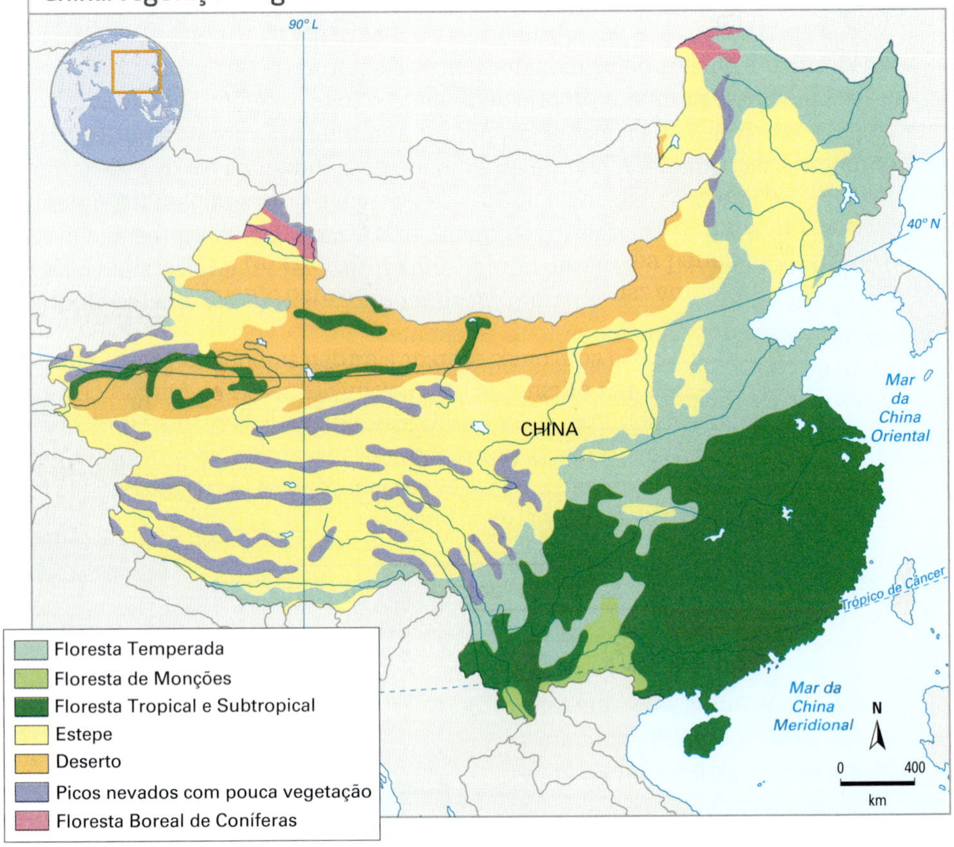

Elaborado com base em: VIVES, Vicents. *Atlas Geográfico de España y del Mundo*. Espanha: Instituto Cartográfico Latino, 2014. p. 102.

2. História de um império e as revoluções chinesas

A civilização chinesa é uma das mais antigas do mundo. Fósseis encontrados no atual território chinês indicam a existência de hominídeos na região há mais de 200 mil anos. Apesar de poucos registros e muitas dúvidas, sabe-se que a China já era povoada nos períodos Paleolítico e Neolítico. Do século XXI a.C. ao XVII a.C., diversos clãs se distribuíam ao longo do rio Amarelo.

A primeira dinastia que comprovadamente dominou a região (por meio de evidências como ossadas e objetos de bronze) foi a Shang (1600 a.C. a 1046 a.C.), que se localizava entre os rios Huang-ho e Yang-tsé. Naquele momento a sociedade começou a se organizar em diferentes estratos, dividida entre nobres, camponeses e autoridades religiosas.

A dinastia Zhou (1045 a.C. a 221 a.C.) foi a segunda dinastia chinesa. Durante sua permanência no poder houve o desenvolvimento de duas das principais correntes filosóficas da China: o confucionismo e o taoismo. Esse período foi marcado por conflitos com povos vizinhos (principalmente com os mongóis do norte), pela expansão territorial e pelo crescimento da população. Ao final dessa era, chamada de China Antiga, a corte Zhou mantinha um frágil controle sobre uma sociedade fragmentada e vários reinos se encontravam em guerra.

A reunificação dos reinos aconteceu mais de 200 anos depois. A dinastia Qin (221 a.C. a 206 a.C.), que tirou a dinastia Zhou do poder e se colocou à frente de outras lideranças locais, marcou o início do império chinês. Essa breve dinastia também é muito conhecida pela realização de grandes obras, como a Grande Muralha e o Exército de Terracota.

Album/Fotoarena/Museu Metropolitano de Arte, Nova York, EUA.

Objeto de bronze da dinastia Zhou em exposição no Museu Metropolitan, Nova York, nos Estados Unidos.

Confucionismo: corrente filosófica idealizada por Koung Fou Tseu, conhecido no ocidente como Confúcio. Abrange os "ensinamentos dos sábios" para alcançar uma vida com mais equilíbrio. Apesar disso, estabelece uma hierarquia social.
Taoismo: corrente filosófica atribuída ao chinês Lao-tsé, segundo a qual a vida apresenta duas forças complementares: *yin* (feminino) e *yang* (masculino). Também prega o equilíbrio entre corpo e natureza, além do desapego à matéria.

Morre arqueólogo que descobriu guerreiros de terracota

O arqueólogo chinês Zhao Kangmin, que descobriu o famoso Exército de Terracota, as estátuas de guerreiros de 2 200 anos, morreu, aos 82 anos, informaram meios de comunicação estatais neste sábado [19/05/2018].

Zhao Kangmin foi o primeiro arqueólogo a identificar os fragmentos de terracota, descobertos por agricultores que cavaram um poço em 1974, como relíquias do tempo da dinastia Qin. Também foi o primeiro a escavar esse local na província chinesa de Shaanxi, no norte do país. [...]

Os 8 000 ou mais guerreiros de terracota desenterrados na cidade de Xian, feitos por volta do ano 250 a.C., são os guardiões do túmulo do primeiro imperador da China, Qin Shihuang, falecido em 210 a.C. depois de unificar o país. Milhares de turistas visitam a cada ano este local inscrito como patrimônio da Unesco. Os chineses o consideram um dos símbolos de sua civilização milenar, no mesmo nível da invenção da pólvora e do papel.

AFP. Morre arqueólogo que descobriu guerreiros de terracota. *VEJA*, 22 maio 2018. Disponível em: <https://veja.abril.com.br/ciencia/morre-arqueologo-chines-que-descobriu-guerreiros-de-terracota>. Acesso em: 20 dez. 2018.

studioEAST/Getty Images

Os guerreiros de terracota, feitos na dinastia Qin, em Xian, na China. Foto de 2018.

Ao longo do período imperial, que se estendeu até 1912, muitas dinastias se sucederam, com fragmentações e unificações do território. Na dinastia Han (206 a.C. a 220 d.C.), que suplantou a impopular dinastia Qin, iniciou-se a Rota da Seda, a maior rede comercial do mundo antigo, que interligava a China, a Ásia Central e a Europa. A dinastia Han foi a mais longa da China imperial, também marcada por grande desenvolvimento agrícola, construção de importantes obras hidráulicas, expansão territorial e integração de diferentes etnias, com fortalecimento do poder real.

Entre os anos de 220 e 581, após a decadência da dinastia Han, o território chinês dividiu-se em três reinos, sofrendo muitas invasões de outros povos (mongóis, turcos e tibetanos). Já de 581 a 1368, a China foi novamente unificada – com a dinastia Sui (581 a 618) e a dinastia Tang (618 a 907) – e passou por um período relativamente longo de prosperidade econômica, técnica e cultural, conhecido como a Grande Era Chinesa.

Rota da Seda

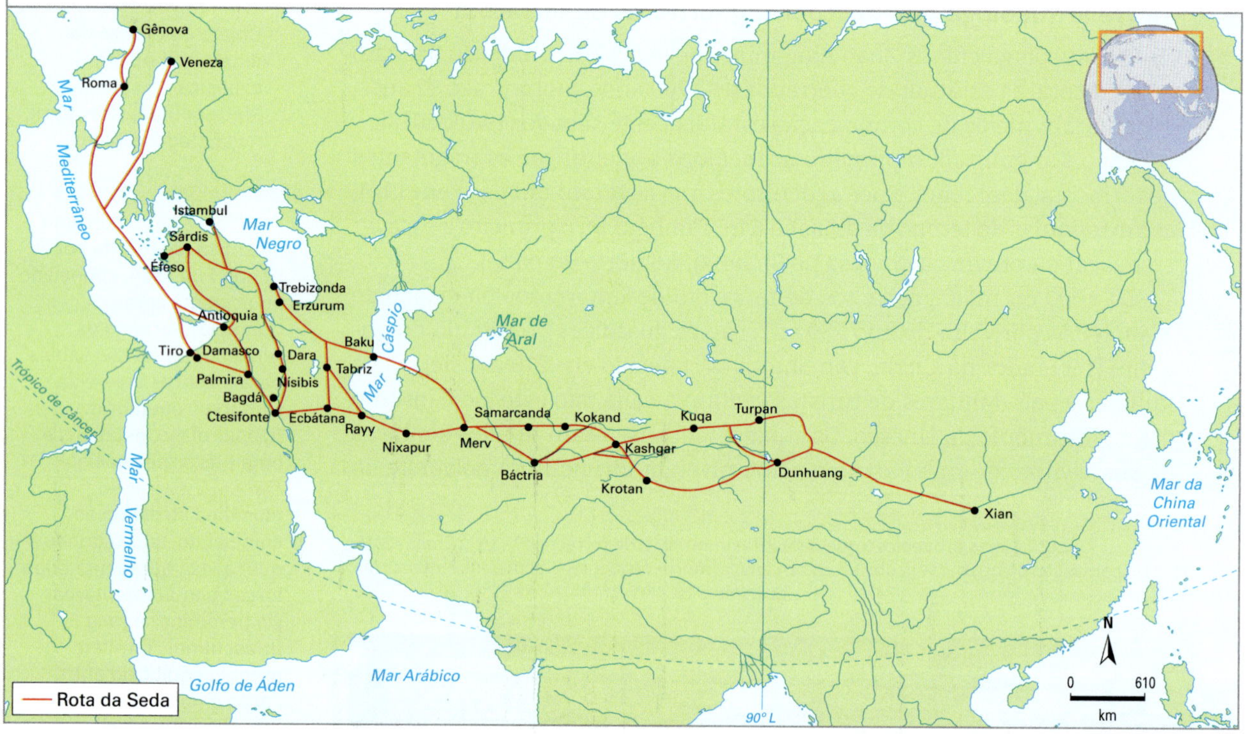

Elaborado com base em: UN. United Nations Educational, Scientific and Cultural Organization. *Silk Roads* – Dialogue, Diversity and Development. About the Silk Road. Disponível em: <https://en.unesco.org/silkroad/about-silk-road>. Acesso em: 7 jan. 2019.

Durante a dinastia Song (960 a 1297), Genghis Khan, conquistador e imperador mongol, unificou as tribos da Mongólia e avançou sobre muitos territórios na Ásia, com destaque para o chinês. Seu neto, Kublai Khan, derrotou a dinastia Song e fundou a dinastia Yuan (1279 a 1368), transferindo a capital da primeira dinastia estrangeira para a futura Beijing. Essa época também foi muito importante para o desenvolvimento comercial, com grande intercâmbio com outras regiões, como a Europa.

O império mongol não teve longa duração e, após uma guerra de libertação, o monge budista Zhu Yuanzhang (1328-1398) fundou a dinastia Ming (1368 a 1644). Durante esse período a China alcançou grande crescimento, com destaque para as atividades comerciais marítimas, a arquitetura e a cerâmica. Na dinastia Ming foi construída a Cidade Proibida em Beijing, tornada a capital oficial do império.

A dinastia Ming sucumbiu diante de ataques japoneses e do avanço dos manchus, povo que habitava o nordeste da China (Manchúria). Os manchus fundaram a última dinastia chinesa, a Qing (1644 a 1912). Nesse período, a China alcançou sua máxima extensão territorial e grande desenvolvimento agrícola e comercial. A população cresceu consideravelmente, chegando a mais de 400 milhões de pessoas ao final do século XIX.

Stephen J. Boitano/LightRocket/Getty Images

A Cidade Proibida, em Beijing, na China, em 2017. Construída entre 1406 e 1420, abrigou o palácio imperial durante as dinastias Ming e Qing.

Porém, já no fim do século XVIII, a China sofria crises políticas, econômicas e sociais. Ações imperialistas europeias intensificaram a instabilidade. Destaca-se a Primeira Guerra do Ópio (1839-1842), depois da qual a Inglaterra obrigou a China, por meio do Tratado de Nanquim (1842), a abrir vários portos ao comércio e a ceder o porto de Hong Kong aos ingleses. A Segunda Guerra do Ópio (1856-1860), promovida pela França e pela Inglaterra, resultou no Tratado de Pequim (1860), que exigiu mais concessões chinesas, como a abertura de novos portos e outras vantagens a povos estrangeiros, como a legalização do tráfico do ópio e a permissão para que navios britânicos transportassem mão de obra contratada para as Américas. A China perdeu territórios, como o Vietnã (para a França), a ilha Formosa e a península da Coreia (para o Japão). Entre 1904 e 1905, a região da Manchúria também passou para o domínio do Japão.

Ópio: substância extraída de uma planta popularmente conhecida como papoula (*Papaver somniferum*), que diminui as atividades do sistema nervoso central. As drogas opiáceas produzem anestesia (diminuição da dor) e aumento do sono (hipnose).

As importantes perdas territoriais, a abertura do mercado chinês a estrangeiros (com fortalecimento do pensamento ocidental) e as crises econômicas que fragilizavam a população provocaram crescentes revoltas internas. Liderado por Sun Yat-sen (1866-1925), fundador do Partido Nacionalista (*Kuomintang*), um movimento revolucionário formado por estudantes e trabalhadores destituiu a dinastia Qing e instituiu a República da China. Sun Yat-sen tornou-se presidente, mas logo renunciou em favor do general Yuan Shikai (1859-1916), que, por sua vez, tornou-se um ditador. Após a morte de Shikai, em 1916, a China passou por intensas guerras civis e tornou-se ainda mais frágil diante dos interesses expansionistas japoneses, que invadiram novos territórios (as regiões de Shangdong e Quingdao).

adoc-photos/Corbis/Getty Images

Soldados do Exército Imperial chinês em Hankou (atual Wuhan), durante a Revolução Chinesa, em 1911.

Em 1919, em resposta às consequências do Tratado de Versalhes, resultante da Primeira Guerra Mundial, ocorreu na China o movimento Quatro de Maio. Esse movimento foi importante na história do povo chinês e marcou o surgimento de ideais mais radicais em oposição aos ideais liberais do Ocidente. Em 1920, Sun Yat-sen liderou ações para a reunificação do país e, com apoio da União Soviética, aliou-se ao Partido Comunista Chinês (PCC), de Mao Tsé-tung (1893-1976).

Após a morte de Sun Yat-sen em 1925, seu discípulo Chiang Kai-shek (1887-1975) tornou-se líder do Partido Nacionalista. Realizou um golpe de Estado, rompeu relações com os antigos aliados comunistas e passou a persegui-los. Em contrapartida, os integrantes do Partido Comunista Chinês realizaram a Grande Marcha (1934-1935), quando percorreram mais de 9,6 mil quilômetros em direção à região de Shaanxi, ao norte do país. Esse momento foi fundamental para a consolidação dos ideais comunistas e a organização do PCC sob a liderança de Mao Tsé-tung.

Ao longo da guerra civil entre PCC e *Kuomintang*, os japoneses pressionaram o governo de Chiang para entregar diversos territórios, como a Manchúria e Xangai. Durante a Segunda Guerra Mundial (1939-1945), travou-se uma disputa sino-japonesa (1941). Mesmo com a derrota nipônica na Segunda Guerra, instabilidades políticas, econômicas e sociais continuaram assolando a China.

Ao mesmo tempo em que o governo nacionalista se tornava cada vez mais frágil por não atender aos anseios da população, o Partido Comunista se fortalecia, tendo o apoio soviético. A partir do norte, suas tropas avançaram por vários territórios até conquistar todo o país e criar, em 1949, a República Popular da China. Chiang Kai-shek e seus aliados se refugiaram na ilha Formosa (Taiwan), onde consolidaram um governo nacionalista enquanto traçavam o objetivo de retomar a China continental, o que não aconteceu. Em 1971, a China socialista substituiu a China nacionalista na Organização das Nações Unidas.

Ao assumir o poder, Mao Tsé-tung promoveu diversas reformas políticas, econômicas e sociais. Alinhado com a União Soviética, criou o primeiro plano quinquenal, quando implementou a reforma agrária, transformando as terras privadas em propriedades públicas coletivas. Também nacionalizou instituições financeiras e comerciais e desenvolveu várias ações para alavancar a produção industrial no país. Em 1954, uma nova constituição foi criada para estabelecer o Estado chinês socialista.

Mao Tsé-tung lançou um segundo plano quinquenal em 1958, chamado de "o grande salto adiante". Afastando-se do modelo soviético e com a intenção de fazer frente ao crescimento econômico estadunidense, o governante chinês pretendia acelerar a modernização do país. Estabeleceu, nas zonas rurais, comunas populares para alcançar a máxima coletivização das atividades. Ao final de 1958, havia no território chinês mais de 26 mil comunas, que agrupavam quase toda a população camponesa (mais de 120 milhões de famílias). Nas comunas, os trabalhadores recebiam do governo ferramentas para a execução de diferentes atividades, com metas estabelecidas. Também foram desenvolvidas estruturas sociais públicas, como escolas e hospitais.

Keystone-France/Gamma-Keystone/Getty Images

Trabalhadores em campo de cultivo de arroz na província de Guangdong, durante o período do "grande salto adiante". Foto de 1958.

Apesar dos bons resultados observados, a falta de alimentos levou o governo a instituir uma política de racionamento. Entre 1958 e 1962, milhões de pessoas adoeceram ou morreram de fome. O plano foi abandonado, as comunas diminuíram e houve o retorno da propriedade privada. Mao Tsé-tung, embora tenha permanecido como líder do Partido, deixou a presidência do país.

Para novamente fortalecer-se do ponto de vista político, Mao Tsé-tung promoveu, em 1966, a chamada Revolução Cultural, com vistas a ampliar a participação dos trabalhadores diante da burocracia excessiva (não maoista) do Partido Comunista Chinês e, com isso, favorecer o crescimento econômico do país. Porém, as movimentações mais radicais dos trabalhadores fugiram à autoridade e aos interesses do Estado, de modo que Mao Tsé-tung optou pelo controle militar da revolução e pela repressão da população. A Revolução Cultural encerrou-se em 1976, com a morte de Mao Tsé-tung.

Em 1978, Deng Xiaoping (1904-1997) tomou o poder do então sucessor de Mao, Hua Guofeng, e deu início ao processo de abertura econômica no país. Em seu governo, realizou profundas reformas, aproximou-se dos Estados Unidos e, em 1982, promulgou a atual constituição da China. As comunas foram extintas e os trabalhadores rurais passaram a arrendar terras e a receber incentivos para a ampliação da produção. Além disso, resolveu-se a situação de alguns territórios coloniais, com estabelecimento de prazos para sua devolução à China: os ingleses deveriam devolver Hong Kong e os portugueses, a ilha de Macau.

A China pós-maoista passou, em poucas décadas, por um grande processo de modernização. Desenvolveu uma economia mista com características únicas, de maneira a conciliar a economia de mercado com um modelo socialista de produção – comumente chamado de "socialismo de mercado", embora haja muitas polêmicas quanto a essa definição. Atualmente a China é a segunda maior economia mundial, atrás apenas dos Estados Unidos.

Embora as condições de vida da população chinesa tenham melhorado significativamente, existem grandes diferenças de nível de desenvolvimento entre as regiões do país. Além disso, há muitas críticas em relação ao controle social chinês. Nesse sentido, um dos momentos mais marcantes da história chinesa foram as manifestações realizadas na praça da Paz Celestial, em 1989, quando centenas de pessoas que lutavam em favor da democracia foram mortas pelas forças do governo.

Bridgeman Images/Easypix Brasil/Coleção particular

Vida longa à vitória da grande Revolução Cultural proletária, da escola chinesa, 1967 (litografia, 55 cm × 75 cm), pôster da Revolução Cultural promovida por Mao Tsé-tung.

Jeff Widener/AP Photo/Glow Images

Tanques avançam sobre cidadão chinês que protestava contra o uso da violência nas manifestações na praça da Paz Celestial, em Beijing, na China, em 1989.

3. População: estrutura e dinâmica

A China é o país mais populoso do mundo, com mais de 1,3 bilhão de habitantes. Sua composição demográfica apresenta características únicas, com grande intervencionismo estatal durante décadas.

No início da República Popular da China, a melhora da qualidade de vida resultou em menores taxas de mortalidade e maiores taxas de natalidade. Além disso, houve grandes incentivos para que as famílias chinesas tivessem muitos filhos. Isso porque Mao Tsé-tung defendia a ideia de que o tamanho da população era diretamente proporcional ao poder da nação. Dessa forma, a população chinesa cresceu a taxas impressionantes por muitos anos. Entre 1949 e 1970, por exemplo, a China passou de um total de 541,57 milhões para 829,92 milhões de habitantes.

China: população – 1950-2016

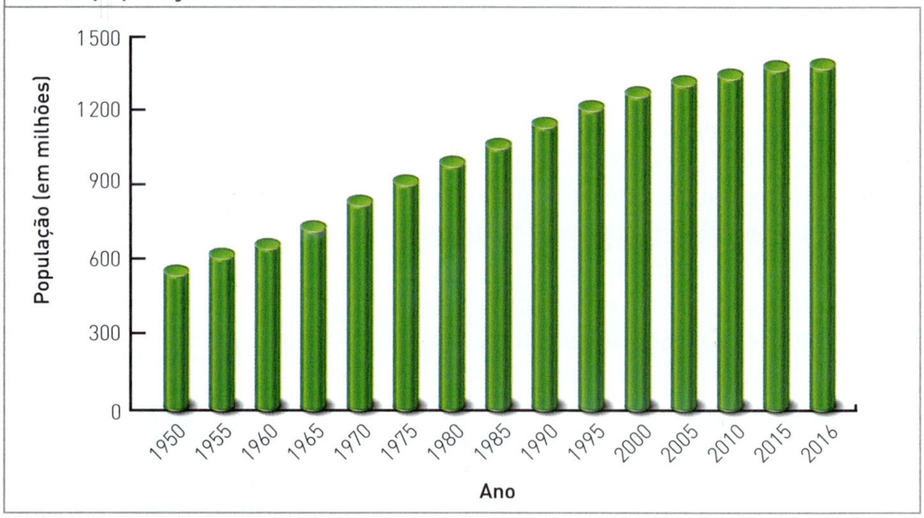

Elaborado com base em: NATIONAL BUREAU OF STATISTICS OF CHINA. *China Statistical Yearbook 2017*. Tabela 2.1 – Population and its composition. Disponível em: <www.stats.gov.cn/tjsj/ndsj/2017/indexeh.htm>. Acesso em: 20 dez. 2018.

As previsões de crescimento populacional intenso geravam cada vez mais preocupação devido à pressão que esse crescimento exerceria sobre os ambientes e os recursos naturais. A política de incentivo à natalidade foi então substituída, na década de 1960, pela promoção do planejamento familiar e do uso de contraceptivos. Porém, a importância da questão demográfica ainda não era compreendida por grande parte da população.

Após a morte de Mao, em 1976, Deng Xiaoping incentivou uma relação de equilíbrio entre economia, sociedade, recursos e ambiente, até estabelecer a Política de Planejamento Familiar em 1979. Implementada de maneira temporária, estipulava que as famílias tivessem apenas um filho; por isso, ficou conhecida como "política do filho único". Diferentemente do caráter temporário previsto inicialmente, essa política perdurou até 2016.

A política do filho único influenciou profundamente a dinâmica populacional chinesa. Ela foi aplicada de maneira diferenciada nas regiões do país, com maior controle nas densas áreas urbanas – até porque nas áreas rurais predominava a mão de obra familiar. Também havia algumas exceções à aplicação da lei – por exemplo, quando o pai ou o primeiro filho apresentava alguma deficiência. Em casos como esse, era permitido ter mais um filho por família. O não cumprimento da política acarretava severas multas.

Com essa política, a taxa de fecundidade chegou, em 1993, a menos de dois filhos por mulher. Mesmo com o aumento da expectativa de vida e a redução na taxa de mortalidade, a taxa de crescimento vegetativo chinês diminuiu consideravelmente. Houve outras sérias consequências, como o aumento do número de abortos e o abandono de crianças do gênero feminino, em virtude da preferência por um filho do gênero masculino. Também estima-se que milhares de crianças deixaram de ser registradas ou foram escondidas do governo chinês. Ao longo do tempo, houve um desequilíbrio entre o número de homens e mulheres.

Nos últimos anos, o aumento proporcional no número de idosos em relação ao de crianças tem gerado preocupação quanto ao envelhecimento rápido da população. Essa situação tem importantes repercussões, como a diminuição da População Economicamente Ativa (PEA). Atualmente, o governo chinês estuda novas políticas para promoção da natalidade.

China: pirâmide etária – 2018

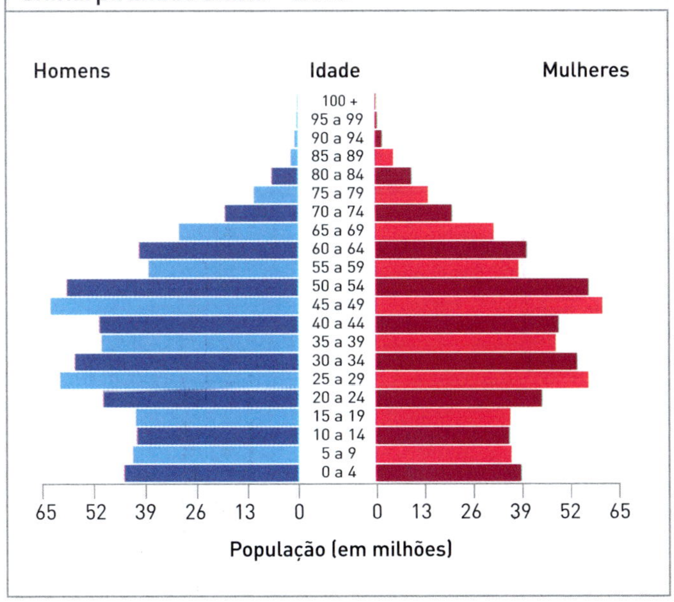

Elaborado com base em: UNITED States Census Bureau. International Data Base. Disponível em: <www.census.gov/data-tools/demo/idb/region.php?N=%20Results%20&T=12&A=separate&RT=0&Y=2018&R=-1&C=CH>. Acesso em: 20 dez. 2018.

China continua a envelhecer apesar do fim da política do filho único

Segundo os últimos dados do Instituto Nacional de Estatística, o número total de nascimentos na China diminuiu aproximadamente 630 mil em 2017 em comparação com 2016, enquanto a população com mais de 60 anos aumentou de 16,7% para 17,3% entre 2016 e 2017.

Em 01 de janeiro de 2016 entrava em vigor a reforma legislativa que permitiu a todos os casais chineses terem dois filhos, pondo fim a quase quatro décadas de um rigoroso controle de natalidade que, segundo estimativas, evitou cerca de 400 milhões de nascimentos e acabou por causar estragos na pirâmide populacional. [...]

Hoje, a China precisa de crianças para travar o envelhecimento de população, mas os elevados custos em áreas como a educação ou as novas prioridades de trabalho das mulheres estão a impedir os que queiram ter um ou dois filhos. [...]

De acordo com várias investigações publicadas na imprensa local, as preocupações com as finanças, o impacto na carreira dos pais ou a complexidade da educação são os principais motivos para as famílias hesitarem ter um segundo filho.

Dados do Comité de Trabalho de Psicologia Social de Pequim indicam que apenas 10,8% da população tem dois filhos, apesar de 58,6% dizerem que gostariam de estar nessa situação. [...]

Porém, dos 17,23 milhões de bebês nascidos em 2017, 51% têm um irmão mais velho, cinco pontos percentuais a mais do que em 2016, o que para a Comissão Nacional de Saúde e Planejamento Familiar demonstra o sucesso da política do segundo filho.

Mas para os demógrafos chineses esta subida ainda não é suficiente e defendem que a China deve criar mais políticas de apoio para incentivar os casais a ter filhos, como reduzir impostos ou atribuir subsídios.

LUSA. China continua a envelhecer apesar do fim da política do filho único. *RTP Notícias*, 28 jan. 2018. Disponível em: <www.rtp.pt/noticias/mundo/china-continua-a-envelhecer-apesar-do-fim-da-politica-do-filho-unico_n1054793>. Acesso em: 20 dez. 2018.

4. Reformas no campo e urbanização

Após o estabelecimento da República Popular da China em 1949, o país sofreu embargos econômicos que o isolaram internacionalmente. Além do confisco de terras privadas com o objetivo de melhorar a equidade social e a autossuficiência da produção agropecuária, o governo chinês desenvolveu ações para promover o crescimento industrial de base, principalmente durante o segundo plano ("grande salto adiante"). Dessa forma, o Produto Interno Bruto (PIB) relativo às atividades industriais, entre 1956 e 1960, cresceu três vezes mais que o da produção agrícola.

Essa situação, porém, contribuiu para um dos maiores períodos de fome da história e demandou a importação de grãos e a revisão da política de industrialização. Nos anos seguintes, sobretudo entre 1961 e 1964, o governo enviou ao campo quase 40 milhões de trabalhadores e estudantes secundaristas urbanos, a fim de ampliar a mão de obra rural e aumentar a produção agrícola. Além disso, outras medidas, como o sistema de registro familiar, inviabilizavam a migração da população campesina para as áreas urbanas, de modo que, pelo menos até o fim dos anos 1970, o processo de urbanização permaneceu sob estrito controle.

Porém, tais políticas não alcançaram os resultados desejados. Ao final da década de 1970, a economia chinesa encontrava-se em profunda crise em relação à oferta de alimentos. Para solucionar o problema, o governo concedeu maior flexibilidade aos agricultores. Após experiências na província de Anhui, em 1986 foi criada uma nova lei de ordenamento territorial, que introduzia o "sistema de responsabilidade familiar", por meio do qual as terras – ainda consideradas coletivas como meio de produção – poderiam ser alocadas para indivíduos ou agrupamentos para uso e gestão e, após pagamento de cota ou imposto, o excedente da produção poderia ser vendido livremente. Essa reforma foi bem-sucedida e conduziu a crescimentos expressivos de produtividade no campo.

O novo contexto econômico vivido no campo liberou grande quantidade de mão de obra para o trabalho industrial. As empresas de cidades e vilas nas áreas rurais cresceram rapidamente. Porém, tal crescimento foi muito maior nas províncias costeiras que nas interioranas, onde havia maior disponibilidade de capitais e tecnologias. Melhores oportunidades de remuneração para atividades não agrícolas fizeram com que as atividades do setor primário reduzissem sua participação nas províncias litorâneas, sobretudo a partir do fim dos anos 1980.

Vila de Xiaogang, conhecida como Berço da Reforma Rural da China, na província de Anhui, em 2018.

Zhang Duan/Xinhua/Agência France-Presse

As províncias situadas no interior – com economias baseadas em baixos níveis de industrialização e grande oferta de mão de obra – ampliaram a produtividade do setor agrícola, também com incentivos governamentais nacionais e locais. Por outro lado, a perda de áreas agrícolas em várias províncias – em razão de erosão e novos usos do solo – gerou novamente a necessidade de importação de alimentos na década de 1990, o que intensificou o controle do governo chinês sobre o uso do solo no país. Além disso, ainda hoje existem restrições para a ocorrência de migrações inter-regionais a fim de equilibrar a alocação de mão de obra urbana e rural.

Diante disso, observa-se que a relação entre segurança alimentar, desenvolvimento industrial e urbanização há muito tempo constitui um enorme desafio para a China. Mesmo com reduções nos índices anuais de crescimento da população urbana, no geral o país tem passado por intenso processo de urbanização nas últimas décadas. Em 2011, o número de habitantes urbanos (690 milhões) ultrapassou o de habitantes das zonas rurais (656,5 milhões).

Elaborado com base em: BUREAU of Statistics of China. *China Statistical Yearbook 2017*. Tabela 2.1 – População e sua Composição. Disponível em: <www.stats.gov.cn/tjsj/ndsj/2017/indexeh.htm>. Acesso em: 25 set. 2018.

China: população urbana e rural – 1950-2016

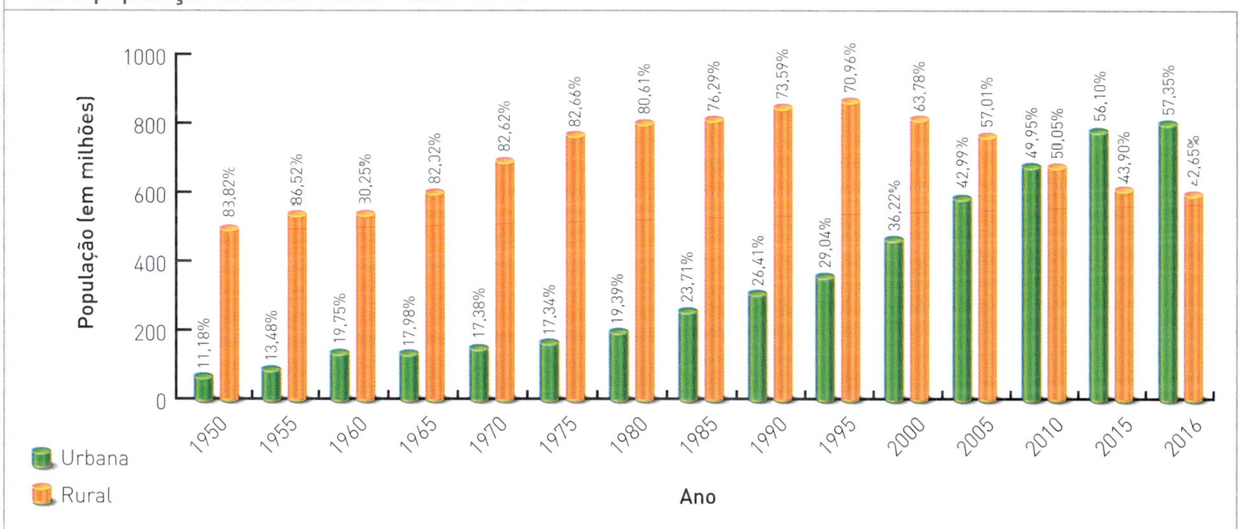

JSDesign/Arquivo da editora

Atualmente a China possui algumas das maiores metrópoles do mundo. Xangai é a cidade mais populosa (com mais de 24 milhões de habitantes) e constitui o maior centro econômico do país. Sua localização na foz do rio Yang-tsé é estratégica na relação entre os mercados internacionais e o interior do território chinês. Além disso, Xangai dispõe de infraestrutura que a coloca entre as maiores cidades globais. Destaca-se o distrito de Pudong, planejado para ser o maior centro financeiro e comercial de toda a China, com um dos maiores portos (Waigaoqioao) e aeroportos (Hongqiao e Pudong) do mundo. No planejamento urbano e regional chinês, os investimentos em Xangai também tiveram por objetivo equilibrar o desenvolvimento alcançado na província de Guangdong, mais ao sul.

Centro financeiro de Xangai, na China, em 2017.

Sean Xu/Alamy/Fotoarena

Leonid Andronov/Alamy/Fotoarena

Beijing, na China, em 2016.

A segunda maior aglomeração da China é Beijing, com mais de 21,7 milhões de habitantes em 2016. Capital da República Popular desde 1949, é o centro político do país e controlada diretamente pelo governo central. Devido à sua importância histórica, que remonta ao período imperial, também constitui o principal polo cultural da China, com patrimônios mundiais milenares protegidos pela Unesco (Cidade Proibida, templos, palácios e mausoléus), que contrastam com arranha-céus e outras estruturas modernas na paisagem urbana. Em Beijing estão as sedes das principais empresas estatais chinesas, importantes universidades e centros tecnológicos. Do ponto de vista econômico, a cidade também exerce papel central na hierarquia urbana do país e como metrópole global.

A cidade de Guangzhou (Cantão), por sua localização estratégica no delta do rio das Pérolas (Zhu Jiang), também tem desempenhado um papel importante ao longo da história da China. Capital da província de Guangdong, é uma das principais áreas portuárias, industriais e comerciais do país. Possui mais de 14 milhões de habitantes.

Outra importante cidade é Shenzhen, localizada na costa sudeste da China, também na província de Guangdong, ao norte da ilha de Hong Kong. Foi a primeira cidade chinesa aberta ao mercado internacional no fim dos anos 1970, tornando-se destino de volumosos investimentos internos e externos. Desde então, é referência nacional de urbanização e modernização. Hoje configura uma das principais metrópoles chinesas, com mais de 12 milhões de habitantes. Possui intensa atividade industrial e é referência em alta tecnologia e *design*.

Além destas, a China possui muitas outras metrópoles, como Chongqing e Tianjin – duas das quatro cidades administrativas independentes do país, juntamente com Xangai e Beijing. Também se destacam Wuhan (na província de Hubei) e Nanjing (Nanquim), capital da província de Jiangsu.

China: expansão das áreas urbanas – 1990-2010

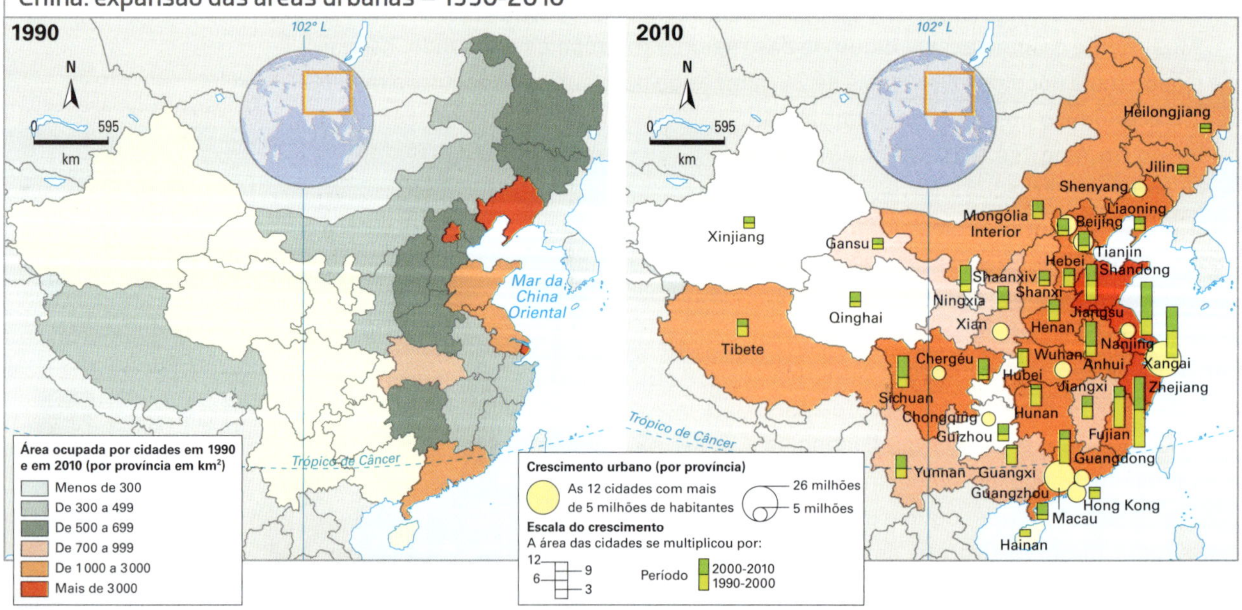

Banco de imagens/Arquivo da editora

Elaborado com base em: LE MONDE DIPLOMATIQUE EN ESPAÑOL. *El Atlas Geopolítico de China*. Valencia: Fundación Mondiplo, UNED, 2013. p. 78.

5. Zonas Econômicas Especiais: o modelo de exportação

Entre 1979 e 1980, Deng Xiaoping buscou desenvolver um modelo moderno e único que misturava a economia planificada com o sistema de mercado, comumente chamado de "socialismo de mercado". Para tal, estabeleceu Zonas Econômicas Especiais (ZEEs) em províncias e cidades próximas ao litoral, como Shenzhen, Zhuhai e Shantou (província de Guangdong), Xiamen (província de Fujian) e Hainan. As ZEEs recebem esse nome pois apresentam variações em relação às zonas comerciais tradicionais existentes no país, com regras e benefícios específicos para operarem a partir de políticas econômicas e leis mais voltadas à exportação.

Qilai Shen/Bloomberg/Getty Images

Shenzhen, na China, em 2016.

A ideia inicial era aproveitar a proximidade de economias dinâmicas, como Hong Kong, Macau e Taiwan, além do fato de muitos chineses da chamada "diáspora" residirem nessas áreas. Objetivava-se atrair investidores externos, cujo capital poderia ser diretamente aplicado em novas fábricas – desde que empresas estrangeiras interessadas em se instalar no país se associassem a uma empresa nacional (estatal ou privada) por meio de uma *joint venture*. A participação do capital internacional e do chinês deveria ser equilibrada. Havia a intenção de que as ZEEs tivessem um "efeito de transbordamento", ou seja, que a partir delas o crescimento econômico se espraiasse para as regiões central e ocidental do país.

Joint venture: aliança entre duas ou mais empresas com o objetivo de reorganizar a produção e ampliar o controle do mercado consumidor.

Nas ZEEs chinesas existe maior autonomia administrativa e econômica em comparação com as demais áreas do país. Foram criados diversos incentivos fiscais para atrair empresas estrangeiras conforme o tipo de produto e volume de capital investido – melhores que os verificados em outros países asiáticos. Além disso, a mão de obra numerosa e mais barata constituiu um dos fatores centrais para a instalação de companhias transnacionais na China. Outros elementos importantes foram a oferta de boa infraestrutura, como vias terrestres e portos, e inexistência de restrição à importação de produtos.

China: ZEEs – 2012

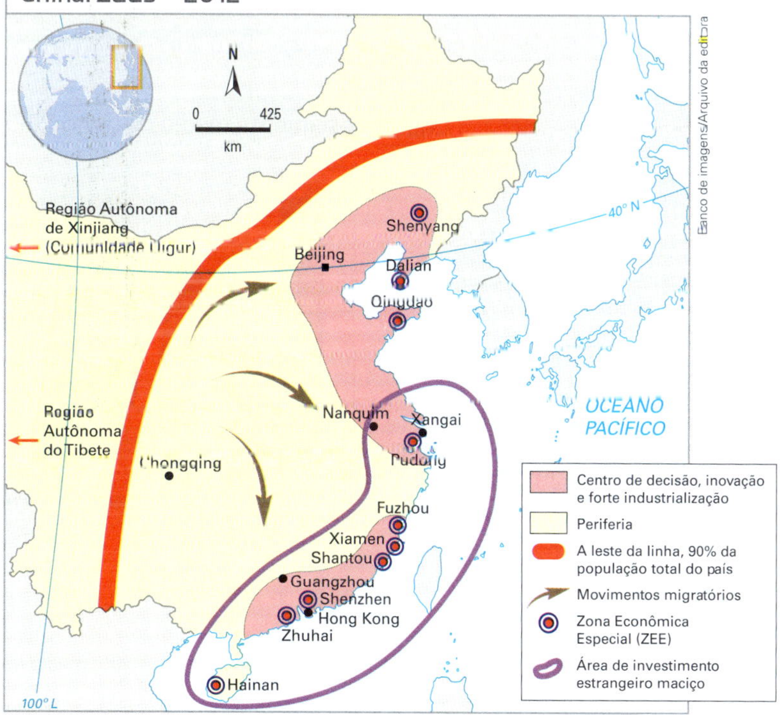

Elaborado com base em: SIMIELLI, Maria Elena. *Geoatlas*. 34. ed. São Paulo: Ática, 2013. p. 98.

Existem seis diferentes tipos de ZEEs na China. Observe a tabela a seguir.

Tipos de Zonas Econômicas Especiais	
Áreas administrativas	Áreas administrativas já existentes que posteriormente foram estabelecidas como zonas especiais.
Áreas geográficas	Áreas estabelecidas por suas características geográficas e recursos disponíveis.
Cooperação internacional	Áreas onde ocorre cooperação econômica/industrial com outro país.
Parques locais industriais	Parques locais industriais designados por governos locais.
Clusters de indústrias	Estabelecidos para dar suporte ao desenvolvimento de ramos industriais específicos.
ZEEs corporativas	Parques industriais estabelecidos por empresas com as próprias cadeias de suprimento e mercado.

Elaborado com base em: WORLD Bank. China's Special Economic Zones. Disponível em: <www.worldbank.org/content/dam/Worldbank/Event/Africa/Investing%20in%20Africa%20Forum/2015/investing-in-africa-forum-chinas-special-economic-zone.pdf>. Acesso em: 21 dez. 2018.

Cluster: concentração de empresas em um mesmo local que possuem características semelhantes e colaboram entre si.

Nesse contexto, sobretudo a partir dos anos 1990, o desenvolvimento industrial chinês alcançou índices elevados, refletindo em um processo acelerado de urbanização, sem precedente em outras regiões do mundo. A China rapidamente passou a receber o maior volume de investimentos estrangeiros diretos entre os países em desenvolvimento, utilizados na criação de infraestrutura, no desenvolvimento tecnológico e na formação do mercado de trabalho.

A implementação das ZEEs trouxe ganhos econômicos ao país, destacadamente nas províncias que abrigam mais zonas especiais, onde o nível de renda elevou-se significativamente. A princípio pautada na exportação de mercadorias industrializadas com baixo valor agregado, a China possui, atualmente, a segunda maior economia do mundo, ancorada em forte base tecnológica. Estuda-se a criação de novas ZEEs, agora em províncias no interior do país.

China: crescimento médio de cinco ZEEs – 1990-2014

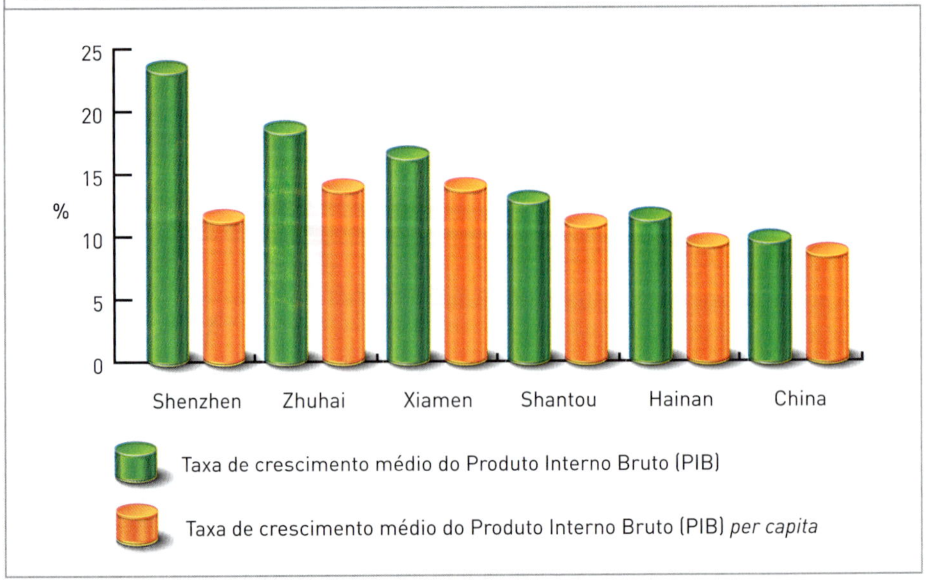

JSDesign/Arquivo da editora

Elaborado com base em: TAO, Yitao; YUAN, Yiming; LI, Meng. Chinese Special Economic Zones: Lessons for Africa. African Development Bank Group. Chief Economist Complex. *AEB*, v. 7, ed. 6, p. 7, 2016. Disponível em: <www.afdb.org/fileadmin/uploads/afdb/Documents/Publications/Africa_Economic_Brief_-_Chinese_Special_Economic_Zones-Lessons_for_Africa.pdf>. Acesso em: 25 set. 2018.

6. As três Chinas

O crescimento econômico e o processo de urbanização chinês foram, ao longo da história, centralizados pelo Estado a fim de evitar grandes desequilíbrios regionais. Porém, em virtude das características do território e das políticas adotadas, existem muitas diferenças quanto ao nível de desenvolvimento regional. De maneira geral, observa-se a existência de "três Chinas": a oriental, a central e a ocidental.

A China oriental abrange províncias próximas ao mar Amarelo e ao mar da China Oriental, como Shangdong, Jiangsu, Zhejiang, Fujian e Guangdong. É a região mais desenvolvida, pois se beneficiou muito com a abertura ao mercado internacional a partir da criação das Zonas Econômicas Especiais, cujo efeito de transbordamento para outras regiões não se efetivou. Envolve as principais atividades econômicas do país, com destaque para os setores industrial e de comércio e serviços. É onde estão as principais metrópoles chinesas. A China oriental é a porta de entrada do país ao mundo e onde é gerada a maior parte do Produto Interno Bruto chinês.

A China central engloba as províncias localizadas no interior do país, como Shanxi, Henan, Anhui, Hubei, Hunan e Jiangxi. Algumas classificações incluem outras províncias situadas na porção nordeste, como Heilongjiang e Jilin. Suas economias são menos dinâmicas que as das províncias da China oriental. Em 2004, o presidente Wen Jiabao anunciou o "Plano de Crescimento da China central", cujo foco é investir em setores já importantes na região, como a agricultura (por meio da modernização da produção), a infraestrutura de transporte (com o objetivo de ampliar e melhorar as conexões viárias nacionais) e a exploração de recursos naturais (aumentando sua eficiência e favorecendo a indústria extrativa, como a ligada ao carvão). Além disso, o plano prevê o fomento à urbanização.

Por fim, a China ocidental envolve as províncias e regiões autônomas menos desenvolvidas e povoadas do país, como Qinghai, Sichuan e Tibete. A ocupação e a exploração são dificultadas pelas características do relevo (terras altas, em contraste com as planícies litorâneas e aluviais das outras regiões), além da severa escassez de água. Com isso, o Produto Interno Bruto *per capita* é muito mais baixo que o da média nacional. Por outro lado, essa região – a mais extensa do território chinês – apresenta muitos recursos naturais materiais e imateriais, como belas paisagens.

O desenvolvimento socioeconômico regional constitui objeto de políticas nacionais desde o fim da década de 1990. Porém, as desigualdades regionais ainda persistem. A descentralização do sistema fiscal chinês, com separação de orçamentos central e local, combinada à proteção do comércio internacional, trouxe vantagens comparativas para áreas que conseguiram desenvolver melhor infraestrutura, pois os governos locais de áreas no interior mantiveram indústrias pouco competitivas e limitaram as relações econômicas com outras regiões do país, como mobilidade da mão de obra e comércio inter-regional.

Regiões da China

Banco de imagens/Arquivo da editora

Elaborado com base em: HUANG, Yukon; BOCCHI, Alessandro Magnoli. *Reshaping Economic Geography in East Asia*. Washington, DC: The World Bank, 2009. p. 197-209.

7. China e globalização

Desde a criação das primeiras Zonas Econômicas Especiais, entre 1979 e 1980, a economia chinesa tem crescido em uma média superior à de qualquer país do mundo. Em 2010, a taxa de crescimento do Produto Interno Bruto (PIB) foi de 10,6%, correspondente a 6,1 trilhões de dólares. Apesar da diminuição neste indicador desde então (a taxa foi de 6,9% em 2017), os números ainda são impressionantes. Para se ter uma ideia da grandiosidade da economia chinesa, o PIB de muitas províncias da China equivale à totalidade nacional de países mais ricos.

Investimentos substanciais em todos os setores elevaram os ganhos gerais de produtividade – também resultantes de maciços investimentos em educação e tecnologia. Atualmente a China é uma potência econômica, com papel importante na ordem mundial.

A estrutura econômica do país transformou-se muito nas últimas décadas. O papel das atividades agrícolas no PIB nacional diminuiu expressivamente. Em 1980, correspondia a quase 30% de toda a riqueza produzida no país. Em 2016, representava apenas 8,6%. Por outro lado, em valores absolutos, cresceu mais de 45 vezes o total verificado no início do período. Também houve redução de 26,2% na mão de obra empregada no setor primário, que hoje ainda é formada por quase 215 milhões de pessoas.

China: Produto Interno Bruto e geração de emprego segundo diferentes setores econômicos – 1980-2016

Ano	Total		Setor primário		Setor secundário		Setor terciário	
	PIB total (100 milhões de *yuan*)	Empregos (10 mil pessoas)	PIB (%)	Empregos (10 mil pessoas)	PIB (%)	Empregos (10 mil pessoas)	PIB (%)	Empregos (10 mil pessoas)
1980	4587,6	42361	29,6	29122	48,1	7707	22,3	5532
1990	18923,3	64749	26,6	38914	41	13856	32,4	11979
2000	99066,1	72085	14,7	36043	45,5	16219	39,8	19823
2010	411265,2	76105	9,5	27931	46,4	21842	44,1	26332
2016	7411440	77603	8,6	21496	39,8	22350	51,6	33757

Elaborado com base em: BUREAU OF STATISTICS OF CHINA. *China Statistical Yearbook 2017*. Tabela 4.3 (Number of Employed Persons at Year-end by Three Strata of Industry), Tabela 3.2 (Composition of GDP) e Tabela 3.1 (GDP). Disponível em: <www.stats.gov.cn/tjsj/ndsj/2017/indexeh.htm>. Acesso em: 25 set. 2018.

As indústrias alavancaram o desenvolvimento chinês nas últimas décadas. A partir de volumosos investimentos estrangeiros diretos, diversos ramos cresceram a passos largos, como indústrias de eletroeletrônicos, químicas e petroquímicas, agroalimentares e de equipamentos de transporte. Por outro lado, setores mais tradicionais, como o metalúrgico, o mecânico e o têxtil, têm apresentado menor crescimento – ainda que, considerando os volumes da produção chinesa, gerem muita riqueza. A China continua a ser o país que mais recebe investimentos estrangeiros no mundo (129 bilhões de dólares em 2014).

O setor terciário é o que apresenta a maior participação na economia chinesa (51,6% em 2016). Destacam-se as atividades comerciais, além de serviços de *catering* (comida preparada), financeiros e de telecomunicações. Existem investimentos maciços para dinamizar ainda mais o setor.

A China é, de longe, o maior exportador do mundo. Em 2016, as mercadorias chinesas comercializadas internacionalmente chegaram a 12,27 trilhões de dólares, enquanto o país importou cerca de 1,23 trilhão de dólares (saldo positivo de 1,04 trilhão na balança comercial). Para entender melhor, os Estados Unidos, que ocupam o segundo lugar no comércio mundial, exportaram 1,32 trilhão de dólares e importaram 2,12 trilhões em produtos (saldo comercial negativo de 791 bilhões).

Entre os principais produtos chineses comercializados internacionalmente destacam-se, em termos de volume de capital, computadores, equipamentos de radiodifusão, telefones, circuitos integrados, transformadores elétricos e aparelhos semicondutores. Porém, a pauta de exportação da China é vasta e abrange diferentes setores, ainda que o secundário prevaleça. Os principais destinos dos produtos chineses são Estados Unidos, Hong Kong, Japão, Alemanha e Coreia do Sul.

Em relação às importações, a economia chinesa demanda mais petróleo bruto (101 bilhões de dólares), circuitos integrados (98,3 bilhões), ouro (51,2 bilhões), minério de ferro (47,4 bilhões) e carros (42,7 bilhões). Os principais países que vendem mercadorias à China são os mesmos que compram os produtos chineses (com exceção de Hong Kong), o que evidencia importantes relações comerciais. O Brasil tem a China como principal parceiro econômico. Vende principalmente soja triturada, petróleo, minério de ferro e celulose. Por sua vez, compra inúmeros produtos manufaturados.

Para promover e manter seus níveis de crescimento econômico, a China utiliza quantidades cada vez maiores de recursos naturais. A matriz energética chinesa é baseada, sobretudo, em combustíveis fósseis, destacadamente o carvão mineral. Isso exerce enorme pressão sobre o ambiente e as populações de diferentes regiões do país, seja quanto aos impactos relacionados à indústria extrativa, seja devido à enorme poluição gerada pela queima desse recurso natural.

A poluição (do ar, da água e do solo) constitui um grave problema na China – para os ecossistemas e a saúde humana. Diversas cidades chinesas, como Xingtai, Shijiazhuang e Baoding, enfrentam índices de poluição alarmantes, muito acima do recomendado pela Organização Mundial da Saúde.

Nos últimos anos houve, no entanto, grandes investimentos na produção de energia a partir de fontes renováveis. Em 2017, 26% da matriz de energia elétrica chinesa corresponderam a fontes como a hidráulica, a eólica e a solar. Porém, é importante ressaltar que essas também geram impactos socioambientais, sobretudo no caso da produção de energia hidrelétrica. No rio Yang-tsé (província de Hubei), a usina de Três Gargantas, construída no início dos anos 2000, é o maior projeto hidrelétrico do mundo, com capacidade instalada de geração de 22 500 MW.

China: destino das principais exportações – 2016

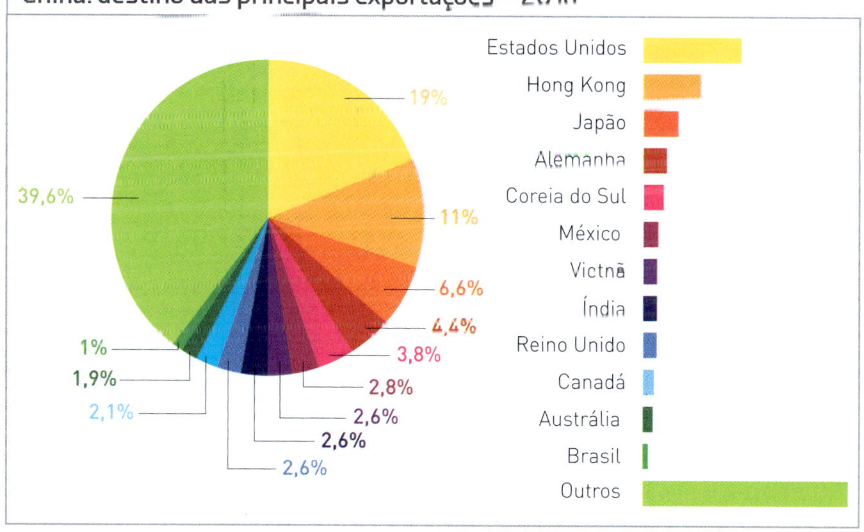

JSDesign/Arquivo da editora

Elaborado com base em: THE OBSERVATORY OF ECONOMIC COMPLEXITY. China. Disponível em: <https://atlas.media.mit.edu/en/profile/country/chn/>. Acesso em: 25 set. 2018.

Desde sua criação, verificam-se diversos problemas associados ao projeto, como perda de biodiversidade, erosão e deslocamento populacional, o que levou à violação de direitos humanos. Além disso, devido à ampliação de fábricas, minas e depósitos de lixo, bem como à presença de centros industriais à montante, o reservatório da usina evidencia grande poluição.

Grande parte dos recursos naturais necessários para a viabilização da economia chinesa vem de outros países, tendo grande impacto nos fluxos mundiais de matérias-primas. Nesse sentido, destaca-se o interesse chinês em diversos países africanos.

CIDADANIA E EXPLORAÇÃO DE RECURSOS NATURAIS

China busca "sócios" na África

[...] Mesmo no caso de países menos isolados no cenário internacional, Beijing tende a tratar com as empresas nacionais de governos aliados, inevitavelmente contribuindo para enriquecer elites locais em vez do resto da população, que raramente se beneficia com os efeitos desses acordos. [...]

Embora não se preocupe demasiadamente com a natureza tirânica ou feudal dos regimes com que trata, a China gostaria de ajudar pequenos agricultores e outros empresários das classes menos favorecidas. Nas regiões em que está muito envolvida, como na África Subsaariana, investiu maciçamente na construção de ferrovias, portos e oleodutos. No entanto, enquanto espera um dia para beneficiar outros setores, esta infraestrutura serve principalmente para atender às necessidades das empresas de mineração e petróleo associadas.

"À primeira vista, o apetite da China por riquezas naturais aparece como uma bênção para a África", estima um relatório encomendado pelo Comitê de Desenvolvimento do Parlamento Europeu. Com efeito, Pequim teria contribuído para o crescimento econômico do continente. Uma análise profunda revela, no entanto, uma imagem bastante diferente. Em 2005, apenas quatorze países, todos produtores de petróleo e minerais, tiveram uma balança comercial positiva – principalmente baseada na exportação de matérias-primas – como a China. Trinta, que têm déficit na balança comercial, veem seus mercados inundados de tecidos chineses e outros bens de consumo baratos, em detrimento dos produtores locais. [...]

Se a China continuar a colocar o acesso a matérias-primas acima de tudo, irá se comportar cada vez mais como as antigas potências coloniais, aproximando-se dos "governos rentistas" dos países ricamente dotados de recursos naturais, fazendo o mínimo de desenvolvimento geral. [...]

LE MONDE DIPLOMATIQUE. *El Atlas Geopolítico de China*. Valencia: Fundación Mondiplo UNED, 2013. p. 66. (Texto traduzido pelos autores.)

1. Segundo o texto, quais são os interesses da China no continente africano?

2. Por que as ações chinesas na África têm sido objeto de críticas? Que tipos de ações são necessários para modificar o contexto apresentado?

China busca "sócios" na África

Banco de imagens/Arquivo da editora

Elaborado com base em: LE MONDE DIPLOMATIQUE. *El Atlas Geopolítico de China*. Valencia: Fundación Mondiplo UNED, 2013. p. 66.

8. China: superpotência mundial?

Além de sua posição de destaque na economia mundial, a China tem ampliado, nos últimos anos, seu poder político na ordem internacional. Afastando-se do isolacionismo do passado, o governo chinês promove cada vez mais a cooperação bilateral ou multilateral com outros países em diversas dimensões (política, econômica, social, cultural e ambiental).

A República Popular da China participa ativamente de uma série de instituições internacionais. Faz parte do Conselho de Segurança da Organização das Nações Unidas (ONU), além de muitos organismos de grande relevância, como o Fundo Monetário Internacional (FMI) e a Organização Mundial do Comércio (OMC). Quanto à cooperação multilateral, integra a Cooperação Econômica Ásia-Pacífico (Apec) e compõe o grupo do Brics (Brasil, Rússia, China, Índia e África do Sul).

Para muitos analistas políticos, o planejamento estratégico chinês orienta-se para criar instituições e atualizar as já existentes de modo que sejam favoráveis ao objetivo do país de alcançar o *status* de superpotência mundial. Por exemplo, a criação do Novo Banco de Desenvolvimento no âmbito do Brics constitui uma alternativa às restrições do Banco Mundial e do FMI, abrindo grandes possibilidades para a ampliação da influência chinesa no mundo – uma vez que sua sede é em Xangai e a maior parte do capital é mobilizada pelo país.

Motivo de preocupação para muitos países do Sudeste Asiático, como os integrantes da Associação dos Países do Sudeste Asiático (Asean), a hegemonia chinesa estende-se sobre o mar da China Meridional, ampliando as tensões na região. Apesar do discurso em prol da cooperação econômica quanto à exploração dos recursos disponíveis neste espaço marítimo, os interesses chineses também envolvem finalidades estratégicas e militares.

Existem reivindicações territoriais da China e de outros países da região (Filipinas e Vietnã) quanto ao arquipélago Spratly, sob posse taiwanesa. Todos querem estender sua plataforma continental e ampliar a zona econômica exclusiva para explorar os recursos energéticos e pesqueiros locais. Outro arquipélago, o Paracel, está sob posse da China desde 1974, mas é disputado pelo Vietnã.

Pang Xinglei/Xinhua/Newscom/Fotoarena

Reunião de cooperação internacional sediada em Beijing, 2017.

No mar da China Oriental, os chineses lentamente aumentam suas operações sobre as ilhas de Senkaku/Diaoyu – ocupadas pelo Japão desde a guerra sino-japonesa de 1895. Existe o temor de que as ambições chinesas alterem o equilíbrio de poder regional diante de impasses com os japoneses. Além disso, os Estados Unidos, em nome da promoção da segurança marítima e da livre circulação após dezenas de ocorrências de pirataria, aumentaram sua presença naval na região. Este oportunismo estadunidense quanto ao desempenho da função de "regulador regional" pode aumentar as tensões na região.

Desde que a China se afastou da União Soviética durante a Guerra Fria, nos anos 1970, as relações entre os governos estadunidense e chinês têm sido cordiais. Mesmo enquanto eram adversários políticos, os dois países tornaram-se importantes parceiros econômicos. A China recebeu, a partir da criação das ZEEs, muitas empresas e investimentos dos Estados Unidos – ávidos pelas facilidades oferecidas pelos chineses. Hoje existe uma relação de dependência econômica entre os dois países, regida por intensos fluxos de mercadorias e capitais, o que gera alguma tensão entre as partes.

O crescimento do poder econômico e político da China também tornou o país um grande competidor em relação aos Estados Unidos. Em termos tecnológicos, a China desenvolveu um programa espacial para controlar sistemas do tipo *Global Positioning System* (GPS), com a ambição de construir uma estação espacial. Do ponto de vista militar, a hegemonia estadunidense é inquestionável, porém os chineses têm ampliado significativamente o tamanho e a qualidade de suas forças armadas e seus aparatos bélicos, como submarinos e drones militares.

A China tem-se colocado como uma potência por sua extrema capacidade polarizadora econômica e cultural, mas impressiona o mundo por seu rápido progresso técnico e pretende tornar-se também uma potência militar.

CNSA/Xinhua/Agência France-Presse

Sonda chinesa no lado escuro da Lua, em 2019.

E no Brasil?

A nova rota da seda e o Brasil

A China já começou a refazer a globalização à sua imagem. O presidente Xi Jinping anunciou que o seu governo irá investir US$ 124 bilhões (o equivalente a R$ 418 bilhões) em uma nova iniciativa para interligar a China e o resto da Ásia a partes da Europa e da África através de infraestrutura física e digital. A iniciativa Cinturão e Rota (em inglês, One Belt One Road, ou Obor) teria como inspiração a histórica Rota da Seda, que interligava Oriente e Ocidente e contribuiu para o desenvolvimento de civilizações complexas em diversas partes da Eurásia. Apesar da alusão histórica, o Obor é um projeto moderno, idealizado em um mundo já interconectado, e é impulsionado por uma economia emergente que não esconde mais sua ambição de tornar-se uma potência global. Longe de ser uma simples plataforma de cooperação econômica transregional, é um ambicioso projeto geopolítico; caso venha a ser colocado em prática, terá efeito cascata em todo o mundo.

Em termos de escopo, o Obor é a iniciativa econômica internacional mais ambiciosa da China desde a fundação da República Popular. A plataforma giraria em torno de dois eixos: uma via terrestre (o "cinturão"), que se estenderia da China até o norte da Escandinávia; e um corredor marítimo (a "rota"), composto de rotas comerciais. No total, a iniciativa atravessaria cerca de setenta países na Ásia, na África e na Europa, englobando nada menos que um terço do PIB mundial e 65% da população do planeta. Estima-se que um quarto de todos os bens e serviços do mundo passaria pelo Obor, que promoveria investimentos maciços em transporte e energia, tais como pontes, portos, gasodutos e ferrovias.

Ainda não há um consenso acerca da viabilidade da plataforma. Circulam, no entanto, três interpretações gerais. A primeira, altamente otimista, é a de que a iniciativa poderá reconfigurar o comércio global e revolucionar as dinâmicas geopolíticas da Ásia e do seu entorno. [...]

De acordo com a segunda interpretação, mais cética, a iniciativa enfrenta tantos desafios financeiros e políticos que, na prática, a plataforma não sairá do papel. [...]

Uma terceira via é a ideia de que o Obor é excessivamente ambicioso e, portanto, jamais será aplicado na íntegra; componentes-chave, sim, serão realizados, com efeitos que se estenderão bem além da Grande Eurásia. [...] O nível de interesse no Obor aumentou desde que o presidente Trump retirou os Estados Unidos da Parceria Transpacífica. Pequim não perdeu tempo em promover seus próprios arranjos de cooperação. Mais de quarenta países já assinaram acordos de cooperação com a China, prevendo investimentos alinhados com o Obor. [...]

A China já é o principal parceiro comercial do Brasil. O Obor, embora tenha origem no país asiático, ultrapassa os limites do continente. No mínimo, é fundamental que atores brasileiros acompanhem de perto os debates e as iniciativas associadas. Mas um engajamento mais institucionalizado e estratégico daria ainda mais peso a essa participação. Uma comissão interministerial, com representantes de diversos órgãos que lidam com planejamento econômico e de política externa, ajudaria a garantir a presença brasileira e a fortalecer a participação substantiva nos principais debates acerca do Obor. Por meio do Novo Banco do Brics ou se vier a tornar-se sócio do AIIB [Banco Asiático de Investimento em Infraestrutura], o Brasil também deve participar dos debates normativos acerca da iniciativa e do modelo de desenvolvimento que ela busca promover. Da mesma forma, a sociedade civil deve engajar-se nas discussões, fomentando pesquisas e debates sobre o assunto através do setor privado, de centros de pesquisa e de ONGs. Em um mundo cada vez mais multipolar, o Brasil não pode se dar ao luxo de ficar de fora das principais discussões e iniciativas geopolíticas.

ABDENUR, Adriana Erthal; MUGGAH, Robert. A nova rota da seda e o Brasil. *Le Monde Diplomatique Brasil*, 12 jun. 2017. Disponível em: <https://diplomatique.org.br/a-nova-rota-da-seda-e-o-brasil/>. Acesso em: 21 dez. 2018.

1. Do que trata o novo projeto Obor? Que territórios abarca?

2. Quais benefícios o projeto pode trazer ao Brasil?

Reconecte

Revisão

1. Faça uma análise geral dos aspectos naturais do território chinês e relacione-os à distribuição espacial da população.
2. Como aconteceu a Revolução Chinesa de 1949? Que transformações político-econômicas decorreram deste evento?
3. Por que se afirma que, ao longo da história chinesa, houve uma preocupação constante em equilibrar o desenvolvimento econômico, o processo de urbanização e a segurança alimentar?
4. Monte um infográfico sobre a dinâmica demográfica chinesa, de maneira a destacar suas principais transformações em termos de composição, volume e distribuição socioespacial.
5. O que são as Zonas Econômicas Especiais? Qual é sua importância para o crescimento econômico chinês?
6. Identifique e comente a importância econômica de algumas metrópoles globais existentes no território chinês.
7. Que tipos de problemas socioambientais são verificados na China? Que soluções têm sido buscadas pelo governo chinês?

Linha do tempo

8. Em trios, organizem uma linha do tempo com os principais acontecimentos que marcaram a história chinesa, do período imperial aos dias atuais.

Análise de charge e produção de mapa conceitual

Paresh Nath/Cagle Cartoons

Charge de Paresh Nath, de 2015.

9. A partir da charge ao lado, analise as disputas político-territoriais verificadas entre Estados Unidos, China e seus vizinhos dos mares da China Oriental e Meridional. Em seguida, organize suas reflexões em um mapa conceitual. Procure estabelecer o máximo de relações possíveis entre tais países.

Investigação de textos jornalísticos, debate e produção textual

10. Faça um levantamento de textos jornalísticos sobre a China ao longo do último mês e, a partir desta pesquisa e dos conteúdos estudados no capítulo, debata com os colegas sobre o papel da China como potência econômica, política e militar mundial. Depois, sistematize suas considerações em um texto dissertativo.

EXPLORANDO

11. Com mais três colegas, façam um levantamento das relações econômicas entre a China e o Brasil. Para tal, sigam o roteiro a seguir:

a) Acessem a página do Ministério da Indústria, Comércio Exterior e Serviços (MIDC) do Brasil (<www.mdic.gov.br/index>) e analisem as importações e exportações brasileiras (valores e principais produtos) em relação a esse importante parceiro comercial.

b) Investiguem a atuação de empresas chinesas na unidade da Federação em que vocês residem. Procurem explorar diferentes dimensões, como ganhos e prejuízos econômicos, sociais e ambientais.

c) Ao final, organizem um seminário para apresentar aos demais colegas as observações feitas.

Resumo

- A China é o maior país do mundo em extensão territorial, ocupando quase um quarto de toda a Ásia. Faz fronteira com mais de uma dezena de países e sua posição geográfica foi estratégica ao longo de toda sua história.
- A maior parte do território é formada por terras altas, como o planalto Tibetano e a cordilheira do Himalaia, na divisa com o Nepal. Também existem vastas planícies, sobretudo na porção oriental do país. Seus biomas são muito diversificados, com forte relação entre diferentes tipos climáticos. Contemplam formações Tropicais, Subtropicais e Temperadas, além de ambientes Semiáridos e Áridos, como o deserto de Gobi.
- A China tem tradições milenares. Depois de um longo período imperial, marcado pela sucessão de muitas dinastias, tornou-se uma república em 1912 após o movimento nacionalista revolucionário promovido por Sun Yat-sen.
- Após embates com o Partido Nacionalista (*Kuomintang*) liderado por Chiang Kai-shek, Mao Tsé-tung, à frente do Partido Comunista Chinês, realizou uma revolução que culminou na criação da República Popular da China (1949). A partir de então, o país adotou o modo de produção socialista, com planificação da economia.
- Sobretudo a partir dos anos 1980, a China empreendeu uma abertura ao mercado internacional, com a criação de Zonas Econômicas Especiais em algumas províncias – situadas próximo ao litoral do país. A partir de então alcançou taxas de crescimento econômico impressionantes, com fortes disparidades regionais.
- A dinâmica populacional chinesa é única no mundo. Primeiro, porque a China possui a maior população mundial e, segundo, pelas diferentes políticas implementadas pelo governo chinês para controlar sua composição, seu volume e sua distribuição pelo território, como a política de planejamento familiar (1979-2016), que tem desdobramentos na sociedade atual.
- A China tem ocupado uma posição de destaque na ordem internacional. Suas metrópoles estão no centro dos principais fluxos de mercadorias e capitais. O país possui inúmeros parceiros comerciais e exporta uma vasta gama de produtos, muitos deles com alto valor agregado.
- Além da economia, o poderio político-militar da China tem crescido rapidamente, tanto na região onde se situa quanto no âmbito mundial. O novo papel desempenhado por este país na ordem internacional é motivo de preocupação para outros países, como os Estados Unidos e os vizinhos asiáticos.

CAPÍTULO

9

Japão e Tigres Asiáticos

Ao longo da história, o contato entre povos asiáticos originários e colonizadores à procura de novos mercados fez que tradições sociais e culturais milenares do Oriente fossem difundidas por todo o mundo e que esses países asiáticos recebessem influências ocidentais.

A partir do século XX, grandes potências mundiais e regionais começaram a investir pesadamente no Japão e nos territórios chamados de Tigres Asiáticos – Vietnã, Tailândia, Indonésia, Coreia do Sul, Hong Kong, Taiwan, Cingapura e Malásia.

Em termos econômicos, o Japão apresentou ao mundo uma nova estratégia de produção. Já os Tigres Asiáticos demonstraram que, na atual fase da globalização, a manutenção do poderio econômico envolve tecnologia, educação, geopolítica, tradição e cultura.

Alamy/Fotoarena

// Trabalhadores em confecção de uniformes militares em Sukoharjo, na Indonésia, em 2018.

EM FOCO

Resgate na Tailândia

O bem-sucedido resgate na Tailândia que tirou os 12 meninos e seu técnico de futebol do interior do complexo de cavernas de Tham Luang, no norte do país, foi marcado por momentos de muita emoção, ansiedade, tristeza e júbilo.

Os garotos fazem parte do time de futebol Wild Boars e têm entre 11 e 17 anos. Eles haviam entrado na caverna no dia 23 de junho [de 2018] depois de um treino, e acabaram surpreendidos por fortes chuvas que inundaram o local e bloquearam a saída. [...]

A enorme operação de três dias para salvá-los ocorreu sob o olhar atento de todo o mundo. Ao fim, todos saíram da rede de cavernas com vida. [...]

Ainda longe dos holofotes da imprensa internacional, o primeiro drama foi enfrentado pelos pais naquele 23 de junho quando receberam a informação de que 11 bicicletas haviam sido encontradas do lado de fora de uma caverna conhecidamente perigosa durante a estação de chuvas. [...]

O grupo estava desaparecido havia 9 dias e muitos já haviam perdido as esperanças. Foi quando, finalmente, mergulhadores britânicos encontraram as crianças e o técnico com vida em um nicho elevado dentro da profunda rede de cavernas. [...]

Para sair do local – localizado a mais de 800 metros abaixo do solo – os meninos e o técnico precisaram andar nas rochas, caminhar na água, escalar e mergulhar – tudo na completa escuridão – com o auxílio de cordas colocadas ao longo do percurso para guiá-los. Segundo o governo tailandês, que divulgou o plano do resgate, os garotos foram divididos em quatro grupos e transportados um a um. O treinador estava neste último grupo [...]

RESGATE na Tailândia: sete momentos emocionantes de operação heroica que resgatou os meninos da caverna. *BBC News*, 10 jul. 2018. Disponível em: <www.bbc.com/portuguese/internacional-44782323>. Acesso em: 21 dez. 2018.

Lilian Suwanrumpha/AFP

Soldados tailandeses buscam crianças da equipe de futebol e seu treinador perdidos na caverna de Tham Luang, no norte da Tailândia, em 2018.

1. Como estudaremos neste capítulo, os países chamados Tigres Asiáticos apresentam clima úmido e índices altos de precipitação. Segundo o texto, as fortes chuvas bloquearam a saída de uma caverna na Tailândia, deixando preso um grupo de meninos. Com os colegas, sugira duas medidas de segurança que poderiam ter evitado esse episódio. Justifiquem as propostas.

1. Japão

País com história milenar, o Japão passou por um vertiginoso crescimento econômico a partir do último quarto do século XIX. Apesar da derrota na Segunda Guerra Mundial (1939-1945), recuperou-se economicamente e está entre as principais economias mundiais da atualidade. Diante das novas exigências do mundo globalizado, busca superar desafios internos e internacionais para ampliar seu poder perante os demais países.

Quadro físico

O território japonês localiza-se no extremo leste do continente asiático (Ásia oriental). Segundo o Ministério de Relações Exteriores do Japão, estende-se por cerca de 378 mil km²; isso inclui terras disputadas com seus vizinhos, como o arquipélago de Senkaku, motivo de impasses com a China; os chamados Territórios do Norte (ilhas Etorofu, Kunashiri, Shikotan e Habomai), disputados com a Rússia; e as ilhas Tashima, no mar do Leste (mar do Japão), ocupadas pela Coreia do Sul.

O Japão é um país totalmente insular, formado por dois grandes conjuntos de ilhas alinhadas na direção nordeste-sudoeste e circundadas pelo oceano Pacífico, pelo mar de Okhotsk, pelo mar do Leste e pelo mar da China Oriental. O bloco central corresponde às quatro ilhas maiores – Honshu (28 mil km²), Kyushu (36 mil km²), Shikoku (18,3 mil km²) e Hokkaido (78 mil km²). Graças à proximidade, todas estão conectadas por passagens terrestres (viadutos e túneis). O bloco periférico, entretanto, é constituído por centenas de ilhas menores e mais distantes.

Cerca de 75% do relevo do território japonês é montanhoso, com altitudes entre 1 700 e 3 776 metros nas principais formações. No entanto, por existirem declividades acentuadas, muitas áreas do país estão sujeitas a escorregamentos, com grande risco de movimentos de massa. Além das terras altas, existem planícies – geralmente litorâneas – não muito extensas. No bloco central do país não existem localidades que estejam a mais de 130 quilômetros do mar. Observe o mapa.

Japão: físico

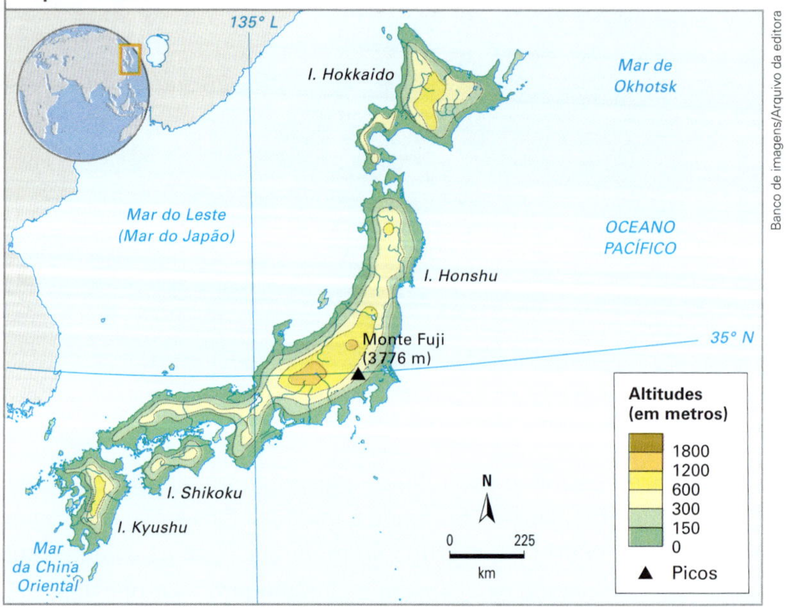

Elaborado com base em: IBGE. *Atlas geográfico escolar*. 7. ed. Rio de Janeiro, 2016. p. 46.

O Japão situa-se no Círculo de Fogo do Pacífico, onde ocorre o encontro de quatro placas tectônicas. Por isso, sofre com a ocorrência de *tsunamis* e terremotos. Também abriga mais de 10% dos vulcões ativos do mundo (cerca de 110), entre eles o Sakurajima, próximo à cidade de Kagoshima, em Kyushu, e o monte Asama, na ilha de Honshu. A intensa atividade vulcânica produz solos bastante férteis.

Alamy/Fotoarena

Ao fundo, vulcão Sakurajima, em Kyushu, no Japão, em 2017.

Em razão da posição geográfica e das características do relevo, os rios do território japonês são, em geral, de pequeno comprimento, caudalosos e de grande velocidade. O maior é o rio Shinano, que se estende por 367 quilômetros dos Alpes Japoneses, em Honshu, até desaguar no mar do Leste.

O arquipélago do Japão tem formato estreito, mas ocupa diferentes faixas latitudinais no hemisfério norte. Por isso, apresenta diferentes tipos climáticos: subpolar (norte da ilha de Hokkaido), subtropical (porção no extremo sul, como nas ilhas Ryukyu) e temperado (na maior parte do território). No geral, o clima no país é úmido, ainda que existam variações entre os territórios voltados para o mar do Leste e os localizados na costa do Pacífico, mais ensolarada no inverno e sujeita a tufões no verão. Outros fatores que influenciam a grande oferta de umidade são a atuação das massas de ar e as correntes marítimas.

A existência de diferentes ambientes se traduz em uma significativa biodiversidade. Há grande variedade de espécies vegetais e animais, tanto marinhas como terrestres, boa parte endêmica.

Por estar sujeito a eventos sísmicos, erupções vulcânicas, deslizamentos, inundações e tufões, o país desenvolveu a cultura do risco, traduzida em muitas políticas públicas preventivas, como as de treinamento da população, e de reconstrução das cidades. Estima-se que pelo menos 10% do Produto Interno Bruto (PIB) japonês seja aplicado em obras de infraestrutura pública.

Dica de *site*

Japan Meteorological Agency
Disponível em: <www.jma.go.jp/jma/indexe.html>. Acesso em: 4 jan. 2019.
A página oficial do governo japonês disponibiliza informações sobre previsão do tempo no país, análises climáticas e oceânicas, localização e alerta de terremotos e atividade vulcânica, entre outras. Em inglês.

Do xogunato à Era Meiji

A história do Japão remonta a, pelo menos, 10 mil anos. É marcada por muitos acontecimentos internos e inúmeras transformações nas relações com outros países, principalmente a China. Apesar de ter recebido influências políticas, econômicas e culturais de diversos países, o Japão soube preservar sua especificidade e encontrar um caminho próprio. Construiu um regime imperial, no qual desenvolveu o **xogunato** (leia o texto a seguir). Esse regime perdurou até 1868 e é conhecido como o período feudal japonês. Foi marcado por momentos de estabilidade intercalados por conflitos externos (como a invasão mongol no século XIII) e internos (como disputas dinásticas e entre senhores feudais).

O xogunato

Em 21 de agosto de 1192, Minamoto Yorimoto foi nomeado xogun, ou líder militar, em Kamakura, no Japão. Ele estabeleceu o primeiro governo militar do Japão, ou *bakufu*, chamado de xogunato de Kamakura.

Os xoguns eram líderes militares hereditários, tecnicamente nomeados pelo imperador. No entanto, o poder real estava com os próprios xoguns, que atuavam de perto com outras classes da sociedade japonesa. Os xoguns trabalhavam com funcionários públicos, que administravam programas como impostos e comércio. Eles também trabalhavam com os daimyo, ou latifundiários ricos. E, por fim, os xoguns trabalhavam com samurais, uma classe guerreira geralmente empregada pelo daimyo.

Uma série de três xogunatos principais (Kamakura, Ashikaga, Tokugawa) liderou o Japão durante a maior parte de sua história de 1192 até 1868. O termo "xogum" ainda é usado informalmente para se referir a um poderoso líder que atua dos bastidores, como um primeiro-ministro aposentado.

CARYL-SUE. 1192: First Shogunate in Japan. *National Geographic*, 18 jul. 2014. Disponível em: <www.nationalgeographic.org/thisday/aug21/first-shogunate-japan>. Acesso em: 4 jan. 2019. (Texto traduzido pelos autores.)

A partir do século XVI, os japoneses passaram a lidar com a presença europeia. Como não estavam preparados para o livre-comércio, optaram pelo isolacionismo e limitaram o comércio com estrangeiros, dando um pouco mais de flexibilidade para holandeses e chineses. Por outro lado, aprenderam novas técnicas agrícolas e de manufatura, além de adotar instrumentos como a bússola e o astrolábio.

Esse isolamento, somado ao crescimento populacional e a características territoriais e econômicas, fez a população japonesa empobrecer e passar por períodos de fome e epidemias. Além disso, as Guerras do Ópio entre China e Reino Unido, que culminaram na assinatura dos tratados de Nanquim (1842) e de Tianjin (1858), com grande prejuízo aos chineses, preocuparam os japoneses quanto às ações das potências europeias.

Nesse contexto, o Japão, após um período de abertura comercial, fechou-se ainda mais, rejeitando qualquer presença ocidental em seu território. Porém, os senhores feudais, descontentes com a situação, colocaram-se contra o xogum – o que aproximou o Japão do Ocidente. O príncipe Mutsuhito ascendeu ao poder como imperador Meiji em 1868, e o último xogum (Tokugawa Yoshinobu) renunciou, resultando no fortalecimento do poder central imperial. A autoridade feudal foi suprimida e houve a abolição do regime do xogunato. Deu-se início à restauração Meiji, que conduziu o Japão à modernização.

A Era Meiji, que se estendeu até 1912, é fundamental para a compreensão do desenvolvimento japonês, pois foi marcada por profundas reformas políticas, econômicas e sociais. Os feudos foram extintos e realizou-se uma reforma agrária que implementou novas leis para o imposto territorial rural. Investiu-se em infraestrutura de transporte, com a construção de importantes ferrovias, como a de Tóquio-Yokohama (1872). Instituiu-se uma moeda única – o iene – em 1871, e foram criadas diversas instituições comerciais e bancárias, como o Banco do Japão. A educação primária tornou-se obrigatória e muitas universidades também foram criadas.

Ilustração realista da rua principal da alvenaria de tijolo em Ginza, Tóquio, de Utagawa Kuniteru II, 1873. A imagem apresenta uma paisagem urbana da Era Meiji, planejada para se aproximar a uma metrópole ocidental.

Nesse processo de modernização que marcou a Era Meiji, o Japão industrializou-se rapidamente com base em um modelo muito particular, pautado em grandes grupos financeiros e comerciais chamados *zaibatsus*. Esses grupos eram similares a *holdings*, mas organizados por um núcleo familiar – o que remonta às próprias características da sociedade japonesa, antigamente organizada em clãs. Um mesmo *zaibatsu* atuava em diferentes ramos de atividade, como o de mineração, o bancário, o têxtil e o alimentício. Os principais *zaibatsus* eram Mitsui, Mitsubishi, Sumimoto e Yasuda. Em pouco tempo, os grandes grupos incorporaram outros menores, consolidando uma economia concentrada nas mãos de poucos empresários, que passaram a influenciar significativamente a política japonesa. Os movimentos sociais da nova classe trabalhadora industrial foram duramente reprimidos ao final do reinado Meiji.

Em 1889, o Japão tornou-se uma monarquia constitucional. As fragilidades da nova arquitetura política (duas casas parlamentares, uma nomeada pelo imperador e outra eleita pela população) foram apaziguadas pelo movimento expansionista japonês a partir desse período. No final do século XIX e início do século XX, o Japão avançou sobre territórios chineses, coreanos e russos.

O período entreguerras e a reconstrução

Para ampliar sua influência na Ásia durante a Primeira Guerra Mundial (1914-1918), o governo japonês juntou-se aos Aliados (Tríplice Entente, formada por Reino Unido, França e Império Russo) para combater os interesses da Alemanha no leste asiático. Ao final do conflito, no Tratado de Versalhes (1919), obteve a posse de antigas colônias germânicas no oceano Pacífico e a transferência de Shandong para seu domínio, deixando os chineses contrariados.

Apesar de ter crescido durante a guerra, após o conflito a economia japonesa entrou em uma crise profunda, agravada por um grande terremoto que devastou a região de Tóquio em 1923. Além disso, a população japonesa cresceu consideravelmente (de 37 milhões de habitantes em 1880 para 64 milhões em 1930), o que ampliou a pressão por recursos. O mercado internacional restringia cada vez mais o comércio com os japoneses, por causa da baixa qualidade dos produtos e de críticas às condições de trabalho. Nesse contexto, o Japão adotou ainda mais políticas imperialistas. Ocupou a região da Manchúria (Manchukuo), no nordeste da China (1933), e se retirou da Liga das Nações. Em 1937, entrou em guerra com a China.

Em 1941, o governo japonês formalizou uma aliança com os países do Eixo (Alemanha e Itália) na Segunda Guerra Mundial, opondo-se à aliança formada por Império Britânico, União Soviética e China (Aliados). Nesse período, invadiu diversos territórios, como Hong Kong, Cingapura e Vietnã. Tinha por objetivo estabelecer uma nova ordem no Sudeste Asiático. Porém, não teve capacidade militar para garantir as novas conquistas.

O ataque japonês à base estadunidense de Pearl Harbor (Havaí), em dezembro de 1941, motivou os Estados Unidos a entrar no conflito. Após conquistas territoriais no Pacífico e no Sudeste Asiático, os Aliados começaram a ganhar batalhas sucessivas. Com seu território destruído, os japoneses renderam-se oficialmente após os Estados Unidos lançarem duas bombas atômicas sobre as cidades de Hiroshima e Nagasaki (respectivamente, nos dias 6 e 9 de agosto de 1945). Os ataques tiveram grandes efeitos materiais e imateriais sobre a população japonesa, que já passava por privações severas antes mesmo do término do conflito.

Prisma Bildagentur/UIG/Getty Images

A cidade de Hiroshima após o lançamento da bomba atômica pelos Estados Unidos, em agosto de 1945.

Após a Segunda Guerra, os japoneses perderam todos os territórios conquistados desde o século XIX, como Taiwan (ilha Formosa), Coreia, as ilhas Kurilas (ocupadas pela URSS) e o arquipélago de Ryukyu (sob controle estadunidense até 1972). Seu território central, diferentemente do ocorrido na Alemanha, não foi partilhado entre as potências vitoriosas, mas foi despojado de autonomia política, pois os Estados Unidos passaram a influir nas decisões do país.

Os japoneses se empenharam na reconstrução do país com auxílio financeiro dos Estados Unidos (Plano Marshall). Foram criadas instituições e os *zaibatsus* foram dissolvidos para descentralizar o poder. As formas organizacionais que se sucederam – empresas mais flexíveis em cooperação com empresas maiores ou bancos – trouxeram grande crescimento econômico ao país, pois os investimentos realizados as tornaram bastante competitivas no mercado internacional.

Na constituição japonesa de 1946, o poder imperial foi mantido nos moldes da monarquia britânica, na qual o poder efetivo cabe ao parlamento. Um dos pontos mais controversos foi a renúncia japonesa ao uso da força (sob a responsabilidade dos Estados Unidos).

Aos poucos, o Japão obteve mais autonomia em relação aos Estados Unidos, que queriam garantir um importante aliado capitalista durante a Guerra Fria. Na década de 1990, esse processo se intensificou com o desmantelamento da União Soviética, em 1991, e a redução do ritmo de crescimento econômico japonês. A partir dos anos 2000, o país voltou a crescer e assumiu outro papel na ordem internacional, com o objetivo de consolidar-se como potência política – por exemplo, ao defender sua participação no Conselho de Segurança da ONU. No entanto, apesar de ampliar sua força, o Japão ainda tem nos Estados Unidos um importante parceiro, embora este tenha preocupações quanto aos rumos do crescimento econômico, político e militar japonês.

População

A demografia japonesa tem preocupado os governantes do país há algumas décadas. Isso porque, mesmo com um aumento populacional desde o período após a Segunda Guerra Mundial (de 93,4 milhões em 1960 para 128 milhões em 2010, um aumento de 37% em 50 anos), o ritmo de envelhecimento japonês é um dos maiores no mundo. Pelo menos um quarto dos habitantes do Japão possui 65 anos ou mais, e a tendência é de que essa proporção se amplie significativamente nos próximos anos.

Entre as principais razões da situação demográfica no Japão destaca-se o declínio acentuado nas taxas de fecundidade. Se em 1947 a média era de 4,5 filhos por mulher, em 2012 era apenas 1,41 filho. Desde o início da década de 1970, os valores já estavam abaixo do nível de reposição da população – importante para a garantia da substituição de gerações.

Outro fator é a redução das taxas de mortalidade. Segundo a Organização Mundial da Saúde (OMS), a expectativa de vida dos japoneses em 2015 era uma das maiores do mundo – 83,7 anos para mulheres e 80,5 para homens. Para se ter uma ideia, no Brasil a expectativa de vida no mesmo ano era de 78,7 anos para mulheres e 71,4 anos para homens.

Estima-se que, se esse ritmo de envelhecimento for mantido, de 128 milhões de habitantes em 2010, a população japonesa chegará a 87 milhões de pessoas em 2060 – uma redução de 32% no total. Esse cenário intensificará as consequências já sentidas da situação demográfica, como a redução da População Economicamente Ativa, sobrecarga nos sistemas previdenciário e de saúde, menor arrecadação tributária e mudança nas políticas públicas, levando a uma maior atenção aos idosos.

A situação é ainda mais grave nos distritos rurais do país. Devido às características geomorfológicas do Japão, a população está concentrada nas poucas planícies existentes no país, com destaque para o litoral voltado ao oceano Pacífico. A maior parte da população japonesa reside nas grandes áreas industriais, como Tóquio-Yokohama, Osaka-Kobe-Kyoto, Nagoya e o norte da ilha de Kyushu. Nas pequenas áreas rurais, verificam-se fluxos migratórios temporários, assim como forte emigração para outras regiões do país.

Alamy/Fotoarena

Tóquio, no Japão, em 2018.

A imigração é considerada indesejável por boa parte da população japonesa, que busca preservar a homogeneidade étnico-cultural do país. Ao longo de sua história, o Japão recebeu um número relativamente baixo de imigrantes, com destaque para a vinda de ex-súditos coloniais (coreanos, chineses e taiwaneses) durante o período de expansão imperial (1905-1945). Após a Segunda Guerra, foram estabelecidas rígidas leis de controle de imigração e entrada de refugiados, fortemente excludentes para os estrangeiros já estabelecidos no país. Porém, pelo menos até os anos 1980, as taxas de natalidade verificadas no período somadas ao êxodo rural garantiram o volume de mão de obra necessário nas áreas urbanas, com crescimento da economia japonesa.

Sobretudo a partir dos anos 1990, a escassez de trabalhadores (especialmente para os empregos com baixa remuneração) fez que o governo do Japão flexibilizasse a legislação migratória, mas ainda de maneira excludente sociocultural e economicamente. Assim, incentivou a vinda de descendentes de japoneses (incluindo muitos brasileiros) com alta e média qualificação.

Japão: participação estrangeira na população – 1970-2016

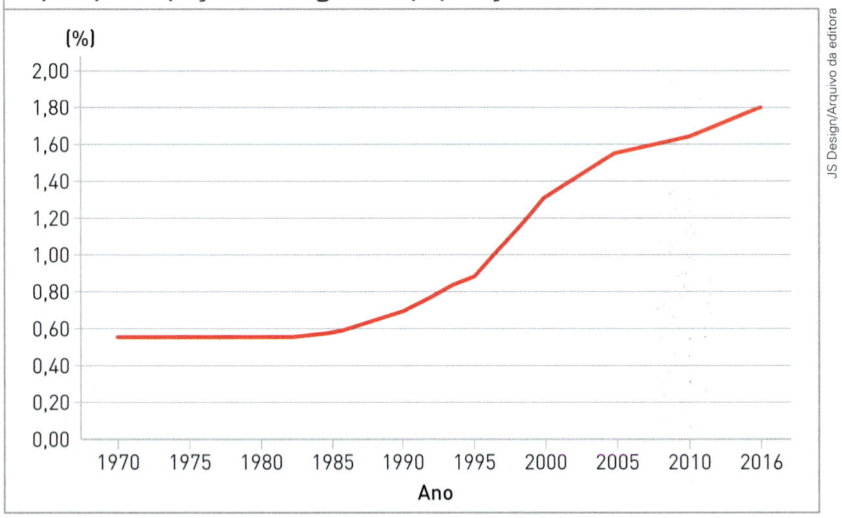

Elaborado com base em: GREEN, David. As Its Population Ages, Japan Quietly Turns to Immigration. *Migration Policy Institute*, 28 mar. 2017. Disponível em: <www.migrationpolicy.org/article/its-population-ages-japan-quietly-turns-immigration>. Acesso em: 9 jan. 2019.

No entanto, apesar de contribuir bastante com ajuda externa e humanitária, o país atende a poucas solicitações de refugiados. Além disso, os efeitos da crise econômica mundial iniciada em 2008 levaram a muitas demissões de imigrantes e ao desenvolvimento de políticas – como a "*pay to go*", existente entre 2009 e 2010 – para que voltassem ao seu país de origem. Desastres naturais como o terremoto e o *tsunami* ocorridos próximo à costa japonesa (além do vazamento nuclear de Fukushima) também contribuíram para a redução do número de estrangeiros no Japão, que consistiam em apenas 5% da população entre 2010 e 2012. Nesse cenário, o governo japonês tem abrandado as leis de imigração do país desde 2012 e promovido recrutamento de profissionais de várias categorias.

Atividade econômica

A escalada do Japão para constituir-se em uma das principais potências econômicas mundiais iniciou-se, principalmente, a partir das reformas promovidas durante a Era Meiji (1868-1912). No início desse período, mais de três quartos da população japonesa trabalhava no setor primário e o Produto Interno Bruto *per capita* era de apenas 750 dólares – menos de 2% do valor verificado em 2017.

A princípio, os japoneses importaram tecnologias estrangeiras, criaram empresas públicas e optaram por desenvolver a indústria de base (ferro e aço, naval e química) e outros setores estratégicos, como o de arsenais, de comunicação e de infraestrutura. A maior parte desses empreendimentos foi vendida a grupos financeiros e comerciais familiares, que constituíram os *zaibatsus*, de fundamental importância na diversificação da economia japonesa.

No último quarto do século XIX, o Japão já apresentava altas taxas de crescimento do PIB (média de 4,3% entre 1885 e 1898). Após a Segunda Guerra, a economia japonesa cresceu vertiginosamente a partir de 1946 – em grande parte graças aos investimentos para a reconstrução. No fim da década de 1960, o Japão já era a terceira maior economia mundial, com melhoria significativa nas condições de vida da população. Por outro lado, havia muita dependência em relação às importações.

Durante a década de 1970, diante de crises internacionais, a economia japonesa continuou a crescer. O governo promoveu uma reestruturação da indústria do país: intensificou os investimentos na indústria pesada e favoreceu a produção nacional em massa de mercadorias com maior valor agregado, com grande preocupação quanto à redução de custos. Além disso, traçou como objetivo o crescimento das exportações, com liberalização do comércio e do controle cambial.

Nesse período, o Ministério da Indústria e do Comércio Internacional do Japão teve papel essencial, pois, ao escolher determinados setores para canalizar os investimentos, coordenar as operações das empresas (como fusões e aquisições) e estabelecer barreiras alfandegárias, favoreceu a criação de oligopólios com poder suficiente para concorrer com grandes empresas estrangeiras.

Em poucas décadas, os setores secundário e terciário suplantaram a importância do setor primário na economia japonesa, tanto em relação ao número de pessoal empregado como quanto ao PIB. Na década de 1950, mais de 40% da população do país trabalhava no setor primário, que respondia por 19,2% da riqueza produzida no país. Em 2015, apenas 4% dos japoneses dedicavam-se a esse setor econômico, que contribuía com somente 1,1% do PIB nacional. Observe a tabela.

Japão: mudanças na estrutura setorial – 1955-2015

Ano	Pessoal empregado (%)			Produto Interno Bruto (%)		
	Setor primário	Setor secundário	Setor terciário	Setor primário	Setor secundário	Setor terciário
1955	41,2	23,4	35,5	19,2	33,7	47,0
1975	13,9	34,2	52,0	5,3	38,8	55,9
1995	6,0	31,3	62,7	1,8	30,4	67,8
2015	4,0	25,0	71,0	1,1	26,2	72,7

Elaborado com base em: JAPAN. Statistics Bureau. Ministry of Internal Affairs and Communications. *Statistical Handbook of Japan 2017*. p. 29. Disponível em: <www.stat.go.jp/english/data/handbook/pdf/2017all.pdf#page=38>. Acesso em: 9 jan. 2019.

No fim da década de 1980, o Japão tornou-se o principal credor do mundo. A Bolsa de Valores de Tóquio ocupava o primeiro lugar quanto ao volume de transações financeiras e muitos dos principais bancos internacionais tinham origem nesse país. Os japoneses passaram a investir cada vez mais em imóveis e empresas em outros continentes, como Europa e América do Norte.

No início dos anos 1990, o Japão era a segunda maior economia mundial. Por meio de seus portos circulavam grandes volumes de mercadorias. Porém, nos últimos anos, o país tem passado por instabilidades econômicas que reduziram o crescimento médio anual do PIB a pouco mais de 1%. Entre as causas dessa situação está a grande dependência de exportações ante uma redução da demanda internacional por produtos japoneses, em virtude de crises no mercado externo e dos preços mais elevados desses produtos em comparação aos fabricados em outros países asiáticos. Além disso, o fluxo japonês de investimento direto nos Tigres Asiáticos diminuiu.

A economia japonesa recupera-se em ritmo lento, e o aumento da desigualdade e das taxas de desemprego preocupa a sociedade do país. As últimas tentativas do governo orientadas para a promoção do mercado interno não alcançaram os resultados esperados. Por suas características naturais e sociais, o Japão lança-se novamente ao mercado exterior, em concorrência cada vez maior com outras potências econômicas tradicionais e emergentes, com destaque para a China.

Kyodo News/Getty Images

O porto de Kobe é um dos maiores portos comerciais do Japão. Foto de 2017.

Tigres Asiáticos – 2019

Banco de imagens/Arquivo da editora

Elaborado com base em: IBGE. *Atlas geográfico escolar*. 7. ed. Rio de Janeiro: IBGE, 2016. p. 47.

2. Tigres Asiáticos

Os Tigres Asiáticos receberam esse nome pelo rápido crescimento econômico que apresentaram. Baseados em investimentos em ciência e tecnologia, esses países se inspiraram, de certo modo, no modelo japonês para criar empresas competitivas, que conseguiram destaque no mundo da globalização econômica. Observe o mapa ao lado.

Quadro físico

A região em que os Tigres Asiáticos se situam apresenta, predominantemente, um clima úmido com verões quentes. As temperaturas médias anuais oscilam entre 25 °C e 27 °C, e os índices de precipitação e umidade são altos.

O fenômeno das monções é muito importante na região. Em linhas gerais, ele corresponde a uma tipologia de vórtice ciclônico que surge na Índia e, durante o verão, ocasiona chuvas intensas. Por isso, as grandes tempestades também são uma característica da região.

Quanto à vegetação, a formação predominante em Cingapura, Indonésia, Tailândia e Vietnã é a **Floresta Tropical Pluvial**. Nela ocorre precipitação elevada (2 mil a 3 mil mm/ano) associada a altas médias de temperatura (24 °C a 28 °C), além de árvores com folhas o ano todo, densas e com enorme biodiversidade em razão da ocorrência de espécies associadas, como epífitas e cipós.

Vórtice ciclônico: ventos confinados nos altos níveis (acima de 5 mil m de altura), fracos nos níveis baixos e médios. Provocam alteração no tempo e podem causar sérios problemas locais e regionais, como chuvas intensas.

Tigres Asiáticos: classificação climática

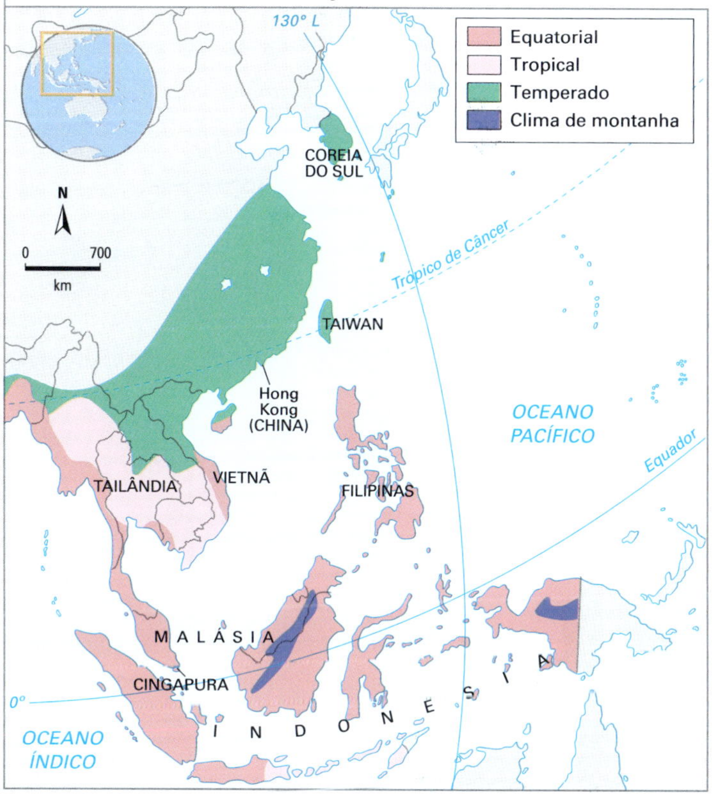

Elaborado com base em: BOCHICCHIO, Vicenzo Raffaele. *Atlas Mundo Atual*. 2. ed. São Paulo: Atual, 2015. p. 66.

Nuvens carregadas de chuva no litoral de Cingapura, em 2016.

Já a Coreia do Sul apresenta **Florestas Mistas e Temperadas**, uma faixa de transição entre a Floresta de Coníferas e florestas mais densas, cujas árvores perdem as folhas no outono e no inverno.

Alamy/Fotoarena

// O Parque Nacional de Naejangsan, na Coreia do Sul, abriga áreas remanescentes de Floresta Temperada. Foto de 2017.

Certas porções da Tailândia são compostas da **Floresta de Monções**, que recebe elevada precipitação em parte do ano por causa das monções e, por isso, apresenta uma combinação de árvores decíduas e perenes e elevada biodiversidade.

Assim como o Japão, muitos dos Tigres Asiáticos possuem seus territórios no Círculo de Fogo do Pacífico. Dessa forma, sua composição geológica é principalmente formada por rochas vulcânicas e há grande ocorrência de vulcões e terremotos. Já o relevo apresenta planícies e zonas montanhosas.

Colonização

Europeus, chineses e japoneses ocuparam, ao longo da história, as terras dos países que hoje são considerados Tigres Asiáticos.

A península da Coreia esteve em disputa na Primeira Guerra Sino-Japonesa (1894-1895), um conflito entre China e Japão. O Japão saiu vitorioso e a península foi território japonês até o final da Segunda Guerra Mundial.

Após a Segunda Guerra, a península coreana foi dividida em dois países: a Coreia do Norte, socialista, e a Coreia do Sul, capitalista. Seguiu-se uma guerra entre elas, a Guerra da Coreia (1950-1953), e ao final manteve-se a divisão, que permanece até os dias de hoje.

Taiwan também foi ocupado pelo Japão no mesmo período de ocupação da Coreia, permanecendo sob domínio japonês por cinquenta anos. Atualmente, Taiwan possui governo próprio que reivindica autonomia, mas a China não o reconhece e trata a ilha como parte de seu território.

Hong Kong esteve sob domínio chinês e britânico durante séculos. A Guerra do Ópio (1839-1860), conflito entre China e Reino Unido, terminou com a cessão da ilha ao Império Britânico, que exerceu domínio sobre ela por 99 anos, a partir de 1898. Em 1997, voltou a ser território chinês.

Cingapura e Malásia também foram colonizadas por britânicos e japoneses. Cingapura foi posto comercial da Companhia das Índias Orientais. Da mesma forma, a Malásia, a partir do século XVIII, tornou-se posto comercial dos britânicos. Hoje são países independentes.

O Vietnã pertenceu à China por muitos anos. Na Batalha de Bach Dang (931-939), tornou-se independente do Império Chinês. Porém, a partir de 1887, passou para o domínio da França, que foi finalizado apenas na Guerra da Indochina (1946-1954). Dividido em dois países após este conflito, o Vietnã entrou em guerra mais uma vez. A Guerra do Vietnã (1962-1975) foi um embate entre o Vietnã do Norte, socialista, auxiliado pela União Soviética e pela China, e o Vietnã do Sul, apoiado pelos Estados Unidos. A vitória foi socialista. Após o fim do bloco soviético, no entanto, o Vietnã assumiu um novo destino.

Horst Faas/AP Photo/Glow Images

Soldados sul-vietnamitas atravessam trecho do rio Mekong à procura de inimigos, em 1964. O conhecimento do território e as técnicas de guerrilha em áreas de florestas foram fundamentais na vitória dos vietnamitas do norte, que utilizavam armadilhas e esconderijos como estratégias de combate.

O território da Indonésia sempre foi uma importante rota comercial para chineses, indianos e árabes. Os valores culturais e a religião oficial do país, o islamismo, foram trazidos pelos árabes. Os indonésios conseguiram sua independência após a Segunda Guerra.

Franceses, ingleses, japoneses e estadunidenses estabeleceram domínio no território tailandês. Até a Segunda Guerra, a supremacia era japonesa, sendo depois transferida gradualmente para os Estados Unidos. Durante a Guerra Fria, a Tailândia foi aliada dos Estados Unidos.

Especialmente a partir de 1970, esses países passaram por processos de industrialização – favorecidos pela Guerra Fria e pela aliança com os Estados Unidos, que desejavam apresentar, para os chineses e os soviéticos, avanços industriais e militares na região. Os investimentos financeiros de empresários japoneses, estadunidenses e europeus na economia asiática possibilitaram o aparecimento da primeira geração dos Tigres Asiáticos.

Primeira geração

Coreia do Sul, Hong Kong, Taiwan e Cingapura são considerados os quatro Tigres Asiáticos da primeira geração por terem passado por mudanças econômicas, políticas e sociais a partir da década de 1980.

Várias ações de controle e planejamento estatal foram implantadas, como redução de impostos para os produtos de exportação, proteção de tarifas para os produtos de importação e grandes investimentos em transporte, energia, infraestrutura e educação. A estratégia era estimular a industrialização e a exportação.

O modelo de desenvolvimento econômico adotado pelo Japão após a Segunda Guerra foi referência para os Tigres Asiáticos. Esse modelo baseia-se na produção e exportação de produtos de alto valor agregado, isto é, produtos industriais sofisticados, como os de alta tecnologia. Essa produção não é inteiramente absorvida pelo mercado interno e, portanto, é exportada em grande escala. Os valores resultantes dessas exportações, associados ao controle estatal da inflação, da política industrial e das contas públicas, resultaram nos números de crescimento econômico verificados nas décadas seguintes.

Tigres Asiáticos da primeira geração: principais indústrias – 2015

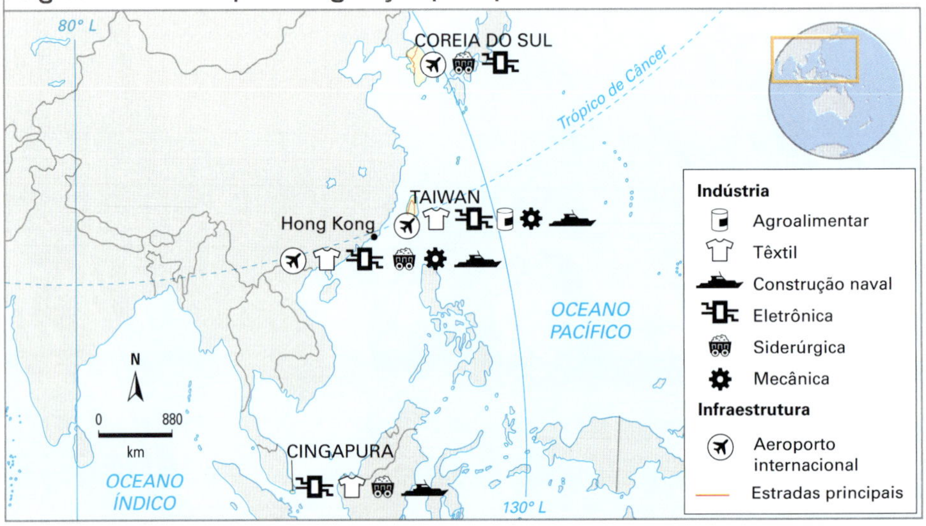

Banco de imagens/Arquivo da editora

Elaborado com base em: GALLIMARD, Antoine; GALLIMARD, Loisirs. *Le Grand atlas Geo Gallimard*: pour le XXIe siècle. Paris: Prisma Presse/Geo, 2015. p. 162 e 176.

Coreia do Sul

A Coreia do Sul é considerada a maior economia da primeira geração dos Tigres Asiáticos. A indústria sul-coreana funciona em redes de grandes empresas, chamadas de *chaebols*, que produzem uma enorme quantidade de bens, como aço, eletroeletrônicos, navios, automóveis e artigos de microeletrônica. Ao mesmo tempo, atuam no setor de finanças e comércio.

SeongJoon Cho/Bloomberg/Getty Images

Complexo industrial de *chaebol* do setor automobilístico em Goyang, na Coreia do Sul, em 2017.

Associado à indústria coreana desenvolveu-se um sistema de transportes terrestre e marítimo. Destacam-se os portos Busan, Incheon, Gunsan, Kwangyang, Mokpo, Pohang, Ulsan e Yeosu.

Paralelamente, os investimentos maciços em educação garantiram mão de obra especializada para acompanhar os avanços tecnológicos industriais. Como resultado, cerca de 30% a 40% da população (de aproximadamente 52 milhões de habitantes) trabalha na indústria, e a taxa de analfabetismo é quase nula.

A energia para a produção industrial é principalmente de origem termelétrica e nuclear. A região sul da Coreia do Sul concentra a produção de energia nuclear e geotérmica.

Na agricultura, predomina a cultura intensiva do arroz. Já na extração mineral destaca-se a produção de zinco.

No aspecto geopolítico, a Coreia do Sul destaca-se no investimento militar. Em 2017, era o quarto país em gastos com armas, forças navais e aéreas na Ásia, ultrapassado apenas por China, Índia e Japão.

Hong Kong

Hong Kong conta com uma população de aproximadamente 7 milhões de habitantes, baixas taxas de desemprego e altas taxas de alfabetização. Após um curto processo de democratização no início dos anos 1980, o território tornou-se uma região administrativa especial da República Popular da China, com eleições.

Em Hong Kong, o abastecimento de água, alimentos e energia depende da província de Guangdong, localizada no território chinês. Os lagos de High Island e Plover Cove, por exemplo, servem como fornecedores de água, e a usina nuclear de Dapeng Bay é fundamental para a geração de eletricidade.

Os aeroportos e portos de Hong Kong estão entre os mais movimentados do mundo. Sua infraestrutura é utilizada para o fluxo de passageiros e de cargas entre os Tigres Asiáticos e para a exportação mundial.

Alamy/Fotoarena

Represa no lago High Island, em Hong Kong, em 2018.

Taiwan

A ilha de Taiwan (ou República da China) é considerada território chinês. A maioria da população é chinesa, mas parte dela reivindica autonomia política em relação à potência asiática.

Após ser território espanhol e holandês, os chineses anexaram a ilha em 1683. O controle chinês perdurou até a Primeira Guerra Sino-Japonesa (1894-1895), quando a ilha passou a ser dominada pelo Japão, o que continuaria até o fim da Segunda Guerra Mundial. Nas conferências internacionais do Cairo (1943) e de Potsdam (1945), foi decidido o retorno de Taiwan para a China, que entrou em vigor em agosto de 1945. A partir de 1950, a ilha recebeu a população que abandonou a China após a Revolução de 1949.

Kit Leong/Shutterstock

Campus da Universidade Nacional de Taiwan, em Taipé, em 2018.

O investimento em educação e a qualidade do ensino são alguns dos principais fatores responsáveis pelo sucesso econômico de Taiwan. As escolas primárias e secundárias ensinam mais de 99,8% das crianças em idade escolar.

Os centros universitários em Taipé, Taichung e Hsinchu são referências em ciência e tecnologia, atendendo à demanda do mercado de trabalho. Essas universidades formam o vale da tecnologia taiwanesa.

O desenvolvimento tecnológico e a educação de qualidade resultam em baixos índices de desemprego. Entre 2000 e 2017, a taxa média de desemprego na ilha foi de 3%.

Quanto ao abastecimento de alimentos, Taiwan depende do comércio exterior. No território só se destacam as culturas de grãos, como o arroz.

Diálogo com História

Taiwan e China disputam a América Central

Há muito tempo os governos anticomunistas da América Central se configuram como alguns dos aliados mais fiéis de Taiwan. Porém, a evolução política da China e o fortalecimento de seus laços com a região alteraram o quadro. [...]

“Um ato de realismo elementar.” Foi com essas palavras que, em 2007, Oscar Arias Sánchez, então presidente da Costa Rica, comentou sua decisão de reconhecer a República Popular da China, 58 anos após sua fundação. A partir de 1949 e do exílio dos nacionalistas do Kuomintang, derrotados pela revolução, para o outro lado do Estreito da Formosa – que separa a China continental de Taiwan – Taipé se arvorou em vanguarda da luta contra o comunismo. Rapidamente pôde contar com os favores dos dirigentes latino-americanos, alinhados com a diplomacia dos Estados Unidos. A ilha teceu liames estreitos com os regimes militares da região. Ainda hoje, uma imponente estátua de Chiang Kai-chek, o líder do Kuomintang, erigida por Alfredo Stroessner em pleno coração da capital paraguaia, Assunção, testemunha a amizade entre os dois ditadores. Eles eram membros ativos da Liga Anticomunista Mundial, criada em 1967 pelo primeiro. O Paraguai continua sendo a cabeça de ponte de Taiwan no continente e sua única porta de acesso ao Mercosul. Até 1969, na região, só Cuba havia reconhecido a República Popular da China.

De seu lado, após obter em 1971 o reconhecimento norte-americano e uma cadeira na ONU, o Império do Meio se empenhou em conturbar a rede diplomática taiwanesa. Em razão disso, malgrado seus insistentes pedidos, Taiwan continua até hoje excluído das instâncias internacionais, com exceção da Organização Mundial do Comércio (OMC), à qual se integrou em 2002. Pequim impõe um critério de exclusividade que obriga os países a fazerem uma escolha: a abertura de uma embaixada em Taiwan implica, de fato, a ruptura com a China. É uma regra não negociável, que lhe permite isolar ainda mais a ilha. [...]

BEAULANDE, Guillaume. Taiwan e China disputam a América Central. *Le Monde Diplomatique*, 3 maio 2016. Disponível em: <http://diplomatique.org.br/taiwan-e-china-disputam-a-america-central/>. Acesso em: 10 jan. 2019.

1. Após a leitura, em grupos, discutam quais seriam os objetivos estratégicos da China e de Taiwan na América Central. Se acharem necessário, façam uma breve pesquisa na internet sobre o assunto, para elaborarem suas hipóteses. Por fim, apresentem a conclusão do grupo para os colegas.

Cingapura

Cingapura experimentou um grande crescimento econômico ao longo de sua história. Graças à sua localização, na extremidade sudeste da Ásia continental, tornou-se um dos lugares mais procurados no mundo por causa de seus portos.

O principal parque industrial de Cingapura chama-se Jurong. Criado no início da década de 1960, abrange uma área de mais de 43 km², que abriga cerca de 2 mil empresas, as quais empregam mais de 400 mil pessoas. A indústria em Cingapura representa 20% do total de empregos do país.

Alamy/Fotoarena

Porto de Cingapura, em 2017.

O grande crescimento industrial em Cingapura perdurou da década de 1960 à década de 1980. A partir de 1990, o setor de serviços tornou-se a maior fonte de empregos do país. Atualmente, representa 70% das oportunidades de trabalho para a população. Observe o mapa.

Cingapura: atividades econômicas – 2018

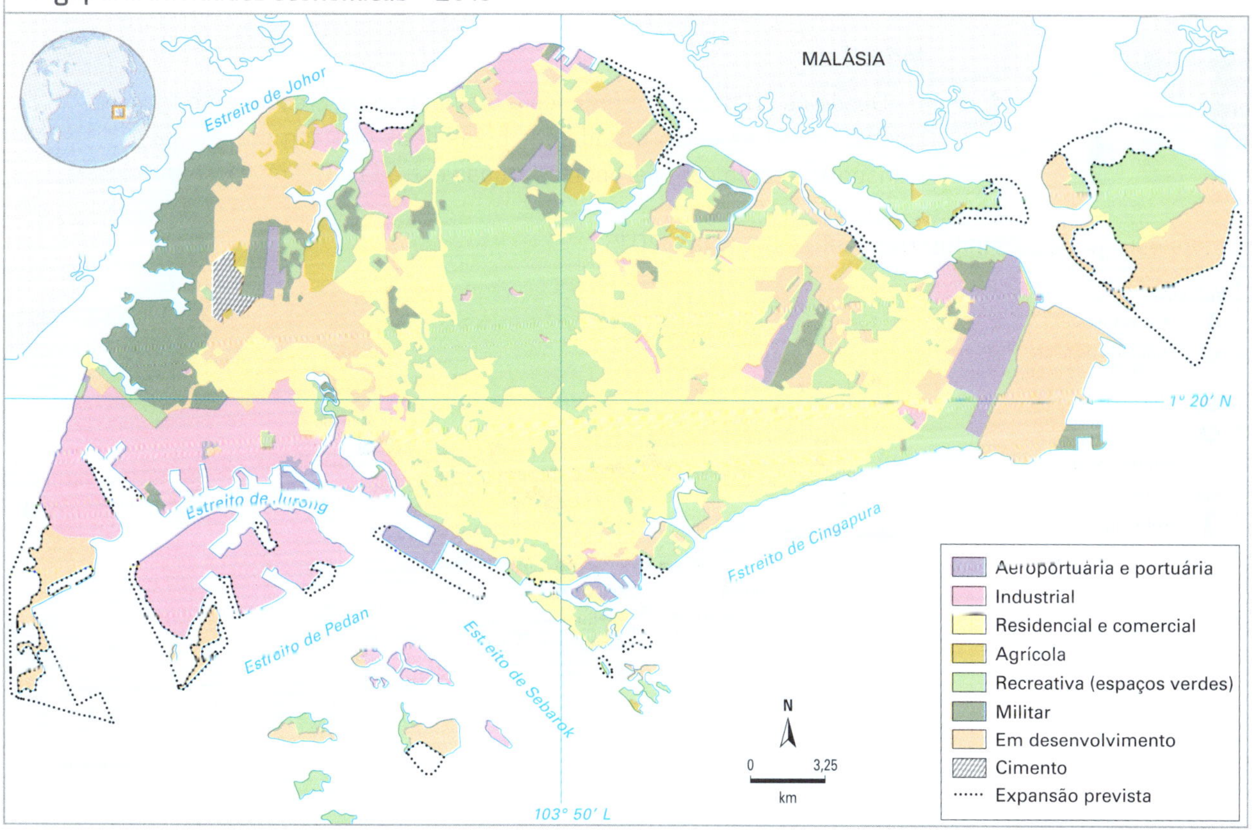

Banco de imagens/Arquivo da editora

Elaborado com base em: UNIVERSALIS. Singapour. La Redéfinition des fonctions. Disponível em: <www.universalis.fr/encyclopedie/singapour/3-la-redefinition-des-fonctions/>. Acesso em: 11 jan. 2019.

MMXeon/Shutterstock

Para dar conta da demanda de água industrial e para a população, buscam-se fontes alternativas, como importações da Malásia, e estratégias como dessalinização e canalização da água de chuva.

As redes de comunicação e de transportes alcançam todo o país. Isso inclui o aeroporto de Changi, que abriu em 1981 e é frequentado anualmente por milhões de passageiros. O sistema metroviário é considerado um dos mais modernos do mundo. Na área da comunicação, Cingapura é considerado um centro mundial. Essa posição estratégica está ligada à função de centro comercial e financeiro. O país também é considerado o maior centro bancário da região.

Estação de metrô em Cingapura, em 2018.

Segunda geração

Os investimentos em indústrias, serviços e finanças realizados pelo Japão, pelos Estados Unidos e por países europeus – os empresários da primeira geração dos Tigres Asiáticos – continuaram em outros países do continente: Indonésia, Tailândia, Malásia e Vietnã. Por isso, eles são considerados os Tigres da segunda geração, ou, para muitos, os Novos Tigres Asiáticos.

Indonésia

Desde os anos 2000, a Indonésia é sinônimo de crescimento econômico. Diversas indústrias estão espalhadas pelas ilhas que compõem o país. A rede de transportes conta com aeroportos e boas estradas. Observe o mapa.

Indonésia: principais indústrias e infraestrutura – 2015

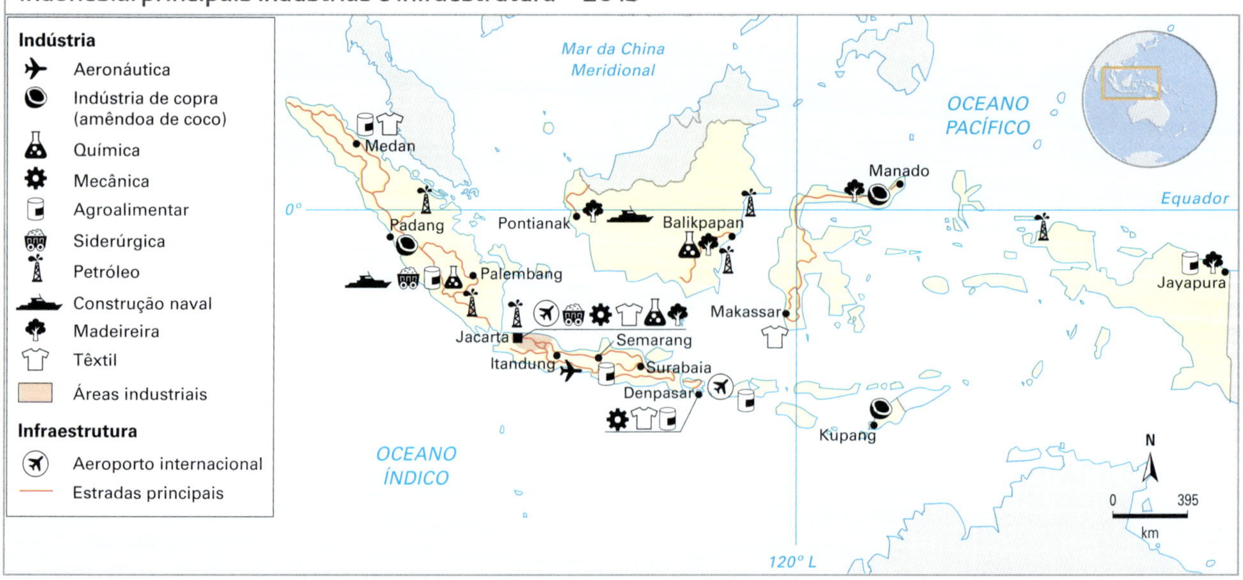

Banco de imagens/Arquivo da editora

Elaborado com base em: GALLIMARD, Antoine; GALLIMARD, Loisirs. *Le Grand atlas Geo Gallimard*: pour le XXIº siècle. Paris: Prisma Presse/Geo, 2015. p. 176.

A Indonésia verificou um grande aumento no seu Produto Interno Bruto na última década. Em 2010, o valor era de cerca de 755 bilhões de dólares por ano. Em 2017, chegou a 1 trilhão de dólares por ano. Observe a tabela e compare os valores da Indonésia com os dos demais Tigres da segunda geração.

Segunda geração dos Tigres Asiáticos: Produto Interno Bruto, em bilhões de dólares – 2000-2017			
País	2000	2010	2017
Indonésia	165 021	755 094	1 016 000
Tailândia	126 392	341 105	455 221
Malásia	93 790	255 017	314 500
Vietnã	31 173	115 932	223 864

Elaborado com base em: THE WORLD Bank Data. Disponível em: <https://data.worldbank.org>. Acesso em: 11 jan. 2019.

Assim como nos demais Tigres Asiáticos, na Indonésia houve investimento maciço na educação. Como resultado, a taxa de alfabetização no país em 2017 era de 96%. A Indonésia conta com uma população de mais de 262 milhões de habitantes, o que a torna um dos países com maior densidade demográfica no mundo, com cerca de 137 pessoas por quilômetro quadrado. A maior parte da população está concentrada em Java (60% a 65%) e em Sumatra (20%). O restante da população está nas demais ilhas. O país apresenta o segundo maior crescimento populacional entre os Tigres de segunda geração. Veja a tabela.

Segunda geração dos Tigres Asiáticos: crescimento populacional (%) – 2005-2017			
País	2005	2010	2017
Malásia	2,0	1,8	1,8
Indonésia	1,4	1,3	1,2
Vietnã	1,0	1,0	1,1
Tailândia	0,8	0,5	0,4

Elaborado com base em: UNITED Nations Statistics Division. Disponível em: <http://data.un.org/en/index.html>. Acesso em: 11 jan. 2019.

O país conta, ainda, com a maior população muçulmana do mundo. As origens dessa população estão associadas às relações comerciais com a Índia e com os povos islâmicos pela principal rota entre os oceanos Índico e Pacífico: o estreito de Málaca. Essa região ainda é alvo de interesses e disputas, principalmente entre China, Índia e Indonésia.

Tailândia

Regida por imperadores, a Tailândia passa por grandes mudanças na atualidade. Assim como a Indonésia, desde a última década vive um crescimento econômico que, gradativamente, contribui para a diminuição das diferenças sociais.

A capital, Bangcoc, é o centro industrial, comercial e de serviços. A partir de 2010 teve início a modernização do espaço geográfico tailandês, com a construção de aeroportos, estradas e infraestrutura pública. As indústrias de destaque no país estão nos setores têxtil e agroalimentar. Observe o mapa.

Tailândia: principais indústrias e infraestrutura – 2015

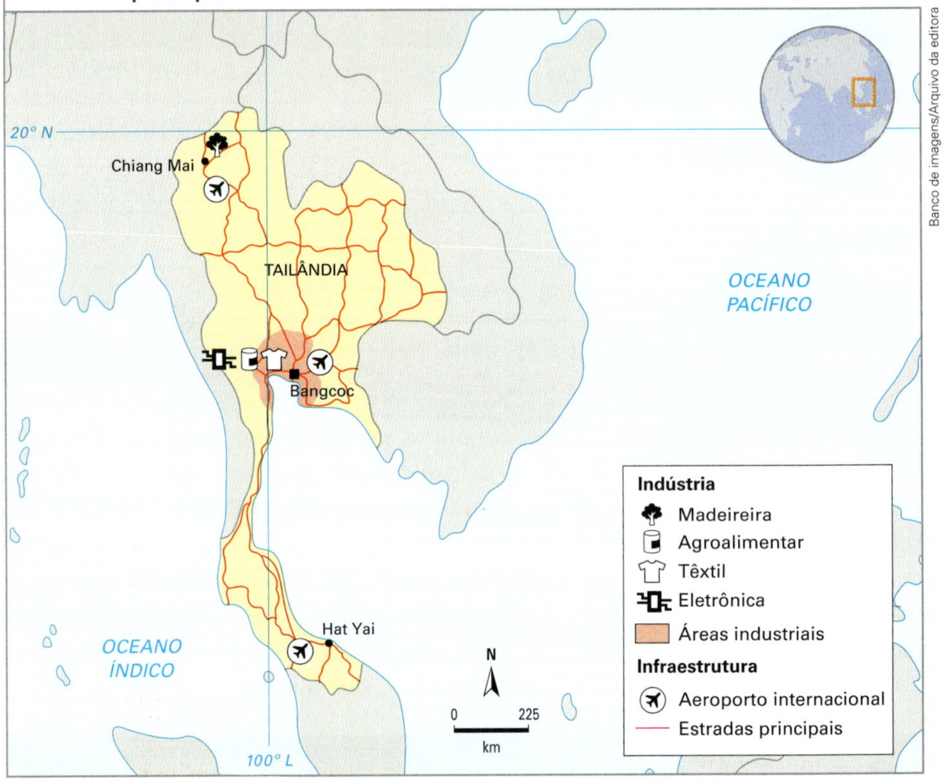

Elaborado com base em: GALLIMARD, Antoine; GALLIMARD, Loisirs. *Le Grand atlas Geo Gallimard*: pour le XXIe siècle. Paris: Prisma Presse/Geo, 2015. p. 179.

Os novos Tigres também apostaram no turismo como atividade econômica. A Tailândia destaca-se nesse quesito: suas praias são destino de viagem escolhido por turistas de todas as partes do mundo.

As praias da ilha de Phuket são um dos locais mais procurados por turistas na Tailândia. Foto de 2018.

Hoje, a Tailândia conta com uma população de aproximadamente 68 milhões de habitantes. Nos últimos vinte anos, seus indicadores populacionais e sociais apresentaram melhorias significativas em áreas como saúde, educação e saneamento. No campo do saneamento básico, houve a instalação de infraestrutura para captação e tratamento de água e esgoto. Também houve melhorias no destino do lixo.

A expectativa de vida é outro índice que sofreu alterações positivas. Em 1980, era de 65 anos; em 2000, de 70 anos; e, em 2017, de 75 anos. Em relação à taxa de natalidade, os números diminuíram. Na década de 1980, cada mulher tinha em média 3 filhos; atualmente, essa média é de cerca de 1,5 filho para cada mulher.

Vietnã e Malásia

Localizado na costa oriental da península da Indochina, o Vietnã situa-se em torno do delta de dois rios: o rio Vermelho (Song Hong), ao norte, e o Mekong (Cuu Long), ao sul. Essa geografia possibilitou a disposição de uma estrutura industrial e comercial atrativa para o ingresso do país na segunda geração dos Tigres Asiáticos.

O Vietnã ocupa um território estratégico no mar da China. A região é uma rota importante de navegação mundial por causa das conexões com o Oriente Médio, a Índia e a Ásia Oriental. Além da pesca, a exploração de gás, petróleo e metais é realizada por China, Malásia, Filipinas, Taiwan e Vietnã – principalmente nos arquipélagos de Paracel e Spratly. Os maiores importadores da economia vietnamita são Estados Unidos, China e Japão. A indústria do país emprega cerca de 23% da população em idade ativa, enquanto a agricultura emprega 42% e o setor de serviços, 35%.

Jimmy Tran/Shutterstock

Hanói, capital do Vietnã, em 2016.

A partir dos anos 1990, a Malásia obteve destaque na extração de petróleo. A industrialização malaia, assim como a dos demais Tigres, direciona-se para a venda de produtos com alto valor agregado. Por esse motivo, a partir dos anos 2000, o governo estimulou a industrialização do óleo de palma e de outros bens, como a borracha, visando à exportação de produtos cirúrgicos. A agricultura visa, prioritariamente, à produção de *commodities* e emprega cerca de 12% da PEA do país, enquanto a indústria absorve 27% e o setor de serviços emprega 61%.

Para atender à demanda de exportação, a Malásia conta com muitos portos. Os principais são Klang (próximo da capital, Kuala Lumpur) e Tanjung Pelepas (próximo ao estreito de Málaca). Eles estão entre as rotas marítimas mais movimentadas do mundo.

Sanjit Das/Bloomberg/Getty Images

Porto de Klang, na Malásia, em 2016.

Reconecte

Revisão

1. Como a sociedade japonesa era organizada antes do início da Era Meiji (1868-1912)?

2. Por que a Era Meiji é considerada um "divisor de águas" na história do Japão?

3. Nas últimas décadas, o governo japonês adotou diferentes políticas demográficas. Comente-as.

4. Explique a função dos *zaibatsus* na economia japonesa.

5. Qual é o significado de *chaebols*? Justifique sua importância para a Coreia do Sul.

Organização de dados e apresentação de seminário

6. Em grupos, organizem um quadro resumindo os aspectos sociais, populacionais, econômicos e históricos de um país da primeira geração e outro da segunda geração de Tigres Asiáticos apresentados no capítulo. Ao final, compartilhem os resultados com a turma por meio de um seminário.

Análise de charge

7. Com base na charge a seguir e no que você estudou neste capítulo, analise o contexto atual da economia japonesa.

Luojie/Cagle Cartoon

Charge de Luo Jie, 2013.

8. Com base no mapa "Tigres Asiáticos – 2019", da página 224, compare as posições geográfica e geopolítica do Vietnã e da Coreia do Sul em relação à projeção de poder marítimo.

Análise de dados e elaboração de gráfico

9. Observe os números do PIB e da taxa de crescimento populacional da segunda geração dos Tigres Asiáticos, na página 233. Em seguida, responda às questões.

a) Quais são os dois países com o maior PIB entre 2000 e 2017?

b) Quais são os dois países com o maior crescimento populacional entre 2005 e 2017?

c) Na sua opinião, qual é a relação entre renda e crescimento populacional na segunda geração dos Tigres Asiáticos?

d) Formem grupos e pesquisem em livros, revistas ou *sites* dados referentes ao PIB e ao crescimento populacional da primeira geração dos Tigres Asiáticos. Elaborem gráficos com os dados encontrados e apresentem as análises feitas com base neles para a turma.

EXPLORANDO

10. Em grupo, elaborem um roteiro de entrevista que apresente a trajetória de um imigrante asiático no Brasil. Durante a elaboração das perguntas, abordem temas como os motivos da imigração para o Brasil (questões familiares, conflitos, oportunidades de trabalho, entre outras) e a adaptação no novo país. Com a orientação do professor, escolham uma pessoa de origem asiática para responder às perguntas.

Resumo

- Após um longo período feudal, durante o qual o poder de senhores de terra se sobrepunha ao do imperador, teve início no Japão a Era Meiji (1868-1912). Muitas reformas políticas, econômicas e sociais foram realizadas nesse período, sendo fundamentais para que o país se constituísse como uma das grandes potências mundiais.
- O envelhecimento da população no Japão tem causado inúmeros problemas, como a redução da População Economicamente Ativa (PEA), o aumento de gastos com sistemas previdenciários e de saúde, a diminuição da arrecadação de impostos, os vazios demográficos no campo, entre outros. A imigração é impopular no país e as iniciativas governamentais para incentivar a entrada de estrangeiros são insuficientes para enfrentar o problema.
- Depois de um longo período de crescimento, o Japão enfrenta uma série de desafios para adequar-se à nova fase do capitalismo globalizado e à concorrência internacional. Apesar disso, o país permanece como uma das principais economias mundiais e seu PIB continua positivo.
- Os chamados Tigres Asiáticos da primeira geração são Coreia do Sul, Hong Kong, Taiwan e Cingapura. Durante a década de 1980, todos esses territórios tiveram maior projeção econômica mundial por causa de políticas estatais focadas na exportação de produtos industrializados.
- Os Tigres Asiáticos da segunda geração são Tailândia, Vietnã, Malásia e Indonésia e transformaram suas economias durante a década de 1990.

Globalização e cidadania

Se existe uma parte do mundo que se destacou com a globalização econômica, ela está na Ásia. China, Índia, Japão e os Tigres Asiáticos de primeira e de segunda geração participam desse processo de modo ativo e conquistam ganhos importantes para seus povos.

Esses países reúnem características que alteram a produção, as negociações comerciais e a distribuição de mercadorias no mundo. Além dos bens, novas infraestruturas, como portos e aeroportos, projetam-se nas rotas do comércio internacional. As negociações comerciais envolvem também novas tecnologias e a migração de pessoas. Nos países do continente asiático são realizadas diversas pesquisas em centros universitários, com investimentos em ciência e tecnologia, e diariamente circulam milhares de pessoas em busca de trabalho e para reuniões de negócios. Eles apresentam elevada capacidade produtiva e mercado consumidor consolidado (como no Japão) ou emergente (como na China e na Índia).

Essas novas relações desafiam muitos outros países. Além disso, no caso da China, existe clara projeção de poder sobre outras partes do mundo, o que, para alguns analistas, posiciona esse país como uma liderança no século XXI – por isso, a China deve estar cada vez mais presente em discussões internacionais. Já o Japão e a Índia aspiram a uma cadeira no Conselho de Segurança da ONU.

A modernização desses países mistura-se com as tradições locais de seus povos: sociedade de castas na Índia, tradições milenares no Japão e na China, história de dominação cultural no Sudeste Asiático e Bollywood, a indústria cinematográfica da Índia, fazem parte dessas culturas complexas. E você, está preparado para aprender mandarim e assistir aos filmes indianos e de outros países asiáticos?

Anton Raharjo/Anadolu Agency/Getty Images

Reunião de líderes dos países da Associação das Nações do Sudeste Asiático (Asean) com o presidente da China, em Cingapura, em 2018. Os países asiáticos têm desempenhado papel cada vez mais importante na economia globalizada.

Repercutindo

Leia os textos e faça as atividades propostas a seguir.

Texto 1

Serviço militar obrigatório da Coreia do Sul afeta futebolistas

Entrevistador: O meio-campista do Tottenham, e por muitos críticos [visto como] o melhor jogador sul-coreano da atualidade, Son Heung-Min, tem contrato até 2020 com o time inglês, porém terá que se apresentar ao serviço militar coreano ainda neste ano [2018]. O que significaria o fim ou pausa de sua carreira no futebol com apenas 26 anos. Para entender melhor essa política da Coreia do Sul, vamos conversar com a professora visitante da Korea Foundation, Nahyun Lee. Ela é coreana e pertence ao departamento de Letras Orientais da Faculdade de Filosofia, Letras e Ciências Humanas da USP. Professora, antes de tudo, poderia nos esclarecer quando começou e como funciona a obrigatoriedade na prestação de serviço militar na Coreia do Sul?

Nahyun Lee: O serviço militar na Coreia começou a ser obrigatório a partir do ano de 1949, logo depois da Guerra das Coreias [...]. Desde então, qualquer cidadão masculino maior de 18 anos de nacionalidade coreana deve prestar serviço militar. Quando um [jovem] cumpre 18 anos, ele recebe convocação do governo e pode escolher entre exército, marinha e aeronáutica para servir em média por 21 meses. A maioria das pessoas prefere entrar no exército no terceiro ano de faculdade, por volta de 22 anos. Porém, por algum motivo especial – por exemplo, estudos, trabalho e doença –, pode adiar até 28 anos. No caso de doença, há possibilidade de servir trabalhando em serviços públicos.

Entrevistador: Professora, há exceções para que o indivíduo consiga permissão para não prestar o serviço militar no país?

Nahyun Lee: Teoricamente, todos os homens coreanos maiores de idade devem prestar o serviço militar. Porém, há algumas exceções: criminosos condenados há mais de seis anos, naturalizados estrangeiros – inclusos coreanos do norte –, deficientes e doentes fatais e arrimos de família. Nos dois últimos casos, o processo de comprovação é mais rigoroso. Se um [coreano] recusa o serviço militar sem nenhum dos motivos que eu já mencionei, [ele] vai ser preso.

Entrevistador: Professora, já houve casos semelhantes de jogadores de futebol que tiveram que se ausentar dos campos por quase dois anos, como possivelmente acontecerá com Son Heung-Min?

Nahyun Lee: Os atletas da Coreia, como jogadores de futebol ou de beisebol, podem substituir o serviço por jogar no time do exército que pertence à Reilic – Liga Nacional da Coreia. No caso de futebol, podem jogar nos clubes do exército [...]. Esses jogadores recebem quatro semanas de treinamento militar básico, que nem outros cidadãos, e depois podem voltar a jogar futebol normalmente. [...]

Entrevista realizada por Jonas Santana com Nahyun Lee para o *Jornal da USP*, 11 jul. 2018. Disponível em: <https://jornal.usp.br/atualidades/servico-militar-obrigatorio-da-coreia-do-sul-afeta-futebolistas>. Acesso em: 14 jan. 2019.

1. Em grupos, discutam a importância da participação dos jovens nos esportes e no serviço militar para a Coreia do Sul.

2. O serviço militar obrigatório na Coreia do Sul é uma herança da Guerra das Coreias. Façam um resumo dessa guerra com base no que foi apresentado neste capítulo.

Yifan Ding/Getty Images

O sul-coreano Son Heung-Min atuando pela seleção de seu país em partida realizada nos Emirados Árabes Unidos, em 2019.

Texto 2

Como os imigrantes contribuem para a economia tailandesa

[...] A imigração tem uma longa história na Tailândia, impulsionada por motivos econômicos, mas também outros fatores, incluindo crises e conflitos nos países vizinhos. A Tailândia transformou-se de um país de emigração nos anos 1970 e 1980 em um país imigrante laboral no início dos anos 1990. Desde os anos 1980, experimenta períodos de rápido crescimento econômico e taxas decrescentes de pobreza. O motor mais importante deste crescimento tem sido o setor industrial [...]. A Tailândia tornou-se um país de renda média alta em 2011, mas nos anos mais recentes experimentou taxas de crescimento mais baixas sugerindo o surgimento de um impasse de renda média. [...]

Trabalhadores imigrantes registrados, que somavam pouco mais de 3 milhões em 2016, são organizados em oito grupos. Três deles representam imigrantes altamente qualificados, enquanto os outros cinco são pouco qualificados [...]. Os trabalhadores imigrantes altamente qualificados podem usar permissões de trabalho de três tipos: permanentes, temporárias e temporárias relacionadas a investimentos. Muito poucas permissões permanentes são emitidas [...]. Dois países, a República Popular da China e o Japão, respondem por mais de 50% do total de imigrantes altamente qualificados na Tailândia. [...]. A maioria dos trabalhadores de baixa qualificação [...] soma aproximadamente 2,6 milhões de trabalhadores. Esses imigrantes têm como origem Camboja, Laos e Mianmar. [...]

O maior aumento foi visto no setor de manufaturas, o que sugere que esse setor é uma extensão importante alimentada por trabalho imigrante. Em 2010, um em cada oito trabalhadores neste setor era um imigrante. Isso é largamente atribuído à procura de mão de obra em indústrias orientadas para a exportação de sucesso, que têm sido importantes para o crescimento econômico [...].

OECD/ILO. *How Immigrants Contribute to Thailand's Economy*. Paris: OECD, 2017. p. 24; 29; 31. Disponível em: <http://dx.doi.org/10.1787/9789264287747-en>. Acesso em: 14 jan. 2019. (Texto traduzido pelos autores.)

3. Quais são os motivos que impulsionam os fluxos migratórios na Tailândia? Explique.

4. Em sua opinião, qual é a importância dos movimentos migratórios nas economias dos países? Justifique sua resposta.

Lilian Suwanrumpha/Agência France-Presse

Imigrantes de Mianmar trabalham em indústria têxtil em Pathum Thani, na Tailândia, em 2018.

Enem e vestibulares

1. (Fuvest)

O gráfico exibe a distribuição percentual do consumo de energia mundial por tipo de fonte.

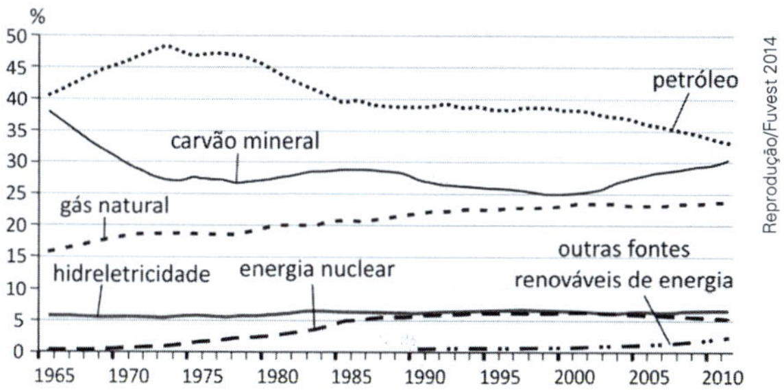

Statistical Review of World Energy, 2012.

Com base no gráfico e em seus conhecimentos, identifique, na escala mundial, a afirmação correta.

a) A queda no consumo de petróleo, após a década de 1970, é devida à acentuada diminuição de sua utilização no setor aeroviário e, também, à sua substituição pela energia das marés.

b) O aumento relativo do consumo de carvão mineral, a partir da década de 2000, está relacionado ao fato de China e Índia estarem entre os grandes produtores e consumidores de carvão mineral, produto que esses países utilizam em sua crescente industrialização.

c) A participação da hidreletricidade se manteve constante, em todo o período, em função da regulamentação ambiental proposta pela ONU, que proíbe a implantação de novas usinas.

d) O aumento da participação das fontes renováveis de energia, após a década de 1980, explica-se pelo crescente aproveitamento de energia solar, proposto nos planos governamentais, em países desenvolvidos de alta latitude.

e) O aumento do consumo do gás natural, ao longo de todo o período coberto pelo gráfico, é explicado por sua utilização crescente nos meios de transporte, conforme estabelecido no Protocolo Cartagena.

2. (Uefs)

Os membros do grupo BRICS, embora sejam unidos pela importância de suas economias no contexto global, guardam sensíveis diferenças nos papéis que desempenham na política internacional deste século XXI.

Entre essas diferenças, está

a) a extensão territorial do Brasil e da África do Sul, superior à dos outros participantes do grupo.

b) a existência de programas sociais de proteção à criança e à mulher, que colocam a Índia à frente dos outros componentes do grupo.

c) a característica pacifista da política externa, que identifica a Rússia como árbitro nos conflitos internacionais.

d) a concentração dos participantes no hemisfério sul, elevando a importância estratégica dessa região.

e) o manejo da tecnologia de armas nucleares, que projeta a Rússia, a China e a Índia a um patamar superior ao dos outros membros.

3. (Cefet)

A China apresenta uma população em torno de 1,35 bilhões de habitantes, segundo último censo. No mesmo levantamento, foi constatado que houve um aumento do número de idosos e a redução da quantidade de mulheres.

Em relação às mudanças da população chinesa, é correto afirmar que:

a) O acelerado crescimento vegetativo resulta de uma estratégia do governo para manter a evolução econômica através da disponibilidade de uma mão de obra barata.

b) O número de mulheres sofreu diminuição devido ao aborto induzido de meninas, o que está relacionado à questão cultural, já que são os filhos homens responsáveis pelos pais na velhice.

c) O envelhecimento populacional da China é preocupante, o que tem levado o governo a criar medidas para promover a renovação da população adulta, como o incentivo à imigração.

d) O predomínio da população rural explica o maior percentual de homens na estrutura populacional, já que as atividades econômicas do setor são consideradas como as mais pesadas.

UNIDADE

4

O Velho Mundo e o Novo Mundo: Europa e América

Desde o fim do século XV, as relações entre os chamados Velho Mundo e Novo Mundo se aprofundaram. No início, eram relações coloniais, mas, ao longo do tempo, países europeus e americanos passaram por muitas transformações políticas, econômicas e sociais – marcadas por cooperação e por impasses.

Atualmente, os fluxos estabelecidos entre Europa, América e os demais continentes refletem o atual estágio da globalização em suas múltiplas dimensões e apontam a posição de cada país na ordem internacional.

Stringer/Anadolu Agency/Getty Images

Reunião ministerial entre União Europeia e Comunidade de Estados Latino-Americanos e Caribenhos (Celac), em Santo Domingo, na República Dominicana, em 2016. Esses dois blocos de países fazem negociações de políticas de segurança e comércio internacional.

CAPÍTULO

10

A União Europeia

A União Europeia (UE) é um bloco de cooperação econômica e política entre países que resulta de um longo processo de negociações ocorrido desde o final da Segunda Guerra Mundial (1939-1945). Hoje consiste na experiência de integração regional mais complexa do mundo, com um mercado comum no qual, apesar de contextos específicos, circulam livremente produtos, serviços, capitais e pessoas.

Por meio de seus órgãos, a UE busca equilibrar interesses dos países-membros com características políticas, econômicas e sociais significativamente diferentes. Dessa forma, parte desses países tem conseguido amplificar sua força, colocando-se entre as principais potências mundiais.

Por outro lado, nos últimos anos o bloco tem passado por diversas crises internas. Elas refletem, entre outros fatores, crises econômicas internacionais, problemas específicos dos países-membros e até mesmo de zonas distantes, em situação de vulnerabilidade e conflito, absorvendo grandes fluxos de refugiados.

Enquanto a maior parte da população europeia continua a defender a cooperação, movimentos conservadores nacionalistas ganham espaço entre os membros da UE. As implicações da saída do Reino Unido, votada em referendo em 2016, têm sido objeto de profundas reflexões – seja pelo grande peso de sua economia, seja pelo efeito dominó que pode gerar. No entanto, mesmo diante de dificuldades, a União Europeia segue com seu projeto comum e mantém-se como um agente fundamental na ordem internacional.

Efeito dominó: nesse contexto, é o conjunto de ações decorrentes de uma mudança importante gerada por certo país. O termo pode ser usado para situações econômicas ou políticas.

Philippe Wojazer/Reuters/Fotoarena

Manifestantes participam do Movimento dos Coletes Amarelos em Paris, França, em 2019. O colete amarelo, por apresentar baixo custo, virou símbolo do movimento, que reivindica diminuição dos impostos e melhoria da qualidade de vida.

EM FOCO

França, Espanha e Portugal buscam incrementar cooperação energética

França, Espanha e Portugal concordaram [...] em aumentar as conexões entre suas redes de energia, com os objetivos de reduzir o isolamento da península Ibérica dos mercados de eletricidade e de gás europeus e de aumentar a segurança energética.

Em uma cúpula em Lisboa, os líderes dos três países prometeram promover novas fontes e rotas de energia, incluindo o gás natural liquefeito (GNL), em um momento em que a Europa enfrenta pressão para reduzir a dependência do gás da Rússia.

Identificando os riscos para o fornecimento de energia da Europa, os três sublinharam "a importância do GNL para diversificar as fontes e rotas de fornecimento de energia, com vistas à redução da dependência e ao fortalecimento da segurança energética", de acordo com uma declaração conjunta.

Uma possibilidade é o desenvolvimento de gasodutos entre a Espanha e a França, através dos Pireneus, para bombear gás do norte da África ou de outros lugares, disseram as autoridades.

O presidente francês, Emmanuel Macron, disse a repórteres que os reguladores estão considerando "a relevância de novas interconexões de gás e, em particular, a interconexão de gás entre a França e a Espanha".

Ele acrescentou que tal gasoduto pode fazer sentido econômico se a França desativar suas usinas de carvão.

O principal desempenho concreto [...] foi um acordo para construir uma linha de eletricidade sob o golfo da Biscaia, do norte da Espanha ao sudoeste da França. O projeto receberá 578 milhões de euros (675 milhões de dólares) da Comissão Europeia, o maior investimento desse tipo pela Europa em um projeto de energia.

Até 2025, a ligação elétrica deve elevar a capacidade de interconexão energética da Espanha para perto da meta europeia de 15%, dos 6% de agora.

A União Europeia estabeleceu que os Estados-membros devem ter pelo menos 15% de sua rede elétrica conectada com redes de outros países.

"Eu acho que esta reunião mostra claramente o nosso firme compromisso com a união de energia (europeia)", disse o primeiro-ministro espanhol Pedro Sanchez a jornalistas.

O presidente da Comissão Europeia, Jean-Claude Juncker, afirmou em um comunicado que o aumento das interconexões energéticas entre os três países é um passo em direção ao "fortalecimento da segurança do fornecimento de energia em toda a Europa".

Os Estados Unidos estão tentando vender GNL para a Europa, possivelmente através do porto de águas profundas de Sines, no sul de Portugal. Para esse gás chegar às economias do norte da Europa, redes de conexão seriam necessárias entre Espanha, Portugal e França.

Portugal está empenhado em desenvolver o potencial de Sines. [...]

BUGGE, Axel. France, Iberia Aim for More Energy Cooperation. *Reuters*, 27 jul. 2018. Disponível em: <www.reuters.com/article/france-iberia-energy/france-iberia-aim-for-more-energy-cooperation-idUSL5N1UN6NW>. Acesso em: 8 fev. 2019. (Texto traduzido pelos autores.)

França, Espanha e Portugal: projetos de interconexões de energia

Banco de imagens/Arquivo da editora

Elaborado com base em: EUROPEAN Commission. *Second Energy Interconnection Summit*: Lisbon Declaration Is Signed. Lisboa, 27 jul. 2018. Disponível em: <https://ec.europa.eu/info/news/second-energy-interconnection-summit-lisbon-declaration-signed-2018-jul-27_en>. Acesso em: 8 fev. 2019.

1. De que tipo de cooperação entre países da União Europeia o texto trata?
2. Em sua opinião, que vantagens e/ou desvantagens essa integração regional pode trazer?
3. Pesquise outros acordos entre países da União Europeia e discuta com os colegas quais vantagens e desvantagens esses acordos podem trazer.

1. Quadro físico da Europa

A Europa, junto com o continente asiático, faz parte de uma grande massa terrestre chamada Eurásia. Apesar de a definição dos limites entre os dois continentes não ser consensual, consideram-se alguns elementos naturais para sua divisão, como os montes Urais, que se estendem, de norte a sul, por 2500 quilômetros no oeste da Rússia.

Além dos Urais a leste, a Europa é delimitada pelo oceano Atlântico a oeste, pelo oceano Glacial Ártico ao norte e, ao sul, pelos mares Mediterrâneo, Negro e Cáspio – além da depressão de Kuma-Manych (norte da região do Cáucaso).

Europa: físico

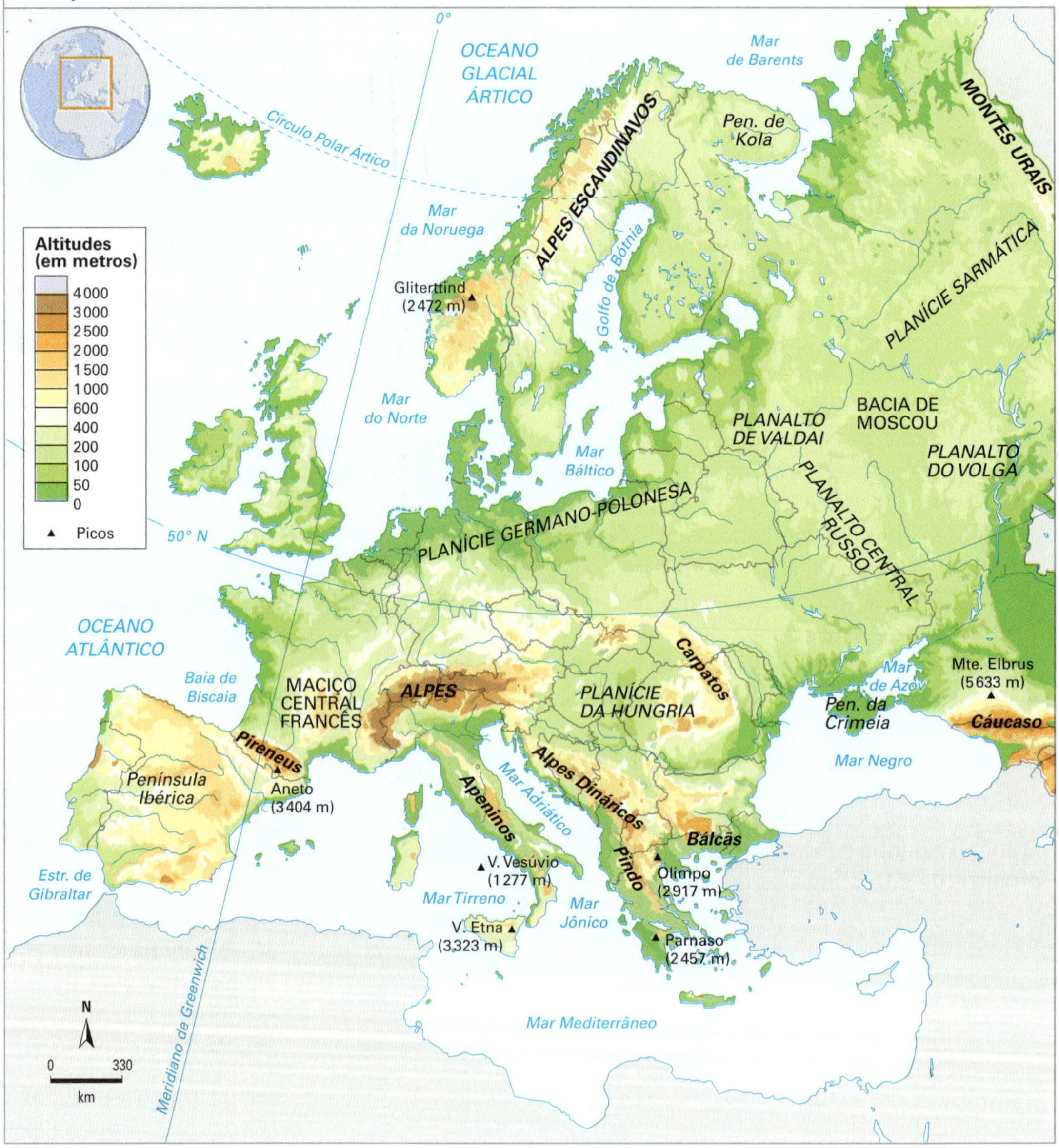

Elaborado com base em: IBGE. *Atlas geográfico escolar*. 7. ed. Rio de Janeiro: IBGE, 2016. p. 42.

O continente europeu apresenta estruturas geológicas bastante variadas, formadas em diferentes períodos. Existem escudos cristalinos muito antigos (Era Pré-Cambriana), como o escudo Báltico; formações recentes (Era Cenozoica) decorrentes de colisões entre placas tectônicas, como os maciços Alpinos; e bacias sedimentares, como as de Londres e de Paris.

Apesar dessa diversidade de feições, a maior parte do relevo europeu apresenta baixa altitude, com destaque para as grandes planícies russas e do norte do continente, como as da Finlândia. Entre as formações com altitude mais elevada estão os Alpes ou maciço Alpino (até 4 810 m), que marcam a fronteira entre Itália e França; o monte Elbrus, no Cáucaso (5 633 m); o pico Aneto, nos Pireneus (3 404 m); o monte Olimpo, na Grécia (2 917 m); os Alpes Escandinavos, na Noruega (até 2 469 m); e os montes Urais, na Rússia (até 1 895 m).

Sasha Samardzija/Alamy/Fotoarena

Maciço Alpino, na fronteira entre a França e a Itália, em 2017.

O relevo europeu pode ser dividido em quatro grandes unidades: as planícies costeiras e interiores, que correspondem a mais da metade das terras do continente; os planaltos centrais, como os maciços da Boêmia e o maciço Central Francês; as terras altas do noroeste, como os Alpes Escandinavos; e as penínsulas e ilhas com predominância de relevo montanhoso e planáltico, no sul do continente.

Mariusz Szczygiel/Shutterstock

Cultivo em área de planície em Otmuchów, na Polônia, em 2017.

Em razão da complexidade da formação geológica do continente, há grande diversidade de recursos minerais e de fontes de energia. Observe o mapa.

Europa: recursos minerais e energéticos – 2014

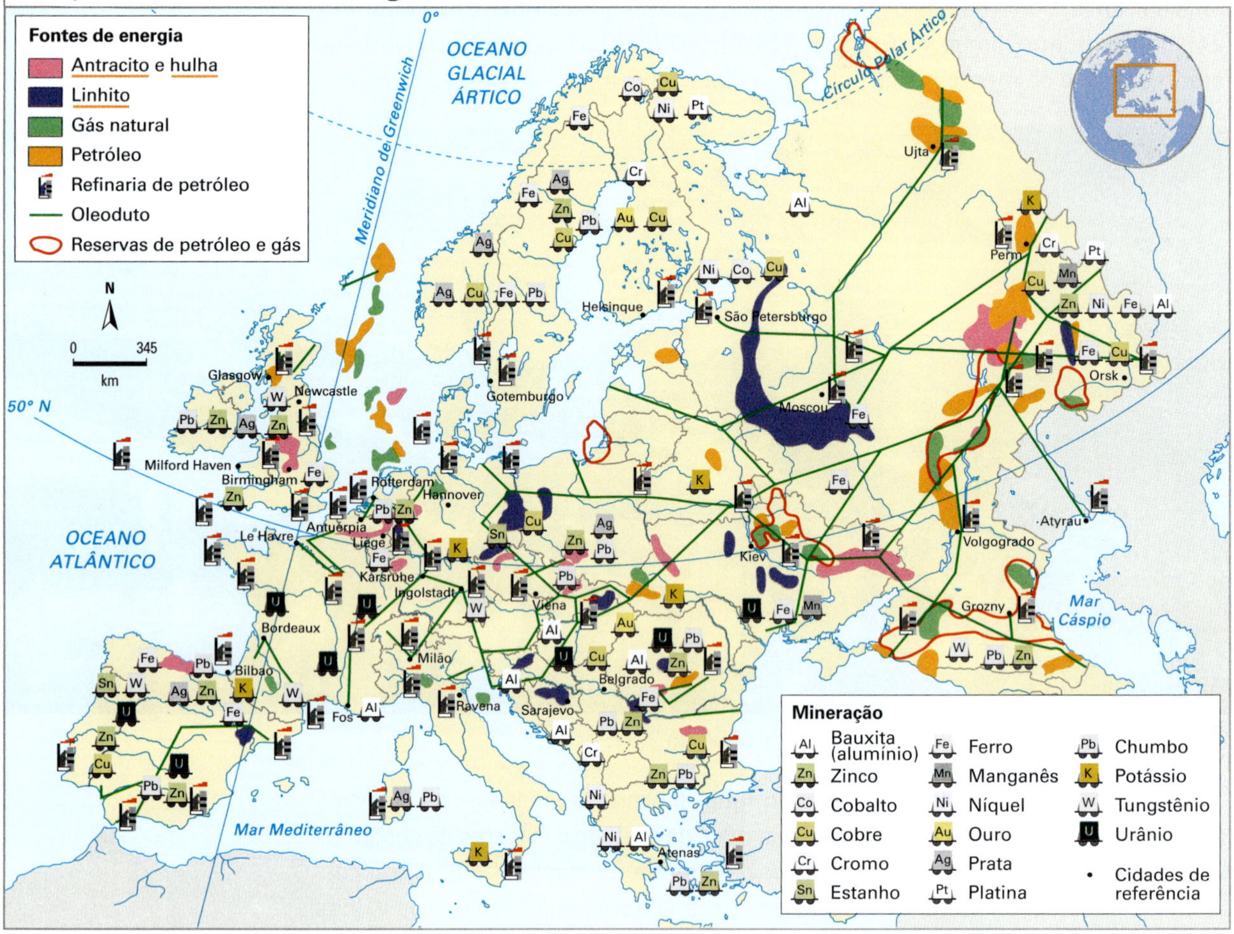

Elaborado com base em: VIVES, Vicens. *Atlas geográfico de España y del mundo*. Barcelona: Instituto Cartográfico Latino, 2014. p. 92.

Antracito, hulha e linhito: classificações do carvão mineral, combustível fóssil formado a partir de restos vegetais, segundo seu nível de pureza e poder calorífico. O antracito é o carvão com melhor qualidade, enquanto o linhito apresenta menor poder calorífico.

O continente europeu apresenta boa drenagem, resultante de diversos fatores, como condições locais de precipitação, derretimento da neve, além da capacidade do solo em reter umidade. As bacias hidrográficas fluem direto para os oceanos ou seguem para os mares fechados (Cáspio e Negro), interiores (Mediterrâneo) e abertos (mar do Norte).

Existem muitos rios que, historicamente, têm constituído importantes vias de navegação. Entre eles, destacam-se: o rio Danúbio, que nasce na Alemanha e, após passar por vários territórios nacionais (mais de 2,8 mil quilômetros), deságua no mar Negro; o rio Volga, que, com mais de 3,5 mil quilômetros de extensão, corta as planícies da Rússia ocidental até chegar à foz no mar Cáspio; e o rio Reno, com nascente nos Alpes Suíços e foz no mar do Norte, após fluir por mais de 1,2 mil quilômetros em seis países diferentes (Suíça, Áustria, Liechtenstein, Alemanha, França e Holanda). Por serem muito longos e percorrerem regiões com climas significativamente distintos, esses rios apresentam diferentes características ao longo do percurso. Outros cursos de água, que percorrem as terras altas do norte e do sul do continente, são úteis para a geração de hidroeletricidade, como os rios da Noruega.

Existem muitos lagos naturais no continente europeu formados durante o último período glacial (entre 10 e 15 mil anos atrás). Localizam-se principalmente em países do norte – os que mais sofreram impactos dessa mudança climática. Destacam-se o lago Ladoga (Rússia), com cerca de 17 mil km²; o lago Onega (Rússia), com 9,7 mil km²; e o lago Vänern (Suécia), com 5,6 mil km². Nos demais países, o número de lagos é menor e boa parte deles é artificial.

As massas de ar exercem grande influência nas variações de temperatura e umidade do continente. Destacam-se a massa oceânica fria e úmida vinda do Ártico, a massa continental seca vinda da Europa oriental, a massa polar úmida com origem no Atlântico norte, a massa quente e úmida vinda do Atlântico sul, e a massa tropical continental quente e seca com origem no norte da África. A atuação delas depende da altitude e orientação do relevo, que pode facilitar ou barrar sua penetração no continente.

A combinação de fatores climáticos possibilita a formação de cinco tipos climáticos principais: clima das regiões montanhosas, onde a altitude desempenha papel determinante e notam-se gradientes verticais de temperatura e umidade; clima marítimo, nas regiões mais sujeitas à ação das massas de ar atlânticas úmidas; clima continental, no qual a continentalidade contribui para a redução da temperatura e da umidade; clima mediterrâneo, caracterizado por verões quentes e secos e invernos suaves e úmidos; e, no extremo norte, clima subpolar, que apresenta temperaturas baixas na maior parte do ano.

De acordo com o suporte ecológico oferecido pelo clima, pelo relevo e pelo solo, existem biomas variados na Europa. Por quase todo o continente europeu, originalmente existiam bosques de florestas mistas, que combinavam espécies de folhas largas e coníferas – grande parte foi desmatada ao longo do processo de ocupação humana no continente. No extremo norte e em altas altitudes, como nos Alpes Escandinavos, na Islândia e no noroeste da Rússia, destacam-se as paisagens herbáceas da Tundra. Ao sul dessa zona de vegetação, em países como Suécia, Finlândia e Rússia, encontra-se a Taiga ou Floresta Boreal, onde predominam espécies de coníferas. No sul, como na Espanha, na Itália e na Grécia, ocorre a Vegetação Mediterrânea (Maquis), formada por arbustos e pequenas árvores de folhas largas. Além desses biomas, existem regiões de Pradarias e Estepes, marcadas por espécies rasteiras. Observe o mapa.

Europa: vegetação original

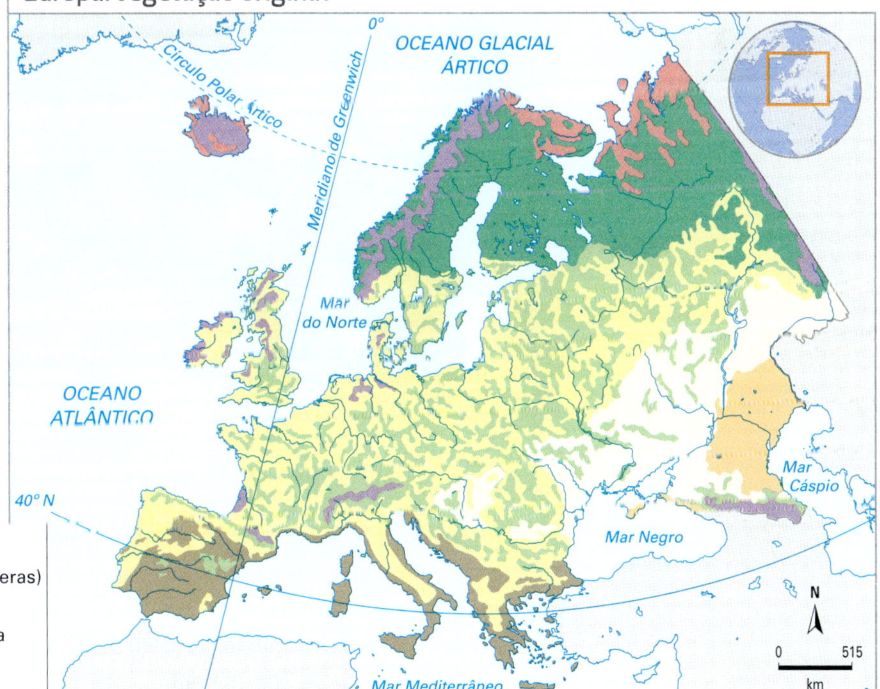

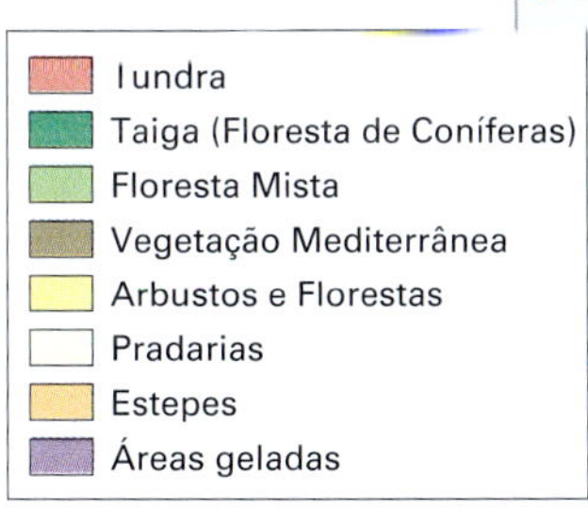

Elaborado com base em: VIVES, Vicens. *Atlas geográfico de España y del mundo*. Barcelona: Instituto Cartográfico Latino, 2014. p. 90.

2. A integração europeia

A União Europeia foi criada após um longo processo de integração, que teve início na reconstrução do continente ao final da Segunda Guerra Mundial (1939-1945). Por iniciativa da Alemanha e da França, além de Itália, Bélgica, Luxemburgo e Países Baixos, em 1951 foi criada a Comunidade Europeia do Carvão e do Aço (Ceca), cujo objetivo era abolir as taxas desses produtos e facilitar sua comercialização entre os seis países.

Assinado em Paris, o acordo foi um grande feito histórico, pois estabelecia a cooperação entre dois grandes ex-inimigos (França e Alemanha) em um setor econômico estratégico. Para implementar a Ceca, foram criadas instituições supranacionais que, posteriormente, serviram de modelo para a estrutura da União Europeia, como conselho de ministros, assembleia comum e tribunal de justiça.

Diante do sucesso alcançado pela Ceca, esses seis países ampliaram os planos de cooperação, com vistas à eliminação de barreiras e ao favorecimento da livre circulação de mercadorias, serviços, capitais e pessoas. Em 1957, por meio do Tratado de Roma, criaram a Comunidade Econômica Europeia (CEE), comprometendo-se a alinhar gradualmente suas economias e a pôr fim a políticas nacionais protecionistas em favor da livre concorrência. Assim, todos os limites de importações (cotas) e tarifas alfandegárias entre eles foram eliminados. Também foi estabelecida uma união aduaneira a partir de uma tarifa externa comum para todos os produtos importados de países não membros da CEE. O Tratado de Roma representou um novo marco quanto à forma de associação entre países.

Keystone/Getty Images

Delegações de França, Alemanha, Itália, Bélgica, Luxemburgo e Países Baixos durante a reunião que deu origem ao Tratado de Roma, em Roma, na Itália, em 1957.

Com a intenção de alcançar um mercado comum, a CEE promoveu políticas conjuntas importantes em setores como transporte, comércio e agricultura e, em um segundo momento, avançou em áreas como desenvolvimento regional, social e industrial. Para dar suporte à integração socioeconômica, que trouxe investimentos e oportunidades de trabalho, foram criados o Banco Europeu de Investimento e o Fundo Social Europeu. Após uma década, a CEE conseguiu eliminar todas as barreiras comerciais entre os países-membros.

Em 1973, ocorreu, pela primeira vez, a entrada de novos membros na Comunidade Econômica Europeia, quando a Dinamarca, a Irlanda e o Reino Unido assinaram sua adesão e configuraram a "Europa dos Nove". Na mesma década, os países-membros deram os primeiros passos para alcançar a unificação da moeda em seus territórios: criaram o Fundo Europeu de Desenvolvimento (mecanismo de transferência de recursos financeiros para promover melhorias em regiões mais vulneráveis), bem como estabeleceram o sufrágio universal direto para eleição dos deputados do Parlamento Europeu.

Nos anos 1980, mais três países passaram a integrar a CEE: Grécia (1981), Portugal e Espanha (1986), formando a "Europa dos Doze". Em 1986 também foi feita a primeira grande revisão do Tratado de Roma, conhecida como Ato Único Europeu (ou Tratado de Luxemburgo). Por meio deste acordo, foram especificadas as respectivas competências dos governos nacionais e da Comunidade como um todo. Além disso, os compromissos para a criação de um mercado comum não somente foram reafirmados como estabeleceu-se que esse objetivo deveria ser alcançado até o final de 1992. Isso porque ainda havia muitas diferenças entre as leis existentes em cada um dos países-membros, que geravam entraves à livre circulação entre eles.

Até essa data, diversos desafios precisavam ser superados, como o fortalecimento das instituições europeias e a eliminação de fronteiras em diferentes dimensões além da econômica, como as de ordem cultural. Foram criados mecanismos para fornecer ajuda financeira a regiões e setores que sofreriam impactos negativos decorrentes da integração. Por meio do Ato Único Europeu, a CEE passou a ser denominada Comunidade Europeia (CE).

Após muitas dificuldades e resistências, em 1992 a Europa dos Doze chegou ao Tratado de Maastricht – um acordo que estabeleceu o mercado comum europeu, com estruturas e regras definidas para a livre circulação de produtos, serviços, pessoas e capitais. A partir desse tratado foi criada a União Europeia. Em 1995, outros três países passaram a fazer parte do bloco: Suécia, Finlândia e Áustria, formando a "Europa dos Quinze".

Em 1999, entrou em vigor outro acordo, o Tratado de Amsterdã. Ao alterar o Tratado de Maastricht, ampliou as competências do bloco em relação às dos países isoladamente e reforçou o poder da estrutura supranacional e a cooperação entre os membros. Também simplificou os instrumentos existentes, a fim de aumentar a eficiência.

Nesse mesmo ano, onze países adotaram uma moeda unificada, o euro: Alemanha, Áustria, Bélgica, Espanha, Finlândia, França, Irlanda, Itália, Luxemburgo, Holanda e Portugal. A Grécia somente foi aceita na Zona do Euro em 2001, após reorganizar sua economia. Já o Reino Unido, a Suécia e a Dinamarca optaram por manter suas moedas próprias.

Em consideração à iminência da entrada de um grande número de países na União Europeia – grande parte deles integrante do antigo bloco socialista, por meio do Tratado de Nice (2003) – foram realizadas algumas mudanças na composição e no funcionamento de instituições do bloco, como a determinação de número fixo de representantes e votação por maioria qualificada.

Em 2004, dez novos países foram admitidos na UE: Estônia, Letônia, Lituânia, Polônia, República Tcheca, Eslovênia, Eslováquia, Hungria, Malta e Chipre, formando a "Europa dos Vinte e Cinco". A Romênia e a Bulgária passaram a fazer parte em 2007 e, por fim, a Croácia entrou em 2013. Com isso, formou-se a atual "Europa dos Vinte e Oito".

Em 2005, a Turquia iniciou negociações para também fazer parte da União Europeia. Porém, sobretudo após a crise política vivida pelo país desde 2016, o processo de adesão mostra-se cada vez mais distante. Alemanha e França criticam o autoritarismo do governo turco, acusado de contrariar princípios democráticos defendidos pelo bloco, como o respeito aos direitos humanos, à liberdade de expressão e ao Estado de direito.

Europa dos Vinte e Oito – 1957-2018

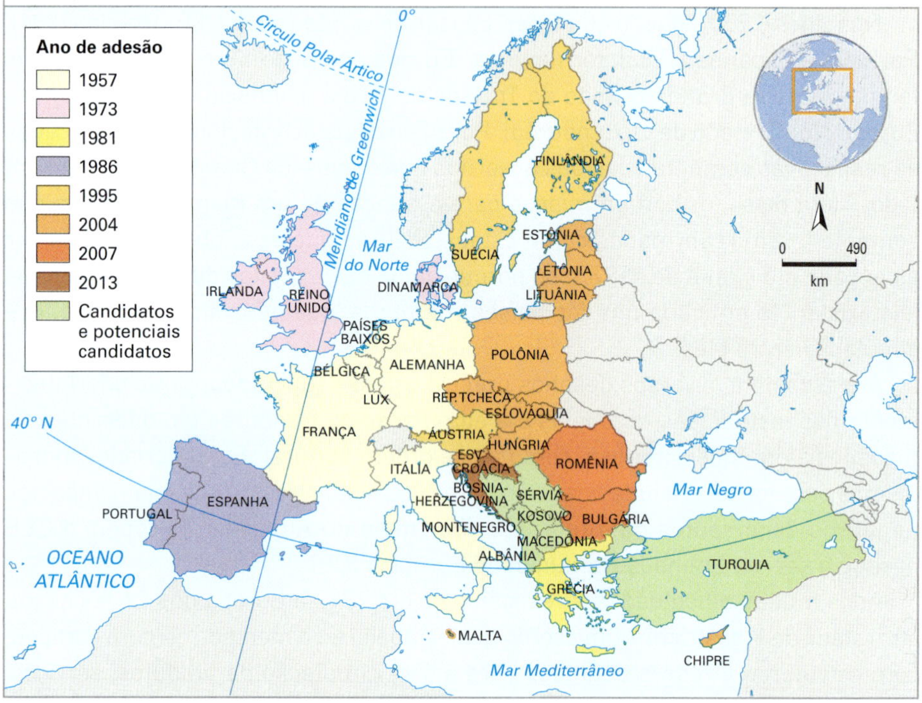

Elaborado com base em: EUROPEAN Union. *Countries*. Disponível em: <https://europa.eu/european-union/about-eu/countries_en#tab-0-1>. Acesso em: 7 jan. 2019.

3. Estrutura da União Europeia

Yves Herman/Reuters/Fotoarena

Parlamento Europeu, em Bruxelas, na Bélgica, em 2017.

A União Europeia é formada por diferentes órgãos que, com suas funções específicas e de maneira coordenada, buscam atingir os objetivos traçados por seus países-membros. A estrutura atual, em grande parte, resulta da absorção e do aprimoramento de órgãos criados desde a Ceca.

O **Conselho Europeu**, com sede em Bruxelas (Bélgica), é responsável pela definição das políticas gerais e das prioridades da UE. É composto dos chefes de Estado ou de governo dos países do bloco, do presidente da Comissão Europeia e do Alto Representante para Negócios Estrangeiros e Política de Segurança.

Os cidadãos são representados por 751 eurodeputados no **Parlamento Europeu** – eleitos por voto direto para mandatos de cinco anos. Esse órgão tem por função, além de responsabilidades legislativas, supervisionar todas as questões de interesse do bloco e controlar o orçamento. Os eurodeputados trabalham uma semana por mês em plenárias em Estrasburgo, na França, e o restante do tempo em Bruxelas.

O **Conselho da União Europeia** é formado por ministros de cada país-membro. Apresenta distintas comissões de trabalho: assuntos gerais e relações externas; assuntos econômicos e financeiros; cooperação no domínio da justiça e assuntos internos; emprego, política social e saúde; competitividade; transporte, telecomunicações e energia; agricultura e pesca; meio ambiente; e educação, juventude e cultura. Com sede em Bruxelas, é responsável por discutir e propor emendas nas leis vigentes no bloco, além de poder rejeitar novas leis propostas pela Comissão Europeia.

A **Comissão Europeia**, também localizada em Bruxelas, é um órgão executivo da UE. Responde pela proposição de novas leis para o bloco, acompanha a aplicação das políticas adotadas, analisa o orçamento (definindo prioridades e supervisionando gastos) e representa a UE internacionalmente – inclusive na negociação de novos acordos. Cada país é representado por um comissário.

O **Tribunal de Justiça da União Europeia** busca garantir a correta intepretação da legislação referente ao bloco e assegurar que todos os membros a cumpram efetivamente. Localizado em Luxemburgo, é dividido em duas cortes: a Corte de Justiça (formada por um juiz de cada país e onze defensores) e a Corte Geral (formada por dois juízes de cada país).

O **Banco Central Europeu**, com sede em Frankfurt (Alemanha), faz a gestão da moeda comum, o euro. Tem por responsabilidade implementar a política econômica e financeira da UE, de maneira a garantir a estabilidade e favorecer o desenvolvimento. Além do presidente e do vice-presidente, é formado pelos governadores dos bancos centrais de todos os países-membros.

Além desses, a estrutura da União Europeia abrange outros órgãos importantes, como o Tribunal de Contas Europeu, o Serviço Europeu para Ação Externa, o Comitê Econômico e Social Europeu, o Comitê Europeu de Regiões, o Banco Europeu de Investimento, o Provedor de Justiça Europeu, a Autoridade Europeia para a Proteção de Dados, entre outros órgãos interinstitucionais.

União Europeia: estrutura organizacional

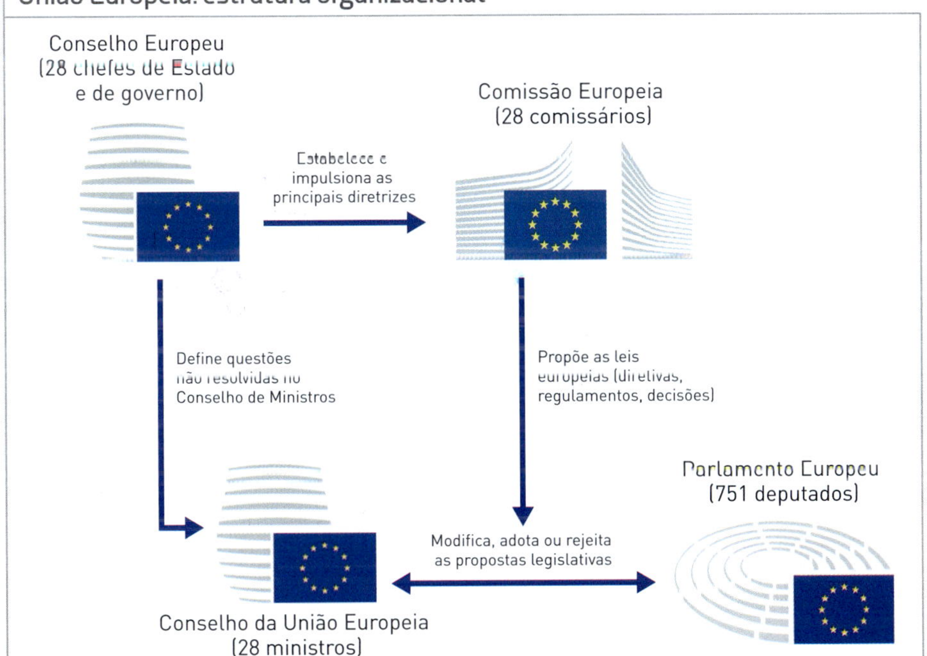

JS Design/Arquivo da editora

Elaborado com base em: LEQUEUX, Vincent. Les institutions européennes. *Toute L'Europe.eu*, 3 ago. 2018. Disponível em: <www.touteleurope.eu/actualite/les-institutions-europeennes.html>. Acesso em: 7 jan. 2019.

Espaço Schengen

Apesar dos objetivos traçados na década de 1950 – quanto ao estabelecimento de um mercado comum que favorecesse a movimentação de indivíduos, capitais, mercadorias e serviços –, a livre circulação de pessoas entre os diferentes territórios nacionais da UE foi objeto de muitas discussões ao longo das décadas seguintes.

Mesmo que fossem permitidos o trânsito e a permanência de pessoas de distintas nacionalidades entre os países-membros, ainda havia forte controle das fronteiras internas do bloco. Em 1985, na aldeia de Schengen (Luxemburgo), chegou-se a um acordo sobre o favorecimento da livre circulação de cidadãos europeus, por meio da eliminação gradativa dos controles internos existentes.

Os acordos de Schengen entraram em vigor em 1995 – a princípio em apenas sete países. Atualmente, 26 países fazem parte do Espaço Schengen: todos os países da UE com exceção do Reino Unido e da Irlanda (que se valeram de uma cláusula de autoexclusão para ficar de fora desse acordo). Bulgária, Romênia, Croácia e Chipre, apesar de cumprirem requisitos necessários (como se responsabilizar por controlar as fronteiras externas da UE e garantir elevado nível de segurança em seus territórios) estão em processo de adesão. Quatro países que não fazem parte da UE também participam dessa área de livre circulação de pessoas: Islândia, Noruega, Suíça e Liechtenstein.

Europa: Espaço Schengen – 2018

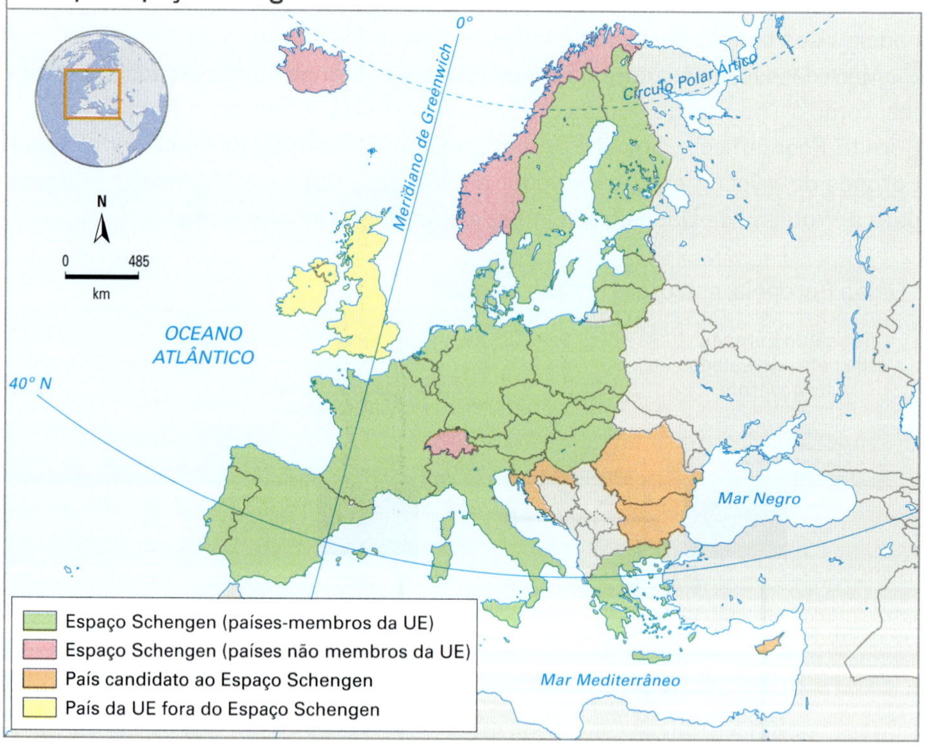

Banco de imagens/Arquivo da editora

Elaborado com base em: PARLAMENTO Europeu. *Schengen*: o alargamento da zona europeia de livre circulação. Disponível em: <www.europarl.europa.eu/news/pt/headlines/security/20180216STO98008/schengen-o-alargamento-da-zona-europeia-de-livre-circulacao>. Acesso em: 7 jan. 2019.

Em razão da grave crise humanitária dos últimos anos, que levou à multiplicação do número de refugiados provenientes de zonas de conflito e de extrema vulnerabilidade social em outros continentes, alguns países da União Europeia (como França, Áustria, Dinamarca, Alemanha e Suécia) reintroduziram o controle em suas fronteiras internas, sendo mais restritivos que a UE.

Apesar de essa medida ser prevista como de caráter temporário nos acordos de Schengen, tais controles têm sido prolongados desde 2015. A comunidade internacional tem tecido muitas críticas sobre isso, na medida em que, conforme estabelecido pela Organização das Nações Unidas, os refugiados têm pleno direito de garantir sua integridade física e buscar melhores condições de vida em outros territórios.

Eric Feferberg/Agência France-Presse

Polícia de choque monta guarda em frente a um campo improvisado de refugiados e imigrantes no norte de Paris, na França, em 2017.

A Zona do Euro

A união monetária foi resultado de muitos esforços dos países que compõem a União Europeia, pois alinhar economias com características distintas é uma tarefa bastante complexa. Conforme estabelecido no Tratado de Maastricht (1992), era preciso atender aos chamados "critérios de convergência", como a redução do *deficit* do orçamento e da dívida pública, o controle da inflação e a estabilização cambial.

Em 1999, o euro surgiu como moeda virtual, utilizada em pagamentos e para fins de contabilidade. Nesse ano apenas onze países o adotaram: França, Alemanha, Espanha, Portugal, Irlanda, Áustria, Itália, Finlândia, Bélgica, Países Baixos e Luxemburgo. No ano seguinte, a Grécia ingressou na Zona do Euro. Somente em 2002 o euro substituiu as moedas desses países, sendo utilizado como moeda oficial.

Nos anos seguintes, outros países também adotaram a moeda europeia: Eslovênia (2007), Chipre e Malta (2008), Eslováquia (2009), Estônia (2011), Letônia (2014) e Lituânia (2015). O Reino Unido e a Dinamarca optaram por não aderir ao euro como moeda oficial, enquanto países como Romênia e Bulgária ainda precisam atender aos critérios de convergência. Portanto, atualmente, dezenove países fazem parte da Zona do Euro. O euro é a segunda moeda de maior importância internacional, depois do dólar americano. Sua gestão é realizada pelo Banco Central Europeu, que determina taxas de juros e busca a estabilidade dos preços dentro do bloco.

Cartografando

Observe o mapa e realize as atividades a seguir.

1. Escolha dois países que fazem parte da Zona do Euro e pesquise as vantagens e as desvantagens que tiveram com a adoção da moeda única.

2. Selecione dois países da União Europeia que ainda não adotaram o euro e investigue as razões para isso, bem como informações sobre as moedas que utilizam.

   Ao final, compartilhe suas reflexões com os colegas.

Zona do Euro

Elaborado com base em: EUROPEAN Union. *The Euro*. Disponível em: <https://europa.eu/european-union/about-eu/money/euro_en>. Acesso em: 7 jan. 2019.

O Brexit

Em 2016, após a realização de um referendo, o Reino Unido optou pela saída da União Europeia. Tal decisão foi promovida pelo movimento chamado Brexit – nome formado pela junção das palavras *Britain* (Grã-Bretanha) e *exit* (saída). Até o começo de 2019, Reino Unido e União Europeia estavam em processo de negociação para definir como seriam as relações entre o país e o bloco a partir de março de 2019 – primeira data acordada para a retirada do Reino Unido da UE.

Até aquele momento, não se sabia se o caminho para isso acontecer seria duro (*hard Brexit*), com exclusão total do Reino Unido do mercado único e da união aduaneira, ou se ocorreria de maneira suave (*soft Brexit*), com a saída do país das instâncias europeias, porém com a manutenção do acesso privilegiado de suas mercadorias ao mercado europeu, como ocorre com Noruega, Islândia e Liechtenstein, que fazem parte do chamado Espaço Econômico Europeu.

O Brexit gerou muitas manifestações entre os países que fazem parte da União Europeia, tanto a favor como contra. Enquanto parte dos britânicos e pessoas de outros países defendem a saída em prol da defesa de suas economias e das condições de vida, parte dos cidadãos europeus se mobilizou a favor da cooperação e do fortalecimento da integração regional. Há grande preocupação quanto ao efeito dominó que a atitude britânica pode desencadear – sobretudo em um contexto de instabilidade econômica e social ainda não superado após a crise de 2008 e a intensificação dos fluxos de refugiados.

Paul Davey/Barcroft Images/Barcroft Media/Getty Images

Manifestações contra o Brexit, em Londres, na Inglaterra, em 2017.

Diálogo com História

Brexit e a falta de um outro projeto para a União Europeia

[...] As limitações de crescimento da zona do euro se mostraram desde sua implementação. A estabilidade comercial e produtiva durou realmente muito pouco. Em 2004 foi realizado um alargamento de proporções gigantescas, no qual 10 países da zona da ex-União Soviética passaram a fazer parte de algumas das políticas econômicas da UE. O euro não veio adotado pelos novos, mas os pactos de estabilidades e reformas indicavam uma estrada a ser percorrida. [...]

[...] De fato, um ponto essencial a ser notado é esse: a crise política da UE não se dá apenas pelo seu método intergovernamental, o qual concede aos governos nacionais o poder de tomar decisões internacionais, mas é uma crise estrutural que tem fundamentos em sua base, a economia da UE. A predecessora CEE foi elaborada nas bases do liberalismo econômico, ainda que tendo a democracia como sua forma política; a combinação resultante da democracia-liberal na CEE foi uma UE antidemocrática, fechada em torno de interesses gigantes, basicamente e em sua essência econômicos.

A crise de 2008 apresentou as condições favoráveis aos chamados eurocéticos proclamarem sua política. O fato é que as propostas de dissolução da UE foram e ainda continuam sendo uma base às vezes tática e também estratégica da direita europeia. Os comunistas, que ao longo do processo de criação da CEE recusavam a integração de seus países, passaram a colaborar de dentro do Parlamento Europeu, vendo nas reformas parciais e regionais a solução e a via gradual para um socialismo irrealizável. A direita liberal e a ultraconservadora viam e ainda enxergam na UE duas oportunidades: a hegemonia econômica e a criação de uma identidade europeia. Por outro lado, os setores que promovem a dissolução da UE, tendo como base o complicado exemplo da Grécia, assumem como programa a xenofobia, o racismo e a divisão dos interesses das burguesias europeias. O segundo elemento tem se mostrado muito mais difícil e delicado do que o primeiro, e a crise de 2008 aprofundou o vácuo entre dois extremos da UE: suas classes trabalhadoras e suas instituições burocráticas.

[...] o Reino Unido nunca participou totalmente da UE, manteve sempre claro seus limites na integração. É preciso observar que a promoção do referendo pelas forças reacionárias britânicas encontra respaldo tanto nos grandes grupos econômicos do reino, como no avanço de uma conjuntura reacionária na UE que tem apoio não apenas nos grupos de política reacionários, como também tornou-se um grande fantasma para as classes trabalhadoras. Efetivamente, as reformas de austeridade implementadas pela Troika (Banco Central Europeu, FMI e a Comissão Europeia) dizimaram as classes trabalhadoras, inclusive as do Reino Unido, impondo desemprego e miséria a amplos setores como custos da crise de 2008 que ainda perduram. E foram essas forças, também reacionárias, que foram derrotadas no referendo que levou ao Brexit.

[...] Uma tal política é difícil de ser medida agora, porém o efeito dominó que pode ser tentado pelas forças reacionárias geraria um caos político imenso e aprofundaria a crise econômica com efeitos mais perversos aos atuais membros da UE do que será para o Reino Unido.

[...] Um ano atrás, a expectativa era de saída da Grécia, um país assolado pela crise e sem perspectivas de melhora – onde os cortes nas áreas sociais geram profunda miséria. Porém, o [Reino Unido], mais do que a Grécia, possuía as condições menos dolorosas para sair da UE. Certamente os prejuízos econômicos só não irão superar os sociais: a direita reacionária promotora da desanexação resulta vitoriosa por hora, mas a persistência da crise na UE, a partir do exemplo de lutas das classes trabalhadoras da França e Bélgica, pode transformar os rumos de uma União que se move a passos lentos, justamente pelo seu gigantismo.

Todas as forças políticas que atuam no espaço da UE possuem um ponto em comum: uma profunda reforma é necessária. O que desde a crise de 2008 está em disputa é qual projeto vencerá e será posto em prática. [...]

MAIA, Rodrigo F. I. Brexit e a falta de um outro projeto para a União Europeia. *Le Monde Diplomatique Brasil*. São Paulo, 24 jun. 2016. Disponível em: <https://diplomatique.org.br/o-brexit-e-a-falta-de-um-outro-projeto-para-a-uniao-europeia/>. Acesso em: 7 jan. 2019.

1. De acordo com o texto, por que a União Europeia passa por uma crise estrutural?
2. Quais foram os diferentes posicionamentos políticos verificados na União Europeia a partir da crise econômica de 2008?
3. Qual foi o contexto britânico que conduziu ao Brexit?

Stuart Carlson © 2016 Stuart Carlson/Dist. by Andrews McMeel Syndication

Charge de Stuart Carlson, 2016.

4. População

Nos anos seguintes ao fim da Segunda Guerra Mundial, houve grande crescimento populacional: o chamado *baby boom*. Esse fenômeno ocorreu, sobretudo na Europa e nos Estados Unidos, devido à significativa melhora nos indicadores sociais e às transformações nos padrões de vida dos cidadãos. Desde então, a estrutura etária da população do continente europeu tem se transformado bastante e constituído objeto de reflexão por parte dos governantes, uma vez que o perfil etário da população orienta uma série de políticas públicas em áreas como saúde, educação, previdência social, entre outras.

Segundo o Eurostat, o serviço de estatística da União Europeia, em 2018 a população da Europa dos 28 chegava a cerca de 518 milhões (incluindo o Reino Unido). Esse mesmo órgão apontava que a população do continente deve atingir seu pico no ano de 2040, quando pode alcançar cerca de 528 milhões de pessoas. A partir daí, a tendência é de que decline para 520 milhões em 2070, com diferentes cenários nacionais (crescimento e declínio) no período. Enquanto países como Suécia, Irlanda e Dinamarca passarão por um aumento de população, muitos outros, como Alemanha, Bulgária, Grécia e Itália, apresentarão grande redução em seu total de habitantes.

Entre as principais razões do declínio das taxas de crescimento da população europeia está o aumento da esperança de vida, que chegou a 78,3 anos em 2016 e é previsto que seja de 86,1 anos em 2070 (90,3 anos para mulheres). Na pirâmide etária ao lado, observa-se que a população europeia já apresenta grande participação proporcional de idosos em comparação com a média mundial. Além disso, destaca-se a grande participação feminina na população do continente – tendência crescente nos últimos 25 anos.

Mesmo com estimativas de aumento da taxa de fecundidade no período de 2016 até 2070 (de 1,58 para 1,81 filho por mulher), a população economicamente ativa (PEA) do continente continuará a declinar, aumentando a dependência dos cidadãos mais velhos, que permanecerão mais tempo no mercado de trabalho, ou de imigrantes que passem a atuar nos países europeus.

Como uma das consequências da redução da PEA, além de buscar o crescimento econômico por meio do aumento de produtividade de seus cidadãos, a União Europeia depende cada vez mais da mão de obra estrangeira. Devido à redução do número de conflitos na Europa e ao grau de desenvolvimento alcançado em muitos países, o continente tornou-se o destino principal de fluxos migratórios com origens diversas, o que pode ser uma solução para o problema da diminuição da mão de obra. Desde a década de 1960, e principalmente a partir de 1985, a migração anual na União Europeia se intensificou. Entre 2000 e 2009, foi de aproximadamente 1,27 milhão de pessoas por ano.

União Europeia: pirâmide etária – 2017 (% total da população)

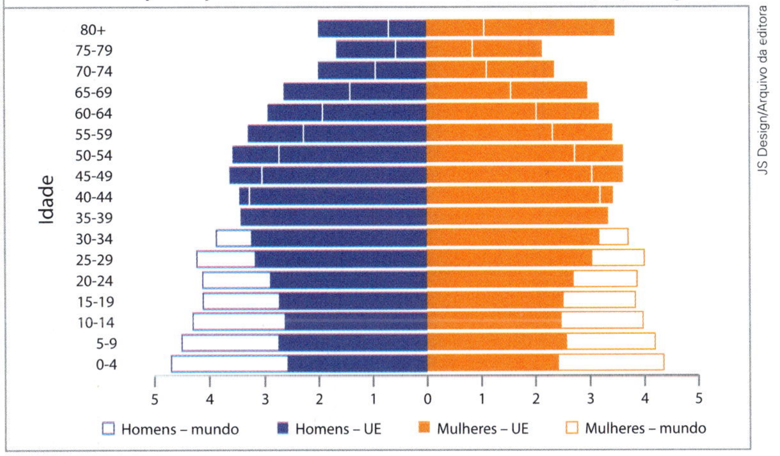

Elaborado com base em: EUROSTAT Statistics Explained. *Age Pyramids, 1 January 2017 (% of Total Population)*. Disponível em: <http://ec.europa.eu/eurostat/statistics-explained/index.php?title=File:Age_pyramids,_1_January_2017_(%25_of_total_population)_world18.png>. Acesso em: 10 jan. 2019.

Europa dos 28: relação da dependência de idosos – 2016-2070 (%)

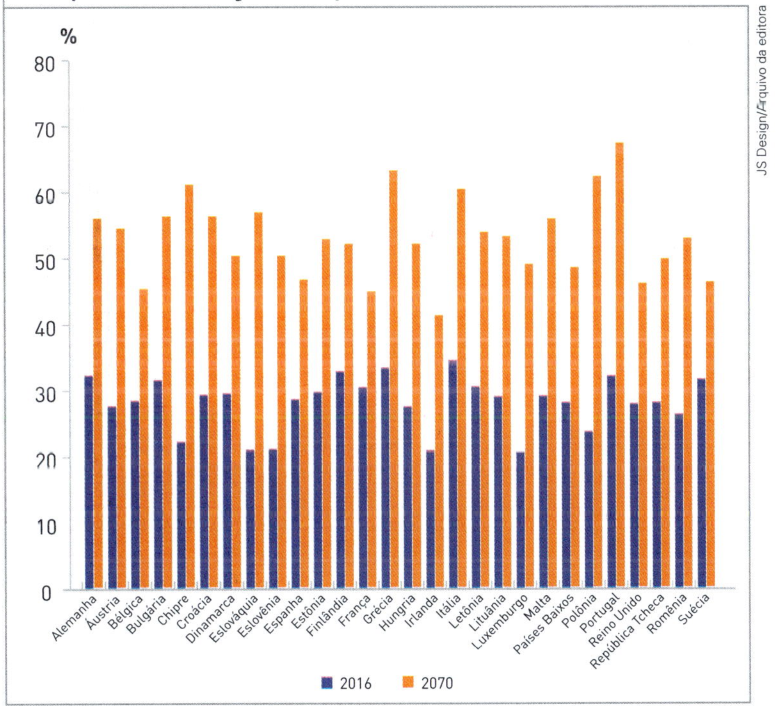

Elaborado com base em: EUROPEAN Commission. *The 2018 Ageing Report*. Paper 65. Brussels: Publications Office of the European Union, 2017. p. 6. Disponível em: <https://ec.europa.eu/info/sites/info/files/economy-finance/ip065_en.pdf>. Acesso em: 10 jan. 2019.

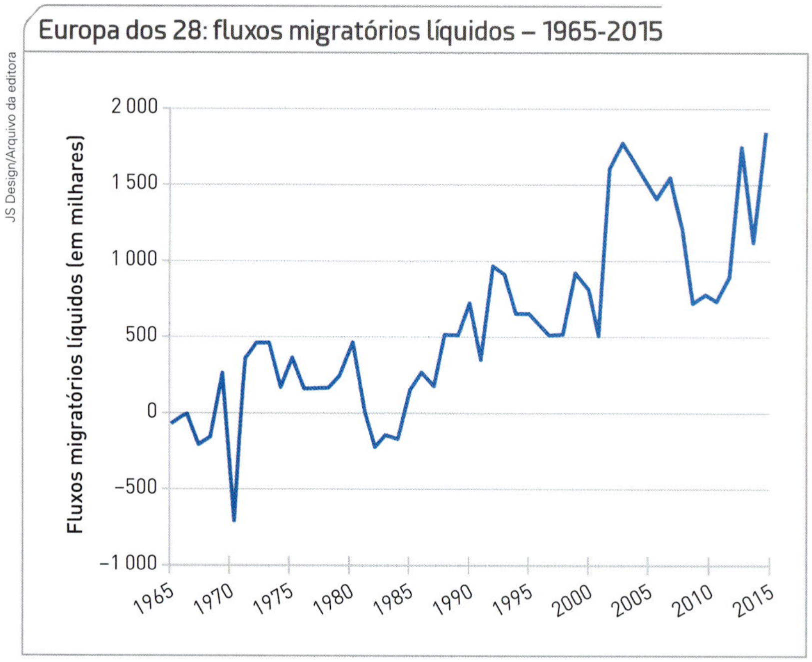

Elaborado com base em: EUROPEAN Commission. *The 2018 Ageing Report*. Paper 65. Brussels: Publications Office of the European Union, 2017. p. 17. Disponível em: <https://ec.europa.eu/info/sites/info/files/economy-finance/ip065_en.pdf>. Acesso em: 10 jan. 2019.

Devido à crise econômica e financeira mundial de 2008, houve uma redução significativa dos fluxos de migrantes entre 2009 e 2012, mas após esse período os números voltaram a crescer rapidamente, alcançando a média de 1,58 milhão de imigrantes por ano entre 2013 e 2015.

Em 2017, os países europeus que apresentavam maior número de imigrantes em termos absolutos eram Alemanha (9,2 milhões), Reino Unido (6,1 milhões), Itália (5,0 milhões), França (4,6 milhões) e Espanha (4,4 milhões). Somados, esses imigrantes representavam ao todo cerca de 76% de todos os não nacionais (sem nacionalidade europeia) que viviam nos países-membros da União Europeia e onde estavam 63% da população total do bloco.

Alterando esse cenário, países que antes apresentavam números negativos de migrantes hoje tornam-se foco de novos fluxos, como Portugal e Irlanda. Em termos relativos, países como Romênia, Lituânia, Letônia, Hungria e Croácia apresentam maior porcentagem de migrantes internos ao bloco, ou seja, que têm nacionalidade de um dos países-membros da UE.

Segundo a Agência da ONU para Refugiados (Acnur), devido a tensões no leste da Ucrânia e a zonas de conflito, como na África e na Ásia, mais de 172 mil refugiados e outros migrantes chegaram à Europa pelo mar Mediterrâneo em 2017, sobretudo pela Itália, pela Grécia e pela Espanha. Entre eles, 18% eram crianças e mais da metade delas estava desacompanhada ou separada de suas famílias. Somente nesse ano, mais de 3 mil pessoas morreram no perigoso trajeto pelo mar, realizado, muitas vezes, em embarcações ilegais, superlotadas e com estrutura precária. Os que conseguem chegar ao continente enfrentam dificuldades cada vez maiores, na medida em que os governos ampliam suas restrições quanto à circulação de estrangeiros em seus territórios.

Nesse contexto, destacam-se parcerias criadas entre governos nacionais e municipais, órgãos da União Europeia, organizações não governamentais, empresas e instituições acadêmicas com o objetivo de dar assistência e integrar os refugiados nos países em que são acolhidos. Ao mesmo tempo, a situação dessas pessoas tem sido abordada de maneira pejorativa como um instrumento político, alimentando discursos e atitudes xenofóbicos, culminando, muitas vezes, na violência contra os estrangeiros. Enquanto isso, a União Europeia aplica um mecanismo de recolocação de emergência, para a transferência de imigrantes de um país europeu a outro, a fim de aliviar a tensão em países menos preparados (ou dispostos) para o recebimento de refugiados, como Grécia e Itália.

CIDADANIA E DIREITOS DOS REFUGIADOS

A nova crise dos refugiados na Europa

No que se refere aos movimentos de refugiados mais recentes, em particular os que se têm dirigido à Europa nos últimos anos, verifica-se uma combinação complexa de fatores [...]. No caso dos fatores de repulsão, incluem-se o agravamento dos conflitos políticos e militares, sobretudo os que ocorrem no Médio Oriente, com relevo para a Síria, a deterioração das condições dos refugiados nos países de primeiro asilo, como sucede com Turquia, Líbano e Jordânia, a falta de perspectivas de trabalho e educação a curto e médio prazos nesses países e mudanças geopolíticas diversas, como o desaparecimento de oportunidades de migração alternativas na região – como sucedeu no caso da Líbia. A estes fatores podem ser ainda acrescentadas causas mais profundas, como a colonização-descolonização dos territórios fronteira com a Europa e as mudanças climáticas [...].

Os novos movimentos de refugiados, em particular os que se têm dirigido à Europa desde o início da segunda década do século XXI, têm colocado profundos desafios à observação e análise teórica dos fluxos, bem como ao regime internacional de direitos humanos [...]. No caso da UE, o maior problema reside na incapacidade de construir uma verdadeira política comum, quer de imigração, quer de apoio a refugiados. [...]

Finalmente, no plano social, outros desafios emergem. Estes incluem as reações negativas das opiniões públicas e de vários grupos políticos europeus aos problemas dos migrantes e dos refugiados. A proliferação de atitudes negativas ou hostis por parte de alguns segmentos da população, a associação (geralmente abusiva) entre os fluxos migratórios e a insegurança, a radicalização das posições e o aumento significativo do apoio eleitoral a partidos políticos de extrema-direita são sinais que não podem ser ignorados [...].

[...] A atual crise de refugiados na Europa constitui um desafio teórico, legal, político e moral para as sociedades europeias. A sua resolução passa pela importância de conhecer cientificamente esta realidade, agir sobre as representações públicas (divulgando fatos e não mitos), capacitar as decisões políticas e apoiar os meios complementares de ação – como as iniciativas da sociedade civil – nesta área.

OLIVEIRA, Catarina R.; PEIXOTO, João; GÓIS, Pedro. A nova crise dos refugiados na Europa: o modelo de repulsão-atração revisitado e os desafios para as políticas migratórias. *Revista Brasileira de Estudos da População*. Belo Horizonte, v. 34, n. 1, p. 73-98, jan./abr. 2017.

Jon Nazca/Reuters/Fotoarena

Migrantes chegam ao porto de Algeciras, no sul da Espanha, em 2018. Eles foram resgatados de botes interceptados no estreito de Gibraltar.

1. De acordo com o texto, que desafios os refugiados têm enfrentado ao chegar ao continente europeu?

2. Quais são as dificuldades vividas pelos refugiados em relação à opinião pública e aos partidos políticos europeus?

3. Procure informações recentes sobre o assunto em textos jornalísticos e debata com os colegas sobre a situação do acolhimento de refugiados no continente europeu e seus principais problemas. Ao final, produza um texto-síntese com as principais reflexões realizadas.

5. Atividades econômicas

A União Europeia tem um papel fundamental no comércio internacional. Depois da crise econômica de 2008, que acarretou muitos impactos socioeconômicos negativos para todos os países-membros do bloco, a economia europeia apresenta alguma recuperação em parte de seus países.

Recuperação econômica da UE

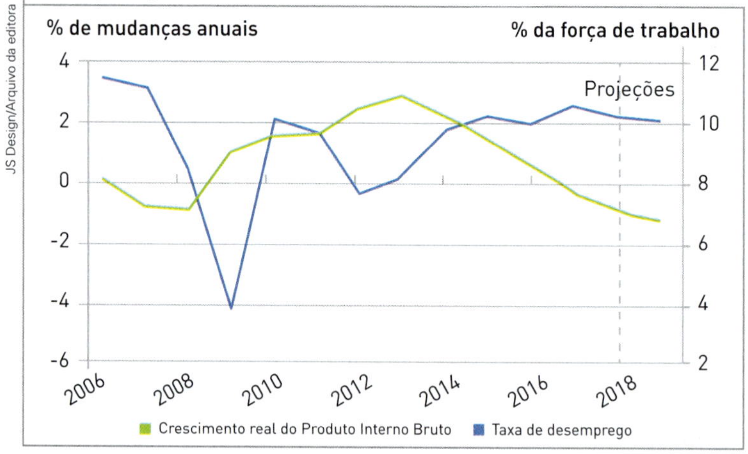

Elaborado com base em: OECD. *OECD Economic Surveys*. European Union June 2018 overview. p. 2. Disponível em: <www.oecd.org/eco/surveys/European-union-2018-OECD-economic-survey-overview.pdf>. Acesso em: 10 jan. 2019.

Em 2016, a UE respondia por cerca de um sexto dos fluxos mundiais de mercadorias. Liderou os indicadores de exportação (16,2%), seguida pela China e pelos Estados Unidos; e foi a segunda maior importadora (15%), atrás apenas dos Estados Unidos. Considerando somente o setor de serviços, o poder econômico do bloco era ainda maior (24,7% das exportações e 21,1% das importações). Entre os principais produtos de exportação da União Europeia, predominam os industrializados, como os dos setores de máquinas e equipamentos e químicos. Entre os principais parceiros comerciais não pertencentes à UE, destacam-se Estados Unidos, China, Rússia, Japão e, em menor medida, o Brasil.

União Europeia: destino das exportações – 2016

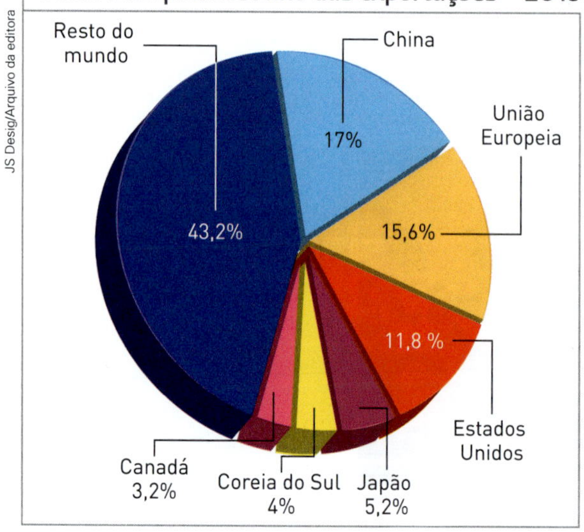

Elaborado com base em: EUROSTAT STATISTICS EXPLAINED. *File*: Shares in the World Market for Exports of Goods, 2016 (% Share of World Exports) YB18.png. Disponível em: <http://ec.europa.eu/eurostat/statistics-explained/index.php?title=File:Shares_in_the_world_market_for_exports_of_goods,_2016_(%25_share_of_world_exports)_YB18.png>. Acesso em: 10 jan. 2019.

Para continuar a desenvolver-se, a União Europeia terá de superar alguns desafios. Inevitavelmente sofrerá transformações demográficas para garantir a oferta necessária de mão de obra, o aumento da produtividade e a obtenção de tributos – e terá de passar por essas mudanças sem desconsiderar a qualidade de vida de sua população cada vez mais envelhecida. Além disso, precisará equacionar os fluxos de imigrantes e de refugiados em direção aos territórios nacionais do bloco.

Outro desafio a ser superado é a geração de empregos e de renda. Ainda que a desigualdade de renda seja relativamente menor na Europa do que em outros continentes, as últimas crises econômicas acarretaram problemas sociais não plenamente resolvidos, como o aumento das taxas de desemprego – sobretudo entre a população mais jovem – e a estagnação ou queda de salários reais em diferentes setores e países.

Além disso, é preciso diminuir as disparidades existentes entre os países mais desenvolvidos da União Europeia e aqueles que se encaixam de forma marginal nas políticas socioeconômicas promovidas pelo bloco.

Em 2015, das vinte maiores áreas urbanas da União Europeia, seis estavam na Alemanha, três na Itália, três no Reino Unido e duas na Espanha. A lista continha apenas duas cidades da Europa oriental: Budapeste (Hungria) e Varsóvia (Polônia).

As metrópoles globais de Londres e Paris apresentam, de longe, as maiores populações entre todas as cidades da União Europeia. Em contrapartida, quase metade das cidades do bloco tem entre 50 mil e 100 mil habitantes – mais ou menos próximas umas das outras, conforme o país.

Destaca-se que, apesar dos problemas decorrentes do rápido crescimento urbano, as regiões metropolitanas europeias concentram as principais atividades econômicas e os níveis mais elevados de educação, ciência e tecnologia, além de gerarem mais riqueza (PIB *per capita*) que as demais regiões do continente.

A Alemanha é a maior força econômica da União Europeia. Apresenta uma indústria altamente diversificada, cujas atividades distribuem-se em uma rede urbana policêntrica – na qual, em vez de um único centro, várias cidades apresentam grande polarização.

União Europeia: densidade demográfica – 2016

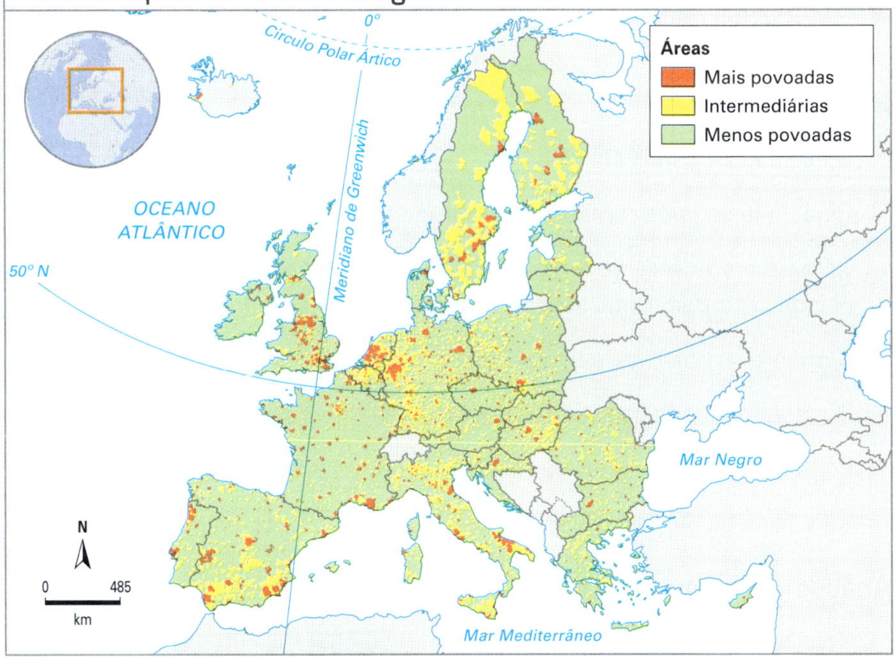

Banco de imagens/Arquivo da editora

Elaborado com base em: EUROSTAT Statistics Explained. *Degree of Urbanisation*. Disponível em: <https://ec.europa.eu/eurostat/web/degree-of-urbanisation/background>. Acesso em: 10 jan. 2019.

Destacam-se indústrias de bens de capitais (engenharia mecânica, metais, equipamentos elétricos e automóveis) em áreas de industrialização mais antiga, como no Vale do Ruhr e na Baixa Saxônia, e indústrias de alta tecnologia nas cidades de Munique e Stuttgart. No entanto, a maior parcela do PIB alemão refere-se ao setor de serviços (69,3%), com destaque para Frankfurt, principal centro financeiro do país, onde se localiza o Banco Central Europeu. A agricultura, apesar de sua importância para a sociedade alemã e da sua ligação com a agroindústria, responde por apenas 0,6% da riqueza gerada no país.

A França é a segunda maior economia europeia. Diferentemente da rede urbana alemã, a população e as atividades econômicas nesse país estão mais concentradas no território, estabelecendo-se, principalmente, em três regiões: região Parisiense ou Ilha da França, Ródano-Alpes e Provença-Alpes-Costa Azul – responsáveis por quase metade do PIB nacional.

Destacam-se as indústrias de bens de capital e bens intermediários (como farmacêuticos), de aeronaves e tecnologia da informação e comunicação. Em contrapartida, indústrias tradicionais no país, como a metalúrgica e a mecânica, passam por problemas, com perda significativa de empregos. O setor de serviços responde por quase três quartos do PIB francês. Quanto à agricultura (2% do PIB), esta é importante em muitas regiões, como na Bretanha e no centro do país.

A cidade de Frankfurt, na Alemanha, é um importante centro financeiro da Europa. Foto de 2017.

Zoonar GmbH/Alamy/Fotoarena

Reconecte

Revisão

1. Quais são as principais unidades do relevo europeu? Cite exemplos para cada uma delas.
2. Relacione os tipos climáticos da Europa aos biomas existentes no continente.
3. Retome o processo de formação da União Europeia, destacando como cada fase do bloco influenciou as normas acordadas pelos países-membros.
4. Comente os objetivos e a importância do Tratado de Maastricht.
5. De que modo o Espaço Schengen facilita a integração europeia? Que países fazem parte dele?
6. Por que grande parte dos países-membros da União Europeia optou pelo estabelecimento da Zona do Euro?
7. Relacione as projeções populacionais da União Europeia com a oferta de trabalho para 2040.

Análise de charge e debate

8. Com base na charge ao lado, debata com a turma sobre os fluxos de refugiados com destino a países da União Europeia. Para enriquecer a discussão, investigue as origens e as causas dos principais movimentos, bem como a recepção e o suporte oferecidos aos estrangeiros que chegam ao continente europeu na condição de refugiados. Ao final, elabore um quadro com as principais considerações realizadas.

Dan Wasserman/Acervo do cartunista

Charge de Dan Wasserman, 2015.

Montagem de painel

9. Reúna-se com mais dois colegas e, juntos, tracem o perfil socioeconômico da União Europeia por meio de um painel com indicadores sobre esse bloco. Selecionem, ao menos, cinco temas diferentes, cujas informações podem ser encontradas em bancos de dados oficiais da UE. Ao final, apresentem o resultado à turma.

Gravação de *podcast*

10. Em dupla, pesquisem informações recentes sobre o processo de saída do Reino Unido da União Europeia (Brexit) e gravem um *podcast* que sintetize as observações feitas. O material deve ter entre 2 e 5 minutos e basear-se em informações obtidas de fontes confiáveis. Depois de concluído, apresentem o *podcast* aos demais colegas.

Elaboração de infográfico

11. Reúna-se com mais três colegas e, juntos, selecionem um dos países que fazem parte da União Europeia. Montem um infográfico que contenha informações sobre suas características políticas, econômicas, sociais e ambientais. Ao final, juntem o trabalho com os realizados pelos demais grupos e organizem uma exposição sobre a integração regional europeia.

Explorando

12. Em dupla, procurem relatos sobre as condições de vida de refugiados sírios em pelo menos dois países da União Europeia e no Brasil. Com base neles, organizem uma apresentação com um estudo de caso de cada país. Forneçam detalhes sobre o modo de vida no país de origem, motivos específicos que levaram essas pessoas a emigrar, situações enfrentadas por elas até se estabelecerem nos países de destino, maneiras como têm se adaptado à nova realidade, entre outras informações que considerarem interessantes.

Resumo

- O relevo do continente europeu foi formado em diferentes períodos geológicos e apresenta variedade de feições. Predominam vastas planícies e planaltos baixos bastante erodidos, mas há regiões de dobramentos modernos com altitudes elevadas.
- A combinação dos fatores climáticos verificada em cada localidade influencia na distribuição dos biomas, como Tundra, Taiga, Florestas Mistas, Vegetação Mediterrânea, Pradarias e Estepes. Destaca-se a atuação das massas de ar, da continentalidade e da maritimidade na determinação de padrões de temperatura e umidade.
- A integração regional dos países europeus iniciou-se com a criação da Comunidade Econômica do Carvão e do Aço (Ceca) após o fim da Segunda Guerra Mundial. Naquele contexto, envolvia apenas seis países. Não tardou para que aprofundassem o nível de cooperação e criassem a Comunidade Econômica Europeia (CEE), em 1957.
- Ao longo das décadas seguintes, outras negociações aconteceram e conduziram a novas adesões. Em 2009, formou-se a "Europa dos Vinte e Oito".
- O Tratado de Maastricht, assinado em 1992, criou a União Europeia, com novos caminhos para a livre circulação de mercadorias, serviços, pessoas e capitais. Formou-se o Espaço Schengen e a Zona do Euro.
- A saída do Reino Unido da União Europeia (Brexit) está em processo e gera incertezas sobre as implicações de curto, médio e longo prazo para a cooperação e a integração regional.
- Com variações entre os países-membros, as transformações demográficas verificadas na União Europeia geram preocupações devido ao tamanho e à composição etária da população economicamente ativa. Cada vez mais cresce a importância da mão de obra estrangeira para suprir as necessidades da economia europeia.
- Países da União Europeia estão entre as principais potências econômicas da ordem internacional, com destaque para a Alemanha e a França. No entanto, existem significativas disparidades entre os países-membros, acentuadas pela crise de 2008.

CAPÍTULO

11

Estados Unidos: potência em crise?

Os Estados Unidos são uma das nações mais importantes do mundo. O país é uma potência econômica, militar e política, e suas ações nos fóruns mundiais são referências internacionais.

Mas nem sempre foi assim. Essa condição é resultado da história de sua colonização por europeus, principalmente ingleses, que buscavam nos territórios estadunidenses o estabelecimento de colônias de povoamento. Nesse processo, guerras foram travadas e levaram ao extermínio de muitos povos originários da América.

O território estadunidense abriga importantes megacidades com alto grau de desenvolvimento científico, industrial e de serviços, o que proporciona à sua população um bom Índice de Desenvolvimento Humano (IDH).

Os Estados Unidos são referência de poder cultural, econômico, político e bélico para muitos países, mas suas estratégias geopolíticas atuais têm se demonstrado hostis em relação aos imigrantes.

As condições geológicas, geomorfológicas, climáticas e hidrográficas são aproveitadas associando-se conhecimentos científicos à produção industrial e do campo, de modo a obter o melhor de seus recursos naturais. Esses fatores fazem com que a indústria estadunidense seja bastante competitiva e o país seja grande produtor agrícola e desenvolva atividades industriais altamente tecnológicas, consumindo recursos naturais.

Apesar dessas características, os Estados Unidos são uma potência em crise? Seu poder, ao longo dos anos, foi ressignificado com as novas relações engendradas por países como Coreia do Norte, China, Alemanha e Rússia. Esses países têm levado os estadunidenses a ensaiar novas relações diplomáticas.

Saul Loeb/Agência France-Presse

Em primeiro plano, os presidentes Xi Jinping, da China (à esquerda), e Donald Trump, dos Estados Unidos (à direita), com suas delegações em jantar após encontro do G20 em Buenos Aires, na Argentina, em 2018.

EM FOCO

EUA, sociedade em ruptura?

Você parece acreditar, ao contrário de tantos outros, que os EUA mantêm-se como um superpoder econômico, político e, claro, militar, mesmo depois da última crise. Também tenho a mesma impressão, uma vez que o resto das economias do mundo não somente não está em condições de desafiar a hegemonia norte-americana, como olha para os EUA como um salvador da economia global. O que você vê como vantagens competitivas do capitalismo dos EUA sobre a economia da União Europeia e as novas economias emergentes na Ásia?

[Noam Chomsky] A crise financeira de 2007-2008 foi originada principalmente nos EUA, mas seus principais competidores – a Europa e o Japão – acabaram sofrendo mais severamente, e os EUA mantiveram-se [como] o local preferido dos investidores que buscam segurança em tempo de crise. As vantagens dos EUA são substantivas. Eles têm amplos recursos internos. São unificados, um fato importante. Até a guerra civil nos anos 1860, a frase "Estados Unidos" era plural (como ainda é nas línguas europeias). Mas, desde então, vem sendo usada no singular, no inglês padrão. As políticas traçadas em Washington pelo poder estatal e capital concentrado valem para todo o país. Isso é muito mais difícil na Europa. Há muitas vantagens da unidade. Alguns dos efeitos nocivos da inabilidade europeia para coordenar as respostas à crise têm sido amplamente discutidos pelos economistas europeus.

As raízes históricas dessas diferenças entre a Europa e os EUA são familiares. Séculos de conflitos impuseram um sistema de estado-nação na Europa, e a experiência da Segunda Guerra Mundial convenceu os europeus de que devem abandonar seu esporte tradicional de trucidar uns aos outros, porque a próxima tentativa seria a última. Então temos aquilo que os cientistas políticos gostam de denominar "uma paz democrática", ainda que nem de longe esteja claro se a democracia tem algo a ver com isso. Em contraste, os EUA são um Estado colonizador-colonial, que assassinou a população indígena e confinou os remanescentes em "reservas", ao mesmo tempo em que conquistava metade do México e expandia-se para além. Muito mais que na Europa, a rica diversidade interna foi destruída. A guerra civil cimentou o poder central e, da mesma forma, a uniformidade em outros domínios: linguagem nacional, padrões culturais, enormes projetos público-privados de engenharia social tais como a suburbanização da sociedade, subsídio central maciço à indústria avançada por meio de pesquisa e desenvolvimento, aquisição e outros instrumentos, e muito mais.

As novas economias emergentes na Ásia têm incríveis problemas internos, desconhecidos no Ocidente. Sabemos mais sobre a Índia do que sobre a China, porque é uma sociedade mais aberta. Há razões pelas quais ela está em 130º lugar no ranking do Índice de Desenvolvimento Humano (mais ou menos onde estava antes das reformas neoliberais parciais); a China está no 90º lugar, e poderia ser pior se se soubesse mais a respeito do país. Isso apenas arranha a superfície. No século 18, China e Índia eram os centros comerciais e industriais do mundo, com sistemas de mercado sofisticados, níveis avançados de saúde pelos padrões comparativos etc. Mas conquistas imperiais e políticas econômicas deixaram-nos em condições miseráveis. É notável que o único país do Sul Global a desenvolver-se foi o Japão, o único que não foi colonizado. A correlação não é acidental.

[...]

POLYCHRONIOU, C. J. EUA, sociedade em ruptura? *Outras palavras*, 2 jul. 2016.
Disponível em: <https://outraspalavras.net/geopoliticaeguerra/eua-sociedade-em-ruptura/>.
Acesso em: 14 fev. 2019.

1. Após a leitura do texto, discuta com os colegas as questões a seguir.

a) Quais argumentos confirmam as vantagens competitivas dos Estados Unidos no capitalismo?

b) Para Chomsky, quais são as origens dos problemas internos da Índia e da China?

makasana photo/Alamy/Fotoarena

Paisagem de outono nos montes Apalaches, na Carolina do Norte, nos Estados Unidos, em 2016.

1. Quadro físico

País de dimensões continentais, os Estados Unidos têm características físicas que, somadas às suas condições econômicas, financeiras e militares, colocam o país em destaque no mundo. A extensão de seu território (quarto maior do mundo), associada a uma costa que está voltada para dois oceanos (Atlântico e Pacífico), além dos territórios descontínuos, como o Alasca e o Havaí (arquipélago em pleno oceano Pacífico), permitem que o país projete seu poder sobre muitas áreas do mundo.

O território dos Estados Unidos apresenta um relevo diversificado. Suas principais unidades de relevo são as Planícies Costeiras Atlânticas, os montes Apalaches, as Planícies Centrais e as Montanhas Rochosas, no oeste do território.

A leste, as Planícies Costeiras estabelecem fronteira marítima com o oceano Atlântico. São constituídas de rochas sedimentares formadas nos períodos Cretáceo e Cenozoico. Nessa área localizam-se Nova York, a península da Flórida e os estuários de Cape Cod, cabo Hatteras e golfo do México. No interior, as planícies estendem-se até os montes Apalaches.

No centro do território, a Planície Central limita as áreas entre os Apalaches, a leste, e as Montanhas Rochosas, a oeste. Essa região de planície percorre algumas centenas de quilômetros e nela encontram-se a planície dos Grandes Lagos e suas bordas, as planícies do Mississípi e do Médio Missouri, os planaltos Ozark e Ouachita, as Grandes Planícies ao pé das Montanhas Rochosas e as planícies da Costa do Golfo. A geologia predominante é de rochas sedimentares paleozoicas e terciárias.

A oeste das Grandes Planícies estão as Montanhas Rochosas, que passam pelo Canadá e se estendem até o Alasca. Essas montanhas são um dobramento moderno que apresenta atividades vulcânicas e tectonismo associados à orogênese junto do oceano Pacífico.

Orogênese: dobramentos com elevações da crosta terrestre que resultam da ação intensa de processos tectônicos.

Joe Sohm/Visions of America/UIG/Getty Images

Monte Denali, antigo monte McKinley (ao fundo), no Alasca, nos Estados Unidos, em 2016. Essa formação faz parte das Montanhas Rochosas, sendo o cume mais alto da América do Norte.

O oeste dos Estados Unidos concentra os dobramentos modernos do território. Destacam-se na região as Montanhas Rochosas, com rochas soerguidas no Terciário.

América do Norte: relevo e vegetação

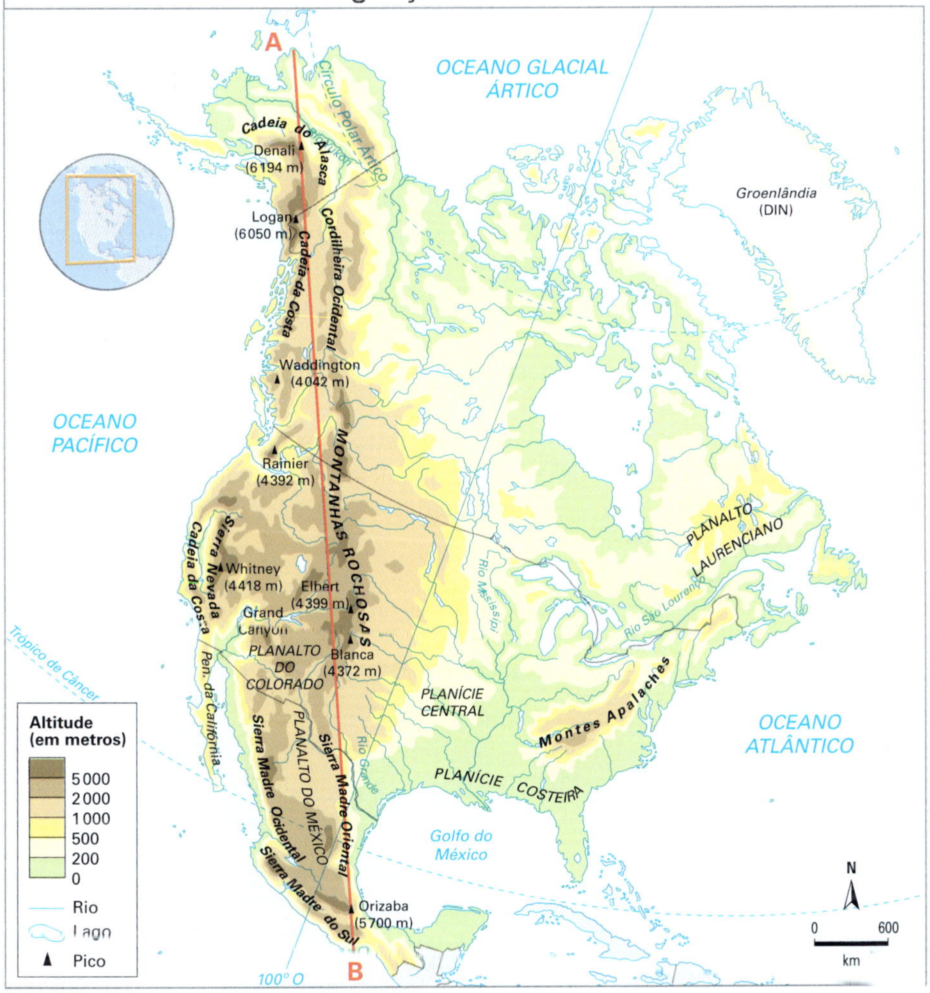

Elaborado com base em: ATLAS geográfico escolar Oxford. São Paulo: Oxford University Press, 2013. p. 61.

América do Norte: perfil de relevo

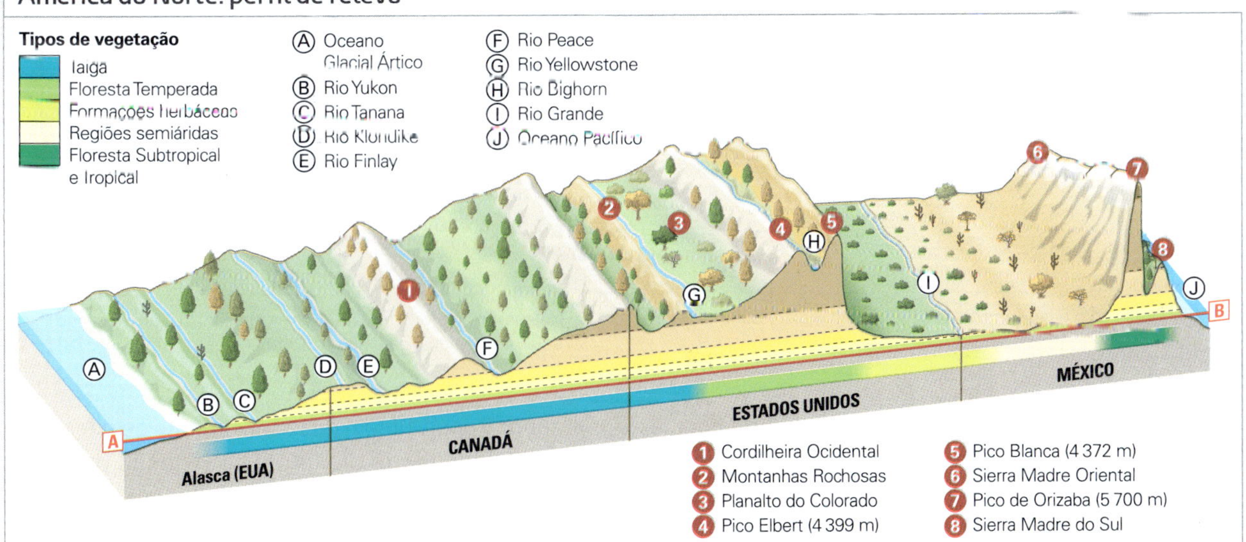

Elaborado com base em: ATLAS geográfico escolar Oxford. São Paulo: Oxford University Press, 2013. p. 61.

Ainda no oeste, o planalto do Colorado é formado de rochas sedimentares que foram soerguidas no período de formação das Montanhas Rochosas. No noroeste, próximo do oceano Pacífico, há rochas vulcânicas, presentes no planalto Columbia e em Yellowstone.

As montanhas de Sierra Nevada são, na maioria, rochas graníticas formadas sobre a zona de subducção durante os períodos Jurássico e Cretáceo.

St. Helens

St. Helens, localizado no estado de Washington, é o vulcão mais ativo na cordilheira das Cascatas, e é o mais provável dos vulcões contíguos dos Estados Unidos a entrar em erupção no futuro. O vulcão está a quase 53 km a oeste do monte Adams e aproximadamente a 80 km a nordeste de Vancouver, Washington – Portland, Oregon. O vulcanismo ocorre devido à subducção da placa de Juan de Fuca ao largo da costa ocidental da América do Norte.

Ao longo de sua rica e complexa história de 275 mil anos, o St. Helens produziu violentas erupções explosivas e derramamentos de lava. [...]

Nos últimos milhares de anos o vulcão atingiu a altitude de 2 950 metros, tornando-se o quinto pico mais alto em Washington. Cientistas calculam que aproximadamente 3 mil anos atrás, quantidades substanciais de basalto e andesito começaram a entrar em erupção à medida que a lava fluía entre as fases da atividade eruptiva. Esses fluxos iniciaram a construção do cone. [...]

USGS. Geology and History Summary for Mount St. Helens. Disponível em: <https://volcanoes.usgs.gov/volcanoes/st_helens/st_helens_geo_hist_101.html>. Acesso em: 6 jan. 2019. (Texto traduzido pelos autores.)

Vulcão St. Helens

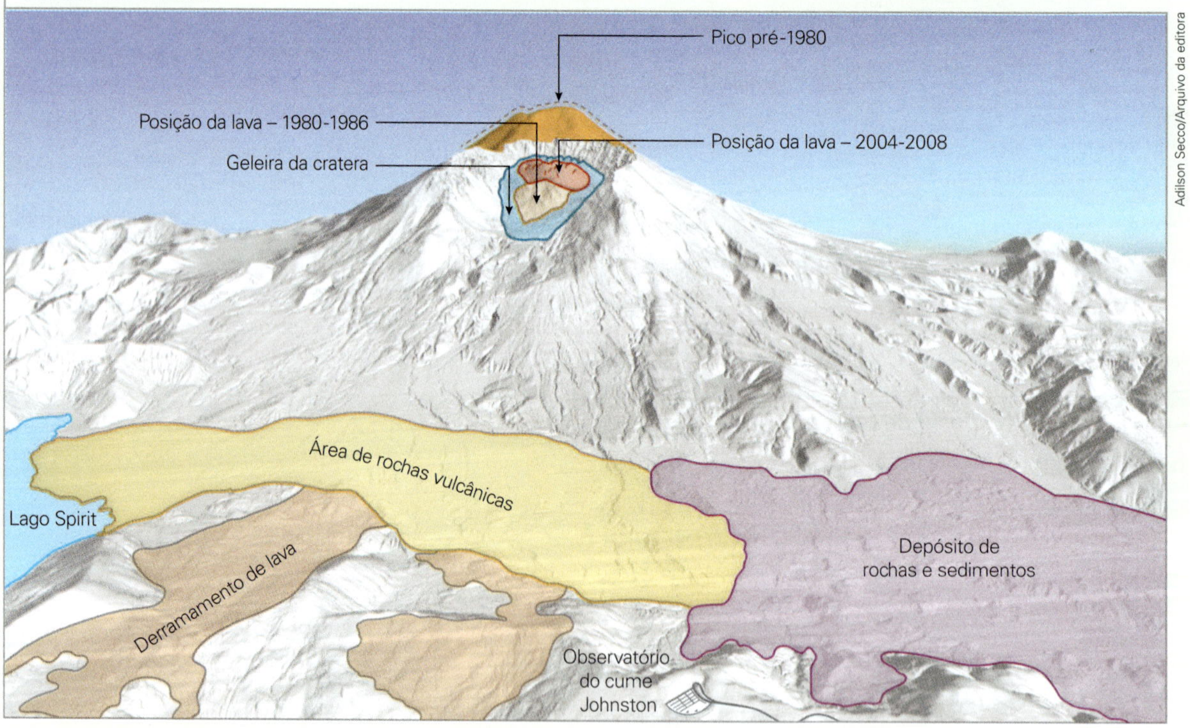

Elaborado com base em: USGS. Geology and History Summary for Mount St. Helens. Disponível em: <https://volcanoes.usgs.gov/volcanoes/st_helens/st_helens_geo_hist_101.html>. Acesso em: 6 jan. 2019.

A formação geológica estadunidense possibilita o desenvolvimento de diferentes atividades econômicas e usos sociais dos recursos naturais. Segundo dados do Ministério do Interior dos Estados Unidos, o valor da produção de minerais industriais em 2016 foi de 51,6 bilhões de dólares. Há produção de ouro, cobre, prata, minério de ferro, areia e cascalho.

Estados Unidos: principais minerais e valor de produção, por estados – 2016-2017			
Estado	Valores (milhões de dólares)	Posição no *ranking*	Principais minerais em ordem de valor
Nevada	7 650	1º	Ouro, cobre, areia e cascalho (construção), rocha (triturada), prata.
Arizona	5 560	2º	Cobre, areia e cascalho, concentrados de molibdênio, rochas trituradas.
Texas	4 840	3º	Rochas (brita), areia, cascalho e sal.
Califórnia	3 521	4º	Areia e cascalho, rochas trituradas e carbonato de sódio.
Minnesota	3 270	5º	Minério de ferro, areia e cascalho, rochas trituradas.

Elaborado com base em: USGS Mineral Commodity Sumaries 2017. Reston: USGS, 2017. p. 10-11. Disponível em: <https://minerals.usgs.gov/minerals/pubs/mcs/2017/mcs2017.pdf>. Acesso em: 4 jan. 2019.

A vegetação estadunidense sofre influências do relevo e do clima. Nas Montanhas Rochosas, na porção oeste do continente, predomina o clima de montanha, devido às altas altitudes, às vezes associadas aos climas árido e semiárido, que impedem que a umidade do oceano Pacífico adentre o continente.

Nas Planícies Centrais predominam as Florestas Temperadas e as Pradarias relacionadas com climas continentais e subtropicais.

O clima continental oceânico, mais úmido, favorece a presença das Florestas Temperadas. As Pradarias nas porções continentais estão em zonas de menores índices de chuvas, associadas ao clima continental frio. Nas Planícies Centrais, os valores mínimos de precipitação anual são de 10 milímetros, podendo atingir entre 40 e 50 milímetros nos períodos de maior precipitação.

Steve Krull/Alamy/Fotoarena

Pinheiros compõem a paisagem das Montanhas Rochosas, no Colorado, nos Estados Unidos, em 2018.

Estados Unidos: histórico de índice pluviométrico anual – 1961-1990

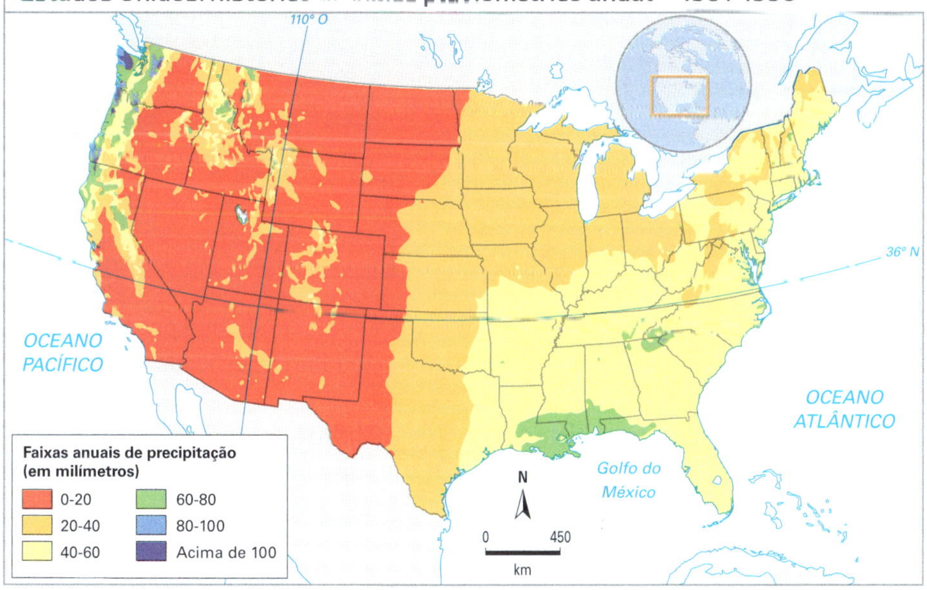

Banco de imagens/Arquivo da editora

Elaborado com base em: U.S. ENVIRONMENTAL Protection Agency. Office of Wetlands, Oceans and Watersheds Office of Research and Development. *National Rivers and Streams Assessment 2008-2009*: A Collaborative Survey (EPA/841/R-16/007). Washington, D.C., feb. 2013. p. 6. Disponível em: <https://nepis.epa.gov/Exe/ZyPDF.cgi/P100LIS7.PDF?Dockey=P100LIS7.PDF>. Acesso em: 16 jan. 2019.

Florestas Subtropicais são encontradas na porção sudeste dos Estados Unidos, principalmente na região do golfo do México e em estados como Flórida e Carolina do Sul. Nessas zonas, os índices pluviométricos anuais são maiores, registrando valores mínimos de 50 milímetros e máximos de 60 a 70 milímetros. Observe, nos mapas a seguir, os tipos climáticos e as áreas de ocorrência de vegetação original no território estadunidense.

Estados Unidos: clima

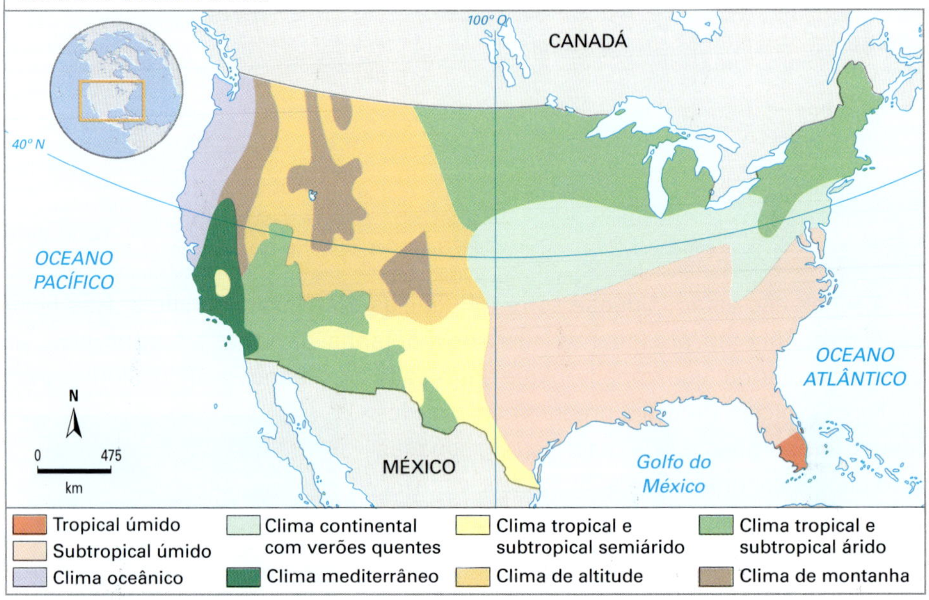

Elaborado com base em: BEAUJEU-GARNIER, Jacqueline; LAVALLÉE, Danièle; LEFORT, Catherine. Amérique (structure et milieu) – géographie. *Encyclopædia Universalis*. Disponível em: <www.universalis.fr/encyclopedie/amerique-structure-et-milieu-geographie/>. Acesso em: 4 jan. 2019.

Estados Unidos: vegetação

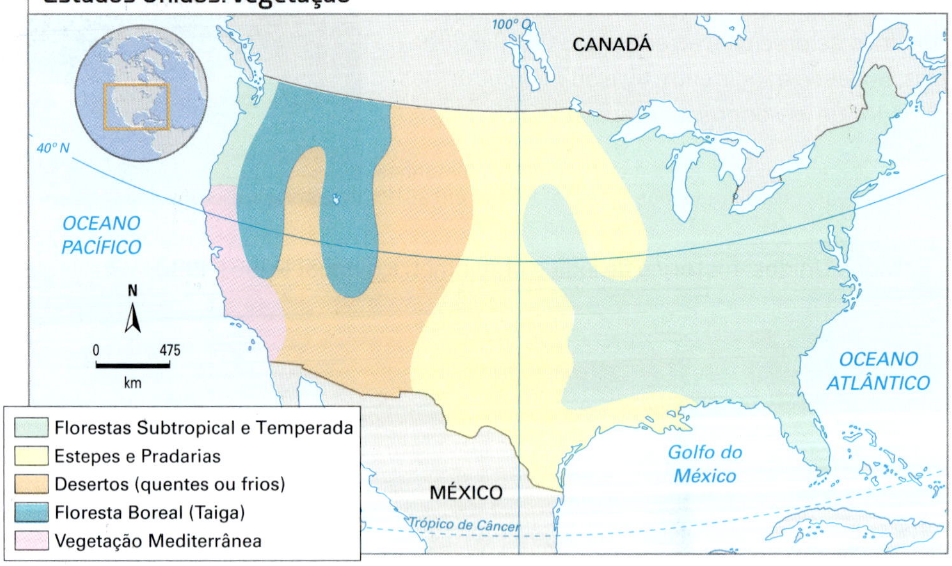

Elaborado com base em: SIMIELLI, Maria E. *Geoatlas*. 34. ed. São Paulo: Ática, 2013. p. 26.

Em relação aos recursos hídricos, o território estadunidense possui grandes reservas de águas subterrâneas, nos aquíferos, e águas superficiais, em extensos rios e lagos.

Como exemplos de rios, destacam-se o rio Mississípi, na região do golfo do México, que disponibiliza água para dez estados, como Wisconsin, Iowa, Luisiana, Mississípi e Arkansas; o rio Missouri, que perpassa as fronteiras dos estados de Dakota do Sul, Iowa, Kansas, Missouri e Nebraska; e o rio Colorado, no estado do Colorado, que perpassa o Grand Canyon e as fronteiras mexicanas.

Já na região dos Grandes Lagos, que compreende os lagos Superior, Michigan, Huron, Erie e Ontário, destaca-se o rio São Lourenço, responsável pela conexão do lago Ontário com o oceano Atlântico, no golfo de São Lourenço. Apesar desses volumes de água, em algumas partes do país, em especial na Califórnia, existe dificuldade em abastecer a população devido ao uso intensivo da água, tanto para uso agrícola quanto para uso industrial.

Serhii Chrucky/Alamy/Fotoarena

Vista do lago Michigan, em Chicago, nos Estados Unidos, em 2016.

Cartografando

A maioria do arsênico presume-se ser de fontes naturais

Um novo estudo do US Geological Survey e do Centers for Disease Control and Prevention estima que cerca de 2,1 milhões de pessoas nos EUA possam estar recebendo água potável de poços domésticos privados considerados de alta concentração de arsênico, presumivelmente de origem natural.

[...]

Quase todo o arsênico na água subterrânea testado para este estudo e usado para mapear probabilidades é provavelmente proveniente de fontes naturais, e presume-se que venha principalmente de rochas e minerais através dos quais a água flui.

[...]

A exposição a longo prazo ao arsênico em poços domésticos pode causar problemas de saúde, incluindo um aumento do risco de câncer. Testar e, se necessário, tratar a água é uma maneira eficaz de reduzir ou eliminar a preocupação. Um informativo do CDC Agency for Toxic Substances and Disease Registry fornece mais informações, assim como a Agência do CDC para Substâncias Tóxicas e Registro de Doenças.

[...]

O suprimento público de água é regulamentado pela EPA dos EUA, mas a manutenção, o teste e o tratamento de suprimentos de água privados são de responsabilidade exclusiva do proprietário. Cerca de 44 milhões de pessoas nos EUA obtêm a água potável de poços privados, mas as pesquisas indicam que muitos proprietários desconhecem alguns testes básicos que devem ser feitos para ajudar a garantir água potável em casa.

[...]

STUDY Estimates about 2.1 Million People Using Wells High in Arsenic. *USGS*, 18 out. 2017. Disponível em: <www.usgs.gov/news/study-estimates-about-21-million-people-using-wells-high-arsenic>. Acesso em: 5 jan. 2019. (Texto traduzido pelos autores.)

Estados Unidos: população exposta ao arsênico

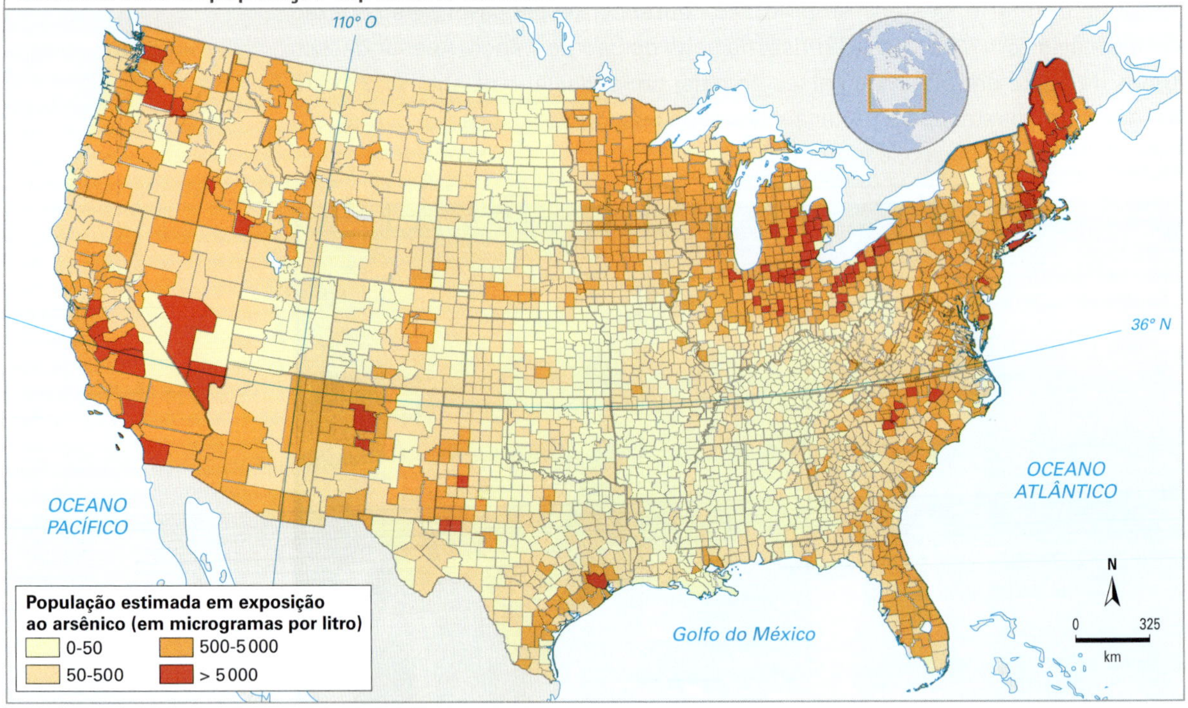

Elaborado com base em: USGS. *Estimated Population with Arsenic Greater than 10 Micrograms per Liter*. Disponível em: <www.usgs.gov/media/images/estimated-population-arsenic-greater-10-micrograms-liter>. Acesso em: 5 jan. 2019.

Estados Unidos: principais aquíferos

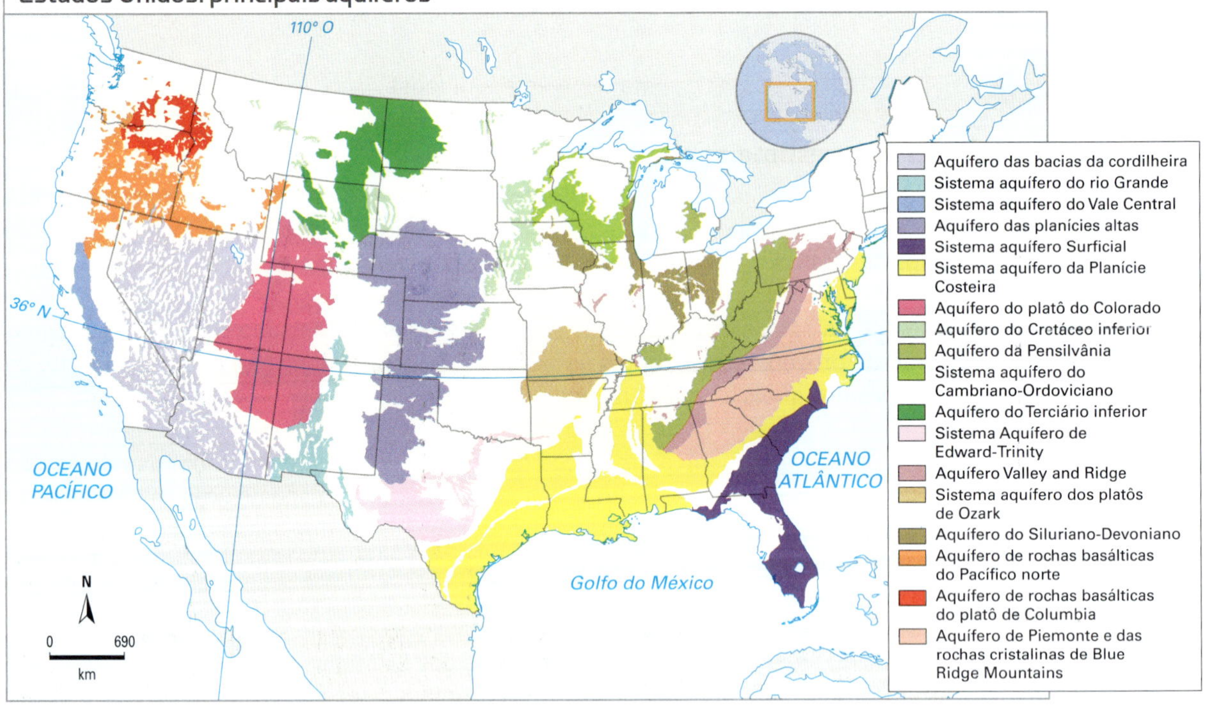

Elaborado com base em: USGS. Principal Aquifers. *National Atlas of the United States*. Disponível em: <https://water.usgs.gov/ogw/aquifer/101514-wall-map.pdf>. Acesso em: 15 mar. 2019.

1. Quais são as razões apresentadas no texto para a concentração de arsênico na água potável?

2. Observe os mapas de população exposta ao arsênico e de principais aquíferos nos Estados Unidos. Quais são os aquíferos que expõem a maior quantidade de pessoas ao arsênico?

2. Da colonização à independência

A colonização estadunidense foi realizada pelos ingleses por meio do povoamento de treze colônias. As terras do norte tornaram-se colônias de povoamento, enquanto as do sul, de exploração.

Estados Unidos: as treze colônias – séculos XVII e XVIII

Elaborado com base em: FOUCRIER, Annick; FOHLEN, Claude; TOINET, Marie-France. États-Unis D'Amérique (Le Territoire et les hommes) – Histoire. *Encyclopædia Universalis* (on-line). Disponível em: <www.universalis.fr/encyclopedie/etats-unis-d-amerique-le-territoire-et-les-hommes-histoire/>. Acesso em: 5 jan. 2019.

Nas colônias do norte, residiam grupos de ingleses, principalmente os puritanos, perseguidos por causa de sua religião e que viram a possibilidade de uma nova vida nas terras que hoje correspondem à costa leste estadunidense.

Daí surgiu a expressão "colônias de povoamento", ou seja, terras em que os colonos estabeleciam moradia, desenvolvendo novas sociedades e culturas. Pensilvânia, Nova York e New Hampshire são exemplos dessa colonização. Esses ingleses e seus descendentes viviam, principalmente, do comércio de rum e de africanos escravizados.

Devido às condições climáticas, a porção sul das treze colônias possibilitou que os ingleses promovessem no território estadunidense as colônias de exploração, que são territórios cuja função é a extração de riquezas a serem comercializadas pelas metrópoles. Virgínia, Carolina do Norte, Carolina do Sul e Geórgia foram terras de exploração dos ingleses, que produziam, no sistema *plantation*, importantes produtos para comercialização na Europa, como tabaco e algodão.

Plantation: processo de monocultura em grandes áreas agrícolas com o emprego de mão de obra escrava.

A Guerra dos Sete Anos (1756-1763), conflito entre Inglaterra e França, proporcionou mudanças nas relações inglesas com suas colônias. A vitória inglesa sobre os franceses foi conquistada, mas resultou em altos gastos militares. Como saída para resolver a crise econômica, a Inglaterra adotou uma nova política colonial que visava o aumento dos impostos sobre mercadorias produzidas nas colônias e o controle do comércio.

Nesse sentido, foram criadas legislações como a Lei do Açúcar (1764) e a Lei do Chá (1773). A primeira aumentou os impostos cobrados pela metrópole sobre o açúcar. A segunda, além de elevar os impostos, passou o controle do comércio do chá para os ingleses, por meio das Companhias das Índias Orientais.

Destruição do chá no porto de Boston, de Nathaniel Currier, 1846 (litogravura, dimensões desconhecidas). Colonos de Boston, nos Estados Unidos, rebelam-se contra o governo britânico e a Companhia das Índias Orientais.

As novas relações desdobraram-se em atos revolucionários nas colônias. O primeiro evento foi o Congresso da Filadélfia (1774), que solicitou ao governo inglês a revogação das leis de comércio e tributação, mas não foi atendido.

O Segundo Congresso da Filadélfia (1775) legitimou o início do processo de independência e as futuras guerras que promoveram o rompimento das treze colônias com a Inglaterra. Entre os personagens que se destacam nesse período estão George Washington (1732-1799), primeiro presidente pós-independência; Thomas Jefferson (1743-1826), responsável pela carta da independência; e Benjamin Franklin (1706-1790), diplomata que buscou apoio para a independência estadunidense no continente europeu. A vitória estadunidense foi alcançada em 1783, ano da independência do país.

Dia da Evacuação e a entrada triunfal de Washington em Nova York, em 25 de novembro de 1783 (gravura, dimensões desconhecidas).

LOC/Science Source/Album/Fotoarena/Coleção particular

Ao longo do século XIX, os Estados Unidos consolidaram seu território ao conquistar terras na região oeste do continente. Esse fenômeno, para muitos historiadores, ficou conhecido como Marcha para o Oeste. Califórnia e Novo México, por exemplo, foram obtidos do México em 1848, e uma grande região da Louisiana foi comprada da França em 1803.

Estados Unidos: a conquista do Oeste – 1830-1920

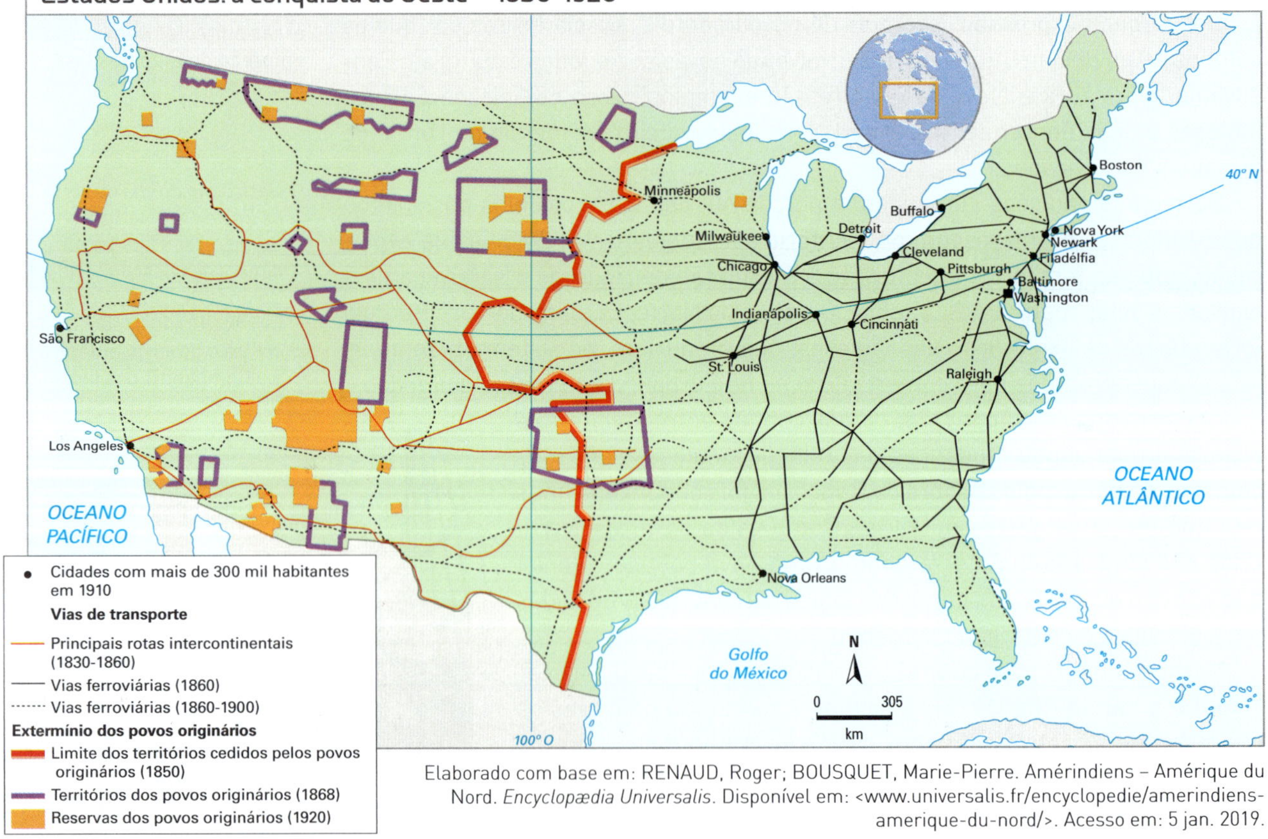

Banco de imagens/Arquivo da editora

Elaborado com base em: RENAUD, Roger; BOUSQUET, Marie-Pierre. Amérindiens – Amérique du Nord. *Encyclopædia Universalis*. Disponível em: <www.universalis.fr/encyclopedie/amerindiens-amerique-du-nord/>. Acesso em: 5 jan. 2019.

A Guerra de Secessão, ou Guerra Civil Americana (1861-1865), foi um dos grandes conflitos territoriais estadunidenses. O principal motivo dessa guerra está associado ao uso da mão de obra para as atividades industriais e agrícolas do país.

As terras do norte, como Oregon, Utah, Pensilvânia, Nova York e Minnesota, eram destinadas às atividades industriais e com baixa utilização de mão de obra escrava. Já as do sul, como Texas, Tennessee, Alabama e Carolina do Sul, eram usadas para a produção rural destinada à venda no mercado externo e com grande uso de mão de obra escrava.

Em 1861, Abraham Lincoln tornou-se presidente dos Estados Unidos. Lincoln era contrário à existência da escravidão e pretendia torná-la proibida no país. Diante disso, os estados do sul buscaram sua autonomia política, de maneira a formar um novo país onde poderia haver escravidão. Os estados do norte não aceitaram, e a guerra começou. O norte saiu vencedor, após mais de 1 milhão de mortos, e manteve a integridade do território estadunidense.

Bettmann/Getty Images

Colheita de algodão com mão de obra escrava na Geórgia, no sul dos Estados Unidos, na década de 1860.

3. População: estrutura e dinâmica

Diversos povos originários, como os inuítes (que habitam o norte da América do Norte), e europeus são os povos que iniciaram a configuração populacional dos Estados Unidos. Entre o século XIX e início do século XX, os ingleses dizimaram milhões de indígenas com o advento da formação das colônias de povoamento e de exploração, resultado da Marcha para o Oeste. Eles estabeleceram organizações sociais à sua maneira, desenvolvendo o país industrial e agrariamente.

A imigração inglesa perdurou no país até a crise de 1929, quando o governo restringiu a movimentação em razão do quadro de recessão. O principal fluxo populacional desde então foi de latino-americanos, principalmente mexicanos que viam no país uma possibilidade de prosperidade.

A principal concentração populacional dos Estados Unidos ocorre na porção nordeste do território, na qual teve início o processo de industrialização do país e que atualmente detém mais de 60 milhões de habitantes – quase um quinto da população, de aproximadamente 329 milhões de habitantes, em 2018. É um dos principais centros urbanos do país e abriga a BosWash, megalópole que se estende de Boston a Washington e que inclui Filadélfia, Nova York e Baltimore. Reúne universidades, expressivo quadro industrial e setor de comércios e serviços que atrai milhares de estadunidenses e pessoas de outras partes do mundo. Nessas áreas, a densidade demográfica é maior, com cerca de 19 habitantes por quilômetro quadrado.

Outra conurbação se destaca na concentração populacional do país: ChiPitts, que é a junção das metrópoles de Chicago e Pittsburgh e inclui cidades localizadas nos arredores dos Grandes Lagos, importantes economicamente para os Estados Unidos, sobretudo devido às exportações de produtos industrializados.

Adrienne Murray Nielsen/Shutterstock

Vista do centro de Pittsburgh, nos Estados Unidos, em 2018.

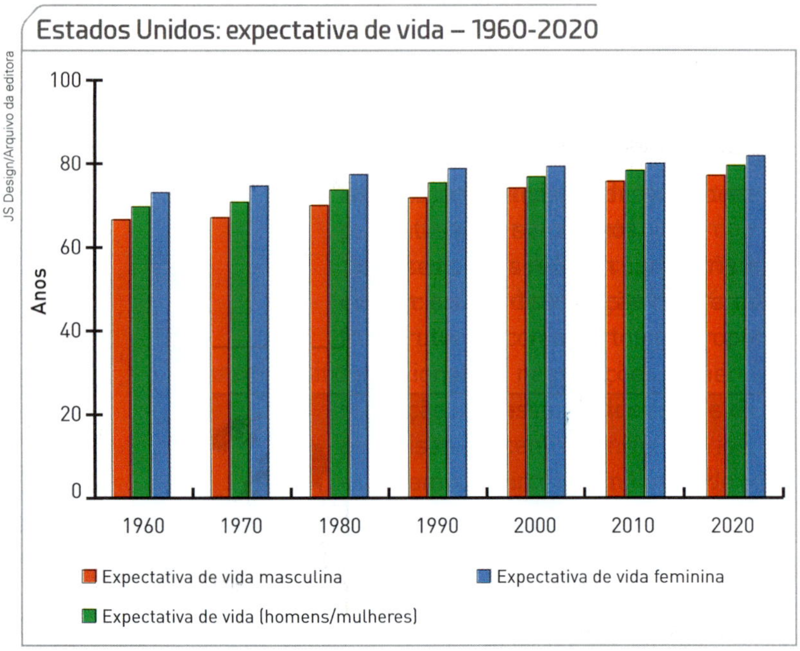

Elaborado com base em: UNITED States Census Bureau. Disponível em: <www.census.gov/library/publications/2010/compendia/statab/130ed/births-deaths-marriages-divorces.html>. Acesso em: 21 jan. 2019.

Ao longo do território, há outras cidades muito importantes, como Los Angeles e São Francisco, na costa oeste, e Miami, na região do golfo do México, que são também rotas turísticas.

Os Estados Unidos apresentam uma grande densidade demográfica, sobretudo em suas metrópoles e megacidades. A taxa de crescimento vegetativo diminui a cada ano no país e a expectativa de vida aumenta. Na década de 1960, a população atingia, em média, 69 anos e, em 2017, chegava aos 79 anos. Já o número de filhos por mulher na década de 1960 era de 3,6 filhos, enquanto em 2016 era de 1,7 filho.

A pirâmide etária estadunidense revela uma grande parcela de sua população em idade de produtividade para o mercado de trabalho associada a um decréscimo de número de taxas de natalidade e a um aumento da expectativa de vida. Observe a pirâmide a seguir.

A composição da população estadunidense mantém-se como desdobramento de sua colonização territorial. Hoje cerca de 73% de seus habitantes são descendentes de europeus e aproximadamente 16% são de origem hispânica, enquanto os negros são 13% da população. Segundo projeções do Banco Mundial para as próximas décadas, os hispânicos representarão mais de 27% da população, ao passo que a população europeia tende a diminuir sua representatividade.

Esse panorama populacional, de acréscimo de hispânicos, potencializa um fenômeno histórico da estrutura populacional estadunidense, a xenofobia.

Xenofobia: aversão aos estrangeiros, podendo gerar atitudes físicas ou psicológicas de hostilidade contra eles.

Desde o processo de formação das treze colônias, a população dos estados do sul, como Geórgia, Tennessee, Louisiana e Carolina do Sul, de maioria negra, não se via incorporada nos direitos civis. Atualmente, os grupos marginalizados são principalmente os negros e os hispânicos. Com o objetivo de diminuir as desigualdades, o governo tem promovido políticas de Estado, como o estabelecimento de cotas raciais em universidades e a criação de vagas de emprego. Porém, o controle de circulação entre fronteiras estaduais e internacionais é constante para esses grupos populacionais.

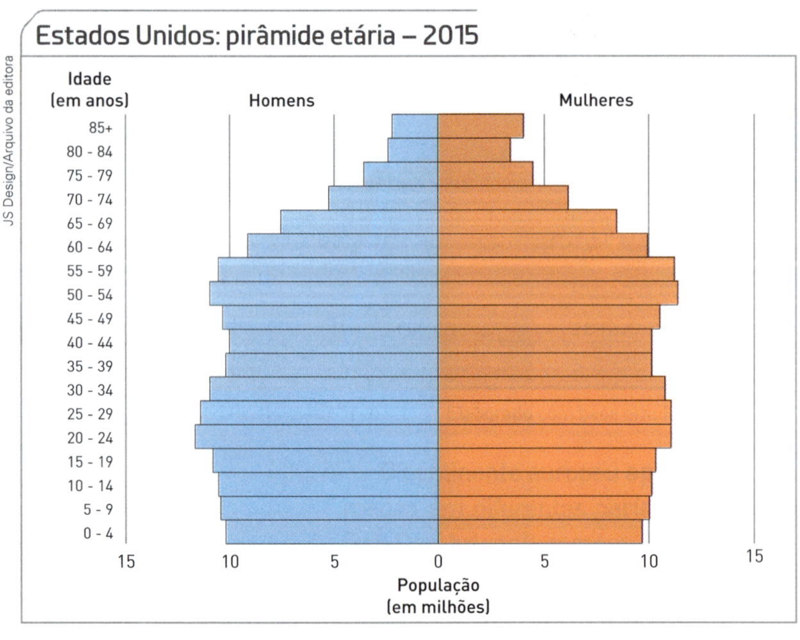

Elaborado com base em: UNITED States Census Bureau. *America's Age Profile Told through Population Pyramids*. Disponível em: <www.census.gov/newsroom/blogs/random-samplings/2016/06/americas-age-profile-told-through-population-pyramids.html>. Acesso em: 21 jan. 2019.

Diálogo com Sociologia

A ação afirmativa nos Estados Unidos tem ajudado diversos grupos, incluindo veteranos, mulheres e minorias étnico-raciais. Já assumiu diferentes formas, desde publicidade dirigida até quotas de fato, e tem sido utilizada em esferas variadas, incluindo emprego, contratos do governo e educação superior. [...]

A maioria das instituições americanas de ensino superior não é seletiva. Elas não promovem ações afirmativas, porque ou tendem a admitir praticamente qualquer candidato disposto a pagar seus custos, ou têm suficientes candidatos de minorias que atendem seus requisitos usuais de admissão, tornando a ação afirmativa desnecessária para garantir representação significativa das minorias no corpo estudantil. Em outras universidades e faculdades, contudo, inclusive nas mais prestigiosas, se as admissões fossem baseadas apenas em resultados de testes e históricos de desempenho – segundo muitos, as melhores medidas objetivas disponíveis de mérito acadêmico – o número de negros nessas universidades seria absolutamente pequeno e proporcionalmente muito menor do que sua proporção na população. Para dar apenas um exemplo, a Faculdade de Direito da Universidade de Michigan, onde lecionei por muitos anos, orgulhava-se de ser possivelmente a primeira faculdade de direito do país a admitir estudantes negros e, ao longo de boa parte de sua história, uma turma típica poderia ter várias faces negras. Assim, 25 dos 1983 estudantes (ou 1,3%) formados em Michigan entre 1950 e 1957 eram afro-americanos. Todavia, nas próximas 12 turmas de formandos, apenas 5 estudantes (ou 0,02%) eram negros.

Isso não se deu porque os afro-americanos candidatos a Michigan fossem academicamente mais fracos do que anteriormente; mas porque o número de candidatos brancos com qualificações acadêmicas mais fortes do que as apresentadas por quase todos os candidatos negros aumentou tanto que havia um número mais do que suficiente desses brancos altamente qualificados para completar cada nova turma [...]

A disparidade racial nas qualificações para ingresso tem suas raízes na história americana de discriminação racial. No sul do país, a segregação implicava uma educação muito inferior em qualidade para a maioria dos afro-americanos do que aquela recebida pela maioria dos brancos. No norte, a concentração geográfica da pobreza e o sistema de financiamento da escola pública fundamental e média (da pré-escola à 12ª série), por meio de impostos sobre a propriedade imobiliária local, teve efeitos semelhantes. Universidades e Faculdades seletivas responderam aos seus extremamente baixos números de matrículas de negros e à percepção de que desigualdade e injustiça eram a causa disso, com a instituição de programas de ação afirmativa. Um programa típico fazia a busca ativa de estudantes afro-americanos, estimulando-os a candidatarem-se, e os candidatos considerados mais capazes de atender aos requisitos acadêmicos da faculdade eram admitidos, mesmo quando seus históricos escolares e notas nos exames de seleção fossem inferiores, e frequentemente muito inferiores, às qualificações acadêmicas da maioria dos estudantes brancos admitidos.

LEMPERT, Richard. Ação afirmativa nos Estados Unidos: breve síntese da jurisprudência e da pesquisa social científica. *Sociologias*, Porto Alegre, ano 17, n. 40, p. 34-91, set./dez. 2015. Disponível em: <www.sciclo.br/pdf/soc/v17n40/1517-4522-soc-17-40-00034.pdf>. Acesso em: 5 jan. 2019.

1. Após a leitura do texto, dialogue com seus colegas sobre o sistema de cotas nas universidades estadunidenses.

Para muitos latino-americanos, morar e trabalhar nos Estados Unidos é sinônimo de progresso econômico acompanhado de melhores condições de vida. O IDH do país traduz esse sonho; seu valor é muito elevado e posiciona o país em 10º lugar do *ranking*.

Como resultado, grandes contingentes populacionais de latino-americanos, sobretudo mexicanos, diariamente tentam ultrapassar as fronteiras terrestres e marítimas dos Estados Unidos legal e ilegalmente em busca de trabalho.

Além dos latino-americanos, os Estados Unidos atraem pessoas de outros locais do mundo que buscam trabalho, turismo, realização de negócios, atendimento médico especializado, entre outros, sendo o país com o maior ingresso de estrangeiros permanentes (que estabelecem residência fixa no país) ou temporários (que permanecem por um período predeterminado e retornam ao seu país de origem).

Joe Raedle/Getty Images

Muro na fronteira do México com os Estados Unidos, em Esperanza, no Texas, em 2019. O governo estadunidense comandado por Donald Trump se divide entre os que querem aumentar a área protegida pelo muro e os que se opõem à ideia.

Ingresso de estrangeiros nos Estados Unidos e países selecionados (em milhares)

	2006	2007	2008	2009	2010	2011	2012	2013	2014	2015	2016
Estados Unidos	2246,6	2053,5	1951,5	2040,2	2006,2	2071,7	2145,7	2225,6	2365,8	2316,6	2324,6
Canadá	427,2	440,1	477,1	479,3	503,8	488,6	525,7	540,3	518,3	512,9	296,3
França	228,7	213,7	216,0	211,4	221,8	228,1	247,0	256,5	255,7	252,6	240,9
Alemanha	558,5	574,8	573,8	606,3	683,5	841,7	965,9	1108,1	1342,5	2016,2	1720,2
Japão	325,6	336,6	344,5	297,1	287,1	266,9	303,9	306,7	336,5	391,2	427,6
Coreia do Sul	303,0	300,4	302,2	232,8	293,1	307,2	300,2	360,5	407,1	372,9	402,2
México	6,9	7,2	15,9	23,9	26,2	22,0	18,2	63,0	43,5	34,4	35,9

Elaborada com base em: ORGANISATION for Economic Co-operation and Development. *Statistical Annex*, p. 303. Disponível em: <www.oecd.org/els/mig/keystat.htm>. Acesso em: 5 jan. 2019.

4. Atividades econômicas

Com o fim da Guerra de Secessão no país, em 1865, a estrutura política para a expansão industrial nos Estados Unidos tinha campo fértil. Nesse período, houve a expansão da eletricidade e da produção de petróleo no país. Os recursos naturais e energéticos foram garantidos e, na ciência e tecnologia, desenvolveram-se novas técnicas de produção.

Como resultado, formaram-se aglomerados industriais na região nordeste dedicados principalmente à mecânica, à metalurgia, à petroquímica, à siderurgia e ao setor têxtil. Nessa primeira fase industrial estadunidense, no século XX, a indústria estava concentrada em Chicago, Detroit, Cleveland, Nova York, Buffalo e Boston, região também conhecida por ***manufacturing belt***.

Porém, o envelhecimento desse parque industrial, que tinha por base de matéria-prima o aço, resultou em uma diminuição da produção e do destaque dessa região do país. Surgiram então novos espaços industriais, principalmente após a Segunda Guerra Mundial (1939-1945).

As razões para a descentralização industrial são muitas. Destacam-se a busca de menores custos de produção, a descentralização da indústria bélica, ocorrida durante a Guerra Fria, a existência de jazidas petrolíferas na Califórnia, a presença de minerais metálicos nas Montanhas Rochosas e a emergência do Pacífico como foco de comércio internacional.

Estados Unidos: principais atividades industriais – 2015

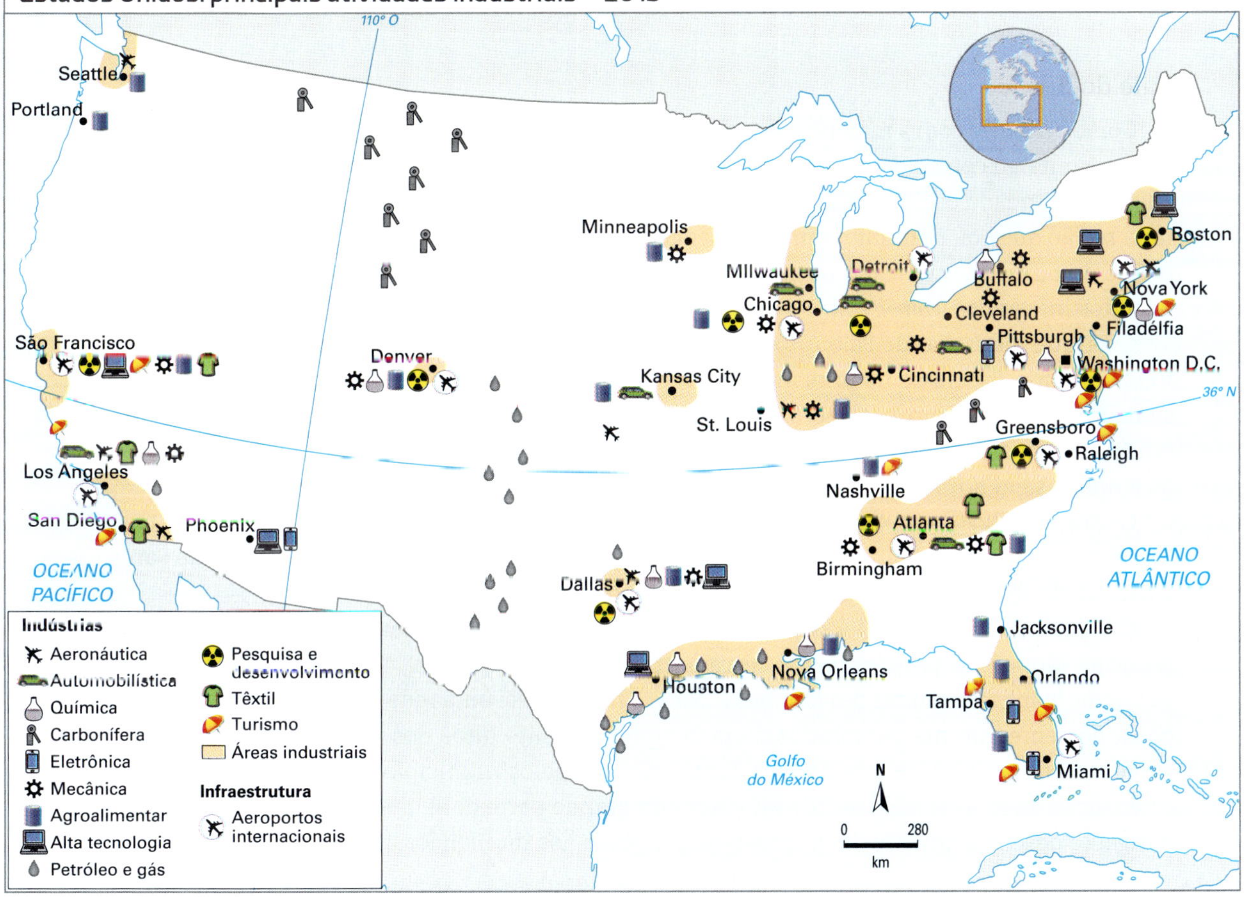

Banco de imagens/Arquivo da editora

Elaborado com base em: GALLIMARD, Antoine. *Le Grand atlas Geo Gallimard* du XXIe siècle. Paris: Gallimard Loisirs-Prisma Presse/Geo, 2015. p. 17.

A expansão industrial associada aos elevados investimentos em pesquisa e tecnologia posicionaram os Estados Unidos como líderes na produção de tecnologias de satélites, aeroespaciais e militares. Surgiram nesse período regiões industriais de alta tecnologia, localizadas em Dallas, Houston, Austin e Nova Orleans. A Administração Nacional da Aeronáutica e Espaço (Nasa, na sigla em inglês) tem sua base em Houston.

Atlanta, Los Angeles, Seattle, Kansas City e Alabama são zonas de produção da indústria aeronáutica. Além disso, muitas missões espaciais partem do cabo Canaveral, na Flórida.

Já na fronteira com o México, cidades mexicanas como Tijuana e Mexicali abrigam montadoras estadunidenses de veículos que exportam para outras partes do mundo.

Os **tecnopolos**, áreas de concentração de indústrias de alta tecnologia dotadas de pesquisa científica de ponta e com produtos de alto valor agregado, estão espalhados pelo país. Na região central, estão presentes em Salt Lake City, Denver e Huntsville; encontram-se também no Vale do Silício, em Dallas, em Boston e na Flórida.

Empresas de tecnologia da informação, como as de desenvolvimento de *softwares* e *hardwares* e as de análise e controle de dados, estão concentradas no Vale do Silício, considerado por muitos economistas a "morada dos líderes de tecnologia da informação". As empresas desse setor acumulam uma taxa de crescimento anual de mais de 30% em seus faturamentos.

Além da robustez da indústria estadunidense em seu território, sua atividade industrial pode ser vista também nas suas empresas **transnacionais**, isto é, nas empresas que possuem unidades em outros países.

Vale do Silício

Como acontece com a maioria das grandes cidades americanas, o poder econômico de São Francisco não se limita ao centro da metrópole, mas também às periferias. Entre os mais dinâmicos, o Vale do Silício, no condado de Santa Clara, se estende por cerca de 50 quilômetros de Palo Alto a San José, em uma região que era, por muito tempo, essencialmente agrícola. Uma área de inovação por excelência, o Vale do Silício foi nomeado por um jornalista em 1971, referindo-se ao silício usado para fabricar circuitos integrados (*chips*). [...]

O Parque Industrial de Palo Alto tem sido ponto de referência para muitos empreendimentos em todo o mundo. Baseia-se no princípio de um encontro de empresas que compartilham preocupações semelhantes, no mesmo local, perto de laboratórios de pesquisa. O Stanford Industrial Park, inaugurado em 1951, é uma criação de Frederick Terman, reitor da Universidade de Stanford, que queria envolver as empresas em novas tecnologias perto do campus. [...]

O Vale do Silício tem cerca de 2,4 milhões de pessoas, milhares de empresas de alta tecnologia, fornece mais de um milhão de empregos e suas fronteiras não se limitam à do condado de Santa Clara. No início do século XXI, o salário médio é da ordem de 73 mil dólares.

O Vale do Silício nunca foi objeto de um plano diretor e sua paisagem mostra uma sucessão de rodovias, fábricas de paredes baixas cercadas por vegetação, *shopping centers* e residências. Essa paisagem suburbana tem muitas desvantagens para os habitantes: uma rede de autoestradas extremamente cheia de gente durante os horários de pico e preços muito altos dos imóveis. Essa situação decorre sobretudo da postura de crescimento lento adotada pelos municípios mais ricos, que recusaram a construção de prédios residenciais e declararam grande parte de seu território não construtível, o que obrigou o desenvolvimento da propriedade a investir nos municípios. [...]

GHORRA-GOBIN, Cynthia. San Francisco. *Encyclopædia Universalis*. Disponível em: <www.universalis.fr/encyclopedie/san-francisco/>. Acesso em: 5 jan. 2019. (Texto traduzido pelos autores.)

A partir do início do século XX, a agropecuária estadunidense desenvolveu-se por meio dos **cinturões agropecuários** ou *belts*, zonas dedicadas à agropecuária com utilização de alta tecnologia e baixo emprego de mão de obra. Além disso, passaram a ser amplamente utilizados agrotóxicos e organismos geneticamente modificados. Atualmente, essas características posicionam os Estados Unidos como um dos maiores produtores agropecuários do mundo.

A agricultura nos *belts* é racionalizada, isto é, os locais escolhidos levam em conta as condições ambientais e econômicas para a instalação da cultura. Entre os principais *belts* estão: *Corn belt* (cinturão do milho), *Dairly belt* (cinturão dos derivados do leite), *Wheat belt* (cinturão do trigo), *Citrus belt* (cinturão da laranja e de outras espécies cítricas) e *Cotton belt* (cinturão do algodão).

Estados Unidos: cinturões agropecuários (*belts*) – 2015

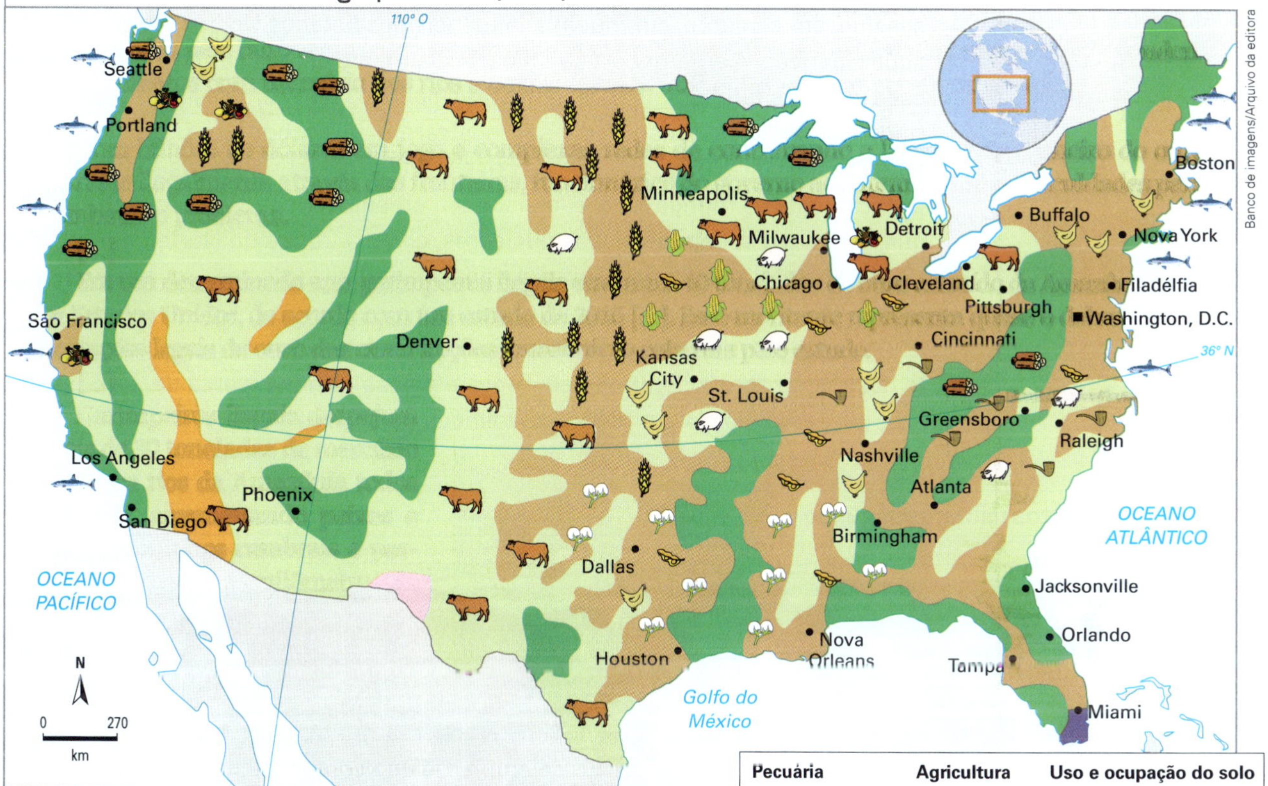

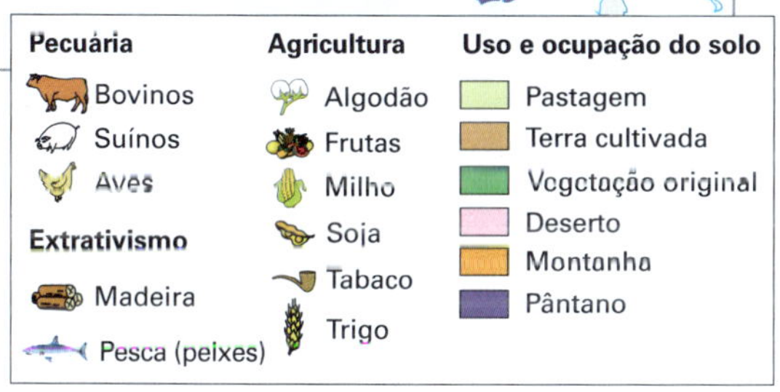

Elaborado com base em: GALLIMARD, Antoine. *Le Grand atlas Geo Gallimard du XXIᵉ siècle*. Paris: Gallimard Loisirs-Prisma Presse/Geo, 2015. p. 19.

Esses grandes cinturões são abastecidos por uma estrutura de logística de estradas, ferrovias e portos para atender à exportação dessa produção. Los Angeles, Nova York, Baltimore e Nova Orleans possuem portos para esse objetivo. Os *belts* correspondem ao faturamento de 5% do Produto Interno Bruto (PIB) estadunidense e são de fundamental importância para o abastecimento do mercado consumidor interno, bem como para o suprimento de matérias-primas para as indústrias locais.

Nos últimos anos, a configuração dos *belts* no país vem passando por transformações. Isso está associado principalmente às mudanças do comércio de *commodities*, fato que levou à implantação de novas culturas para exportação. É o exemplo do cinturão do milho, que hoje também cede espaços agricultáveis para a soja. Gradativamente novas culturas e o processo de intensificação tecnológica são inseridos nos cinturões.

O fato de os Estados Unidos serem uma das maiores potências econômicas associa-se ao consumo de mercadorias e de serviços por parte de sua população rica e consumidora. Os valores gerados por ela superam os volumes das exportações nacionais. Além disso, a mão de obra imigrante serve, ao longo de sua história, como impulso para a produção industrial e o consumo interno. Muitos desses consumidores são negros e latino-americanos.

5. Potência em crise?

O sociólogo estadunidense Immanuel Wallerstein (1930-) afirma que os Estados Unidos atuam como um gigante incapaz. Para ele, o país tem poder de destruição em massa e, durante a Guerra Fria, seu poder geopolítico foi maior sobre os demais países.

Desde os últimos anos do século XX verificam-se mudanças em diversos países que, em conjunto, diminuem a influência dos Estados Unidos, se comparada àquele período. A emergência da China, inicialmente em termos econômicos, mas cada vez mais também no campo militar e político, bem como os atentados ocorridos em território estadunidense, mostraram ao mundo uma fragilidade até então pouco clara. Depois, vieram a crise de 2008, que surgiu no país e repercutiu praticamente no mundo todo, e, mais recentemente, crises com pequenos países que também dispõem de armas nucleares, como a Coreia do Norte.

No entanto, deve-se ressaltar a capacidade bélica do país, que, segundo a Agência Central de Inteligência (CIA), posiciona-se como o 25º no *ranking* mundial em investimentos na produção de equipamentos e serviços de guerra. Anualmente destina-se para o setor de segurança e defesa nacional cerca de 3,3% de seu PIB, que, em 2017, foi de 18 036 648 milhões de dólares.

Planisfério: gastos militares segundo o PIB – 2017

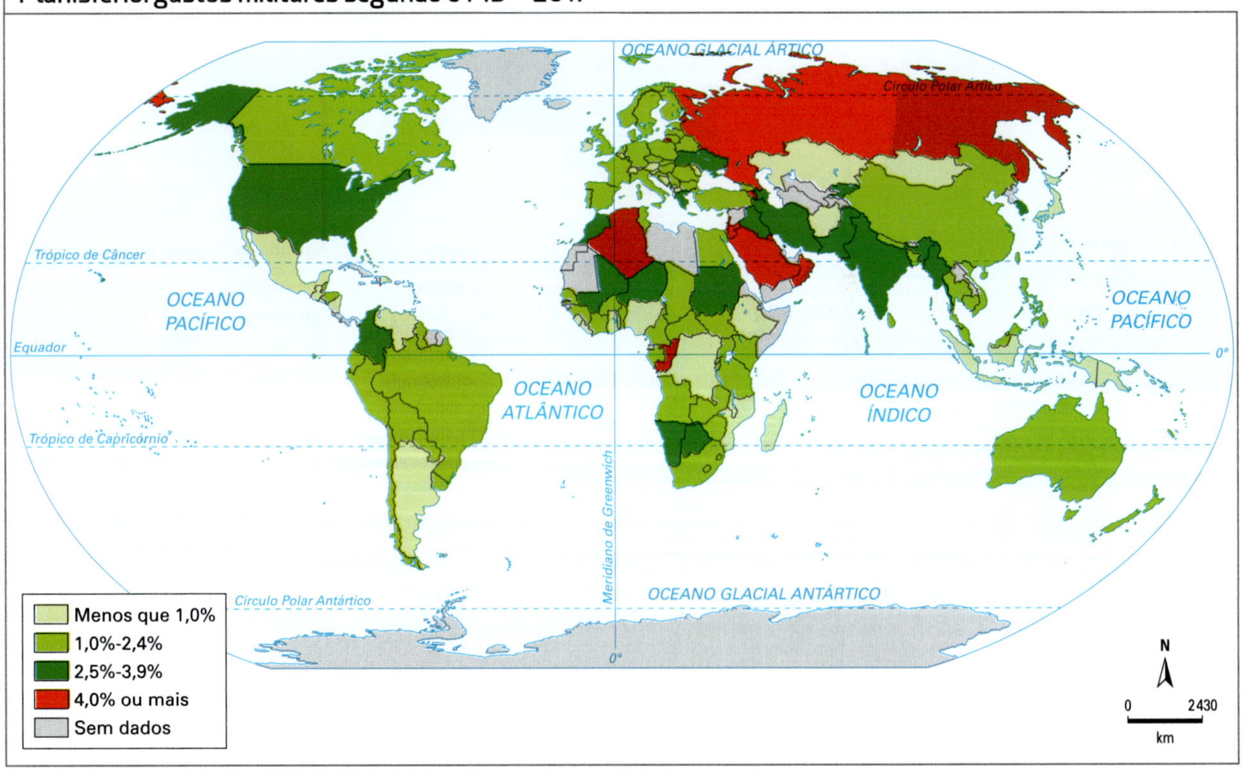

Elaborado com base em: SIPRI. *Military Expenditure Database*. Disponível em: <www.sipri.org/sites/default/files/styles/body_embedded/public/2018-05/2_military_burden.jpg?itok=e8PGIvo4>. Acesso em: 6 jan. 2019.

Simultaneamente, os Estados Unidos são o maior exportador de armas, o que leva alguns pesquisadores a afirmar que o país lucra com as guerras no mundo. Segundo dados da Stockholm International Peace Research Institute (Sipri), os principais compradores das armas estadunidenses encontram-se na Arábia Saudita, nos Emirados Árabes e na Austrália.

O país exporta também outros produtos de guerra, como aviões de combate, sistemas de defesa aérea, mísseis e aviões de transporte, para compradores como China, Japão, Coreia do Sul, Reino Unido e Noruega. Além disso, é o maior produtor de armas nucleares do planeta.

Planisfério: estimativa de armas nucleares – 2018

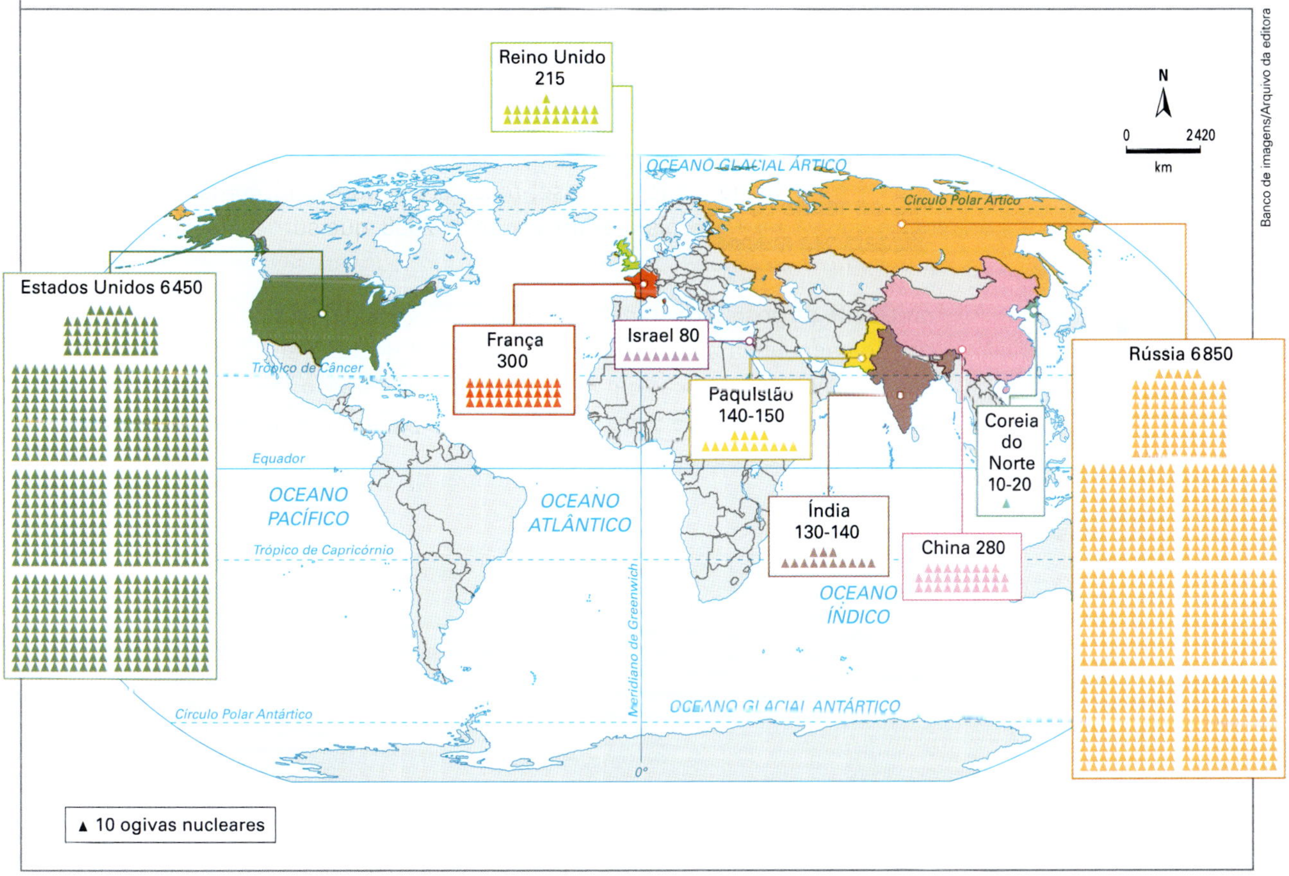

Elaborado com base em: SIPRI Yearbook 2018. *Estimate of Global Nuclear Weapons in January 2018*. Disponível em: <www.sipri.org/research/armament-and-disarmament/disarmament-arms-control-and-non-proliferation/world-nuclear-forces>. Acesso em: 6 jan. 2019.

O *status* de potência mundial do país perpassa, além do poder militar e nuclear, sua forma de atuação na indústria de mídias, como a cinematográfica e a de jogos eletrônicos.

Hollywood, com suas produções de séries e filmes, atrai milhares de fãs do mundo inteiro para assistir a seus filmes, que são lançados ao longo do ano e movimentam milhões de dólares tanto em produção como em arrecadação de bilheteria. Nessas produções, padrões culturais e posições de poder entre os países muitas vezes são projetados e seguidos por outros países. Para muitos pesquisadores, essa capacidade de ser referência em padrões culturais, sociais e econômicos é chamada de *softpower*. Ou seja, o país impõe seu padrão cultural e ideológico por meio de múltiplas linguagens, como vestimentas, idioma, cinema, jogos eletrônicos e poder econômico.

O "racha" americano

A polarização da sociedade americana e a luta [...] de suas elites, nesse início do século XXI, devem prosseguir e aumentar de intensidade nos próximos anos, mas não devem alterar a direção, nem a velocidade do crescimento do poder militar global dos EUA. Esse tipo de divisão e luta interna não é fenômeno novo nem excepcional, e se repetiu em vários momentos do século XX, toda vez que foi necessário responder a grandes desafios e tomar decisões cruciais no plano internacional.

Foi o que aconteceu, por exemplo, com a decisão dos EUA de participar das duas grandes guerras mundiais do século XX, e também com a decisão de se envolver e de se retirar das guerras da Coreia e do Vietnã, assim como em vários outros momentos mais recentes da política externa norte-americana, sem que essas divisões tenham afetado ou alterado a "marcha forçada" dos EUA na direção do "poder global" que acabou conquistando depois do fim da Segunda Guerra Mundial. Outrossim, o mesmo deve acontecer de novo, neste momento, independentemente do que venha a acontecer com o mandato do presidente Donald Trump nos próximos dois anos. [...]

FIORI, José L. da C. Geopolítica internacional: a nova estratégia imperial dos Estados Unidos. *Saúde Debate*, Rio de Janeiro, v. 42, n. especial 3, p. 10-17, nov. 2018. Disponível em: <www.scielo.br/pdf/sdeb/v42nspe3/0103-1104-sdeb-42-spe03-0010.pdf>. Acesso em: 15. mar. 2019

Diante da posição de potência militar, os Estados Unidos reúnem na sua construção geopolítica aliados e inimigos. Canadá destaca-se como vizinho e aliado nas relações econômicas e políticas. Como resultado, o espaço geográfico canadense, em sua rede de transportes aéreo, terrestre e marítimo, integra-se com as estruturas estadunidenses.

Estados Unidos e Canadá: rodovias – 2015

Elaborado com base em: PONS, Jordi I. *Atlas actual de Geografía universal*. Barcelona: Vox, 2015. p. 111.

Inimigos também são construídos de acordo com sua visão geopolítica. Nesse contexto, evidencia-se a relação do país com a Coreia do Norte. Aliada da então URSS na época da Guerra Fria, afrontou o país mais poderoso ao negar-se a reduzir seu arsenal de armas nucleares. Isso desencadeou uma série de reuniões entre líderes dos dois países. Os pontos centrais de negociação são programas de não proliferação de armas nucleares e mísseis balísticos. Ambos não estabeleceram um tratado em relação ao tema.

White House Photo/Alamy/Fotoarena

O líder norte-coreano Kim Jong-un e o presidente estadunidense Donald Trump encontram-se em Cingapura, em 2018.

Os Jogos Olímpicos de PyeongChang

Leia a seguir um trecho da entrevista de Mathieu Duchâtel, para o jornal *Le Monde*, sobre as relações entre Coreia do Norte e Estados Unidos.

> ***Le Monde***: Por que essa reviravolta norte-coreana? A situação parece estar relaxando de repente.
>
> **MD**: A prioridade tática da Coreia do Norte é evitar um ataque preventivo dos Estados Unidos. Esse cenário foi cada vez mais crível desde o fim do ano passado [2017], quando a opinião internacional começou a ser exposta à ideia de um ataque limitado de [...] mísseis norte-coreanos. A retomada da diplomacia intercoreana e a oferta espetacular de uma cúpula Trump-Kim tornam esse cenário impossível no curto prazo. Outro benefício imediato para Pyongyang, que mantém a iniciativa, é aparecer como o partido aberto, ansioso para negociar.
>
> ***Le Monde***: Qual foi o papel da Coreia do Sul nessa nova recuperação?
>
> **MD**: A Coreia do Sul voltou ao centro do jogo, após um ano de incapacidade de influenciar o rumo dos acontecimentos. A diplomacia secreta entre as duas Coreias no final de 2017 preparou o palco para a participação dos norte-coreanos nas Olimpíadas de PyeongChang. A Coreia do Sul abriu um espaço diplomático e fechou a janela para os americanos, quebrando de repente a abordagem de "pressão máxima" da administração Trump. [...]

CORÉE du Nord: la Corée du Sud est revenue au centre du jeu. *Le Monde*, 9 mar. 2018. Disponível em: <https://mobile.lemonde.fr/international/article/2018/03/09/coree-du-nord-la-coree-du-sud-est-revenue-au-centre-du-jeu_5268447_3210.html>. Acesso em: 6 jan. 2019. (Texto traduzido pelos autores.)

Reconecte

Revisão

1. Os Estados Unidos são uma potência em crise? Justifique.
2. O que são cinturões agropecuários ou *belts*? Dê três exemplos.
3. Defina tecnopolos e aponte dois exemplos estadunidenses.
4. O que é o *manufactury belt* estadunidense? Onde se localiza?
5. Explique o que são colônias de exploração e colônias de povoamento.

Análise de pirâmides etárias

6. Reúna-se em grupo para analisar a pirâmide etária estadunidense apresentada no capítulo. Em seguida, responda no caderno:
   a) Em que faixas etárias há uma maior concentração populacional em 2015?
   b) Apresente duas razões que podem levar a mudanças nas concentrações populacionais nas diferentes faixas etárias na pirâmide analisada.

Produção textual

7. Analise a charge e escreva um texto dissertativo levando em consideração aspectos históricos, demográficos e sociais dos Estados Unidos estudados neste capítulo. Não se esqueça de dar um título a seu texto.

Charge de Jeff Stahler, 2014.

Pesquisa

8. Leia os textos a seguir. Depois, discuta com seus colegas sobre a importância do respeito aos direitos civis, como a liberdade e a igualdade nos territórios dos países.

Martin Luther King Jr.

Martin Luther King Jr., nome original de Michael King Jr. (nascido em 15 de janeiro de 1929, Atlanta, Geórgia, EUA – falecido em 4 de abril de 1968, Memphis, Tennessee), pastor batista e ativista social que liderou o movimento pelos direitos civis nos Estados Unidos de meados da década de 1950 até sua morte por assassinato em 1968. Sua liderança foi fundamental para o sucesso desse movimento em acabar com a segregação legal de afro-americanos no sul e em outras partes dos Estados Unidos. King chegou à proeminência nacional como chefe da Southern Christian Leadership Conference, que promoveu táticas não violentas, como a massiva Marcha sobre Washington (1963), para alcançar os direitos civis. Ele foi agraciado com o Prêmio Nobel da Paz em 1964. Uma de suas famosas expressões é "I have a dream" [eu tenho um sonho], [...].

LEWIS, David L.; CARSON, Clayborne. Martin Luther King, Jr. *Enciclopædia Britannica*. Disponível em: <www.britannica.com/biography/Martin-Luther-King-Jr>. Acesso em: 6 jan. 2019. (Texto traduzido pelos autores.)

Eu tenho um sonho

"Eu tenho um sonho", proferida no discurso de Martin Luther King Jr., foi dita em 28 de agosto de 1963, durante a Marcha sobre Washington. Um apelo à igualdade e à liberdade, tornou-se um dos momentos decisivos do movimento dos direitos civis e um dos discursos mais emblemáticos da história americana.

Cerca de 250 mil pessoas se reuniram no Lincoln Memorial, em Washington, D.C., para a Marcha sobre Washington. O evento de um dia protestou contra a discriminação racial e incentivou a aprovação da legislação sobre direitos civis [...].

TIKKANEN, Amy. I Have a Dream. *Enciclopædia Britannica*. Disponível em: <www.britannica.com/topic/I-Have-A-Dream>. Acesso em: 6 jan. 2019. (Texto traduzido pelos autores.)

EXPLORANDO

9. Pesquise sobre as atividades econômicas de uma empresa estadunidense no Brasil. Busque informações sobre produtos exportados e importados, a rotina de trabalho de seus funcionários e a história de instalação da empresa no país. Verifique a participação dessa empresa nas emissões de gases de efeito estufa. Depois, pesquise sobre a existência de políticas de responsabilidade socioambiental no país que sejam diferentes das estadunidenses.

Resumo

- As principais unidades do relevo dos Estados Unidos são planícies costeiras, as Planícies Centrais e as Montanhas Rochosas.
- A formação geológica estadunidense possibilita diferentes atividades econômicas no uso social dos recursos naturais.
- O território estadunidense concentra riquezas subterrâneas nos aquíferos e nas águas superficiais, compostas de rios e lagos.
- Diversos povos originários, como os inuítes, e os europeus são os povos que iniciaram a configuração populacional nos Estados Unidos.
- A colonização dos Estados Unidos foi realizada pelos ingleses com o estabelecimento de treze colônias. As terras do norte tornaram-se colônias de povoamento e as do sul, de exploração.
- Há aglomerados industriais, na região nordeste dos Estados Unidos, dedicados às indústrias mecânica, metalúrgica, petroquímica, siderúrgica e têxtil, conhecidos por *manufacturing belt*.
- Os tecnopolos são zonas industriais que utilizam alta tecnologia e realizam pesquisa científica de ponta.
- Os cinturões agropecuários ou *belts* são zonas dedicadas à agropecuária com utilização de alta tecnologia e baixo emprego de mão de obra.
- O *status* de potência mundial dos Estados Unidos perpassa, além do poder militar e nuclear, a indústria de mídias, como a cinematográfica e a de jogos eletrônicos.

CAPÍTULO

12

América Latina: México, Colômbia, Cuba e Argentina

México, Colômbia, Cuba e Argentina – assim como muitos países latino-americanos – têm em comum um passado colonial, no qual povos originários foram escravizados ou dizimados por europeus. Mesmo com a independência política, suas atividades econômicas continuaram dependentes de outros países. Parte desses países latino-americanos enfrentou períodos ditatoriais, com forte repressão política. O modelo de atividade econômica adotado nesses países, ao longo de sua história, resultou em diferentes problemas ambientais e em sociedades desiguais. Neste capítulo, serão apresentadas algumas dessas características e seus desafios.

Eitan Abramovich/Agência France-Presse

Imagem da favela da Villa 31 (em primeiro plano) contrasta com a de edifícios (ao fundo) em Buenos Aires, na Argentina, em 2017.

EM FOCO

Corrida bilionária pelo ouro na Amazônia deixa rastro de destruição

Em uma balsa ilegal de garimpo de ouro na bacia amazônica, um garimpeiro de 22 anos segura uma garrafa de plástico cheia de mercúrio tóxico com as mãos sem nenhuma proteção e diz estar ciente dos perigos do trabalho.

De bermuda, regata e chinelo, ele acende um maçarico e direciona uma chama azul em um pedaço de minério que a balsa retirou do fundo do rio Madeira, no estado de Rondônia, na fronteira com a Bolívia.

[...]

"Eu sei que isso é um pouco perigoso, mas o que mais eu vou fazer para ganhar a vida aqui?", disse o jovem garimpeiro, que conversou sob condição de anonimato devido ao seu envolvimento em atividades ilegais. Quando perguntado sobre equipamentos de segurança, ele apenas riu.

Dezenas de milhares de garimpeiros ilegais se lançam na floresta amazônica no Brasil, Peru, Bolívia, Venezuela e Colômbia, na esperança de ficarem ricos.

A corrida pelo ouro tem dizimado partes da floresta amazônica e envenenado pessoas que dependem dos alimentos com mercúrio dos rios e outras toxinas utilizadas no processo de mineração.

[...]

Com bilhões de dólares em jogo e complexas redes de contrabando e lavagem de dinheiro do ouro extraído ilegalmente através das fronteiras, funcionários do governo admitem que têm dificuldades para combater o problema.

[...]

Em um determinado ano, garimpeiros ilegais enviaram 40 toneladas de ouro extraído da Amazônia para os Estados Unidos, de acordo com um estudo de 2016 [...]. Esse montante representa quase o dobro das exportações legais de ouro das cinco nações amazônicas cobertas pelo estudo.

[...]

Garimpeiros ilegais despejam mais de 30 toneladas de mercúrio letal nos rios da Amazônia todos os anos, envenenando peixes e causando danos cerebrais a pessoas que vivem a quilômetros de distância a jusante [...].

Enquanto alguns barcos obedecem à lei, grande parte do ouro da Amazônia é extraída de áreas onde a mineração é proibida [...].

Em outros casos, o ouro é retirado de terras ou águas onde a mineração é permitida, mas depois é contrabandeado do Brasil para a Bolívia para evitar impostos [...].

ARSENAULT, Chris; MENDES, Karla. Corrida bilionária pelo ouro na Amazônia deixa rastro de destruição. *Reuters*, 7 jul. 2017. Disponível em: <https://br.reuters.com/article/domesticNews/idBRKBN19S2QFOBRDN>. Acesso em: 9 jan. 2019.

Ricardo Moraes/Reuters/Fotoarena

Agentes do Ibama destroem maquinários em garimpo ilegal dentro do Parque Nacional da Amazônia, no Pará, em 2018.

1. Após a leitura da reportagem, debata com os colegas sobre os impactos ambientais, sociais e econômicos abordados no texto. Depois, reflita sobre a seguinte questão: a situação apresentada na reportagem é restrita ao Brasil ou também ocorre em outros países amazônicos? Escreva no caderno os principais pontos discutidos.

1. Uma história em comum

A exploração das riquezas da América Latina por potências europeias, principalmente Portugal e Espanha, a partir do século XV, possibilitou que essas nações desenvolvessem sua hegemonia por meio do comércio. Os colonizadores impuseram suas estruturas políticas, econômicas e sociais aos povos originários que viviam nas terras conquistadas, nomeadas como América.

O aperfeiçoamento das técnicas de navegação e o controle das rotas oceânicas permitiram que portugueses e espanhóis se especializassem em outras rotas e descobrissem novas especiarias. Eles inauguraram a circulação, pelo mundo, de itens como a cana-de-açúcar, originária da Ásia, mas que encontrou nas Américas as condições de clima e de solo ideais para seu plantio.

Os climas equatorial e tropical, bem distintos dos climas europeus, deram condições a portugueses e espanhóis de produzirem novos itens, como o açúcar. Desse modo, incrementaram seus rendimentos nos mercados europeus.

América Latina: clima

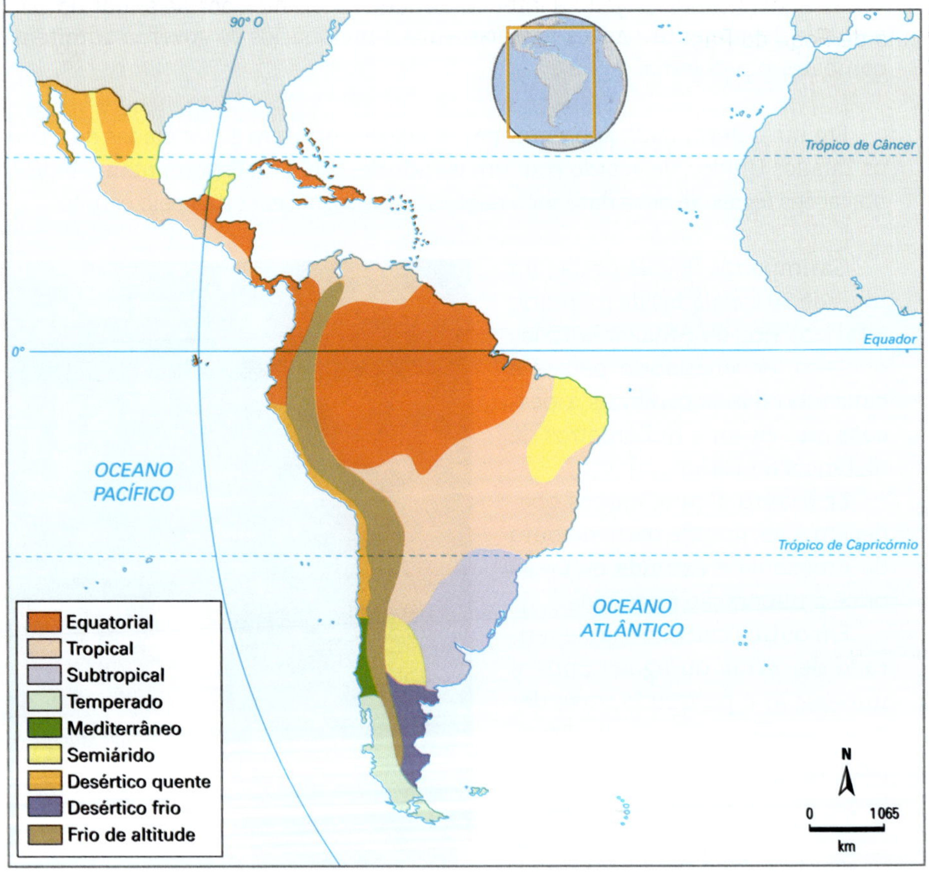

Banco de imagens/Arquivo da editora

Elaborado com base em: CALDINI, Vera; ÍSOLA, Leda. *Atlas geográfico Saraiva*. 3. ed. São Paulo: Saraiva, 2013. p. 170.

Essas condições climáticas da América Latina, aliadas ao Tratado de Tordesilhas, de 1494 – que delimitou as fronteiras do mundo português e do mundo espanhol –, foram essenciais para essas potências se desenvolverem de forma hegemônica.

Até o fim do século XIX, o comércio triangular entre Europa, América e África era uma prática comercial colonial europeia bastante comum. Esse tipo de comércio tinha início na África, com a captura de africanos para utilização como mão de obra escravizada nas regiões de plantações da América Latina, que produziam produtos tropicais destinados ao comércio europeu.

A colonização praticada por Portugal e Espanha nos territórios que atualmente são os países da América Latina é o ponto de partida de uma história em comum: a conquista europeia sobre o continente americano. Essa conquista se fez por meio de enfermidades adquiridas pelos povos originários em contato com os europeus; da supremacia militar europeia, com o uso de espadas e armamentos à base de pólvora, sofisticados para o período e desconhecidos pelos povos originários; das alianças de europeus e povos originários rivais entre si; e, por fim, do uso da mestiçagem, da escravidão, da ação religiosa europeia e da imposição da língua falada na metrópole como elementos de subordinação dos povos originários.

2. México

O México, junto com Estados Unidos e Canadá, compõe a América do Norte. Seu território de quase 2 milhões de quilômetros quadrados é limitado pelo oceano Pacífico (a oeste e ao sul), pelo golfo do México e pelo mar do Caribe (a leste), pela Guatemala e por Belize (ao sul), além de possuir uma grande fronteira terrestre ao norte com o território estadunidense.

O relevo mexicano é sujeito a intensa atividade tectônica por se situar no Círculo de Fogo do Pacífico. As características naturais do país podem ser classificadas nas seguintes grandes unidades:

- península da Califórnia, faixa estreita de terras áridas situada entre o oceano Pacífico e o golfo da Califórnia;
- planícies costeiras pacíficas;
- planalto do México, que abriga a maior parte da população do país;
- Sierra Madre Oriental;
- Sierra Madre Ocidental;
- Sierra Madre do Sul;
- planícies costeiras do golfo do México (mais extensas que as do Pacífico); e
- península de Iucatã, que divide o mar do Caribe e o golfo do México, com baixas altitudes.

México: físico

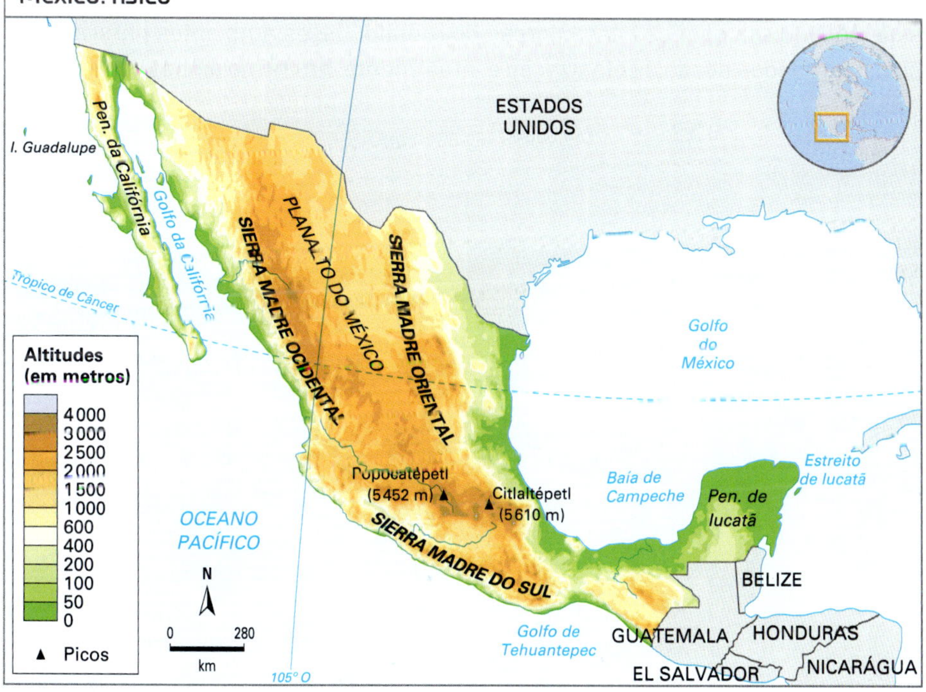

Elaborado com base em: IBGE. *Atlas geográfico escolar*. 7. ed. Rio de Janeiro: IBGE, 2016. p. 36.

Grande parte do território mexicano está ao sul do trópico de Câncer. Além da latitude, a combinação de outros fatores – como maritimidade, atuação das massas de ar, altitude e disposição do relevo – faz com que existam diferentes tipos climáticos no país, que variam entre tropical, temperado e frio.

Greg Vaughn/Alamy/Fotoarena

Vegetação com predomínio de cactos em área de clima desértico, na Baixa Califórnia, no México, em 2018.

A maior diferença entre os climas mexicanos refere-se à umidade. No país, existem algumas zonas permanentemente úmidas – como Iucatã, as terras altas de Chiapas e as planícies do golfo do México –, porém a maior parte das terras está sujeita à sazonalidade de chuvas. Também existem ambientes extremamente áridos, como os desertos de Sonora e Chihuahua. Ampla parcela da população mexicana sofre com a escassez hídrica, causada principalmente por intervenções humanas realizadas ao longo dos séculos.

O México possui muitos biomas, como as Florestas Tropical, Subtropical e Temperada, além de Estepes, Pradarias e vegetações Árida e Semiárida. Há grande variedade de espécies vegetais e animais e boa parte delas é endêmica, ou seja, encontrada apenas nessa porção do mundo. Esses ambientes naturais têm sido degradados desde a colonização e, atualmente, em ritmo ainda mais intenso.

Jesse Kraft/Alamy/Fotoarena

Floresta Tropical na península de Iucatã, no México, em 2017.

CIDADANIA E SUSTENTABILIDADE

A crise da água na Cidade do México

Quando uma tempestade cai na Cidade do México, a chuva não só cai, mas insiste. Ela começa à tarde batendo em janelas e parabrisas, então se enfurece com uma chuva noturna que transforma os pingos em poças, até que finalmente – por um clímax noturno de trovão e relâmpago que cai dos vulcões distantes – o aluvião gorgoleja pelos drenos e cavidades, até transformar o fluxo em correntes sob os túneis. As inundações servem para lembrar a ordem natural das coisas: a água é nativa aqui.

Esse fato geológico, histórico, é uma razão pela qual os astecas construíram aqui, há 700 anos, uma cidade de jardins flutuantes que se tornou conhecida como a "Veneza do Novo Mundo". No entanto, os grandes lagos que antes ocupavam a planície foram gradualmente secados pelos colonos. No século XVI, os conquistadores espanhóis aceleraram o processo a passos largos, e os engenheiros modernos têm quase concluído o trabalho, substituindo os pântanos lacustres com um oceano cinza concreto, asfalto e aço que, somente no quadrante central da cidade, hoje acolhe quase 9 milhões de habitantes.

Como resultado, o abastecimento de água para beber, lavar, cozinhar e limpar deve ser bombeado de maneira subterrânea por centenas de metros ou de uma distância de mais de 100 quilômetros. Fornecer milhares de milhões de litros requeridos por essa megalópole – localizada a 2 400 metros acima do nível do mar – é um dos grandes feitos do mundo da engenharia hidráulica. Se o domínio sobre a água é um parâmetro civilizatório, então a Cidade do México é certamente uma das realizações mais espetaculares da humanidade.

Ao mesmo tempo, do ponto de vista da sustentabilidade e da equidade social, é também um dos seus fracassos mais absurdos. Descartar um recurso livre que cai do céu para substituí-lo por exatamente a mesma água trazida de longe é caro, ineficiente, um desperdício de energia e em última instância insuficiente para as necessidades da população. Também produz um paradoxo: apesar do fato de a Cidade do México ter mais dias chuvosos do que Londres, sofre de uma escassez comparável com um deserto, o que torna o preço de cada litro de água um dos mais elevados no mundo, mesmo que sua qualidade seja geralmente baixa.

O aumento dos custos – social, econômico, de saúde e ambiental – é uma fonte de estresse e conflito. Os líderes políticos e grandes corporações promovem projetos de engenharia hidráulica ainda mais volumosos, que são rejeitados por ambientalistas e grupos indígenas. O Congresso e as ONGs enfrentam a possível privatização da água. Enquanto isso, a escassez e as inundações criam tensões sociais no Distrito Federal e nos estados vizinhos. [...]

WATTS, Jonathan. La crisis del agua de la Ciudad de México. *The Guardian*, 12 nov. 2015. Disponível em: <www.theguardian.com/cities/2015/nov/12/la-crisis-del-agua-de-la-ciudad-de-mexico>. Acesso em: 18 jan. 2019. (Texto traduzido pelos autores.)

Notimex/Agência France-Presse

Sistema de Cutzamala, a principal fonte de abastecimento de água da Cidade do México, está localizada a 120 quilômetros da capital. Foto de 2018.

1. Segundo o texto, que intervenções humanas realizadas ao longo da história tiveram implicações negativas em relação à oferta de água na capital mexicana?

2. Que soluções o governo tem buscado para minimizar o problema, e quais tensões são verificadas entre os agentes sociais envolvidos? Discuta com os colegas.

As terras que hoje correspondem ao território mexicano já eram habitadas antes da chegada dos europeus. Quando os espanhóis iniciaram a empreitada colonizadora, depararam com povos originários organizados em sociedades complexas, como a maia, a tolteca e a asteca.

Os astecas (mexicas) viviam o auge de seu desenvolvimento nos primeiros anos do século XVI. Estima-se que, nessa época, a população asteca era de mais de 18 milhões de pessoas. Organizavam-se em cidades-Estados sob um grande império, cuja capital era Tenochtitlán (atual Cidade do México), que abrigava mais de 200 mil habitantes. Os conhecimentos dessa civilização pré-colombiana eram avançados em diferentes aspectos, como na agricultura, na arquitetura, na cerâmica e na Astronomia. A sociedade era hierarquizada, com nobres, comerciantes, artesãos, agricultores, guerreiros e servos.

Mesmo em número inferior de soldados, os espanhóis, liderados por Hernán Cortez, conseguiram dominar o Império Asteca em 1521. Estabelecidos nos principais centros do antigo império, como a capital Tenochtitlán, eles se apropriaram das riquezas locais (ouro e prata) e passaram a praticar a agricultura e a pecuária. As riquezas eram enviadas à metrópole por meio de um sistema de exclusividade comercial.

Poucas décadas após a ocupação espanhola, milhões de astecas, assim como outros povos originários, morreram por causa de doenças trazidas pelos europeus, para as quais não tinham imunidade. Apenas em 2018 descobriu-se que, além da varíola, uma das principais causas das enfermidades foi uma bactéria (*salmonella enterica*), que os astecas chamavam de "cocoliztli".

Diego Grandi/Alamy/Fotoarena

Ruínas de Teotihuacán, no México, um dos sítios arqueológicos mais importantes do país. Foto de 2016.

No entanto, massacres e exploração do trabalho também foram determinantes para a diminuição radical da população asteca. Por meio de formas de trabalho como a *encomienda*, os astecas eram obrigados a pagar impostos e a trabalhar compulsoriamente em favor dos conquistadores, além de se converter ao cristianismo.

Encomienda: sistema de trabalho desenvolvido pelos espanhóis durante o período colonial no México, no qual, sob concessão da Coroa espanhola, grupos indígenas eram recrutados por um *encomendero* para trabalhar em lavouras e minas e, ao mesmo tempo, eram submetidos à catequização.

Em 1821, o México tornou-se independente da Espanha. Desde então, viveu décadas em crise econômica atribuída a diversas causas, como a necessidade de reorganização após quase uma década de conflitos com a antiga metrópole, a perda de antigos territórios (América Central, além das terras do Texas e da Califórnia para os Estados Unidos), queda na produção, falta de recursos e dívida externa, insuficiência de serviços básicos, entre outras.

Essa situação começou a melhorar a partir do segundo quarto do século XIX, quando os mexicanos consolidaram e ampliaram a participação do país no comércio internacional. No início do século XX, o México despontava como uma das maiores economias da América Latina. Porém, há décadas era governado de maneira não democrática, com favorecimento dos interesses do grande capital ante o da massa da população mexicana, o que ampliava as desigualdades sociais.

Nesse contexto, surgiram movimentos populares na cidade, como greves, e, principalmente, no campo, onde a situação se mostrava ainda mais grave por causa do aumento da concentração de terras nas mãos de grandes latifundiários. Essas manifestações deram origem à Revolução Mexicana (1910-1930), quando camponeses liderados por Emiliano Zapata (1879-1919) e Pancho Villa (1878-1923) lutaram com o objetivo de alcançar a reforma agrária. Apesar do assassinato dessas lideranças, o México foi um dos primeiros países latino-americanos a reconhecer a reforma agrária, que constava no artigo 27 da Constituição do país, de 1917. No entanto, ela praticamente não saiu do papel. Mais tarde, no final da década de 1930, ela foi implementada durante o governo do presidente Lázaro Cárdenas (1895-1970), mas ainda assim em dimensões insuficientes para atender às demandas sociais da população.

Chon Kit Leong/Alamy/Fotoarena

A história do México, de Diego Rivera, 1929-1945 (afresco de dimensões desconhecidas). A obra encontra-se no Palácio Nacional, na Cidade do México. Foto de 2017.

Os ideais de Zapata e Villa deram origem ao movimento zapatista, que embora seja anterior aos anos 1990, ganhou destaque nessa década. Organizado por camponeses e indígenas, esse movimento luta contra o imperialismo no país e pela retomada da reforma agrária, valorização da tradição indígena e democracia participativa. Os zapatistas controlam parte do estado livre e soberano de Chiapas, ao sul do território mexicano. Atualmente, em vez de ascender ao poder nacional, promovem cada vez mais a autogestão local, visto que o governo mexicano é bastante ausente na região.

Desde o fim da revolução, o México passou por um importante processo de industrialização, baseado no modelo de substituição de importações também verificado em outros países da América Latina. Após uma severa crise econômica entre os anos 1980 e o início dos anos 1990, que levou o governo a decretar moratória, a economia mexicana passou a crescer por meio de investimentos estrangeiros diretos (IED) e privatizações. Promoveu-se então a diversificação e, para vencer a concorrência internacional, investiu-se na produção de mercadorias com maior valor agregado. Hoje a pauta de exportações envolve um leque diversificado de máquinas e equipamentos, veículos e peças, petróleo (principal produto exportado) e minerais preciosos, produtos químicos, gêneros alimentícios e muitos outros. Em 2018, o México era a 15ª maior economia mundial e a segunda maior da América Latina, atrás apenas do Brasil.

Moratória: declaração oficial de um país acerca de incapacidade ou recusa em pagar sua dívida externa, com suspensão dos pagamentos.

A partir da década de 1960, passaram a ser instaladas, em áreas próximas à fronteira com os Estados Unidos, fábricas conhecidas como maquiladoras – a maioria pertencente a empresas transnacionais estadunidenses – para montar mercadorias destinadas à exportação. Esses grupos se beneficiaram de vantagens locacionais, como mão de obra barata e isenção de impostos. A entrada do país no Tratado Norte-Americano de Livre-Comércio (Nafta), criado em 1993 e implementado no ano seguinte, junto com Estados Unidos e Canadá, impulsionou essa situação e estimulou a economia mexicana. Os Estados Unidos consolidaram sua posição como o principal comprador de produtos mexicanos, ficando com cerca de 80% do total das exportações do país em 2017, o que mostra a grande dependência econômica do México em relação a seu vizinho ao norte.

Em 2018, o Nafta foi substituído pelo Acordo Estados Unidos, México e Canadá (USMCA), que, entre outros pontos, impôs restrições à compra de carros do México e do Canadá pelos Estados Unidos, aumentando a produção automotiva em território estadunidense. Com isso, a economia mexicana perdeu uma parcela significativa de suas exportações.

O processo de industrialização e modernização das atividades econômicas no México possibilitou um intenso crescimento urbano, em grande parte por causa dos grandes fluxos migratórios internos (êxodo rural). Em 1960, a população urbana já havia excedido a rural, abrangendo 50,7% da população do país. Em 2017, as cidades mexicanas abrigavam 79,7% dos habitantes do país (124,5 milhões de pessoas no total).

Ivan Pierre Aguirre/The Washington Post/Getty Images

Trabalhadores em indústria maquiladora do setor têxtil em Ciudad Juárez, no México, em 2017.

Andrea Izzotti/Alamy/Fotoarena

Vista da Cidade do México, capital mexicana, em 2017.

A Cidade do México, centro político e econômico do país, é o destino da maior parte dos migrantes internos. De acordo com a Organização das Nações Unidas (ONU), em 2018 a capital mexicana era a sexta maior megacidade do mundo, com cerca de 22 milhões de habitantes. Outros grandes centros urbanos são Guadalajara (em processo de conurbação com a capital) e Monterrey.

Atualmente, verifica-se o aumento nos fluxos migratórios em direção a cidades médias e pequenas. Em razão da presença das indústrias maquiladoras e da intensa emigração mexicana com destino aos Estados Unidos, há grandes cidades na fronteira entre os dois países, como Tijuana e Ciudad Juárez. De maneira geral, o norte e o sul do país apresentam as menores densidades demográficas.

As milhares de pessoas que buscam adentrar no território estadunidense pela fronteira com o México não são apenas mexicanos. Nos últimos anos, imigrantes de diversos países se deslocam para a fronteira como forma de pressionar os governos a flexibilizar a imigração. Em resposta, o presidente mexicano López Obrador apresentou uma proposta, como informa o texto a seguir.

Diálogo com Sociologia

Trump e López Obrador conversam sobre imigração e desenvolvimento na América Central

Donald Trump e Andrés Manuel López Obrador, o novo presidente do México, tiveram sua primeira conversa oficial. E o primeiro tema que abordaram foi explorar formas de cooperar para o tema da imigração e formas para implementar um programa conjunto para desenvolver a América Central, anunciou López Obrador através de uma mensagem [...]. "Em termos respeitosos e de amizade, tratamos da questão da imigração", disse o mandatário mexicano, empossado na presidência do país em 1º de dezembro [de 2018].

Precisamente, a ligação ocorreu um dia depois que o novo presidente do México anunciou que facilitará a imigração de centro-americanos ao país, uma medida para seduzir muitos dos migrantes para que se estabeleçam legalmente e, assim, dissuadi-los de continuar sua travessia para entrar nos Estados Unidos de forma irregular. [A organização internacional] Médicos Sem Fronteiras estima que cerca de 500 mil centro-americanos cruzam o México anualmente para tentar entrar nos Estados Unidos.

A iniciativa será parte do Plano de Desenvolvimento Integral, um programa no qual o México se compromete a investir 30 bilhões de dólares em cinco anos para cooperar para o desenvolvimento de El Salvador, Honduras e Guatemala, três países que formam o conhecido Triângulo Norte da América Central e de onde parte a grande maioria dos imigrantes. O objetivo de López Obrador é que os Estados Unidos se somem a um plano similar para fomentar o desenvolvimento da América Central, uma região assolada pela violência e pela pobreza. [...]

ESPALLARGAS, Adrián. Trump y López Obrador conversan sobre inmigración y desarrollo en Centroamérica. *ABC Internacional*, 13 dez. 2018. Disponível em: <www.abc.es/internacional/abci-trump-y-lopez-obrador-conversan-sobre-inmigracion-y-desarrollo-centroamerica-201812131958_noticia.html>. Acesso em: 28 jan. 2019. (Texto traduzido pelos autores.)

1. Quais são os principais motivos pelos quais os imigrantes da América Central abandonam seus países?
2. Em grupos, discutam se o Plano de Desenvolvimento Integral proposto pode ser eficaz ou não. Justifiquem.

Colômbia: físico

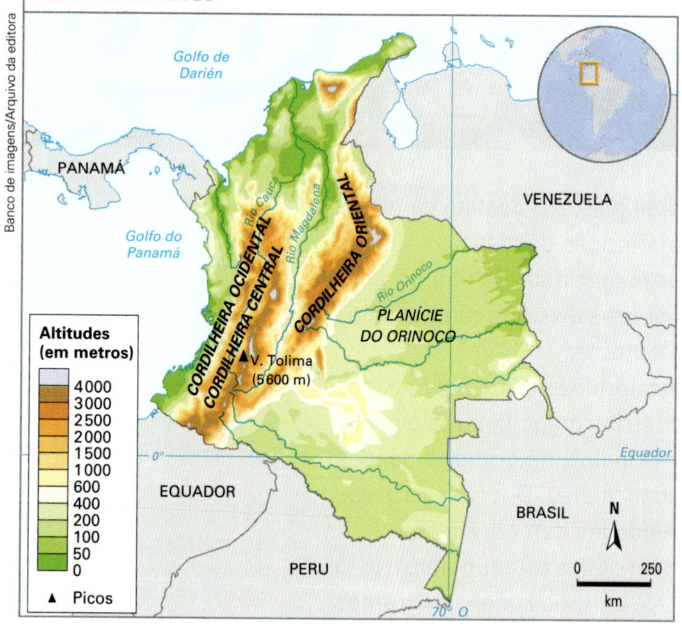

Elaborado com base em: IBGE. *Atlas geográfico escolar*. 7. ed. Rio de Janeiro: IBGE, 2016. p. 40.

3. Colômbia

O território colombiano estende-se por cerca de 1,2 milhão de quilômetros quadrados no noroeste do continente sul-americano e faz fronteira terrestre com o Panamá, a Venezuela, o Peru, o Equador e o Brasil. Com topografia bastante variada, destacam-se no país os Andes colombianos, a planície do Caribe, a planície do Pacífico e as planícies colombianas, que compreendem os Llanos e a Floresta Amazônica.

Os Andes abrangem três faixas de cordilheiras paralelas (Ocidental, Central e Oriental), separadas pelo vale do rio Magdalena e pelo vale do rio Cauca (observe o mapa ao lado). Ao contrário dos demais países do continente, três quintos da população colombiana habitam terras altas no interior do país, sobretudo em grandes centros urbanos, como Bogotá (capital política e econômica), Medellín e Cali, nas quais se concentram também as atividades econômicas do país.

Na costa do Caribe localizam-se cidades portuárias de importância histórica, como Barranquilla, Cartagena e Santa Marta. Nessa faixa litorânea está cerca de um quinto da população do país. A planície do Pacífico, por sua vez, é pouco habitada. Nela, vivem principalmente descendentes de africanos escravizados, como em Buenaventura. A Colômbia apresenta uma das maiores populações afrodescendentes da América Latina.

As planícies colombianas abrangem os Llanos (entre os Andes e o rio Orinoco) e a Amazônia. Apesar de se estenderem por vastas áreas, apresentam baixa densidade demográfica. Nelas reside a maior parte dos povos indígenas remanescentes, além de, historicamente, abrigarem grupos guerrilheiros, paramilitares e ligados ao tráfico de drogas.

A localização geográfica da Colômbia no centro da zona tropical, combinada a fatores como acentuados contrastes topográficos e influência da maritimidade, determina a ocorrência de climas tropicais em todo o país, com baixa amplitude térmica – apenas variação de precipitação ao longo do ano entre as regiões.

Nos Andes, a variação de temperatura conforme a altitude determina zonas verticais conhecidas como *calientes*, *templadas* e *frías*. Bogotá, localizada a 2 640 metros acima do nível do mar, apresenta clima frio com chuvas moderadas. Acima dos 4 600 metros, a presença de geleiras é permanente. Nas áreas planas, o clima varia de tropical úmido a semiúmido (savânico), com alternância entre estações secas e chuvosas.

Os rios que correm dos Andes para o oceano Pacífico são volumosos e curtos. O sistema hidrográfico mais importante da Colômbia é o do rio Magdalena (e seu afluente, Cauca), que abrange uma área de mais de 260 mil quilômetros quadrados. Diversos cursos de água descem dos Andes e cruzam as planícies orientais para desaguar na bacia do rio Orinoco (Venezuela) e na Amazônia brasileira, como o Vaupés, o Caquetá e o Putumayo.

As condições de clima e de solo possibilitaram uma enorme biodiversidade: ecossistemas montanhosos complexos, como a vegetação rasteira dos páramos andinos, entre 3 mil e 4,5 mil metros de altitude; Florestas Equatoriais e Tropicais; Savanas; Vegetação Desértica, que ocorre em La Guajira, caracterizada pela seca, no extremo norte do país; e Mangues no litoral. Ao longo do tempo, as atividades humanas – em especial a mineração de ouro, esmeraldas, níquel e carbono – têm provocado intensa degradação ambiental.

COLOMBIA Landmarks and People by Vision/Alamy/Fotoarena

Vegetação rasteira dos páramos, nos Andes colombianos, em 2017.

As terras que hoje formam o território da Colômbia eram habitadas por diferentes povos originários, como os aruaques, dispersos nos Llanos e na Floresta Amazônica; os chibchas, nas cordilheiras Oriental e Central; e os karibes, na costa do mar do Caribe. Por causa das características naturais, a ocupação espanhola ocorreu de maneira fragmentada, com estabelecimento de atividades econômicas distintas conectadas apenas ao mercado exterior (mineração de ouro, prata e de esmeraldas, cultivo de cana-de-açúcar, etc.).

Após a independência, em 1830, as elites das antigas áreas produtoras mantiveram relações de rivalidade, o que postergou a formação de uma unidade nacional. Atualmente, o transporte aéreo e o desenvolvimento das telecomunicações contribuem parcialmente para compensar as fragilidades ainda existentes nos eixos viários terrestres.

Somente no fim do século XIX, com o cultivo de café, a república da Colômbia conseguiu criar condições financeiras para iniciar seu processo de industrialização, sobretudo a partir da década de 1940. Desde então, o governo colombiano vem diversificando a produção. Hoje, entre seus principais produtos de exportação estão petróleo cru e refinado, carvão, café, ouro, flores, frutas tropicais, produtos químicos, alimentos, plásticos e borrachas.

Existem grandes disparidades socioeconômicas e espaciais na Colômbia. Enquanto Bogotá, Medellín, Cali e Barranquilla, bem como seus entornos, concentram a maior parte da população e dos investimentos, a porção oriental (Llanos e Floresta Amazônica) registra maior pobreza e ausência de políticas públicas. Historicamente, as precárias condições sociais do campo foram agravadas pelo processo de concentração da terra e pelo aumento da violência, o que causou intenso êxodo rural em direção aos centros urbanos maiores, principalmente a partir dos anos 1950.

Esse contexto conduziu à criação e à consolidação de grupos paramilitares no interior do país, como as Forças Armadas Revolucionárias da Colômbia (Farc). Somente em 2016, após 52 anos de conflito civil e um longo processo de negociações, como leis de anistia aos guerrilheiros e acordos sobre reforma agrária e desenvolvimento social, as Farc foram desmobilizadas e tornaram-se um partido político, o Força Alternativa Revolucionária do Comum (mantendo-se a sigla Farc). Porém, ainda existem dúvidas se o cessar-fogo será cumprido, em função das dificuldades do governo em implementar pontos do acordo. Além disso, apesar desse marco, ainda há muito que caminhar para alcançar a paz no país, pois outros grupos, como a Frente de Libertação Nacional (FLN), não defendem a democracia representativa e disputam áreas antes comandadas pelas Farc.

Raul Arboleda/Agência France-Presse

Membros e simpatizantes da Força Alternativa Revolucionária do Comum durante assembleia anual do partido em Bogotá, na Colômbia, em 2017.

Até os anos 2000, a Colômbia foi governada por apenas dois partidos (conservador e liberal) que se alternavam no poder, formando a Frente Nacional (FN). A FN dominou a política colombiana entre 1958 e 1974 e, mesmo após a convocação de eleições, seus partidos continuaram a prevalecer sobre a oposição.

Nesse longo período, promoveu-se a industrialização e a diversificação dos produtos agrícolas destinados ao mercado externo, como café, arroz, cana-de-açúcar, banana e flores, com investimentos estrangeiros sobretudo dos Estados Unidos. Nos anos 1990, diversas políticas neoliberais foram desenvolvidas, com privatizações, rigor fiscal e desregulamentação do mercado de trabalho e de capitais.

4. Cuba

O arquipélago cubano é o maior da região do Caribe, com quase 110 mil quilômetros quadrados. Junto com Haiti, República Dominicana e Porto Rico, formam a região das Grandes Antilhas. Além da ilha maior, onde se situa a capital política e econômica do país – Havana –, há centenas de outras ilhas menores, entre as quais se destaca a ilha da Juventude (ilha de Pinos). Cuba não possui fronteiras terrestres, mas é bastante próxima do Haiti, das Bahamas, da Jamaica, do México e dos Estados Unidos.

Cuba: físico

Elaborado com base em: IBGE. *Atlas geográfico escolar*. 7. ed. Rio de Janeiro: IBGE, 2016. p. 38.

Pelo menos 75% desse território caribenho é composto de planícies, que se distribuem principalmente na porção centro-oeste, onde está a maior parte da população cubana. Entre as terras altas, destacam-se a cordilheira de Guaniguanico (700 metros de altitude), a serra de Escambray (1 140 metros) e a Sierra Maestra (com altitudes que chegam a mais de 2 mil metros). O litoral do país é bastante diversificado, com escarpas, praias, baías, manguezais e recifes de corais.

Remanz/iStock/Getty Images

Serra del Rosario, parte da cordilheira de Guaniguanico, em Cuba, em 2015.

Fatores como latitude, influência da maritimidade e das massas de ar, altitude e disposição do relevo possibilitam que o clima de Cuba seja tropical e marcado pela alternância entre estação seca (novembro a abril) e estação chuvosa (maio a outubro). Os rios do país são curtos, de grande velocidade e com pouco fluxo. A maior parte deles corre na direção norte e sul, o que não é vantagem em um território que se estende na direção leste-oeste.

A grande presença de umidade e as características do solo favorecem a ocorrência de grande biodiversidade. Entre as principais formações vegetais, destacam-se as Florestas Tropicais, a Vegetação de Mogotes (Colinas Calcárias) e a Vegetação Costeira (Mangues). Cuba apresenta uma das maiores diversidades de palmeiras do mundo. Ao longo de sua história, muitos ambientes foram degradados por causa de práticas agrícolas e do crescimento urbano.

Antes da chegada de Cristóvão Colombo à América, em 1492, o arquipélago cubano era habitado por diferentes povos, estimados em 500 mil habitantes: os guanahatabeyes, caçadores e coletores originários da Flórida (Estados Unidos); e os ciboneyes e os tainos, que faziam parte do grupo aruaque, de origem sul-americana. Os tainos desenvolveram muitas técnicas agrícolas, de pesca e de habitação. Nas primeiras décadas da colonização espanhola, essa população foi radicalmente reduzida principalmente em decorrência de doenças e assassinatos.

Entre o fim do século XIV e o século XIX, Cuba foi um dos principais fornecedores de açúcar para a Espanha, além de produzir e exportar tabaco, café e minerais. Despertou a cobiça de outras potências europeias, como o Império Britânico, por Havana constituir um entreposto fundamental ao comércio colonial no Caribe. A carência de mão de obra conduziu a um intenso tráfico de escravos entre países caribenhos. No início da década de 1840, a população negra ultrapassou a população branca em termos absolutos.

A partir do segundo quarto do século XVIII, atividades industriais começaram a ser desenvolvidas no arquipélago, com destaque para a indústria de charutos e cigarros. A maior parte da produção tinha como destino os Estados Unidos – também origem da maioria das importações. Ao final desse século, a influência econômica estadunidense se sobrepôs cada vez mais ao domínio político da Espanha.

O movimento de independência cubana teve participação central dos Estados Unidos, que se somou às forças locais. Na assinatura do Tratado de Paris (1898), que marcou oficialmente o fim do jugo espanhol, os Estados Unidos conseguiram estabelecer direitos de interferência na soberania cubana, além de garantir bases navais no território caribenho, como a de Guantánamo.

AB Forces News Collection/Alamy/Fotoarena

Base naval dos Estados Unidos na baía de Guantánamo, Cuba, motivo de grandes tensões entre os governos estadunidense e cubano até os dias atuais. Foto de 2018.

Nas décadas seguintes, os governos da república cubana foram marcados por corrupção e ampliaram a dependência econômica do arquipélago, principalmente em relação aos Estados Unidos. Enquanto as elites se beneficiavam disso, as condições de vida da população tornavam-se cada vez mais precárias por causa das crises econômicas. Os movimentos sociais eram duramente reprimidos.

A situação se agravou a partir de 1952, no segundo governo do ditador Fulgêncio Batista. Os Estados Unidos controlavam praticamente todos os setores de atividades em Cuba, como a agricultura, o turismo, as vias de transporte, a energia e as telecomunicações.

Nesse período, grupos populares insatisfeitos ampliaram a resistência contra a ditadura instalada no país. Liderados pelo cubano Fidel Castro e pelo argentino Ernesto Guevara, conhecido como Che Guevara, esses movimentos sociais destituíram Fulgêncio Batista em 1959 e proclamaram a vitória da Revolução Cubana. A partir de então, o novo governo promoveu a estatização das terras estrangeiras e a reforma agrária, reduziu drasticamente o preço de aluguéis e tarifas de eletricidade, investiu em educação e saúde, diminuiu o desemprego por meio de políticas de desenvolvimento da industrialização e de obras de infraestrutura e eliminou do país as favelas, os jogos de azar e a prostituição. Com assistência da classe média, Fidel Castro tornou-se o novo líder político de Cuba e Che Guevara, antes de participar de outros movimentos pela América Latina, participou da constituição do Estado cubano, de orientação socialista.

AP Photo/Glow Images

Fidel Castro discursa no centro de Havana, em Cuba, em comemoração à queda de Fulgêncio Batista, em 1959.

Os novos rumos políticos cubanos contrariaram os interesses dos Estados Unidos, principalmente quando o governo do arquipélago passou a nacionalizar terras e empresas estrangeiras. Em 1960, os Estados Unidos decretaram embargo total a Cuba. Diante do aumento de sua fragilidade política e social, Cuba aproximou-se da União Soviética, a ela se alinhando à medida que sua dependência econômica foi ampliada. A União Soviética, por sua vez, teve em Cuba um aliado socialista na América Latina, vizinho à potência rival durante a Guerra Fria.

O episódio conhecido como "crise dos mísseis de Cuba", ocorrido em 1962, é considerado por muitos o momento mais tenso desse período, quando espiões dos Estados Unidos afirmaram a existência de mísseis soviéticos em território cubano, apontados em direção ao território estadunidense.

STR/Agência France-Presse

Míssil soviético exposto no Parque Histórico Militar Morro-Cabaña, em Havana. Foto de 2012. Nesse ano, o episódio da "crise dos mísseis de Cuba" completou 50 anos.

As dificuldades advindas com o embargo e a aliança com o bloco soviético deram novos rumos à Revolução Cubana. A União Soviética foi fundamental no fornecimento de combustíveis fósseis, aço e grãos aos cubanos, enquanto esses dirigiam suas exportações (açúcar, frutas tropicais e níquel) ao mundo socialista. O Partido Comunista Cubano (PCC) foi fundado em 1965, com estabelecimento de sistema eleitoral para líderes municipais e provinciais, enquanto o governo central se manteve sob o comando de Fidel Castro.

As relações entre Cuba e União Soviética começaram a se deteriorar com as crises vividas pelos soviéticos na década de 1990 e com a consequente piora das condições de vida no arquipélago caribenho. Com a dissolução do bloco socialista, a situação cubana tornou-se incerta e o Produto Interno Bruto (PIB) cubano caiu drasticamente (média de −10% entre 1990 e 1993). Nesse momento, havia muitas dúvidas sobre como o país poderia se inserir na Nova Ordem Mundial.

Na década de 1990, foram realizadas importantes reformas em busca da adaptação aos rumos da economia internacional, como maior abertura para mercados e capital externo, legalização do dólar, possibilidade de criação de *joint ventures*, promoção do turismo, incentivo à cooperação agrícola, entre outras ações. Porém, dada a dependência do mercado para além de suas fronteiras, qualquer flutuação nos preços de *commodities* agrícolas ou minerais agravava a situação do país.

Além disso, a legalização do dólar levou à formação de divisões na sociedade cubana: a dos políticos e altos gestores, que alcançaram elevado padrão de consumo e que usufruem dos mercados de câmbio, e a dos demais cidadãos.

Existem duas moedas correntes em Cuba: o peso cubano (CUP), que a maior parte das pessoas recebe como salário, e o peso conversível (CUC), moeda mais valorizada, usada para a compra de mercadorias ou serviços considerados de luxo, como o turismo (restaurantes, hotéis, artesanatos, eventos). Em meados de 2018, um CUC valia cerca de 26,5 CUP.

As tentativas de promover a substituição de volumosas importações esbarram em limites significativos, como falta de combustíveis e energia. A população carece de itens básicos, como produtos de higiene, remédios, além de produtos eletrônicos e automóveis, o que gera um mercado informal (por exemplo, com o México).

Carros estacionados em Havana, capital de Cuba, em 2018. Até os dias atuais, a maior parte da frota de carros, ônibus, caminhões e motocicletas do país foi produzida na década de 1950.

Darko-HD Photography/Shutterstock

Por outro lado, o governo cubano busca diversificar a produção nacional, com destaque para mercadorias de exportação, como frutas cítricas, tabaco e café. Também incentiva a produção de arroz para diminuir a dependência de alimentos. Além disso, desde a década de 1990, o turismo tornou-se a mais importante atividade econômica do país, com empresas mistas de capital público e privado, que exploram localidades como Havana Velha, ilha da Juventude e Varadero, cujas praias são o grande atrativo. A partir dos anos 2000, o país buscou alinhar-se com governos de esquerda do continente americano, destacadamente a Venezuela.

Darko-HD Photography/Shutterstock

Alunos estudam em escola de Santiago de Cuba, no sul do país. Foto de 2016. De acordo com o Banco Mundial, Cuba tem um dos sistemas educativos mais eficazes do mundo, exceção entre os países da América Latina e do Caribe.

O maior legado da Revolução Cubana são as conquistas sociais. Ainda hoje, Cuba apresenta um dos melhores indicadores da América Latina em relação à educação da população e à excelência na saúde. Além disso, coopera com diversos países latino-americanos enviando profissionais – como médicos e agrônomos – formados no país. O desemprego, o êxodo rural e o crescimento urbano estão sob controle. A maior parte da população cubana habita áreas urbanas (76,8% do total), mas Havana é a única grande cidade do território.

A demografia é um motivo de preocupação para Cuba, pois as taxas de natalidade diminuem, as emigrações aumentam e a população envelhece. A expectativa de vida no país é de 79 anos. Isso marca um período de transição que terá impactos socioeconômicos significativos para os cubanos.

Raúl Castro, irmão e sucessor de Fidel, em 2008, desenvolveu políticas para ampliar as receitas do país e garantir a manutenção das conquistas sociais da revolução. Entre essas políticas, estão a diversificação produtiva e a redução do número de funcionários públicos (mais de 85% da população), absorvidos em outras atividades, como a agricultura, o transporte, a construção, a restauração das edificações históricas e o comércio.

Em 2014, Raúl Castro e o então presidente dos Estados Unidos Barack Obama retomaram o diálogo interrompido entre os dois países desde o início da Revolução Cubana. As embaixadas foram reabertas no ano seguinte e os transportes e a comunicação foram reestabelecidos. Porém, a chegada de Donald Trump à presidência estadunidense gera incertezas quanto a essa reaproximação, pois ele já sinalizou que não pretende manter o mesmo grau de cooperação com o país caribenho. Atualmente, Cuba é governada por Miguel Díaz-Canel, membro do Partido Comunista Cubano, desde 2018.

Anthony Behar/Sipa/White House Pool/Corbis/VCG/Getty Images

Raúl Castro, então presidente de Cuba, e Barack Obama, então presidente dos Estados Unidos, em encontro na sede da ONU em Nova York, em 2015.

5. Argentina

A Argentina é o segundo maior país na América Latina em extensão territorial, com cerca de 2,8 milhões de quilômetros quadrados e litoral que se estende por quase 5 mil quilômetros, voltado para o oceano Atlântico. Faz fronteira terrestre com Chile, Bolívia, Paraguai, Brasil e Uruguai.

Argentina: físico

Elaborado com base em: IBGE. *Atlas geográfico escolar*. 7. ed. Rio de Janeiro: IBGE, 2016. p. 40.

Por sua formação e localização geográfica, o país apresenta características naturais que o distinguem dos vizinhos sul-americanos. Entre elas, destacam-se:

- os Andes, que se estendem por quase toda a fronteira com o Chile, a oeste. É onde estão as terras mais altas da Argentina, entre montanhas e planaltos. O Aconcágua, na província de Mendoza, apresenta a maior altitude da América do Sul, com 6 962 metros;
- o Norte, que se divide em duas sub-regiões: o Chaco, envolvendo as planícies situadas entre os Andes e o rio Paraná; e a Mesopotâmia, que, como o nome sugere, é uma planície alongada e estreita limitada pelos rios Paraná e Uruguai;
- os Pampas, que correspondem às amplas planícies centrais do território argentino, com variações úmidas e secas, e avançam até o litoral atlântico;
- a Patagônia, localizada ao sul do país. Além de sua porção andina, é formada de vastos planaltos e falésias em quase toda a costa atlântica, chegando a 45 metros de altura.

O clima temperado predomina em quase toda a Argentina, destoando dos demais países da América do Sul, com características tropicais. As regiões mais secas estão no noroeste do país e no extremo sul da Patagônia, enquanto as áreas mais úmidas estão na porção nordeste, na Mesopotâmia e no leste do Chaco. Nas maiores latitudes e altitudes, verificam-se ambientes semiáridos e áridos. Porém, as condições climáticas no sul do país, como na Patagônia e na Terra do Fogo (dividida entre Argentina e Chile), são atenuadas pela influência da maritimidade.

Juergen Schonnop/Alamy/Fotoarena

Geleira Perito Moreno, na Patagônia, na Argentina, em 2018.

Os rios Paraguai, Paraná e da Prata, e seus afluentes e subafluentes, percorrem terras no Paraguai, na Bolívia, no Uruguai e no Brasil, formando a principal região hidrográfica da Argentina. Nas demais áreas, a drenagem é bastante irregular, pois os rios que cruzam as planícies centrais (no sentido oeste-leste) perdem umidade à medida que seguem por regiões áridas. A costa leste é considerada uma zona de "sombra de chuva" pela ausência de umidade.

Diante de tantos ambientes diferentes, a Argentina apresenta diversidade de espécies, embora bastante degradada pelas atividades humanas. Nas áreas mais úmidas predominam formações florestais e, nas mais secas, espécies arbustivas e herbáceas, muitas delas adaptadas para sobreviver às variações anuais de temperatura e precipitação. Nos Pampas úmidos, os solos são férteis e, muitas vezes, são utilizados para grandes pastagens.

A fauna também é muito diversificada. Destacam-se mamíferos terrestres como guanacos, lhamas, alpacas, lebres, veados, queixadas, macacos, pumas e jaguatiricas. Na Patagônia, o número de espécies de mamíferos é reduzido, mas há enorme variedade de espécies marinhas.

Antes da colonização, as terras que hoje formam o território da Argentina eram habitadas por diversos povos originários, estimados em mais de 400 mil pessoas. Destacam-se os diaguitas (agricultores do noroeste da região andina), os guaranis (semiagrícolas da região da Mesopotâmia), entre outros povos caçadores e coletores, como guaycuruanos e querandis nos Pampas, e tehuelche e onas na Patagônia e na Terra do Fogo. Depois que a Espanha se apropriou das terras, esses povos foram alvo de expulsão, exploração e massacres, de modo que a participação dos grupos étnicos indígenas na composição demográfica atual é pequena se comparada a países como Peru, Bolívia e até mesmo o Brasil.

Após séculos de colonização e longos conflitos, a Argentina tornou-se independente em 1816, ainda que a Espanha só reconhecesse isso décadas depois. Nos anos seguintes à independência, os múltiplos interesses dos grupos sociais locais dificultaram a formação de uma unidade nacional. Mesmo com o estabelecimento de uma constituição, em 1853, que oficializava a criação de uma república federativa com grande autonomia política e econômica para as províncias, a unificação aconteceu, de fato, em 1880, quando a província de Buenos Aires, onde residiam as antigas elites, se federalizou. Até o fim do século XIX, a aristocracia urbana aliada à rural controlou o país.

A elite argentina abriu o país ao mercado internacional, destacadamente à Europa, que comprava produtos como carne, grãos e cereais. Ao mesmo tempo, ingleses, franceses e alemães investiam capitais na construção de ferrovias, portos e estrutura para o processamento de carne refrigerada. Para suprir a ausência de mão de obra, o governo argentino promoveu, entre o último quarto do século XIX e 1930, intensos fluxos de imigrantes, sobretudo italianos e espanhóis, em número superior ao de habitantes do país. Esse processo de imigração explica a composição demográfica da Argentina.

As terras foram divididas em pequenos lotes e distribuídas à população. Cidades portuárias, como Rosário, tornaram-se importantes centros comerciais. No início do século XX, a Argentina vivia grande crescimento econômico, embora pautado nas atividades agropecuárias dos senhores de terra.

As duas grandes guerras mundiais (1914-1918 e 1939-1945) revelaram problemas estruturais no país e os movimentos sociais, como lutas agrárias e estudantis, além de greves de trabalhadores urbanos, aumentaram. Nesse período, os descendentes de imigrantes ampliaram seu poder perante a aristocracia rural.

Juan Perón, eleito em 1946, conseguiu amplo apoio da população ao propor um governo nacionalista com base na proteção e no desenvolvimento da indústria do país, em políticas sociais e na valorização da classe trabalhadora. Desenvolveu leis de proteção aos direitos trabalhistas e comprou serviços concedidos a empresas estrangeiras, ainda que sem abrir mão dos investimentos externos. Os governos de Perón (1946-1952, 1952-1955 e 1973-1974) foram emblemáticos na história política da Argentina, dando início a um fenômeno conhecido como peronismo.

Keystone-France/Gamma-Keystone/Getty Images

// Juan Perón e Eva Perón (Evita), esposa e também líder política, em discurso na Casa Rosada, sede do governo argentino, em Buenos Aires, em 1950.

Antes, durante e após os governos de Perón, diversos golpes militares ocorreram no país. Entre 1976 e 1982 instaurou-se uma ditadura liderada por diversas juntas militares, que reprimiram duramente os opositores do regime com violações dos direitos humanos. A única questão que uniu a sociedade argentina foi a empreitada contra o Reino Unido a fim de recuperar as ilhas Malvinas, em 1982, dominadas pelos britânicos desde 1833. Esse domínio era legitimado pela ONU. Os europeus recebiam o apoio dos Estados Unidos e os próprios moradores do arquipélago tinham preferência em continuar a fazer parte do Reino Unido. Subestimando o interesse dos europeus em preservar esse território insular, a Argentina perdeu a guerra. Esse contexto ampliou ainda mais o descontentamento popular em relação aos militares, que, pressionados, convocaram eleições em 1983.

No segundo governo democrático pós-ditadura, foi eleito o candidato peronista Carlos Menem (1989-1999). Porém, em vez de continuar com as políticas protecionistas e nacionalistas que marcaram o governo Perón, Menem seguiu na direção do neoliberalismo, privatizando diversas empresas estatais (companhias aéreas, de energia, de telefonia, entre outras), aproximando-se dos Estados Unidos e estabilizando a moeda nacional (novo peso argentino) a partir de paridade com o dólar.

A princípio verificou-se um crescimento econômico do país. No entanto, não demorou muito para que as fragilidades estruturais desenvolvidas pelo governo Menem fossem expostas, como a ampliação das desigualdades sociais, o desequilíbrio na balança comercial (era mais barato comprar produtos estrangeiros), o pagamento de muitos empréstimos concedidos pelo Fundo Monetário Internacional (FMI), além da corrupção.

No início dos anos 2000, a Argentina estava mergulhada na pior crise social e econômica de sua história, demonstrando o fracasso do modelo neoliberal adotado no país. Em 2003, durante o governo do peronista Néstor Kirchner (2003-2007), a situação era tão dramática que o FMI se negou a realizar novos empréstimos. A pobreza passou a abranger parcelas amplas da população, e o governo bloqueava depósitos e salários para evitar a quebra do sistema financeiro do país, caso o peso fosse trocado por dólar ou muito dinheiro fosse transferido para fora das fronteiras nacionais. A insatisfação geral levou a população a sair às ruas em protesto.

Rickey Rogers/Reuters/Fotoarena

Protestos da população em Buenos Aires, na Argentina, contra as medidas do governo durante a grave crise econômica vivida em 2001.

Como tentativa de tirar a Argentina da crise e também ampliar sua popularidade, o presidente Kirchner desenvolveu então um governo neodesenvolvimentista, com aliança entre capital estatal e privado, além do reescalonamento da dívida externa com o FMI para livrar-se das condições impostas por essa instituição (conhecidas como políticas de austeridade). Além disso, aproximou-se dos países do Mercosul, com destaque para o Brasil, revogou as leis de anistia aos crimes da ditadura e reformou o sistema judiciário argentino.

Em 2007, Cristina Kirchner foi eleita para a presidência do país e continuou no caminho traçado pelo marido, Néstor Kirchner, até 2015. Implementou diversas políticas sociais para redução da pobreza, promoveu a ciência e a tecnologia e optou pelo estabelecimento de uma política externa independente, com a valorização das alianças regionais (Mercosul e Unasul). Seu governo foi marcado por políticas consideradas progressistas.

Mesmo diante das instabilidades político-econômicas, a Argentina é uma das economias mais importantes da América Latina. É uma grande produtora de grãos (soja e trigo) e a segunda maior em criação de gado do continente. Exporta combustíveis fósseis (gás e petróleo), produtos químicos, veículos, entre outras mercadorias, sobretudo para seu principal parceiro comercial, o Brasil. O turismo também é muito importante para a economia do país.

saiko3p/Shutterstock

Plaza de Mayo, em Buenos Aires, na Argentina, um dos pontos turísticos mais conhecidos do país, também palco de diversas manifestações e eventos históricos. Foto de 2016.

No entanto, a desaceleração do crescimento do PIB argentino, a inflação crescente e o aumento do desemprego assombram a população do país. O temor das crises passadas segue desde que o presidente Mauricio Macri, eleito em 2015, passou a adotar políticas neoliberais que eliminam benefícios sociais importantes, como subsídios para os serviços de água, energia elétrica e transporte, em um momento de hiperinflação e valorização do dólar. As reformas propostas, como a do sistema previdenciário, enfrentam grande resistência. O país voltou a recorrer ao FMI e obteve empréstimos de 50 bilhões de dólares no total, usados prioritariamente para segurar o câmbio. Essas decisões têm aumentado a insatisfação dos argentinos, levando a população a realizar diversas manifestações.

Reconecte

Revisão

1. Comente a distribuição socioespacial da população no território mexicano e caracterize seus principais centros urbanos.
2. Como a Colômbia se insere no mercado internacional? Que tipo de problemas políticos, econômicos e sociais o país tem enfrentado recentemente?
3. Quais são as causas, as reformas e as implicações da Revolução Cubana?
4. Caracterize o contexto atual da economia argentina.
5. Escreva com suas palavras um breve texto sobre a colonização espanhola e a portuguesa.

Análise de gráficos

6. Com base nos gráficos a seguir, analise a balança comercial colombiana quanto ao destino de suas exportações, à origem de suas importações e ao volume de ambas. Estabeleça uma relação entre esses dados e a história econômica da Colômbia.

Colômbia: destino das exportações – 2016

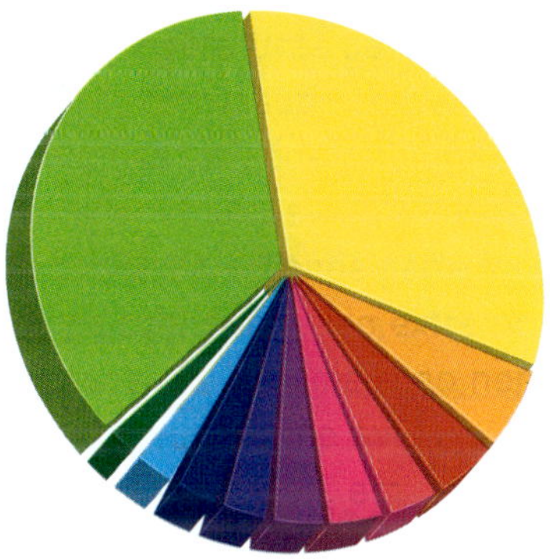

JS Design/Arquivo da editora

Elaborado com base em: MASSACHUSETTS Institute Of Technology. Observatory of Economic Complexity, 2016. Disponível em: <https://atlas.media.mit.edu/es/profile/country/col/>. Acesso em: 21 jan. 2019.

Colômbia: origem das importações – 2016

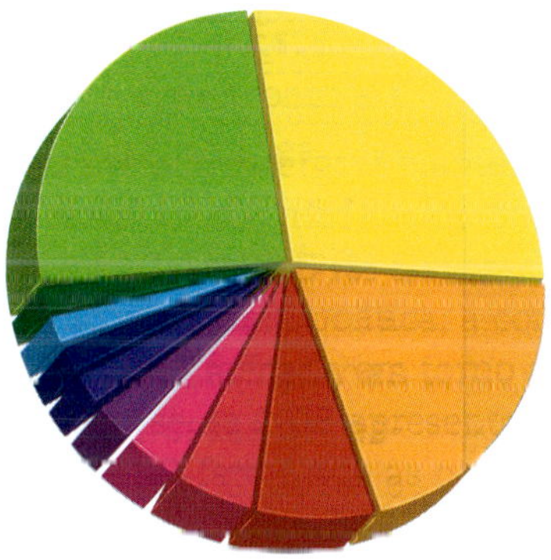

JS Design/Arquivo da editora

Elaborado com base em: MASSACHUSETTS Institute Of Technology. Observatory of Economic Complexity, 2016. Disponível em: <https://atlas.media.mit.edu/es/profile/country/col/>. Acesso em: 21 jan. 2019.

Pesquisa e organização de sequência de *slides*

7. Reúna-se com três colegas e, juntos, selecionem um dos países apresentados no capítulo para investigar mais detalhadamente seus ambientes naturais (relevo, clima, hidrografia, biodiversidade). Façam essa pesquisa em livros, revistas ou *sites*. Depois, organizem uma sequência de *slides* com elementos visuais e descritivos para representar as informações obtidas. Ao final, apresentem à turma o material produzido.

Elaboração de *podcast*

8. Com base na charge a seguir, elabore um *podcast* sobre as relações entre Estados Unidos e México, com destaque para as transações comerciais (como o Nafta, atual USMCA, e as empresas maquiladoras) e os fluxos migratórios.

Kal/Acervo do cartunista

Charge de Kal, publicada no *The Economist*, em 2014, sobre o comércio transfronteiriço entre Estados Unidos e México.

Pesquisa e criação de infográfico

9. Reúna-se com um colega e, juntos, montem um infográfico sobre as relações comerciais verificadas entre Argentina e Brasil. Para isso, além das informações estudadas no capítulo, façam uma pesquisa de dados sobre volume de importações e exportações, tipos de mercadorias comercializadas, situação da balança comercial, acordos realizados, vantagens e desvantagens para ambos, entre outros aspectos que vocês queiram representar no infográfico.

Resumo

- A história da colonização europeia em território latino-americano é marcada por conquistas comerciais associadas a mestiçagem, rivalidades, extermínio, escravidão e enfermidades dos povos originários.
- O México tem nos Estados Unidos o principal parceiro comercial. Porém, enfrenta dificuldades pela presença de imigrantes, principalmente da América Central, que desejam adentrar no território do país vizinho, o que causa tensões com o governo estadunidense.
- A Colômbia apresenta cidades com grande concentração populacional e de atividades econômicas. Além disso, destaca-se por sua elevada biodiversidade, mas enfrenta dificuldades pela presença de conflitos no interior de seu território, apesar dos esforços para se estabelecer a paz.
- A Revolução Cubana marcou a história de Cuba. Sob a liderança de Fidel Castro, foi estabelecido um Estado de orientação socialista, obtendo-se importantes conquistas sociais. O embargo imposto pelos Estados Unidos tem gerado há décadas inúmeras dificuldades para o desenvolvimento econômico do país.
- A história da Argentina foi marcada por períodos de grande instabilidade política, com diversos golpes e governos ditatoriais. A opção pelo neoliberalismo ampliou as desigualdades e a pobreza na população. Por causa de graves crises econômicas, no início dos anos 2000, o país pediu empréstimos de instituições internacionais, como o FMI. Para isso, necessitou seguir diretrizes que levaram a políticas de austeridade que acentuaram as fragilidades sociais.

Globalização e cidadania

Desde o período das Grandes Navegações, no século XV, quando os habitantes da Europa ocuparam e exploraram a América a despeito de seus povos originários, ocorreram muitas transformações no continente. Com o estabelecimento de relações com as colônias, elas permaneceram, por muito tempo, vinculadas às metrópoles.

Após suas independências – em grande parte conquistadas em luta –, os países latino-americanos têm passado por muitas instabilidades políticas e econômicas. As causas dessas instabilidades se originam dentro e fora de seus territórios, levando-os a lidar com sérias dificuldades, como as diferenças de poder político e econômico entre as parcelas da população.

Os Estados Unidos, por sua vez, apresentaram crescimento intenso, sobretudo após a Segunda Guerra Mundial, e se constituíram na principal potência econômica, política e militar do mundo. Além disso, influenciam grande parte do planeta com a difusão de suas crenças e costumes por meio de produtos culturais, como filmes, séries e músicas.

Nesse contexto, a cidadania se expressa de modo muito diferente nos países americanos. Por um lado, encontram-se o Canadá e os Estados Unidos com indicadores sociais e de riqueza bem superiores aos dos demais países do continente. Ambos possuem democracias consolidadas.

Por outro lado, existem outros Estados – entre os quais se destacam a Argentina, o Brasil, a Colômbia e o México – que conseguiram algum grau de industrialização e de inserção na globalização econômica, mesmo enfrentando períodos de ausência de democracia. Já o caso de Cuba é distinto. O país conseguiu oferecer à população condições de saúde e educação muito boas, equiparadas às de países com renda bem mais elevada, ainda que parte de sua história não seja democrática.

E você? Qual modelo prefere para conquistar e exercer a cidadania?

Robin Loznak/ZUMA Wire/Alamy Live News/Fotoarena

Manifestação em Washington, D.C., nos Estados Unidos, em fevereiro de 2018, por mais ações de combate às mudanças climáticas.

Néstor J. Beremblum/Alamy Live News/Fotoarena

Manifestação em Buenos Aires, na Argentina, em agosto de 2018, pela manutenção do Ensino Superior gratuito. Na faixa, lê-se: "Sem universidades não há futuro".

Repercutindo

Leia os textos a seguir e responda às questões.

Texto 1

120 milhões de crianças no centro da tormenta

A divisão internacional do trabalho significa que alguns países se especializam em ganhar e outros em perder. Nossa comarca no mundo, que hoje chamamos América Latina, foi precoce: especializou-se em perder desde os remotos tempos em que os europeus do Renascimento se aventuraram pelos mares e lhe cravaram os dentes na garganta. Passaram-se os séculos e a América Latina aprimorou suas funções. Ela já não é o reino das maravilhas em que a realidade superava a fábula e a imaginação era humilhada pelos troféus da conquista, as jazidas de ouro e as montanhas de prata. Mas a região continua trabalhando como serviçal, continua existindo para satisfazer as necessidades alheias, como fonte e reserva de petróleo e ferro, de cobre e carne, frutas e café, matérias-primas e alimentos, destinados aos países ricos que, consumindo-os, ganham muito mais do que ganha a América Latina ao produzi-los. Os impostos que cobram os compradores são muito mais altos do que os valores que recebem os vendedores. Como declarou em julho de 1968 Covey T. Oliver, coordenador da Aliança para o Progresso, "falar hoje em dia de preços justos é um conceito medieval. Estamos em plena vigência do livre-comércio".

Ivan Alvarado/File Photo/Reuters/Fotoarena

Empresa transnacional explora cobre em mina localizada nos arredores de Santiago, no Chile, em 2014.

Quanto mais liberdade se concede aos negócios, mais cárceres precisam ser construídos para aqueles que padecem com os negócios. Nossos sistemas de inquisidores e verdugos não funcionam apenas para o mercado externo dominante, também proporcionam caudalosos mananciais de lucros que fluem dos empréstimos e dos investimentos estrangeiros nos mercados internos dominados. [...] Pelo caminho perdemos até o direito de nos chamarmos americanos [...]. Agora, para o mundo, América é tão só os Estados Unidos, e nós quando muito habitamos uma sub-América, uma América de segunda classe, de nebulosa identidade.

É a América Latina, a região das veias abertas. Do descobrimento aos nossos dias, tudo sempre se transformou em capital europeu ou, mais tarde, norte-americano, e como tal se acumulou e se acumula nos distantes centros do poder. [...]

GALEANO, Eduardo. *As veias abertas da América Latina*. Porto Alegre: L&PM, 2010. p. 17-18.

1. De que maneira o autor justifica a afirmação de que a América Latina é uma região de "veias abertas"?

2. Cite outros exemplos que caracterizem a divisão do trabalho existente entre a América Latina, os Estados Unidos e a Europa.

3. Você concorda com a argumentação do autor quanto à existência de uma sub-América? Discuta com os colegas.

Texto 2

A erosão da diplomacia americana

Na recente conferência de Helsinque, que reuniu Donald Trump e Vladimir Putin, o presidente dos Estados Unidos usou a ameaça da guerra nuclear para justificar boas relações com um regime ruim, assim como fez em Cingapura.

Sua retórica incluiu articulações excessivamente zelosas sobre como os Estados Unidos e a Rússia controlam mais de 90% das armas nucleares do mundo, demonstrando sua inclinação em exercer sua capacidade de *hard power*.

Trump usou os recursos materiais dos Estados Unidos para apoiar suas ameaças ao Nafta, à Otan, às Nações Unidas e à Organização Mundial do Comércio, exemplos didáticos de como se usa o que é conhecido como *hard power*. Sua abordagem para exercer influência ignora completamente o *soft power*, que se refere aos ativos não materiais que um Estado pode aproveitar para obter influência, incluindo sua cultura, políticas e valores políticos.

Ao contrário de sua contraparte coercitiva, o *soft power* se baseia na capacidade diplomática de um Estado de moldar as preferências dos outros e a capacidade de fazer com que os outros queiram fazer o que se deseja que eles façam.

Simplificando, para um país exercer seu *soft power* é necessário que outros Estados deem importância a ele. Ter *soft power* não significa nada se não for usado ou aceito pelos outros.

[...]

Como anfitriã da Copa do Mundo de 2018, a Rússia procurou exercer seu *soft power* no cenário mundial e adquirir alguma influência no processo. Mas o *soft power* não é autodeterminado.

Ao usar o *soft power*, um Estado pode obter apoio por meio de legitimidade e conformidade por meio da autoridade, o que gera influência. Mas, para que isso aconteça, outros Estados precisam acreditar que o Estado está avançando. Com base naquilo que os países seguem e naquilo pelo qual são seguidos, nasce uma hierarquia.

Portanto, a perda de *soft power* dos Estados Unidos poderia comprometer sua classificação e seu nível de influência na hierarquia global. Legitimidade e autoridade operam com base na cooptação e na atração, que as ligam ao *soft power*. É também por isso que depender do *hard power* poderia ser ainda mais prejudicial para os Estados Unidos.

[...]

Recentemente, a China tem empregado silenciosamente seu *soft power*, tendo a perspectiva de novas relações comerciais com a União Europeia como exemplo. O *soft power* indica uma maneira mais sutil e branda de influenciar outros países, demonstrada pela China. Mais do que isso, a China está mostrando mais consistência interna e externa nas áreas que promovem o *soft power*. [...]

GRECO, Sara. The Erosion of American Diplomacy. *The Conversation*, 29 jul. 2018. Disponível em: <http://theconversation.com/the-erosion-of-american-diplomacy-100221>. Acesso em: 11 jan. 2019. (Texto traduzido pelos autores.)

4. De acordo com a autora do texto, qual é a diferença entre *soft power* e *hard power*?

5. Em grupos, discutam em que situações, além dos exemplos citados no texto, os países abordados nesta unidade se valeram de *soft power* e *hard power* para atingir seus objetivos.

1. (Enem)

As consequências da crise na zona do euro só estão começando para a maioria dos países. Em 2008, perseguindo maior competitividade, a França já havia eliminado o limite de 35 horas semanais de trabalho no país. As empresas também têm endurecido nas negociações com os sindicatos, a fim de cortar gastos com mão de obra. As economias dos países mais encrencados são também as mais "pesadas" em termos de custo de mão de obra e as menos produtivas da Europa.

Folha de São Paulo, 11 dez. 2011 (adaptado).

A crise na zona do euro já apresenta impactos no trabalho e na produção, em função da

a) necessidade de reestruturação empresarial para diminuir o custo produtivo.
b) transferência de recursos financeiros para os países com maior viabilidade econômica.
c) influência das organizações trabalhistas para aprimorar a gestão eficiente do capital.
d) diminuição das horas trabalhadas semanalmente para adaptação à nova dinâmica de mercado.
e) redução do investimento na capacitação profissional para diminuir o custo da mão de obra.

2. (PUC)

Leia a reportagem publicada no *Le Monde* em agosto de 2015.

A Europa que não queremos

A crise grega mostra o funcionamento da União Europeia (...) e atualizou a distância entre o mundo real e as ambições formuladas pelos países fundadores da comunidade: democracia, solidariedade e prosperidade (HALIMI, Serge. *Le Monde Diplomatique Brasil*. Agosto, 2015.)

A União Europeia é cenário de grandes polêmicas. Uma delas é:

a) a superioridade da Grã-Bretanha ao adotar políticas econômicas restritivas à utilização do euro pela Grécia.
b) uma crise econômica sem precedentes ao reconhecer a vulnerabilidade política de todas as antigas democracias localizadas no Mediterrâneo.
c) o rompimento definitivo da integração europeia ao proibir o trânsito de seus cidadãos às ilhas localizadas no Mediterrâneo.
d) a crise na Grécia que, desde 2010, apresentou-se incapaz de saldar suas dívidas provocando uma queda da renda nacional sem precedentes.

3. (UTFPR)

A industrialização do continente americano não ocorreu ao mesmo tempo e da mesma forma em suas regiões.

A esse respeito, assinale a alternativa correta.

a) Na América Andina, as indústrias são mais desenvolvidas que na América Platina.
b) As regiões situadas ao norte do Brasil se industrializaram junto com a Argentina.
c) Na América do Norte, as regiões perto do Atlântico se industrializaram primeiro.
d) As indústrias da América Central produzem apenas para os Estados Unidos.
e) No Brasil, as indústrias se encontram uniformemente distribuídas pelo país.

4. (UEFS)

São características da América Latina e de sua população:

a) Os países latino-americanos distribuem-se por duas regiões geográficas do continente americano.
b) Os países da América Latina, em sua totalidade, foram colonizados pelos países ibéricos.
c) A sociedade apresenta uma acentuada estratificação e instabilidade econômica.
d) A população é predominantemente rural, se comparada à do continente africano.
e) As grandes cidades sofrem profundamente com a insuficiência sanitária mas possuem cobertura total de rede elétrica nas moradias, devido ao enorme potencial hidrelétrico do continente.

Bibliografia

ATLANTE geografico metodico De Agostini. Novara: Istituto Geografico De Agostini, 2017.

ATLAS geográfico escolar Oxford. São Paulo: Oxford University Press, 2013.

AUSTRALIAN Government. *Migration Program Report 2017-2018*. Disponível em: <www.homeaffairs.gov.au/research-and-stats/files/report-migration-program-2017-18.pdf>. Acesso em: 18 mar. 2019.

BOCHICCHIO, Vincenzo R. *Atlas mundo Atual*. São Paulo: Atual, 2009.

BRASIL. Câmara dos Deputados. Representação Brasileira no Parlamento do Mercosul. ANZCERTA. Disponível em: <www2.camara.leg.br/atividade-legislativa/comissoes/comissoes-mistas/cpcms/historico/blocoseconomicos.html/anzcerta.html>. Acesso em: 18 mar. 2019.

_______. Ministério das Relações Exteriores. *Como exportar*: Austrália. Brasília: MRE, 2017. Disponível em: <https://investexportbrasil.dpr.gov.br/arquivos/Publicacoes/ComoExportar/CEXAustralia.pdf>. Acesso em: 12 fev. 2019.

CALDINI, Vera; ÍSOLA, Leda. *Atlas geográfico Saraiva*. 4. ed. São Paulo: Saraiva, 2013.

CIA. *The World Factbook*. Disponível em: <www.cia.gov/library/publications/resources/the-world-factbook/>. Acesso em: 18 mar. 2019.

COLIN, Armand. *L'Atlas du monde diplomatique 2010*. Paris: Armand Colin, 2009.

EAST African Community. *EAC Partner States*. Disponível em: <www.eac.int/eac-partner-states>. Acesso em: 18 mar. 2019.

ECCAS. *Etats Membres*. Disponível em: <www.ceeac-eccas.org/index.php/fr/>. Acesso em: 18 mar. 2019.

ENCYCLOPÆDIA Universalis France. *Afrique. Les Décolonisations*. Disponível em: <www.universalis.fr/encyclopedie/afrique-histoire-les-decolonisations>. Acesso em: 18 mar. 2019.

EUROPEAN Commission. *The 2018 Ageing Report*. Brussels: Publications Office of the European Union, 2017. p. 6. Disponível em: <https://ec.europa.eu/info/sites/info/files/economy-finance/ip065_en.pdf>. Acesso em: 18 mar. 2019.

EUROPEAN Union. Countries. Disponível em: <https://europa.eu/european-union/about-eu/countries_en#tab-0-1>. Acesso em: 18 mar. 2019.

______. The Euro. Disponível em: <https://europa.eu/european-union/about-eu/money/euro_en>. Acesso em: 18 mar. 2019.

EUROSTAT. Degree of Urbanisation. Disponível em: <https://ec.europa.eu/eurostat/web/degree-of-urbanisation/background>. Acesso em: 18 mar. 2019.

FSIN. *Global Report on Food Crises 2018*. Disponível em: <https://docs.wfp.org/api/documents/WFP-0000069227/download/?_ga=2.54037672.1229221849.1544186138-676669393.1544040745>. Acesso em: 18 mar. 2019.

GALLIMARD, Antoine; GALLIMARD, Loisirs. *Le Grand atlas Geo Gallimard du XXIe siècle*. Paris: Prisma Presse/Geo, 2015.

GÉRARD, Chaliand. *Atlas del nuevo orden mundial*. Barcelona: Paidos Iberica, 2003.

HAYWOOD, John. *Atlas histórico do mundo*. Colônia: Konemann, 2001.

HUANG, Yukon; BOCCHI, Alessandro M. *Reshaping Economic Geography in East Asia*. Washington, D.C.: The Word Bank, 2009.

IBGE. *Atlas geográfico escolar*. 7. ed. Rio de Janeiro: IBGE, 2016.

IGAD. What We Do. Disponível em: <https://igad.int/about-us/what-we-do>. Acesso em: 18 mar. 2019.

LACOSTE, Yves. *Géopolitique*: la longue histoire d'aujourd'hui. Paris: Larousse, 2009.

L'ATLAS un monde à l'envers. Paris: Le Monde diplomatique, 2009.

LE MONDE diplomatique en español. *El atlas geopolítico de China*. Valencia: Fundación Mondiplo, Uned, 2013.

NAÇÕES Unidas no Brasil. *A carta das Nações Unidas*. Disponível em: <https://nacoesunidas.org/carta/>. Acesso em: 18 mar. 2019.

NATIONAL Bureau of Statistics of China. *China Statistical Yearbook 2017*. Population and Its Composition. Disponível em: <www.stats.gov.cn/tjsj/ndsj/2017/indexeh.htm>. Acesso em: 20 dez. 2018.

NATO. NATO Member and Partner Countries. Disponível em: <www.nato.int/cps/en/natohq/nato_countries.htm>. Acesso em: 4 dez. 2018.

OECD. OECD Economic Surveys. European Union: June 2018 Overview. Disponível em: <www.oecd.org/eco/surveys/European-union-2018-OECD-economic-survey-overview.pdf>. Acesso em: 18 mar. 2019.

OLIVEIRA, Catarina R.; PEIXOTO, João; GÓIS, Pedro. A nova crise dos refugiados na Europa: o modelo de repulsão-atração revisitado e os desafios para as políticas migratórias. *Revista Brasileira de Estudos da População*. Belo Horizonte, v. 34, n. 1, jan./abr. 2017.

PARLAMENTO Europeu. *Schengen*: o alargamento da zona europeia de livre circulação. Disponível em: <www.europarl.europa.eu/news/pt/headlines/security/20180216STO98008/schengen-o-alargamento-da-zona-europeia-de-livre-circulacao>. Acesso em: 18 mar. 2019.

PONS, Jordi. *Atlas actual de Geografía universal – Vox*. Barcelona: Larousse, 2015.

ROBINSON, Francis (Org.). *The Cambridge Illustrated History of the Islamic World*. London: Cambridge University Press, 1996. p. 21.

SIMIELLI, Maria E. *Geoatlas*. 34. ed. São Paulo: Ática, 2013.

STATS Maps NZ. 2013 Census Map. Disponível em: <http://archive.stats.govt.nz/StatsMaps/Home/People%20and%20households/2013-census-quickstats-about-a-place-map.aspx>. Acesso em: 18 mar. 2019.

TÉTART, Frank. *Grand atlas 2018*: comprendre le monde en 200 cartes. Paris: Éditions Autrement, 2017.

THE WORLD Bank. Disponível em: <https://data.worldbank.org>. Acesso em: 18 mar. 2019.

UNCTAD Stat. General Profile: Angola. Disponível em: <http://unctadstat.unctad.org/CountryProfile/GeneralProfile/en-GB/024/index.html>. Acesso em: 18 mar. 2019.

UNEP. *Africa*. Atlas of Our Changing Environment. Nairobi: United Nations, 2008. Disponível em: <http://wedocs.unep.org/bitstream/handle/20.500.11822/7717/817.pdf?sequence=3&isAllowed=y>. Acesso em: 18 mar. 2019.

UNICEF Brasil. *Declaração Universal dos Direitos Humanos*. Disponível em: <www.unicef.org/brazil/pt/resources_10133.html>. Acesso em: 18 mar. 2019.

UNITED Nations Economic Commission for Africa. Disponível em: <www.uneca.org/oria/>. Acesso em: 18 mar. 2019.

UNITED Nations Statistics Division. Disponível em: <http://data.un.org/en/index.html>. Acesso em: 18 mar. 2019.

UNITED States Census Bureau. *America's Age Profile Told through Population Pyramids*. Disponível em: <www.census.gov/newsroom/blogs/random-samplings/2016/06/americas-age-profile-told-through-populationpyramids.html>. Acesso em: 18 mar. 2019.

UNIVERSITY of Maryland. Institute for Economic and Peace. *Global Terrorism Index 2017*. Disponível em: <http://visionofhumanity.org/app/uploads/2017/11/Global-Terrorism-Index-2017.pdf>. Acesso em: 18 mar. 2019.

USGS. *Mineral Commodity Sumaries 2017*. Reston: U.S. Geological Survey, 2017. Disponível em: <https://minerals.usgs.gov/minerals/pubs/mcs/2017/mcs2017.pdf>. Acesso em: 18 mar. 2019.

VARROD, Pierre. *Atlas géopolitique et culturel*. Paris: Le Robert, 2003.

VICENTINO, Cláudio. *Atlas histórico geral e do Brasil*. São Paulo: Scipione, 2011.

VICTOR, Jean-Christophe. *Le Dessous des cartes*: atlas géopolitique. Paris: Tallandier, 2006.

VIVES, Vicens. *Atlas geográfico de España y del mundo*. Barcelona: Instituto Cartográfico Latino, 2014.

WORLD Meteorological Organization. World Weather Information Service. Disponível em: <http://worldweather.wmo.int/en/city.html?cityId=1550>. Acesso em: 18 mar. 2019.

Sugestões de leitura

COCKBURN, Patrick. *A origem do Estado Islâmico*: o fracasso da "guerra ao terror" e a ascensão jihadista. São Paulo: Autonomia Literária, 2018.

COMBATE à fome no Brasil se estagnou, afirma ONU. *Veja*, 11 set. 2018. Disponível em: <https://veja.abril.com.br/brasil/combate-a-fome-no-brasil-se-estagnou-afirma-onu/>. Acesso em: 18 mar. 2019.

COSTA, Florência. *Os indianos*. São Paulo: Contexto, 2012.

OS DOIS territórios disputados por China e Índia que estremecem as relações entre os dois gigantes. *BBC Brasil*, 3 jul. 2017. Disponível em: <www.bbc.com/portuguese/internacional-40443826>. Acesso em: 18 mar. 2019.

GRANGE, Zelda. *Bom dia, senhor Mandela*. Ribeirão Preto: Novo Conceito, 2015.

HUMBERT, Marc. Imigração seletiva à la Japão. *Le Monde diplomatique Brasil*, 4 fev. 2015. Disponível em <https://diplomatique.org.br/imigracao-seletiva-a-la-japao/>. Acesso em: 18 mar. 2019.

IANDOLI, Rafael. Como a tensão entre EUA e Rússia faz a agenda nuclear retroceder ao século passado. *Nexo*, 18 out. 2016. Disponível em: <www.nexojornal.com.br/expresso/2016/10/18/Como-a-tens%C3%A3o-entre-EUA-e-R%C3%BAssia-faz-a-agenda-nuclear-retroceder-ao-s%C3%A9culo-passado>. Acesso em: 18 mar. 2019.

______. Como uma disputa no Saara reedita o debate sobre colonialismo e independência na África. *Nexo*, 5 fev. 2017. Disponível em: <www.nexojornal.com.br/expresso/2017/02/05/Como-uma-disputa-no-Saara-reedita-o-debate-sobre-colonialismo-e-independ%C3%AAncia-na-%C3%81frica>. Acesso em: 18 mar. 2019.

KAPLAN, Robert. *A vingança da Geografia*. Rio de Janeiro: Campus, 2013.

KISSINGER, Henry. *Sobre a China*. Rio de Janeiro: Objetiva, 2011.

LOWENTHAL, Abraham. Implicações nas relações entre América Latina e Estados Unidos. *Le Monde diplomatique Brasil*, 10 fev. 2017. Disponível em: <https://diplomatique.org.br/implicacoes-nas-relacoes-entre-estados-unidos-e-america-latina/>. Acesso em: 18 mar. 2019.

MAIA, Rodrigo I. F. O Brexit e a falta de um outro projeto para a União Europeia. *Le Monde diplomatique Brasil*, 24 jun. 2016. Disponível em: <https://diplomatique.org.br/o-brexit-e-a-falta-de-um-outro-projeto-para-a-uniao-europeia/>. Acesso em: 18 mar. 2019.

NAÇÕES Unidas no Brasil. O que são direitos humanos? Disponível em: <https://nacoesunidas.org/direitoshumanos/>. Acesso em: 18 mar. 2019.

POR QUE há uma guerra civil na Síria: 7 perguntas para entender o conflito. *BBC Brasil*, 15 mar. 2018. Disponível em: <www.bbc.com/portuguese/internacional-43204513>. Acesso em: 18 mar. 2019.

ROBERT, Anne-Cécile; SCIORA Romuald. Nos bastidores da Assembleia Geral da ONU. *Le Monde diplomatique Brasil*, 21 ago. 2017. Disponível em <https://diplomatique.org.br/nos-bastidores-da-assembleia-geral-da-onu/>. Acesso em: 18 mar. 2019.

SAKURAI, Célia. *Os japoneses*. São Paulo: Contexto, 2015.

SARDENBERG, Ronaldo. *O Brasil e as Nações Unidas*. Brasília: Fundação Alexandre de Gusmão, 2013.

SECCO, Lincoln. O maio de 1968: a luta dos direitos civis nos Estados Unidos. *Jornal da USP*, 22 out. 2018. Disponível em: <https://jornal.usp.br/artigos/o-maio-de-1968-a-luta-dos-direitos-civis-nos-estados-unidos/>. Acesso em: 18 mar. 2019.

VASCONCELOS, Joana. Cuba e o cooperativismo. *Le Monde diplomatique Brasil*, 20 abr. 2018. Disponível em: <https://diplomatique.org.br/cuba-e-o-cooperativismo/>. Acesso em: 18 mar. 2019.

VISENTINI, Paulo et al. *História da África e dos africanos*. Petrópolis: Vozes, 2014.

YOUSAFZAI, Malala; MCCORMICK, Patrícia. *Eu sou Malala*: como uma garota defendeu o direito à educação e mudou o mundo. São Paulo: Seguinte, 2015.

ZANLORENSSI Gabriel; ALMEIDA, Rodolfo. O histórico da relação comercial entre Brasil e Estados Unidos. *Nexo*, 16 mar. 2018. Disponível em: <www.nexojornal.com.br/grafico/2018/03/16/O-hist%C3%B3rico-da-rela%C3%A7%C3%A3o-comercial-entre-Brasil-e-Estados-Unidos>. Acesso em: 18 mar. 2019.

Siglas de vestibulares

Cefet (RJ): Centro Federal de Educacão Tecnológica

Enem: Exame Nacional do Ensino Médio

Fuvest (SP): Fundação Universitária para o Vestibular (vestibular da Universidade de São Paulo)

PUC (MG): Pontifícia Universidade Católica

UEFS (BA): Universidade Federal de Feira de Santana

UEPG (PR): Universidade Estadual de Ponta Grossa

Uerj (RJ): Universidade do Estado do Rio de Janeiro

UFJF (MG): Universidade Federal de Juiz de Fora

Uncisal (AL): Universidade Estadual de Ciências da Saúde de Alagoas

Unioeste (PR): Universidade Estadual do Oeste do Paraná

UTFPR (PR): Universidade Tecnológica Federal do Paraná

plurall

Parabéns!

Agora você faz parte do **Plurall**, a plataforma digital do seu livro didático! No **Plurall**, você tem acesso gratuito aos recursos digitais deste livro por meio do seu computador, celular ou *tablet*. Além disso, você pode contar com a nossa tutoria *on-line* sempre que surgir alguma dúvida sobre as atividades e os conteúdos deste livro.

Incrível, não é mesmo?
Venha para o **Plurall** e descubra uma nova forma de estudar!
Baixe o aplicativo do **Plurall** para Android e IOS ou acesse **www.plurall.net** e cadastre-se utilizando o seu código de acesso exclusivo:

AASNMBDXQ

Este é o seu código de acesso Plurall.
Cadastre-se e ative-o para ter acesso aos conteúdos relacionados a esta obra.

@plurallnet

@plurallnetoficial

SOMOS EDUCAÇÃO

conecte LIVE

Geo

WAGNER RIBEIRO

Bacharel e licenciado em Geografia pela Universidade de São Paulo (USP).

Doutor em Geografia Humana pela Universidade de São Paulo (USP).

Professor Titular do Departamento de Geografia e dos programas de pós-graduação em Geografia Humana e em Ciência Ambiental da Universidade de São Paulo (USP).

CAROLINA GAMBA

Bacharel e licenciada em Geografia pela Universidade de São Paulo (USP).

Doutora em Geografia Humana pela Universidade de São Paulo (USP).

Docente e coordenadora do curso de bacharelado e licenciatura em Geografia em faculdade particular.

Professora do Ensino Fundamental II e Ensino Médio em escolas particulares.

LUCIANA ZIGLIO

Bacharel e licenciada em Geografia pela Universidade de São Paulo (USP).

Doutora em Geografia Humana pela Universidade de São Paulo (USP).

Pós-Doutoranda em Organizações e Sustentabilidade pela Escola de Artes, Ciências e Humanidades da Universidade de São Paulo (EACH/USP).

Professora do Ensino Médio na rede pública e em escolas particulares.

3

Editora Saraiva

Editora Saraiva

Direção Presidência: Mario Ghio Júnior

Direção de Conteúdo e Operações: Wilson Troque

Direção editorial: Luiz Tonolli e Lidiane Vivaldini Olo

Gestão de projeto editorial: Viviane Carpegiani

Gestão e coordenação de área: Wagner Nicaretta (ger.) e Jaqueline Paiva Cesar (coord.)

Edição: Beatriz de Almeida Francisco, Cassia Yuka de Andrade Tamura, Felipe Vinícius dos Santos e Orlinda Teruya, Daniele Dionizio (assist.) e Mariana Renó Faria (assist.)

Planejamento e controle de produção: Patricia Eiras e Adjane Oliveira

Revisão: Hélia de Jesus Gonsaga (ger.), Kátia Scaff Marques (coord.), Rosângela Muricy (coord.), Aline Cristina Vieira, Ana Curci, Ana Paula C. Malfa, Arali Gomes, Brenda T. M. Morais, Cesar G. Sacramento, Claudia Virgilio, Diego Carbone, Flavia S. Vênezio, Gabriela M. Andrade, Hires Heglan, Kátia Lopes Godoi, Lilian M. Kumai, Luciana B. Azevedo, Luís M. Boa Nova, Luiz Gustavo Bazana, Marília Lima, Patricia Cordeiro, Patrícia Travanca, Paula Rubia Baltazar, Paula T. de Jesus, Raquel A. Taveira, Rita de Cássia C. Queiroz, Sueli Bossi, Vanessa P. Santos; Amanda T. Silva e Bárbara de M. Genereze (estagiárias)

Arte: Daniela Amaral (ger.), Claudio Faustino (coord.), Yong Lee Kim (edição de arte)

Diagramação: JS Design

Iconografia e tratamento de imagens: Sílvio Kligin (ger.), Denise Durand Kremer (coord.), Thaisi Albarracin Lima e Iron Montovanello (pesquisa iconográfica) Cesar Wolf e Fernanda Crevin (tratamento)

Licenciamento de conteúdos de terceiros: Thiago Fontana (coord.), Luciana Sposito e Angra Marques (licenciamento de textos), Erika Ramires, Luciana Pedrosa Bierbauer, Luciana Cardoso Sousa e Claudia Rodrigues (analistas adm.)

Ilustrações: Adilson Secco

Cartografia: Eric Fuzii (coord.), Robson Rosendo da Rocha (edit. arte) e Portal de Mapas

Design: Gláucia Correa Koller (ger.), Erika Yamauchi Asato, Filipe Dias (proj. gráfico) e Adilson Casarotti (capa)

Composição de capa: Segue Pro

Foto de capa: Don Bayley/Getty Images, Maremagnum/Getty Images

Avenida das Nações Unidas, 7221, 1º andar, Setor A – Espaço 2 – Pinheiros – SP – CEP 05425-902
SAC 0800 011 7875
www.editorasaraiva.com.br

Dados Internacionais de Catalogação na Publicação (CIP)

Ribeiro, Wagner
Geo 3 : conecte live / Wagner Ribeiro, Carolina Gamba, Luciana Ziglio. - 1. ed. - São Paulo : Saraiva, 2019.

Suplementado pelo manual do professor.
Bibliografia.
ISBN: 978-85-472-3477-5 (aluno)
ISBN: 978-85-472-3478-2 (professor)

1. Geografia (Ensino médio). I. Gamba, Carolina. II. Ziglio, Luciana. III. Título.

2018-0351 CDD: 910.7

Julia do Nascimento - Bibliotecária - CRB-8/010142

2019
Código da obra CL 800871
CAE 628200 (AL) / 628201 (PR)
1ª edição
1ª impressão

Impressão e acabamento: Bercrom Gráfica e Editora

Uma publicação SOMOS EDUCAÇÃO

Apresentação

Nos dias atuais, os termos **Geografia**, **globalização** e **cidadania** estão profundamente articulados. Ter em mãos um aparelho eletrônico conectado à internet sintetiza a relação entre eles.

Com um *smartphone*, acessa-se a rede mundial de computadores, que veicula informações fundamentais ao exercício da cidadania, a qual, por sua vez, expressa-se de maneira desigual nos países do mundo. A Geografia apresenta-se como instrumento fundamental para desvendar essas diferenças.

A análise dos processos de produção do espaço geográfico e a representação desses processos por meio de mapas estão entre as missões da Geografia. Ela vai ainda além ao oferecer uma interpretação combinada de processos sociais e naturais, tão necessária no complexo cenário atual, o que a torna uma ciência com muita aplicação no cotidiano.

O mundo globalizado, no qual se encontram redes e fluxos intensos e crescentes de produtos, pessoas e informações, envolve muitos lugares, que têm suas composições sociais e naturais alteradas em razão da dinâmica das relações econômicas e financeiras entre países e empresas transnacionais. Essa dinâmica deixa marcas no ambiente e no espaço geográfico e causa profundas alterações no tecido social, acirrando ainda mais as desigualdades no planeta.

A cidadania é um direito que se expressa em uma determinada unidade territorial. Estudar os cenários social, produtivo e ambiental do Brasil e relacionar essas informações ao conhecimento de como os processos globais afetam o país nos ajuda a compreender e agir conscientemente diante das diversas situações-problema que se apresentam nas distintas escalas geográficas, atitudes esperadas para o exercício pleno da cidadania.

Boa leitura!

Os autores

Conheça seu livro

Abertura de unidade

Apresenta texto e uma imagem que contextualiza os principais assuntos da unidade.

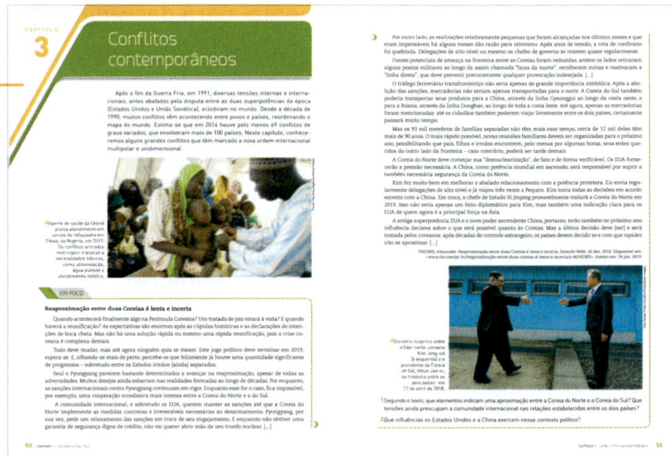

Abertura de capítulo

O capítulo é iniciado com textos e imagens que explicam o tema a ser estudado. A seção **Em foco** apresenta reportagens ou artigos que trazem assuntos do cotidiano relacionados ao conteúdo do capítulo.

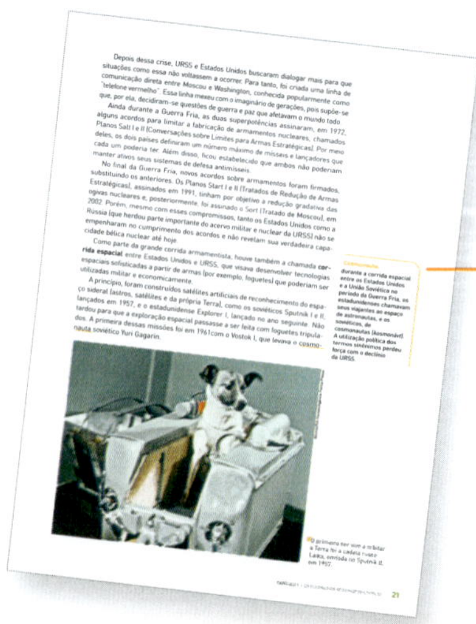

Glossário

Traz definições de termos ou conceitos utilizados no texto.

Dicas

Sugestões de filmes, livros e *sites* relacionados ao assunto do item.

Cartografando

Seção de atividades que trabalham com diferentes tipos de representações cartográficas, como mapas, imagens de satélite, etc.

Boxes

Apresentam algumas curiosidades ou textos complementares que se relacionam com o assunto tratado no item.

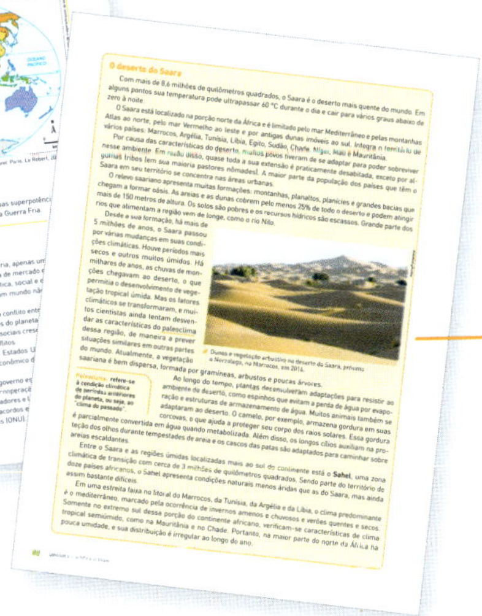

Infográficos

Permeiam a obra e trabalham os assuntos abordados de forma integrada ao unir informações textuais e visuais, facilitando o processo de assimilação do conhecimento.

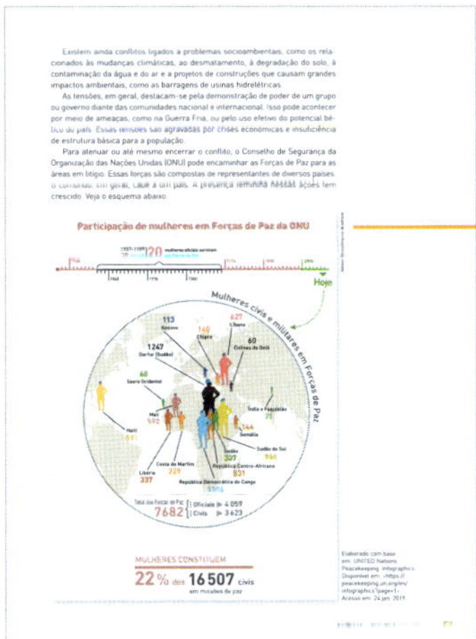

Diálogo com

Seção interdisciplinar que relaciona o assunto do item às outras áreas do conhecimento, com textos, imagens e atividades.

E no Brasil?

Seção que destaca a situação do Brasil no contexto do assunto tratado no item.

Cidadania e...

Seção que relaciona o tema da cidadania com assuntos trabalhados no texto.

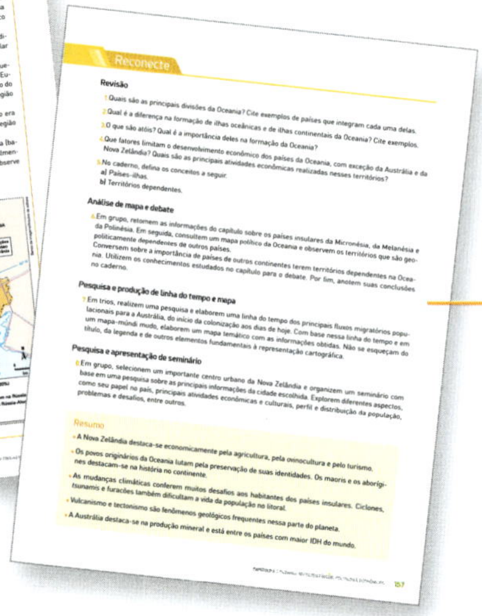

Reconecte

Seção de atividades que abordam de diversas formas o que foi estudado. Termina com um resumo dos principais destaques do capítulo.

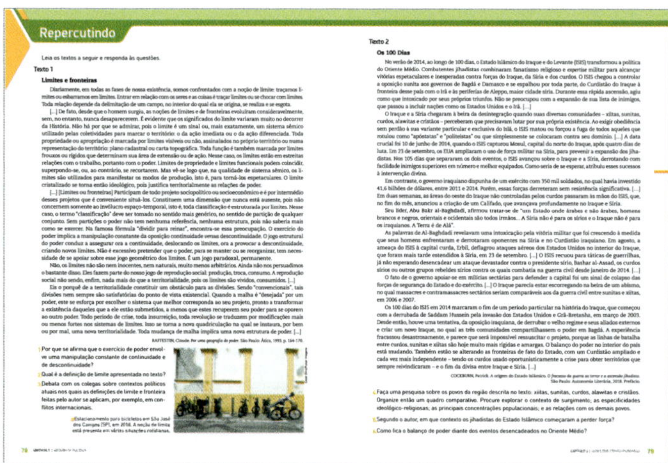

Repercutindo

Seção que apresenta um ou mais textos citados para ampliar o tema ou mostrar diferentes pontos de vista sobre os assuntos tratados na unidade.

Globalização e cidadania

Finalizando a unidade, a seção amplia a correspondência dos temas estudados com os conceitos de globalização e cidadania.

Enem e vestibulares

No fim de cada unidade, questões recentes do Enem e de vestibulares do Brasil.

Sumário geral

Parte 1

Parte 2

Kyodo News/Getty Images

Alamy/Fotoarena

UNIDADE

1 Geografia política

Carol Guzy/The Washington Post/Getty Images

No século XXI, fica evidente a importância da cooperação e do multilaterismo nas relações internacionais. Com o fim da Guerra Fria, a União das Repúblicas Socialistas Soviéticas (URSS) se desintegrou, enquanto os Estados Unidos mantiveram sua força e novas potências emergiram.

Nos dias atuais, o grande desafio das nações é estabelecer e manter relações estáveis e sem conflitos agudos. A Geografia política auxilia a compreensão das relações entre os países para o entendimento do mundo.

A queda do Muro de Berlim, em 1989, foi um dos eventos que contribuíram para o fim da URSS e da ordem mundial bipolar.

CAPÍTULO 1

Da Guerra Fria ao mundo multipolar

Ao longo do século XX, o mundo passou por muitas tensões, conflitos e mudanças. Após duas guerras mundiais, emergiram duas superpotências, Estados Unidos e União Soviética, que exerciam grande influência no mundo. Esses dois polos de poder caracterizaram o período como bipolar. Tinham elevada capacidade militar, incluindo armas nucleares, que gerava o temor de que um conflito direto entre eles desencadeasse uma guerra nuclear, com consequências devastadoras.

Com a decadência da União Soviética no fim dos anos 1980 e sua desintegração em 1991, o equilíbrio de poder no mundo se reorganizou e outros países passaram a se destacar no cenário internacional ao lado dos Estados Unidos. Por isso, esse período é classificado como multipolar, ainda que prevaleça uma superpotência.

Galerie Bilderwelt/Getty Images

Explosão de bomba termonuclear da série de testes conhecida como Operation Castle, realizada pelos Estados Unidos no atol de Bikini, nas Ilhas Marshall, em 1954.

EM FOCO

Canadense que sobreviveu à bomba nuclear de Hiroshima aceita o Prêmio Nobel da Paz. Esta é a história dela.

Setsuko Thurlow estará em Oslo, Noruega, no dia 10 de dezembro para aceitar conjuntamente o Prêmio Nobel da Paz de 2017 em nome do laureado deste ano, a Campanha Internacional para a Abolição de Armas Nucleares (Ican).

A residente de Toronto, de 85 anos, é uma *hibakusha* – uma sobrevivente dos ataques atômicos no Japão em 1945. Sua cidade natal, Hiroshima, foi destruída pelos americanos em 6 de agosto de 1945.

A irmã de Thurlow, queimada e ferida pela explosão, viveu quatro dias mais. Enquanto conta a história, expressa uma culpa de mãe: sua filha tinha sido gravemente queimada. Como ela pôde deixar isso acontecer?

"Não é fácil carregar essas memórias", diz Thurlow. "Aprendemos a passar por cima dos cadáveres."

Ela lembra de se sentir entorpecida. Não podia chorar. Tudo o que podia fazer era assistir os soldados japoneses jogarem os corpos sem vida de sua irmã, Ayako, e de seu sobrinho de 4 anos, Eiji, em uma vala rasa, regando-os com gasolina e acendendo um fósforo. Thurlow tinha 13 anos.

Ela passou grande parte de sua vida lutando em campanhas contra armas nucleares. Sua arma são suas palavras – e sua determinação de continuar contando a história. [...]

O'CONNOR, Joe. Canadian Who Survived Hiroshima Nuclear Bomb to Accept Nobel Peace Prize. This is her story. *National Post*, 26 out. 2017. Disponível em: <http://nationalpost.com/news/world/canadian-who-survived-hiroshima-nuclear-bomb-to-accept-nobel-peace-prize-this-is-her-story>. Acesso em: 4 dez. 2018. (Texto traduzido pelos autores.)

1. A bomba de Hiroshima foi lançada sobre o Japão no final da Segunda Guerra Mundial (1939-1945). O que você sabe sobre esse conflito? Compartilhe com os colegas.
2. Com base no texto e em seus conhecimentos, como você avalia os impactos de uma explosão nuclear?
3. Pesquise relatos e informações relacionados aos armamentos e outras estratégias de guerra utilizadas nesse grande conflito e debata com os colegas as consequências de sua utilização para a população civil.

1. Das guerras mundiais à Guerra Fria

Ao final da Primeira Guerra Mundial (1914-1918), os países vitoriosos (em especial, Inglaterra, França e Estados Unidos) fizeram imposições que descontentaram os derrotados, sobretudo a Alemanha. Com a assinatura do **Tratado de Versalhes** (1919), a Alemanha foi declarada responsável pela guerra e, como consequência, perdeu territórios e teve de reduzir seu potencial militar.

Universal History Archive/UIG/Getty Images

Assembleia reunida para a assinatura do Tratado de Versalhes, em Paris, em 1919.

Após o fim da guerra, os Estados Unidos apoiaram a reconstrução europeia, uma vez que o continente foi muito destruído durante o conflito. Os objetivos estadunidenses eram aumentar sua influência no continente europeu e ampliar o mercado para suas empresas, que começavam a despontar no mundo.

Anos depois, a Crise de 1929 cessou os investimentos estadunidenses na Europa, levando ao retorno das tensões sociais. Esse quadro favoreceu a ascensão de lideranças autoritárias em dois países, que depois se aliaram: Alemanha e Itália.

Na Alemanha, a crise, combinada ao sentimento de derrota, favoreceu o surgimento de um governo autoritário, sob o comando de Adolf Hitler. Defendendo a superioridade do povo alemão, ele ignorou os acordos estabelecidos pelo Tratado de Versalhes e adotou uma política expansionista, baseada na reconquista e na expansão do território do país por meio do uso do poder militar.

Na Itália, que também havia sido atingida pela crise econômica, Benito Mussolini ganhava cada vez mais força defendendo ideias próximas às de Hitler. A Itália, assim como a Alemanha, mostrava objetivos expansionistas e realizava investimentos em seu poder militar.

Na Ásia, o Japão também emergia com desejos expansionistas, tendo como foco a conquista de territórios no continente.

O expansionismo adotado por Alemanha, Itália e Japão, com uma série de invasões a territórios de países vizinhos, gerou grande tensão internacional que, somada a outros fatores, como a grave crise econômica, desencadeou a Segunda Guerra Mundial.

O conflito teve início em 1939, quando a Alemanha invadiu a Polônia e, em resposta, Reino Unido e França declararam guerra aos alemães. Em 1940, com o Pacto Tripartite, Alemanha, Itália e Japão fizeram uma aliança conhecida como **Eixo**. Nos primeiros anos do conflito, o Eixo conquistou muitos territórios na Europa, no norte da África e na Ásia. O Japão também conquistou ilhas no Pacífico.

Crise de 1929: após a Primeira Guerra Mundial, a prosperidade alcançada pelos Estados Unidos com a venda de produtos a países em conflito começou a declinar. A sociedade estadunidense, que apresentava alto padrão de consumo de mercadorias em virtude dos preços baixos praticados e que investiu grandes quantias em ações da Bolsa de Valores, foi atingida por altos níveis de desemprego com uma economia em recessão e passou a se endividar. A ampla venda de ações para quitar as dívidas estimulou uma queda radical de seus valores, o que conduziu à quebra da Bolsa de Nova York em 1929, aprofundando a crise econômica.

Bettmann Archive/Getty Images

// Da esquerda para a direita, Josef Stalin (União Soviética), Franklin Roosevelt (Estados Unidos) e Winston Churchill (Reino Unido), os principais líderes dos Aliados, em Teerã, no Irã, em 1943.

Em oposição ao Eixo estavam os **Aliados**. O bloco começou com uma coalizão entre França e Reino Unido e mais tarde passou a contar com União Soviética (junho de 1941), Estados Unidos (dezembro de 1941), entre outros países.

A Segunda Guerra Mundial estendeu-se de 1939 a 1945, com os Aliados saindo vitoriosos. A derrota do Eixo decorreu de uma série de fatores, como a abertura de duas frentes pela Alemanha, que avançou para o leste em direção à União Soviética ao mesmo tempo que mantinha bases no Reino Unido e na França. A resistência soviética foi muito importante na derrota alemã, assim como o rigoroso inverno em seu território.

Outro fator que influenciou na vitória dos Aliados foi a presença dos Estados Unidos na guerra, inicialmente com tropas em território francês ocupado por alemães, depois se expandindo para outras frentes, como a Ásia. Como o cenário principal das duas guerras foi a Europa, o território estadunidense foi pouco afetado nesses conflitos, o que garantia plena capacidade de produção industrial e militar. Desse modo, o país ingressou com muita força na Segunda Guerra Mundial, desequilibrando as relações de força a favor dos Aliados.

Estima-se que a guerra tirou a vida de mais de 70 milhões de pessoas, civis e militares. Além das baixas diretas do conflito, houve perseguições e o genocídio de judeus, homossexuais, pessoas com deficiência física ou mental, entre outros. Para Hitler, eles estavam fora do tipo ideal alemão.

Um episódio marcou profundamente a Segunda Guerra Mundial: pela primeira e única vez, um artefato nuclear foi usado. Os Estados Unidos lançaram duas bombas atômicas, uma sobre a cidade de Hiroshima e outra sobre Nagasaki, no Japão, causando a destruição das cidades e a morte de cerca de 220 mil pessoas em razão do impacto das explosões e dos efeitos da radioatividade.

Roger-Viollet/Agência France-Presse

// A nuvem de cogumelo em Hiroshima, no Japão, em 1945, após o lançamento da bomba atômica Little Boy.

Para alguns analistas, esse ataque nuclear foi um dos fatores de desencadeamento da Guerra Fria – período no qual as duas superpotências na época, Estados Unidos e União Soviética, buscaram aumentar sua área de influência no mundo com a "oferta" de proteção militar contra o oponente. Uma característica do período foi justamente a manifestação de superioridade tecnológica de um bloco sobre o outro, por meio da corrida espacial, por exemplo.

A ordem bipolar

Ao final da Segunda Guerra Mundial, as grandes potências vitoriosas eram os Estados Unidos e a União das Repúblicas Socialistas Soviéticas, a URSS. A primeira demonstrou sua superioridade pela capacidade nuclear testada contra o Japão; a segunda, pela capacidade militar terrestre empregada contra os alemães. Apesar de aliados ao longo do conflito, os dois países representavam modelos de sociedade distintos.

Os Estados Unidos adotavam o modelo **capitalista**, baseado na propriedade privada da terra e de outros meios de produção, na economia de mercado e na busca de lucros pela expansão do consumo. Já a URSS, formada em 1922, após a guerra civil que se seguiu à Revolução Russa de 1917, pautava-se no modelo **socialista**. Este se orientava pela propriedade coletiva ou pública dos meios de produção e na economia complementar (sem concorrência) e planificada (sob o controle do Estado, que planejava as metas da economia do país, decidindo, por exemplo, quais bens seriam produzidos pelas indústrias e quais seriam seus preços). Além disso, o socialismo soviético era entendido como uma fase de passagem para outro modelo, o **comunismo**, no qual as classes sociais seriam extintas em virtude do fim das desigualdades sociais e os bens seriam todos coletivizados pelos trabalhadores, que também controlariam o processo produtivo.

Após a Segunda Guerra Mundial, em 1947, o então presidente dos Estados Unidos Harry Truman declarou abertamente a necessidade de combater a ameaça socialista. Surgia a **Doutrina Truman**, que visava desenvolver estratégias para conter o avanço do "inimigo". Para muitos, esse foi o começo da Guerra Fria.

Charge de Arionauro, de 2018. No contexto da Guerra Fria, Estados Unidos e União Soviética lutam pelo controle do mundo.

No mesmo ano, os Estados Unidos lançaram o Programa de Recuperação Europeia, conhecido como **Plano Marshall**. Esse plano consistia em ajuda financeira e técnica para recuperar estrutural e economicamente países destruídos na guerra que precisavam muito de cooperação internacional para se reerguer. Na prática, o país trazia essas nações para sua esfera de influência e conseguia atingir seu principal objetivo, que era conter o avanço do socialismo.

Os Estados Unidos também aumentaram muito seu poder econômico, pois se inseriram cada vez mais na economia europeia. Diversos países (Reino Unido, França, Alemanha, Itália, entre outros), em troca da obtenção de empréstimos a juros baixos, tiveram que controlar sua inflação, estabilizar suas moedas e, principalmente, ter os Estados Unidos como principal parceiro comercial.

Em contrapartida, a União Soviética criou, também em 1947, o Conselho de Assistência Econômica Mútua, o **Comecon**, após países socialistas terem sido convidados a aderir ao Plano Marshall. O Conselho tinha por objetivo favorecer a cooperação econômica e técnica, mas, diferentemente do plano de seu opositor, o foco era apenas os países socialistas.

O Comecon era formado por União Soviética, Alemanha Oriental, Tchecoslováquia, Polônia, Bulgária, Hungria e Romênia. Posteriormente, outros países também integraram esse conselho, como Mongólia, Cuba e Vietnã. Havia uma grande preocupação de outros membros do Comecon em equilibrar o poder diante da União Soviética. Contudo, não era fácil, pois as diferenças econômica e militar entre eles eram muito grandes.

Planisfério: mundo bipolar – 1988

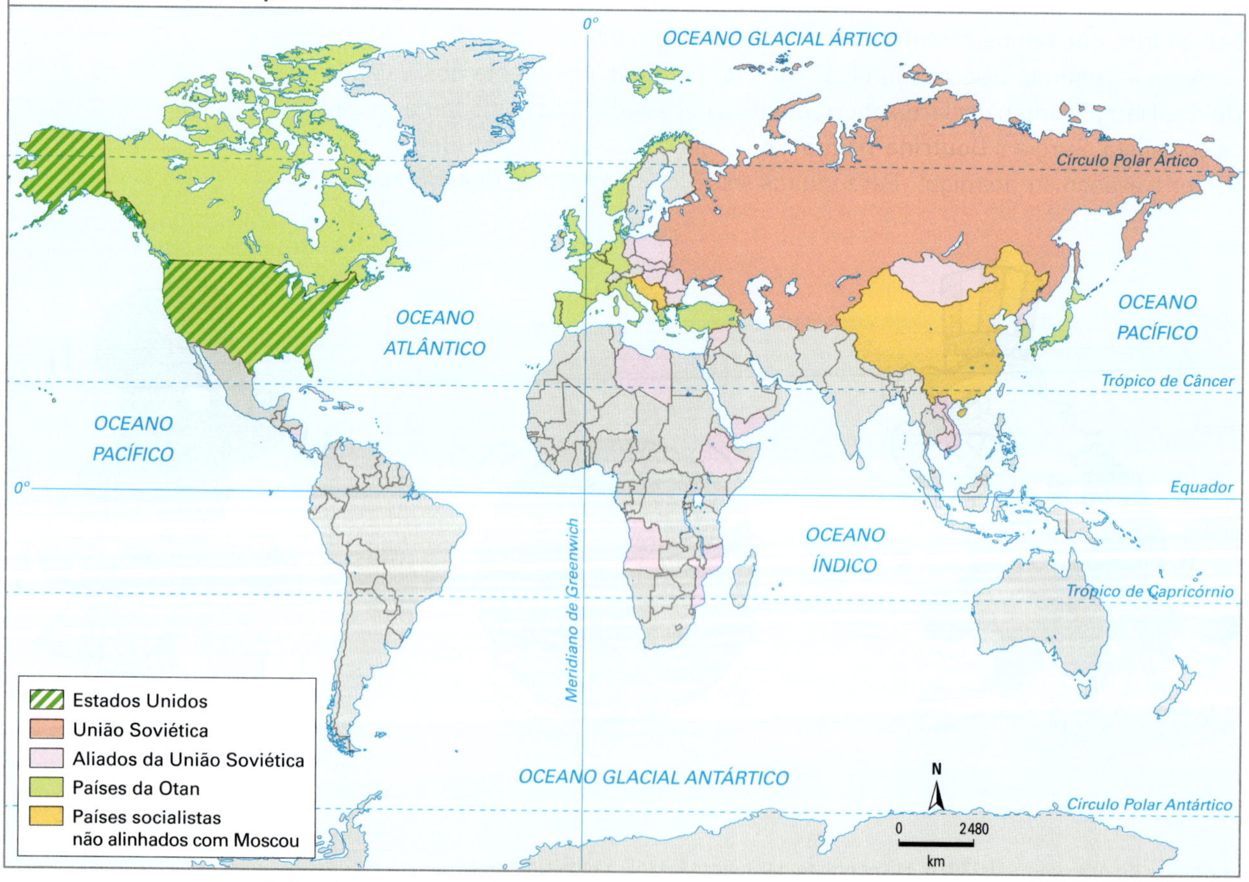

Elaborado com base em: GÉRARD, Chaliand. *Atlas del nuevo orden mundial*. Barcelona: Paidos Iberica, 2003. p. 21.

Diálogo com História

O Muro de Berlim não separava as duas Alemanhas

Não confunda alhos com bugalhos. O Muro de Berlim, maior símbolo da Guerra Fria, nunca separou as Alemanhas. Ele nem sequer foi construído na fronteira entre os dois países. Ficava inteirinho na Alemanha Oriental, isolando a parte ocidental da cidade de Berlim. Na prática, formava uma ilha capitalista, cercada de regime [socialista] por todos os lados. Foi assim de 1961, ano do início da sua construção, até o dia 9 de novembro de 1989, quando teve seus primeiros pedaços derrubados.

A história do muro começa a ser escrita logo depois da 2ª Guerra Mundial. Com a derrota dos nazistas, em 1945, Berlim (ex-capital do 3º Reich, de Adolf Hitler) foi dividida em quatro zonas de influência, respectivamente controladas por França, Grã-Bretanha, EUA e URSS. O conflito ideológico entre as forças aliadas, especialmente entre americanos e soviéticos, acabou levando à partilha de todo o território alemão ocupado. A metade ocidental coube aos capitalistas. A oriental, aos [socialistas]. Mas Berlim, que já estava repartida, ficou inteira dentro da Alemanha Oriental. Para resolver o impasse sobre a posse da cidade, em 1949 ela também foi dividida em duas. Surgia, assim, a ilha de capitalismo que, mais tarde, seria inteiramente cercada por um muro.

Erguer uma barreira que isolasse Berlim Ocidental foi a solução que os dirigentes [socialistas] encontraram para conter a fuga em massa de profissionais qualificados. "A existência de um oásis capitalista bem em frente ao setor soviético criava problemas de convivência", diz Angelo Segrillo, professor de história contemporânea da USP. Antes mesmo da divisão oficial de Berlim, entre junho de 1948 e maio de 1949, tanques soviéticos cercaram todo o setor capitalista da cidade. Durante aqueles nove longos meses, seus habitantes dependeram de suprimentos entregues por aviões saídos da Alemanha Ocidental para sobreviver.

Quando as tropas se retiraram, os orientais instalaram barricadas nas ruas de conexão entre os dois lados da cidade e cortaram as ligações telefônicas. Como nada disso adiantou, o jeito foi isolar o lado ocidental. Resultado da chamada Operação Rosa, preparada durante seis meses, o cerco começou na madrugada de um domingo, 13 de agosto de 1961. Ao ser concluído, o muro tinha 155 quilômetros. As tentativas de fuga nunca deixaram de acontecer – afinal, a partir de Berlim Ocidental era possível pegar um avião para qualquer parte do mundo capitalista. Em 38 anos de existência, a barreira foi burlada por mais de 5 mil pessoas. Pelo menos 150 morreram tentando driblá-la.

CORDEIRO, Tiago. O Muro de Berlim não separava as duas Alemanhas. *Superinteressante*, 13 ago. 2018. Disponível em: <https://super.abril.com.br/historia/o-muro-de-berlim-separava-as-duas-alemanhas/>. Acesso em: 4 dez. 2018.

1. O que aconteceu com o território alemão após o término da Segunda Guerra Mundial?
2. Quais eram as diferenças entre as duas Alemanhas durante a Guerra Fria?
3. Faça uma pesquisa sobre o Muro de Berlim, grande símbolo do mundo bipolar. Em seguida, redija um texto com as principais considerações sobre o muro.

Alemanha: divisão durante a Guerra Fria

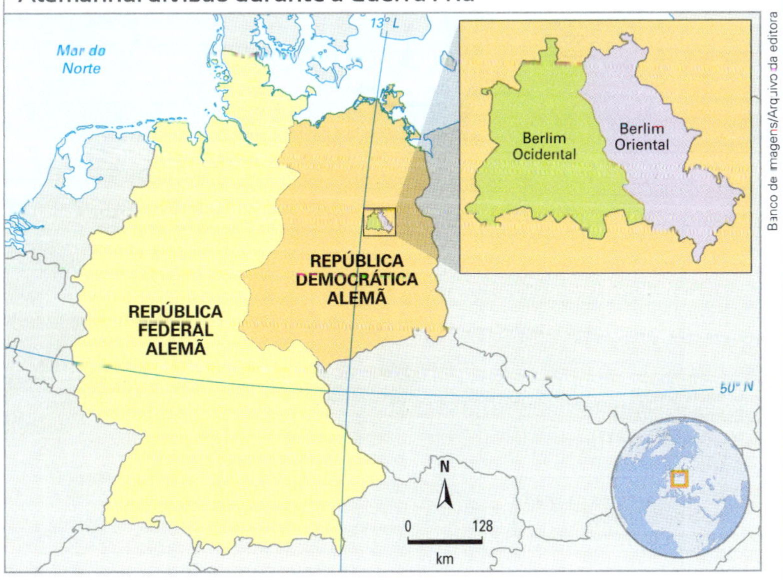

Elaborado com base em: BOCHICCHIO, Vincenzo R. *Atlas mundo atual*. São Paulo: Atual, 2009. p. 85.

A Otan e o Pacto de Varsóvia

Em 1949, dando sequência às estratégias para conter o avanço socialista, os Estados Unidos e outros países capitalistas criaram a Organização do Tratado do Atlântico Norte (Otan), com base em um acordo entre países europeus para a defesa de seus territórios, o Tratado de Bruxelas, de 1948. A Otan foi pensada como uma aliança de cooperação militar e segurança entre seus membros. Sua sede está localizada em Bruxelas, na Bélgica.

A atuação da Otan foi fundamental durante o período da Guerra Fria, pois por meio dela os países capitalistas uniram-se para ampliar seu poder e desenvolver estratégias militares para conter o bloco socialista, como a instalação de bases, o desenvolvimento e o comércio de armas e a participação em conflitos.

À medida que as relações entre os países foram se transformando – principalmente depois da dissolução do bloco socialista no início da década de 1990 –, o papel da Otan também mudou para se adequar aos novos tempos. Atualmente, a organização ainda busca a defesa coletiva e a segurança de seus países-membros, pelas vias política e militar, mas também tem atuado em missões de paz e ajuda humanitária, bem como no combate ao terrorismo.

A Otan é formada por 29 países da Europa e da América do Norte. Muitos dos membros mais recentes, como Estônia, Letônia e Lituânia, integravam a URSS. Além dos membros, há países parceiros da organização na Europa, no norte da África, no Oriente Médio e em outros locais do mundo, como na Oceania (Austrália e Nova Zelândia) e até mesmo na América do Sul (Colômbia). Porém, eles não têm o mesmo poder de decisão dos países-membros.

Otan: países-membros – 2018

Elaborado com base em: NATO. NATO Member and Partner Countries. Disponível em: <www.nato.int/cps/en/natohq/nato_countries.htm>. Acesso em: 4 dez. 2018.

Os países socialistas também formaram uma aliança militar. Em 1955, o Pacto de Varsóvia foi criado com o objetivo de fazer frente à Otan, composto dos Estados do Leste Europeu (Polônia, Hungria, Romênia, Bulgária, Tchecoslováquia, República Democrática Alemã e Albânia), além da União Soviética.

Pacto de Varsóvia: países-membros – 1990

Elaborado com base em: REASONS for the emergence of the Cold War. *BBC*. Disponível em: <www.bbc.co.uk/education/guides/zc2g87h/revision/6>. Acesso em: 12 ago. 2018.

Porém, as relações entre os membros do Pacto de Varsóvia eram muito mais complexas que no âmbito da Otan. Como as economias eram complementares, as decisões, necessariamente, envolviam maior nível de dificuldade. Isso porque as medidas econômicas tomadas em um país – por exemplo, o volume de produção de determinado item ou preço praticado – provocavam efeitos em todos os que dependiam da mercadoria. Além disso, a diferença de poder entre eles era enorme, de modo que a aliança foi vista como um instrumento de controle da União Soviética sobre o mundo socialista. Em grande parte do tempo, o Pacto de Varsóvia se ocupou mais em reprimir manifestações da população e diferenças de interesses entre os Estados socialistas do que em desenvolver estratégias para combater o mundo capitalista.

Alguns meses antes da dissolução da URSS, diversos países se retiraram do Pacto (Tchecoslováquia, Hungria, Polônia e Bulgária), que foi extinto logo em seguida.

Ainda que as alianças da Otan e do Pacto de Varsóvia não tenham entrado em confronto direto, constituem dois dos maiores símbolos da Guerra Fria.

Granger/REX/Shutterstock

// A charge de Rube Goldberg, de 1948, retrata o clima de instabilidade no mundo causado pela corrida armamentista. Uma bomba atômica se equilibra em um penhasco, o que representa o controle do mundo na iminência de cair na vala da destruição.

Corridas armamentista e espacial

Durante a Guerra Fria, a demonstração de força perante o inimigo era uma estratégia fundamental. Diante dos estragos provocados pelo lançamento das bombas nucleares, tanto a URSS como os Estados Unidos sabiam que uma guerra nuclear entre eles poderia ter consequências terríveis para ambos e para o resto do mundo, ocasionando muitas mortes e destruição.

Assim, a ideia era provocar o medo de um conflito dessa magnitude para evitá-lo. Os dois países desenvolveram várias armas e equipamentos de guerra (tanques, navios e aviões, assim como bombas nucleares) muito mais poderosos do que os utilizados em períodos passados. Também investiram no aumento das tropas e na fixação estratégica de suas bases militares em diversas localidades do mundo.

A cada boato, notícia e teste realizado por esses países, povos do mundo inteiro estremeciam diante da possibilidade de uma guerra catastrófica. Essa competição foi chamada de **corrida armamentista**.

Um momento marcante da tensão bélica entre os dois países ocorreu em 1962, com a Crise dos Mísseis. O problema foi causado quando a União Soviética implantou, em Cuba, mísseis direcionados ao território dos Estados Unidos. A proximidade da presença inimiga gerou muita tensão e poderia ter levado ao conflito armado entre as duas superpotências não fossem o surgimento de diálogo e o estabelecimento de novos acordos entre elas.

HO/Agência France-Presse

// Três navios soviéticos aguardam para ser carregados com mísseis em Cuba, em 1962.

Depois dessa crise, URSS e Estados Unidos buscaram dialogar mais para que situações como essa não voltassem a ocorrer. Para tanto, foi criada uma linha de comunicação direta entre Moscou e Washington, conhecida popularmente como "telefone vermelho". Essa linha mexeu com o imaginário de gerações, pois supõe-se que, por ela, decidiram-se questões de guerra e paz que afetavam o mundo todo.

Ainda durante a Guerra Fria, as duas superpotências assinaram, em 1972, alguns acordos para limitar a fabricação de armamentos nucleares, chamados Planos Salt I e II (Conversações sobre Limites para Armas Estratégicas). Por meio deles, os dois países definiram um número máximo de mísseis e lançadores que cada um poderia ter. Além disso, ficou estabelecido que ambos não poderiam manter ativos seus sistemas de defesa antimísseis.

No final da Guerra Fria, novos acordos sobre armamentos foram firmados, substituindo os anteriores. Os Planos Start I e II (Tratados de Redução de Armas Estratégicas), assinados em 1991, tinham por objetivo a redução gradativa das ogivas nucleares e, posteriormente, foi assinado o Sort (Tratado de Moscou), em 2002. Porém, mesmo com esses compromissos, tanto os Estados Unidos como a Rússia (que herdou parte importante do acervo militar e nuclear da URSS) não se empenharam no cumprimento dos acordos e não revelam sua verdadeira capacidade bélica nuclear até hoje.

Como parte da grande corrida armamentista, houve também a chamada **corrida espacial** entre Estados Unidos e URSS, que visava desenvolver tecnologias espaciais sofisticadas a partir de armas (por exemplo, foguetes) que poderiam ser utilizadas militar e economicamente.

A princípio, foram construídos satélites artificiais de reconhecimento do espaço sideral (astros, satélites e da própria Terra), como os soviéticos Sputnik I e II, lançados em 1957, e o estadunidense Explorer I, lançado no ano seguinte. Não tardou para que a exploração espacial passasse a ser feita com foguetes tripulados. A primeira dessas missões foi em 1961com o Vostok I, que levava o cosmonauta soviético Yuri Gagarin.

Cosmonauta: durante a corrida espacial entre os Estados Unidos e a União Soviética no período da Guerra Fria, os estadunidenses chamavam seus viajantes ao espaço de astronautas, e os soviéticos, de cosmonautas (*kosmonávt*). A utilização política dos termos sinônimos perdeu força com o declínio da URSS.

Sputnik/R A Novosti/Agência France-Presse

O primeiro ser vivo a orbitar a Terra foi a cadela russa Laika, enviada no Sputnik II, em 1957.

Diálogo com História

A notícia do voo de Gagarin ao redor da Terra foi a mais citada do mundo

A largada para a era espacial foi dada há exatos 55 anos, em 12 de abril de 1961, quando Yuri Gagarin se tornou o primeiro homem na órbita terrestre. Naquele momento foi inaugurada a época de voos espaciais tripulados. Gagarin entrou para a história como um pioneiro da exploração espacial.

O lançamento histórico da nave Vostok 8k72k foi realizado da primeira base de lançamento do cosmódromo de Baikonur. Depois de circundar o planeta, a cápsula de pouso da nave, ao passar pela atmosfera terrestre, realizou o pouso na região de Saratovsk, na Rússia. Gagarin não estava na cápsula, pois o sistema de pouso ainda não havia sido inventado. Por isso, o primeiro cosmonauta se catapultou da cápsula a alguns quilômetros da superfície e aterrissou de paraquedas.

A notícia do voo de 108 minutos de Gagarin ao redor da Terra foi a mais citada do mundo e inspirou todas as pessoas do planeta, independente do lado da Cortina de Ferro em que estivessem.

A NOTÍCIA do voo de Gagarin ao redor da Terra foi a mais citada do mundo. *Sputnik Brasil*, 12 abr. 2016. Disponível em: <https://br.sputniknews.com/mundo/201604124121921-noticia-voo-Gagarin-mais-citada-no-mundo/>. Acesso em: 5 dez. 2018.

JORNAL DO BRASIL

Rio de Janeiro — Quinta-feira, 13 de abril de 1961 — Ano LXXI — N.º 85

UM PAI DE FAMÍLIA

Gagarin, o primeiro homem a viajar no espaço sideral, ao lado da espôsa Valentina e da filha Lena. (Radiofoto UPI)

FOI, VIU E VOLTOU

Gagarin abre o rumo para outros planêtas

Governador vai ganhar Cr$ 200 mil

AVISOS

TEMPO — bom.
TEMPERATURA — elevada.

Um homem de 27 anos, pai de dois filhos, viveu entre uma hora e 48 minutos no espaço, numa experiência inédita que o **Osservatore Romano** disse marcar um momento memorável na história da ciência e das conquistas dos homens, abrindo, segundo os cientistas soviéticos, o caminho pelo qual um astronauta poderá, em breve, chegar a outros planêtas.

O homem é Yuri Alekseyevich Gagarin, mecânico metalúrgico nascido numa granja perto de Smolensko e cujo nome quer dizer **pato selvagem**. Seu feito — no qual o **Osservatore** encontra motivo

Reprodução/Acervo Jornal do Brasil

Capa do *Jornal do Brasil*, de 13 de abril de 1961.

1. Com base na leitura do texto, como você imagina que governos e populações dos países capitalistas e socialistas receberam a notícia da ida de Yuri Gagarin ao espaço sideral? Converse com os colegas.

2. Faça uma pesquisa sobre as missões espaciais realizadas pelos Estados Unidos e pela União Soviética durante a Guerra Fria. Busque informações sobre o objetivo de cada missão, os resultados alcançados, além de outros elementos ligados à sua realização (estrutura e equipamentos utilizados, tripulantes, etc.). Ao final, organize as informações em uma linha do tempo.

Enquanto os soviéticos foram os responsáveis pela primeira missão tripulada ao espaço, os estadunidenses realizaram a missão mais conhecida: a Apollo 11. Em 1969, o astronauta Neil Armstrong foi o primeiro ser humano a pisar na Lua.

Bettmann Archive/Getty Images

Astronauta Neil Armstrong durante a missão espacial Apolo 11, em 1969.

A corrida espacial contribuiu para que os governos das duas superpotências investissem muito dinheiro em educação e pesquisa. Consequentemente, ocorreram enormes avanços tecnológicos durante a Guerra Fria.

Com a decadência da URSS, os soviéticos não conseguiram mais fazer frente às descobertas estadunidenses. Então, a partir de meados da década de 1970, os dois países passaram a cooperar em pesquisas científicas, realizando missões conjuntas, com interligação de espaçonaves na órbita terrestre, como ocorrreu, por exemplo, no projeto Apollo Soyuz, de 1975.

Duas superpotências

Estados Unidos

Como a Segunda Guerra Mundial ocorreu primordialmente na Europa, os Estados Unidos mantiveram seu território intacto e foram considerados por muitos os verdadeiros vencedores do conflito. Países europeus, em contrapartida, tiveram seu território devastado e, portanto, suas atividades industriais foram prejudicadas. A alternativa foi contar com o abastecimento de produtos de diversos gêneros vindos dos Estados Unidos, que com isso movimentaram intensamente sua economia. O país, que estava com suas instalações industriais adequadas para aumentar a produção, acabou se destacando e ampliou sua influência para além de seu território.

Assim, foi depois da guerra que os Estados Unidos emergiram de vez como superpotência política e econômica. Em vez de desmontar as economias dos países perdedores, como a Alemanha, o Japão e a Itália, o governo estadunidense ofereceu ajuda econômica tanto a esses países como aos Aliados. Com apoio dos governos locais, países europeus e asiáticos utilizaram empréstimos dos Estados Unidos e se reconstruíram.

Thomas O'Halloran/PhotoQuest/Getty Images

// Mísseis instalados em Lorton, nos Estados Unidos, em 1955. A indústria bélica estadunidense cresceu muito no período das guerras.

Quase sem concorrência, a economia estadunidense cresceu em ritmo elevado em diversos setores. Os países devedores tinham os Estados Unidos como seu mais importante parceiro comercial, e muitas empresas estadunidenses se instalaram na Europa. A corrida armamentista e a espacial também foram fundamentais para alavancar a indústria, a educação, a pesquisa e o desenvolvimento tecnológico dos Estados Unidos, ampliando seu poder.

Além disso, na busca por áreas de influência contra a ameaça soviética, os Estados Unidos intervieram direta ou indiretamente em outras regiões do mundo. Na América Latina, isso ocorreu principalmente após a Revolução Cubana (1959). Sob a justificativa de conter o "perigo vermelho" e melhorar a situação econômica e social da região, governos estadunidenses desenvolveram estratégias que conduziram a golpes de Estado, seguidos pela instauração de ditaduras militares. No caso do Brasil, o alinhamento do governo com os Estados Unidos foi verificado durante o mandato do presidente Juscelino Kubitschek e em parte dos governos militares.

A dominância estadunidense também se estabeleceu por meio de sua moeda. Quase ao final da Segunda Guerra Mundial, foi realizada a Conferência de Bretton Woods (1944), na qual se definiu um novo padrão monetário internacional: o dólar-ouro. Isso significava que havia uma paridade entre essa moeda e o metal (31,1 gramas de ouro valiam cerca de 35 dólares), como se o governo dos Estados Unidos garantisse que havia, para cada nota de dólar emitida, sua correspondência nesse metal estocado em seu território. Graças a essa decisão, o dólar passou a ser a principal moeda de circulação mundial, aumentando a influência dos Estados Unidos.

// Conferência de Bretton Woods, no estado de New Hampshire, nos Estados Unidos, em 1944.

Abe Fox/AP Photo/Glow Images

Em Bretton Woods também foram criadas importantes instituições para o fortalecimento da economia internacional e o desenvolvimento dos países, com grande influência dos Estados Unidos: o Fundo Monetário Internacional (FMI) e o Banco Internacional de Reconstrução e Desenvolvimento (Bird ou Banco Mundial).

Quando a economia estadunidense passou a sofrer algumas crises em razão de fatores como o aumento da concorrência de outros países e crescentes gastos militares (por exemplo, na Guerra do Vietnã – de 1955 a 1975), a desconfiança internacional sobre o sistema vigente aumentou. O governo dos Estados Unidos imprimiu mais dinheiro sem a garantia (lastro) em ouro, o que elevou a inflação.

Diante dessa situação, em 1971 os Estados Unidos decidiram extinguir o sistema criado em Bretton Woods. A partir dessa data, adotou-se o sistema flutuante, ou seja, sem paridade com o ouro ou qualquer outra moeda. O valor do dólar passou a ser determinado apenas por sua credibilidade (confiança) no sistema internacional. Ainda assim, o dólar manteve-se como a principal moeda mundial.

União Soviética

A União Soviética passou por diferentes fases ao longo da Guerra Fria. De meados da década de 1920 até 1953, Josef Stalin governou a URSS com braço de ferro. Em nome dos ideais da Revolução Russa, deu continuidade ao desenvolvimento da economia planificada socialista, baseada em uma forte centralização estatal, com coletivização das atividades agrícolas e industrialização acelerada. Stalin fez oposição radical aos países capitalistas, especialmente aos Estados Unidos.

Sovfoto/UIG/Getty Images

Visita do chinês Mao Tsé-tung a Josef Stalin, em Moscou, 1949. O encontro ocorreu logo após a tomada do poder pelos comunistas e a proclamação da República Popular da China.

Nos governos soviéticos que se seguiram – ora mais reformistas, como o de Nikita Khrushchev (1953-1964), ora mais conservadores, como o de Leonid Brejnev (1964-1982) –, a União Soviética atingiu seu auge. Fortaleceu suas alianças políticas e militares e exerceu a liderança do bloco socialista e dos países sob sua influência. Nesse período, foi a grande concorrente dos Estados Unidos na corrida armamentista e, por anos, liderou a corrida espacial.

Universal History Archive/UIG/Getty Images

O presidente Ronald Reagan, dos Estados Unidos, com Mikhail Gorbachev, secretário-geral do Partido Comunista, em Reykjavik, na Islândia, em 1986. Diversas reformas foram realizadas durante o governo de Gorbachev para recuperar a União Soviética.

A partir da década de 1980, diferentemente do desenvolvimento econômico verificado até a década anterior, a URSS passou por uma grande crise, motivada por diferentes fatores. Entre eles, destacam-se as dificuldades da economia complementar planificada, que destinou muitos recursos para setores como o militar e o de pesquisas em detrimento da produção de itens de primeira necessidade, como alimentos. Outra razão da crise foi o modelo fordista de produção (centralizado e não flexível), que não acompanhou as mudanças verificadas no mundo capitalista, o qual passou a adotar o padrão toyotista, com características totalmente diferentes. Por fim, destacam-se os custos militares crescentes.

Durante o governo de Mikhail Gorbachev (1985-1991), grandes reformas foram pensadas para melhorar a situação política, econômica e social da União Soviética. Por meio da *perestroika* (reconstrução), propôs-se uma transição da economia planificada para a adoção de mecanismos da economia de mercado, com a possibilidade inédita do surgimento de propriedades privadas e investimentos estrangeiros em empresas do país. Também foi permitido o comércio com outros países fora do bloco socialista e os limites impostos para a fabricação de mercadorias foram extintos. Um dos pontos mais importantes da *perestroika* foi a redução dos recursos destinados ao setor militar.

Com a *perestroika*, foi estabelecida a *glasnost* (transparência), uma tentativa de abertura política, com ampliação das possibilidades de liberdade de expressão popular perante o Estado soviético – que, desde seu surgimento, reprimiu duramente as críticas ao regime.

Entretanto, ao contrário do esperado, as reformas de Gorbachev aceleraram o fim da União Soviética. A implementação da *perestroika* ampliou a pobreza, pois a economia entrou em crise e muitos benefícios sociais foram extintos. Em contrapartida, a *glasnost* potencializou os movimentos de diversos grupos sociais. A partir do fim da década de 1980 até 1991, o mundo soviético se dissolveu, dando início a uma nova ordem mundial.

Dica de livro

A revolução dos bichos
George Orwell. São Paulo: Companhia das Letras, 2007.
Cansados de sofrer maus-tratos na fazenda do Sr. Jones, os animais, com base nos ensinamentos do Porco Major, expulsam o fazendeiro e implantam o Animismo, regime fundamentado na igualdade entre todos os bichos. No entanto, inúmeros conflitos surgem e o novo sistema político começa a ser questionado. Muitas vezes interpretada como uma sátira à URSS, também pode ser uma crítica aos regimes totalitários em geral.

Tatiana Makeyeva/AP Photo/Glow Images

População aguarda para comprar pão nos últimos dias da União Soviética. Moscou, 1991.

Momentos finais da Guerra Fria

No fim da década de 1980, como vimos, a União Soviética passava por grandes dificuldades econômicas e sociais. As reformas implementadas por Gorbachev contribuíram para aumentar a instabilidade no bloco e em outros países na órbita socialista, com destaque para o Leste Europeu.

Além dos fatores internos que marcaram a fragilidade da URSS durante a década de 1980, destacou-se um novo cenário conservador, liderado pelas ações do então presidente estadunidense Ronald Reagan (1981-1989) e da primeira-ministra britânica Margareth Thatcher (1979-1990). Essas duas lideranças ampliaram o cerco ao socialismo. Investiram em novas tecnologias espaciais e armamentos e apoiaram movimentos anticomunistas em um momento em que o capitalismo vivia uma grave crise. Também pregaram a não interferência do Estado na economia (neoliberalismo), com diminuição significativa de direitos dos trabalhadores.

Em 1989, países como a Hungria e a Áustria abriram suas fronteiras e novos fluxos de migrantes se formaram, saindo de países socialistas em direção aos capitalistas. Diante da instabilidade política e econômica que desgastou o governo soviético, nesse mesmo ano o Muro de Berlim foi colocado abaixo. A cena da destruição de um dos maiores símbolos da Guerra Fria foi transmitida para o mundo todo. A reunificação da Alemanha marcou as expectativas para a construção de um mundo novo.

Em 1991, o Pacto de Varsóvia foi desfeito. Sua dissolução simbolizou o fim da divisão do mundo entre leste e oeste, além de afastar o perigo de uma guerra nuclear entre as duas superpotências e seus aliados.

Após uma tentativa de golpe para retirar Mikhail Gorbachev do poder, o partido comunista soviético foi extinto. Em seguida, diversas repúblicas da União Soviética declararam independência, como a Estônia, a Letônia e a Lituânia, seguidas por Ucrânia e Geórgia.

O então presidente da Rússia Boris Yeltsin (1991-1999) declarou a independência do país e se articulou com os presidentes das novas repúblicas na Comunidade de Estados Independentes (CEI), dando o passo final para a implosão da União Soviética, que foi extinta em dezembro de 1991, o que encerrou a Guerra Fria.

Dica de filme

Adeus, Lenin!
Direção: Wolfgang Becker. Alemanha, 2003, 121 min.
Em 1989, pouco antes da queda do Muro de Berlim, Christiane Kerner passa mal e entra em coma. Ao acordar, meses depois, a Alemanha Oriental não existe mais, bem como o sistema socialista, do qual ela era defensora. Preocupado com a saúde da mãe, seu filho decide poupá-la das mudanças ocorridas no país.

Comunidade de Estados Independentes (CEI) – 2001

Banco de imagens/Arquivo da editora

Elaborado com base em: HAYWOOD, John. *Atlas histórico do mundo*. Colônia: Konemann, 2001. p. 221.

Cartografando

Observe o mapa a seguir, que representa as áreas de influência das duas superpotências mundiais que marcaram a ordem internacional bipolar durante a Guerra Fria.

Planisfério: áreas de influência dos Estados Unidos e da União Soviética durante a Guerra Fria

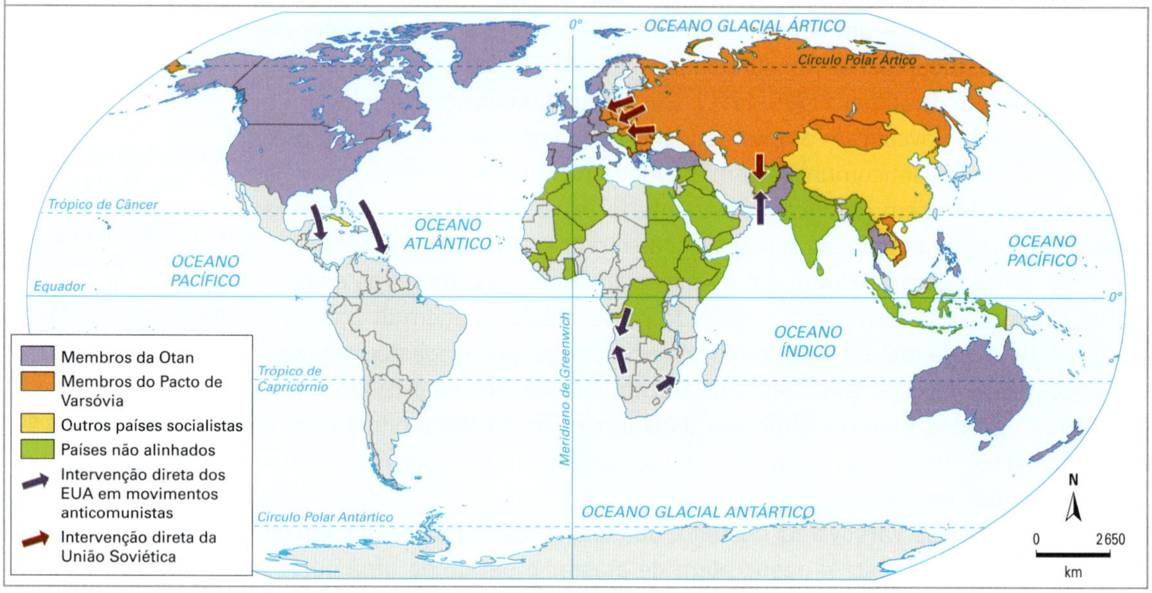

Banco de imagens/Arquivo da editora

Elaborado com base em: VARROD, Pierre. *Atlas géopolitique et culturel*. Paris: Le Robert, 2003, p. 97.

1. Quais eram as áreas de influência dos Estados Unidos?
2. Que países eram considerados aliados da União Soviética?
3. Com base no mapa, que regiões poderiam ser de maior tensão entre as duas superpotências? Escolha duas e faça uma investigação sobre o contexto político delas durante a Guerra Fria.

2. O mundo multipolar

Do mundo bipolar que caracterizou a Guerra Fria, apenas uma superpotência resistiu: os Estados Unidos. A vitória da economia de mercado e do modo de vida capitalista trouxe expectativa de estabilidade política, social e econômica. Muitos acreditavam na vitória final da democracia em um mundo não mais dividido em dois blocos inimigos.

Porém, diversas tensões antes abafadas pelo conflito entre leste e oeste eclodiram com o fim da Guerra Fria em várias partes do planeta. Além disso, o sistema capitalista gera desigualdades territoriais e sociais crescentes, o que também agrava as tensões sociais, desencadeando conflitos.

Havia muitas expectativas sobre o que os Estados Unidos fariam como os detentores do maior poder político, militar e econômico do planeta. Seria formada uma nova ordem mundial unipolar?

A princípio, no início da década de 1990, o governo estadunidense mostrou-se mais adepto do multilateralismo, ou seja, a cooperação com os demais países. Mesmo com variação entre governos conservadores e liberais, o país estabeleceu o diálogo com várias nações e participou de acordos e de instituições internacionais, como a Organização das Nações Unidas (ONU).

Isso diminuiu um pouco a preocupação internacional com as ações estadunidenses. Porém, diante do enorme poder do país, essas relações nunca estiveram em pé de igualdade. Para fazer valer seus interesses, o governo dos Estados Unidos mantém as relações multilaterais, mas também age sozinho quando acha necessário – por exemplo, em relação a acordos econômicos e ambientais.

Após os atentados ocorridos em território estadunidense em 11 de setembro de 2001, quando grupos terroristas atacaram as Torres Gêmeas e o Pentágono, sua política externa sofreu uma importante transformação. Em nome da segurança e da prevenção de conflitos, o país passou a interferir direta e indiretamente em outros territórios, como no Afeganistão e no Iraque.

Em termos econômicos, os Estados Unidos ganharam concorrentes. Desde o final da Guerra Fria, sua economia passou por altos e baixos e viu a ascensão de outros países, tanto desenvolvidos (Alemanha, Japão e outros) como emergentes (por exemplo, a China). Em 2008, uma grave crise econômica afetou o país, com repercussões no mundo todo. A partir de então, os governos buscaram fortalecer e ampliar o poder econômico estadunidense no mundo. Do ponto de vista militar, os Estados Unidos têm preferido reduzir suas interferências terrestres e desenvolver estratégias por céu e mar.

Sean Adair/Reuters/Fotoarena

Atentado de 11 de setembro de 2001 às Torres Gêmeas, em Nova York, nos Estados Unidos.

Nos últimos anos, diante de um avanço bastante conservador nas políticas interna e externa, os Estados Unidos saíram de blocos econômicos regionais e de acordos internacionais sobre o meio ambiente, como a Convenção do Clima, que visa diminuir a emissão de gases que intensificam as mudanças climáticas.

Paul J. Richards/Agência France-Presse

Manifestantes protestam em frente à Casa Branca, sede do Poder Executivo, contra a saída dos Estados Unidos do Acordo de Paris, em Washington, D.C., em 2017.

Além disso, cresceram as tensões com outros Estados, com destaque para os países muçulmanos – principalmente após novas leis de imigração no governo Trump buscarem restringir a entrada de pessoas de determinadas nacionalidades no território estadunidense. A tendência, nesse momento conservador, é que os Estados Unidos ajam de maneira mais unilateral, a favor de seus interesses.

Apesar da supremacia estadunidense, na nova ordem internacional multipolar, o mundo está cada vez mais dinâmico e, nesse momento, vive intensa agitação política, social, cultural, econômica e ambiental.

Polos emergentes

Ainda que os Estados Unidos tenham saído como os grandes vencedores da Guerra Fria, na nova ordem mundial multipolar outros países se destacam e assumem papel cada vez mais importante no cenário global. Isso ocorre não só em termos econômicos, mas também graças a um efetivo militar que credencia esses países a influenciar decisões mundiais.

China

É impossível entender a política e, principalmente, a economia mundial contemporânea sem tratar da China. Para isso, é preciso voltar um pouco no tempo para compreender como o país chegou ao patamar de potência mundial.

Após a chamada Revolução de 1949, a China tornou-se socialista (República Popular da China), enquanto a oposição fugiu para a ilha de Formosa e criou Taiwan (República da China Nacionalista). Mao Tsé-tung, alinhado com a União Soviética, deu início, em 1965, ao desenvolvimento da economia planificada chinesa, controlada inteiramente pelo Partido Comunista Chinês (PCC). As propriedades passaram a ser do Estado, que determinava como elas seriam utilizadas. Foram implantadas várias políticas para desenvolver rapidamente a indústria no país, cuja economia, até então, era basicamente agrícola.

Após a morte de Mao Tsé-tung, em 1976, a República Popular da China passou por grandes transformações econômicas. O novo líder chinês Deng Xiaoping buscou a criação do modelo misto inédito de "socialismo de mercado", no qual haveria uma abertura econômica do país para os mercados externos, porém, com a manutenção de características do socialismo, como o regime político de partido único, o predomínio de empresas estatais e a economia planificada.

Destaca-se, principalmente, a abertura de algumas regiões para a entrada de empresas e capitais estrangeiros, chamadas de Zonas Econômicas Especiais (ZEEs). Nelas, foram criados incentivos e deu-se maior liberdade de ação – ainda que as empresas estrangeiras tenham tido que se associar a outras locais (*joint venture*).

China: Zonas Econômicas Especiais – 2003

Banco de imagens/Arquivo da editora

Elaborado com base em: VARROD, Pierre. *Atlas géopolitique et culturel*. Paris: Le Robert, 2003. p. 155.

As ZEEs atraíram muitas empresas, que enxergaram enormes perspectivas de lucro graças a fatores como mão de obra abundante e barata, existência de infraestruturas modernas, disponibilidade de matérias-primas, imenso mercado consumidor e baixos impostos. Em contrapartida, as ZEEs ampliaram as desigualdades socioeconômicas entre as regiões do país.

Em poucas décadas, a China passou de uma economia rural a uma industrializada, tornando-se grande potência econômica. Atualmente, apresenta um parque industrial extremamente diversificado e fabrica tecnologias muito sofisticadas, indo além da produção industrial voltada a bens de consumo de baixo valor. Várias empresas chinesas estão listadas entre as maiores do mundo.

Wan shenchao/Imaginechina/AP Photo/Glow Images

Linha de produção de peças de *smartphones*, em Huaibei, na China, em 2017.

Índia

Desde sua independência, em 1947, e principalmente após o fim da Guerra Fria, a Índia tem um papel crescente no cenário internacional. É, atualmente, o segundo país mais populoso do mundo, atrás apenas da China, com aproximadamente 1,3 bilhão de habitantes. A maior parte da população vive no campo, mas o país tem grandes e importantes áreas urbanas com comércio e serviços bem diversificados. Entre as maiores cidades do mundo estão Mumbai (antiga Bombaim), a capital, Nova Délhi, e Calcutá.

Entre o fim da Guerra Fria e o início dos anos 2000, as exportações indianas cresceram cerca de 9% ao ano, alavancadas por produtos farmacêuticos, têxteis e de informática. A indústria indiana é bem estruturada e se destaca em muitos ramos, desde produtos de base a mercadorias mais sofisticadas.

Dhiraj Singh/Bloomberg/Getty Images

Mumbai, na Índia, em 2017.

Album/Fotoarena

Cena de filme produzido pela indústria cinematográfica de Bollywood, na Índia, em 2012.

O país é um dos líderes mundiais na fabricação de *softwares* e de outras tecnologias da informação, em centros tecnológicos que crescem em ritmo impressionante, como Bangalore, Chennai e Hyderabad. Muitas empresas indianas prestam serviços a distância para grandes corporações localizadas em países desenvolvidos, que buscam maiores lucros empregando mão de obra mais barata. Além disso, sua cultura é exportada para o mundo, por meio de sua indústria cinematográfica (chamada Bollywood), da literatura, da música e de outras manifestações culturais.

Rússia

Logo após a desintegração da URSS, o presidente russo Boris Yeltsin realizou amplas reformas no país. Privatizou empresas, abriu a economia para o mercado externo e retirou o controle do Estado sobre os preços dos produtos.

Essas medidas fizeram a inflação crescer rapidamente, reduzindo drasticamente o poder de compra da população e ampliando a pobreza. Durante quase toda a década de 1990, a economia russa passou por grave recessão.

Em relação à privatização, o problema não se limitou apenas à modernização da infraestrutura e à adequação da mão de obra russa às novas exigências do mercado internacional. As indústrias estatais, por exemplo, foram vendidas a uma pequena parcela da população com privilégios políticos. Assim, formou-se uma nova classe alta, com grande poder político e econômico e sérios problemas de corrupção. O processo de privatização acelerou-se nos anos seguintes.

A partir dos anos 2000, após a grande crise vivida no fim do século XX, a economia russa cresceu bastante, apesar de ter enfrentado algumas oscilações. Atualmente, o país destaca-se entre as economias emergentes e possui um parque industrial diversificado. Graças à riqueza de recursos minerais no território russo (ferro, cobalto, cromo, cobre e muitos outros), setores como a mineração, a metalurgia e a indústria química se sobressaem. O país exporta petróleo, gás natural, carvão e derivados para todo o mundo, inclusive para o Brasil. Oleodutos e gasodutos russos abastecem diversos países europeus. Essa oferta de energia é estratégica para os interesses da Rússia na região e motivou a anexação de parte da Ucrânia (região da Crimeia) ao território russo em 2014.

Iliya Pitalev/Sputnik/Agência France-Presse

Refinaria de petróleo em Kapotnya, na Rússia, em 2017.

A crise da Ucrânia

Em 2014, quando o então presidente da Ucrânia Viktor Yanukovich foi derrubado por desistir de realizar um tratado comercial com a União Europeia e preferir aproximar-se da Rússia, o presidente russo Vladimir Putin interveio no país vizinho. Enviou homens armados sem identificação para a região da Crimeia, uma república autônoma que pertencia à Rússia e foi anexada à Ucrânia em 1954, quando o líder soviético Nikita Khrushchev deu a posse do território aos ucranianos.

Na região, a maior parte da população tem origem russa, e o governo de Putin justificou sua ação dizendo que queria proteger os interesses de seus cidadãos. Em pouco tempo, a Rússia conseguiu controlar a Crimeia.

Em seguida, foi realizado um referendo nessa república autônoma para saber se seus habitantes queriam fazer parte da Rússia, e mais de 90% votou pelo sim. Em resposta, os Estados Unidos e a União Europeia passaram a pressionar os russos com sanções comerciais e militares. Mesmo assim, em março do mesmo ano, Putin e o parlamento da Crimeia assinaram um acordo que transferia o controle da região para a Rússia.

As tensões aumentaram. A Organização das Nações Unidas declarou que o referendo realizado era inválido e considerou a Crimeia um território ucraniano sob ocupação russa. Os russos controlam a região até os dias de hoje, enquanto o governo ucraniano luta para reaver a soberania do território.

É importante destacar que a Crimeia é uma região muito estratégica, por sua posição geográfica (banhada pelo mar Negro e com vários portos), economia (agricultura e indústria alimentícia) e, principalmente, por ser, assim como outras áreas da Ucrânia, rota dos gasodutos russos em direção à Europa. Observe o mapa a seguir.

1. De acordo com o texto, quais são as causas da ocupação russa na Crimeia?
2. Que interesses políticos e econômicos estratégicos da Rússia, da Europa e dos Estados Unidos estão associados a essa região?
3. Organize uma linha do tempo sobre a questão da Crimeia com base em textos jornalísticos e discuta com os colegas os fatores presentes no texto acima e em outros encontrados na pesquisa.

Crimeia: região disputada – 2009

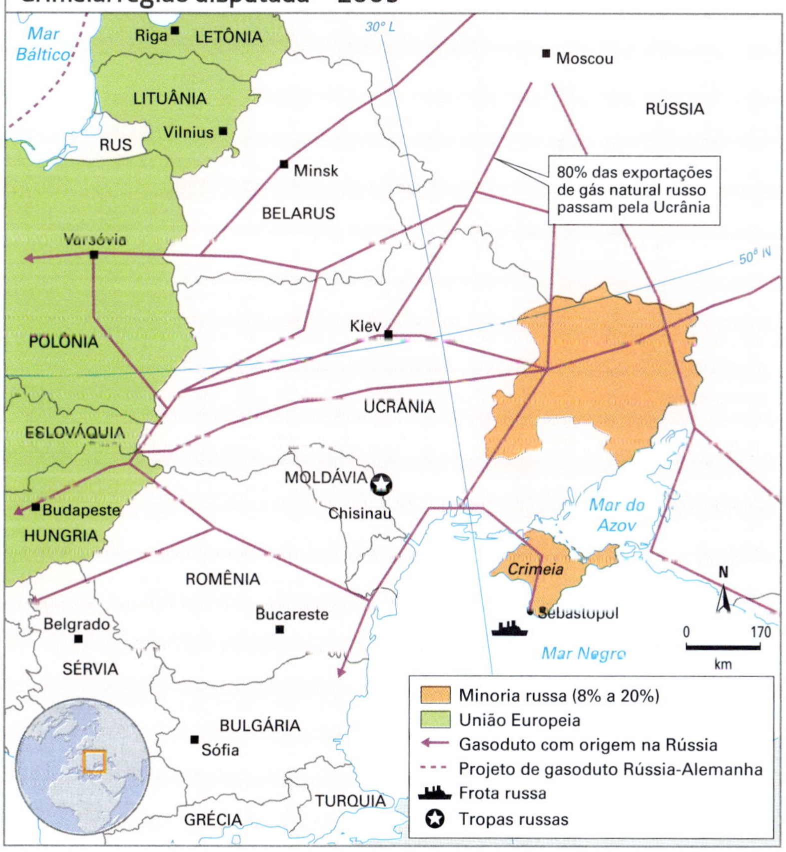

Banco de imagens/Arquivo da editora

Elaborado com base em: LACOSTE, Yves. *Géopolitique*: la longue histoire d'aujourd'hui. Paris: Larousse, 2009. p. 167.

Reconecte

Revisão

1. Quais são as origens da Guerra Fria? Como os países passaram a se organizar nesse período?
2. Faça um quadro comparativo entre os dois modelos de desenvolvimento que marcaram a Guerra Fria: o capitalismo e o socialismo.
3. Comente os papéis da Otan e do Pacto de Varsóvia. Por que apenas um deles se manteve até hoje? Em sua opinião, essa aliança mantém o mesmo objetivo de sua criação?
4. Qual foi a importância do Plano Marshall para os interesses dos Estados Unidos durante a Guerra Fria?
5. O que foram *perestroika* e *glasnost*? Que importância tiveram no contexto da União Soviética, tanto para o governo como para a população?

Análise de dados e debate

6. Na nova ordem multipolar, para além do poder econômico, o poder militar também tem grande relevância na influência que os países exercem internacionalmente.

   Observe a tabela a seguir, que trata do efetivo e de equipamentos militares de alguns países e responda às questões.

Efetivo e equipamentos militares de países selecionados – 2018					
	EUA	China	Índia	Rússia	Brasil
População total	323 995 528	1 373 541 278	1 266 883 598	142 355 415	205 823 665
Pessoal militar total	2 363 675	3 712 500	4 207 250	3 371 027	1 987 000
Orçamento para defesa (US$)	587,8 bilhões	161,7 bilhões	51 bilhões	44,6 bilhões	24,5 bilhões
Aeronaves	13 762	2 955	2 102	3 794	697
Carros de combate	5 884	6 457	4 426	20 216	469
Meios navais	415	714	295	352	110
Rodovias (km)	6 586 610	3 860 800	3 320 410	982 000	1 751 868
Fronteiras (km)	12 048	22 457	13 888	22 408	16 145
Área (km)	9 826 675	9 596 961	3 287 263	17 098 242	8 514 877

Elaborado com base em: GFP. *2018 Military Strength Ranking*. Disponível em: <www.globalfirepower.com/countries-listing.asp>. Acesso em: 4 dez. 2018.

a) Faça uma comparação entre o poder militar de Estados Unidos, China, Índia e Rússia.

b) Após a análise inicial, avalie a força militar brasileira e compare-a com a dos demais países. Depois, debata com a turma que implicações positivas e negativas esses dados podem indicar em relação à segurança, à política, à economia e à sociedade de cada um desses países.

Análise de charge e produção textual

7. Observe as imagens a seguir e escreva um texto dissertativo sobre os aspectos do mundo bipolar que elas representam.

Album/Fotoarena/Biblioteca Estatal Russa, Moscou, Rússia

"Glória ao povo soviético, pioneiro no espaço!". Charge de Vadim P. Volikov.

Reprodução/Coleção particular

Charge de O. Douglas Jennings, de 1986, mostrando Reagan e Gorbachev.

Reprodução/Coleção particular

"Limpe a imundície comunista da Lua. Junte-se à frota espacial dos EUA hoje."

EXPLORANDO

8. Obtenha relatos de pessoas que vivenciaram momentos cruciais da Guerra Fria, como a corrida espacial e a armamentista, a queda do Muro de Berlim e a dissolução da União Soviética. Para tal, utilize o roteiro a seguir.
   - Nome (não obrigatório) e idade.
   - Que momentos da Guerra Fria foram mais marcantes para você? Por quê?
   - Que impressões você tinha sobre os países que formavam o mundo socialista, liderados pela União Soviética? E sobre as ações dos Estados Unidos?
   - Em sua opinião, o embate entre socialistas e capitalistas tinha alguma influência no Brasil? Se sim, qual(is)?

   Você pode organizar um *podcast* com as entrevistas e apresentar aos colegas.

Resumo

- Considera-se que a Guerra Fria teve início logo após a Segunda Guerra Mundial, em 1945, e, para muitos autores, acabou com a dissolução da União Soviética, em 1991.
- A Guerra Fria pode ser caracterizada como uma disputa entre duas superpotências – Estados Unidos e União Soviética – para ampliar a área de influência delas sobre outros países, promovendo o próprio sistema político e econômico – capitalismo ou socialismo, respectivamente.
- A corrida armamentista e a espacial foram aspectos importantes da Guerra Fria e eram usadas como propaganda pelos governos das superpotências. Além disso, o medo de um ataque nuclear devastador evitava conflitos diretos.
- O mundo multipolar, ainda que mantenha uma superpotência – Estados Unidos –, assiste à emergência de países capazes de influenciar decisões mundiais, como a China, a Índia e a Rússia.

CAPÍTULO

2

A ONU e o multilateralismo

Diariamente, países trocam informações, comercializam produtos, desenvolvem pesquisas com cientistas de diferentes nacionalidades, entre outras atividades políticas e comerciais. Vivemos em um mundo cada vez mais interdependente e multilateral, no qual parte dos problemas tem origem e solução compartilhadas.

Para enfrentar esses problemas, foram criadas organizações internacionais que estreitam as relações entre países, estabelecendo acordos entre eles, além de se dedicarem a assuntos específicos, como direitos humanos e proteção ambiental. A Organização das Nações Unidas (ONU) é a principal delas e o objeto de estudo deste capítulo.

Tooykrub/Shutterstock

Sede da ONU, em Nova York, nos Estados Unidos, em 2017.

Fabrice Coffrini/Agência France-Presse

Reunião do Conselho de Direitos Humanos da ONU, em 2018. Com sede em Genebra, na Suíça, esse órgão é encarregado de promover os direitos humanos.

EM FOCO

Em Lisboa, Guterres fala sobre fragilidades para cumprir Agenda 2030

O secretário-geral da ONU, António Guterres, está em Lisboa, capital de Portugal, para sua primeira visita oficial ao país desde que assumiu o posto. [...]

"[...] A Agenda 2030 está no centro das nossas preocupações. Eu gostaria menos de falar da Agenda 2030 e nos seus aspectos técnicos e mais nas suas interligações com a situação mundial no seu conjunto e em particular com as várias áreas da agenda das Nações Unidas, seja na paz e segurança, no desenvolvimento inclusivo e sustentável e na ação humanitária, seja na afirmação dos direitos humanos." [...]

O representante chamou a atenção dos países para a relação da agenda com a paz, a segurança e o combate ao terrorismo e o impacto sobre o desenvolvimento. O discurso destacou como as crises globais são afetadas pela vulnerabilidade. [...]

"O desemprego é hoje não apenas uma tragédia em si mesma para os jovens, mas corresponde a uma das mais sérias ameaças a nossa segurança coletiva." [...]

Ele sublinhou que além do desemprego juvenil falta uma "verdadeira oportunidade de gênero" dada pelos países.

Para Guterres, a fragilidade também aumenta com "megatendências" como mudanças climáticas, urbanização acelerada, aumento da população, insegurança alimentar e outros que se "autoajudam e automultiplicam" acentuando a vulnerabilidade. [...]

"Não haverá Agenda 2030 com êxito se os Acordos de Paris não forem executados e se não forem executados de forma acrescida, em primeiro lugar [...]. Em segundo lugar, não haverá êxito da Agenda 2030 se simultaneamente não conseguirmos ter uma discussão racional sobre movimentos de população, sobre mobilidade humana, sobre migrações e se não conseguirmos o debate sobre estas questões em termos decentes." [...]

EM LISBOA, Guterres fala sobre fragilidades para cumprir Agenda 2030. *ONU News*, 3 jul. 2017. Disponível em: <https://news.un.org/pt/story/2017/07/1589951-em-lisboa-guterres-fala-sobre-fragilidades-para-cumprir-agenda-2030>. Acesso em: 14 ago. 2018.

Zanone Fraissat/Folhapress

Pessoas aguardam uma oportunidade de emprego em São Paulo, em 2018. De acordo com a Organização Internacional do Trabalho, em 2017, havia mais de 70 milhões de jovens desempregados no mundo.

1. Em sua opinião, por que o secretário-geral da ONU abordou o desemprego como uma ameaça à segurança coletiva?

2. Debata com os colegas: por que falta uma "verdadeira oportunidade de gênero" em muitos países? Apresentem exemplos e apontem possíveis soluções.

3. Forme grupo com três colegas e pesquisem a Agenda 2030. Vocês podem consultar o *site* do plano de ação, disponível em: <www.agenda2030.com.br/> (acesso em: 4 dez. 2018). Em seguida, escolham um dos Objetivos de Desenvolvimento Sustentável e relacionem-no à fala do secretário-geral.

1. O que é multilateralismo?

O multilateralismo caracteriza-se por ações conjuntas de países que buscam solucionar problemas ou atingir objetivos comuns. Essas ações podem envolver acordos de cooperação científica, tecnológica, econômica, política, entre outros.

Ao mesmo tempo, o multilateralismo reforça a necessidade de que instituições internacionais façam uma mediação entre os países. Elas podem ter caráter regional, mas também ser mais amplas e envolver países de diferentes continentes.

O propósito dessas interações é estabelecer acordos para orientar ações entre os participantes. Existem diferentes tipos de acordos, mas, em geral, todos buscam a cooperação entre os países, de modo que os lados envolvidos consigam atingir objetivos comuns.

Frederick Florin/Agência France-Presse

Representantes dos países-membros do Conselho da União Europeia em encontro realizado em Estrasburgo, na França, em 2018.

Nem sempre, porém, os países cumprem os termos dos acordos assinados. Por isso, alguns tratados preveem sanções no caso de descumprimento. A aplicação ou não dessas sanções depende do nível de influência do país infrator e daquele que se sentiu prejudicado.

Com a maior abrangência da globalização, as relações entre países tendem a aumentar, levando à formação de novas organizações internacionais multilaterais. A Organização das Nações Unidas e a Organização Mundial do Comércio (OMC) são exemplos de instituições que organizam fóruns em que representantes de países se reúnem para discutir problemas nacionais e globais diversos, como comércio, saúde, educação e resolução de conflitos.

2. O surgimento da Organização das Nações Unidas

Antes mesmo do final da Segunda Guerra Mundial, que se prolongou de 1939 a 1945, uma inquietação envolveu vários países. A dimensão do conflito, que resultou em milhões de mortos e destruição em grande escala, levou os países a refletir sobre a necessidade de criar meios para evitar que uma situação semelhante voltasse a acontecer.

Liga das Nações

Antes da criação da ONU, houve uma tentativa frustrada de organizar os países em busca de mais cooperação para resolução de problemas comuns. A Liga das Nações foi um dos resultados do Tratado de Versalhes, de 1919, documento que estabeleceu procedimentos a serem adotados pelos países derrotados na Primeira Guerra Mundial (1914-1918). A primeira reunião dos membros da Liga ocorreu em 1920.

O Brasil foi um de seus fundadores. Mesmo como membro não permanente, integrou regularmente o Conselho da Liga, ocupando uma posição importante, pois, de certo modo, representava a América, uma vez que os Estados Unidos não haviam ingressado na organização. O Brasil pleiteava a posição de membro permanente, mas perdeu a disputa diante da pressão da Alemanha.

Com a eclosão da Segunda Guerra Mundial, a Liga das Nações perdeu sentido e foi desativada.

Em 1942, sob a tutela dos Estados Unidos, 26 países apresentaram um documento que teve muita repercussão: a Declaração das Nações Unidas. O objetivo dos países, com esse documento, era se posicionar contra regimes autoritários – que, para os signatários da Declaração, foram os responsáveis por parte dos problemas que desencadearam as duas grandes guerras.

Essa declaração serviu como ponto de partida para uma reunião realizada em São Francisco, nos Estados Unidos, em 1945, antes do término da guerra: a Conferência das Nações Unidas sobre a Organização Internacional, que teve a presença de representantes de 51 países. Na ocasião, além de referendar a Declaração, fundou-se a estrutura que culminou na criação da Organização das Nações Unidas. A decisão foi tomada em 26 de junho de 1945 e implementada em 24 de outubro do mesmo ano.

Em um contexto marcado pela guerra, a meta principal da ONU era atuar em prol da manutenção da paz e zelar pela segurança no mundo. Nesse sentido, os países elaboraram a Carta da ONU, documento que apresenta os objetivos e os princípios da instituição. Além disso, foi definido que os países-membros repassariam recursos para viabilizar seu funcionamento.

O logo da ONU é um mapa-múndi com projeção azimutal centrada no polo norte. O símbolo demonstra a neutralidade da instituição, uma vez que essa projeção não coloca nenhum país no centro do globo. Ou seja, nenhum Estado se encontra à frente da organização.

Com o aumento de questões que envolvem vários países, a ONU teve de aumentar seu escopo de atuação. Para tanto, foram criados órgãos próprios dedicados a temas como desenvolvimento econômico, proteção ambiental e ações sociais e humanitárias, sempre baseados na cooperação entre os países.

Diálogo com História

Conferência das Nações Unidas sobre a Organização Internacional

Apenas 3% dos 160 participantes da reunião em São Francisco eram mulheres. Um dos destaques foi a brasileira Bertha Lutz (1894-1976), bióloga e cientista, indicada pelo presidente Getúlio Vargas (1882-1954) para compor a delegação brasileira. Atuava em prol da educação e defendia as causas feministas, o que a fez enfrentar a resistência de outras mulheres presentes, em especial das que formavam a equipe dos Estados Unidos e da Inglaterra, que se opunham a uma menção de gênero na Carta da ONU. Uma das frases de seu discurso ficou célebre: "Nunca haverá paz no mundo enquanto as mulheres não ajudarem a criá-la".

1. Leia um fragmento da Carta da ONU, publicada em 1945. Depois, em grupo, faça o que se pede.

Preâmbulo

Nós, os povos das Nações Unidas, resolvidos a preservar as gerações vindouras do flagelo da guerra, que por duas vezes, no espaço da nossa vida, trouxe sofrimentos indizíveis à humanidade, e a reafirmar a fé nos direitos fundamentais do homem, na dignidade e no valor do ser humano, na igualdade de direito dos homens e das mulheres, assim como das nações grandes e pequenas, e a estabelecer condições sob as quais a justiça e o respeito às obrigações decorrentes de tratados e de outras fontes do direito internacional possam ser mantidos, e a promover o progresso social e melhores condições de vida dentro de uma liberdade ampla. [...]

A CARTA das Nações Unidas. *Nações Unidas no Brasil*. Disponível em: <https://nacoesunidas.org/carta/>. Acesso em: 14 ago. 2018.

a) Debatam a questão de gênero presente nesse trecho da Carta da ONU.
b) De que modo a frase de Bertha Lutz está contemplada no trecho?
c) Faça uma pesquisa sobre Bertha Lutz e elabore um texto curto com as informações obtidas. Pesquise seu local de nascimento, suas principais atividades e de que formas ela lutou pelo feminismo.

ONU: estrutura e funcionamento

Ao longo dos anos, a ONU foi estruturada por meio de diferentes órgãos: Secretaria Geral, Assembleia Geral, conselhos, órgãos técnicos e consultivos, tribunais e agências especializadas.

Cabe à **Secretaria Geral** comandar a ONU. Além de receber o fluxo de relatórios dos países-membros e dos órgãos ligados à ONU, a Secretaria Geral define os rumos da instituição, propondo temas para discussão e gerenciando o orçamento.

Em 2016, foi eleito secretário-geral pela Assembleia Geral da ONU, com a indicação do Conselho de Segurança, o engenheiro português António Guterres, com mandato de cinco anos. Guterres já foi primeiro-ministro de Portugal, de 1995 a 2002, e integrante do Alto Comissariado das Nações Unidas para os Refugiados (Acnur), de 2005 a 2015. Entre os planos do secretário estava o enfrentamento da questão dos refugiados e a prevenção de conflitos entre os países. Além disso, mostrou disposição em incluir o português entre as línguas oficiais da ONU, atualmente restritas a árabe, chinês, espanhol, francês, inglês e russo.

John Moore/Getty Images

António Guterres discursa na Assembleia Geral da ONU, em Nova York, nos Estados Unidos, em 2018.

A **Assembleia Geral** é o principal fórum de decisões, do qual participam com direito a voz e voto todos os países-membros, que somavam 193 em julho de 2018. As reuniões ocorrem anualmente e cada país representa um voto, independentemente de seu tamanho ou de sua capacidade militar, tecnológica ou econômica. Cabe à Assembleia Geral propor grupos de trabalho para temas específicos, criar comissões que podem trazer subsídios à tomada de decisão dos membros, discutir a paz e a segurança internacionais, votar o local de reuniões organizadas pela ONU e decidir pela adesão ou não de um novo membro. Eventuais demandas em regime de urgência podem exigir a realização de Assembleias extraordinárias.

Se a Assembleia Geral pode ser considerada democrática porque dela participam todos os membros, o **Conselho de Segurança** tem um caráter bem mais restrito. É composto de quinze membros, mas muitos analistas afirmam que ele está sob influência direta dos cinco países que compõem os membros permanentes: China, Estados Unidos, França, Reino Unido e Rússia. Cada um deles pode vetar qualquer decisão do Conselho, por isso ele é considerado pouco democrático. Os demais membros cumprem um mandato de dois anos e são eleitos pela Assembleia Geral, de acordo com uma distribuição regional.

O Conselho de Segurança é considerado o principal órgão da ONU, pois tem como missão assegurar a paz mundial. Para atingir esse objetivo, pode decidir temas complexos, como o envio de tropas da ONU a países em conflito, a realização de retaliações econômicas a países-membros que desobedeçam aos preceitos da Carta das Nações Unidas e a autorização do uso de forças militares para a resolução de conflitos.

Michael Brochstein/SOPA Images/LightRocket/Getty Images

Reunião do Conselho de Segurança da ONU, em 2018. Tanto o Conselho como a Assembleia Geral estão localizados em Nova York, principal sede da organização.

O Brasil e o Japão são os países com maior tempo como membros não permanentes no Conselho de Segurança. O Brasil reivindicou um assento permanente durante algumas tentativas de reforma do Conselho, assim como Alemanha, Índia e Japão, que também trabalharam para a expansão desse órgão. Entretanto, a reforma não avançou por restrições impostas, principalmente, pelos membros permanentes. Atualmente, o Conselho não tem representação permanente de nenhum país latino-americano ou africano. Essa situação, para muitos, mostra sua falta de representatividade.

Ao mesmo tempo, o Brasil busca mostrar que pode assumir maiores responsabilidades diante dos objetivos do Conselho, como a participação em missões de paz. Assim, assumiu a liderança na Missão das Nações Unidas para a Estabilização no Haiti (Minustah), criada em 2004 e encerrada em 2017.

A **Corte Internacional de Justiça** foi criada em 1945, com início das operações em 1946. É formada por quinze juízes eleitos pela Assembleia Geral e pelo Conselho de Segurança, de modo alternado. Cada juiz tem um mandato com duração de nove anos, podendo ser reeleito uma vez. Um dos objetivos da Corte é criar normas do Direito Internacional na esfera pública que possam ser usadas para resolver tensões entre os países-membros, os únicos que podem enviar representação jurídica à Corte, sendo vetada a participação de representantes da sociedade civil.

Outra atribuição da Corte é assessorar os demais órgãos da ONU para questões relacionadas ao Direito, sendo mais reconhecida como um fórum jurídico para mitigar tensões entre países. Uma de suas atribuições é o julgamento de países que infringem regras relacionadas aos direitos humanos ou que cometem agressões a outros países.

dpa Picture-Alliance/Agência France-Presse

Sede da Corte Internacional de Justiça, localizada em Haia, nos Países Baixos, em 2017.

Para questões relacionadas a um desenvolvimento que estimule a cooperação entre os países foi criado o **Conselho Econômico e Social** da ONU (Ecosoc). Em termos de participação dos países-membros, esse órgão está em uma situação intermediária, se comparado à Assembleia Geral e ao Conselho de Segurança.

Formado por 54 países, pouco mais de um quarto do total de membros da ONU, sua composição obedece a critérios geográficos: catorze países são da África, treze da Europa Ocidental, onze da Ásia, dez da América Latina e Caribe e seis da Europa Oriental. Seus membros são eleitos pela Assembleia Geral para um mandato de três anos. Uma das atribuições do Ecosoc é a realização de uma reunião anual de jovens, o Fórum da Juventude. Criado em 2012, trata de temas como o acesso à informação e o direito à manifestação da juventude.

CIDADANIA E FÓRUM DA JUVENTUDE

Anualmente, a ONU realiza o Fórum da Juventude. O evento visa reunir jovens de mais de cem países para tratar de temas de interesse mundial.

1. Imagine que você está pleiteando uma vaga como membro da delegação brasileira no Fórum da Juventude da ONU. Para isso, elabore uma carta de apresentação da sua candidatura, escolhendo um dos temas a seguir para fundamentar sua participação e contribuição nas discussões.
   a) Direitos humanos.
   b) Igualdade de gênero.
   c) Combate à pobreza.

Principais agências

A ONU conta com agências especializadas para o desempenho de sua missão. Elas estão voltadas a ações temáticas relacionadas à promoção da paz e da segurança mundiais.

Alto Comissariado das Nações Unidas para os Refugiados (Acnur)

Milhões de refugiados e apátridas estão dispersos pelo mundo. Grande parte deles se encontra nessa situação em razão de conflitos e guerras civis, desastres naturais, perseguição política e religiosa, fome, entre outras causas. Para sobreviver, acabam abandonando seu lugar de origem em busca de melhores condições de vida em outro país.

Apátrida: pessoa que perdeu sua nacionalidade de origem e não adquiriu outra.

Deslocamentos motivados pela fome no mundo (principais países) – 2018

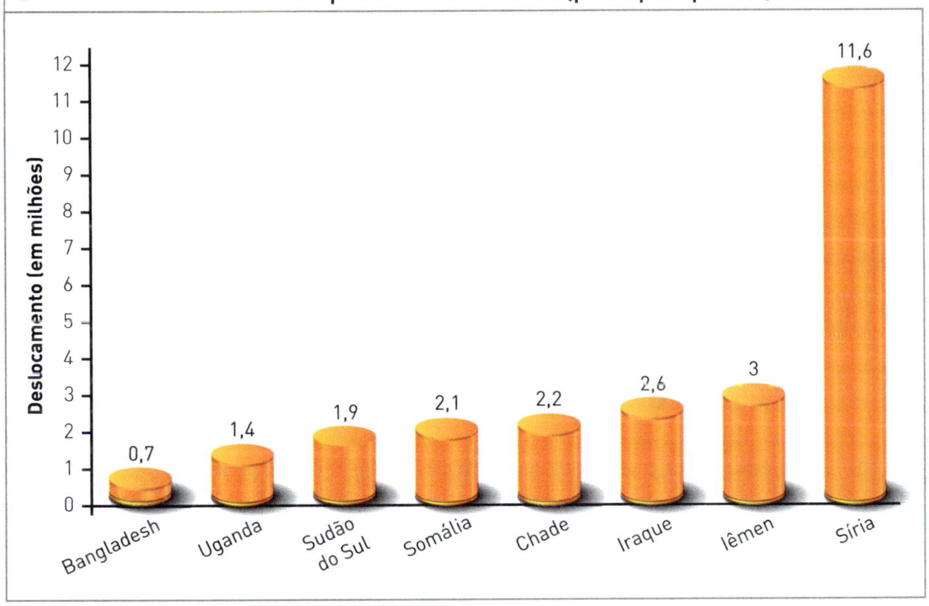

JSDesign/Arquivo da editora

Elaborado com base em: FSIN. *Global Report on Food Crises 2018*. Disponível em: <https://docs.wfp.org/api/documents/WFP-0000069227/download/?_ga=2.64037672.1229221849.1544186138-676669393.1544040745>. Acesso em: 10 dez. 2018.

Diante desse cenário, a Assembleia Geral da ONU fundou, em 1950, o Alto Comissariado das Nações Unidas para os Refugiados (Acnur). Com sede em Genebra, na Suíça, a agência tem por objetivo organizar programas de auxílio aos refugiados em todas as partes do mundo. Cada país-membro da ONU conta com o suporte da agência para recepcioná-lo. Para a execução de seus projetos, a Acnur dispõe de recursos financeiros da ONU.

No Brasil, a Acnur atua em parceria com o Ministério da Justiça e o Comitê Nacional para os Refugiados (Conare). Juntos, auxiliam na recepção de refugiados no país e organizam a documentação, além de oferecer moradia temporária e permissão de refúgio em território nacional.

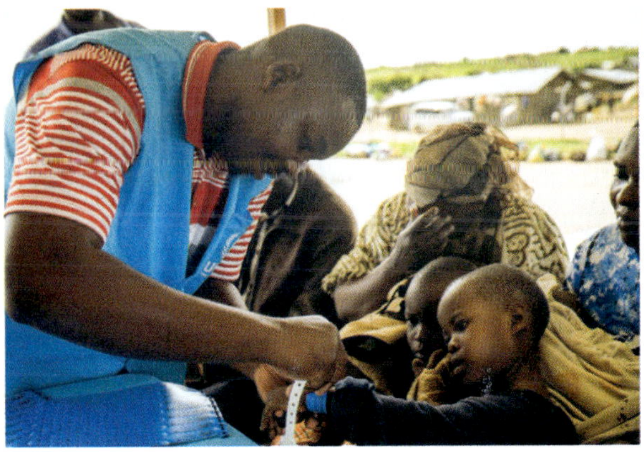

Geovien So/SOPA Images/LightRocket/Getty Images

Agente da Acnur realiza ação para acolhimento de refugiados congoleses em Uganda, em 2018.

Organização das Nações Unidas para a Educação, a Ciência e a Cultura (Unesco)

Educação, desenvolvimento científico e preservação cultural são elementos importantes na história dos países. Considerando isso, em 1945, em Paris (França), a ONU criou a Organização das Nações Unidas para a Educação, a Ciência e a Cultura (Unesco). Seu objetivo central é auxiliar na proteção cultural dos povos, na circulação de informações educacionais e na promoção de programas de leitura na língua materna de cada indivíduo.

Com seus programas, a Unesco busca realizar a capacitação de professores mediante a apresentação de novas tecnologias e a inclusão no mundo digital. Outro objetivo é a preservação do patrimônio cultural dos povos em situação de conflito, que, muitas vezes, têm escolas e museus destruídos. Nesse cenário, jovens e crianças enfrentam restrições de acesso educacional.

No Brasil, o escritório da Unesco está sediado em Brasília e desenvolve programas, em conjunto com o Ministério da Educação, com o intuito de combater o analfabetismo e proporcionar a universalização da inclusão digital no país.

CIDADANIA E DIREITOS HUMANOS

Leia os trechos a seguir da Declaração Universal dos Direitos Humanos da ONU e responda às questões.

Declaração Universal dos Direitos Humanos

Artigo 13

1. Todo ser humano tem direito à liberdade de locomoção e residência dentro das fronteiras de cada Estado.
2. Todo ser humano tem o direito de deixar qualquer país, inclusive o próprio e a esse regressar.

Artigo 14

1. Todo ser humano, vítima de perseguição, tem o direito de procurar e de gozar asilo em outros países.
2. Esse direito não pode ser invocado em caso de perseguição legitimamente motivada por crimes de direito comum ou por atos contrários aos objetivos e princípios das Nações Unidas. [...]

Artigo 26

1. Todo ser humano tem direito à instrução. A instrução será gratuita, pelo menos nos graus elementares e fundamentais. A instrução elementar será obrigatória. A instrução técnico-profissional será acessível a todos, bem como a instrução superior, esta baseada no mérito.
2. A instrução será orientada no sentido do pleno desenvolvimento da personalidade humana e do fortalecimento do respeito pelos direitos do ser humano e pelas liberdades fundamentais. A instrução promoverá a compreensão, a tolerância e a amizade entre todas as nações e grupos raciais ou religiosos e coadjuvará as atividades das Nações Unidas em prol da manutenção da paz. [...]

DECLARAÇÃO Universal dos Direitos Humanos. *Unicef Brasil*. Disponível em: <www.unicef.org/brazil/pt/resources_10133.html>. Acesso em: 10 dez. 2018.

1. Quais são as duas agências especializadas da ONU que devem garantir o cumprimento dos artigos apresentados acima?

2. Localize, em um mapa-múndi, os países onde ficam as sedes dessas agências especializadas da ONU. O que você pode concluir sobre sua distribuição no mundo?

3. Pesquise um programa realizado por essas agências. Descreva o país em que a ação é realizada, o contexto político-social que levou à aplicação do programa e os efeitos surtidos após sua implementação.

Fundo das Nações Unidas para a Infância (Unicef)

Defesa, proteção e amparo a crianças e adolescentes são os campos de atuação do Fundo das Nações Unidas para a Infância (Unicef), agência especializada da ONU. Fundada em 1946, sua sede está localizada em Nova York, nos Estados Unidos.

Crianças e adolescentes são considerados parcelas frágeis da população, pois estão mais sujeitos a situações de vulnerabilidade. Nas guerras, por exemplo, milhares de crianças ficam desamparadas após a morte de seus pais em situações de conflito. A ausência de saneamento básico também interfere no desenvolvimento infantil, já que aumenta o risco, principalmente dessa faixa da população, de contraírem doenças, que, quando não tratadas, podem levar à morte ou causar distúrbios. Outros problemas frequentes são o trabalho infantil, a alimentação precária e a falta de acesso à escola.

Nesse sentido, grande parte da atuação da Unicef é voltada à educação e à higiene de crianças e adolescentes. A agência também promove programas para a diminuição da desnutrição e da mortalidade infantil e em prol do aumento dos anos de estudo de crianças em idade escolar.

Planisfério: crianças subnutridas com menos de 5 anos (%) – 2017

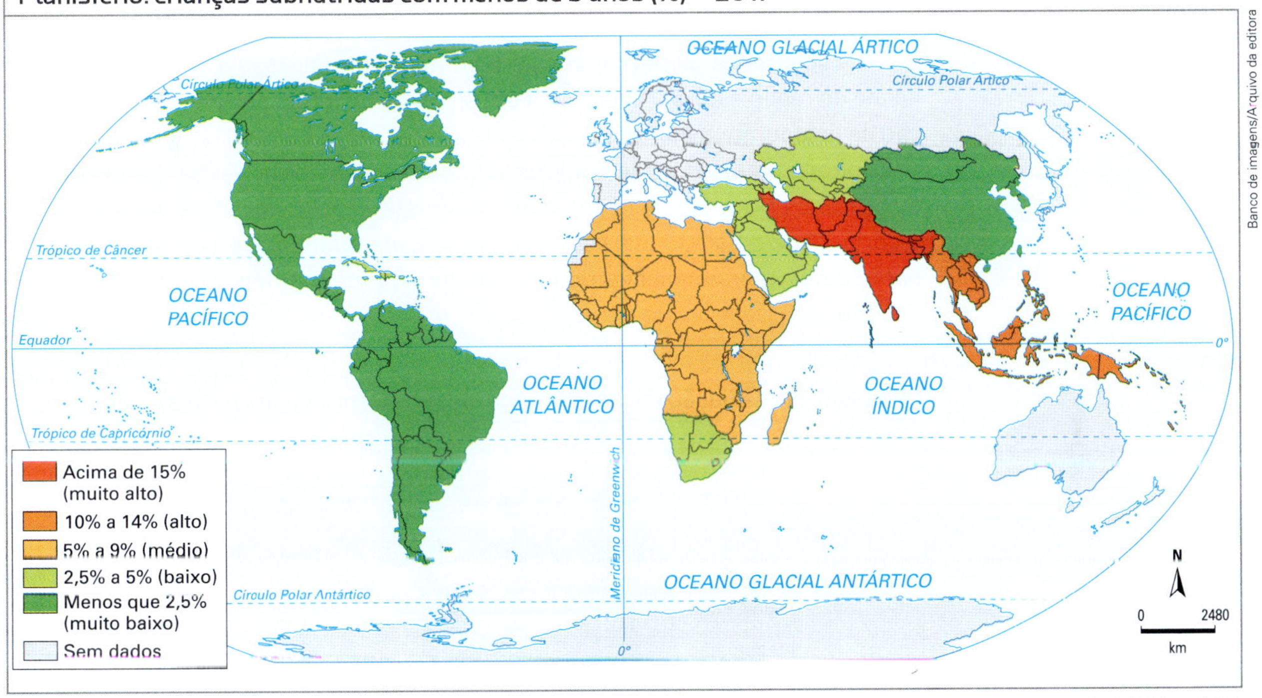

Elaborado com base em: UNICEF/WHO/WORLD BANK GROUP. *Levels and Trends in Child Malnutrition*: Key Findings of the 2018 Edition, 2018. p. 8. Disponível em: <https://data.unicef.org/wp-content/uploads/2018/05/JME-2018-brochure-.pdf>. Acesso em: 15 dez. 2018.

O princípio fundamental da Unicef é a promoção do bem-estar infantil. Isso significa que suas campanhas emergenciais priorizam ações que garantam a proteção e o desenvolvimento de crianças e adolescentes. Ocorre, por exemplo, a oferta de alimentos e água para países que enfrentam a escassez desses recursos, de acordo com padrões internacionais de qualidade e potabilidade.

Organização das Nações Unidas para a Alimentação e a Agricultura (FAO)

A Organização das Nações Unidas para a Alimentação e a Agricultura (FAO) é a agência da ONU especializada no combate à fome e na busca da segurança alimentar no mundo. Foi criada em 1945 e tem sua sede em Roma, na Itália.

Zaki Khozam/Organização das Nações Unidas para a Alimentação e a Agricultura

A fome está presente em muitos países e sua ocorrência pode estar associada à pobreza extrema, que dificulta, e até mesmo impede, o acesso a alimentos. Como resposta a esse cenário mundial, a FAO promove programas que pretendem diminuir as mortes causadas por fome e a malformação de crianças ou bebês cujas mães sofrem com a fome. Esses programas possibilitam desde a distribuição de alimentos até o apoio técnico para o desenvolvimento da agricultura.

Crianças cuidam de horta na escola com o apoio de agentes da FAO em Tartus, na Síria, em 2017.

Já a segurança alimentar consiste em garantir o acesso a alimentos de qualidade de modo estável. Quem está em situação de fome, portanto, vive em situação de insegurança alimentar.

O direito à alimentação está garantido no artigo 25 da Declaração Universal dos Direitos Humanos e foi incluído na Constituição de diversos países. Assim, é obrigação do Estado oferecer alimentação de qualidade à população, tanto à parcela que tem condições financeiras de adquirir alimento como àquela que não tem.

Pessoas em situação de insegurança alimentar (principais países) – 2017

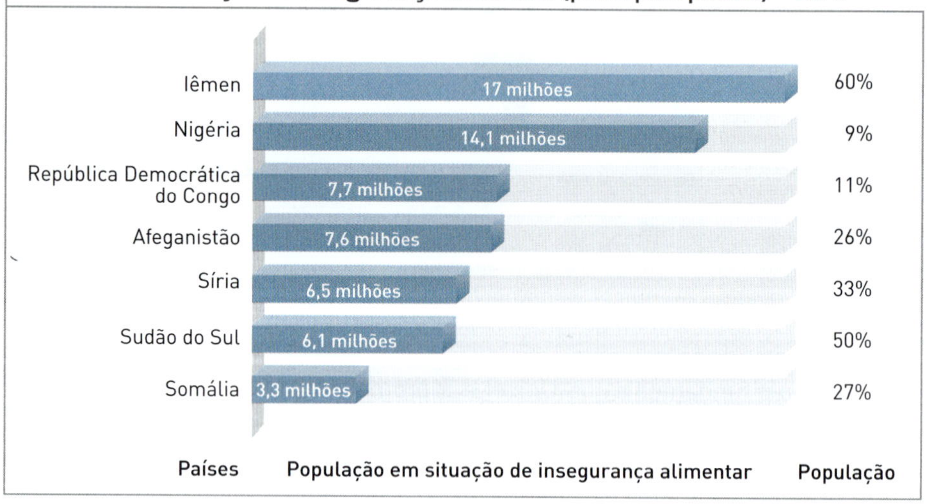

JSDesign/Arquivo da editora

Elaborado com base em: FSIN. *Global Report on Food Crises 2018*. p. 5. Disponível em: <https://docs.wfp.org/api/documents/WFP-0000069227/download/?_ga=2.54037672.1229221849.1544186138-676669393.1544040745>. Acesso em: 10 dez. 2018.

Outros programas de destaque da FAO estão voltados ao combate da pobreza rural e da desertificação, além da promoção da pesca sustentável nos oceanos a fim de evitar a pesca predatória, que já afeta muitas espécies de peixes.

E no Brasil?

Brasileiro José Graziano é reeleito diretor-geral da FAO

O brasileiro José Graziano da Silva, diretor-geral da Organização das Nações Unidas para a Alimentação e a Agricultura (FAO), foi reeleito [...] para um segundo mandato à frente do organismo da ONU com o maior número de votos da história da agência. Graziano recebeu 177 do total de 182 votos.

Ao dirigir-se à plenária após sua reeleição, o diretor-geral reafirmou o compromisso da FAO para acabar com a fome e a desnutrição. A eleição aconteceu no primeiro dia da conferência bianual da FAO [...].

Desde que assumiu a posição como diretor-geral da FAO, Graziano da Silva promoveu grandes mudanças dentro da Organização, deixando a FAO mais receptiva às necessidades dos seus membros. Definiu o foco da agência em cinco eixos estratégicos, com o novo objetivo de erradicar completamente a fome e a desnutrição.

Também reforçou as capacidades institucionais tanto na sede da agência como no campo, implementou economias significativas ao racionalizar procedimentos administrativos, aumentou a colaboração com parceiros externos e aprimorou a cooperação Sul-Sul.

Graziano da Silva começou a trabalhar na FAO em 2006 como chefe do escritório regional para a América Latina e o Caribe e foi eleito diretor-geral em 26 de junho de 2011. Antes disso, liderou a equipe brasileira que delineou o programa "Fome Zero" e comandou sua implementação. Graziano é o oitavo diretor-geral eleito desde a fundação da FAO, em 1945.

BRASILEIRO José Graziano é reeleito diretor-geral da FAO. *Nações Unidas no Brasil*, 8 jun. 2015. Disponível em: <https://nacoesunidas.org/brasileiro-graziano-da-silva-e-eleito-para-segundo-mandato-como-diretor-geral-da-fao/>. Acesso em: 15 ago. 2018.

1. Em grupo, debata com os colegas os principais pontos da atuação do diretor-geral da FAO. Pesquisem, na internet, em revistas e jornais, notícias sobre projetos recentes da organização. Resumam o que encontraram em um texto.

2. Faça uma pesquisa sobre o programa Fome Zero e seu impacto no Brasil.

Organização Mundial da Saúde (OMS)

A Organização Mundial da Saúde (OMS) é a agência da ONU dedicada à melhoria da saúde das populações. Seu lema é "saúde para todos os povos".

Fundada em 1948, com sede em Genebra, na Suíça, a organização implementa programas para a criação de bases de dados sobre o *status* da saúde no mundo. Isso compreende obter informações sobre as mais variadas doenças, os modos de transmissão e as possibilidades de cura e de tratamento.

Além disso, a OMS executa projetos em países em situações emergenciais ou de conflito, nos quais muitas vezes os hospitais estão em situação precária. Atua também em parceria com os governos locais para o atendimento diário de saúde e em campanhas de vacinação de crianças, jovens, adultos e idosos.

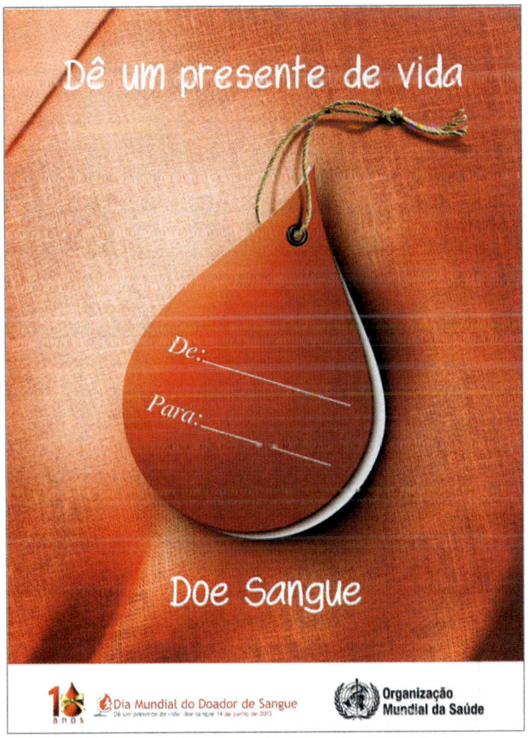

Reprodução/nova-sb/Ricardo Furriel/Renato Domingos/Maurici Laluccia/Rodrigo de Lamare/Organização Mundial da Saúde

Cartaz da OMS sobre o Dia Mundial do Doador de Sangue. Um dos objetivos dessa campanha é enfatizar a importância da doação de sangue para ajudar a salvar vidas estimulando mais pessoas a se tornarem doadoras.

Organização Internacional do Trabalho (OIT)

Também com sede em Genebra, a Organização Internacional do Trabalho (OIT), desde 1991, dedica suas ações à garantia de que as pessoas possam trabalhar de modo seguro, digno e livre. No Brasil, o escritório da OIT encontra-se em Brasília.

A OIT busca, desde 1999, levar os países a estabelecer leis trabalhistas baseadas no conceito de trabalho decente, ou seja, uma pessoa deve ter condições dignas de trabalho, direito à livre organização sindical e à remuneração adequada, além de descanso remunerado. Contudo, muitos países não adotam essas regras, o que resulta em exploração de trabalhadores e até em trabalho infantil. Em algumas situações, inclusive no Brasil, encontram-se indivíduos em condições análogas à escravidão, que ocorre quando eles recebem comida e alojamento por seu trabalho em vez de uma remuneração adequada.

Campanha da OIT contra o desequilíbrio salarial entre homens e mulheres.

Outro tema importante relacionado ao trabalho decente é a condição das mulheres. Nesse caso, ele promove direitos especiais às grávidas e lactantes, bem como busca diminuir o preconceito e equiparar a remuneração paga às mulheres em relação aos homens quando desenvolvem a mesma função que eles. Por fim, o trabalho decente também preconiza o fim da discriminação contra negros e pardos, bem como à crença religiosa do trabalhador.

Diálogo com Sociologia

Convenção relativa à abolição do trabalho forçado, 1957

Artigo 1

Todo país-membro da Organização Internacional do Trabalho que ratificar esta Convenção compromete-se a abolir qualquer forma de trabalho forçado ou obrigatório e dele não fazer uso:

a) como medida de coerção ou de educação política ou como punição por ter ou expressar opiniões políticas ou pontos de vista ideologicamente opostos ao sistema político, social e econômico vigente;

b) como método de mobilização e de utilização da mão de obra para fins de desenvolvimento econômico;

c) como meio de disciplinar a mão de obra;

d) como punição por participação em greves;

e) como medida de discriminação racial, social, nacional ou religiosa. [...]

CONVENÇÃO sobre abolição do trabalho forçado. *OIT*, 1957. Disponível em: <www.ilo.org/dyn/normlex/en/f?p=NORMLEXPUB:12100:0::NO:12100:P12100_INSTRUMENT_ID:312250:NO>. Acesso em: 15 ago. 2018. (Texto traduzido pelos autores.)

1. Após a leitura do trecho da Convenção, debata com os colegas as práticas citadas. Ainda existem situações como essas no Brasil? Pesquise, na internet, em revistas e jornais, notícias sobre trabalho forçado no Brasil e compartilhe com a turma as informações descobertas.

Reconecte

Análise e reflexão

1. Quais são as vantagens e as desvantagens das relações multilaterais entre os países? Justifique.

Debate e produção textual

2. Em sala de aula, simulem uma reunião do Conselho de Segurança da ONU. Para isso, orientem-se pelas etapas a seguir.
   a) Elaborem a pauta a ser discutida.
   b) Façam a lista de países-membros permanentes e a de não permanentes.
   c) Organizem-se em duplas ou trios de modo que cada grupo represente um país participante do Conselho.
   d) Apresentem a decisão da agência especializada diante dos temas da reunião. Cada dupla ou trio deve discutir os temas de acordo com os interesses do país que representam.
   e) Elejam representantes de cada país-membro para participar da assembleia.
   f) Ao final do debate, organizem uma votação entre os países-membros sobre a questão debatida.
   g) Redijam um relatório com o resultado da assembleia.

Leitura, interpretação de charge e produção textual

3. Observe a charge ao lado, que ilustra o Conselho de Segurança da ONU. Elabore um texto dissertativo sobre o papel do Conselho.

Osama Hajjaj/Acervo do cartunista

Charge de Osama Hajjaj, 2016. Na roleta, lê-se: "guerra" e "paz".

Produção de campanha

4. A OMS foi fundada em 7 de abril de 1948 e, desde então, a data é celebrada como o Dia Mundial da Saúde. A saúde é uma questão central para a qualidade de vida nas sociedades: o acesso a saneamento básico, alimentação e biodiversidade resulta em maior expectativa de vida.
   Organize com os colegas uma campanha de conscientização sobre um tema relacionado à saúde e proponham medidas de prevenção ao problema.

Resumo

- Multilateralismo é uma forma de atuação conjunta de países com interesses comuns. Apesar de os acordos estabelecidos regularem o comportamento dos países, eles nem sempre são cumpridos, o que pode gerar dificuldades e eventuais sanções.
- A ONU foi criada para promover a paz e a segurança mundiais. O Conselho de Segurança é o órgão com maior poder.
- A Assembleia Geral é o principal fórum de decisões da ONU. As reuniões ocorrem anualmente e cada país representa um voto, independentemente de seu tamanho ou de sua capacidade militar, tecnológica ou econômica.
- As diversas agências da ONU atuam na resolução de problemas mundiais relacionados a saúde, educação, trabalho, desenvolvimento, acolhimento a refugiados, entre outros.

CAPÍTULO 3

Conflitos contemporâneos

Após o fim da Guerra Fria, em 1991, diversas tensões internas e internacionais, antes abafadas pela disputa entre as duas superpotências da época (Estados Unidos e União Soviética), eclodiram no mundo. Desde a década de 1990, muitos conflitos vêm acontecendo entre povos e países, reordenando o mapa do mundo. Estima-se que em 2016 houve pelo menos 69 conflitos de graus variados, que envolveram mais de 100 países. Neste capítulo, conheceremos alguns grandes conflitos que têm marcado a nova ordem internacional multipolar e unidimensional.

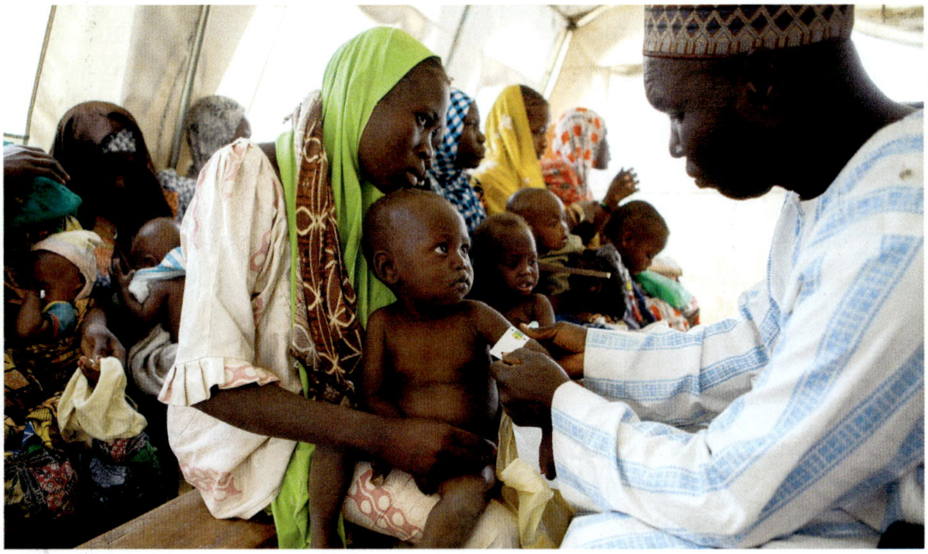

Florian Plaucheur/Agência France-Presse

Agente de saúde da Unicef presta atendimento em campo de refugiados em Dikwa, na Nigéria, em 2017. Os conflitos armados restringem o acesso a necessidades básicas, como alimentação, água potável e atendimento médico.

EM FOCO

Reaproximação entre duas Coreias é lenta e incerta

Quando acontecerá finalmente algo na Península Coreana? Um tratado de paz estará à vista? E quando haverá a reunificação? As expectativas são enormes após as cúpulas históricas e as declarações de intenções de boca cheia. Mas não há uma solução rápida ou mesmo uma rápida reunificação, pois a crise coreana é complexa demais.

Tudo deve mudar, mas até agora ninguém quis se mexer. Este jogo político deve terminar em 2019, espera-se. E, olhando-se mais de perto, percebe-se que felizmente já houve uma quantidade significante de progressos – sobretudo entre os Estados irmãos (ainda) separados.

Seul e Pyongyang parecem bastante determinados a avançar na reaproximação, apesar de todas as adversidades. Muitos desejos ainda esbarram nas realidades formadas ao longo de décadas. Por enquanto, as sanções internacionais contra Pyongyang continuam em vigor. Enquanto esse for o caso, fica impossível, por exemplo, uma cooperação econômica mais intensa entre a Coreia do Norte e a do Sul.

A comunidade internacional, e sobretudo os EUA, querem manter as sanções até que a Coreia do Norte implemente as medidas concretas e irreversíveis necessárias ao desarmamento. Pyongyang, por sua vez, pede um relaxamento das sanções em troca de seu engajamento. E enquanto não obtiver uma garantia de segurança digna de crédito, não vai querer abrir mão de seu trunfo nuclear. [...]

Por outro lado, as realizações relativamente pequenas que foram alcançadas nos últimos meses e que eram impensáveis há alguns meses dão razão para otimismo. Após anos de tensão, a rota de confronto foi quebrada. Delegações de alto nível ou mesmo os chefes de governo se reúnem quase regularmente.

Fontes potenciais de ameaça na fronteira entre as Coreias foram reduzidas, ambos os lados retiraram alguns postos militares ao longo da assim chamada "faixa da morte", recolheram minas e reativaram a "linha direta", que deve prevenir precocemente qualquer provocação indesejada. [...]

O tráfego ferroviário transfronteiriço não seria apenas de grande importância simbólica. Após a abolição das sanções, mercadorias não seriam apenas transportadas para o norte. A Coreia do Sul também poderia transportar seus produtos para a China, através da linha Gyeonggui ao longo da costa oeste, e para a Rússia, através da linha Donghae, ao longo de toda a costa leste. Até agora, apenas as mercadorias foram mencionadas: até os cidadãos também poderem viajar livremente entre os dois países, certamente passará muito tempo.

Mas os 93 mil membros de famílias separadas não têm mais esse tempo, cerca de 12 mil deles têm mais de 90 anos. O mais rápido possível, novas reuniões familiares devem ser organizadas para o próximo ano, possibilitando que pais, filhos e irmãos encontrem, pelo menos por algumas horas, seus entes queridos do outro lado da fronteira – caso contrário, poderá ser tarde demais.

A Coreia do Norte deve começar sua "desnuclearização", de fato e de forma verificável. Os EUA fornecerão a pressão necessária. A China, como potência mundial em ascensão, será responsável por suprir a também necessária segurança da Coreia do Norte.

Kim fez muito bem em melhorar o abalado relacionamento com a potência protetora. Ele envia regularmente delegações de alto nível e já viajou três vezes a Pequim. Kim toma todas as decisões em acordo estreito com a China. Em troca, o chefe de Estado Xi Jinping provavelmente visitará a Coreia do Norte em 2019. Isso não seria apenas um feito diplomático para Kim, mas também uma indicação clara para os EUA de quem agora é a principal força na Ásia.

A antiga superpotência EUA e o novo poder ascendente China, portanto, terão também no próximo ano influência decisiva sobre o que será possível quanto às Coreias. Mas a última decisão deve [ser] e será tomada pelos coreanos: após décadas de controle estrangeiro, os países devem decidir se e com que rapidez irão se aproximar. [...]

FREUND, Alexander. Reaproximação entre duas Coreias é lenta e incerta. *Deutsche Welle*, 16 dez. 2018. Disponível em: <www.dw.com/pt-br/reaproximação-entre-duas-coreias-é-lenta-e-incerta/a-46742305>. Acesso em: 24 jan. 2019.

Inter Korean Press Corp/NurPhoto/Getty Images

Encontro histórico entre o líder norte-coreano Kim Jong-un (à esquerda) e o presidente da Coreia do Sul, Moon Jae-in, na fronteira entre os dois países, em 27 de abril de 2018.

1. Segundo o texto, que elementos indicam uma aproximação entre a Coreia do Norte e a Coreia do Sul? Que tensões ainda preocupam a comunidade internacional nas relações estabelecidas entre os dois países?

2. Que influências os Estados Unidos e a China exercem nesse contexto político?

1. As causas dos conflitos

Os conflitos internos e os internacionais decorrem de várias causas. Ao longo da história, identificam-se manifestações, confrontos, golpes de Estado e invasões ocorridos, por exemplo, por descontentamentos relacionados ao tipo de sistema político, que pode ser democrático ou autocrático. A posse de recursos naturais, como água, terras férteis, gás natural e petróleo, é outra causa de conflitos. No entanto, essa questão costuma não aparecer de forma explícita nos discursos dos países envolvidos, que utilizam questões ligadas à segurança internacional e ao bem comum como justificativa de suas ações. Disputam-se territórios estratégicos que tenham, por exemplo, acesso ao mar e a outras rotas fluviais ou terrestres para o fluxo e o escoamento de produtos.

Questões culturais e religiosas também podem ser causas de conflitos, geralmente com raízes bastante profundas. Muitos povos, principalmente quando constituem minorias, são perseguidos em diferentes continentes em razão de suas crenças. Ocorre também a tomada do poder por grupos religiosos radicais que impõem suas leis para o restante da população.

Em situações de conflito, eventualmente o povo pode ter sua liberdade e seus direitos cerceados, levando à violação de direitos humanos e, consequentemente, ao aumento das tensões no mundo. Há situações nas quais as pessoas perdem seus bens mais preciosos (moradia, comida, água) e ficam vulneráveis a diversos tipos de violência.

Spencer Platt/Getty Images

Civis caminham em meio a tanques de guerra estadunidenses em Basra, no Iraque, em 2003. Os Estados Unidos são grandes importadores de petróleo do Oriente Médio. Em março de 2003, promoveram uma intervenção militar no Iraque para derrubar Saddam Hussein do poder. A saída das tropas só ocorreu em 2011. O conflito causou a morte de milhares de civis iraquianos.

Existem ainda conflitos ligados a problemas socioambientais, como os relacionados às mudanças climáticas, ao desmatamento, à degradação do solo, à contaminação da água e do ar e a projetos de construções que causam grandes impactos ambientais, como as barragens de usinas hidrelétricas.

As tensões, em geral, destacam-se pela demonstração de poder de um grupo ou governo diante das comunidades nacional e internacional. Isso pode acontecer por meio de ameaças, como na Guerra Fria, ou pelo uso efetivo do potencial bélico do país. Essas tensões são agravadas por crises econômicas e insuficiência de estrutura básica para a população.

Para atenuar ou até mesmo encerrar o conflito, o Conselho de Segurança da Organização das Nações Unidas (ONU) pode encaminhar as Forças de Paz para as áreas em litígio. Essas forças são compostas de representantes de diversos países. O comando, em geral, cabe a um país. A presença feminina nessas ações tem crescido. Veja o esquema abaixo.

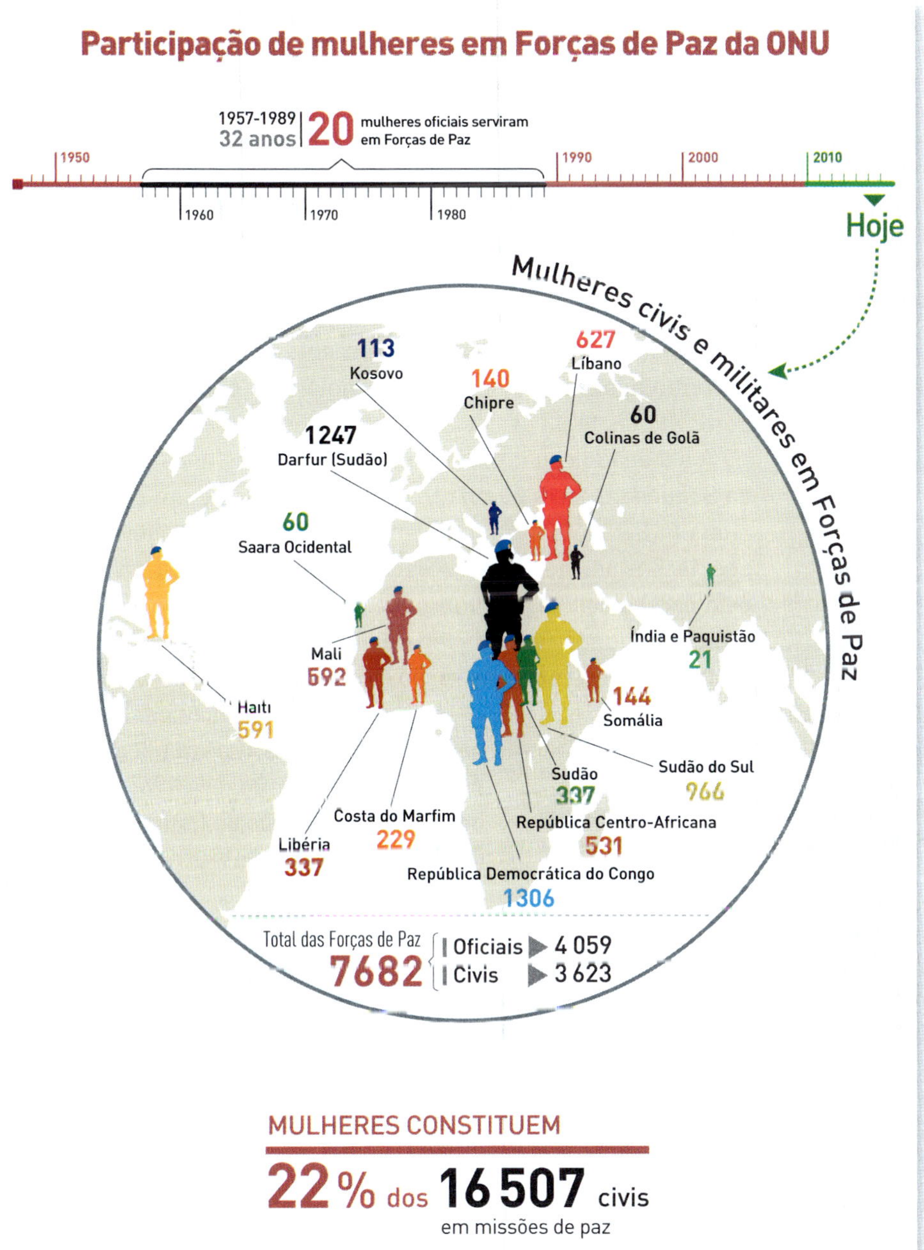

Adilson Secco/Arquivo da editora

Elaborado com base em: UNITED Nations. Peacekeeping. Infographics. Disponível em: <https://peacekeeping.un.org/en/infographics?page=1>. Acesso em: 24 jan. 2019.

2. Conflito entre Israel e Palestina

Uma das regiões mais conflituosas do mundo é a Palestina, localizada entre a costa oriental do mar Mediterrâneo e as fronteiras de países como a Jordânia, o Líbano, a Síria e o Egito. Há milênios a Palestina tem sido disputada e ocupada por muitos povos e, para entender as origens das tensões observadas nos dias de hoje, é preciso voltar bastante no tempo.

O povo judeu, que habitava a região há mais de mil anos antes de Cristo, teve seu primeiro exílio em 586 a.C. Desde então, os judeus migraram para várias regiões do planeta, como o Oriente Médio, a Europa e a América, formando um dos maiores povos sem território do mundo.

Entre o fim do século XIX e o início do século XX, cresceu um movimento entre os judeus chamado **sionismo**, que se refere ao direito reclamado por esse povo de voltar a viver na Palestina, considerada a Terra de Israel. Esse movimento pretendia a formação de um Estado nacional judaico, berço de suas raízes, e correspondia a uma forma de resistência ao **antissemitismo**, ou seja, o preconceito em relação ao povo judeu, bastante perseguido ao longo da história. Assim, judeus de todo o mundo passaram a migrar para a região.

A Palestina, no entanto, era habitada, havia centenas de anos, por outros povos, como drusos, cristãos e, principalmente, árabes islâmicos que ali chegaram a partir do século VII (no contexto do movimento de expansão do islamismo). Entre o século XVI e o início do século XX, a Palestina pertenceu ao Império Otomano (ou Turco Otomano), o que fortaleceu a presença muçulmana. A migração crescente de judeus para a região, com o apoio de países como a Inglaterra e a França, passou a gerar muitas tensões com os povos palestinos.

A situação ficou crítica quando a ONU, dois anos depois do fim da Segunda Guerra Mundial, propôs a criação de um Estado judeu e de um Estado palestino, levando em conta a distribuição dessas populações pelo território. A decisão foi motivada, em grande parte, pela perseguição e pela morte de milhões de judeus ocorridas durante a Segunda Guerra. Jerusalém, cidade sagrada para os dois povos, teria uma administração internacional.

A proposta, porém, foi rejeitada não apenas pelos palestinos, mas também pela **Liga Árabe**. Mesmo assim, em 1948, os judeus declararam a criação do Estado de Israel e, desde então, as tensões na região são constantes. Foi naquele ano também que ocorreu a **Primeira Guerra Árabe-Israelense**, da qual participaram Egito, Jordânia, Iraque, Síria, Líbano e Arábia Saudita – todos contra Israel.

Região de Israel e da Palestina – 2013

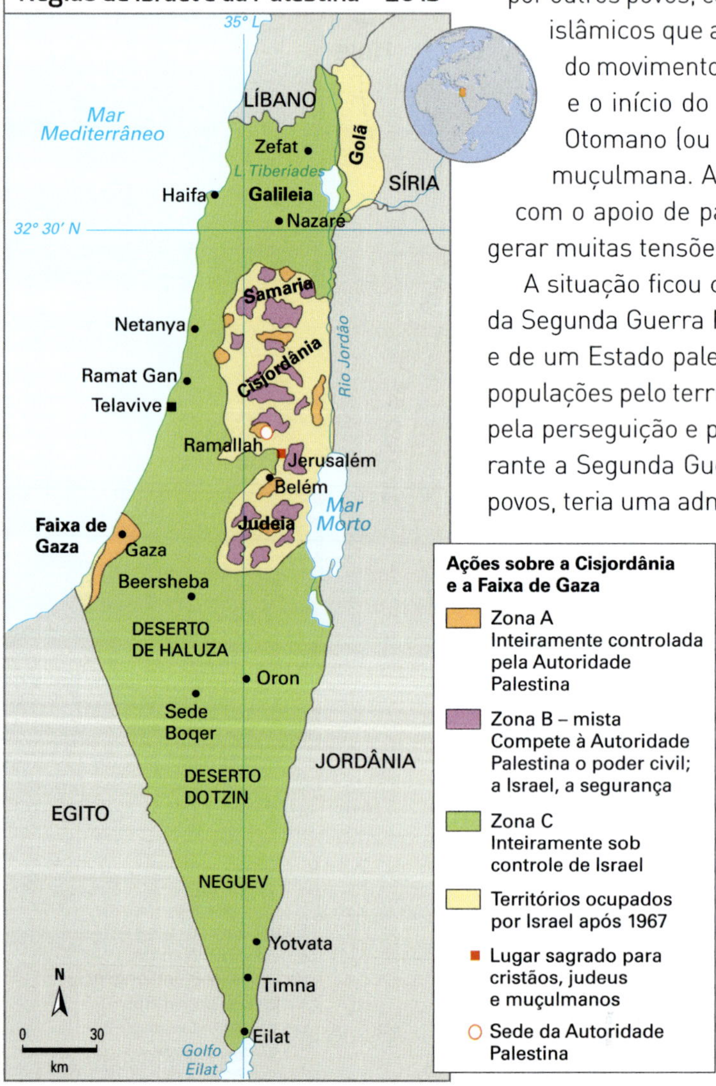

Elaborado com base em: CALDINI, Vera; ÍSOLA, Leda. *Atlas geográfico Saraiva*. 4. ed. São Paulo: Saraiva, 2013. p.145.

Liga dos Estados Árabes (LEA)

A Liga dos Estados Árabes, ou Liga Árabe, foi fundada em 22 de março de 1945, na cidade do Cairo (Egito), em uma ação conjunta de Egito, Síria, Líbano, Jordânia, Iraque, Arábia Saudita e Iêmen. Sua fundação aconteceu durante a Segunda Guerra Mundial com o intuito de combater a expansão imperialista alemã e de organizar as questões políticas e econômicas dos países-membros em âmbito internacional. Após o fim da guerra, a Liga passou a ser um órgão de defesa dos países árabes.

Atualmente, a LEA tem sede na cidade do Cairo e conta com 22 membros: Arábia Saudita, Argélia, Bahrein, Catar, Comores, Djibuti, Egito, Emirados Árabes Unidos, Iêmen, Iraque, Jordânia, Kuwait, Líbano, Líbia, Marrocos, Mauritânia, Palestina, Síria (suspenso), Omã, Somália, Sudão e Tunísia. Os países-membros estão localizados na região norte da África e no Oriente Médio.

Com a ajuda dos Estados Unidos aos israelenses, os árabes foram derrotados e ainda perderam outros territórios para Israel. A Cisjordânia foi ocupada pela Jordânia, e a Faixa de Gaza, pelo Egito. Jerusalém foi dividida entre Jordânia e Israel. Como resultado dessa guerra, milhares de palestinos deixaram as terras dominadas pelos israelenses, e muitos judeus tiveram de sair dos países árabes.

O segundo grande conflito envolvendo o Estado de Israel aconteceu em 1956 com o Egito, quando o líder deste país, Abdel Nasser, decidiu nacionalizar o canal de Suez – ponto estratégico de acesso ao Mediterrâneo. Israel perdia, assim, seu acesso ao mar Vermelho, tendo de sair da Faixa de Gaza e da península do Sinai.

Para fazer frente aos israelenses, em 1964, os povos palestinos se uniram e criaram a **Organização para a Libertação da Palestina (OLP)**, com o objetivo de reaver os territórios ocupados pelo Estado de Israel e de se tornar a representação política dos palestinos.

Em 1967 ocorreu outro grande conflito entre israelenses e palestinos: a **Guerra dos Seis Dias**. Diante de impasses com o Egito, Israel realizou vários ataques aéreos e, em poucas horas, ampliou seu território ao ocupar a península do Sinai (Egito), as colinas de Golã (Síria) e a Cisjordânia (Jordânia). Como consequência, intensificaram-se os fluxos de refugiados palestinos para os países vizinhos. Pode-se destacar o período chamado **Setembro Negro** (entre setembro de 1970 e julho de 1971), quando o governo jordaniano se colocou contra a atuação da OLP no país e matou milhares de refugiados.

Outro efeito do conflito de 1967 foi a **Guerra do Yom Kippur** (Dia do Perdão). Com o objetivo de recuperar os territórios perdidos na guerra anterior, Egito e Síria realizaram, em 1973, um ataque-surpresa durante o feriado israelense. Em plena Guerra Fria, esse ataque aumentou as tensões entre Estados Unidos (que apoiavam Israel) e a antiga União Soviética (que se posicionou favorável aos povos árabes). Após vinte dias de conflito, Israel conseguiu manter seus territórios, mas os países árabes passaram a boicotar os países que apoiaram os israelenses. Elevaram os preços de suas exportações de petróleo, o que causou uma crise que afetou vários países do mundo, conhecida por **Crise do Petróleo**. A OLP passou a ter papel mais relevante no cenário internacional.

Tropa israelense nas colinas de Golã durante a Guerra do Yom Kippur, em 1973.

Frec Ihrt/LightRocket/Getty Images

No fim dos anos 1970, acordos de paz foram assinados entre Egito e Israel, com a participação dos Estados Unidos. Conhecidos como **Acordos de Camp David**, seus termos envolviam o reconhecimento do Estado judeu pelo Egito em troca da devolução da península do Sinai por Israel. Essa ação acabou por isolar os egípcios do restante dos países árabes.

Nos anos 1980, as relações entre Israel e Líbano se agravaram quando o governo israelense invadiu o país vizinho e, após muitos confrontos, continuou a ocupar o sul desse país. Essa situação deu origem ao grupo radical **Hezbollah**, que luta contra os interesses israelenses no Líbano.

Entre 1987 e 1993, ocorreu a **primeira Intifada**, manifestações realizadas pelos palestinos contra as ações violentas do exército de Israel. Sem um "comando central", palestinos passaram a realizar ataques com pedras, bombas caseiras, pedaços de madeira e armas. Na OLP, surgiu um grupo mais radical na defesa dos territórios palestinos, o **Hamas**, em oposição ao **Fatah**, grupo que controlava a organização palestina desde a década de 1960. A violência se alastrou por toda a região e piorou ainda mais a situação dos palestinos, duramente reprimidos.

Palestinos atiram pedras durante os conflitos da Intifada em Nablus, na Cisjordânia, em janeiro de 1988.

Em uma segunda tentativa de aliviar as tensões na região, palestinos e israelenses negociaram, por meses, acordos de paz na Noruega, com a mediação dos Estados Unidos. Assinados em território estadunidense em 1993, esses tratados ficaram conhecidos como **Acordos de Oslo**.

A imagem dos líderes israelense, Yitzhak Rabin, e palestino, Yasser Arafat, apertando as mãos após a assinatura dos Acordos de Oslo, com mediação do presidente estadunidense Bill Clinton, em Washington D.C., nos Estados Unidos, ganhou o mundo em 1993.

Negociou-se então a formação de uma Autoridade Nacional Palestina, e foi acordada a saída do exército de Israel da Faixa de Gaza e da Cisjordânia. A OLP, por sua vez, reconheceu a existência do Estado de Israel e se comprometeu a combater o extremismo. Porém, mesmo com as esperanças de uma nova fase de estabilidade, os lados envolvidos não ficaram satisfeitos. Em 1995, Yitzhak Rabin foi assassinado por um radical de direita israelense.

Em 1996, Benjamin Netanyahu foi eleito primeiro-ministro de Israel e, diferentemente de seu antecessor, interrompeu a desocupação de territórios palestinos e passou a promover a criação de assentamentos em áreas sempre disputadas, como a Faixa de Gaza, a Cisjordânia e Jerusalém. Nos anos seguintes, mesmo com mudanças de governo, a situação se agravou.

Entre 2000 e 2005, ocorreu uma **segunda Intifada**, ainda mais violenta que a anterior, que resultou em milhares de mortos, sobretudo palestinos, e muitos prejuízos materiais. Em 2002, o novo ministro israelense, Ariel Sharon, deu início à construção de um muro para separar Israel da região da Cisjordânia sob controle palestino e também para dividir Jerusalém em duas partes. Enquanto os judeus afirmam que a barreira de 720 km visa ao combate do terrorismo contra seu Estado, os palestinos entendem que eles estão garantindo territórios para ocupações atuais e futuras.

Desde então, diversas tensões continuaram a ocorrer, com descumprimentos de acordos de cessar-fogo e realização de ataques militares e civis. Os interesses recentes de Israel concentram-se na ocupação total da Faixa de Gaza.

Ammar Awad/Reuters/Fotoarena

Trecho do muro que separa Israel e Cisjordânia, na cidade palestina de Abu Dis, com Jerusalém ao fundo, em 2017.

É importante destacar outros aspectos que geraram essas tensões. Além do acesso à terra para a formação de novos assentamentos, disputa-se o controle da água, já que a Palestina também apresenta clima árido. Israel domina a maior parte das fontes de água na região, como o rio Jordão e fontes subterrâneas localizadas inclusive em áreas palestinas. Os israelenses utilizam três quartos desse recurso e dificultam o acesso do povo palestino à água, o que gera grande descontentamento. Encontram-se ainda, na Faixa de Gaza, outros recursos naturais importantes, como o gás natural.

Cartografando

1. A série de mapas a seguir apresenta as perdas e os ganhos territoriais de palestinos e israelenses ao longo da história. Observe-a detalhadamente e, em seguida, escreva um texto dissertativo abordando a maneira como essas mudanças têm afetado a vida desses povos. Ao final, converse com os colegas sobre suas conclusões.

Histórico dos territórios palestinos e israelenses

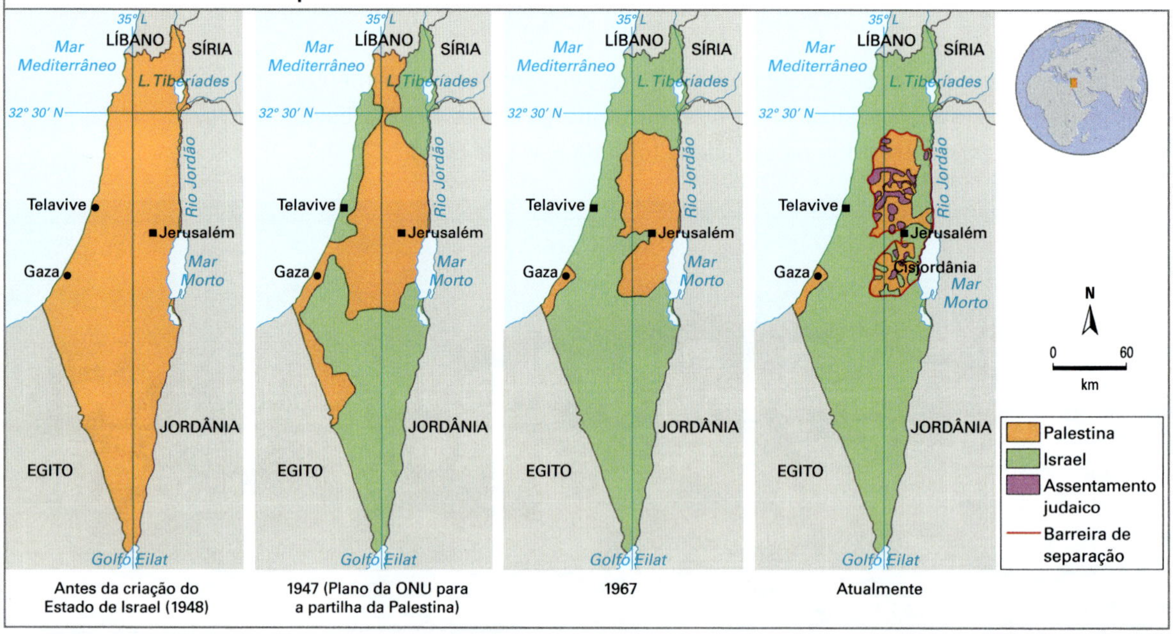

Elaborado com base em: BARGOUTHI, Anees. Palestine Marks "Land Day" Amid Fresh Israeli Land Grabs. *Anadolu Agency*, 30 mar. 2016. Disponível em: <www.aa.com.tr/en/todays-headlines/palestine-marks-land-day-amid-fresh-israeli-land-grabs/546654>. Acesso em: 29 jan. 2019.

CIDADANIA E CONFLITO ÁRABE-ISRAELENSE

Trump reconhece Jerusalém como capital de Israel

O presidente Donald Trump reconheceu Jerusalém como a capital de Israel [...] e anunciou planos para reassentar a embaixada dos Estados Unidos na capital, um movimento esperado para inflamar as tensões na região e desestabilizar as perspectivas de paz.

"Hoje, finalmente, reconhecemos o óbvio: que Jerusalém é a capital de Israel. Isso não é nada mais que um reconhecimento da realidade. É também o que é certo", disse Trump no Salão Diplomático da Casa Branca. [...]

A decisão de Trump suspendeu sete décadas de política externa dos Estados Unidos, que resistiu ao reconhecimento de Jerusalém como capital de Israel antes de o conflito israelo-palestino ser resolvido. [...]

Reconhecendo as preocupações levantadas um dia antes pelos líderes árabes regionais, Trump ressaltou sua decisão reafirmando o compromisso dos Estados Unidos de ajudar israelenses e palestinos a chegar a um acordo de paz. Ele também enfatizou que seu anúncio não marcou uma mudança na política estadunidense sobre os limites dos futuros Estados israelenses e palestinos.

"Não estamos tomando posição sobre nenhuma das questões finais, incluindo o fim dos limites da soberania israelense em Jerusalém", disse Trump. "Essas questões são feitas para as partes envolvidas. Os Estados Unidos continuam profundamente empenhados em ajudar a facilitar um acordo de paz aceitável para ambos os lados."

O anúncio de Trump foi recebido calorosamente pelo primeiro-ministro israelense, Benjamin Netanyahu, que aproveitou a oportunidade para convidar outros países a se juntarem aos Estados Unidos no reconhecimento de Jerusalém como a capital de Israel.

"A decisão do presidente é um passo importante para a paz, pois não há paz que não inclua Jerusalém como a capital do Estado de Israel", disse Netanyahu.

O presidente palestino, Mahmoud Abbas, condenou e rejeitou a decisão de Trump. Em uma emissora de TV, o líder palestino disse que o movimento ajudará as organizações extremistas a travar guerras sagradas.

"Esses procedimentos também ajudam as organizações extremistas a realizarem uma guerra religiosa que vai prejudicar toda a região que está passando por momentos críticos e nos levará a guerras que nunca acabarão, sobre as quais advertimos e somos sempre levados a lutar", ele disse.

O principal negociador palestino, Saeb Erakat, disse que a decisão de Trump "desqualificou os Estados Unidos a desempenhar um papel em qualquer processo de paz".

"O presidente Trump acabou de destruir qualquer política bilateral (solução)", disse Erakat em comunicado. "Ele tomou uma ação para reconhecer Jerusalém como a capital de Israel. Isso está em total contradição com os acordos assinados entre palestinos e israelenses." [...]

DIAMOND, Jeremy; LABOTT, Elise. Trump Recognizes Jerusalem as Israel's Capital. CNN, 6 dez. 2017. Disponível em: <http://edition.cnn.com/2017/12/06/politics/president-donald-trump-jerusalem/index.html>. Acesso em: 29 jan. 2019. (Texto traduzido pelos autores.)

Mahmud Hams/Agência France-Presse

Manifestantes palestinos queimam bandeiras dos Estados Unidos e de Israel em protesto em Gaza pelo posicionamento de Trump em apoio a Israel. Foto de 2017.

1. Segundo o texto, como palestinos e judeus reagiram à declaração do governo dos Estados Unidos sobre o reconhecimento de Jerusalém como capital do Estado de Israel?

2. Que efeitos o posicionamento do governo estadunidense pode ter sobre as negociações de paz na Palestina? Debata com os colegas.

3. Em sua opinião, esse tipo de posicionamento de uma superpotência contribui ou prejudica a resolução do conflito? Justifique.

3. Afeganistão

Localizado no continente asiático, o Afeganistão faz fronteira com Irã, Turcomenistão, Usbequistão, Tajiquistão, China e Paquistão. Apesar de a maior parte de seu território ser montanhosa e árida, sua localização é considerada estratégica por constituir importante rota comercial entre a Ásia central e o sul do continente. Ao longo da história, muitos povos habitaram a região.

Afeganistão: político – 2016

Elaborado com base em: IBGE. *Atlas geográfico escolar*. 7. ed. Rio de Janeiro: IBGE, 2016. p. 47.

Durante o período da Guerra Fria, o governo do Afeganistão não se alinhou a nenhuma superpotência, ainda que se aproximasse mais da União Soviética. Sobretudo a partir dos anos 1950, diversas reformas econômicas e sociais foram promovidas no Afeganistão para incentivar o desenvolvimento do Estado secular, ou seja, com mais igualdade de direitos entre homens e mulheres, apesar da dura repressão à oposição. Porém, ao mesmo tempo que os grupos seculares de esquerda se fortaleciam no Afeganistão, grupos islâmicos se opunham às políticas que, a seu ver, visavam transformar o que entendiam como padrão cultural do país (lei islâmica).

Diante das tensões internas no Afeganistão, os Estados Unidos, com o objetivo de enfraquecer o bloco socialista representado pela União Soviética (URSS), apoiaram grupos combatentes islâmicos (*mujahidin*) que pretendiam alterar o quadro político afegão. Em resposta, a URSS invadiu o país em 1979 e muitos anos de conflitos se seguiram, com milhares de mortos e prejuízos materiais.

Em 1989, quando a URSS se retirou do Afeganistão, o país continuou a ser palco de uma guerra civil sangrenta. Em 1996, o grupo radical **Talibã** tomou o controle do governo e instituiu o Emirado Islâmico do Afeganistão. Seus integrantes impuseram para a população leis baseadas em uma interpretação rigorosa do livro sagrado do Islamismo, o Alcorão. As mulheres perderam direitos e todas as manifestações culturais diferentes do Islã foram condenadas, principalmente as ocidentais. Além das consequências sociais, diversos patrimônios históricos foram destruídos.

Dica de livro

A cidade do sol
Khaled Hosseini. Rio de Janeiro: Globo Livros, 2017.
Na década de 1970, Mariam, uma afegã de 15 anos, é obrigada a se casar com Rashid, um homem mais velho e violento. Vinte anos depois, seu marido também se casa com Laila, uma adolescente que sonha em ser independente. Apesar das diferenças geracionais e das limitações de direitos, as duas mulheres iniciam uma amizade e tentam juntas superar as mazelas que a guerra provocou em suas vidas.

Os talibãs foram acusados de estabelecer relações com o grupo terrorista **Al-Qaeda**, organização que surgiu em 1989, com o apoio dos Estados Unidos, durante o combate aos soviéticos no Afeganistão. Porém, ações estadunidenses realizadas posteriormente no Oriente Médio feriram os interesses da Al-Qaeda, que passou a se opor radicalmente ao governo dos Estados Unidos.

A principal e mais marcante demonstração dessa oposição foi o atentado, atribuído à organização (e não desmentido por ela), realizado em 11 de setembro de 2001 contra as Torres Gêmeas do World Trade Center, em Nova York, e contra o Pentágono, sede do Departamento de Defesa estadunidense. O Talibã foi acusado de esconder o líder da Al-Qaeda, Osama Bin Laden, e outros membros da organização em território afegão e também de unir forças com o grupo terrorista. Isso deu início à **Guerra do Afeganistão**, declarada pelo então presidente estadunidense George W. Bush, em outubro de 2001. Com o apoio da Aliança do Norte, organização afegã contrária ao regime talibã, os Estados Unidos enviaram boa parte de suas forças armadas para a região. Logo a Organização do Tratado do Atlântico Norte (Otan) se envolveu no conflito, ao liderar a Força Internacional de Assistência para Segurança (Isaf), criada pela ONU.

Apesar de o governo talibã ter sido deposto no final de 2001, o grupo continuou a oferecer resistência e a guerra se estendeu por anos. Osama Bin Laden foi declarado morto em 2011, após uma ação das forças armadas estadunidenses. Com o tempo, iniciou-se a retirada das tropas internacionais do território afegão e, em 2014, o presidente estadunidense Barack Obama deixou ao novo governo do país a responsabilidade de lidar com a questão, ainda que com o seu apoio.

Após tantos anos de guerra, o Afeganistão, essencialmente agrícola e com escassa oferta de água, teve sua infraestrutura devastada e um imenso número de perda de vidas. Sua economia é bastante limitada e inflacionária e sobrevive da ajuda financeira de outros países.

Mesmo sem o controle do Estado afegão, o Talibã ainda domina amplas áreas no sul do país. Outros grupos extremistas também atuam na região.

Jim Huylebroek/Bloomberg/Getty Images

Mercado de rua em Cabul, no Afeganistão, em 2018.

Diálogo com Sociologia

Poetas afegãs partilham secretamente palavras proibidas

Mursal, 22, lê sua poesia. É um verso patriótico, dedicado aos jovens que fizeram sacrifícios na guerra pelo Afeganistão. Mas, mesmo com esse assunto, ela está se arriscando: no Afeganistão, uma mulher escrever é perigoso.

"Eu nunca compartilho minha poesia com minha família porque todos desaprovam", diz Mursal, com olhos furtivos e temerosos, agarrando seu caderno como se estivesse segurando algo roubado e perigoso.

Mursal – cujo nome significa "mensageiro" – escreve poesia há quatro anos, mas mantém seu segredo bem guardado. E ela diz que alguns assuntos são completamente inacessíveis. "Eu evito escrever poesia romântica porque a sociedade não encoraja as mulheres a expressarem amor, mesmo na forma de poesia", explica. "Algumas poetas foram torturadas por escrever poesia romântica." [...]

[Outra] poeta, Toor Paikay, diz que é considerado um grande pecado para as mulheres querer uma educação ou querer tomar decisões por si mesmas. Toor é uma escritora empenhada, mas também esconde isso da família.

"A falta de segurança no meu país, violência de gênero e assassinatos de mulheres são os principais temas que exploro na minha poesia", diz ela. "Eu me concentro nas questões das mulheres porque as mulheres enfrentam muitos desafios, e seus direitos raramente são reconhecidos. Eu quero ser sua voz. Quero destacar as questões das mulheres através da minha poesia."

A poesia e a cultura *pashtu* muitas vezes fazem referência a Malalai de Maiwand, uma apoiadora da independência das mulheres que morreu em 1880 resistindo à colonização britânica. Ela continua sendo celebrada como uma heroína nacional. E, no entanto, mais de um século depois, as afegãs ainda estão lutando por sua própria independência. [...]

Sob o governo Talibã, de 1996 a 2001, as afegãs foram completamente excluídas da vida pública. Elas foram confinadas em casa e punidas por pequenas indiscrições. Após a queda dos talibãs, as mulheres começaram a voltar para a sociedade, embora ainda existam sérias limitações.

Ainda assim, algumas poetas ganharam aceitação – e até mesmo têm apoio familiar. Uma delas é Zar Lakhta Hasini, que agora prepara seu segundo livro de poesia para publicação.

"Meus professores me encorajaram quando apresentei minha poesia a eles. Então minha família começou a me apoiar. Eles me ajudaram a publicar meus poemas em jornais e revistas locais", diz Zar, que agora usa sua plataforma para estimular os direitos das mulheres, para que outras também possam escrever livremente.

SHAH, Mudassar. Afghanistan's Female Poets Secretly Share Forbidden Words. *Wordcrunch*, 11 jan. 2018. Disponível em: <www.worldcrunch.com/culture-society/afghanistan39s-female-poets-secretly-share-forbidden-words>. Acesso em: 29 jan. 2019. (Texto traduzido pelos autores.)

1. Após a leitura do texto, comente que mudanças em relação aos direitos das mulheres ocorreram na sociedade afegã durante e após o governo Talibã.

2. Com base nas observações feitas, debata com os colegas as diferenças de gênero verificadas em outros países, como o Brasil. Ao final, escreva um texto com suas considerações.

Christine-Felice Röhrs/picture alliance/Getty Images

Mursal posa em frente a seu retrato, feito pelo grupo de artistas ArtLords em Cabul, no Afeganistão. Foto de 2016.

4. Síria

A Síria localiza-se no oeste da Ásia e faz fronteira com Líbano, Iraque, Turquia, Israel e Jordânia. Nos últimos anos, ela tem sido destaque internacional devido ao conflito corrente em seu território. Segundo a ONU, essa é a maior crise humanitária da nossa era, tamanha a violência vivida pela população do país.

Síria: político – 2013

Elaborado com base em: CALDINI, Vera; ÍSOLA, Leda. *Atlas geográfico Saraiva*. 4. ed. São Paulo: Saraiva, 2013. p.134.

A ocupação do território onde se localiza a Síria é uma das mais antigas do mundo. Há milênios, muitos povos se estabeleceram na região, principalmente nos vales de planícies férteis, como o do rio Eufrates. O restante das terras é montanhoso ou desértico.

A população síria é formada por muitos grupos étnicos e religiosos. A maioria é árabe, por causa da longa ocupação do Império Otomano (século XV a 1918).

No fim da Segunda Guerra Mundial, em 1945, a Síria tornou-se independente da França, que controlava a região desde a Primeira Guerra. A partir daí, houve poucos momentos de paz, com diversos grupos lutando pelo poder.

Além disso, a Síria participou, com outros países árabes, de vários conflitos internacionais, com destaque para o combate a Israel, contexto em que formou, com o Egito e o Iêmen, a República Árabe Unida (RAU), entre 1958 e 1961.

Em 1970, sofreu um golpe de Estado e, desde então, tem sido governado pela família Al-Assad, primeiramente por Hafez al-Assad (1970-2000) e depois por seu filho, Bashar al-Assad (desde 2000). Durante a Guerra Fria, foi palco da disputa entre Estados Unidos e União Soviética, principalmente pela aproximação do governo de Hafez al-Assad com os soviéticos, que lhe forneciam muitos armamentos. Essa situação não agradou a população muçulmana mais conservadora e contribuiu para o surgimento de movimentos radicais islâmicos.

A partir de 2010, passou a ocorrer, em vários países do mundo árabe, uma série de manifestações populares contra a falta de liberdade e outras situações de opressão. Essas manifestações ficaram conhecidas como **Primavera Árabe**, assunto que será abordado no capítulo 5. A população síria também fez parte desses protestos, indo às ruas para exigir mudanças, como a legalização de partidos políticos, o combate à corrupção e o fim das prisões sem acusação. Os protestos, inicialmente pacíficos, tornaram-se violentos à medida que aumentava o impasse entre o governo e a população e também entre os diferentes povos que vivem no país. Formaram-se grupos armados contra o governo de Bashar al-Assad, instalando-se uma guerra civil violenta.

Anwar Amro/Agência France-Presse

Milhares de sírios manifestam seu apoio ao presidente Bashar al-Assad em Damasco, capital da Síria, em 2011.

Em 2012, os Estados Unidos, a União Europeia e os outros países da Liga Árabe colocaram-se contra o governo de Al-Assad, impondo sanções econômicas ao país. A oposição, reunida na Coalizão Nacional Síria, passou a ser reconhecida internacionalmente como a verdadeira líder da população síria. Em 2015, a Rússia entrou no conflito para defender o governo de Al-Assad. Mais uma vez, estadunidenses e russos se colocaram de lados opostos no campo de batalha. Diversos motivos podem estar associados ao apoio da Rússia a Assad, como a venda de armas para o governo sírio, a presença de uma base militar russa no país árabe, a busca por influência após o aumento da presença dos Estados Unidos e da União Europeia na região, uma garantia de saída estratégica para o mar Mediterrâneo, entre outros.

A situação tornou-se ainda mais complexa quando o grupo terrorista **Estado Islâmico (EI)**, fundado em 2004 como parte da rede Al-Qaeda e que rompeu com ela em 2014, utilizou-se do momento político da Síria para conquistar territórios na região e criar um Estado muçulmano sob a interpretação radical da lei islâmica (*sharia*). O Estado Islâmico proclamou um califado sobre territórios iraquianos e sírios, governado por Abu Bakr al-Baghdadi.

Califado: sistema de governo cuja liderança suprema é o califa, considerado sucessor do profeta Maomé e chefe da nação e da comunidade muçulmana, com poder de aplicar a lei islâmica interpretada em seu sentido literal (*sharia*).

O Estado Islâmico tem sido combatido por Estados Unidos e Rússia, ainda que esses dois países tenham posicionamentos diferentes quanto à permanência de Bashar al-Assad no governo. Grupos historicamente rivais também têm lutado do mesmo lado contra os radicais islâmicos, destacando-se a atuação de árabes junto aos curdos, cujos interesses sempre foram reprimidos pelos primeiros.

Em 2017, cidades importantes que estavam sob domínio do Estado Islâmico foram reconquistadas, como Mossul, no Iraque, e Raqqa, na Síria. A atuação do Estado Islâmico ficou restrita a pequenas áreas, que ainda estão no centro da luta de reconquista territorial.

Território ocupado pelo Estado Islâmico – 2015 e 2018

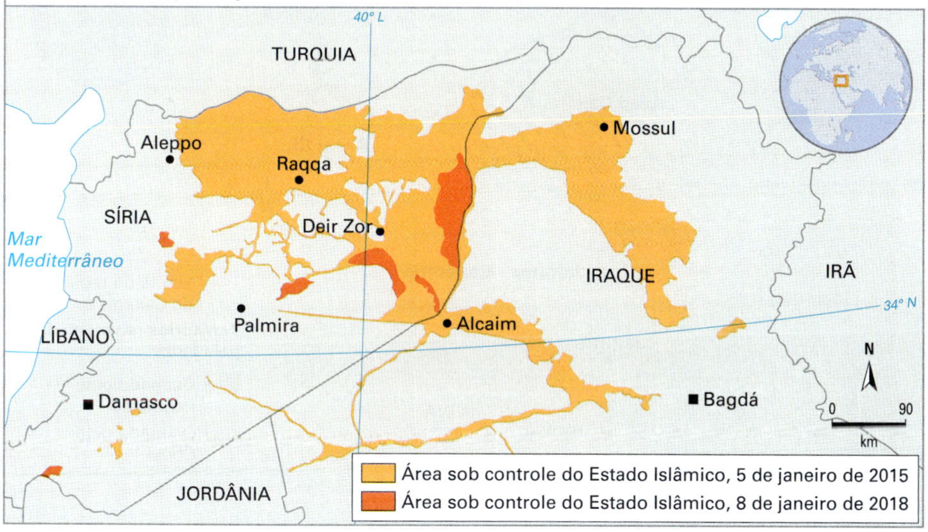

Elaborado com base em: ISLAMIC State and the Crisis in Iraq and Syria in Maps. *BBC*, 28 mar. 2018. Disponível em: <www.bbc.com/news/world-middle-east-27838034>. Acesso em: 30 jan. 2019.

Rua da cidade de Raqqa, na Síria, após ofensiva curda que garantiu a expulsão do Estado Islâmico desse território, em 2017.

Segundo o Alto Comissariado das Nações Unidas para Refugiados (Acnur), mais de 5,6 milhões de pessoas deixaram a Síria desde 2011 em direção a territórios vizinhos, como Líbano, Turquia e Jordânia. Grandes fluxos de refugiados seguiram para a União Europeia, o que gerou tensões internas e entre os países. Além disso, mais de 6,6 milhões de pessoas abandonaram suas casas e seguiram para outras regiões sírias, fugindo de conflitos. Pelo menos 13,1 milhões de habitantes passam por sérias necessidades no país, que depende de auxílio externo diante da devastação de sua infraestrutura e economia.

5. Conflito entre Paquistão e Índia

Outra região de grande disputa é a Caxemira, localizada entre Índia, China e Paquistão. Até 1947, Índia e Paquistão pertenciam ao mesmo território, dominado pelo Império Britânico. Com a independência, ocorrida naquele ano, formaram-se os dois países: a Índia, com maioria da população hindu, e o Paquistão, com predomínio muçulmano.

Índia, Paquistão e China: região da Caxemira – 2008

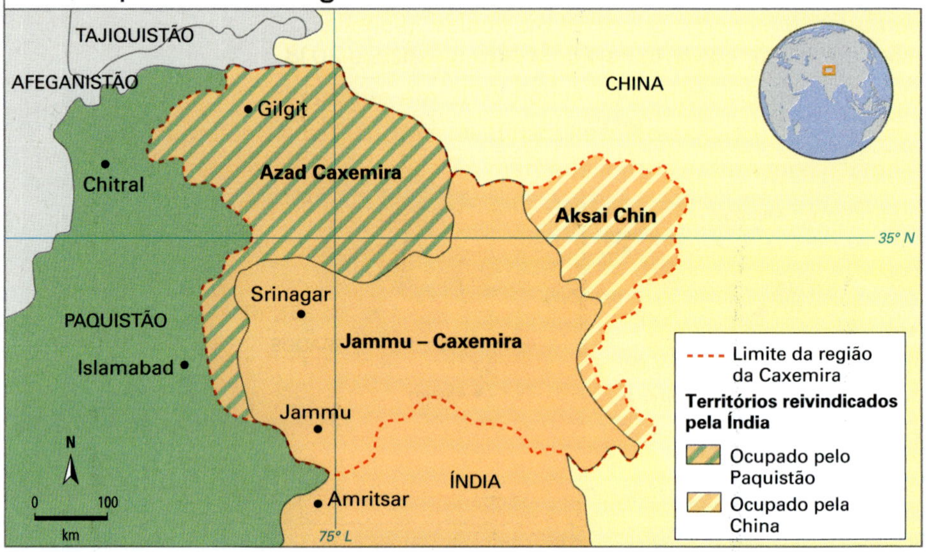

Elaborado com base em: CALDINI, Vera; ÍSOLA, Leda. *Atlas geográfico Saraiva*. 4. ed. São Paulo: Saraiva, 2013. p.145.

A região de Jammu e Caxemira, no entanto, passou a ser palco de disputa após a independência do domínio britânico. Hari Singh, marajá que a governava na época, tentou mantê-la independente, mas grupos muçulmanos (*pashtuns*) e soldados paquistaneses ocuparam o território. O marajá, em troca de ajuda, estabeleceu um acordo com a Índia, por meio do qual Jammu e Caxemira passavam a fazer parte do Estado indiano.

A Índia conseguiu recuperar grande parte do território ocupado pelos paquistaneses, mas, diante da intensificação do conflito, levou a questão à ONU em 1948. O Conselho de Segurança determinou a saída das tropas mantidas na região e a realização de um plebiscito com a população de Jammu e Caxemira, para decidir sobre o futuro da região. A ONU também estipulou o cessar-fogo entre a Índia e o Paquistão. Porém, apesar de fazerem uma trégua, os dois países acabaram não cumprindo as decisões.

Em 1962, ocorreu outro conflito na região; dessa vez, entre Índia e China. Os chineses invadiram e dominaram Aksai Chin, uma porção da Caxemira próxima às fronteiras chinesas, e avançaram sobre o estado indiano de Arunachal Pradesh, localizado na região nordeste do país. Até hoje essas fronteiras estão em disputa e a China alega que a região faz parte do Tibete chinês.

Em 1965 e 1971, Paquistão e Índia entraram novamente em guerra. No ano de 1971, aproveitando-se de uma guerra civil paquistanesa, a Índia atacou o país vizinho. Após muitos danos materiais e perdas de vidas humanas, o Paquistão saiu derrotado e ainda viu parte de seu território (Paquistão Oriental) tornar-se independente e formar o Estado de Bangladesh, com o apoio indiano. Em 1972, Índia e Paquistão assinaram o Tratado de Simla, comprometendo-se a buscar solução pelo diálogo.

A disputa entre os dois países, no entanto, não cessou. Em 1984, a Índia dominou o glaciar de Siachen, e, desde 1989, o governo indiano tem acusado o Paquistão de promover a violência na região ao patrocinar grupos separatistas. Os paquistaneses, por sua vez, alegam que a atuação desses grupos envolve apenas revolta da população local, descontente com o governo indiano.

Asif Hassan/Agência France-Presse

Paquistaneses em protesto contra indianos na Caxemira, em Karachi, no Paquistão, em 2018.

Em 1999, um novo episódio de tensão entre paquistaneses e indianos alarmou o mundo – a Guerra de Kargil, ocorrida no distrito de mesmo nome na Caxemira. O Paquistão avançou sobre a região e, segundo informações da Central de Inteligência Americana (CIA), estava disposto a utilizar suas armas nucleares. A defesa indiana e a pressão estadunidense fizeram com que os paquistaneses recuassem.

Diante da indefinição das fronteiras entre esses países até os dias de hoje, ataques de ambas as partes têm sido cada vez mais frequentes, ainda que seus governos tenham assinado uma trégua em 2003. Assim como na região palestina, os conflitos entre Paquistão e Índia envolvem o interesse no domínio de recursos naturais como a água, uma vez que o território da Caxemira é formado por rios importantes para a população local, como o rio Indo.

Região da Caxemira: duas potências nucleares frente a frente – 2009

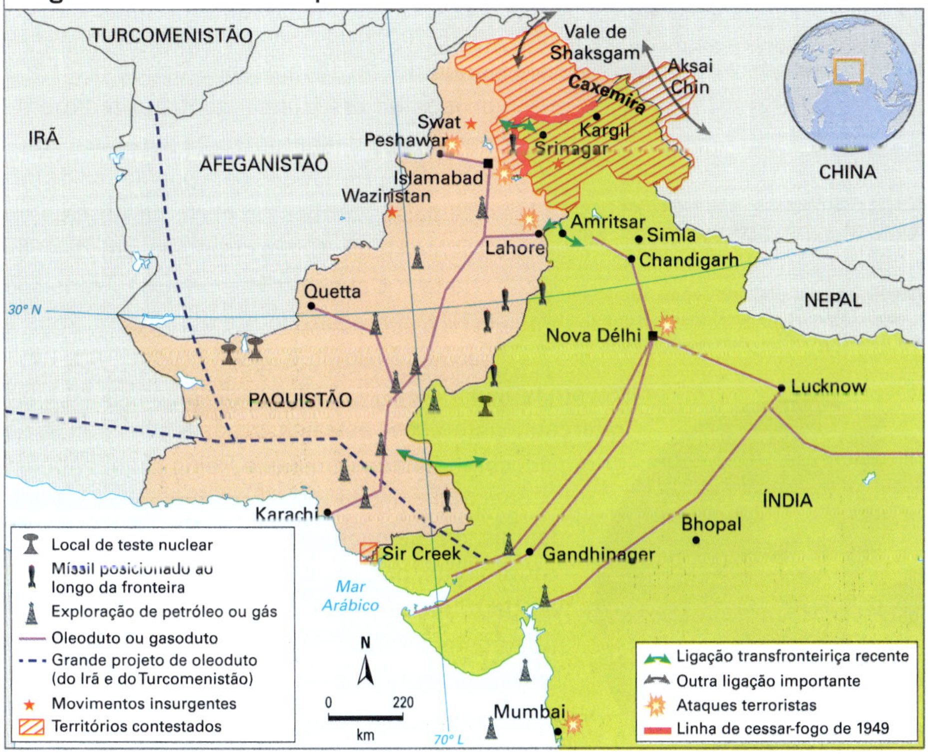

Banco de imagens/Arquivo da editora

Elaborado com base em: COLIN, Armand. *L'Atlas du monde diplomatique 2010*. Paris: Armand Colin, 2009. p. 138.

6. Líbia

Localizada no norte do continente africano, a Líbia faz fronteira terrestre com Egito, Sudão, Chade, Níger, Argélia e Tunísia. Observe o mapa.

Líbia: político – 2013

Elaborado com base em: CALDINI, Vera; ÍSOLA, Leda. *Atlas geográfico Saraiva*. 4. ed. São Paulo: Saraiva, 2013. p. 148.

Líbia: renda nacional bruta *per capita* – 2002-2011

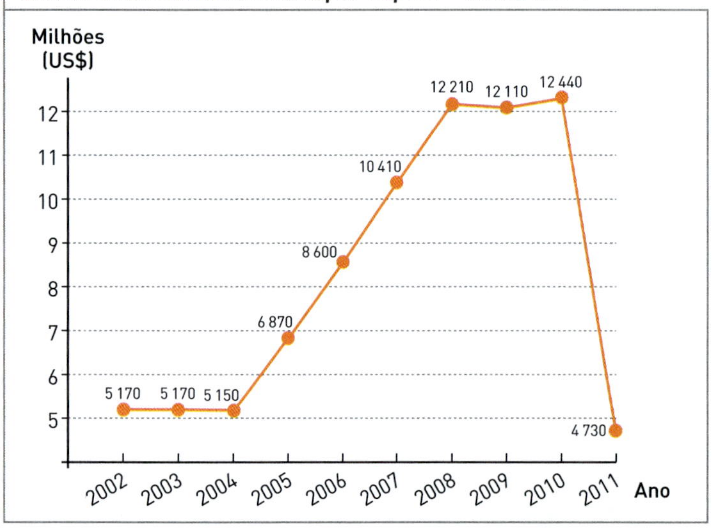

Elaborado com base em: THE WORLD Bank. GNI per Capita, Atlas Method (Current US$). Disponível em: <https://data.worldbank.org/indicator/NY.GNP.PCAP.CD>. Acesso em: 30 jan. 2019.

Muanmar Kadafi (1942-2011) foi o chefe de Estado que permaneceu por mais tempo no poder líbio. Em 1969, por meio de um golpe de Estado, assumiu o governo e se manteve no poder por 42 anos (1969-2011). Nesse período, conseguiu estabilizar as relações com diversas lideranças locais do país. Estima-se que havia mais de uma centena de clãs e tribos no território líbio, que, de algum modo, aceitaram o domínio de Kadafi.

Um dos motivos que explicam sua permanência no poder por tanto tempo é a elevada quantia de recursos econômicos provenientes da venda de petróleo. Durante seu governo, a Líbia avançou em alguns setores sociais e seu IDH tornou-se alto. Em contrapartida, Kadafi foi acusado de concentrar riquezas em benefício próprio, além de fornecer recursos financeiros para que seus aliados no país vivessem com elevada qualidade de vida. Enquanto isso, a maioria da população sofria restrições econômicas, sociais e de expressão.

A repressão vivida pela população líbia ao longo de décadas acabou dando origem a grupos de resistência contra o regime de Kadafi, que ganharam força durante os movimentos promovidos pela população de outros países árabes no norte da África e no Oriente Médio. Como resultado, em 2011, foi criado o Conselho Nacional de Transição (CNT), composto de membros contrários à permanência de Kadafi no poder, e a Líbia entrou em uma guerra civil. A Otan realizou ações na Líbia reforçando interesses estratégicos de alguns países na região, como Estados Unidos e Reino Unido. Apesar das boas relações de Kadafi com as potências ocidentais, o prolongamento do conflito líbio não era conveniente, pois elevava, por exemplo, os preços do petróleo no mercado internacional, uma vez que existem importantes reservas desse recurso no país árabe.

Muanmar Kadafi durante uma conferência realizada em Sirte, na Líbia, em 2007.

Na sua captura, Muanmar Kadafi foi assassinado. Em setembro de 2011, o CNT foi reconhecido pela ONU como um governo legítimo para os líbios.

Facções de rebeldes tentaram derrubar o novo governo, e o Estado Islâmico dominou a cidade de Sirte até 2016. Em 2018, mantinha controle em algumas áreas do país, como Trípoli e Barqa.

Diálogo com História

Entenda a sharia, lei islâmica que vai ser adotada na Líbia pós-Kadhafi

O Conselho Nacional de Transição responsável pela formação do novo governo da Líbia, após a morte do ditador Muanmar Kadhafi, anunciou que o país adotará a sharia (lei islâmica) como fonte da legislação, o que provocou o temor de países ocidentais de que o país se volte para o extremismo religioso.

[...]

O debate sobre a adoção da sharia ou de um sistema secular (não religioso) voltou à tona este ano [2011], após a onda de levantes no mundo árabe que já derrubou regimes ditatoriais na Líbia, Tunísia e Egito e ajudou partidos muçulmanos a chegarem no poder.

Criada centenas de anos após a morte do profeta Maomé, o sistema de leis é o mesmo que rege todos os outros aspectos da vida de um muçulmano. [...]

A lei é baseada no Alcorão, o livro sagrado do Islamismo, e na biografia do profeta Maomé, considerado o mais devoto dos seguidores, cuja vida inspirou estudiosos a reunirem os princípios, conhecidos como "hadith".

Interpretações

De acordo com um relatório do Council of Foreign Relations, como cada local tenta conciliar os costumes locais com o Islã, a literatura "hadith" se desenvolveu em diferentes escolas, como a sunita e xiita, que se diferenciam pelo peso que cada uma aplica à forma como a sharia e interpretada.

Casamento e divórcio são os aspectos mais significativos da sharia, enquanto leis criminais são os mais controversos. De acordo com o xeque Ahmad Mazlloum, penas impostas em alguns países como chicotear uma mulher por aparecer sem a vestimenta adequada em público não estão no conjunto de leis, e se tratam de uma interpretação particular. "Penas desse gênero são penas duras para crimes considerados hediondos, como assassinato, adultério", diz.

[...]

Há diferentes categorias de ofensas na sharia. Aquelas que têm punição prescrita no Alcorao, chamadas de "hadd", são: sexo fora do casamento e adultério, falsas acusações de ato sexual infiel, consumo de vinho (que pode se estender a todo tipo de bebida alcoólica), roubo e assalto em estradas. As penas para essas ações incluem chicotadas, apedrejamento, amputação, exílio ou execução.

ENTENDA a sharia, lei islâmica que vai ser adotada na Líbia pós-Kadhafi, *G1*, 26 out. 2011. Disponível em: <http://g1.globo.com/revolta-arabe/noticia/2011/10/entenda-sharia-lei-islamica-que-vai-ser-adotada-na-libia-pos-kadhafi.html>. Acesso em: 31 jan. 2019.

1. Qual é o significado da *sharia*?

2. Em sua opinião, que relação se pode estabelecer entre a *sharia* e os conflitos na Líbia?

7. Nigéria

Situada no centro-oeste do continente africano, a Nigéria faz fronteira terrestre com Benin, Níger, Chade e Camarões. Observe o mapa.

Nigéria: político – 2013

Elaborado com base em: CALDINI, Vera; ÍSOLA, Leda. *Atlas geográfico Saraiva*. 4. ed. São Paulo: Saraiva, 2013. p. 148.

Governos democráticos, governos militares e terrorismo estão presentes na história recente nigeriana. Atualmente, o grupo **Boko Haram** e os pastores muçulmanos *fulani* realizam atentados que causam conflitos e perdas de vidas humanas em áreas do norte da Nigéria, Camarões, Chade e Níger. Perseguição religiosa, expulsão de moradores, assassinatos e sequestros são exemplos de ações realizadas por esses grupos.

Segundo as regras do Boko Haram, mulheres não podem estudar e as escolas islâmicas devem ser restritas aos homens. Esses princípios se apoiam na *sharia*, que também ocorre em outros países, como vimos.

Nigéria: mortes por grupos extremistas – 2017

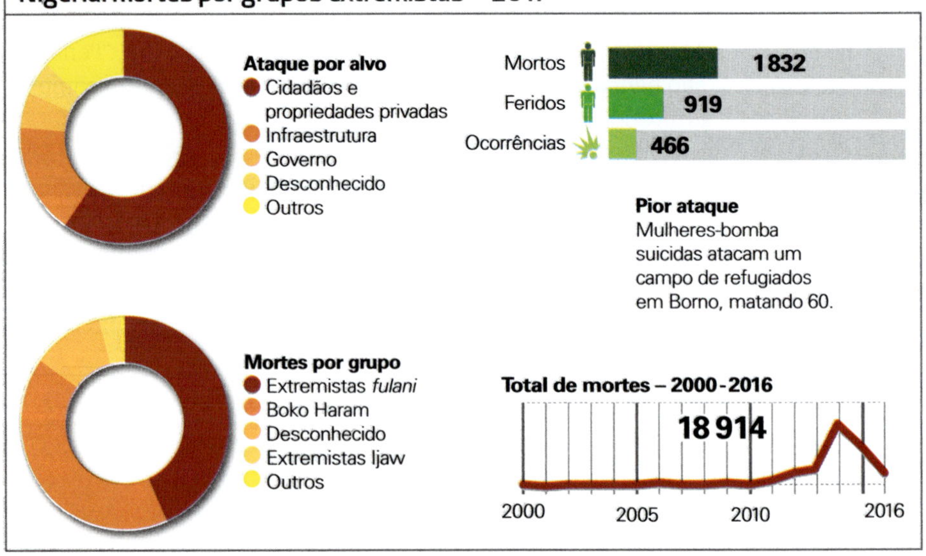

Elaborado com base em: UNIVERSITY of Maryland. Institute for Economic and Peace. *Global Terrorism Index 2017*, p. 24. Disponível em: <http://visionofhumanity.org/app/uploads/2017/11/Global-Terrorism-Index-2017.pdf>. Acesso em: 31 jan. 2019.

8. Sudão

Localizada no nordeste da África, a República do Sudão foi, até sua partição em dois Estados independentes em 9 de julho de 2011, o país africano com maior território. Apresenta uma extensa faixa desértica, com clima continental tropical, o que dificulta a presença humana nessas áreas. Apesar disso, tem sido rota de passagem da população de países vizinhos envolvidos em guerras, muitas vezes servindo de asilo. É também importante rota africana da peregrinação muçulmana para Meca e do comércio trans-saariano. Os migrantes também desempenham um papel vital no desenvolvimento agrícola do país e na construção de redes comerciais entre a África e a península Arábica.

Sudão e Sudão do Sul: político – 2013

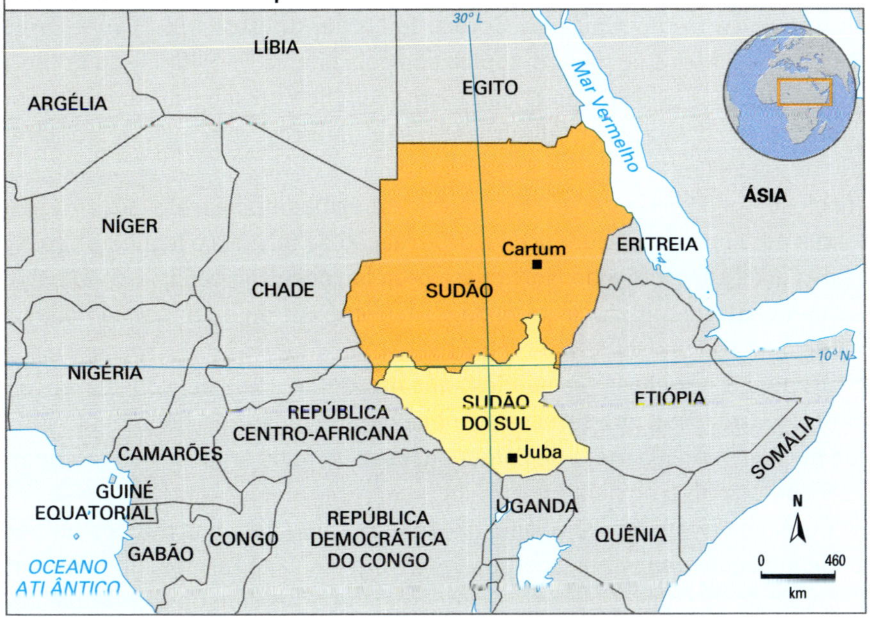

Banco de imagens/Arquivo da editora

Elaborado com base em: CALDINI, Vera; ÍSOLA, Leda. *Atlas geográfico Saraiva*. 4. ed. São Paulo: Saraiva, 2013. p. 148.

Em 1989, por meio de um golpe de Estado, Omar Hassan Ahmad al-Bashir se tornou presidente do Sudão. Desde então, milícias governamentais e grupos de guerrilhas buscam assumir o governo sudanês.

O Movimento Popular de Libertação do Sudão (MPLS) é o principal grupo de guerrilha que atua no país. A Guerra Civil Sudanesa (1983-2005) garantiu a esse grupo posições no governo sudanês e também o controle de regiões do sul do território.

Albert Gonzalez Farran/Agência France-Presse

Soldados do Movimento Popular de Libertação do Sudão na sede do grupo, em Juba, capital do Sudão do Sul, em 2017.

Táticas de guerrilha que envolvem mortes e perseguições são bastante utilizadas e, muitas vezes, apoiadas pelo Estado Islâmico. Um acordo de paz entre o governo de Omar Hassan Ahmad al-Bashir e o MPLS foi assinado em 2002 no Quênia. Esse acordo previa um referendo para o ano de 2011 para legitimar a partilha do território e a formação de um novo Estado, mas não abordava a questão da exploração do petróleo, motivo para os enfrentamentos na região.

Em janeiro de 2011, a maioria dos sudaneses votou a favor da independência do sul, que se constituiu, então, em um novo país, o Sudão do Sul. Os conflitos entre norte e sul, no entanto, permanecem no tocante à delimitação das fronteiras, especialmente na região de Abyei e Darfur, e ao compartilhamento da riqueza do petróleo.

9. Coreia do Norte: volta da Guerra Fria?

A República Democrática da Coreia do Norte, fundada em 1948, é um dos países mais fechados do mundo, controlado pela família Kim. Kim Il-sung comandou o país de 1948 a 1994. Posteriormente, seu filho Kim Jong-il assumiu o poder e governou de 1994 a 2011. Atualmente, seu neto Kim Jong-un se mantém no poder desde 2011.

Explosões de minas terrestres, testes de armas nucleares, lançamento de satélites para observação em órbita, propagação de mísseis e foguetes são algumas das ações da Coreia do Norte para projetar poder no cenário internacional. Essa demonstração de força externa visa, entre outras questões, ampliar sua influência no sudeste da Ásia.

Para alguns estudiosos, a política externa de Kim Jong-un é considerada um retorno à Guerra Fria, que seria reafirmada por ameaças de acionamento de "um botão nuclear" em sua mesa de comando. Esse comportamento levou a constantes sanções da ONU ao país.

A Coreia do Norte também já foi considerada violadora dos direitos humanos e condenada por rupturas de acordos de não agressão por armas. Por isso, o país está impedido de comercializar seus recursos naturais com os demais países do sistema internacional. Como resposta ao sistema da ONU, a Coreia solicitou que os Estados Unidos também fossem punidos por violações. Além disso, seu líder Kim Jong-un ameaçou o país norte-americano com discursos públicos de lançamento de mísseis contra bases militares estadunidenses.

// Parada militar em Pyongyang, capital da Coreia do Norte, em 2018.

Kyodo News/Getty Images

Além das tensões com os Estados Unidos, a Coreia do Norte tem uma rivalidade histórica com a Coreia do Sul – os dois países foram separados no contexto da Guerra Fria. Apesar desse conturbado cenário externo, recentemente houve uma reaproximação das duas Coreias, o que pode aliviar as tensões na faixa de fronteira entre os dois países, como verificado na seção *Em foco*, no início deste capítulo.

E no Brasil?

O Brasil nas operações de paz

A esfera da paz internacional apresenta-se como uma dimensão natural para a inserção brasileira mais qualificada no cenário internacional. Dentre as razões para isso, destacam-se, por exemplo: (1) a última guerra em que o país se envolveu foi a Segunda Guerra Mundial; (2) o Brasil possui fronteiras definidas e não disputadas desde o início do século XX; (3) o país tem uma relação pacífica com o seu entorno estratégico e a última guerra com uma mobilização massiva de tropas, contra um país vizinho, foi durante a Guerra do Paraguai no século XIX; (4) apesar de frequentemente esquecido, o Brasil é um membro fundador da ONU, uma organização cuja razão de existir é a construção da paz no cenário internacional; e (5) a política externa brasileira pauta-se, tradicionalmente, pela não intervenção, pela defesa da paz e pela solução pacífica dos conflitos, o que se encontra definido entre os princípios fundamentais das relações internacionais do Brasil no art. 4º da sua Constituição Federal.

Não por acaso, o país é um longevo participante das operações de paz. Apesar de ter, na maior parte do tempo, uma contribuição muito pequena, o Brasil integra os esforços de paz da ONU desde a primeira operação de paz colocada em prática em 1948 e esteve presente em 50 das 71 operações de paz autorizadas até hoje. Isso representa um grau de participação de quase 70%. Em termos gerais, é possível dividir tal participação em quatro fases: (1) de 1957 a 1967; (2) de 1968 a 1988; (3) de 1989 a 2004; e (4) de 2004 em diante.

As duas primeiras ocorreram durante o período da Guerra Fria. Na primeira fase, o Brasil contribuiu com pequeno número de militares enviados a locais como a República do Congo e a fronteira entre a Índia e o Paquistão. Nessa fase, a maior contribuição foi enviada ao Suez na segunda metade da década de 1950 (Unef I). A segunda fase, por outro lado, caracteriza-se por um desengajamento brasileiro das operações de paz. Vivendo uma ditatura militar, o país distanciou-se das instituições internacionais multilaterais, e com a ONU isso não foi diferente.

As duas últimas fases ocorreram já no período pós Guerra Fria. A terceira, de 1989 a 2004, iniciada após o processo de redemocratização no país, é marcada por um retorno às operações de paz. Nesse período, o Brasil integrou as operações enviadas a locais como El Salvador e Moçambique, devendo-se destacar a participação na missão de paz em Angola (Unavem III) durante a segunda metade da década de 1990. A quarta e última fase inicia-se em 2004 com a participação brasileira na missão de paz no Haiti (Minustah). Desse momento em diante, o país não só aumentou o número de militares enviados ao terreno, chegando a figurar em 2012 como o 11º maior provedor de tropas para as operações da ONU, como também passou a assumir maiores responsabilidades com a paz internacional.

Dentre essas responsabilidades, mencionam-se: (1) a indicação sucessiva de um oficial general brasileiro para a função de comandante da componente militar (Force Commander) da Minustah, desde o início da missão em 2004; (2) a ocupação do cargo de Diretor para Parcerias Estratégicas em Manutenção da Paz no Departamento de Operações de Paz e Apoio ao Terreno da ONU; (3) a indicação, em 2013, de um oficial general brasileiro como Force Commander da Missão da ONU na República Democrática do Congo (Monusco), a maior em atividade no momento, que inclui uma brigada de intervenção com mandato para realizar ações ofensivas para neutralizar grupos armados de oposição ao Estado central; e (4) a liderança, desde 2011, da Força-Tarefa Marítima da Força Interina da ONU no Líbano (Unifil), a primeira e única operação de paz a incluir em seu mandato um componente especificamente marítimo.

Perante esse quadro, pode-se ter a impressão de que o país tem uma inserção qualificada na esfera da paz internacional. Um olhar mais atento, porém, permite observar o quanto a mesma é míope e subalterna. Por um lado, é míope, pois o Brasil pauta a sua inserção no mero envio de tropas ao terreno para conter as expressões mais superficiais da violência, sem contribuir de forma relevante para reduzir a violência estrutural, evidenciada por condições políticas, econômicas e sociais injustas, que estão nas raízes mais profundas dos conflitos. Isso mostra uma visão de paz limitada, militarizada, e sobretudo questionável do ponto de vista da construção de uma paz sustentável. Por outro lado, a inserção é subalterna, pois o Brasil se submete ao papel que lhe é reservado nas operações de paz enquanto instrumento da manutenção de uma ordem internacional (neo)liberal. Dentro dessa lógica instrumental, não é coincidência o fato dos países do Norte Global serem os principais tomadores de decisão e financiadores do processo, e os países do Sul Global seus principais operacionalizadores. Ao inserir-se acriticamente dentro desta distribuição internacional de trabalho relativamente à construção da paz internacional, o país não só participa ativamente na reprodução da sua própria subalternidade, como também, o que é ainda mais grave, assume tal subalternidade com indisfarçável ufanismo e entusiasmo. [...]

BLANCO, Ramon; OLIVEIRA, Gilberto. O Brasil como um ator singular na paz internacional. *Le Monde diplomatique*, 22 nov. 2017. Disponível em: <https://diplomatique.org.br/o-brasil-como-um-ator-singular-na-paz-internacional/>. Acesso em: 31 jan. 2019.

Paulo Lopes/ZUMA Wire/Alamy/Fotoarena

Soldados brasileiros em missão da ONU no Haiti retornam a São Paulo (SP), em 2017, após o fim da missão de paz.

1. Quais argumentos presentes no texto qualificariam o Brasil como um ator importante no cenário internacional?
2. Em sua interpretação, o ponto de vista dos autores sobre a inserção do Brasil nas missões de paz está correto? Justifique.

Reconecte

Produção textual e de linha do tempo

1. Em sua opinião, quais são os motivos mais relevantes que levam a conflitos entre países? Escreva um texto para justificar sua resposta, citando alguns exemplos de conflitos estudados neste capítulo.

2. Organize uma linha do tempo com os conflitos citados no capítulo. Ilustre-a com imagens de momentos que considera marcantes de cada um deles.

Debate

3. Em grupo, escolham um dos agentes envolvidos na Guerra da Síria (governo de Bashar al-Assad, Estados Unidos, Rússia, Estado Islâmico, população árabe, curdos e outros) e pesquisem quais eram seus interesses e como foi sua participação no conflito. Após a pesquisa, organizem um debate com toda a turma, de modo a confrontar os interesses de cada agente envolvido no conflito, e explicitem as relações estabelecidas entre eles nesse contexto.

Interpretação de charge

4. Observe as charges a seguir. Explique o que cada uma delas diz sobre o conflito entre israelenses e palestinos.

Charge de Ben Sargent, 2000.

Charge de Ben Sargent, 2006.

Elaboração de quadro comparativo

5. Em grupo, selecionem dois conflitos recentes e façam um quadro comparativo entre eles. Procurem apontar semelhanças e diferenças, causas, os agentes envolvidos e consequências para a população e para os governos dos países envolvidos. Depois, exponham aos demais colegas.

Elaboração de mapa temático

6. Em dupla, representem em um mapa mudo (em branco) as regiões e/ou os países envolvidos nos conflitos da atividade anterior. Selecionem a melhor forma de representação dos dados (pontos, linhas ou polígonos), como o avanço e recuo de áreas dominadas, vias e rotas estratégicas, intervenções distantes, missões realizadas, principais núcleos urbanos atingidos, entre outros elementos que forem considerados relevantes. Não se esqueçam de organizar a legenda.

Análise de mapa e pesquisa

7. Observe no mapa ao lado diferentes pontos e zonas de tensão no interior da Índia e nas fronteiras desse país com seus vizinhos.

a) De que maneira as tensões estão distribuídas no território indiano?

b) Escolha uma das zonas de conflito da Índia com seus vizinhos. Com base no que estudou no capítulo e em uma pesquisa na internet, faça um resumo sobre as principais informações a respeito do conflito escolhido.

Tensões e conflitos relacionados ao território indiano – 2009

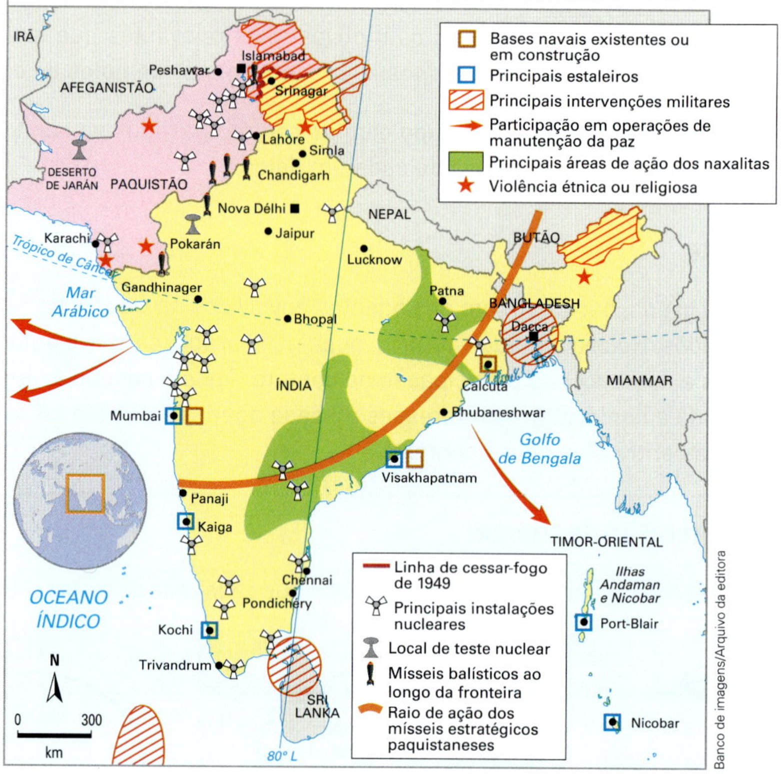

Elaborado com base em: LE MONDE Diplomatique. *L'Atlas un monde à l'envers*, 2009. p. 212-213.

Resumo

- Conflitos entre países possuem causas distintas. Em geral, os conflitos partem de problemas políticos, mas podem também estar relacionados à intolerância religiosa, ao acesso a recursos naturais e a violações de direitos humanos.
- As tensões entre israelenses e palestinos são históricas e se agravaram após a criação do Estado de Israel. Desde então, os dois povos protagonizaram diversas guerras, que parecem longe de terminar.
- Os atentados promovidos pelo grupo terrorista Al-Qaeda contra os Estados Unidos foram emblemáticos para a geografia política internacional, pois desencadearam uma série de ações do governo estadunidense e de aliados na guerra contra o terror.
- A guerra na Síria voltou a colocar Estados Unidos e Rússia em lados opostos. O país tornou-se palco de um longo e sangrento conflito que destruiu regiões inteiras e levou à morte e ao refúgio milhões de pessoas.
- O Paquistão e a Índia disputam, desde sua independência, a região da Caxemira, com motivações que envolvem o acesso a recursos naturais, como a água. Situações de conflito são frequentes entre esses países.
- Desde a conquista de suas independências, muitos países africanos passaram a vivenciar longas e intensas guerras civis, agravadas por governos ditatoriais e, em alguns casos, pela atuação de grupos extremistas como o Estado Islâmico.
- As tensões que envolvem a Coreia do Norte remontam ao período da Guerra Fria. Nos últimos anos, o líder coreano tem preocupado a comunidade internacional com a realização de testes nucleares com fins bélicos.

Globalização e cidadania

As transformações verificadas na ordem internacional nos últimos 150 anos evidenciam o quanto a ideia de que os territórios são delimitados pela natureza, e de que esses limites são imutáveis, é equivocada. Afinal, muitas fronteiras já foram modificadas. No último século, essas fronteiras se reconfiguraram intensamente depois de dois conflitos mundiais de grandes proporções, a partir dos quais antigos aliados colocaram-se em lados opostos, vindo a se tornar duas superpotências, uma capitalista e outra socialista. Nessa disputa, buscaram ampliar seu poder com base em uma guerra de influências, demonstrações de superioridade e ameaças, com pontos de conflito nas fronteiras que separavam o mundo bipolar.

Quando tal ordenamento deixou de existir, tensões civis e internacionais, antes abafadas pela iminência de um ataque nuclear, fervilharam em várias regiões. Países deixaram de existir e novas fronteiras foram criadas, com novas divisões de antigos territórios. Em muitos casos, no entanto, essas regiões continuaram a ser palco de conflitos ainda não solucionados.

As motivações de tantos impasses mesclam, na maioria das vezes, mais de uma causa: política, religiosa, cultural, posse de recursos naturais, violação de direitos humanos, entre outras. A cada situação, os países se rearranjam sob diferentes realidades políticas.

Em um mundo onde as redes e os fluxos tornam-se cada vez mais complexos e no qual a interdependência exige maior cooperação política em favor da coletividade, foram criadas instâncias para a promoção do diálogo multilateral, entre as quais destaca-se a Organização das Nações Unidas. Em vez de questionar a soberania de cada um deles, essa instituição de governança representa enorme esforço para a minimização dos impasses internacionais.

O mundo globalizado de hoje é integrado, mas também fragmentado. A Geografia Política internacional evidencia o quanto as relações materiais e imateriais são construídas socialmente, mesmo que se perpetuem por séculos. Neste primeiro quarto de século, a ordem internacional será reflexo de seus agentes.

Marco Di Lauro/Getty Images

Grafite do artista Banksy em Abu Dis, na Palestina. Foto de 2005. Durante a segunda Intifada, em 2002, o ministro israelense Ariel Sharon iniciou a construção de um muro para separar Israel dos territórios palestinos da Cisjordânia. Embora tenha ajudado a reduzir o número de israelenses mortos em atentados, esse muro afeta a vida dos palestinos e dificulta a possibilidade de paz na região.

Repercutindo

Leia os textos a seguir e responda às questões.

Texto 1

Limites e fronteiras

Diariamente, em todas as fases de nossa existência, somos confrontados com a noção de limite: traçamos limites ou esbarramos em limites. Entrar em relação com os seres e as coisas é traçar limites ou se chocar com limites. Toda relação depende da delimitação de um campo, no interior do qual ela se origina, se realiza e se esgota.

[...] De fato, desde que o homem surgiu, as noções de limites e de fronteiras evoluíram consideravelmente, sem, no entanto, nunca desaparecerem. É evidente que os significados do limite variaram muito no decorrer da História. Não há por que se admirar, pois o limite é um sinal ou, mais exatamente, um sistema sêmico utilizado pelas coletividades para marcar o território: o da ação imediata ou o da ação diferenciada. Toda propriedade ou apropriação é marcada por limites visíveis ou não, assinalados no próprio território ou numa representação do território: plano cadastral ou carta topográfica. Toda função é também marcada por limites frouxos ou rígidos que determinam sua área de extensão ou de ação. Nesse caso, os limites estão em estreitas relações com o trabalho, portanto com o poder. Limites de propriedade e limites funcionais podem coincidir, superpondo-se, ou, ao contrário, se recortarem. Mas vê-se logo que, na qualidade de sistema sêmico, os limites são utilizados para manifestar os modos de produção, isto é, para torná-los espetaculares. O limite cristalizado se torna então ideológico, pois justifica territorialmente as relações de poder.

[...] [Limites ou fronteiras] Participam de todo projeto sociopolítico ou socioeconômico e é por intermédio desses projetos que é conveniente situá-los. Constituem uma dimensão que nunca está ausente, pois não concernem somente ao invólucro espaço-temporal, isto é, toda classificação é estruturada por limites. Nesse caso, o termo "classificação" deve ser tomado no sentido mais genérico, no sentido de partição de qualquer conjunto. Sem partições o poder não tem nenhuma referência, nenhuma estrutura, pois não saberia mais como se exercer. Na famosa fórmula "dividir para reinar", encontra-se essa preocupação. O exercício do poder implica a manipulação constante da oposição continuidade *versus* descontinuidade. O jogo estrutural do poder conduz a assegurar ora a continuidade, deslocando os limites, ora a provocar a descontinuidade, criando novos limites. Não é excessivo pretender que o poder, para se manter ou se reorganizar, tem necessidade de se apoiar sobre esse jogo geométrico dos limites. É um jogo paradoxal, permanente.

Não, os limites não são nem inocentes, nem naturais, muito menos arbitrários. Ainda não nos persuadimos o bastante disso. Eles fazem parte do nosso jogo de reprodução social: produção, troca, consumo. A reprodução social não sendo, enfim, nada mais do que a territorialidade, pois os limites são vividos, consumidos. [...]

Eis o porquê de a territorialidade constituir um obstáculo para as divisões. Sendo "convencionais", tais divisões nem sempre são satisfatórias do ponto de vista existencial. Quando a malha é "desejada" por um poder, este se esforça por escolher o sistema que melhor corresponda ao seu projeto, pronto a transformar a existência daqueles que a ele estão submetidos, a menos que estes recuperem seu poder para se oporem ao outro poder. Todo período de crise, toda insurreição, toda revolução se traduzem por modificações mais ou menos fortes nos sistemas de limites. Isso se torna a nova quadriculação na qual se instaura, por bem ou por mal, uma nova territorialidade. Toda mudança de malha implica uma nova estrutura de poder. [...]

RAFFESTIN, Claude. *Por uma geografia do poder*. São Paulo: Ática, 1993. p. 164-170.

1. Por que se afirma que o exercício de poder envolve uma manipulação constante de continuidade e de descontinuidade?
2. Qual é a definição de limite apresentada no texto?
3. Debata com os colegas sobre contextos políticos atuais nos quais as definições de limite e fronteira feitas pelo autor se aplicam, por exemplo, em conflitos internacionais.

Cesar Diniz/Pulsar Imagens

Estacionamento para bicicletas em São José dos Campos (SP), em 2018. A noção de limite está presente em várias situações cotidianas.

Texto 2

Os 100 Dias

No verão de 2014, ao longo de 100 dias, o Estado Islâmico do Iraque e do Levante (ISIS) transformou a política do Oriente Médio. Combatentes jihadistas combinaram fanatismo religioso e *expertise* militar para alcançar vitórias espetaculares e inesperadas contra forças do Iraque, da Síria e dos curdos. O ISIS chegou a controlar a oposição sunita aos governos de Bagdá e Damasco e se espalhou por toda parte, do Curdistão do Iraque à fronteira desse país com o Irã e às periferias de Aleppo, maior cidade síria. Durante essa rápida ascensão, agiu como que intoxicado por seus próprios triunfos. Não se preocupou com a expansão de sua lista de inimigos, que passou a incluir nações como os Estados Unidos e o Irã. [...]

O Iraque e a Síria chegaram à beira da desintegração quando suas diversas comunidades – xiitas, sunitas, curdos, alawitas e cristãos – perceberam que precisavam lutar por sua própria existência. Ao exigir obediência sem perdão à sua variante particular e exclusiva do Islã, o ISIS matou ou forçou a fuga de todos aqueles que rotulou como "apóstatas" e "politeístas" ou que simplesmente se colocaram contra seu domínio. [...] A data crucial foi 10 de junho de 2014, quando o ISIS capturou Mosul, capital do norte do Iraque, após quatro dias de luta. Em 23 de setembro, os EUA ampliaram o uso de força militar na Síria, para prevenir a expansão dos jihadistas. Nos 105 dias que separaram os dois eventos, o ISIS avançou sobre o Iraque e a Síria, derrotando com facilidade inimigos superiores em número e melhor equipados. Como seria de se esperar, atribuiu esses sucessos à intervenção divina.

Em contraste, o governo iraquiano dispunha de um exército com 350 mil soldados, no qual havia investido 41,6 bilhões de dólares, entre 2011 e 2014. Porém, essas forças derreteram sem resistência significativa. [...] Em duas semanas, as áreas do oeste do Iraque não controladas pelos curdos passaram às mãos do ISIS, que, no fim do mês, anunciou a criação de um Califado, que avançava profundamente no Iraque e Síria.

Seu líder, Abu Bakr al-Baghdadi, afirmou tratar-se de "um Estado onde árabes e não árabes, homens brancos e negros, orientais e ocidentais são todos irmãos... A Síria não é para os sírios e o Iraque não é para os iraquianos. A Terra é de Alá".

As palavras de Al-Baghdadi revelavam uma intoxicação pela vitória militar que foi crescendo à medida que seus homens enfrentaram e derrotaram oponentes na Síria e no Curdistão iraquiano. Em agosto, a ameaça do ISIS à capital curda, Erbil, deflagrou ataques aéreos dos Estados Unidos no interior do Iraque, que foram mais tarde estendidos à Síria, em 23 de setembro. [...] O ISIS recuou para táticas de guerrilhas, já não esperando desencadear um ataque devastador contra o presidente sírio, Bashar al-Assad, os curdos sírios ou outros grupos rebeldes sírios contra os quais combatia na guerra civil desde janeiro de 2014. [...]

O fato de o governo apoiar-se em milícias sectárias para defender a capital foi um sinal de colapso das forças de segurança do Estado e do exército. [...] O Iraque parecia estar escorregando na beira de um abismo, no qual massacres e contramassacres sectários seriam comparáveis aos da guerra civil entre sunitas e xiitas, em 2006 e 2007.

Os 100 dias do ISIS em 2014 marcaram o fim de um período particular na história do Iraque, que começou com a derrubada de Saddam Hussein pela invasão dos Estados Unidos e Grã-Bretanha, em março de 2003. Desde então, houve uma tentativa, da oposição iraquiana, de derrubar o velho regime e seus aliados externos e criar um novo Iraque, no qual as três comunidades compartilhassem o poder em Bagdá. A experiência fracassou desastrosamente, e parece que será impossível ressuscitar o projeto, porque as linhas de batalha entre curdos, sunitas e xiitas são hoje muito mais rígidas e amargas. O balanço do poder no interior do país está mudando. Também estão se alterando as fronteiras de fato do Estado, com um Curdistão ampliado e cada vez mais independente – tendo os curdos usado oportunisticamente a crise para obter territórios que sempre reivindicaram – e o fim da divisa entre Iraque e Síria. [...]

COCKBURN, Patrick. A origem do Estado Islâmico. *O fracasso da guerra ao terror e a ascensão jihadista*. São Paulo: Autonomia Literária, 2018. Prefácio.

4. Faça uma pesquisa sobre os povos da região descrita no texto: xiitas, sunitas, curdos, alawitas e cristãos. Organize então um quadro comparativo. Procure explorar o contexto de surgimento; as especificidades ideológico-religiosas; as principais concentrações populacionais; e as relações com os demais povos.

5. Segundo o autor, em que contexto os jihadistas do Estado Islâmico começaram a perder força?

6. Como fica o balanço de poder diante dos eventos desencadeados no Oriente Médio?

1. (Enem)

Palestinos se agruparam em frente a aparelhos de televisão e telas montadas ao ar livre em Ramalah, na Cisjordânia, para acompanhar o voto da resolução que pedia o reconhecimento da chamada Palestina como um Estado observador não membro da Organização das Nações Unidas (ONU). O objetivo era esperar pelo nascimento, ao menos formal, de um Estado palestino. Depois da aprovação da resolução, centenas de pessoas foram à praça da cidade com bandeiras palestinas, soltaram fogos de artifício, fizeram buzinaços e dançaram pelas ruas. Aprovada com 138 votos dos 193 da Assembleia-Geral, a resolução eleva o *status* do Estado palestino perante a organização.

Palestinos comemoram elevação de *status* na ONU com bandeiras e fogos. Disponível em: http://folha.com. Acesso em: 4 dez. 2012 (adaptado).

A mencionada resolução da ONU referendou o(a)

a) delimitação institucional das fronteiras territoriais.
b) aumento da qualidade de vida da população local.
c) implementação do tratado de paz com os israelenses.
d) apoio da comunidade internacional à demanda nacional.
e) equiparação da condição política com a dos demais países.

2. (Uerj)

A Europa passou por grande número de reconfigurações territoriais, em virtude das disputas seculares entre os povos do continente. No mapa da imagem, elaborado em 2014, estão assinalados, para cada país europeu, o nome da última potência estrangeira a desocupar aquele espaço nacional e o ano em que isso ocorreu.

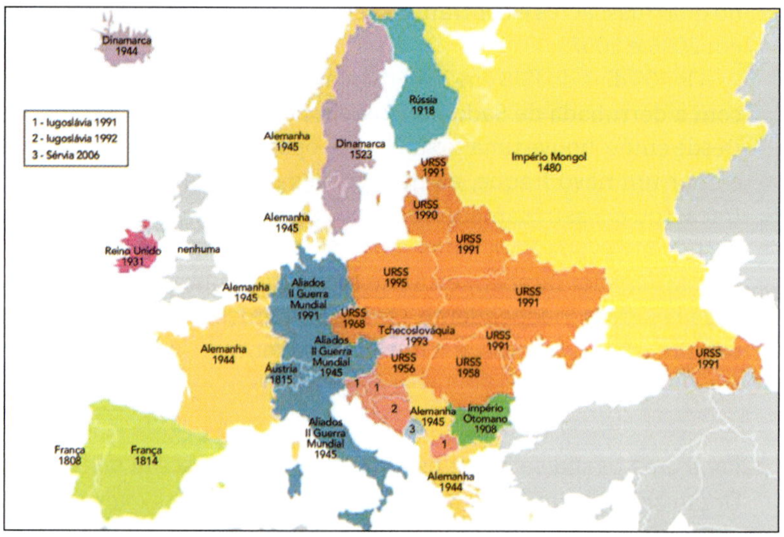

Reprodução/Uerj 2016

A desocupação estrangeira na Europa Oriental, após a Segunda Guerra Mundial, está associada, enquanto seguinte contexto geopolítico, ao:

a) fim da Guerra Fria.
b) fundação da União Europeia.
c) término da Crise dos Mísseis.
d) início da Coexistência Pacífica.
e) ato de criação da ONU.

3. (Uncisal)

A tirinha satiriza o período conhecido como Guerra Fria.

Reprodução/Uncisal 2015

Dois aspectos desse período são claramente destacados:

a) o equilíbrio de forças entre as duas maiores potências nucleares e a disputa na corrida espacial.
b) o desenvolvimento econômico e social dos Estados Unidos e o atraso tecnológico da União Soviética.
c) a submissão dos países subdesenvolvidos e a influência política das duas grandes potências militares.
d) a superioridade econômica e militar norte-americana e os efeitos da guerra em território europeu e asiático.
e) a visão ocidental sobre o papel dos Estados Unidos e a possibilidade de extinção mútua em caso de confronto direto.

4. (Unioeste)

Observe as imagens a seguir.

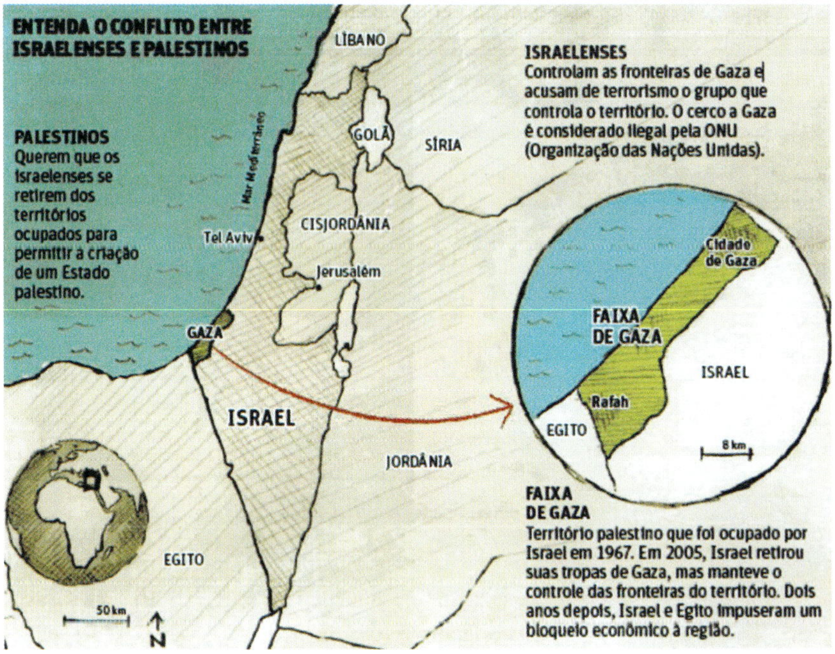

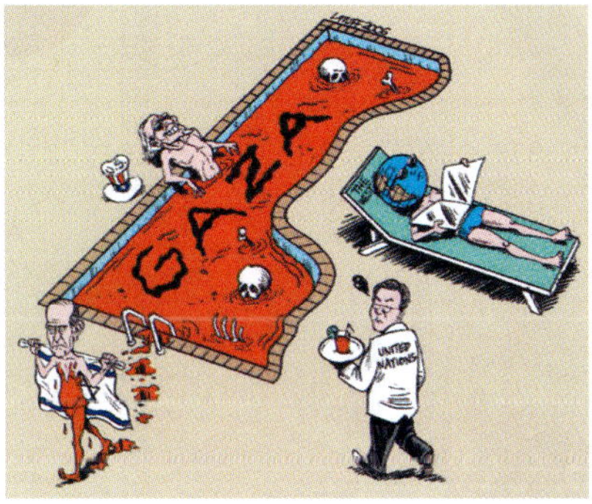

Abaixo, trecho de um texto escrito pelo historiador britânico Eric Hobsbawm (1917-2012) em 2008, após Israel ter feito mais uma investida por terra sobre a Faixa de Gaza, matando milhares de palestinos:

"Já faz três semanas que a barbárie está exposta à opinião pública universal, que assistiu, julgou e, com poucas exceções, rejeitou o uso do terror militar de Israel contra um milhão e meio de habitantes cercados, desde 2006, na Faixa de Gaza. Nunca as justificativas pela invasão foram mais patentemente refutadas pela combinação de câmeras e números; ou a novilíngua dos 'alvos militares' pelas imagens de crianças cheias de sangue e escolas queimando. Treze mortos de um lado, 1 360 do outro: não é difícil calcular qual lado é a vítima. Não há muito mais a dizer sobre a operação terrorista de Israel em Gaza. Exceto para aqueles de nós que são judeus. Em uma longa e insegura história como um povo em diáspora, nossa reação natural aos eventos públicos incluem inevitavelmente a pergunta: 'isso é bom ou ruim para os judeus?'. Neste caso, a resposta é inequivocadamente: 'Ruim para os judeus'...".

Baseando-se nas imagens e no texto de Hobsbawm, assinale a alternativa CORRETA.

a) Podemos afirmar com segurança que todos os esforços têm sido feitos pela ONU e pelas nações em conflito para encerrar os ataques à Faixa de Gaza.

b) O maior interessado na perpetuação dos conflitos entre judeus e palestinos são os Estados Unidos, pois, além de ser a maior liderança dentro da ONU, mantêm historicamente estreitos vínculos políticos, econômicos e militares com o governo de Israel.

c) Existe uma diferença entre as imagens e o texto: enquanto as imagens referem-se criticamente às barbaridades cometidas em Gaza; o texto de Hobsbawm defende um projeto de paz liderado por Israel.

d) Os terríveis confrontos entre palestinos e israelenses são o resultado de fatos históricos marcantes no século XX, como a invasão e ocupação de territórios palestinos pelo Iraque em 1967.

e) Enquanto o governo de Israel procura controlar as fronteiras de Gaza, os palestinos exigem a permanência imediata dos israelenses com o objetivo de criar um Estado democrático.

UNIDADE

2 África e Oceania

Pablo Parra/Anadolu Agency/Getty Image

As colonizações europeia, estadunidense e asiática redesenharam as fronteiras da África e da Oceania. Conflitos políticos e sociais refletem a história das sociedades desses continentes, compostas de descendentes de povos originários e de colonizadores. Nas últimas décadas, blocos econômicos e relações multilaterais foram estabelecidos nesses continentes, ampliando a presença deles na economia globalizada. Seus recursos naturais e agrícolas são exportados e sua capacidade industrial e comercial vem crescendo, em especial na Austrália e na Nova Zelândia. No entanto, a riqueza produzida não implica benefícios para toda a população, principalmente nos países africanos.

Garimpeiro em mina de ouro em Tomboronkoto, no Senegal, em 2017.

CAPÍTULO 4

Formação territorial, potências regionais e conflitos na África

Neste capítulo, estudaremos as características de clima, relevo, hidrografia, vegetação e recursos naturais da África. Em seguida, exploraremos aspectos da população e dos principais blocos econômicos africanos. Para finalizar, investigaremos os conflitos que ocorrem no continente, resultados de questões políticas, históricas, culturais, religiosas e econômicas.

Alamy/Fotoarena

Cataratas de Vitória, na fronteira entre Zimbábue e Zâmbia, em 2018.

Alamy/Fotoarena

Situada às margens do rio Nilo, Cairo, capital do Egito, é a maior cidade do continente africano. O Nilo possibilitou o desenvolvimento dessa e de outras cidades, em uma região de clima predominantemente desértico, o norte da África. Foto de 2017.

EM FOCO

A indústria cinematográfica da Nigéria redefine a vida africana

Sentado em um banquinho de plástico azul no calor sufocante, Ugezu J. Ugezu, um dos melhores cineastas da Nigéria, estava reescrevendo seu roteiro enquanto as câmeras se preparavam para gravar. "Corta!", ele gritou depois de terminar uma cena-chave, um confronto entre os dois personagens principais. Então, em voz baixa, ele acrescentou: "Tudo bem".

Esse foi o sétimo e último dia de filmagem em uma aldeia próxima para "Beyond the Dance", a história do Sr. Ugezu sobre a escolha de uma noiva por um príncipe africano, e a produção foi conduzida a um ritmo vertiginoso.

"Em Nollywood, não se perde tempo", disse ele. "Não é a profundidade técnica que tornou nossos filmes tão populares. É por causa da história. Nós contamos histórias africanas."

As histórias contadas pela indústria cinematográfica em expansão da Nigéria, conhecida como Nollywood, emergiram como um fenômeno cultural em toda a África, a vanguarda da crescente influência do país em todo o continente em música, comédia, moda e até religião.

Nigéria, a nação mais populosa da África, superou sua rival, a África do Sul, como a maior economia do continente há dois anos, graças em parte ao crescimento explosivo da indústria cinematográfica. Nollywood [...] é uma expressão do empreendedorismo nigeriano ilimitado e da autopercepção da nação como o líder natural da África, aquele destinado a falar em nome do continente.

"Os filmes nigerianos são muito, muito populares na Tanzânia e, culturalmente, afetaram muitas pessoas", disse Songa wa Songa, jornalista tanzaniana. "Muitas pessoas aqui agora falam com um sotaque nigeriano muito bom, graças a Nollywood. Os nigerianos conseguiram, através de Nollywood, exportar quem são, sua cultura, seu estilo de vida, tudo."

Nollywood gera cerca de 2 500 filmes por ano, tornando-se a segunda maior produtora depois de Bollywood, na Índia, e seus filmes deslocaram americanos, indianos e chineses nas televisões onipresentes em bares, salões de cabeleireiro, salões de aeroporto e casas em toda a África. [...]

NORIMITSU, Onishi. Nigeria's Booming Film Industry Redefines African Life. *The New York Times*, 18 fev. 2016. Disponível em: <www.nytimes.com/2016/02/19/world/africa/with-a-boom-before-the-cameras-nigeria-redefines-african-life.html>. Acesso em: 12 dez. 2018. (Texto traduzido pelos autores.)

Glenna Gordon/The New York Times/Fotoarena

Filmagens no vilarejo de Illah, na Nigéria, em 2016.

1. Você já assistiu a algum filme produzido em um país africano? Comente-o com os colegas.

2. No texto, a jornalista tanzaniana Songa wa Songa afirma que os filmes nigerianos afetam culturalmente muitas pessoas na Tanzânia. Em sua opinião, como as obras de ficção podem contribuir para a divulgação da cultura de diferentes lugares?

1. Quadro físico

A África apresenta grande diversidade de formações vegetais. Savanas, Florestas Tropicais e Espinheiros são algumas das tipologias da vegetação encontradas no continente.

Em relação ao clima e à temperatura, destaca-se, ao norte, o deserto do Saara, o maior mundo, com temperaturas que alcançam 60 °C durante o dia e chegam a −10 °C durante a noite. A disponibilidade hídrica no Saara é baixa em razão da elevada insolação combinada com pouca pluviosidade. Mas existem concentrações de água em alguns pontos, chamados oásis.

Oásis: conjunto de fontes ou nascentes de água doce que permite desenvolvimento de vegetação peculiar em área desértica.

De Agostini/Getty Images

Oásis no deserto do Saara, no Egito, em 2018.

Na porção sul da África, o deserto da Namíbia merece destaque. Localizado entre o sul de Angola e o norte da África do Sul, tem sua costa marítima no oceano Atlântico. Suas temperaturas são semelhantes às registradas no deserto do Saara.

Alamy/Fotoarena

Deserto da Namíbia, em 2016.

Além do clima desértico, no norte da África encontra-se o clima mediterrâneo e o Sahel – uma faixa de transição entre o clima desértico e o tropical úmido –, enquanto o sul do continente apresenta maior variação de tipos climáticos, destacando-se os climas tropical seco, desértico e mediterrâneo. A porção central africana apresenta, majoritariamente, os climas tropical úmido e equatorial.

Em áreas do planalto da Etiópia e do planalto dos Grandes Lagos, o continente apresenta o clima frio de montanha. O monte Kilimanjaro, ponto mais alto da África, localizado na Tanzânia, está sempre coberto de neve. No inverno, as temperaturas nesse monte chegam a –25 °C.

Os movimentos sazonais do anticiclone saariano, ao norte, e a alta pressão do anticiclone de Santa Helena, no sul do oceano Atlântico, regem a alternância de estações secas e chuvosas em toda a África ocidental.

No nordeste do continente, as monções regem a alternância entre estações secas e úmidas. Ao sul do oceano Índico, predominam os ventos alísios do sul, que descarregam fortes chuvas a leste, em Madagascar.

Anticiclone: região de alta pressão atmosférica em que o ar vem de cima, aquece e fica estável, impedindo os movimentos ascendentes que formariam nuvens e precipitação.

Ventos alísios: ventos comuns na faixa equatorial, resultado de massas de ar que passam de zonas de alta pressão para zonas de baixa pressão.

África: clima

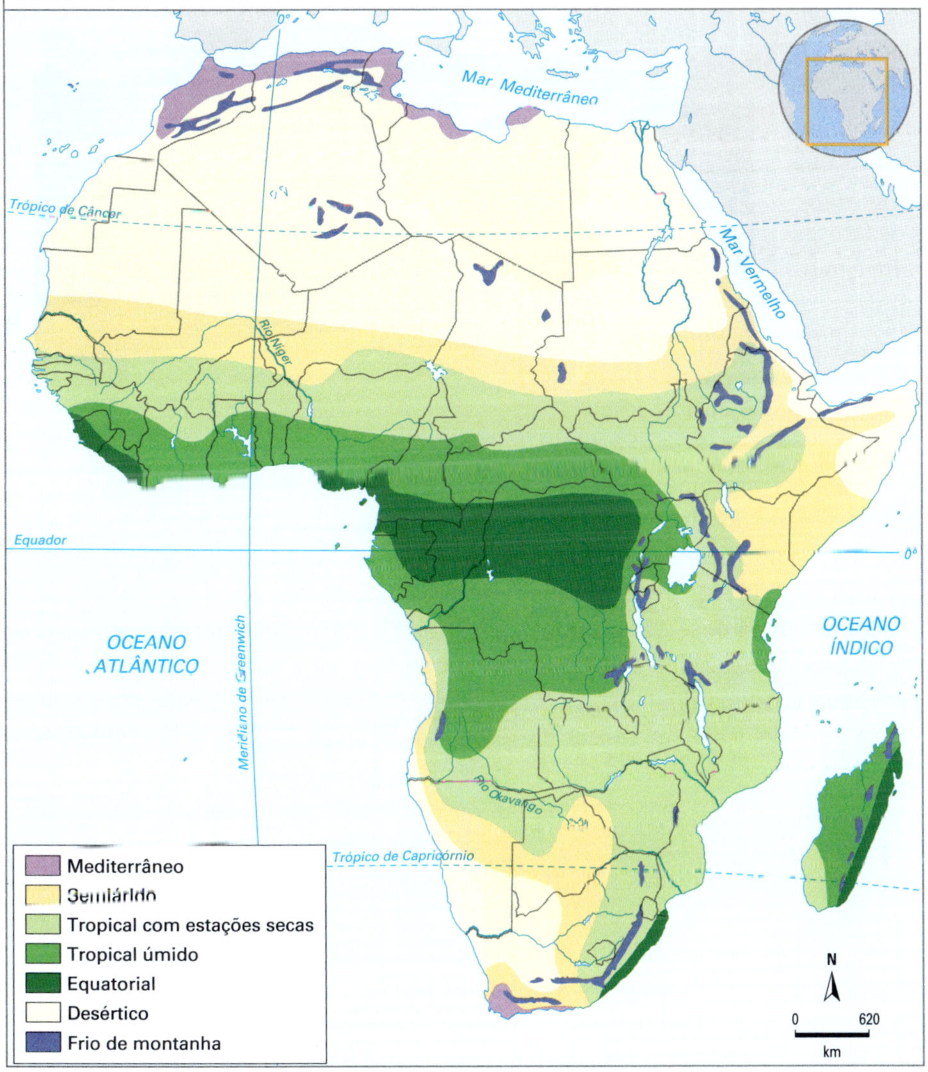

Elaborado com base em: ATLANTE Geografico Metodico De Agostini. Novara: Istituto Geografico De Agostini, 2017. p. 116; UNEP. *Africa*: Atlas of our Changing Environment. Nairobi: United Nations, 2008. p. 8. Disponível em: <http://wedocs.unep.org/bitstream/handle/20.500.11822/7717/817.pdf?sequence=3&isAllowed=y>. Acesso em: 10 dez. 2018.

O deserto do Saara

Com mais de 8,6 milhões de quilômetros quadrados, o Saara é o deserto mais quente do mundo. Em alguns pontos sua temperatura pode ultrapassar 60 °C durante o dia e cair para vários graus abaixo de zero à noite.

O Saara está localizado na porção norte da África e é limitado pelo mar Mediterrâneo e pelas montanhas Atlas ao norte, pelo mar Vermelho ao leste e por antigas dunas imóveis ao sul. Integra o território de vários países: Marrocos, Argélia, Tunísia, Líbia, Egito, Sudão, Chade, Níger, Mali e Mauritânia.

Por causa das características do deserto, muitos povos tiveram de se adaptar para poder sobreviver nesse ambiente. Em razão disso, quase toda a sua extensão é praticamente desabitada, exceto por algumas tribos (em sua maioria pastores nômades). A maior parte da população dos países que têm o Saara em seu território se concentra nas áreas urbanas.

O relevo saariano apresenta muitas formações: montanhas, planaltos, planícies e grandes bacias que chegam a formar oásis. As areias e as dunas cobrem pelo menos 25% de todo o deserto e podem atingir mais de 150 metros de altura. Os solos são pobres e os recursos hídricos são escassos. Grande parte dos rios que alimentam a região vem de longe, como o rio Nilo.

Desde a sua formação, há mais de 5 milhões de anos, o Saara passou por várias mudanças em suas condições climáticas. Houve períodos mais secos e outros muito úmidos. Há milhares de anos, as chuvas de monções chegavam ao deserto, o que permitia o desenvolvimento de vegetação tropical úmida. Mas os fatores climáticos se transformaram, e muitos cientistas ainda tentam desvendar as características do paleoclima dessa região, de maneira a prever situações similares em outras partes do mundo. Atualmente, a vegetação saariana é bem dispersa, formada por gramíneas, arbustos e poucas árvores.

Alamy/Fotoarena

// Dunas e vegetação arbustiva no deserto do Saara, próximo a Nerzolega, no Marrocos, em 2016.

Paleoclima: refere-se à condição climática de períodos anteriores do planeta, ou seja, ao "clima do passado".

Ao longo do tempo, plantas desenvolveram adaptações para resistir ao ambiente do deserto, como espinhos que evitam a perda de água por evaporação e estruturas de armazenamento de água. Muitos animais também se adaptaram ao deserto. O camelo, por exemplo, armazena gordura em suas corcovas, o que ajuda a proteger seu corpo dos raios solares. Essa gordura é parcialmente convertida em água quando metabolizada. Além disso, os longos cílios auxiliam na proteção dos olhos durante tempestades de areia e os cascos das patas são adaptados para caminhar sobre areias escaldantes.

Entre o Saara e as regiões úmidas localizadas mais ao sul do continente está o **Sahel**, uma zona climática de transição com cerca de 3 milhões de quilômetros quadrados. Sendo parte do território de doze países africanos, o Sahel apresenta condições naturais menos áridas que as do Saara, mas ainda assim bastante difíceis.

Em uma estreita faixa no litoral do Marrocos, da Tunísia, da Argélia e da Líbia, o clima predominante é o mediterrâneo, marcado pela ocorrência de invernos amenos e chuvosos e verões quentes e secos. Somente no extremo sul dessa porção do continente africano, verificam-se características de clima tropical semiúmido, como na Mauritânia e no Chade. Portanto, na maior parte do norte da África há pouca umidade, e sua distribuição é irregular ao longo do ano.

Cartografando

1. Reveja o mapa "África: clima" (página 87). O deserto constitui um fator natural importante na distribuição da população africana? Por quê?
2. O que é o Sahel? Onde ele se localiza?
3. Pesquise mais informações sobre as características e os povos que vivem no deserto do Saara e no Sahel africano e organize suas observações em um quadro comparativo.

A vegetação do continente africano é composta de uma diversidade de florestas e formações vegetais. Observe o mapa.

África: vegetação

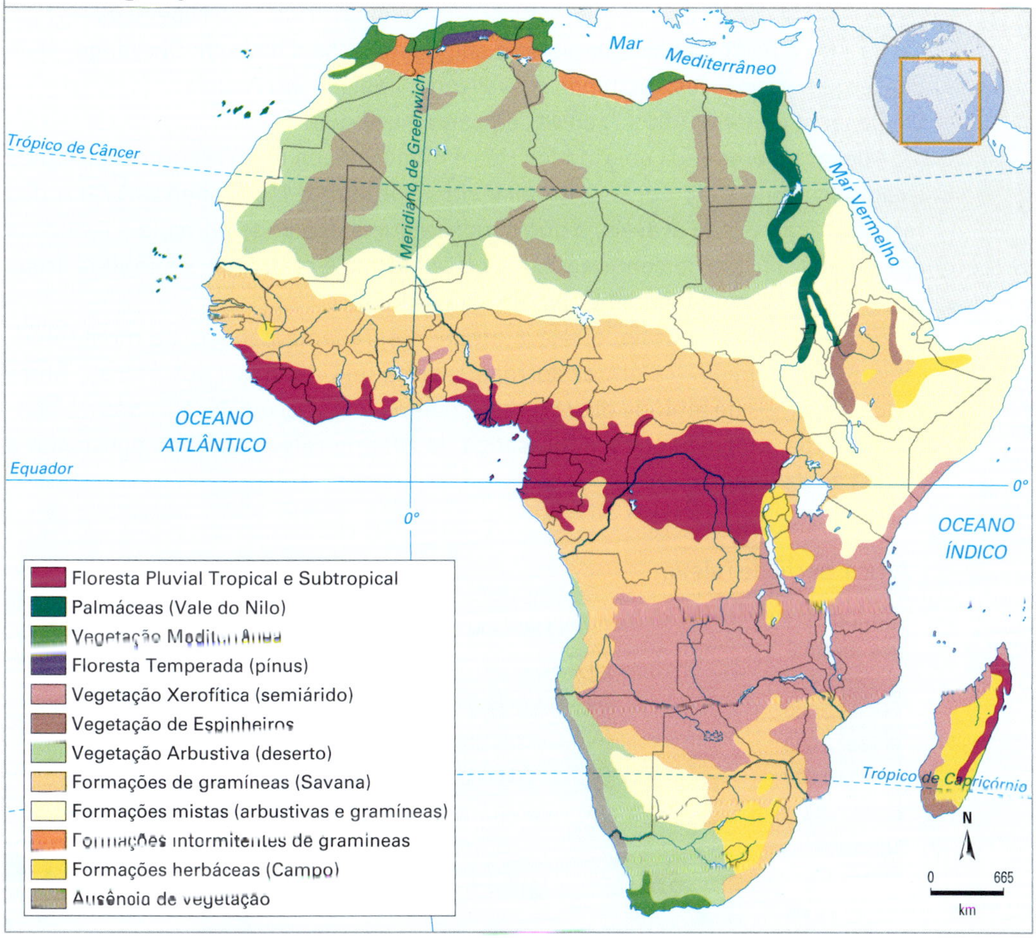

Elaborado com base em: BOCCHICHIO, Vicenzo Raffaele. *Atlas mundo atual*. São Paulo: Atual, 2009. p. 72.

Na fronteira entre Zimbábue e Zâmbia, localizam-se as cataratas de Vitória, uma das maiores quedas-d'água do mundo. Hoje, as cataratas e as florestas que a cercam encontram-se num parque protegido e são consideradas Patrimônio da Humanidade.

A Floresta Tropical do Congo possui 1,4 milhão de quilômetros quadrados e destaca-se por sua grande biodiversidade e disponibilidade de água. Ela se distribui por muitos países (Congo, Guiné, Gabão, Camarões, Nigéria, Benin e República Centro-Africana) e sofre pressão para desmatamento para introdução de monoculturas de palma.

/// Savana na Tanzânia, em 2016.

Já as Savanas estão localizadas na zona tropical, onde há uma estação de clima seco alternada com a chuvosa, e se distinguem das florestas por apresentarem vegetação menos densa, composta de arbustos, gramíneas e até árvores dispersas.

O continente apresenta importantes rios e lagos, que são utilizados para navegação, geração de energia, abastecimento de água para a população e irrigação de áreas agrícolas.

O sistema de cheias e vazantes do rio Nilo cria uma das áreas mais férteis da África. Já o Níger é o principal rio da África ocidental. No hemisfério sul, destaca-se o delta de Okavango, onde convergem vários rios, incluindo o Okavango, nascido em Angola.

Observe o mapa "África: relevo" da página a seguir.

Apesar da presença de grandes rios e lagos, a água é um recurso distribuído irregularmente pelo continente africano. Somado a isso, apenas 17,8% das terras africanas são aráveis, o que significa que a atividade agrícola é realizada em zonas restritas do continente, e a crise hídrica é realidade em muitas áreas urbanas, como a Cidade do Cabo, na África do Sul.

Em termos estruturais, o relevo africano apresenta cadeias de montanhas, planaltos e planícies, além de formas resultantes de ações vulcânicas. Entre esses extremos de altitude observam-se pontos mais baixos, localizados no Chade, e outros intermediários. A presença de *rifts* no relevo africano possibilita a formação de lagos.

Rift: formação geológica resultante do afastamento de duas placas tectônicas divergentes.

África: perfil de relevo

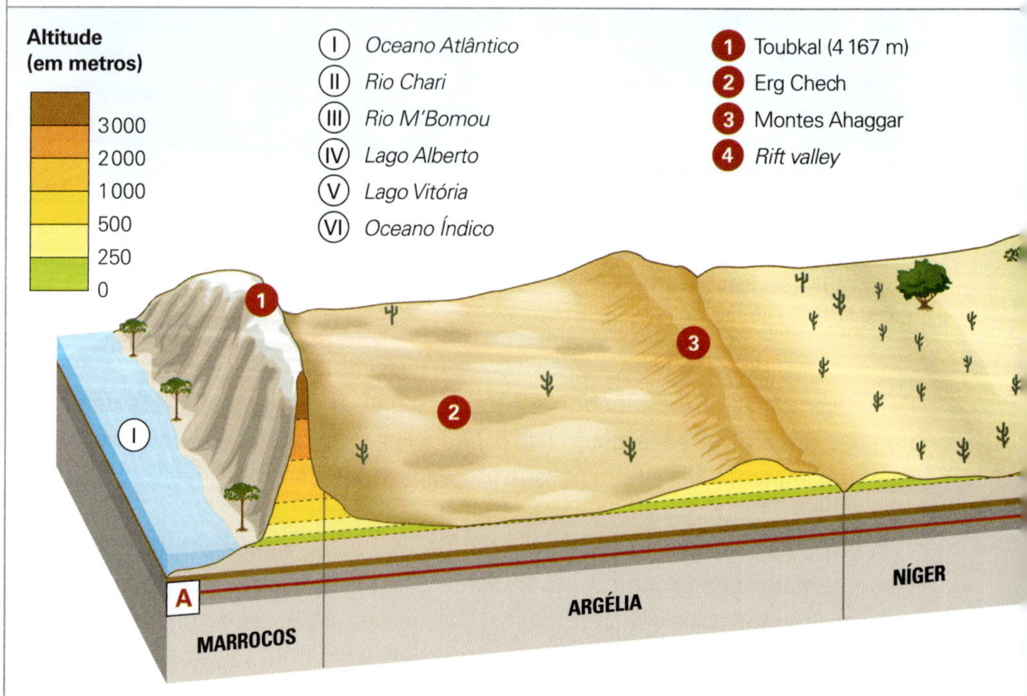

África: relevo

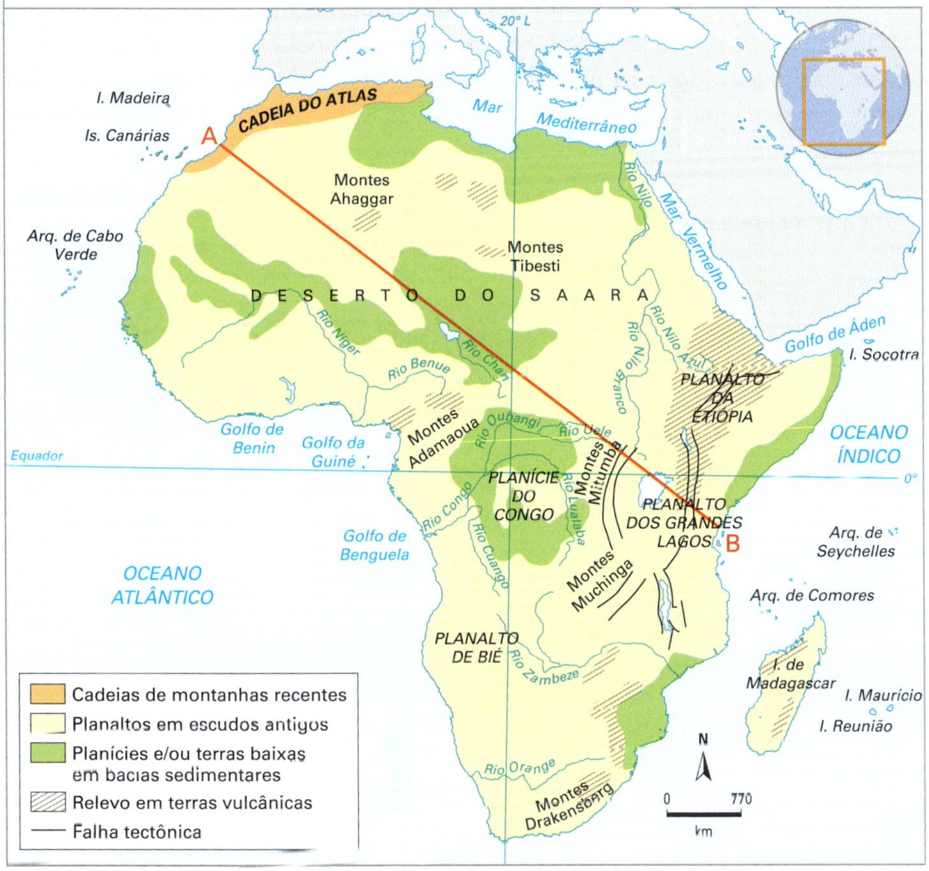

Elaborado com base em: CALDINI, Vera; ÍSOLA, Leda. *Atlas geográfico Saraiva*. São Paulo: Saraiva, 2013. p. 151.

Observe o perfil esquemático A – B do relevo do continente africano indicado no mapa acima.

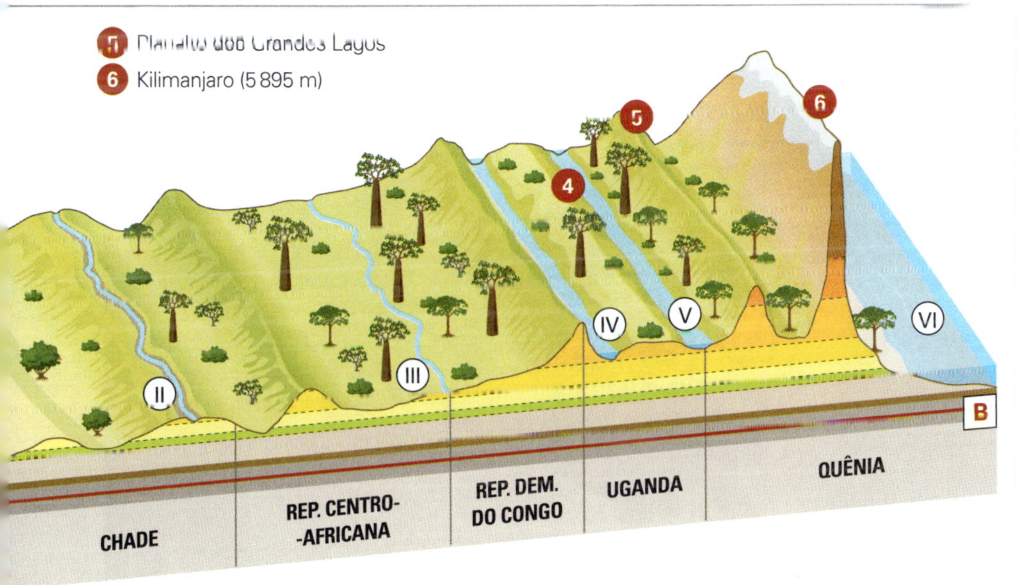

Elaborado com base em: *Atlas geográfico escolar Oxford.* São Paulo: Oxford University Press, 2013. p. 67.

O continente africano ainda é rico em recursos minerais, que são fundamentais para a economia de seus países. Jazidas de carvão, petróleo, minério de ferro, manganês, cobre, estanho, bauxita, urânio, cobalto, diamante, ouro, entre outras, são exploradas e os produtos oriundos delas são exportados para vários países, em especial para a China. A África do Sul e a Nigéria se destacam na produção mineral e de petróleo, respectivamente.

África: principais recursos naturais – 2014

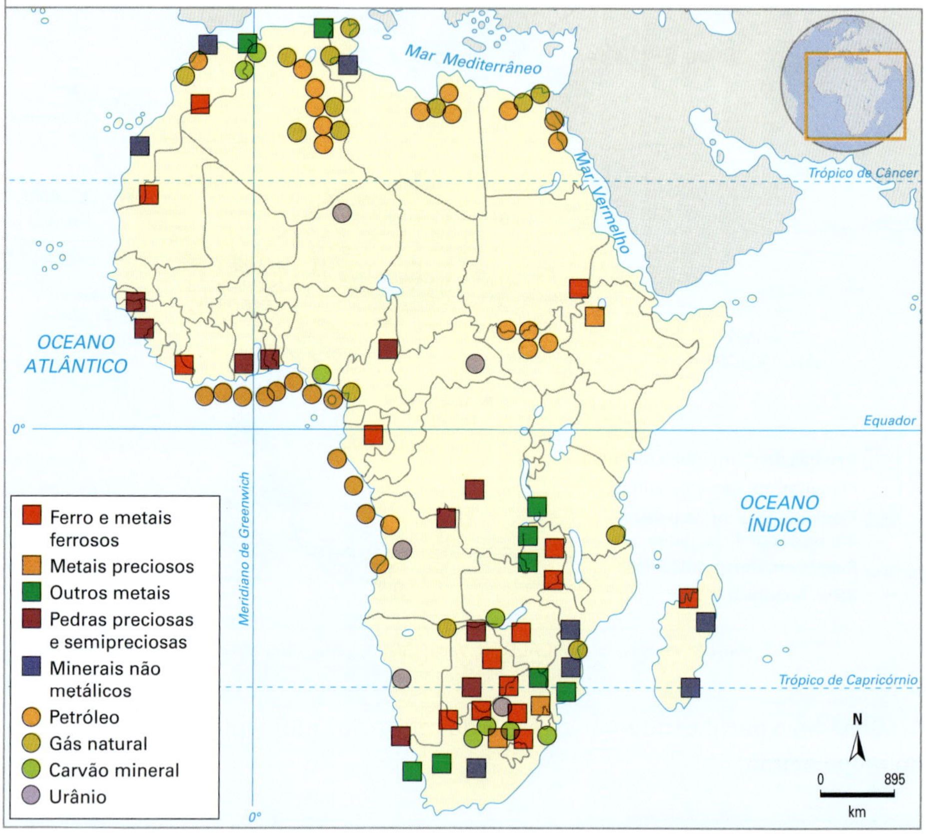

Elaborado com base em: PONS, Jordi I. *Atlas actual de Geografía universal – Vox*. Barcelona: Larousse, 2015. p. 35.

Garimpeiros procuram ouro em mina próxima à aldeia Gamina, na Costa do Marfim, em 2015.

A produção de energia na África também utiliza fontes distintas, como eólica, termal, nuclear, geotermal, hidrelétrica e solar. Botsuana, Namíbia, Angola, Nigéria, África do Sul, Egito, entre outros, destacam-se na produção de energia termal. Já a produção de energia solar concentra-se na Argélia, no Marrocos, no Egito e na África do Sul, que é o país de maior produção energética do continente.

Geotermal: fonte de energia proveniente do calor interno da Terra.

África: principais fontes de geração de energia

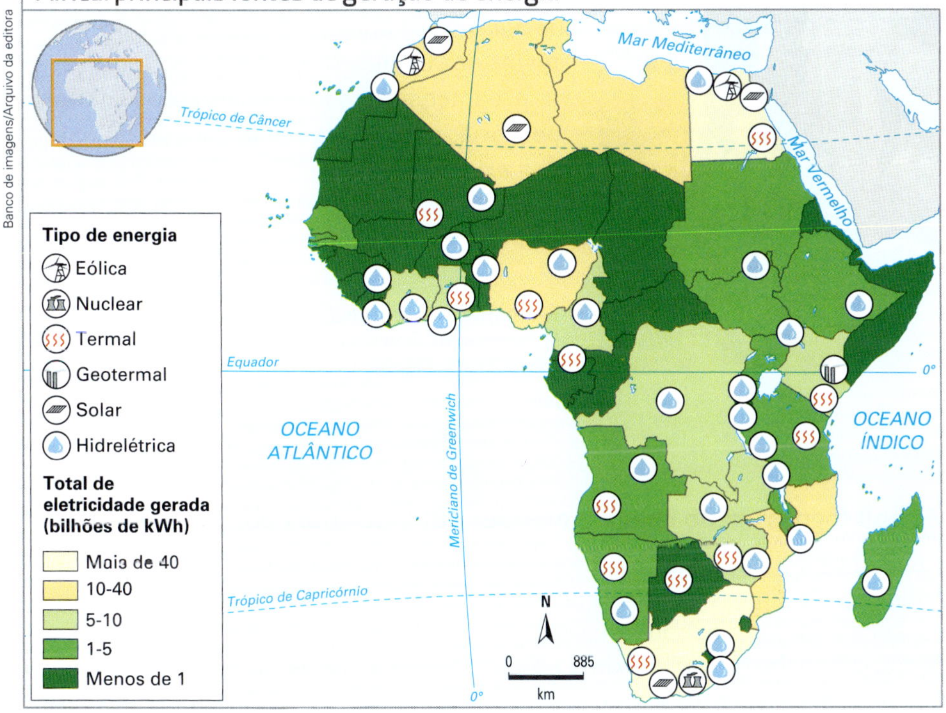

Elaborado com base em: RENDGEN, Sandra; WIEDEMANN, Julius. *Understanding the World*: The Atlas of Infographics. Cologne: Taschen, 2015. p. 257.

Apesar da grande disponibilidade de recursos energéticos na África, mais da metade da população do continente não tem acesso à energia elétrica.

Cartografando

1. Compare o mapa "África: relevo", da página 91, com o mapa de fontes de geração de energia acima. O que você pode concluir dessa comparação? Escreva em seu caderno suas conclusões.

2. Povos originários

Pigmeus, san, tuaregues e nubas são alguns dos principais povos originários da África, ou seja, são considerados os primeiros habitantes do continente.

Os pigmeus pertencem a diferentes grupos étnicos, mas foram assim genericamente chamados pelos colonizadores. Vivem da coleta, da caça e da pesca na República do Congo, no Gabão e na África Central. Já o povo san (também chamado de bosquímanos) vive em Botsuana, Angola, Namíbia e África do Sul. Também realizam a coleta, a caça e a pesca. Tanto os pigmeus como o povo san, atualmente, têm a existência ameaçada, uma vez que dependem das florestas para sobreviver e elas têm sido cada vez mais desmatadas em todo o continente devido à mineração, às atividades agrícolas para exportação e à urbanização. Apesar das dificuldades, os povos originários dessa parte do planeta conseguem reproduzir seu modo de vida.

De Agostini/Getty Images

// Tuaregues com dromedários no deserto do Saara em Tombuctu, no Mali, em 2016.

Os tuaregues vivem do comércio e da agricultura no deserto do Saara, principalmente na Líbia, na Argélia, na Nigéria e no Chade. A domesticação do dromedário conferiu mobilidade a esse povo, o que lhe permitiu povoar o deserto. Usam vestimentas características, adaptadas para as altas e as baixas temperaturas do deserto.

Por fim, os nubas vivem no Sudão, principalmente nos montes Nuba. Esse povo tenta resistir e manter seu modo de vida, baseado na agropecuária, mesmo diante do cenário de guerra civil existente no país.

CIDADANIA E CONFLITOS

Único médico em região sob fogo cruzado chega a atender 400 pacientes por dia no Sudão

O médico Tom Catena lembra de um "dia típico" nas montanhas Nuba, no Sudão, quando ele desejou, por um momento, que o velho caça das Forças Armadas sudanesas que sobrevoava a área bombardeando alvos inimigos despejasse a bomba incendiária sobre sua cabeça.

Naquela região verde esquecida pelo mundo, próxima à fronteira com o Sudão do Sul, a etnia nuba vive desde 2011 em meio ao fogo cruzado entre as forças governamentais e a guerrilha Frente Revolucionária do Sudão, que busca derrubar o presidente Omar al-Bashir, no poder desde 1978 quando liderou um golpe militar que derrubou o governo democrático do primeiro-ministro Sadiq al-Mahid.

O dia ainda estava na metade e o missionário americano, único médico para uma população de 750 mil pessoas, já havia perdido quatro pacientes, dois deles crianças.

"Olhei pra cima e falei: jogue esta bomba em cima de mim. Porque esta dor é demais. É a dor mais excruciante que você pode imaginar. Ver seus pacientes morrerem é a parte mais difícil do meu trabalho", afirma em entrevista à BBC Brasil.

[...] Em 2011, quando o governo de Cartum cercou as montanhas Nuba, proibiu o acesso de ajuda humanitária e deu início aos bombardeios. As poucas organizações internacionais que atuavam na área desertaram, levando consigo médicos, anestesistas e enfermeiros. Catena e duas freiras católicas sudanesas foram os únicos a permanecer.

"Nunca me arrependi dessa decisão. Não podia abandonar essa gente no momento em que mais precisavam de mim. Se eu fizesse isso, significaria que a minha vida é mais importante que a deles. E não concordo com essa ideia", afirma.

[...] Hoje ele conta com uma equipe de 60 enfermeiros locais, entre eles dois anestesistas e alguns menores de idade "com formação ainda insuficiente".

Para dar conta dos pacientes, Catena vive no hospital e não contabiliza as horas trabalhadas. Estima realizar mil cirurgias em um ano.

Faltam equipamentos, a eletricidade depende de um gerador e de painéis solares, a água vem de poços artesanais, e os medicamentos têm que ser adquiridos em Uganda ou Quênia e levados ao hospital clandestinamente, em operações logísticas complicadas e caras.

Usando às vezes "métodos da época da guerra civil", ele trata tanto traumas de guerra como casos de pneumonia, malária, desnutrição, epidemias de lepra e sarampo ou câncer.

[...] Além dos tiroteios, minas terrestres, bombas incendiárias e de fragmentação, a população nuba, que subsiste da agricultura familiar, também enfrenta a fome.

“Ao lançar bombas incendiárias sobre as terras que (os nuba) estão tentando cultivar, o governo destrói toda a possibilidade que eles têm de subsistir. Não há o que comer. Você entra em um mercado e vê, literalmente, um pernil de ovelha, nada mais”, explica Catena. [...]

BIZZOTTO, Márcia. Único médico em região sob fogo cruzado chega a atender 400 pacientes por dia no Sudão. *BBC News*, 3 jun. 2017. Disponível em: <www.bbc.com/portuguese/internacional-40124361>. Acesso em: 12 dez. 2018.

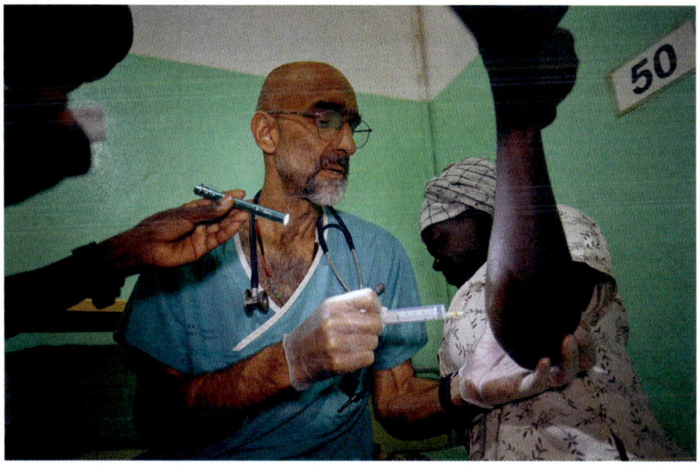

Paul Jeffrey/SOPA Images/LightRocket/Getty Images

O médico e missionário estadunidense Tom Catena atende paciente em Gidel, nas montanhas Nuba, no Sudão, em 2018.

1. Faça uma pesquisa sobre a guerra civil no Sudão e escreva um resumo do conflito.
2. Qual é a etnia originária mencionada na reportagem? Segundo a reportagem, como a guerra ameaça essa população?

3. Presença europeia

As potências europeias se apropriaram de terras de povos originários africanos desde o século XV, inicialmente, por meio da presença de Portugal. Esse processo é chamado por alguns historiadores de “colonização recente”, para marcar uma contraposição à presença de gregos e romanos nas terras do que se chama atualmente de norte da África. Nesse processo, os europeus, entre eles portugueses, espanhóis, belgas, franceses, ingleses e, mais tarde, italianos, holandeses e alemães, submeteram as populações ao trabalho escravo no próprio continente e em outros locais do mundo.

Entre novembro de 1884 e fevereiro de 1885, Portugal, Espanha, Itália, Reino Unido e Bélgica foram alguns dos países europeus responsáveis pela chamada partilha da África, estabelecida na Conferência de Berlim. A partilha fez uma delimitação de fronteiras que desconsiderava a composição étnica da população do continente africano, separando povos de uma mesma etnia e até mesmo colocando grupos rivais em um mesmo território. Para muitos analistas, essa é a principal causa dos inúmeros conflitos que ainda persistem no continente africano.

Album/Fotoarena/Coleção particular

Charge de autor desconhecido, de 1885, que satiriza a partilha da África.

Diálogo com História

A Conferência de Berlim, realizada de novembro de 1884 a fevereiro de 1885, foi organizada pelo chanceler alemão Otto von Bismarck para estabelecer as regras que deveriam governar a colonização da África. Muitos territórios já vinham sendo ocupados e explorados por potências europeias, e a Conferência estabeleceu regras e acordos para dividir o continente entre os países europeus. Nos anos seguintes, apesar da resistência dos reinos africanos, os europeus dominaram a África.

1. Em grupo, comparem o mapa político atual do continente africano com o mapa da partilha da África. Em seguida, apresentem dois territórios do mapa de 1885 que coincidem com as fronteiras atuais.

A partilha da África – 1885

Banco de imagens/Arquivo da editora

Elaborado com base em: VICENTINO, Cláudio. *Atlas histórico geral e do Brasil*. São Paulo: Scipione, 2011. p. 137.

África: político – 2017

Banco de imagens/Arquivo da editora

Elaborado com base em: ATLANTE Geografico Metodico De Agostini. Novara: Istituto Geografico De Agostini, 2017. p. 119.

Divisão pós-colonial

O fim da Segunda Guerra Mundial (1939-1945) repercutiu no domínio europeu sobre as terras africanas. Iniciaram-se movimentos pela independência em diversas colônias europeias; no entanto, o processo de luta pela autonomia política não privilegiou os povos originários africanos. Em muitos países, uma camada dominante de origem europeia conseguiu manter o poder mesmo depois da independência.

África: descolonização – século XX

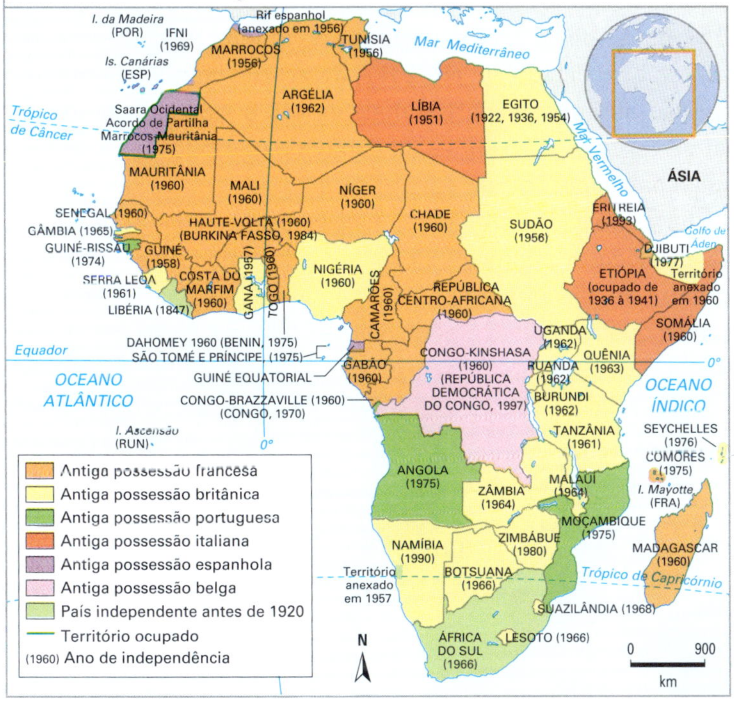

Elaborado com base em: ENCYCLOPAEDIA Universalis France. *Afrique. Les Décolonisations*. Disponível em: <www.universalis.fr/encyclopedie/afrique-histoire-les-decolonisations>. Acesso em: 17 dez. 2010.

O processo de descolonização do continente africano culminou com a formação de diversos países, sobretudo a partir da segunda metade do século XX. Atualmente, um dos principais desafios desses países é coabitar pacificamente grupos étnicos arbitrariamente unidos nas fronteiras criadas pelas potências coloniais sem qualquer atenção à história e à cultura africanas. Como consequência, inúmeros conflitos civis foram deflagrados e se estendem até hoje. Alguns exemplos são a guerra civil de Ruanda (1990-1993), a guerra civil da Etiópia (1974-1991), as duas guerras do Congo (da década de 1990 até o início do século XXI), entre outros.

Além dos conflitos, as décadas de colonização também tiveram outras consequências, como a dependência tecnológica e ideológica. A ausência de indústrias e centros de pesquisa nacionais possibilitaram que outros países, como Estados Unidos e China, estabelecessem empresas multinacionais e seus respectivos centros de pesquisa no continente.

Hoje, os países do continente africano procuram retomar o controle de seu próprio destino. Nesse sentido, buscam a consolidação dos blocos econômicos africanos, a construção de centros de pesquisa e universidades próprios, o fortalecimento da indústria e a exportação de matérias-primas a preços mais vantajosos. A consolidação da democracia e da pluralidade política é outra meta a ser alcançada.

Dica de filme

Hotel Ruanda
Direção: Terry George. África do Sul, Canadá, Estados Unidos, Itália, Reino Unido, 2004. 121 min.

Em 1994, uma guerra civil entre as etnias hutu e tútsi assola Ruanda. A ONU e outros órgãos internacionais se recusam a intervir, fazendo a própria população se organizar em busca de proteção. Baseado em uma história real, o filme narra a história de Paul Rusesabagina, administrador de um hotel e responsável por ajudar mais de mil pessoas no conflito que resultou em quase 1 milhão de mortes.

4. Blocos regionais africanos

Os países africanos, sozinhos ou em blocos econômicos, exportam para várias partes do mundo. Entre os principais produtos estão combustíveis, minerais, metais, máquinas e equipamentos, e os principais destinos desses produtos são China, Estados Unidos, Alemanha e Índia.

A participação relativa dos países africanos no comércio mundial é muito pequena e vem diminuindo. De acordo com dados da Conferência das Nações Unidas sobre Comércio e Desenvolvimento (Unctad), em 2010 o conjunto de países africanos exportou cerca de 520 bilhões de dólares diante de um total de mais de 15 trilhões de dólares exportados no mundo todo. Ou seja, representava 3,4% do total exportado. Já em 2017, de acordo com a mesma fonte, o conjunto de países africanos exportou mais de 410 bilhões de dólares em relação a um total de cerca de 17 trilhões de dólares exportados no mundo todo. Verifica-se que a participação caiu para 2,3% do total.

Como alternativa para incrementar a atividade econômica nos países africanos foram criados blocos econômicos e estabelecidas relações comerciais multilaterais tanto entre os países-membros como com os demais parceiros. Observe o mapa a seguir, que apresenta alguns blocos regionais africanos.

África: blocos regionais – 2018

Elaborado com base em: IBGE. *Atlas geográfico escolar*. 7. ed. Rio de Janeiro: IBGE, 2016. p. 78; SIMIELLI, Maria E. *Geoatlas*. 34. ed. São Paulo: Ática, 2013. p. 21; EAST African Community. *EAC Partner States*. Disponível em: <www.eac.int/eac-partner-states>; ECCAS. *Etats Membres*. Disponível em: <www.ceeac-eccas.org/index.php/fr/>; IGAD. *What We Do*. Disponível em: <https://igad.int/about-us/what-we-do>. Acessos em: 19 dez. 2018.

Um dos blocos econômicos africanos é o Mercado Comum da África Austral e Oriental (Comesa) formado para substituir a antiga Área de Comércio Preferencial (PTA) em dezembro de 1994. O Comesa é uma união de livre-comércio, ou seja, os países estão reunidos com o foco na superação de barreiras comerciais entre si e com outros blocos. Ele possui dezenove países-membros, que englobam uma população de mais de 389 milhões de pessoas e uma conta de importação anual de cerca de 32 bilhões de dólares e de exportação de 82 bilhões de dólares para o ano de 2017.

Outro bloco regional do continente é a Comunidade do Leste Africano (EAC), do qual Burundi, Quênia, Ruanda, Sudão do Sul, Tanzânia e Uganda são membros. Seu objetivo é cooperação política, econômica e social. Existente entre 1967 e 1977 e reestabelecido nos anos 2000, contava com um produto interno bruto de mais de 200 milhões de dólares em 2017.

Criada em 2002, a União Africana (AU) é o maior bloco regional da África e engloba todos os países do continente. Entre os grandes desafios econômicos do bloco está a inserção da economia africana no comércio eletrônico para exportações, importações e comércio interno. Em Botsuana, por exemplo, só 27% da população realiza pagamentos em débito eletrônico, enquanto no Egito chega a 3,5%, em Angola a 13,7%, no Gabão a 8,8% e na África do Sul a 40,8%. A partir de 2017, os países integrantes da União Africana estabeleceram que 0,2% do valor de suas importações seria destinado ao bloco para financiar suas atividades administrativas e de desenvolvimento.

A Comunidade Econômica dos Estados da África Central (ECCAS) é outro bloco relevante no continente. Composto de onze países, esse bloco apresenta zonas importantes de extração de petróleo e minérios (golfo da Guiné Equatorial) e recursos hídricos para geração de energia (bacia do rio Congo).

Benin, Burkina Fasso, Cabo Verde e mais doze países estabeleceram, em 1975, a Comunidade Econômica dos Estados da África Ocidental (Ecowas). As principais exportações do bloco são petróleo, cacau e gás natural. Entre as metas desse bloco consta a criação de uma moeda única, o que é uma tentativa de estabelecer um contraponto às moedas mais usadas nas transações comerciais: o dólar e o euro.

A Autoridade Intergovernamental para o Desenvolvimento (Igad) foi criada em 1996. É formada por sete países africanos (Djibuti, Eritreia, Etiópia, Quênia, Somália, Sudão e Uganda), que somavam 262 bilhões de dólares em seus produtos internos brutos, segundo dados de 2016. As maiores exportações do bloco são de animais e minerais. Os principais destinos são China e Estados Unidos.

Por fim, Angola, Botsuana, República Democrática do Congo e mais treze países compõem a Comunidade de Desenvolvimento da África Meridional (SADC). Em 2017, contava com uma população de mais de 337 milhões e um produto interno bruto de 706 milhões de dólares. Desse montante, a África do Sul representa 349 milhões de dólares, ou seja, quase a metade, o que marca seu domínio nesse bloco.

5. Conflitos africanos

Como já foi apontado, a principal causa dos conflitos no continente africano foi a partilha das terras pelos colonizadores europeus sem respeitar a presença de povos originários. Desde então, verificam-se embates de diversas ordens que, muitas vezes, resultam em violência.

Além disso, podem-se apontar outras razões para essas tensões. Entre elas, o interesse de países de fora do continente pelas riquezas minerais e vegetais encontradas em seu interior, que são extraídas e enviadas a outros países a preços reduzidos.

Outro aspecto que gera problemas é a divisão religiosa dos povos que vivem na África. Grande parte da população segue tradições seculares diferentes das principais religiões do mundo. Porém, também se encontram islâmicos, cristãos e judeus, com suas múltiplas subdivisões, o que acaba resultando em mais tensão interna e entre os diferentes grupos religiosos.

Além disso, o desenvolvimento científico e tecnológico, ainda incipiente na maior parte dos países africanos, não permite aos povos daquela parte do mundo enfrentarem em mesmas condições países que apresentam tecnologias de ponta. A dependência tecnológica é uma fonte de conflitos com outros países de fora do continente que se expressa no comércio desigual.

África: conflitos após as independências

Banco de imagens/Arquivo da editora

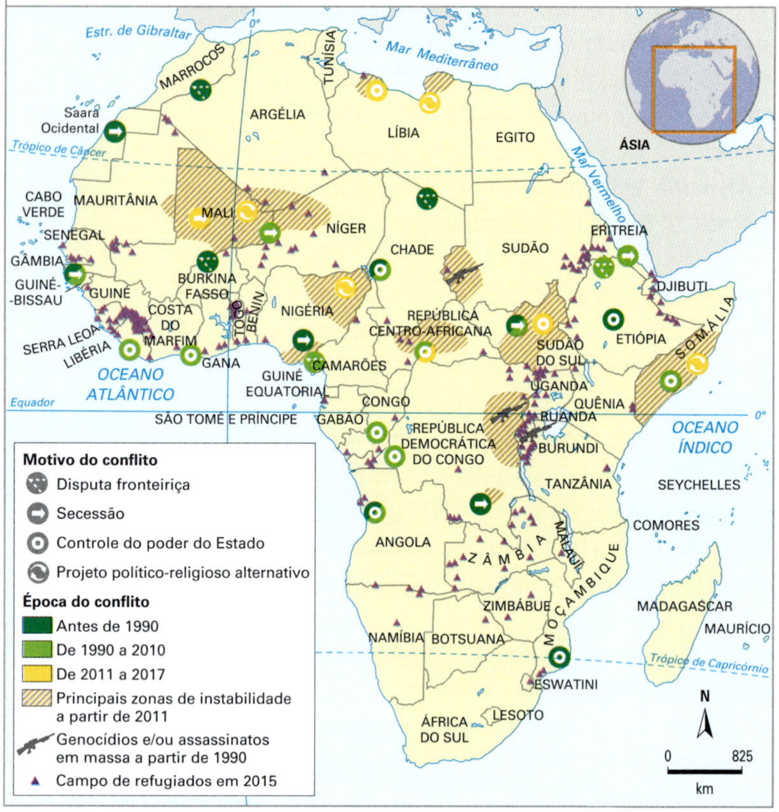

Elaborado com base em: TÉTART, Frank. *Grand atlas 2018*: comprendre le monde en 200 cartes. Paris: Éditions Autrement, 2017. p. 48.

Por fim, a aridez que caracteriza parte das terras africanas tende a se tornar mais aguda em razão de problemas como o aquecimento global. Estima-se que serão os países africanos os mais afetados pelas consequências desse problema que foi criado pelos países mais ricos.

Observe no mapa ao lado os principais conflitos ocorridos no continente africano após a independência de seus países.

CIDADANIA E PROBLEMAS AMBIENTAIS

SP e outras 10 cidades do mundo que podem ficar sem água como a Cidade do Cabo

A Cidade do Cabo enfrenta uma situação nada invejável como a primeira grande cidade da era moderna a ficar sem água potável. No entanto, esse é apenas um exemplo extremo de um problema sobre o qual especialistas vêm alertando há muito tempo: a escassez de água.

Apesar de cobrir 70% da superfície do planeta, a água doce, especialmente a potável, não é tão abundante assim: responde por só 3%. Mais de 1 bilhão de pessoas enfrentam problemas de acesso a ela, e, para 2,7 bilhões, ela falta ao menos um mês por ano.

Uma pesquisa com as 500 maiores cidades do mundo, publicada em 2014, estima que uma em cada quatro estão em uma situação de "estresse hídrico", como define a Organização das Nações Unidas (ONU) quando o abastecimento anual cai abaixo de 1,7 mil m³ por pessoa.

De acordo com projeções chanceladas pela ONU, a demanda por água doce vai superar o abastecimento em 40% em 2030, graças a uma combinação entre as mudanças climáticas, a ação humana e o crescimento populacional.

Não é uma surpresa, portanto, que a situação na Cidade do Cabo seja apenas a ponta do *iceberg*. [...] Conheça a seguir outras [...] cidades que podem ficar sem água.

São Paulo

A capital paulista passou por uma situação dramática em 2014 e 2015, quando seu principal conjunto de reservatórios, o sistema Cantareira, atingiu seu menor nível da história. A Sabesp, companhia paulista de abastecimento, passou a puxar a água que ficava abaixo dos canos de captação, no chamado "volume morto", e reduziu a pressão nas bombas – o que fez com que partes da cidade ficassem desabastecidas. Também houve campanhas para a redução do consumo. [...]

O governo paulista atribuiu a crise à forte seca que atingiu a região, mas uma missão da ONU criticou as autoridades estaduais por "falta de investimentos e planejamento adequados".

[...]

Pequim

O Banco Mundial classifica como situação de escassez hídrica quando moradores de uma determinada localidade recebem menos de 1 mil m³ de água por pessoa. Em 2014, os mais de 20 milhões de habitantes de Pequim receberam apenas 145 m³. [...]

Também há a questão da poluição: dados oficiais de 2015 mostram que 40% da água de superfície de Pequim estava poluída a ponto de não poder ser usada nem para a agricultura nem pela indústria.

Autoridades chinesas tentaram lidar com o problema com projetos de desvio de cursos d'água e programas educacionais. Também aumentaram os preços para indústrias com grande demanda hídrica.

Cairo

Crucial para o desenvolvimento de uma das grandes civilizações do passado, o rio Nilo está enfrentando problemas nos dias de hoje. É a fonte de 97% da água do Egito, mas também o destino de uma quantidade crescente de resíduos agrícolas e residenciais sem tratamento.

A Organização Mundial da Saúde aponta que o Egito é o oitavo país do mundo em mortes ligadas à poluição hídrica entre os países com renda de nível médio-baixo (quando a renda nacional bruta *per capita* fica entre o equivalente a R$ 3.335 e R$ 13.113).

A ONU estima que o país sofrerá com crises hídricas graves em 2025.

Jacarta

Como muitas cidades costeiras, a capital da Indonésia enfrenta a ameaça da elevação do oceano – cerca de 40% da cidade agora está abaixo do nível do mar, segundo o Banco Mundial.

Mas, em Jacarta, o problema piorou com a ação humana: com mais da metade dos 10 milhões de habitantes sem acesso a água encanada, a perfuração ilegal de poços prolifera e esvazia as reservas subterrâneas.

A situação é agravada pelo fato de os aquíferos não serem reabastecidos pelas fortes chuvas, porque o concreto e o asfalto impedem que a água seja absorvida pelo solo.

Moscou

Um quarto das reservas de água doce do mundo estão na Rússia, mas o país enfrenta sérios problemas de poluição por conta do legado industrial da era soviética. Isso é especialmente preocupante para a capital, Moscou, onde 70% do abastecimento vem de reservas de superfície. [...]

SP E OUTRAS 10 cidades do mundo que podem ficar sem água como a Cidade do Cabo. *BBC News Brasil*, 11 fev. 2018. Disponível em: <www.bbc.com/portuguese/internacional-42996544>. Acesso em: 12 dez. 2018.

1. Em grupos, debatam as seguintes questões.

a) Que tipos de problemas ambientais podem surgir devido à poluição e ao tratamento e distribuição inadequados de água?

b) Que tipos de conflitos políticos e sociais podem emergir de situações como essas?

Marrocos e Saara Ocidental

Situados na porção norte da África e banhados pelo oceano Atlântico, o Saara Ocidental e o Reino do Marrocos estão em uma posição geográfica estratégica. Além disso, o Saara Ocidental também é rico em recursos naturais, como fosfato e minério de ferro, e a atividade pesqueira é lucrativa às margens do oceano Atlântico.

O Saara Ocidental foi uma colônia espanhola e teve seus recursos explorados por este país. Houve resistência à dominação por parte do povo saarauí e inúmeros movimentos contra qualquer país que tentasse exercer controle sobre a região. Em 1975, com a saída da Espanha do país, parte do território foi cedido ao Marrocos.

Saara Ocidental – 2018

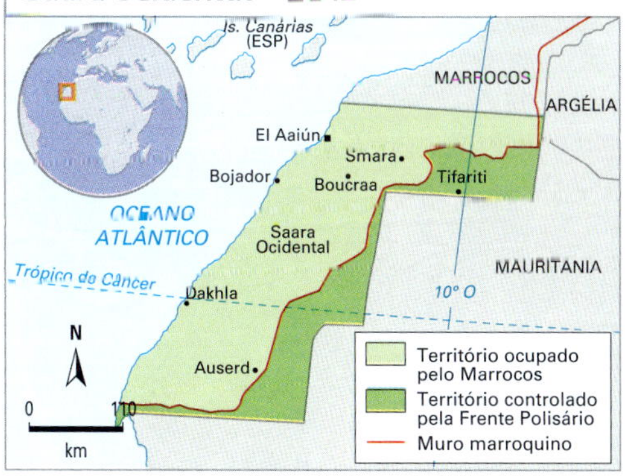

Banco de imagens/Arquivo da editora

Elaborado com base em: TÉTART, Frank. *Grand atlas 2018*: comprendre le monde en 200 cartes. Paris: Éditions Autrement, 2017. p. 49.

Os movimentos de resistência continuaram e resultaram na criação da Frente Polisário (Frente Popular para a Libertação de Saguia el Hamra e Rio do Ouro), que defende a autodeterminação e independência do Saara Ocidental. No entanto, o Marrocos resiste à independência da região e, em 1987, construiu um muro de 1 800 km para separar seu território daquele controlado pela Frente Polisário.

Apesar da disputa territorial, o Saara Ocidental mantém relações comerciais com o Marrocos. Outros parceiros importantes são a Mauritânia e a Tunísia. Esse cenário econômico proporciona maiores chances de concretização da independência do Saara Ocidental, uma vez que relações comerciais mais amplas são possíveis entre países, pois contam com uma constituição e um governo instituído, favorecendo o cumprimento das leis internas e dos acordos internacionais. Porém, se a independência desse território ocorresse, o Marrocos perderia sua influência no Saara Ocidental e, com ela, o controle sobre os recursos naturais e riquezas econômicas da região.

Egito

No norte da África desencadeou-se uma série de levantes contra governos autoritários em 2011, conhecida como Primavera Árabe, que será detalhada no próximo capítulo. A partir de manifestações na Tunísia, outros manifestantes tomaram as ruas de países vizinhos, alastrando o que parecia ser um movimento pela democracia no continente africano.

O Egito foi afetado por essas manifestações e Hosni Mubarak, que estava na presidência desde 1981, foi destituído em 2011. Desde então o país não conseguiu restabelecer a estabilidade política.

Em 2012, Mohamed Morsi assumiu a presidência do Egito apoiado pela Irmandade Muçulmana – organização islâmica presente em cerca de setenta países que pretende estabelecer a *sharia* como base de governos.

Sharia: conjunto de leis islâmicas baseadas no livro sagrado Alcorão.

Seu governo foi marcado pelo controle do Poder Judiciário, da Assembleia Constituinte e pela criação de uma nova constituição baseada na *sharia*, que reduzia as liberdades dos cidadãos e, especialmente, os direitos das mulheres e das minorias.

Em resposta às ações impostas pelo governo, ocorreu uma série de protestos, liderados por intelectuais e pela sociedade civil. Como forma de repressão, muitos ativistas foram presos, torturados ou assassinados.

Em 2013, um golpe de Estado liderado pelo ministro da defesa Abdul Fatah Khalil al-Sisi derrubou Mohamed Morsi do poder. Morsi foi condenado pelos tribunais egípcios à prisão por crimes de tortura civil.

Al-Sisi empregou a força bélica para restabelecer o controle do governo. Porém, a instabilidade persiste no país, amplificada por ataques do grupo terrorista Estado Islâmico (EI). Em maio de 2017, por exemplo, houve o ataque armado a um ônibus, perto da cidade de Minya, a 250 km ao sul do Cairo, que causou a morte de cerca de trinta pessoas.

Mohamed Abd El Ghany/Reuters/Fotoarena

Protestos contra o então presidente Mohamed Morsi no Cairo, Egito, em 2013.

África do Sul

Na África do Sul, por muitas décadas, vigorou um sistema de separação racial conhecido como *apartheid*. Os direitos sociais dos negros eram restritos e controlados pelos brancos. Assim, havia escolas, residências e hospitais diferentes para brancos e negros. Brancos não podiam casar com negros e os negros frequentavam locais destinados aos brancos somente para ocupar vagas de trabalho pelas quais os brancos não se interessavam.

lulu and isabelle/Shutterstock

Museu do *Apartheid*, em Johannesburgo, na África do Sul, em 2017. A entrada do museu apresenta portas diferentes para brancos e não brancos, como na época do *apartheid*.

As origens desse sistema estão no processo de colonização europeia na África do Sul. Holandeses, britânicos, franceses e alemães estabeleceram-se no país, obrigando as populações locais a atender a seus interesses. O *apartheid* foi instaurado pelos britânicos como política oficial em 1948 e teve fim em 1991, após décadas de resistência.

Um dos nomes mais importantes dessa resistência foi Nelson Mandela (1918-2013), que, por sua oposição, foi torturado e ficou preso por 27 anos. Sua luta contra o *apartheid* ganhou reconhecimento nacional e internacional e despertou o repúdio a esse sistema. Em 1994, quatro anos após ser libertado, Mandela foi eleito presidente da África do Sul.

Hoje, as barreiras do *apartheid* não existem mais e brancos e negros circulam pelos mesmos lugares, sem distinção. Porém, as cicatrizes do período se fazem presentes no dia a dia dos sul-africanos e contribuem para o aumento das tensões sociais.

Em 2018, Cyril Ramaphosa era o quinto presidente da África do Sul após o fim do *apartheid*. Os desafios atuais do governo sul-africano são consolidar e renovar a política econômica do país (com a modernização da produção de energia, infraestrutura, tecnologia e indústria), assim como lutar contra a pobreza e integrar as parcelas marginalizadas da população à sociedade.

Ryad Kramdi/Agência France-Presse

Mulheres berberes argelinas preparando cuscuz para festa tradicional em aldeia próxima a Tizi Ouzou, na Argélia, em 2018.

Berberes: conjunto de todos os povos norte-africanos pré-árabes, cujas línguas têm origem afro-asiática.

Argélia

Entre as populações originárias da Argélia estão os povos berberes, residentes também em outros países do norte da África, como Líbia, Marrocos, Mauritânia e Tunísia. O que une as diversas etnias do país são as línguas berberes, atualmente faladas por cerca de 30 milhões de pessoas. Durante o processo de colonização e escravização pelos europeus, esses povos foram afetados em razão da separação e incitação da rivalidade entre os grupos e da imposição da cultura europeia, ocasionando conflitos após o processo de independência da Argélia (1962).

Com isso, emergiram divergências significativas no país entre tradição e modernidade, e entre islamismo político e republicanismo muçulmano. A população argelina enfrenta, atualmente, vários desafios, muitos dos quais estão relacionados às crises políticas e econômicas resultantes da guerra civil ocorrida na década de 1990.

A luta pelos direitos humanos segue sendo uma questão importante no país. Conflitos relacionados à colonização, à guerra da independência (1954-1962) e a problemas culturais, como questões religiosas e linguísticas, resultaram em dificuldades na manutenção da paz e na ocorrência de mudanças políticas, como a reestruturação dos partidos políticos.

Apesar da adoção da lei que permite a criação de partidos políticos e a formação da Aliança da Argélia Verde (união de três movimentos islâmicos: Movimento para a Sociedade pela Paz, *El Islah* e *Ennahda*), a expressão política se concentra basicamente em um único partido, a Frente de Libertação Nacional (FLN). O atual presidente da Argélia, Abdelaziz Bouteflika, é da FLN e, sob muitos protestos, se mantém no poder desde 1999.

Em relação à economia, o país depende fundamentalmente da venda de petróleo e seus derivados. Por ter como principal receita um importante recurso natural, o produto interno bruto argelino tem pouca variação, no entanto, está sujeito às oscilações do preço desse recurso no mercado internacional.

Siegfried Modola/Reuters/Fotoarena

República Centro-Africana

A República Centro-Africana recebe este nome justamente por sua localização. Situada na região central do continente africano, faz fronteira com Chade, Sudão, Congo, República Democrática do Congo e Camarões.

Bangui, capital da República Centro-Africana, fundada em 1889. Em 2017, o país contava com cerca de 4,6 milhões de habitantes. Foto de 2016.

Suas fronteiras políticas são uma herança histórica. Até 1958, a República Centro-Africana fazia parte do território colonizado pela França no continente africano, que também englobava porções da República do Congo, Chade, Gabão e Camarões.

Hoje, o país sofre com conflitos principalmente religiosos. Islâmicos e seguidores de religiões tradicionais africanas são constantemente agredidos por milícias cristãs. Nesse cenário de legitimação das milícias religiosas, são frequentes assassinatos e agressões aos civis, incluindo mulheres e crianças.

E no Brasil?

ESPECIAL: Entre o Brasil e a África houve uma troca forte e poderosa, diz Alberto da Costa e Silva

Neste especial sobre o Dia da África, criado em 25 de maio de 1963 e marcado anualmente pela comunidade internacional, o Centro de Informação das Nações Unidas para o Brasil (UNIC Rio) entrevista Alberto da Costa e Silva – ex-embaixador em países africanos e membro da Academia Brasileira de Letras (ABL) – sobre a importância do continente africano para a formação do Brasil e sobre o cruel tráfico transatlântico.

Durante mais de 350 anos de tráfico transatlântico, o Brasil recebeu cerca de 5 milhões de africanos escravizados.

Entre os séculos 16 e 19, este brutal comércio fez prisioneiros de diferentes partes da África. Cerca de 12 milhões de pessoas foram retiradas de seus lares e, nesta travessia, mais de 2 milhões de africanos perderam suas vidas.

O Brasil foi o maior receptor desse fluxo forçado, o que deu ao país o título de segunda maior população negra do mundo, atrás apenas da Nigéria, na África. [...]

Enquanto a Inglaterra abolia a escravidão – uma forma de ter o controle informal da África – e pressionava Portugal para encerrar seu comércio, o Brasil recebia mais africanos. Apenas no século 19, o Rio de Janeiro recebeu cerca de 1 milhão de africanos que desembarcavam no Cais do Valongo, o maior porto de escravos e Patrimônio da Humanidade pela UNESCO.

Esse fluxo de africanos fez do Brasil o país com a segunda maior população de negros do mundo, atrás apenas da Nigéria. Ainda hoje, esses 54% da população que se identificam como afrodescendentes experimentam um cenário de exclusão em diferentes aspectos da sociedade brasileira.

A Década Internacional de Afrodescendentes (2015-2024), criada pelas Nações Unidas, chama a atenção para a situação dessa população. [...]

Além da Década, em 2017 a ONU Brasil lançou a campanha Vidas Negras, visando ampliar junto à sociedade, gestores públicos, sistema de Justiça, setor privado e movimentos sociais, a visibilidade do problema da violência contra a juventude negra no país.

O Sistema ONU pretende com a iniciativa chamar a atenção e sensibilizar a sociedade para os impactos do racismo na restrição da cidadania de pessoas negras, influenciando atores estratégicos para a produção e apoio de ações de enfrentamento da discriminação e da violência. [...]

ESPECIAL: Entre o Brasil e a África houve uma troca forte e poderosa, diz Alberto da Costa e Silva. ONUBR, 24 maio 2018. Disponível em: <https://nacoesunidas.org/especial-entre-o-brasil-e-a-africa-houve-uma-troca-forte-e-poderosa-alberto-da-costa-e-silva/>. Acesso em: 28 fev. 2019.

1. Discuta com os colegas de que modo o Brasil pode cooperar com países africanos.

2. Em grupo, faça uma pesquisa sobre a campanha Vidas Negras, seus objetivos e resultados.

Reconecte

Revisão

1. Em seu caderno, defina os conceitos a seguir:

a) Povos originários.

b) Colônia de exploração.

2. Relacione o processo de colonização da África com os conflitos vividos atualmente no continente.

3. Escolha dois blocos regionais abordados no capítulo e responda às questões.

a) Quais são os países-membros desses blocos?

b) Quais são os principais produtos exportados pelos blocos escolhidos? Esses produtos são matérias-primas ou industrializados?

Análise de climogramas

4. Analise os climogramas abaixo e compare as características climáticas das cidades representadas, que se localizam em diferentes regiões da África. Procure identificar todas as informações apresentadas nas representações gráficas, como altitude, padrões de temperatura e de precipitação anual.

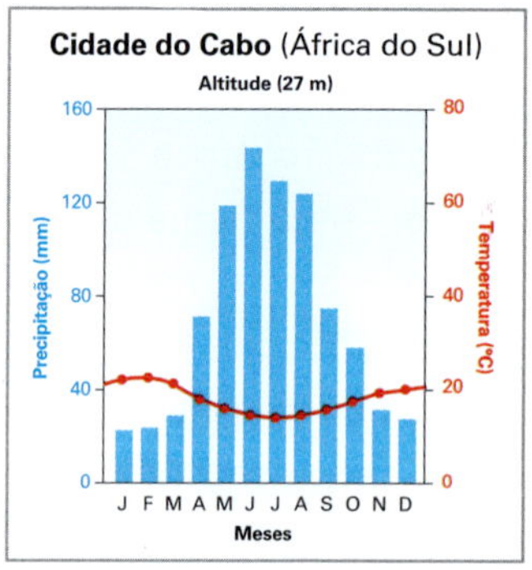

Elaborado com base em: CLIMATE-DATA,ORG. *Clima*: Cidade do Cabo. Disponível em: <https://pt.climate-data.org/location/788/>. Acesso em: 13 dez. 2018.

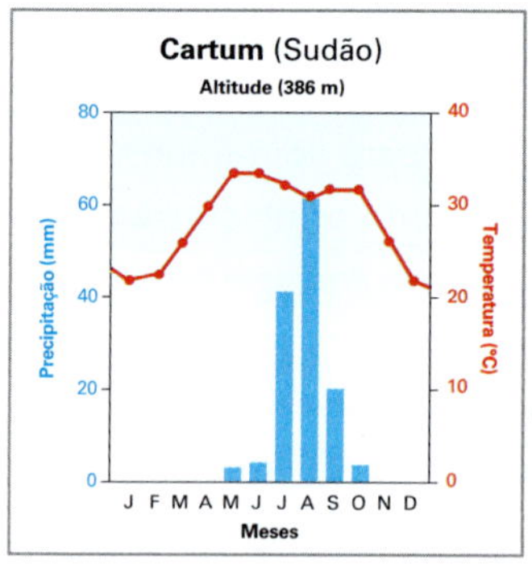

Elaborado com base em: CLIMATE-DATA.ORG. *Clima*: Khartoum. Disponível em: <https://pt.climate-data.org/location/418083/>. Acesso em: 13 dez. 2018.

Climogramas: JS Design/Arquivo da editora

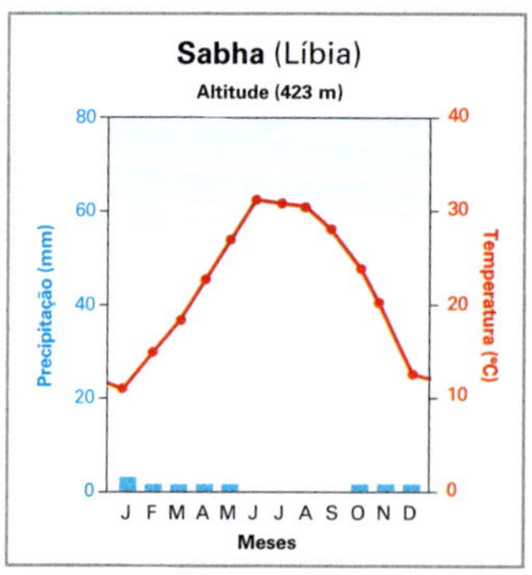

Elaborado com base em: CLIMATE-DATA.ORG. *Clima*: Sabha. Disponível em: <https://es.climate-data.org/location/3215/>. Acesso em: 13 dez. 2018.

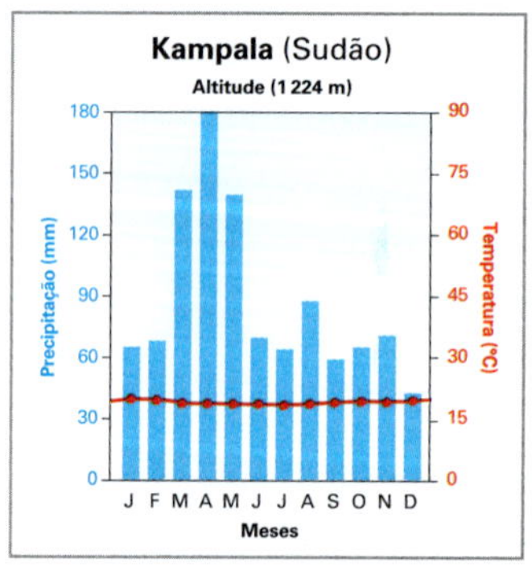

Elaborado com base em: CLIMATE-DATA.ORG. *Clima*: Kampala. Disponível em: <https://pt.climate-data.org/location/5578/>. Acesso em: 13 dez. 2018.

Produção de cartaz

5. Em duplas, escolham um dos povos originários da África mencionados no capítulo e pesquisem sobre ele em jornais, livros e na internet.

Reúnam informações como localização geográfica, hábitos alimentares, vestimentas e saberes tradicionais, e sua situação política e social atualmente. Busquem também imagens que ilustrem as informações pesquisadas e organizem tudo em um cartaz.

Pesquisa e apresentação

6. Em grupo, retomem os mapas do capítulo sobre clima e vegetação do continente africano. Em seguida, façam o que se pede.

a) Pesquisem e descrevam imagens de dois tipos de vegetação.

b) Correlacionem as vegetações escolhidas com os climas correspondentes. Expliquem as características desses climas.

c) Elaborem uma apresentação e compartilhem as descobertas com os colegas.

Debate

7. Vários conflitos foram discutidos no capítulo. Em grupo, escolham um que continue até hoje e pesquisem sobre suas causas e momentos mais importantes. Procurem também as notícias mais recentes a respeito do conflito. Apresentem o resultado aos colegas e debatam em sala de aula os possíveis desenvolvimentos e soluções para a questão.

Resumo

- Povos originários resistem e mantêm seus saberes tradicionais pelo continente africano. Tuaregues, san, nubas e pigmeus são exemplos desses povos.
- Os aspectos físicos do continente africano oferecem oportunidades para produção energética e extração de recursos naturais.
- Para se fortalecerem econômica e politicamente, os países africanos organizam-se em blocos, como SADC, Comesa, Igad e Ecowas.
- A presença europeia no continente africano resultou em mudanças na configuração territorial dos povos originários e causou conflitos que perduram até hoje.
- Atualmente, a população africana enfrenta vários desafios, como conflitos civis e crises políticas e econômicas.

CAPÍTULO

5

África islâmica e os países de língua portuguesa

Ao longo de milhares de anos, muitos povos estabeleceram relações pacíficas e de conflito na África. Houve invasões e conquistas de imperadores vindos de outros continentes, e os territórios foram partilhados por países europeus.

Depois de terem se tornado independentes, os Estados africanos têm lidado com muitos desafios em busca de desenvolvimento. Embora apresente indicadores sociais (saúde, educação, renda, entre outros) em geral muito baixos, a África é extremamente rica em recursos naturais. Por isso, sua exploração ainda é disputada tanto internamente como por outros países.

A África apresenta grande diversidade cultural. Neste capítulo, aprofundaremos os conhecimentos sobre a realidade de parte desse continente: a África islâmica e os países de língua portuguesa.

Alamy/Fotoarena

Arquitetura com elementos islâmicos em Sousse, na Tunísia, em 2016.

Alamy/Fotoarena

Paisagem da ilha Santa Carolina, em Moçambique, país de língua portuguesa. Foto de 2016.

EM FOCO

Egito prorroga estado de emergência por três meses

O Egito prorrogou por mais três meses o estado de emergência nacional, citando razões de segurança.

A prorrogação, que começará em 13 de janeiro [de 2018] sob um decreto emitido pelo presidente Abdel Fattah el-Sisi [...], vem depois de dois ataques fatais [...] contra cristãos coptas no distrito de Helwan, ao sul da capital, Cairo.

A agência de notícias estatal MENA afirmou que essa providência foi tomada para permitir que as forças de segurança "tomem (medidas) necessárias para enfrentar os perigos e o financiamento do terrorismo e salvaguardar a segurança em todo o país".

As autoridades egípcias impuseram o primeiro estado de emergência nacional em abril de 2017, depois que dois atentados em uma igreja mataram pelo menos 45 pessoas. Ações semelhantes foram anunciadas em julho e outubro [de 2017] [...].

A medida concede ao presidente, e aos que atuam em seu favor, o poder de encaminhar civis para os tribunais de emergência da Segurança do Estado durante o período de três meses.

Não existe um processo de apelação para os veredictos do Tribunal de Emergência de Segurança do Estado.

Também permite ao presidente interceptar e monitorar todas as formas de comunicação, com censura da publicação e confisco de publicações existentes. Impõe um toque de recolher para o fechamento de estabelecimentos comerciais, o sequestro de propriedades privadas e a designação de áreas de evacuação.

As medidas de emergência permitem que as forças de segurança detenham pessoas por tempo indeterminado, praticamente por qualquer motivo. Elas também concedem amplos poderes para restringir os encontros públicos e a liberdade de mídia.

No entanto, grupos de direitos humanos repetidamente criticaram a situação, dizendo que as condições no país continuaram a deteriorar-se desde que El-Sisi assumiu o poder em 2013.

O Egito lutou por anos contra uma campanha armada e antigovernamental na península do Sinai, acidentada e pouco povoada.

Em novembro de 2017, o país viu seu ataque mais mortal quando homens armados assaltaram uma mesquita na cidade de Bir al-Abed. Mais de 300 pessoas foram mortas e cerca de 120 ficaram feridas.

Espera-se que o Egito realize eleições presidenciais no final deste ano [2018].

El-Sisi, que em 2013 liderou a derrubada do presidente democraticamente eleito, Mohamed Morsi, da Irmandade Muçulmana, deverá concorrer a outro mandato. [...]

EGYPT Extends State of Emergency for Three Months. *Al Jazeera*, 2 jan. 2018. Disponível em: <www.aljazeera.com/news/2018/01/egypt-extends-state-emergency-months-180102184217232.html>. Acesso em: 10 dez. 2018. (Texto traduzido pelos autores.)

Alexander Zemlianichenko/AP Photo/Glow Images

Presidente egípcio Abdel Fattah el-Sisi em conferência no Cairo, no Egito, em 2017.

1. De acordo com o texto, por que o presidente do Egito prorrogou o estado de emergência no país? O que isso significa?

2. O que você conhece sobre a situação política do Egito e de outros países do norte da África?

1. África islâmica

A análise do continente africano permite observar uma grande divisão entre a porção norte e a sul. No norte, há o predomínio da cultura e da língua árabes. Já ao sul encontram-se povos que se diferenciam pela cultura e pelos idiomas oficial e local, além da existência de diversos dialetos. Essa distribuição espacial tem relação com as características naturais do continente. O **deserto do Saara**, localizado entre os dois conjuntos culturais, sempre contribuiu para definir a forma como o continente africano foi ocupado.

Há diversas classificações que definem quais países formam a porção norte do continente africano. Segundo a Organização das Nações Unidas (ONU), por exemplo, a região é constituída pelos países do noroeste da África, sub-região conhecida como Magreb (Marrocos, Argélia e Tunísia; algumas vezes, incluem-se também a Líbia e a Mauritânia), além de Egito, Saara Ocidental e Sudão. Outras classificações, como a do Banco Mundial, agrupam apenas Marrocos, Argélia, Tunísia, Líbia e Egito. Há, ainda, a classificação do norte geográfico, que inclui os países da classificação da ONU, além de Mali, Níger e Chade. Observe o mapa a seguir.

Norte da África: classificações

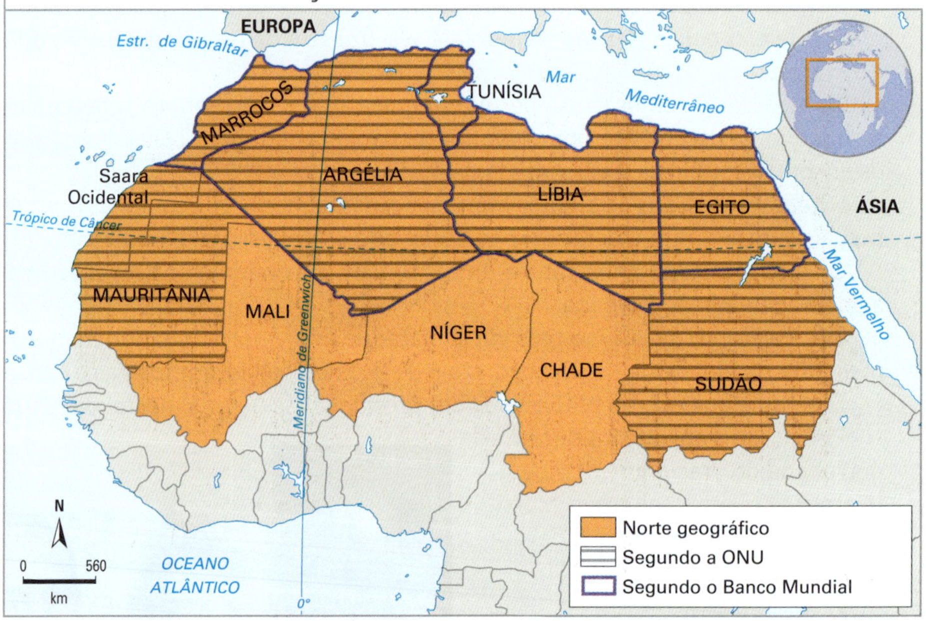

Elaborado com base em: IBGE. *Atlas geográfico escolar*. 7. ed. Rio de Janeiro: IBGE, 2016. p. 45; THE WORLD Bank. Projetos e operações. África. Disponível em: <http://projects.worldbank.org/country?lang=pt&page=>; UNITED Nations. Economic Comission for Africa. North Africa. Disponível em: <www.uneca.org/sro-na/pages/about-office>. Acesso em: 5 fev. 2019.

As semelhanças entre a população dos países do norte da África devem-se a um passado comum de ocupação.

Povoamento do norte da África

O povoamento da região norte da África é um dos mais antigos do mundo. Existem registros fósseis de espécies ancestrais de seres humanos que lá viveram desde a Idade da Pedra Lascada (Paleolítico), há mais de 200 mil anos.

Durante a Antiguidade (por volta de 1000 a.C.), comerciantes fenícios – que habitavam o território que hoje forma Líbano, Israel e Síria – utilizaram o norte da África como rota comercial para alcançar a Espanha. Apesar de não terem como objetivo colonizar a região, construíram portos e pontos de parada. Alguns desses lugares se tornaram cidades importantes, como Cartago, que teve grande influência no mundo antigo.

Cartago foi destruída depois de ter sido ocupada pelo Império Romano, por volta de 146 a.C. Os romanos não destituíram totalmente as autoridades locais, mantendo algumas delas em cargos administrativos e militares no governo. Mas a área de distribuição das tribos foi controlada e diminuída, e várias tornaram-se sedentárias.

Alamy/Fotoarena

Ruínas do período da ocupação romana em Cartago, na Tunísia. Foto de 2017.

Com mais terras, os romanos constituíram outras cidades na Tunísia, na Argélia e no Marrocos. Fizeram estradas e portos e desenvolveram o comércio, além da agricultura e da pecuária. A população na região cresceu muito, inclusive com a vinda de imigrantes romanos. Parte deles tentou difundir o cristianismo, mas essa religião influenciou um número muito pequeno de pessoas.

Após a invasão do Império Romano pelos povos germânicos (os vândalos), que já haviam se instalado na península Ibérica entre 406 e 534, os romanos retomaram o controle no norte da África como parte da expansão das fronteiras do Império Bizantino, mas não com a glória de antes. Com o império em crise, a agricultura decresceu e a corrupção e os conflitos entre os romanos e os povos locais aumentaram.

O processo iniciado no ano de 642 foi determinante para entender a geografia do norte da África. Árabes vindos do Oriente Médio conquistaram territórios na região até atingir o Magreb. Já no século VIII, essas terras tornaram-se província do Império Muçulmano. Observe o mapa.

Domínio islâmico – primeira metade do século VIII

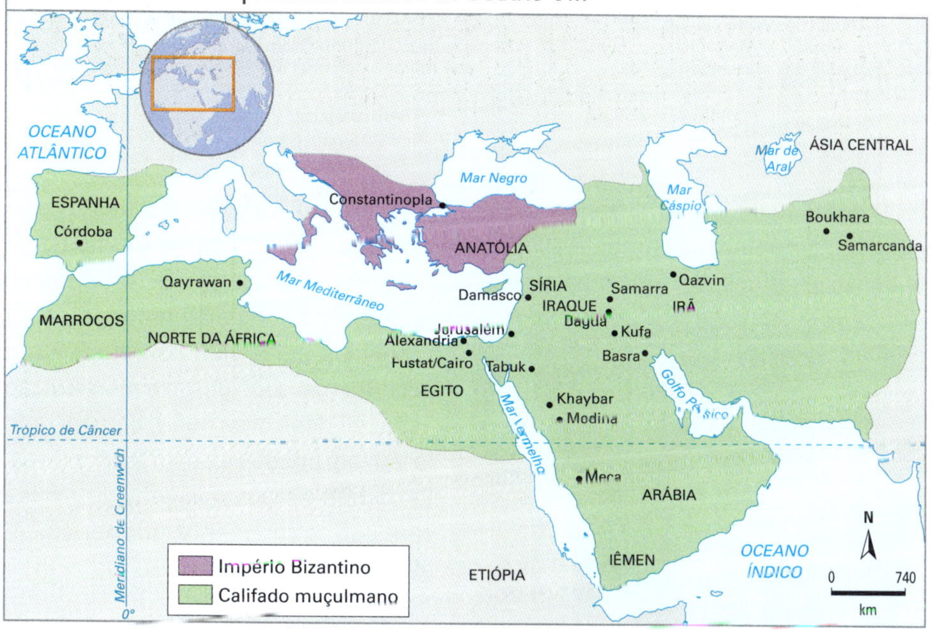

Banco de Imagens/Arquivo da editora

Elaborado com base em: ROBINSON, Francis (Org.). *The Cambridge Illustrated History of the Islamic World*. London: Cambridge University Press, 1996. p. 21.

Ao longo do tempo, grande parte das tribos berberes se arabizou e aderiu à religião islâmica. Desde então, as relações entre árabes e berberes foram conflituosas, pois mesmo integrados ao mundo muçulmano estes eram tratados de forma inferior. Os berberes foram os primeiros a unificar os povos do Magreb, por volta de 1035, até novamente se dividirem no século XV.

A partir de 1470, a porção norte do continente africano, fragilizada politicamente, passou a sofrer investidas das expansões marítimas europeias, principalmente portuguesas. Os povos da região ofereceram resistência, sobretudo em relação ao cristianismo. Diante do embate entre europeus e árabes africanos, o Império Otomano, que se originou na Ásia Menor (Turquia), passou a dominar o norte do continente (terras dos atuais Egito, Argélia, Tunísia e Líbia) por volta de 1517. Observe o mapa.

Extensão do Império Otomano – final do século XIII-século XVII

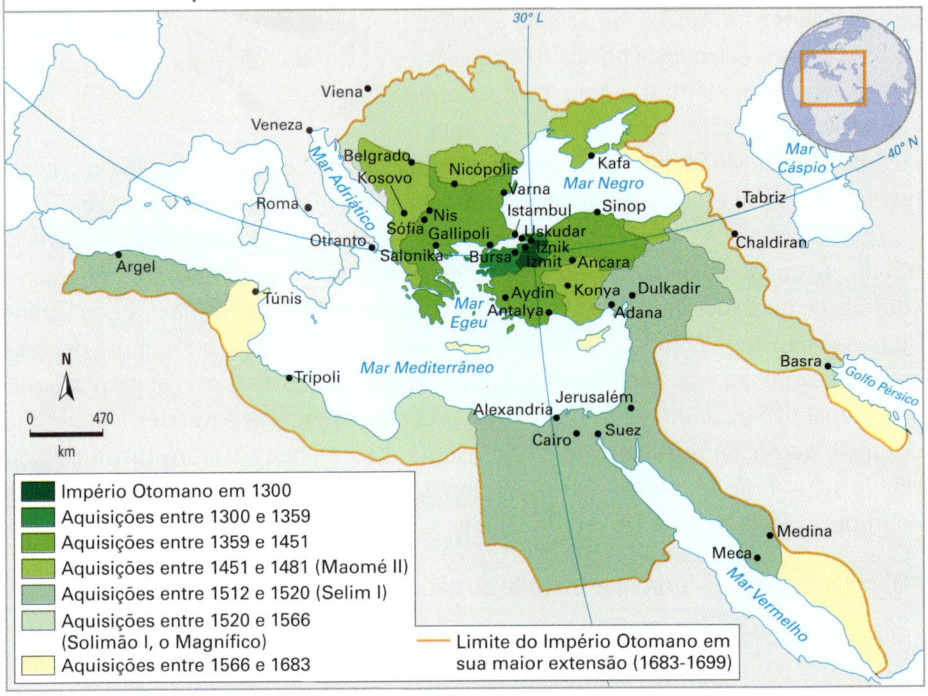

Elaborado com base em: ENCYCLOPAEDIA Britannica. Ottoman Empire. Disponível em: <www.britannica.com/place/Ottoman-Empire>. Acesso em: 11 dez. 2018.

O domínio do Império Otomano se estendeu até o século XIX, quando o colonialismo europeu efetivamente se fortaleceu no norte da África. No último quarto desse século, sobretudo a partir da Conferência de Berlim (1885), o continente africano foi partilhado entre as potências europeias da época. Essa partilha não considerou a distribuição espacial dos povos que viviam ali, que foram agrupados e separados à força. Esse fato está na origem de sérios conflitos no continente, que persistem até o presente.

Album/Fotoarena/Coleção particular

Uma sessão da Conferência de Berlim no grande salão da Chancelaria do Reich em Berlim, de Hermann Lüders, 1884-1885 (xilogravura de dimensões desconhecidas).

O descontentamento das potências europeias com essa divisão foi uma das causas da Primeira Guerra Mundial (1914-1918). Ao fim do conflito, a porção norte da África se encontrava quase totalmente controlada por ingleses, franceses e italianos (observe o mapa a seguir). Apesar da perda do controle político, o islamismo continuou a crescer entre árabes, berberes e outros povos locais, a ponto de se tornar a principal religião dessa porção do continente africano.

Imperialismo europeu no mundo islâmico

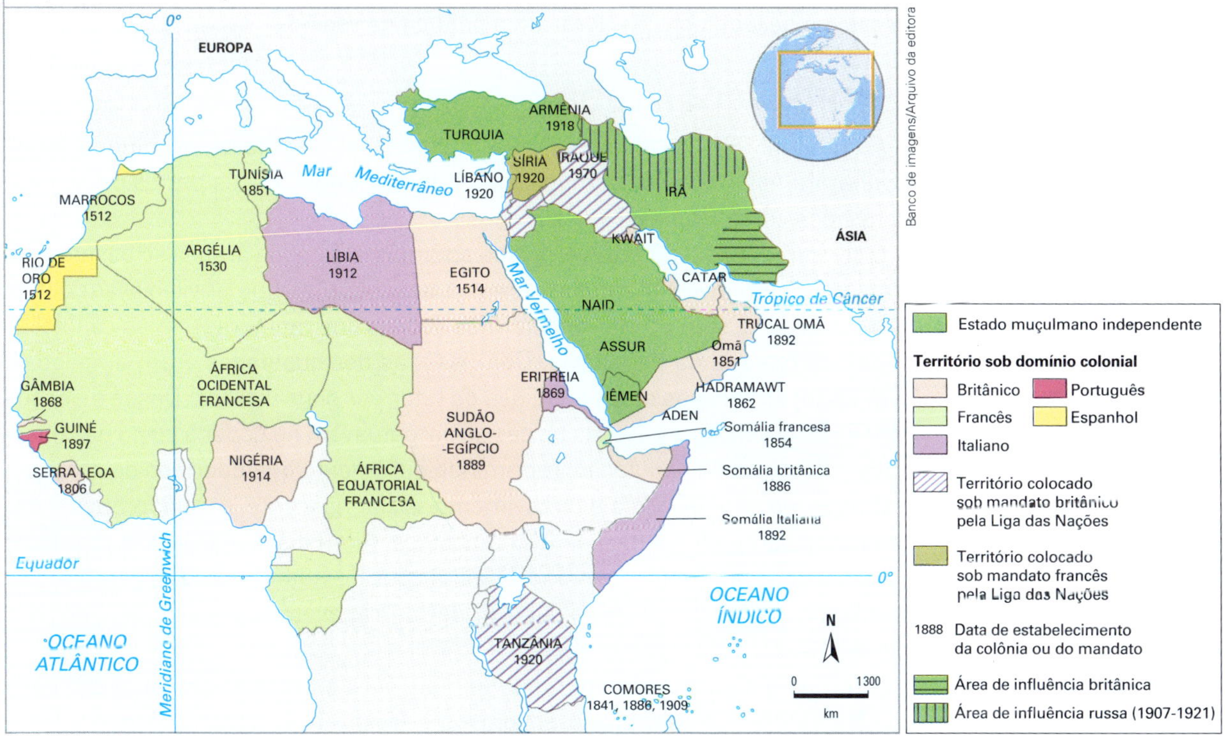

Elaborado com base em: ROBINSON, Francis (Org.). *The Cambridge Illustrated History of the Islamic World*. London: Cambridge University Press, 1996. p. 103.

Ao final da Segunda Guerra Mundial (1939-1945), os países europeus participantes do conflito estavam devastados e as manifestações pró-independência na África ganharam força. Nos anos que se seguiram, essas colônias tornaram-se independentes. Observe o mapa.

África: Independência dos países islâmicos – século XX

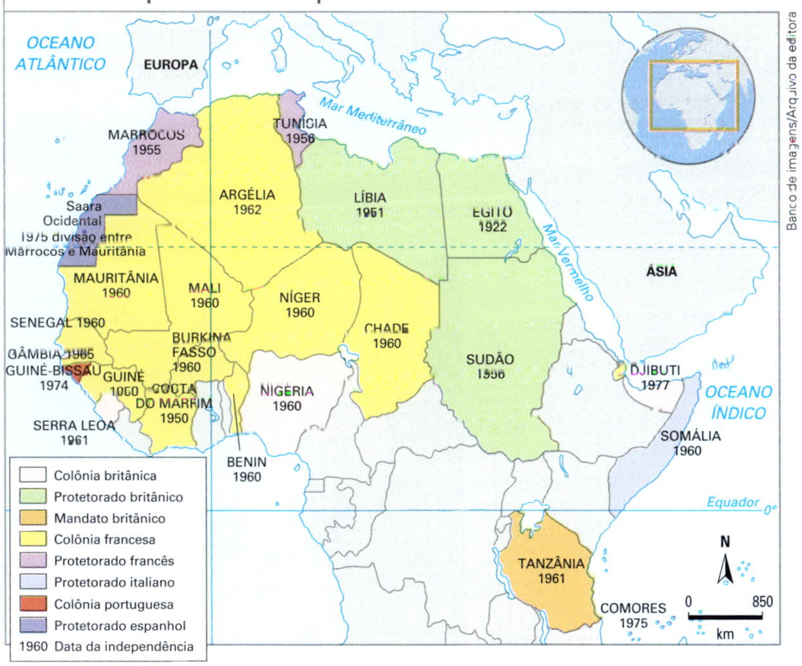

Elaborado com base em: ROBINSON, Francis (Org.). *The Cambridge Illustrated History of the Islamic World*. London: Cambridge University Press, 1996. p. 114.

Desde que conquistaram a independência, os Estados da porção norte da África têm enfrentado muitos desafios. As condições ambientais dificultam a ocupação e a exploração de seus territórios. Suas economias se limitam a poucos setores, como a exportação de recursos naturais e o turismo. Além disso, precisam estabelecer uma convivência harmoniosa entre as diversas identidades nacionais e as religiões que coexistem em seus territórios. Ao longo de algumas décadas, os países da região já vivenciaram democracias, ditaduras e vários tipos de governo, além de terem sofrido muitos conflitos. Recentemente, os movimentos sociais ganharam força e alteraram a política na região.

A Primavera Árabe

Ao final de 2010, notícias sobre manifestações populares no mundo árabe fervilharam nos meios de comunicação internacionais. Esses protestos ficaram conhecidos como Primavera Árabe.

O crescimento econômico verificado em muitos Estados árabes se baseava, de forma geral, em investimentos externos e privatizações que privilegiavam determinados grupos, sem promover reformas sociais que melhorassem as condições de vida da maioria da população. Com isso, as desigualdades eram ampliadas. Além disso, as pessoas eram proibidas de lutar por seus direitos. Desde a década de 1970, os governantes desses países se perpetuavam no poder à custa das liberdades individuais da população, reprimindo duramente qualquer tipo de protesto.

O ativismo ganhou força e o movimento social nascente, sem lideranças, demandava a liberdade política de forma pacífica. Além disso, não visava promover o islã, mas buscar direitos e melhores condições de vida. O primeiro país a registrar manifestações foi a Tunísia. A partir daí, a Primavera Árabe se estendeu para outros países.

As novas tecnologias foram fundamentais para a organização da agenda dos manifestantes, que marcavam encontros e trocavam informações por *blogs* e redes sociais, e para divulgar informações em tempo real para a população e para outros países.

O único país considerado bem-sucedido após a Primavera Árabe foi a Tunísia. No início de janeiro de 2011, a população conseguiu derrubar o governo autoritário de Zine al-Abidine Ben Ali, que estava no poder havia 23 anos. Na transição para a democracia, apesar de algumas tensões, não houve conflitos armados.

Fethi Belaid/Agência France-Presse

// População pede a renúncia do presidente Zine al-Abidine Ben Ali em Túnis, na Tunísia, em 14 de janeiro de 2011. Nesse dia, ondas de protesto por todo o país marcaram a queda do governo.

Porém, apesar de ter conquistado mais direitos, a população ainda sofre as consequências de sérios problemas presentes nos governos, como corrupção e abusos de autoridade. Além disso, as perspectivas de maior prosperidade econômica não foram atingidas pelos governos, que prometeram muito para chegar ao poder.

No Egito, assim como na Tunísia, os manifestantes ganharam as ruas. A praça Tahrir, no Cairo, tornou-se um grande símbolo da Primavera Árabe. O governo combateu o movimento por dezenas de dias. Em 11 de fevereiro de 2011, o presidente Hosni Mubarak renunciou ao cargo.

Peter Macdiarmid/Getty Images

Multidão reúne-se na praça Tahrir, no Cairo, capital do Egito, em uma das várias manifestações contra o presidente Hosni Mubarak que ocorreram em fevereiro de 2011.

No entanto, em 2013, o exército assumiu o poder e foi eleito o ex-ministro da defesa Abdul Fatah Khalil al-Sisi, cujo governo não se diferenciou do de Mubarak. A situação econômica do Egito piorou, o que também se deveu ao avanço do terrorismo, e o turismo, importante setor para o país, tem registrado grande queda.

Na Líbia, a Primavera Árabe levou a uma guerra civil tão violenta que o Conselho de Segurança da ONU interveio e aprovou o uso da força para proteger a população do país. Não tardou para que a Organização do Tratado do Atlântico Norte (Otan) entrasse no conflito. Foi a primeira vez que essa organização multilateral atacou um país, rompendo seu estatuto de atuar apenas na defesa de seus membros. Essa atuação da Otan na Líbia também foi vista como uma política estratégica dos países que compõem a organização, que têm interesses econômicos na região, como na exploração do petróleo. Em outubro de 2011, Muanmar Kadafi foi morto após controlar o país desde 1969.

Exploração de petróleo em Al-Buraqah, na Líbia, em 2017. As reservas de petróleo do país geram disputas pelo controle das regiões ricas nesse combustível fóssil.

Abdullah Doma/Agência France-Presse

Após breve período de paz, conflitos entre diferentes grupos tornaram o país vulnerável às ações do Estado Islâmico. A economia, por sua vez, apesar do petróleo que exporta para vários países, não se desenvolveu; ao contrário, passou por um período de recessão.

Na Argélia, não houve grandes mudanças políticas, ainda que tenham ocorrido reformas econômicas importantes que elevaram salários, consumo e crédito para a população.

A Primavera Árabe envolveu ainda vários Estados do Oriente Médio, como Omã, Kuwait, Bahrein, Iêmen e Síria, desencadeando situações de conflito que duram até os dias de hoje.

Países envolvidos na Primavera Árabe – 2011

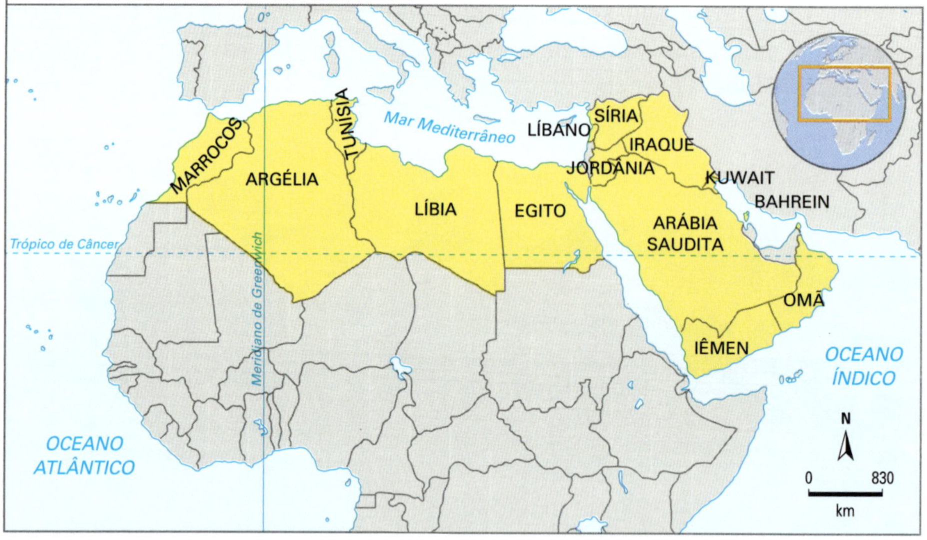

Elaborado com base em: AL JAZEERA. *The Arab Awakening*, 22 fev. 2011. Disponível em: <www.aljazeera.com/indepth/spotlight/2011/02/201122212121213770475.html>. Acesso em: 11 dez. 2018.

É importante ressaltar que, como manifestação popular, os protestos da Primavera Árabe foram muito importantes, pois promoveram a união das pessoas na luta por direitos fundamentais e melhores condições de vida. Finalmente o mundo árabe se comunicava com os demais países, com destaque para o uso das novas tecnologias de comunicação. Porém, apesar dessa mobilização, a maior parte dos países que vivenciaram as ocorrências não mudou de modo expressivo em termos de democracia e de distribuição da riqueza entre a população.

Símbolo da UMA.

Organizações de países do norte da África

Destacam-se duas importantes organizações entre os países do norte da África, que têm por objetivo aumentar a cooperação entre eles: a **União do Magreb Árabe (UMA)** e a **Comunidade dos Estados Sahel-Saarianos (CEN-SAD)**.

A União do Magreb Árabe foi criada em 1989 por Argélia, Líbia, Mauritânia, Marrocos e Tunísia, com o objetivo de desenvolver ações coordenadas entre esses países em diferentes setores, como na economia. Apesar de buscar a eliminação das barreiras comerciais entre os países, a implementação dessa área de livre-comércio ainda não aconteceu. Um dos motivos é que muitos de seus países-membros se aproximaram de outra organização mais ampla, a **Liga Árabe**, que abrange países de quase todo o mundo árabe.

União do Magreb Árabe – 2018

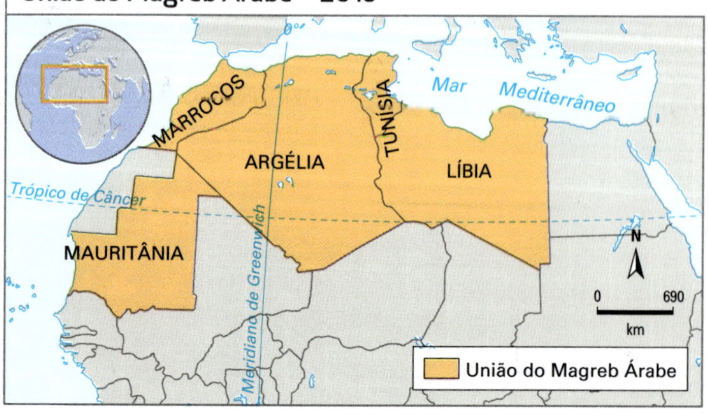

Elaborado com base em: UNITED Nations Economic Commission for Africa. AMU – Arab Maghreb Union. Disponível em: <www.uneca.org/oria/pages/amu-arab-maghreb-union>. Acesso em: 11 dez. 2018.

Alguns países da UMA (Líbia, Marrocos e Tunísia) já chegaram ao ponto de integração que permite a livre circulação de pessoas entre seus territórios. Mas ainda existem muitas dificuldades de mobilidade entre eles por causa de uma infraestrutura ineficiente, como a falta de estradas. A população total dos Estados que compõem essa organização é de 94,2 milhões de pessoas, com PIB *per capita* de 4 518 dólares. Em 2016, exportaram juntos mais de 126,8 bilhões de dólares e importaram 150,9 bilhões de dólares.

A Comunidade dos Estados Sahel-Saarianos (CEN-SAD) foi criada em 1998 e é formada por 23 países. Essa organização tem por objetivo fazer com que seus membros desenvolvam projetos conjuntos em agricultura, indústria e energia, bem como na promoção do desenvolvimento social e cultural. Também busca eliminar obstáculos econômicos e de circulação de pessoas por seus territórios. Em 2013, seu documento de criação foi revisado e incorporou questões ligadas ao desenvolvimento sustentável e à segurança regional.

Comunidade dos Estados Sahel-Saarianos – 2018

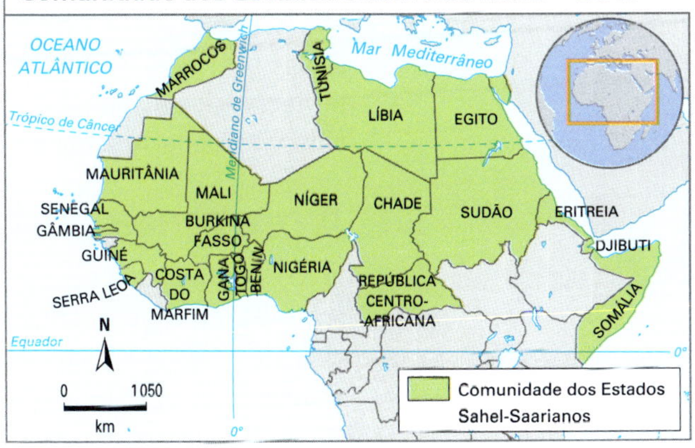

Elaborado com base em: UNITED Nations Economic Commission for Africa. CEN-SAD – The Community of Sahel-Saharan States. Disponível em: <www.uneca.org/oria/pages/cen-sad-community-sahel-saharan-states>. Acesso em: 11 dez. 2018.

Desde sua criação, a CEN-SAD já realizou acordos com organizações no próprio continente africano e em outras partes do mundo. Sua população é de mais de 553 milhões de pessoas, com PIB *per capita* de 1 362,8 dólares. Em 2016, seus países exportaram cerca de 244,3 bilhões de dólares e importaram um volume de 312,1 bilhões de dólares.

Diálogo com Matemática

Observe a tabela com números sobre a população e a economia de alguns países do norte da África.

Norte da África: comparação de dados de países selecionados

País	Extensão territorial (km²)	Produto Interno Bruto (bilhões de US$) – 2016	População (milhões de hab.) – 2016	Expectativa de vida ao nascer (anos) – 2015
Marrocos	442 300	103,61	35,276	75,52
Argélia	2 381 741	159,049	40,606	75,85
Tunísia	163 610	42,063	11,403	75,49
Líbia	1 676 198	34,69	6,293	71,83
Egito	996 603	332,79	95,688	71,29

Elaborado com base em: THE WORLD Bank. Indicators. Disponível em: <https://data.worldbank.org/indicator>; ENCYCLOPAEDIA Universalis. Disponível em: <www.universalis.fr/encyclopedie/>. Acesso em: 11 dez. 2018.

1. Com base nas informações sobre população e valores do PIB, calcule o PIB *per capita* de todos os Estados listados.
2. Com os dados sobre extensão territorial e população, calcule a densidade demográfica de cada país.
3. Compare a realidade dos países com base nas informações apresentadas (territoriais, populacionais, econômicas e sociais).

2. Os países africanos de língua portuguesa

Como vimos, diversos países europeus ocuparam a África ao final do século XIX. Mas a presença portuguesa nesse continente ocorreu muito antes disso. Desde o início do século XVI, houve vários movimentos de Portugal para conquistar territórios no Magreb, começando por Ilhas Canárias e Marrocos. Não tardou para que os portugueses explorassem a costa atlântica africana.

A presença portuguesa

Os portugueses ocuparam ilhas (Porto Santo e ilha da Madeira) e chegaram, em 1434, ao cabo Bojador (Saara Ocidental), o ponto mais ao sul do mundo conhecido na época. Alcançaram Serra Leoa (depois tomada pelos ingleses) e, por onde passavam, estabeleciam postos comerciais e fortalezas. Aliados a governantes locais, comercializavam escravos, açúcar, ouro, marfim, etc. Em 1488 chegaram ao extremo sul do continente, o cabo da Boa Esperança (Tormentas) – hoje Cidade do Cabo, na África do Sul.

Bridgeman Images/Fotoarena/Coleção particular

Elmina, de Franz Hogenberg, c. 1572 (detalhe de gravura colorida). A imagem, retirada do livro *Civitates orbis terrarum*, de Georg Braun e Franz Hogenberg, mostra o forte de São Jorge, que protegia o primeiro posto europeu de comércio de ouro na África, na atual Gana.

No último quarto do século XVI, Portugal dominava um vasto império na Ásia, na América e na África. No entanto, a partir do século XVII, perdeu grande parte de suas colônias e seu monopólio comercial por causa de invasões da Inglaterra e da Holanda em colônias portuguesas no continente asiático, bem como da falta de recursos humanos, econômicos e militares para realizar a ocupação efetiva dos territórios conquistados. Diante disso, os interesses portugueses voltaram-se para o território ultramarino americano.

Em 1808, depois das invasões da França na Europa, promoveu a transferência de sua Corte para o Brasil. Porém, diante da concorrência com outros países expansionistas – sobretudo a Inglaterra e a Holanda – e após a independência do Brasil em 1822, Portugal voltou-se para suas colônias africanas, antes colocadas em segundo plano.

Foi criado, então, um novo projeto colonial na África para favorecer os interesses econômicos do imperialismo português. A presença de Portugal ainda ficou por muito tempo limitada à faixa costeira. No entanto, já prevendo interesses de outras potências europeias, a Sociedade de Geografia de Lisboa, após viagens de exploração entre Moçambique e Angola realizadas entre 1877 e 1880, publicou um mapa no qual grande parte da África era representada sob o domínio português. O mapa indicava a pretensão imperial de tomar posse das terras entre Moçambique e Angola, formando um vasto corredor que ligava o oceano Índico ao oceano Atlântico.

Esse projeto ganhou ainda mais força com a partilha dos territórios africanos realizada durante a Conferência de Berlim (1885). Mas o objetivo português de estabelecer um império africano com tamanha extensão não se concretizou por objeção das demais potências europeias, sobretudo da Inglaterra, que impôs um ultimato a Portugal para a retirada das terras em disputa. Sob seus domínios, ficaram Cabo Verde, Guiné-Bissau, São Tomé e Príncipe, Angola e Moçambique.

Mappa (esboço): território portuguez em Africa, de João Palhares, 1890 (litografia, de 25,7 cm × 25,5 cm).

Assim como acontecera no Brasil, estabeleceu-se nessas colônias o comércio exclusivo com a metrópole. Em geral, não havia preocupação de Portugal com as péssimas condições de vida nas colônias portuguesas. Apesar de essas colônias terem sido declaradas províncias do país em 1951, a extensão da cidadania e dos direitos excluiu a população nativa, sujeita a leis muito mais duras. A ampliação do racismo e das desigualdades sociais levou ao aumento da violência e dos movimentos nacionalistas. Nos anos seguintes, a situação portuguesa na África mudou profundamente.

Os processos de independência

Em 1951, o governo de Portugal passou a denominar suas colônias na África de "províncias ultramarinas" por causa da pressão internacional sobre as ações que promovia no continente. Principalmente a partir do início da década de 1960, diversos movimentos agitaram essas províncias em busca da independência. Depois de manifestações ocorridas em Angola, grupos políticos em Guiné-Bissau e Moçambique entraram em luta contra o domínio português. Esses grupos eram formados pela população originária e por parte da burguesia mestiça (crioula).

Não demorou para que começassem guerras violentas nas províncias portuguesas na África (Guerra de Libertação ou Guerra Colonial). Durante muitos anos, houve inúmeros conflitos nesses territórios, com graves prejuízos para a população originária e portuguesa. Era rara a família portuguesa que não tinha algum membro em combate, e os custos para manter-se na guerra comprometiam também a economia de Portugal.

Herve Gloaguen/Gamma-Rapho/Getty Images

Soldados durante a Revolução dos Cravos em Lisboa, Portugal, em 1974.

Um evento ocorrido em Portugal foi determinante para que as antigas colônias africanas conquistassem a independência: a **Revolução dos Cravos**. Em 1974, um grande movimento político e social dos portugueses derrubou a ditadura de António Salazar, que governava o país havia 48 anos. O episódio recebeu esse nome porque os soldados colocaram flores nos canos de suas armas. Em direção à democracia, a política colonialista portuguesa na África não se sustentou. Após décadas de guerras e com a deposição do governo colonialista de Salazar, finalmente se iniciou um período de negociação com as lideranças dos movimentos nacionalistas na África.

A primeira província a se tornar independente foi Guiné-Bissau. Com a criação das Forças Armadas Populares Revolucionárias e a atuação do Partido Africano para a Independência da Guiné e Cabo Verde (que na época eram integrados), após muitos conflitos formou-se um Congresso Nacional do Povo, que declarou a independência do país em 1973. O reconhecimento de Portugal só aconteceu no ano seguinte, após a Revolução dos Cravos.

Em Moçambique, a independência foi alcançada em 1975. O movimento político mais importante nesse processo foi a Frente de Libertação de Moçambique (Frelimo), que, após onze anos de guerra e negociação da separação com Portugal, instalou um governo de orientação socialista no país.

Em Angola, os conflitos entre africanos e portugueses foram muito mais violentos, pois esse território era o de maior importância entre as províncias de Portugal no continente. Além disso, o movimento separatista não era unificado. Havia o Movimento Popular de Libertação de Angola (MPLA), a União Nacional para a Independência Total de Angola (Unita) e a Frente Nacional de Libertação de Angola (FNLA). Em 1975, com a independência, o novo governo foi formado por esses três grupos. Nesse mesmo ano, Cabo Verde e São Tomé e Príncipe também se separaram da antiga metrópole.

Fred Bridgland/Keystone/Getty Images

População de Nova Lisboa (atual Huambo), em Angola, comemora a independência do país em 1975.

Durante os anos de conflito pela independência, boa parte dos colonizadores portugueses retornou para a Europa. Mesmo assim, a dominação portuguesa na África, que durou séculos, deixou muitas heranças no continente, com destaque para uma grande influência cultural.

Nesses novos países, a língua portuguesa é oficial, mas convive com algumas línguas crioulas (mistura de línguas locais com a portuguesa) e outras dos povos originários. Em Angola, por exemplo, o português é idioma oficial, assim como quicongo, umbundo e nganguela. Em São Tomé e Príncipe, línguas crioulas como o angolar e o principense são muito faladas.

Outra influência está na religião. Parte da população desses países segue a Igreja Católica Romana, cujos rituais por vezes se misturam com os de outras religiões.

A influência do período colonial ainda se faz muito presente também na literatura de Cabo Verde, Angola, São Tomé e Príncipe, Guiné-Bissau e Moçambique. Neste último tem se destacado, por exemplo, a obra de Mia Couto.

Diálogo com Literatura

A obra do moçambicano Mia Couto

Francois Guillot/Agência France-Presse

O escritor Mia Couto, em 2015.

Mia Couto (pseudônimo de Antônio Emílio Leite Couto) é filho de uma família de emigrantes portugueses nascido na cidade de Beira, em Moçambique, em 1955. Aos 14 anos, já publicava diversos poemas no jornal local. Em 1974, abandonou o curso de Medicina para fazer jornalismo e trabalhou em várias redações.

Participou ativamente dos movimentos para a independência de seu país, tendo trabalhado na Agência de Inteligência de Moçambique (AIM) em 1976. Mais tarde, largou o jornalismo para formar-se em Biologia e, atualmente, leciona Ecologia em uma universidade pública localizada em Maputo.

No entanto, não parou de escrever. Sua obra é comparada à do colombiano Gabriel García Márquez e a do brasileiro Guimarães Rosa. Seus livros, textos e poemas já foram traduzidos e publicados em mais de vinte países, e também foram adaptados para o teatro e o cinema.

Desde 1998, Mia Couto é o único escritor africano que faz parte da Academia Brasileira de Letras, como sócio correspondente. Leia a seguir um trecho de *Terra sonâmbula*, considerado um dos melhores romances africanos do século XX. Nessa obra, o autor retrata, a partir de uma viagem fantástica realizada pelo velho Tuahir e o menino Muidinga, Moçambique pós-independência e mergulhada em uma grave e longa guerra civil.

> [...] Dessa vez, o velho se gravatara, fato e sapato com sola. A sua voz não variava em delírios. Anunciava um facto: a Independência do país. Nessa altura, nós nem sabíamos o verdadeiro significado daquele anúncio. Mas havia na voz do velho uma emoção tão funda, parecia estar ali a consumação de todos seus sonhos. Chamou minha mãe e, tocando sua barriga redonda como lua cheia, disse:
>
> — Esta criança há de ser chamada de Vinticinco de Junho. Vinticinco de Junho era nome demasiado. Afinal, o menino ficou sendo só Junho. Ou de maneira mais mindinha: Junhito. Minha mãe não mais teve filhos. Junhito foi o último habitante daquele ventre.
>
> O tempo passeava com mansas lentidões quando chegou a guerra. Meu pai dizia que era confusão vinda de fora, trazida por aqueles que tinham perdido seus privilégios. No princípio, só escutávamos as vagas novidades, acontecidas no longe. Depois, os tiroteios foram chegando mais perto e o sangue foi enchendo nossos medos. A guerra é uma cobra que usa os nossos próprios dentes para nos morder. Seu veneno circulava agora em todos os rios da nossa alma. De dia já não saíamos, de noite não sonhávamos. O sonho é o olho da vida. Nós estávamos cegos.

Aos poucos, eu sentia a nossa família quebrar-se como um pote lançado no chão. Ali onde eu sempre tinha encontrado meu refúgio já não restava nada. Nós estávamos mais pobres que nunca. Junhito tinha os joelhos escapando das pernas, cansado só de respirar. Já nem podíamos machambar. Minha mãe saía com a enxada, manhã cedinho, mas não se encaminhava para terra nenhuma. Não passava das micaias que vedavam o quintal. Ficava a olhar o antigamente. Seu corpo emagrecia, sua sombra crescia. Em pouco tempo, aquela sombra se ia tornar do tamanho de toda a terra.

Mesmo para nós, que tínhamos bens, a vida se poentava, miserenta. Todos nos afundávamos, menos meu pai. Ele saudava a nossa condição, dizendo: a pobreza é a nossa maior defesa. A miséria faz conta era o novo patrão para quem trabalhávamos. Em paga recebíamos proteção contra más intenções dos bandidos. O velho exclamava, em satisfação:

— É bom assim! Quem não tem nada não chama inveja de ninguém. Melhor sentinela é não ter portas. Minha mãe abanava a cabeça. Ela nos ensinava a sermos sombras, sem nenhuma outra esperança senão seguirmos do corpo para a terra. Era lição sem palavra, só ela sentada, pernas dobradas, um joelho sobre outro joelho.

Pouco a pouco nos tornávamos outros, desconhecíveis. Eu vi quanto tínhamos mudado foi quando mandaram o irmão mais pequeno para fora de casa. Na noite anterior, meu pai sofrera um daqueles delírios dele. Daquela vez, porém, tínhamos testemunhado tudo, espreitando da janela sua corrida sem juízo pelo mato. Seus gritos estrondavam no quarto, o escuro fazia crescer aqueles berros. Só Junhito não vinha à janela, enroscado na esteira dele. E fingimos acreditar no miúdo quando ele disse: esse não é o pai, são os medonháveis bichos. Voltámos às camas, sonos perdidos.

De manhã, nossa mãe nos chamou. Nos sentámos, graves. Meu pai tinha o rosto no peito. Ainda dormia? Ficou assim um tempo como se esperasse a chegada das palavras. Quando finalmente nos encarou quase não reconhecemos sua voz:

— Alguém de nós vai morrer.

E logo adiantou razões: nossa família ainda não deixara cair nenhum sangue na guerra. Agora, a nossa vez se aproximava. [...]

COUTO, Mia. *Terra sonâmbula*. São Paulo: Companhia de Bolso, 2015. p. 15-17. Disponível em: <www.companhiadasletras.com.br/detalhe/trechos/80242.pdf>. Acesso em: 18 dez. 2018.

1. Comente a importância da obra do escritor moçambicano Mia Couto.

2. Com base no trecho apresentado, como o autor retrata a vida em Moçambique após a independência do país? Procure explorar o estilo literário que o autor utiliza para abordar tal situação.

Moçambique: político – 2016

Elaborado com base em: IBGE. *Atlas geográfico escolar*. 7. ed. Rio de Janeiro: IBGE, 2016. p. 45.

Moçambique

Moçambique está localizado no sudeste da África e seu território abrange uma área de 799 390 km^2. É banhado pelo oceano Índico e faz fronteira com Tanzânia, Malauí, Zâmbia, Zimbábue, eSwatini e África do Sul. Observe o mapa.

Após a independência do país, conquistada em 1975, o movimento Frente de Libertação de Moçambique (Frelimo) assumiu o poder e estabeleceu um Estado socialista. Investiu em saúde e educação e organizou as estruturas políticas do país. Além disso, nacionalizou empresas e coletivizou a agricultura (cooperativas e fazendas do Estado).

Nesse período, apesar do governo autoritário, as condições de vida da população moçambicana começaram a melhorar. Porém, cresceu a oposição à Frelimo, com destaque para a atuação do grupo Resistência Nacional Moçambicana (Renamo), que durante um tempo foi apoiado pelo regime de *apartheid* da África do Sul.

O país passou a viver uma guerra civil sangrenta dois anos após sua independência, com consequências devastadoras para a população. Um acordo de paz foi assinado somente em 1992 e, dois anos depois, Moçambique teve sua primeira eleição com mais de um partido. A Frelimo permaneceu no poder e as tensões continuaram, intensificadas a partir de 2013. Enquanto a Frelimo tenta desarmar a resistência, a Renamo quer ocupar mais assentos no governo para comandar o país.

Segundo a organização não governamental *Human Rights Watch*, desde 1977 mais de 1 milhão de pessoas morreram nos conflitos entre o governo e o grupo Renamo. Além disso, pelo menos 5 milhões tiveram de migrar para outros lugares do mundo. Os relatos de crimes de guerra, como torturas, abusos e uso de crianças-soldados, são inúmeros.

Para reorientar a economia, a Frelimo passou a seguir em 1984 o modelo capitalista, realizando ajustes propostos pelo Fundo Monetário Internacional (FMI), como a privatização de empresas do país. Apesar de a economia estar crescendo significativamente (4,2% em 2016) por causa de investimentos estrangeiros em determinados setores, ainda são bem poucos os benefícios para a população, como a geração de empregos.

Além disso, para pagar empréstimos, o governo tem cortado custos em setores básicos e reduzido investimentos. Diante de tantos conflitos e da falta de políticas sociais, quase metade da população (28,9 milhões de habitantes) está abaixo da linha da pobreza (46,1%). Em 2016, segundo o Alto Comissariado das Nações Unidas para Refugiados (Acnur), 4 670 moçambicanos se refugiaram em outros países e outros 15 mil seguiram para outras regiões do próprio país.

A expectativa de vida em Moçambique é de menos de 53 anos (homens). O país ocupa o oitavo lugar entre os países com maior número de pessoas com aids no mundo (12,3% da população entre 15 e 49 anos, em 2016).

Existem grandes diferenças entre a região norte do país, a mais populosa e pobre e onde estava a antiga sede do governo colonial, e a região sul, que é o novo centro político e econômico e onde está a capital, Maputo. Boa parte do território ainda é pouco ocupada.

Alamy/Fotoarena

Maputo, capital de Moçambique, com o oceano Índico ao fundo, em 2016.

Nos últimos anos, Moçambique tem se aproveitado do crescimento econômico da vizinha África do Sul, que investe no país e utiliza sua estrutura portuária. Além disso, tem bom potencial hidrelétrico e exporta energia aos sul-africanos. Destacam-se grandes reservas de gás natural, além da agricultura. Moçambique é, atualmente, um dos países mais pobres do continente africano.

Angola: político – 2016

Elaborado com base em: IBGE. *Atlas geográfico escolar*. 7. ed. Rio de Janeiro: IBGE, 2016. p. 45.

Angola

Situada na costa oeste do continente africano, Angola possui um extenso território de 1 246 700 km². Faz fronteira terrestre com República Democrática do Congo, Namíbia e Zâmbia e possui uma província separada do território central, Cabinda, que faz fronteira com a República Democrática do Congo e a República do Congo. Porém sua densidade demográfica é bastante baixa: 20,7 habitantes/km² em 2016. Observe o mapa ao lado.

A situação pós-independência de Angola foi ainda pior que a de Moçambique. Naquele momento atuavam no território angolano três movimentos nacionalistas, que se originaram nos maiores grupos étnicos do país: a União Nacional para a Independência Total de Angola (Unita), dos ovimbundos; a Frente Nacional de Libertação de Angola (FNLA), dos bacongos; e o Movimento Popular de Libertação de Angola (MPLA), dos mbundus. Ao perder sua mais importante colônia africana, Portugal não transferiu o poder a nenhum dos três movimentos nacionalistas e não contribuiu para uni-los. Assim, em 1975, o país nascia em profunda guerra civil.

Com a perda de força da FNLA, a disputa pelo poder ficou entre o MPLA e a Unita. Durante a Guerra Fria, o primeiro foi apoiado pela URSS e a segunda pelos Estados Unidos e pela África do Sul. Seguiram-se 27 anos de conflito sangrento até a vitória do MPLA em 2002. Centenas de milhares de pessoas morreram e mais de 1 milhão tornaram-se refugiadas. Ao final, restava um país com infraestrutura destruída e economia muito fragilizada, importando quase todo o alimento que consumia.

Desde o fim da guerra, Angola vem passando por um processo de reconstrução. Mesmo com eleições acontecendo desde 2008, o MPLA continua no poder, sob sérias críticas da oposição, que o acusa de irregularidades no processo eleitoral e perseguição a dissidentes do partido, além de enriquecimento ilícito de suas lideranças.

As riquezas naturais do país, como os diamantes, que sempre estiveram no centro dos conflitos desde a colonização portuguesa, são vendidas para diversos países. Também se destacam a extração de minérios como ferro e cobre e, em menor medida, a agricultura de exportação (café, cana, palma e tabaco).

Garimpeiros buscam diamantes em povoado angolano próximo da fronteira com a República Democrática do Congo, em 2013.

No entanto, a economia angolana é totalmente dependente da exploração do petróleo. Depois da Nigéria, é o principal produtor desse combustível no continente africano. Controlada basicamente por empresas estrangeiras, a indústria petrolífera trouxe grande crescimento econômico para o país. Observe a tabela e os gráficos a seguir.

Angola: exportações e principais países de destino – 2017

Comércio total de mercadorias (milhões de dólares)	2005	2010	2015	2017
Mercadorias exportadas	24 109	50 595	33 181	34 614
Mercadorias importadas	8 353	16 667	20 693	14 463
Saldo comercial	15 756	33 928	12 489	20 150

JS Design/Arquivo da editora

Exportação por grupo de produtos em 2017 (% do total de exportações)

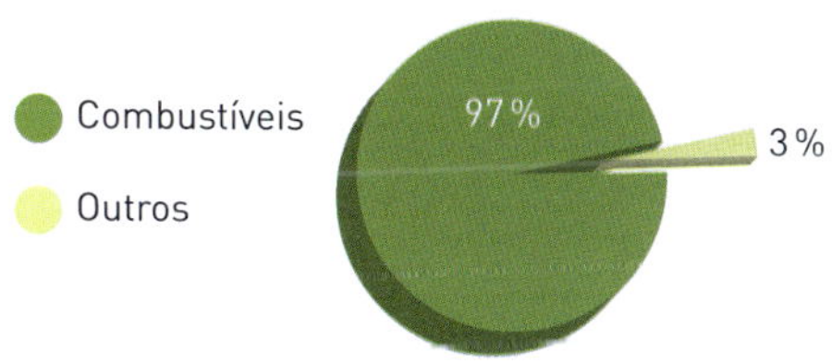

Principais países de destino em 2017 (exportações, em milhões de dólares)

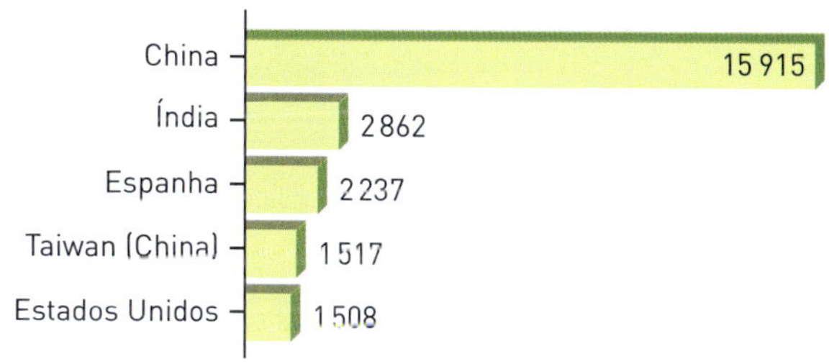

Elaborados com base em: UNCTAD Stat. General Profile: Angola. Disponível em: <http://unctadstat.unctad.org/CountryProfile/GeneralProfile/en-GB/024/index.html>. Acesso em: 12 dez. 2018.

Mas isso não se traduziu em melhoria das condições de vida da população, pois não houve investimentos em outros setores. Além disso, a desigualdade social cresceu, e isso pode ser verificado, por exemplo, nas paisagens de favelas e imóveis de luxo em Luanda. Cerca de 45,5% da população se concentra nos poucos centros urbanos existentes no país, principalmente na capital (mais de 5,5 milhões de pessoas).

Giulio Origlia/Getty Images

Área pobre de Luanda, em Angola, contrasta com prédios modernos (ao fundo). Angola viveu um período de grande crescimento econômico, o que gerou riqueza para uma pequena elite. Foto de 2018.

Com a queda dos preços do petróleo no mercado internacional a partir de 2008, a economia do país ficou prejudicada e ainda não se recuperou. Angola precisa cada vez mais de ajuda internacional para comprar alimentos e, para isso, se sujeita às condições das instituições financeiras internacionais, como o FMI e o Banco Mundial. Sua dívida interna e externa cresce aceleradamente, assim como a inflação. Alguns países têm emprestado dinheiro ao governo angolano, destacadamente a China, que tem grandes interesses nos recursos naturais do país.

São Tomé e Príncipe

São Tomé e Príncipe são duas ilhas vulcânicas que, junto com outras pequenas ilhas rochosas relativamente próximas, formam o menor país da África, com menos de mil quilômetros quadrados de extensão territorial total. Os vizinhos mais próximos desse arquipélago são o Gabão e a Guiné Equatorial.

São Tomé e Príncipe: político – 2016

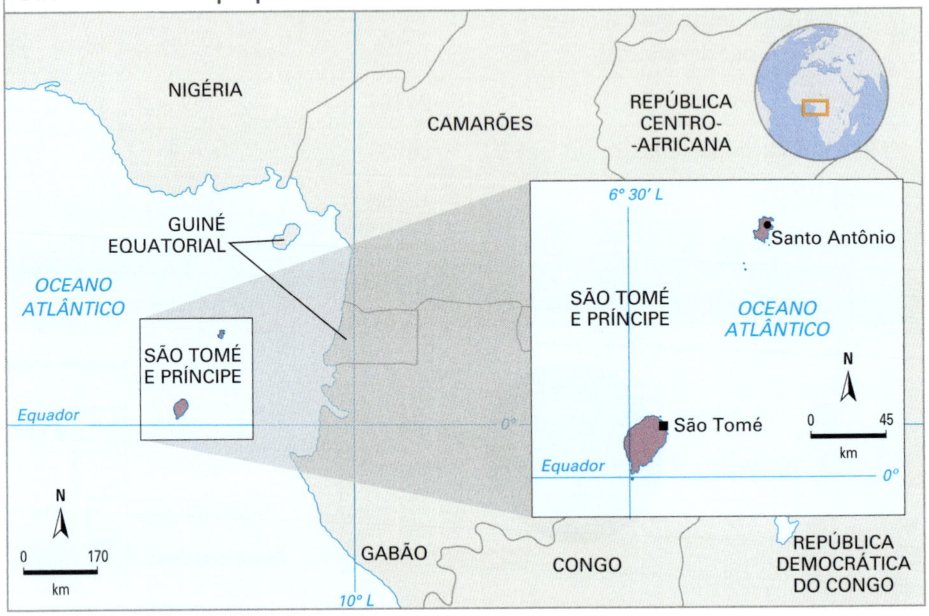

Elaborado com base em: IBGE. *Atlas geográfico escolar*. 7. ed. Rio de Janeiro: IBGE, 2016. p. 45.

A maior parte da população, de 201 mil habitantes, é urbana (66,2% em 2017) e vive principalmente na região norte das duas ilhas principais – com destaque para a capital, São Tomé, que concentra cerca de um quarto dos habitantes do país. A maioria é muito jovem e a taxa de crescimento demográfico tem aumentado bastante. Essa situação gera desafios para o governo em relação ao desenvolvimento econômico e à geração de empregos.

Desde sua independência em 1975, viveu algumas tensões internas, mas não grandes conflitos. De princípios socialistas, passou a desenvolver a economia de mercado e a aprofundar suas relações comerciais com outros países, sobretudo a partir da década de 1990. Bélgica, Holanda, Espanha e França são grandes compradores de produtos de São Tomé e Príncipe.

Desde o período colonial até hoje, as ilhas destacam-se na produção de gêneros agrícolas de exportação, sobretudo cacau e coco. A pesca também é um setor importante. Existem algumas pequenas indústrias processadoras de alimentos, sabão e outros produtos, voltadas exclusivamente para o pequeno mercado interno.

Secagem de cacau em cooperativa de Guadalupe, em São Tomé e Príncipe, em 2016.

Por privilegiar a produção de *commodities*, São Tomé e Príncipe nunca conseguiu produzir todo o alimento de que sua população necessita. Pelo menos 60% dos habitantes estão abaixo da linha da pobreza. No entanto, a expectativa de vida é de 65,7 anos, considerada alta em relação à média africana.

O país tem uma balança comercial deficitária, pois importa valores muito mais altos do que exporta, e possui uma grande dívida externa por seus pedidos de crédito internacional. Para continuar recebendo auxílio, o governo segue recomendações de instituições financeiras mundiais, como o FMI e o Banco Mundial. As medidas de ajuste econômico envolvem privatização, eliminação de subsídios a produtos locais, desvalorização da moeda local e atração de investimentos para o país.

BOULENGER Xavier/Shutterstock

Feira típica em São Tomé, capital de São Tomé e Príncipe, em 2016.

As expectativas de crescimento econômico em São Tomé e Príncipe estão no setor turístico e, principalmente, no recém-descoberto petróleo em sua Zona Econômica Exclusiva (parte do oceano Atlântico sobre sua jurisdição). O país também possui uma zona de exploração conjunta com a Nigéria, conduzida por empresas estrangeiras.

Jurisdição: área de atuação do Estado, onde ele exerce seu poder, desenvolve e aplica leis.

Guiné-Bissau

Entre o Senegal e a Guiné localiza-se Guiné-Bissau, um país que, graças a seus mangues, savanas e florestas, é um dos mais ricos em biodiversidade do continente africano. No entanto, é considerado um dos países mais pobres do mundo, segundo a ONU. Observe o mapa.

Guiné-Bissau: político – 2016

Banco de imagens/Arquivo da editora

Elaborado com base em: IBGE. *Atlas geográfico escolar*. 7. ed. Rio de Janeiro: IBGE, 2016. p. 45.

No centro das causas da extrema pobreza está a instabilidade política consequente da independência do país ocorrida em 1974. Desde que o movimento de oposição ao colonialismo português assumiu o poder – o Partido Africano para a Independência da Guiné e de Cabo Verde (PAIGC) –, houve golpes de Estado e muitos conflitos pelo controle do país. Em 2012 ocorreu um novo golpe, e eleições foram realizadas apenas em 2014. O governo atual, do PAIGC, recebe críticas severas por causa da corrupção e de diversos aspectos de sua gestão. Diferenças pessoais com o atual presidente levaram à saída de vários primeiros-ministros do governo.

A economia de Guiné-Bissau depende da exportação de apenas alguns produtos agrícolas, principalmente da castanha-de-caju. Outros gêneros também são cultivados, como a palma, o amendoim e o algodão. O foco na comercialização de *commodities* provoca uma situação mais difícil do que a observada em São Tomé e Príncipe. Além de não produzir os alimentos de que precisa, qualquer oscilação nos preços internacionais da castanha-de-caju afeta gravemente o país.

Seyllou/Agência France-Presse

A cultura de caju é uma das mais importantes em Guiné-Bissau. A exportação da castanha-de-caju foi responsável pelo crescimento do país nos últimos anos.

O turismo não é incentivado pelo governo local, em razão dos diversos conflitos existentes em seu território. Recursos minerais como bauxita e fosfato não são explorados, e ainda não houve sucesso na exploração de petróleo, pois ela está condicionada a acordos com o Senegal. O potencial dos setores da pesca e da silvicultura é grande. Porém, o quadro atual do país e sua infraestrutura precária não permitem grandes expectativas para diversificar a economia.

Quase 70% da população (1,8 milhão de habitantes) está abaixo da linha da pobreza, sobrevivendo com menos de dois dólares por dia. A esperança de vida ao nascer é de 51 anos em média e a taxa de mortalidade infantil é uma das maiores do mundo (quase 86 mortes para cada mil nascidos). Isso se explica pela precariedade dos serviços de saúde. Em relação à educação, mais da metade da população adulta é analfabeta e não há escolas para grande parte das crianças e dos jovens. Outro fator preocupante, criticado severamente pela ONU, é a presença intensa do tráfico de drogas em Guiné-Bissau.

gaborbasch/Shutterstock

Escola rural improvisada ao ar livre, com carteiras doadas pela Unicef, em Gabu, na Guiné-Bissau, em 2014.

Cabo Verde

Cabo Verde é um arquipélago vulcânico localizado a cerca de 455 km da costa ocidental da África. É formado por nove ilhas habitadas e outras formações (total de 4 033 km²). Sua ocupação sempre foi dificultada por vários fatores naturais, como o isolamento. Além disso, boa parte de seu território tem clima árido – principalmente as ilhas ao norte. Em razão das condições climáticas, durante épocas passadas a população enfrentou dificuldades para a produção de alimentos por causa de secas prolongadas.

Cabo Verde: político – 2016

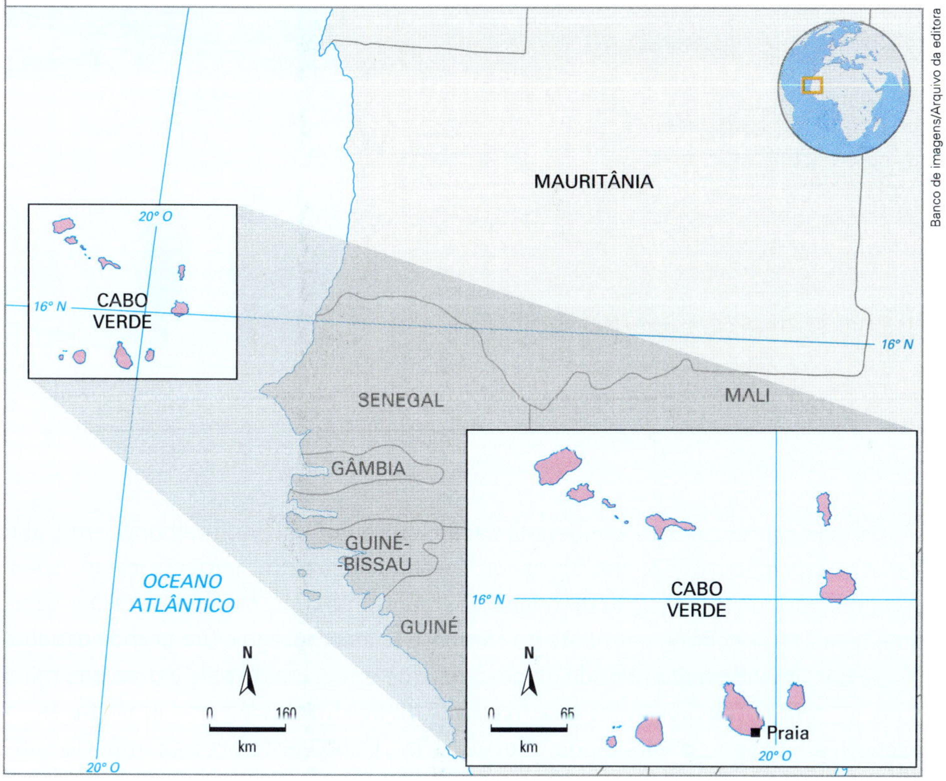

Elaborado com base em: IBGE. *Atlas geográfico escolar*. 7. ed. Rio de Janeiro: IBGE, 2016. p. 45.

Das colônias portuguesas na África, Cabo Verde foi a que mais absorveu as influências culturais europeias: na composição da população, na religião (católica), na língua e em muitos outros aspectos. Desde a independência do país, em 1975, conseguiu estabelecer uma estabilidade política que perdura até hoje, apesar de alguns impasses e reivindicações da população das várias ilhas.

De início, tentou a implementação de um governo unificado com Guiné-Bissau por meio do Partido Africano para a Independência da Guiné e de Cabo Verde (PAIGC). O golpe de Estado no outro país e as dificuldades dentro do partido levaram as lideranças do arquipélago a fundar um novo partido nacional, o Partido Africano da Independência de Cabo Verde (PAICV). Desde 1991, eleições multipartidárias são realizadas no país.

Apenas cerca de 10% do território apresenta boas condições para a agricultura. Apesar disso, esse setor ainda é responsável por grande parte dos empregos gerados. A água é escassa e é obtida pela captação em cisternas, poços e usinas dessalinizadoras. Cabo Verde não possui muitos recursos minerais, mas faz extração de sal e pozolana. A pesca também é importante para a economia do país e tem bom potencial.

Pozolana: tipo de rocha ou argila que, quando incorporado ao cimento, o torna mais resistente à água. O nome "pozolana" refere-se a rochas vulcânicas encontradas na região de Pozzuoli, próximo ao monte Vesúvio, na Itália.

O crescimento econômico recente de Cabo Verde (3% em 2016) se deve ao desenvolvimento de outros setores, como transporte, comércio e turismo. O governo tem aproveitado a posição geográfica estratégica do arquipélago nas rotas do comércio marítimo e aéreo (o que também atrai o tráfico internacional de drogas).

Alamy/Fotoarena

Ilha do Sal, em Cabo Verde, em 2017. O país é bastante popular entre turistas que buscam praias cristalinas, além de possuir um rico patrimônio histórico.

Os indicadores sociais (saúde, educação, entre outros) são melhores em Cabo Verde que na média dos países africanos. De população extremamente jovem, o país caminha para uma transição demográfica importante. Porém, ainda existem desigualdades sociais, principalmente no campo, e o desemprego é um grande desafio.

Se por um lado a quantidade de pessoas que emigram do país é uma das mais altas do continente, por outro a remessa de dinheiro delas é parte importante da economia – assim como a ajuda internacional. Cabo Verde precisa importar alimentos, combustíveis e muitos outros produtos de grande necessidade.

Vista de Praia, a capital de Cabo Verde, em 2018.

Alamy/Fotoarena

E no Brasil?

A Comunidade dos Países de Língua Portuguesa (CPLP)

Desde o início da década de 1980, diversos países de língua portuguesa expressaram seu desejo de estabelecer maiores laços de cooperação. Em 1989, em uma reunião ocorrida no Brasil, Angola, Cabo Verde, Guiné-Bissau, Moçambique, Portugal e São Tomé e Príncipe, juntamente com o governo brasileiro, criaram o Instituto Internacional da Língua Portuguesa (IILP), com o objetivo de contribuir para a promoção e a difusão do idioma comum.

Após muitos estudos, conversas e encontros, em 1996 foi realizada a Primeira Reunião de Cúpula de Chefes de Estado e Governo, quando se criou a Comunidade dos Países de Língua Portuguesa (CPLP). Tendo a língua portuguesa como elemento unificador, a CPLP tem objetivos amplos que envolvem a cooperação política, econômica, social e cultural. Sua estrutura é composta de diversos órgãos, além do IILP. Observe o esquema a seguir.

Estrutura da Comunidade dos Países de Língua Portuguesa

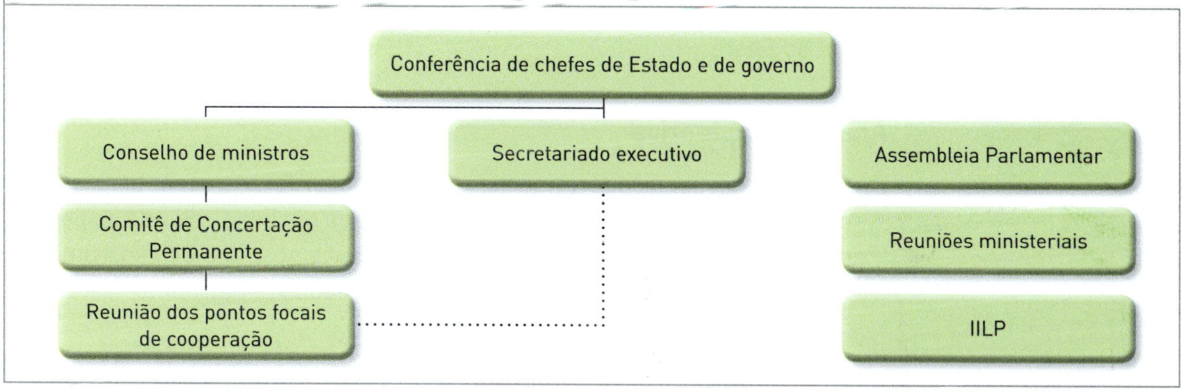

Elaborado com base em: LAPÃO, Manuel C. *Curso de alta direcção em administração pública*. O pilar cooperação na CPLP. Lisboa: CPLP, 13 abr. 2012, *slide* 6.

Diversas ações específicas foram desenvolvidas conjuntamente em educação, saúde, segurança alimentar e meio ambiente. Os governos têm mobilizado recursos e feito parcerias com organizações não governamentais e empresas.

Em relação à língua portuguesa, foram realizadas tentativas de padronização linguística entre os países da CPLP, com o objetivo de facilitar a troca cultural e científica. A reforma ortográfica definida foi ratificada pelo Brasil em 2008 e, após adiamento, tornou-se obrigatória em 2016. Em Portugal, as mudanças linguísticas foram maiores.

Composta de nove países-membros (o Timor-Leste entrou em 2002 e a Guiné Equatorial, em 2014), a CPLP abrange mais de 230 milhões de pessoas em quatro continentes. Segundo o *site* oficial do grupo, constitui um "foro multilateral privilegiado para o aprofundamento da amizade mútua e da cooperação entre os seus membros".

Armando França/AP Photo/Glow Images

A bandeira da CPLP e dos países-membros em São Tomé e Príncipe.

1. O que é a CPLP? Quais são seus objetivos?
2. Em sua opinião, que efeitos a CPLP pode gerar para os países-membros?
3. Em grupo, façam uma pesquisa sobre as principais mudanças ortográficas ocorridas no Brasil após a reforma acordada pelos países da CPLP. Discutam essas mudanças e montem um quadro com suas observações.

Reconecte

Revisão

1. Podemos afirmar que existe uma divisão entre a porção norte e a sul da África? Que elementos naturais influem nessa divisão?

2. Relacione as características culturais do norte da África a seu processo de ocupação.

3. Comente a colonização europeia no norte do continente africano.

4. O que foi a Primavera Árabe? Quais foram as suas causas?

5. Que efeitos positivos a Primavera Árabe trouxe para a região? Por que, para muitos, ela despertou um sentimento de frustração?

6. Destaque os principais aspectos da colonização portuguesa dos territórios ao sul do Saara.

Análise comparativa

7. Com base nos indicadores sociais de países da África apresentados na tabela a seguir, estabeleça comparações a respeito da qualidade de vida da população desses países. Procure considerar a população absoluta de cada um deles e faça uma análise do quadro social de cada realidade nacional.

Indicadores sociais de países africanos selecionados

País	População (milhões de habitantes) – 2016	População abaixo da linha de pobreza (ano)	Taxa de mortalidade infantil (para cada mil nascidos) – 2018	Expectativa de vida ao nascer (anos)
Marrocos	35,276	15% (2007)	21,1	75,52 (2015)
Argélia	40,606	23% (2006)	18,9	75,85 (2015)
Tunísia	11,403	15,5% (2010)	11,7	75,49 (2015)
Líbia	6,293	–	10,5	71,83 (2015)
Egito	95,688	27,8% (2016)	18,3	71,29 (2015)
Guiné-Bissau	1,792	67% (2015)	54,8	61,4 (2018)
São Tomé e Príncipe	0,201	66,2% (2009)	44,1	65,7 (2018)
Cabo Verde	0,560	30% (2000)	21,1	72,7 (2018)
Angola	29,310	36,6% (2008)	65,8	60,6 (2018)
Moçambique	26,573	46,1% (2015)	64,0	54,1 (2018)

Elaborado com base em: CIA. The World Factbook. Disponível em: <www.cia.gov/library/publications/resources/the-world-factbook/>; THE WORLD Bank. Indicators. Disponível em: <https://data.worldbank.org/indicator>. Acesso em: 18 dez. 2018.

Produção de quadro comparativo

8. Monte um quadro com as classificações de países do norte da África segundo as duas organizações apresentadas no capítulo. Aponte seus objetivos, países-membros e importância econômica.

Produção de linha do tempo

9. Reúna-se com um colega para organizar uma linha do tempo com os acontecimentos mais marcantes da Primavera Árabe, de maneira a destacar o contexto de cada país norte-africano envolvido. Acrescentem mapas, fotografias, desenhos e outros materiais que considerem interessantes. Depois, apresentem sua linha do tempo aos colegas.

Produção de jornal

10. Em grupo, pesquisem mais sobre a realidade dos países africanos de língua portuguesa apresentados no capítulo. Busquem informações sobre as principais atividades econômicas desses países, seu contexto político atual, as maiores aglomerações urbanas presentes neles, a condição de vida da população, os elementos culturais, entre outras que considerarem relevantes. Em seguida, elaborem um roteiro e organizem um jornal de TV ou rádio para apresentar as principais observações realizadas. A apresentação pode ser feita ao vivo ou gravada.

Resumo

- No norte da África predomina a cultura árabe, enquanto no sul há enorme diversidade de povos e culturas. Entre essas duas grandes regiões está o deserto do Saara.
- O Sahel é a área de transição entre o Saara e as regiões mais úmidas ao sul do continente africano.
- No século VII, o norte da África foi colonizado por árabes vindos do Oriente Médio, até ser dominado pelo Império Otomano do início do século XVI ate o fim do século XIX.
- Depois de sua independência, os países norte-africanos têm enfrentado desafios, como condições ambientais que tornam a ocupação mais complexa, limitação de suas economias, instabilidade política, etc.
- A Primavera Árabe, iniciada em 2010, demonstrou ao mundo o descontentamento da população de vários países árabes com seus governos.
- Na Conferência de Berlim (1885), ficou estabelecido que Portugal continuaria com os territórios de Cabo Verde, Guiné-Bissau, São Tomé e Príncipe, Angola e Moçambique. A ocupação foi marcada por intensa exploração dos recursos naturais e por forte discriminação da população originária.
- Os movimentos nacionalistas ocorridos nos países africanos de língua portuguesa conduziram a guerras pela independência, alcançada na década de 1970.
- Os países africanos colonizados por Portugal ainda não solucionaram problemas estruturais como a enorme desigualdade social.

CAPÍTULO

6

Oceania: aspectos físicos, políticos e econômicos

A Oceania apresenta combinações muito particulares de fatores geográficos que a tornam diferente dos demais continentes em vários aspectos. Ao longo da história, muitos pesquisadores têm buscado aprofundar o conhecimento das características dos povos e dos territórios dessa porção do mundo.

Alamy/Fotoarena

População da ilha de Yap, na Federação dos Estados da Micronésia, celebra o Yap Day, que faz parte da cultura tradicional desse povo. Foto de 2014.

EM FOCO

Rios e tradição maori

Em toda Aotearoa, Nova Zelândia, estamos seriamente preocupados com o declínio da saúde dos rios: muitos estão desaparecendo e outros não são mais seguros para a pesca e o banho. [...]

Em uma cosmovisão maori, todas as coisas estão conectadas em um relacionamento baseado em parentesco com *Te Taiao* – a Terra, o Universo e tudo o que existe dentro dele. *Whakapapa* é o princípio central que ordena o *Te Taiao*, como um sistema interligado, compreendendo partes componentes: *Taimoana* – o reino da água; *Taiwhenua* – o reino da terra; *Taitangata* – o reino dos seres vivos; *Tairangi* – o reino da atmosfera: todas as partes inextricavelmente ligadas ao todo.

Vamos considerar o rio Tarawera, cujas águas de nascentes saem do lago Tarawera, são cristalinas, repletas de vida, com luxuriantes arbustos nativos aninhados em suas margens. Mas, em sua curta jornada de 65 km até onde deságua em Te Moana a Toi, na baía de Plenty, tornou-se marrom-escuro, com muito menos vida.

A trágica situação que se abateu sobre o Tarawera não é única – muitos dos nossos cursos de água estão em semelhante estado alarmante. Rios e riachos foram enterrados vivos em canos, ou suas águas foram alocadas em demasia para fins de irrigação ou outros, de modo que eles só fluem esporadicamente, se é que o fazem. Existe uma tendência alarmante de degradação da qualidade da água, zonas úmidas perdidas, aquíferos esgotados ou poluídos e modificação intensiva de terrenos de captação. [...]

HIKUROA, Daniel. *Another Approach to Our Freshwater Crisis*, 2 out. 2018. The University Of Auckland. Disponível em: <www.auckland.ac.nz/en/news/2018/10/02/another-approach-freshwater-crisis.html>. Acesso em: 4 fev. 2019. (Texto traduzido pelos autores.)

1. Após a leitura do texto, discuta com os colegas:

a) Qual é a concepção da cultura maori sobre um rio e a natureza de modo geral?

b) Qual é a atual situação do rio Tarawera e de outros rios da Nova Zelândia?

1. Quadro físico

A Oceania reúne mais de 10 mil ilhas, distribuídas entre o oceano Pacífico e o oceano Índico. É um continente-arquipélago cuja área total é de cerca de 8,5 milhões de km^2 – o menor continente da Terra. O conjunto de ilhas, com exceção da Austrália e da Nova Zelândia, é dividido em três partes: Melanésia, Micronésia e Polinésia. Observe o mapa.

Oceania: político – 2013

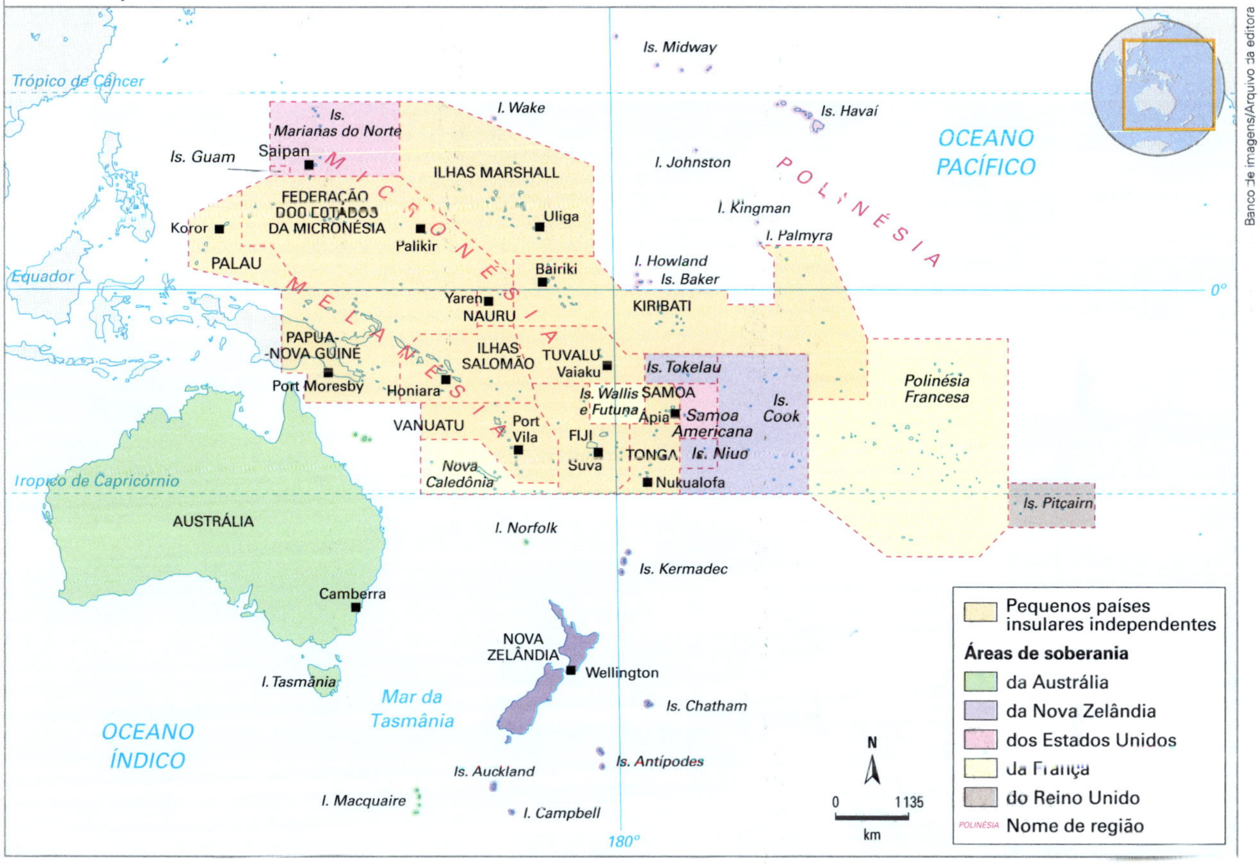

Elaborado com base em: FERREIRA, Graça M. L. *Atlas geográfico*: espaço mundial. São Paulo: Moderna, 2013. p. 111.

A **Melanésia** agrupa países insulares situados nas regiões ao norte e ao nordeste do território australiano, como Papua-Nova Guiné, Ilhas Salomão, Nova Caledônia, Vanuatu e Fiji. Papua-Nova Guiné apresenta elevada biodiversidade; por sua vez, Fiji se destaca pela produção de açúcar para exportação.

A **Micronésia** é formada por centenas de pequenas ilhas, ao leste das Filipinas e ao norte da Melanésia. Dela fazem parte Tuvalu, Ilhas Marshall, Kiribati, Ilhas Marianas (com o território estadunidense de Guam), Nauru, além de Palau e da Federação dos Estados da Micronésia, que, juntos, formam as Ilhas Carolinas, foco de disputa durante muito tempo em razão de sua posição estratégica.

A **Polinésia** agrupa um grande número de ilhas bem pequenas, localizadas principalmente a leste da Melanésia. A maior parte dessas ilhas pertence a países de outros continentes, como Reino Unido (Ilhas Pitcairn), França (Polinésia Francesa, na qual está o atol de Mururoa, usado para testes nucleares no passado), Chile (Ilha de Páscoa) e Estados Unidos (o estado do Havaí).

O surgimento das ilhas da Oceania deu-se de diferentes maneiras. As maiores são **ilhas continentais**, formadas por rochas muito antigas. Esse tipo de ilha se originou com o sudeste da Ásia. São partes de grandes terras que, por causa dos movimentos das placas tectônicas e das mudanças no nível do mar, foram alteradas, submersas e separadas.

Há milhares de anos, as terras correspondentes a Austrália, Tasmânia e Nova Guiné eram unidas, mas se separaram quando o nível do mar se elevou após as glaciações. As Ilhas Salomão e o arquipélago de Bismarck também são ilhas desse tipo. A Nova Zelândia, por sua vez, é uma ilha continental formada por rochas do antigo supercontinente Gondwana, do qual se separou há mais de 80 milhões de anos.

Alamy/Fotoarena

Vista da cidade de Queenstown, com as cordilheiras Remarkables ao fundo, na Nova Zelândia, em 2018.

Existem também as **ilhas oceânicas**, que têm origem vulcânica. As ilhas oceânicas altas são topos emersos de montanhas originadas do choque entre placas tectônicas. Parte delas surgiu de pontos quentes (*hotspots*) localizados no meio de placas, que possibilitam que materiais do manto da Terra atravessem a crosta e criem vulcões. O arquipélago do Havaí originou-se de um ponto quente no interior da placa do oceano Pacífico.

As ilhas baixas da Oceania surgiram da formação de recifes de corais, animais cnidários que têm esqueleto externo de carbonato de cálcio. Eles formam colônias chamadas pólipos, que podem cobrir grandes áreas e formar recifes. Na Oceania, encontra-se o maior recife de corais do mundo, a Grande Barreira de Corais australiana.

Diálogo com Biologia

A Grande Barreira de Corais da Austrália

A Grande Barreira de Corais constitui cerca de 10% dos ecossistemas de recifes de corais do mundo e é um dos sistemas naturais mais conhecidos e complexos da Terra.

É o país marítimo dos primeiros australianos – mais de 70 grupos autóctones tradicionais – cujas conexões com o ambiente marinho datam de mais de 60 mil anos atrás.

Hoje, a Barreira é um Parque Marinho e Área de Patrimônio Mundial, comportando uma série de atividades comerciais e atraindo a cada ano milhões de visitantes, que vêm apreciar sua beleza acima e abaixo da água.

A Grande Barreira de Corais é uma potência econômica. Contribui com mais de 5,6 bilhões de dólares por ano para a economia australiana e com cerca de 70 mil empregos.

Alamy/Fotoarena

A Grande Barreira de Corais, em Queensland, na Austrália, em 2017.

Dimensão e área

A Grande Barreira de Corais é única, pois se estende por 14 graus de latitude, desde áreas estuarinas rasas até águas oceânicas profundas.

Dentro dessa vasta extensão, há em termos ecológicos uma variedade de comunidades, *habitat* e espécies – o que faz da Barreira um dos ecossistemas naturais mais complexos do mundo.

Alguns fatos importantes sobre o Parque Marinho da Grande Barreira de Corais:

- abrange 344 400 km² em área;
- inclui o maior ecossistema de recife de coral do mundo;
- inclui cerca de 3 mil recifes de coral, 600 ilhas continentais, 300 ilhas de coral e cerca de 150 ilhas costeiras de manguezais;
- estende-se para sul a partir da ponta norte de Queensland, no nordeste da Austrália, até o norte de Bundaberg;
- possui entre 60 e 250 km de largura;
- tem uma profundidade média de 35 metros em suas águas costeiras, enquanto nos recifes externos as encostas continentais se estendem até mais de 2 mil metros de profundidade;
- foi criado em 1975 por meio do Ato do Parque Marinho da Grande Barreira de Corais;
- estende-se pelo espaço aéreo e pelo fundo do mar.

Animais e plantas

Embora seja conhecida principalmente pelo grande labirinto de recifes coloridos, sua arquitetura intrincada também oferece um lar para um grande número de animais e plantas.

Alguns deles, como tartarugas e crocodilos, existem desde os tempos pré-históricos e mudaram pouco ao longo dos milênios.

A impressionante variedade de criaturas marinhas inclui 600 tipos de coral mole e duro, mais de 100 espécies de águas-vivas, 3 mil variedades de moluscos, 500 espécies de vermes, 1 625 tipos de peixe, 133 variedades de tubarões e raias e mais de 30 espécies de baleias e golfinhos.

Coral e *habitat*

Embora os recifes de corais tenham tornado famosa a Grande Barreira de Corais, eles representam apenas cerca de 7% do Parque Marinho e da Área do Patrimônio Mundial.

O restante do Parque Marinho é uma extraordinária variedade de *habitat* marinhos, que vão desde áreas costeiras rasas – com ervas marinhas, manguezais, areia, algas, esponjas e comunidades recifais – até áreas oceânicas profundas a mais de 250 km da costa.

Em vez de ter um nível de proteção em todo o Parque Marinho, a área é dividida em zonas. Cada zona possui suas próprias regras, que descrevem as atividades permitidas e as proibidas.

REEF Facts. Australian Government. Great Barrier Reef Marine Park Authority. Disponível em: <www.gbrmpa.gov.au/about-the-reef/reef-facts>. Acesso em: 4 fev. 2019. (Texto traduzido pelos autores.)

1. Quais são as principais características da Grande Barreira de Corais da Austrália? Por que é considerada um dos ecossistemas naturais mais complexos do mundo?
2. O que é o Parque Marinho da Grande Barreira? Como é dividido e qual é a importância dessa divisão?
3. Pesquise na internet, em jornais e em revistas outras informações sobre os impactos causados a esse ecossistema e quais as possíveis ações para sua conservação.

Os recifes de coral, quando se formam ao redor de ilhas vulcânicas, constituem ilhas em formato de anéis, chamadas atol. Com o tempo, as ilhas afundam e formam-se lagoas interiores, ao mesmo tempo que crescem os recifes de coral ao redor delas. Na Oceania, existem muitos atóis. Três quartos de todos os atóis existentes no mundo estão nessa porção do mundo. Os arquipélagos de Tuvalu e Kiribati são formados quase inteiramente por atóis.

JSC/NASA

Lagoa interior do atol de Atafu, que, com outros atóis, forma o grupo das ilhas Tokelau, pertencentes à Nova Zelândia. Imagem de satélite obtida em 2009.

A combinação de diversos fatores, como a latitude, a atuação das correntes atmosféricas e oceânicas, a altitude e a disposição do relevo nas ilhas da Oceania, resulta em uma variação de climas na região, que vai de tropical úmido a desértico. Em geral, as ilhas localizadas na zona intertropical apresentam clima mais úmido e amplitudes térmicas muito baixas.

Na Austrália, o clima varia do equatorial ao temperado. Enquanto em algumas áreas chove mais de 2 mil mm ao ano, em outras as precipitações não alcançam 250 mm. Na Nova Zelândia, o clima é oceânico temperado, e nas áreas de maior altitude formam-se geleiras. Já nas ilhas tropicais, como Vanuatu, Fiji e Nova Caledônia, ocorrem furacões em razão do aquecimento das águas do oceano.

Austrália, Nova Zelândia e Papua-Nova Guiné: precipitação

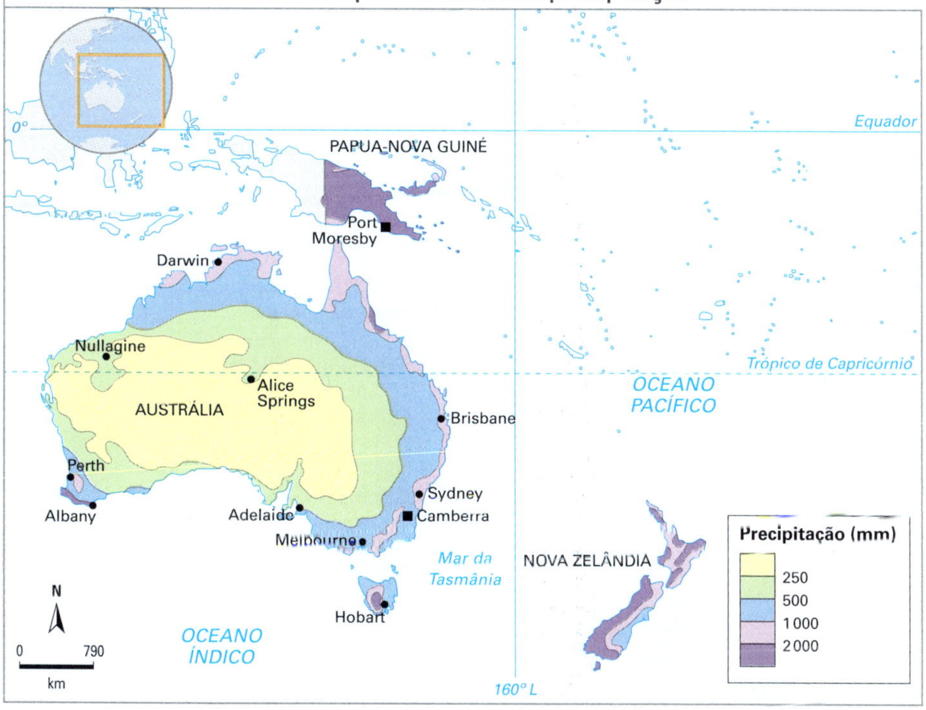

Banco de imagens/Arquivo da editora

Elaborado com base em: VIVES, Vicens. *Atlas geográfico de España y del mundo*. Barcelona: Instituto Cartográfico Latino, 2014. p.150.

Por causa dessa diversidade climática, na Austrália existem Florestas Tropical e Temperada, formações arbustivas e extensas áreas desérticas, como o Outback. Na Nova Zelândia também ocorre a presença de Floresta Temperada. Em países próximos à linha do equador, como Papua-Nova Guiné, há maior diversidade de formações vegetais e de biodiversidade, com a presença de Floresta Tropical em razão da influência do relevo nas condições de temperatura e umidade. Esse tipo de ilha se beneficia das chuvas orográficas; já nas ilhas com menores altitudes há escassez de água doce.

A cordilheira Flinders, ao fundo, e a área do Outback, na Austrália, em 2017.

Alamy/Fotoarena

Cartografando

Clima e vegetação natural da Oceania

O mapa abaixo apresenta diferentes formações de vegetação encontradas na Oceania. Já os climogramas indicam temperatura e precipitação anuais de cidades localizadas em diferentes regiões desse continente. Observe-os atentamente e responda às questões propostas em seguida.

Oceania: vegetação natural

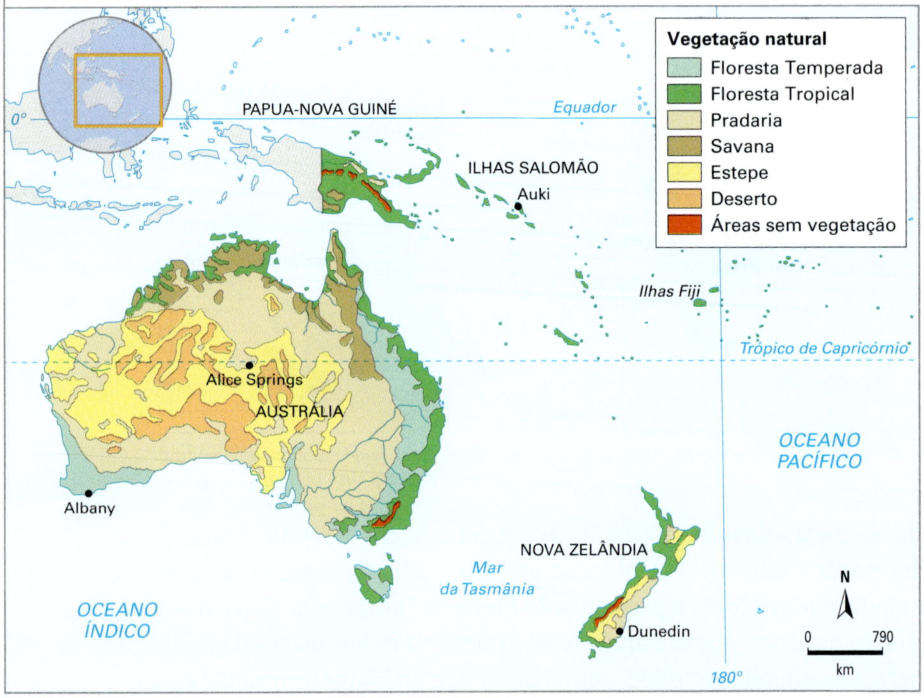

Elaborado com base em: VIVES, Vicens. *Atlas geográfico de España y del mundo*. Barcelona: Instituto Cartográfico Latino, 2014. p.150.

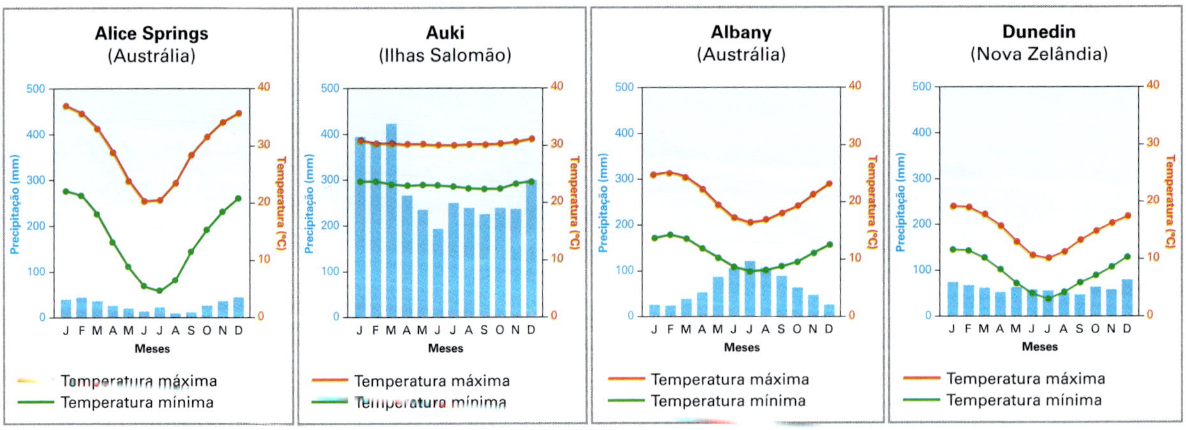

Elaborados com base em: WORLD Meteorological Organization. World Weather Information Service. Disponível em: <http://worldweather.wmo.int/en/city.html?cityId=1550>. Acesso em: 4 fev. 2019.

1. Como se distribuem os diferentes domínios de vegetação na Oceania?

2. Em dupla, escolham o climograma de uma das cidades apresentadas. Localizem essa cidade no mapa de vegetação acima e relacionem os dados do climograma ao tipo de vegetação que ocorre na cidade escolhida. Elaborem um pequeno texto com suas conclusões.

Por estarem em zona intertropical, as áreas da Melanésia, da Micronésia e da Polinésia sofrem com eventos climáticos como ciclones e furacões. Além disso, abalos sísmicos e atividades vulcânicas ocorrem na maior parte das ilhas, pois sob essa parte do planeta está o encontro das placas tectônicas Indo-Australiana, das Filipinas, das Carolinas, do Pacífico e de Fiji. Essa intensa atividade tectônica causa terremotos e *tsunamis*.

As mudanças climáticas também conferem muitos desafios aos habitantes dessas áreas. O aumento dos níveis dos oceanos dificulta a ocupação permanente das faixas litorâneas dessas áreas.

Quando se observam os dados de emissões de CO_2 nos países da Oceania, nota-se que os valores variam muito entre Austrália, Nova Zelândia e os países da Micronésia e da Melanésia (observe a tabela desta página). Isso se deve à concentração das atividades industriais e urbanas em determinadas localidades. A Austrália e a Nova Zelândia, por exemplo, têm parques industriais e grandes centros urbanos.

Assim, em relação ao aumento do nível dos oceanos, os países de menor extensão territorial sofrem maiores impactos, uma vez que seus territórios são mais atingidos por inundações e dependem economicamente dos recursos naturais dos oceanos.

ESA/NASA/Agência France-Presse

Olho do tufão Maysak em imagem obtida pela Estação Espacial Internacional na área da Micronésia, em 31 de março de 2015.

Oceania: terremotos e vulcões

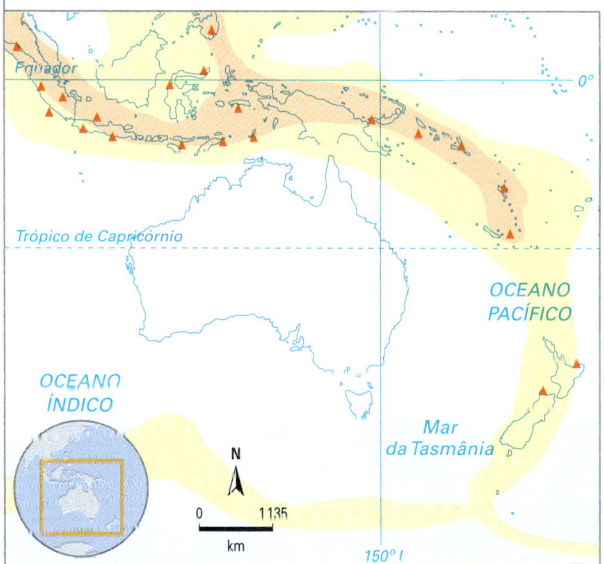

Zona de atividade sísmica intensa (terremotos muito frequentes)
Zona de atividade sísmica discreta (terremotos menos frequentes)
Vulcões ativos atuais

Banco de imagens/Arquivo da editora

Elaborado com base em: BOCCHICHIO, Vicenzo R. *Atlas mundo atual*. São Paulo: Atual, 2009. p. 13.

Oceania: emissões de CO_2 (países selecionados) – 2014

País	Emissões de CO_3 (ton/m³/*per capita*)
Austrália	15,37
Palau	12,34
Nova Zelândia	7,69
Nauru	4,02
Federação dos Estados da Micronésia	1,45
Fiji	1,32
Tonga	1,14
Samoa	1,03
Tuvalu	1,01
Vanuatu	0,59
Kiribati	0,56
Ilhas Salomão	0,35

Elaborado com base em: THE WORLD Bank. CO_2 Emissions (Metric Tons per Capita). Disponível em: <https://data.worldbank.org/indicator/EN.ATM.CO2E.PC?view=map>. Acesso em: 5 fev. 2019.

2. Aspectos econômicos

Jan Van Der Ploeg/WorldFish

Mulher limpa o solo em propriedade de agricultura familiar nas Ilhas Salomão, em 2015.

A economia dos países que fazem parte da Oceania é muito variada. A maioria da população trabalha na agricultura familiar. Entre os diversos gêneros alimentícios cultivados, destacam-se as raízes e os tubérculos (inhame, taro, batata-doce e mandioca), que apresentam grande rendimento em pequenas áreas de produção. Também são cultivados produtos para exportação, como banana, café, coco, cacau, abacaxi, mamão papaia e flores tropicais.

A pesca é uma atividade importante na Oceania; a pesca artesanal é praticada para consumo familiar e a industrial, como a do atum, em geral, é realizada por grandes empresas de países como Japão, Estados Unidos, Taiwan, Indonésia e Filipinas. Isso acontece porque muitos pequenos países oceânicos não conseguem explorar suas zonas econômicas exclusivas, tanto por questões técnicas como econômicas.

Além da agricultura e da pesca, são realizadas, em menor medida, a pecuária extensiva em algumas ilhas do continente e a exploração de recursos florestais em Vanuatu, Ilhas Salomão e Papua-Nova Guiné.

A exploração de recursos naturais ocorre na Austrália e, em menor volume, na Nova Zelândia. Em alguns países, como Papua-Nova Guiné, já existe exploração de recursos minerais da superfície marinha. A produção de fosfato realizada em Nauru (Micronésia) causou uma intensa degradação ambiental na ilha e uma crise econômica quando a atividade entrou em decadência. Atualmente, é praticada a mineração de cobre, ouro e prata em Papua-Nova Guiné, e há novas possibilidades diante da descoberta de reservas de gás e de petróleo nesse país (a serem comercializados com a Austrália). Por sua vez, a Nova Caledônia (Melanésia) é um dos principais produtores mundiais de níquel, explorado por grandes grupos estrangeiros.

De Agostini/Getty Images

Pesca artesanal no atol de Ulithi, na Federação dos Estados da Micronésia, em 2018.

Em termos industriais, o destaque fica para a Austrália e a Nova Zelândia, mas o primeiro país enfrenta a concorrência da produção chinesa para abastecer seu mercado interno e os demais países da Oceania.

Claudine Wery/Agência France-Presse

Vista de mina de níquel explorada por grupo francês, em Kouaoua, na Nova Caledônia, em 2018.

Com o desenvolvimento dos meios de transporte, grande parte das ilhas da Oceania está menos isolada. Atualmente existem modernos aeroportos em Honolulu (Havaí), Fiji e Nova Caledônia, o que contribuiu para o crescimento da atividade turística.

O turismo, porém, não ocorre com igual destaque em todos os países do continente. O setor não é incentivado por alguns governos e populações – seja porque não oferecem paisagens tão atrativas quanto seus vizinhos, seja porque buscam preservar o modo de vida local (por exemplo, nas Ilhas Salomão, em Papua-Nova Guiné e no Kiribati). Já em outros locais, como no Tahiti, no Havaí e em Fiji, o turismo constitui a principal atividade econômica. O Havaí, por exemplo, atrai anualmente milhões de turistas provenientes, principalmente, de outros estados dos Estados Unidos, além do Japão e do Canadá.

Fridsada Kamsombat/Shutterstock

Fiji é um dos principais destinos turísticos da Oceania. Na foto, turistas nas ilhas Yasawa, em Fiji, em 2018.

Alguns países da Oceania buscam ampliar sua inserção no sistema internacional por meio da instalação de bases militares e de paraísos fiscais. Mesmo assim, boa parte deles ainda depende de ajuda externa.

Como vimos, algumas ilhas que estão geograficamente localizadas na Oceania pertencem a países de outros continentes. Elas recebem grande volume de recursos, como a Samoa americana, a Nova Caledônia e a Polinésia Francesa (estes dois territórios pertencentes à França).

Territórios independentes também recorrem à ajuda financeira internacional. Contam com o apoio do Banco Mundial, da ONU, da União Europeia e do Banco de Desenvolvimento Asiático, além de acordos bilaterais com diversos países. Destacam-se ainda as remessas financeiras realizadas por emigrantes dos países da Oceania que vivem em diferentes continentes.

Atualmente, os países-ilhas têm se beneficiado do crescimento econômico de países como Estados Unidos, China e Japão, mas também da Austrália e da Nova Zelândia – importantes economias regionais. Em 1983, esses dois países fizeram um acordo chamado **Acordo Comercial sobre Relações Econômicas entre Austrália e Nova Zelândia** (ANZCERTA). Por meio dele, as relações comerciais entre os dois países se intensificaram ao ser criada uma área de livre-comércio que eliminou tarifas e restrições de importação e exportação de produtos. Além disso, as duas nações comprometeram-se a cooperar para fortalecer suas indústrias e outras atividades econômicas. Existem muitos fluxos de investimento entre os dois países, que se integram cada vez mais.

Assinatura do Acordo Comercial sobre Relações Econômicas entre Austrália e Nova Zelândia, em Camberra, na Austrália, em 28 de março de 1983.

Reprodução/Arquivo Nacional da Nova Zelândia, Wellington

Acordo Comercial sobre Relações Econômicas entre Austrália e Nova Zelândia (ANZCERTA)

Criado em 1983, tornou-se o principal instrumento de administração das relações econômicas entre Austrália e Nova Zelândia. Foi planejado para transformar-se em um acordo entre os dois países, cujo principal objetivo é a criação de uma área de livre-comércio. Entre 1983 e 1999, o ANZCERTA elevou as relações comerciais australiano-neozelandesas em mais de 400%, o que significou um volume de transações acima de 10 bilhões de dólares australianos, em 1998.

Além do protocolo geral destinado a acelerar o livre-comércio de mercadorias entre os dois países, o ANZCERTA destaca-se pelo seu protocolo sobre livre-comércio na área de serviços, o primeiro do mundo globalizado.

Vale destacar que o ANZCERTA assinou um acordo inicial com o Asean [sigla em inglês para Associação de Nações do Sudeste Asiático], em 1995, para facilitar os fluxos de comércio e de investimentos entre as duas regiões. [...]

BRASIL. Câmara dos Deputados. Representação Brasileira no Parlamento do Mercosul – CPCMS. ANZCERTA. Disponível em: <www2.camara.leg.br/atividade-legislativa/comissoes/comissoes-mistas/cpcms/historico/blocoseconomicos.html/anzcerta.html>. Acesso em: 5 fev. 2019.

3. Austrália

Quando os colonizadores britânicos chegaram às terras da atual Austrália no último quarto do século XVIII, essa ilha-continente era habitada por mais de 1 milhão de pessoas, segundo arqueólogos. Os aborígines eram os povos originários dessas terras e, segundo estudos arqueológicos, chegaram a esse território entre 60 mil e 50 mil anos atrás.

No início não houve grande interesse dos britânicos em colonizar essas terras, que foram utilizadas até meados do século XIX principalmente como colônia penal, para onde eram enviados presos que deveriam ficar isolados da convivência social. A colonização intensificou-se com o início das práticas da agricultura e da mineração. Em 1901, as colônias britânicas existentes na Austrália (Tasmânia, Victoria, Queensland, Nova Gales do Sul, Austrália Ocidental e Austrália Meridional) tornaram-se uma federação, a Comunidade da Austrália.

Bridgeman Images/Fotoarena

Condenados chegando à Terra de Van Diemen, gravura do início do século XIX. "Terra de Van Diemen" foi o nome dado pelos europeus à atual ilha Tasmânia, na Austrália.

Nesse processo de colonização, os povos aborígines foram massacrados e impedidos de praticar sua cultura, vendo suas terras serem desapropriadas. Durante muito tempo, a população aborígine não era sequer contabilizada no censo demográfico do país, e essas pessoas só puderam votar a partir da década de 1960.

Asanka Brendon Ratnayake/Anadolu Agency/Getty Images

Manifestação organizada por ativistas dos direitos aborígines, em Melbourne, na Austrália, em 2017. A população aborígine luta pelo reconhecimento de seus direitos e pela valorização de sua cultura.

Diálogo com Arte e História

A história da arte aborígine

A cultura aborígine remonta a algo entre 60 mil e 80 mil anos, ou seja, quando o primeiro aborígine se instalou na Austrália. [...]

Os arqueólogos encontraram vestígios que datam de 40 mil a 60 mil anos em acampamentos primitivos.

Os povos aborígines australianos não tinham linguagem escrita, então utilizavam símbolos e ícones para transmitir sua história e cultura [...] através das gerações.

Alamy/Fotoarena

Guia aborígine da comunidade Gunbalanya em frente a arte rupestre, em Arnhem Land, na Austrália, em 2017.

[...] A arte indígena está centrada na narração de histórias. Ela é usada como crônicas para transmitir o conhecimento sobre a terra, os eventos e as crenças dos povos aborígines. [...]

Tradicionalmente, as pinturas dos aborígines eram feitas em paredes de rocha, elementos cerimoniais, como pintura corporal, e mais significativamente desenhadas na terra ou na areia acompanhadas de músicas ou histórias. As obras que vemos hoje em telas têm somente 50 anos. [...]

[...] Artistas aborígines precisam de permissão para pintar histórias particulares.

Eles herdam os direitos sobre essas histórias, que são transmitidas de geração em geração em alguns grupos. Um artista aborígine não pode pintar uma história que não pertença à sua família. [...]

A arte aborígine está presente tanto nas casas como em galerias e museus. [...] Possui conhecimentos profundos e ensinamentos espirituais, culturais e de práticas de sobrevivência.

A arte aborígine reflete o período mais antigo dessa cultura. [...] Tem mérito artístico e antropológico. [...]

A arte aborígine contemporânea tem sido um incentivo para as comunidades aborígines remotas, pois em pequenas comunidades é o único negócio que fornece renda significativa para essas famílias.

O movimento artístico ajudou a fortalecer a cultura na sociedade aborígine, reforçando os valores do conhecimento tradicional, que é a base da arte aborígine.

Atualmente, há muita arte aborígine sendo produzida em centenas de comunidades remotas da Austrália e por artistas aborígines urbanos.

Esses grupos são os maiores contribuidores para que as obras de arte sejam vistas em galerias e museus em todo o país.

A arte aborígine trouxe um renascimento de sua cultura de muitas maneiras. Eliminou substancialmente barreiras de preconceitos e mal-entendidos por parte dos ocidentais. [...]

THE STORY of Aboriginal Art. Artlandish. *Aboriginal Art Gallery*. Disponível em: <www.aboriginal-art-australia.com/aboriginal-art-library/the-story-of-aboriginal-art/>. Acesso em: 6 fev. 2019. (Texto traduzido pelos autores.)

1. De acordo com o texto, quais são as características da arte aborígine?
2. Como a arte aborígine tem contribuído para a obtenção de renda por parte dos povos originários e para a redução da discriminação social sofrida por eles?
3. Em grupo, façam uma pesquisa sobre a arte aborígine. Busquem informações a respeito de técnicas, cores, materiais e histórias representadas. Selecionem algumas obras e elaborem uma legenda para cada uma delas. Ao final, com os demais grupos, montem uma exposição sobre a história da arte aborígine.

População

No passado, os governantes australianos realizavam uma seleção bastante rigorosa dos imigrantes que entravam no país. Até meados da década de 1970 havia a intenção de fortalecer uma "Austrália branca" e permitia-se apenas a entrada de imigrantes europeus e dos Estados Unidos. À medida que a mão de obra se tornou uma necessidade no país, passou-se a incentivar migrações de outras partes do mundo, como América do Sul, Ásia e África (com destaque para sul-africanos brancos). A migração de brasileiros para a Austrália é significativa ao longo dos anos. Atualmente o governo do país defende o multiculturalismo e são realizados esforços para reduzir a discriminação social. Observe o gráfico.

Austrália: dez principais países de origem de migrantes – 2017-2018

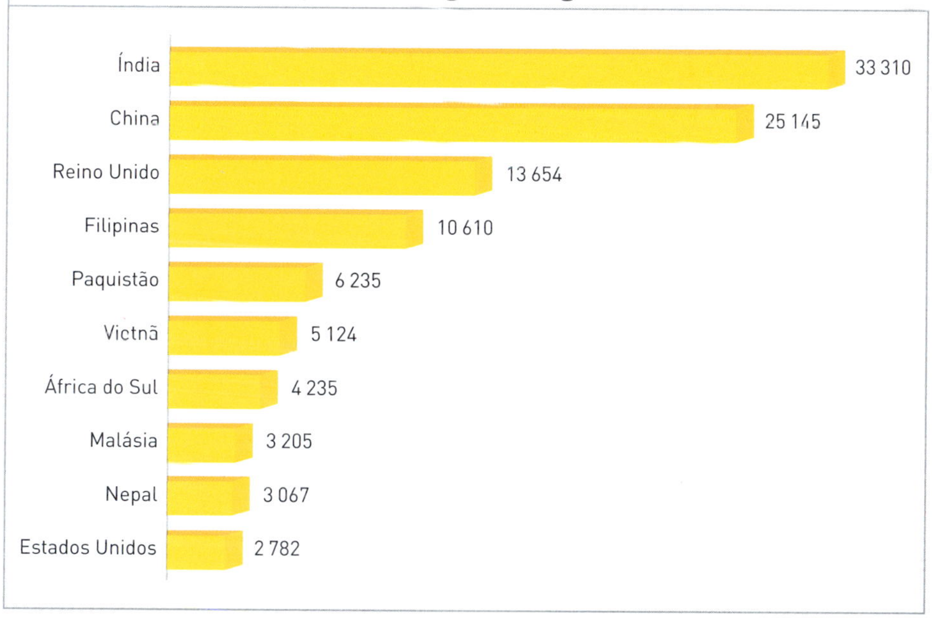

LS Design/Arquivo da editora

Elaborado com base em: AUSTRALIAN Government. *Migration Program Report 2017-2018*. p. 6. Disponível em: <www.homeaffairs.gov.au/research-and-stats/files/report-migration-program-2017-18.pdf>. Acesso em: 6 fev. 2019.

A Austrália tem pouco mais de 24,5 milhões de habitantes. Esse número é pequeno quando se considera o tamanho de seu território, com cerca de 7,7 milhões de km². Sua população está concentrada próximo ao litoral. O interior da ilha é um grande vazio demográfico, especialmente em razão de suas características físicas, marcadas pela aridez.

Mais de 90% das pessoas vivem em áreas urbanas, com destaque para Sydney, Melbourne, Brisbane, Perth e Adelaide, que, juntas, abrigam mais de 60% da população australiana. A capital do país, Camberra, é a maior cidade do interior, com cerca de 370 mil habitantes, enquanto Sydney é a maior metrópole do país, com 4,6 milhões de habitantes. Na Austrália vivem dois terços da população da Oceania.

Alamy/Fotoarena

Vista de Sydney, na Austrália, em 2018.

Aspectos socioeconômicos

A Austrália apresentou, em 2018, o terceiro melhor Índice de Desenvolvimento Humano (IDH) do mundo. Essa é uma das principais razões de o país atrair grandes fluxos de migrantes.

A economia australiana tem algumas fragilidades. Primeiro, porque seu mercado consumidor interno é pequeno, em razão do baixo número de habitantes do país. Segundo, porque seus principais produtos de exportação são provenientes da agricultura, da mineração e de indústrias com baixo valor agregado.

Apesar das condições climáticas difíceis e de boa parte dos solos ser imprópria, a agricultura e a pecuária são importantes para a economia do país. Na agricultura, destaca-se o cultivo do trigo e da cana-de-açúcar. A plantação de uvas e a fabricação de vinhos são reconhecidas mundialmente. Já a pecuária exerce um papel ainda maior na economia australiana, uma vez que o país é o principal produtor de lã no mundo. O setor também se destaca na produção de carne.

Tanto a agricultura quanto a pecuária apresentam alto nível de mecanização e, por isso, empregam relativamente pouca mão de obra. Observe o mapa.

Austrália: agricultura e pecuária – 2014

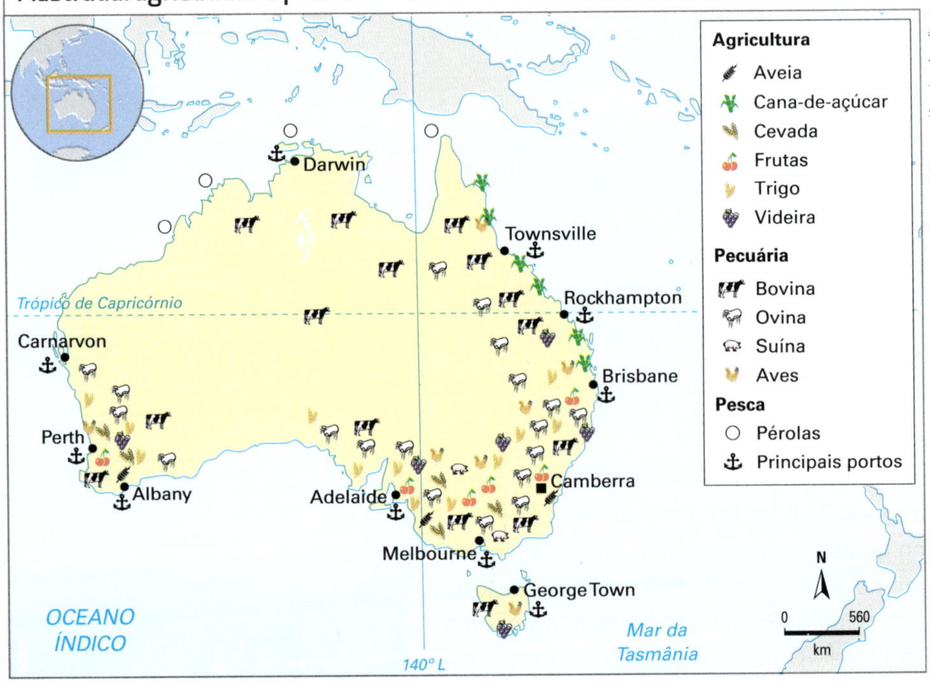

Elaborado com base em: VIVES, Vicens. *Atlas geográfico de España y del mundo*. Barcelona: Instituto Cartográfico Latino, 2014. p.152.

Diferentemente de outros países da Oceania, a Austrália é rica em recursos minerais. Está entre os principais exportadores mundiais de ferro, níquel, chumbo, zinco, manganês, prata, cobre, ouro e bauxita. Também é grande produtor de carvão, petróleo e urânio, com destaque nos mercados asiático e oceânico. Observe o mapa da página a seguir.

Vinhedo em Hobart, na Austrália, em 2015. Existem mais de cem tipos de uvas cultivadas na Austrália e o vinho é um grande produto de exportação.

Austrália: mineração e energia – 2014

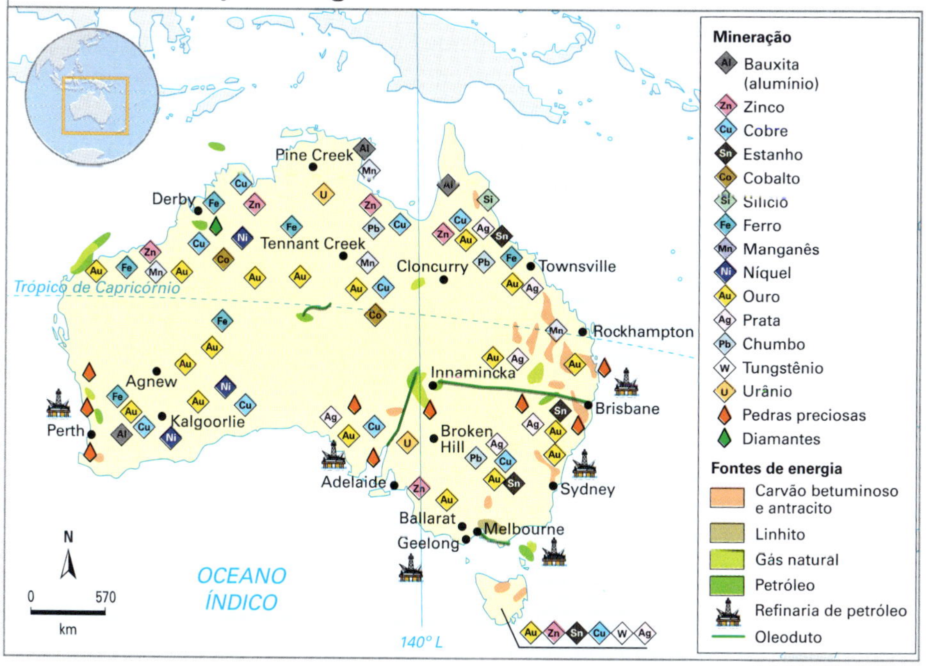

Elaborado com base em: VIVES, Vicens. *Atlas geográfico de España y del mundo*. Barcelona: Instituto Cartográfico Latino, 2014. p. 152.

A indústria australiana não chega a atingir 20% das riquezas produzidas no país, pois a concorrência de empresas japonesas, chinesas e estadunidenses impossibilita a competição da produção australiana no mercado de bens de produção duráveis e não duráveis. No entanto, o setor de serviços é bastante desenvolvido e responde por três quartos da economia da Austrália, com destaque para as atividades ligadas ao turismo.

A Austrália busca ampliar seu papel econômico na Ásia e na Oceania e tem desenvolvido planos para aumentar a integração de sua economia com a de outros países, de maneira a reduzir sua vulnerabilidade diante das flutuações do mercado internacional. Também busca maior inserção política, por exemplo, ao participar de várias missões de paz promovidas pela ONU.

Colheita mecanizada de trigo na área de Drysdale, na Austrália, em 2017.

Carla Gottgens/Bloomberg/Getty Images

4. Nova Zelândia

Os primeiros habitantes do território que hoje constitui a Nova Zelândia foram os maoris, povos polinésios que se deslocaram para as ilhas que formam o atual país. Eles chamam o país de Aotearoa.

No século XVIII, chegaram os britânicos e, assim como na Austrália, fizeram dos povos originários seus colonos, ou seja, submeteram a população local a trabalhos forçados para a extração de riquezas. Assim, quando não se tornavam colonos, os descendentes dos primeiros habitantes eram mortos ou expulsos de suas terras. Isso resultou em guerras entre os maoris e os *pakehã*, termo utilizado pelos maoris para se referirem aos europeus.

Um acordo entre os britânicos e 540 chefes maoris, assinado em 1840, resultou no Tratado de Waitangi. Esse documento apresentava princípios que tiveram interpretações distintas na língua maori e na língua inglesa. Tais diferenças resultaram em contestações judiciais dos maoris, que avaliavam que a Coroa britânica não cumpriu com os termos do tratado. Para os maoris, as terras sob seu domínio deveriam ser protegidas, enquanto os britânicos interpretaram que tinham soberania sobre essas mesmas terras.

O povo maori desenvolve sua identidade ancestral por meio da língua e da vida cerimonial. A língua kuramareo é o elo entre passado e presente. A vida cerimonial, organizada nos *maraes* (casas ancestrais nas quais são celebradas as tradições maoris), proporciona uma produção artística muito diversificada, em que elementos como tatuagens, roupas e esculturas, símbolos importantes da tradição desse povo, são mantidos.

População

A colonização britânica e o controle da migração transformaram a população da Nova Zelândia. Muitos descendentes maoris têm pele clara, resultado da miscigenação.

Os maoris são numerosos no norte da Nova Zelândia. Já uma parte significativa dos neozelandeses de ascendência europeia vive ao leste, em cidades como Hastings, Napier e Gisborne.

Samir Hussein/WireImage/Getty Images

Maoris durante evento tradicional em Rotorua, na Nova Zelândia, em 2018. Ao fundo, um *marae*, no qual são organizadas reuniões para discutir temas importantes da comunidade maori e onde são realizadas atividades culturais.

A migração dos maoris para as cidades resultou em uma intensificação da urbanização do país. Até a década de 1940, eles viviam apenas em áreas rurais; atualmente, 77% da população maori está nos centros urbanos. Essa migração interna causou mudanças nas relações entre as comunidades – por exemplo, nas escolas, que passaram a ensinar as tradições maoris. Hoje os maoris representam aproximadamente 14% da população neozelandesa.

As cidades mais importantes do país são Auckland, Christchurch, Queenstown e a capital, Wellington. Nelas se concentra a maior parte da população. Observe o mapa.

Nova Zelândia: concentração populacional – 2013

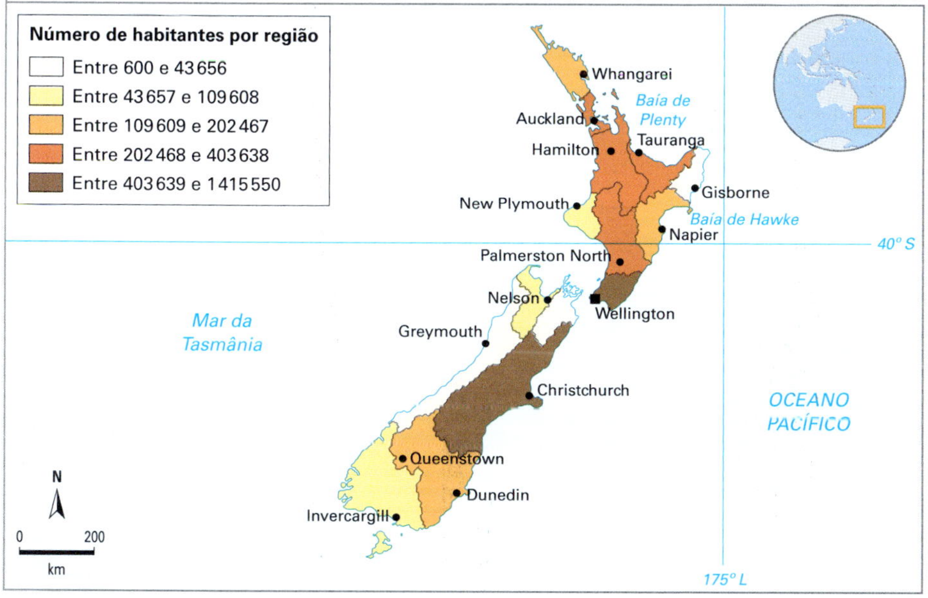

Elaborado com base em: STATS MAPS NZ. *2013 – Census map*. Disponível em: <http://archive.stats.govt.nz/StatsMaps/Home/People%20and%20households/2013-census-quickstats-about-a-place-map.aspx>. Acesso em: 6 fev. 2019.

Aspectos econômicos

Na economia, a Nova Zelândia destaca-se no turismo, na agricultura e, principalmente, na ovinocultura, atividade de grande destaque no país. A região dos Alpes do Sul e o entorno do monte Cook são as áreas mais utilizadas para a criação de ovelhas e cabras. As carnes bovina e caprina representam mais de 70% das exportações.

iStockphoto/Getty Images

Criação de ovelhas na Ilha do Sul, Nova Zelândia, em 2018.

Na agricultura, destaca-se a produção de frutas, batatas e hortaliças, que corresponde a 3% do Produto Interno Bruto (PIB). As áreas de cultivo estão no norte e no sudeste da ilha. O kiwi e a maçã representam 14% do total de exportações. A produção é concentrada e teve ganho de produtividade ao longo dos últimos anos.

Nas últimas décadas mais um produto ganhou destaque na Nova Zelândia: o vinho. Sua produção é dispersa entre as duas ilhas principais (Ilha do Norte e Ilha do Sul). O reconhecimento da produção vinícola resultou em premiações internacionais, principalmente para os vinhos brancos, que ganharam o mercado internacional.

Com vulcões (ativos e inativos), gêiseres, lagos, *inselbergs*, cordilheiras e fiordes, a paisagem da Nova Zelândia destaca-se como atrativo turístico. Na Ilha do Norte há praias procuradas para a prática do surfe. Para as atividades geotermais, o principal ponto turístico do país são os gêiseres localizados na cidade de Rotorua, onde também se pode conhecer a vila Whakawarewa, a maior vila maori do país. Esses destinos são visitados por turistas de todo o mundo.

Dica de *site*

Kia Ora New Zealand
Disponível em: <www.newzealand.com>. Acesso em: 6 fev. 2019.
Para descobrir um pouco mais sobre o turismo na Nova Zelândia, acesse o *site* oficial de turismo do país.

Alamy/Fotoarena

Lago geotermal em Wai-O-Tapu, o maior parque geotermal da Nova Zelândia, próximo de Rotorua, em 2017.

Na Ilha do Sul, onde o inverno é ainda mais intenso, encontra-se o Parque Nacional de Aspiring, com os pontos mais altos do país.

Alamy/Fotoarena

Vista do Parque Nacional de Aspiring, na Ilha do Sul, na Nova Zelândia, em 2018.

5. Polinésia Francesa, Federação dos Estados da Micronésia e Melanésia

Polinésia Francesa

A Polinésia Francesa é composta de um conjunto de ilhas no Pacífico. Recebe esse nome por se tratar de ilhas pertencentes à França. As terras emersas constituem entre 4 100 km e 5 500 km. Ela é formada por seis arquipélagos: as ilhas Tahiti, que representam um quarto das terras emersas da Polinésia, as ilhas Marquesas, as ilhas Austrais, as ilhas Gambier, as ilhas da Sociedade e os atóis de Tuamotu.

Essas ilhas, cuja formação geológica é de origem vulcânica, são procuradas por turistas do mundo inteiro, atraídos pelos corais que se desenvolvem próximo desse tipo de formação, resultando em belíssimas paisagens.

Fabian Michenet/Biosphoto/Agência France-Presse

Formação de corais em volta das ilhas Tahiti, na Polinésia Francesa, em 2018.

Os povos originários da Polinésia Francesa eram asiáticos. Nos séculos XVIII e XIX, com a chegada de espanhóis, britânicos, franceses e norte-americanos aos arquipélagos, a composição populacional foi alterada e surgiram os novos polinésios. Hoje, o idioma oficial é o francês, e a capital Papete está no conjunto das ilhas Tahiti.

O clima é tropical úmido, o que possibilitou a produção de bananas, batata-doce e coco. A pesca era a base culinária, uma vez que a disponibilidade de terras para o plantio era escassa. Essa condição se manteve e, atualmente, a economia da Polinésia Francesa está centrada na indústria pesqueira, na produção de pérolas para joias e no turismo.

Federação dos Estados da Micronésia

A Federação dos Estados da Micronésia, muitas vezes chamada apenas de Micronésia (o que pode confundir com o nome da área da Oceania, que engloba outros países), localiza-se a oeste do oceano Pacífico e é formada por mais de cinquenta ilhas e ilhotas. A capital encontra-se na ilha Pohnpei, em Palikir.

Na ilha de Yap, os povos originários são asiáticos, filipinos e indonésios.

A colonização britânica nas ilhas que fazem parte da Federação dos Estados da Micronésia deixou suas marcas. Hoje o inglês é considerado a língua oficial.

A Federação dos Estados da Micronésia tem como principais atividades econômicas a agricultura familiar e a pesca. O país é muito dependente da importação de produtos agrícolas.

As principais fontes de geração do Produto Interno Bruto da Federação dos Estados da Micronésia resultam de um acordo com os Estados Unidos, renovado em 2003. Com a independência do país, em 1986, foi estabelecido um Pacto Comum de Livre Associação com os Estados Unidos. Em troca de proteção externa e ajuda financeira, o governo aceitou a presença estadunidense, que instalou bases militares nas ilhas, segundo seus interesses geopolíticos. Outra consequência desse acordo foi a adoção do regime republicano e presidencialista, nos mesmos moldes dos Estados Unidos, porém, com apenas uma câmara no Parlamento.

A ilha de Chuuk tem a maior densidade populacional e cerca de 30% da população do país reside ali.

Melanésia

Samoa, Fiji, Vanuatu e Papua-Nova Guiné são países insulares que pertencem à área da Melanésia.

Papua-Nova Guiné tem a maior extensão territorial, mas apresenta baixa densidade demográfica em razão de as atividades de vulcanismo e tectonismo serem muito frequentes. Assim, além de o terreno ser íngreme e não favorecer a ocupação, esses fenômenos geológicos ameaçam o estabelecimento da população em locais muito próximos aos vulcões. Essa ilha foi colonizada por portugueses, britânicos e franceses, e hoje, apesar de ser um Estado independente, tem a rainha Elizabeth II, da Inglaterra, como sua soberana.

Vanuatu, por sua vez, tem população de ascendência polinésia. Assim como Papua-Nova Guiné, foi colonizado por europeus, principalmente franceses e britânicos. As bases econômicas são os produtos derivados do coco e do cacau. O país importa produtos agrícolas e carnes, principalmente da Austrália.

// A cidade de Port Moresby, capital da Papua-Nova Guiné, desenvolveu-se em meio ao terreno íngreme. Na foto, vista da cidade em 2016.

Alamy/Fotoarena

6. Geopolítica

Testes nucleares, escassez de água potável e alterações climáticas compõem o cenário geopolítico da Oceania.

Por reunir muitas ilhas e arquipélagos, a Oceania é campo de experimentações de testes nucleares realizados por países como Reino Unido, Estados Unidos e Coreia do Norte.

Na Polinésia encontra-se o Centro de Experimentação Nuclear do Pacífico e o Comissariado de Energia Atômica. Juntos, esses órgãos coordenam experiências nucleares na região.

A Oceania é rota de transporte marítimo comercial para boa parte dos países asiáticos, europeus e americanos. Por isso, ao longo da história, muitos países ambicionaram territórios nesse continente para seu fortalecimento geopolítico. Na Segunda Guerra Mundial, por exemplo, o Japão impôs uma fronteira no oceano Pacífico para a circulação nas áreas da Polinésia Francesa, da Micronésia e da Melanésia. Além disso, holandeses, franceses e britânicos controlavam várias ilhas e arquipélagos.

França, Reino Unido, Estados Unidos, Chile, Nova Zelândia e Austrália têm territórios na Oceania, o que significa maior acesso desses países a rotas marítimas para compra e venda de bens, possibilitando-lhes a ampliação de sua Zona Econômica Exclusiva (ZEE).

Os Estados Unidos são o país com mais territórios na Oceania. Entre os principais territórios dependentes, estão: Páscoa e Sala e Gomes (Chile); Nova Caledônia, Polinésia Francesa e Clipperton (França); Pitcairn (Reino Unido); Havaí, Samoa Americana, Marianas Setentrionais, Guam e Wake (Estados Unidos); Cook e Niue (Nova Zelândia); e Norfolk (Austrália).

Galerie Bilderwelt/Getty Images

Explosão de bomba atômica francesa em teste nuclear, no atol de Mururoa, na Polinésia Francesa, em 1971.

E no Brasil?

As relações comerciais entre Brasil e Austrália

As exportações brasileiras para a Austrália têm registrado um crescimento constante em várias categorias de produtos, com benefícios tanto para importadores australianos quanto para fornecedores brasileiros.

São muitas as semelhanças entre o Brasil e a Austrália: a beleza natural, a variedade geográfica, o clima e o multiculturalismo da população. No entanto, para começar a atuar no mercado australiano é essencial compreender a cultura de negócios do país.

[...]

A Austrália é um continente-ilha com economia relativamente pequena, apesar de ser dotada de grandes recursos naturais e de ter uma economia altamente desenvolvida. Há vários anos, as bases da economia australiana têm sido a mineração, a agricultura, os recursos energéticos e a manufatura. Os serviços, tais como o turismo, a educação e o setor financeiro têm se tornado cada vez mais importantes para a economia nacional.

O Brasil ocupa pequena proporção do comércio internacional australiano. O comércio do Brasil com a Austrália soma aproximadamente 0,4% do total de comércio exterior australiano. Já o comércio da Austrália com o Brasil representa aproximadamente 0,5% do total de comércio exterior brasileiro. O produto de maior exportação da Austrália para o Brasil continua a ser o carvão, enquanto os principais produtos exportados do Brasil para a Austrália são, sobretudo, manufaturados, tais como aeronaves, aço, máquinas e equipamentos, ou semimanufaturados como farelo de soja e suco de laranja. A corrente de comércio entre os dois países tem crescido consistentemente.

A distância relativamente grande que deve ser percorrida para o transporte de mercadorias pode ter sido o fator principal determinante do nível de comércio entre os dois países. Entretanto, estas distâncias não são maiores do que entre vários outros parceiros comerciais.

Há potencial para que o volume atual de comércio entre a Austrália e o Brasil seja intensificado, levando-se em conta especialmente o encorajamento para a aproximação comercial e de relacionamentos pessoais entre o Brasil e Austrália.

BRASIL. Ministério das Relações Exteriores. *Como exportar*: Austrália. Brasília: MRE, 2017. Disponível em: <https://investexportbrasil.dpr.gov.br/arquivos/Publicacoes/ComoExportar/CEXAustralia.pdf>. Acesso em: 12 fev. 2019.

William West//Agência France-Presse

Exploração de mina de carvão em Bulga, na Austrália, em 2018. A atividade mineradora é uma das bases da economia australiana.

1. Após a leitura do texto, converse com os colegas sobre as relações comerciais entre Brasil e Austrália: quais são os produtos comercializados entre os países e quais são as facilidades e as dificuldades encontradas nesse comércio? Retome os conteúdos estudados no capítulo sobre a economia australiana.

Reconecte

Revisão

1. Quais são as principais divisões da Oceania? Cite exemplos de países que integram cada uma delas.
2. Qual é a diferença na formação de ilhas oceânicas e de ilhas continentais da Oceania? Cite exemplos.
3. O que são atóis? Qual é a importância deles na formação da Oceania?
4. Que fatores limitam o desenvolvimento econômico dos países da Oceania, com exceção da Austrália e da Nova Zelândia? Quais são as principais atividades econômicas realizadas nesses territórios?
5. No caderno, defina os conceitos a seguir.
   a) Países-ilhas.
   b) Territórios dependentes.

Análise de mapa e debate

6. Em grupo, retomem as informações do capítulo sobre os países insulares da Micronésia, da Melanésia e da Polinésia. Em seguida, consultem um mapa político da Oceania e observem os territórios que são geopoliticamente dependentes de outros países.
   Conversem sobre a importância de países de outros continentes terem territórios dependentes na Oceania. Utilizem os conhecimentos estudados no capítulo para o debate. Por fim, anotem suas conclusões no caderno.

Pesquisa e produção de linha do tempo e mapa

7. Em trios, realizem uma pesquisa e elaborem uma linha do tempo dos principais fluxos migratórios populacionais para a Austrália, do início da colonização aos dias de hoje. Com base nessa linha do tempo e em um mapa-múndi mudo, elaborem um mapa temático com as informações obtidas. Não se esqueçam do título, da legenda e de outros elementos fundamentais à representação cartográfica.

Pesquisa e apresentação de seminário

8. Em grupo, selecionem um importante centro urbano da Nova Zelândia e organizem um seminário com base em uma pesquisa sobre as principais informações da cidade escolhida. Explorem diferentes aspectos, como seu papel no país, principais atividades econômicas e culturais, perfil e distribuição da população, problemas e desafios, entre outros.

Resumo

- A Nova Zelândia destaca-se economicamente pela agricultura, pela ovinocultura e pelo turismo.
- Os povos originários da Oceania lutam pela preservação de suas identidades. Os maoris e os aborígines destacam-se na história no continente.
- As mudanças climáticas conferem muitos desafios aos habitantes dos países insulares. Ciclones, *tsunamis* e furacões também dificultam a vida da população no litoral.
- Vulcanismo e tectonismo são fenômenos geológicos frequentes nessa parte do planeta.
- A Austrália destaca-se na produção mineral e está entre os países com maior IDH do mundo.

Globalização e cidadania

Nem todos os países são beneficiados no processo de globalização econômica. Enquanto alguns enriquecem e conseguem oferecer à sua população um elevado padrão de vida, outros mal conseguem prover condições dignas de moradia, saúde e educação, itens básicos para que se possa exercer a cidadania.

Um dos motivos para essa diferença é a complexa cadeia de produção da globalização, que envolve o comércio desigual entre as economias mundiais. Países da África, do Oriente Médio, da Oceania (estudados nesta unidade) e da América Latina (que serão estudados mais à frente) fornecem matéria-prima para indústrias de grandes empresas, sobretudo da Europa, dos Estados Unidos e da China. Ao mesmo tempo, dependem da importação de bens de consumo produzidos em países com esse tipo de indústria mais desenvolvido, que, por sua vez, também importam produtos de economias emergentes, em especial da China.

Como os recursos naturais são menos valorizados que os produtos industrializados, que agregam mais trabalho e, portanto, mais valor, os países que fornecem matérias-primas precisam aumentar gradativamente a produção para conseguir recursos a fim de adquirir produtos industrializados. Como resultado, a África e a Oceania apresentam intensos processos de extração mineral, muitas vezes com sérias consequências sociais e ambientais. Na maior parte das vezes, os custos da devastação ambiental que a mineração provoca não são considerados. Além disso, muitas vezes povos originários e comunidades locais são impactados, quando não são removidos de seus locais de vivência.

Para alterar esse cenário é preciso que os países fornecedores da matéria-prima que dará origem aos produtos comercializados na globalização sejam mais bem remunerados. Desse modo, conseguirão garantir melhores condições à sua população e melhorar os índices socioeconômicos, que refletem diretamente nas condições materiais para o exercício da cidadania.

No mundo globalizado, o acesso à tecnologia é fundamental. Ela pode ser usada para registrar e difundir costumes e ajudar na manutenção de comunidades tradicionais e de povos originários. Assim, é importante que a população dos países com indústrias menos desenvolvidas tenha acesso às tecnologias para que possa desenvolver alternativas adequadas à manutenção de seus costumes. Afinal, poder exercer suas crenças e seus valores é um ato de cidadania.

Amos Gumulira/Agência France-Presse

O governo de Malauí e a Unicef testam o uso de *drones* para ajuda humanitária na área rural de difícil acesso em Kasungu, no Malauí, em 2017.

Repercutindo

Leia os textos a seguir e responda às questões.

Texto 1

África, entre o otimismo e o pessimismo?

[...] a África nunca existiu isolada da política mundial, mas esteve inevitavelmente imbricada nas dinâmicas e no fluxo de eventos e mudanças de configuração do poder global. Arquivos históricos confirmaram que houve contatos, interações e um fluxo tanto de ideias quanto de bens entre a África, a Europa, a Ásia e as Américas. [...] As questões africanas contribuíram para moldar o mundo, e a África, por sua vez, foi, e continua sendo, moldada pelos processos e estruturas internacionais. [...] Contudo, a maioria dos estudos sobre o continente, especialmente nas últimas duas décadas, teve como tendência a narrativa pessimista – crise, guerra, pobreza, desastres naturais, corrupção, doenças e fome, criminalidade, degradação ambiental, má administração de recursos naturais e crises de governança. [...] Os africanos têm resistido vigorosamente a esta narrativa, a qual tende a negligenciar as realidades históricas de "violação" da África através da escravidão, do colonialismo, da dependência econômica e do contínuo domínio por instituições internacionais de governança global (Banco Mundial, FMI e OMC) e do envolvimento e influência externa das grandes potências no continente. Assim, as interpretações acerca do lugar e do papel da África nas relações mundiais se encontram entre aqueles que perderam completamente a esperança no continente – os Afro-pessimistas –, e aqueles que torcem por um melhor futuro para a África – os Afro-otimistas [...]. [...] a emergência de novas potências econômicas, como China, Índia e Brasil, que buscaram se engajar com a África em termos de "parcerias", "benefícios mútuos", "história comum" e "negociações de ganhos mútuos", foi vislumbrada com um novo senso de otimismo. O engajamento entre a África e as novas potências econômicas emergentes foi interpretado de variadas formas, com alguns definindo-o como a "nova partilha da África" – sugerindo que não se mostra tão diferente da antiga partilha do continente pelas potências europeias. [...]

WAPMUK, Sharkdam; AKINKWOTU, Oluwatooni. As dinâmicas da África nas relações mundiais: do afro-pessimismo para o afro-otimismo? *Revista Brasileira de Estudos Africanos*, v. 2, n. 4, jul./dez. 2017, p. 11-31. Disponível em: <https://seer.ufrgs.br/rbea/article/view/75450/47101>. Acesso em: 7 fev. 2019.

1. Pode-se afirmar a existência de uma África isolada do resto do mundo? Justifique sua resposta de acordo com os conteúdos estudados na unidade.

2. Em sua opinião, é possível pensar em afro-otimismo e afropessimismo? Por quê?

Texto 2

Povos indígenas e mudanças climáticas na Austrália

Os povos indígenas serão desproporcionalmente afetados pelas mudanças climáticas. O desenvolvimento de soluções adaptadas, baseadas em costumes locais e culturalmente apropriadas, será necessário. [...] Esta pesquisa colaborativa com o povo Arabana da Austrália central resultou na produção da primeira estratégia de adaptação à mudança climática baseada na comunidade indígena [...]. Nossa análise descobriu que a adaptação à mudança climática é baseada na centralidade da conexão com o "país" (terra tradicional), precisa estar alinhada com os valores culturais e se concentrar na construção da capacidade adaptativa. Descobrimos que o desenvolvimento de iniciativas de adaptação às mudanças climáticas não pode ser dissociado do contexto histórico de como as Arabana vivenciaram e coletivamente se lembram da colonização. Argumentamos que, ao desenvolver uma governança climática culturalmente responsiva para e com os povos indígenas, a história da colonização e o domínio contínuo de regimes de governança ocidentais entrincheirados precisam ser reconhecidos e redistribuídos na gestão ambiental e climática contemporânea.

NURSEY-BRAY, Melissa; PALMER, Robert. Country, Climate Change Adaptation and Colonisation: Insights from an Indigenous Adaptation planning process, Australia, mar. 2018. Heliyon. Disponível em: <www.ncbi.nlm.nih.gov/pmc/articles/PMC5968082/>. Acesso em: 7 fev. 2019. (Texto traduzido pelos autores.)

3. Segundo o texto, que alternativa é indicada como necessária para conciliar as tradições indígenas à adaptação às mudanças climáticas?

1. (Enem)

Antes de o sol começar a esquentar as terras da faixa ao sul do Saara conhecida como Sahel, duas dezenas de mulheres da aldeia Widou, no norte do Senegal, regam a horta cujas frutas e verduras alimentam a população local. É um pequeno terreno que, visto do céu, forma uma mancha verde – um dos primeiros pedaços da "Grande Muralha Verde", barreira vegetal que se estenderá por 7 000 km do Senegal ao Djibuti, e é parte de um plano conjunto de vinte países africanos.

GIORGI, J. Muralha verde. *Folha de S.Paulo*, 20 maio 2013 (adaptado)

O projeto ambiental descrito proporciona a seguinte consequência social imediata:

a) Facilita as trocas comerciais.
b) Soluciona os conflitos fundiários.
c) Restringe a diversidade biológica.
d) Fomenta a atividade de pastoreio.
e) Evita a expansão da desertificação.

2. (UEPG)

Sobre aspectos físicos e humanos do continente da Oceania, assinale o que for correto [pode haver mais de uma alternativa correta].

1) Entre todos os continentes do mundo (América, Europa, África, Ásia, Antártida e ele próprio, o da Oceania) é o que apresenta menor área, somando, em seu interior, a Austrália, Nova Zelândia e todos os seus arquipélagos.

2) Aproximadamente 90% do território da Oceania corresponde à Austrália. As demais áreas são arquipélagos menores. Melanésia (ilhas dos negros), Micronésia (ilhas pequenas) e Polinésia (várias ilhas) são três divisões adotadas para compreender melhor cada conjunto de pequenos países e territórios desse continente.

4) A Nova Zelândia, que possui como capital Wellington, é o segundo país mais importante do continente. Todas as suas terras emersas estão localizadas abaixo do Trópico de Capricórnio.

8) A Austrália possui ao norte clima equatorial e tropical. A leste, área de grandes cidades australianas, o clima se apresenta mais subtropical e temperado. E ao centro, há o predomínio de clima desértico.

16) Austrália e Nova Zelândia são países considerados desenvolvidos no mundo, com elevada qualidade de vida. Os dois estão entre os 10 melhores IDH (Índice de Desenvolvimento Humano) do relatório 2014 do PNUD (Programa das Nações Unidas para o Desenvolvimento).

3. (UFJF)

Na segunda metade do século XIX, muitos povos africanos e asiáticos viram seus territórios serem ocupados pelas potências europeias. Sobre o imperialismo e neocolonialismo europeu na África e na Ásia, leia atentamente as afirmações abaixo:

I. O desenvolvimento industrial das grandes potências europeias levou ao empreendimento de um novo modelo de colonização. O aumento da produção e o acúmulo de capitais fizeram com que essas potências buscassem ampliar seus mercados e adquirir matéria-prima a custos mais baixos.

II. Durante a Conferência de Berlim, ocorrida entre os anos de 1884-1885, as potências europeias estabeleceram regras para a exploração e ocupação da África, levando em consideração a diversidade cultural e as identidades étnico-territoriais.

III. Os povos africanos e asiáticos não aceitaram passivamente o domínio dos europeus, o que gerou diferentes formas de resistência em ambos os continentes. Muitos nativos utilizaram várias técnicas e táticas militares para defenderem-se contra a ocupação e exploração dos europeus.

IV. O discurso ideológico que procurou legitimar o domínio e exploração europeia nos continentes africano e asiático foi baseado nas teorias raciais. Difundiu-se a ideia de que os europeus constituíam a raça branca e superior, cuja missão era levar a civilização para lugares habitados por raças inferiores, primitivas e bárbaras.

Assinale a alternativa CORRETA:

a) Todas as afirmativas estão corretas.
b) Todas as alternativas estão incorretas.
c) As afirmativas I, II e III estão corretas.
d) As afirmativas I, III e IV estão corretas.
e) Apenas as afirmativas I e IV estão corretas.

CADERNO DE ESTUDOS

conecte LIVE

Geo

WAGNER RIBEIRO

Bacharel e licenciado em Geografia pela Universidade de São Paulo (USP).

Doutor em Geografia Humana pela Universidade de São Paulo (USP).

Professor Titular do Departamento de Geografia e dos programas de pós-graduação em Geografia Humana e em Ciência Ambiental da Universidade de São Paulo (USP).

CAROLINA GAMBA

Bacharel e licenciada em Geografia pela Universidade de São Paulo (USP).

Doutora em Geografia Humana pela Universidade de São Paulo (USP).

Docente e coordenadora do curso de bacharelado e licenciatura em Geografia em faculdade particular.

Professora do Ensino Fundamental II e Ensino Médio em escolas particulares.

LUCIANA ZIGLIO

Bacharel e licenciada em Geografia pela Universidade de São Paulo (USP).

Doutora em Geografia Humana pela Universidade de São Paulo (USP).

Pós-Doutoranda em Organizações e Sustentabilidade pela Escola de Artes, Ciências e Humanidades da Universidade de São Paulo (EACH/USP).

Professora do Ensino Médio na rede pública e em escolas particulares.

3

Editora Saraiva

Editora Saraiva

Direção Presidência: Mario Ghio Júnior
Direção de Conteúdo e Operações: Wilson Troque
Direção editorial: Luiz Tonolli e Lidiane Vivaldini Olo
Gestão de projeto editorial: Viviane Carpegiani
Gestão e coordenação de área: Wagner Nicaretta (ger.) e Jaqueline Paiva Cesar (coord.)
Edição: Beatriz de Almeida Francisco, Caren Midori Inoue, Cassia Yuka de Andrade Tamura, Felipe Vinícius dos Santos e Orlinda Teruya; Daniele Dionizio, Mariana Renó Faria (assist.); Patricia Coelho (estagiária)
Planejamento e controle de produção: Patricia Eiras e Adjane Oliveira
Revisão: Hélia de Jesus Gonsaga (ger.), Kátia Scaff Marques (coord.), Rosângela Muricy (coord.), Aline Cristina Vieira, Ana Curci, Ana Paula C. Malfa, Brenda T. M. Morais, Diego Carbone, Flavia S. Vênezio, Gabriela M. Andrade, Hires Heglan, Kátia Lopes Godoi, Lilian M. Kumai, Luciana B. Azevedo, Luiz Gustavo Bazana, Marília Lima, Patricia Cordeiro, Patrícia Travanca, Paula Rubia Baltazar, Ricardo Miyake, Shirley Figueiredo Ayres, Vanessa P. Santos; Amanda T. Silva e Bárbara de M. Genereze (estagiárias)
Arte: Daniela Amaral (ger.), Claudio Faustino (coord.), Yong Lee Kim (edição de arte)
Diagramação: JS Design
Iconografia e tratamento de imagens: Sílvio Kligin (ger.), Denise Durand Kremer (coord.), Thaisi Albarracin Lima e Iron Montovanello (pesquisa iconográfica) Cesar Wolf e Fernanda Crevin (tratamento)
Licenciamento de conteúdos de terceiros: Thiago Fontana (coord.), Luciana Sposito e Angra Marques (licenciamento de textos), Erika Ramires, Luciana Pedrosa Bierbauer, Luciana Cardoso Sousa e Claudia Rodrigues (analistas adm.)
Ilustrações: Adilson Secco
Cartografia: Eric Fuzii (coord.), Robson Rosendo da Rocha (edit. arte) e Portal de Mapas
Design: Gláucia Correa Koller (ger.), Erika Yamauchi Asato, Filipe Dias (proj. gráfico) e Adilson Casarotti (capa)
Composição de capa: Segue Pro
Foto de capa: Don Bayley/Getty Images, Maremagnum/Getty Images

Avenida das Nações Unidas, 7221, 1º andar, Setor A –
Espaço 2 – Pinheiros – SP – CEP 05425-902
SAC 0800 011 7875
www.editorasaraiva.com.br

Dados Internacionais de Catalogação na Publicação (CIP)

Ribeiro, Wagner
Geo 3 : conecte live / Wagner Ribeiro, Carolina Gamba, Luciana Ziglio. - 1. ed. - São Paulo : Saraiva, 2019.

Suplementado pelo manual do professor.
Bibliografia.
ISBN: 978-85-472-3477-5 (aluno)
ISBN: 978-85-472-3478-2 (professor)

1. Geografia (Ensino médio). I. Gamba, Carolina. II. Ziglio, Luciana. III. Título.

2018-0351 CDD: 910.7

Julia do Nascimento - Bibliotecária - CRB-8/010142

2019
Código da obra CL 800871
CAE 628200 (AL) / 628201 (PR)
1ª edição
1ª impressão

Impressão e acabamento: Bercrom Gráfica e Editora

Uma publicação SOMOS EDUCAÇÃO

Apresentação

Caro estudante,

Este material foi elaborado especialmente para você, estudante do Ensino Médio que está se preparando para ingressar no Ensino Superior.

Além de todos os recursos do Conecte LIVE, como material digital integrado ao livro didático, banco de questões, acervo de simulados e trilhas de aprendizagem, você tem à sua disposição este Caderno de Estudos que o ajudará a se qualificar para as provas do Enem e de diversos vestibulares brasileiros.

O material foi estruturado para que você consiga utilizá-lo autonomamente, em seus estudos individuais além do horário escolar, ou sob orientação de seu professor, que poderá sugerir atividades complementares às dos livros.

Para cada ano do Ensino Médio, há um Caderno de Estudos com uma revisão completa dos conteúdos correspondentes, atividades de aplicação imediata dos conceitos trabalhados e grande seleção de questões de provas oficiais que abordam esses temas.

No Caderno de Estudos do 3º ano, há ainda um material complementar. Quando terminar de se dedicar aos conteúdos destinados a este ano escolar, você poderá se planejar para uma retomada final do Ensino Médio! Revisões estruturadas de todos os conteúdos desse ciclo são acompanhadas de simulados, propostos para que você os resolva como se realmente estivesse participando de uma prova oficial de vestibular ou Enem, de maneira que consiga fazer um bom uso do seu tempo.

Desejamos que seus estudos corram bem e que você tenha sucesso **Rumo ao Ensino Superior**!

Equipe Conecte LIVE!

Conheça este Caderno de Estudos

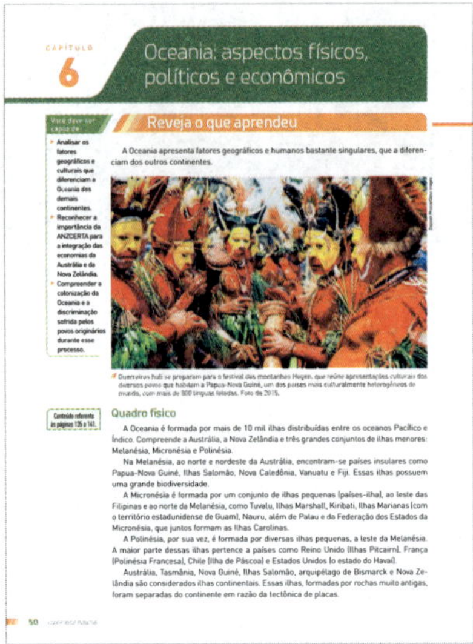

Reveja o que aprendeu

Seção de retomada dos principais conteúdos e conceitos estudados em cada capítulo, de maneira resumida, para você recordar o que vem aprendendo ao longo do ano.

Aplique o que aprendeu

Depois de retomar os conteúdos no **Reveja o que aprendeu**, aplique seus conhecimentos resolvendo atividades. A seção tem início com a **Atividade resolvida**, que traz uma questão respondida e comentada. Em seguida, há uma seleção de atividades para você resolver. Se o seu desempenho estiver aquém de suas expectativas, consulte novamente o seu livro-texto e retome os assuntos trabalhados, individualmente ou em grupos de estudo.

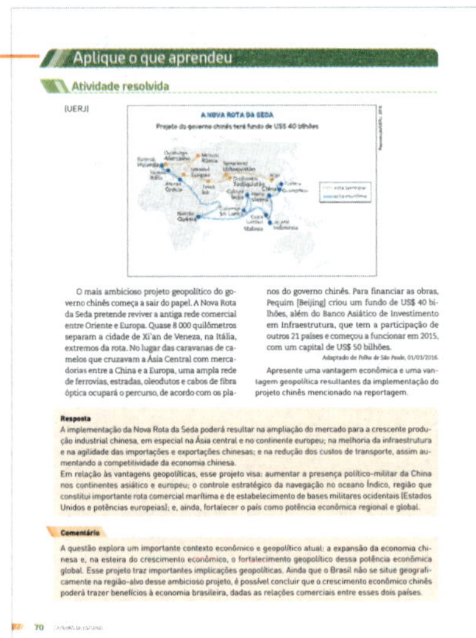

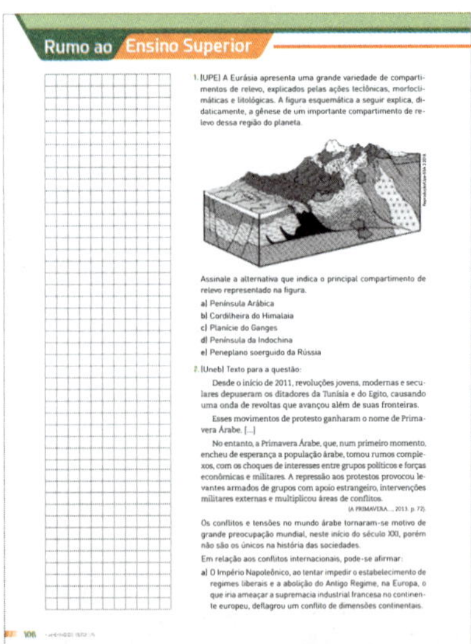

Rumo ao Ensino Superior

Seção com uma seleção de atividades que envolvem conteúdos estudados ao longo de todo o 3º ano do Ensino Médio. Você encontrará questões do Enem e de diferentes vestibulares do Brasil.

Sumário

Já revi este conteúdo | Já apliquei este conteúdo

CAPÍTULO 1

Da Guerra Fria ao mundo multipolar

Você deve ser capaz de:

- Compreender a importância da Geografia Política nas relações políticas, econômicas e militares entre os países.
- Reconhecer as causas e as consequências das duas guerras mundiais.
- Identificar as principais consequências da ordem bipolar, como a necessidade de criação de órgãos para defesa de territórios contra o avanço da ideologia do inimigo e as corridas armamentista e espacial.
- Reconhecer os polos emergentes na nova ordem multipolar.
- Analisar os significados históricos e geográficos das relações de poder entre as nações.

Conteúdo referente às páginas 13 a 28.

Reveja o que aprendeu

As duas guerras mundiais ocorridas no século XX, as crises políticas e econômicas, a formação e a desintegração de países foram eventos responsáveis por transformações geopolíticas que resultaram na formação do mundo bipolar, marcado pela disputa de poder entre duas grandes potências: Estados Unidos e União Soviética. Entre as consequências dessa nova ordem, estão o fim da União Soviética e a constituição de um mundo multipolar.

Alexander Nemenov/Agência France-Presse

Estátua do símbolo da União Soviética caída em rua de Moscou, na Rússia, 1990.

Das guerras mundiais à Guerra Fria

O **Tratado de Versalhes**, assinado em 1919, ao fim da Primeira Guerra Mundial (1914-1918), responsabilizou a Alemanha pela guerra e impôs a esse país perdas financeiras e territoriais, o que gerou descontentamento entre os alemães.

Os Estados Unidos investiram na reconstrução europeia até a crise econômica de 1929. Nessa mesma época, ressurgiram as tensões na Europa com a ascensão de lideranças autoritárias – Adolf Hitler na Alemanha e Benito Mussolini na Itália. A Alemanha contrariou as resoluções do Tratado de Versalhes ao fortalecer seu poder bélico e promover ações expansionistas. A Itália traçou caminho político semelhante. Na Ásia, o Japão promoveu invasões e ocupações de territórios da China e da Coreia.

As invasões territoriais associadas às constantes crises econômicas desencadearam a **Segunda Guerra Mundial** (1939-1945). Em 1939, depois de a Alemanha ter invadido a Polônia, Reino Unido e França declararam guerra ao país. Em 1940, ocorreu a formação do Eixo, um pacto político-militar entre Alemanha, Itália e Japão, cuja finalidade era ampliar a política expansionista desses países.

Em oposição ao Eixo, foi constituída uma aliança político-militar entre Reino Unido e França. Em 1940, União Soviética, Estados Unidos e outros países integraram-se ao grupo. Os países dessa aliança ficaram conhecidos como Aliados.

A vitória dos Aliados resultou de um conjunto de fatores, entre eles, a capacidade de combate em terra do exército soviético e a potência militar dos Estados Unidos, que, por não serem palco da batalha, mantinham a indústria bélica produtiva.

Um fato decisivo na Segunda Guerra Mundial foi a explosão de duas bombas nucleares lançadas pelos Estados Unidos nas cidades de Hiroshima e Nagasaki, no Japão. Essa demonstração de poder tecnológico e força militar resultou em grande destruição e muitas mortes.

O fim da Segunda Guerra deu início a um período conhecido como **Guerra Fria**, caracterizado pela disputa de poder entre as duas grandes potências da época: Estados Unidos e União Soviética.

A ordem bipolar

A ordem bipolar foi marcada pela coexistência de duas superpotências com orientações político-econômicas divergentes: Estados Unidos, cuja base era o **capitalismo**, ou seja, a propriedade privada da terra e dos meios de produção, a economia de mercado e a busca de lucros pela expansão do consumo; e União Soviética, cuja base era o **socialismo**, ou seja, a propriedade coletiva ou pública dos meios de produção e a economia complementar (sem concorrência) e planificada pelo Estado.

Em 1947, Harry Truman, presidente dos Estados Unidos, declarou a necessidade de conter o avanço do socialismo pelo mundo ao estabelecer estratégias e ações que ficaram conhecidas como **Doutrina Truman**.

Nessa época também foi implantado o **Plano Marshall**, como ficou conhecido o Plano de Recuperação Europeia, para fornecer auxílio econômico e técnico aos países envolvidos na guerra. Esse apoio promovia o desenvolvimento dos países e os aproximava da influência dos Estados Unidos, que se fortaleceram por financiar a reconstrução do sistema de infraestrutura produtiva e se firmar como importante parceiro comercial da Europa ocidental.

Também em 1947, a União Soviética criou o Conselho de Assistência Econômica Mútua (**Comecon**), com o objetivo de auxiliar os países socialistas e afastá-los da influência estadunidense. No início, esse conselho era formado por União Soviética, Alemanha Oriental, a antiga Tchecoslováquia, Polônia, Bulgária, Hungria e Romênia; posteriormente, foram integrados Mongólia, Cuba e Vietnã.

Planisfério: áreas de influência dos Estados Unidos e da União Soviética durante a Guerra Fria

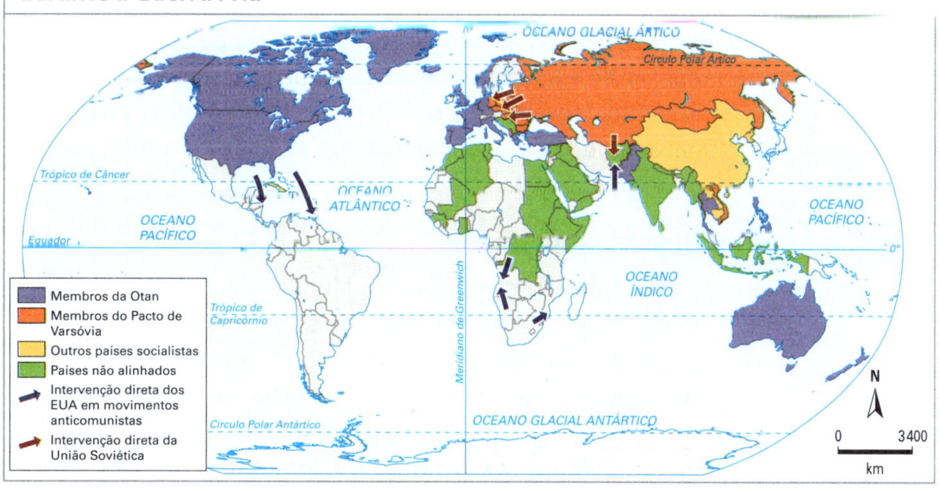

Banco de imagens/Arquivo da editora

Elaborado com base em: VARROD, Pierre. *Atlas géopolitique et culturel*. Paris: Le Robert, 2003. p. 97.

A Otan e o Pacto de Varsóvia

Em 1949, foi criada a Organização do Tratado do Atlântico Norte (Otan), uma aliança de cooperação militar formada por países capitalistas. Seu objetivo era combater o avanço dos países socialistas por meio de atuação conjunta em conflitos locais, instalações de bases militares e comércio de armas, com a liderança dos Estados Unidos.

Com a dissolução do bloco socialista, nos anos 1990, o escopo de atuação da Otan se adaptou aos novos tempos, ao abrigar países que abandonaram a orientação socialista e atuar em missões de paz e de combate ao terrorismo.

Em 1955, foi assinado o Pacto de Varsóvia, aliança de cooperação militar formada por países socialistas e liderada pela União Soviética. Surgiu em resposta à Otan, mas com funcionamento mais complexo em razão da integração econômica de seus integrantes. Além disso, a diferença de poder entre os países-membros era muito grande, com as decisões centralizadas na União Soviética. Acabou se tornando um instrumento de repressão a manifestações populares em países socialistas, e foi extinto com o fim da maior parte dos países socialistas na década de 1990.

Apesar de a Otan e o Pacto de Varsóvia nunca terem entrado em confronto direto, foram dois grandes símbolos da Guerra Fria.

Corrida armamentista e espacial

A demonstração de força entre as duas potências, Estados Unidos e União Soviética, caracterizou o período da Guerra Fria, resultando no desenvolvimento e na aquisição de arsenal bélico e no investimento em tecnologia para lançamento de satélites artificiais e foguetes, o que ficou conhecido como **corrida armamentista e espacial**.

Vivia-se um clima de tensão permanente, com a ameaça da declaração de guerra e do potencial devastador do uso de arsenal militar que as duas superpotências dispunham, sobretudo a eventual detonação de bombas nucleares.

A **Crise dos Mísseis**, em 1962, constituiu a ameaça real da iminência de uma guerra entre Estados Unidos e União Soviética decorrente da tentativa de instalação de mísseis nucleares soviéticos em Cuba, apontados para o território estadunidense. Graças ao diálogo entre as duas superpotências, a URSS desistiu do projeto e a paz foi mantida. Esse episódio estreitou o diálogo entre as duas nações, que passaram a negociar com mais frequência sobre os conflitos ao redor do mundo e a fazer tratativas sobre redução de armamentos e bases militares.

Entre as diversas conquistas decorrentes da corrida espacial, destaca-se a primeira missão tripulada ao espaço feita pelos soviéticos e a chegada de astronautas estadunidenses à Lua.

O desenvolvimento de tecnologias espaciais promoveu grandes avanços científicos, apesar de exigir muitos recursos financeiros. Com a decadência do sistema econômico e político soviético, o país não conseguiu mais sustentar seus projetos espaciais. Na década de 1970, Estados Unidos e União Soviética passaram a cooperar nesse campo do conhecimento.

Duas superpotências

Durante a Segunda Guerra Mundial, os **Estados Unidos** dinamizaram sua economia ao fornecer produtos aos países que estavam em guerra. Com o fim da guerra, o país ampliou seu poder econômico e político ao oferecer empréstimos às nações em crise (incluindo Alemanha, Itália e Japão), o que contribuiu para sua própria reconstrução.

Os investimentos em pesquisa e tecnologia motivados pela corrida armamentista promoveram avanços em diversos setores, como indústria e educação, favorecendo a ampliação do poder mundial estadunidense.

A política de conquista de áreas de influência levou o país a intensificar sua participação direta e indireta em diferentes regiões do planeta, influenciando orientações políticas de muitos países, como aconteceu no Brasil durante a presidência de Juscelino Kubitschek e nos governos militares. A ascensão do dólar como moeda internacional também foi resultado do poder dos Estados Unidos.

Em 1944, na Conferência de Bretton Woods, definiu-se o dólar, lastreado no ouro, como a principal moeda internacional. Ainda nessa conferência foram criados dois importantes organismos mundiais: o Fundo Monetário Internacional (FMI) e o Banco Internacional de Reconstrução e Desenvolvimento (Bird ou Banco Mundial).

Com o fim da paridade dólar-ouro e a adoção de câmbio flutuante motivada por crises na economia estadunidense (concorrência com outros países, gastos militares, aumento da impressão de dinheiro), em 1971, o dólar se manteve como a principal moeda internacional.

Na **União Soviética**, o governo de Josef Stalin (1920-1953) conduziu a economia planificada com grande centralização estatal dos meios de produção e coletivização das atividades produtivas. Nesse período, houve forte oposição aos países capitalistas, sobretudo aos Estados Unidos.

Nikita Khrushchev (1953-1964) fez um governo reformista. Já o governo de Leonid Brejnev (1964-1982) foi conservador. Brejnev consolidou a liderança do bloco dos países socialistas, ampliou a concorrência com os estadunidenses e liderou a corrida espacial. Nesse período, o país viveu seu auge.

A partir de 1980, houve o aumento da crise econômica, decorrente dos baixos investimentos em setores de primeira necessidade, do modelo de produção rígido e antigo e dos crescentes custos militares.

Entre 1985 e 1991, Mikhail Gorbachev fez grandes reformas. A *perestroika* ("reconstrução") possibilitou a transição da economia planificada para a economia de mercado, com a permissão da propriedade privada, investimentos estrangeiros, comércio com países não pertencentes ao bloco socialista, extinção dos limites de produção e redução dos recursos destinados ao setor militar. A *glasnost* ("transparência"), por sua vez, permitiu relativa abertura política, com ampliação da liberdade de expressão.

Entre as consequências desse período, estão a ampliação da crise econômica, o aumento da pobreza, a intensificação de movimentos sociais e a instabilidade política. O resultado foi a dissolução da URSS.

Momentos finais da Guerra Fria

O fim do século XX foi marcado pela crise soviética, que contribuiu para a instabilidade política nos países do bloco socialista, sobretudo os do Leste Europeu, e pelo conservadorismo nos Estados Unidos e no Reino Unido, países que apoiaram intensamente movimentos anticomunistas.

Nessa epoca, o sistema capitalista também vivia uma crise econômica, que resultou na implantação de políticas neoliberais e na perda significativa de direitos trabalhistas.

A queda do Muro de Berlim, em 1989, rompeu a barreira que dividia essa cidade alemã, considerada um grande símbolo do conflito entre capitalismo e socialismo. Desse momento em diante, em muitos países, movimentos populares por abertura e democratização passaram a ganhar força.

O Pacto de Varsóvia foi desfeito em 1991. A tentativa de golpe conservador ao governo de Gorbachev resultou no fim do Partido Comunista soviético e na independência de algumas de suas repúblicas, como Estônia, Letônia, Lituânia, Ucrânia e Geórgia.

Boris Yeltsin, presidente da Rússia (1991-1999), declarou independência e articulou a criação da Comunidade dos Estados Independentes (CEI), extinguindo a URSS e pondo fim à Guerra Fria.

Conteúdo referente às páginas 28 a 33.

O mundo multipolar

Com o fim da Guerra Fria, os Estados Unidos consolidaram-se como a única superpotência mundial. Havia expectativa de estabilidade política, econômica e social ao redor do planeta, mas eclodiram diversos conflitos que estavam contidos até então.

No início da década de 1990, os Estados Unidos mostraram-se mais adeptos do multilateralismo, estabelecendo diálogo com diversas nações e participando de acordos e instituições internacionais, como a ONU. No entanto, até os dias atuais, ainda fazem valer sua força quando avaliam que há ameaças contra seus interesses e adotam medidas unilaterais em acordos econômicos e ambientais.

Após os ataques terroristas de 11 de setembro de 2001 às Torres Gêmeas e ao Pentágono, a política externa estadunidense passou a promover mais intervenções em outros países, como no Afeganistão e no Iraque. Mais recentemente, o país tem concentrado suas estratégias militares em ações aéreas e marítimas. As tensões com parte dos países muçulmanos permanecem agudas.

Em termos econômicos, os Estados Unidos ganharam outros concorrentes, em especial a China. Em 2008, sofreram uma forte crise, com repercussão mundial. Na tentativa de reconquistar o poder perdido, o país tem revisto políticas comerciais e acordos econômicos.

Polos emergentes

Além dos Estados Unidos, outros países vêm se destacando no cenário mundial, tanto econômica quanto militarmente, e, em alguns casos, conquistando poder nas decisões de temas mundiais.

China

A Revolução Comunista, em 1949, constituiu a República Popular da China. Em 1965, o alinhamento de Mao Tsé-tung com a União Soviética possibilitou o início da planificação da economia e da industrialização do país.

Depois da morte de Mao Tsé-tung, em 1976, houve grandes transformações econômicas. O novo líder, Deng Xiaoping, promoveu um modelo econômico misto, abrindo o país para o mercado externo, mas mantendo um partido único, empresas estatais e economia planificada.

Foram então criadas Zonas Econômicas Especiais (ZEEs), regiões destinadas à entrada de empresas e capitais estrangeiros. Os incentivos e a liberdade de ação atraíram muitas empresas em busca de mão de obra barata, disponibilidade de matéria-prima, infraestrutura moderna, mercado consumidor e baixos impostos.

O crescimento chinês se deu em ritmo acelerado e, atualmente, é uma potência econômica com parque industrial diversificado e grande desenvolvimento tecnológico.

Índia

Desde sua independência, em 1947, e principalmente depois do fim da Guerra Fria, esse país populoso e agrário vem apresentando grande crescimento econômico e desenvolvimento industrial, sobretudo nos setores farmacêutico, têxtil e de informática.

É um dos líderes mundiais na produção de *softwares* e de outras tecnologias de informação. Também apresenta indústria cultural desenvolvida, com destaque para a produção cinematográfica.

Rússia

Com a desintegração da União Soviética, a Rússia promoveu privatizações, abertura econômica e o fim do controle estatal dos preços. O país viveu anos de inflação e recessão durante toda a década de 1990. Ocorreu a concentração de capital em uma parcela pequena da elite do país, que também tinha privilégio político.

A partir dos anos 2000, a economia russa cresceu bastante. Atualmente, apresenta parque industrial diversificado e, em razão de sua grande riqueza em recursos minerais, destaca-se em setores como mineração, metalurgia e indústria química. Além disso, o país é exportador de petróleo, gás natural e carvão mineral. A influência da Rússia aumentou na Europa devido ao domínio de fontes energéticas.

Aplique o que aprendeu

Atividade resolvida

(UEL) Analise o mapa a seguir.

Com base no mapa e nos conhecimentos da geopolítica mundial no século XX, atribua V (verdadeiro) ou F (falso) às afirmativas a seguir.

( ) O término da Segunda Guerra Mundial inaugurou o período denominado Guerra Fria, marcado pelo confronto ideológico entre a URSS e os EUA, gerando diversos conflitos por disputas de territórios.

( ) Fidel Castro se aproximou do bloco socialista, do qual nasceu um plano que levou a uma das maiores crises políticas da Guerra Fria: o conflito entre a União Soviética e os Estados Unidos (1962), designado como a Crise dos Mísseis em Cuba.

( ) A Organização do Tratado do Atlântico Norte (OTAN) é uma aliança militar fundada no princípio da segurança coletiva com o objetivo de manter a paz entre os países-membros e a democracia dentro deles.

( ) A corrida armamentista constitui-se em uma característica secundária deste período, já que a questão central da geopolítica, pós-Segunda Guerra Mundial, foi a disseminação da organização espacial mundial multipolar.

O Mundo Bipolar (1945 – 1990)

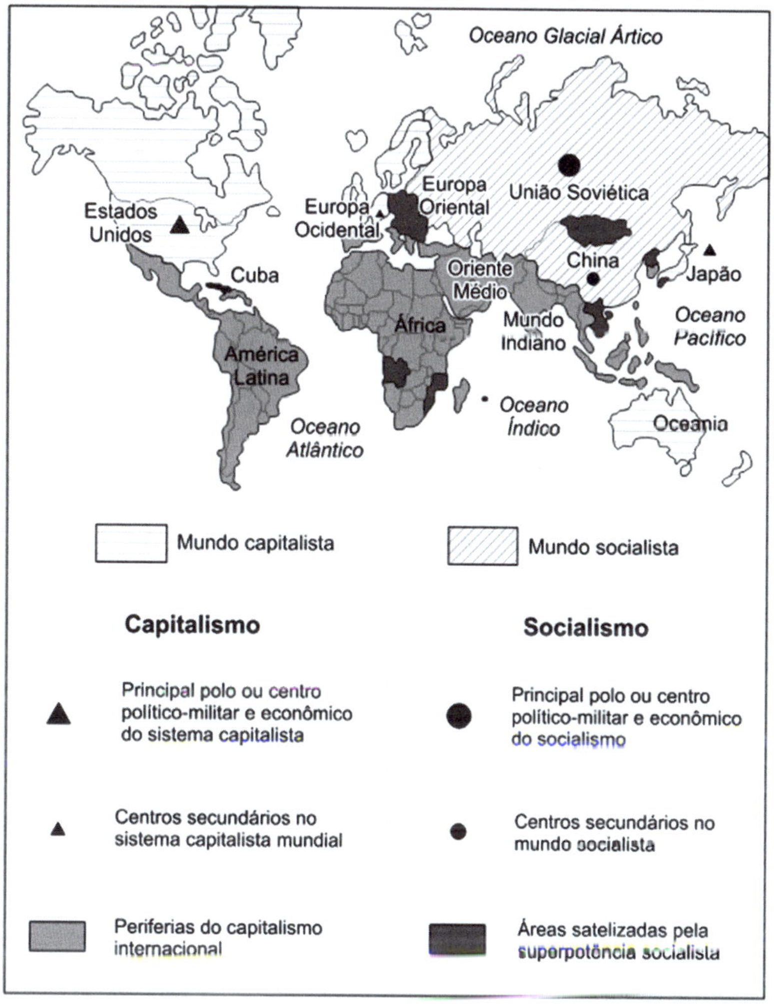

Adaptado de: VESENTINI, J. W. *O Ensino de Geografia e as Mudanças Recentes do Espaço Geográfico Mundial*. São Paulo: Ática, 1992.

( ) A designação de "fria" vinculou-se a um período geopolítico no qual se destacava a abstenção das superpotências nos conflitos militares nas áreas periféricas do mundo, de forma que os norte-americanos e os soviéticos se desvincularam de guerras localizadas em outras partes do mundo.

Assinale a alternativa que contém, de cima para baixo, a sequência correta.

a) V, V, V, F, F.

b) V, V, F, F, F.

c) V, F, F, V, V.

d) F, F, V, V, V.

e) F, F, F, V, V.

Resposta:
Alternativa **a**.
(V) Trata-se de uma boa síntese do que foi a Guerra Fria e a ordem bipolar. Apresenta corretamente o evento que marca o seu início, o fim da Segunda Guerra Mundial, e duas de suas principais características: a disputa ideológica entre EUA e URSS e os conflitos por áreas de influência.
(V) Também sintetiza um fato muito relevante que aconteceu durante a Guerra Fria e envolveu Cuba: a Crise dos Mísseis. A possibilidade de instalação de mísseis soviéticos na ilha cubana quase provocou o conflito direto entre EUA e URSS com o risco de detonação de bombas nucleares. Foi um episódio de grande ameaça mundial.
(V) A Otan, originalmente, era uma aliança militar entre alguns países capitalistas, que foi firmada durante a Guerra Fria e, entre outros objetivos, serviu para conter o avanço da influência socialista.
(F) A afirmativa é falsa porque a corrida armamentista foi uma das principais características da Guerra Fria, exigindo o investimento de muitos recursos financeiros, o que, entre outros fatores, contribuiu para a derrocada do sistema soviético.
(F) A afirmativa é falsa porque grande parte do embate entre EUA e URSS se manifestava em conflitos regionais ou locais, como em guerras civis em países periféricos, o que pode ser identificado no mapa.

Comentário

A resolução da questão exige verificar se as afirmações feitas em cada item são verdadeiras ou falsas e então assinalar a alternativa que apresenta a sequência correta. Para isso, é oferecido um planisfério que representa a distribuição dos polos de poder e das áreas de influência durante o período conhecido como "mundo bipolar". No entanto, a avaliação de cada item exige o domínio de informações sobre o que caracterizava a ordem mundial bipolar e a Guerra Fria que não são fornecidas no mapa. Na realidade, é possível resolver a questão sem contar com o recurso cartográfico, que serve apenas para auxiliar na avaliação da última afirmação.

Atividades

1. A ordem bipolar foi caracterizada:

a) pelo surgimento de duas superpotências, EUA e URSS, que disputavam a primazia pela conquista do espaço, sem que isso se desdobrasse em conflitos armados de forma direta ou mesmo indireta, em suas áreas de influência.

b) pelo longo período de paz vivido após a Segunda Guerra Mundial decorrente do risco iminente da aniquilação do planeta, caso ocorresse a detonação de bombas nucleares pelas duas potências da época, EUA e URSS.

c) pela Guerra Fria estabelecida entre os países ocidentais e os orientais, materializada nos conflitos entre fascistas e nazistas e na corrida armamentista.

d) pelo embate ideológico entre EUA e URSS, representando respectivamente o capitalismo e o socialismo, materializado na disputa por áreas de influência e demonstrações de poder militar e tecnologia espacial.

2. Após a Segunda Guerra Mundial, tanto os EUA como a URSS desenvolveram planos de auxílio econômico aos países que faziam parte de sua esfera de influência com o objetivo de promover o desenvolvimento das nações parceiras e garantir seus poderes sobre elas. Essas ações foram batizadas de:

a) Plano Marshall (EUA) e Comecon (URSS).

b) Doutrina Truman (EUA) e *Perestroika* (URSS).

c) Otan (EUA) e Pacto de Varsóvia (URSS).

d) Tratado de Versalhes (EUA) e Tratado de Maastricht (URSS).

3. "Durante a Guerra Fria, a demonstração de força perante o inimigo era uma estratégia fundamental. Diante dos estragos provocados pelo lançamento das bombas nucleares, tanto a URSS quanto os Estados Unidos sabiam que uma guerra nuclear entre eles poderia ter consequências terríveis para ambos e para o resto do mundo, ocasionando muitas mortes e destruição."

A demonstração de forças que marcou a Guerra Fria resultou:

a) no desenvolvimento da indústria cultural, sobretudo o cinema.

b) em pesquisas de grandes foguetes espaciais para evacuar parte da população em caso de uma guerra nuclear.

c) na corrida armamentista e espacial.

d) no progressivo desarmamento nuclear e na cooperação na indústria da informática.

4. Com o fim da URSS, encerrou-se o período da ordem bipolar. O cenário que se apresentou em seguida:

a) revela a consolidação dos EUA como única superpotência mundial, que age de acordo com seus interesses e não encontra resistência relevante na arena geopolítica.

b) é marcado pela prevalência dos EUA como grande potência mundial, que vem perdendo relativo espaço econômico e até militar para outros países, como a China, e a constituição de uma ordem multipolar.

c) é caracterizado pela ordem multipolar, na qual outras potências mundiais assumiram o vácuo de poder deixado pela extinção da URSS e pela drástica redução do poder estadunidense, desgastado por anos de embate contra o socialismo e crises sistêmicas do capitalismo.

d) é de grande instabilidade mundial decorrente da diluição do arsenal militar da URSS em vários países e do recrudescimento de movimentos nacionalistas e separatistas, com grande destaque para os atos terroristas de movimentos islâmicos, dissolvendo o poder mundial em microcélulas espalhadas pelo mundo.

5. Explique a relação entre a Segunda Guerra Mundial e a constituição de duas grandes superpotências, os Estados Unidos e a União Soviética.

6. Explique a principal estratégia de que os EUA e a URSS lançaram mão para unir militarmente os países de suas esferas de influência e cite seus respectivos nomes.

7. Em que contexto foram implantadas as políticas da *perestroika* e da *glasnost*, na URSS, quais suas propostas centrais e no que resultaram?

8. Explique como é a atual economia da China e qual a importância da criação das Zonas Econômicas Especiais (ZEEs) para sua efetivação e sucesso.

CAPÍTULO

2 A ONU e o multilateralismo

Você deve ser capaz de:

- Compreender a importância do multilateralismo no mundo atual, no qual países com objetivos comuns podem se unir e buscar uma solução conjunta.
- Reconhecer os principais objetivos da Organização das Nações Unidas (ONU), como a promoção da paz e da segurança mundial.
- Identificar a atuação das diversas agências da ONU.

Reveja o que aprendeu

No mundo atual, os países estão se tornando cada vez mais interdependentes e buscam soluções compartilhadas para problemas comuns. As organizações internacionais foram criadas para estreitar as relações entre os países, além de estabelecer acordos sobre assuntos específicos, como direitos humanos e proteção ambiental.

Tiago Queiroz/Agência Estado

Desmatamento em Sinop, Mato Grosso, 2015. Especialistas do Painel Intergovernamental sobre Mudanças Climáticas (IPCC), órgão da ONU, tratam o desmatamento da Floresta Amazônica como uma das questões para enfrentar o aquecimento global.

Conteúdo referente à página 38.

O que é multilateralismo?

O multilateralismo refere-se às ações conjuntas de países e de organização de países que buscam solucionar problemas ou atingir objetivos comuns. Isso é feito por meio de instituições ou organizações internacionais que atuam em diferentes escalas – regional, continental ou mundial – para mediar a relação entre as nações.

Em alguns tratados, estão previstas sanções no caso de um dos membros descumprir o que havia sido estabelecido. Com a intensificação da globalização, as relações entre países tendem a aumentar, fortalecendo as organizações internacionais multilaterais.

O surgimento da Organização das Nações Unidas

Conteúdo referente às páginas 38 a 48.

A dimensão do conflito e dos impactos da Segunda Guerra Mundial (1939-1945) motivou vários países a pensar em formas de evitar situações semelhantes.

Em 1942, a **Declaração das Nações Unidas** reuniu 26 países, liderados pelos Estados Unidos, com o objetivo de fazer oposição aos regimes autoritários que, segundo eles, eram os responsáveis pelos conflitos no mundo.

A **Conferência das Nações Unidas para a Organização Internacional**, ocorrida em 1945, contou com a participação de 51 países. Nesse encontro, foi criada a Organização das Nações Unidas (ONU).

Os países elaboraram então a **Carta da ONU**, um documento que contém as principais diretrizes e os objetivos da organização, sendo o principal deles a manutenção da paz e segurança mundial.

Com a intensificação das relações entre os países, o escopo de ação da ONU foi ampliado para outros campos, como economia, ambiente, ações sociais e humanitárias para favorecer a cooperação entre as nações.

ONU: estrutura e funcionamento

Adilson Secco/Arquivo da editora

Elaborado com base em: ONUBR. Com funciona. Disponível em: <https://nacoesunidas.org/conheca/como-funciona/#verticalTab1>. Acesso em: 7 fev. 2019.

Em 2016, António Guterres, ex-primeiro-ministro de Portugal, foi eleito secretário-geral da ONU. A **Secretaria-Geral** comanda toda a estrutura da ONU, definindo seus rumos e propondo temas.

A **Assembleia Geral** é o principal fórum de decisões dos 193 países-membros (2018), todos com direito a voto igualitário e, portanto, de caráter democrático. Em reuniões anuais, há a proposição de grupos de trabalho e comissões específicas, além de os membros decidirem a adesão de novos integrantes. Eventuais demandas podem exigir a realização de assembleias extraordinárias.

A participação no **Conselho de Segurança** está restrita a 15 países, e apenas cinco deles têm assento permanente (China, Estados Unidos, França, Reino Unido e Rússia) e poder de veto (o voto de apenas um deles é suficiente para impedir qualquer decisão em discussão no Conselho). Os demais são eleitos para mandatos de dois anos e escolhidos para representar as diferentes regiões do mundo (porém, sem poder de veto). Na prática, é o principal órgão da ONU, pois autoriza retaliações econômicas e intervenções militares em países que desobedeçam ao que está prescrito na Carta das Nações Unidas.

O Conselho recebe críticas de representatividade por não possuir nenhum país da América Latina e da África como membros permanentes. Brasil e Japão são as nações que mais atuaram como membros não permanentes.

A **Corte Internacional de Justiça** é formada por 15 países eleitos pela Assembleia Geral e pelo Conselho de Segurança (mandato de 9 anos com possibilidade de uma reeleição). Tem o objetivo de criar normas do Direito Internacional para resolução de tensões entre os países-membros, além de assessorar a ONU. É reconhecida como fórum jurídico internacional.

O **Conselho Econômico e Social**, por sua vez, tem como objetivo promover o desenvolvimento e a cooperação econômica e social. É formado por 54 países, que observam critérios geográficos para atender a diversidade regional e são eleitos pela Assembleia Geral para mandatos de três anos.

Principais agências

Alto Comissariado das Nações Unidas para os Refugiados – Acnur

Organiza programas de auxílio a refugiados ao redor do mundo, que migraram de seus países de origem por causa de conflitos, guerras civis, desastres naturais e perseguições políticas ou religiosas.

Pawel Kopczynski/Reuters/Fotoarena

Família afegã passa pelo portão do abrigo de refugiados do Acnur em Islamabad, Paquistão, 2001.

Organização das Nações Unidas para a Educação, a Ciência e a Cultura – Unesco

Visa à proteção cultural dos povos utilizando a circulação de informações educacionais e a promoção de programas de leitura na língua materna de cada indivíduo. Capacita professores, promove inclusão digital e preserva o patrimônio de povos em situação de conflito.

Fundo das Nações Unidas para a Infância – Unicef

Tem o objetivo de promover a defesa, a proteção e o amparo a crianças e adolescentes. Grande parte da atuação dessa agência é voltada à educação e à higiene de crianças e adolescentes, programas para diminuir a desnutrição e a mortalidade infantil e ações para o aumento dos anos de estudo de crianças em idade escolar.

Organização das Nações Unidas para a Alimentação e a Agricultura – FAO

É uma agência especializada no combate da fome e na busca da segurança alimentar no mundo. Desenvolve programas de distribuição de alimentos e apoio técnico agrícola. Também luta contra a pobreza rural e a desertificação, além de promover a pesca sustentável.

Organização Mundial da Saúde – OMS

Dedica-se ao desenvolvimento e à melhoria da saúde de todos os povos. Organiza programas para a criação de bases de dados sobre o *status* da saúde no mundo, com informações a respeito das mais variadas doenças, modos de transmissão e possibilidades de cura e de tratamento.

Executa projetos em países em situações emergenciais ou de conflito e atua em parceria com governos locais para o atendimento diário de saúde, como em campanhas de vacinação de crianças, jovens, adultos e idosos.

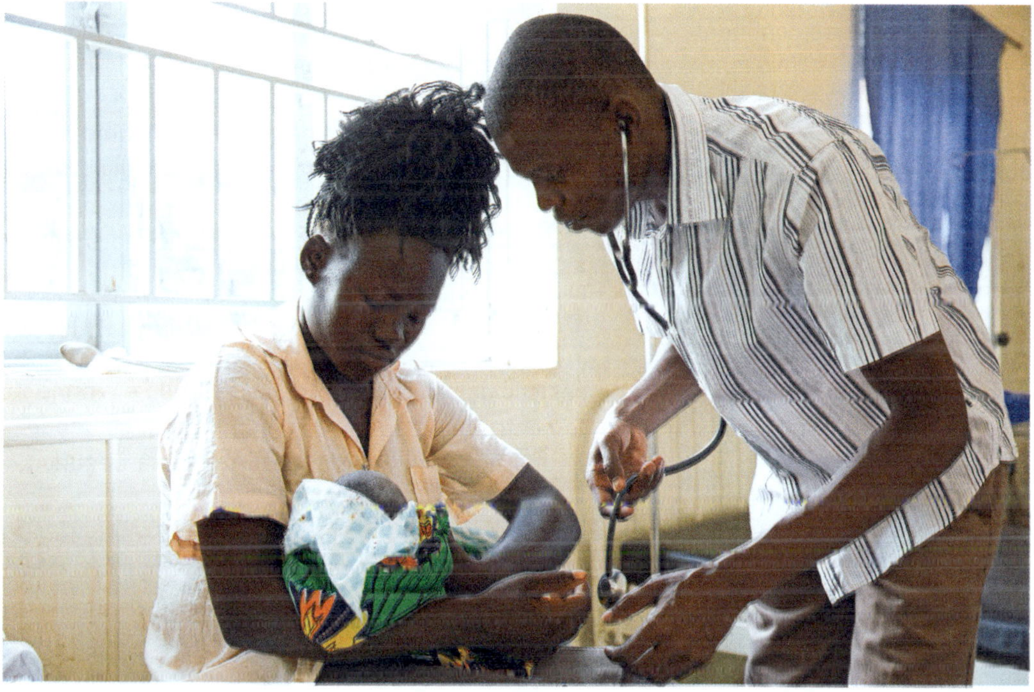

Jordi Matas/UNHCR

Médico da OMS atende mãe e filha no centro de saúde para refugiados em Nyumanzi, Uganda, 2017.

Organização Internacional do Trabalho – OIT

Desenvolve iniciativas para que as pessoas trabalhem de modo seguro, digno e livre, além de ações para que os países estabeleçam leis trabalhistas com base no conceito de emprego decente (todo trabalhador deve ter condições dignas, direito à livre organização sindical e à remuneração adequada, além de descanso remunerado), promove direitos especiais a grávidas e lactantes e busca diminuir o preconceito e estabelecer a igualdade salarial entre homens e mulheres que exerçam a mesma função. Também preconiza o fim do preconceito contra negros e pardos, bem como os relacionados à crença religiosa do trabalhador.

Aplique o que aprendeu

Atividade resolvida

(PUC-MG) As representações cartográficas não são neutras. Ao longo da história, a cartografia foi utilizada como instrumento estratégico de dominação e de disseminação de uma visão ideológica acerca do mundo. No ano de 1945 foi criada a ONU – Organização das Nações Unidas, uma organização internacional com sede em Nova Iorque. Com objetivo de promover a paz mundial, promovendo o direito internacional, o desenvolvimento social e econômico, e os direitos humanos; a organização serviu também para legitimar a nova ordem internacional que se esboçava a partir de então. O símbolo da ONU, representado [ao lado], foi elaborado a partir de uma projeção cartográfica cuidadosamente selecionada, de forma a destacar o novo contexto geopolítico que se consolidava a partir de então. A análise desse símbolo permite concluir:

Reprodução/Organização das Nações Unidas

a) A projeção escolhida procurou reforçar uma visão eurocêntrica do mundo, aspecto essencial num contexto em que a reconstrução do continente europeu se tornava prioritária na agenda mundial.

b) A projeção deu grande destaque ao continente africano, a partir de então escolhido como área prioritária de ação da Organização das Nações Unidas, em virtude do grande número de conflitos políticos e problemas sociais e econômicos.

c) A utilização de uma projeção polar, elaborada a partir do polo norte, destacou a centralidade de uma região que assumiu, a partir de então, uma importância geopolítica estratégica, em razão da hegemonia de duas novas superpotências.

d) A projeção foi produzida a partir de uma visão terceiro-mundista, visto que os continentes mais pobres ganharam destaque no centro da projeção cartográfica.

Resposta:

Alternativa **c**. O símbolo da ONU foi elaborado pela composição de um mapa-múndi elaborado em projeção azimutal no polo norte, o que coloca essa região no centro da imagem. Apresenta certo conteúdo geopolítico por centralizar no mapa as duas principais superpotências que surgiram após a Segunda Guerra Mundial, quando foi criada a ONU.

Comentário

Essa questão exige a identificação da afirmativa correta considerando tanto a coerência do que é afirmado em cada item quanto as informações fornecidas pelo texto e pela imagem. É uma questão complexa por exigir a mobilização de conceitos de naturezas distintas – cartografia, geopolítica e interpretação de texto. A leitura atenta de cada alternativa e a análise do mapa possibilitam identificar informações falsas ou equivocadas, sem que seja necessário dominar todos os conceitos que são citados na questão. A alternativa **a** está errada, pois a projeção cartográfica não reforça a visão eurocêntrica, já que a Europa não está no centro do mapa. Na alternativa **b**, a projeção cartográfica não valorizou o continente africano, e sim o Círculo Polar; além disso, na ocasião da criação da ONU, o tema que estava em pauta era a Segunda Guerra Mundial e suas consequências nos países que foram palco dos conflitos (Europa e Japão), por isso a afirmativa está errada. A alternativa **d** está errada porque não são os continentes mais pobres que estão centralizados no mapa.

A observação atenta do mapa é suficiente para responder à questão. Mesmo sem dominar o conceito de projeção azimutal polar, é possível encontrar a resposta correta por eliminação. O texto inicial apresenta informações que contextualizam a criação do símbolo e contribui para avaliar as alternativas. Assim, para eliminar algumas alternativas e ampliar a chance de acerto, pode-se buscar as informações fornecidas no texto e na imagem e analisar a coerência das alternativas.

Atividades

1. O Conselho de Segurança da ONU é formado por cinco países que possuem assento permanente e dez países com assentos temporários, como mostra a imagem a seguir, com a indicação atual de todos os integrantes.

Yasmin Ayumi/Mundo Estranho

COMO funciona o Conselho de Segurança da ONU? *Superinteressante*, 4 jul. 2018. Disponível em: <https://super.abril.com.br/mundo-estranho/como-funciona-o-conselho-de-seguranca-da-onu/>. Acesso em: 8 fev. 2019.

Sobre a organização, os objetivos e o funcionamento do Conselho de Segurança, é correto afirmar:

a) É o principal órgão da ONU; decide sobre eventuais intervenções militares em países que não estão respeitando as convenções internacionais, além de apresentar igual distribuição de poder entre os países-membros.

b) Fornece apoio estratégico e militar para os países em conflito, assim como ajuda humanitária e recursos técnicos para erradicação da fome e da pobreza em zonas de guerra.

c) Foi o mais importante órgão da ONU durante a Guerra Fria, mas perdeu relevância com o fim do mundo bipolar e tem se dedicado apenas a questões de menor relevância, como campanhas de controle de armas e conflitos civis.

d) O poder de fato está concentrado nos cincos países com assento permanente, pois eles têm a exclusividade do veto, ou seja, se apenas um desses países vetar a proposta em pauta, a resolução não pode ser aprovada.

2.

I. É formada por 15 juízes eleitos pela Assembleia Geral e pelo Conselho de Segurança, de modo alternado. Cada juiz tem um mandato com duração de nove anos, podendo ser reeleito uma vez. Um dos seus objetivos é criar normas do Direito Internacional na esfera pública que possam ser usadas para resolver tensões entre os países-membros.

II. Com a atuação de 54 países, pouco mais de um quarto do total de membros da ONU, sua composição obedece a critérios geográficos: 14 países são da África, 13 da Europa ocidental, 11 da Ásia, 10 da América Latina e Caribe e 6 da Europa oriental. Seus membros são eleitos pela Assembleia Geral para um mandato de três anos.

As afirmativas descrevem, respectivamente:

a) I. Organização Internacional do Trabalho; II. Organização Mundial da Saúde.

b) I. Corte Internacional de Justiça; II. Organização Internacional do Trabalho.

c) I. Corte Internacional de Justiça; II. Conselho Econômico e Social.

d) I. Organização Mundial da Saúde; II. Conselho Econômico e Social.

3. "Educação, desenvolvimento científico e preservação cultural são elementos importantes na história dos países. Considerando isso, em 1945, em Paris (França), a ONU criou a ________________. Seu objetivo central é auxiliar na proteção cultural dos povos, na circulação de informações educacionais e na promoção de programas de leitura na língua materna de cada indivíduo."

Assinale a alternativa que preenche corretamente o texto:

a) Fundo das Nações Unidas para a Infância (Unicef).

b) Organização das Nações Unidas para a Educação, a Ciência e a Cultura (Unesco).

c) Organização Internacional do Trabalho (OIT).

d) Organização Mundial da Saúde (OMS).

4. Explique o que é o multilateralismo presente no atual sistema de relações internacionais.

5. Qual é a finalidade da Assembleia Geral da ONU?

6. No mundo atual, qual é a relevância do Alto Comissariado das Nações Unidas para os Refugiados (Acnur)?

7. Quais são os objetivos da Organização das Nações Unidas para a Alimentação e a Agricultura (FAO)?

CAPÍTULO

3

Conflitos contemporâneos

Você deve ser capaz de:

- Reconhecer os principais conflitos contemporâneos que marcam a atual ordem internacional multipolar.
- Analisar conflitos contemporâneos entre países e suas distintas causas e consequências.

Reveja o que aprendeu

Desde o fim da Guerra Fria, em 1991, diversos conflitos eclodiram no mundo em razão da emergência de novos polos de poder internacional, que passaram a influenciar, ainda que em menor escala, decisões mundiais.

Peter van Agtmael/Magnum Photos/Fotoarena

Homem-bomba detona explosivos com o objetivo de atingir soldados estadunidenses em Helmand, Afeganistão, 2009. O Talibã utiliza táticas de guerrilha e homens-bomba na guerra contra o inimigo.

Conteúdo referente às páginas 52 a 53.

As causas dos conflitos

São muitas as causas e as origens de um conflito, que podem ser desde luta por conquista de direitos políticos, disputa por recursos naturais e controle de áreas estratégicas a divergências culturais e religiosas, além de problemas socioambientais.

Os conflitos podem estar restritos ao território de um país, ou seja, ser um conflito interno, mas podem também envolver duas ou mais nações, constituindo nesse caso um conflito internacional.

Em situações de conflito, a população pode perder direitos civis e seus bens, além de ficar submetida a condições de grande vulnerabilidade. O Conselho de Segurança da Organização das Nações Unidas (ONU) é responsável pelo encaminhamento de Forças de Paz para locais em conflito com o objetivo de atenuar ou encerrar guerras que estejam violando os direitos humanos.

Conflito entre Israel e Palestina

Conteúdo referente às páginas 54 a 59.

Há mais de mil anos antes de Cristo, os judeus habitavam o território da Palestina. As perseguições a esse povo fizeram com que, por volta de 586 a.C., os judeus migrassem em massa espalhando-se por vários continentes.

Entre o fim do século XIX e o começo do século XX, o crescimento do **sionismo** motivou o movimento de retorno à Palestina, considerada a Terra de Israel. O objetivo era criar um Estado nacional judaico como forma de resistência ao **antissemitismo** (preconceito aos judeus que, muitas vezes, leva a perseguições). Judeus do mundo todo, atendendo à convocação sionista, migraram para a Palestina. No entanto, há milênios outros povos habitavam essa área, principalmente árabes islâmicos, que dominaram a região a partir do século VII.

Após o fim da Segunda Guerra Mundial, considerando a distribuição desses povos pelo território, a ONU propôs a criação de dois Estados na região: um palestino e um judeu. Essa resolução agravou a situação no local, pois foi rejeitada pelos palestinos e pela **Liga Árabe** (órgão formado por países árabes para defender seus interesses).

Com a declaração da criação do Estado de Israel em 1948, houve um acirramento das tensões que resultou na **Primeira Guerra Árabe-Israelense**, da qual participaram Egito, Jordânia, Iraque, Síria, Líbano e Arábia Saudita, todos contra Israel, que contou com o apoio dos Estados Unidos.

Os árabes foram derrotados e perderam território: a Cisjordânia foi ocupada pela Jordânia; a Faixa de Gaza, pelo Egito; Jerusalém foi dividida entre Jordânia e Israel. Nesse período, os habitantes que viviam nas terras anexadas após a guerra passaram a migrar para outras regiões.

Em 1956, o Egito nacionalizou o Canal de Suez; e Israel abandonou a Faixa de Gaza e a península do Sinai.

A criação da **Organização para a Libertação da Palestina (OLP)**, em 1964, teve como objetivo reaver os territórios ocupados por Israel, além de a organização tornar-se a representação política dos palestinos.

Durante a **Guerra dos Seis Dias**, em 1967, ataques aéreos israelenses possibilitaram a ocupação da península do Sinai (Egito), das colinas de Golã (Síria) e da Cisjordânia (Jordânia), aumentando o fluxo de refugiados palestinos.

Em 1973, com o objetivo de recuperar os territórios perdidos nesse conflito, Egito e Síria realizaram um ataque-surpresa no feriado israelense. Isso deu início à **Guerra do Yom Kippur** (Dia do Perdão judaico). Israel resistiu e manteve o domínio territorial, enquanto os países árabes fizeram retaliações a países que apoiaram Israel e elevaram o preço do barril do petróleo, ocasionando o que ficou conhecido como **Crise do Petróleo**.

No fim dos anos 1970, foram criados os **Acordos de Camp David**, que envolveram o reconhecimento do Estado judeu pelo Egito em troca da península do Sinai por Israel.

O agravamento nas relações entre Israel e Líbano, que teve seu território invadido e perdeu uma parte ao sul, deu origem ao grupo radical **Hezbollah**, criado para combater Israel.

Entre 1987 e 1993, ocorreu a **Intifada**, uma revolta do povo palestino contra o exército israelense caracterizada por manifestações e ataques com pedras e bombas caseiras. Nessa época, houve o surgimento do **Hamas**, grupo ainda mais radical de defesa do território palestino, em oposição ao **Fatah**, grupo que controlava a OLP desde sua origem, aumentando a violência na região.

Os **Acordos de Oslo** de 1993, negociados na Noruega e assinados nos Estados Unidos pelo então chefe de governo de Israel, Yitzhak Rabin, e pelo então líder da OLP, Yasser Arafat, visavam estabelecer o fim dos conflitos.

Como resultado, foi criada a Autoridade Nacional Palestina e acordada a saída do exército de Israel da Faixa de Gaza e da Cisjordânia. Além disso, a OLP reconheceu a existência do Estado de Israel e se comprometeu a combater o extremismo. No entanto, movimentos extremos de ambos os lados não ficaram satisfeitos com o acordo.

Em 1996, Yitzhak Rabin foi assassinado por um radical da direita israelense, contrário aos rumos dos acordos de paz. Benjamin Netanyahu foi eleito primeiro-ministro e interrompeu a desocupação de territórios palestinos, passando a promover a criação de assentamentos na Faixa de Gaza, na Cisjordânia e em Jerusalém.

Entre 2000 e 2005, ocorreu a **segunda Intifada**; dessa vez, mais violenta e com mais mortes. Em 2002, teve início a construção de um muro para separar Israel da Cisjordânia, além de dividir Jerusalém. Israel alegou que o muro de 720 quilômetros de extensão tratava-se de uma proteção contra ataques terroristas. Por sua vez, palestinos acusaram Israel de tentar garantir a posse dos territórios ocupados.

Desde então, diversos conflitos, ataques terroristas e bombardeios vêm ocorrendo, descumprindo acordos de cessar-fogo. É importante ressaltar que a ocupação de novos territórios visa controlar o acesso à água doce – escassa na região – e a outros recursos naturais, como o gás natural presente na Faixa de Gaza, área onde Israel tem concentrado a atenção nos últimos anos.

Conteúdo referente às páginas 60 a 62.

Afeganistão

Durante a Guerra Fria (1945-1991) o Afeganistão, cuja localização é estratégica por estar na rota comercial entre Ásia Central e Ásia do Sul, optou pelo não alinhamento com nenhuma superpotência.

A partir da década de 1950, o governo promoveu reformas econômicas e sociais que sofreram oposição dos conservadores. Como consequência, houve uma retomada de tensões internas, com os Estados Unidos apoiando os conservadores.

Em 1979, a União Soviética invadiu o país, aumentando os conflitos e causando mortes e prejuízos materiais. Até que, em 1989, foi criada a **Al-Qaeda**, com o apoio dos Estados Unidos, para combater os soviéticos. A URSS retirou-se da região, mas a guerra civil permaneceu.

Em 1996, o grupo radical **Talibã** assumiu o poder e instaurou o Emirado Islâmico do Afeganistão, impondo leis rigorosas com base em leituras literais do Alcorão.

A Al-Qaeda passou a fazer oposição aos Estados Unidos em razão da posição desse país nos conflitos no Oriente Médio. O grupo assumiu a autoria dos atentados terroristas de 11 de setembro de 2001, no território estadunidense.

Nessa época, o Talibã foi acusado de esconder Osama bin Laden, líder da Al-Qaeda. Os Estados Unidos declararam guerra e foram apoiados pela Aliança do Norte, organização afegã de oposição ao Talibã. Além do exército estadunidense, a Otan participou do conflito. O governo Talibã foi deposto, e Osama bin Laden, declarado morto em 2011. Apesar disso, células do grupo espalhadas pelo país sustentaram a resistência por anos.

Em razão de tantos conflitos, a infraestrutura do Afeganistão encontra-se destruída e, por sua economia ser essencialmente agrícola, o país depende de ajuda externa para se manter.

Conteúdo referente às páginas 63 a 65.

Síria

A população síria, apesar de ser, em sua maioria, árabe, é composta de diferentes grupos étnicos e religiosos, resultado de processos do povoamento iniciados há milênios.

Em 1945, depois de se tornar independente da França, o país passou por uma sucessão de tensões por disputa do poder e envolveu-se em conflitos internacionais, com destaque para os combates a Israel. Em 1970, em um golpe de Estado, a família Al-Assad assumiu o poder.

Durante a Guerra Fria, o território sírio foi palco de disputa entre Estados Unidos e União Soviética, sobretudo com a aproximação do governo com os soviéticos, o que desagradou a população muçulmana conservadora.

A partir de 2010, parte da população começou a protestar nas ruas para exigir mudanças. Os protestos tornaram-se violentos e foram reprimidos pelo governo, instalando-se assim uma guerra civil.

Em 2012, Estados Unidos, União Europeia e Liga Árabe impuseram sanções à Síria. A oposição ao governo, representada pela Coalizão Nacional Síria, foi reconhecida internacionalmente como liderança popular. Em 2015, a Rússia entrou no conflito apoiando o governo de Bashar al-Assad.

O grupo terrorista Estado Islâmico (EI), aproveitando-se da fragilidade do governo sírio para conquistar territórios, criou um Estado muçulmano sob a interpretação radical da lei islâmica (*sharia*) e proclamou califados que se estendiam da Síria ao Iraque.

Apesar das divergências sobre o conflito na Síria, Estados Unidos e Rússia combateram o Estado Islâmico. Outros grupos historicamente rivais, como os curdos, também se uniram aos árabes para combater o EI.

Em 2017, Mossul, no Iraque, e Raqqa, na Síria, cidades importantes que estavam sob domínio do Estado Islâmico, foram reconquistadas. Atualmente, o EI está restrito a pequenas áreas, localizadas no centro do conflito.

Entre 2011 e 2017, mais de 5,4 milhões de pessoas deixaram a Síria em direção a países vizinhos e também à União Europeia, gerando tensões. Além disso, mais de 6,1 milhões de sírios abandonaram suas moradias e tornaram-se refugiados no próprio país. Cerca de 13,1 milhões de pessoas passam graves necessidades e dependem de auxílio externo.

Conflito entre Paquistão e Índia

Conteúdo referente às páginas 66 e 67.

A região de Jammu e Caxemira, disputada por Paquistão, de maioria muçulmana, e Índia, de maioria hindu, localiza-se ao norte desses países, que se separaram em 1947. A região desperta interesse em razão dos seus recursos naturais, sobretudo os hídricos.

Após a independência do domínio britânico, grupos muçulmanos e soldados paquistaneses invadiram a região, que tentava se manter independente. O marajá que a governava na época estabeleceu acordo com a Índia para integrá-la a esse país, que recuperou grande parte do território.

O Conselho de Segurança da ONU determinou em 1948 a saída das tropas e a realização de um plebiscito. Foi estipulado um cessar-fogo, mas, apesar da trégua, as resoluções não foram cumpridas.

Em 1962, a China invadiu uma faixa de terras da Caxemira (Aksai Chin) alegando ser esta parte do Tibete chinês. Ainda hoje, os países disputam essas zonas de fronteiras.

Em 1965 e 1971, Índia e Paquistão entraram novamente em confronto. Em 1971, o conflito civil no Paquistão permitiu um ataque indiano. Nessa disputa, o Paquistão foi derrotado e perdeu parte do território: o Paquistão Oriental tornou-se independente e passou a se chamar Bangladesh.

O Tratado de Simla, de 1972, tinha como compromisso solucionar os impasses por meio do diálogo. No entanto, a disputa entre os dois países não cessou.

Em 1999, durante a Guerra de Kargil, o Paquistão avançou sobre o distrito de Kargil, na Caxemira, e ameaçou usar armas nucleares. A defesa indiana e a pressão estadunidense fizeram os paquistaneses recuarem.

A assinatura de trégua entre os dois países em 2003 ainda não conseguiu cessar conflitos e ataques nem definir as fronteiras da região.

Conteúdo referente às páginas 68 e 69.

Líbia

O golpe de Estado ocorrido em 1969 colocou Muanmar Kadafi (1942-2011) no poder até sua morte. Durante seu governo, dispôs de muitos recursos econômicos provenientes da exploração do petróleo, conseguindo estabilizar as relações entre as diversas lideranças regionais, estimadas em mais de 100 clãs e tribos. No entanto, ao longo do tempo, grupos reprimidos foram se organizando e articulando resistência ao governo.

A guerra civil de 2011 levou à intervenção da Otan, explicitando os interesses econômicos dos Estados Unidos, do Reino Unido e de outros países na região. O prolongamento do conflito não interessava às potências ocidentais em razão da elevação do preço do petróleo.

Depois do assassinato de Kadafi, foi criado o Conselho Nacional de Transição, reconhecido como governo legítimo pela ONU; no entanto, movimentos rebeldes opuseram-se a ele.

O Estado Islâmico dominou algumas cidades e regiões do país, como Sirte (até 2016), Trípoli e Barqa.

Conteúdo referente à página 70.

Nigéria

O grupo **Boko Haram** e extremistas muçulmanos *fulani* realizam atentados e estão no centro de conflitos em áreas ao norte do país e que se estendem a Camarões, Chade e Níger. Há perseguição religiosa, assassinatos, sequestros e expulsão de habitantes.

Conteúdo referente às páginas 71 e 72.

Sudão

Entre 1983 e 2005, a Guerra Civil Sudanesa garantiu que o Movimento Popular de Libertação do Sudão (MPLS), principal grupo de guerrilha, obtivesse posições no governo e controle de regiões ao sul do país.

O golpe de Estado de 1989 agravou a instabilidade política e a ação de milícias. Em 2002, a assinatura de um tratado de paz previu um referendo para 2011 que legitimasse a partilha do território e a formação de um novo Estado.

Em 2011, com a independência da região sul, foi instituída a República do Sudão do Sul. No entanto, permanecem conflitos entre norte e sul por demarcação de fronteiras e exploração do petróleo, sobretudo em Abyei e Darfur.

Conteúdo referente às páginas 72 a 74.

Coreia do Norte: volta da Guerra Fria?

A República Democrática da Coreia do Norte, fundada em 1948, é um dos países mais fechados do mundo e é controlada pela família Kim:

1948-1994: Kim Il-sung;

1994-2011: Kim Jong-il (filho de Kim Il-sung);

2011 até 2019: Kim Jong-un (outro filho de Kim Il-sung).

O país realiza constantes demonstrações de força militar por meio de testes nucleares e lançamento de mísseis e satélites, com o objetivo de obter projeção internacional e aumentar sua influência regional.

Essa política, além de ações que violam os direitos humanos, provocou diversas sanções da ONU, como a proibição de comercializar seus recursos naturais com outros países do sistema internacional.

A Coreia do Norte mantém uma relação conflituosa com os estadunidenses, com constantes ameaças de ataques aéreos, além de acusá-los de violar acordos e tratados, cobrando, da ONU, punições aos Estados Unidos.

A rivalidade com a vizinha Coreia do Sul, da qual foi separada no final da Segunda Guerra Mundial, não impediu o diálogo entre os dois países nos últimos anos. Especialistas classificam a política norte-coreana como um "retorno" à Guerra Fria.

Aplique o que aprendeu

Atividade resolvida

(Unicamp) A figura [ao lado] é uma arte cartográfica produzida pelo artista Julien Bousac.

a) Por que essa arte cartográfica, produzida pelo artista Julien Bousac, retrata a Palestina como um arquipélago? E quais são os dois territórios reservados atualmente aos palestinos, retratados nessa arte?

b) Os conflitos entre israelenses e palestinos têm sido marcados por muita violência, tanto física ou aberta quanto simbólica. Indique uma forma de violência física e uma forma de violência simbólica a que estão expostos os palestinos.

(Adaptado de http://obgeographiques.blogspot.com.br. Acessado em 03/08/2016.)

Resposta

a) Trata-se de uma crítica à fragmentação territorial da Palestina e às consequências negativas para a livre circulação de pessoas, imposição feita por Israel em acordos com autoridades palestinas. Os dois territórios reservados aos palestinos são a Faixa de Gaza e a Cisjordânia. Essa informação, no entanto, não está presente na imagem.

b) As violências às quais os palestinos estão expostos incluem ataques militares, espancamentos, aprisionamento, expulsão de suas propriedades, confinamento a campos de refugiados, controle de circulação, proibição de frequentar algumas localidades, como Jerusalém, construção de barreiras físicas, como o muro no território da Cisjordânia, entre outras.

Comentário

A resolução dessa questão exige conhecimentos sobre a questão Israel-Palestina. É preciso ter alguma noção do que está em disputa, dos agentes sociais envolvidos e dos eventos que caracterizam o conflito.

A imagem, uma obra de arte que utiliza recursos cartográficos, não é essencial para elaborar as respostas, mas ajuda a visualizar o problema concreto na região, que é a fragmentação do território, e a compreender a metáfora com o conceito de arquipélago, que faz referência a um conjunto de ilhas. Para quem não sabe onde se localizam Israel e Palestina e tampouco sobre suas características geográficas, a obra de arte pode induzir a um erro de interpretação, se o estudante a tomar como a representação real do território. Isso é potencializado pelos nomes fictícios que o artista inseriu na imagem, como se houvesse mares e canais separando porções de terra. Na realidade, esses mares e canais não existem; eles foram inseridos na obra para explicitar o isolamento em que os povos da região, sobretudo os palestinos, se encontram.

Atividades

1. De forma sintética, a principal razão que originou e mantém o conflito Israel-Palestina é:

a) a dissolução do Império Turco Otomano no início do século XX e a divisão da Palestina entre povos árabes e judeus.

b) o movimento sionista dos povos árabes que não reconhece a criação do Estado de Israel e reivindica Jerusalém como sua capital.

c) a divisão da Palestina em dois territórios, um árabe e outro judeu, e a criação do Estado de Israel, não reconhecido pelos países árabes.

d) a invasão e a fragmentação do território palestino, por Estados Unidos e URSS, no contexto da Guerra Fria, motivados pelas imensas reservas de petróleo.

2. Segundo a ONU, a Síria vive a maior crise humanitária da nossa era. Entre 2011 e 2017, mais de 5,4 milhões de pessoas deixaram o país e 6,1 milhões abandonaram suas casas, sendo refugiados no próprio país. Cerca de 13,1 milhões de sírios passam graves necessidades e dependem de auxílio externo.

A atual crise síria teve início:

a) após a independência da França, em 1945.

b) com o golpe de Estado, em 1970, que colocou a família Al-Assad no poder.

c) a partir de 2010, com protestos violentos por parte da população, reprimidos pelo governo.

d) com a conquista de partes do território do país pelo Estado Islâmico.

3. Assinale a alternativa que descreve, resumidamente, os atuais conflitos na Nigéria e no Sudão.

a) Na Nigéria, a atuação do grupo radical islâmico Boko Haram está por trás de grande parte dos conflitos no país; no Sudão, a criação do Estado independente do Sudão do Sul não foi suficiente para pacificar os conflitos civis iniciados em 1983.

b) Os diversos grupos muçulmanos na Nigéria, como o Boko Haram, os extremistas *fulanis* e o Estado Islâmico, não aceitam dividir o poder de forma democrática; no Sudão, a rivalidade entre tútsis, ao norte, e hutus, no sul, levou à fragmentação do país e à guerra civil.

c) Nigéria e Sudão estavam alinhados, respectivamente, à União Soviética e aos Estados Unidos durante a Guerra Fria. Com a saída dos exércitos desses países em 1991, grupos locais armados passaram a disputar o controle de cada país por meio de perseguições a minorias, expulsão de moradores e ataques terroristas.

d) O governo da Nigéria enfrenta constantes ataques do Estado Islâmico, que domina áreas periféricas do país e impôs um governo alicerçado na *sharia*, enquanto no Sudão, o Boko Haram dominou grandes extensões da parte sul do território e declarou a criação do Sudão do Sul.

4. O mundo atual é marcado por diversos conflitos armados e tensões. Aponte as principais causas dos conflitos internos de um país e as causas dos conflitos internacionais, explicando suas possíveis relações com o fim da Guerra Fria.

5. A localização do Afeganistão é considerada estratégica por constituir importante rota comercial entre a Ásia Central e o sul desse continente. Ao longo da história, muitos povos habitaram essa região.

Explique a participação da antiga União Soviética e dos Estados Unidos nos conflitos que assolam o Afeganistão desde a década de 1950.

6. Por que alguns analistas geopolíticos classificam as ações da Coreia do Norte como práticas da Guerra Fria?

CAPÍTULO 4

Formação territorial, potências regionais e conflitos na África

Você deve ser capaz de:

- Reconhecer as principais características físicas e os povos originários do continente africano.
- Relacionar os aspectos físicos da África às possibilidades de produção energética e de aproveitamento de recursos naturais.
- Compreender os processos de colonização europeia e partilha do continente africano, que ocasionaram mudanças territoriais, conflitos étnicos, crises políticas e econômicas.

Conteúdo referente às páginas 86 a 93.

Reveja o que aprendeu

O continente africano apresenta algumas peculiaridades, como as características físicas que favorecem a produção energética e a presença da colonização europeia e seus impactos até os dias atuais, como conflitos políticos, culturais, religiosos e econômicos que assolam vários países.

Justin Lynch/AP Photo/Glow Images

Mapa do continente africano em muro de escola em Yei, Sudão do Sul, 2016.

Quadro físico

Ao norte do continente africano, destacam-se os climas desértico, mediterrâneo e Sahel (faixa de transição entre o clima desértico e o tropical úmido). A região sul apresenta maior variação de tipos de clima: tropical seco, desértico e mediterrâneo; e, no centro, predominam os climas tropical úmido e equatorial.

A alternância entre estações seca e chuvosa na África ocidental decorre das massas de ar, com destaque para o anticiclone saariano ao norte e o anticiclone de Santa Helena ao sul. No nordeste do continente, as monções são responsáveis pela alternância entre as estações seca e úmida. Ao sul do oceano Índico, principalmente em Madagascar, ventos alísios provocam fortes chuvas.

O Saara, o maior deserto do mundo com 8,6 milhões de quilômetros quadrados, estende-se por Marrocos, Argélia, Tunísia, Líbia, Egito, Sudão, Chade, Níger, Mali e Mauritânia. A temperatura na região pode chegar a 60 °C durante o dia e a –10 °C à noite, e há baixa disponibilidade hídrica, com forte insolação e pouca pluviosidade. Nas grandes bacias, em algumas áreas isoladas, acumula-se água e formam-se oásis, nos quais aparece vegetação. As dunas correspondem a cerca de 25% do deserto. A escassa vegetação é adaptada à pouca umidade, apresentando mecanismos que evitam a perda de água. Em razão do rigor climático, é pouco habitado (as pessoas que habitam a região são, na maioria, pastores nômades).

Ao sul, destaca-se o deserto da Namíbia, entre o sul de Angola e o norte da África do Sul, beirando o oceano Atlântico.

Há clima frio de montanha no planalto da Etiópia e no planalto dos Grandes Lagos. Na Tanzânia, encontra-se o monte Kilimanjaro, o mais alto do continente.

A vegetação é composta de Florestas Subtropicais, Vegetação Mediterrânea, Vegetação de Espinheiros, entre outras. A Floresta Tropical do Congo, com 1,4 milhão de quilômetros quadrados, apresenta grande diversidade e disponibilidade de água, mas vem sendo ameaçada pelo desmatamento e pelo avanço da monocultura de palma.

As Savanas estão presentes na zona tropical (estação seca alternada por outra chuvosa). Sua vegetação é menos densa e é formada por arbustos, gramíneas e árvores dispersas.

Há importantes rios e lagos aproveitados para navegação, geração de energia, abastecimento de água para a população e irrigação de áreas agrícolas. Entre eles, destacam-se o rio Nilo, cujas cheias e vazantes fertilizam seu vale; o rio Níger, que é o principal rio da África ocidental; o delta do Okavango, uma área de convergência de rios no sul do continente; e as cataratas de Vitória, na fronteira entre Zimbábue e Zâmbia, consideradas uma das maiores do mundo.

Encontram-se ainda nesse continente cadeias de montanhas, planaltos, planícies e formações vulcânicas. A existência de *rifts*, que são formações geológicas resultantes do afastamento de placas tectônicas, propicia a formação de lagos, como o Alberto, o Eduardo, o Kivu e o Tanganica.

O continente africano é rico em recursos minerais, como carvão, petróleo, minério de ferro, manganês, cobre, estanho, bauxita, urânio, cobalto, diamante e ouro, com destaque para a África do Sul, que tem grande diversidade de minerais, e para a Nigéria, rica em petróleo.

As fontes de energia são distintas: eólica, termal, nuclear, geotermal, hidrelétrica e solar. A África do Sul é o maior produtor de energia do continente. Em Botsuana, Namíbia, Angola, Nigéria, África do Sul e Egito, entre outros países, destaca-se a produção de energia termal; enquanto na Argélia, no Marrocos, no Egito e na África do Sul gera-se energia solar.

Povos originários

Conteúdo referente às páginas 93 a 95.

Apesar de formados por diferentes grupos étnicos, os pigmeus, assim chamados pelos colonizadores, vivem da coleta, da caça e da pesca em áreas da República do Congo, do Gabão e da África Central.

Os san, ou bosquímanos, vivem da coleta, da caça e da pesca em áreas da Botsuana, de Angola, da Namíbia e da África do Sul.

Vale ressaltar que o desmatamento é uma ameaça à vida desses dois povos.

Os tuaregues vivem do comércio e da agricultura no deserto do Saara, sobretudo na Líbia, na Argélia, na Nigéria e no Chade. A domesticação de dromedários ampliou a mobilidade desse povo por áreas inóspitas.

Os nubas vivem da agropecuária e encontram-se nos montes Nuba, no Sudão. Estão ameaçados pela guerra civil.

Presença europeia

Conteúdo referente às páginas 95 a 97.

No século XV, a "colonização recente" (designação para diferenciar a colonização de gregos e romanos) do continente africano feita por países europeus explorou tanto os recursos naturais como a mão de obra, executada por meio de trabalho escravo.

Entre 1884 e 1885, na Conferência de Berlim, foi feita a partilha da África entre Portugal, Espanha, Itália, Reino Unido, Bélgica e outros países europeus. Delimitaram-se fronteiras sem considerar a distribuição da população e as etnias, ora separando povos, ora unindo em um mesmo território povos inimigos, o que, para alguns analistas, está na origem de muitos conflitos atuais no continente.

Divisão pós-colonial

Após o fim da Segunda Guerra Mundial (1939-1945), os movimentos pela independência das colônias europeias ganharam força. No entanto, a autonomia política não privilegiou os povos originários. Em muitos países, a elite de origem europeia conseguiu se sustentar no poder.

Durante a formação de diversos países, o desafio foi o convívio pacífico, em um mesmo território, de grupos étnicos rivais, unidos arbitrariamente pela delimitação de fronteiras políticas. Houve, e ainda há, muitos conflitos civis, com destaque para a guerra civil de Ruanda (1990-1993), a guerra civil da Etiópia (1974-1991) e as duas guerras do Congo (anos 1990 até o início do século XXI).

A dependência tecnológica, em razão da ausência de indústrias e centros de pesquisa, facilitou a entrada de multinacionais, principalmente estadunidenses e chinesas.

Atualmente, os países africanos buscam fortalecer suas economias, consolidar a democracia e conquistar uma real autonomia.

Conteúdo referente às páginas 98 e 99.

Blocos regionais africanos

Os países africanos importam e exportam combustíveis, minerais, metais, máquinas e equipamentos. Os principais destinos dos produtos africanos são China, Estados Unidos, Alemanha e Índia.

A participação relativa do continente no comércio mundial é muito pequena e está diminuindo (constituía cerca de 3,4% do total comercializado no mundo em 2010 e diminuiu para cerca de 2,3% em 2017).

A criação de blocos econômicos no continente visa incrementar a economia dos países e reverter esse quadro ao estimular relações comerciais entre os países-membros e com outros países parceiros. A União Africana (AU), criada em 2002, é o maior bloco regional do continente, englobando todos os países africanos.

O Mercado Comum da África Austral e Oriental (Comesa) é uma área de livre-comércio formada por 19 países que compreende 389 milhões de pessoas, importa 32 bilhões de dólares e exporta 82 bilhões de dólares, de acordo com dados de 2017.

A Comunidade do Leste Africano (EAC), da qual fazem parte Burundi, Quênia, Ruanda, Sudão do Sul, Tanzânia e Uganda, busca cooperação política, econômica e social e contava com um PIB de mais de 200 bilhões de dólares em 2017.

A Comunidade Econômica dos Estados da África Central (ECCAS) é composta de onze países e possui zonas importantes de extração de petróleo e minérios (Golfo da Guiné Equatorial) e recursos hídricos para a geração de energia (bacia do rio Congo).

Já a Comunidade Econômica dos Estados da África Ocidental (Ecowas) foi formada em 1975 por Benin, Burkina Fasso, Cabo Verde e mais doze países. Destaca-se na exportação de petróleo, cacau e gás natural. Tem como meta a criação de uma moeda única.

Criada em 1996, a Autoridade Intergovernamental para o Desenvolvimento (Igad) é formada por Djibuti, Eritreia, Etiópia, Quênia, Somália, Sudão e Uganda. Em 2016, o PIB somava 262 bilhões de dólares. Destaca-se nas exportações de animais e minerais, cujos principais destinos são China e Estados Unidos.

A Comunidade de Desenvolvimento da África Meridional (SADC) é formada por Angola, Botsuana, República Democrática do Congo e mais treze países. Compreende 337 milhões de habitantes e seu PIB é de 706 milhões de dólares (a África do Sul é responsável pela metade desse montante).

Conteúdo referente às páginas 99 a 105.

Conflitos africanos

Além do problema ocasionado pela delimitação das fronteiras dos países africanos, reunindo povos rivais em um mesmo território, os conflitos no continente são causados ou potencializados pelo interesse estrangeiro em seus abundantes recursos naturais, pelos conflitos religiosos, pelo baixo índice de desenvolvimento tecnológico e socioeconômico e também por aspectos naturais desfavoráveis, como a aridez em grandes porções do continente.

Marrocos e Saara Ocidental

Em 1975, o povo saarauí conquistou a independência da Espanha. Parte do território foi cedido ao Marrocos, que resistiu à independência do país. A criação da Frente Polisário (Frente Popular para a Libertação de Saguia el Hamra e Rio do Ouro) tinha como objetivo defender a autodeterminação e a independência do Saara Ocidental.

Em 1987, o Marrocos construiu um muro de 1 800 quilômetros para separar seu território daquele controlado pela Frente Polisário.

O Saara Ocidental é rico em fosfato e minério de ferro e sua localização estratégica, ao longo do litoral Atlântico, são fatos que o tornam alvo de disputa com o Marrocos. No entanto, apesar do conflito, o país continua mantendo relações comerciais com Marrocos, Mauritânia e Tunísia, o que aumenta a possibilidade da concretização da independência.

Egito

Em 2011, ocorreu um levante popular que derrubou o presidente Hosni Mubarak, que estava no poder desde 1981. Desde então, o país vive uma persistente instabilidade política.

Mohamed Morsi assumiu a presidência em 2012 apoiado pela Irmandade Muçulmana (organização islâmica que pretende estabelecer a *sharia*, conjunto de leis baseadas no Alcorão). O governo passou, então, a controlar o Judiciário e a Assembleia Constituinte para a implementação de uma nova constituição, que reduzia a liberdade dos cidadãos. Em seguida, eclodiram protestos da população e conflitos com tropas do governo.

O golpe de Estado de 2013 foi liderado por Abdul Fatah Khalil al-Sisi. Morsi foi condenado e preso. Houve emprego de força bélica para restabelecer o controle do governo, mas a instabilidade continua.

África do Sul

O *apartheid* foi um sistema oficial de separação racial que vigorou entre 1948 e 1991 e que permitia a uma minoria branca o controle social dos negros. Nelson Mandela foi um dos líderes da resistência, ficou preso por 27 anos e, em 1994, quatro anos depois de ser libertado, foi eleito presidente do país.

Atualmente, apesar de todas as etnias e povos terem os mesmos direitos no país, cicatrizes do passado ainda alimentam tensões sociais.

Em 2018, foi eleito Cyril Ramaphosa, o quinto presidente após o fim do *apartheid*.

Argélia

Durante a colonização europeia, os berberes, povo originário do norte da África que atualmente compreende cerca de 30 milhões de pessoas, foram afetados e muitos se tornaram rivais, levando a conflitos após a independência do país em 1962.

Atualmente, a população argelina ainda enfrenta desafios relacionados às crises políticas e econômicas resultantes da guerra civil ocorrida na década de 1990.

Apesar da legislação que permite a criação de partidos políticos, a Frente de Libertação Nacional (FLN) concentra a expressão política no país. Desde 1999, Abdelaziz Bouteflika (FLN) se mantém no poder, mesmo sob protestos.

A economia do país está concentrada na venda de petróleo e derivados.

República Centro-Africana

Até 1958, o país era parte do território controlado pela França, que também compreendia porções dos atuais República do Congo, Chade, Gabão e Camarões. Atualmente, o país passa por conflitos religiosos entre grupos islâmicos e praticantes de religiões tradicionais africanas, ambos os grupos agredidos por milícias cristãs.

Aplique o que aprendeu

Atividade resolvida

(UFRGS) Observe abaixo a figura do continente africano com os países identificados pelos números de 1 a 5.

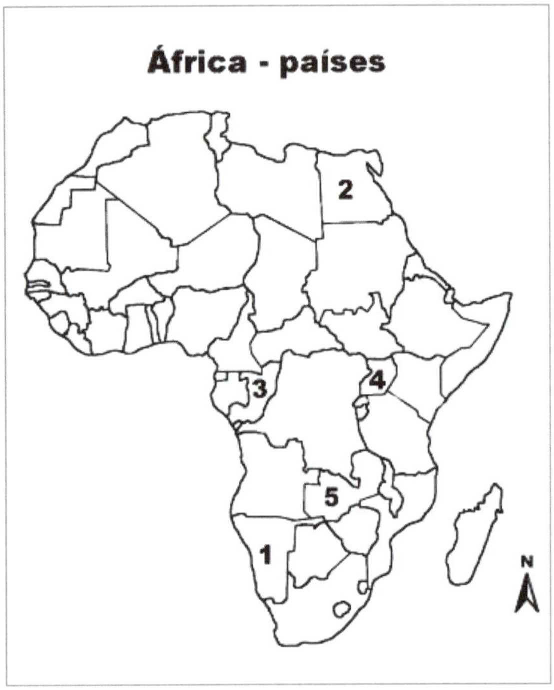

Fonte: <http://www.gangamacota.blogspot.com.br/2012/03/africa-mapa-sem-escala-para-colorir.html>. Acesso em: 23 set. 2013.

No bloco superior abaixo, estão listados países do continente africano; no inferior, a paisagem desses países.

Associe adequadamente o bloco inferior ao superior.

(1) Namíbia

(2) Egito

(3) Congo

(4) Uganda

(5) Zâmbia

(   ) A alta nebulosidade que se desenvolve sobre este país, em virtude da insolação intensa, propicia o desenvolvimento de uma floresta tropical bastante biodiversa.

(   ) As águas frias do oceano, neste país, dificultam a formação de nuvens, criando condições para o surgimento de um deserto litorâneo.

(   ) Este país, famoso pela paisagem desértica, tem 95% de seu território coberto por areias, em que a amplitude térmica é grande, oscilando entre 50 °C durante o dia e –5 °C à noite.

(   ) O clima, neste país, é amenizado pela altitude e alterna estação chuvosa e seca. Tal característica justifica a cobertura de savanas sobre a maior parte do território, que abriga grande variedade de animais.

A sequência correta de preenchimento dos parênteses, de cima para baixo, é

a) 3 – 2 – 5 – 1.

b) 4 – 5 – 3 – 1.

c) 3 – 1 – 2 – 5.

d) 5 – 1 – 2 – 3.

e) 2 – 1 – 5 – 4.

Resposta

Alternativa **c**.

Comentário

Esta questão exige conhecimentos sobre as características naturais, como clima, vegetação e relevo do continente africano, a localização de suas paisagens naturais e a localização no mapa dos países destacados. No entanto, o conhecimento sobre zonas climáticas, localização das correntes marítimas quentes e frias e a observação do mapa auxiliam a fazer associações para relacionar o país com a descrição de sua paisagem. Além disso, é preciso observar que estão listados cinco países e há apenas quatro descrições de paisagem, portanto um deles obrigatoriamente ficará de fora.

Resolver cada etapa por eliminação facilita a obtenção da resposta. Assim, a segunda descrição da paisagem informa que o país é banhado por correntes frias do oceano que formam um deserto litorâneo. Portanto, a descrição não se refere aos países 4 e 5, que não estão no litoral; por se tratar de corrente marinha fria, deduz-se que é um país localizado ao sul do continente, influenciado pelas correntes frias vindas do polo sul. Portanto, essa descrição refere-se ao país 1, Namíbia, que de fato tem em seu território um vasto deserto. Essa informação elimina as alternativas **a** e **b**.

A terceira descrição informa sobre a paisagem desértica, que cobre grande parte do território com areia, ou seja, faz referência ao deserto do Saara, localizado ao norte do continente, onde está o país 2, Egito. Assim, restam apenas duas alternativas, **c** e **d**.

A última descrição da paisagem informa sobre a alternância entre estação seca e úmida e a vegetação de Savana, fatores típicos de clima tropical continental, no qual se localiza o país 5, a Zâmbia.

Enfim, a primeira descrição trata do país 3, Congo, onde há vasta floresta latifoliada. Assim, é possível chegar à resposta correta.

Atividades

1. Ao norte da África, além do clima desértico que abrange o Saara, encontram-se o clima mediterrâneo e o Sahel, que:

a) é uma área em meio ao deserto, onde se concentra água e se desenvolve vegetação.

b) localiza-se em áreas de planalto, mais elevadas, onde é comum a presença de neve.

c) possui extensas planícies litorâneas, marcadas por areias e vegetação rasteira.

d) é uma faixa de transição entre o clima desértico e o clima tropical úmido.

2. O continente africano é rico em recursos minerais, fundamentais para a economia de seus países. Carvão, petróleo, minério de ferro, manganês, cobre, estanho, bauxita, urânio, cobalto, diamante, ouro, entre outros recursos, são explorados e exportados para vários países, com destaque para a China.

África do Sul e Nigéria destacam-se, respectivamente, na exploração de:

a) minérios e petróleo.

b) petróleo e diamante.

c) diamante e petróleo.

d) petróleo e minérios.

3. Leia as afirmativas a seguir sobre alguns povos originários africanos.

I. Os pigmeus constituem um grupo étnico e vivem da coleta, da caça e da pesca em áreas da República do Congo, do Gabão e da África Central.

II. Os tuaregues vivem do comércio e da agricultura no deserto do Saara; ao domesticarem dromedários, ampliaram a mobilidade por áreas inóspitas.

III. Os bosquímanos vivem da coleta, da caça e da pesca em áreas de Botsuana, Angola, Namíbia e África do Sul. Estão ameaçados pelo desmatamento.

Estão corretas as afirmativas:

a) I e II.

b) II e III.

c) I e III.

d) Todas.

4. Atualmente, ainda persistem conflitos no continente africano, muitos deles bastante violentos e que agravam a situação de pobreza de diversos países, além de outros conflitos menos intensos, mas que impossibilitam a estabilidade política, necessária ao desenvolvimento econômico.

Associe corretamente a descrição do conflito com o país em que ele ocorre.

1. África do Sul
2. Saara Ocidental
3. República Centro-Africana
4. Argélia
5. Egito

( ) Era parte do território controlado pela França que ainda compreendia os atuais República do Congo, Chade, Gabão e Camarões. Vive conflitos religiosos entre grupos islâmicos e praticantes de religiões tradicionais africanas, agredidos por milícias cristãs.

( ) Durante a colonização europeia, os berberes, povo originário do norte da África, foram afetados e muitos se tornaram rivais, o que ocasionou conflitos após a independência. Apesar da legislação que permite a criação de partidos políticos, a Frente de Libertação Nacional (FLN) concentra o poder político no país.

( ) O *apartheid* foi um sistema oficial de separação racial que vigorou entre 1948 e 1991 e permitia aos brancos o controle social dos negros. Esse sistema deixou marcas na sociedade e alimenta tensões até os dias atuais.

( ) Em 2011, ocorreu um levante popular que derrubou o presidente que estava no poder desde 1981; desde então, o país vive uma instabilidade política persistente. O novo presidente é apoiado pela Irmandade Muçulmana (organização islâmica que pretende estabelecer a *sharia*, conjunto de leis baseadas no Alcorão). Em 2013, ocorreu um golpe de Estado, no qual foi empregada força bélica para restabelecer o controle do governo. Desde então, a instabilidade política continua.

( ) Em 1975, o povo saarauí conquistou a independência da Espanha e parte do território foi cedida ao Marrocos, que resistiu à independência do país. A Frente Polisário (Frente Popular para a Libertação de Saguia el-Hamra e Rio do Ouro) defende a autodeterminação e a independência.

a) 4-2-5-3-1

b) 5-2-1-3-4

c) 3-4-1-5-2

d) 2-4-1-2-5

5. Quais são as principais características do relevo africano?

6. Explique o que foi a Conferência de Berlim (1884-1885) e estabeleça relação com alguns conflitos atuais na África.

7. Quais foram as principais consequências do fim do domínio europeu no continente africano?

8. Escreva uma síntese de como é a participação do continente africano no comércio mundial em relação a pautas de exportação e importação, quais são os principais parceiros comerciais, qual é o volume de negócios e que estratégia tem sido adotada para aumentar as trocas comerciais.

CAPÍTULO 5

África islâmica e os países de língua portuguesa

Você deve ser capaz de:

- Compreender a diversidade cultural da África.
- Compreender os aspectos singulares da África islâmica, assim como os motivos e desdobramentos da Primavera Árabe e da formação de blocos econômicos.
- Analisar a ocupação e a herança portuguesa no continente africano.

Reveja o que aprendeu

O continente africano, com mais de um bilhão de habitantes, possui rica diversidade étnica e cultural, apresentando grandes diferenças entre as porções norte e sul. No norte, predomina a cultura árabe. No sul, há povos diversos e alguns países de língua portuguesa.

Sérgio Guerra/Acervo do fotógrafo

Criança em aula de Língua Portuguesa em Erora, Angola, 2015. Esta foto fez parte da exposição itinerante *A Língua Portuguesa em Nós*, patrocinada pelo Museu da Língua Portuguesa, em Angola, 2018.

Conteúdo referente às páginas 110 a 117.

África islâmica

Culturalmente, o continente africano pode ser dividido em duas grandes regiões separadas pelo deserto do Saara: ao norte, com predominância da cultura e da língua árabe; e ao sul, com diversos povos de culturas, línguas e dialetos variados.

Povoamento do norte da África

O continente africano apresenta povoamento bastante antigo. Há registros fósseis de ancestrais humanos de mais de 200 mil anos.

Na Antiguidade (cerca de 1000 a.C.), comerciantes fenícios construíram benfeitorias no norte do continente – local estratégico como rota comercial com a atual Espanha – e surgiram algumas cidades, como Cartago.

Após a invasão romana, em 146 a.C., surgiram cidades nos atuais territórios de Tunísia, Argélia e Marrocos. Os romanos não se impuseram totalmente à administração das autoridades locais, o que contribuiu para a sedentarização de muitas tribos e para o aumento populacional. O desenvolvimento da agropecuária aumentou a oferta de alimentos.

A conquista árabe teve início em 642 e culminou no Império Muçulmano no século VIII. Esse processo foi favorecido pela invasão de povos germânicos e pela crise do Império Romano, quando aumentaram os conflitos locais. Apesar de as tribos berberes terem aderido ao islamismo, continuaram a ser tratadas como inferiores pelos árabes.

Por volta de 1035, os berberes unificaram os povos do Magreb, até voltarem a se dividir no século XV.

A partir de 1470, a fragilização política do norte africano facilitou as invasões decorrentes da expansão marítima europeia, que mesmo assim enfrentou a resistência árabe, sobretudo à imposição do cristianismo.

De 1517 ao século XIX, a região foi dominada pelo Império Otomano, ocupação facilitada pelo conflito entre árabes e europeus.

A Conferência de Berlim, em 1885, promoveu a partilha do continente africano entre os países europeus, desconsiderando a distribuição geográfica da população local, separando alguns povos e unindo outros, muitas vezes inimigos, em um mesmo território. Esse fato explica muitos conflitos atuais no continente, além de ser um dos estopins da Primeira Guerra Mundial (1914-1918), pois alguns países europeus ficaram insatisfeitos com a divisão. Após a guerra, o norte africano esteve quase todo sob controle de Inglaterra, França e Itália. Entretanto, o islamismo continuou a se expandir na região.

Com o fim da Segunda Guerra Mundial (1939-1945) e o enfraquecimento dos países europeus, manifestações pró-independência ganharam força.

Nos dias atuais, os desafios dos Estados do norte da África são: as características naturais, que dificultam povoamento e exploração econômica; a economia restrita a alguns setores (recursos naturais e turismo); o desequilíbrio entre as identidades nacionais e as religiões; e a instabilidade política.

A Primavera Árabe

No fim de 2010, diversas manifestações populares aconteceram no mundo árabe, começando na Tunísia. Essas manifestações ficaram conhecidas como **Primavera Árabe**.

O crescimento econômico de muitos países árabes foi impulsionado por privatizações e investimentos estrangeiros, mas sem reformas para a melhoria das condições de vida da maioria da população. Ao mesmo tempo, havia pouca ou nenhuma liberdade política e os governos ditatoriais perpetuavam-se no poder.

A Primavera Árabe atingiu diversos países: Tunísia, Egito, Líbia, Argélia e Marrocos no continente africano; Omã, Kuwait, Arábia Saudita, Bahrein, Iêmen, Jordânia, Iraque, Líbano e Síria no Oriente Médio. Esses conflitos de diferentes magnitudes e suas consequências perduram até os dias atuais em alguns países.

A Primavera Árabe permitiu uma organização social em países de governos autoritários. Esse movimento conquistou algumas vitórias que não se consolidaram em todos os países; em alguns, não houve avanço significativo no aumento da democracia e na distribuição da riqueza.

Organizações de países do norte da África

Destacam-se duas grandes organizações que têm como objetivo aumentar a cooperação entre os países do norte da África:

- **União do Magreb Árabe (UMA)**, criada em 1989 por Argélia, Líbia, Mauritânia, Marrocos e Tunísia. Líbia, Marrocos e Tunísia têm acordo para livre circulação de pessoas, não amplamente explorada em razão da falta de infraestrutura. Avanços ainda são poucos.

- **Comunidade dos Estados Sahel-Saarianos (CEN-SAD)**, criada em 1998 e formada por 24 países, quase todos no entorno do Saara, tanto ao norte como ao sul. Tem como objetivo o desenvolvimento de projetos comuns em diversos campos (agricultura, indústria e energia, por exemplo), além de desenvolvimento social e cultural, por meio da eliminação de obstáculos econômicos e à circulação de pessoas. A revisão dos objetivos realizada em 2013 incorporou o desenvolvimento sustentável e a segurança regional.

Conteúdo referente às páginas 118 a 131.

Os países africanos de língua portuguesa

No início do século XVI, Portugal ocupou as Ilhas Canárias e o Marrocos, além de explorar a costa atlântica.

A presença portuguesa

Em 1434, os portugueses ocuparam as ilhas Porto Santo e da Madeira, e chegaram ao cabo Bojador (Saara Ocidental), ponto mais ao sul do mundo conhecido até então, e alcançaram Serra Leoa (depois tomada pelos ingleses). Estabeleceram postos comerciais e fortalezas nesses locais, além de comercializar diversos produtos e de traficar escravos.

Esses invasores chegaram ao cabo da Boa Esperança (atual Cidade do Cabo, na África do Sul), extremo sul do continente, em 1488; e, no fim século XVI, já dominavam terras na Ásia, na América e na África.

A partir do século XVII, os portugueses começaram a perder grande parte das colônias e do monopólio comercial com as invasões inglesas e holandesas, pois não tinham recursos humanos, econômicos e militares suficientes para garantir o domínio dos territórios.

Em 1808, Portugal transferiu a Corte para o Brasil. Até que em 1822, em razão da independência do Brasil e do expansionismo de outros países, voltou-se para as colônias africanas. Durante muito tempo, a presença portuguesa na África ficou restrita ao litoral.

Entre 1877 e 1880, as viagens de exploração a Moçambique e Angola tinham o projeto ambicioso de estabelecer um grande império na África, o que foi impedido por interesses e ações das demais potências no continente.

Por fim, Portugal manteve o domínio de Cabo Verde, Guiné-Bissau, São Tomé e Príncipe, Angola e Moçambique, onde foram estabelecidos pactos coloniais semelhantes ao praticado com o Brasil.

Em 1951, as colônias africanas foram declaradas províncias portuguesas. No entanto, os direitos não foram estendidos à população local, ampliando a desigualdade social e o racismo, o que alimentou a violência e os movimentos separatistas.

Os processos de independência

A partir de 1960, os movimentos por independência, que juntaram população originária e parte da burguesia mestiça (crioula), aumentaram e se transformaram em guerras violentas. As muitas perdas humanas e o alto custo do conflito comprometeram a economia de Portugal.

Em 1973, Guiné-Bissau e Cabo Verde (unificados na época) conquistaram a independência, mas Portugal só as reconheceu em 1974.

O movimento colonialista perdeu força depois da Revolução dos Cravos, em 1974, um movimento popular português que derrubou a ditadura de Salazar no país. Em 1975, ocorreu a independência de Moçambique, com a Frente de Libertação de Moçambique (Frelimo) instalando um governo socialista após 11 anos de guerra.

No mesmo ano, ocorreu a independência de Angola. Nesse país, os conflitos foram mais violentos, tanto pela importância do território para Portugal como pela não unidade do movimento separatista. Três grupos dividiram o governo: o Movimento Popular de Libertação de Angola (MPLA), a União Nacional para a Independência Total de Angola (Unita) e a Frente Nacional de Libertação de Angola (FNLA).

Ainda em 1975, Cabo Verde e São Tomé e Príncipe também se separaram de Portugal.

Embora parte dos colonizadores tenha voltado para Portugal, a herança portuguesa nesses países é notável: a língua portuguesa convive com idiomas locais e o catolicismo está disseminado, muitas vezes sincretizado com práticas religiosas locais.

Moçambique

Após a independência, o governo socialista investiu em saúde e educação, organizou a estrutura política, nacionalizou empresas e coletivizou a agricultura.

Apesar do governo autoritário da Frelimo, cresceu o movimento de oposição, com destaque para o grupo Resistência Nacional Moçambicana (Renamo), o que levou à guerra civil em 1977.

Em 1984, foi adotado o sistema econômico capitalista, com privatizações e ajustes econômicos propostos pelo Fundo Monetário Internacional (FMI).

Um acordo de paz foi assinado em 1992 e, em 1994, ocorreram eleições livres com mais de um partido. A Frelimo manteve-se no governo e as tensões não cessaram, intensificando-se em 2013.

Estima-se que, desde 1977, mais de 1 milhão de pessoas foram mortas e cerca de 5 milhões migraram para outros países.

A região norte do país, onde se localizava a sede do governo colonial, é a mais populosa e pobre. Já a região sul, onde está a capital Maputo, é o novo centro político e econômico e é pouco povoada.

Na economia, destacam-se o gás natural e a agricultura. Houve um crescimento econômico significativo no país nos últimos anos (4,2% em 2006) em razão dos investimentos estrangeiros. A África do Sul tem investido no país e utiliza sua estrutura portuária, além de comprar energia gerada em hidrelétricas.

Apesar disso, são poucos os benefícios para a população: quase metade dela vive abaixo da linha da pobreza, fato que é revelado nos baixos índices de qualidade de vida.

Angola

O processo de independência fragmentado em três movimentos, associados a diferentes etnias, e a maior resistência portuguesa recrudesceram a violência no país.

Com a perda de força da FNLA, a disputa pelo poder ficou entre o MPLA, apoiado pela antiga União Soviética, e a Unita, apoiada pelos Estados Unidos, no contexto da Guerra Fria.

Os 27 anos de guerra destruíram a infraestrutura e reduziram a economia do país, que foi obrigado a importar praticamente todo o alimento que consumia. O país passou então por uma reconstrução.

Desde 2008, o MPLA mantém o poder, sob forte crítica e acusações da oposição.

Angola é o segundo maior produtor de petróleo no continente. Explorado por empresas estrangeiras, esse recurso natural promove grande crescimento do país, embora não seja revertido em benefícios para a população mais pobre.

Em 2008, a queda internacional do preço do petróleo causou grande impacto na economia local, que ainda não se recuperou. O país teve de se submeter a empréstimos e condições impostas por instituições financeiras internacionais, aumentando ainda mais as dívidas interna e externa.

O diamante é outro importante recurso natural do país, e o controle de suas minas esteve no centro das disputas desde a colonização portuguesa. Além dele, destacam-se: minério de ferro, cobre e agricultura de exportação (café, cana, palma e tabaco), em menor proporção.

O país é marcado pela grande desigualdade social e pela concentração populacional nas grandes cidades, sobretudo na capital, Luanda.

São Tomé e Príncipe

Nesse arquipélago vulcânico, 66% da população, de um total de 201 mil habitantes, é urbana e vive nas regiões norte das duas principais ilhas. O país possui alta taxa de crescimento demográfico e a maior parte da população é de jovens.

Apesar de ter passado por tensões desde a independência, não viveu grandes conflitos. Desde a década de 1990, vem desenvolvendo economia de mercado e aumentando suas relações comerciais.

O país destaca-se na exportação de cacau e coco. A pesca é outro setor importante, mas São Tomé e Príncipe ainda depende da importação de alimentos.

Quase 60% da população está abaixo da linha de pobreza, e a expectativa de vida é de 65,7 anos, considerada alta para os padrões africanos.

Por causa da grande dívida externa, o país é obrigado a aplicar medidas de ajustes econômicos para continuar a receber recursos estrangeiros.

O turismo é um setor com potencial, além do petróleo recém-descoberto em seu mar territorial.

Guiné-Bissau

Desde a independência, em 1974, é considerado um dos países mais pobres do mundo. Com a chegada ao poder do Partido Africano para a Independência da Guiné e de Cabo Verde (PAIGC), Guiné-Bissau passou a apresentar grande instabilidade política, com golpes de Estado e muitos conflitos. O golpe de 2012 fez com que só houvesse eleições em 2014, e o atual governo do PAIGC é acusado de corrupção.

Há grande biodiversidade no território. A economia depende da exportação de gêneros agrícolas, com destaque para a castanha-de-caju. Há potencial na pesca e na silvicultura. No entanto, recursos minerais, como fosfato e bauxita, não são explorados.

O país não produz todo o alimento de que necessita. Em razão dos conflitos, o turismo não prospera e quase 70% da população vive abaixo da linha de pobreza.

Cabo Verde

Nesse arquipélago vulcânico, o clima árido e o isolamento geográfico dificultam a ocupação. Apenas 10% do território é adequado à agricultura, que ainda sofre com escassez de água, sendo necessário captar água da chuva, perfurar poços e dessalinizar água do mar.

Foi o país que mais incorporou influências da cultura portuguesa, como língua e religião (catolicismo), e manteve estabilidade política desde a independência.

Houve a tentativa de implantar um governo unificado com Guiné-Bissau por meio do PAIGC, mas os conflitos no outro país impossibilitaram o projeto. Foi então fundado o Partido Africano para a Independência de Cabo Verde (PAICV). Desde 1991, eleições multipartidárias são realizadas no país.

Há poucos recursos naturais na região. Há extração de sal e pozolana (tipo de argila útil à impermeabilização).

O crescimento econômico se deve ao transporte, ao comércio e ao turismo. Os indicadores sociais são mais elevados que a média africana, apesar da população extremamente jovem. Porém, há muita desigualdade social, sobretudo no campo, onde o desemprego é elevado com grande percentual de emigração.

Aplique o que aprendeu

Atividade resolvida

(UEPB) Observe o cartograma do continente africano e com auxílio do mesmo assinale com V ou F as proposições, conforme sejam respectivamente Verdadeiras ou Falsas.

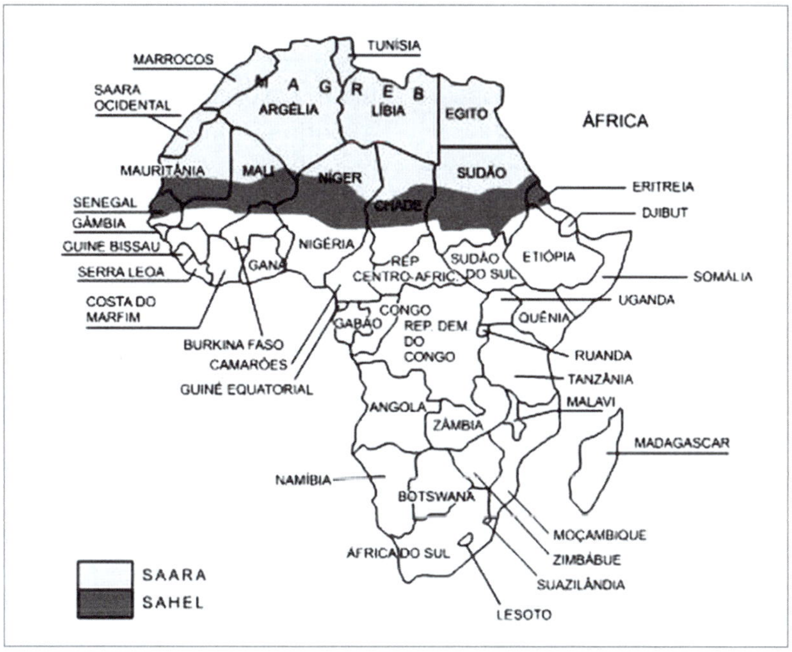

( ) No norte da África localizam-se países cujos territórios encontram-se predominantemente no deserto do Saara; são de cultura árabe e em 2011 surpreenderam o mundo com as fortes pressões populares exigindo reformas políticas, movimento que ficou conhecido como a "Primavera Árabe".

( ) O Sahel é uma faixa de clima semiárido que margeia o Saara, mas também delimita a África Branca da África Subsaariana (negra), região que concentra os países mais pobres do mundo, com aterrorizador histórico de conflitos étnicos e instabilidades políticas, legado do colonialismo europeu.

( ) O Sudão do Sul, independente em 2011, se constitui no mais novo e rico dos países integrantes do Magreb, por ser grande produtor de petróleo e ter ficado com toda a infraestrutura de exportação petrolífera, após a separação do Sudão, além de apresentar os melhores indicadores de desenvolvimento humano do continente.

( ) A configuração territorial dos países africanos, com suas fronteiras em grande parte retilíneas, expressa a partilha artificial do continente pelas nações europeias, que separou povos de mesma cultura e juntou artificialmente etnias inimigas, originando sangrentos conflitos separatistas e xenofóbicos que devastam a África desde o processo de descolonização, em especial a Subsaariana.

A sequência correta das assertivas é:

a) VFFV

b) VVFV

c) FVFV

d) FFFV

e) VVVF

Resposta
Alternativa **b**.

Comentário

Para avaliar as sentenças propostas na questão, deve-se ler e interpretar as informações oferecidas no mapa, mobilizar conhecimentos factuais sobre os países e o continente africano e, ainda, analisar a coerência das informações.

A primeira sentença é verdadeira, pois, ao observar o mapa, é possível concluir que o norte africano é dominado pelo Saara. Além disso, foi nos países de cultura árabe que se iniciaram os protestos populares de 2011 que ficaram conhecidos como "Primavera Árabe". Essas informações ajudam a validar a sentença com segurança.

A segunda sentença também apresenta informações verdadeiras. Com o apoio do mapa, é possível identificar a localização do Sahel e deduzir que a região apresenta clima semiárido em razão de sua proximidade com o Saara. Observa-se também que a região corta o continente de leste a oeste, dividindo-o em duas partes: uma ao norte, chamada de África Branca, e uma ao sul, denominada África subsaariana. O estudante ainda deve saber sobre os variados conflitos e a miséria que afligem a região sul.

A terceira sentença contém informações incorretas: o Sudão do Sul não está localizado no Magreb, região a noroeste da África, e tampouco apresenta os melhores indicadores sociais do continente.

A quarta sentença é verdadeira. O mapa pode auxiliar na avaliação sobre o traçado retilíneo das fronteiras entre alguns países. Porém, é preciso saber que eles se originaram da partilha realizada pelos países europeus na Conferência de Berlim (1884-1885), que juntou, em um mesmo território, diferentes etnias, o que para muitos especialistas constitui a raiz de muitos conflitos atuais no continente.

Atividades

1. Assinale a alternativa correta sobre o povoamento da região norte do continente africano, conhecida como África setentrional.

a) Marcada desde a Antiguidade pela invasão dos povos árabes, que impuseram sua cultura às tribos locais. A região resistiu às diversas investidas de outros povos e impérios, sofrendo derrota apenas para os europeus no século XV.

b) Ocupada pelos romanos, que desenvolveram importante sistema de transporte terrestre e cidades comerciais. A aliança entre Império Otomano e Muçulmano expulsou os europeus e promoveu assimilação da cultura árabe na região.

c) Conquistada pelos árabes entre 642 e o século VIII, a partir de 1470, com a fragilização política e militar, ocorreram novas invasões decorrentes da expansão marítima europeia, que passou a dominar a região, apesar da resistência árabe, sobretudo à imposição do cristianismo.

d) Repartida entre os países europeus após a Segunda Guerra Mundial, durante a Conferência de Berlim, que fizeram acordos com as lideranças locais que conseguiram sustentar a cultura árabe. Porém, desde então movimentos separatistas passaram a ganhar força na região, resultando em conflitos violentos.

2. O norte da África conta com duas grandes organizações com o objetivo de aumentar a cooperação entre os países e promover o desenvolvimento social e econômico. São elas:

a) Liga Árabe e Estado Islâmico.

b) Frelimo e Renamo.

c) União Africana e Opep.

d) União do Magreb Árabe e CEN-SAD.

3. Portugal manteve importante e significativa ocupação de terras africanas, onde construiu portos e fortalezas e estabeleceu trocas com os povos locais com o objetivo de concretizar o processo colonial, pois tinha a pretensão de formar um grande império.

Sobre a presença portuguesa na África, é correto afirmar:

a) Limitou-se primeiramente ao litoral atlântico e somente entre 1877 e 1880 realizou significativas viagens de exploração do interior, nos atuais territórios de Moçambique e Angola.

b) Ao consolidar a conquista de novos territórios, adotou a estratégia de promovê-los a províncias portuguesas, pacificando os conflitos ao disseminar entre a população certos direitos dos cidadãos portugueses e a assimilação do cristianismo.

c) Aproveitou-se de sua experiência náutica para explorar tanto o litoral africano como boa parte de seu interior, adentrando com suas embarcações os caudalosos rios que deságuam no mar, como os rios Congo, Níger e Zambeze, possibilitando a conquista de Angola e de Moçambique.

d) A transferência da Corte portuguesa para o Brasil, em 1808, potencializou também a colonização do continente africano, necessária para o fornecimento de escravos africanos e matérias-primas ao projeto de construção de império na América.

4. Assinale a alternativa que preenche corretamente os espaços em branco do texto.

Em ____________ (I), a independência foi alcançada em 1975. O movimento político mais importante nesse processo foi a Frelimo, que, após 11 anos de guerra e negociação da separação com Portugal, instalou um governo de orientação socialista no país.

Em ____________ (II), os conflitos entre africanos e portugueses foram muito mais violentos, pois esse território era o de maior importância entre as províncias de Portugal no continente. Além disso, o movimento separatista não era unificado. Havia o MPLA, a Unita e a FNLA. Em 1975, com a independência, o novo governo foi formado por esses três grupos.

a) I – Cabo Verde; II – Guiné-Bissau.

b) I – Moçambique; II – Angola.

c) I – Guiné-Bissau; II – Cabo Verde.

d) I – Angola; II – Moçambique.

5. Assinale a alternativa que associa corretamente o nome do país com suas principais características.

I. Arquipélago vulcânico com clima árido e isolamento geográfico dificultam sua ocupação. Apenas 10% do território é adequado à agricultura e ainda sofre com escassez de água, sendo necessário captar água da chuva, perfurar poços e dessalinizar água do mar. País que mais incorporou influências da cultura portuguesa, como língua e religião (catolicismo), e manteve estabilidade política desde a independência.

II. Arquipélago vulcânico no qual 66% da população, de um total de 201 mil habitantes, é urbana e vive nas regiões norte das duas principais ilhas. Possui alta taxa de crescimento demográfico e a maior parte da população é constituída de jovens. Passou por tensões desde a independência, mas não viveu grandes conflitos.

III. Apesar da grande biodiversidade, é um dos países mais pobres do mundo. Desde a independência, em 1974, e a chegada ao poder do PAIGC, o país vive grande instabilidade política, com golpes de Estado e muitos conflitos.

a) I – Cabo Verde; II – São Tomé e Príncipe; III – Guiné-Bissau.

b) I – Cabo Verde; II – Guiné-Bissau; III – São Tomé e Príncipe.

c) I – São Tomé e Príncipe; II – Cabo Verde; III – Guiné-Bissau.

d) I – Guiné-Bissau; II – São Tomé e Príncipe; III – Cabo Verde.

6. Quais são os principais desafios dos países localizados no norte da África?

7. O que foi o movimento ocorrido sobretudo em países da África setentrional e do Oriente Médio que ficou conhecido como "Primavera Árabe"?

8. Escreva uma síntese dos acontecimentos que marcaram o início do processo de independência das colônias portuguesas na África e sua relação com a Revolução dos Cravos, em Portugal.

CAPÍTULO

6

Oceania: aspectos físicos, políticos e econômicos

Você deve ser capaz de:

- Analisar os fatores geográficos e culturais que diferenciam a Oceania dos demais continentes.
- Reconhecer a importância da ANZCERTA para a integração das economias da Austrália e da Nova Zelândia.
- Compreender a colonização da Oceania e a discriminação sofrida pelos povos originários durante esse processo.

Reveja o que aprendeu

A Oceania apresenta fatores geográficos e humanos bastante singulares, que a diferenciam dos outros continentes.

Deposit Photos/Glow Images

Guerreiros huli se preparam para o festival das montanhas Hagen, que reúne apresentações culturais dos diversos povos que habitam a Papua-Nova Guiné, um dos países mais culturalmente heterogêneos do mundo, com mais de 800 línguas faladas. Foto de 2015.

Conteúdo referente às páginas 135 a 141.

Quadro físico

A Oceania é formada por mais de 10 mil ilhas distribuídas entre os oceanos Pacífico e Índico. Compreende a Austrália, a Nova Zelândia e três grandes conjuntos de ilhas menores: Melanésia, Micronésia e Polinésia.

Na Melanésia, ao norte e nordeste da Austrália, encontram-se países insulares como Papua-Nova Guiné, Ilhas Salomão, Nova Caledônia, Vanuatu e Fiji. Essas ilhas possuem uma grande biodiversidade.

A Micronésia é formada por um conjunto de ilhas pequenas (países-ilha), ao leste das Filipinas e ao norte da Melanésia, como Tuvalu, Ilhas Marshall, Kiribati, Ilhas Marianas (com o território estadunidense de Guam), Nauru, além de Palau e da Federação dos Estados da Micronésia, que juntos formam as Ilhas Carolinas.

A Polinésia, por sua vez, é formada por diversas ilhas pequenas, a leste da Melanésia. A maior parte dessas ilhas pertence a países como Reino Unido (Ilhas Pitcairn), França (Polinésia Francesa), Chile (Ilha de Páscoa) e Estados Unidos (o estado do Havaí).

Austrália, Tasmânia, Nova Guiné, Ilhas Salomão, arquipélago de Bismarck e Nova Zelândia são considerados ilhas continentais. Essas ilhas, formadas por rochas muito antigas, foram separadas do continente em razão da tectônica de placas.

As ilhas oceânicas, montanhosas, são de origem vulcânica. O Havaí é um exemplo desse tipo de ilha. Já as ilhas de topografia mais baixa surgiram de recifes de corais, cuja configuração circular, em razão de terem se formado ao redor de ilhas vulcânicas, que submergiram, é denominada atol. Três quartos dos atóis do mundo estão situados nessa região, como o atol de Tuvalu e o de Kiribati.

Na Oceania há diversos tipos climáticos. Encontram-se países com clima equatorial, que apresentam vasta vegetação, e outros na faixa tropical, de climas tropicais úmidos, além dos climas temperado e desértico.

Na Austrália, o clima varia entre equatorial e temperado. Há regiões muito úmidas e outras bem secas. No país encontram-se Florestas Tropicais e Temperadas, formações arbustivas e extenso deserto (Outback).

Na Nova Zelândia, predomina o clima oceânico temperado. Nas áreas mais altas formam-se geleiras e há Florestas Temperadas.

Na Papua-Nova Guiné e em outros países próximos à linha do equador, há climas quentes e úmidos (equatorial e tropical), com grande biodiversidade, como nas Florestas Tropicais. A presença de montanhas e umidade contribui para a formação de chuvas orográficas. Essas ilhas de topografia plana sofrem com escassez de água doce.

Nas ilhas tropicais, de climas quentes mais secos ou mais úmidos, há ocorrência de furacões e ciclones.

Além desses eventos climáticos, as ilhas localizadas na Melanésia, na Micronésia e na Polinésia estão sujeitas ao aumento do nível do mar (efeito do aquecimento global) e atividades sísmicas (vulcanismo, terremotos e *tsunamis*) decorrentes do encontro das placas Indo-Australiana, das Filipinas, das Carolinas, do Pacífico e de Fiji.

Aspectos econômicos

Conteúdo referente às páginas 142 a 144.

A maioria da população dedica-se à agricultura familiar, com o cultivo de gêneros variados, com destaque para raízes e tubérculos. Também são cultivados para exportação: banana, café, coco, cacau, abacaxi, mamão papaia e flores tropicais.

A pesca artesanal atende ao consumo familiar, enquanto a pesca industrial, sobretudo do atum, atende ao mercado externo e é explorada por grandes empresas estrangeiras.

A pecuária extensiva, bem como a exploração de recursos florestais, é praticada em algumas ilhas, como Vanuatu, Ilhas Salomão e Papua-Nova Guiné.

Os recursos minerais são bastante explorados na Austrália, enquanto na Papua Nova Guiné existe a exploração de recursos minerais da superfície marinha; há também mineração de cobre, ouro e prata; o país também tem potencial para exploração de gás e petróleo. Em Nauru, na Micronésia, a exploração de fosfato causou degradação ambiental e crise econômica quando a atividade entrou em decadência. A Nova Caledônia, na Melanésia, é um dos principais produtores mundiais de níquel.

A indústria destaca-se na Austrália e na Nova Zelândia, que enfrentam concorrência da produção chinesa no abastecimento do mercado interno.

O desenvolvimento dos meios de transporte reduziu o isolamento das ilhas da Oceania e favoreceu o turismo, bastante explorado em razão das belas paisagens naturais.

Alguns países do continente buscam ampliar a participação no sistema internacional por meio da instalação de bases militares e paraísos fiscais. Muitas ilhas dependem de recursos enviados por outros países.

Em 1983, foi estabelecido um Acordo Comercial sobre Relações Econômicas entre Austrália e Nova Zelândia (ANZCERTA), intensificando suas relações comerciais com a criação de uma área de livre-comércio. Atualmente, as economias dos dois países estão integradas.

Conteúdo referente às páginas 145 a 149.

Austrália

A invasão britânica ocorrida no fim do século XVIII pretendia colonizar a região já habitada por mais de 1 milhão de aborígines, o povo originário.

Em meados do século XIX, havia pouco interesse na exploração do país, que servia como colônia penal. A colonização só foi intensificada com as práticas de agricultura e mineração.

Em 1910, as colônias britânicas existentes na Austrália (Tasmânia, Victoria, Queensland, Nova Gales do Sul, Austrália Ocidental e Austrália Meridional) tornaram-se uma federação, a Comunidade da Austrália. Povos aborígines foram massacrados, impedidos de explorar suas terras e deixados de fora do censo demográfico. Esses povos só foram incorporados ao censo na década de 1960.

População

Até meados de 1970, havia um controle rigoroso de imigração, sobretudo de asiáticos, pois o governo tinha o objetivo de aumentar a população branca de europeus e estadunidenses. A necessidade de mão de obra exigiu o incentivo de migrações de outras partes do mundo, como América do Sul, Ásia e África. A migração de brasileiros é significativa no país. Atualmente, o governo defende uma política multicultural e adota práticas para reduzir a discriminação social.

A população australiana é pequena quando se considera o tamanho do território. Há 24,5 milhões de habitantes nos seus 7,7 milhões de quilômetros quadrados. A população concentra-se no litoral e em áreas urbanas (90%). O interior é um grande vazio demográfico, sobretudo em razão da existência de grandes desertos áridos.

Aspectos socioeconômicos

Em 2018, a Austrália obteve o terceiro melhor IDH mundial, o que explica parte do fluxo de migrantes para o país. No entanto, o mercado consumidor interno é pequeno e a pauta exportadora do país é composta de produtos de baixo valor agregado.

Na pecuária, o país destaca-se como o maior produtor mundial de lã e na produção de carne. A agropecuária é bastante mecanizada, com pouco uso de mão de obra.

Constitui um dos maiores exportadores mundiais de recursos minerais, como ferro, níquel, chumbo, zinco, manganês, prata, cobre, ouro, bauxita e titânio, além de carvão, petróleo e urânio.

Menos de 20% da riqueza é produzida pela indústria nacional, que enfrenta concorrência de empresas japonesas, chinesas e estadunidenses. Isso dificulta a competição no mercado de bens de produção duráveis e não duráveis.

O setor de serviços é bastante desenvolvido, gerando três quartos da economia, com destaque para o turismo.

A Austrália busca ampliar sua participação econômica na Ásia e na Oceania por meio de planos de integração com outros países. Também tem investido na ampliação da participação política, como em missões da ONU.

Conteúdo referente às páginas 150 a 152.

Nova Zelândia

Os povos originários da Nova Zelândia são os maoris, cuja identidade ancestral é conservada por meio da língua e de outros elementos culturais. No século XVIII, a colonização britânica submeteu os maoris a trabalhos forçados, ocasionando muitas guerras de resistência.

Em 1840, foi assinado um acordo entre os maoris e os colonizadores. Porém, o acordo foi interpretado de forma diferente pelos dois grupos. Para os maoris, as terras sob seu domínio deveriam ser protegidas; os britânicos, por sua vez, entendiam que tinham a soberania sobre o território.

População

A maioria dos maoris vive no norte do país. Os neozelandeses de origem europeia estão concentrados na parte leste.

A migração de maoris para as cidades intensificou a urbanização. Até 1940, eles viviam em áreas rurais; atualmente, 77% deles estão na área urbana. Os maoris representam 14% da população do país, que teve de adequar seu sistema de educação para incluí-los.

Aspectos econômicos

Na economia, destacam-se o turismo, a agricultura e a ovinocultura. A carne bovina e a caprina equivalem a mais de 70% das exportações; as frutas, principalmente kiwi e maçã, correspondem a 3% do PIB. A produção é concentrada e mecanizada. Mais recentemente, a produção de vinho do país tornou-se importante no mercado internacional.

Belas paisagens, formadas por vulcões ativos ou inativos, gêiseres, lagos, *inselbergs*, cordilheiras e fiordes são um forte atrativo turístico.

Polinésia Francesa, Federação dos Estados da Micronésia e Melanésia

Conteúdo referente às páginas 153 e 154.

Polinésia Francesa

É formada por um conjunto de seis arquipélagos no Pacífico, pertencentes à França. São eles: as ilhas Tahiti, que representam um quarto das terras emersas da Polinésia, as ilhas Marquesas, as ilhas Austrais, as ilhas Gambier, as ilhas da Sociedade e os atóis de Tuamotu.

Os povos originários dessa região são os asiáticos. Com a chegada de europeus e estadunidenses, nos séculos XVII e XIX, houve alteração da composição da população.

O clima tropical úmido possibilita a produção de banana, batata-doce e coco, apesar da pouca disponibilidade de solos agrícolas. A pesca é muito importante, assim como a produção de pérolas e o turismo (a presença de corais é um forte atrativo).

Federação dos Estados da Micronésia

É formada por mais de 50 ilhas e ilhotas no oceano Pacífico, cuja colonização inglesa deixou algumas heranças, entre elas, o idioma.

A economia constitui-se de pesca e agricultura familiar, mas muitos gêneros agrícolas são importados. O PIB é dependente dos Estados Unidos, que instalou bases militares na região em troca de ajuda financeira.

Melanésia

É formada por países insulares: Samoa, Fiji, Vanuatu e Papua-Nova Guiné.

A Papua-Nova Guiné tem a maior extensão territorial e baixa densidade demográfica. Condições naturais como vulcanismo e tectonismo são frequentes e dificultam a ocupação humana. Colonizada por portugueses, britânicos e franceses, é hoje um Estado independente, embora tenha a rainha Elizabeth II, da Inglaterra, como sua soberana.

Em Vanuatu, a população tem ascendência polinésia. O país foi colonizado por europeus, principalmente franceses e britânicos. A base da economia são produtos derivados do coco e do cacau. O país importa produtos agrícolas e carnes, principalmente da Austrália.

Geopolítica

Conteúdo referente às páginas 155 e 156.

A Oceania tornou-se um campo de experimentação de testes nucleares realizados por países como Reino Unido, Estados Unidos e Coreia do Norte.

O continente é rota de transporte marítimo comercial para boa parte dos países asiáticos, europeus e americanos. Por isso, ao longo da história, muitos países ambicionaram territórios na região para seu fortalecimento geopolítico.

França, Reino Unido, Estados Unidos, Chile, Nova Zelândia e Austrália possuem territórios na Oceania, o que significa que esses países têm maior acesso a rotas marítimas para compra e venda de bens, possibilitando a ampliação de sua Zona Econômica Exclusiva (ZEE).

Aplique o que aprendeu

Atividade resolvida

(Unicamp)

A Oceania é um continente formado por um conjunto de ilhas e pela Austrália. Com base no texto e observando os mapas a seguir, responda:

a) Sabe-se que a Oceania pode ser compartimentada em três grandes conjuntos de ilhas, cuja importância estratégica ainda hoje é muito grande. Quais são esses três conjuntos?

b) Com relação à Austrália, quais são as características do relevo australiano?

c) Ainda sobre a Austrália, por que na zona norte as chuvas ocorrem no verão e, na zona sul, apenas no inverno?

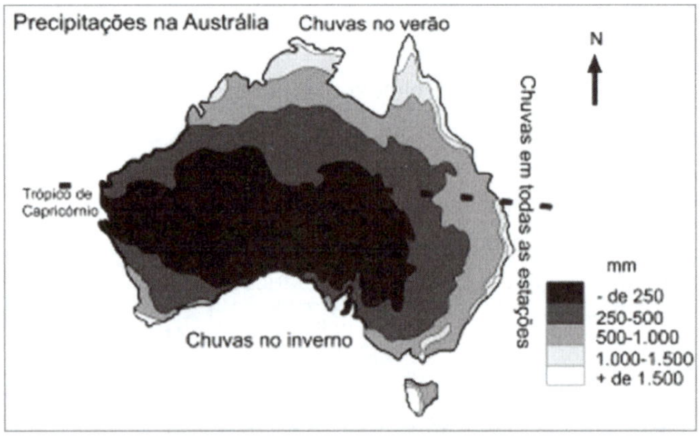

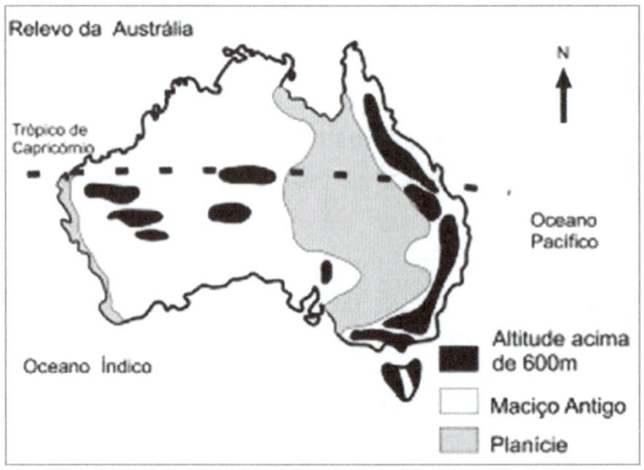

Fonte: adaptado de Dottori, C. B.; Rua, J.; Ribeiro, L. A. M. *Geografia 2º Grau*. São Paulo: Editora Francisco Alves, 1984, p. 143, 147.

Respostas

a) Polinésia, Micronésia e Melanésia.

b) Na Austrália, predomina um grande planalto (área branca, identificada como Maciço Antigo) em sua porção centro-ocidental e uma ampla planície (depressão australiana) em sua porção centro-oriental limitada por uma estreita faixa de terras mais altas, que forma uma cordilheira com altitudes modestas, de norte a sul, junto ao litoral. É um relevo assentado numa base geologicamente estável.

c) Ao norte do trópico de Capricórnio predomina o clima tropical, com chuvas concentradas no verão, por causa da maior influência da Convergência Intertropical (CIT). Ao sul do trópico de Capricórnio predomina o clima mediterrâneo, no qual as chuvas se concentram no inverno por causa da ação dos anticiclones polares.

Comentário

Essa questão oferece poucas informações no enunciado ("A Oceania é um continente formado por um conjunto de ilhas e pela Austrália"), mas muitas informações nos mapas. É importante interpretar os dados apresentados nesses mapas para produzir um bom texto, considerando o que é solicitado em cada item.
O item **a** não tem nenhuma relação com o texto e com os mapas. É uma informação factual, que precisa estar memorizada. O item **b** exige a leitura e a interpretação do segundo mapa, "Relevo da Austrália", além de algum conhecimento prévio que auxilie na identificação de algumas formações. O item **c** exige conhecimentos de climatologia e a leitura do mapa "Precipitações na Austrália", tanto para identificar as áreas mais úmidas como para localizar o país nas grandes zonas climáticas (tropical ao norte e temperado ao sul).

Atividades

1. Leia as descrições a seguir e associe-as ao nome de um dos três conjuntos de ilhas que fazem parte da Oceania.

I. Agrupa um vasto número de ilhas pequenas. A maior parte dessas ilhas pertence a países de outros continentes, como Reino Unido (Ilhas Pitcairn), França (Polinésia Francesa, na qual está o atol de Mururoa, usado para testes nucleares no passado), Chile (Ilha de Páscoa) e Estados Unidos (o estado do Havaí).

II. Agrupa países insulares situados a norte e nordeste do território australiano, como Papua-Nova Guiné, Ilhas Salomão, Nova Caledônia, Vanuatu e Fiji. Papua-Nova Guiné apresenta elevada biodiversidade, enquanto Fiji destaca-se pela produção de açúcar para exportação.

III. Formada por centenas de pequenas ilhas, ao leste das Filipinas. Nela estão países como Tuvalu, Ilhas Marshall, Kiribati, Ilhas Marianas (com o território estadunidense de Guam), Nauru, além de Palau e da Federação dos Estados da Micronésia, que juntos formam as Ilhas Carolinas. Elas foram foco de disputa por sua posição estratégica. Dada a dimensão desses países, são conhecidos como "países-ilha".

a) Micronésia, Melanésia e Polinésia.

b) Polinésia, Micronésia e Melanésia

c) Polinésia, Melanésia e Micronésia.

d) Melanésia, Micronésia e Polinésia.

2. Na Austrália, as diversas combinações de fatores – como latitude, atuação das correntes atmosféricas e oceânicas, altitude e disposição do relevo – resultam em variação de climas no país, de tropical úmido a desértico. O interior da Austrália (Outback) apresenta clima:

a) mais seco e amplitudes térmicas baixas.

b) mais úmido e amplitudes térmicas altas.

c) mais seco e amplitudes térmicas altas.

d) mais úmido e amplitudes térmicas muito baixas.

3. A economia dos países que fazem parte da Oceania é muito variada, com a maioria da população trabalhando na agricultura familiar. Em razão de seu quadro natural, quase todos os países da região também exploram de forma significativa:

a) o turismo.

b) a mineração.

c) o petróleo.

d) a energia solar.

4. No processo de colonização da Austrália, os povos _______ foram massacrados, impedidos de praticar sua cultura e viram suas terras serem desapropriadas. Durante muito tempo, os _______ nem eram contabilizados no censo demográfico do país, e só puderam votar a partir da década de 1960.

Assinale a alternativa que apresenta uma palavra que completa corretamente as lacunas do texto acima.

a) hulis

b) aborígines

c) maoris

d) polinésios

5. O que diferencia a Oceania dos demais continentes?

6. Qual é a diferença dos processos de formação de ilhas continentais e de ilhas oceânicas?

7. Quais eventos naturais ameaçam Melanésia, Micronésia e Polinésia? Por que essas regiões podem sofrer mais impacto com o aquecimento global?

8. Qual o nome do principal povo originário da Nova Zelândia e como eles mantêm sua identidade ancestral?

CAPÍTULO

7 Índia: um país de contrastes

Você deve ser capaz de:

- Identificar as principais características da Índia, país marcado por profundos contrastes socioeconômicos e pela diversidade cultural.
- Reconhecer os principais fatores físico-naturais do território indiano, assim como estabelecer conexões entre essas características e as dinâmicas sociais.
- Conhecer e analisar dados socioeconômicos e aspectos geopolíticos da Índia em relação ao contexto regional e mundial.

Reveja o que aprendeu

A Índia é um país de contrastes, tanto em sua geografia física (relevo, clima, vegetação, entre outros) quanto nos processos socioeconômicos, marcados pela crescente inserção nos fluxos econômicos globais, mas também pela exclusão de milhões de pessoas de sua numerosa população (a segunda maior população absoluta nacional do mundo).

Na história recente, destaca-se a migração rural-urbana, com profundas consequências para a qualidade de vida nas cidades, marcadas pelo desemprego e pela informalidade no mercado de trabalho, pela falta de moradia e por graves problemas ambientais (poluição das águas e do ar, entre outros).

Media Drum World/Alamy/Fotoarena

Foto aérea de favelas (à esquerda) e casas (à direita) em Mumbai, Índia, 2017. Mumbai é considerada a capital financeira do país, mas é nessa cidade que mais se pode observar os contrastes socioespaciais.

Conteúdo referente às páginas 167 a 171.

Quadro físico

A Índia localiza-se ao sul da Ásia, em uma faixa de baixas e médias latitudes (zonas intertropical e temperada). A presença da cordilheira do Himalaia, no extremo norte do território, e do oceano Índico, ao sul, exerce forte influência nos tipos de clima e de vegetação, bem como na hidrografia do país.

Além da cordilheira do Himalaia, formada pelo movimento convergente das placas tectônicas Euro-Asiática e Indo-Australiana, o relevo indiano é marcado pelo planalto do Decã, na região central, e pelas planícies dos rios Indo e Ganges (planície Indo-Gangética). Por causa dessa configuração do relevo, a maioria dos rios flui no sentido norte-sul e também da região central para o sentido leste ou oeste, dada a existência de um interflúvio na região central (planalto do Decã).

A Índia está localizada em uma região influenciada pelo regime de monções, que se caracteriza pela sazonalidade: durante o verão, os ventos úmidos (monções de verão) provenientes do Índico sopram em direção ao continente e são barrados pelo Himalaia, provocando elevados índices pluviométricos, sobretudo na região norte do país. Com a cheia dos rios, ocorrem inundações nas planícies, causando grandes prejuízos sociais, ainda que contribuam para a fertilidade dos solos e, portanto, para a produção de alimentos e demais atividades agropecuárias.

Os rios indianos também são intensamente explorados pelas atividades industriais e de mineração e para o abastecimento. O período das monções de inverno caracteriza-se pela escassez de água em diversas regiões, o que se agrava com a poluição das águas fluviais, sobretudo nas grandes cidades. Nesse período, os ventos das monções sopram do continente para o oceano, resultando em baixos índices pluviométricos no país. Essas mudanças sazonais na direção dos ventos ocorrem em decorrência de zonas de alta pressão (ar frio) e de baixa pressão (ar quente), que provocam o deslocamento dos ventos (das zonas de alta pressão para as zonas de baixa pressão). Essa variação resulta, de forma geral, em verões chuvosos e invernos secos no país.

Índia: ventos de monções

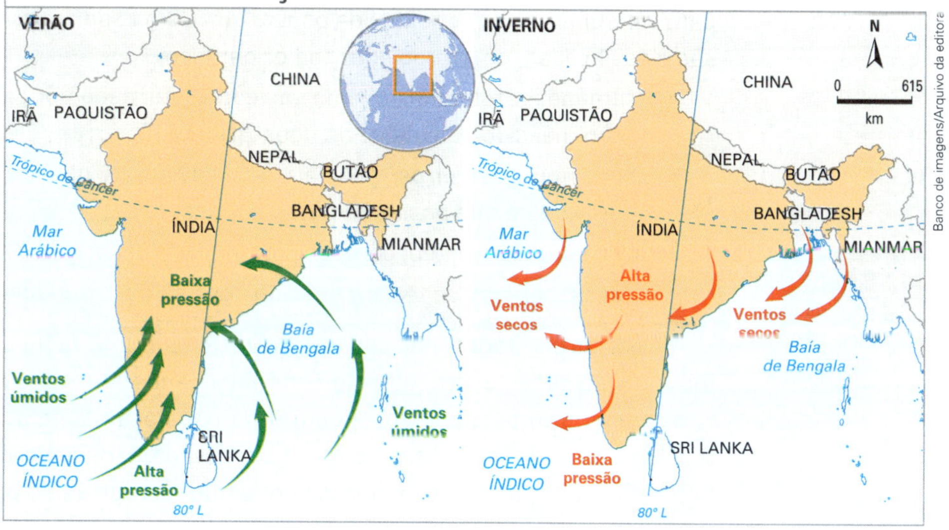

Elaborado com base em: CALDINI, Vera; ÍSOLA, Leda. *Atlas geográfico Saraiva*. 4. ed. São Paulo: Saraiva, 2013. p. 171.

Essa característica climática acaba influenciando nos tipos de clima e de vegetação: grande parte do território apresenta clima tropical, caracterizado pela alternância de período chuvoso (verão) e seco (inverno), sendo a Floresta Tropical a formação vegetal predominante. Há, ainda, as áreas com maiores índices pluviométricos ao sul e a oeste, de clima equatorial, com Floresta Pluvial Tropical; o clima semiárido no noroeste e no extremo sul, com Savana, o clima desértico em uma pequena área no noroeste; e o frio de montanha, na cordilheira do Himalaia, no extremo norte do país.

Colonização e independência

Conteúdo referente às páginas 172 e 173.

A história da Índia é marcada pelo domínio do Império Britânico, que a manteve na condição de colônia de 1858 a 1947, com o intuito de explorar as terras agrícolas para a produção de chá e algodão, assim como para a exploração mineral, sobretudo do minério de ferro e do carvão mineral para abastecer as indústrias inglesas.

A produção de algodão provocou prejuízos às tradicionais tecelagens indianas, que integravam a Rota da Seda, caminho que viabilizava, entre os séculos II a.C. e XV d.C., as trocas comerciais entre os países asiáticos e a Europa. Esses prejuízos decorreram do fato de que o algodão passou a ser beneficiado e exportado para a fabricação de tecidos na Inglaterra, os quais posteriormente eram vendidos na colônia indiana.

A subordinação econômica da Índia ao Império Britânico, exemplificada pelas mudanças na produção têxtil, deu origem a movimentos de resistência e a favor da independência. Uma das principais lideranças na luta pacífica pela independência indiana foi Mahatma Gandhi (1869-1948).

Conteúdo referente às páginas 173 a 177.

População: estrutura e dinâmica

A diversidade cultural é uma característica marcante da população da Índia. Há mais de 1 500 línguas oficiais registradas no país.

A religião é bastante significativa na cultura indiana. Na "geografia religiosa" do país, destacam-se os seguidores do hinduísmo em algumas regiões, enquanto em outras é possível verificar maior presença de budistas, cristãos, entre outros.

Do ponto de vista social, o sistema de castas, apesar de oficialmente abolido pela Constituição do país há mais de 50 anos, ainda influencia a formação dos grupos sociais. Ao classificar as pessoas pelo grau de "pureza", produz uma sociedade marcada pela profunda desigualdade socioeconômica, visto que as castas inferiores são excluídas e sofrem preconceito e discriminação. Apesar da proibição oficial, esse sistema encontra barreiras para ser superado no cotidiano da população. Com base em princípios religiosos, as castas são classificadas, de acordo com sua origem, em:

- **brâmanes**: casta mais alta da sociedade, formada por sacerdotes e intelectuais, que teriam nascido da cabeça do deus Brahma;
- **xátrias ou guerreiros**: policiais e governantes, que teriam surgido dos braços do deus hindu e que possuem poder político;
- **vaixás**: comerciantes, camponeses e artesãos, originados das pernas de Brahma;
- **sudras**: servos que teriam nascido dos pés da divindade.

Os **párias** ou **"dalits"** não correspondem a nenhuma casta e estão na base da sociedade indiana, exercendo os trabalhos menos valorizados.

A Índia é um país populoso, com uma população absoluta de cerca de 1,3 bilhão de habitantes, e densamente povoado. Sua elevada densidade demográfica ultrapassa 200 habitantes por quilômetro quadrado em algumas regiões do país, como Mumbai e Délhi.

A estrutura etária da população, com elevados percentuais de População Economicamente Ativa, mas com baixa expectativa de vida (65 anos para homens e 69 anos para mulheres), revela a existência de precárias condições de vida decorrentes, entre outros fatores, da escassez de moradias e de saneamento básico para grande parte da população.

Ainda que a economia do país figure como a sétima maior do mundo e tenha apresentado elevados índices de crescimento (elevação do Produto Interno Bruto (PIB) em 6,6% no ano de 2017, por exemplo), a renda média da população indiana está abaixo da linha de pobreza, de 1,9 dólar por dia, de acordo com o Banco Mundial. O desempenho econômico positivo, em especial na produção industrial e na mineração, tem atraído imigrantes de países como Bangladesh e Emirados Árabes Unidos.

Na educação, observa-se também um grande contraste: ao mesmo tempo que o país desenvolve alguns centros de pesquisa de ponta, apenas cerca de 73% da população é alfabetizada, com diferenças agudas entre a população urbana (84% alfabetizados) e a rural (68% alfabetizados).

Urbanização, metrópoles e pobreza

Conteúdo referente às páginas 177 a 179.

A Índia passa por um acelerado processo de urbanização, com destaque para o crescimento das grandes cidades, tais como: Mumbai, a capital financeira com cerca de 12 milhões de habitantes; Nova Délhi, capital e principal centro comercial do norte do país; e Calcutá, a antiga capital. A desigualdade socioeconômica do país reflete-se principalmente nas paisagens urbanas: a arquitetura moderna dos novos centros econômicos contrasta com favelas que abrigam numerosa população em situação de pobreza.

Don Mammoser/Shutterstock

Rua no centro de Nova Délhi, Índia, 2014.

Atividades econômicas

Conteúdo referente às páginas 179 a 182.

Destacam-se na Índia as seguintes atividades econômicas: indústria, agropecuária, turismo e cinema.

A indústria é diversificada, com destaque para as de alta tecnologia, petroquímica, automobilística, siderúrgica e mecânica. Entre 15% e 20% da população economicamente ativa trabalha nesse setor, que representa 23% do PIB do país.

O PIB industrial indiano tem apresentado elevadas taxas de crescimento anual (10% em 2010 e 7,1% em 2016). Bangalore, Calcutá, Nova Délhi e Mumbai são os principais polos industriais do país. Bangalore constitui o polo de maior concentração de indústrias de alta tecnologia. Os principais importadores dos manufaturados indianos são Estados Unidos, Emirados Árabes Unidos, China e Reino Unido.

A produção agropecuária – impulsionada pela Revolução Verde, por reformas políticas e por investimentos em infraestrutura – emprega quase metade da população economicamente ativa (47%). O aumento da renda e da autossuficiência dos agricultores veio acompanhado de intensos impactos ambientais pelo uso excessivo de agrotóxicos e da expansão da monocultura voltada à exportação de produtos como café, arroz, milho, legumes, algodão, cereais, chá, caprinos e bovinos.

Uma atividade econômica em crescimento na Índia é a indústria cinematográfica, instalada em diversos polos, com destaque para Bollywood, localizado em Mumbai. Esses polos produzem e distribuem filmes em mais de 20 idiomas.

Poderio militar

Conteúdo referente às páginas 182 e 183.

O elevado poderio militar da Índia (quinto no *ranking* mundial) decorre, em grande parte, da necessidade de proteção de suas fronteiras, alvo de disputas territoriais com o Paquistão (Caxemira) e a China (região de Aksai Chin). Simultaneamente, Índia e Paquistão tornaram-se membros da Organização de Cooperação de Xangai (SCO), com China, Rússia, Casaquistão, Tajiquistão, Quirguistão e Usbequistão.

Aplique o que aprendeu

Atividade resolvida

(UFU)

Pelo menos 269 pessoas morreram e 2 milhões foram afetadas por causa das chuvas registradas há quase um mês no estado de Tamil Nadu, no sul da Índia, disse o ministro do Interior, Rajnath Singh. As inundações são comuns na Índia durante o período geral de chuvas de monção entre julho e agosto.

Disponível em: <http://g1.globo.com/mundo/noticia/2015/12/chuvas-na-india-deixam-mais-de-200-mortos-e-afeta-2-milhoes-de-pessoas.html> Acesso em: 29 de abr. 2017. (Adaptado).

O texto retrata um fenômeno meteorológico responsável pelas fortes chuvas. Esse fenômeno é causado pelo(a):

a) ação dos ventos alísios, que invertem sua direção e intensidade durante o verão asiático.

b) água do oceano Índico, cuja ação de correntes marinhas frias favorece a formação de massas de ar carregadas de umidade.

c) desenvolvimento de um corredor de nuvens de tempestade em direção ao Oceano Índico, causado pela Cordilheira do Himalaia.

d) aparecimento sazonal de grandes diferenças térmicas entre o oceano Índico e o continente Asiático.

Resposta

Alternativa **d**.

Comentário

O texto apresentado contextualiza o fenômeno em questão: as monções de verão no sul do continente asiático. Para identificar, entre as alternativas apresentadas, a causa desse fenômeno, deve-se verificar as diferenças de temperatura e, consequentemente, de pressão atmosférica responsáveis pela inversão dos ventos nessa região no verão e no inverno. A alternativa **d** menciona as "grandes diferenças térmicas entre o oceano Índico e o continente Asiático", sendo, portanto, a resposta correta. A menção ao "aparecimento sazonal", ou seja, em determinados períodos do ano, condiz com a informação apresentada no texto referente à periodicidade do fenômeno: "durante o período geral de chuvas de monção entre julho e agosto".

Atividades

1. Sobre os aspectos físico-naturais da Índia, é correto afirmar que:

a) a homogeneidade do relevo, tanto em suas formas como variações altimétricas, reduz a diversidade de formações vegetais.

b) há diversos tipos de clima, como o tropical, o equatorial e o frio de montanha, ocasionados pela variação latitudinal e altitudinal e pela influência das massas de ar, entre outros fatores.

c) as florestas pluviais tropicais concentram-se na porção norte do território, que recebe as correntes úmidas provenientes do Himalaia.

d) as maiores planícies fluviais encontram-se na região central do território indiano e abrigam grandes cidades, como Mumbai e Nova Délhi.

Texto para as questões 2 e 3:

Monções ajudam e Índia pode ter recorde na produção de grãos nesta safra

A maior produção já alcançada pela Índia foi na temporada encerrada em junho de 2014, com 265,04 milhões de toneladas. Nos dois anos seguintes, as safras caíram para 252 milhões de toneladas por causa das precipitações abaixo do esperado, explicou Singh.

Até a semana passada [setembro de 2016], o atual ciclo contava com uma área plantada 4% maior, com 105,4 milhões de hectares. Os dados do ministério da Agricultura incluem culturas como arroz, lentilha e demais cereais para consumo humano. O país asiático recebe 75% de suas chuvas anuais durante a temporada de monções, entre junho e setembro. [...]

Dinodia Photos/Alamy/Fotoarena

A maior produção já alcançada pela Índia foi na temporada encerrada em junho de 2014, com 265,04 milhões de toneladas.

A produção de **grãos** para alimentação humana na Índia deve alcançar um volume recorde no atual ano-safra [2016] em razão das chuvas de monções em melhor volume, afirmou [...] o ministro da **Agricultura** do país, Radha Mohan Singh. "Recebemos boas e bem distribuídas **chuvas**. Tenho certeza de que teremos um recorde de produção neste ano", disse o ministro em teleconferência.

MONÇÕES ajudam e Índia pode ter recorde na produção de grãos nesta safra. *Globo Rural*, 16 set. 2016. Disponível em: <https://revistagloborural.globo.com/Noticias/Agricultura/Arroz/noticia/2016/09/globo-rural-moncoes-ajudam-e-india-pode-ter-recorde-na-producao-de-graos-nesta-safra.html>. Acesso em: 26 fev. 2019.

2. O fenômeno mencionado no texto ocorre:

a) durante o verão no hemisfério norte, nos meses de junho a setembro.

b) durante o inverno no hemisfério norte, nos meses de dezembro a março.

c) por causa das baixas temperaturas nas altitudes elevadas da cordilheira do Himalaia.

d) por causa da elevada taxa de evaporação das águas dos rios Indo e Ganges.

3. Sobre o fenômeno climático e a atividade econômica citados no texto, é correto afirmar que:

a) as chuvas de monções amenizam o problema da escassez de alimentos na Índia durante o inverno, período em que ocorre o fenômeno climático nessa região.

b) a agricultura de grão, na Índia, é exclusivamente voltada ao mercado externo, motivo pelo qual o aumento da produção não resultará em redução da fome no país.

c) a produção agropecuária é uma das atividades de destaque na economia indiana, uma vez que emprega cerca da metade da população economicamente ativa do país.

d) as monções de verão ocorrem por causa do deslocamento de correntes de ar úmido do continente europeu para o continente asiático, contribuindo para o aumento da produção agrícola indiana.

4. Do ponto de vista demográfico, a Índia se destaca por apresentar:

a) população absoluta de 3,1 bilhões de habitantes.

b) maioria da população idosa.

c) baixa natalidade e elevada expectativa de vida.

d) elevados percentuais de População Economicamente Ativa.

5. Um dos destaques na geografia da produção industrial indiana é Bangalore. Esse polo industrial caracteriza-se pela concentração de:

a) indústrias tradicionais, em especial a têxtil.

b) indústrias de alta tecnologia e de comunicação.

c) indústria petroquímica.

d) produção cinematográfica conhecida como Bollywood.

6. Os países vizinhos com os quais a Índia enfrenta os principais conflitos étnico-territoriais são:

a) Bangladesh e Paquistão.

b) Butão e China.

c) China e Paquistão.

d) China e Mianmar.

7. Observe a foto de abertura deste capítulo, na página 58, e a foto abaixo. A Índia é conhecida por ser um país de profundos contrastes. Qual contraste pode ser observado nas imagens e quais suas possíveis causas?

abydos/Shutterstock

Favela com prédios ao fundo no centro comercial de Mumbai, Índia. Foto de 2018.

CAPÍTULO

8 China: potência econômica, política e militar

Você deve ser capaz de:

- Analisar o crescimento econômico da China e sua importância na economia mundial.
- Identificar os interesses geopolíticos da China no cenário internacional.
- Compreender a estrutura e a dinâmica da população chinesa.

Reveja o que aprendeu

No fim dos anos 1970, a China abriu-se ao mercado externo, dando início a uma escalada que a levou, no século XXI, a uma posição de destaque na economia mundial, além de ampliar seu poder político, com diversas iniciativas de cooperação internacional. O rápido avanço técnico-militar e seus interesses geopolíticos acabaram gerando conflitos com alguns países vizinhos e momentos de tensão política com os Estados Unidos.

Ed Stein/Acervo do cartunista

Charge de Ed Stein, de 2014. Disponível em: <www.usagold.com/op-ed/cartoons.html>. Acesso em: 27 fev. 2019.

Conteúdo referente às páginas 188 a 192.

Quadro físico

A China possui a terceira maior extensão territorial do mundo e seu relevo é bastante diversificado. Destacam-se o planalto Tibetano, localizado no sudoeste do país; as grandes áreas planálticas, ao norte; e as regiões montanhosas a oeste (Sichuan) e ao sul (Yunnan). Além das terras altas, há mais de 1 milhão de quilômetros quadrados de planícies. As planícies da China oriental são as áreas mais densamente povoadas e desenvolvidas do país.

Fatores como latitude e altitude contribuem para grandes variações climáticas no território. A topografia exerce forte influência nas condições de pressão atmosférica, temperatura e umidade. Na porção sudoeste do país, predominam os climas tropical úmido e subtropical úmido; no leste, o clima é temperado; na região do planalto Tibetano, ocorre o clima frio de montanha; ao norte, ocorrem os climas semiárido e árido.

As diferentes condições geológicas, climáticas e de relevo fazem da China o país com a segunda maior diversidade de espécies vegetais nativas do mundo, atrás apenas do Brasil.

Nas paisagens áridas e semiáridas ao norte, destacam-se as Estepes. No planalto Tibetano, a vegetação é característica de terras altas. No extremo nordeste, estão as Florestas Boreais de Coníferas, e, no restante do território, as Florestas Temperadas, Subtropicais e Tropicais.

História de um império e as revoluções chinesas

Conteúdo referente às páginas 192 a 197.

A civilização chinesa é uma das mais antigas do mundo. Nos séculos XXI a.C. a XVII a.C., diversos clãs se distribuíam ao longo do rio Huang-ho.

Shang (1600 a.C.-1046 a.C.), a primeira dinastia comprovada, estava estabelecida entre os rios Huang-ho e Yang-tsé. Durante a segunda dinastia, a Zhou (1045 a.C.-221 a.C.), houve o desenvolvimento de duas das principais correntes filosóficas chinesas: o confucionismo e o taoismo. A dinastia Qin (221 a.C.-206 a. C.) marcou o início do império chinês. Durante essa breve dinastia, foram realizadas duas grandes obras: a Grande Muralha e o Exército de Terracota. Os manchus fundaram a última dinastia chinesa, a Qing (1644-1912). Nesse período, a China alcançou sua máxima extensão territorial e grande desenvolvimento agrícola e comercial.

Porém, desde o fim do século XVIII a China já sofria crises políticas, econômicas e sociais. As ações imperialistas europeias agravaram a situação. Em 1919, em resposta ao Tratado de Versalhes (o qual fez a China perder territórios para outros países), ocorreu o movimento Quatro de Maio, cuja importância foi ter feito surgir ideais em oposição aos ideais liberais do Ocidente.

Em 1920, Sun Yat-sen liderou as ações para a reunificação do país e, com o apoio da União Soviética, aliou-se ao Partido Comunista Chinês (PCC), de Mao Tsé-tung. Em 1925, após a morte de Sun Yat-sen, Chiang Kai-shek tornou-se líder do Partido Nacionalista e deu um golpe de Estado, rompendo relações com os aliados comunistas. O Partido Comunista Chinês realizou então a Grande Marcha, momento fundamental para a consolidação dos ideais comunistas e a organização do PCC sob a liderança de Mao Tsé-tung.

Mao Tsé-tung promoveu diversas reformas políticas, econômicas e sociais: implantou a reforma agrária; nacionalizou instituições financeiras e comerciais; desenvolveu ações para alavancar a produção industrial no país; estabeleceu, na zona rural, comunas populares para alcançar a máxima coletivização das atividades; e desenvolveu estruturas sociais públicas, como escolas e hospitais.

Em 1966, Mao Tsé-tung promoveu a chamada Revolução Cultural, mas movimentos dos trabalhadores fizeram oposição às medidas do governo, o que levou ao controle militar da revolução e à repressão da população até 1976, com a morte de Mao Tsé-tung.

Em 1978, Deng Xiaoping (1904-1997) assumiu o poder e realizou profundas reformas: as comunas foram extintas e os trabalhadores rurais passaram a arrendar terras e a receber incentivos para a ampliação da produção.

A China era, até 2018, a segunda maior economia mundial, atrás apenas dos Estados Unidos. No entanto, há grandes diferenças no nível de desenvolvimento entre as regiões do país.

População: estrutura e dinâmica

Conteúdo referente às páginas 198 e 199.

O governo chinês, no início da República Popular da China, ofereceu grandes incentivos para que as famílias chinesas tivessem filhos. Entre 1949 e 1970, o país passou de 541,57 milhões de habitantes para 829,92 milhões.

Por volta de 1960, a política de incentivo à natalidade foi substituída pela promoção do planejamento familiar em razão do intenso crescimento populacional e da pressão sobre o ambiente e os recursos naturais.

Em 1979, Deng Xiaoping implementou temporariamente a "política do filho único", que perdurou até 2016. Atualmente, a China é o país mais populoso do mundo, com mais de

1,3 bilhão de habitantes. O aumento proporcional do número de idosos em relação ao número de crianças tem gerado preocupação em virtude do envelhecimento rápido da população.

Conteúdo referente às páginas 200 a 202.

Reformas no campo e urbanização

Após o estabelecimento da República Popular da China em 1949, o país sofreu embargos econômicos que o isolaram internacionalmente. Nesse período, foram implementadas ações para promover o crescimento industrial de base. Dessa forma, o Produto Interno Bruto (PIB) relativo às atividades industriais cresceu três vezes mais do que o da produção agrícola entre 1956 e 1960.

Tal situação contribuiu para um dos maiores períodos de fome da história e demandou a importação de grãos e a revisão política de industrialização. Para solucionar o problema, o governo concedeu maior flexibilidade aos agricultores, introduzindo o sistema de responsabilidade familiar, por meio do qual as terras seriam alocadas para indivíduos ou grupos para uso e gestão e, após pagamento de cota ou imposto, o excedente da produção poderia ser vendido livremente. O novo contexto econômico vivido no campo intensificou a migração do campo para a cidade, garantindo mão de obra para o trabalho industrial.

A China possui uma das maiores metrópoles do mundo. Xangai é a cidade mais populosa, com mais de 24 milhões de habitantes, e constitui o maior centro econômico do país. A segunda maior aglomeração chinesa é Beijing, com mais de 21,7 milhões de habitantes em 2016. Capital da República Popular desde 1949, a cidade é o centro político e é controlada pelo governo central, além de ser o principal polo cultural do país. A cidade de Guangzhou (Cantão) é uma das principais áreas portuárias, industriais e comerciais, e Shenzhen, localizada na costa sudeste da China, possui intensa atividade industrial e é referência em alta tecnologia e *design*.

Conteúdo referente às páginas 203 e 204.

Zonas Econômicas Especiais: o modelo de exportação

Entre 1979 e 1980, Deng Xiaoping estabeleceu Zonas Econômicas Especiais (ZEEs), um modelo moderno e único que mesclava a economia planificada com o sistema de mercado, pelo qual foi chamado de "socialismo de mercado". As ZEEs apresentam diferenças em relação às zonas comerciais tradicionais, com regras e benefícios específicos e com políticas econômicas e leis voltadas para a exportação.

Nas ZEEs, há maior autonomia administrativa e econômica. Diversos incentivos fiscais foram criados para atrair empresas estrangeiras, tais como: mão de obra numerosa e barata; oferta de boa infraestrutura, como vias terrestres e portos; inexistência de restrição à importação de produtos. A partir dos anos 1990, o desenvolvimento industrial chinês alcançou índices elevados, o que acarretou um processo acelerado de urbanização sem precedentes em outras regiões do mundo.

Conteúdo referente à página 205.

As três Chinas

A **China oriental** abrange províncias próximas ao mar Amarelo e ao mar da China Oriental. É a região mais desenvolvida, onde se encontram as principais atividades econômicas do país, com destaque para os setores industrial e de comércio e serviços. As principais metrópoles chinesas estão localizadas nessa região.

A **China central** engloba as províncias localizadas no interior do país. Sua economia é menos dinâmica que a das províncias da China oriental. Em 2004, o presidente Wen Jiabao anunciou o "Plano de Crescimento da China Central", com investimentos em agricultura, infraestrutura de transportes e exploração de recursos naturais, além do fomento à urbanização.

A **China ocidental** abrange as províncias e as regiões autônomas menos desenvolvidas e povoadas do país. A ocupação e a exploração são dificultadas pelas características do relevo, além da severa escassez de água. É a área mais extensa do território chinês e apresenta muitos recursos naturais materiais e imateriais, com belas paisagens.

China e globalização

Conteúdo referente às páginas 206 a 208.

A economia chinesa tem crescido em médias superiores à de outros países desde a criação das primeiras Zonas Econômicas Especiais. Em 2010, a taxa de crescimento do PIB foi de 10,6%, correspondente a 6,1 trilhões de dólares.

Investimentos em todos os setores elevaram os ganhos gerais de produtividade, também resultantes de maciços investimentos em educação e tecnologia.

As indústrias de eletrônicos, químicas e petroquímicas, agroalimentares e de equipamentos de transporte tiveram expressivo crescimento graças aos investimentos estrangeiros diretos. Já os setores mais tradicionais, como o metalúrgico, o mecânico e o têxtil, têm apresentado menor crescimento. O setor terciário é o que apresenta maior participação na economia chinesa (51,6% em 2016).

A China é o maior exportador do mundo, e os produtos mais comercializados, em volume de capital, são computadores, equipamentos de radiofusão, telefones, circuitos integrados, transformadores elétricos e aparelhos semicondutores. Os principais destinos dessas mercadorias são Estados Unidos, Hong Kong, Japão, Alemanha e Coreia do Sul.

Em relação às importações, a economia chinesa demanda mais petróleo bruto, circuitos integrados, ouro, minério de ferro e carros, vindos dos mesmos países que compram os produtos chineses, com exceção de Hong Kong. O Brasil tem a China como principal parceiro econômico. Vende principalmente soja triturada, petróleo, minério de ferro e celulose, e compra inúmeros produtos manufaturados.

A matriz energética da China é diversificada, com grande participação de combustíveis fósseis, especialmente o carvão mineral, cuja queima causa prejuízo ao ambiente e às populações por causa da enorme polulção gerada.

Nos últimos anos houve grandes investimentos na produção de energia a partir de fontes renováveis. Em 2017, 26% da matriz de energia elétrica chinesa corresponderam às fontes hidráulica, eólica e solar.

China: superpotência mundial?

Conteúdo referente às páginas 209 a 211.

A China promove cada vez mais ações de cooperação bilateral ou multilateral com outros países, em diversas dimensões (política, econômica, social, cultural e ambiental), ampliando dessa forma seu poder político na ordem internacional.

O país faz parte do Conselho de Segurança da Organização das Nações Unidas (ONU), do Fundo Monetário Internacional (FMI) e da Organização Mundial do Comércio (OMC). Integra a Cooperação Econômica Ásia-Pacífico (APEC) e compõe o grupo do Brics (Brasil, Rússia, China, Índia e África do Sul).

Para muitos analistas políticos, o planejamento chinês busca criar instituições e atualizar as já existentes de modo que sejam favoráveis ao objetivo do país de alcançar *status* de superpotência mundial.

Muitos países do Sudeste Asiático demonstram preocupação em relação à hegemonia chinesa sobre o mar da China Meridional, pois, apesar do discurso em prol da cooperação econômica quanto à exploração dos recursos disponíveis nesse espaço marítimo, os interesses chineses aparentam ter finalidades estratégica e militar.

Aplique o que aprendeu

Atividade resolvida

(UERJ)

O mais ambicioso projeto geopolítico do governo chinês começa a sair do papel. A Nova Rota da Seda pretende reviver a antiga rede comercial entre Oriente e Europa. Quase 8 000 quilômetros separam a cidade de Xi'an de Veneza, na Itália, extremos da rota. No lugar das caravanas de camelos que cruzavam a Ásia Central com mercadorias entre a China e a Europa, uma ampla rede de ferrovias, estradas, oleodutos e cabos de fibra óptica ocupará o percurso, de acordo com os planos do governo chinês. Para financiar as obras, Pequim [Beijing] criou um fundo de US$ 40 bilhões, além do Banco Asiático de Investimento em Infraestrutura, que tem a participação de outros 21 países e começou a funcionar em 2015, com um capital de US$ 50 bilhões.

Adaptado de *Folha de São Paulo*, 01/03/2016.

Apresente uma vantagem econômica e uma vantagem geopolítica resultantes da implementação do projeto chinês mencionado na reportagem.

Resposta

A implementação da Nova Rota da Seda poderá resultar na ampliação do mercado para a crescente produção industrial chinesa, em especial na Ásia central e no continente europeu; na melhoria da infraestrutura e na agilidade das importações e exportações chinesas; e na redução dos custos de transporte, assim aumentando a competitividade da economia chinesa.

Em relação às vantagens geopolíticas, esse projeto visa: aumentar a presença político-militar da China nos continentes asiático e europeu; o controle estratégico da navegação no oceano Índico, região que constitui importante rota comercial marítima e de estabelecimento de bases militares ocidentais (Estados Unidos e potências europeias); e, ainda, fortalecer o país como potência econômica regional e global.

Comentário

A questão explora um importante contexto econômico e geopolítico atual: a expansão da economia chinesa e, na esteira do crescimento econômico, o fortalecimento geopolítico dessa potência econômica global. Esse projeto traz importantes implicações geopolíticas. Ainda que o Brasil não se situe geograficamente na região-alvo desse ambicioso projeto, é possível concluir que o crescimento econômico chinês poderá trazer benefícios à economia brasileira, dadas as relações comerciais entre esses dois países.

Atividades

1. Com a terceira maior extensão territorial do mundo, a China apresenta cerca de 20 mil quilômetros de fronteiras terrestres e 18 mil quilômetros de linha de costa. Do ponto de vista geopolítico, essas fronteiras se caracterizam:

a) pela instabilidade em todas as regiões fronteiriças, apesar da longa história de formação político-territorial desse país.

b) pela fragmentação, uma vez que a soberania é compartilhada com centenas de povos e com países vizinhos.

c) pelo rígido controle e pela consolidação das fronteiras, impedindo qualquer tipo de reivindicação territorial pelos países vizinhos.

d) pela existência de conflitos em áreas específicas, como na fronteira com a Índia, além da disputa por territórios marítimos com o Japão.

2. Sobre o relevo e a ocupação do território chinês, é correto afirmar que:

a) a maior parte do relevo é formada por planícies fluviais, resultantes da deposição dos sedimentos provenientes dos planaltos e das altas montanhas.

b) predominam os planaltos de formação geológica muito antiga e que, por causa dos solos férteis e do clima úmido, são as regiões de maior densidade demográfica no país.

c) ainda que ocupem em torno de 10% do território, as planícies da China oriental são as áreas mais densamente ocupadas e desenvolvidas do país.

d) as áreas montanhosas, como a cordilheira do Himalaia, formam-se na porção leste do território chinês, resultantes do movimento convergente da placa Euroasiática com a placa do Pacífico.

3. A expressão "socialismo de mercado" atribuída ao modelo econômico chinês refere-se a uma economia:

a) mista, que concilia a economia de mercado com um modelo socialista de produção.

b) liberal e coerente com o liberalismo político vigente no país.

c) regulada pela demanda do mercado, sem intervenção estatal.

d) socialista, que se assemelha às economias socialistas do século XX, como a do modelo soviético.

4. A China é reconhecida pela elevada diversidade de espécies vegetais nativas. Essa diversidade está associada às demais características naturais, como o relevo e o clima. Marque a alternativa que apresenta uma associação correta entre os tipos de vegetação e as características de relevo e de clima apresentadas.

	Vegetação	Relevo/Clima
a)	Vegetação característica de terras altas	Planícies orientais
b)	Formações Estépicas	Climas árido e semiárido
c)	Florestas Temperadas	Cordilheira do Himalaia
d)	Florestas Boreais de Coníferas	Clima desértico

5. Uma das características geográficas da China é a formação de grandes áreas metropolitanas, que polarizam as atividades comerciais, financeiras e industriais do país. A seguir, são apresentadas quatro importantes cidades do país. Associe-as corretamente às respectivas descrições.

Cidades:

I. Xangai

II. Beijing

III. Guangzhou (Cantão)

IV. Shenzhen

Descrições:

A. Localizada estrategicamente no delta do rio das Pérolas (Zhu Jiang), desempenha papel importante na formação histórico-territorial da China graças à sua importância portuária, industrial e comercial. Possui mais de 14 milhões de habitantes.

B. Cidade mais populosa da China e maior centro econômico do país. Localiza-se na foz do rio Yang-tsé, com papel estratégico para impulsionar as relações comerciais entre o interior do país e o mercado global. É uma das maiores cidades globais, com destaque para o distrito de Pudong, maior centro financeiro e comercial chinês.

C. Localizada na costa sudeste da China, ao norte da ilha de Hong Kong. Precursora na abertura ao mercado internacional, ainda na década de 1970, concentra atualmente volumosos investimentos internos e externos, destacando-se na produção industrial e em alta tecnologia.

D. Segunda maior aglomeração da China, com mais de 21,7 milhões de habitantes, e capital política do país, é controlada diretamente pelo governo central. Destaca-se por ser o principal polo cultural da China, herança de sua importância histórica.

A alternativa que associa corretamente as cidades chinesas às suas respectivas descrições é:

a) I-B; II-D; III-C; IV-A.

b) I-A; II-C; III-B; IV-D.

c) I-B; II-D; III-A; IV-C.

d) I-D; II-A; III-C; IV-B.

6. Analise as afirmações a seguir, que tratam das Zonas Econômicas Especiais (ZEEs) chinesas:

I. As ZEEs distinguem-se das zonas comerciais tradicionais existentes no país, pois apresentam uma política econômica que prioriza o mercado externo.

II. Criadas no contexto da Revolução Cultural Chinesa, na década de 1970, as ZEEs priorizam a exportação da produção agrícola das regiões interioranas do país.

III. As ZEEs foram criadas com o objetivo de atrair investimentos externos, condicionados ao estabelecimento de associação com capital nacional chinês por meio do sistema de *joint venture*, com o intuito de promover a participação dos capitais internacional e chinês de forma equilibrada.

IV. As ZEEs chinesas caracterizam-se pelo maior controle administrativo e econômico por parte do governo central, se comparadas às demais regiões administrativas do país, que são compensadas pelos incentivos fiscais para atrair empresas estrangeiras.

As afirmativas corretas são:

a) I e II.
b) I e III.
c) II e III.
d) III e IV.

7. A China tem se afirmado como uma das maiores superpotências mundiais. Essa afirmação geoeconômica também provoca consequências geopolíticas, com possíveis mudanças nas relações políticas com outros países, sobretudo países vizinhos. Apresente e comente uma dessas possíveis implicações geopolíticas da China no âmbito regional ou global.

CAPÍTULO

9

Japão e Tigres Asiáticos

Você deve ser capaz de:

- Compreender o modelo asiático de produção.
- Analisar a importância da economia do Japão e dos Tigres Asiáticos no cenário mundial.
- Valorizar as manifestações culturais do Japão e dos Tigres Asiáticos associando-as a seus processos históricos.

Reveja o que aprendeu

Japão e Tigres Asiáticos (Vietnã, Tailândia, Indonésia, Coreia do Sul, Hong Kong, Taiwan, Cingapura e Malásia) estão inseridos no atual mundo globalizado em razão do elevado desenvolvimento tecnológico e da exportação de manufaturados e tecnologias, aliados a grandes investimentos em educação. A partir da segunda metade do século XX, passaram a receber investimentos de grandes potências regionais e mundiais.

jamesteohart/Shutterstock

Centro comercial de Kuala Lumpur, capital da Malásia, em 2018.

Conteúdo referente às páginas 216 a 224.

Japão

Atualmente, o Japão encontra-se entre as principais potências econômicas do mundo. O país busca superar desafios internos e externos para atender às exigências do mundo globalizado, marcado pela forte competição no âmbito comercial e pelo desenvolvimento tecnológico. Uma das dificuldades enfrentadas pelo Japão nesse cenário é a obtenção de matérias-primas para produção industrial e geração de energia.

Quadro físico

O território japonês está localizado no extremo leste do continente asiático. É um país insular, formado por dois extensos conjuntos de ilhas alinhadas na direção nordeste-sudeste e circundadas pelo oceano Pacífico, pelo mar de Okhotsk, pelo mar do Leste/mar do Japão e pelo mar da China Oriental. O bloco central corresponde às quatro ilhas maiores: Honshu, Kyushu, Shikoku e Hokkaido, e o periférico é formado por centenas de ilhas menores e mais distantes.

O relevo é predominantemente montanhoso (75%), com altitudes que variam entre 1 700 e 3 776 metros. A maioria dos rios parte das regiões centrais do país, onde estão as nascentes, e segue em direção às planícies litorâneas, onde deságuam nos mares que banham o território insular. A configuração do relevo, associada à variação latitudinal, entre outros fatores, garante ao território japonês grande variedade de espécies vegetais e animais, tanto em ecossistemas marinhos quanto em terrestres.

O relevo montanhoso, marcado pela presença de vulcões e pela ocorrência de terremotos e *tsunamis*, tem sua formação e sua dinâmica associadas à tectônica de placas, pois o território japonês se situa em área de limite entre placas integrantes do Círculo de Fogo do Pacífico.

No território japonês, ocorrem diferentes tipos climáticos, sujeitos a variações por causa da influência dos mares e do oceano. No verão, ocorrem tufões. O risco de desastres provocados por fenômenos naturais faz com que o país desenvolva políticas públicas de prevenção de desastres, para as quais destina cerca de 10% do PIB.

Do xogunato à Era Meiji

O regime imperial iniciado em 1192 desenvolveu o xogunato, que perdurou até 1867 e ficou conhecido como o período feudal japonês.

O contato com povos europeus teve início no século XVI. A princípio, os japoneses optaram pelo isolacionismo econômico, limitando o comércio com os estrangeiros. O isolamento, somado ao crescimento da população e às características territoriais e econômicas, levou ao empobrecimento da população.

Diante desse contexto, os senhores feudais colocaram-se contra o xogum, aproximando o Oriente do Ocidente. Em 1867, o príncipe Mutsuhito ascendeu ao poder como imperador Meiji e o último xogum renunciou, o que possibilitou o início da restauração Meiji, que conduziu o Japão à modernização.

Essa restauração político-econômica, conhecida como Era Meiji, perdurou até 1912 e foi marcada por profundas reformas políticas, econômicas e sociais. O processo de modernização permitiu ao país industrializar-se rapidamente, dando origem a grandes grupos financeiros e comerciais chamados *zaibatsus*, consolidando uma economia concentrada nas mãos de poucos empresários e influenciando significativamente a política japonesa.

Em 1889, o Japão tornou-se uma monarquia constitucional e, entre o fim do século XIX e início do século XX, avançou sobre territórios chineses, coreanos e russos.

O período entreguerras e a reconstrução

Durante a Primeira Guerra Mundial (1914-1918), o governo japonês juntou-se aos Aliados (Tríplice Entente, formada por Reino Unido, França e Império Russo) para combater os interesses da Alemanha no leste asiático. Após o conflito, entrou numa crise profunda, adotou políticas imperialistas, ocupando a região da Manchúria, no nordeste da China, e retirou-se da Liga das Nações. Em 1937, entrou em guerra com a China.

Na Segunda Guerra Mundial (1939-1945), o governo japonês formalizou uma aliança, em 1941, com os países do Eixo (Alemanha e Itália), opondo-se à aliança formada pelos Aliados (Estados Unidos, Império Britânico, União Soviética e China). Nesse período, invadiu diversos territórios a fim de estabelecer uma nova ordem geopolítica no Sudeste Asiático.

Ainda em 1941, após o ataque japonês à base estadunidense de Pearl Harbor, os Estados Unidos entraram no conflito e, em agosto de 1945, lançaram duas bombas atômicas sobre as cidades de Hiroshima e Nagasaki, o que causou grandes danos materiais e imateriais à população japonesa.

A reconstrução do país contou com a ajuda financeira dos Estados Unidos por meio do Plano Marshall, mas, aos poucos, o Japão obteve autonomia. Nas últimas décadas do século XX, voltou a crescer economicamente e afirmou-se na ordem internacional, consolidando-se como potência política, econômica e tecnológica.

População

Entre 1960 e 2010, houve um aumento populacional no Japão de 93,4 milhões para 128 milhões de habitantes. No entanto, estima-se que a população será reduzida a 87 milhões em 2060 – uma redução de 32% –, e a principal causa é o declínio acentuado das taxas de fecundidade.

A diminuição do número de habitantes trará consequências como redução da População Economicamente Ativa, sobrecarga nos sistemas previdenciário e de saúde, menor arrecadação tributária, além de mudança nas políticas públicas, que deverão estar mais direcionados aos idosos.

Apesar de a imigração ser considerada indesejável por boa parte da população japonesa, nos anos 1990, a escassez de trabalhadores fez com que o governo do Japão flexibilizasse a legislação migratória, incentivando a vinda de descendentes de japoneses com alta e média qualificação.

Com a crise de 2008, as leis de imigração tornaram-se mais rígidas. Porém, entre 2010 e 2012, apenas 5% da população japonesa era composta de estrangeiros e, diante das perspectivas de crescimento econômico e da redução da População Economicamente Ativa, as leis de imigração foram novamente abrandadas.

Atividade econômica

No início da Era Meiji, mais de três quartos da população japonesa trabalhava no setor primário e o Produto Interno Bruto (PIB) *per capita* era de apenas 750 dólares – menos de 2% do valor verificado em 2017.

No fim do século XIX, o Japão apresentava altas taxas de crescimento do PIB e, após a Segunda Guerra, a economia cresceu graças a investimentos para a reconstrução no contexto do Plano Marshall. Em 1960, o país já era a terceira maior economia mundial.

A partir desse período, o governo promoveu uma reestruturação da indústria do país e traçou como objetivo o crescimento das exportações, com liberação do comércio e controle cambial. Em poucas décadas, os setores secundário e terciário suplantaram a importância do setor primário na economia japonesa.

O Japão tornou-se o principal credor do mundo no fim da década de 1980 e, em 1990, era a segunda maior economia mundial. Apesar disso, nos últimos anos, o país tem passado por instabilidades econômicas que reduziram o crescimento médio anual do PIB a pouco mais de 1%. O principal motivo é a grande dependência de exportações diante da redução da demanda internacional por produtos japoneses, associada ao elevado valor da moeda japonesa (iene) e à concorrência com os produtos chineses, entre outros fatores.

Conteúdo referente às páginas 224 a 235.

Tigres Asiáticos

Os países que fazem parte dos Tigres Asiáticos realizam grandes investimentos em Ciência e Tecnologia. Inspirados no modelo japonês, esses países criaram empresas competitivas que se destacaram no mundo da globalização econômica.

Quadro físico

O clima predominante na região onde se encontram os Tigres Asiáticos é úmido com verões quentes, com temperaturas médias anuais entre 25 °C e 27 °C e índices de precipitação e umidade altos. O fenômeno de monções faz com que as tempestades também sejam uma característica da região.

O tipo de vegetação predominante em Cingapura, Indonésia, Tailândia e Vietnã é a Floresta Tropical Pluvial; já na Coreia do Sul, destacam-se as Florestas Mistas e Temperadas, enquanto em alguns locais da Tailândia predomina a Floresta de Monções.

Nos territórios dos Tigres Asiáticos, a composição geológica é formada por rochas vulcânicas e há grande ocorrência de vulcanismo e terremotos. Já o relevo é formado por planícies e zonas montanhosas.

Colonização

Ao longo da história, chineses, japoneses e europeus ocuparam as terras dos países que formam os Tigres Asiáticos. No fim da Segunda Guerra Mundial, a península coreana foi dividida entre Coreia do Norte (socialista) e Coreia do Sul (capitalista), divisão que permanece até hoje. Nesse mesmo período, a ilha de Taiwan foi ocupada pelo Japão, que lá permaneceu por 50 anos. Atualmente, Taiwan possui governo próprio e reivindica autonomia, mas a China não a reconhece, tratando-a como parte de seu território.

Hong Kong permaneceu sob o domínio chinês e britânico por muitos séculos. Após o conflito entre China e Reino Unido conhecido como Guerra do Ópio (1839-1860), passou, a partir de 1898, a ser dominada pelo Império Britânico, período que durou 99 anos. Em 1997, voltou a ser território chinês.

Cingapura e Malásia foram colonizados por britânicos e japoneses e, atualmente, são países independentes.

O Vietnã ficou sob o domínio da China por muitos anos e, após a batalha de Bach Dang (931-939), tornou-se independente. Porém, passou a ser dominado pela França de 1887 até a Guerra da Indochina (1946-1954), sendo dividido em dois países: Vietnã do Norte (socialista) e Vietnã do Sul (capitalista). Durante a Guerra do Vietnã (1962-1975), houve um embate entre o lado socialista, apoiado pela União Soviética e pela China, e o lado capitalista, apoiado pelos Estados Unidos, com vitória do Vietnã do Norte.

A Indonésia, que sempre foi uma importante rota comercial para chineses, indianos e árabes, conseguiu sua independência após a Segunda Guerra Mundial.

A Tailândia foi dominada por ingleses, franceses, japoneses e estadunidenses e até a Segunda Guerra Mundial a supremacia era japonesa, que foi sendo gradualmente transferida para os Estados Unidos.

A partir dos anos 1970, esses países passaram por processos de industrialização com investimentos financeiros de empresários japoneses, estadunidenses e europeus, o que possibilitou o aparecimento da primeira geração dos Tigres Asiáticos.

Primeira geração

O modelo de industrialização implantado por Coreia do Sul, Hong Kong, Taiwan e Cingapura, associado às estratégias de mercado de exportação e importação, ficou conhecido como modelo asiático de produção. Esse modelo tem como base a produção e a exportação de produtos de alto valor agregado, que não são inteiramente absorvidos pelo mercado interno, sendo, dessa forma, exportados em grande escala. O lucro dessas exportações – associado ao controle estatal da inflação, da política industrial e das contas públicas – resultou no grande crescimento econômico dos anos 1980.

- **Coreia do Sul**

Produz uma enorme quantidade de bens, como aço, eletroeletrônicos, navios, automóveis e artigos de microeletrônica, atuando também no setor de finanças e comércio, com desenvolvido sistema de transportes terrestre e marítimo. A taxa de analfabetismo no país é quase nula graças aos investimentos maciços em educação. As fontes de energia utilizadas para a produção industrial são principalmente de origem termelétrica e nuclear; na agricultura, predomina a cultura intensiva do arroz; na extração mineral, a produção de zinco. No aspecto geopolítico, destaca-se no investimento militar.

- **Hong Kong**

A população de aproximadamente 7 milhões de habitantes apresenta baixas taxas de desemprego e altas taxas de alfabetização. No início dos anos 1980, o território tornou-se uma região administrativa especial da República Popular da China. É dependente da província de Guangdong para o abastecimento de água, alimentos e energia. Os portos e aeroportos estão entre os mais movimentados do mundo, utilizados para fluxo de passageiros e de cargas entre os Tigres Asiáticos e para exportação mundial.

- **Taiwan**

Considerada território chinês, Taiwan reivindica autonomia política em relação à potência asiática. Entre os fatores responsáveis por seu sucesso econômico estão o investimento em educação e a qualidade do ensino, que, aliados ao desenvolvimento tecnológico, resultam em baixos índices de desemprego. Depende do comércio exterior para o abastecimento de alimentos, destacando-se apenas nas culturas de grãos.

- **Cingapura**

Sua localização, no extremo sudeste da Ásia continental, atraiu a atenção de outros países em razão de seus portos. Jurong é seu principal parque industrial; a indústria representa 20% do total de empregos locais. Nos anos 1990, o setor de serviços tornou-se a maior fonte de empregos do país.

A demanda de água para utilização nas indústrias e para o abastecimento da população levou o país a fazer importações da Malásia, além de investir em processos de dessalinização e canalização da água de chuva. Conta com o aeroporto de Changi, e o sistema metroviário é considerado um dos mais modernos do mundo. É tido como centro mundial na área comercial e financeira.

Segunda geração

Os países considerados Tigres Asiáticos da segunda geração são: Indonésia, Tailândia, Malásia e Vietnã.

- **Indonésia**

Nos anos 2000, o país passou por um grande crescimento econômico, com diversas indústrias espalhadas por suas ilhas. Na última década, teve grande aumento no PIB. Investimentos maciços na educação possibilitaram que a taxa de alfabetização em 2017 fosse de 96%. Conta com uma população de mais de 262 milhões de habitantes, o que faz dele um dos países com maior densidade demográfica no mundo, com cerca de 137 pessoas por quilômetro quadrado.

- **Tailândia**

Desde a última década, o país vive um crescimento econômico que, aos poucos, contribui para a diminuição das diferenças sociais. O centro comercial, industrial e de serviços fica na capital, Bangcoc. Desde 2010, foram construídos aeroportos, estradas e diversas obras de infraestrutura pública.

As praias do país atraem turistas de todo o mundo, aquecendo a economia local. A população é de aproximadamente 68 milhões de habitantes. Nas últimas duas décadas, os indicadores populacionais e sociais apresentaram melhorias significativas nas áreas de saúde, educação e saneamento. A expectativa de vida aumentou de 65 anos em 2000 para 75 anos em 2017. As taxas de natalidade diminuíram de 3 filhos na década de 1980 para 1,5 filho atualmente.

- **Vietnã e Malásia**

O Vietnã está localizado em um ponto estratégico no mar da China, o que possibilitou a disposição de uma estrutura industrial e comercial atrativa para o ingresso do país na segunda geração dos Tigres Asiáticos.

A Malásia, por sua vez, destacou-se nos anos 1990 pela extração de petróleo. A industrialização está direcionada para a venda de produtos com alto valor agregado. Nos anos 2000, o governo estimulou a industrialização do óleo de palma e de outros bens (como a borracha), visando à exportação de produtos cirúrgicos. A agricultura é voltada para a produção de *commodities* e é o setor que mais emprega no país. Para atender à demanda de exportação, conta com muitos portos, que estão entre as rotas marítimas mais movimentadas do mundo.

Aplique o que aprendeu

Atividade resolvida

(UFU)

Vulcão Shinmoedake entra em erupção no Japão

Fumaça é lançada a até 3 mil metros de altura.

O vulcão Shinmoedake, localizado na ilha japonesa de Kyushu, está ativo e lança fumaça a até 3 mil metros de altura. A Agência Meteorológica do Japão está alertando as pessoas a ficarem longe da montanha de 1.421 metros e advertindo que grandes rochas podem ser cuspidas até uma distância de 3 quilômetros.

Disponível em: <https://g1.globo.com/mundo/noticia/vulcao-shinmoedake-entra-em-erupcao-no-japao.ghtml>. Acesso em: 14 de mar, 2017.

A ocorrência no Japão do fenômeno geológico apresentado está relacionada principalmente à

a) existência no seu território de áreas cratônicas.

b) sua localização numa área de encontro de placas tectônicas.

c) grande incidência de rochas magmáticas no interior do país.

d) formação geológica antiga de suas ilhas.

Resposta

Alternativa **b**.

Comentário

Nesta questão, explora-se a relação entre a localização do Japão, um arquipélago situado na zona de convergência de placas tectônicas, e a atividade vulcânica, expressa no texto pela possibilidade de as pessoas serem atingidas por fragmentos de rochas expelidas pelo vulcão Shinmoedake, localizado na ilha de Kyushu. Convém destacar que a alternativa **d** poderia despertar a atenção e eventual dúvida na resolução da questão. Porém, vale lembrar que os terrenos de formação geológica antiga tendem a ser mais estáveis geologicamente (caso do Brasil, por exemplo). O território japonês, ao contrário, situa-se em terrenos de formação rochosa recente e de origem vulcânica.

Atividades

1. Observe o gráfico e leia as afirmações a seguir.

Japão: projeção do envelhecimento da população – 1965 a 2065

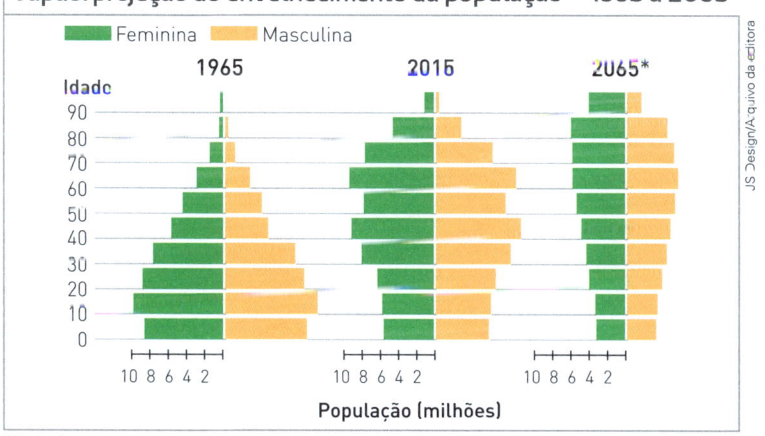

* Projeção.

Elaborado com base em: POR QUE o fechado Japão agora quer abrir suas portas para imigrantes? *BBC Brasil*, 5 nov. 2018. Disponível em: <www.bbc.com/portuguese/geral-46095680>. Acesso em: 1º mar. 2019.

I. A pirâmide etária do Japão apresenta um processo de envelhecimento, visto que há uma contínua redução da base e ampliação, desde a década de 1960 e nas estimativas para as próximas décadas, das faixas etárias mais elevadas.

II. Por causa das dificuldades de aceitação sociocultural de imigrantes por parte da população japonesa, o governo do país proibiu a entrada de imigrantes e busca reverter ou amenizar a redução da População Economicamente Ativa por meio de políticas de incentivo à natalidade.

III. A legislação que regula a imigração no Japão é restritiva, mas busca facilitar a entrada de mão de obra de acordo com a necessidade, podendo variar ao longo dos anos com base em indicadores econômicos.

IV. Apesar da forte redução da População Economicamente Ativa, o Japão anunciou recentemente, assim como na crise de 2008, medidas mais restritivas para a imigração de mão de obra, independentemente de sua qualificação profissional.

Está correto somente o que se afirma em:

a) I e III b) I e IV c) II e III d) II e IV

2. Em relação ao quadro físico dos países que compõem a sub-região asiática conhecida como Tigres Asiáticos, é correto afirmar que:

a) se destacam os terrenos de formação geológica recente, mas estáveis, reduzindo as chances de desastres ambientais de origem geológica.

b) predominam as formações vegetais com pouca biodiversidade, associadas à localização intertropical, mas com baixos índices de pluviosidade.

c) se localizam no Círculo de Fogo do Pacífico, em região onde ocorrem as chuvas de monções, podendo ocorrer desastres ambientais de natureza geológica e climática.

d) se destacam formações vegetais arbustivas e clima semiárido nas extensas planícies que marcam seus territórios localizados em áreas continentais.

3. O modelo asiático de produção implantado pelos Tigres Asiáticos caracteriza-se:

a) pela exportação de *commodities*.

b) pela exportação de manufaturados.

c) pelo predomínio do capital nacional.

d) pela modernização do setor primário.

4. Os Tigres da segunda geração ou Novos Tigres Asiáticos e parte de suas características econômicas estão corretamente indicados na alternativa:

a) Indonésia, Tailândia, Malásia e Vietnã; implantação do modelo seguido pela primeira geração de Tigres Asiáticos, com investimentos em infraestrutura e produção voltada para a exportação de manufaturados.

b) Indonésia, Taiwan, Malásia e Hong Kong; aprimoramento do modelo econômico adotado pelos Tigres Asiáticos da primeira geração, com destaque para o setor de telecomunicações.

c) Indonésia, Tailândia, Malásia e Vietnã; priorização das estratégias geopolíticas regionais, com investimentos na indústria bélica, em detrimento do desenvolvimento econômico-industrial.

d) Coreia do Sul, Tailândia, Malásia e Filipinas; inserção no sistema financeiro, com o intuito de assumir a liderança econômica regional.

5. Observe o mapa a seguir e responda à questão.

Planisfério: desempenho de estudantes em Matemática – 2015

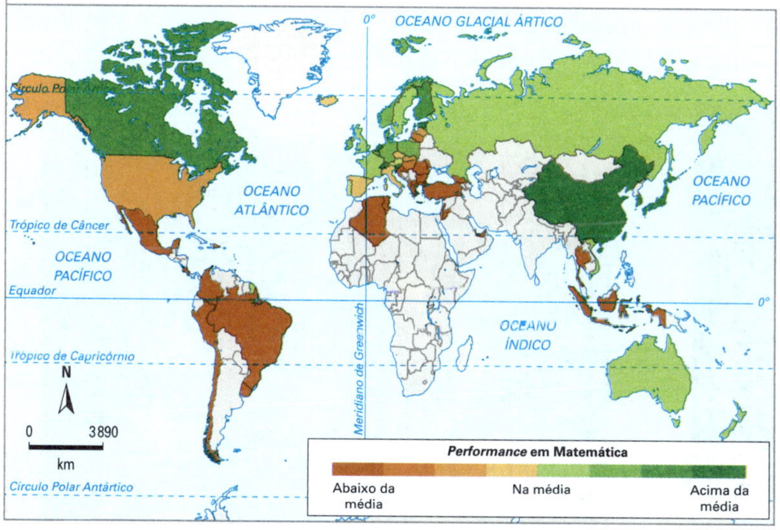

Banco de imagens/Arquivo da editora

Elaborado com base em: OECD – PISA. PISA Worldwide Ranking. Disponível em: <www.oecd.org/pisa/data/>. Acesso em: 1º mar. 2019.

Descreva e analise o desempenho dos estudantes do Japão e dos Tigres Asiáticos na avaliação de Matemática feita pelo PISA (Programa Internacional de Avaliação de Estudantes), coordenado pela OCDE. Considere em sua resposta o papel da educação no desenvolvimento desses países.

CAPÍTULO

10 A União Europeia

Você deve ser capaz de:

- Identificar a formação do relevo, os fatores climáticos e a distribuição de biomas no continente europeu.
- Compreender a história da integração europeia com a formação de blocos econômicos ao longo do tempo, assim como as disparidades entre os países-membros da União Europeia.
- Analisar as transformações demográficas ocorridas nos países europeus e suas repercussões na economia da União Europeia.

Reveja o que aprendeu

A União Europeia é um bloco de cooperação econômica e política resultante de negociações feitas entre países europeus desde a Segunda Guerra Mundial (1939-1945). Atualmente, esses países formam a integração mais complexa do mundo, com um mercado comum no qual circulam livremente produtos, serviços, capitais e pessoas.

Nos últimos anos, o bloco tem passado por crises internas. Os principais motivos são: crises econômicas internacionais; problemas específicos dos países-membros e até mesmo de zonas distantes, em situação de vulnerabilidade e conflito.

Toby Melville/Reuters/Fotoarena

Grafite atribuído a Banksy em Port of Dover, Reino Unido, 2018. Com a possibilidade de saída do Reino Unido da União Europeia (Brexit), o futuro do bloco permanece uma incógnita.

Conteúdo referente às páginas 246 a 249.

Quadro físico da Europa

A Europa e o continente asiático fazem parte de uma grande massa terrestre chamada Eurásia. O continente europeu é delimitado pelos montes Urais a leste, pelo oceano Atlântico a oeste, pelo oceano Glacial Ártico ao norte e, ao sul, pelos mares Mediterrâneo, Negro e Cáspio – além da depressão de Kuma-Manych, localizada na região do Cáucaso.

O continente apresenta estruturas geológicas variadas. A maior parte do relevo apresenta baixa altitude e pode ser dividida em: planícies costeiras e interiores; planaltos centrais; terras altas do noroeste; e penínsulas e ilhas com predominância de relevo montanhoso e planáltico, ao sul. Há no continente uma grande diversidade de recursos minerais e de fontes de energia.

Os rios mais utilizados para a navegação são: o Danúbio, que nasce na Alemanha e deságua no mar Negro; o Volga, que corta as planícies da Rússia ocidental até chegar à foz no mar Cáspio; e o Reno, com nascente nos Alpes suíços e foz no mar do Norte. Outros cursos de água, que percorrem as terras altas do norte e do sul do continente, são úteis para a geração de hidroeletricidade, como os rios da Noruega. Há também muitos lagos naturais, localizados principalmente nos países ao norte.

Há cinco tipos climáticos principais: clima das regiões montanhosas; clima marítimo; clima continental; clima mediterrâneo e clima subpolar.

Os biomas também são bastante variados: no extremo norte e em altas altitudes, destacam-se as paisagens herbáceas da Tundra; ao sul dessa zona de vegetação, encontra-se a Taiga ou Floresta Boreal; no sul do continente, ocorre a Vegetação Mediterrânea (Maquis). Além desses biomas, há regiões de Pradarias e Estepes.

A integração europeia

Conteúdo referente às páginas 250 a 252.

A União Europeia (UE) foi criada após um longo processo histórico de integração, que teve início na reconstrução do continente ao fim da Segunda Guerra Mundial. Em 1951, foi criada a Comunidade Europeia do Carvão e do Aço (Ceca), cujo objetivo era abolir as taxas desses produtos e facilitar sua comercialização entre Alemanha, França, Itália, Bélgica, Luxemburgo e Países Baixos.

O sucesso da Ceca possibilitou a criação, em 1957, da Comunidade Econômica Europeia (CEE), eliminando os limites de importações (cotas) e as tarifas alfandegárias entre esses países. Além disso, foi estabelecida uma união aduaneira com tarifa externa comum para todos os produtos importados de países não membros da CEE.

A partir de 1973, outros países passaram a ser membros do bloco, mas muitos desafios ainda precisavam ser superados, como o fortalecimento das instituições europeias e a eliminação de fronteiras em dimensões além da econômica, como as de ordem cultural. Em 1992, a "Europa dos Doze", formada por doze países-membros, chegou ao Tratado de Maastricht, que estabeleceu o mercado comum, com estruturas e regras definidas para a livre circulação de produtos, serviços, pessoas e capitais. Esse tratado possibilitou a criação da União Europeia, e, em 1995, mais três países passaram a fazer parte do bloco, formando a "Europa dos Quinze".

Em 1999, o Tratado de Amsterdã reforçou o poder da estrutura supranacional e a cooperação entre os membros. Nesse mesmo ano, onze países-membros adotaram uma moeda unificada, o euro. Atualmente, 28 países fazem parte do bloco.

Europa dos Vinte e Oito – 1957-2018

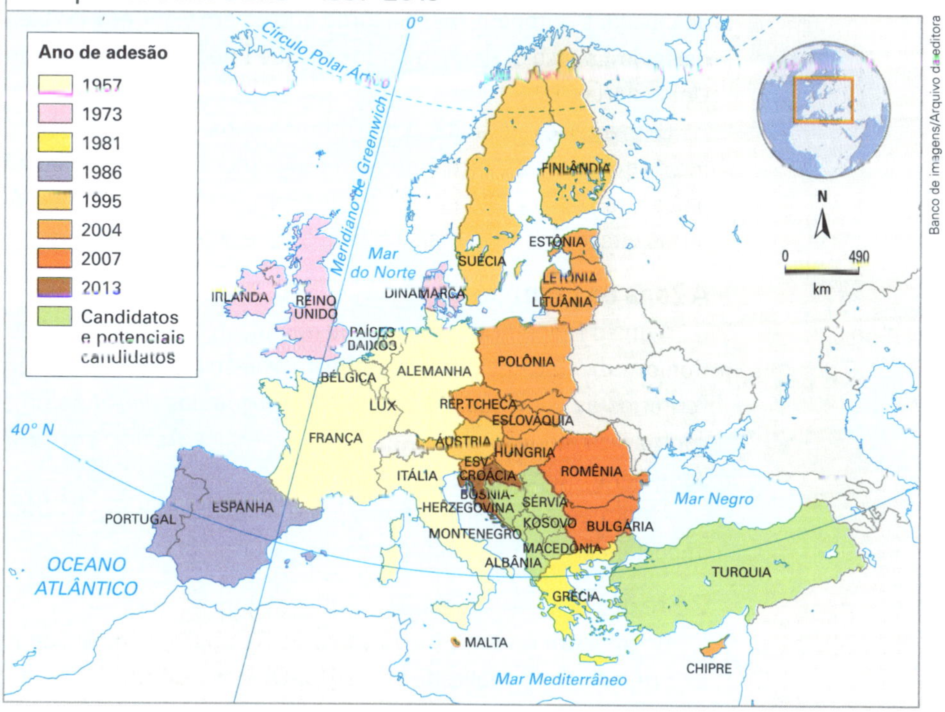

Elaborado com base em: EUROPEAN Union. Countries. Disponível em: <https://europa.eu/european-union/about-eu/countries_en#tab-0-1>. Acesso em: 7 jan. 2019.

Conteúdo referente às páginas 252 a 258.

Estrutura da União Europeia

A União Europeia é formada por diferentes órgãos, que buscam atingir os objetivos traçados por seus países-membros. São eles:

- **Conselho Europeu**: com sede em Bruxelas (Bélgica), é responsável pela definição das políticas gerais e das prioridades do bloco;
- **Parlamento Europeu**: composto de 751 eurodeputados, eleitos com mandato de cinco anos para representar os cidadãos do bloco, tem como funções legislar, supervisionar ações e controlar o orçamento. A sede localiza-se em Bruxelas;
- **Conselho da União Europeia**: também com sede em Bruxelas, é responsável por discutir e propor emendas nas leis vigentes do bloco, além de poder rejeitar novas leis propostas pela Comissão Europeia;
- **Comissão Europeia**: a sede também está localizada em Bruxelas. As responsabilidades desse órgão incluem: propor novas leis, acompanhar a aplicação das políticas adotadas, analisar o orçamento e representar o bloco internacionalmente. Cada país é representado por um comissário;
- **Tribunal da Justiça da União Europeia**: localizado em Luxemburgo (Luxemburgo), busca garantir a correta interpretação da legislação referente ao bloco e assegurar que todos os membros a cumpram efetivamente;
- **Banco Central Europeu**: com sede em Frankfurt (Alemanha), faz a gestão da moeda comum, o euro, e implementa a política econômica e financeira da União Europeia, de maneira a garantir estabilidade e a favorecer o desenvolvimento.

A estrutura da União Europeia abrange outros órgãos importantes, como o Tribunal de Contas Europeu, o Serviço Europeu para Ação Externa, o Comitê Econômico e Social Europeu, o Comitê Europeu de Regiões, o Banco Europeu de Investimento, o Provedor de Justiça Europeu, a Autoridade Europeia para a Proteção de Dados, entre outros órgãos interinstitucionais.

Espaço Schengen

Em 1985, em Schengen (Luxemburgo), foi estabelecido um acordo sobre a livre circulação de cidadãos europeus. Esse acordo entrou em vigor em 1995 e, atualmente, 26 países fazem parte do Espaço Schengen (todos os que integram a União Europeia, com exceção de Reino Unido e Irlanda).

Com a crise humanitária dos últimos anos, que elevou o número de refugiados provenientes de zonas de conflito e da extrema vulnerabilidade social em outros continentes, alguns países da União Europeia reintroduziram, em caráter temporário, o controle em suas fronteiras internas, sendo mais restritivos que a União Europeia.

A Zona do Euro

A união monetária foi resultado dos esforços dos países que compõem a União Europeia. Conforme estabelecido no Tratado de Maastricht (1992), era preciso atender aos chamados "critérios de convergência", como a redução dos *deficit* do orçamento e da dívida pública, o controle da inflação e a estabilização cambial. Assim, em 1999, surgiu o euro, utilizado em pagamentos e para fins contábeis.

Atualmente, 19 países fazem parte da Zona do Euro, e essa é a segunda moeda de maior importância internacional, depois do dólar americano.

O Brexit

Brexit é um movimento de saída do Reino Unido da União Europeia, legitimado por meio de um referendo realizado em 2016. O Brexit gerou muitas manifestações nos países que fazem parte do bloco, tanto a favor como contra o movimento. No início de 2019, a saída do Reino Unido da União Europeia ainda estava em negociação.

População

Conteúdo referente às páginas 258 a 261.

Após a Segunda Guerra Mundial, houve um grande crescimento populacional, chamado *baby boom*, principalmente na Europa e nos Estados Unidos, em razão da significativa melhora nos indicadores sociais e nas transformações nos padrões de vida dos cidadãos.

Em 2018, a população da União Europeia chegou a quase 518 milhões, segundo o Eurostat, serviço de estatística do bloco. Esse mesmo órgão apontou que a população do continente deve atingir seu pico em 2040, quando poderá alcançar cerca de 528 milhões de habitantes. A partir daí, a tendência é de declínio para cerca de 520 milhões em 2070. A redução das taxas de crescimento populacional, bem como da População Economicamente Ativa (PEA), deve-se ao aumento da esperança de vida, que passará de 78,3 anos, em 2016, para 86,1 anos, em 2070.

Em 2012, o número de imigrantes voltou a crescer e, entre 2013 e 2015, alcançou a média de 1,58 milhão de imigrantes por ano. Em 2017, os países europeus que apresentavam maior número de imigrantes em termos absolutos eram Alemanha (9,2 milhões), Reino Unido (6,1 milhões), Itália (5,0 milhões), França (4,6 milhões) e Espanha (4,4 milhões).

Atividades econômicas

Conteúdo referente às páginas 262 e 263.

A União Europeia tem papel fundamental no comércio internacional. Em 2016, respondia por cerca de um sexto dos fluxos mundiais de mercadorias. Entre os principais produtos de exportação, estão os industrializados, como máquinas, equipamentos e químicos. Entre os parceiros comerciais não pertencentes ao bloco, destacam-se Estados Unidos, China, Rússia e Japão e, em menor medida, Brasil.

O bloco precisa superar alguns desafios para continuar seu desenvolvimento. É necessário elaborar transformações demográficas para garantir a oferta necessária de mão de obra; equacionar os fluxos de imigrantes e de refugiados em direção aos territórios do bloco; gerar empregos e renda; e diminuir as disparidades existentes entre os países mais desenvolvidos do bloco e os que se encaixam de forma marginal em suas políticas socioeconômicas.

Atualmente, a Alemanha é a maior força econômica da União Europeia, apresentando setor industrial bastante diversificado. A França é a segunda maior economia europeia. Diferentemente da rede urbana alemã, a população e as atividades econômicas nesse país são mais concentradas no território.

União Europeia: economias dos países (em bilhões de euros) – 2012

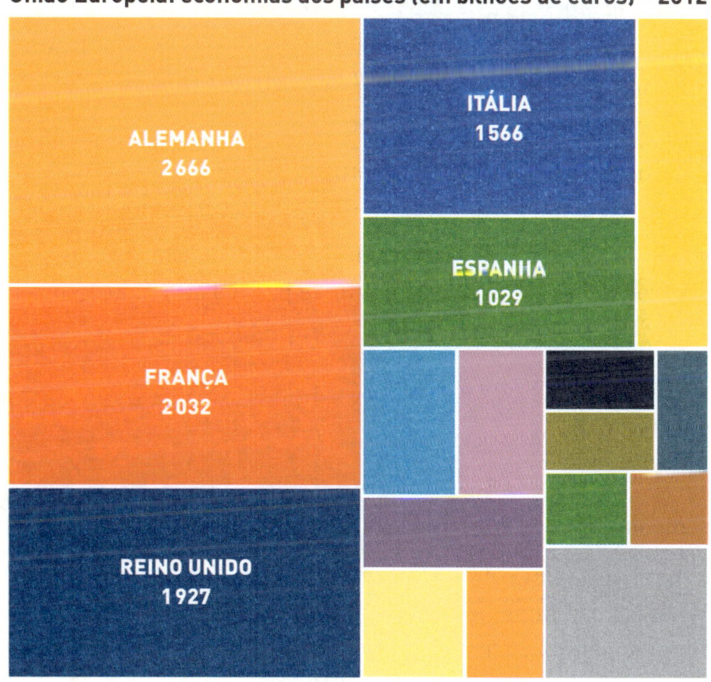

Banco de imagens/Arquivo da editora

Países Baixos	599
Suécia	409
Polônia	382
Bélgica	376
Áustria	307
Dinamarca	245
Grécia	194
Finlândia	193
Portugal	165
Irlanda	164
República Tcheca	152
Resto da UE	584

Elaborado com base em: GERMANY in figures. *BBC*, 19 set. 2013. Disponível em: <www.bbc.com/news/world-europe-24166482>. Acesso em: 6 mar. 2019.

Aplique o que aprendeu

Atividade resolvida

(Unicamp) O mapa [ao lado] registra parte do processo de substituição dos domínios vegetais do continente europeu pela agricultura sedentarizada ao longo dos últimos 10 mil anos.

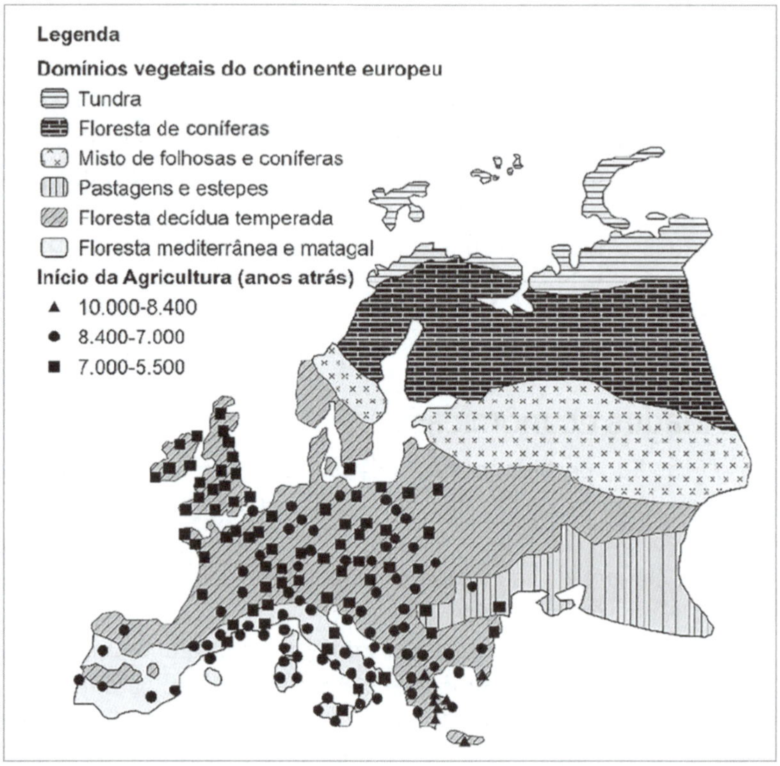

(Adaptado de W. F. Rudmann, *A Terra Transformada*. Porto Alegre: Bookman, 2015, p. 53 e 59.)

A análise do mapa permite concluir que:

a) as pastagens e as estepes foram os domínios mais devastados pela implantação da agricultura, em função da fertilidade do seu solo em épocas de degelo, o que favoreceu a produtividade de grande escala.

b) não é possível identificar grandes transformações nas condições naturais dos domínios de vegetação europeus em função do processo de sedentarização das sociedades humanas.

c) o desenvolvimento de lavouras na Europa durante o Neolítico foi base para a transformação de domínios vegetais naturais, o que significa que o desmatamento é uma prática milenar.

d) as áreas que hoje correspondem aos países da Península Ibérica, ao Reino Unido e à Irlanda foram as pioneiras no desenvolvimento de práticas agrícolas sedentarizadas.

Resposta
Alternativa **c**.

Comentário

A resposta da questão está fundamentada na leitura e na interpretação do mapa, que apresenta duas variáveis: os tipos de vegetação e os períodos em que se iniciaram as atividades agrícolas em cada domínio vegetal. Embora o mapa não mostre as áreas desmatadas, a presença milenar da agricultura no continente europeu permite concluir que essas áreas sofreram significativas modificações com as ações antrópicas.

Atividades

1. O relevo do continente europeu pode ser dividido em:

a) planícies costeiras e interiores; planaltos centrais; terras altas do noroeste; e penínsulas e ilhas com predominância de relevo montanhoso e planáltico, no sul do continente.

b) cadeias montanhosas nas regiões centrais; planícies costeiras em extensas faixas no sul do continente; planaltos a noroeste; e depressões no extremo leste.

c) planícies fluviais no extremo norte; planaltos centrais; planícies e depressões ao sul; cadeias de montanhas com picos mais elevados na porção oeste.

d) planaltos e cadeias montanhosas a leste; planícies centrais; ilhas de origem vulcânica a oeste; e depressões no sul.

2. Os rios europeus caracterizam-se por:

a) serem os maiores do mundo em volume de água, como no caso do rio Reno, na Alemanha.

b) ficarem em segundo plano no processo de apropriação e transformação das paisagens, dada a pequena extensão deles.

c) serem intensamente utilizados para locomoção e como elos de integração entre nações, como no caso do rio Danúbio.

d) serem sazonais, uma vez que dependem do degelo no verão para normalizarem seus cursos.

3. A União Europeia é o bloco que apresenta, na atualidade, o nível mais avançado de integração entre nações, com vários órgãos e instituições responsáveis por sua administração político-econômica. Associe corretamente o nome desses órgãos às suas funções.

I. Conselho Europeu
II. Parlamento Europeu
III. Tribunal de Justiça da União Europeia
IV. Comissão Europeia

A. Localizado em Luxemburgo, é responsável pela correta aplicação das determinações e dos acordos que envolvem o bloco, sendo dividido em duas cortes: a Corte de Justiça (um juiz de cada país e 11 defensores) e a Corte Geral (dois juízes de cada país).

B. Composto de representantes eleitos pela população (eurodeputados), assume funções legislativas na União Europeia, controlando também seu orçamento.

C. A sede desse órgão fica em Bruxelas (Bélgica) e tem a responsabilidade de formular as políticas gerais, bem como definir as prioridades gerais do bloco.

D. Com sede em Bruxelas, é um órgão responsável por exercer funções de Poder Executivo, tais como analisar e fiscalizar o orçamento e representar o bloco perante outros países e blocos em negociações e acordos.

A associação correta entre os órgãos da União Europeia e suas respectivas funções é:

a) I-B; II-C; III-D; IV-A.

b) I-D; II-A; III-B; IV-C.

c) I-C; II-D; III-A; IV-B.

d) I-C; II-B; III-A; IV-D.

4. Leia as afirmações a seguir sobre o Espaço Schengen, definido por meio de acordo homônimo em 1985.

I. Foi criado para facilitar a circulação de pessoas entre os países signatários desse acordo, que são os mesmos que compõem a União Europeia.

II. Voltado para facilitar a circulação de cidadãos europeus entre os países-membros, não foi assinado por todos os países do continente.

III. Revela as políticas xenófobas e avessas à imigração, visto que seu principal objetivo é, desde a sua assinatura, restringir a entrada de refugiados na Europa.

IV. A crise dos refugiados, intensificada nos últimos anos, fez com que alguns países europeus signatários desse acordo aumentassem o controle em suas fronteiras.

Está correto somente o que se afirma em:

a) I e II.

b) I e IV.

c) II e III.

d) II e IV.

e) III e IV.

5. Leia o texto:

May apresenta novo plano do Brexit e tenta superar impasse no Parlamento

O impasse tem alimentado preocupações de que os britânicos tenham de deixar a UE sem acordo

A primeira-ministra britânica, Theresa May, apresenta nesta segunda-feira, 21 [de janeiro de 2019], ao Parlamento seu plano alternativo para o Brexit. O acordo original negociado por ela foi rejeitado pelos deputados na semana passada, por isso a proposta de hoje – que será debatida no dia 29 [de janeiro de 2019] – definirá as condições sob as quais o Reino Unido deixará a União Europeia. [...]

MAY apresenta novo plano do Brexit e tenta superar impasse no Parlamento. *Exame*, 21 jan. 2019. Disponível em: <https://exame.abril.com.br/mundo/may-apresenta-novo-plano-do-brexit-e-tenta-superar-impasse-no-parlamento/>. Acesso em: 6 mar. 2019.

Com base nas informações apresentadas pelo texto, pode-se concluir que:

a) as dificuldades para a concretização do Brexit estão associadas ao elevado nível de integração e, portanto, de compromissos mútuos entre o Reino Unido e a União Europeia.

b) o governo do Reino Unido demonstrou que a permanência no bloco gera prejuízos à sua economia, tendo pleno apoio de seus representantes para concretizar a saída da União Europeia.

c) o acordo se refere à anulação do referendo feito no Reino Unido, que busca renovar a sua aliança com a União Europeia com base em novos parâmetros de integração.

d) O Parlamento Europeu se nega a autorizar a saída do Reino Unido do bloco, ignorando o resultado do referendo popular realizado nesse país.

6. Mesmo sendo composta de países com os mais elevados índices de desenvolvimento humano do mundo, a União Europeia terá alguns desafios pela frente nos próximos anos. No âmbito demográfico, o maior desafio que se apresenta para esse bloco é:

a) a elevada densidade demográfica.

b) o envelhecimento populacional.

c) a emigração de mão de obra qualificada.

d) a elevada taxa de fecundidade.

e) a imigração de mão de obra qualificada.

7. Leia o trecho a seguir:

> [...] a forte recuperação da economia global reacendeu a demanda por produtos "*made in* [...]". Dados apontam 2017 como o quarto ano consecutivo de exportações recordes. Nos primeiros 11 meses do ano passado, foram exportados máquinas, carros e outros bens no valor de 1,18 trilhão de euros. As empresas na [...] também têm investido mais em infraestrutura, como máquinas, equipamentos e veículos.

ECONOMIA [...] registra maior crescimento em seis anos. *DW*, 11 jan. 2018. Disponível em: <www.dw.com/pt-br/economia-alem%C3%A3-registra-maior-crescimento-em-seis-anos/a-42107138>. Acesso em: 6 mar. 2019.

O trecho acima refere-se ao país que detém a maior economia nacional no continente europeu. A qual país ele se refere? Por que esse país pode ser considerado economicamente o mais importante desse continente?

CAPÍTULO

11 Estados Unidos: potência em crise?

Você deve ser capaz de:

- Estabelecer relação entre as principais unidades de relevo dos Estados Unidos, as atividades econômicas e os usos sociais de recursos naturais.
- Analisar a colonização do território estadunidense.
- Compreender a importância da economia e da política estadunidenses no cenário mundial.

Reveja o que aprendeu

O poderio econômico, político e militar coloca os Estados Unidos na condição de potência mundial. Atualmente, o território estadunidense abriga importantes metrópoles com desenvolvimento científico, industrial e de serviços, as quais apresentam bom Índice de Desenvolvimento Humano (IDH).

Juliano Cruz Fotografia/Shutterstock

// Vista aérea noturna de Manhattan, distrito de Nova York, uma das metrópoles dos Estados Unidos. Foto de 2018.

Conteúdo referente às páginas 268 a 274.

Quadro físico

As principais unidades de relevo do território estadunidense são as planícies costeiras atlânticas, os montes Apalaches, as Planícies Centrais e as Montanhas Rochosas.

A formação geológica estadunidense possibilita o desenvolvimento de diferentes atividades econômicas e usos sociais de recursos naturais. Segundo dados do Ministério do Interior dos Estados Unidos, o valor da produção de minerais industriais foi de 51,6 bilhões de dólares em 2016. Há produção de ouro, cobre, prata, minério de ferro, areia e cascalho.

O relevo e o clima dos Estados Unidos influenciam o tipo de vegetação. Na parte oeste, nas Montanhas Rochosas, o clima é de montanha, mas em algumas áreas está associado aos climas árido e semiárido, com climas mais secos se formando em virtude dessa cadeia montanhosa, que barra os ventos úmidos vindos do oceano Pacífico. Nas Planícies Centrais, há predomínio de Florestas Temperadas e Pradarias. O clima temperado oceânico favorece a formação de Florestas Temperadas, enquanto as Pradarias ocorrem em áreas de clima temperado continental, menos úmido. No extremo sul, ocorre o clima subtropical.

Os Estados Unidos possuem grandes reservas de águas doces (aquíferos, águas superficiais, extensos rios e lagos). Há três rios de grande relevância: o Mississípi, na região do golfo do México; o Missouri, que perpassa as fronteiras dos estados de Dakota do Sul, Iowa, Kansas, Missouri e Nebraska; e o Colorado, no estado do Colorado. Na região dos Grandes Lagos, destaca-se o rio São Lourenço.

Da colonização à independência

Conteúdo referente às páginas 275 a 277.

Os Estados Unidos foram colonizados pelos britânicos por meio do povoamento de treze colônias. As terras do norte constituíam as colônias de povoamento e as terras do sul, as colônias de exploração.

Nas colônias do norte, os puritanos – ingleses fugidos de seu país de origem por causa da religião que praticavam – estabeleceram moradias e desenvolveram sociedades de acordo com sua cultura.

As condições climáticas da porção sul possibilitaram aos ingleses estabelecer colônias de exploração, nas quais se praticavam extração de riquezas minerais e cultivos no sistema *plantation*, com mão de obra escrava e produção principalmente de algodão e tabaco, para comercialização na Europa.

A Guerra dos Sete Anos (1756-1763), entre Inglaterra e França, proporcionou mudanças nas relações entre a metrópole inglesa e suas colônias. Apesar da vitória dos ingleses, o conflito resultou em altos gastos militares, o que levou a Inglaterra a aumentar os impostos sobre as mercadorias produzidas nas colônias e controlar o comércio.

Essas medidas desencadearam diversas manifestações revolucionárias nas colônias e, após muitos conflitos, os Estados Unidos conquistaram a independência em 1783. No século XIX, os estadunidenses consolidaram o território ao conquistar terras na região oeste do continente, o que ficou conhecido como "Marcha para o Oeste".

Um dos maiores conflitos dos Estados Unidos foi a Guerra de Secessão ou Guerra Civil Americana (1861-1865), cujo principal motivo foi o uso da mão de obra escrava nas atividades industriais e agrícolas no sul do país.

Estados Unidos: A conquista do Oeste

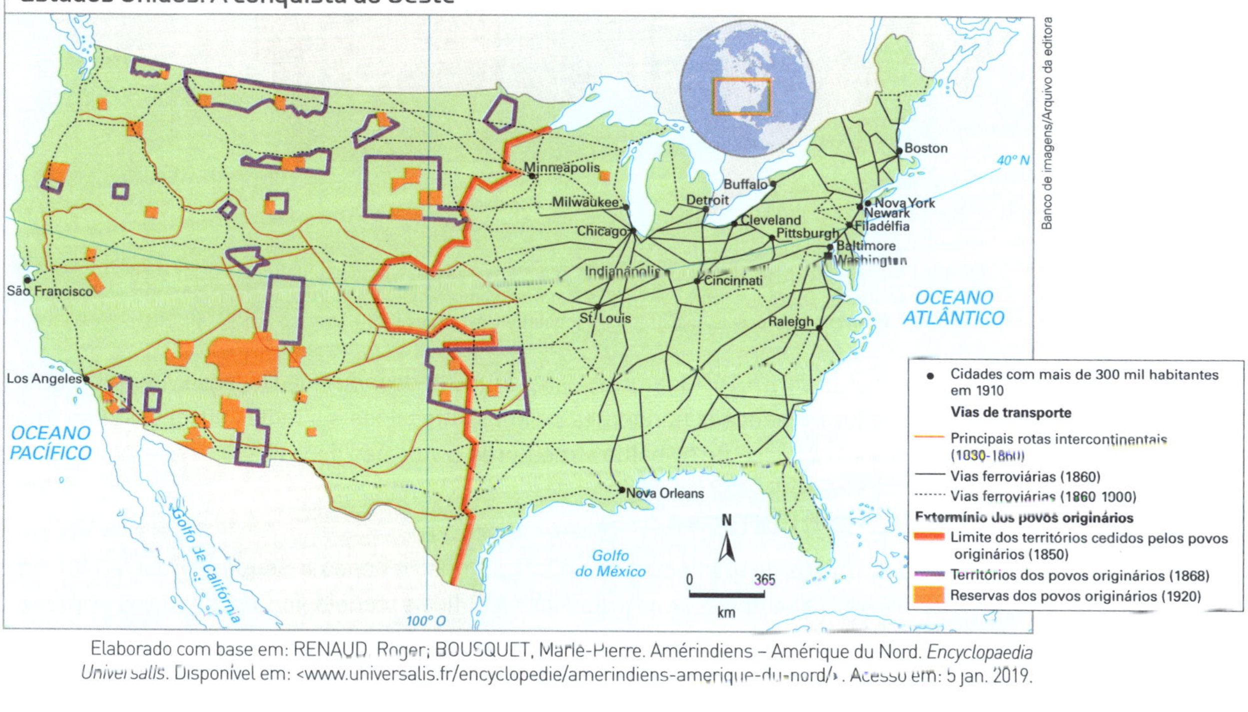

Banco de imagens/Arquivo da editora

Elaborado com base em: RENAUD, Roger; BOUSQUET, Marie-Pierre. Amérindiens – Amérique du Nord. *Encyclopaedia Universalis*. Disponível em: <www.universalis.fr/encyclopedie/amerindiens-amerique-du-nord/>. Acesso em: 5 jan. 2019.

População: estrutura e dinâmica

Conteúdo referente às páginas 277 a 280.

Os Estados Unidos apresentam uma grande diversidade populacional, constituída por povos originários, europeus, africanos, asiáticos e latino-americanos. No processo de colonização, no entanto, ocorreram conflitos que dizimaram diversos povos originários. Até a crise econômica de 1929, a imigração inglesa predominou no país. Após esse período, o fluxo populacional passou a ser de latino-americanos, principalmente mexicanos.

A região nordeste é a mais populosa. Em 2018, tinha mais de 60 milhões de habitantes, do total de 329 milhões no país. Nela encontram-se importantes centros urbanos (a densidade demográfica dessa região é de 19 habitantes por quilômetro quadrado), que reúnem universidades, expressivo quadro industrial e setor de comércio e serviços.

A megalópole Chipitts, junção das metrópoles de Chicago e de Pittsburgh, destaca-se na concentração populacional do país e é formada por cidades economicamente vitais para os Estados Unidos, em virtude das exportações de produtos industrializados.

A taxa de crescimento vegetativo vem diminuindo ano após ano e a expectativa de vida tem aumentado. A taxa de fecundidade passou de 3,6 filhos por mulher na década de 1960 para 1,7 filho em 2016.

A pirâmide etária dos Estados Unidos mostra uma considerável parcela da população com idade produtiva para o mercado de trabalho, além de redução das taxas de natalidade e aumento da expectativa de vida.

Estados Unidos: pirâmide etária – 2015

Fonte: UNITED States Census Bureau. America's age profile told through population pyramids. Disponível em: <www.census.gov/newsroom/blogs/random-samplings/2016/06/americas-age-profile-told-through-population-pyramids.html>. Acesso em: 21 jan. 2019.

O país encontra-se em 10º lugar no *ranking* mundial do Índice de Desenvolvimento Humano (IDH), o que leva grandes contingentes de imigrantes ilegais a tentar ultrapassar as fronteiras terrestres em busca de trabalho e melhores condições de vida.

Atividades econômicas

Conteúdo referente às páginas 281 a 284.

Os Estados Unidos despontaram como força industrial após a Segunda Guerra Mundial. Também passaram a se destacar na produção científica e tecnológica, ocupando as primeiras posições no mundo até os dias atuais.

O país é um dos líderes na produção de tecnologia de satélites, aeroespaciais e militares. Os tecnopolos estão espalhados pelo país, concentrando indústrias de alta tecnologia. No Vale do Silício, encontram-se as empresas de tecnologia da informação, que desenvolvem *softwares* e *hardwares* para análise e controle de dados.

O crescimento da atividade industrial deve-se também às transnacionais, empresas que possuem unidades em outros países. A partir do século XX, foram desenvolvidos cinturões agropecuários (ou *belts*), zonas dedicadas à agropecuária com utilização de alta tecnologia e mão de obra reduzida.

Economia mundial: PIB por país – 2017

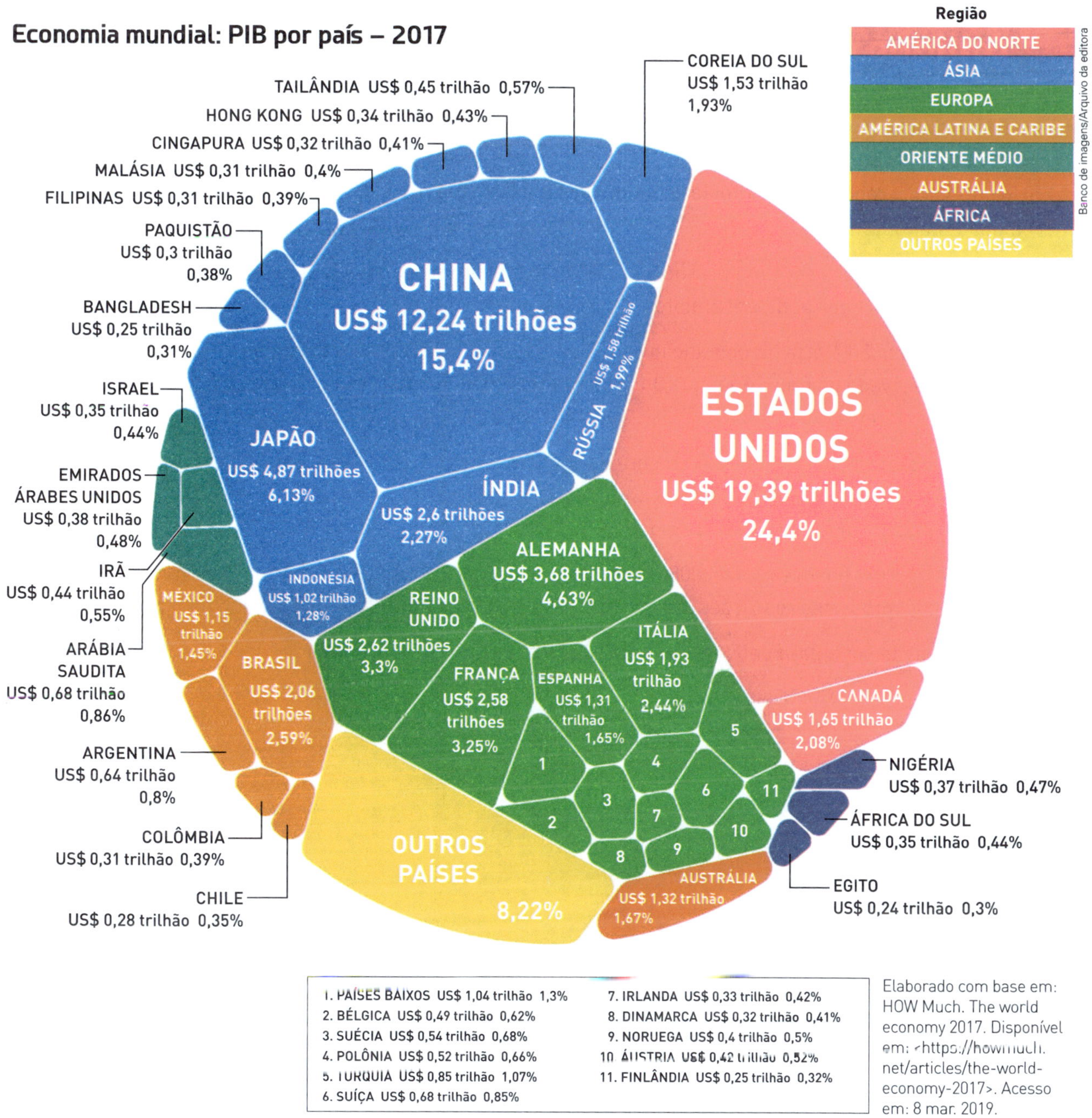

Elaborado com base em: HOW Much. The world economy 2017. Disponível em: <https://howmuch.net/articles/the-world-economy-2017>. Acesso em: 8 mar. 2019.

Mesmo com a emergência da China como potência mundial, o infográfico mostra a supremacia econômica dos Estados Unidos em relação aos demais países do mundo em 2017.

Potência em crise?

Conteúdo referente às páginas 284 a 287.

No fim do século XX, ocorreram mudanças na ordem mundial. Diversos países emergiram no cenário mundial e, em conjunto, diminuíram a influência dos Estados Unidos. O crescimento econômico, militar e político da China e os atentados ocorridos no território estadunidense trouxeram certa instabilidade nas relações de poder no âmbito global.

O país ocupa, segundo a Agência Central de Inteligência (CIA), a 25ª posição no *ranking* mundial em investimentos na produção de equipamentos e serviços de guerra. Além disso, é o maior exportador de armas e o principal produtor de armas nucleares do planeta. A posição de potência militar dos Estados Unidos leva o país a atrair aliados e inimigos em sua construção geopolítica.

Além do poder bélico e nuclear, o *status* de potência mundial deve-se a outros ramos, como o da indústria cinematográfica e o de jogos eletrônicos.

Aplique o que aprendeu

Atividade resolvida

(Uece) Escreva **V** ou **F**, conforme seja verdadeiro ou falso o que se diz a seguir sobre a geografia humana dos Estados Unidos.

( ) Apesar de o país ser uma potência mundial, sua supremacia, que segue absoluta no campo militar, revela certa debilidade em âmbito político e econômico.

( ) A composição étnica da população dos Estados Unidos experimenta grandes mudanças, como pode ser observado na Califórnia, que atualmente tem mais habitantes de origem hispânica do que brancos não latinos.

( ) Após os atentados de 11 de setembro de 2001, os valores de liberdade da sociedade estadunidense se fortaleceram, fazendo com que as agências de segurança reduzissem suas ações de espionagem e de violação da privacidade do cidadão.

( ) Após a crise financeira de 2008, mudou-se consideravelmente a política econômica dos Estados Unidos, com fortes restrições aos que causaram as instabilidades no mercado de hipotecas.

Está correta, de cima para baixo, a seguinte sequência:

a) F, V, V, V.

b) V, V, F, F.

c) V, F, F, F.

d) F, F, V, V.

Resposta
Alternativa **b**.

Comentário

As afirmações verdadeiras referem-se a dois aspectos centrais que dizem respeito à inserção dos Estados Unidos no cenário político-econômico global: a primeira afirmação trata do questionamento do poderio econômico do país, que tem assistido à ascensão de outros países – a China, particularmente – nos últimos anos; a segunda afirmação trata das dificuldades que o país enfrenta com a questão da imigração, sobretudo de populações de origem hispânica.

Em relação às afirmações falsas, após os atentados de 11 de setembro de 2001, os Estados Unidos, então liderados por George W. Bush, lançaram mão da chamada "guerra preventiva", marcada pela intervenção militar em países que supostamente financiavam o terrorismo ou que desenvolviam armas de destruição em massa, além da intensificação da espionagem com finalidade política, geopolítica e econômica, ou seja, o oposto do que se afirma na terceira sentença. Com relação à crise financeira de 2008 e suas consequências, mencionadas na última afirmação, foram raras as restrições ou condenações dos responsáveis pelo colapso do sistema financeiro e do mercado imobiliário, tendo ocorrido, ao contrário, uma forte intervenção do Estado na economia para salvar o sistema financeiro e as empresas, especialmente os bancos.

Atividades

1. Observe a imagem abaixo.

Composição de imagens de satélite capturadas em 2019.

Considerando a estrutura geológico-geomorfológica dos Estados Unidos, uma associação correta entre os números I, II e III é apresentada em:

a) I – Planícies Centrais; II – Montes Apalaches; III – Montanhas Rochosas.

b) I – Montanhas Rochosas; II – Montes Apalaches; III – Planícies Centrais.

c) I – Montanhas Rochosas; II – Planícies costeiras atlânticas; III – Planícies Centrais.

d) I – Planícies Centrais; II – Montanhas Rochosas; III – Montes Apalaches.

2. A região nordeste dos Estados Unidos destaca-se por:

a) ser a área de maior concentração de empresas e indústrias desenvolvedoras de alta tecnologia.

b) concentrar a maior parte da população de origem hispânica, por causa da proximidade da fronteira com países latino-americanos.

c) ser a pioneira na industrialização e abrigar a maior concentração populacional nas grandes metrópoles dessa região.

d) concentrar a produção de grãos, com destaque para o trigo e o milho, destinados a abastecer o expressivo mercado interno.

3. Leia as características demográficas apresentadas a seguir:

I. Aumento da taxa de crescimento vegetativo.

II. Aumento da expectativa de vida.

III. Elevada proporção de População Economicamente Ativa (PEA).

IV. Aumento da taxa de natalidade.

São coerentes com a interpretação da atual pirâmide etária da população estadunidense as características:

a) I e II.
b) I e III.
c) II e III.
d) III e IV.

4. No contexto da desconcentração industrial estadunidense, formou-se naquele país um tecnopolo conhecido como "morada dos líderes de tecnologia da informação". Esse título pode ser atribuído:

a) à região central do país, onde se localizam cidades como Denver e Salt Lake City.

b) à região sul, com destaque para as indústrias aeroespaciais localizadas em Houston e a base de lançamentos em Cabo Canaveral, na Flórida.

c) à cidade de Nova York, capital financeira e tecnológica do país.

d) ao Vale do Silício, na Califórnia, que concentra empresas de alta tecnologia e de informação.

5. Sobre a produção agrícola estadunidense, é correto afirmar que:

a) se verifica uma regionalização dessa produção, os chamados *belts*, que se destinam tanto ao abastecimento das cadeias de produção e ao consumo interno quanto à exportação.

b) se concentra na porção oeste do país, onde se encontram os climas mais úmidos e os solos mais férteis, além da proximidade das rotas comerciais do Pacífico, que favorecem a exportação.

c) é incipiente, visto que nas últimas décadas o país priorizou a produção industrial, com destaque para o desenvolvimento de indústrias de alta tecnologia, passando a importar alimentos e matérias-primas de origem agropecuária para abastecer o mercado interno.

d) apesar do desenvolvimento tecnológico no setor industrial e nos serviços, o setor primário utiliza-se predominantemente de formas tradicionais de produção, tornando insuficiente a produção agropecuária para o abastecimento do mercado consumidor interno.

6. Um dos grandes conflitos territoriais estadunidenses, a Guerra de Secessão ou Guerra Civil Americana (1861-1865) teve entre as principais causas:

a) as divergências de grupos políticos em torno da questão da anexação de territórios mexicanos.

b) a proibição do trabalho escravo no país, intensamente explorado nas províncias do sul nesse contexto histórico.

c) as diferenças religiosas, uma vez que as províncias do norte defendiam os princípios protestantes e as províncias do sul eram de maioria católica.

d) as diferenças econômicas, traduzidas na priorização do comércio e das manufaturas no sul, enquanto no norte se destacava a produção agrícola.

7. Leia o texto a seguir.

O desespero se acumula na fronteira do México

Milhares de pessoas esperam no norte do México para chegar aos Estados Unidos. O endurecimento da política imigratória de Trump evidencia as carências nas áreas fronteiriças do lado mexicano e põe à prova a capacidade de resposta do Governo de López Obrador

A resignação convive com a desesperança e flerta com desespero na fronteira entre o México e os Estados Unidos. O endurecimento da política de imigração de Donald Trump ameaça sobrecarregar o lado mexicano, onde está se formando uma crise humanitária que põe à prova o Governo de López Obrador. Milhares de pessoas aguardam para solicitar os trâmites de asilo nos Estados Unidos, um processo cada vez mais lento. A espera em território mexicano, abrigos saturados e o assédio das máfias que levam as pessoas ilegalmente para o outro lado mostraram que, apesar de não ser um fenômeno novo, as carências e as necessidades das comunidades fronteiriças são enormes, incluindo Tijuana, construída, pode-se dizer, com pedaços de distintas pátrias. [...]

LAFUENTE, Javier. O desespero se acumula na fronteira do México. *El País*, 9 jan. 2019. Disponível em: <https://brasil.elpais.com/brasil/2019/01/08/internacional/1546973709_738315.html>. Acesso em: 8 mar. 2019.

Relacione o fato apresentado no texto com os aspectos demográficos e socioeconômicos dos Estados Unidos.

CAPÍTULO

12

América Latina: México, Colômbia, Cuba e Argentina

Você deve ser capaz de:

- Reconhecer a história da colonização da América Latina, marcada por exploração comercial, escravidão e aniquilação dos povos originários.
- Compreender o modelo socialista estabelecido pela Revolução Cubana e suas repercussões no continente americano.
- Analisar a situação atual de México, Colômbia, Cuba e Argentina nos contextos regional e mundial.

Reveja o que aprendeu

México, Colômbia, Cuba e Argentina apresentam algumas características em comum, como o processo de colonização europeia marcado pela escravização e pela dizimação dos povos originários. Mesmo após a independência política, eles continuam dependentes de outros países economicamente.

Horst Mahr/image Broker/Easypix Brasil

Povos originários representados em grafite na Cidade do México, México. Foto de 2013.

Conteúdo referente às páginas 292 e 293.

Uma história em comum

Portugal e Espanha foram os principais colonizadores da região da atual América Latina. Impuseram sua estrutura política, econômica e social aos povos originários que viviam nas terras conquistadas a partir do século XV. O aperfeiçoamento das técnicas de navegação e o controle das rotas oceânicas garantiam a hegemonia comercial dessas nações colonizadoras.

Para portugueses e espanhóis, os climas equatorial e tropical da América possibilitavam a produção de novos itens, como o açúcar. Desse modo, incrementaram seus rendimentos nos mercados europeus. Em 1494, a fim de delimitar as fronteiras políticas entre portugueses e espanhóis, foi assinado o Tratado de Tordesilhas.

O comércio triangular entre Europa, América e África era uma prática comercial bastante comum até o fim do século XIX. A concentração de africanos escravizados era maior em terras da Coroa portuguesa do que em terras espanholas.

A colonização por Portugal e Espanha dos territórios que hoje formam os países da América Latina pode ser caracterizada por vários fatores, tais como: supremacia militar; alianças entre os europeus e os povos originários rivais entre si; enfermidades dos povos originários, que ao entrarem em contato com os europeus, adquiriam doenças para as quais não tinham imunidade; e utilização da escravidão, da mestiçagem, da ação religiosa europeia e da língua falada como elementos de subordinação dos povos que viviam nesses territórios.

México

Conteúdo referente às páginas 293 a 300.

México, Estados Unidos e Canadá compõem a América do Norte. A área do México é de aproximadamente 2 milhões de quilômetros quadrados e é limitada pelo oceano Pacífico (a oeste e ao sul), pelo golfo do México e pelo mar do Caribe (a leste), pela Guatemala e por Belize (ao sul) e pelo território estadunidense (ao norte).

O país situa-se no Círculo de Fogo do Pacífico e é constituído pela península da Califórnia, faixa estreita de terras áridas situada entre o oceano Pacífico e o golfo da Califórnia; por planícies costeiras pacíficas; pelo planalto do México, que abriga a maior parte da população do país; pelas Sierras Madre Oriental e Madre Ocidental; por planícies costeiras do golfo do México (mais extensas que as do Pacífico); e pela península de Iucatã, que divide o mar do Caribe e o golfo do México, com baixas altitudes.

Há diferentes tipos climáticos no país: tropical, temperado e frio. A maior diferença entre os climas mexicanos diz respeito à umidade, com zonas permanentemente úmidas e outras com ambientes áridos. Os principais biomas são: Florestas Tropicais, Subtropicais e Temperadas, Estepes, Pradarias e Vegetação Árida e Semiárida.

Antes da chegada dos europeus, o atual território mexicano era habitado por povos organizados em sociedades complexas, como a teotihuacana, a maia, a tolteca e a asteca. O povo asteca era composto de mais de 18 milhões de pessoas no início do século XVI. Os astecas organizavam-se em cidades-Estado e tinham conhecimentos avançados em arquitetura, agricultura, cerâmica e astronomia. A sociedade era hierarquizada, com nobres, comerciantes, artesãos, agricultores, guerreiros e servos.

Após a ocupação espanhola, milhões de astecas morreram em poucas décadas, dizimados por doenças trazidas pelos europeus. Os massacres e a exploração do trabalho também foram determinantes para a diminuição radical dessa população.

O México tornou-se independente da Espanha em 1821. Depois de décadas em crise econômica, conseguiu consolidar e ampliar sua participação no comércio internacional. No início do século XX, o país era considerado uma das maiores economias da América Latina, mas era governado de maneira não democrática, o que levou a população mexicana a se manifestar com greves.

Esse cenário deu origem à Revolução Mexicana (1910-1930), quando camponeses liderados por Emiliano Zapata (1879-1919) e Pancho Villa (1878-1923) lutaram com o objetivo de alcançar a reforma agrária. O movimento zapatista surgiu dos ideais de Zapata e Villa e lutava contra o imperialismo no país e pela retomada da reforma agrária, além da valorização da tradição indígena e da democracia participativa.

Em 1917, o país reconheceu a reforma agrária que constava no artigo 27 da Constituição, mas o projeto não saiu do papel. No fim da década de 1930, durante o governo de Lázaro Cardenas, uma reforma agrária foi implantada, mas suas dimensões eram insuficientes para atender às demandas da população.

Após uma severa crise econômica entre os anos 1980 e 1990, a economia mexicana passou a crescer por meio de investimentos diretos e privatizações. Em 1993, o país entrou no Tratado Norte-Americano de Livre-Comércio (Nafta), substituído pelo Acordo Estados Unidos, México e Canadá (USMCA) em 2018. Nesse mesmo ano, o México foi considerado a 15ª maior economia mundial e a segunda maior da América Latina, atrás apenas do Brasil.

Em 1960, a população urbana do México era maior que a rural (50,7% da população do país) em virtude do processo de industrialização e modernização das atividades econômicas; em 2017, esse número cresceu para 79,7%. A Cidade do México foi classificada pela Organização das Nações Unidas (ONU) como a sexta maior megacidade do mundo. Outros grandes centros urbanos são Guadalajara e Monterrey.

Conteúdo referente às páginas 300 a 302.

Colômbia

A Colômbia faz fronteira terrestre com Panamá, Venezuela, Peru, Equador e Brasil. Seu território estende-se por cerca de 1,2 milhão de quilômetros quadrados no noroeste do continente sul-americano. A topografia é constituída pelos Andes colombianos, pela planície do Caribe, pela planície do Pacífico e pelas planícies colombianas, que compreendem os Llanos e a Floresta Amazônica.

O clima no país é tropical com baixa amplitude térmica. As condições climáticas e de solos possibilitaram enorme biodiversidade: ecossistemas montanhosos complexos; Florestas Equatoriais e Tropicais; Savanas; Vegetação Desértica; e Mangues no litoral.

Guillermo Legaria/Agência France-Presse

A Amazônia colombiana apresenta formações rochosas que fizeram a Unesco declarar o Parque de Chiribiquete como Patrimônio Mundial da Humanidade em 2018. Foto de 2018.

Os rios que correm dos Andes para o oceano Pacífico são volumosos e pouco extensos e o sistema hidrográfico mais importante do país é o do rio Magdalena.

Antes da colonização, o território colombiano era habitado pelos povos aruaques, os chibchas e os karibes. As características naturais da região dificultaram a ocupação espanhola, que estabeleceu atividades econômicas diversas, conectadas apenas ao mercado exterior.

No fim do século XIX, com o cultivo do café, o país conseguiu criar condições financeiras para iniciar seu processo de industrialização. Atualmente, os principais produtos de exportação são: petróleo, carvão, café, ouro, flores, frutas, produtos químicos, alimentícios, plásticos e borracha.

As disparidades socioeconômicas e espaciais na Colômbia conduziram à criação e à consolidação de grupos paramilitares no interior do país, como as Forças Armadas Revolucionárias da Colômbia (Farc). Em 2016, após 52 anos de conflito civil, as Farc foram desmobilizadas e tornaram-se um partido político, o Força Alternativa Revolucionária do Comum.

Nos anos 1990, diversas políticas neoliberais foram estabelecidas no país, caracterizadas por privatizações, rigor fiscal e desregulamentação do mercado.

Cuba

Conteúdo referente às páginas 303 a 307.

Cuba é o maior arquipélago da região do Caribe. Localiza-se nas Grandes Antilhas, que é formada por Haiti, República Dominicana, Porto Rico e Cuba, cuja capital é Havana.

O território caribenho é predominantemente composto de planícies (75%). Há também as terras altas: cordilheira de Guaniguanico, Sierra de Escambray e Sierra Maestra. No litoral, encontram-se escarpas, praias, baías, Manguezais e recifes de corais.

O clima de Cuba é tropical, com alternância das estações seca (novembro a abril) e chuvosa (maio a outubro). Entre as principais formações vegetais estão as Florestas Tropicais, a Vegetação de Mogotes (colinas calcárias) e a vegetação costeira (Mangues).

Antes da colonização espanhola, o arquipélago cubano era habitado por guanahatabeyes, ciboneyes e tainos. Em poucas décadas, esses povos foram aniquilados em razão de doenças, assassinatos e exploração.

Entre o fim do século XIV e o século XIX, as principais atividades econômicas do país foram a produção de açúcar, que era fornecido para a Espanha, e a produção e exportação de tabaco, café e minerais. A carência de mão de obra levou a um intenso tráfico de escravos entre os países caribenhos e, em 1840, a população negra ultrapassou em números absolutos a população branca.

As atividades industriais de maior destaque no segundo quarto do século XVIII eram as produções de charutos e de cigarros. A maior parte desses produtos era destinada aos Estados Unidos, que disputavam com a Espanha o domínio geopolítico na região.

Os Estados Unidos apoiaram o movimento de independência cubana e, após a assinatura do Tratado de Paris, em 1898, estabeleceram direitos de interferência na soberania cubana, além de garantir bases navais no país, como Guantánamo.

Nas décadas seguintes, Cuba passou por uma série de crises econômicas com o aumento das desigualdades sociais, o que se agravou a partir de 1952, no segundo governo do ditador Fulgêncio Batista. Nesse período, os Estados Unidos controlavam praticamente todos os setores de atividades em Cuba.

Grupos insatisfeitos ampliaram a resistência contra a ditadura instalada no país. Fidel Castro e Ernesto Che Guevara lideraram o movimento e destituíram Fulgêncio Batista em 1959, proclamando a vitória da Revolução Cubana.

Os novos rumos políticos de Cuba contrariavam os interesses dos Estados Unidos, que, em 1960, decretaram embargo total ao país. O aumento da fragilidade política e social levou Cuba a se aproximar da União Soviética, que passou a fornecer combustíveis fósseis, aço e grãos aos cubanos.

A partir de 1990, as relações entre Cuba e União Soviética começaram a se deteriorar com a crise vivida pelos soviéticos, e chegaram ao fim após a dissolução do bloco socialista. Desde então, foram realizadas importantes reformas em busca da adaptação aos rumos da economia internacional, como abertura para mercados e capitais externos, legalização do dólar, promoção do turismo e incentivo à cooperação agrícola.

Cuba apresenta um dos melhores indicadores de educação da população e de excelência na saúde da América Latina. As taxas de desemprego, o êxodo rural e o crescimento urbano estão sob controle.

As taxas de natalidade estão diminuindo, as emigrações aumentaram e a expectativa de vida é de 79 anos, fatores que marcam um período de transição com impactos socioeconômicos significativos para os cubanos.

O então presidente Raúl Castro desenvolveu, em 2008, políticas para ampliar as receitas do país e garantir a manutenção das conquistas sociais da revolução. Em 2014, Cuba e Estados Unidos retomaram o diálogo interrompido entre os dois países no início da Revolução Cubana, com a reabertura das embaixadas e o restabelecimento dos transportes e comunicação. Em 2018, o país passou a ser governado por Miguel Díaz-Canel, membro do Partido Comunista Cubano.

Conteúdo referente às páginas 308 a 312.

Argentina

A Argentina faz fronteira terrestre com Chile, Bolívia, Paraguai, Brasil e Uruguai, e é o segundo país na América Latina em extensão territorial.

Entre as principais características naturais do país, destacam-se: os Andes, a oeste; o Grande Chaco e a Mesopotâmia, ao norte; os Pampas, que correspondem às amplas planícies centrais; e a Patagônia, ao sul.

O clima temperado predomina em quase todo o país. As regiões mais secas estão no noroeste e no extremo sul da Patagônia, enquanto as mais úmidas estão na porção nordeste, na Mesopotâmia e no leste do Grande Chaco. Nas maiores latitudes e altitudes, encontram-se ambientes semiáridos e áridos.

As bacias dos rios Paraguai, Paraná e da Prata formam a principal região hidrográfica da Argentina. Já a vegetação do país é composta de formações florestais nas áreas mais úmidas e de espécies arbustivas e herbáceas nas áreas mais secas.

Antes da colonização, o território argentino era ocupado por diaguitas, guaranis, guaycuruanos, querandis e tehuelche. Com a apropriação das terras pelos espanhóis, esses povos foram alvos de massacres, expulsões e explorações.

A Argentina tornou-se independente em 1816, mas a unificação aconteceu somente em 1880. Até o fim do século XIX, a aristocracia urbana, aliada à rural, controlou o país.

Para suprir a necessidade de mão de obra, o governo argentino promoveu, entre o fim do século XIX e 1930, intensos fluxos de imigrantes, sobretudo italianos e espanhóis.

O período pós-Segunda Guerra Mundial revelou problemas estruturais no país. Juan Perón, eleito em 1946, obteve amplo apoio popular ao propor um governo nacionalista, assentado no desenvolvimento da indústria do país, com políticas sociais e de valorização da classe trabalhadora. Esse período ficou conhecido como "peronismo".

Diversos golpes militares ocorreram no país antes, durante e após os governos de Perón. Depois de perder, contra os britânicos, a guerra que visava recuperar as ilhas Malvinas (1982), houve um descontentamento popular em relação aos militares, que, pressionados, convocaram eleições em 1983.

O candidato peronista Carlos Menem foi eleito em 1989, e, em vez de continuar com as políticas protecionistas e nacionalistas, implantou políticas neoliberais. Apesar do crescimento econômico do país, não demorou para que as fragilidades estruturais do governo Menem fossem expostas, como a ampliação das desigualdades sociais, o desequilíbrio na balança comercial, o pagamento de empréstimos concedidos pelo Fundo Monetário Internacional (FMI), além da corrupção.

No início dos anos 2000, a Argentina estava mergulhada na pior crise social e econômica de sua história. Néstor Kirchner (2003-2007) desenvolveu um governo neodesenvolvimentista, com aliança entre capital estatal e privado, além do reescalonamento da dívida externa com o FMI. Aproximou-se dos países do Mercosul, principalmente do Brasil, revogou as leis de anistia aos crimes da ditadura e reformou o sistema judiciário argentino.

Eleita em 2017, Cristina Kirchner estabeleceu diversas políticas sociais para a redução da pobreza, promoveu a ciência e a tecnologia e optou por uma política externa independente.

Maurício Macri, no poder desde 2015, implantou políticas neoliberais que eliminam benefícios sociais importantes e estabeleceu reformas previdenciárias, além de obter novos empréstimos com o FMI. Essas decisões têm aumentado a insatisfação dos argentinos, levando a população a realizar diversas manifestações.

A Argentina é uma grande produtora de grãos (soja e trigo) e a segunda maior em criação de gado no continente. Exporta combustíveis fósseis (gás e petróleo), produtos químicos e veículos. O turismo é muito importante para a economia do país.

Aplique o que aprendeu

Atividade resolvida

(Unisc)

"Cerca de 13 milhões dos 34 milhões de eleitores foram às urnas para a consulta popular. Do total, 50,22% votaram contra o acordo de paz e 49,77% a favor do documento. A votação ocorreu sem violência e com grande abstenção de eleitores devido às fortes chuvas que atingiram várias regiões do país... Apenas 37% ... participaram do plebiscito. Desta maneira, foi dada a última palavra sobre o acordo histórico que colocaria fim no conflito armado. Com a vitória do não, o governo fica impedido de pôr em prática as medidas previstas no documento. A decisão deixa em aberto o processo de paz e, na prática, poderia significar a continuidade da guerra no país."

www.cartacapital.com.br, publicado em 03/10/2016, acessado em 03/10/2016.

São diversas as regiões de conflitos armados no mundo e alguns duram mais que décadas. Recentemente um país latino-americano empreendeu um grande processo para estabelecer a paz interna, que culminaria com a deposição de armas por grupos rebeldes e uma série de medidas de anistia e recolocação dos seus integrantes. Fazia parte deste processo um plebiscito no qual a população referendaria o acordo que, segundo reportagem acima, foi rechaçado pela mesma. Exigir-se-á novas estratégias para que se alcance a paz tão perseguida por um longo tempo. Conforme a reportagem e o enunciado acima, que país e que grupos estiveram no centro destas tratativas no ano corrente?

a) México e o Exército Zapatista.

b) Venezuela e os Comitês Populares Bolivarianos.

c) México e as Milícias de Auto Defesa.

d) Colômbia, as Farc e o ELN.

e) Nenhuma das alternativas anteriores está correta.

Resposta
Alternativa **d**.

Comentário

Contrariando as expectativas de parte da população colombiana, da imprensa internacional e de lideranças políticas, a população colombiana rejeitou, por meio de um plebiscito realizado em 2016, o processo de construção de um acordo de paz com as Farc e o ELN. Mais recentemente, porém, outros acordos foram feitos e, no caso das Farc, foi criado um partido político, o Força Alternativa Revolucionária do Comum.

Atividades

1. Leia os fatores climáticos listados a seguir.

I. Latitude;
II. Maritimidade;
III. Atuação das massas de ar;
IV. Altitude e disposição do relevo;
V. Longitude;
VI. Grandes extensões de florestas.

Os fatores responsáveis pelos tipos de clima que ocorrem no México são:

a) I, II e V.

b) II, III, IV e V.

c) II, IV, V e VI.

d) I, II, III e IV.

2. Durante a colonização europeia na América, as técnicas militares, o idioma, a religião, as alianças políticas e a escravidão foram estratégias usadas pelos colonizadores para promover:

a) o fortalecimento dos povos originários e seus modos de vida.

b) a expansão territorial dos povos originários com maior contingente populacional.

c) a subordinação dos povos originários, fortalecendo o poderio político-econômico dos europeus.

d) a total eliminação dos povos originários e de seus territórios.

3. Sobre o processo de urbanização no México, é correto afirmar que:

a) é marcado pela descentralização, não se verificando a formação de uma grande região metropolitana.

b) cerca de 80% da população é urbana, com densidades demográficas variadas entre as regiões do país.

c) restringe-se à região norte do país, graças à instalação de empresas maquiladoras, fator de migração campo-cidade.

d) a cidade do México, apesar de ser a capital econômica, não é a maior concentração urbana do país.

4. Leia as afirmações sobre o território colombiano.

I. Os Llanos e a Amazônia correspondem às áreas de planícies da Colômbia; caracterizam-se pela baixa densidade demográfica, por concentrar a maior parte dos povos indígenas remanescentes e, sobretudo nas décadas de 1980 e 1990, abrigar grupos guerrilheiros e paramilitares ligados ao tráfico de drogas.

II. A localização na zona intertropical e as poucas variações altimétricas fazem o país apresentar pouca variação climática e de biodiversidade, predominando as áreas de climas tropical úmido a semiúmido, com alternância entre estações secas e chuvosas.

III. A ocupação espanhola no atual território colombiano ocorreu de maneira fragmentada, com o estabelecimento de atividades econômicas distintas conectadas apenas ao mercado exterior, como a mineração do ouro e da prata, a exploração de esmeraldas e o cultivo da cana-de-açúcar.

Está correto somente o que se afirma em:

a) I e II. b) I e III. c) II e III. d) I, II e III.

5. O episódio conhecido como "crise dos mísseis de Cuba", ocorrido em 1962, refere-se:

a) à descoberta de armamentos soviéticos instalados em Cuba, localizada próximo dos Estados Unidos, o que gerou tensão durante a Guerra Fria.

b) ao contexto pós-Guerra Fria e provocou um retrocesso nas negociações de paz entre Estados Unidos e União Soviética.

c) à crise de segurança pública enfrentada por Cuba após um período de interrupção das trocas comerciais com a ex-União Soviética, seu principal parceiro comercial naquele período.

d) à estagnação tecnológica da ex-União Soviética, cujos armamentos se tornaram obsoletos diante das tecnologias desenvolvidas pelos países capitalistas.

6. Leia o texto a seguir.

Nesse período, a economia do país caracteriza-se pela adoção de políticas neoliberais e a consequente eliminação de subsídios para os serviços públicos essenciais à população, pela hiperinflação e pela valorização do dólar. Há resistência de diversos grupos sociais e de seus representantes às reformas propostas, como a do sistema previdenciário.

O cenário descrito refere-se:

a) a Cuba, no contexto político-econômico atual.

b) à Argentina, no período do governo peronista.

c) à Argentina, no contexto político-econômico atual.

d) a Cuba, durante a Guerra Fria.

7. Leia o texto a seguir.

Relação entre EUA e Cuba pode piorar no governo de Díaz-Canel

Os Estados Unidos não têm planos para mudar a política de antagonismo em relação a Cuba com a chegada de Miguel Díaz-Canel à presidência do país, e as relações entre os velhos inimigos da Guerra Fria podem, inclusive, piorar no futuro próximo, afirmaram especialistas consultados por Agência Efe.

Díaz-Canel assumiu hoje a presidência de Cuba e permanecerá no cargo até pelo menos o próximo congresso do Partido Comunista Cubano em 2021, o mesmo ano de encerramento do primeiro mandato do presidente americano, Donald Trump. [...]

LEAL, Lucía. Relação entre EUA e Cuba pode piorar no governo Díaz-Canel. *UOL*, 19 abr. 2018. Disponível em: <https://noticias.uol.com.br/ultimas-noticias/efe/2018/04/19/relacao-entre-eua-e-cuba-pode-piorar-no-governo-de-diaz-canel.htm?cmpid=copiaecola>. Acesso em: 11 mar. 2019.

Associe o texto às relações políticas entre Estados Unidos e Cuba construídas durante os séculos XX e XXI.

1. (UPE) A Eurásia apresenta uma grande variedade de compartimentos de relevo, explicados pelas ações tectônicas, morfoclimáticas e litológicas. A figura esquemática a seguir explica, didaticamente, a gênese de um importante compartimento de relevo dessa região do planeta.

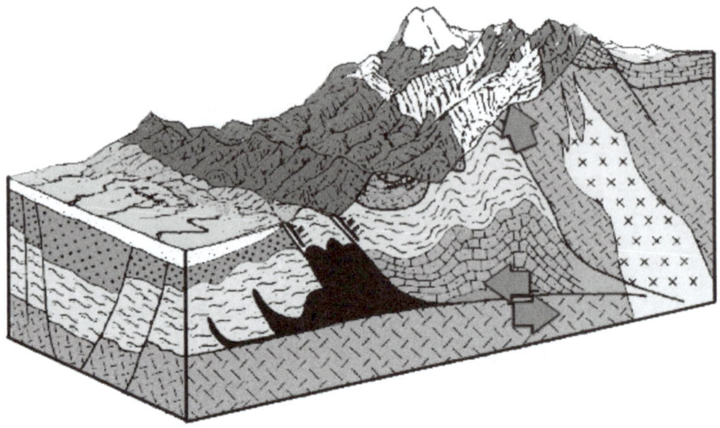

Assinale a alternativa que indica o principal compartimento de relevo representado na figura.

a) Península Arábica
b) Cordilheira do Himalaia
c) Planície do Ganges
d) Península da Indochina
e) Peneplano soerguido da Rússia

2. (Uneb) Texto para a questão:

Desde o início de 2011, revoluções jovens, modernas e seculares depuseram os ditadores da Tunísia e do Egito, causando uma onda de revoltas que avançou além de suas fronteiras.

Esses movimentos de protesto ganharam o nome de Primavera Árabe. [...]

No entanto, a Primavera Árabe, que, num primeiro momento, encheu de esperança a população árabe, tomou rumos complexos, com os choques de interesses entre grupos políticos e forças econômicas e militares. A repressão aos protestos provocou levantes armados de grupos com apoio estrangeiro, intervenções militares externas e multiplicou áreas de conflitos.

(A PRIMAVERA..., 2013. p. 72).

Os conflitos e tensões no mundo árabe tornaram-se motivo de grande preocupação mundial, neste início do século XXI, porém não são os únicos na história das sociedades.

Em relação aos conflitos internacionais, pode-se afirmar:

a) O Império Napoleônico, ao tentar impedir o estabelecimento de regimes liberais e a abolição do Antigo Regime, na Europa, o que iria ameaçar a supremacia industrial francesa no continente europeu, deflagrou um conflito de dimensões continentais.

b) A corrida imperialista do século XIX, tendo como foco principal a África, relegou o Oriente Médio ao segundo plano, o que permitiu que essa região se desenvolvesse de forma autônoma e independente em relação aos interesses capitalistas europeus.

c) A disputa pelas áreas produtoras de petróleo, no Oriente Médio, opôs os interesses alemães e ingleses, no contexto da Primeira Guerra Mundial, fato agravado pela construção da Estrada de Ferro Berlim – Bagdá.

d) A imposição de regimes democráticos no Oriente Médio e no norte da África, pelos Estados Unidos, durante a Guerra Fria, funcionou como um mecanismo de contenção à imposição de regimes autoritários apoiados pela União Soviética.

e) Os grupos terroristas Al Qaeda e Hamas, interessados na instabilidade política do Oriente Médio, têm fornecido armas e munições aos movimentos rebeldes, enquanto Israel, temeroso da instalação de regimes fundamentalistas islâmicos na região, apoia os governos autoritários sírio e iraniano.

3. (Unicamp) O cartaz abaixo foi usado pela propaganda soviética contra o capitalismo ocidental, durante o período da Guerra Fria. O texto diz: "Duas infâncias. Na URSS (parte superior) crianças são apoiadas pelo amor da nação! Nos países capitalistas (figura inferior), milhões de crianças vivem sem comida ou abrigo."

Reprodução/Unicamp 2014.

a) Como o cartaz descreve a sociedade capitalista ocidental?

____

____

____

b) Cite dois conflitos bélicos do período da Guerra Fria.

4. (UPE) Observe atentamente o mapa a seguir e assinale o que ele representa.

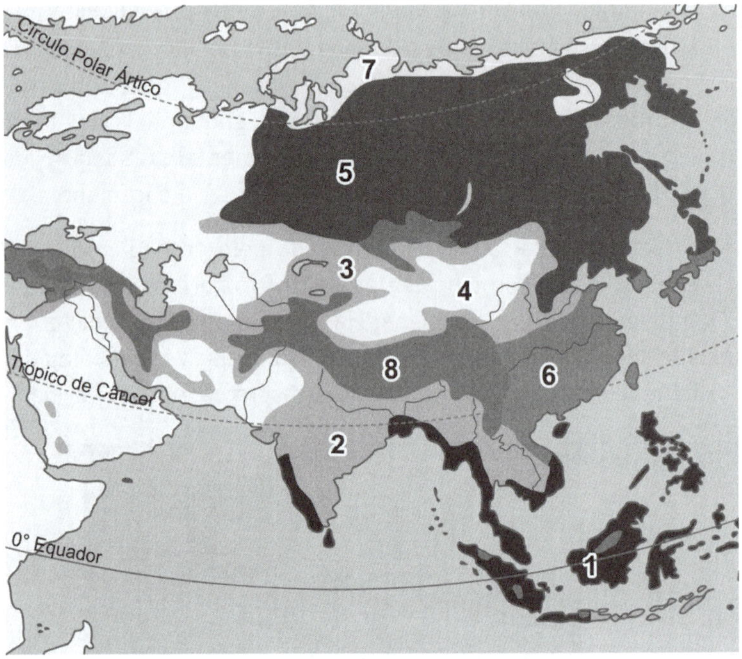

a) A organização do espaço geográfico asiático
b) As grandes áreas agrícolas da Eurásia
c) Os principais domínios climáticos da Ásia
d) A rede urbana da Eurásia
e) A distribuição espacial da população da Ásia

5. (Uerj)

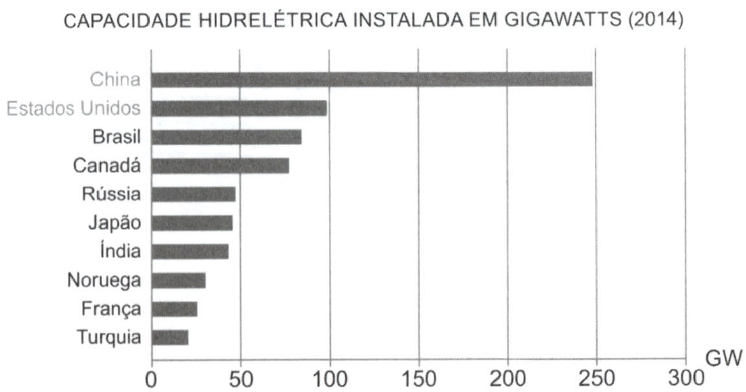

Adaptado de statista.com.

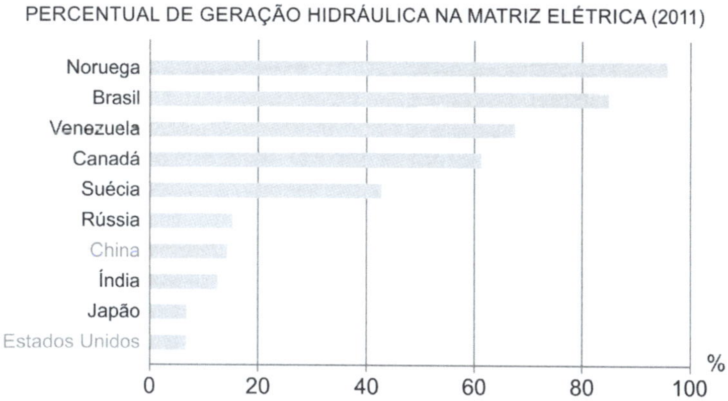

Adaptado de earth-policy.org.

A posição tanto da China quanto dos Estados Unidos no primeiro gráfico difere daquela que esses países assumem no segundo, o qual apresenta a proporção da fonte hidráulica em relação ao total de eletricidade gerada pelas diversas fontes produtoras.

Explique essa diferença com base na economia desses dois países. Apresente, ainda, uma vantagem e um problema, ambos de caráter ambiental, para os países com os mais elevados percentuais de utilização de energia hidrelétrica.

6. (Uerj) A Declaração Universal dos Direitos Humanos (ONU, 1948) conta hoje com a adesão da maioria dos estados-nacionais. O conteúdo desse documento, no entanto, permanece como um ideal a ser alcançado. Observe o que está disposto em seu artigo XV:

1. Toda pessoa tem direito a uma nacionalidade.
2. Ninguém será arbitrariamente privado de sua nacionalidade, nem do direito de mudar de nacionalidade.

portal.mj.gov.br

Desde a década de 1960, em virtude de conflitos, o direito expresso nesse artigo vem sendo sonegado à maior parte da população pertencente ao seguinte povo e respectivo recorte espacial:

a) árabe – regiões ocupadas pela Índia
b) esloveno – distritos anexados pela Sérvia
c) palestino – territórios controlados por Israel
d) afegão – províncias dominadas pelo Paquistão

7. (UPE) A América Central é integrada por uma área continental e outra área insular, separadas pelo mar das Antilhas ou mar do Caribe. A área continental se constitui em um grande istmo, que a une aos blocos da América do Norte e da América do Sul.
Sobre os aspectos físico-geográficos e geoeconômicos dessa área, é correto afirmar que

1. a maior parte da área continental é dominada pelo clima tropical, mas, devido ao fator relevo, há variações climáticas, daí a presença de climas com baixas temperaturas, nos cumes das montanhas.
2. vários países da América Central, em face da forte influência da URSS, adotaram o modelo político e econômico socialista, como foi o caso de Cuba, Nicarágua, Guatemala e El Salvador.
3. na parte insular dessa região, percebe-se que há uma dependência econômica considerável de várias ilhas ao Reino Unido, à França e à Holanda.
4. na parte continental da América Central, o México se destaca economicamente, sobretudo na exploração de petróleo e de turismo, o qual apresenta o maior PIB da região.
5. Cuba adotou o regime de Partido Único com a ascensão ao poder de um grupo de guerrilheiros no ano de 1970 que acarretou um expressivo crescimento econômico do país. Na ocasião, foram abolidas as liberdades democráticas, e criou-se um grave conflito político-militar com os Estados Unidos.

Está CORRETO o que se afirma em

a) 1 e 3, apenas.
b) 2 e 4, apenas.
c) 1, 3 e 4, apenas.
d) 2, 3 e 5, apenas.
e) 1, 2, 3, 4 e 5.

8. (EsPCEx-Aman)

"Desde o início da década de 1980, a China tem sido a economia que mais cresce no mundo, a uma taxa média de 10% ao ano [...]. Como consequência desse impressionante crescimento, entre 1980 e 2010 o PIB chinês aumentou 2.810% e se tornou o segundo maior do planeta."

SENE, Eustáquio & MOREIRA, J.C. *Geografia Geral e do Brasil: Espaço Geográfico e Globalização (2)*. 2ª ed. São Paulo: Moderna, 2012, p.199.

Dentre os fatores associados a esse avanço econômico podem-se destacar:

I. a presença de enormes reservas de minérios e combustíveis fósseis no subsolo chinês que concede ao País autossuficiência em termos de matéria-prima e fontes de energia e o caracteriza como grande exportador mundial de petróleo.
II. o modelo de economia planificada que, promovendo crescimento econômico com equilibrada distribuição de renda, am-

plia o mercado consumidor interno chinês, um dos mais gigantescos do mundo, e elimina as desigualdades sociais.

III. a liberalização econômica e os baixos custos da mão de obra, principal fator de competitividade da indústria chinesa, têm sido fundamentais para o crescimento econômico do País.

IV. o esforço chinês em atrair indústrias intensivas em capital para as chamadas zonas de desenvolvimento econômico e tecnológico, fazendo com que nas últimas décadas o País esteja entre os maiores receptores de investimentos produtivos do mundo.

Assinale a alternativa em que todas as afirmativas estão corretas.

a) I e II
b) I e III
c) I e IV
d) II e III
e) III e IV

9. (UPE) Leia o mapa ilustrativo a seguir:

Fonte: adaptado de http://www1.folha.uol.com.br/, 2015.

A leitura do mapa ilustrativo permite afirmar que se trata

a) da onda migratória de palestinos e judeus no início do século XX, em direção aos países que defendiam os princípios do liberalismo econômico.

b) dos fluxos de circulação do comércio petrolífero para os países-membros da União Europeia.

c) dos fluxos do comércio internacional de gás natural, proveniente de países da Ásia e África.

d) das principais rotas usadas pelos estrangeiros na Europa, por causa da crise migratória atual.

e) dos fluxos financeiros internacionais que crescem aceleradamente, em virtude das economias em expansão e da globalização da produção.

10. (Unesp) A imigração de muçulmanos para diferentes países do mundo tem gerado um fenômeno conhecido por islamofobia, ou seja, sentimento de aversão aos fiéis ao islamismo. Esse sentimento de aversão é legitimado

a) pelas resoluções da ONU, que oneram os países responsáveis pela ajuda humanitária.
b) pela velha ordem mundial, cuja origem se relaciona à Guerra Fria.
c) pela guerra ao terror, cuja origem remete à Doutrina Bush.
d) pelas leis trabalhistas arcaicas, que impedem o imigrante de trabalhar legalmente.
e) pelas cotas de imigração, cuja origem remonta ao Tratado de Roma.

11. (EBMSP)

O atentado em série mudou o mundo – da geopolítica às relações pessoais. A reação americana envolveu a deflagração de duas guerras – com o Afeganistão e com o Iraque – e uma caçada de quase dez anos pelo saudita Osama Bin Laden, responsável pelos ataques. Quando Bin Laden foi localizado e morto, as liberdades civis e os direitos humanos estavam comprometidos em nome da segurança.

ATAQUE terrorista contra as torres gêmeas em 2001. Disponível em: <http://istoe.com.br>. Acesso em: 26 set. 2016.

Dentre os efeitos, para a política internacional, do ataque às torres gêmeas do World Trade Center em Nova York, pode-se destacar

a) A intervenção dos países árabes em Israel, por considerarem aquele país responsável pelo desequilíbrio nas relações comerciais do Mediterrâneo.
b) As ações da chamada Primavera Árabe, dirigidas contra os países petrolíferos da Península Arábica e do mar da Arábia.
c) O fortalecimento de governos autoritários em países do leste europeu especialmente a Grécia e a Áustria.
d) A desagregação do Iraque e as disputas étnicas e políticas internas, permitindo a proliferação de grupos rebeldes e de terroristas, a exemplo do chamado Estado Islâmico.
e) As sucessivas guerras do Yom Kippur, travadas pelo Estado de Israel contra o Estado Palestino e os países asiáticos, na disputa por um acesso ao mar Mediterrâneo.

12. (PUC-RJ) Após a 2ª Guerra mundial, a organização política dos países da Europa ocidental veio sofrendo importantes mudanças estruturais, que podem ser identificadas, nos dias atuais, pela formação da

a) internacionalização, a partir do desmonte das sociedades científicas
b) nacionalização, a partir da falência das sociedades internacionalizadas
c) regionalização, a partir da complexificação das sociedades nacionais

d) supranacionalização, a partir da eliminação das sociedades liberais

e) tecnificação, a partir da transformação das sociedades planificadas

13. (Uece) Escreva V ou F, conforme seja verdadeiro ou falso o que se afirma a seguir sobre as características das diversas fontes de energia e seus impactos no meio ambiente.

( ) O petróleo tem sido a fonte de energia mais importante no mundo desde a segunda Revolução Industrial, embora, na última década, tenha perdido demasiadamente sua expressão em função da radical decisão dos Estados Unidos de abandonar o consumo de seus derivados na indústria e na produção de combustíveis.

( ) Para a geração de energia em usinas nucleares, ocorre um processo controlado de desintegração dos átomos, porém, os acidentes com escape de material radioativo para a atmosfera causam distúrbios socioambientais imediatos e a longo prazo.

( ) Nas usinas eólicas, a produção de energia é limpa, mas há impactos socioambientais marcantes, tais como a emissão de ruído, o impacto visual e as interferências eletromagnéticas em pessoas.

( ) A despeito das inconveniências econômicas, ambientais e políticas, fontes de energia tradicionais como o petróleo e o carvão mineral continuam sendo consumidas em grande escala em países de economia capitalista avançada.

Está correta, de cima para baixo, a seguinte sequência:

a) F, V, F, F.

b) V, F, V, F

c) V, F, F, V.

d) F, V, V, V.

14. (Mackenzie)

Com o colapso da União Soviética, as transformações na ordem mundial e, a partir da década de 1990, o fim da Guerra Fria, a Rússia passou a participar de uma nova agenda internacional tanto no campo político como no militar. Atualmente, o país busca maior participação no contexto internacional e afirma-se como potência. Apesar de enfrentar uma etapa difícil de transição da economia centralmente planejada para uma economia de mercado – capitalista – às voltas com crises econômico-financeiras, aumento da pobreza e da corrupção, concentração de renda e guerras separatistas, em finais da década de 1990, a Rússia passou a integrar o G8.

LUCCI, BRANCO e MENDONÇA. *Território e Sociedade no Mundo Globalizado*. São Paulo: Saraiva, 2014, p. 261.

Considere as seguintes afirmações a respeito da Rússia.

I. É uma grande potência nuclear e seu imenso território dispõe de grandes reservas minerais, entre elas petróleo e gás natural.

II. Apresenta invernos rigorosos, sobretudo em sua porção setentrional.

III. É um dos componentes dos chamados BRICS.

IV. É uma forte opositora do regime iraniano e tem evitado estreitar relações políticas com a China.

É correto o que se afirma em

a) I e II, apenas.

b) III e IV, apenas.

c) I, II e III, apenas.

d) II, III e IV, apenas.

e) I, II, III e IV.

15. (UEL) Analise o mapa a seguir.

O Mundo Bipolar (1945 – 1990)

Adaptado de: VESENTINI, J. W. *O Ensino de Geografia e as Mudanças Recentes do Espaço Geográfico Mundial*. São Paulo: Ática, 1992.

Como base no mapa e nos conhecimentos da geopolítica mundial no século XX, atribua **V** (verdadeiro) ou **F** (falso) às afirmativas a seguir.

( ) O término da Segunda Guerra Mundial inaugurou o período denominado Guerra Fria marcado pelo confronto ideológico entre a URSS e os EUA, gerando diversos conflitos por disputas de territórios.

( ) Fidel Castro se aproximou do bloco socialista, do qual nasceu um plano que levou a uma das maiores crises políticas da Guerra Fria: o conflito entre a União Soviética e os Estados Unidos (1962), designado como a Crise dos Mísseis em Cuba.

( ) A Organização do Tratado do Atlântico Norte (OTAN) é uma aliança militar fundada no princípio da segurança coletiva com o objetivo de manter a paz entre os países membros e a democracia dentro deles.

( ) A corrida armamentista constitui-se em uma característica secundária deste período, já que a questão central da geopolítica, pós-Segunda Guerra Mundial, foi a disseminação da organização espacial mundial multipolar.

( ) A designação de "fria" vinculou-se a um período geopolítico no qual se destacava a abstenção das superpotências nos conflitos militares nas áreas periféricas do mundo, de forma que os norte-americanos e os soviéticos se desvincularam de guerras localizadas em outras partes do mundo.

Assinale a alternativa que contém, de cima para baixo, a sequência correta.

a) V, V, V, F, F.
b) V, V, F, F, F.
c) V, F, F, V, V.
d) F, F, V, V, V.
e) F, F, F, V, V.

16. (Uerj)

O mais ambicioso projeto geopolítico do governo chinês começa a sair do papel. A Nova Rota da Seda pretende reviver a antiga rede comercial entre Oriente e Europa. Quase 8000 quilômetros separam a cidade de Xi'an de Veneza, na Itália, extremos da rota. No lugar das caravanas de camelos que cruzavam a Ásia Central com mercadorias entre a China e a Europa, uma ampla rede de ferrovias, estradas, oleodutos e cabos de fibra óptica ocupará o percurso, de acordo com os planos do governo chinês. Para financiar as obras, Pequim criou um fundo de US$ 40 bilhões, além do Banco Asiático de Investimento em Infraestrutura, que tem a participação de outros 21 países e começou a funcionar em 2015, com um capital de US$ 50 bilhões.

Adaptado de *Folha de São Paulo*, 01/03/2016.

Apresente uma vantagem econômica e uma vantagem geopolítica resultantes da implementação do projeto chinês mencionado na reportagem.

17. (IFPE)

LATUFF, Carlos. Disponível em: <http://prestesaressurgir.blogspot.com.br/2013/05/cartas-de-geisel-videla-mostram-elos-da.html>. Acesso: 10 out. 2017.

O texto faz referência aos países do Cone Sul (Argentina, Paraguai, Uruguai, Chile e Brasil) e à C.I.A. (*Central Intelligence Agency*) dos Estados Unidos. Ao elaborar o texto, o chargista brasileiro Carlos Latuff fazia alusão

a) ao crescimento econômico da América do Sul em contraste com a violência no continente.

b) ao apoio de países da América do Sul à Revolução Cubana.

c) ao acordo do MERCOSUL e à pobreza no continente sul-americano.

d) à participação da C.I.A. e de países sul-americanos na invasão à Baía dos Porcos, em Cuba.

e) à Operação Condor e às ditaduras militares na América do Sul.

18. (EsPCEx-Aman)

"'Exterior próximo' – é assim que o governo russo encara os demais Estados da CEI (Comunidade de Estados Independentes)."

Adaptado de: MAGNOLI, D. *Geografia para o Ensino Médio*. 1. ed. São Paulo: Atual, 2012, p. 562.

Ao utilizar tal expressão, a Rússia caracteriza bem sua esfera de influência política no continente asiático. Dentre os fatores que explicam a influência russa sobre o seu "Exterior Próximo", podemos destacar o(a)

I. grande dependência das economias dos países da CEI em relação ao mercado russo, destino de grande parte das exportações desses países.

II. tratado de segurança coletiva assinado pelos países da CEI, que, em vigor desde 1994, proíbe seus integrantes de participarem de alianças militares externas.

III. controle sobre a soberania política e econômica desses países e de suas reservas energéticas situadas em pontos estratégicos para a economia russa.

IV. identidade cultural e religiosa entre a Rússia e os demais Estados da CEI, aliada ao fato de ser a língua russa o idioma mais falado em todo o "Exterior Próximo".

V. considerável dependência de praticamente todas as ex-repúblicas soviéticas da importação de produtos da indústria russa.

Assinale a alternativa que apresenta todas as afirmativas corretas.

a) I, II e III

b) I, II e V

c) I, III e IV

d) II, IV e V

e) III, IV e V

19. (UEM) Sobre o ordenamento geopolítico e econômico mundial do período pós-guerra (1945) até os dias de hoje, assinale a(s) alternativa(s) **correta(s)**.

01) A Organização Europeia de Cooperação Econômica (OECE) foi instituída em 1991, após o fim do socialismo no leste europeu, a fim de administrar os recursos financeiros a serem investidos nos antigos países comunistas.

02) Em 1989, o Muro de Berlim, que separava a antiga capital alemã em duas, foi derrubado pelos próprios moradores e, nos anos seguintes, houve uma fragmentação da antiga União Soviética, surgindo mais de uma dezena de países no cenário internacional.

04) A chamada crise dos mísseis de Cuba, durante a Guerra Fria, foi uma tentativa de a União Soviética invadir os Estados Unidos com as tropas russas aquarteladas em bases militares instaladas em território cubano.

08) O Plano Marshall (Programa de Recuperação Europeia) foi idealizado para acelerar a recuperação econômica dos países capitalistas da Europa Ocidental e para frear a influência soviética.

16) A Guerra Fria foi um período que se iniciou após a Segunda Guerra Mundial e foi marcada por uma bipolarização que resultou do antagonismo geopolítico e ideológico entre os Estados Unidos e a União Soviética, as duas superpotências hegemônicas da época.

20. (Unicamp)

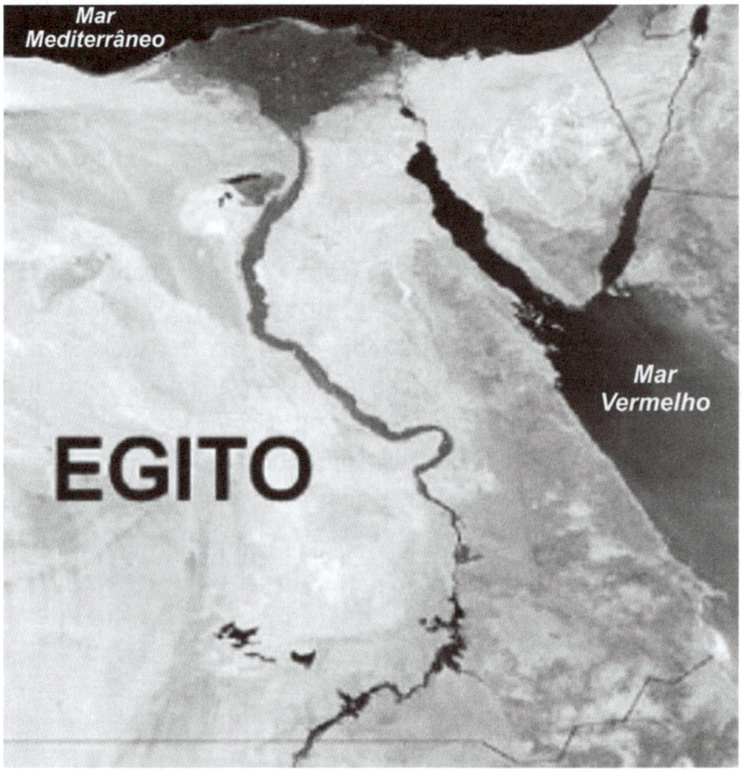

(Adaptado de Jeff Schmaltz/NASA/GSFCm, 2003. Acessado em 20/09/2017.)

O território egípcio é marcado pela presença de dois compartimentos naturais: o Delta do Nilo e um golfo. Com base em seus conhecimentos e na imagem acima, responda às questões.

a) O que é um delta? Indique qual é a forma de relevo típica de terreno deltaico.

b) Indique o nome do golfo que divide o território egípcio e aponte sua importância geopolítica para o mundo contemporâneo.

21. (Enem)

A diversidade de atividades relacionadas ao setor terciário reforça a tendência mais geral de desindustrialização de muitos dos países desenvolvidos sem que estes, contudo, percam o comando da economia. Essa mudança implica nova divisão internacional do trabalho, que não é mais apoiada na clara segmentação setorial das atividades econômicas.

RIO, G. A. P. A espacialidade da economia. In: CASTRO, I. E.; GOMES, P. C. C.; CORRÊA, R. L. (Org.). Olhares geográficos: modos de ver e viver o espaço. Rio de Janeiro: Bertrand Brasil, 2012 (adaptado).

Nesse contexto, o fenômeno descrito tem como um de seus resultados a

a) saturação do setor secundário.
b) ampliação dos direitos laborais.
c) bipolarização do poder geopolítico.
d) consolidação do domínio tecnológico.
e) primarização das exportações globais.

22. (Enem)

No Segundo Congresso Internacional de Ciências Geográficas, em 1875, a que compareceram o presidente da República, o governador de Paris e o presidente da Assembleia, o discurso inaugural do almirante La Rouciére-Le Noury expôs a atitude predominante no encontro: “Cavalheiros, a Providência nos ditou a obrigação de conhecer e conquistar a terra. Essa ordem suprema é um dos deveres imperiosos inscritos em nossas inteligências e nossas atividades. A geografia, essa ciência que inspira tão bela devoção e em cujo nome foram sacrificadas tantas vítimas, tornou- se a filosofia da terra”.

SAIO, E. *Cultura e política*. São Paulo: Cia. das Letras, 1995.

No contexto histórico apresentado, a exaltação da ciência geográfica decorre do seu uso para o(a)

a) a preservação cultural dos territórios ocupados.
b) formação humanitária da sociedade europeia.
c) catalogação de dados úteis aos propósitos colonialistas.
d) desenvolvimento de técnicas matemáticas de construção de cartas.
e) consolidação do conhecimento topográfico como campo acadêmico.

23. (Unesp)

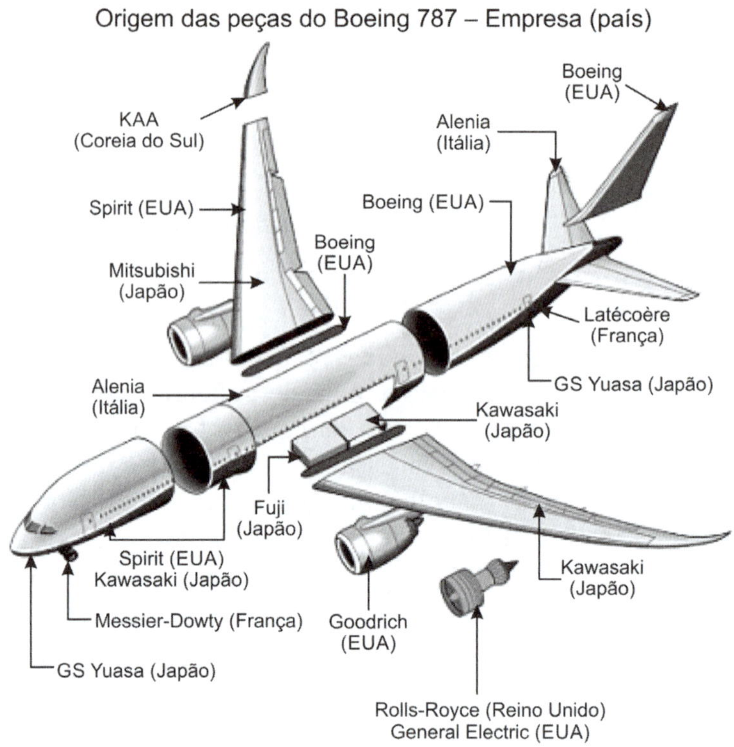

(www.businessinsider.com. Adaptado.)

Considerando o exemplo apresentado e a expansão das multinacionais no contexto da globalização, identifique e caracterize o que ocorre com o processo produtivo das multinacionais. Cite dois fatores que levam as empresas a adotar essa nova estratégia.

24. (Mackenzie)

"O Serengeti (ou Serengueti) é uma imensa área de vegetação gramínea com árvores e arbustos espaçados. A abundância de pastagens atrai, para a região, uma grande quantidade de animais herbívoros, como zebras, gnus e diversas espécies de antílopes africanos. As grandes manadas, por sua vez, atraem predadores. Isso faz da região um ecossistema bastante equilibrado. Esse Parque Nacional foi reconhecido como Patrimônio Mundial pela UNESCO em 1981."

Continente Africano

Fonte do mapa: http://www.oocities.org/es/aabenaes3/mapas/mapaafricamudo2.html

Tendo como base o texto, o mapa e seus conhecimentos a respeito do continente africano é correto afirmar que os números 1 e 2 no mapa indicam, respectivamente, os países africanos

a) Quênia e Tanzânia que abrigam o Parque Nacional do Serengeti onde predomina o bioma das Savanas.

b) Zâmbia e Zimbábue que abrigam o Parque Nacional do Serengeti dominado pelas bordas periféricas do deserto do Kalahari.

c) Etiópia e Uganda que abrigam o Parque Nacional do Serengeti onde predomina o bioma das Estepes Orientais.

d) Uganda e Ruanda que abrigam o Parque Nacional do Serengeti entrecortado, na porção Setentrional, pelo Planalto dos Grandes Lagos.

e) Tanzânia e Zâmbia que abrigam o Parque Nacional do Serengeti entrecortado, na porção Meridional, pelo Planalto da Etiópia.

25. (UFRGS) Observe o quadro abaixo.

Quadro de medalhas – Rio 2016 – Os 20 maiores ganhadores					
Posição	**País**	**Ouro**	**Prata**	**Bronze**	**Total**
1º	Estados Unidos	46	37	38	121
2º	Grã-Bretanha	27	23	17	67
3º	China	26	18	26	70
4º	Federação Russa	19	18	19	56
5º	Alemanha	17	10	15	42
6º	Japão	12	8	21	41
7º	França	10	18	14	42
8º	Coreia do Sul	9	3	9	21
9º	Itália	8	12	8	28
10º	Austrália	8	11	10	29
11º	Países Baixos	8	7	4	19
12º	Hungria	8	3	4	15
13º	Brasil	7	6	6	19
14º	Espanha	7	4	6	17
15º	Quênia	6	6	1	13
16º	Jamaica	6	3	2	11
17º	Croácia	5	3	2	10
18º	Cuba	5	2	4	11
19º	Nova Zelândia	4	9	5	18
20º	Canadá	4	3	15	22

Considere as afirmações abaixo, a respeito do quadro.

I. Somente países considerados desenvolvidos economicamente ganharam medalhas suficientes para aparecer entre os 20 melhores.

II. A distribuição de medalhas entre os países foi desigual, pois poucos países concentraram a maioria das medalhas; os 10 primeiros ganharam mais da metade das medalhas totais.

III. O nível de desenvolvimento econômico dos países para a quantidade de medalhas obtidas é irrelevante, pois o quadro demonstra a distribuição equilibrada entre os continentes.

Quais estão corretas?

a) Apenas I.
b) Apenas II.
c) Apenas III.
d) Apenas II e III.
e) I, II e III.

26. (ESPM)

Desde a brilhante imagem de Nelson Mandela, sorridente como sempre, depositando voto nas eleições de 1994, liberto ele do cárcere e livre o país do Apartheid, a de Jacob Zuma se desintegrando ao vivo diante dos cidadãos, na quarta-feira passada, na televisão nacional, passaram três presidentes pela história da jovem democracia sul-africana, e um tsunami que minou os ideais do emblemático Congresso Nacional Africano (CNA), o respeitado movimento de libertação convertido em partido no poder.

(https://elpais.com/internacional/2018/02/20)

O texto trata do tsunami político na África do Sul que teve por desfecho:

a) o *impeachment* do presidente Jacob Zuma, do CNA, sob acusação de corrupção;

b) o *impeachment* do presidente Jacob Zuma, do CNA, com a posse do vice-presidente Thabo Mbeki;

c) a demissão do presidente Jacob Zuma, do CNA, com a posse de Cyril Ramaphosa, o vice-presidente que assumiu interinamente;

d) a demissão do presidente Jacob Zuma, com a posse do vice-presidente Thabo Mbeki, homem forte do CNA;

e) a demissão do presidente Jacob Zuma, do CNA, em meio a um golpe liderado por Mmusi Maimane, do Partido Aliança Democrática.

27. (IFSP) Observe o mapa abaixo.

O mundo bipolar (nos anos 1970)

Reprodução/ FSP 2017.

Após o fim da Segunda Guerra Mundial, iniciou-se uma corrida econômica armamentista e espacial entre americanos e soviéticos a fim de influenciar um maior número de países com seu modelo econômico.

Assinale a alternativa que apresenta características do período do mundo bipolar.

a) A Alemanha foi dividida em duas porções: ocidental – socialista e oriental – capitalista.

b) Não havia representante do bloco socialista nas Américas.

c) O líder do bloco capitalista eram os Estados Unidos e do bloco socialista era a URSS.

d) A economia do bloco liderado pelos soviéticos tinha, dentre suas características, a liberdade de mercado.

e) O modelo econômico que prevalece até os dias atuais é o difundido pela URSS.

28. (UEFS)

(www.washingtonpost.com)

A charge reúne três chefes de Estado de importância política no atual cenário internacional. Um deles, com um míssil nas mãos, define-se como "perigoso"; o outro, com o dedo em riste, sustenta: "todos nós somos!"; o terceiro reflete: "alguns são mais perigosos do que outros...". O diálogo representado na charge conjuga

a) política de dissuasão nuclear e desconfiança mútua.

b) acordos diplomáticos e controle capitalista em escala mundial.

c) regimes ditatoriais do terceiro mundo e nações industrializadas democráticas.

d) consensos ideológicos globais e igualdade econômica entre as nações.

e) abolição de armas nucleares e promoção da paz pelas economias emergentes.

29. (UFPR)

No período da Guerra Fria, a antiga URSS subsidiou fortemente a economia cubana. Ao exportar petróleo para Cuba, o Estado soviético praticava preços bem abaixo daqueles vigentes no mercado mundial, ao mesmo tempo em que, nas importações de açúcar cubano, pagava até cinco vezes os preços internacionais desse produto.

(Adaptado de VESENTINI, J. W. *A nova ordem mundial*. 2. ed. São Paulo: Ática, 1996, p. 21)

Com base no texto e nos conhecimentos de Geografia:

a) Apresente duas razões pelas quais a URSS realizava essa política de subsídios.

b) Explique por que tal política contribuiu para o fim do modelo de economia planificada na URSS.

30. (Uerj)

A rosa de Hiroshima

Pensem nas crianças
Mudas telepáticas
Pensem nas meninas
Cegas inexatas
Pensem nas mulheres
Rotas alteradas
Pensem nas feridas
Como rosas cálidas
Mas oh não se esqueçam
Da rosa da rosa
Da rosa de Hiroshima
A rosa hereditária
A rosa radioativa
Estúpida e inválida
A rosa com cirrose
A antirrosa atômica
Sem cor sem perfume
Sem rosa sem nada

viniciusdemoraes.com.br

Coreia do Norte realiza seu maior teste nuclear

A Coreia do Norte realizou seu maior teste nuclear em setembro de 2016 e informou ter dominado a habilidade de montar uma ogiva em míssil balístico. O teste aumenta a instabilidade na Ásia e preocupa os países da região, sobretudo Coreia do Sul, China e Japão. EUA, Rússia e Organização das Nações Unidas (ONU) também condenaram o teste nuclear. A explosão, no dia da comemoração dos 68 anos da fundação do país, foi mais poderosa que a bomba detonada em Hiroshima, de acordo com estimativas do Ministério de Defesa da Coreia do Sul. A explosão foi tão forte que provocou um terremoto de 5 graus na escala Richter no local do teste.

Adaptado de veja.abril.com.br, 09/09/2016.

O poema de Vinícius de Moraes alude ao lançamento da primeira bomba atômica sobre a cidade japonesa de Hiroshima, em 1945. Mesmo com os acordos de restrição ao uso desse tipo de armamento, os dispositivos nucleares ainda desestabilizam as relações internacionais, como descreve a reportagem.

Com base nos textos, a principal motivação do governo da Coreia do Norte em testar esses dispositivos e o efeito que esses testes provocam são, respectivamente:

a) expansão do território no Extremo Oriente – agressão à população civil

b) preservação das fronteiras políticas nacionais – ruína da produção agrícola

c) competição da indústria local com outros países asiáticos – poluição do meio ambiente

d) demonstração de poder aos governos vizinhos – impacto duradouro da radioatividade

31. (FMP) Considere o texto sobre a geopolítica contemporânea.

Com a retomada da grande Mesquita de Al-Nuri, em Mossul, o governo iraquiano anunciou o “fim do falso Estado Islâmico” (EI), que havia declarado seu califado na cidade em 2014 – uma vitória simbólica para as forças iraquianas, que vêm lutando há mais de oito meses na região. Os poucos combatentes do EI que permanecem em Mossul recuaram para algumas áreas da Cidade Velha. Com isso, autoridades esperam que a longa batalha pela cidade termine nos próximos dias.

Retomada iminente de Mossul deixa Estado Islâmico nas cordas. *O Globo*, Rio de Janeiro. 30 jun. 2017, Mundo. Disponível em: <https://oglobo.globo.com/mundo/rretomanda-iminente-de-mossul-deixa-estado-islamico-nas-cordas-21537724>. Acesso em: 20 jul. 2017.

De acordo com o texto, o embate geopolítico entre o governo do Iraque e o EI é caracterizado pela seguinte situação:

a) coalizão internacional para o fim simbólico do líder do EI

b) revelação oficial do verdadeiro califado do EI no Iraque

c) redução dos territórios controlados pelo EI no Iraque

d) fortalecimento de novos integrantes do EI nas cidades

e) aliança ideológica do EI com as forças militares Oficiais

32. (Uerj) A integração da União Europeia começou oficialmente em 1957 e durante décadas houve um movimento contínuo de ampliação das liberdades de circulação de riquezas. A imagem abaixo aponta um fato importante desse período: a entrada em vigor do Acordo Schengen. Nos últimos anos, no entanto, o bloco vem enfrentando dificuldades que sinalizam a possibilidade de retrocessos.

1991

Reprodução/Uerj 2018.

Adaptado de cvce.eu.

2016

A Alemanha e outros países da União Europeia estenderam por mais três meses o controle em suas fronteiras. Além da Alemanha, também Áustria, Dinamarca, Suécia e Noruega (que não faz parte da UE) vão continuar com o controle temporário de suas fronteiras, após o aval do Conselho Europeu. Todos esses países fazem parte da zona de livre circulação prevista no Acordo Schengen.

Adaptado de g1.globo.com.

Considerando os eventos ocorridos nesse continente nos últimos cinco anos, a explicação para a mudança exposta na notícia é a necessidade de controle dos fluxos de:

a) capitais

b) serviços

c) pessoas

d) mercadorias

33. (Uerj) Compare as imagens noturnas, obtidas através de satélite de sensoreamento remoto, que mostram a luminosidade dos principais núcleos de povoamento da Síria:

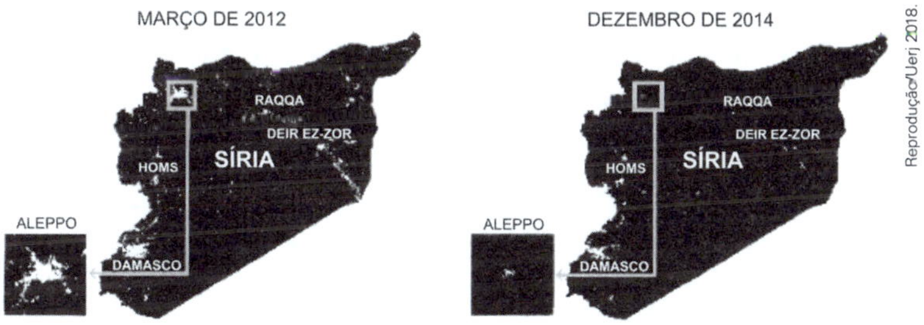

Adaptado de *O Globo*, 06/03/2016.

Considerando o contexto sírio no período indicado nas imagens, uma explicação para a mudança no padrão de distribuição espacial da população é:

a) redução da expectativa de vida

b) elevação da taxa de emigração

c) aumento da insalubridade urbana

d) diminuição do índice de fecundidade

34. (UFRGS) Considere as seguintes afirmações sobre a atual problemática migratória enfrentada pela Europa.

I. O atual acordo internacional FRONTEX, assinado pelos países da União Europeia em 2016, visou apoiar as migrações provenientes de qualquer país ex-colônia e inibir o tráfico de pessoas.

II. A construção de campos de refugiados oficiais com completa infraestrutura nos países europeus tem aumentado os fluxos imigratórios.

III. A atual problemática migratória enfrentada pela Europa tem, entre suas principais causas, o atual contexto de conflitos e instabilidades em seus países de origem, como guerras civis.

Quais estão corretas?

a) Apenas I.
b) Apenas II.
c) Apenas III.
d) Apenas I e III.
e) I, II e III.

35. (ESPM) Leia o texto:

A chanceler alemã, Angela Merkel, e o social-democrata Martin Schulz participaram neste domingo (3/9) do único debate televisivo antes das eleições de 24/9. Eles disputam o governo do país mais populoso da União Europeia em meio à crise migratória.

(https://www.publico.pt/2017/09/03/mundo/noticia/ debate-merkelschulz)

Quanto ao tema da crise migratória e a conjuntura política alemã é correto assinalar:

a) como chanceler, Angela Merkel fechou as fronteiras alemãs aos migrantes;
b) Angela Merkel confrontou o governo da Hungria, pelo apoio húngaro ao acolhimento de migrantes;
c) Angela Merkel liderou no âmbito da União Europeia uma campanha de hostilidade aos migrantes;
d) ao adotar uma política de portas abertas, como ficou conhecida, o governo Merkel permitiu a entrada de quase um milhão de migrantes em 2015;
e) a política para os migrantes, praticada pelo governo Merkel, foi entusiasticamente apoiada pelo partido AFD (Alternativa para a Alemanha) de direita.

36. (FGV-SP) Observe a imagem.

Reprodução/FGV 2018.

"Eu vou construir para você um irmão", diz uma bolha de pensamento ao lado do retrato de Trump, enquanto ele coloca sua mão em uma imagem de uma parede, composta por placas de concreto de 26 pés de altura. Devido às ambições do presidente Trump de construir um muro ao longo da fronteira entre os EUA e o México, o artista, então, considerou apropriado que Trump esteja presente no muro mais controverso do mundo – um exemplo para ele do tipo de muro fronteiriço que quer construir.

(www.washingtonpost.com. Adaptado)

A partir da imagem, do excerto e de conhecimentos sobre a geopolítica mundial, é correto afirmar que o "muro mais controverso do mundo" em que Trump foi retratado separa

a) Israel da Síria.
b) Egito de Gaza.
c) Israel da Cisjordânia.
d) Cisjordânia de Gaza.
e) Líbano da Síria.

37. (Enem)

A situação demográfica de Israel é muito particular. Desde 1967, a esquerda sionista afirma que Israel deveria se desfazer rapidamente da Cisjordânia e da Faixa de Gaza, argumentando a partir de uma lógica demográfica aparentemente inexorável. Devido à taxa de nascimento árabe ser muito mais elevada, a anexação dos territórios palestinos, formal ou informal, acarretaria dentro de uma ou duas gerações uma maioria árabe "entre o rio e o mar".

DEMANT, P. Israel: a crise próxima. *História*, n. 2. jul.-dez. 2014.

A preocupação apresentada no texto revela um aspecto da condução política desse Estado identificado ao(à)

a) abdicação da interferência militar em conflito local.
b) busca da preeminência étnica sobre o espaço nacional.
c) admissão da participação proativa em blocos regionais.
d) rompimento com os interesses geopolíticos das potências globais.
e) compromisso com as resoluções emanadas dos organismos internacionais.

38. (ESPM) Observe o gráfico a seguir sobre os países com exércitos mais poderosos do mundo e indique a alternativa que infere uma leitura correta.

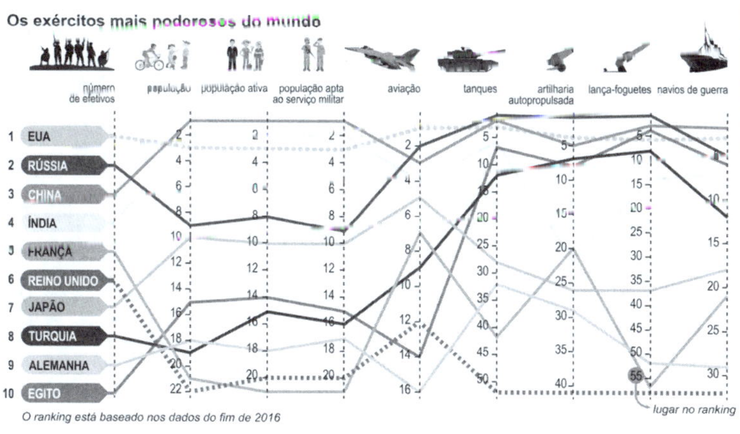

Fonte: https://br.sputniknews.com/infograficos/201709279452724-exercitos-mais-poderosos-do-mundo/. Acesso: 28/09/2017.

a) Os membros permanentes do Conselho de Segurança da ONU figuram entre as cinco maiores forças militares.

b) Os membros do G7 estão representados entre as sete maiores forças militares.

c) Conclui-se da leitura do gráfico uma coincidência entre países cristãos e potências militares.

d) Os três maiores continentes estão representados nessa lista de exércitos poderosos.

e) Nota-se que a força militar de um país é diretamente proporcional à sua extensão territorial.

39. (FGV-SP) Durante três décadas a economia chinesa cresceu a uma taxa média de 10% ao ano. Embora este crescimento tenha desacelerado na última década, a China continua em expansão a uma taxa anual em torno de 7% superior à das maiores economias mundiais. Diversos fatores foram responsáveis pelo sucesso da economia chinesa, embora nenhum deles, isoladamente, possa ser apontado como o principal.

PIB em valores atuais em dólar, 1970-2014

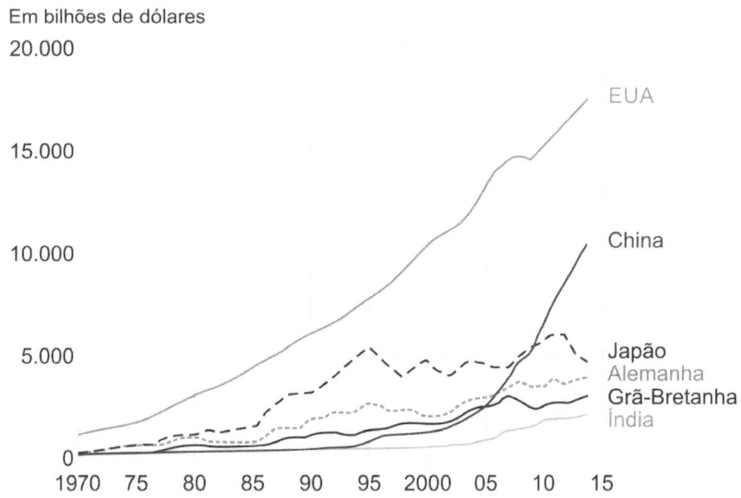

Fonte: Banco Mundial

BBC

Interior de uma fábrica de Iphones, em Chengchow, no norte da China.

Com base no texto acima, no gráfico e na foto:

a) cite e explique dois fatores responsáveis pelo crescimento da economia chinesa;

b) avalie os custos sociais e ambientais do crescimento econômico para a sociedade chinesa;

c) indique duas consequências da diminuição do ritmo de crescimento da China para a economia mundial.

40. (ESPM) A ONU possui seis idiomas oficiais e apresenta uma estrutura composta por sete órgaos principais os quais se destacam:

a) a Unicef; a Unesco; o PNUMA

b) o FMI; o Banco Mundial; a OMC.

c) o PNUD; a OIT; o Conselho de tutela.

d) a OCDE; o TPI; o BID.

e) a Assembleia Geral; o Conselho de Segurança; o Secretariado.

41. (Acafe) "Alguma coisa está fora da ordem, fora da nova ordem mundial" (Trecho da música Fora de Ordem, de Caetano Veloso)

Sobre as ordens mundiais ao longo da história, marque **V** para as afirmações **verdadeiras** e **F** para as **falsas** e assinale a alternativa com a sequência correta.

( ) Até o início do Século XX, antes das duas grandes guerras, havia uma ordem mundial multipolar, com várias potências coloniais rivalizando entre si, tendo o Reino Unido como a mais poderosa.

( ) A partir do final da Segunda Guerra Mundial, duas superpotências passaram a dividir a supremacia mundial: EUA e Alemanha, no período chamado "Guerra Fria".

( ) Em 1945 houve a queda do Muro de Berlim e o colapso da União Soviética, inaugurando o início de uma ordem mundial totalmente capitalista.

( ) A fundação da União Europeia e o vertiginoso crescimento econômico da China, passando a rivalizar com os EUA, deram impulso ao estabelecimento de uma ordem mundial multipolar, a partir da década de 1990. Essa correlação das maiores forças econômicas mundiais conta ainda com o Japão, importante potência asiática e com ascensão dos países "emergentes", entre eles o grupo chamado de BRICS, do qual o Brasil faz parte.

( ) Em 1999 surgiu o G20, grupo composto pelas 19 maiores economias do mundo acrescidas da União Europeia. Esse grupo de países ricos e de países emergentes passou a constituir uma importante arena de discussões sobre questões políticas e econômico-financeiras de interesse mundial.

a) V – V – F – F – F
b) F – V – F – V – F
c) V – F – F – V – V
d) F – F – F – V – V

42. (Uece) Sobre a desigualdade geográfica do desenvolvimento humano, é correto afirmar que

a) no que diz respeito aos problemas sociais que crescem no mundo, a noção de segregação, associada ao fenômeno de exclusão de direitos por parte de algumas pessoas, ainda não atingiu a população residente nos países europeus.
b) mesmo nos países considerados muito ricos, tais como Estados Unidos e Inglaterra, em suas grandes cidades existem áreas ou bairros onde reinam a violência, a delinquência, a economia informal e atividades ilícitas, e a população residente nesses locais é desprovida de serviços públicos de qualidade.
c) as disparidades do binômio riqueza-pobreza ainda são marcantes entre certos grupos de países no mundo; porém, o mesmo não se observa no interior do território de cada país, geralmente marcado por homogeneidade no que tange ao bem-estar social da população.
d) as desigualdades sociais entre zonas rurais e urbanas – um dos contrastes geográficos mais flagrantes já sentidos pela humanidade – foram superadas com o advento da biotecnologia voltada à produção de alimentos.

43. (Unicamp) Frequentemente o terrorismo recorre a ações de grande impacto. Contudo, seu objetivo maior é o de influenciar os espíritos; antes de tudo, ele visa a aterrorizar, e se distingue da criminalidade. Invocando reivindicações políticas, de natureza social, econômica ou religiosa, o terrorismo

a) realiza-se apenas no âmbito internacional, enquanto a criminalidade é marcada pelo objetivo primeiro do ganho financeiro.
b) realiza-se nacional e internacionalmente, enquanto a criminalidade é marcada pelo objetivo primeiro do ganho financeiro.
c) realiza-se apenas no âmbito internacional, enquanto a criminalidade é marcada basicamente por objetivos ideológicos.
d) realiza-se nacional e internacionalmente, enquanto a criminalidade é marcada basicamente por objetivos ideológicos.

44. (UFPR) Projeções da ONU indicam que a população mundial chegará a 8,6 bilhões de pessoas em 2030. Mais da metade desse crescimento populacional se concentrará em 9 países: Índia, Nigéria, República Democrática do Congo, Paquistão, Etiópia, Tanzânia, Estados Unidos, Uganda e Indonésia. Levando em conta que a população urbana mundial ultrapassou os 50% da população total, aponte, pelo menos, três consequências desse aumento populacional para as cidades do conjunto de países citados anteriormente.

____

____

____

45. (ESPM) Leia a matéria:

> Coreia do Norte faz teste com bomba e Trump chama ato de "hostil e perigoso". O regime afirma ter executado sua sexta prova nuclear, que provocou forte tremor.
>
> El País, 03/09/2017. Disponível em: https://brasil.elpais.com/brasil/2017/09/03/internacional/1504412077_373562.html. Acesso: 03/09/2017.

Sobre o contexto geopolítico na península coreana, está correto afirmar:

a) O Tigre Asiático em questão apresenta um regime hostil ao ocidente desde a época da Guerra Fria.
b) O Japão é o aliado regional da Coreia do Norte, mas a pressão sobre o regime de Seul não tem sido eficaz.
c) Os Estados Unidos reagiram militarmente aos testes norte-coreanos desferindo ataques cirúrgicos ao território do país.
d) A Rússia apoia abertamente os testes realizados pelo regime de King Jong-un.
e) O regime norte coreano parece não se intimidar com as ameaças do ocidente nem com a pressão de sua aliada, a China.

46. (UEFS) Leia o trecho da entrevista de Rubens Ricupero a Patrícia Campos Mello.

> Os EUA, depois do fim da Guerra Fria e após os ataques [terroristas] de 11 de setembro de 2001, passaram a ter uma agenda em

que não há espaço para América Latina. [...] Uma vez eliminada a ameaça comunista, para os americanos, o que se passa aqui não incomoda muito. Até mesmo a Venezuela – eles prefeririam que fosse um país a favor dos EUA, mas podem conviver com isso.

("Ninguém mais quer sair na fotografia com o Brasil". *Folha de S.Paulo*, 26.09.2017.)

O trecho da entrevista refere-se às relações políticas entre Estados americanos no momento atual, em que a América Latina

a) forja o ideal de um pan-americanismo militar e econômico.

b) se une em torno de ideais comuns anti-imperialistas.

c) continua, como no passado, irrelevante na política internacional.

d) lidera as nações do hemisfério sul no combate à penúria social.

e) perde o peso estratégico com o esfacelamento do bloco socialista.

47. (Enem)

Os objetivos da ONU, de acordo com o disposto no capítulo primeiro de sua Carta, são quatro: 1) manter a paz e segurança internacionais; 2) desenvolver ações amistosas entre as nações, com base no respeito ao princípio de igualdade de direitos e de autodeterminação dos povos; 3) conseguir uma cooperação internacional para resolver os problemas internacionais de caráter econômico, social, cultural ou humanitário; 4) ser um centro destinado a harmonizar a ação das nações para a consecução desses objetivos comuns.

GONÇALVES, W. *Relações internacionais*. Rio de Janeiro: Zahar, 2008 (adaptado).

De acordo com os objetivos descritos, o papel do organismo internacional mencionado consiste em

a) regular o sistema financeiro global.

b) mediar conflitos de ordem geopolítica.

c) legitimar ações de expansionismo territorial.

d) promover a padronização de hábitos de consumo.

e) estabelecer barreiras à circulação de mercadorias.

48. (UPE) Observe a figura a seguir:

Reprodução/Upe-ssa 3 2018.

Sobre o tema apresentado na ilustração, é **CORRETO** afirmar que

a) se trata da permanência do Reino Unido no Bloco Europeu como forma de adotar políticas favoráveis aos imigrantes.
b) corresponde à expressão utilizada para o referendo, que decidiu pela saída do Reino Unido como membro da União Europeia.
c) é parte do projeto nacionalista britânico que defende a abertura de fronteiras e a diminuição da xenofobia na Europa.
d) é uma expressão britânica, utilizada para designar a entrada do Reino Unido no Bloco Europeu e o fortalecimento da economia globalizada.
e) se refere a um plebiscito ocorrido no Reino Unido que possibilitou a opção por permanecer no Bloco Europeu e promover a equidade e os mercados financeiros regionais.

49. (EsPCEx-Aman) Sabe-se que o poder global dos Estados Unidos da América (EUA) é multidimensional, expressando-se, por exemplo, nos campos econômico, financeiro e cultural. Contudo, de todas as dimensões do poder, merecem especial destaque os campos geopolítico e militar. Quanto a estes últimos, no que diz respeito à distribuição e ação do poder militar norte-americano pelo globo, no início do século XXI, podemos afirmar que

I. em países europeus da Organização do Tratado do Atlântico Norte (Otan), como é o caso da Alemanha, da Grã-Bretanha e da Itália, situam-se grandes bases do Exército, da Marinha e da Força Aérea norte-americana.
II. na Europa e na Ásia/Pacífico, como reflexo da Guerra Fria, estão as duas principais concentrações de forças dos Estados Unidos no exterior.
III. o Japão e o Vietnã se destacam como principais aliados da orla oriental asiática, onde se situam grandes bases do Exército, da Marinha, da Força Aérea e dos fuzileiros navais dos EUA.
IV. a "guerra ao terror", proposta no governo George W. Bush, traduziu-se, para o Oriente Médio, no envolvimento dos EUA em dois grandes conflitos regionais, um no Iraque e outro na Síria.
V. o Havaí, estado norte-americano de além-mar, e a ilha de Diego Garcia funcionam como importantes centros de operações, respectivamente, nos oceanos Pacífico e Índico.

Assinale a alternativa que apresenta todas as afirmativas corretas.

a) I, II e III
b) I, II e V
c) I, III e IV
d) III, IV e V
e) II, IV e V

50. (UFU 2018)

"Para a União Europeia, nada muda. A Espanha continua sendo nosso único interlocutor." A mensagem nas redes sociais do presidente do Conselho Europeu, Donald Tusk, é a primeira reação de peso à declaração da Catalunha: a UE não reconhece a independência. A equipe de Tusk advertiu que é preciso evitar uma "escalada", o que seria uma péssima notícia "para os catalães, para a Espanha e para a Europa".

Disponível em: <https://brasil.elpais.com/brasil/2017/10/27/internacional/1509120610_062639.html> Acesso em: 27 de mar, 2017.

Considerando-se o contexto geopolítico do movimento separatista da Catalunha, responda.

a) Por que esse movimento separatista representou e ainda representa uma ameaça para os outros países integrantes da União Europeia?

b) Apresente dois argumentos utilizados pelos separatistas da Catalunha para justificar sua independência da Espanha.

51. (Fuvest) Observe, na imagem noturna obtida por satélite, os limites territoriais do país A e países fronteiriços.

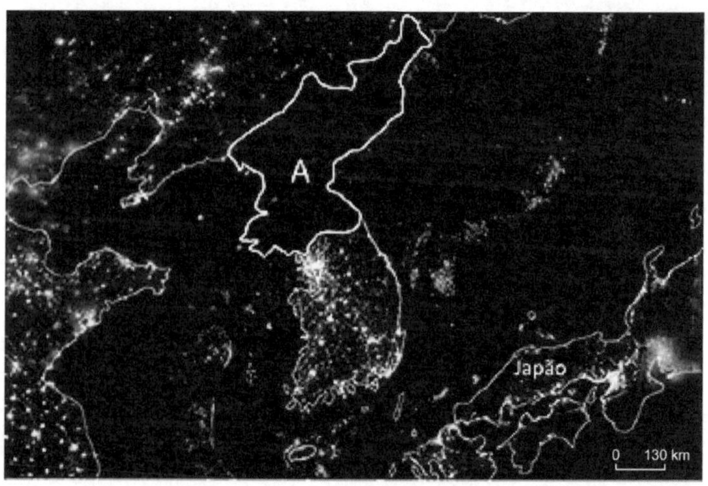

Reprodução/Fuvest 2018.

www.exame.com.br. 25/02/2014. Adaptado.

a) Identifique o país A e cite uma razão para o fato de esse país, comparativamente a seus fronteiriços, aparecer na imagem como se estivesse às escuras.

____

____

____

____

____

b) Explique, citando ao menos dois argumentos de ordem geopolítica, por que os EUA e alguns países da Europa Ocidental consideram esse país uma ameaça global e regional.

____

____

____

____

52. (ESPM)

Moradores estão fugindo da região de Ghouta, na Síria, onde a situação tem sido descrita como "extremamente crítica".

A batalha na região se intensificou porque o exército do governo Sírio parece estar aumentando a pressão para retomar o território – que é perto da capital, Damasco, e está dominado pela oposição.

Fonte: https://g1.globo.com/mundo/noticia/mulheres-e-criancas-fogem-de-intensos-bombardeios-em-ghouta-na-siria.ghtml. Acesso: 11/03/2018.

Desde que eclodiu a guerra civil em 2011, o presidente do país destacado na matéria recorreu a países aliados para conter e reverter o avanço de grupos armados que tentam destituí-lo. Esses países são:

a) Rússia e Turquia.

b) Rússia e Arábia Saudita.

c) China e Iraque.

d) Rússia e Irã.

e) França e Irã.

53. (UEFS)

I. É um solo quimicamente fértil e com elevada quantidade de matéria orgânica, tem alta produtividade agrícola, sendo muito utilizado para o plantio de trigo.

II. Solo formado pela deposição de sedimentos carregados pelo vento, sendo que, na China, é intensivamente utilizado para produção de arroz.

III. Solo argiloso e de elevada fertilidade química natural, sendo a presença da argila importante para regular a drenagem e, consequentemente, evitar a perda de nutrientes.

A alternativa que corresponde ao nome dos solos caracterizados em I, II e III, respectivamente, é a

a) Latossolo vermelho / eluvial / terra roxa.
b) Humífero / podizol / salino.
c) Tchernozion / loess / massapê.
d) Aluvial / arenoso / litossolo.
e) Zonal / hidromórfico / latossolo preto.

54. (ESPM) O Conselho de Segurança da ONU é considerado a instância máxima do poder mundial. Sobre essa entidade está correto afirmar:

a) É composto por cinco países membros.
b) É composto por dez países membros, sendo que cinco exercem o poder de veto e outros cinco, não.
c) É composto por quinze países membros, dez rotativos e cinco permanentes e com poder de veto.
d) É composto por quinze países membros, cinco com poder de veto e permanentes e outros dez com poder de veto, porém rotativos.
e) É composto por cinco países membros permanentes que representam todos os continentes e outros dez membros não permanentes, distribuídos de forma aleatória quanto aos continentes.

55. (Enem)

A primeira Guerra do Golfo, genuinamente apoiada pelas Nações Unidas e pela comunidade internacional, assim como a reação imediata ao Onze de Setembro, demonstravam a força da posição dos Estados Unidos na era pós-soviética.

HOBSBAWM, E. *Globalização, democracia e terrorismo*. São Paulo: Cia. das Letras, 2007.

Um aspecto que explica a força dos Estados Unidos apontada pelo texto, reside no(a)

a) poder de suas bases militares espalhadas ao redor do mundo.
b) alinhamento geopolítico da Rússia em relação aos EUA.
c) política de expansionismo territorial exercida sobre Cuba.
d) aliança estratégica com países produtores de petróleo como Kuwait e Irã.
e) incorporação da China à Organização do Tratado do Atlântico Norte (Otan).

56. (EBMSP)

Ao falar em China, geralmente pensamos em sua grandeza: a maior população do mundo, o terceiro maior território em área, uma das maiores construções já realizadas pela humanidade – a Grande Muralha da China. Nas últimas três décadas, a China também se notabilizou pelas imponentes taxas de crescimento, acima dos 10% ao ano, o que alavancou o país ao posto de segunda maior economia do planeta, atrás apenas dos Estados Unidos.

SUZIN, Giovana Moraes. Uma potência em transição. *Atualidades*. São Paulo: Abril, e. 24, 2º sem, 2016, p. 48-53. Adaptado.

Com base no texto e nos conhecimentos sobre a importância da China no espaço geográfico mundial, pode-se afirmar:

a) O PIB chinês aumenta ano a ano, indicando desenvolvimento excepcional do país, fato que ameaça a soberania norte-americana.

b) A população do país, apesar do desenvolvimento econômico registrado, ainda é, predominantemente, rural.

c) A inexistência de empregos informais indica uma distribuição de renda homogênea, principalmente, nos centros urbanos.

d) A crise econômica internacional não afetou a China como nos demais países, porque ela passou a priorizar o mercado interno para diminuir a dependência do mercado externo.

e) O crescimento da China, entre outros fatores, pode ser explicado porque ela é que estabelece os preços das *commodities* no mercado interno.

57. (UFJF) A disputa entre a Rússia e a Ucrânia pelo controle da Crimeia se agravou em fevereiro de 2014. No início de março, após a queda do então presidente ucraniano Victor Ianukovici, Moscou enviou tropas para a República Autônoma da Crimeia através do Mar Negro. Em 16 de março, a sua população aprovou por referendo a sua independência da Ucrânia, não reconhecida pelos EUA e pela União Europeia. No dia seguinte, o presidente russo, Vladimir Putin, assinou decreto reconhecendo a independência da península.

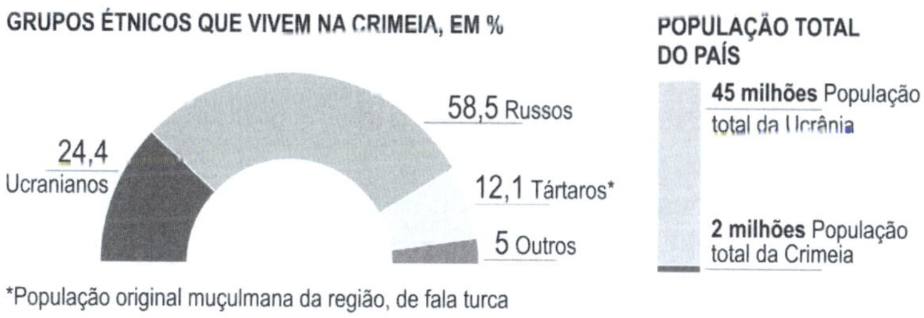

Fontes: BBC, CIA Factbook, ONU
Disponível em: <http://www1.folha.uol.com.br/mundo/2014/03/1422015-entenda-porque-ucrania-e-russia-brigam-pelo-controle-da-crimeia.shtml>. Acesso em 10/Out/2016. (Adaptado)

Fontes: agências de notícias, Graphic News e East European Gas Analysis
Disponível em: <http://www1.folha.uol.com.br/mundo/2014/06/1471046-russia-corta-provisao-de-gas-a-ucrania.shtml>. Acesso em 15/Out/2016. (Adaptado)

Sobre a península da Crimeia, pode-se afirmar que:

I. é uma região estratégica para a Rússia, pois lhe fornece acesso ao Mar Negro, facilitando o controle do canal que liga o Mar Negro ao Mar de Azov.

II. cerca das 2 milhões de pessoas que residem na península da Crimeia, mais da metade se considera de origem russa e, inclusive, fala russo no dia a dia.

III. cerca de 1/3 das exportações russas de gás à União Europeia passam pela Crimeia, e a Europa importa da Rússia cerca de um terço do gás que consome.

Assinale a opção CORRETA:

a) somente a alternativa I.
b) somente a alternativa II.
c) somente a alternativa III.
d) somente as alternativas I e II.
e) somente as alternativas II e III.

58. (Uece)

O eclético grupo de pessoas que Donald Trump está considerando para sua equipe de política externa mostra que o presidente eleito dos Estados Unidos não tem uma visão de mundo definida — pelo menos não aquela que Washington e os aliados da América estavam acostumados a ver. A questão então passa a ser: isso é uma coisa boa ou ruim?

Visão indefinida de Trump sobre o mundo é algo novo para Washington e seus aliados
Por Gerald F. Seib – *The Wall Street Journal*. Disponível em: http://br.wsj.com/articles/SB11094844722466913615704582451063904441038?tesla=y

As implicações geopolíticas da nova política externa norte-americana são ansiosamente aguardadas por vários países do mundo. O posicionamento, já declarado, do Presidente eleito dos EUA em relação à Rússia é de

a) combater as ações deste país na Síria, inclusive com o envio de tropas.

b) diminuir as importações de produtos russos como forma de fortalecer a indústria interna.

c) restringir a atuação russa no Conselho de Segurança da ONU.

d) atuar de forma conjunta ao Governo de Moscou em áreas de interesse mútuo.

59. (Fuvest)

Cada vez mais pessoas fogem da guerra, do terror e da miséria econômica que assolam algumas nações do Oriente Médio e da África. Elas arriscam suas vidas para chegar à Europa. Segundo estimativas da Agência da ONU para Refugiados, até novembro de 2015, mais de 850 mil refugiados e imigrantes haviam chegado por mar à Europa naquele ano.

Garton Ash, Timothy. Europa e a volta dos muros. *O Estado de S. Paulo*, 29/11/2015. Adaptado.

Sobre a questão dos refugiados, no final de 2015, considere as três afirmações seguintes:

I. A criação de fronteiras políticas no continente africano, resultantes da partilha colonial, incrementou os conflitos étnicos, corroborando o elevado número de refugiados, como nos casos do Sudão e Sudão do Sul.

II. Além das mortes em conflito armado, da intensificação da pobreza e da insegurança alimentar, a guerra civil na Síria levou um contingente expressivo de refugiados para a Europa.

III. A política do apartheid teve grande influência na Nigéria, país de origem do maior número de refugiados do continente africano, em decorrência desse movimento separatista.

Está correto o que se afirma em

a) I, apenas.

b) I e II, apenas.

c) III, apenas.

d) II e III, apenas.

e) I, II e III.

60. (Imed) Desde o terremoto de 1985, em que mais de 10.000 pessoas perderam a vida, o México sofreu em torno de dez sismos de uma magnitude igual ou superior a do que aconteceu em setembro de 2017. Com exceção de um ocorrido na Baixa Califórnia (noroeste do país) em 2010, todos se produziram na faixa sudoeste e central, em Estados como Michoacán, Guerrero e Oaxaca.

Diante disso, marque a alternativa correta a respeito da grande concentração de terremotos no México:

a) A grande concentração de sismos no México pode ser explicada pelo fato de a maior parte do pais estar sobre o extremo sudoeste da placa norte-americana, que na faixa sudoeste e central se encontra com a placa de Cocos.

b) Os terremotos no México podem ser explicados devido às mudanças climáticas geradas pelo aquecimento global, as quais geram impactos na crosta terrestre e aumentam os processos de subducção.

c) O México possui grande número de sismos por causa das correntes marítimas, cujos movimentos alteram a estabilidade das placas tectônicas e, consequentemente, intensificam a ocorrência de terremotos.

d) Não há explicação científica para o número elevado e a intensidade de terremotos no território mexicano, pois a situação geológica do país é similar à do Brasil, país que não possui sismos significativos ao longo de sua área.

e) A teoria das placas tectônicas é a mais aceita para explicar os terremotos no México e em outros países. Essa teoria também explica a grande concentração de petróleo em território mexicano, o que fez do país, em 2016, o maior prospector dessa fonte de energia da América Latina.

61. (EsPCEx-Aman) A China tem se tornado uma das maiores potências mundiais. É considerada uma economia emergente, tanto pelo peso de sua economia quanto pela forte influência que exerce no cenário regional e global. A expansão da indústria tem sido um dos principais fatores do crescimento da economia desse país.

Sobre a economia chinesa, podemos afirmar que

I. a indústria pesada ainda permanece sob o controle estatal chinês e concentra-se, predominantemente, nas províncias da Manchúria, no nordeste do País, a qual dispõe de vastas reservas de carvão mineral e minério de ferro.

II. a indústria de alta tecnologia expandiu-se rapidamente no País, o que o tornou um dos maiores exportadores do mundo de produtos ligados à tecnologia da informação. Entretanto, a China não controla a maior parte das tecnologias mais valiosas dos produtos que fabrica, pois tais componentes são fabricados no exterior.

III. o dinamismo econômico da região litorânea da China vem se difundindo em direção ao cinturão agrícola do interior. Tal fato tem propiciado um maior equilíbrio do PIB per capita entre a "China marítima" e a "China interior".

IV. atualmente, com o envelhecimento da população e com o desenvolvimento tecnológico do setor industrial, a mão de obra tem encarecido e levado indústrias a se transferirem para o interior do País, em busca de mão de obra mais barata.

V. a China não foi autorizada a participar da Organização Mundial do Comércio (OMC), pelo tratamento dado aos direitos individuais e liberdades civis de sua população; dessa forma, o País não obedece às regras do comércio internacional, mantendo elevados subsídios à agricultura e altas taxas de importação.

Assinale a alternativa que apresenta todas as afirmativas corretas.

a) I, II e III
b) I, II e IV
c) II, III e V
d) I, IV e V
e) III, IV e V

62. (UEM) O acesso a bens produzidos é um dos indicadores de desigualdade social. No quadro abaixo, são apresentados dados de gastos com consumo e porcentagem da população, por região, no ano de 2000.

Região	% dos gastos mundiais em consumo privado	% da população mundial
EUA e Canadá	31,5	5,2
Europa Ocidental	28,7	6,4
Leste da Ásia e Pacífico	21,4	32,9
América Latina e Caribe	6,7	8,5
Europa Oriental e Ásia Central	3,3	7,9
Sul da Ásia	2,0	22,4
Austrália e Nova Zelândia	1,5	0,4
Oriente Médio e África do Norte	1,4	4,1
África Subsaariana	1,2	10,9

(ESTADO DO MUNDO. Estado do consumo e o consumo sustentável. *Worldwatch Institute*, 2004. Disponível em: <http//:wwiuma.org.br/estado_do_mundo.html> Acesso em: 30 ago. 2017)

Considerando os dados do quadro, assinale o que for **correto**.

01) Proporcionalmente, a África Subsaariana era a região de menor consumo privado *per capita*.

02) Um conjunto de mais de 50% da população não consumia nem o correspondente ao consumo da maior região de consumo privado.

04) A América Latina e o Caribe correspondiam a 17/200 da população mundial e apenas 134/2000 do consumo privado.

08) Um habitante, em média, consumia mais na Austrália e na Nova Zelândia do que na Europa Ocidental.

16) Consumia-se mais de 50 vezes nos EUA e no Canadá, por habitante, do que se consumia na África Subsaariana, por habitante.

63. (Fuvest)

As perspectivas ficaram mais pessimistas porque a seca atual do Sistema Cantareira é mais crítica que a de 1953, até então a pior da história e que servia de parâmetro para os técnicos dos governos estadual e federal.

O Estado de S. Paulo, 17/03/2014. Adaptado.

Acerca da crise hídrica apontada no texto acima e vivida pela cidade de São Paulo e pela Região Metropolitana, é correto afirmar que a situação apresentada é de natureza, entre outras,

a) geográfica e geopolítica, dado que a grave crise no abastecimento experimentada por essa região levou à importação de água de outros estados, assim como de países do Cone Sul.
b) social e demográfica, já que políticas públicas de incentivo às migrações, na última década, promoveram o crescimento desordenado da população em áreas que seriam destinadas a represas e outros reservatórios de água.
c) climática e pedológica, pois as altas temperaturas durante o ano provocaram a formação de chuva ácida e a consequente laterização dos solos.
d) econômica e jurídica, levando-se em conta a flexibilidade da legislação vigente em relação a desmatamentos em áreas de nascente para implantação de atividades industriais e agrícolas.
e) ecológica e política, posto que a reposição de água dos reservatórios depende de fatores naturais, assim como do planejamento governamental sobre o uso desse recurso.

64. (UFPR)

Em mais de 1.100 km na fronteira dos EUA com o México já existe um muro. Ele passa pelos desertos de sedimentos de Sonora, onde os cactos crescem como tubos de órgão. Mais a leste, pesadas estruturas de aço em forma de X cortam os quilômetros de planície com capim queimado pelo sol, como marcadores de campo de batalha. No Texas, os postes pintados de vermelho que formam partes da cerca na fronteira são frios, duros e ásperos ao toque. Em Tijuana, duas cercas – uma antiga, outra mais recente – mergulham até o oceano, onde as ondas corroem o metal.

Fonte: AHMED, Azam; MANNY Fernandes; VILLEGAS, Paulina. Um muro entre nós: a vida na fronteira entre os EUA e o México. Disponível em: <https://www.uol/noticias/especiais/nyt-fronteira-eua-e-mexico.htm#tematico-1?cmpid=>. Acessado em 01.08.2017.

Em relação às fronteiras e ao exemplo citado, é correto afirmar:

a) Apesar de processos de abertura terem propiciado questionamentos das fronteiras dos Estados Nacionais, elas continuam como fator forte de separação entre essas unidades políticas.
b) Com a globalização, discursos de caráter xenofóbico e ameaças à segurança, emprego e renda perderam sua força histórica na regulação do Estado Nação em relação às suas fronteiras.
c) O fechamento ou abertura de fronteiras, bem como a sua intensidade, é dependente das políticas globais norteadas pelas resoluções da ONU (Organização das Nações Unidas).
d) A construção do muro separando o México dos EUA é justificada pelos EUA em vista das políticas antiterrorismo postas em prática por esse país.
e) No período contemporâneo, exemplos como o Brexit e as cooperações oriundas da construção dos blocos econômicos revelam uma diminuição, em escala global, da tensão entre abertura e fechamento de fronteiras.

65. (Mackenzie) A partir da representação do território da República Popular da China assinale a alternativa que indique a associação correta entre as localidades identificadas pelos números 1, 2 e 3 e as afirmativas A, B e C.

A. Território antes pertencente ao Reino Unido que foi reintegrado à China no final da década de 1990. Importante centro financeiro.

B. Região com população Uiguri, de maioria islâmica e com manifestações separatistas, reprimidas pelo Estado chinês.

C. Território "rebelde", formalmente pertencente à China mas com forma de governo e organização econômica não submetidas ao controle do Estado central.

a) 1A - 2B - 3C
b) 1B - 2C - 3A
c) 1C - 2B - 3A
d) 1A - 2C - 3B
e) 1C - 2A - 3B

66. (UEM) A respeito das desigualdades socioeconômicas registradas em nível mundial, assinale o que for **correto**.

01) Entre as décadas de 1940 e de 1960, a conquista da independência política por uma série de novos territórios, que até então eram colônias das grandes potências mundiais, acabou resultando em maior visibilidade das desigualdades sociais existentes entre os países do globo.

02) Em uma classificação dos países bastante usual durante o período da Guerra Fria, o primeiro mundo incluía os países capitalistas desenvolvidos, o segundo mundo era composto pelos países socialistas e o terceiro mundo era formado pelos países capitalistas considerados subdesenvolvidos e pelos socialistas não alinhados politicamente à União Soviética.

04) Atualmente, estatísticas e avaliações de organismos internacionais, como das agências da Organização das Nações Unidas (ONU) e do Banco Mundial, demonstram que, em geral, as condições de vida nas ex-colônias são similares às encontradas nos países desenvolvidos.

08) A maioria dos países que apresenta elevados percentuais de pobreza dentre sua população encontra-se no sul da Ásia, entretanto o maior contingente de pobres se localiza na África subsaariana.

16) Considerando a redução dos custos de vida da população, em 2015, o Banco Mundial reduziu o valor da linha de pobreza internacional para 1 dólar/dia.

67. (Famerp)

Nos últimos anos, monumentos têm sido alvos de protestos em vários países africanos. Na capital da Namíbia, Windhoek, a estátua equestre de um soldado alemão foi removida do espaço público. A mudança do nome de escolas e de outras instituições públicas, de praças, de ruas e de avenidas também faz parte desse movimento cívico que mobiliza a memória e a história coletiva em várias cidades do continente africano.

www.cartaeducacao.com.br, 18.08.2015. Adaptado.

O movimento cívico abordado no excerto remete, geopoliticamente,

a) ao feudalismo.
b) à comuna popular.
c) à Guerra Fria.
d) ao desenvolvimentismo.
e) à colonização europeia.

68. (UFRJ) O sistema produtivo das maquiladoras

As maquiladoras no México, as fábricas da Zona Franca de Manaus e as firmas localizadas em zonas de processamento de exportação são exemplos de um novo modelo de organização das atividades industriais que surgiu nas últimas décadas.

Um traço comum desse modelo é a criação de regras especiais, distintas das existentes no restante dos territórios nacionais.

Cite dois exemplos de regras associadas a esse modelo.

69. (Puccamp) A *Grande Fome* que assombrou o mundo em meados do século XIX volta agora no século XXI, afetando cerca de 20 milhões de pessoas. Considere o mapa, onde a fome é mais ameaçadora e as afirmações a seguir.

Previsão da população em situação de fome alarmante (2017)

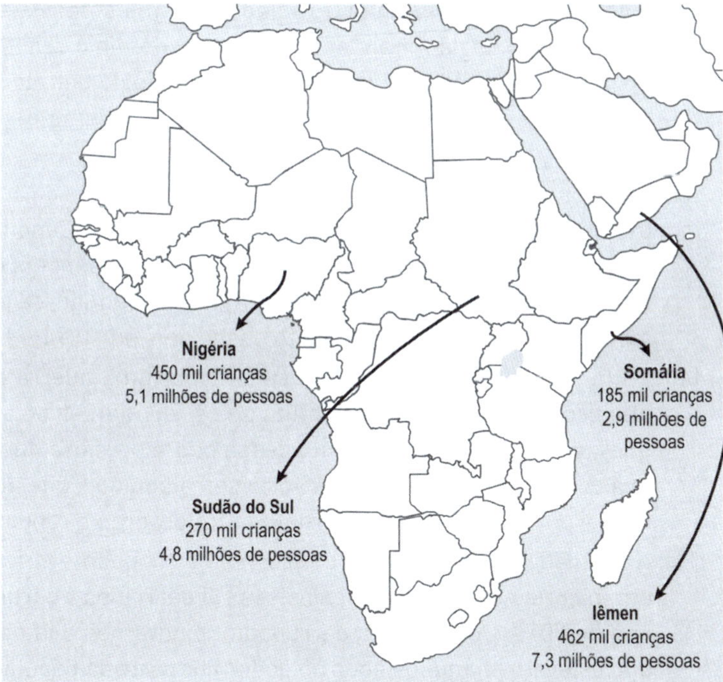

(Disponível em: http://www.lcvif.be)

I. Os países mais afetados pela fome apresentaram, recentemente, fenômenos naturais, como terremotos e vulcanismo, que desorganizaram a agropecuária.

II. Guerras civis, conflitos étnicos e ação de grupos terroristas estão entre os fatores que geraram instabilidade na produção de alimentos.

III. A fome nos 4 países tem origem geopolítica: esses países são áreas de acolhida de milhares de refugiados da África Subsaariana e do Oriente Médio.

A partir dos conhecimentos sobre a dinâmica demográfica e as disparidades econômicas do mundo, está correto o que se afirma APENAS em

a) I e II.

b) II.

c) I e III.

d) II e III.

e) III.

70. (UEPG) Sobre conflitos em países africanos no século XX e XXI, assinale o que for correto.

01) Em 1975, Angola torna-se oficialmente independente de Portugal. Agostinho Neto, do Movimento Pela Libertação (MPLA), assume o poder, porém a União Nacional para a Independência Total de Angola (UNITA) e a Frente Nacional de Libertação de Angola (FNLA) não reconhecem o governo e mantêm com ele uma guerra civil. MPLA teve apoio da URSS e UNITA e FNLA dos EUA no contexto da Guerra Fria.

02) O Sudão, que teve suas fronteiras desenhadas por potências coloniais europeias, tinha a região norte mais desértica e islâmica e a região mais ao sul com predomínio cristão e animista. Isso, somado à questão do domínio do petróleo no país, auxiliou nas motivações que levaram ao cisma de seu território, formando o Sudão do Sul, em 2011.

04) Entre os anos 1948 e 1994, o regime segregacionista do apartheid dominou o cenário político da África do Sul. Depois de quase três décadas preso, o líder negro Nelson Mandela que lutou contra esse regime é solto em 1990, tornando-se presidente democraticamente eleito desse país em 1994.

08) Entre 1991 e 2002, Serra Leoa passou por uma guerra civil que ficou conhecida como conflito pelos "diamantes de sangue", devido ao comércio ilícito dessa pedra preciosa durante a contenda, extraída do território serraleonino e que auxiliava a alimentar mais o confronto entre governo e rebeldes.

16) A chamada "primavera árabe" ocorreu no continente africano em maioria nos denominados países subsaarianos a partir do ano de 2010. Consistiu na derrubada de governos ditatoriais que estavam há muitos anos no poder por parte da população civil. Estes governos já não mais atendiam as demandas econômicas e sociais da população, o que motivou sua derrubada.

71. (UPF) Relacione os países assinalados no mapa às informações que seguem.

(Disponível em: https://www.google.com.br/search?q=mapa+da+america+do+ sul&sa=X&tbm=isch&img. Acesso em 23 ago. 2017)

( ) É banhado pelo mar das Antilhas. Um dos principais produtores mundiais de petróleo, vive uma severa crise de ordem econômica, política, social e institucional, que evidencia privação de liberdade, protestos, desabastecimento.

( ) Seu relevo é marcado por grandes elevações a oeste. Um dos países fundadores do Mercosul, sediou, recentemente (julho/2017), reunião desse organismo, na qual o Brasil assumiu a presidência temporária do Mercosul.

( ) Grande produtor de café, esmeraldas e carvão mineral. Após um período de mais de meio século de conflito armado, iniciou recentemente um acordo de paz com poderoso grupo armado, visando pôr fim à guerrilha interna.

( ) Tem forte influência indígena, na composição étnica e nos idiomas falados. O Acre pertenceu a esse país até o início do século XX. O Brasil é comprador de gás natural desse país. O seu IDH é dos mais baixos entre os sul-americanos.

A sequência **correta** de preenchimento dos parênteses, de cima para baixo, é

a) 5-2-3-4.
b) 5-1-2-4.
c) 6-1-5-3.
d) 4-2-5-3.
e) 1-6-3-5.

72. (Imed) Leia o fragmento textual abaixo.

"Quando se abriu um buraco nas nuvens, me pareceu que sobrevoávamos Budapeste, cortada por um rio. O Danúbio, pensei, era o Danúbio mas não era azul, era amarelo, a cidade toda era amarela, os telhados, o asfalto, os parques, engraçado isso, uma cidade amarela, eu pensava que Budapeste fosse cinzenta, mas Budapeste era amarela"

Fonte: BUARQUE, Chico. *Budapeste*. 2ª ed. São Paulo: Companhia das Letras, 2003, p. 11.

A partir do texto e de seus conhecimentos gerais e de Geografia, marque a alternativa INCORRETA:

a) Budapeste, título do romance de Chico Buarque, é a capital da Hungria, país do leste europeu que durante a Guerra Fria (1947-1991) teve um governo ditatorial socialista.
b) O rio Danúbio, mencionado pelo autor no texto, é um dos maiores da Europa, que além da Budapeste, atravessa outras capitais europeias, tais como Viena e Belgrado.
c) O trecho do texto "era o Danúbio mas não era azul" é uma referência à valsa "Danúbio Azul", composta por Johan Strauss II, em 1867.
d) Budapeste, atravessada pelo rio Danúbio, é capital da Hungria, país da Europa Oriental que fazia parte da Iugoslávia, nação que se fragmentou nos anos 1990 em uma série de guerras civis.
e) A Hungria, que tem como capital Budapeste, atualmente, é país membro da União Europeia e da Organização do Tratado do Atlântico Norte (OTAN).

73. (UPF) Além de apresentar uma multiplicidade de culturas e etnias, o continente africano exibe, também, significativos contrastes naturais e socioeconômicos. Sobre as características que marcaram/marcam o continente africano, é **correto** afirmar que

a) o continente africano caracteriza-se por um relevo predominantemente sedimentar no Norte e por maciços cristalinos no Sul, além de apresentar um contorno retilíneo do seu litoral, facilitando a ocorrência de portos marítimos.

b) a partir dos primeiros anos do século XXI, a África passou a receber investimentos da crescente economia asiática, especialmente da chinesa, que apostou, principalmente, nos recursos minerais e energéticos africanos.

c) a porção meridional da África é um conjunto de países com características históricas e culturais que refletem a religião islâmica e a língua árabe e uma crescente economia voltada para o mercado interno.

d) o processo de urbanização da África só está ocorrendo no século XXI, de forma ordenada, mas lenta, pois só em 2015 o continente atingiu equilíbrio numérico entre a população urbana e a população rural.

e) a região de altas latitudes é marcada por clima equatorial e escassez de chuvas, além de extensas florestas preservadas.

74. (Fuvest) Segundo o relatório Perspectivas da Urbanização Mundial, publicado pela ONU em 2015, mais da metade das grandes aglomerações urbanas do mundo encontra-se no continente asiático. Considere apenas a área assinalada no mapa, onde estão localizadas algumas dessas grandes aglomerações urbanas.

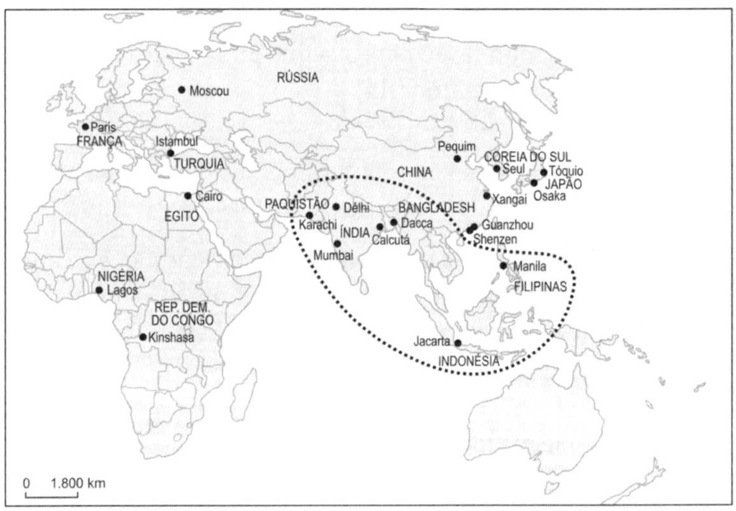

ONU, 2015. Adaptado.

a) Explique dois fatores que levaram à formação dessas grandes aglomerações urbanas nos países localizados na área assinalada.

____

____

____

____

b) Essas grandes aglomerações urbanas situadas na área assinalada podem ser consideradas megacidades e, também, cidades globais. Defina megacidade e cidade global.

____

____

____

____

____

____

75. (Mackenzie)

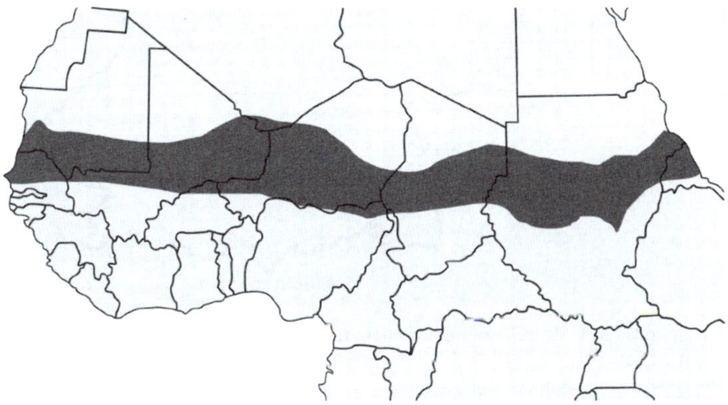

Fonte do mapa http://crisisgroup.org/africa

A respeito da área destacada no mapa da África Setentrional, julgue as afirmações a seguir:

I. Corresponde à região do Sahel. Apresenta baixos níveis pluviométricos anuais e vegetações típicas de Estepes.

II. Essa extensa faixa territorial enfrenta conflitos tribais históricos e pobreza extrema. As populações locais dedicam-se à economia primário-extrativista e agropecuária de subsistência.

III. Atualmente passa por um processo de desertificação devido ao mau uso do solo, prolongadas estiagens e ao intenso desmatamento.

IV. Nas últimas décadas, é possível verificar considerável recuperação nos índices de Desenvolvimento Humano nos países que compõem o Chifre da África como: Etiópia, Somália, Chade, Gabão, Malauí e Djibuti.

Estão corretas

a) I e II, apenas.
b) II e III, apenas.
c) III e IV, apenas.
d) I, II e III, apenas.
e) I, II, III e IV.

76. (UFSC) Realizada nos dias 7 e 8 de julho de 2017, a reunião do G20 prometeu reforçar os compromissos do Acordo de Paris. Os líderes de mais de vinte nações industrializadas e em desenvolvimento do mundo encontraram-se em Hamburgo, na Alemanha, para discutir temas financeiros e outras questões fundamentais ao desenvolvimento, como o meio ambiente.

Disponível em: <http://exame.abril.com.br/noticias-sobre/g20/>. [Adaptado]. Acesso em: 10 jul. 2017.

Imagem disponível em: <https://www.google.com.br/maps/place/alemanha>. [Adaptado]. Acesso em: 10 jul. 2017.

Sobre o mundo contemporâneo e sua orientação e localização, é correto afirmar que:

01) a Alemanha, sede da reunião do G20, está localizada ao sul da linha do Equador.

02) os países membros do BRICS (Brasil, Rússia, Índia, China e África do Sul) também fazem parte do G20.

04) um dos objetivos do Acordo de Paris é a redução da emissão de gases causadores do efeito estufa, por meio da adoção de medidas como economia de energia, maiores investimentos em energias renováveis e reflorestamento.

08) a cidade de Hamburgo, sede da Reunião do G20 de 2017, localiza-se a leste da capital alemã, Berlim.

16) como o G20 não é uma organização internacional, ao contrário do Fundo Monetário Internacional e do Banco Mundial, não possui secretariado permanente, nem recursos próprios.

32) um dos principais objetivos do G20 é coordenar políticas entre seus membros para promover o crescimento sustentável e a estabilidade econômica.

64) durante a Guerra Fria, os países que fazem fronteira com a Alemanha na porção ocidental adotaram a economia planificada como sistema socioeconômico.

77. (EsPCEx-Aman)

"A África libertou-se do jugo colonial, mas ainda não conseguiu erguer *Estados nacionais verdadeiros*. Esse é o desafio político que as sociedades africanas enfrentam atualmente. Sua superação é condição indispensável para a estabilidade política e o desenvolvimento econômico. [...]."

Magnoli, Demétrio. *Geografia para o Ensino Médio*, 2012, p. 652-653, grifo nosso.

As dificuldades que muitos países africanos enfrentam para se constituírem em "Estados nacionais verdadeiros", estão relacionadas

I. às secas prolongadas e às inundações, que, por si só, já explicam as frequentes crises de abastecimento alimentar, que desencadeiam crises políticas e econômicas e solapam o Estado nacional.

II. à incapacidade que o governo de diversos países tem em tributar o conjunto da sociedade, e, em certos casos, à dificuldade de controlar de fato as vastas regiões do território do país, por estarem sob o domínio de milícias armadas local que ignoram o poder central.

III. à influência do neocolonialismo, que, em muitos casos, grandes potências, ainda exercem sobre Estados africanos, por meio da ajuda financeira, da cooperação militar e, sobretudo, por meio de tratados especiais de comércio, que desfavorecem a economia nacional

IV. à incapacidade dos nativos africanos de respeitarem as diferenças etnorreligiosas entre si e de se autogovernarem sem a presença política dos colonizadores europeus, apesar da existência, atualmente, de um país capaz de assumir o papel de liderança política no continente, como é o caso de Angola.

V. ao descompasso entre as territorialidades produzidas pela colonização e as territorialidades locais no contexto interno dos países africanos, que definiu fronteiras que não necessariamente mantêm relação com a distribuição étnica ou linguística de suas populações.

Assinale a alternativa que apresenta todas as afirmativas corretas.

a) I, II e III

b) I, III e IV

c) II, III e V

d) I, IV e V

e) II, IV e V

78. (Unioeste) O cenário mundial atual e os pleitos eleitorais têm apresentado inúmeras interfaces referentes ao posicionamento a temas como refugiados e migrantes, construção de muros, meio ambiente, religião, dentre outros. Observa-se nos meios de comunicação a presença de manchetes como:

- A onda de xenofobia chega a um novo marco: a Suíça (Fonte 1);
- Pequenos de novo: fora do Acordo de Paris, Trump espera reerguer os Estados Unidos à base de fumaça. E o mundo que se vire (Fonte 2);

- Sérvia, um mundo de muros – Hungria, as barreiras que nos dividem. Na porta da Europa, tentar entrar é ciclo de perpétua incerteza. Política anti-imigrantes de premiê-húngaro deixa no limbo, no mato e na neve milhares de retirantes e refugiados vindos da África, Ásia e Oriente Médio (Fonte 3);
- Angela Merkel and Emmanuel Marcron Unite Behind Paris Accord – Ângela Merkel e Emmanuel Macron em unidade pelo Acordo de Paris (Fonte 4).

Fontes:

1. site de *Exame* – 14/08/2017, 17h46 – publicado em 14/08/2017, 12h36, por *EXAME Hoje*

   http://exame.abril.com.br/mundo/a-onda-de-xenofobia-chega-a-um-novo-marco-a-suica/
2. site de *Piauí* – 02/06/2017, 18h21, por Bernardo Esteves.

   http://piaui.folha.uol.com.br/pequenos-de-novo/
3. site de *Folha* – 07/08/2017, 02h00, por Patrícia Campos Mello e Lalo de Almeida.

   http://arte.folha.uol.com.br/mundo/2017/um-mundo-de-muros/servia/persistencia/
4. site do *The New York Times* – 02/06/2017, por Alison Smale.

   https://www.nytimes.com/2017/06/02/world/europe/paris-agreement-merkel-trump-macron.html

Sobre as manchetes e a atual conjuntura do mundo contemporâneo, assinale a alternativa INCORRETA.

a) As atuais disputas de representantes políticos em vários países têm exposto planos de políticas que apresentam ações de cunho autoritário e segregacionista.

b) Os posicionamentos extremistas e de intolerância também podem ser observados no cotidiano dos cidadãos comuns. As discussões em redes sociais e demais meios de comunicação evidenciam a ausência de debates produtivos, para o exercício de opiniões que beiram ao fanatismo.

c) Posicionamentos unilaterais em detrimento de acordos internacionais também são observados. Por exemplo, recentemente, o presidente dos Estados Unidos da América confirmou a saída do País do Acordo de Paris.

d) Observa-se nos candidatos da ala extremista a ausência de discussões e opiniões que remetam à xenofobia, ao isolacionismo ou que estejam atreladas à religião.

e) Planos que pretendem restringir a circulação de pessoas, principalmente aqueles oriundos de países em conflitos ou pobres também são matizes de discussões políticas atuais.

79. (UFPR) Nas duas últimas décadas, o ordenamento geopolítico do mundo passou de uma ordem bipolar, para uma ordem multipolar. Caracterize cada uma dessas ordens, evidenciando seus atores e os fenômenos que foram responsáveis por essa transformação.

80. (Fuvest) Observe o mapa da distribuição dos *drones* (veículos aéreos não tripulados) norte-americanos na África e no Oriente Médio.

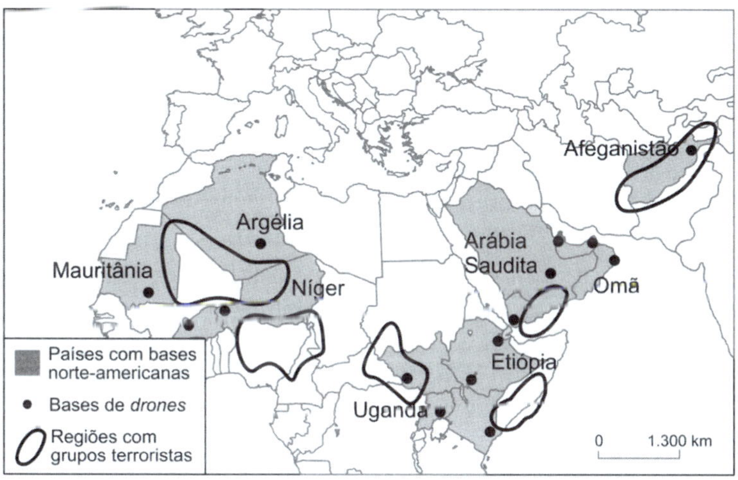

O Estado de S. Paulo, 24/05/2013. Adaptado.

Em suas declarações, o governo norte-americano justifica o uso dos *drones*, principalmente, como

a) proteção militar a países com importantes laços econômicos com os EUA, principalmente na área de minerais raros.

b) necessidade de proteção às embaixadas e outras legações diplomáticas norte-americanas em países com trajetória comunista.

c) meio de transporte para o envio de equipamentos militares ao Irã, com a finalidade de desmonte das atividades nucleares.

d) um dos pilares da sua estratégia de combate ao terrorismo, principalmente em regiões com importante atuação tribal/terrorista.

e) reforço para a megaoperação de espionagem, executada em 2013, que culminou com o asilo de Snowden na Rússia.

81. (UPF) Observe os mapas que seguem.

(Fonte: FERREIRA, Graça Maria. *Geografia em mapas*. São Paulo: Moderna, 2002, p.8. Adaptado)

Assinale a alternativa que faz a **correta** relação com as regiões marcadas e com as informações correspondentes.

a) A Planície Platina (4) forma uma depressão entre os planaltos das Guianas e o Brasileiro e guarda a maior reserva de águas subterrâneas da América, o Aquífero Guarani.

b) As Montanhas Rochosas (1) impedem a passagem das massas de ar oceânicas, provocando chuvas na vertente oeste e aridez na parte leste.

c) O Escudo das Guianas (6) é formado por dobramentos modernos, com elevações muito acentuadas, e vive um processo de vulcanismo intenso.

d) A cordilheira dos Andes (2) se desenvolve no sentido norte-sul, ao longo do oceano Pacífico, formada por rochas cristalinas antigas e rica em minério de ferro.

e) Na América do Norte, os maciços antigos (1) e os dobramentos modernos (5) margeiam uma extensa planície sedimentar (3), onde se localiza a capital, Washington.

82. (UEA) Após o ataque terrorista em 11 de setembro de 2001, o governo dos Estados Unidos publicou um documento que sistematizava as novas diretrizes para a estratégia de segurança nacional. Essas orientações político-militares, mas também econômicas, que levaram à guerra no Afeganistão em 2002 e no Iraque em 2003, ficaram conhecidas como Doutrina

a) Jurídica.
b) Bush.
c) Truman.
d) Militar.
e) Monroe.

83. (UEA) Na década de 1970, a União Soviética começou a apresentar baixo dinamismo econômico e defasagem tecnológica em relação aos países capitalistas. Neste cenário, em 1985, Mikhail Gorbatchev iniciou reformas com o intuito de recolocar o país no mesmo patamar dos concorrentes ocidentais, com medidas que promoveram

a) a criação da Comunidade dos Estados Independentes e a promoção da democracia.

b) a implantação da ditadura do proletariado e a condenação dos líderes da resistência.

c) a reestruturação da economia soviética e a abertura política da nação.

d) a estatização dos meios de produção e a elaboração de planos quinquenais.

e) a implantação do autoritarismo militar e o fechamento do Parlamento.

84. (IFSC) A imagem abaixo mostra uma série de conflitos armados que ocorrem no mundo.

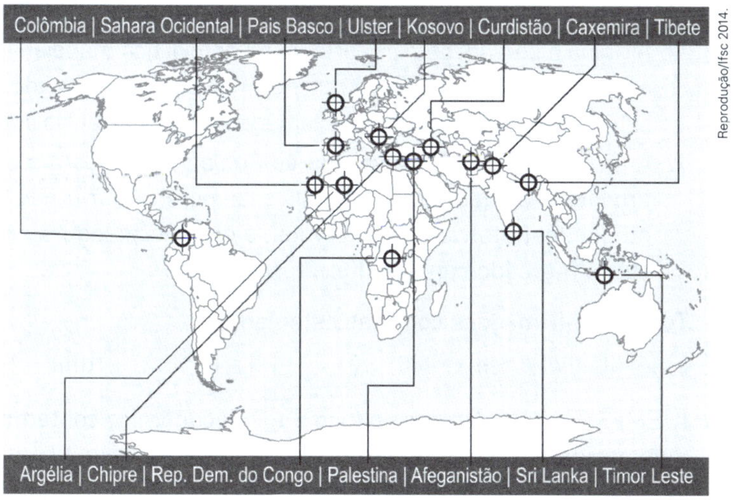

Disponível em: http://www.padogeo.com/cont-conflitos.html. Acesso: 19 mar. 2014.

Sobre a origem e situação desses conflitos, assinale a soma da(s) proposição(ões) **CORRETA(S)**.

01) Os conflitos atuais não se parecem com as guerras armadas como os grandes conflitos mundiais do século XX, pois, além dos estados nacionais, entes políticos como frentes de libertação nacionalistas, grupos terroristas e mesmo redes de tráfico de drogas são agentes ativos nessas zonas de confronto.

02) Após o fim da URSS, sob a liderança dos EUA e do chamado livre mercado, os povos e nações encontraram desenvolvimento e harmonia, e chegou-se mesmo a afirmar que estávamos assistindo o "fim da história".

04) No Oriente Médio, as guerras do Iraque e o atual conflito da Síria reforçaram as imensas tensões entre o mundo Árabe e o Ocidente.

08) Na América do Sul o governo colombiano buscou neutralizar os guerrilheiros das FARC militarmente com apoio maciço dos EUA. Essa política de apoio foi chamada de Plano Colômbia.

16) O Afeganistão, após os 10 anos de guerra causada pela invasão americana, finalmente alcançou a estabilidade política e social, promovendo eleições diretas e desarmando os grupos guerrilheiros, como o Taliban.

---

85. (Acafe) O mundo contemporâneo apresenta ainda muitos conflitos, alguns dos quais antigos, porém acompanhados pela emersão de novos. Para entender a geopolítica atual é preciso considerar o jogo das potências.

Assim, analise as afirmações a seguir.

I. Do ponto de vista cultural a influência exercida pelos Estados Unidos no mundo é muito grande, e do ponto de vista econômico esse país ainda mantém de forma clara a supremacia sobre os demais, ocupando o primeiro lugar em relação ao Produto Interno Bruto.

II. A União Europeia (bloco formado por países europeus), do ponto de vista estratégico-militar, constituiu forças armadas unificadas que substituíram a OTAN, extinta com o fim da Guerra Fria.

III. A China é personagem importante na geopolítica mundial: tem o maior exército do mundo, é potência nuclear e membro do Conselho de Segurança da ONU, e tem a maior população do planeta.

IV. A Índia, país do BRICS, é uma potência nuclear com mais de um bilhão de habitantes e destaca-se por possuir uma classe média quantitativamente elevada, o que lhe assegura significativo mercado consumidor interno.

Todas as afirmações **corretas** estão em:

a) I – III – IV b) II – III – IV c) II – IV d) III – IV

86. (UEM) Sobre o panorama político e socioeconômico contemporâneo, assinale o que for **correto**.

01) Com o fim da Guerra Fria, na última década do século XX, o número de conflitos entre Estados diminuiu, porém as Guerras Civis, conflitos ocorridos no interior dos Estados, aumentaram drasticamente.

02) O Plano Marshall, criado pela Rússia após a Primeira Guerra Mundial, teve como principal objetivo ajudar a reconstrução dos países da América do Sul e da Oceania.

04) Nas últimas décadas do século XX, com o fortalecimento do fordismo, as indústrias passaram a se concentrar nos antigos polos produtivos.

08) A teoria Malthusiana, formulada na década de 1980, alertava para o alto crescimento no consumo de bens eletrônicos e, consequentemente, para a exacerbada exploração dos recursos ambientais gerada pelo processo de globalização.

16) Segundo a Teoria do Desenvolvimento, o atraso econômico dos países subdesenvolvidos resulta de um processo histórico inerente ao capitalismo. Em sua expansão, o capitalismo criou uma divisão internacional do trabalho, na qual os países subdesenvolvidos são um subsistema periférico desse sistema de produção.

---

87. (PUC-SP) Observe a manchete e o subtítulo de um artigo publicado no jornal *O Estado de S. Paulo*:

Game of drones

(As ferramentas de guerra estão se transformando e, com elas, as perguntas feitas pelos estrategistas da ordem geopolítica mundial)

(*O Estado de S. Paulo*. Suplemento Aliás, 27/10/2013. p. E10)

Tendo em vista as chamadas do artigo publicado, é correto afirmar que

a) armamentos sem tripulação tornam as ações militares mais precisas e oferecem mais segurança às populações civis, vítimas frequentes das guerras.

b) a associação entre geopolítica e estratégia militar (guerra) mantém-se vinculada na mente dos analistas, quando o assunto é a ordem mundial.

c) armamentos teleguiados são mais seguros para os civis, pois são muito caros, logo, acessíveis apenas às forças militares legais e nacionais.

d) com os novos armamentos, pergunta-se se esse poder concentrado nas mãos de alguns países não criará uma nova ordem mais pacífica.

e) com esses novos armamentos, a ideia de ordem geopolítica mundial vai se desatualizar, pois o poder militar será mais igualitário entre as nações.

88. (UFPR)

Envolvendo trabalho, política, imaginário, saúde, cultura, redes, desejos, gênero etc., desde Marcel Mauss ([1950], 2005) e Abdelmaleck Sayad (1998) se compreende a migração como um fato social total. [...]. A mobilidade do trabalho há tempos constitui um dos principais fatores das migrações. Mais recentemente, embora perceptíveis já há algum tempo, políticas migratórias transnacionais, guerras, conflitos étnicos e religiosos, mudanças climáticas e orientação sexual têm se destacado como motivações relevantes de fluxos migratórios e como chaves de análise para a sua melhor compreensão e formulação de políticas públicas voltadas a migrantes, apátridas, deslocados e refugiados.

Travessia – *Revista do Migrante*, n.77, jul.-dez./2015, p. 5.

Com base no trecho acima e nos conhecimentos sobre o fenômeno da migração internacional, faça o que se pede:

a) Escreva um texto explicando por que migrantes e refugiados são considerados ora como uma solução, ora como um problema para os países de destino.

b) Caracterize e diferencie migrantes econômicos, refugiados e apátridas. Dê exemplos, no contexto do mundo atual, de um caso de migração econômica e de um caso de fluxo de refugiados, identificando suas causas principais.

89. (Uepa) O período geopolítico considerado bipolar se configurou como rearranjo do espaço mundial delineado pelas duas nações vitoriosas do conflito, os Estados Unidos e a ex-União Soviética regionalizaram a terra não em critérios geográficos e sim ideológicos, criando uma disputa inédita, entre dois modos distintos de produção. Em relação a essas disputas ideológicas no período mencionado, é correto afirmar que o(s) a(s):

a) socialismo tinha por objetivo ampliar sua influência pelos continentes através do convencimento de uma sociedade justa e igualitária, contra os valores mercantis do capitalismo.

b) Estados Unidos combateu o socialismo soviético, através da articulação com alguns países asiáticos como o Japão, que desejava enviar armas nucleares para a ex-União Soviética, após a catástrofe que sofrera na segunda guerra mundial.

c) bipolaridade teve como uma das principais lógicas a expansão do socialismo, fortemente combatida pelo capitalismo, que tinha como uma de suas premissas atenuar os desníveis socioeconômicos entre os países, o que foi fortemente combatido pelo capitalismo.

d) modo de produção capitalista e socialista divergiram pelas conquistas de áreas de influência, ocasionando problemas políticos sem interferência nos acordos de não proliferação de armas nucleares.

e) o espaço mundial sofreu uma divisão equilibrada, na medida em que a Europa, Ásia e América optaram por aderir ao modo de produção capitalista e a África, Oceania e Antártida ao socialista.

90. (Fepar)

Reprodução/Fepar 2017.

As reformas em curso na China, que incluem o fim da política do filho único, são tentativas de caminhar para um modelo com mais ênfase em consumo, serviços e inovação. "A política do filho único, estendida por tempo demais, significou que o apoio aos idosos ficou cada vez mais escasso. Com uma rede de proteção social insuficiente, a poupança pessoal cresceu como forma de guardar para a aposentadoria", diz um relatório recente do Morgan Stanley.

(Adaptado de: www.exame.com.br. Acesso em: 29 ago. 2016)

Com base no texto e em conhecimentos sobre o assunto, julgue as afirmativas.

( ) A implantação da política do filho único na China teve início no governo de Deng Xiaoping, quando o país abriu zonas especiais a investimentos estrangeiros, no modelo conhecido como "economia socialista de mercado".

( ) A ideia do controle de natalidade, imposta pelo governo comunista chinês desde o final dos anos 70, era a de conter a explosão demográfica, pois havia o receio de que o crescimento populacional constituísse uma ameaça aos planos de expansão econômica do país.

( ) O atual quadro de envelhecimento da população chinesa resultou, basicamente, da combinação entre a queda da taxa de fecundidade e o aumento da longevidade da população.

( ) Comparativamente ao Brasil, o aumento da população de idosos na China não exerce significativa pressão sobre os serviços de saúde e previdência social. Isso se deve basicamente ao sucesso da ampla disseminação dos benefícios sociais proporcionados pelo modelo comunista.

( ) O equilíbrio de gênero que caracteriza a população chinesa (distribuição equitativa entre homens e mulheres) tem facilitado o ingresso da população feminina no mercado de trabalho, fato que explica, em parte, a redução do crescimento vegetativo que vem ocorrendo nos últimos anos.

91. (Mackenzie)

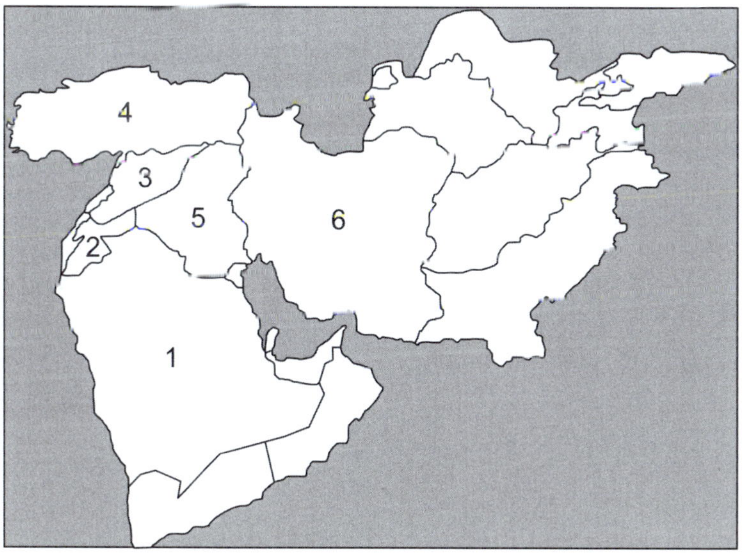

O Oriente Médio tem sido palco de intensos conflitos desde 2010 com a chamada "Primavera Árabe". Nos últimos meses, a Síria tem sido protagonista de turbulento cenário na região.

Com base no mapa e nos fatos relacionados ao tema, assinale a alternativa correta.

a) O número 5, no mapa, representa o Irã, uma vez que é uma República islâmica xiita, apoia a ditadura de Bashar al-Assad na Síria, indicada com o número 1.

b) O número 3, no mapa, representa a Síria que recebe apoio do governo Iraquiano, país de maioria xiita, indicado com o número 5.

c) O número 2, no mapa, representa o Catar, país de monarquia sunita que optou pela neutralidade em relação aos conflitos internos na Síria, indicada com o número 6.

d) O número 6, no mapa, representa a Arábia Saudita, país de monarquia xiita, que declarou apoio irrestrito ao líder sírio Bashar al-Assad.

e) O número 4, no mapa, representa a Jordânia, país de monarquia sunita, que optou pela neutralidade em relação aos conflitos internos na Síria, indicada com o número 2.

92. (UFRGS) Observe os gráficos abaixo.

Os gráficos, em forma de pirâmides, referem-se à distribuição da população, por continente, no ano de 2010, comparada à respectiva representação pontilhada de 1950.

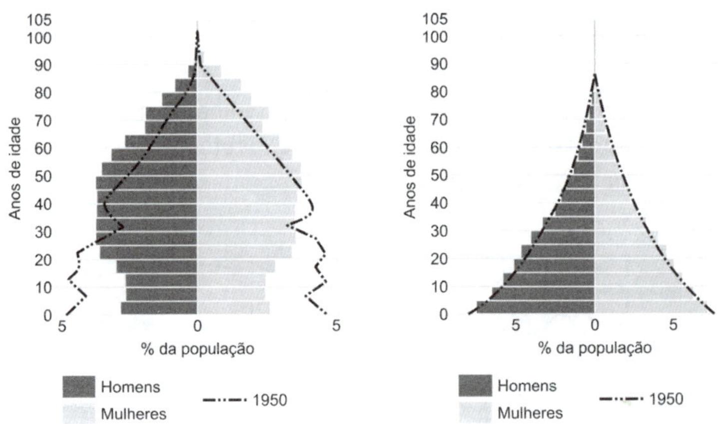

Disponível em: <http://atlasescolar.ibge.gov.br/images/atlas/mapas_mundo/mundo_piramides_etarias.pdf>. Acesso em: 18 set. 2016.

Os gráficos retratam a distribuição da população, respectivamente, nos continentes

a) africano e americano.

b) europeu e americano.

c) americano e europeu.

d) asiático e africano.

e) europeu e africano.

93. (UPE) Sobre o assunto abordado na notícia a seguir, analise as seguintes afirmativas:

Centenas de palestinos tentam atravessar a fronteira entre Israel e Síria

Reprodução/Upe 2014.

Fonte: Exame.com

I. O confronto entre israelitas e palestinos envolve questões geopolíticas complexas, relacionadas à posse de territórios. Os palestinos reivindicam um Estado próprio e soberano.

II. Os Estados Unidos se posicionam como mediadores de uma possível solução em que Israel possa existir pacificamente com um novo Estado palestino, criado nos territórios da Síria e do Iraque.

III. O plano de Partilha da Palestina foi aprovado em 1945, tendo o território judeu sido reconhecido em 1946, quando a criação do Estado da Palestina e do Estado de Israel foi oficialmente instituída.

IV. Com a derrota da guerra de 1945, cerca de meio milhão de judeus e palestinos foram obrigados a deixar a terra onde viviam para se refugiarem na Arábia Saudita e na Síria.

Está **CORRETO** o que se afirma em

a) I.
b) II.
c) I e II.
d) III e IV.
e) I, II, III e IV.

94. (UFRRJ) Sobre os novos tigres asiáticos, leia o texto abaixo.

... os chamados novos tigres asiáticos expandiram suas economias e se industrializaram, com a participação de capitais japoneses e dos tigres asiáticos originais. Os investidores vão em busca das mesmas vantagens que permitiram a mudança da economia de seus países e quase não existem mais, como mão de obra barata, e de condições que nunca tiveram como recursos minerais.

Adap. ALMEIDA, L. M. A. de; RIGOLIN, T. B. Geografia. São Paulo: Ática, 2002. p. 244.

A partir do texto acima responda que países são considerados os

a) tigres asiáticos.

___

b) novos tigres asiáticos.

___

95. (Uerj) Uma das contradições que afetam as sociedades africanas é a não correspondência entre as fronteiras territoriais dos diversos Estados-nacionais e as divisões entre grupos étnicos locais, como se observa no mapa abaixo:

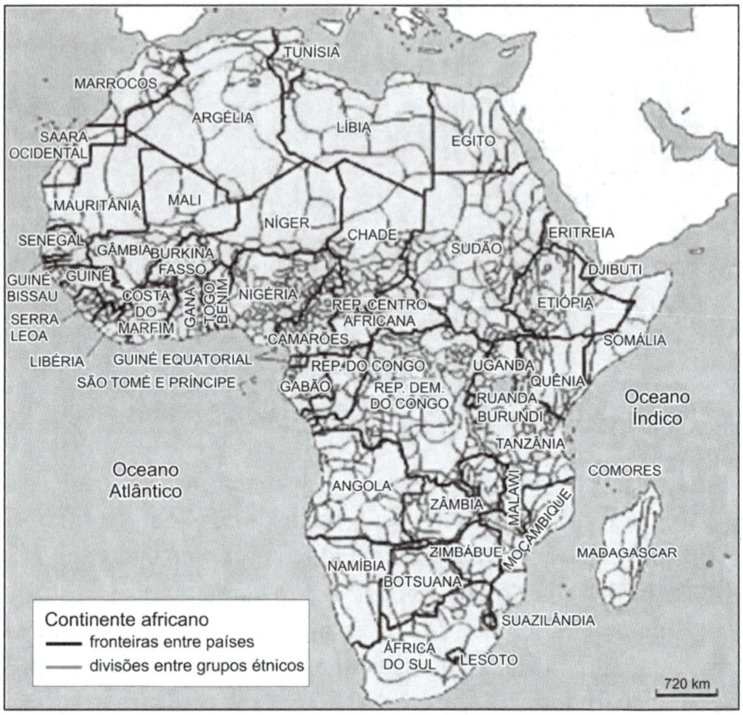

Reprodução/Uerj 2014.

Adaptado de OLIC, Nelson Basic; CANEPA, Beatriz. *África: terra, sociedades e conflitos*. São Paulo: Moderna, 2012.

Na maioria dos países africanos, essa contradição provoca, principalmente, o seguinte efeito:

a) *deficit* comercial
b) instabilidade política
c) degradação ambiental
d) dependência financeira

96. (Unesp) Considere a imagem e o excerto.

Reprodução/Unesp 2018.

(Renato Cruz. http://link.estadao.com.br, 04.09.2011. Adaptado.)

Após décadas de perplexidade e frustração, o mundo ainda está tentando descobrir o segredo do sucesso dessa região. Países de todo o mundo estão fazendo o melhor que podem para copiar sua magia. Na China, por exemplo, empresas de vários ramos da indústria aumentaram seus investimentos em setores considerados cruciais para o sucesso observado em aproximadamente 64% ao ano, durante os últimos cinco anos.

(Barry Jaruzelski. www2.uol.com.br. Adaptado.)

a) O excerto e a imagem dialogam ao retratarem uma importante região. Identifique que região é essa e cite uma de suas características.

b) Cite dois setores considerados cruciais, nos quais se deveria investir, para tentar copiar a "magia" dessa região.

97. (Unesp) Leia o trecho da entrevista a seguir:

Agora, os Estados Unidos integram, ao lado de Síria e Nicarágua, o grupo de países que não aderem ao Acordo. Qual o impacto? Com relação às emissões, Síria e Nicarágua não têm muita importância, são países pequenos. Os EUA estavam à frente do processo de regulamentação do Acordo e agora estão como os últimos da fila, no grupo dos que negam uma pauta considerada por quase todos os líderes do planeta. É um retrocesso.

(Ana Luiza Basílio. www.cartaeducacao.com.br, 02.06.2017. Adaptado.)

a) Identifique o Acordo abordado pelo excerto e seu principal objetivo.

b) Cite dois exemplos de como os países podem alcançar as metas propostas por esse Acordo.

98. (UCS) Nas últimas décadas, muitos países africanos registraram um crescimento do Produto Interno Bruto (PIB), mas o continente ainda enfrenta sérios problemas socioeconômicos. Considere as seguintes afirmativas sobre a África Subsaariana.

I. Enfrenta altos índices de pessoas infectadas pelo vírus HIV e pela malária.

II. Sofre limitações no desenvolvimento da produção local, pois está fora das prioridades dos mercados mundiais.

III. Apresenta o menor índice de conflitos no Continente, devido ao respeito às Leis Internacionais sobre Refugiados.

Das afirmativas, pode-se dizer que

a) apenas I está correta.
b) apenas II está correta.
c) apenas I e II estão corretas.
d) apenas II e III estão corretas.
e) I, II e III estão corretas.

99. (UEM)

A expressão BREXIT, fusão dos termos *Britain* e *exit*, esteve presente recentemente na mídia como parte de uma campanha para a saída do Reino Unido da Grã-Bretanha da União Europeia. O referendo para a permanência ou a saída foi realizado em meados de 2016. Por uma margem pequena de votos, a opção pelo "não à permanência" foi vitoriosa. "A criação de um organismo de integração dos países da Europa foi lenta e enfrentou vários obstáculos, desde o Tratado de Roma (1957), que criou a Comunidade Econômica Europeia (CEE), ou Mercado Comum Europeu, até chegar, em 1992, ao Tratado de Maastricht, que instituiu a União Europeia".

ALMEIDA, L. M.; ALMEIDA, T. B. R. *Fronteiras da globalização*. São Paulo: Ática, 2014, p. 251.

Sobre as políticas de integração dos países desse continente e a formação e o desenvolvimento da União Europeia, assinale o que for **correto**.

01) A criação do Mercado Comum Europeu, em 1957, teve como precedente a formação, em 1948, de duas associações econômicas no continente. A primeira foi o Pacto de Varsóvia, união aduaneira entre Polônia, Bélgica e os Países Baixos. A segunda, a Organização do Tratado do Atlântico Norte (Otan), instituída para administrar os recursos do Plano Marshall, programa de ajuda estadunidense para reconstrução dos países da Europa Ocidental.

02) Resultado de um conjunto de políticas que prepararam a unificação monetária nos anos anteriores, entre as quais se destacava a criação do Banco Central Europeu, o euro começou a circular, em 2002, como moeda única nos países que o adotaram, formando a chamada Zona do Euro.

04) Entre 2004 e 2007, a ampliação dos países membros da União Europeia teve como característica a incorporação de alguns países do Leste Europeu. Inspirados no exemplo da Rússia, que havia aderido ao Bloco no final da década anterior, alguns dos antigos aliados da extinta União Soviética (Hungria, Eslováquia, República Tcheca e Romênia) incorporaram-se nesse período.

08) O Reino Unido aderiu à Comunidade Econômica Europeia, em 1983, sob o governo de Margareth Thatcher, cuja orientação liberal tinha o objetivo de promover maior integração internacional e romper com o isolamento característico da política dos governos trabalhistas anteriores.

16) O Tratado de Maastricht criou a figura do cidadão europeu, pessoas dos países signatários que podem morar e trabalhar em qualquer um dos países da União Europeia, além de estarem habilitados a votar e a candidatar-se ao Parlamento Europeu.

100. (Acafe) Analise as afirmações a seguir.

I. A chamada Primavera Árabe tem início com a morte do tunisiano Mohamed Bouazizi, que ateou fogo ao próprio corpo, levando a uma mudança nos países de religião islâmica.

II. As redes sociais tiveram papel significativo nos movimentos sociais do mundo árabe, haja vista que nestes países há forte controle desses meios de comunicação.

III. A queda de todos os governos do mundo árabe trouxe a democracia para esses países, que eram governados por ditadores.

IV. No Egito, a queda de Hosni Mubarak levou à realização de eleições após 30 anos de governo ditatorial.

V. Atualmente, no Egito, assistimos a conflitos entre os militares, os quais derrubaram o presidente eleito e aqueles que desejam o retorno de Mohamed Mursi.

Todas as afirmações corretas estão em:

a) III - IV - V
b) II - IV - V
c) I - II - III - IV
d) I - II - IV - V

101. (UEM) Com o esgotamento do fordismo e a emergência da revolução técnico-científico-informacional, os novos padrões locacionais passaram a apontar para uma desconcentração espacial das indústrias, novas áreas para sua localização e a emergência de novos polos produtivos.

Sobre o espaço industrial atual, é **correto** afirmar que:

01) Um exemplo desse processo é o Sun Belt ou Cinturão do Sol, que abrange áreas do Sul e do Oeste dos EUA. Esse cinturão resultou de investimentos de capital em indústrias de alta tecnologia. O Vale do Silício, parte do Sun Belt, é formado por um conjunto de pequenas localidades onde estão centenas de empresas do setor.

02) No Japão, a desconcentração do padrão locacional da indústria se transformou em estratégia para recuperação da competitividade. O governo passou a incentivar a desconcentração financiando a implantação de tecnopolos fora das tradicionais regiões industriais japonesas, além de efetuar investimentos em infraestrutura portuária, de transporte e de comunicações para atrair estabelecimentos industriais.

04) As velhas concentrações industriais dos países desenvolvidos vêm perdendo terreno para novas regiões produtivas marcadas pelo uso de tecnologias modernas, pelo baixo consumo energético e pela forte integração com as universidades e os centros de pesquisa e desenvolvimento.

08) Em escala global, a tendência à desconcentração é resultante da industrialização de vastas regiões do mundo subdesenvolvido, em especial no Sudeste Asiático e na América Latina, que ocupam significativas fatias da produção industrial mundial em muitos setores.

16) Na Europa, no âmbito da União Europeia (UE), apesar da integração econômica, as empresas dos principais setores industriais ainda continuam a traçar suas estratégias locacionais, visando apenas a lógica das economias nacionais como a alemã, a francesa, a italiana e outras.

---

102. (Uece) *Apartheid* é um termo que define a política de segregação racial e territorial, que tem como objetivo separar as diferentes "raças" existentes em um território. Até o início da década de 1990, o país em que esta política prevaleceu fortemente foi o(a)

a) Sudão.

b) África do Sul.

c) Namíbia.

d) República Popular do Congo.

103. (Acafe) Neoliberalismo é um termo usado para definir uma corrente da economia. O uso dessa corrente vem desde meados da década de 1980.

Sobre o neoliberalismo é correto afirmar, **exceto**:

a) Os países que seguissem a proposta do Consenso de Washington deveriam promover uma reforma fiscal como também implementar mudanças na previdência social, nas leis trabalhistas e no sistema de aposentadorias, entre outros ajustes.

b) Os economistas da Escola de Chicago recomendaram que o capital privado passasse a investir em setores controlados pelo Estado.

c) Os conceitos neoliberais preconizados pelo Consenso de Washington passaram a ser instrumentos para a expansão do capitalismo.

d) O neoliberalismo apregoa o protecionismo comercial, o aumento de leis e normas para entrada e saída de capitais, além do fortalecimento de empresas estatais.

104. (Unicamp) No mapa abaixo estão indicados por números três países do Continente Africano. Assinale a alternativa que apresenta corretamente a localização e características desses países.

Reprodução/Unicamp 2014.

a) Angola (1) e Moçambique (2) foram colonizados por franceses, enquanto a África do Sul (3) integra atualmente o NAFTA.
b) Angola (3) e Moçambique (1) foram colonizados por ingleses, enquanto a África do Sul (2) integra atualmente o G7.
c) Angola (1) e Moçambique (2) foram colonizados por portugueses, enquanto a África do Sul (3) integra atualmente os BRICS
d) Angola (2) e Moçambique (3) foram colonizados por portugueses, enquanto a África do Sul (1) integra atualmente os BRICS.

105. (UEPG) Sobre as áreas que correspondem à América desenvolvida, assinale o que for correto.

01) Os EUA possuem 50 estados. Dois deles não são contíguos (Alasca e Havaí). O Alasca é o estado com a maior área nos EUA, porém possui população reduzida.
02) As áreas mais ao norte do Canadá, como Nunavut e Territórios do Noroeste, são os locais onde encontram-se boa parte dos Inuítes, povos nativos conhecidos pelos brancos como esquimós.
04) Os EUA possuem dois grandes conjuntos montanhosos, as Rochosas, mais a oeste que cortam estados como Montana, Washington e Colorado e os Apalaches, mais a leste que possuem como um de seus pontos turísticos o Monte Rushmore.
08) Boa parte das cidades mais importantes do Canadá situam-se na área mais a sudeste do país, próximo à fronteira com os EUA, como Quebec, Montreal, Otawa e Toronto.

---

106. (PUC-RS) Responda à questão com base nas afirmativas sobre a exploração das reservas minerais no continente africano.

I. O crescimento dos países africanos é impulsionado principalmente pelas exportações de recursos naturais como cobre, níquel, diamantes, ouro, petróleo e gás. O resultado dessas exportações é utilizado para melhorar a distribuição de renda e a qualidade de vida da população.
II. As riquezas da África atraem a atenção das potências político-econômicas dependentes de recursos energéticos, principalmente a União Europeia, os Estados Unidos e a República Popular da China.
III. A exploração excessiva dos recursos naturais para exportação pode ser um caminho sem retorno, na medida em que o continente africano acabará despojado de recursos fundamentais ao seu futuro desenvolvimento econômico, como o petróleo e o gás natural.
IV. Países como Grã-Bretanha, França, Portugal, Espanha e Bélgica, entre outros, exploraram os recursos minerais de suas colônias africanas. A independência dos países africanos, a partir dos anos 50 do século XX, alterou as condições de exploração e impulsionou o seu desenvolvimento econômico.

Estão corretas apenas as afirmativas

a) I e II.
b) I e III.
c) II e III.
d) III e IV.
e) I, II e IV.

107. (Unioeste) Econômicas, sociais, militares, sanitárias, ambientais, políticas, religiosas, as razões que levam as pessoas a deixar seu país de origem são numerosas. Migrante legal ou ilegal, refugiado ou requerente de asilo, essas mobilidades humanas, independente da forma que elas tomam e do *status* jurídico que elas dão lugar, desenham hoje um mundo em movimento onde as fronteiras se distendem e perdem uma parte de sua função. Mas a mobilidade humana tem gerado preocupações e amplos debates políticos, econômicos e religiosos. Nas últimas décadas, uma das respostas aos problemas colocados pelos movimentos migratórios tem sido a construção de muros fronteiriços.

Sobre a construção de tais muros, assinale a alternativa INCORRETA.

a) Os muros fronteiriços, provisórios ou permanentes, eficazes ou inoperantes, elétricos ou em concreto, retornam atualmente como uma ferramenta geopolítica.
b) O muro de concreto construído sobre os Pirineus, em meados de 2015, na fronteira entre a Espanha e a França, não é apenas um muro de separação entre dois Estados nacionais. É, sobretudo, uma barreira de contenção dos intensos fluxos migratórios oriundos da África, que entram na Espanha por Ceuta (cidade autônoma da Espanha no território do Marrocos) e se dirigem para a França, desde as duas últimas décadas do século XX.
c) Atualmente, os muros fronteiriços têm vocação de separar populações e de ser uma barreira física entre comunidades.
d) Os muros, as barreiras ou as cercas, pouco importa seu nome, são, por conseguinte, uma lógica de segurança dos territórios e se justificam – porém não se legitimam – na vontade de proteger as pessoas ou de tornar impossível a entrada de outros grupos sociais em determinados países ou regiões da escala mundial.
e) Antes de tomarem a forma material e de se constituírem em concreto ou arame farpado, os muros se erguem antes de tudo nas cabeças ou mentes, notadamente como o produto da análise segundo a qual a segurança e a proteção não podem ser asseguradas senão pelo fechamento estrito dos territórios.

108. (UFG) A "Primavera Árabe" é um fenômeno político e social no Oriente Médio e no Norte da África, que teve início em 18 de dezembro de 2010 na Tunísia e que desencadeou ondas revolucionárias com protestos, guerras civis e passeatas. A atuação dos jovens por meio das mídias sociais foi fundamental para a derrocada de governos tradicionais e autoritários, sobretudo pela rápida difusão das informações proporcionadas pelos meios de comunicação, blogs e outros. Tendo como base esses protestos e seus efeitos,

a) apresente apenas duas causas que motivaram esses protestos e as revoluções nos países árabes;

b) cite apenas dois países árabes cujos chefes de Estado foram depostos nesses eventos.

109. (UFSC) Sobre a União Europeia, é correto afirmar que:

01) teve sua origem na Comunidade Econômica do Carvão e do Aço, a partir dos anos 1950, no contexto da Guerra Fria.

02) países como Dinamarca, República Checa e Sérvia, que faziam parte do bloco socialista, não foram aceitos na União Europeia porque não aderiram à economia de mercado.

04) com a crise no Oriente Médio, a entrada de imigrantes na União Europeia foi facilitada por razões humanitárias e também porque representa um enorme potencial de mão de obra qualificada para os países que compõem o bloco.

08) diferentemente do Mercosul e do Nafta, a União Europeia apresenta grande assimetria econômica e social entre os Estados membros.

16) uma das críticas à União Europeia no presente é o crescimento da xenofobia entre os cidadãos europeus, o que resulta em problemas políticos e culturais com as minorias étnicas.

32) nem todos os países que fazem parte da União Europeia adotaram a moeda única, o Euro.

110. (Unesp) Após os atentados de 11 de setembro de 2001, o governo dos Estados Unidos da América aprovou uma série de medidas com o objetivo de proteger os cidadãos americanos da ameaça representada pelo terrorismo internacional. Entre as medidas adotadas pelo governo norte-americano estão

a) a realização de acordos de cooperação militar e tecnológica com países aliados no combate ao terrorismo internacional; e a prisão imediata de árabes e muçulmanos que residissem nos Estados Unidos.

b) a realização de ataques preventivos a países suspeitos de sediarem grupos terroristas; e a restrição da liberdade e dos direitos civis de suspeitos de associação com o terrorismo.

c) a concessão de apoio logístico e financeiro a países que, autonomamente, pudessem combater grupos terroristas em seus territórios; e a preservação dos direitos civis de suspeitos de associação com o terrorismo, que residissem dentro ou fora dos Estados Unidos.

d) a realização de ataques preventivos a países suspeitos de sediarem grupos terroristas; e a flexibilização do ingresso nos Estados Unidos de pessoas oriundas de qualquer região do mundo.

e) a realização de acordos de cooperação militar e tecnológica com países suspeitos de sediarem grupos terroristas; e a preservação dos princípios de liberdade individual e autonomia dos povos.

111. (Unesp) O mapa espacializa a área do Golfo do México.

(Maria E. M. Simielli. *Geoatlas*, 2009. Adaptado.)

Cite o evento que ocorreu em abril de 2010 e trouxe problemas ambientais sem precedentes na região do Golfo do México. Apresente três consequências resultantes deste fato.

112. (Uepa) Num mundo pós-Guerra Fria, cujo período inicia-se com a queda do Muro de Berlim, instala-se uma Nova Ordem Mundial com características antagônicas ao período que o antecedeu, a Guerra Fria. Sobre a reordenação ocorrida na economia-mundo no citado período, afirma-se que:

a) a doutrina Truman e o Plano Marshall foram criados no início da Guerra Fria e tinham como objetivos sustentar governos pró-orientais no combate ao capitalismo.

b) no mundo multipolar, o poder militar é substituído pelo poder econômico. Isto, por sua vez, se traduziu na disponibilidade de capitais, no avanço tecnológico nos níveis de produtividade e competitividade entre os países.

c) com a queda do muro de Berlim, foi extinto o acordo que criou a Comunidade dos Estados Independentes (CEI) em substituição ao império vermelho, que fez frente ao capitalismo do mundo inteiro.

d) a reconstrução do Japão, no pós-guerra, e sua pujança econômica até os anos de 1980, aliada à consolidação da União Europeia, com base na economia de Portugal e França, dão origem ao mundo multipolar.

e) na nova ordem mundial, a China desponta como um dos países economicamente mais poderosos, fazendo frente à hegemonia americana, que se fortaleceu política e economicamente após os atentados de 11 de setembro de 2001.

113. (IFSC)

Reprodução/IFSC 2017.

Funcionários em fábrica de iPhone trabalham mais de 80 horas semanais na China.

A China Labor Watch (CLW), organização sem fins lucrativos que fiscaliza as condições de trabalho na China, publicou nesta semana um relatório preocupante. Em uma das fábricas contratadas pela Apple para fabricar componentes do iPhone, funcionários estão passando (e muito) do seu horário determinado.

A Apple exige dessas fábricas terceirizadas que os funcionários trabalhem, no máximo, 60 horas por semana, e que tenham ao menos uma folga a cada semana. Segundo a CLW, porém, há diversos casos de colaboradores ultrapassando as 80 horas semanais.

Fonte: UOL. Olhar Digital. http://goo.gl/qZF2pP Acesso em 29 de agosto de 2016.

Sobre o texto e de acordo com a Divisão Internacional do Trabalho no espaço mundial contemporâneo, assinale a soma da(s) proposição(ões) CORRETA(S).

01) Para que os celulares tenham rápida evolução tecnológica e valorização da marca, é necessário que os fabricantes encontrem mão de obra especializada e disposta a trabalhar 60 horas ou mais por semana.

02) O trabalhador, ao encontrar a satisfação em realizar sua atividade, neste caso com a produção do iPhone, deve obrigatoriamente, segundo a lógica toyotista, trabalhar além do esperado.

04) As empresas transnacionais nem sempre consideram as variáveis sociais e ambientais dos lugares onde se instalam.

08) A carga horária de trabalho semanal próxima de 80 horas é recomendada a países emergentes que buscam atingir uma condição socioeconômica de países desenvolvidos.

16) A China é um país de industrialização tardia que cresceu baseado na oferta de isenções fiscais a empresas transnacionais, não incentivando a criação de indústrias nacionais.

---

114. (UEPG) Sobre aspectos físicos, políticos e econômicos do continente europeu, assinale o que for certo.

01) Dentre alguns países que foram socialistas no período da Guerra Fria na Europa estão Polônia, Romênia e Albânia.

02) O porto de Roterdã (Holanda) e o porto de Marselha (França) são duas importantes portas de entrada de mercadorias na União Europeia.

04) O rio Reno, que passa pela Alemanha, o rio Sena, que corre pela França, e o rio Tâmisa, que percorre a Inglaterra, são importantes cursos d'água europeus.

08) A Turquia, que possui a cidade de Istambul, na Europa, é um membro, parte da União Europeia, aceito no século XXI.

---

115. (UPE) Observe a charge a seguir:

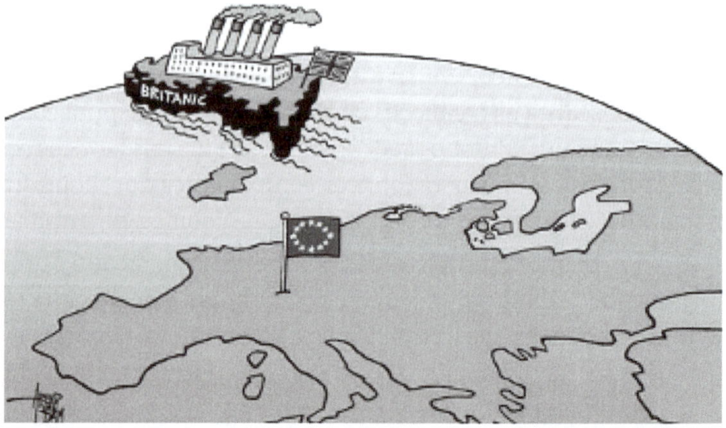

www.google.com.br, 2016.

Com base na situação geopolítica apresentada na charge, é CORRETO afirmar que se trata

a) da separação britânica da Organização do Tratado do Atlântico Norte (OTAN), que é uma organização gerada em 1949, no contexto da Guerra Fria, a qual unia, em pacto militar, os países integrantes do bloco europeu.

b) do "Brexit", ou seja, a saída do Reino Unido da União Europeia, que é o maior bloco econômico do mundo, conhecido pela livre circulação de bens, pessoas e mercadorias e pela adoção de uma moeda única.

c) do livre comércio, estabelecido no Pacto de Varsóvia entre a Inglaterra e a Itália, que tem como objetivo geopolítico gerenciar acordos comerciais, tendo como parâmetro a globalização da economia europeia.

d) da fuga do Reino Unido da Rodada de Doha que tem como objetivo principal a diminuição das barreiras comerciais e do protecionismo comercial, focando o livre comércio para as nações em processo de desenvolvimento econômico na Europa.

e) da saída da Inglaterra da União Europeia, bloco econômico, que se formou para unir os países europeus que já faziam parte da OTAN. Foi criado com o objetivo de evitar que mais guerras acontecessem entre a Itália e os países do norte da Europa e, ainda, como forma de recuperar a economia da crise mundial de 1929.

116. (UFSC)

Imagem disponível em: <http://www.google.com.br/imgres?q=%22Egito%22&hl=pt-BR&gbv =2&tbm=isch&tbnid=Fifw-kZ8NbKUEM:&imgrefurl=http://www.algosobre.com.br/historia/historia-do-egito>. Acesso em: 15 jul. 2011.

[...], o Egito é um dos principais aliados dos Estados Unidos e da Europa no mundo árabe. O principal temor do Ocidente é que a Irmandade Muçulmana possa assumir o governo do país. Além da Jordânia, o Egito é o único país árabe a reconhecer o Estado de Israel.

Fonte: Disponível em: <http://noticias.r7.com/internacional/noticias/entenda-a-crise-no-egito-20110130.html>. Acesso em: 15 jul. 2011.

Assinale a(s) proposição(ões) correta(s).

01) De acordo com o texto acima, o principal motivo dos conflitos no Egito são as disputas pelas terras do Sudão e de Israel.

02) De acordo com o mapa, na sua porção oriental, o Egito tem como limite o Mar Mediterrâneo.

04) O judaísmo e o islamismo, por possuírem características em comum, levaram o Egito a se aliar com Israel desde a década de 1960.

08) Apesar de estar localizado no hemisfério norte, o Egito, de acordo com as suas condições socioeconômicas, pertence ao bloco dos países do Eixo Sul.

16) Nos últimos meses, as populações de países africanos como o Egito e a Líbia têm se manifestado pela queda de ditaduras implantadas ao longo de décadas.

____

117. (UEG) Os Tigres Asiáticos eram países subdesenvolvidos até a década de 1970, quando promoveram uma rápida e eficiente industrialização. Cite três fatores que favoreceram esse processo de industrialização.

____

____

____

____

118. (UFSM) Observe a imagem das ruínas de Cartago, no território da atual Tunísia.

Reprodução/ Ufsm 2012.

Fonte: RIGOLIN, Tércio Barbosa; ALMEIDA, Lúcia Marina de. *Fronteiras da globalização*. Geografia geral e do Brasil. São Paulo: Ática, 2004. p. 314. (adaptado)

As ruínas de Cartago revelam a influência dos fenícios e de outros povos na cultura e na composição étnica dos povos do Magreb. Sobre essa influência, é correto afirmar:

I. Desenvolveu o contato entre diferentes povos e, atualmente, a Tunísia é o mais liberal dos países árabes, principalmente em relação às mulheres, que possuem direitos civis.

II. Contribuiu para a formação da África Branca, pois a população de origem berbere, nômade ou não, constitui o principal grupo étnico dos habitantes do Magreb.

III. Colaborou no desenvolvimento do comércio em toda a costa africana do Mediterrâneo, e Cartago representa importante atrativo do turismo cultural.

Está(ão) correta(s)

a) apenas I.

b) apenas III.

c) apenas I e II.

d) apenas II e III.

e) I, II e III.

119. (Uern)

"Nascido da divisão do Sudão após décadas de guerra civil, o Sudão do Sul é desde a 0h local (18h desta sexta-feira de Brasília) o mais novo país do mundo, o 54º da África e o 193º membro da Organização das Nações Unidas (ONU). A criação do país já é comemorada na madrugada deste sábado na capital Juba. 'Somos livres! Adeus ao norte, bem-vinda a felicidade!', gritava Mary Okach, uma cidadã da nova nação".

(http://veja.abril.com.br/noticia/internacional/no-sabadonasce-o-54o-pais-da-africa-o-sudao-do-sul)

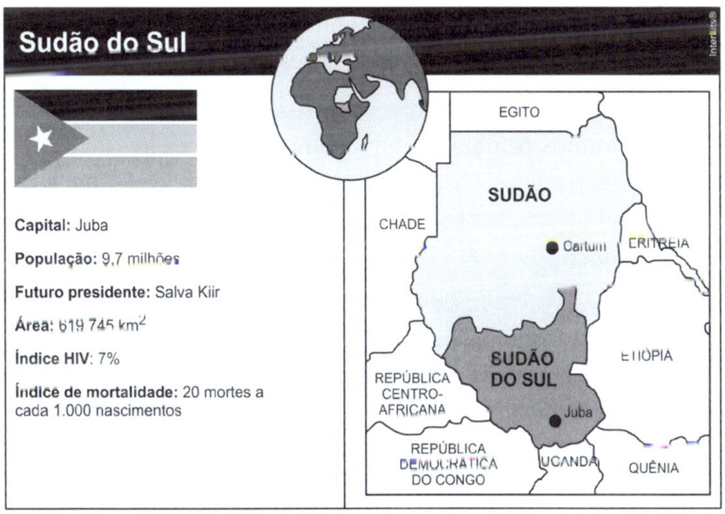

Reprodução/ Uern 2012.

A guerra civil que levou à divisão do Sudão era

a) a disputa, entre diversas tribos sudanesas, pelas extensas reservas de diamante presentes em todo o país.

b) a imposição de uma identidade islâmica aos cristãos, que são maioria no Sul.

c) a necessidade de melhor administrar política e economicamente o país, visto que o Sudão era o maior país africano.

d) a discriminação racial existente no país, sendo o Norte de maioria branca e o Sul de maioria negra.

120. (UFSC)

> [...] A separação física com o vizinho pobre do sul tem sido uma política de Estado desde que Clinton ergueu os primeiros trechos, em 1993, reaproveitando sucata trazida da Guerra do Golfo. Já são 1.046 km de barreiras separando os dois países, incluindo as grades de 4,6 metros contratadas pelo correligionário Obama. [...]
>
> *FOLHA DE S.PAULO*, segunda-feira, 26 jun. 2017. A16 Mundo.

A reportagem trata das migrações que ocorrem na fronteira entre Estados Unidos e México. Sobre a situação abordada pelo texto acima e sobre as migrações e os refugiados no mundo atual, é correto afirmar que:

01) os Estados Unidos têm um percentual significativo de habitantes oriundos de outros países, sobretudo hispânicos, grande parte dos quais vivendo clandestinamente devido às restrições em vigor no país.

02) o endurecimento da vigilância e das leis imigratórias, sobretudo após os ataques de 11 de setembro de 2001, e as promessas de Trump de repressão à imigração demonstram que os Estados Unidos querem dificultar a entrada de pessoas no país.

04) desde a sua criação em 1988, o NAFTA (Acordo de Livre Comércio da América do Norte) estabeleceu a livre circulação de mercadorias, capital e serviços, como também de pessoas, entre os integrantes desse bloco econômico.

08) a União Europeia é, na atualidade, também destino de muitos refugiados, um grupo específico de imigrantes que foge por causa de conflitos internos, guerras, perseguições políticas, ações de grupos terroristas e violação dos direitos humanos.

16) a exemplo da Lei de Cotas de 1934, que foi criada para reduzir a números baixos a entrada de imigrantes no Brasil, nas últimas décadas aumentaram as restrições à imigração, com exceção para a mão de obra qualificada, a qual é integrada à sociedade brasileira com grande naturalidade.

32) os fatores de ordem econômica predominam ao longo da história como elementos provocadores dos movimentos populacionais, ou seja, há repulsão demográfica em áreas de desemprego, subemprego e baixos salários e há atração onde existe perspectiva de melhores condições de vida.

121. (UFSJ) Observe o mapa abaixo.

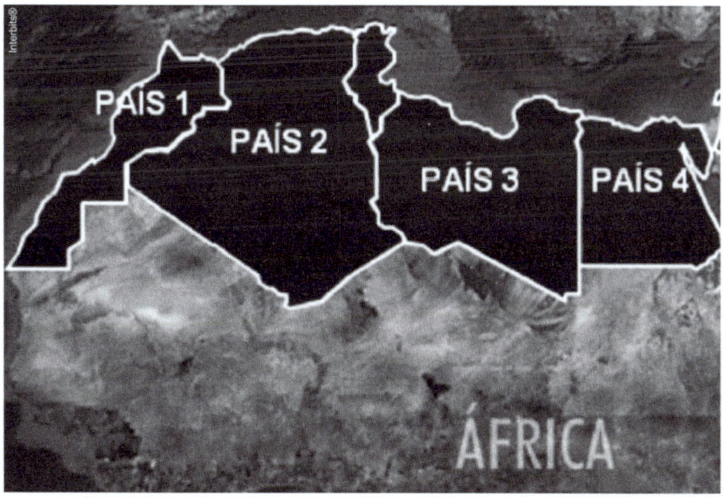

Disponível em: <http://noticias.uol.com.br/ultimas-noticias/internacional/2011/02/19> (Adaptado)
Acesso em: 12 jul. 2011

Observe os países 1, 2, 3 e 4 representados no mapa e assinale a alternativa que apresenta **CORRETAMENTE** as causas que fizeram com que essa região ocupasse o centro do debate geopolítico ao longo de 2011.

a) Ação de forças da OTAN (Organização do Tratado do Atlântico Norte) para a recondução ao poder de antigos aliados políticos das potências capitalistas.

b) Ação dos Estados Unidos contra países que serviram de abrigo para o terrorista Osama Bin Laden.

c) Protestos populares pela renovação de governos e em defesa de mais direitos democráticos.

d) Disputa pelo controle das principais reservas de petróleo do Oriente e contra a dominação americana na região.

122. (Uerj)

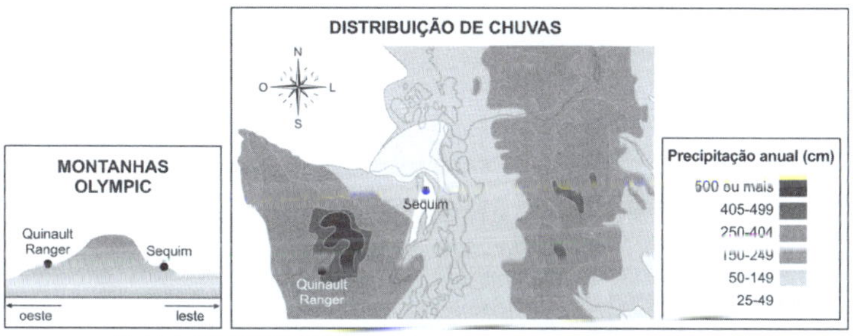

Adaptado de CHRISTOPHERSON, R.W. *Geossistemas*: uma introdução à geografia física. Porto Alegre: Bookman, 2012.

Nomeie e explique o tipo de chuva característico nos arredores de Quinault Ranger, localizado na costa oeste dos Estados Unidos.

123. (UEPG) Sobre aspectos físicos e humanos do continente da Oceania, assinale o que for correto.

01) Entre todos os continentes do mundo (América, Europa, África, Ásia, Antártida e ele próprio, o da Oceania) é o que apresenta menor área, somando, em seu interior, a Austrália, Nova Zelândia e todos os seus arquipélagos.

02) Aproximadamente 90% do território da Oceania corresponde à Austrália. As demais áreas são arquipélagos menores. Melanésia (ilhas dos negros), Micronésia (ilhas pequenas) e Polinésia (várias ilhas) são três divisões adotadas para compreender melhor cada conjunto de pequenos países e territórios desse continente.

04) A Nova Zelândia, que possui como capital Wellington, é o segundo país mais importante do continente. Todas as suas terras emersas estão localizadas abaixo do Trópico de Capricórnio.

08) A Austrália possui ao norte clima equatorial e tropical. A leste, área de grandes cidades australianas, o clima se apresenta mais subtropical e temperado. E ao centro, há o predomínio de clima desértico.

16) Austrália e Nova Zelândia são países considerados desenvolvidos no mundo, com elevada qualidade de vida. Os dois estão entre os 10 melhores IDH (Índice de Desenvolvimento Humano) do relatório 2014 do PNUD (Programa das Nações Unidas para o Desenvolvimento).

---

124. (PUC-RJ)

Disponível em: <http://waffl esatnoon.com>. 20/12/2014
Acesso em: 26 jul. 2015

Os habitantes originários da ilha viveram, na Austrália, sob a proteção da Lei da Flora e da Fauna até os anos de 1960 e eram classificados como animais, e não como seres humanos. Hoje, eles correspondem a apenas 1% da população da ilha e são os mais pobres no contexto socioespacial australiano.

Esses habitantes originários são os:

a) aborígenes.
b) ameríndios.
c) índios.
d) melanésios.
e) silvícolas.

125. (IFSC)

"A formação de grandes entidades econômicas (ou, no caso da Europa, político-econômicas) supranacionais é outro indicador muito relevante da perda, ou melhor, da reestruturação do poder dos Estados nacionais. A ideia da formação de grandes blocos econômicos começa após as Grandes Guerras Mundiais, justamente em uma tentativa de retirar poder de Estados, especialmente os de maior vocação beligerante, e garantir a paz e o crescimento em um período de grave crise econômica. A iniciativa de maior sucesso até hoje foi também a primeira a se consolidar: a União Europeia [...]".

HAESBAERT, Rogério e PORTO-GONÇALVES, Carlos Walter. *A nova des-ordem mundial*. São Paulo: Editora da UNESP, 2006, p.57.

A União Europeia pode ser considerada um dos blocos mais avançados e influentes do mundo em termos de integração econômica. Sendo assim, marque a soma da(s) proposição(ões) CORRETA(S).

01) A partir de janeiro de 2002, os países-membros da União Europeia adotaram o Euro como moeda oficial. A unificação monetária tinha como prerrogativa facilitar as trocas comerciais entre esses países.

02) A reprodução capitalista tem caráter ambivalente e contraditório: ao mesmo tempo em que se fortalece o neoliberalismo econômico global, estruturam-se grandes blocos econômicos ou mercados comuns continentais. Esses blocos estão voltados para o estímulo das atividades econômicas e acumulação de capital, com fortes interesses políticos em jogo.

04) Entre os argumentos utilizados pelos líderes conservadores para defender a saída do Reino Unido da União Europeia e proteger a economia nacional, estão os elevados gastos públicos com os imigrantes.

08) A União Europeia representa o estágio mais avançado do processo de formação de blocos econômicos no contexto da globalização. No entanto, a crise econômica de 2008 levou à saída da Grécia, dando início à reestruturação do bloco.

16) Em 1973, o Reino Unido entrou para a União Europeia, quando esse bloco econômico ainda era conhecido como *Comunidade Econômica Europeia*. Em 2016, o Reino Unido decidiu abandoná-la por meio de um referendo conhecido como *Brexit*.

126. (UFJF) Em 2014, a queda do Muro de Berlim completa 25 anos. Foi um fato marcante e simbólico para a geopolítica mundial, largamente debatido nos meios acadêmicos e representado também pelas artes. Um dos filmes produzidos sobre o tema, em 2003 na Alemanha, é "Adeus Lênin", dirigido por Wolfgang Becker.

Ele conta a estória da mãe de Alex Kerner, uma alemã que entrou em estado de coma em 1989 e não acompanhou as transformações que seu país sofreu. No verão de 1990 ela recobra a consciência, mas não pode sofrer emoções fortes. Alex tenta esconder da mãe a extinção do Partido Socialista Único, fazendo parecer que a Berlim Oriental ainda existe. A ilusão funciona por um bom tempo, mas chega o momento em que a verdade não poderá mais ser ocultada. Essa verdade está relacionada:

a) à ditadura comunista que pôs fim ao Partido Socialista e cria o pluripartidarismo.

b) à dominação de Berlim por tropas soviéticas que a controlam inteiramente.

c) à unificação alemã que simboliza o fim da Guerra Fria e abertura dos mercados.

d) ao esfacelamento da Alemanha em pequenas repúblicas independentes.

e) ao crescente poder da União Soviética que passa a liderar a economia mundial.

127. (UPF) Em decisão de grande repercussão mundial, o Reino Unido opta pela saída da União Europeia. Sobre esse fato, é **correto** afirmar:

a) A saída do Reino Unido da União Europeia foi uma resposta direta e imediata ao ingresso de países do Leste Europeu no último ano.

b) A Escócia foi submetida, recentemente, a dois plebiscitos: em 2014, optou por permanecer no Reino Unido e, em 2016, por retirar-se da União Europeia.

c) O Reino Unido é formado por Inglaterra, País de Gales, Escócia e Irlanda do Norte.

d) A partir da Comunidade Econômica Europeia, a União Europeia foi significativamente ampliada, completando 28 países no final do século XX.

e) A consequência imediata da saída do Reino Unido da União Europeia é o abandono do espaço de livre circulação e da utilização do Euro como moeda.

128. (UPF) Desde o final da Segunda Guerra, o mundo passou por importantes mudanças geopolíticas e econômicas. Durante a Guerra Fria, a ordem internacional foi marcada pela bipolarização de poder entre Estados Unidos e União Soviética enquanto diferentes arranjos espaciais se sucediam.

Analise as afirmações e assinale com **V** as **verdadeiras** e com **F** as **falsas**.

( ) A Alemanha ficou dividida entre República Federal da Alemanha (capitalista) e República Democrática Alemã (socialista).

( ) A Europa esteve dividida sob a égide das duas grandes potências, separada pela chamada "Cortina de Ferro": a Europa Ocidental, sob influência dos Estados Unidos, e a Europa Oriental, sob influência da União Soviética.

( ) A desintegração geopolítica e territorial da Comunidade dos Estados Independentes (CEI) deu origem a 12 países autônomos, situados entre a Europa e a Ásia.

( ) A península coreana materializa até os dias atuais os resquícios da disputa bipolar, com a divisão do território em Coreia do Norte e Coreia do Sul.

A sequência **correta** de preenchimento dos parênteses, de cima para baixo, é:

a) V – V – F – V.
b) V – V – F – F.
c) V – F – V – F.
d) F – V – F – V.
e) F – F – V – F.

129. (Uerj)

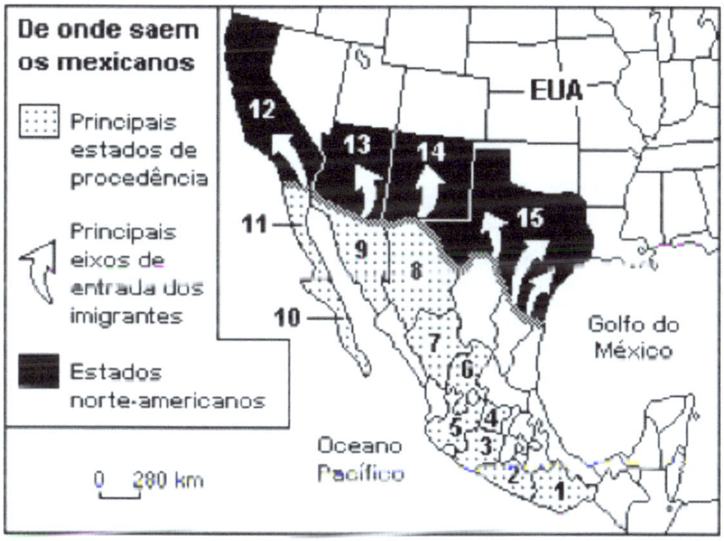

1 – Oaxaca
2 – Guerrero
3 – Michoacan
4 – Guanajuato
5 – Jalisco
6 – Zacatecas
7 – Durango
8 – Chihuahua
9 – Sonora
10 – Baixa Califórnia Sul
11 – Baixa Califórnia Norte
12 – Califórnia
13 – Arizona
14 – Novo México
15 – Texas

(Adaptado de MAGNOLI, D. & ARAÚJO, R. "Projeto de ensino de geografia / Geografia geral". São Paulo: Moderna, 2000.)

A fronteira entre EUA e México é uma área marcada por intensos movimentos migratórios que garantem disponibilidade de mão de obra barata no sul dos EUA. No entanto, o governo americano adota medidas de controle frente a esses movimentos.

Aponte duas dessas medidas.

130. (PUC-SP) Leia os textos com atenção:

"É uma ideia grandiosa pretender formar de todo o Novo Mundo uma única nação com um único vínculo que ligue as partes entre si e com o todo. Já que tem uma só origem, uma só língua, mesmos costumes e uma só religião, deveria, por conseguinte, ter um só governo que confederasse os diferentes Estados (...)."

Simón Bolívar. *Carta da Jamaica*. (6/9/1815). Textos-política (org. Anna Maria Martinez Corrêa e Manoel Lelo Bellotto). São Paulo: Ática, 1983, p. 84-88

"O dever urgente de nossa América é mostrar-se como é, unida em alma e intenção, vencedora veloz de um passado sufocante. (...) a atual geração leva às costas, pelo caminho adubado por seus pais sublimes, a América trabalhadora; do rio Bravo ao estreito de Magalhães, sentado no dorso do condor, (...) a semente da América nova!"

José Martí. *Nossa América*. (30/1/1891). Nossa América. São Paulo: Hucitec, 1983, p. 200.

"Em 28 de novembro de 1975, o general Manuel Contreras, homem de confiança do presidente chileno Augusto Pinochet Ugarte, reuniu em Santiago coronéis, majores e capitães de seis países da América do Sul. A intenção era propor um acordo de colaboração entre os países, todos governados por ditaduras militares, para lutar contra (...) guerrilheiros comunistas, militantes de esquerda ou simplesmente pessoas que faziam oposição à ditadura. Era o nascimento oficial da Operação Condor."

Cláudia de Castro Lima. *O Brasil na Operação Condor*, Aventuras da História, in http://historia.abril.com.br/politica/brasil_operacao_condor_434275.shtml (acesso em 30/9/2010)

"**Folha de S. Paulo**: O senhor trata a América Latina como um bloco, mas o subcontinente é complexo. Muitos países, como Chile e México, preferem fazer acordos individuais em vez de negociar em conjunto. Como acreditar que a região irá virar uma potência unificada?

Oscar Guardiola-Rivera: É verdade que há uma tremenda diversidade entre os países e mesmo dentro de cada país. Mas, na última década, vimos uma mudança, com a criação de fóruns que permitem à região falar com uma única voz. Por exemplo, como foi resolvida a questão diplomática recente entre a Colômbia e a Venezuela? Todo mundo dizia que essa crise provocava a impossibilidade de unificar a América Latina. Mas eu afirmava que o problema seria resolvido em um mês, se tanto, e não pela OEA (Organização dos Estados Americanos, que conta com a participação dos EUA), mas pela Unasul (União de Nações Sul-Americanas). Foi o que aconteceu."

Folha de S. Paulo. 04/10/2010, p. A16

Observe o mapa, em especial o segmento da América Latina:

Principais processos de integração regional nas Américas, janeiro de 2009

Fontes: compilação a partir de sites oficiais das organizações: www.nafta-sec-alena.org; www.ustr.gov; www.alternativabolivariana.org; www.comunidadeandina.org; www.mercosur.int; www.ftaa-alca.org

Segundo Marie-Françoise Durand, Phillipe Copinschi, Benoit Martin e Delphine Placidi. Atlas da mundialização, dossiê especial Brasil, São Paulo, Editora Saraiva, 2009.

A partir dos textos e do mapa, elabore uma dissertação que considere:

1) Os diferentes contextos políticos em que os textos foram escritos e a maneira como cada um deles vê a aproximação entre os países latino-americanos;

2) O atual panorama das relações entre os países latino-americanos e os projetos de integração regional.

131. (Uerj)

Chile, Colômbia, Peru e México assinam a Aliança do Pacífico

Os presidentes do Chile, Colômbia, México e Peru subscreveram uma aliança para acelerar a integração entre os países de maior abertura comercial da América Latina. O bloco, que pretende avançar para uma livre circulação de bens, serviços, capitais e pessoas, espera que a Costa Rica se una a eles em curto prazo.

Os membros da Aliança do Pacífico, com exceção da Colômbia, fazem parte do Foro de Cooperação Econômica Ásia-Pacífico, que reúne 21 países, entre eles a gigante China.

Adaptado de <elguialatino.com.br>, 18/06/2012.

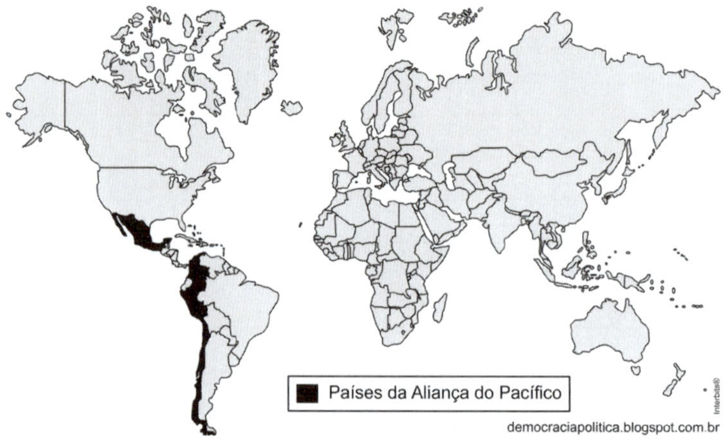

democraciapolitica.blogspot.com.br

Apresente dois argumentos favoráveis à decisão dos países integrantes da Aliança do Pacífico de formarem um bloco regional de comércio.

Em seguida, justifique a situação vantajosa resultante da posição geográfica do litoral desses países para a melhoria do seu desempenho no comércio internacional.

132. (Unesp)

Seis estados disputam fábrica da BMW no país

Seis estados disputam a fábrica da BMW no Brasil, após a matriz da montadora anunciar em março de 2011, na Alemanha, que considera instalar uma unidade na América do Sul. São Paulo, Minas Gerais, Rio de Janeiro, Pernambuco e Bahia discutem com a empresa a possibilidade de conceder incentivos fiscais para sediar o novo empreendimento. O sexto estado seria da região central do país. O presidente da companhia no Brasil, Jörg Henning Dornbusch, confirma o interesse e que há negociações em curso, mas não revela de que regiões do país as propostas começam a chegar. "Existe interesse dos estados, mas não há uma proposta fechada. O que está sendo feito é um mapeamento para avaliar o mercado não só no Brasil, mas em outros países. O México é um forte concorrente, apesar de o Brasil ser o maior mercado da América do Sul em termos de relevância", afirma o executivo.

(www.folha.com.br, 12.05.2011. Adaptado.)

Explique no que consiste a chamada "guerra fiscal" ou "guerra dos lugares" e cite um efeito positivo e outro negativo resultantes da disputa entre os estados do país para a atração de empresas.

133. (Unioeste) Em decisão histórica, com potencial de mudar o rumo da geopolítica mundial pelas próximas décadas, os britânicos decidiram, em referendo, em 23 de junho de 2016, deixar a União Europeia (UE). Analise as afirmativas a seguir e atribua V para as alternativas verdadeiras e F para as falsas.

( ) A União Europeia teve origem na Comunidade Europeia do Carvão e do Aço (CECA) e na Comunidade Econômica Europeia (CEE), sendo o Reino Unido um dos seis países fundadores destas entidades.

( ) A vitória do BREXIT – saída do Reino Unido da União Europeia – não determina imediata desvinculação do bloco. Sua efetivação depende de negociações entre as duas partes.

( ) O Reino Unido integra o espaço econômico do € euro e aderiu a esta moeda desde o início de circulação da mesma em 2002.

( ) Os resultados do referendo sobre a saída do Reino Unido da União Europeia não põem em causa a coesão do Reino Unido, já que tanto a Escócia como a Irlanda do Norte votaram contra a permanência da Europa.

( ) O Reino Unido não integra o espaço Schengen – área de livre circulação.

Assim, de acordo com as alternativas, assinale a sequência CORRETA.

a) F – V – F – F – V
b) V – F – V – F – F
c) F – F – F – V – F
d) V – V – V – F – F
e) F – F – V – V – V

134. (Uerj) Os países subdesenvolvidos que se industrializaram durante o século XX basearam-se em modelos diferentes de implementação de sua atividade fabril, o que gerou quadros sociais e econômicos consideravelmente distintos entre eles. Observe a tabela a seguir:

Taxa de crescimento do PIB (%) (média anual para o período)			
País/Território	1980-1990	1990-2000	2000-2005
Brasil	2,7	2,9	2,2
México	1,1	3,1	1,9
Argentina	-0,7	4,3	2,2
Coreia do Sul	8,9	5,7	4,6
Cingapura	6,7	7,8	4,2
Hong Kong	6,9	4,0	4,3

Adaptado de www.scipione.com.br

Indique duas características do modelo de industrialização adotado pelos países latino-americanos presentes na tabela acima. Indique também dois motivos que expliquem o melhor desempenho econômico dos Tigres Asiáticos no período entre 1980 e 2005.

Gabarito

Capítulo 1

1. d **2.** a **3.** c **4.** b

5. Os Estados Unidos cresceram muito economicamente durante a Segunda Guerra porque seu território não foi palco da guerra e, assim, sua infraestrutura produtiva não foi destruída, como ocorreu em alguns países europeus e no Japão. Assim, os estadunidenses passaram a ser grandes fornecedores de produtos no mercado mundial, praticamente sem concorrência. Parte dos lucros obtidos foi destinada ao desenvolvimento de armamentos, o que favoreceu o aumento do poder militar do país. Com o fim da guerra, os Estados Unidos financiaram a reconstrução das economias de muitos países que estavam com seus territórios arrasados (Plano Marshall), aproximando-os comercial e militarmente. No caso da URSS, sua participação direta na guerra lhe possibilitou garantir a soberania sobre suas repúblicas, anexar novos territórios e ampliar sua área de influência sobre países da Europa oriental.

6. Ambos os países criaram alianças militares que previam auxílio com armas e exércitos em caso de conflitos armados ou diante de ameaça de seus territórios, soberania e interesses. A aliança militar dos países capitalistas foi batizada de Organização do Tratado do Atlântico Norte (Otan), e a dos países socialistas recebeu o nome de Pacto de Varsóvia.

7. Diante da crise econômica vivida pela URSS na década de 1980 e da insatisfação popular, o governo soviético, sob liderança de Mikhail Gorbachev, lançou dois grandes programas de reformas, uma política, batizada de *glasnost*, e outra econômica, batizada de *perestroika*. A primeira promoveu maior transparência política e menos rigidez às participações e manifestações populares. A segunda resultou na abertura econômica do país, fazendo a transição da economia estatal para a de mercado, o que provocou inflação e desemprego. A agudização da crise econômica ampliou a insatisfação popular e as manifestações por mudanças mais profundas, o que acabou resultando na desintegração da URSS.

8. Trata-se de um modelo econômico misto, uma espécie de "socialismo de mercado", no qual há uma abertura econômica do país para os mercados externos, porém com a manutenção do regime político de partido único, o predomínio de empresas estatais e a economia planificada.

As Zonas Econômicas Especiais (ZEEs) são áreas com políticas diferenciadas nas quais há incentivos econômicos e maior liberdade de ação – ainda que as empresas estrangeiras tenham de se associar às empresas locais (*joint venture*). As ZEEs atraíram muitas empresas, que enxergaram enormes perspectivas de lucro em razão de fatores como mão de obra abundante e barata, existência de infraestruturas modernas, disponibilidade de matérias-primas, imenso mercado consumidor e baixos impostos.

Capítulo 2

1. d **2.** c **3.** b

4. O multilateralismo consiste em ações conjuntas de países que buscam solucionar problemas ou atingir objetivos comuns, geralmente mediados por instituições ou organizações internacionais que podem atuar em escalas variadas – regional, continental ou mundial.

5. A Assembleia Geral é o principal fórum de decisões da ONU, do qual todos os países-membros participam com direito a voz e voto. Cabe à Assembleia Geral propor grupos de trabalho para temas específicos, criar comissões que podem trazer subsídios à tomada de decisão dos membros, discutir a paz e a segurança internacionais, votar o local de reuniões organizadas pela ONU e decidir pela adesão ou não de um novo membro.

6. No mundo atual, há milhões de refugiados e apátridas. Grande parte deles encontra-se nessa situação por causa de conflitos e guerras civis, desastres naturais, perseguições políticas e religiosas, entre outros motivos. Para sobreviver, acabam abandonando seu país de origem em busca de melhores condições de vida em outro país. Nesse contexto, as ações do Acnur são muito importantes para assegurar o bem-estar das pessoas e seu acolhimento em outras localidades.

7. A FAO é uma agência especializada no combate da fome e na busca da segurança alimentar no mundo. Desenvolve programas para diminuir a mortalidade infantil, além de problemas de má-formação de bebês causados pela fome. Esses programas compreendem desde ações de distribuição de alimentos até apoio técnico agrícola nos países necessitados. Também combate a pobreza rural e a desertificação, além de promover a pesca sustentável.

Capítulo 3

1. c **2.** c **3.** a

4. Os conflitos internos e internacionais decorrem de várias causas. Ao longo da história, identificam-se manifestações, confrontos, golpes de Estado e invasões ocorridos, por exemplo, por descontentamentos relacionados ao tipo de sistema político e à posse de recursos naturais (como água, terras férteis, gás natural, petróleo e outros), além de disputas de territórios estratégicos com acesso ao mar e a outras rotas fluviais ou terrestres. Questões culturais e religiosas também são causas de conflitos, geralmente com raízes bastante profundas, com grupos religiosos radicais tomando o poder e impondo suas crenças para o restante da população. Muitos conflitos atuais eclodiram após o fim da Guerra Fria, em 1991, porque até então estavam contidos pelo jogo de forças e de poder entre Estados Unidos e União Soviética.

5. Diante das tensões internas no Afeganistão, os Estados Unidos, com a intenção de enfraquecer o bloco socialista, representado pela União Soviética (URSS), apoiaram grupos combatentes islâmicos (*mujahidin*) que pretendiam alterar o quadro político afegão. Em resposta, a URSS invadiu o país em 1979, causando o aumento de conflitos e milhares de mortes, além de prejuízos materiais. A URSS retirou-se do Afeganistão em 1989, mas o país continuou a ser palco de uma guerra civil sangrenta. Em 1996, o grupo radical Talibã tomou o controle do governo, instituiu o Emirado Islâmico do Afeganistão e enrijeceu a oposição ao governo estadunidense. O Talibã foi acusado de abrigar o grupo terrorista Al-Qaeda, responsabilizado pelos ataques terroristas de 11 de setembro de 2001 nos Estados Unidos, o que provocou a Guerra do Afeganistão.

6. O país realiza constantes demonstrações de força militar por meio de testes nucleares e lançamento de mísseis e de satélites, com o objetivo de obter projeção internacional e aumentar sua influência regional, práticas amplamente utilizadas tanto por Estados Unidos quanto por União Soviética durante a Guerra Fria.

Capítulo 4

1. d 2. a 3. d 4. c

5. Em termos estruturais, o relevo africano apresenta cadeias de montanhas, planaltos e planícies, além de formas resultantes de ações vulcânicas. Entre esses extremos de altitude, observam-se pontos mais baixos, localizados no Chade. A existência de *rifts* possibilita a formação de lagos.

6. A Conferência de Berlim tratou, entre outros temas, da partilha da África entre as principais potências europeias, que, reunidas, delimitaram as fronteiras internas do continente africano sem considerar a distribuição da população e das etnias, ora separando povos, ora unindo em um mesmo território povos inimigos, o que, para alguns analistas, está na origem de muitos conflitos atuais no continente.

7. O domínio europeu sobre o continente africano perdeu força na Segunda Guerra Mundial (1939-1945). Ao final da guerra, muitos países africanos conquistaram a independência ou deram início a processos mais vigorosos para se livrar do domínio europeu. No entanto, a luta pela autonomia política não resultou em uma autonomia real dos povos originários africanos. Em muitos países, uma camada dominante de origem europeia conseguiu manter o poder mesmo depois da independência.

8. Os países africanos comercializam com várias partes do mundo, sendo os principais parceiros China, Estados Unidos, Alemanha e Índia. Entre os produtos importados e exportados, encontram-se combustíveis, minerais, metais, máquinas e equipamentos. A participação dos países africanos no comércio mundial é muito pequena e vem diminuindo. Para incrementar a atividade econômica desses países foram criados blocos econômicos e estabelecidas relações comerciais multilaterais tanto entre os países-membros como com outros países parceiros.

Capítulo 5

1. c 2. d 3. a 4. b 5. a

6. As características naturais da região dificultam o povoamento e a exploração econômica. A economia é restrita a alguns setores (recursos naturais e turismo), e há necessidade de equilibrar as identidades nacionais e as religiões, além de promover a estabilidade política.

7. Em 2011, ocorreram diversas manifestações populares no mundo árabe, começando pela Tunísia. O crescimento econômico de muitos países árabes foi impulsionado por privatizações e investimentos estrangeiros, mas sem reformas para melhoria das condições de vida da maioria da população. Havia pouca ou nenhuma liberdade política, além da perpetuação de governos ditatoriais. As manifestações reivindicavam direitos e melhores condições de vida. As novas tecnologias de informação foram muito utilizadas na organização das manifestações.

8. A partir do início da década de 1960, ocorreram diversos movimentos pela independência organizados por grupos formados pela população originária e por parte da burguesia mestiça (crioula). Não demorou para que começassem guerras violentas nas províncias africanas de Portugal (Guerra de Libertação ou Guerra Colonial). Durante muitos anos, houve inúmeros conflitos nesses territórios, com graves prejuízos para a população. A Revolução dos Cravos, em 1974, derrubou a ditadura de António Salazar, que governou Portugal por 48 anos. Na democracia, a política colonialista de Portugal não se sustentou. Após décadas de guerras, finalmente teve início um período de negociação com as lideranças dos movimentos nacionalistas na África, que resultou na independência das colônias.

Capítulo 6

1. c 2. c 3. a 4. b

5. A Oceania apresenta combinações muito particulares de fatores geográficos (geologia, relevo, clima, vegetação, organização do espaço geográfico, entre outros) que a tornam diferente dos demais continentes em vários aspectos. Além de se destacar pela enorme quantidade de ilhas e arquipélagos e por sua menor extensão territorial, apresenta baixa densidade demográfica e só passou a ser mais explorada pelo Ocidente no fim do século XVIII e início do século XIX.

6. As **ilhas continentais** originaram-se de rochas muito antigas e estão localizadas próximas ao sudeste da Ásia. São partes de grandes porções de terra que, por causa dos movimentos das placas tectônicas e das mudanças no nível do mar, foram alteradas, submersas e separadas. As **ilhas oceânicas** são de origem vulcânica. As ilhas oceânicas altas são topos emersos de montanhas originadas do choque entre placas tectônicas. Parte delas surgiu de pontos quentes (*hotspots*) localizados no meio de placas, possibilitando que materiais do manto da Terra atravessassem a crosta, criando vulcões.

7. Por estar em zona intertropical, Melanésia, Micronésia e Polinésia sofrem com eventos climáticos, como ciclones e furacões. Além disso, a presença de vulcões resulta em intensa atividade tectônica, que causa terremotos e *tsunamis*. As mudanças climáticas também apresentam muitos desafios aos habitantes dessas regiões, com o aumento dos níveis dos oceanos ameaçando a ocupação permanente das faixas litorâneas.

8. O povo originário da Nova Zelândia são os maoris. Eles mantêm sua identidade ancestral por meio da língua e da vida cerimonial. A língua kuramareo é o elo entre passado e presente. A vida cerimonial, organizada nos *maraes* (casas ancestrais nas quais são celebradas as tradições maoris), proporciona uma produção artística muito diversificada, em que símbolos importantes da tradição desse povo são mantidos em tatuagens, roupas e esculturas.

Capítulo 7

1. b 2. a 3. c 4. d 5. b 6. c

7. O contraste revelado pelas fotografias é socioeconômico. Entre as causas desse problema, podem ser citados: o período da dominação inglesa, marcado pela exploração; a elevada desigualdade social originada no sistema estratificado de castas, no qual as camadas mais baixas e os dalits enfrentam grandes dificuldades de ascensão social e vivem abaixo da linha de pobreza, dando origem a uma expressiva população que vive em favelas (cerca de 60% em algumas cidades do país); e a inserção da Índia na globalização de modo periférico. Como resultado de todos esses fatores, observam-se enormes disparidades socioespaciais nos centros urbanos do país.

Capítulo 8

1. d 2. c 3. a 4. b 5. c 6. b

7. O poderio econômico chinês, em ascensão nas últimas décadas, reflete-se também no aumento do seu poder político-militar. No âmbito global, é possível citar as divergências com os Estados Unidos, tanto de caráter econômico quanto político, expressas em posições contrárias diante da formulação de acordos internacionais, por exemplo. Vale lembrar que a China participa de diversas organizações representativas em escala global, como o Conselho de Segurança da Organização das Nações Unidas (ONU), o Fundo Monetário Internacional (FMI), a Organização Mundial do Comércio (OMC), a Cooperação Econômica Ásia-Pacífico (APEC) e o Brics (Brasil, Rússia, China, Índia e África do Sul). No âmbito regional, o avanço chinês sobre territórios do mar da China Oriental e na região das ilhas Senkaku provoca atritos com o Japão. Outro exemplo é a disputa pelo arquipélago Spratly, sob posse taiwanesa, com o intuito de expandir sua plataforma continental e, consequentemente, garantir a possibilidade de exploração dos recursos energéticos e pesqueiros na região.

Capítulo 9

1. a 2. c 3. b 4. a

5. O mapa mostra o elevado desempenho de estudantes do Japão e de alguns Tigres Asiáticos (Coreia do Sul, Hong Kong e Cingapura) na prova de Matemática do PISA. O Vietnã apresenta um rendimento médio e a Indonésia, rendimento baixo. Observa-se que, dos países avaliados, os Tigres Asiáticos da primeira geração (Coreia do Sul, Hong Kong e Cingapura) apresentam um desempenho escolar melhor do que os Tigres da segunda geração (Vietnã e Indonésia, nesse caso). Assim como no Japão, o investimento em educação, sobretudo a voltada para a formação técnica de profissionais para a produção industrial, foi priorizado nesses países, de modo a aumentar a competitividade de suas economias e, assim, atender ao mercado externo de manufaturados.

Capítulo 10

1. a 2. c 3. d 4. d 5. a 6. b

7. O trecho refere-se à Alemanha e relata a força econômica do país na exportação de produtos de elevado valor agregado ("máquinas, carros, e outros bens de valor"), que revelam a importância das indústrias de bens de capitais (automobilística, mecânica, elétrica e siderúrgica). Associadas ao setor de serviços, que inclui o financeiro (a sede do Banco Central Europeu está localizada em Frankfurt, por exemplo), essas atividades econômicas comandam a economia alemã e, em grande parte, a economia da União Europeia.

Capítulo 11

1. a 2. c 3. c 4. d 5. a 6. b

7. O elevado crescimento e poderio econômico dos Estados Unidos, alcançado sobretudo no período pós-Segunda Guerra Mundial, ao longo do século XX, levou o país a se tornar uma área de atração de imigrantes provenientes de vários países do mundo, em especial da América Latina. Para muitos latino-americanos, morar e trabalhar nos Estados Unidos significa buscar melhores condições de vida, simbolizadas pelo elevado Índice de Desenvolvimento Humano (IDH) do país, que se encontra em 10º lugar no *ranking* mundial. Nos últimos anos, porém, a concorrência com outros países, sobretudo no setor da produção industrial, com destaque para a China, provocou o fechamento de muitos postos de trabalho, o que favoreceu a eleição de um governo que sustenta o discurso sobre recuperação econômica e restrição à imigração (o governo de Donald Trump afirma priorizar os cidadãos nascidos nos Estados Unidos no mercado de trabalho). Por outro lado, o fechamento da fronteira, sobretudo na divisa com o México, levou à crise humanitária apresentada no texto.

Capítulo 12

1. d 2. c 3. b 4. b 5. a 6. c

7. O fato mencionado representa um enfraquecimento da retomada das relações bilaterais entre os dois países, iniciada em 2014, durante os governos de Barack Obama, nos Estados Unidos, e de Raúl Castro, em Cuba. A adoção de políticas mais restritivas por Donald Trump pode retomar o distanciamento político entre os dois países, contexto semelhante ao da Guerra Fria, no século XX, quando as relações diplomáticas entre ambos foram interrompidas por se encontrarem em grupos ideológica e economicamente opostos: Cuba com o bloco socialista e Estados Unidos com o bloco capitalista.

Rumo ao Ensino Superior

1. b 2. c

3. a) Na parte inferior do cartaz são retratadas crianças submetidas ao trabalho degradante, resultado da pobreza gerada pela exclusão social, que atinge os mais fracos. Na parte superior do cartaz são retratadas crianças felizes na ex-URSS, com suas necessidades atendidas, resultado de uma sociedade que se preocuparia com o bem-estar de todos. Trata-se de uma propaganda soviética para reforçar seu modelo diante da sua população e criticar o modelo capitalista.
   b) Algumas possibilidades de resposta: Guerra da Coreia, Guerra do Vietnã, Guerra do Afeganistão (invasão soviética), guerra civil em Angola, etc.

4. c

5. Embora China e Estados Unidos tenham a maior capacidade hidrelétrica instalada, o percentual de geração elétrica na composição da matriz é baixo em razão de o carvão mineral representar mais da metade do consumo energético da China e de os combustíveis fósseis, em especial o petróleo, representarem a fonte energética mais utilizada nos Estados Unidos.

   A energia hidrelétrica apresenta como vantagens ser uma fonte renovável e limpa (sem emissão de gases poluentes) e como problemas, a desconstrução de grandes áreas de paisagens naturais, causando alagamento, perda de terras aráveis e deslocamento de população indígena e ribeirinha.

6. c **7.** a **8.** e **9.** d **10.** c

11. d **12.** c **13.** d **14.** c **15.** a

16. O projeto chinês de implantação de infraestrutura de transporte ligando o país com a Europa apresenta vantagens econômicas, tais como: baratear o custo do transporte, torná-lo mais rápido e diminuir o preço de seus produtos para o consumidor final, melhorando assim sua concorrência no mercado internacional e aumentando as vendas. Do ponto de vista geopolítico, a China reforça sua participação e importância na economia dos países onde a rede de infraestrutura será instalada, aumentando sua esfera de influência.

17. e

18. b

19. 02 + 08 + 16 = 26

20. a) Delta é o nome dado a um tipo específico de foz, que apresenta uma configuração triangular, demarcada pelos depósitos dos sedimentos carregados pelos rios. Esses rios deságuam na planície litorânea.

b) Golfo de Suez. Trata-se de uma região muito importante em razão da ligação marítima entre o mar Mediterrâneo e o mar Vermelho, possibilitada pela construção do canal de Suez, que encurta a distância entre Oriente Médio e Ásia com a Europa. Além da importância comercial, econômica, apresenta também importância geopolítica, pois seu controle e eventual fechamento teria grande impacto sobre muitos países.

21. d **22.** c

23. As corporações transnacionais são os principais agentes do processo de globalização. Apresentam matriz e filiais distribuídas pelo mundo. A expansão das empresas por vários países permite aproveitar menores salários, incentivos fiscais, novos mercados consumidores, infraestrutura, doação de terrenos, além de matéria-prima e energia a baixo custo. A nova estratégia é caracterizada também pela produção internacionalizada. Por exemplo, no caso da Boeing, os componentes dos aviões são produzidos em vários países por meio de acordos com outras empresas – neste caso, empresas de países desenvolvidos como Japão, França, Reino Unido e Itália. Entre os fatores que explicam essa estratégia estão a ampliação da lucratividade explorando as vantagens de cada país e a competição internacional com outras empresas que adotam estratégias semelhantes, como a Airbus.

24. a **25.** b **26.** c **27.** c **28.** a

29. a) A União Soviética realizou essa política de subsídios porque inseria um espaço de poder soviético dentro do território americano, área de controle dos Estados Unidos; ampliava o poder hegemônico soviético no período da Guerra Fria; era base para revoluções socialistas em um continente em que a maior parte dos países preenchia requisitos para tal, como a pobreza e a insatisfação social; criava uma atmosfera de intimidação militar em um momento de risco de combates nucleares, dada a proximidade de Cuba com os Estados Unidos.

b) Os gastos excessivos gerenciados pelo Estado, a exemplo dos subsídios direcionados a Cuba, contribuíram para a falência do sistema econômico da União Soviética.

30. d **31.** c **32.** c

33. b **34.** c **35.** d

36. c **37.** b **38.** d

39. a) A economia chinesa teve um crescimento substancial desde o final da década de 1970, quando passou a combinar socialismo com elementos de capitalismo. O país abriu sua economia para a entrada de transnacionais com incentivos fiscais, mão de obra barata e infraestrutura moderna. Outra medida foi a prioridade para as exportações de produtos industrializados, principalmente bens de consumo, com menor custo. A desvalorização da moeda em relação ao dólar tornou os produtos mais baratos e atrativos para vários mercados consumidores no mundo desenvolvido e emergente.

b) O crescimento industrial levou ao agravamento de problemas ambientais como a poluição do ar, uma vez que o país depende muito de termelétricas que utilizam carvão mineral e o número de veículos é cada vez maior. Também são graves a poluição e a escassez de recursos hídricos. Uma das principais críticas ao modelo chinês é a exploração de trabalhadores por meio de baixos salários e longas jornadas de trabalho, embora os rendimentos obtidos por trabalhadores rurais sejam inferiores aos pagos nas zonas urbanas industrializadas. Outro problema é o aumento da desigualdade social.

c) A redução do ritmo de crescimento da China após a crise de 2008 afetou toda a economia global. A diminuição da demanda por matérias-primas contribuiu para o fim do ciclo de valorização das *commodities* minerais, energéticas e agropecuárias. Esse fenômeno prejudicou países como o Brasil e a Rússia, cuja maioria das exportações depende de produtos básicos como soja e ferro, no caso brasileiro, e petróleo, no caso russo.

40. e **41.** c **42.** b **43.** b

44. Entre as consequências do aumento populacional para as cidades dos países citados, podem ser indicados: a macrocefalia urbana, a pressão sobre recursos naturais como a água, o aumento da poluição, o acúmulo de resíduos, etc.

45. e **46.** e **47.** b **48.** b **49.** b

50. a) O movimento separatista instaurado na Catalunha representou e ainda representa uma ameaça aos outros integrantes da União Europeia pelo seu poder de fomentar a insurgência de outros movimentos de caráter separatista dentro do bloco. Esses movimentos, além de ameaçarem a manutenção de territórios historicamente consolidados, têm o potencial de gerar repercussões de ordem econômica capazes de abalar a já delicada estabilidade da UE.

b) Vários argumentos são utilizados pelos catalães para justificar o separatismo, com destaque para os costumes, a cultura e o idioma diferentes do restante da Espanha, o que alimenta a necessidade de uma identidade própria. Como uma das regiões mais ricas da Espanha, a Catalunha, além de reclamar do retorno de tributos inferior ao repassado para o governo espanhol, enxerga uma grande incompatibilidade entre os investimentos e a infraestrutura recebidos e a geração de receitas enviadas para Madri. Cabe destacar ainda o grande número de desempregados, que tem crescido nos últimos anos, principalmente na população jovem, que busca na autonomia uma possibilidade de solução para esse problema.

51. a) O país destacado no mapa com a letra A é a Coreia do Norte. Na imagem de satélite noturna, a Coreia do Norte é representada com áreas escuras porque é um país pouco urbanizado, com poucas cidades, que são os grandes focos de luz apresentados como os pontos e áreas brancas que aparecem na imagem. É um país com fraca industrialização.

b) A Coreia do Norte é uma ameaça global pelo fato de possuir armas nucleares e realizar testes com mísseis de médio e longo alcance. Também alimenta tensões com a vizinha Coreia do Sul e com os Estados Unidos, o que pode gerar um conflito armado.

52. d **53.** c **54.** c **55.** a **56.** e

57. d **58.** d **59.** b **60.** a **61.** b

62. 02 + 04 + 16 = 22

63. e **64.** a **65.** b

66. 01 + 02 = 03

67. e

68. As maquiladoras ou zonas francas possuem regras operacionais como: 1) subsídios para aquisição imobiliária; 2) isenções ou tarifas preferenciais para consumo de energia e água; 3) flexibilização da legislação trabalhista; 4) isenções de taxas de importação de bens de produção e exportação de produtos industriais.

69. b

70. 01 + 02 + 04 + 08 = 15

71. c **72.** d **73.** b

74. a) A área assinalada apresenta países subdesenvolvidos e países emergentes. Neles, fatores como o intenso êxodo rural (migração do campo para a cidade) e a industrialização possibilitaram a elevada urbanização e o surgimento de regiões metropolitanas populosas.

b) **Megacidade** é um termo criado pela ONU que corresponde a uma região metropolitana com mais de 10 milhões de habitantes, portanto um conceito demográfico. **Cidade global** é uma cidade com capacidade de influência internacional, visto que é um centro financeiro, apresenta escritórios e sedes de empresas transnacionais, além de infraestrutura de telecomunicações, informática e transportes.

75. d

76. 02 + 04 + 16 + 32 = 54

77. c **78.** d

79. A ordem bipolar caracterizou o mundo desde o final da Segunda Guerra Mundial (1945) até a queda do Muro de Berlim (1989) e o fim da União Soviética (1991). Nessa ordem, havia duas superpotências:

Estados Unidos (capitalista) e União Soviética (socialista), que travaram forte embate ideológico, patrocinando países em eventuais conflitos ao redor do mundo com o objetivo de ampliar suas áreas de influência. Também foram muito características desse período, conhecido como Guerra Fria, as corridas armamentista e espacial.

A ordem multipolar, que se instalou com o fim da União Soviética, está amparada no poderio militar dos países, mas também em suas grandezas econômicas e financeiras, as quais proporcionam força para influenciar nas relações comerciais mundiais. Além dos Estados Unidos, fazem parte desse sistema mundial de poder como atores protagonistas o Japão, a União Europeia e, mais recentemente, a China.

80. d

81. b

82. b

83. c

84. 01 + 04 + 08 = 13

85. a

86. 01 + 16 = 17

87. b

88. a) Migrantes e refugiados são considerados como uma solução quando são recebidos em países com baixo crescimento vegetativo e cujo mercado de trabalho demanda mão de obra, o que resultará em equilíbrio populacional e dinamização da economia, seja por meio da força produtiva ou por meio do consumo.

b) **Migrantes econômicos** são indivíduos que se deslocam por opção própria em busca de trabalho ou educação com vistas a uma melhor perspectiva econômica para si ou para sua família. **Refugiados** são indivíduos que se deslocam em busca de segurança porque seu país de origem está em guerra ou em clima de perseguição, colocando suas vidas em risco. **Apátridas** são indivíduos que não possuem nacionalidade ou cidadania, ou seja, seu elo com o Estado é inexistente. Entre os casos de migrações econômicas, pode-se citar como exemplos: o deslocamento de mexicanos para os Estados Unidos, bolivianos para o Brasil, bengalis para Arábia Saudita, sendo a causa comum a todos a estagnação econômica de seus países de origem. Entre os casos de refugiados, pode-se citar como exemplos: afegãos, sírios e iraquianos que se deslocam para a Europa em razão da guerra e da presença do Estado Islâmico; e eritreus que se deslocam para a Europa em razão do governo ditatorial.

89. a

90. V – V – V – F – F

91. b

92. e

93. a

94. a) Coreia do Sul, Hong Kong, Cingapura, Taiwan.

b) Indonésia, Filipinas, Tailândia, Malásia, Vietnã.

95. b

96. a) A região indicada é o Vale do Silício, um dos mais importantes tecnopolos do mundo e que concentra universidades, centros de pesquisas e indústrias de alta tecnologia, representando expressivo volume de capitais em forma de ações e patentes negociadas nas bolsas de valores.

b) Entre os investimentos em setores cruciais para reproduzir a dinâmica do Vale do Silício, podem ser citados: o P&D (maciços investimentos em pesquisa e desenvolvimento), que se desdobra em estruturação de universidades e centros de pesquisa – com a participação do capital privado – para a formação de mão de obra especializada e geração de patentes; a infraestrutura informacional que permite a fluidez dos fluxos de informações e capitais, o espaço para a produção dos *makers* e das *start-ups*.

97. a) O acordo mencionado na reportagem é o Acordo de Paris, cujo principal objetivo é estabelecer mecanismos para que os países limitem o aumento da temperatura global, fortalecendo a defesa contra os impactos da mudança climática.

b) Entre os exemplos de como os países podem reduzir a emissão de gases estufa, pode-se citar: o fim das queimadas, maior eficiência energética dos aparelhos e veículos automotores, substituição do padrão dos combustíveis fósseis por matrizes renováveis, etc.

98. c

99. 02 + 16 = 18

100. d

101. 01 + 02 + 04 = 07

102. b

103. d

104. c

105. 01 + 02 + 08 = 11

106. c

107. b

108. a) As manifestações populares nos países árabes foram motivadas pela crise econômica e pelas dificuldades que boa parte da população enfrentava (e ainda enfrenta), como desemprego e desabastecimento, além de desejo de mais liberdade, participação política e mudança de governos ditatoriais para regimes democráticos.

b) Foram depostos chefes de Estado de Líbia, Egito, Iêmen e Tunísia.

109. 01 + 16 + 32 = 49

110. b

111. A região foi atingida por um enorme vazamento de petróleo, extraído na plataforma continental do golfo, causado por uma ruptura do duto de extração. Como consequências, podem ser citados: a destruição de parte da flora e da fauna marinhas; grandes prejuízos operacionais e para as seguradoras; impactos socioeconômicos sobre a pesca e o turismo; a dúvida sobre a validade da exploração de petróleo em águas profundas sem as devidas medidas mitigadoras para casos de emergência. Por outro lado, o vazamento forçou as empresas envolvidas a se esforçarem no desenvolvimento de técnicas de segurança e exploração em águas profundas.

112. b

113. 04

114. 01 + 02 + 04 = 07

115. b

116. 08 + 16 = 24

117. Podem ser citados: protecionismo alfandegário; repressão ao sindicalismo e às greves; mão de obra abundante e barata; criação das ZPEs; forte apoio do governo, com a criação de infraestrutura e investimentos em educação e formação de mão de obra qualificada.

118. e 119. b

120. 01 + 02 + 08 + 32 = 43

121. c

122. O tipo de chuva característico dos arredores de Quinault Ranger é a chuva orográfica ou de relevo, que se dá em razão de o ar quente e úmido formar nuvens que se precipitam somente na vertente oceânica (barlavento). Na vertente interior (sotavento) não chove porque a montanha força a ascensão das nuvens, que se resfriam, perdendo a capacidade de saturação e precipitação.

123. 01 + 02 + 04 + 08 + 16 = 31

124. a

125. 02 + 04 + 16 = 22

126. c 127. c 128. a

129. Podem ser citadas as seguintes medidas: repressão à entrada clandestina de mexicanos; impedimento à permanência definitiva dos migrantes temporários; construção de barreiras físicas na fronteira com o México, etc.

130. 1) No século XIX, período da independência dos países da América espanhola, em especial das nações andinas, Simón Bolívar foi uma liderança importante na defesa da integração da região. José Martí também defendia a ideia de desenvolvimento autônomo e era crítico das pretensões hegemônicas dos Estados Unidos sobre a América Latina. Os ideais de integração não se confirmaram e, em razão das divergências políticas, ocorreu uma fragmentação que deu origem a muitos Estados independentes na América Andina e na América Central.

No século XX, no contexto da Guerra Fria a partir da década de 1950, vários países latino-americanos tiveram regimes autoritários capitalistas apoiados pelos Estados Unidos. A Operação Condor representou uma cooperação entre as ditaduras de países como Brasil, Chile e Argentina para combater oposicionistas.

2) A integração latino-americana prosperou após o término das ditaduras militares e a redemocratização a partir da década de 1980, com a emergência da ordem mundial multipolar e o avanço da globalização na década de 1990. Na esfera comercial, em 1991, foi fundado o Mercosul, bloco econômico cujos membros permanentes são Brasil, Argentina, Paraguai, Uruguai e Venezuela (este último país encontra-se suspenso desde 2016). Apesar das controvérsias comerciais, o Mercosul propiciou grande intercâmbio comercial entre esses países.

A Comunidade Andina é um bloco econômico em crise após a saída da Venezuela. Nos anos 2000, destaca-se a Aliança do Pacífico com México, Colômbia, Peru e Chile, nações com economia menos protecionista e com foco no comércio com a Ásia.

Na década de 1990, entrou em vigor o Nafta (Acordo de Livre Comércio da América do Norte), formado por Estados Unidos, Canadá e México, mas que, em 2018, veio ao fim, sendo substituído pelo USMCA (Acordo Estados Unidos-México-Canadá). A tentativa de formar a Alca (Área de Livre Comércio das Américas), liderada pelos Estados Unidos, fracassou na década de 1990 devido à resistência do Brasil e do Mercosul e ao protecionismo dos estadunidenses.

Entre os blocos de cooperação diplomática, destacam-se a Alba (Alternativa Bolivariana para as Américas), aliança entre países governados pela esquerda mais radical e contrários à excessiva influência dos Estados Unidos na região. Esses países são chamados de "bolivarianos". Integram a Alba países como Venezuela, Bolívia, Cuba e Dominica.

A Unasul (União das Nações Sul-Americanas) é formada por todos os países da América do Sul. A Comunidade de Estados da América Latina e Caribe é composta de todos os países latino-americanos e caribenhos.

131. Como argumentos, podem ser apresentados, entre outros fatores: ampliação do mercado consumidor; ampliação dos fluxos de turistas entre os participantes; aumento dos fluxos de capital entre os países-membros; crescimento do intercâmbio de serviços dentro do bloco; perspectiva de aumento dos investimentos diretos externos; possibilidade de geração de emprego e renda pela ampliação do comércio externo.

Como vantagem da posição geográfica do litoral, podem ser apresentados, entre outros fatores: como todos os países têm litoral no oceano Pacífico, isso facilita o intercâmbio com os países asiáticos com quem eles já possuem acordos comerciais; o litoral no oceano Pacífico favorece o comércio com a costa oeste dos Estados Unidos; alguns países possuem litoral no Pacífico e no Atlântico, o que facilita o comércio com um número muito grande de territórios na Ásia, na Oceania, na América do Norte e na Europa Ocidental. O bloco denominado Aliança do Pacífico prevê a integração das economias dos países latinos do Pacífico como uma forma de rivalizar com o Mercosul, enfrentar a concorrência asiática e alavancar o crescimento da região. Os argumentos favoráveis à integração dizem respeito à ampliação das trocas comerciais entre os signatários, que por sua vez resulta em dilatação do mercado consumidor; fluxo de capitais e investimentos; oferta de empregos; intercâmbio de serviços e turismo; contenção do avanço chinês sobre a região; e maior eficiência na oferta de *commodities* para o mercado mundial.

As vantagens apresentadas pela posição geográfica dos signatários estão associadas ao sítio que ocupam, ou seja, localizados em áreas litorâneas, os países-membros estendem seu escoamento aos mercados asiáticos e anglo-saxão e, no caso do México e da Colômbia, cujas localizações entremeiam os oceanos Pacífico e Atlântico, há também a garantia de atender aos mercados europeu e africano.

132. A "guerra fiscal" consiste na disputa entre estados e municípios para atrair investimentos de empresas industriais e do setor terciário. Um dos efeitos positivos é que a guerra fiscal estimula o desenvolvimento de regiões menos desenvolvidas, como o Nordeste, por meio da industrialização e da geração de empregos. Por outro lado, podem ocorrer efeitos negativos, como a perda de arrecadação de impostos pelos governos, uma vez que os estados oferecem incentivos fiscais como diminuição ou isenção temporária de carga tributária. Outro efeito negativo ocorre quando uma empresa fecha em um determinado município, o que gera desemprego da população local, e se desloca para uma região onde pode pagar salários inferiores aos empregados.

133. a

134. Como características do modelo de industrialização, podem ser citadas: ênfase nas indústrias de bens de consumo; associação entre gasto público e capital privado; obtenção de recursos financeiros externos por meio de empréstimos; produção industrial voltada para o mercado interno, diminuindo as importações.

Como motivos que explicam o melhor desempenho dos Tigres Asiáticos, podem ser citados: controle da inflação; incentivo ao desenvolvimento de uma forte poupança interna; implantação de um modelo mais eficiente de gestão do Estado; melhor distribuição de renda em relação aos países latino-americanos; investimentos em educação, o que permite a formação de um amplo mercado interno.

Siglas de vestibulares

Acafe: Associação Catarinense das Fundações Educacionais (SC)
EBMSP: Escola Bahiana de Medicina e Saúde Pública (BA)
Enem: Exame Nacional do Ensino Médio
EsPCEx-Aman: Escola Preparatória de Cadetes do Exército (SP) – Academia Militar das Agulhas Negras (RJ)
ESPM: Escola Superior de Propaganda e Marketing (SP)
Famerp: Faculdade de Medicina de São José do Rio Preto (SP)
Fepar: Faculdade Evangélica do Paraná (PR)
FGV: Fundação Getúlio Vargas (SP)
FMP: Fundação Escola Superior do Ministério Público (RS)
Fuvest: Fundação Universitária para o Vestibular (SP)
IFPE: Instituto Federal de Pernambuco (PE)
IFSC: Instituto Federal de Santa Catarina (SC)
IFSP: Instituto Federal de São Paulo (SP)
Imed: Fundação Meridional (RS)
Mackenzie: Universidade Presbiteriana Mackenzie (SP)
PUC: Pontifícia Universidade Católica (MG, RJ, RS e SP)
Puccamp: Pontifícia Universidade Católica de Campinas (SP)
UCS: Universidade de Caxias do Sul (RS)
UEA: Universidade do Estado do Amazonas (AM)
Uece: Universidade Estadual do Ceará (CE)
UEFS: Universidade Federal de Feira de Santana (BA)
UEG: Universidade Estadual de Goiás (GO)
UEL: Universidade Estadual de Londrina (PR)
UEM: Universidade Estadual de Maringá (PR)
Uepa: Universidade do Estado do Pará (PA)
UEPB: Universidade Estadual da Paraíba (PB)
UEPG: Universidade Estadual de Ponta Grossa (PR)
Uerj: Universidade Estadual do Rio de Janeiro (RJ)
UERN: Universidade Estadual do Rio Grande do Norte (RN)
UFG: Universidade Federal de Goiás (GO)
UFJF: Universidade Federal de Juiz de Fora (MG)
UFPR: Universidade Federal do Paraná (PR)
UFRGS: Universidade Federal do Rio Grande do Sul (RS)
UFRJ: Universidade Federal do Rio de Janeiro (RJ)
UFRRJ: Universidade Federal Rural do Rio de Janeiro (RJ)
UFSC: Universidade Federal de Santa Catarina (SC)
UFSJ: Universidade Federal de São João del-Rei (MG)
UFSM: Universidade Federal de Santa Maria (RS)
UFU: Universidade Federal de Uberlândia (MG)
Uneb: Universidade do Estado da Bahia (BA)
Unesp: Universidade Estadual Paulista (SP)
Unicamp: Universidade Estadual de Campinas (SP)
Unioeste: Universidade Estadual do Oeste do Paraná (PR)
Unisc: Universidade de Santa Cruz do Sul (RS)
UPE: Universidade de Pernambuco (PE)
UPF: Universidade de Passo Fundo (RS)

REVISÃO

conecte LIVE

Geo

WAGNER RIBEIRO

Bacharel e licenciado em Geografia pela Universidade de São Paulo (USP).

Doutor em Geografia Humana pela Universidade de São Paulo (USP).

Professor Titular do Departamento de Geografia e dos programas de pós-graduação em Geografia Humana e em Ciência Ambiental da Universidade de São Paulo (USP).

CAROLINA GAMBA

Bacharel e licenciada em Geografia pela Universidade de São Paulo (USP).

Doutora em Geografia Humana pela Universidade de São Paulo (USP).

Docente e coordenadora do curso de bacharelado e licenciatura em Geografia em faculdade particular.

Professora do Ensino Fundamental II e Ensino Médio em escolas particulares.

LUCIANA ZIGLIO

Bacharel e licenciada em Geografia pela Universidade de São Paulo (USP).

Doutora em Geografia Humana pela Universidade de São Paulo (USP).

Pós-Doutoranda em Organizações e Sustentabilidade pela Escola de Artes, Ciências e Humanidades da Universidade de São Paulo (EACH/USP).

Professora do Ensino Médio na rede pública e em escolas particulares.

3

Editora Saraiva

Conheça este material de Revisão

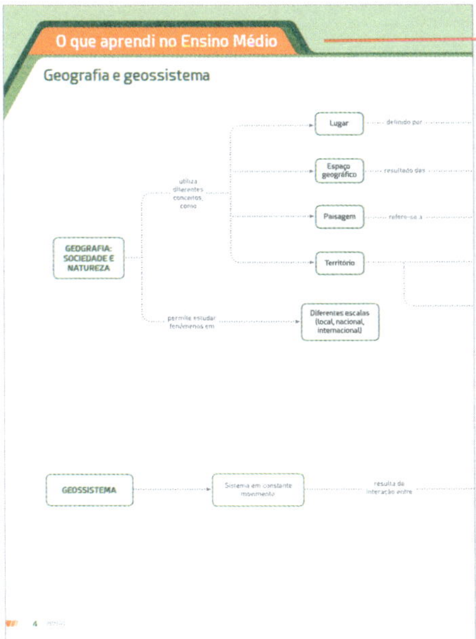

O que aprendi no Ensino Médio

Esta é uma oportunidade de recapitular os conceitos estudados em todos os anos do Ensino Médio. Resumos com definições-chave o ajudarão a encontrar informações importantes que você poderá utilizar para realizar os simulados que propomos em seguida, nos moldes de vestibulares e do Enem.

Simulados

Oito simulados são propostos neste material, compostos de uma seleção de questões de vestibulares ou do Enem.

Esses simulados serão uma preparação para você, que vai prestar provas de ingresso às universidades.

Você deverá realizar cada simulado em um tempo máximo de 55 minutos. Seguem algumas dicas de como administrar o seu tempo para a resolução dos simulados:

- Faça uma análise geral da prova para planejar o tempo que terá disponível para responder a cada questão.
- Tente gastar de 2 a 3 minutos em cada questão. Num primeiro momento, pule as questões cujas respostas você não tem certeza.
- Após a leitura e a resolução de todas as questões de que você estava seguro sobre a resposta, retorne para o início da prova e verifique aquelas que ficaram sem resposta. Avalie o tempo que ainda lhe resta e tente distribuí-lo para solucionar as questões pendentes.

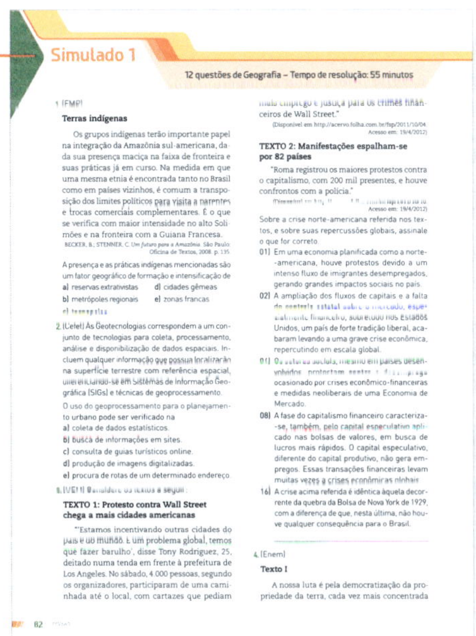

Sumário

Geografia e geossistema

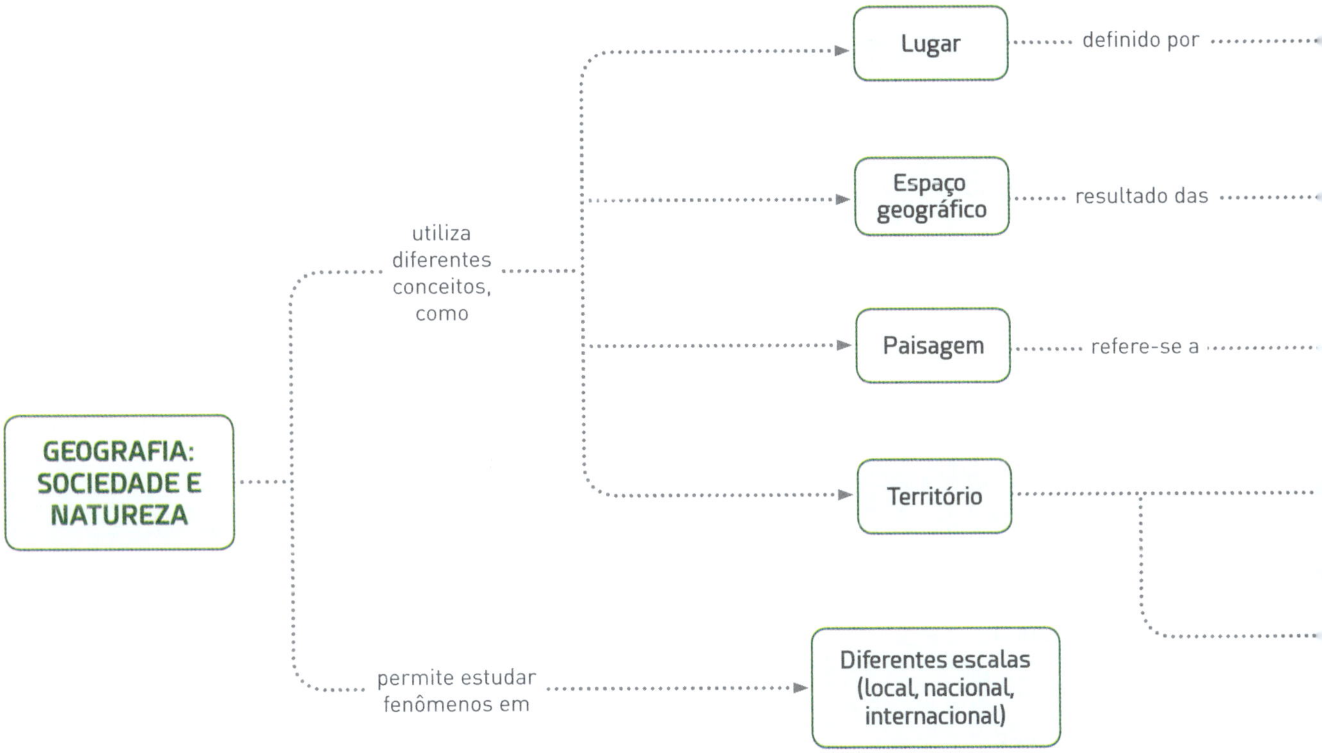

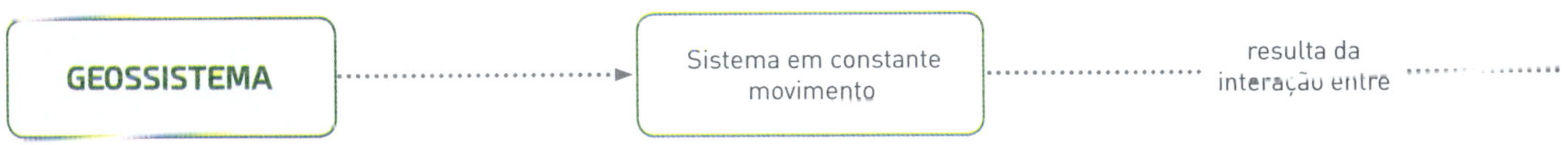

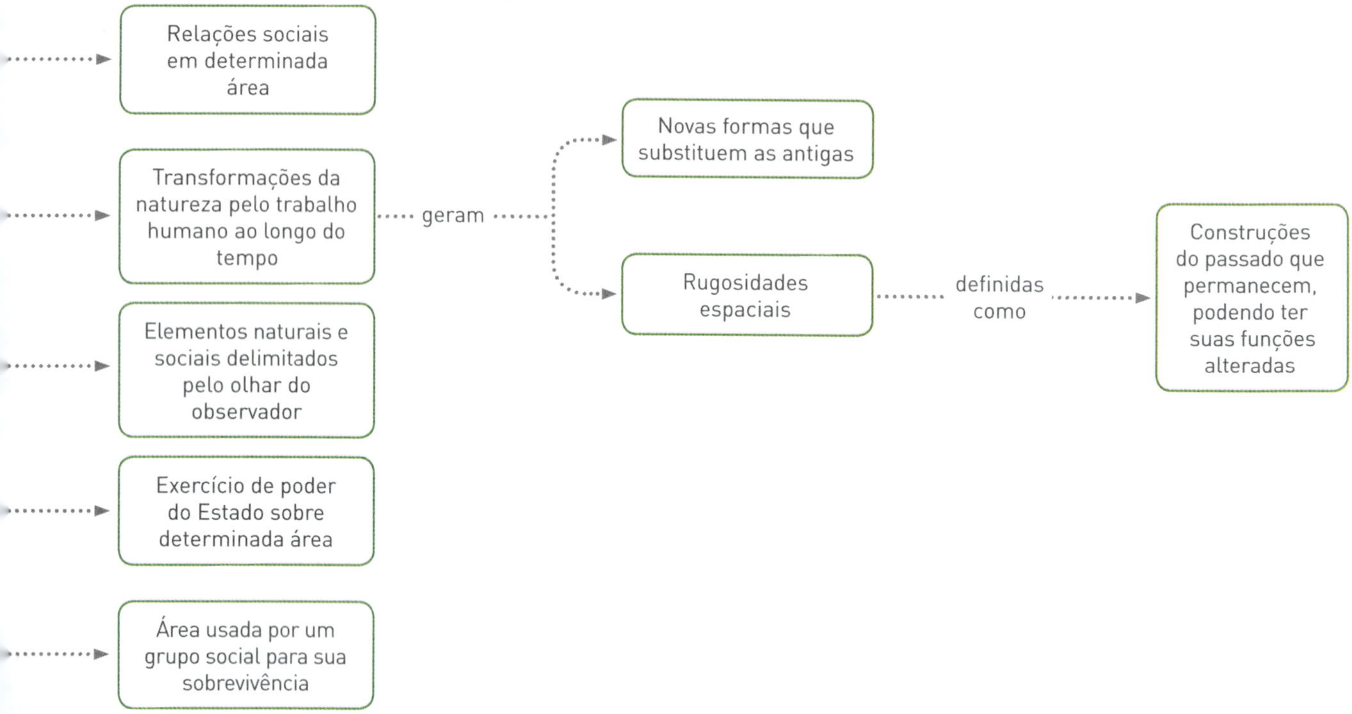
Relações sociais em determinada área
Transformações da natureza pelo trabalho humano ao longo do tempo
geram
Novas formas que substituem as antigas
Rugosidades espaciais
definidas como
Construções do passado que permanecem, podendo ter suas funções alteradas
Elementos naturais e sociais delimitados pelo olhar do observador
Exercício de poder do Estado sobre determinada área
Área usada por um grupo social para sua sobrevivência

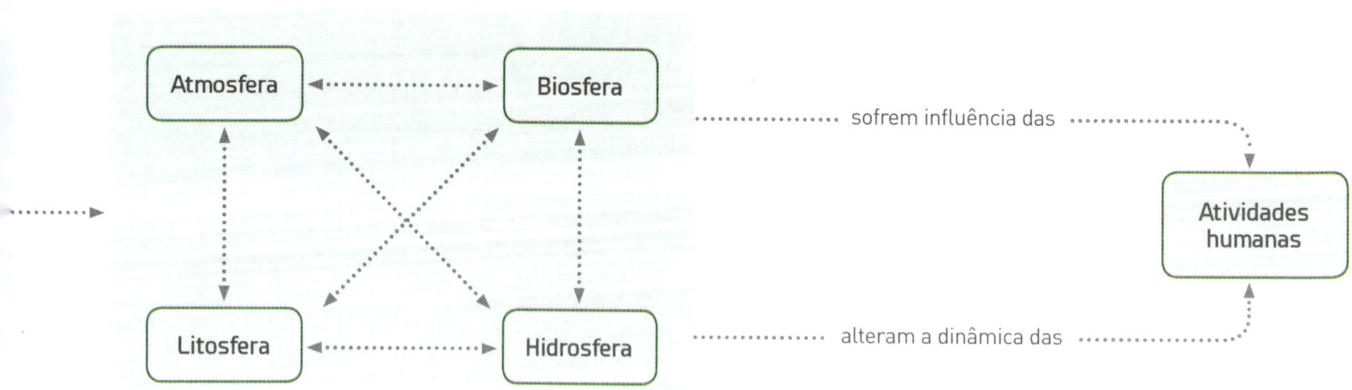
Atmosfera
Biosfera
Litosfera
Hidrosfera
sofrem influência das
alteram a dinâmica das
Atividades humanas

Mapa

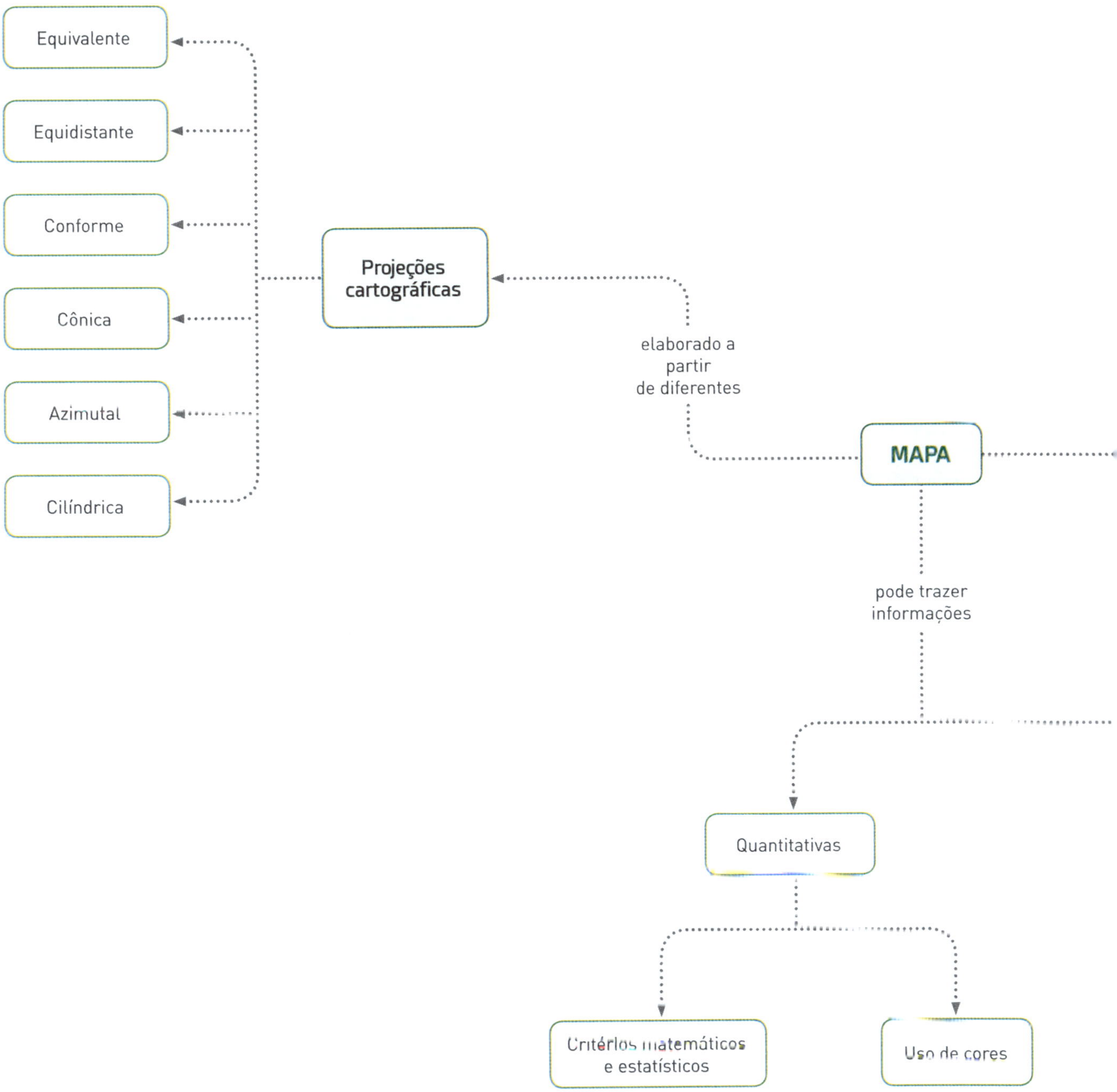

Equivalente
Equidistante
Conforme
Cônica
Azimutal
Cilíndrica
Projeções cartográficas
elaborado a partir de diferentes
MAPA
pode trazer informações
Quantitativas
Critérios matemáticos e estatísticos
Uso de cores

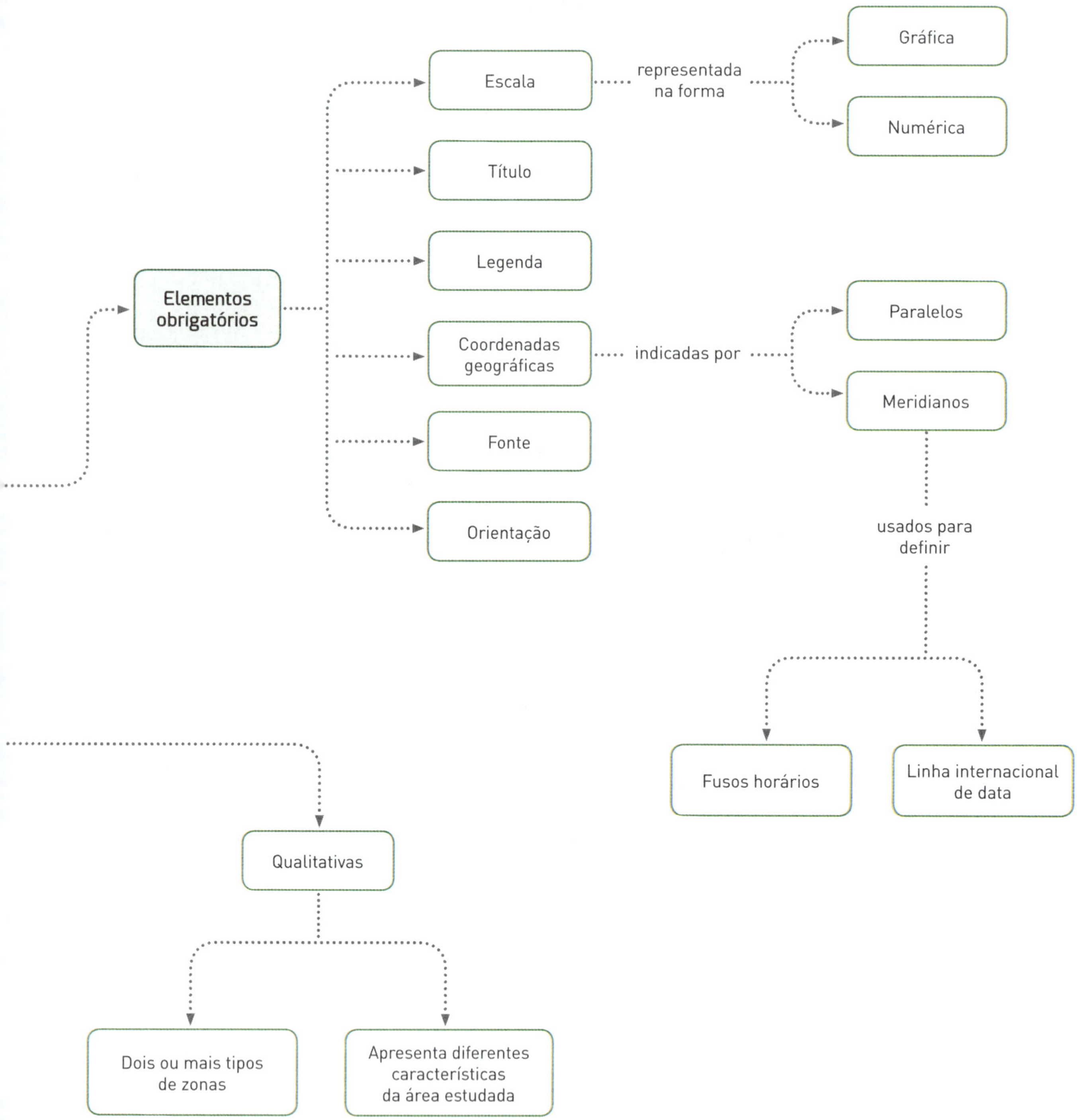
Elementos obrigatórios
Escala
representada na forma
Gráfica
Numérica
Título
Legenda
Coordenadas geográficas
indicadas por
Paralelos
Meridianos
usados para definir
Fusos horários
Linha internacional de data
Fonte
Orientação
Qualitativas
Dois ou mais tipos de zonas
Apresenta diferentes características da área estudada

Cartografia: novas tecnologias

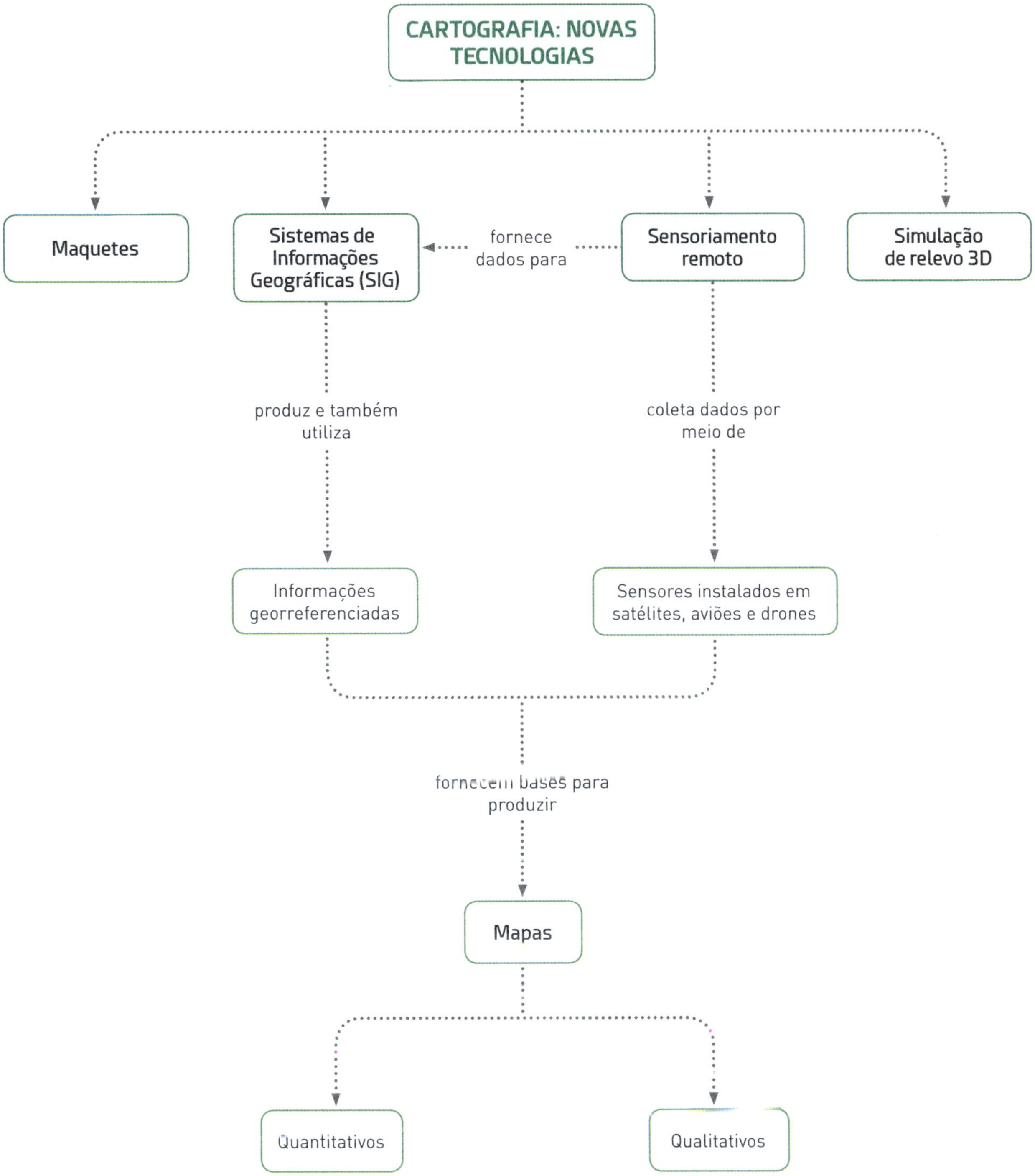

Planeta Terra: formação e estrutura

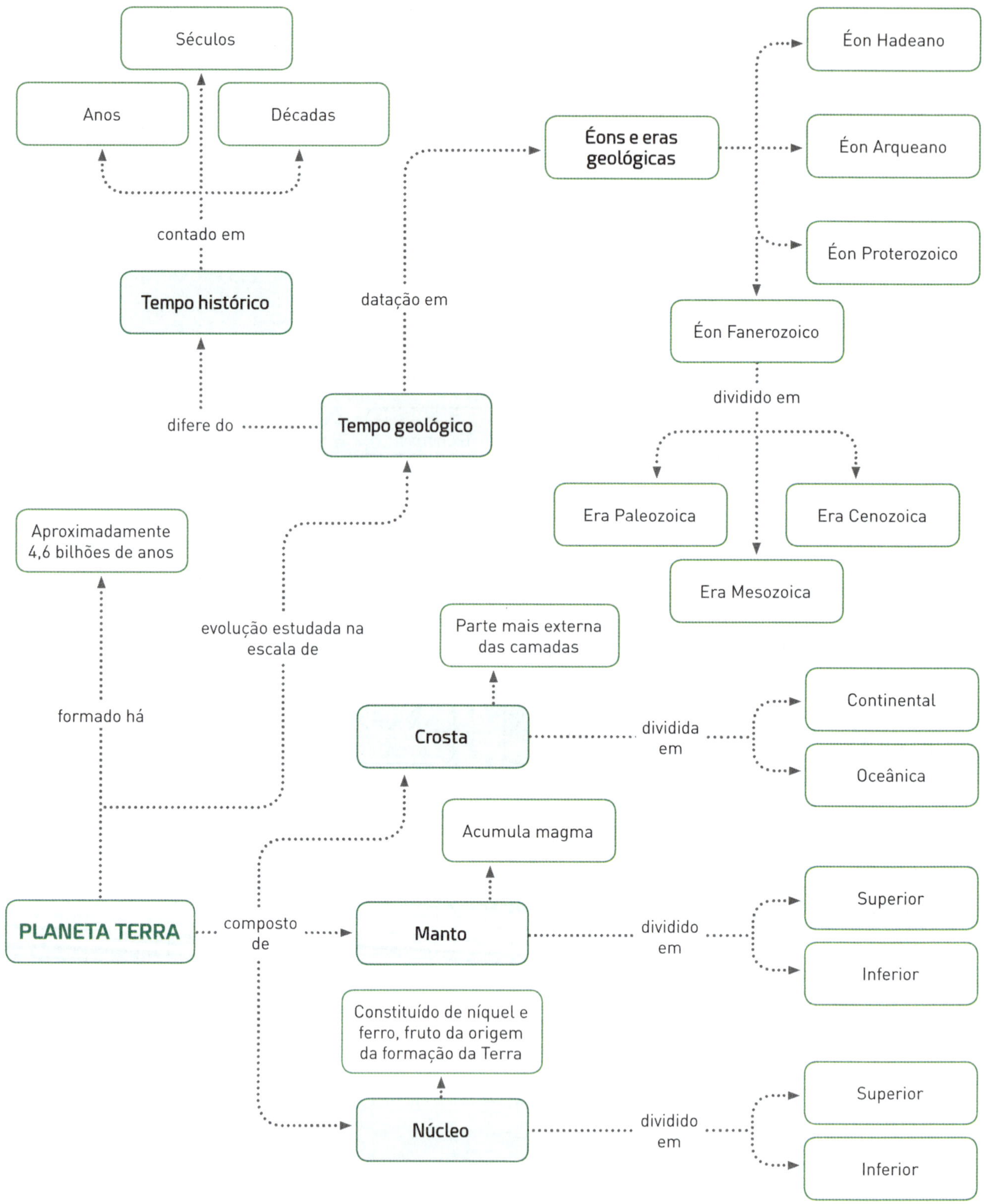

Tectônica de placas e estrutura geológica

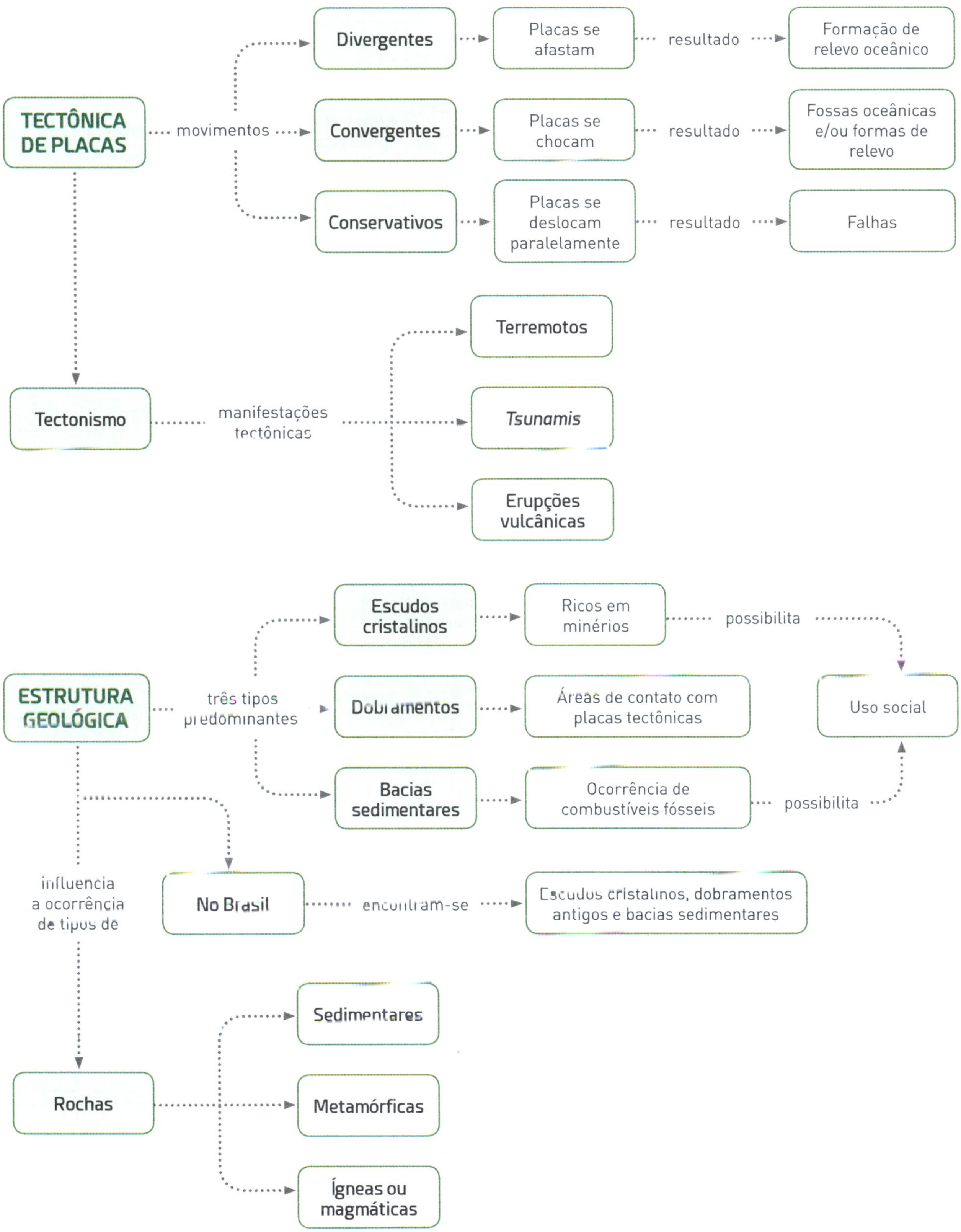

Relevo e solo

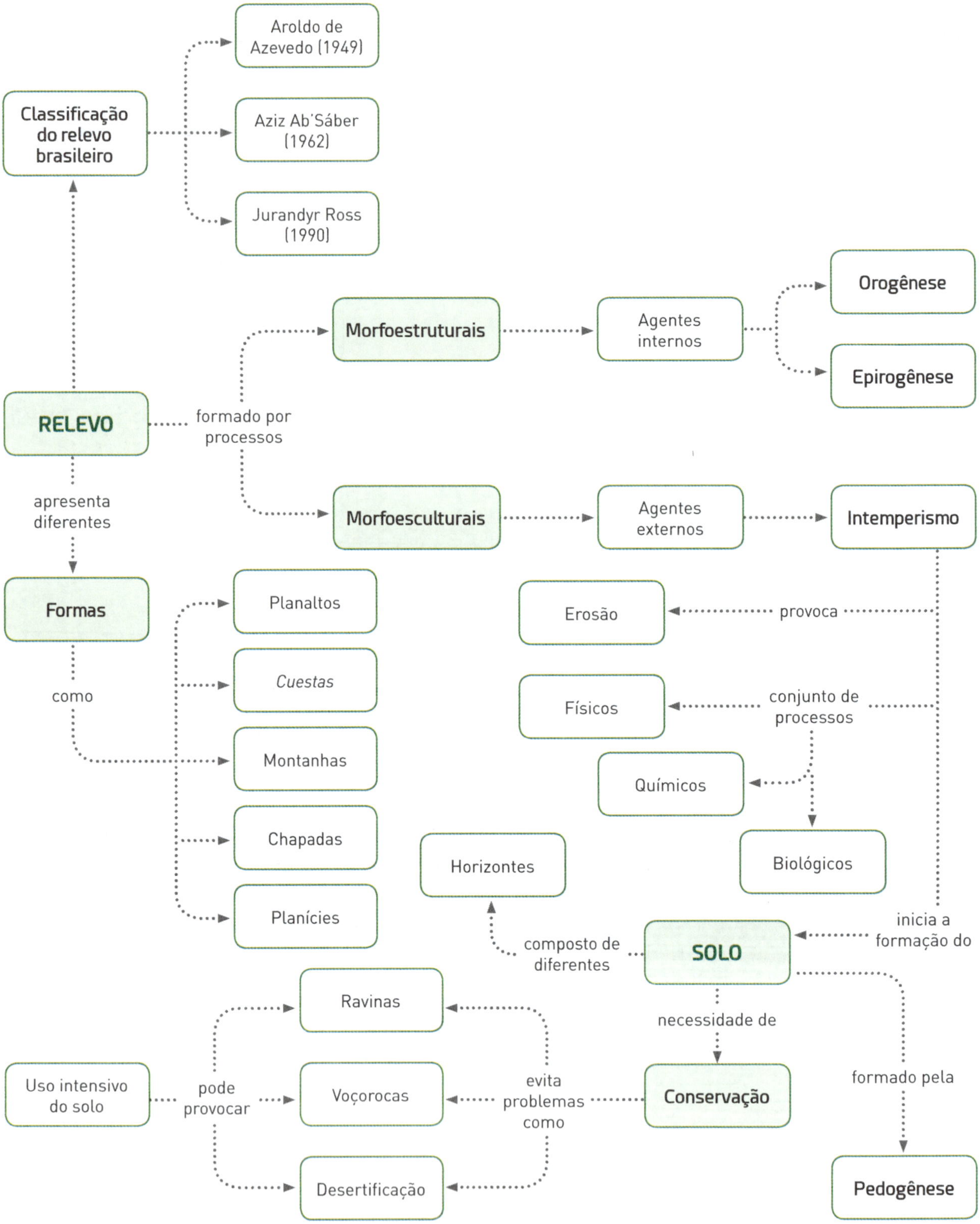

Clima

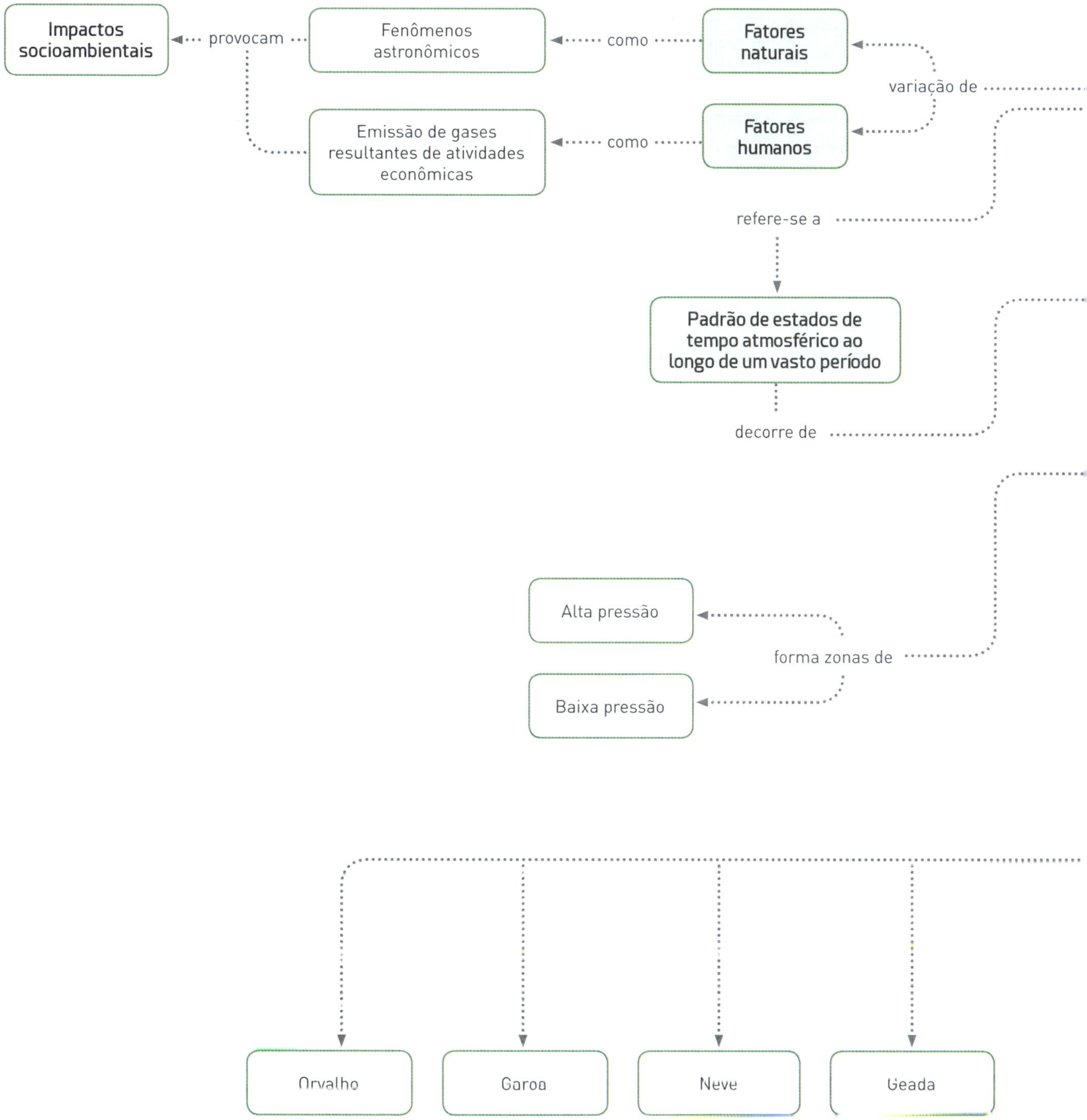
Impactos socioambientais
provocam
Fenômenos astronômicos
como
Fatores naturais
variação de
Emissão de gases resultantes de atividades econômicas
como
Fatores humanos
refere-se a
Padrão de estados de tempo atmosférico ao longo de um vasto período
decorre de
Alta pressão
forma zonas de
Baixa pressão
Orvalho
Garoa
Neve
Geada

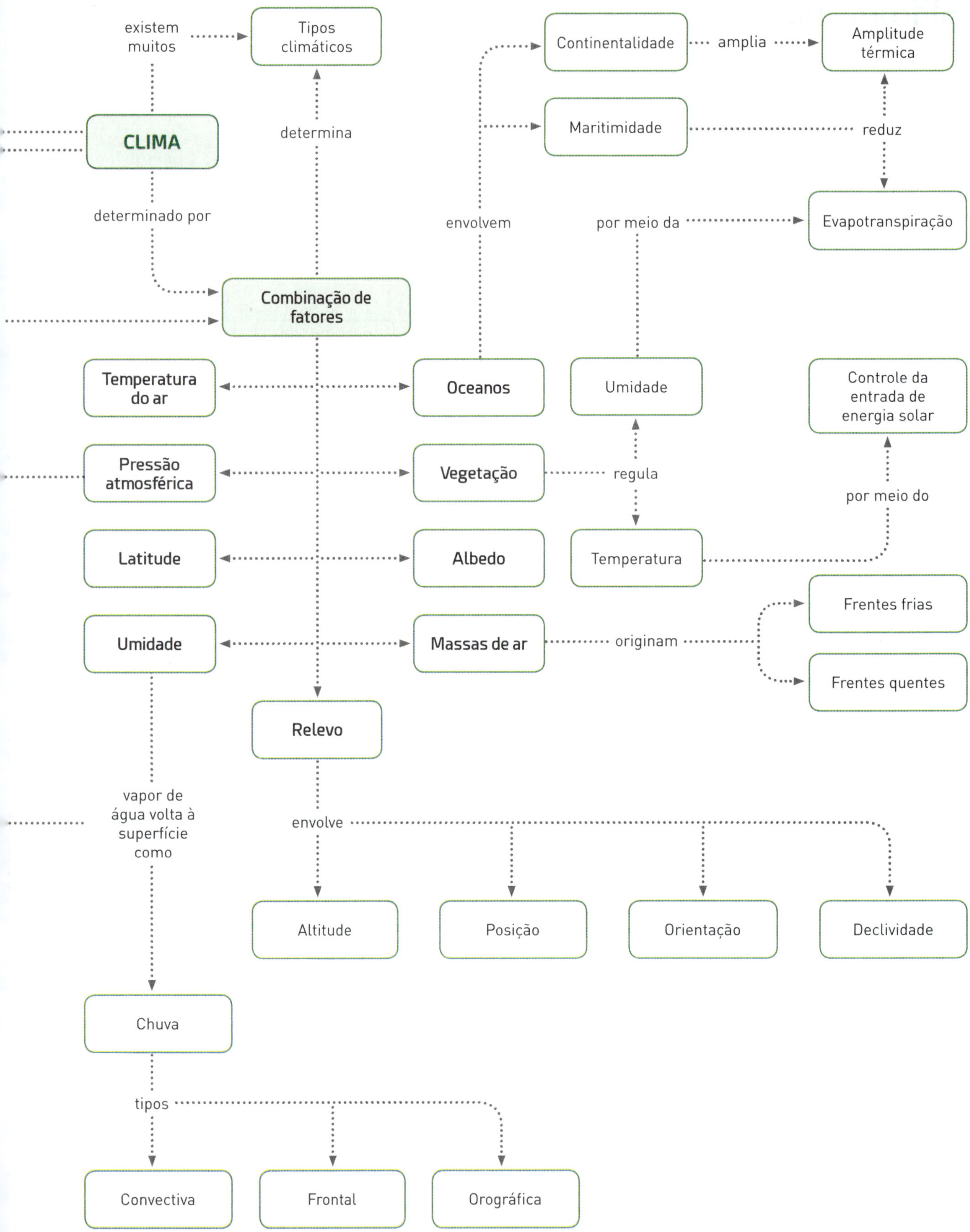
CLIMA
existem muitos
Tipos climáticos
determina
determinado por
Combinação de fatores
Temperatura do ar
Pressão atmosférica
Latitude
Umidade
Oceanos
Vegetação
Albedo
Massas de ar
Relevo
envolvem
Continentalidade
amplia
Amplitude térmica
Maritimidade
reduz
Evapotranspiração
por meio da
Umidade
regula
Temperatura
Controle da entrada de energia solar
por meio do
originam
Frentes frias
Frentes quentes
envolve
Altitude
Posição
Orientação
Declividade
vapor de água volta à superfície como
Chuva
tipos
Convectiva
Frontal
Orográfica

Hidrografia

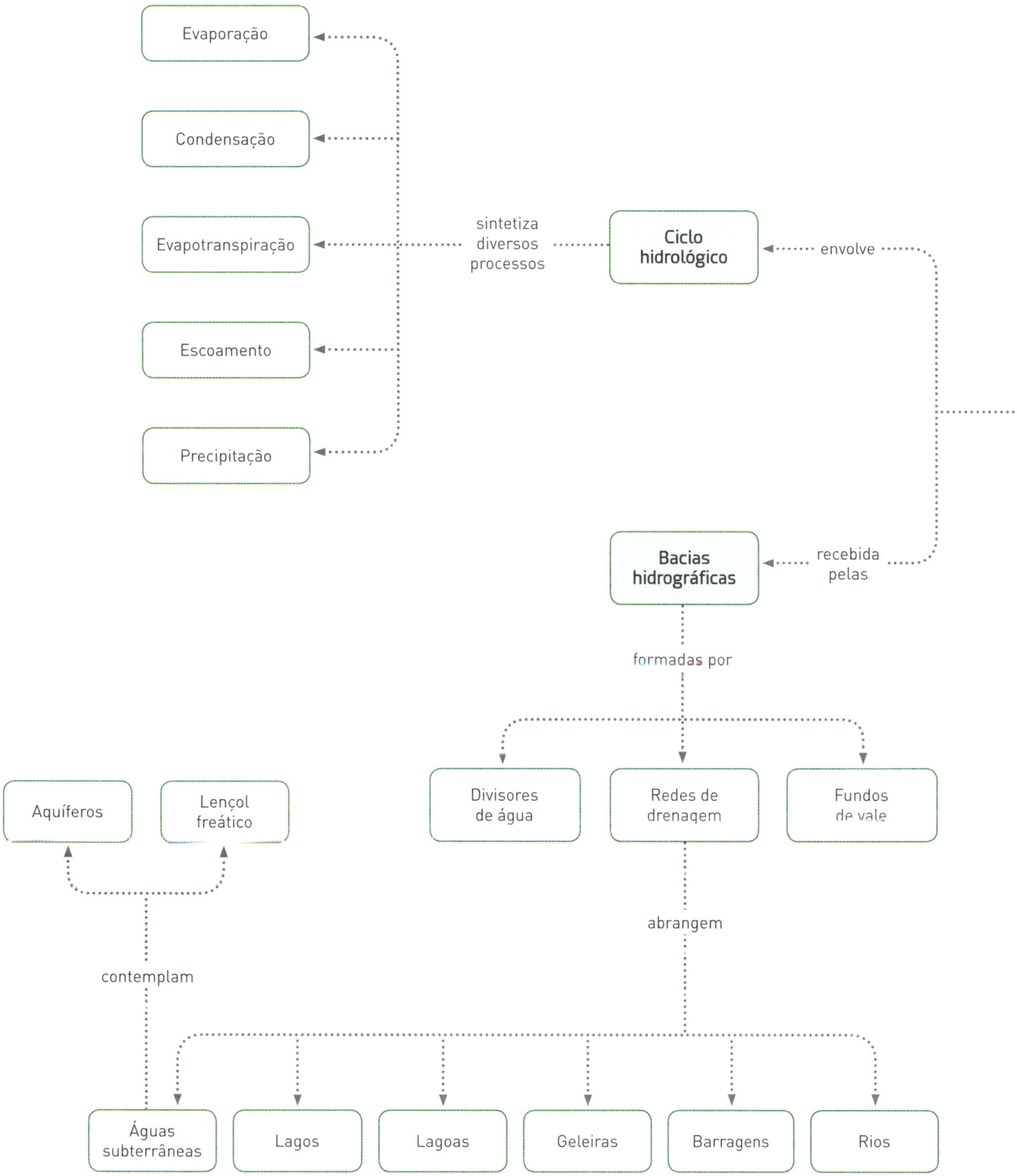

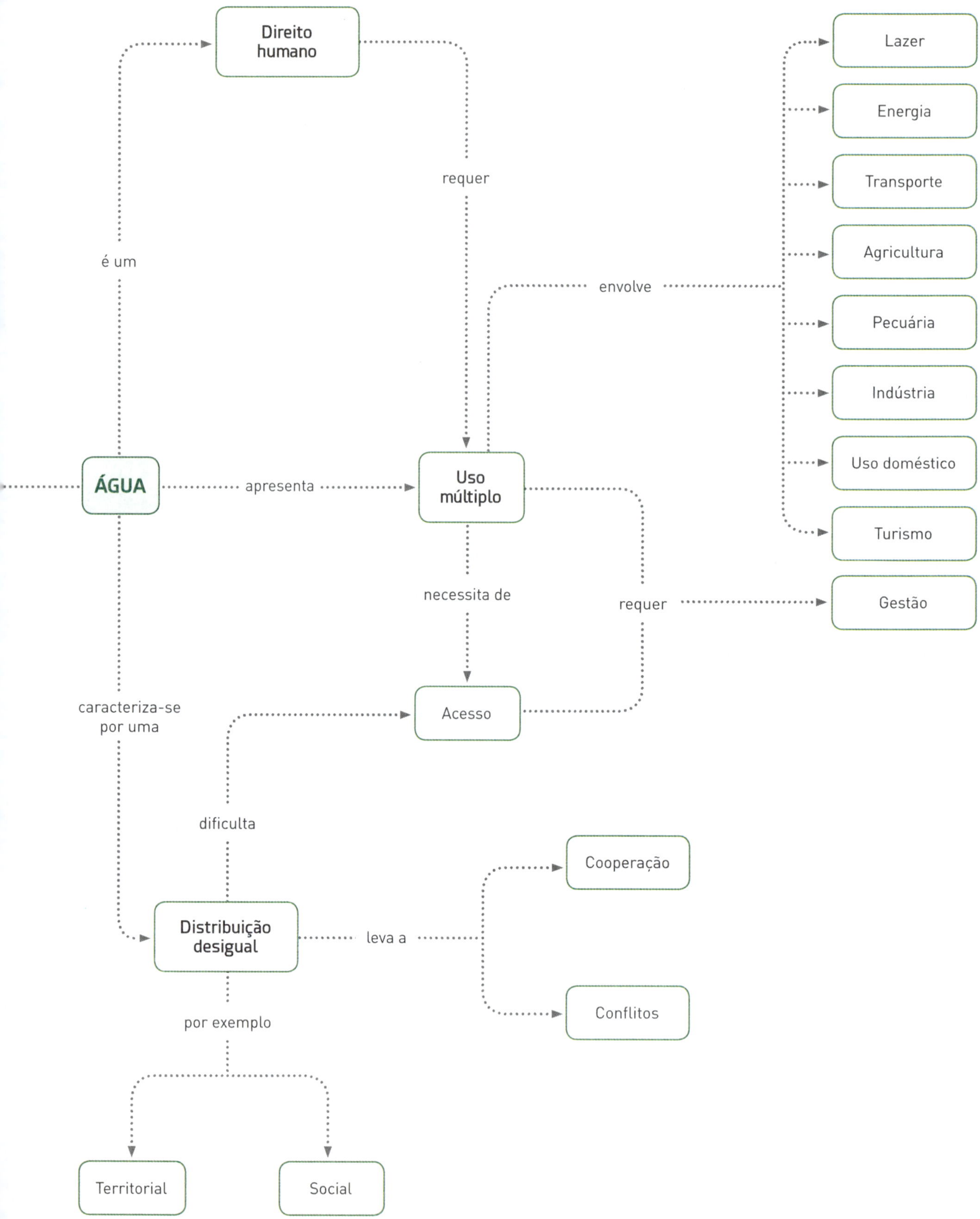
Direito humano
é um
requer
Lazer
Energia
Transporte
Agricultura
envolve
Pecuária
Indústria
Uso doméstico
ÁGUA
apresenta
Uso múltiplo
Turismo
necessita de
requer
Gestão
caracteriza-se por uma
Acesso
dificulta
Cooperação
Distribuição desigual
leva a
Conflitos
por exemplo
Territorial
Social

Biodiversidade

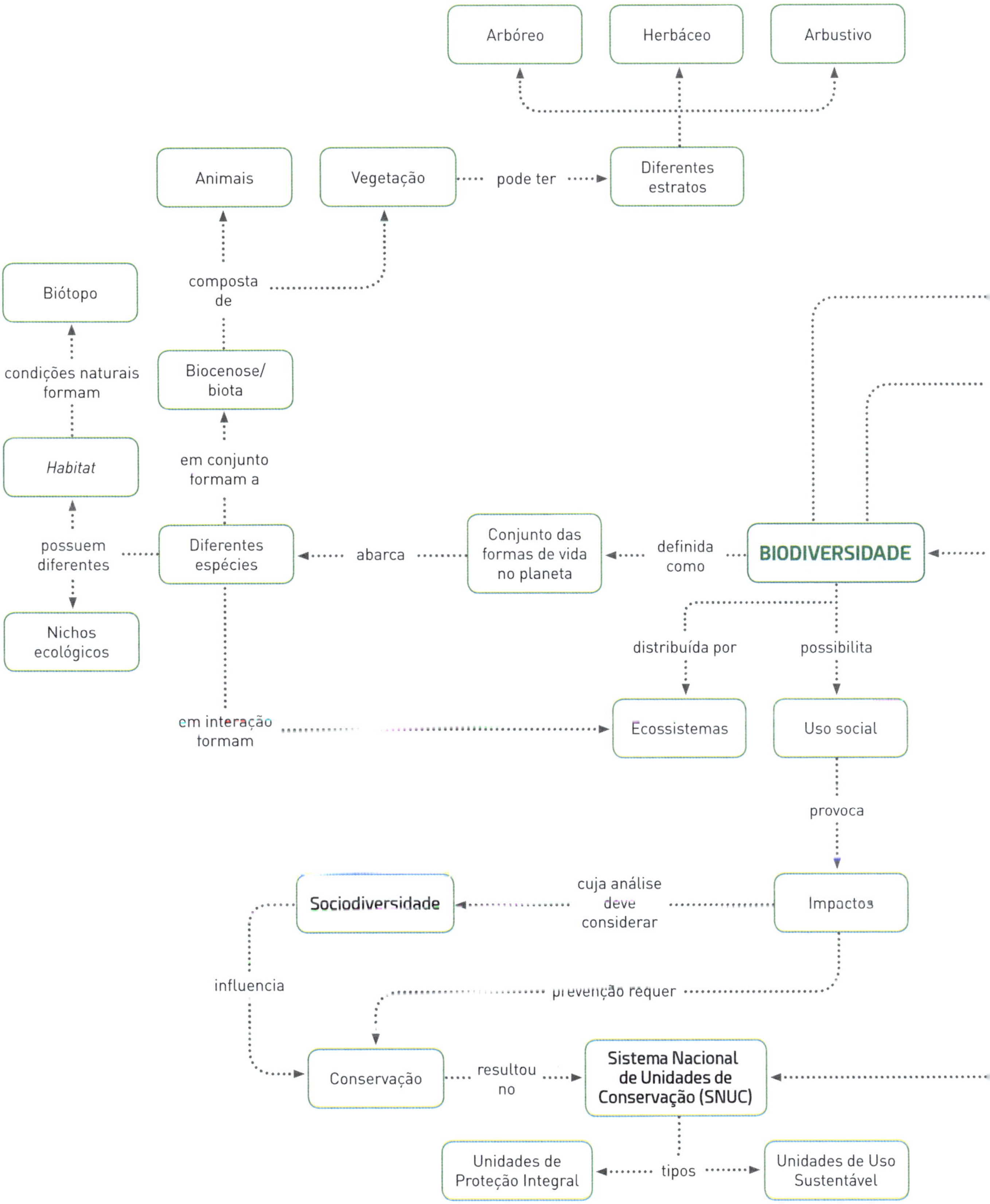

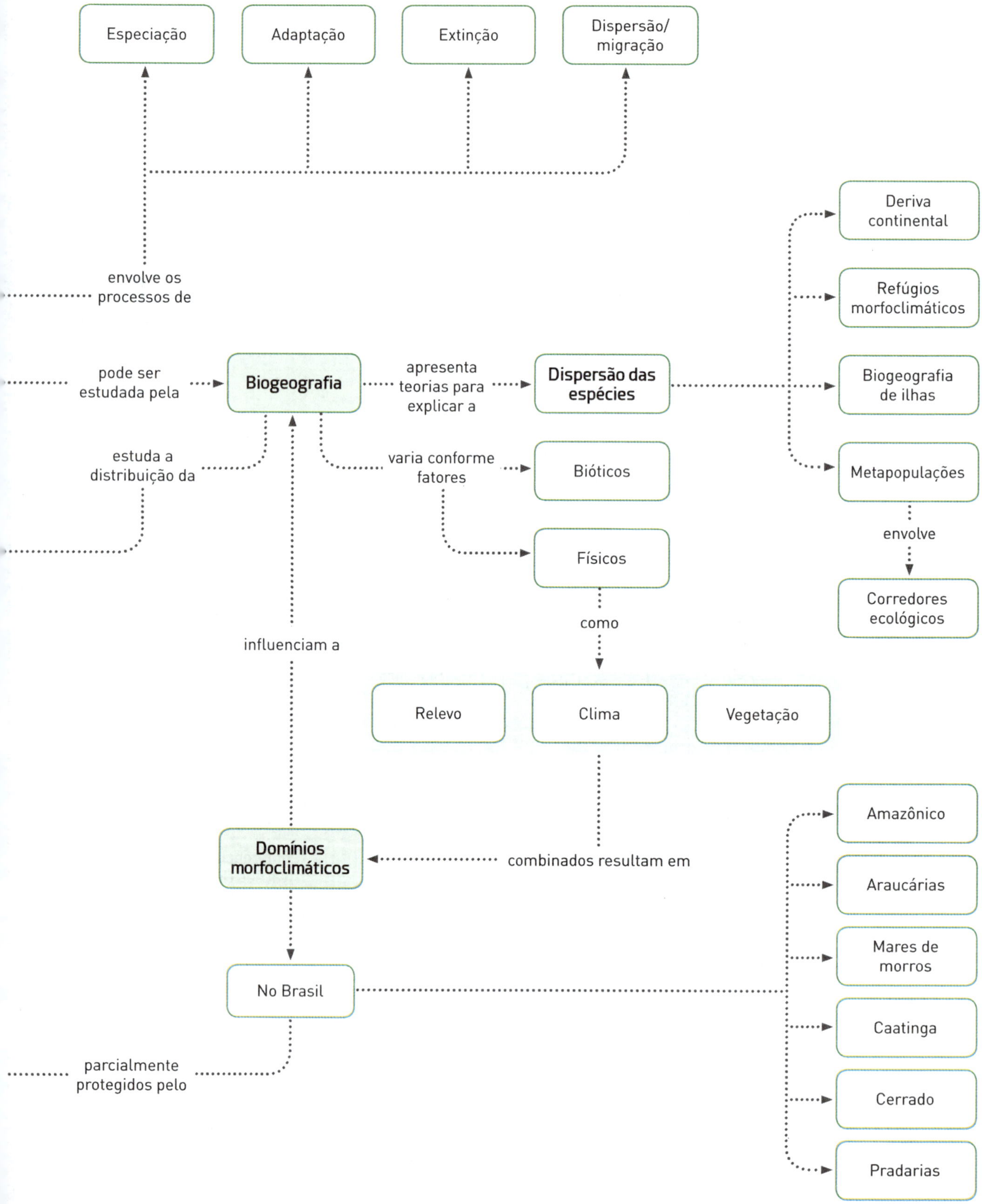
Especiação
Adaptação
Extinção
Dispersão/ migração
envolve os processos de
pode ser estudada pela
Biogeografia
apresenta teorias para explicar a
Dispersão das espécies
Deriva continental
Refúgios morfoclimáticos
Biogeografia de ilhas
Metapopulações
envolve
Corredores ecológicos
estuda a distribuição da
varia conforme fatores
Bióticos
Físicos
como
Relevo
Clima
Vegetação
influenciam a
Domínios morfoclimáticos
combinados resultam em
No Brasil
Amazônico
Araucárias
Mares de morros
Caatinga
Cerrado
Pradarias
parcialmente protegidos pelo

Grandes conferências ambientais

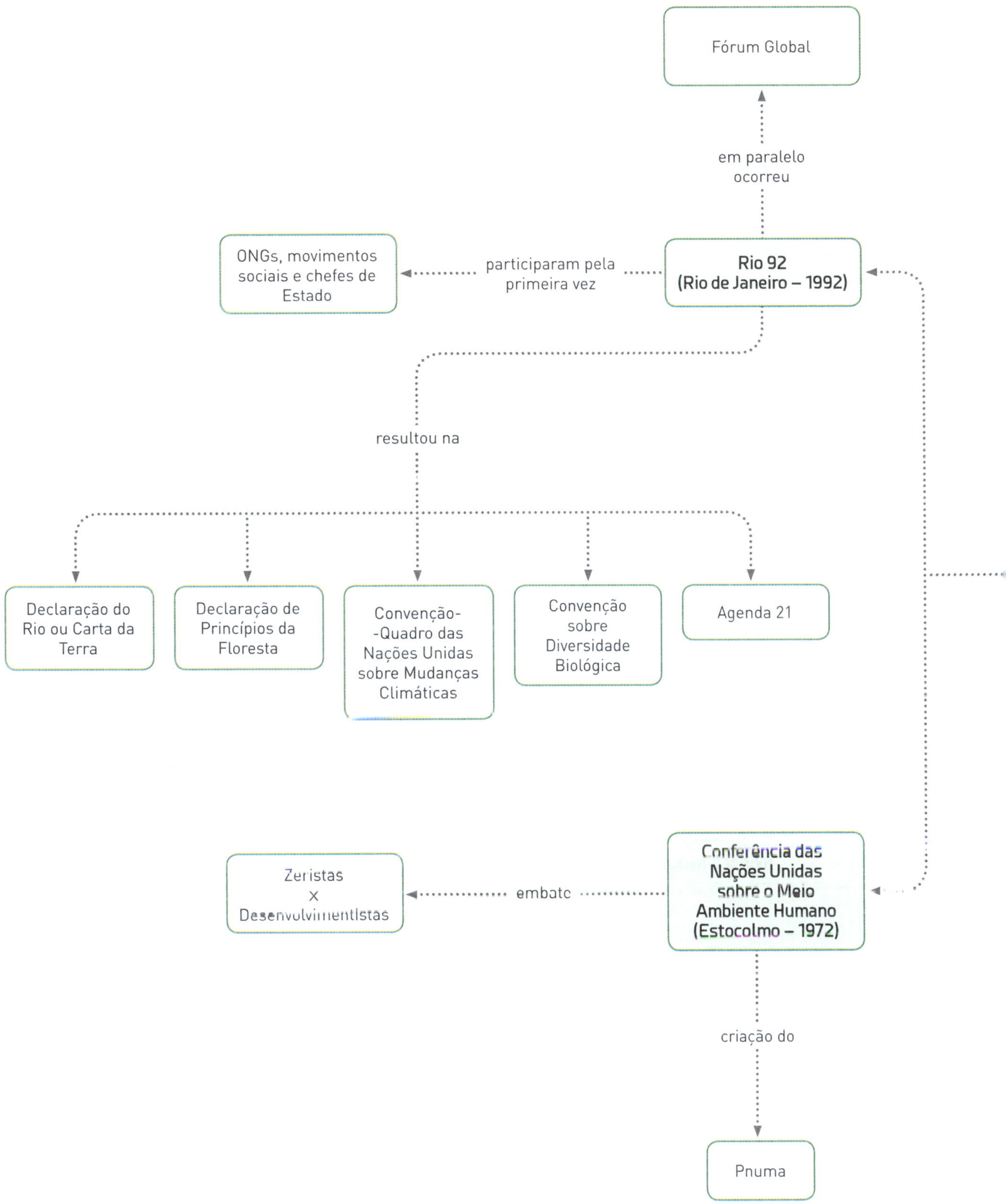

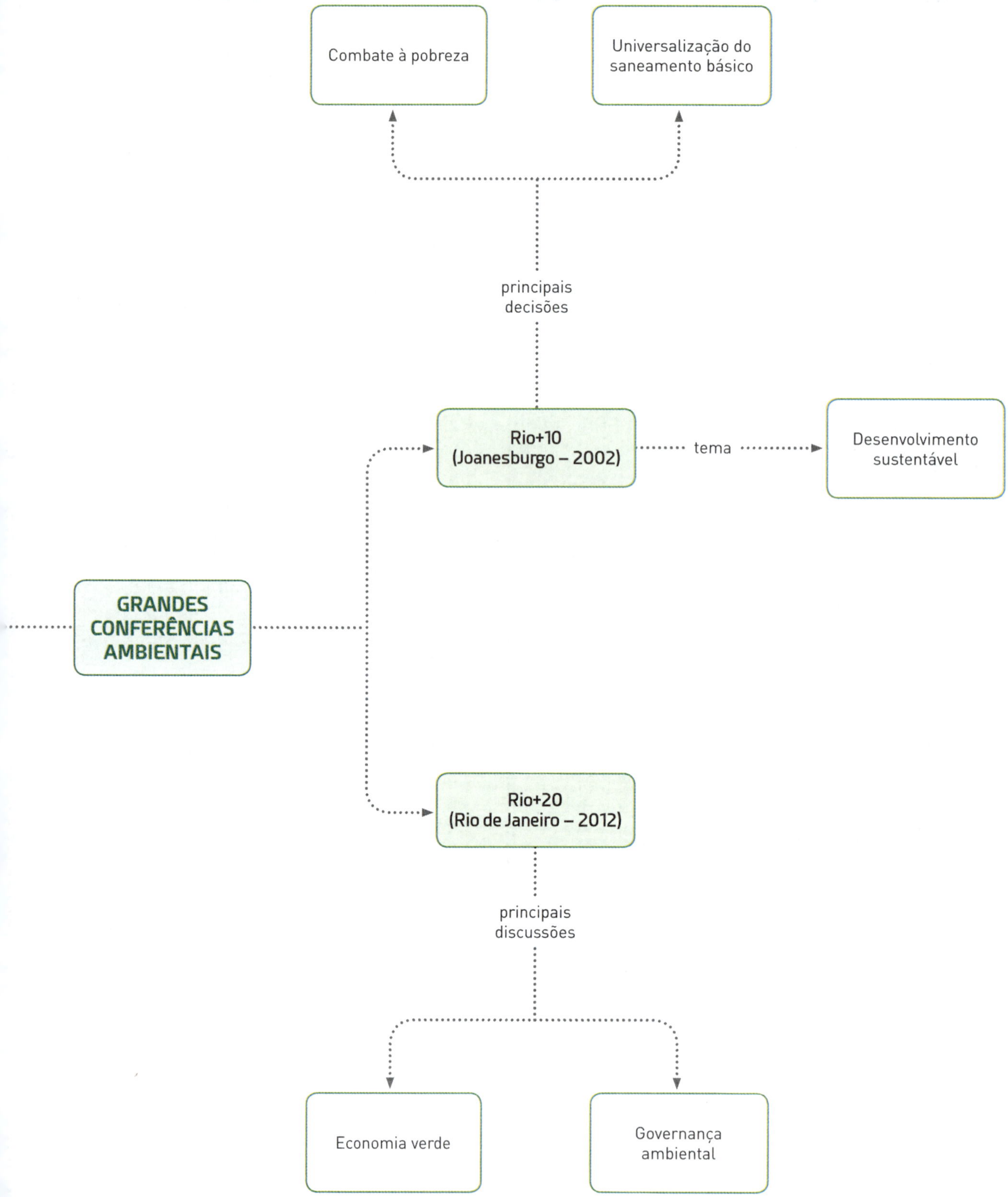
GRANDES CONFERÊNCIAS AMBIENTAIS
Rio+10 (Joanesburgo – 2002)
tema
Desenvolvimento sustentável
principais decisões
Combate à pobreza
Universalização do saneamento básico
Rio+20 (Rio de Janeiro – 2012)
principais discussões
Economia verde
Governança ambiental

Mudanças climáticas e conservação da biodiversidade

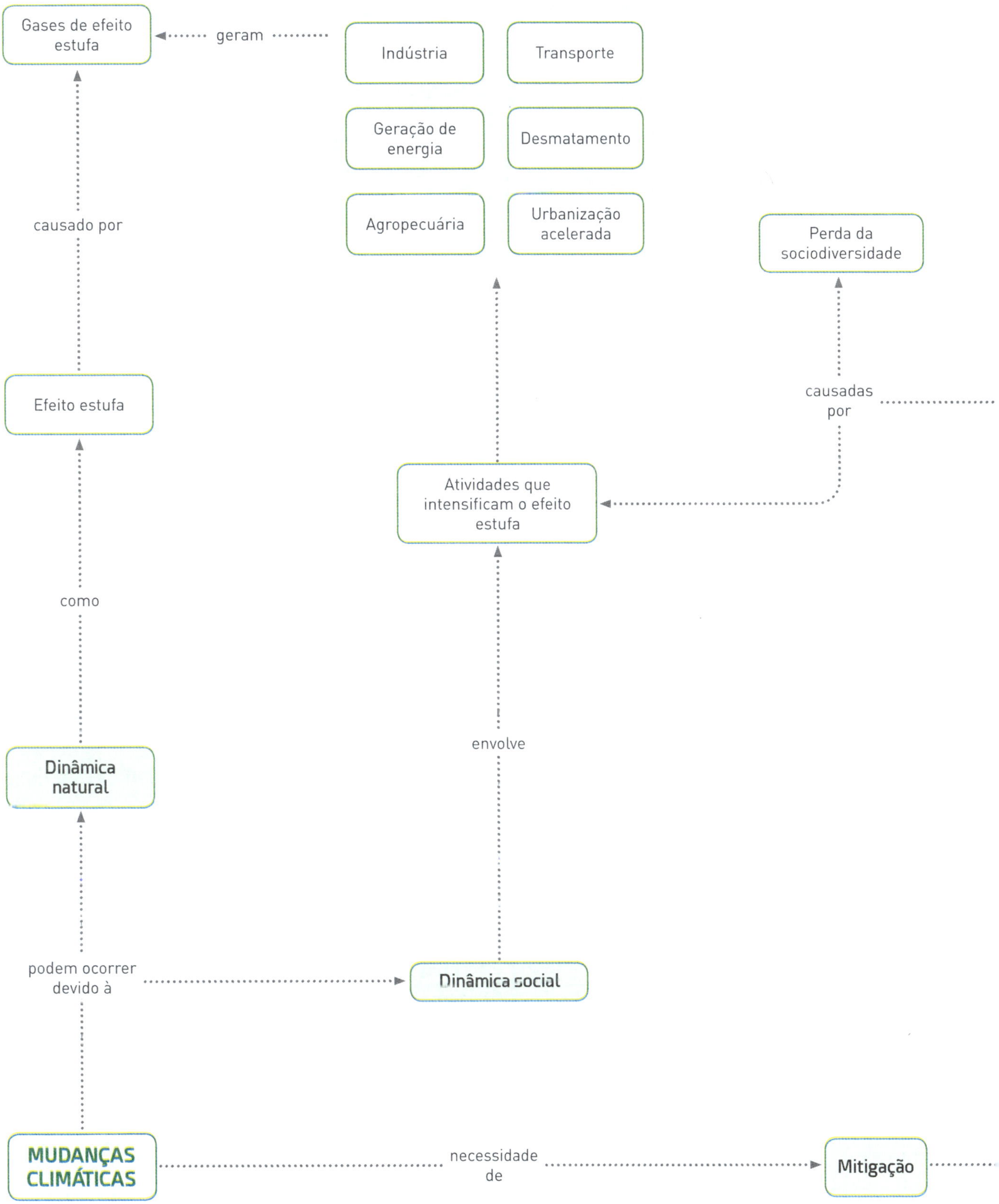

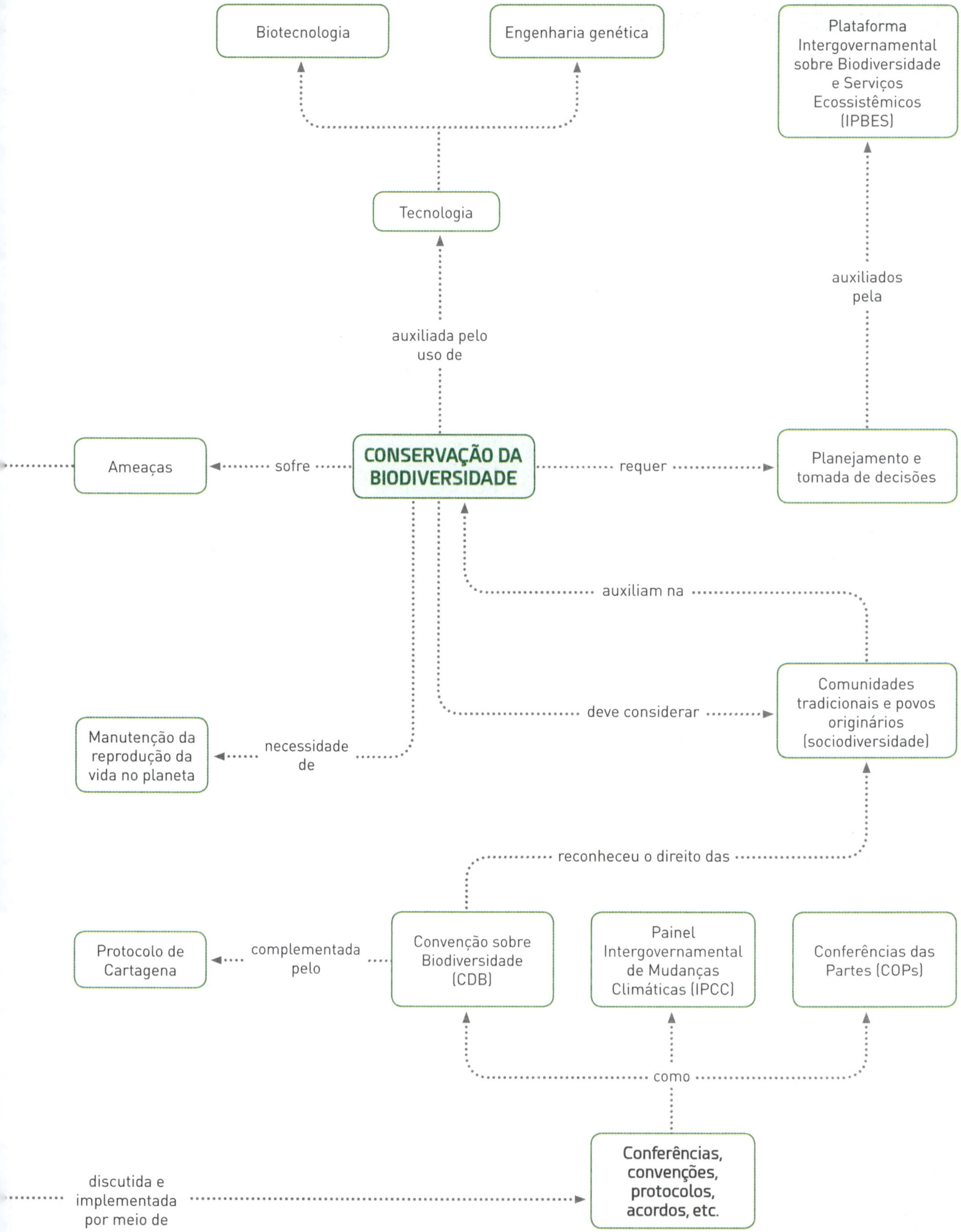
Biotecnologia
Engenharia genética
Plataforma Intergovernamental sobre Biodiversidade e Serviços Ecossistêmicos (IPBES)
Tecnologia
auxiliados pela
auxiliada pelo uso de
Ameaças
sofre
CONSERVAÇÃO DA BIODIVERSIDADE
requer
Planejamento e tomada de decisões
auxiliam na
Comunidades tradicionais e povos originários (sociodiversidade)
deve considerar
Manutenção da reprodução da vida no planeta
necessidade de
reconheceu o direito das
Protocolo de Cartagena
complementada pelo
Convenção sobre Biodiversidade (CDB)
Painel Intergovernamental de Mudanças Climáticas (IPCC)
Conferências das Partes (COPs)
como
discutida e implementada por meio de
Conferências, convenções, protocolos, acordos, etc.

Sociedade dos resíduos

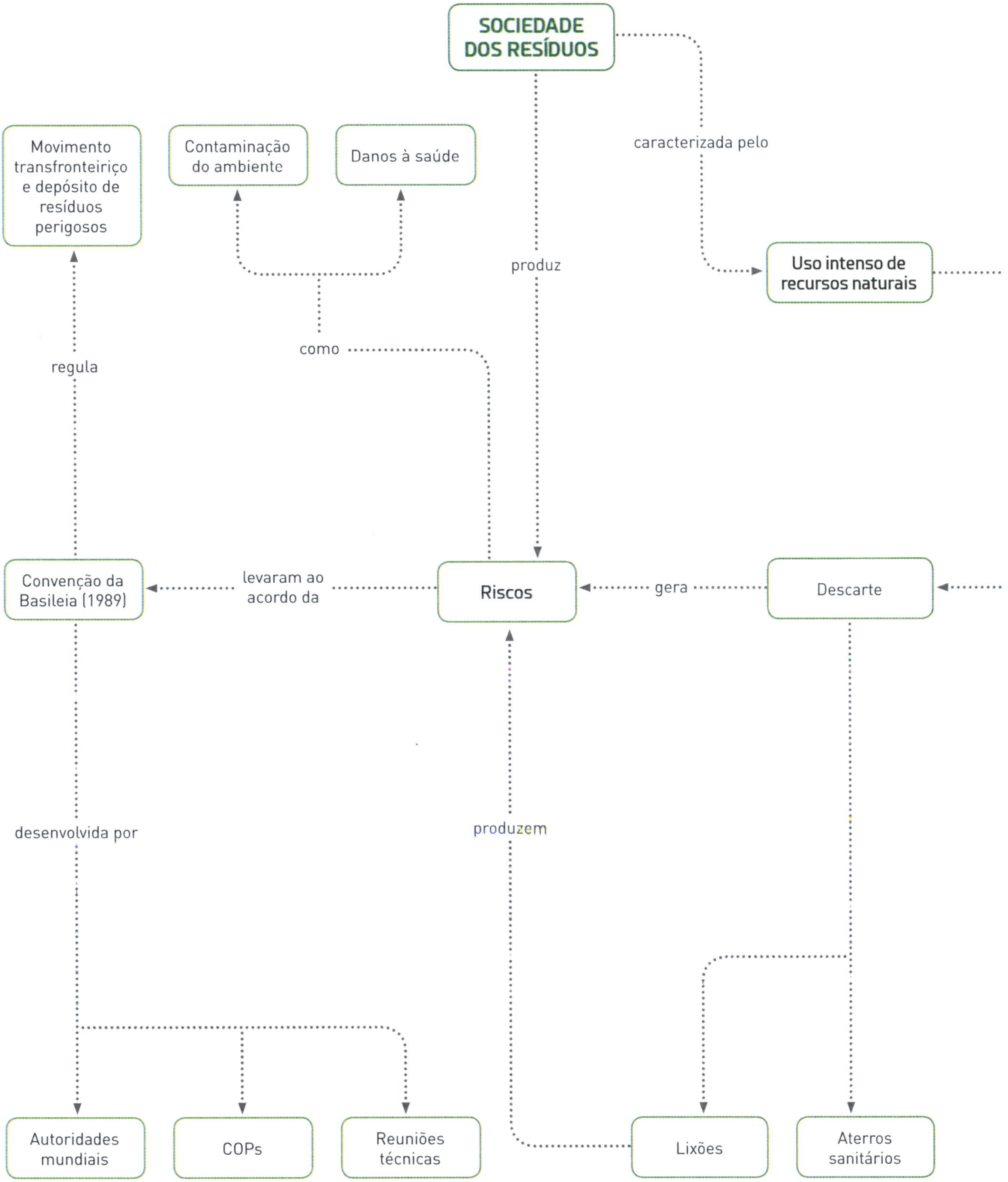

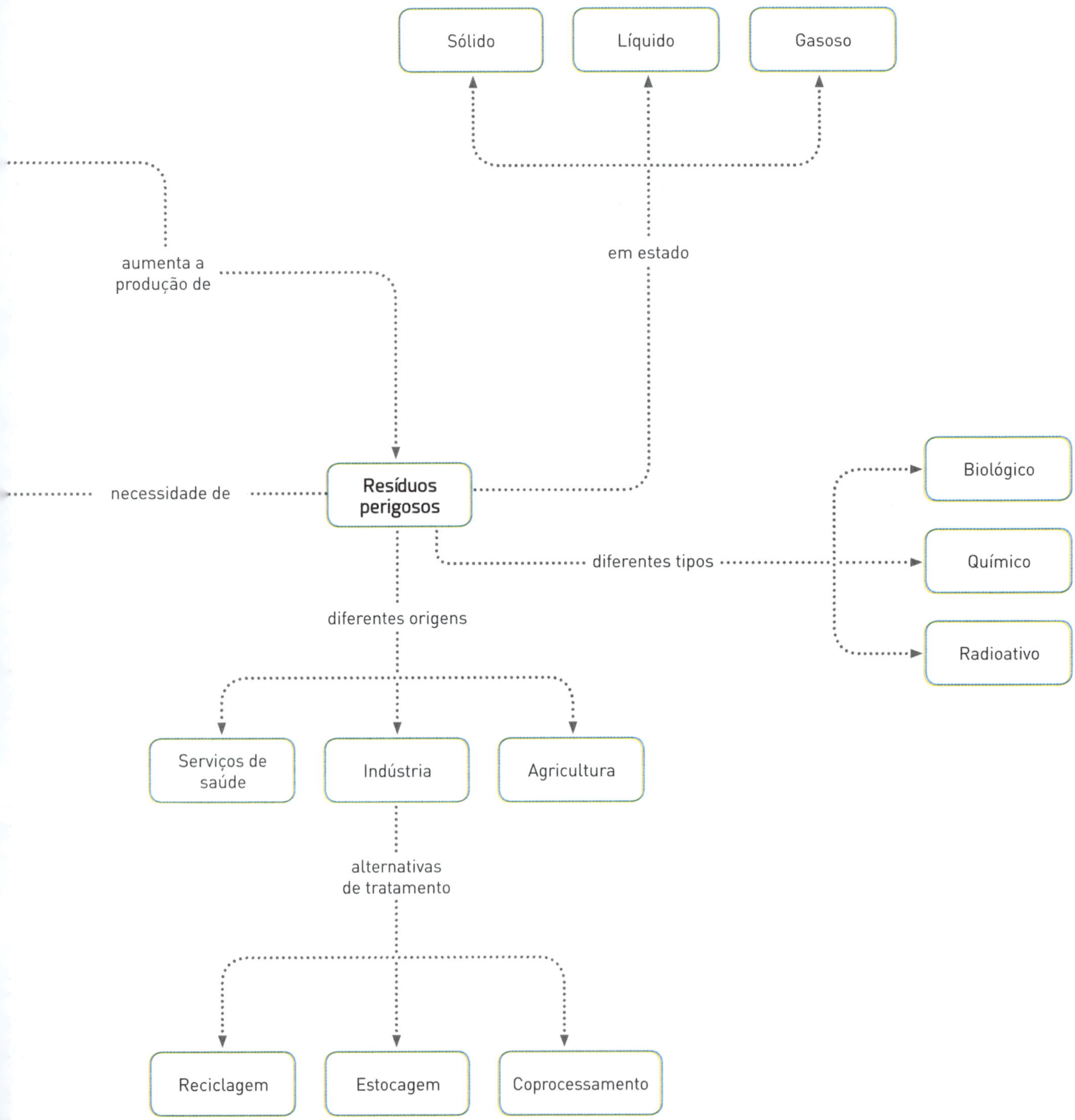
Sólido
Líquido
Gasoso
aumenta a produção de
em estado
necessidade de
Resíduos perigosos
Biológico
diferentes tipos
Químico
diferentes origens
Radioativo
Serviços de saúde
Indústria
Agricultura
alternativas de tratamento
Reciclagem
Estocagem
Coprocessamento

Desertificação

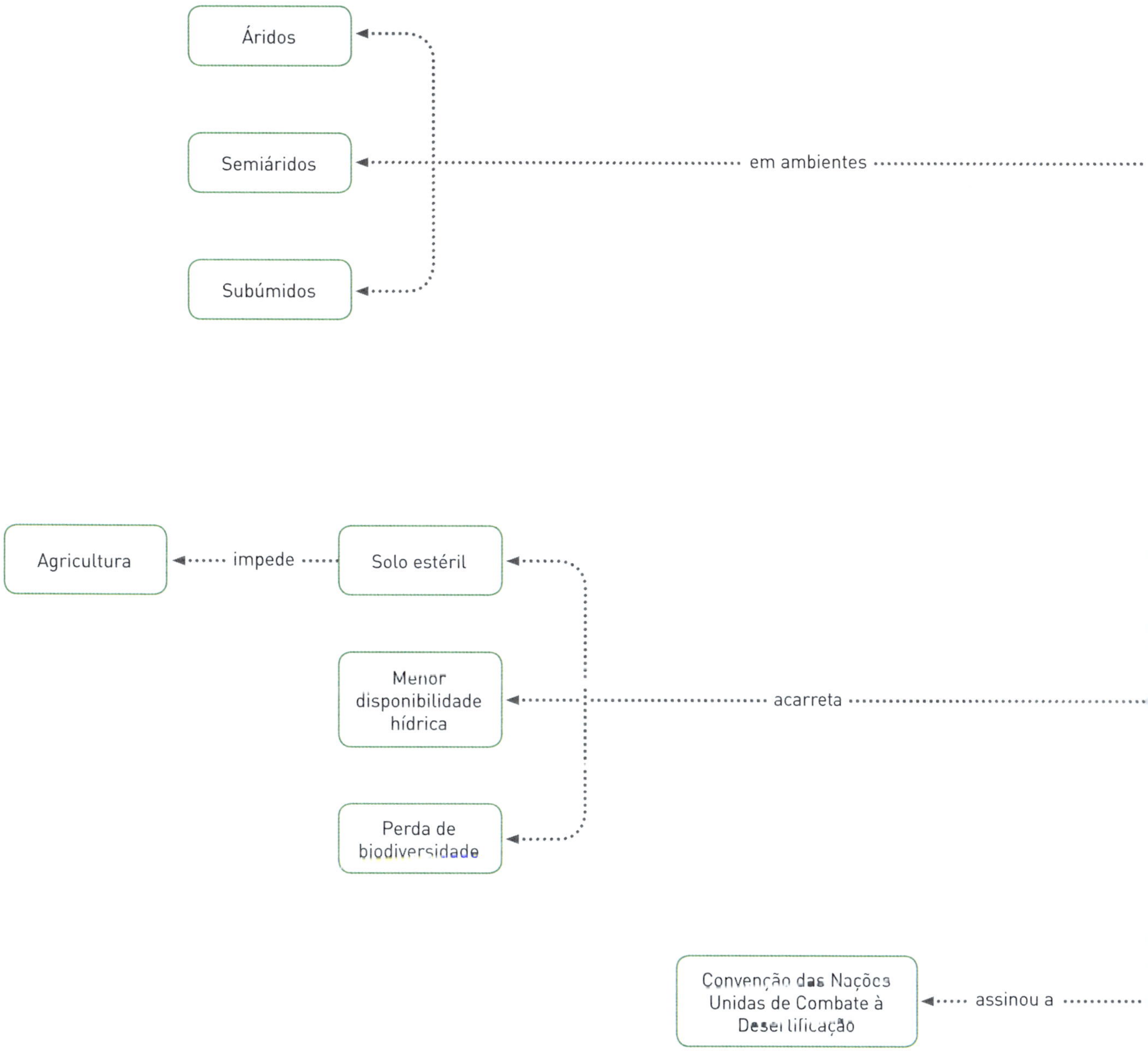

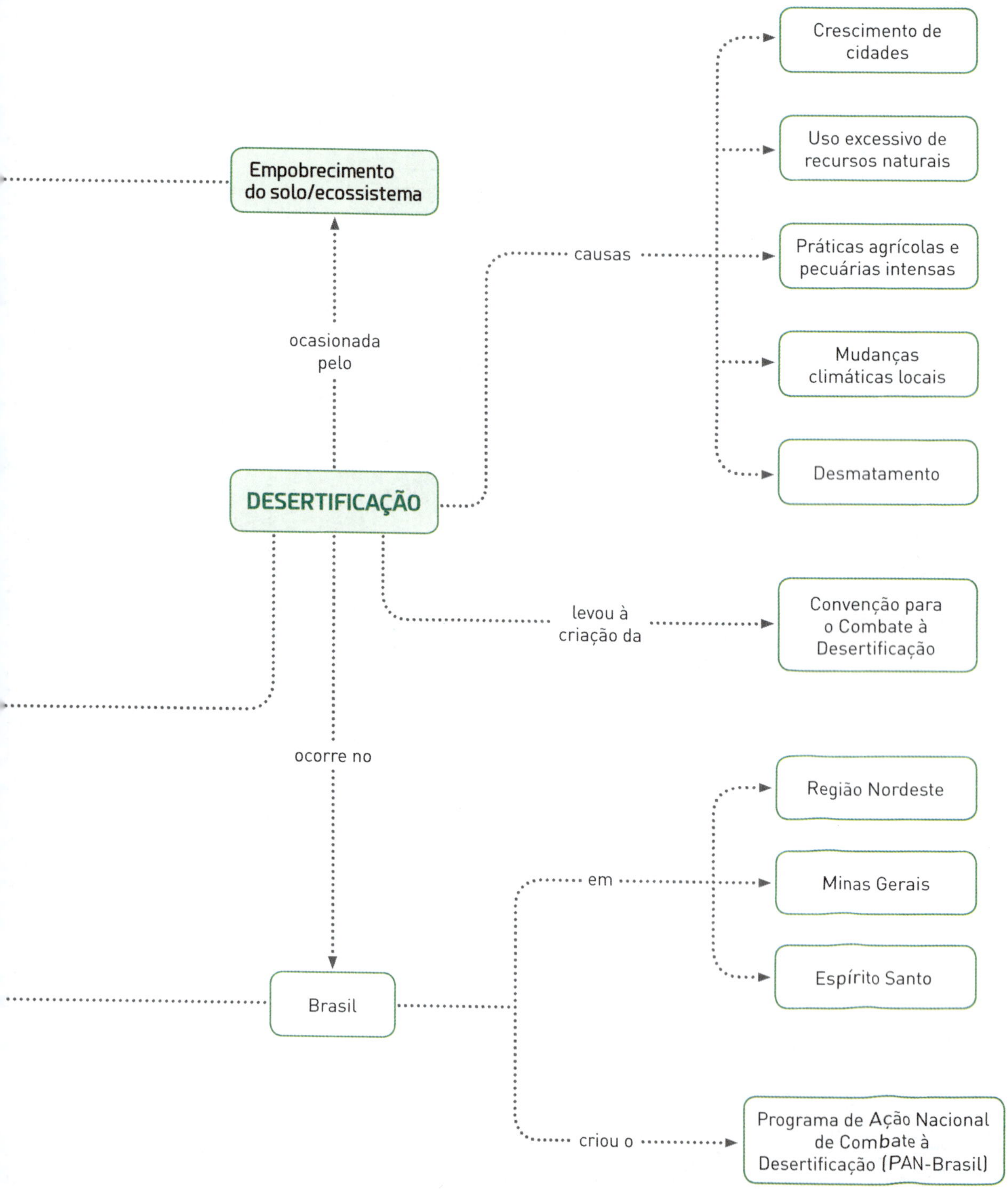
Empobrecimento do solo/ecossistema
ocasionada pelo
DESERTIFICAÇÃO
causas
Crescimento de cidades
Uso excessivo de recursos naturais
Práticas agrícolas e pecuárias intensas
Mudanças climáticas locais
Desmatamento
levou à criação da
Convenção para o Combate à Desertificação
ocorre no
Brasil
em
Região Nordeste
Minas Gerais
Espírito Santo
criou o
Programa de Ação Nacional de Combate à Desertificação (PAN-Brasil)

Metrópoles, megalópoles e megacidades

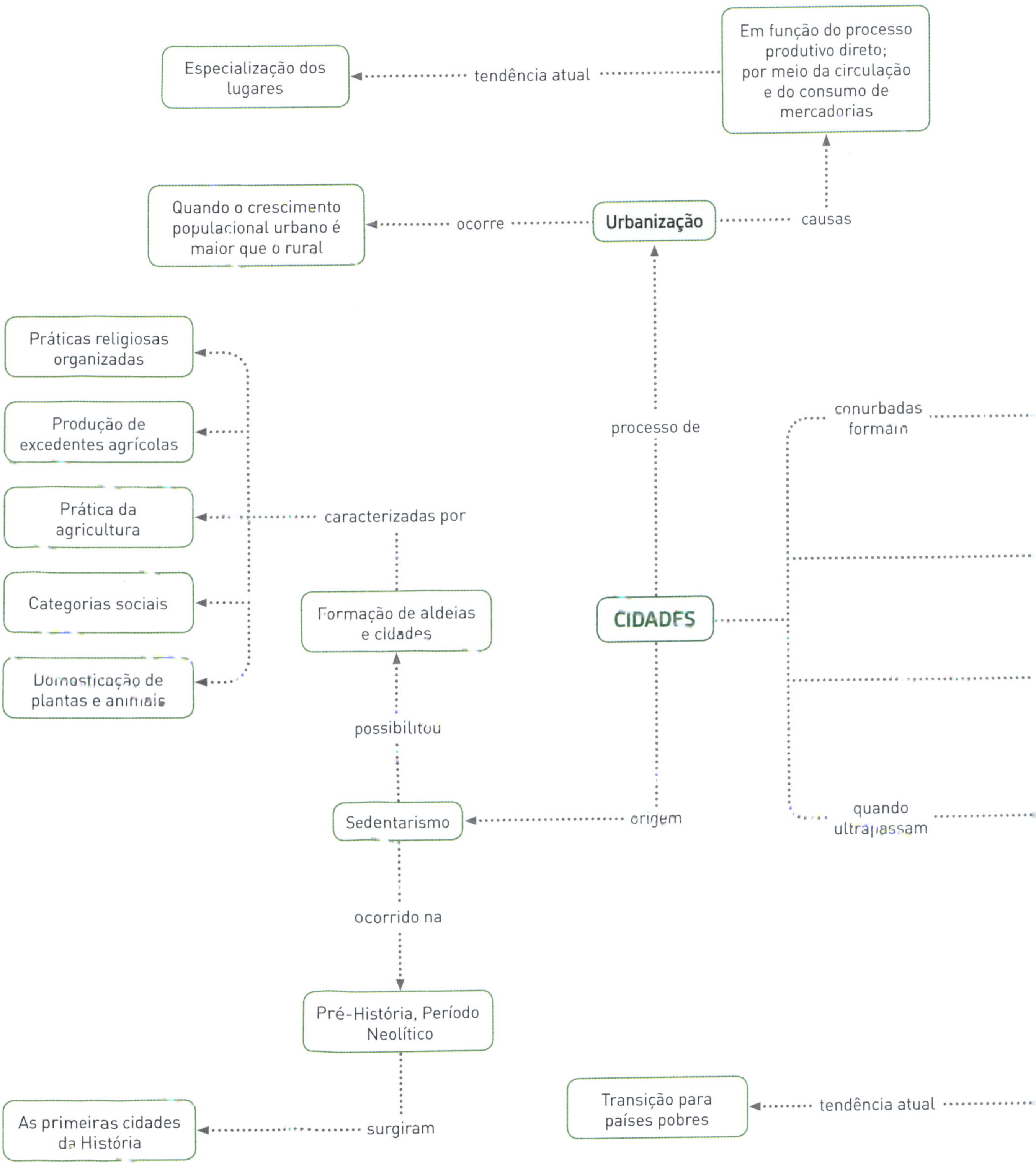

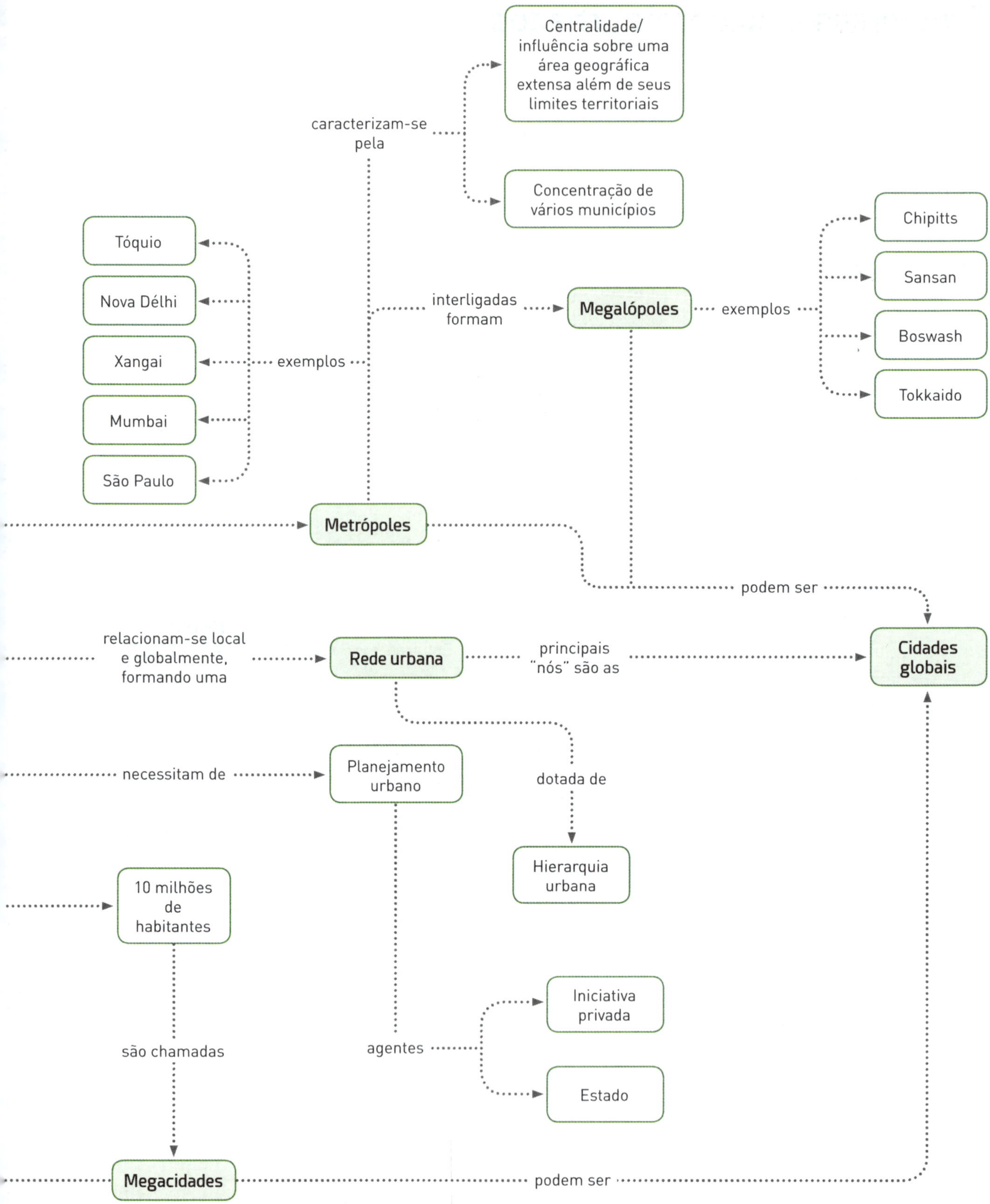
Centralidade/ influência sobre uma área geográfica extensa além de seus limites territoriais
caracterizam-se pela
Concentração de vários municípios
Tóquio
Nova Délhi
Xangai
Mumbai
São Paulo
exemplos
interligadas formam
Megalópoles
exemplos
Chipitts
Sansan
Boswash
Tokkaido
Metrópoles
podem ser
relacionam-se local e globalmente, formando uma
Rede urbana
principais "nós" são as
Cidades globais
necessitam de
Planejamento urbano
dotada de
Hierarquia urbana
10 milhões de habitantes
são chamadas
agentes
Iniciativa privada
Estado
Megacidades
podem ser

Problemas ambientais urbanos

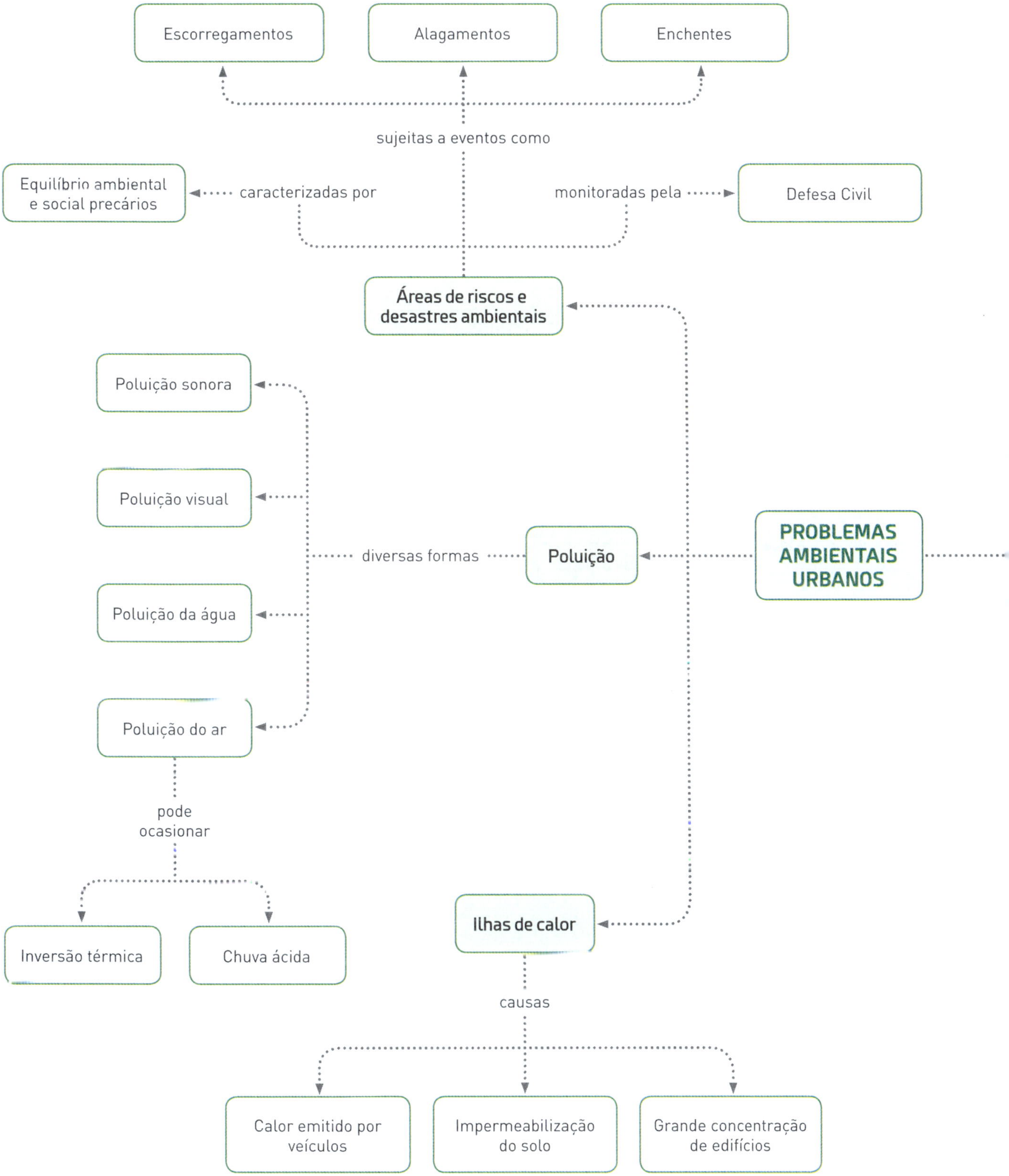

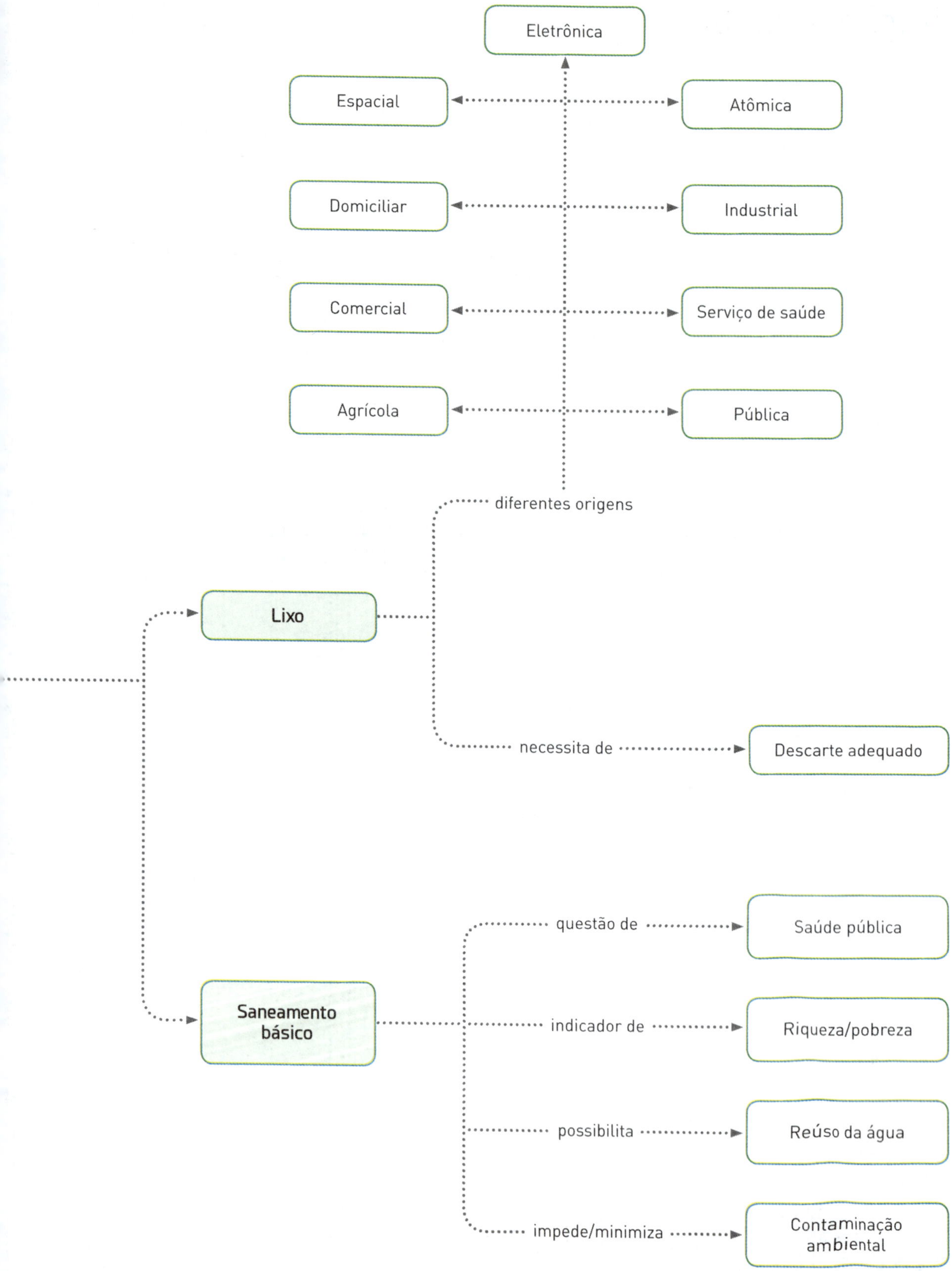
Eletrônica
Espacial
Atômica
Domiciliar
Industrial
Comercial
Serviço de saúde
Agrícola
Pública
diferentes origens
Lixo
necessita de
Descarte adequado
Saneamento básico
questão de
Saúde pública
indicador de
Riqueza/pobreza
possibilita
Reúso da água
impede/minimiza
Contaminação ambiental

Urbanização brasileira

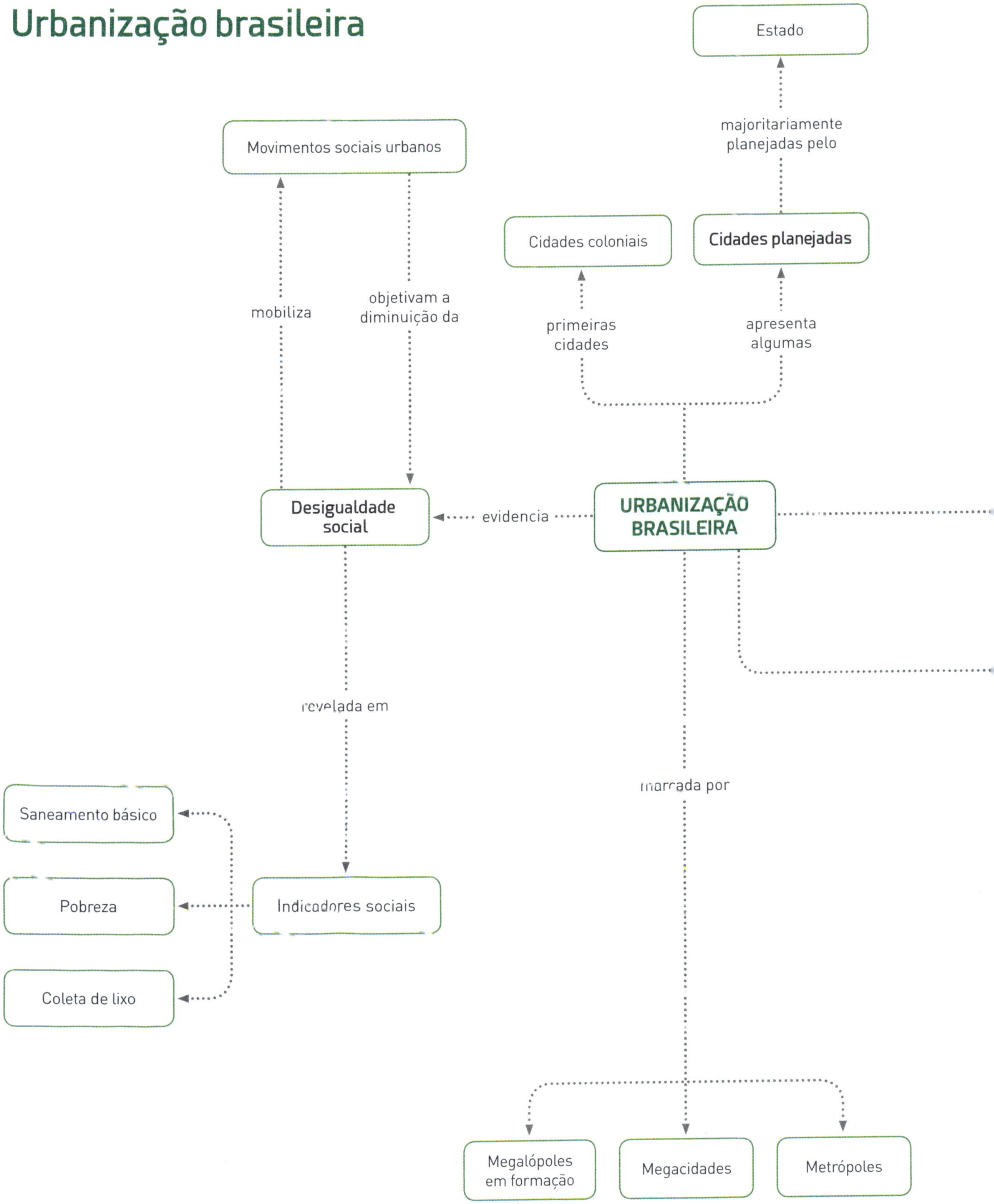

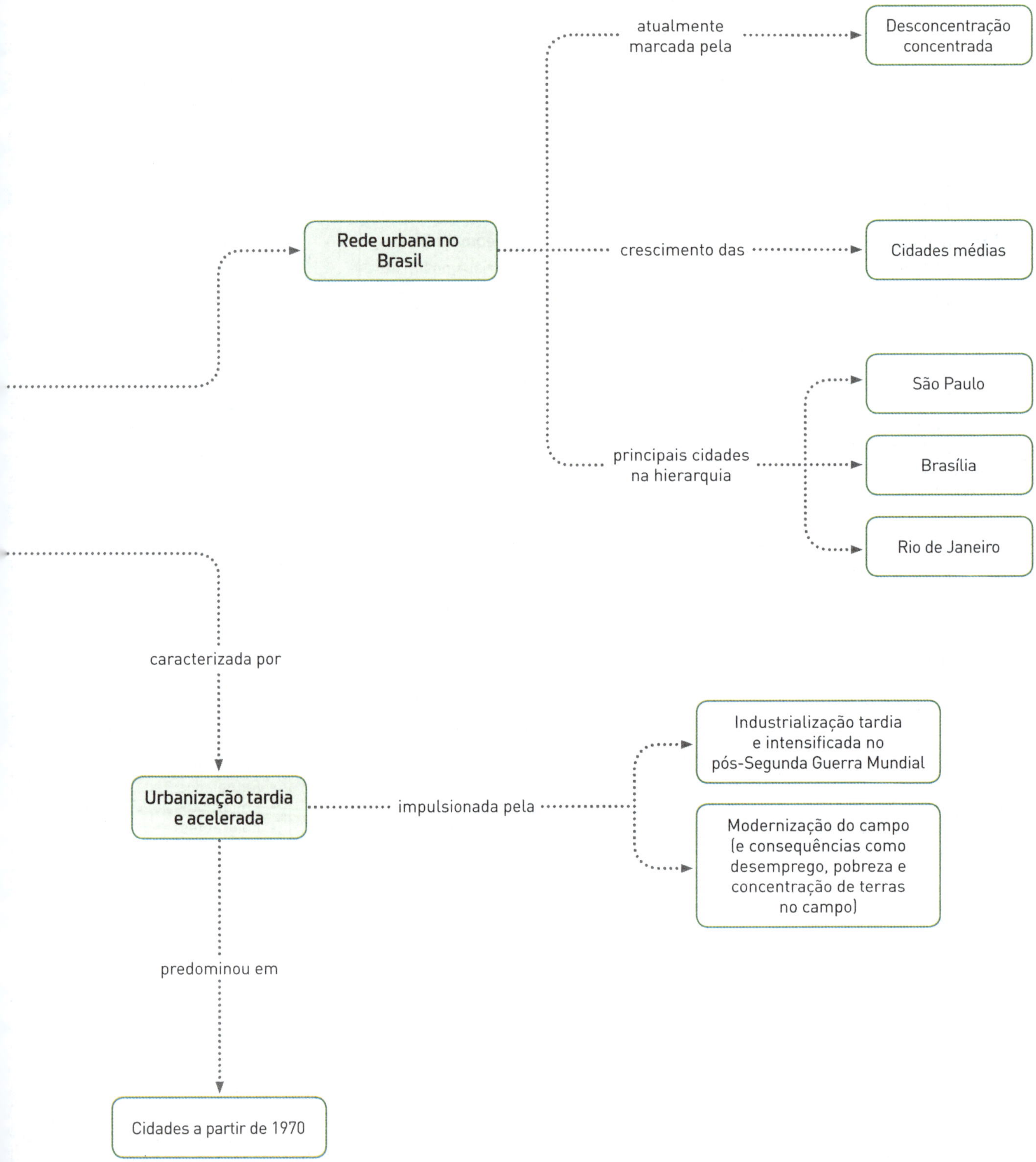
Rede urbana no Brasil
atualmente marcada pela
Desconcentração concentrada
crescimento das
Cidades médias
principais cidades na hierarquia
São Paulo
Brasília
Rio de Janeiro
caracterizada por
Urbanização tardia e acelerada
impulsionada pela
Industrialização tardia e intensificada no pós-Segunda Guerra Mundial
Modernização do campo (e consequências como desemprego, pobreza e concentração de terras no campo)
predominou em
Cidades a partir de 1970

Principais teorias demográficas

PRINCIPAIS TEORIAS DEMOGRÁFICAS

associam-se somente a critérios econômicos

Malthusiana
Criada por Thomas Robert Malthus, em 1798

População cresce em progressão geométrica e produção de alimentos cresce em progressão aritmética

resultando em

Explosão demográfica, aumento dos preços, falta de alimentos e pobreza

Reformista
Criada no fim da Segunda Guerra Mundial, em oposição à teoria malthusiana e com base nos ideais de Karl Marx

Processo histórico de exploração econômica resulta em concentração desigual de recursos materiais, o que gera pobreza

consequentemente

Pequena parcela da população é beneficiada e a maior parte é explorada

Neomalthusiana
Criada no fim da década de 1950, nos Estados Unidos, com base na teoria malthusiana

Reafirma a necessidade de impedir o crescimento populacional, por meio de programas de controle de natalidade, e reforça a importância da evolução econômica para o controle populacional

conclui que

Controle de natalidade resulta na diminuição da pobreza e das desigualdades sociais e ambientais

POPULAÇÃO

Projeção da ONU para 2020:
7,9 bilhões de pessoas no mundo

Intensificação das migrações

Fatores de migração

- Problemas políticos, étnicos ou religiosos
- Conflitos
- Desastres ambientais
- Mudanças climáticas
- Dificuldade financeira e pobreza
- Doenças
- Fuga de cérebros

- Apátridas
- Refugiados
- Emigrantes
- Imigrantes

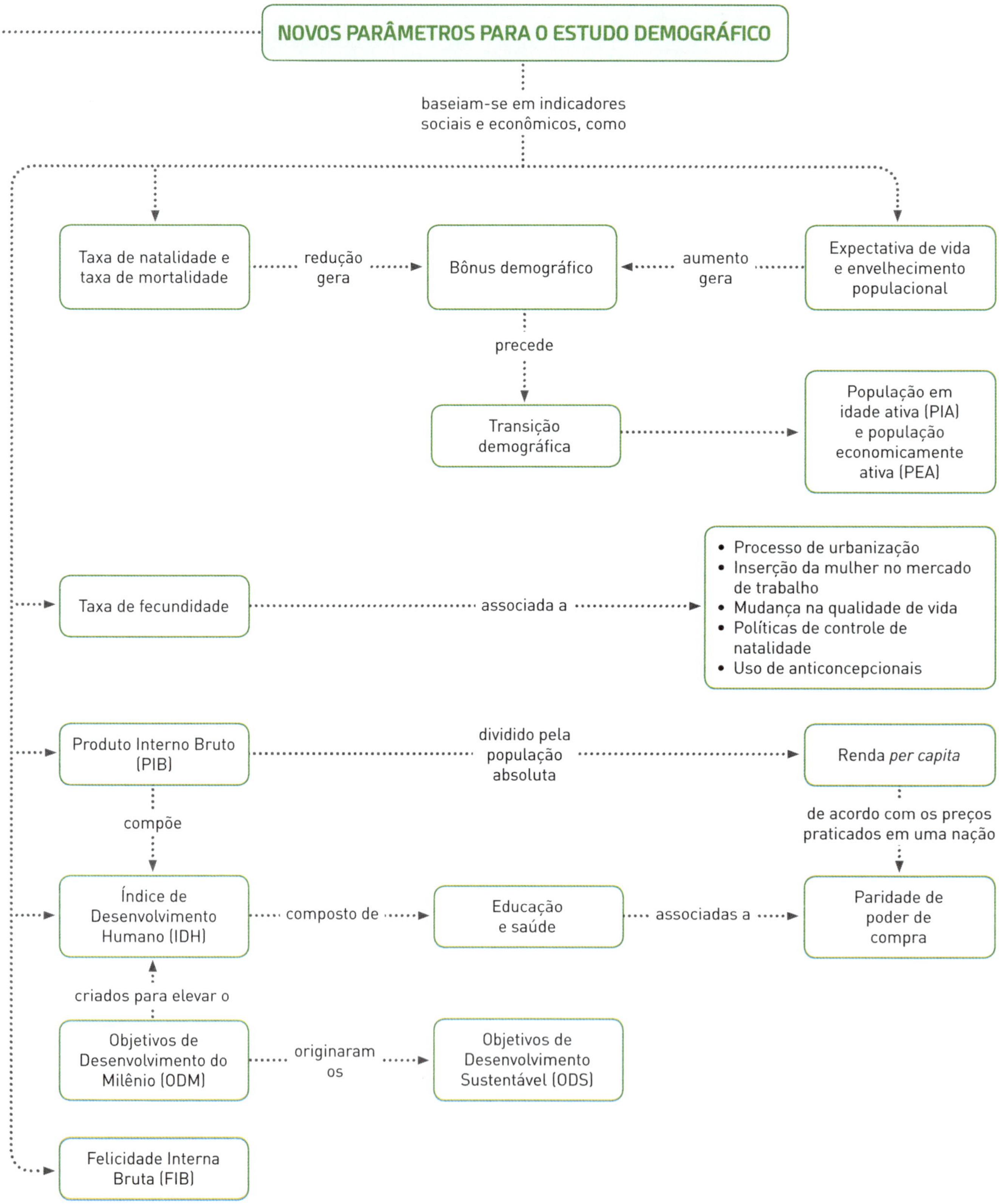
NOVOS PARÂMETROS PARA O ESTUDO DEMOGRÁFICO
baseiam-se em indicadores sociais e econômicos, como
Taxa de natalidade e taxa de mortalidade
redução gera
Bônus demográfico
aumento gera
Expectativa de vida e envelhecimento populacional
precede
Transição demográfica
População em idade ativa (PIA) e população economicamente ativa (PEA)
Taxa de fecundidade
associada a
• Processo de urbanização
• Inserção da mulher no mercado de trabalho
• Mudança na qualidade de vida
• Políticas de controle de natalidade
• Uso de anticoncepcionais
Produto Interno Bruto (PIB)
dividido pela população absoluta
Renda per capita
compõe
de acordo com os preços praticados em uma nação
Índice de Desenvolvimento Humano (IDH)
composto de
Educação e saúde
associadas a
Paridade de poder de compra
criados para elevar o
Objetivos de Desenvolvimento do Milênio (ODM)
originaram os
Objetivos de Desenvolvimento Sustentável (ODS)
Felicidade Interna Bruta (FIB)

População brasileira

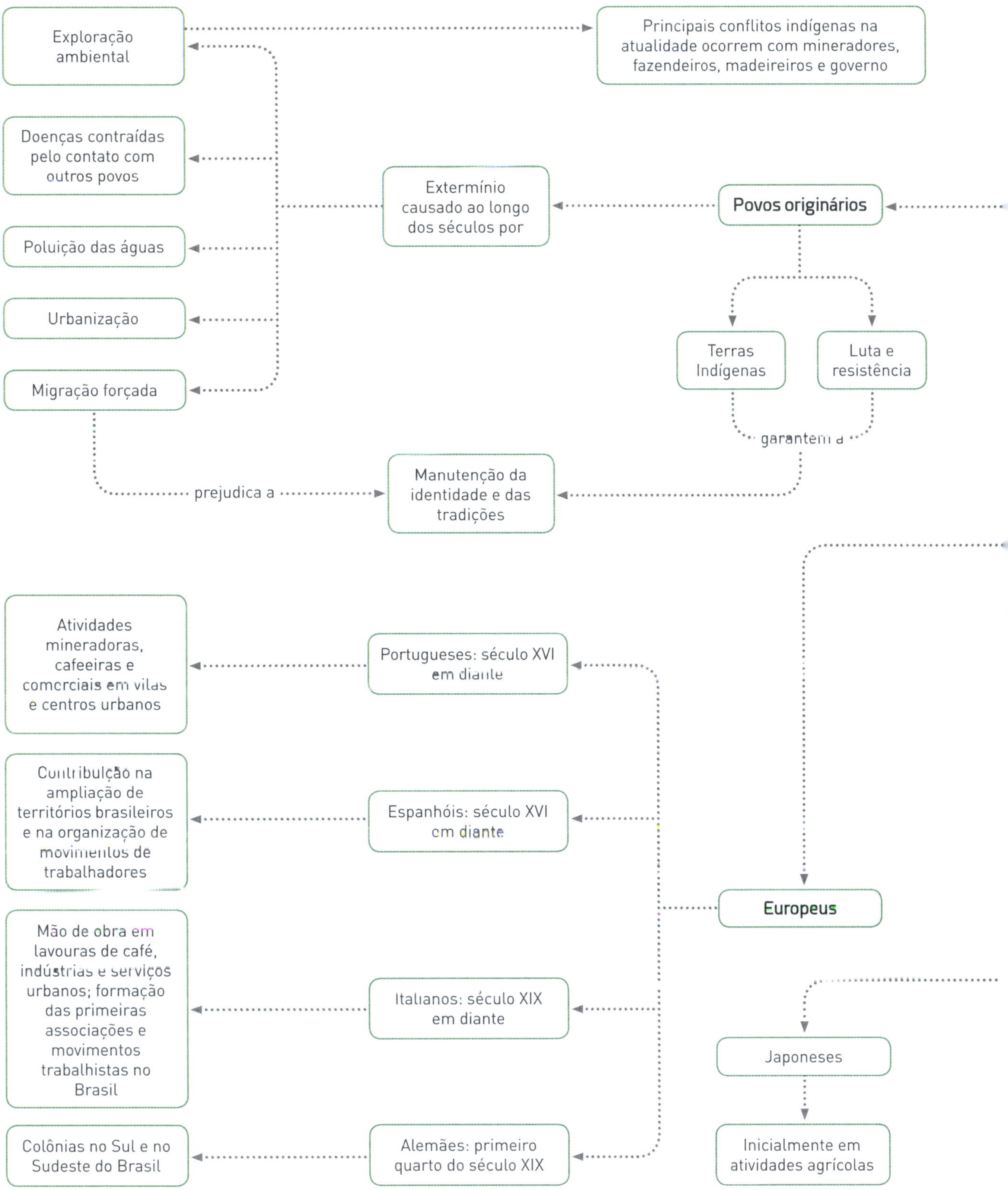

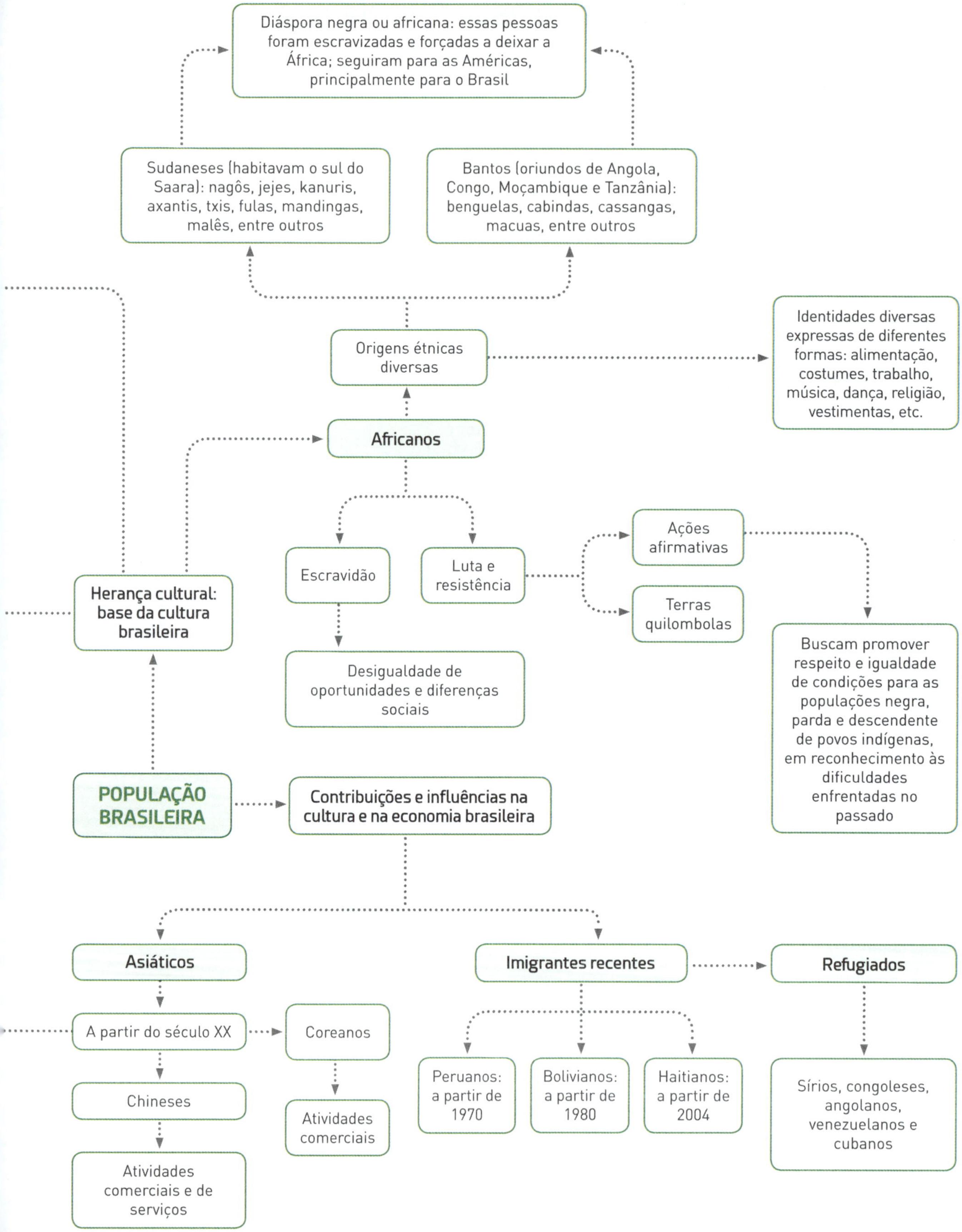
Diáspora negra ou africana: essas pessoas foram escravizadas e forçadas a deixar a África; seguiram para as Américas, principalmente para o Brasil
Sudaneses (habitavam o sul do Saara): nagôs, jejes, kanuris, axantis, txis, fulas, mandingas, malês, entre outros
Bantos (oriundos de Angola, Congo, Moçambique e Tanzânia): benguelas, cabindas, cassangas, macuas, entre outros
Origens étnicas diversas
Identidades diversas expressas de diferentes formas: alimentação, costumes, trabalho, música, dança, religião, vestimentas, etc.
Africanos
Escravidão
Luta e resistência
Ações afirmativas
Terras quilombolas
Buscam promover respeito e igualdade de condições para as populações negra, parda e descendente de povos indígenas, em reconhecimento às dificuldades enfrentadas no passado
Herança cultural: base da cultura brasileira
Desigualdade de oportunidades e diferenças sociais
POPULAÇÃO BRASILEIRA
Contribuições e influências na cultura e na economia brasileira
Asiáticos
Imigrantes recentes
Refugiados
A partir do século XX
Coreanos
Chineses
Atividades comerciais
Atividades comerciais e de serviços
Peruanos: a partir de 1970
Bolivianos: a partir de 1980
Haitianos: a partir de 2004
Sírios, congoleses, angolanos, venezuelanos e cubanos

Regionalizações do Brasil e aspectos demográficos

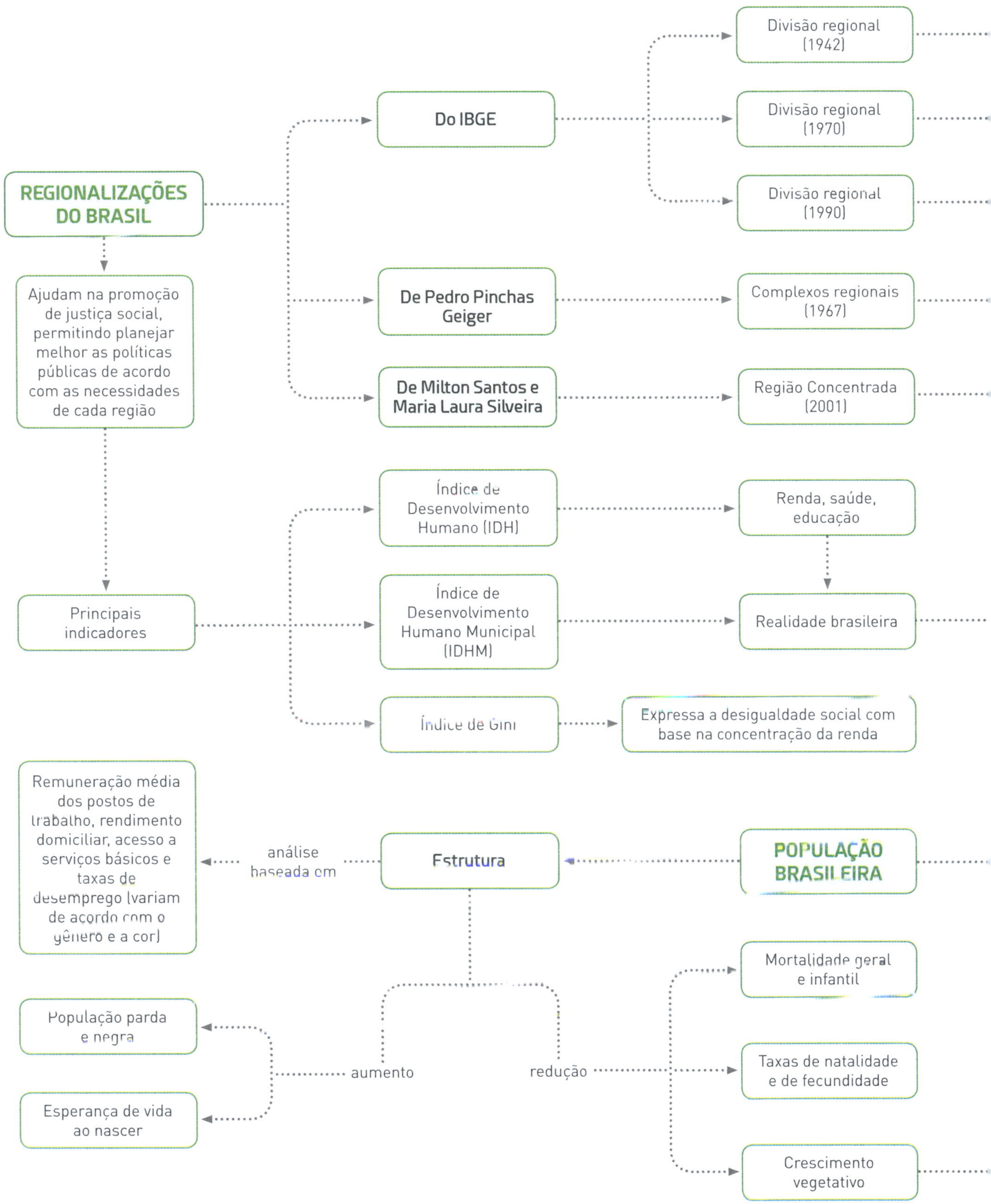

- Baseada em características naturais
- Respeita limites de estados e territórios

regiões

- Norte
- Nordeste Ocidental
- Nordeste Oriental
- Leste Meridional
- Sul
- Centro-Oeste

- Baseada em características naturais e em elementos demográficos, sociais e econômicos
- Respeita limites de estados e territórios

- Baseada em mudanças territoriais da década de 1980, corresponde à regionalização atual do IBGE
- Respeita limites de estados e territórios

regiões

- Norte
- Nordeste
- Sudeste
- Sul
- Centro-Oeste

- Divisão baseada em características naturais e aspectos econômicos
- Não respeita limites de estados e territórios

regiões

- Amazônia
- Nordeste
- Centro-Sul

- Reúne os principais meios técnico-científicos e recursos financeiros capazes de inserir o país na economia globalizada
- Respeita limites de estados e territórios

regiões

- Amazônia
- Nordeste
- Centro-Sul
- Concentrada

Permite estabelecer comparações entre municípios e orientar a distribuição de recursos federais e estaduais para diminuir desigualdades sociais e econômicas

A distribuição regional da população reflete as dinâmicas socioespaciais e históricas, o processo de ocupação do território e o desenvolvimento de atividades econômicas

Dinâmica espacial e análise regional

Mais populosa: Sudeste

Maior população negra: Nordeste

Maior renda: Sudeste

Menos populosa: Norte

Maior população branca: Sul

Menor renda: Nordeste

Processo de envelhecimento da população

Transição demográfica

Estreitamento da base da pirâmide etária

Capitalismo

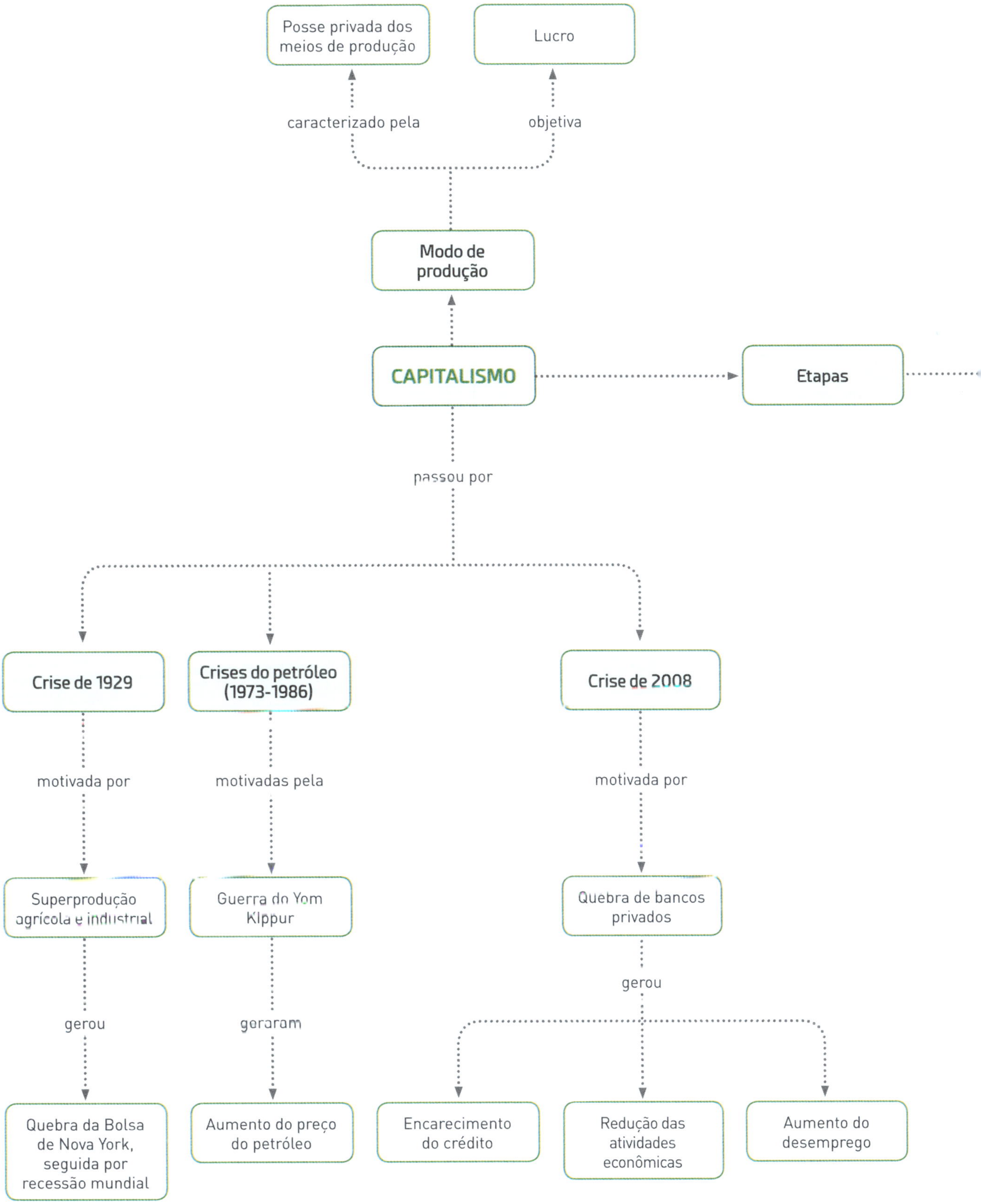

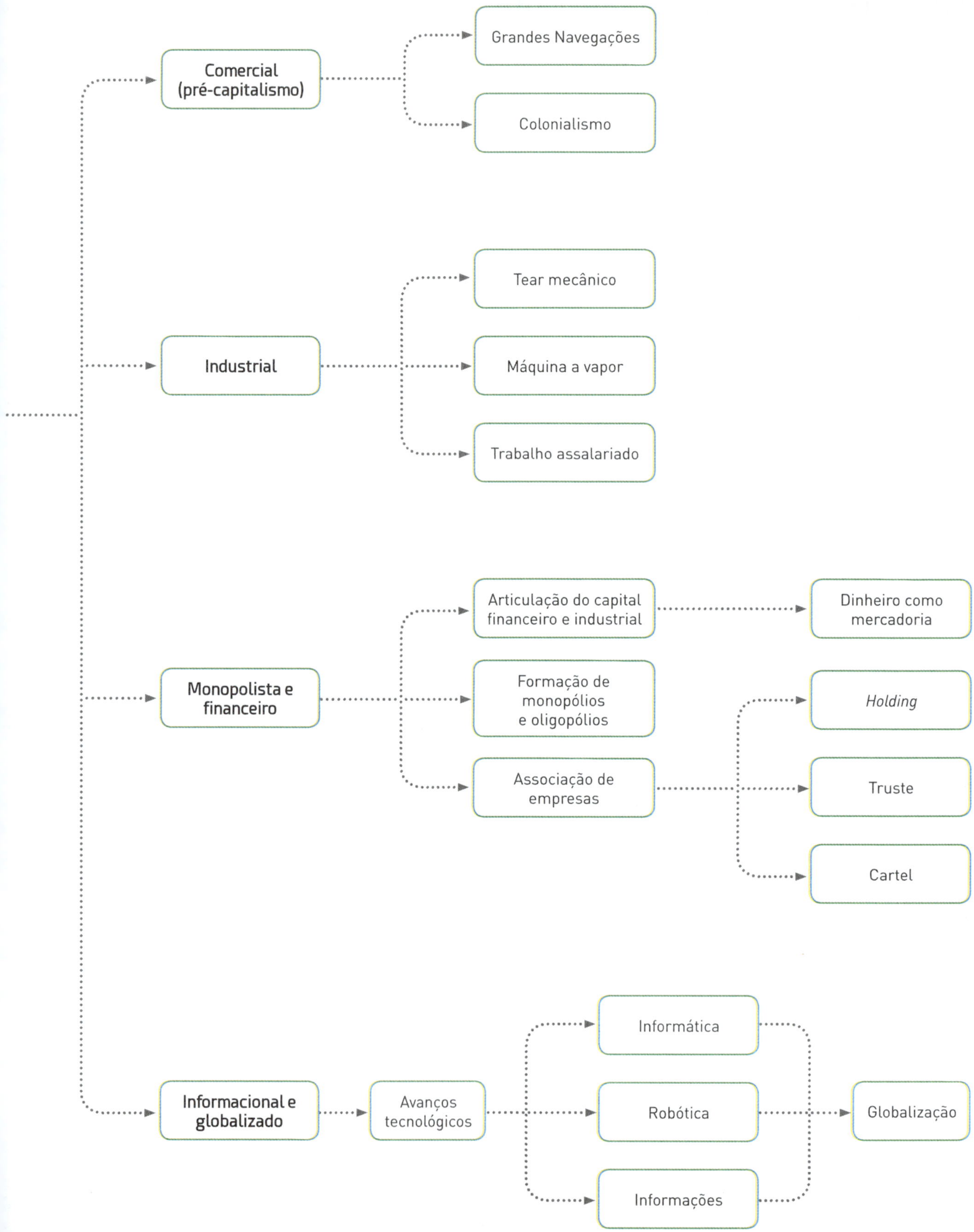
Comercial (pré-capitalismo)
Grandes Navegações
Colonialismo
Industrial
Tear mecânico
Máquina a vapor
Trabalho assalariado
Monopolista e financeiro
Articulação do capital financeiro e industrial
Dinheiro como mercadoria
Formação de monopólios e oligopólios
Associação de empresas
Holding
Truste
Cartel
Informacional e globalizado
Avanços tecnológicos
Informática
Robótica
Informações
Globalização

Sistemas de produção agrícola

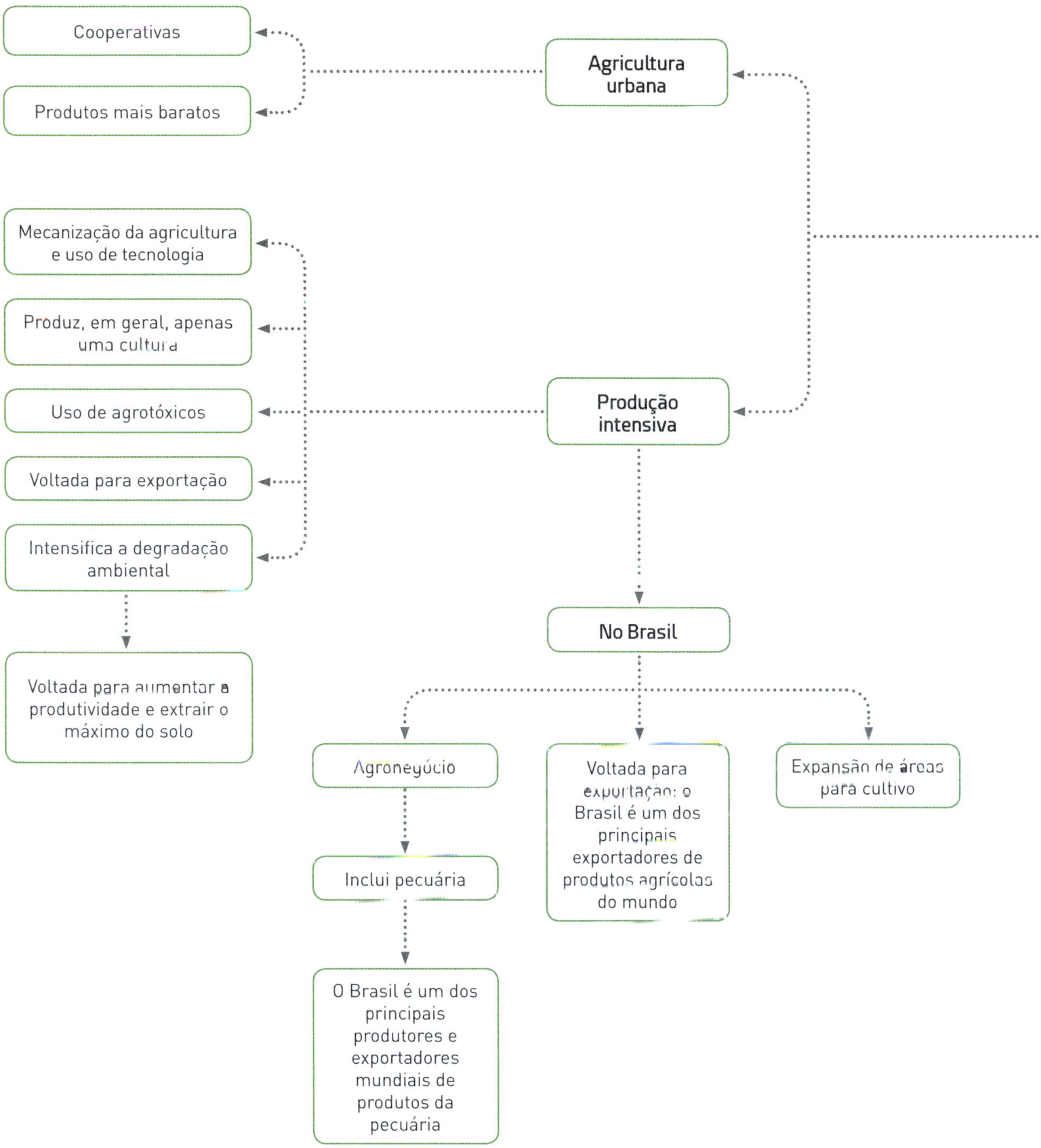

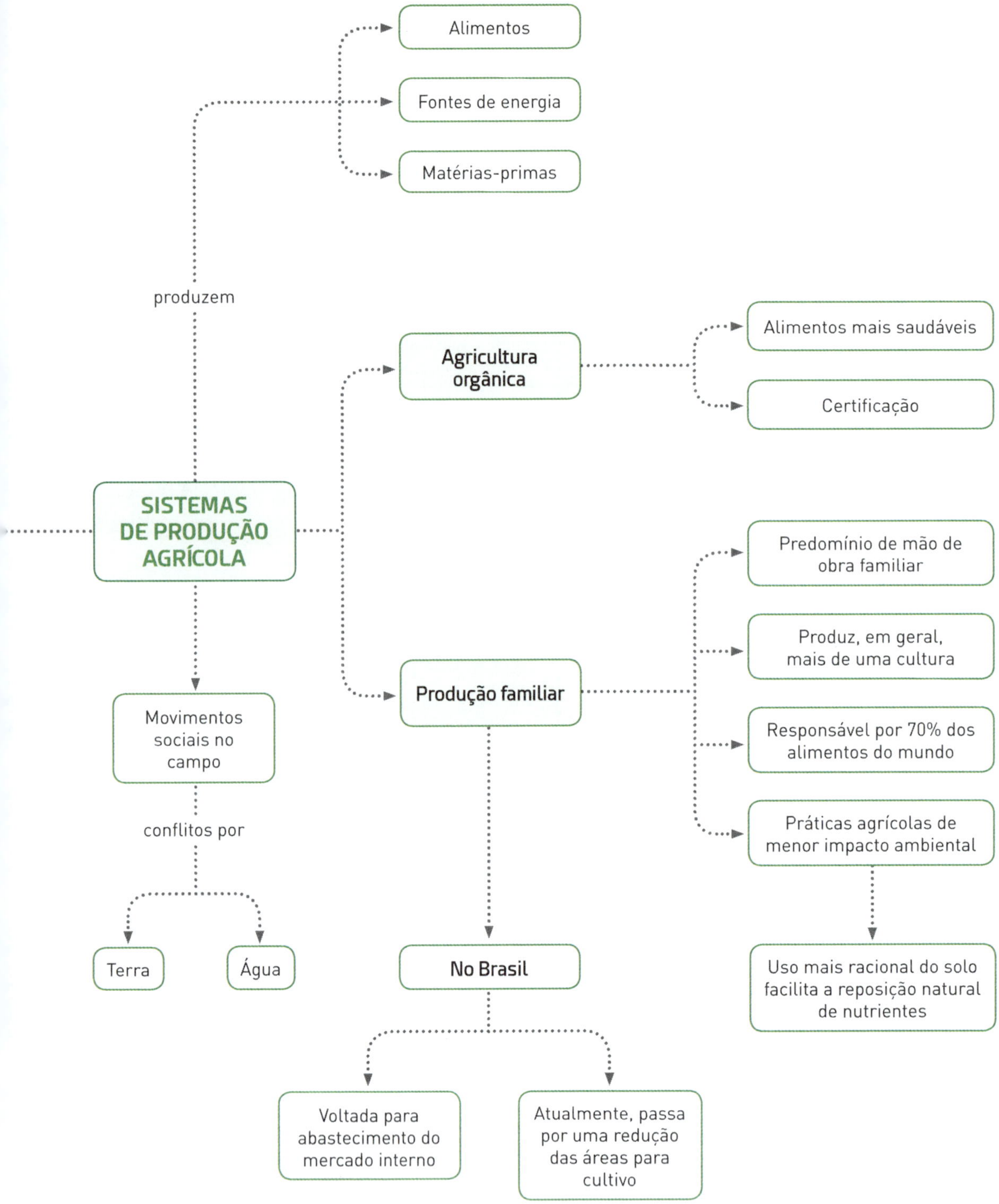

Alimentos
Fontes de energia
Matérias-primas
produzem
Agricultura orgânica
Alimentos mais saudáveis
Certificação
SISTEMAS DE PRODUÇÃO AGRÍCOLA
Predomínio de mão de obra familiar
Produz, em geral, mais de uma cultura
Produção familiar
Responsável por 70% dos alimentos do mundo
Práticas agrícolas de menor impacto ambiental
Movimentos sociais no campo
conflitos por
Terra
Água
No Brasil
Uso mais racional do solo facilita a reposição natural de nutrientes
Voltada para abastecimento do mercado interno
Atualmente, passa por uma redução das áreas para cultivo

Indústria

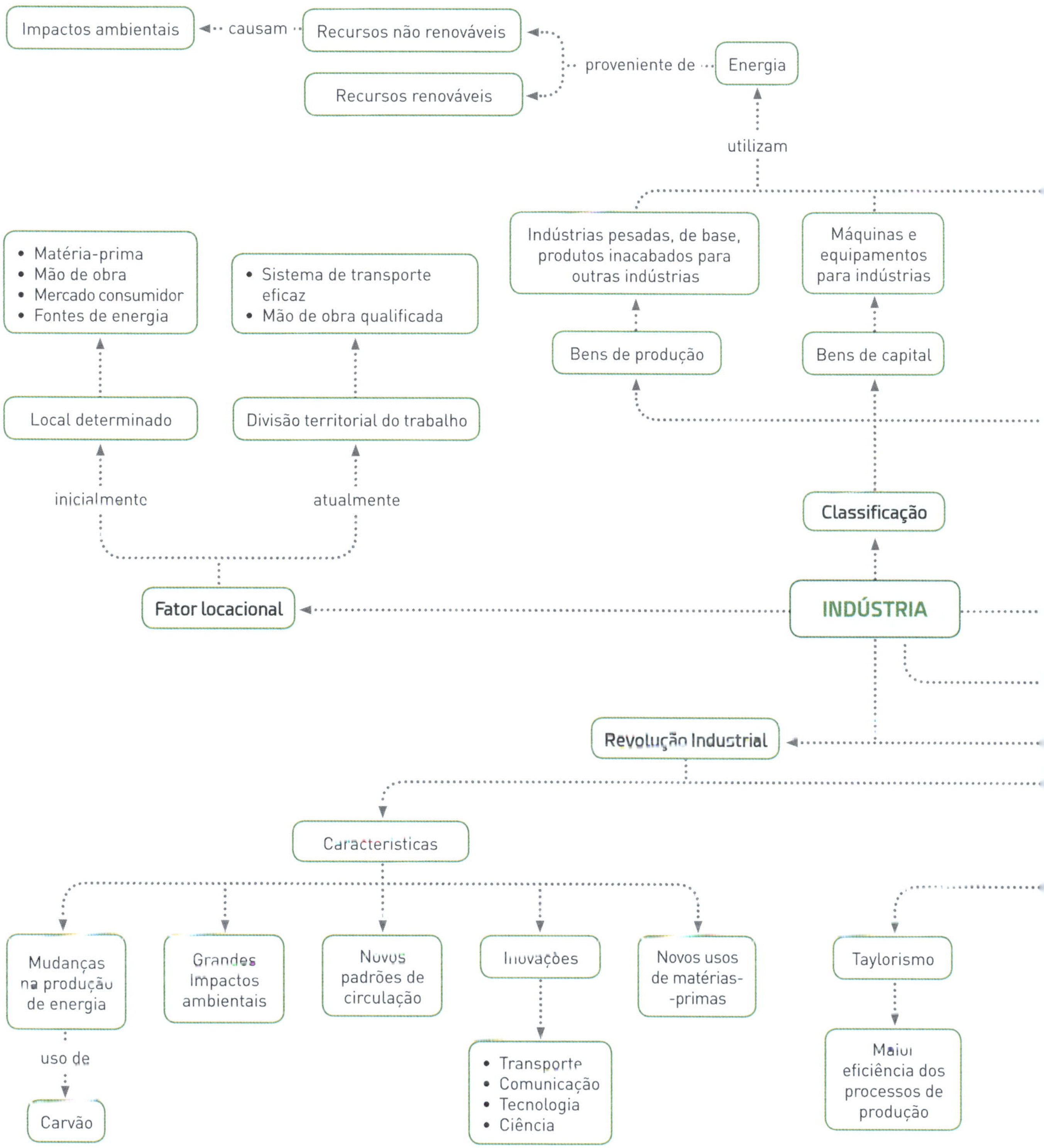

Impactos ambientais
causam
Recursos não renováveis
Recursos renováveis
proveniente de
Energia
utilizam
Indústrias pesadas, de base, produtos inacabados para outras indústrias
Máquinas e equipamentos para indústrias
Bens de produção
Bens de capital
• Matéria-prima
• Mão de obra
• Mercado consumidor
• Fontes de energia
• Sistema de transporte eficaz
• Mão de obra qualificada
Local determinado
Divisão territorial do trabalho
inicialmente
atualmente
Classificação
Fator locacional
INDÚSTRIA
Revolução Industrial
Características
Mudanças na produção de energia
uso de
Carvão
Grandes impactos ambientais
Novos padrões de circulação
Inovações
• Transporte
• Comunicação
• Tecnologia
• Ciência
Novos usos de matérias-primas
Taylorismo
Maior eficiência dos processos de produção

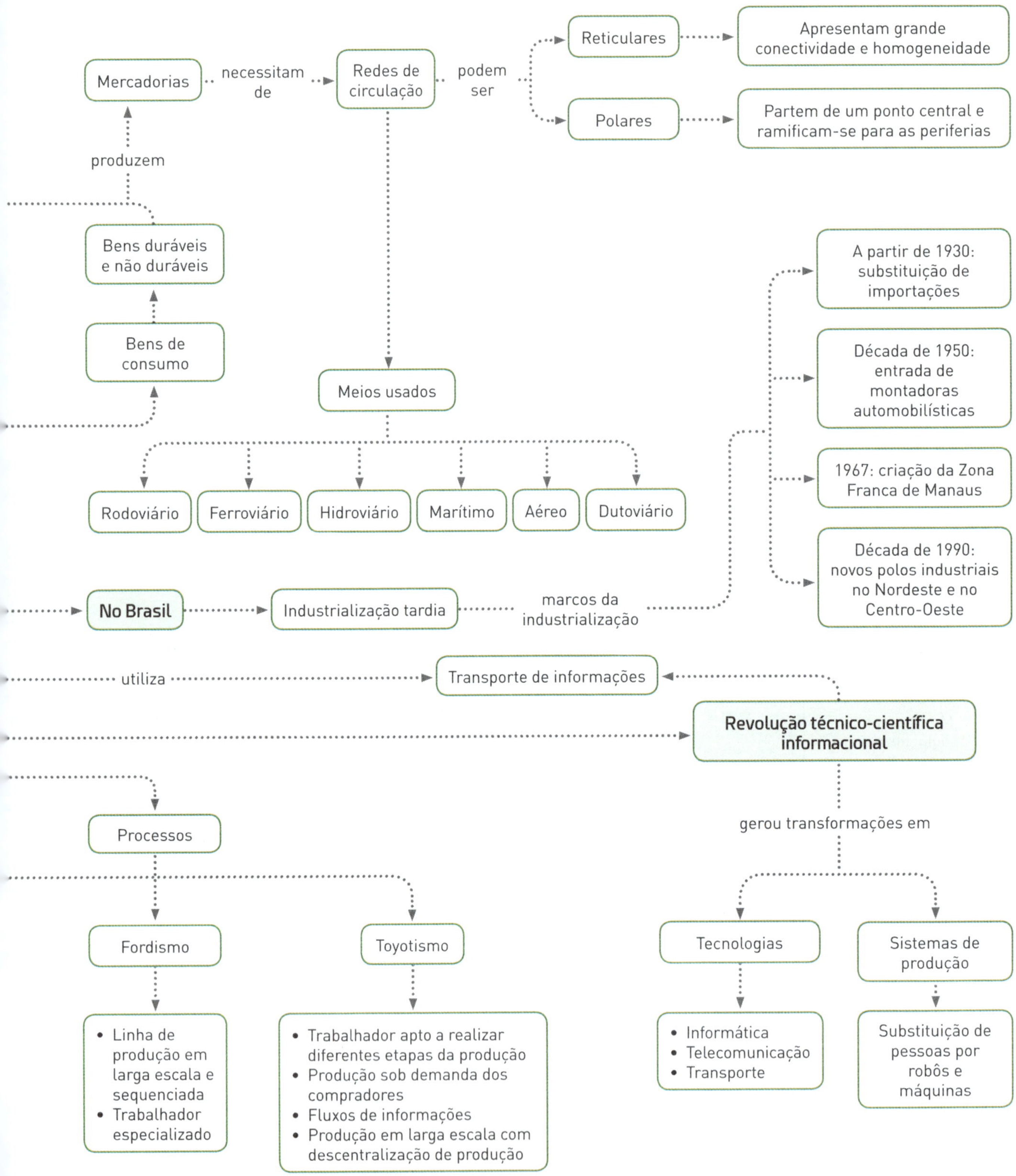
Mercadorias
necessitam de
Redes de circulação
podem ser
Reticulares
Apresentam grande conectividade e homogeneidade
Polares
Partem de um ponto central e ramificam-se para as periferias
produzem
Bens duráveis e não duráveis
Bens de consumo
Meios usados
Rodoviário
Ferroviário
Hidroviário
Marítimo
Aéreo
Dutoviário
A partir de 1930: substituição de importações
Década de 1950: entrada de montadoras automobilísticas
1967: criação da Zona Franca de Manaus
Década de 1990: novos polos industriais no Nordeste e no Centro-Oeste
No Brasil
Industrialização tardia
marcos da industrialização
utiliza
Transporte de informações
Revolução técnico-científica informacional
gerou transformações em
Processos
Fordismo
Toyotismo
Linha de produção em larga escala e sequenciada
Trabalhador especializado
Trabalhador apto a realizar diferentes etapas da produção
Produção sob demanda dos compradores
Fluxos de informações
Produção em larga escala com descentralização de produção
Tecnologias
Sistemas de produção
Informática
Telecomunicação
Transporte
Substituição de pessoas por robôs e máquinas

Globalização

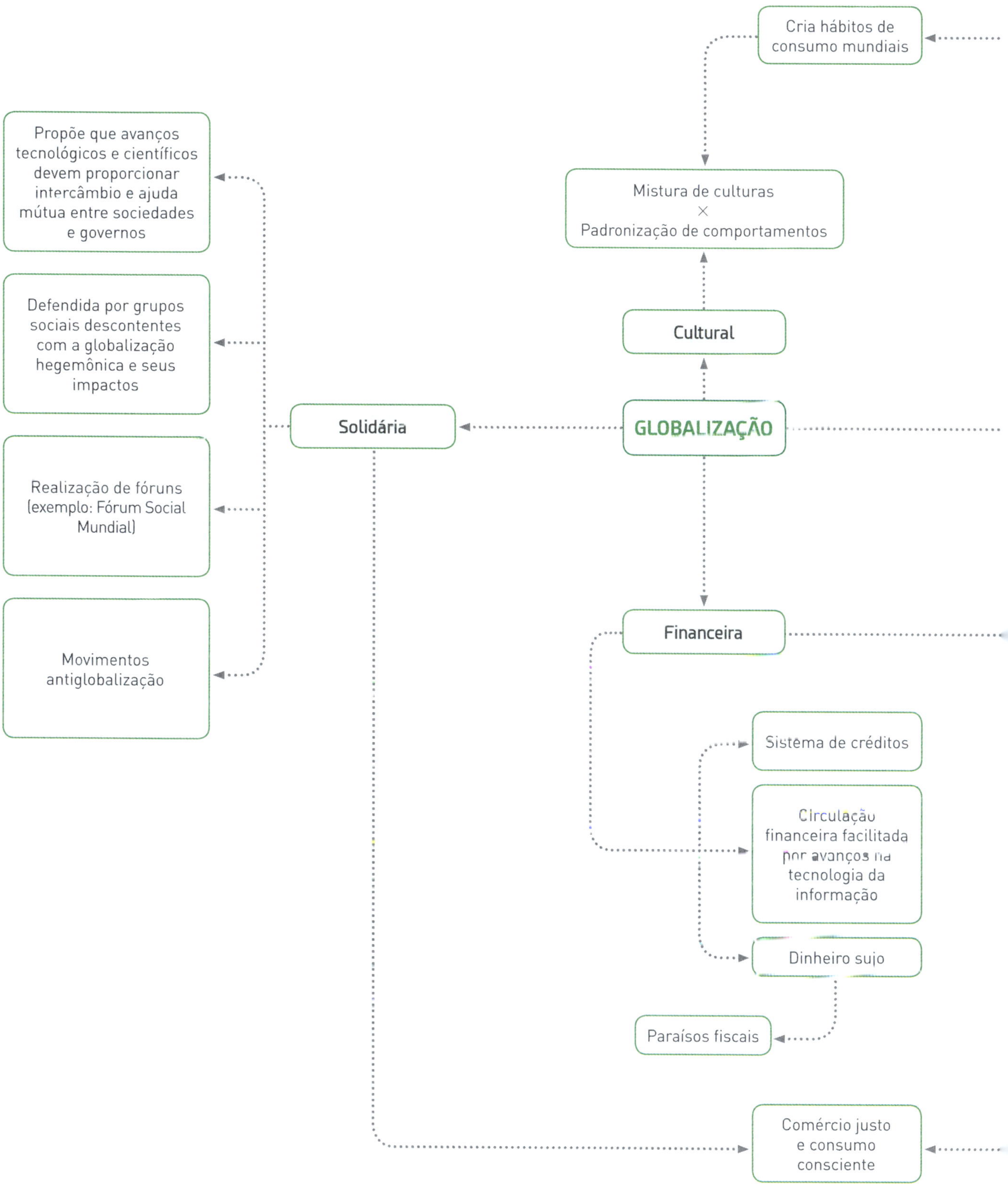

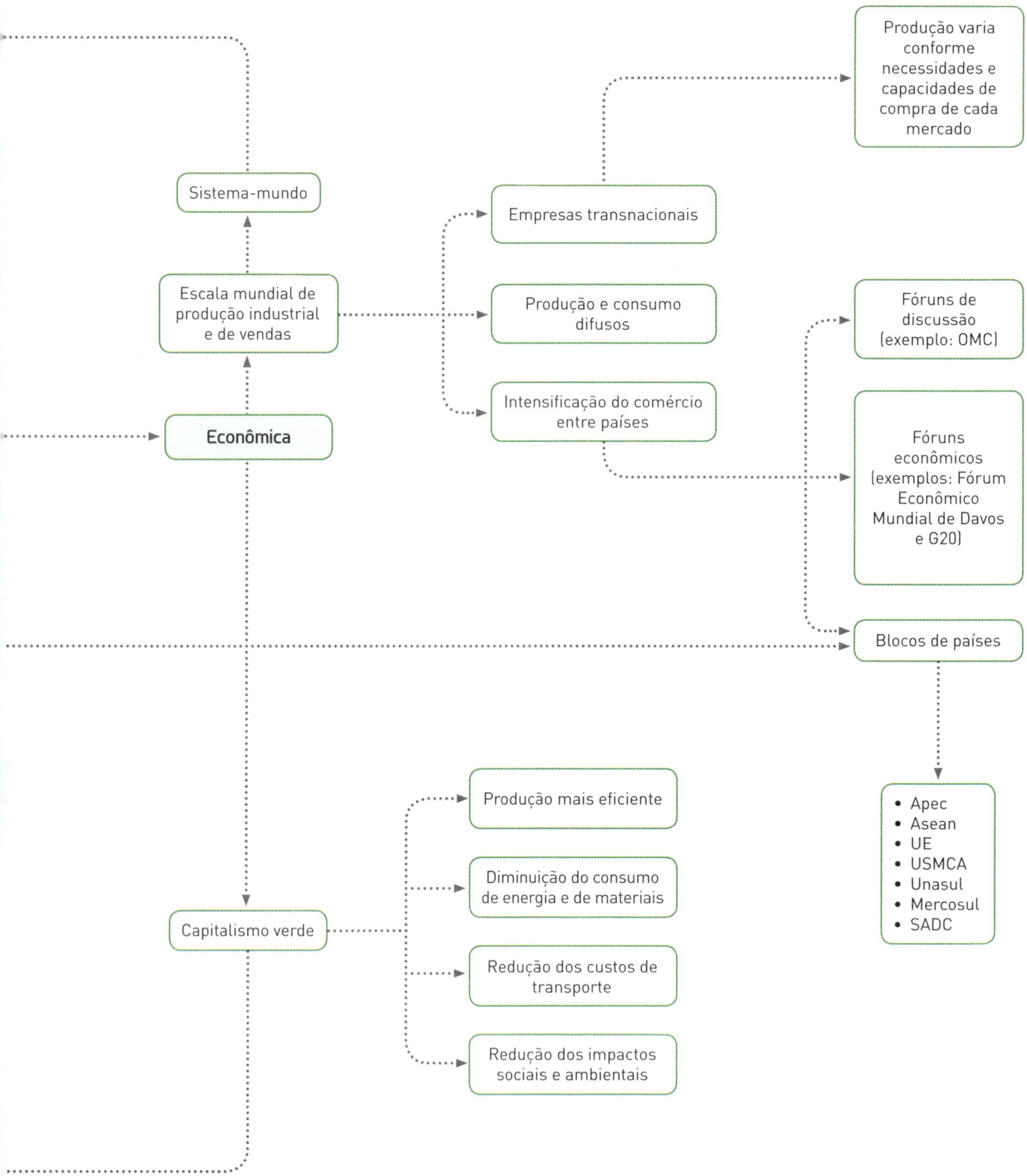
Produção varia conforme necessidades e capacidades de compra de cada mercado
Sistema-mundo
Empresas transnacionais
Escala mundial de produção industrial e de vendas
Produção e consumo difusos
Fóruns de discussão (exemplo: OMC)
Intensificação do comércio entre países
Econômica
Fóruns econômicos (exemplos: Fórum Econômico Mundial de Davos e G20)
Blocos de países
Produção mais eficiente
• Apec
• Asean
• UE
• USMCA
• Unasul
• Mercosul
• SADC
Diminuição do consumo de energia e de materiais
Capitalismo verde
Redução dos custos de transporte
Redução dos impactos sociais e ambientais

Economia da informação

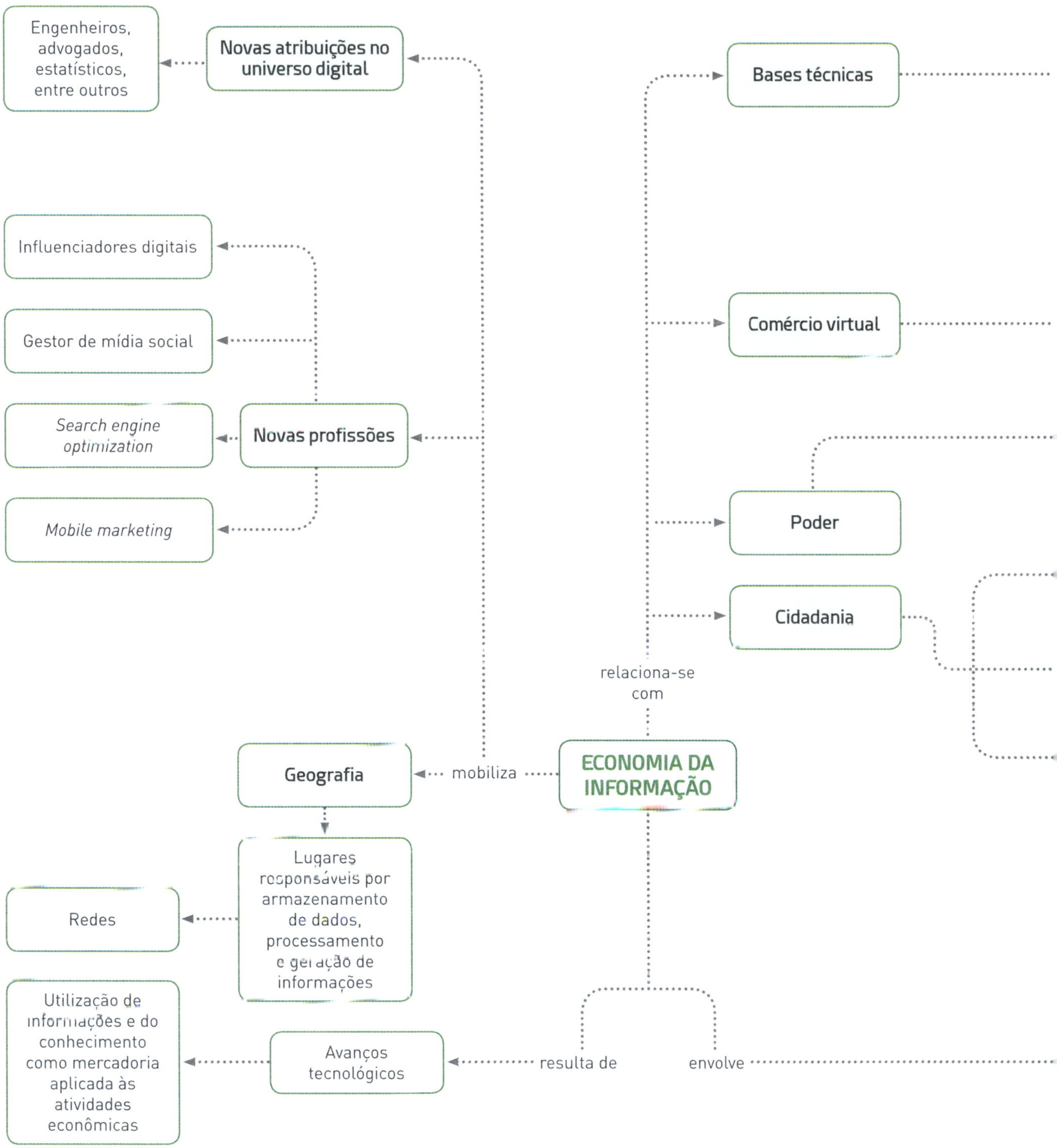

Tecnologias de informação e comunicação (TICs): *hardwares*, *softwares*, *smartphones*, aplicativos, satélites, etc. → atingem → Produção; Sociedade; Política; Cultura

→ Permitem transportar e acessar rapidamente uma grande quantidade de dados

Transações comerciais de diversos tipos de mercadorias e serviços → possibilitadas por → Redes de distribuição de informações e de transações financeiras, além de logística para envio de mercadorias

Quem controla a distribuição da informação → Governos; Empresas; Instituições

Direito ao acesso à informação verídica

Integridade e privacidade das informações com base nas tecnologias disponíveis

Direito à proteção de dados pessoais

Base de dados → Registros sem tratamento

Informação → Organização dos dados

Conhecimento → Processamento das informações

Organização dos dados / Processamento das informações → Cresceram porque a base de dados se expandiu

Revolução 4.0

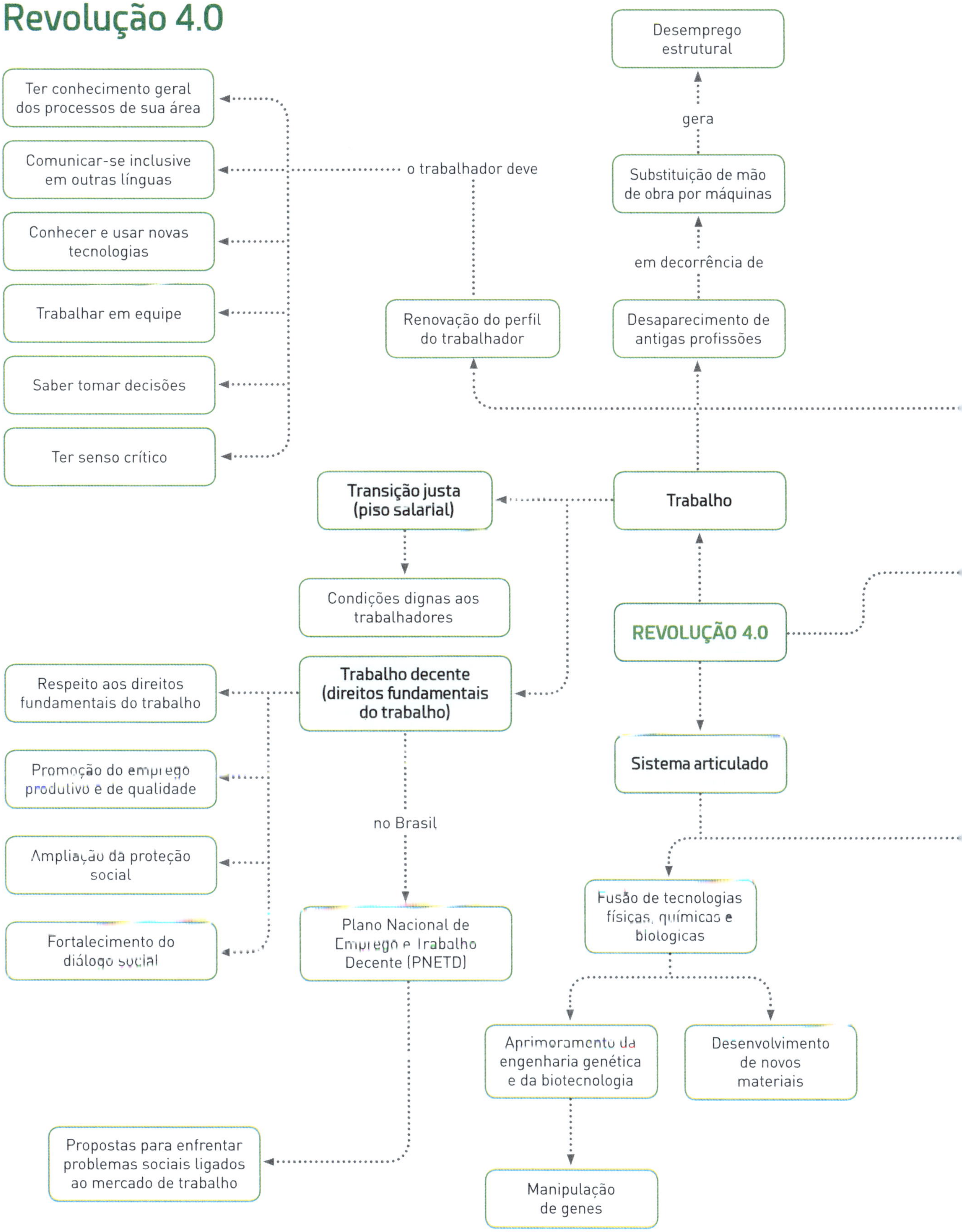

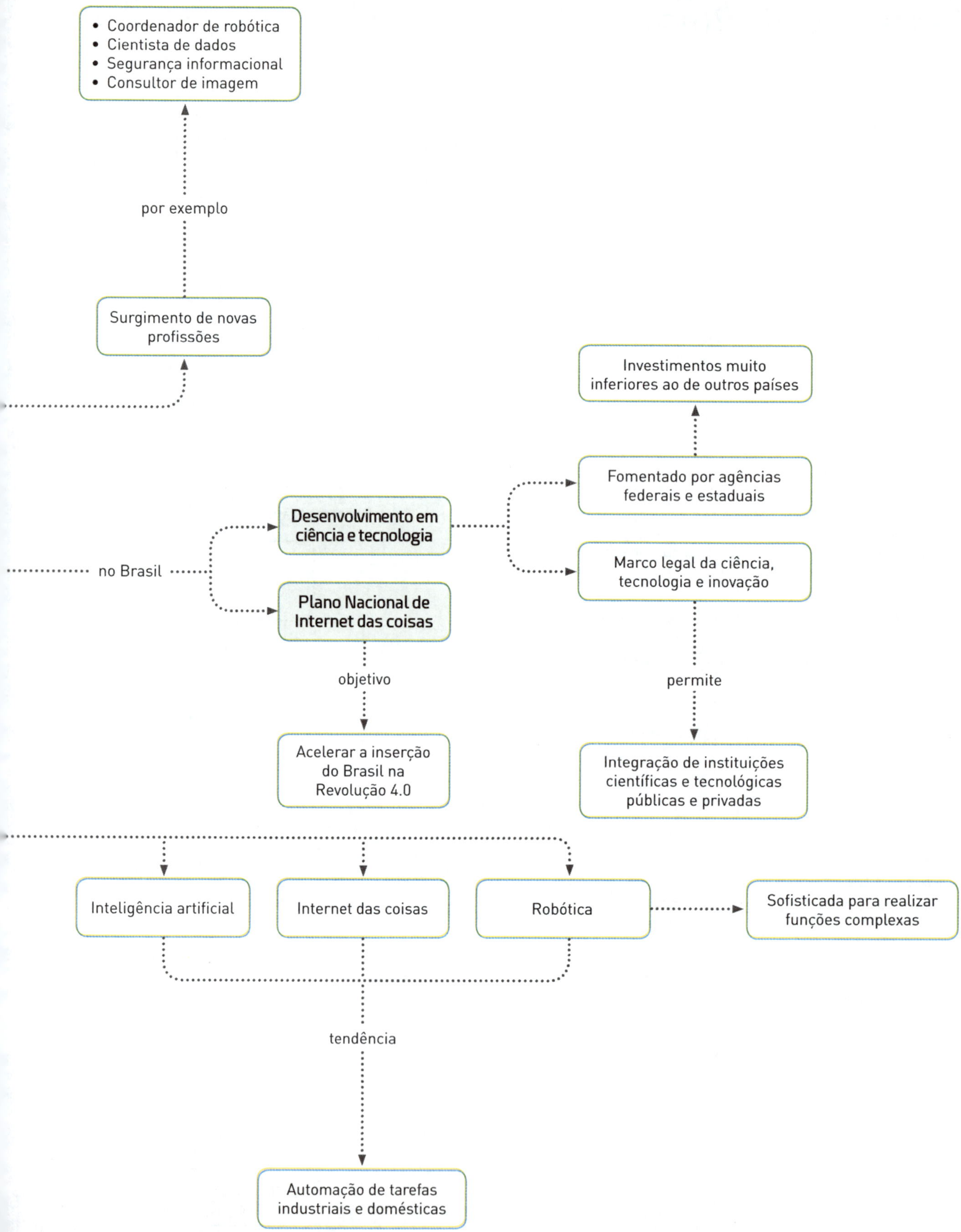
• Coordenador de robótica
• Cientista de dados
• Segurança informacional
• Consultor de imagem
por exemplo
Surgimento de novas profissões
Investimentos muito inferiores ao de outros países
Fomentado por agências federais e estaduais
no Brasil
Desenvolvimento em ciência e tecnologia
Plano Nacional de Internet das coisas
Marco legal da ciência, tecnologia e inovação
objetivo
permite
Acelerar a inserção do Brasil na Revolução 4.0
Integração de instituições científicas e tecnológicas públicas e privadas
Inteligência artificial
Internet das coisas
Robótica
Sofisticada para realizar funções complexas
tendência
Automação de tarefas industriais e domésticas

Geopolítica do Brasil

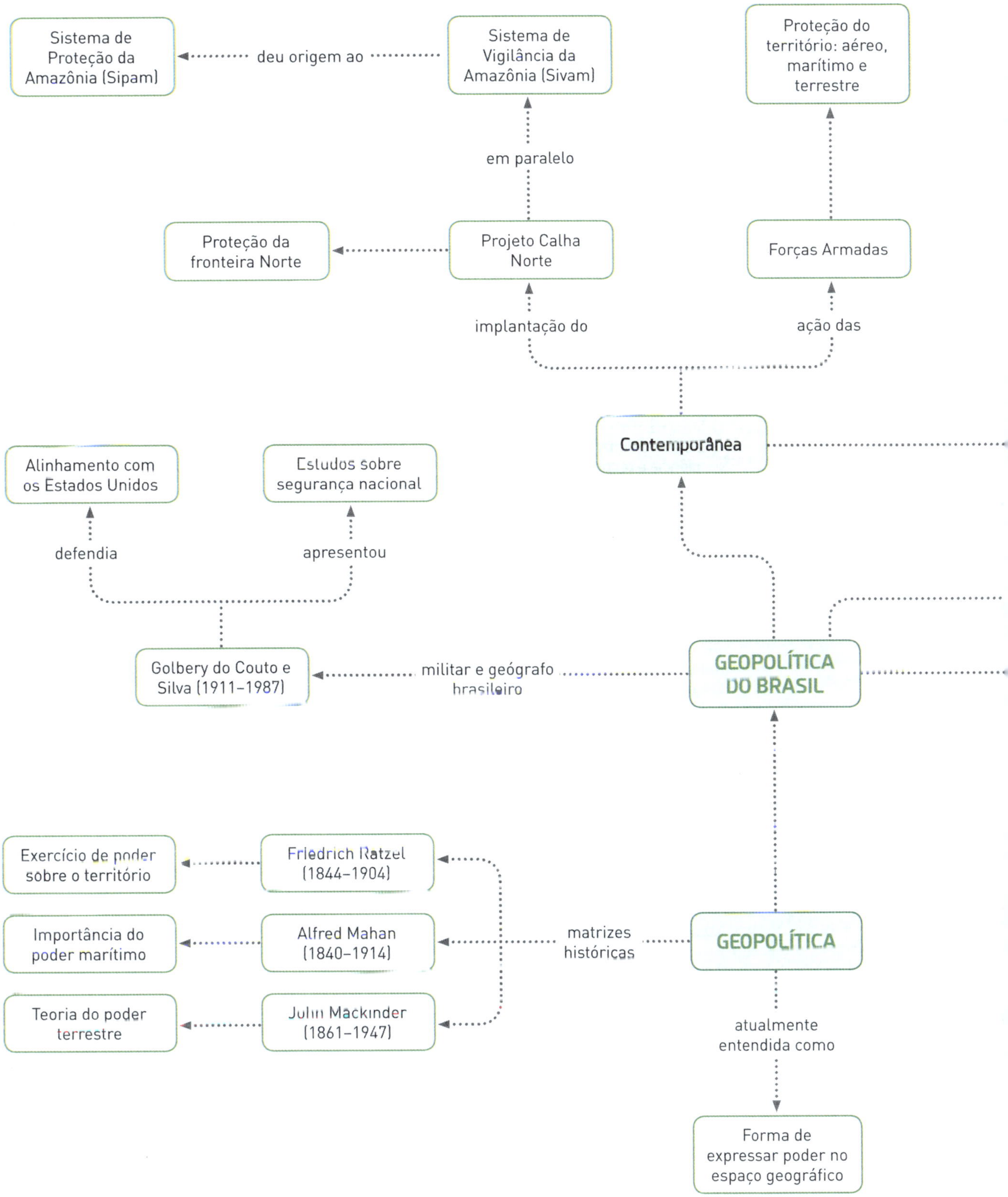

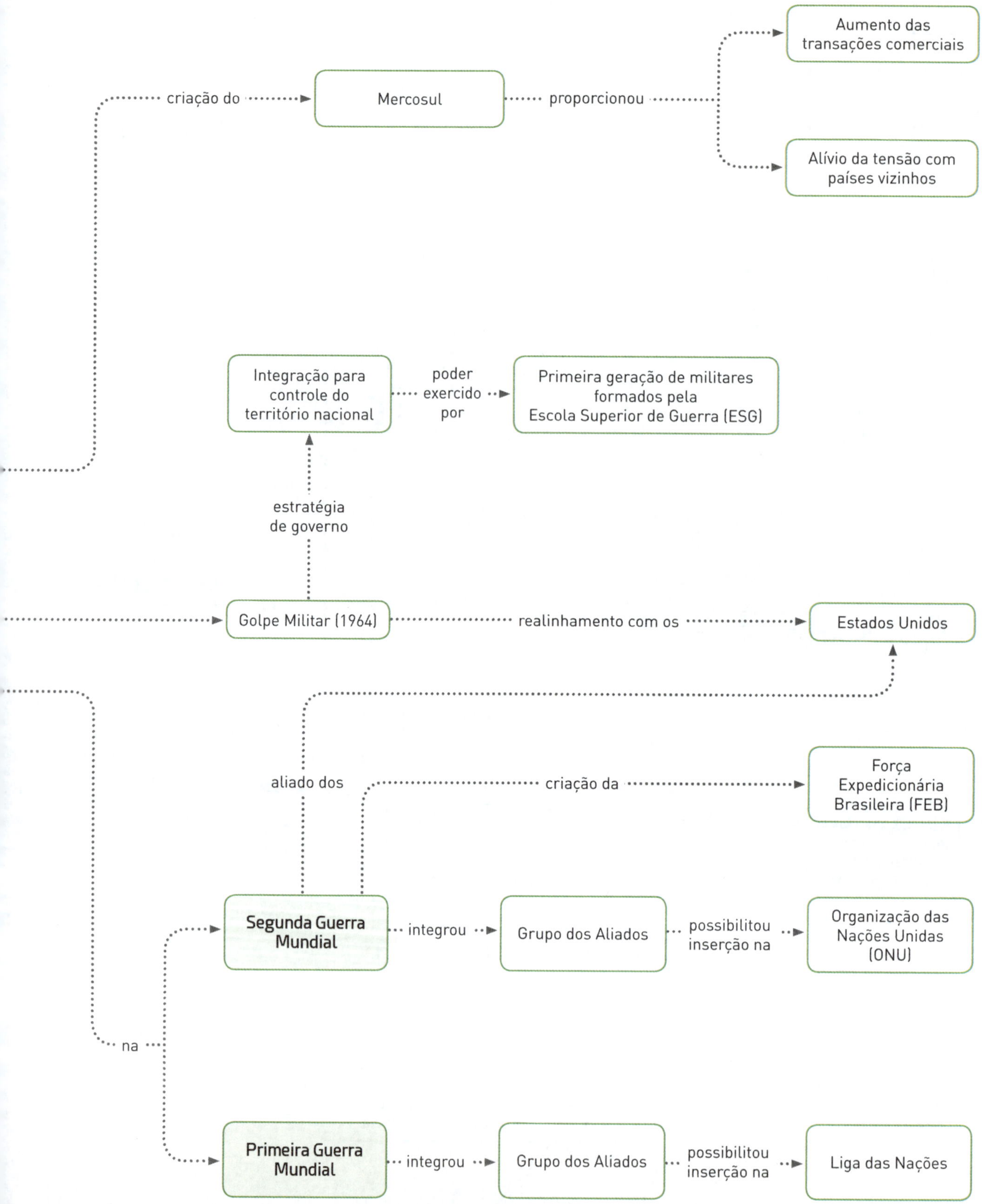
criação do
Mercosul
proporcionou
Aumento das transações comerciais
Alívio da tensão com países vizinhos
Integração para controle do território nacional
poder exercido por
Primeira geração de militares formados pela Escola Superior de Guerra (ESG)
estratégia de governo
Golpe Militar (1964)
realinhamento com os
Estados Unidos
aliado dos
criação da
Força Expedicionária Brasileira (FEB)
na
Segunda Guerra Mundial
integrou
Grupo dos Aliados
possibilitou inserção na
Organização das Nações Unidas (ONU)
Primeira Guerra Mundial
integrou
Grupo dos Aliados
possibilitou inserção na
Liga das Nações

Brasil: parcerias estratégicas

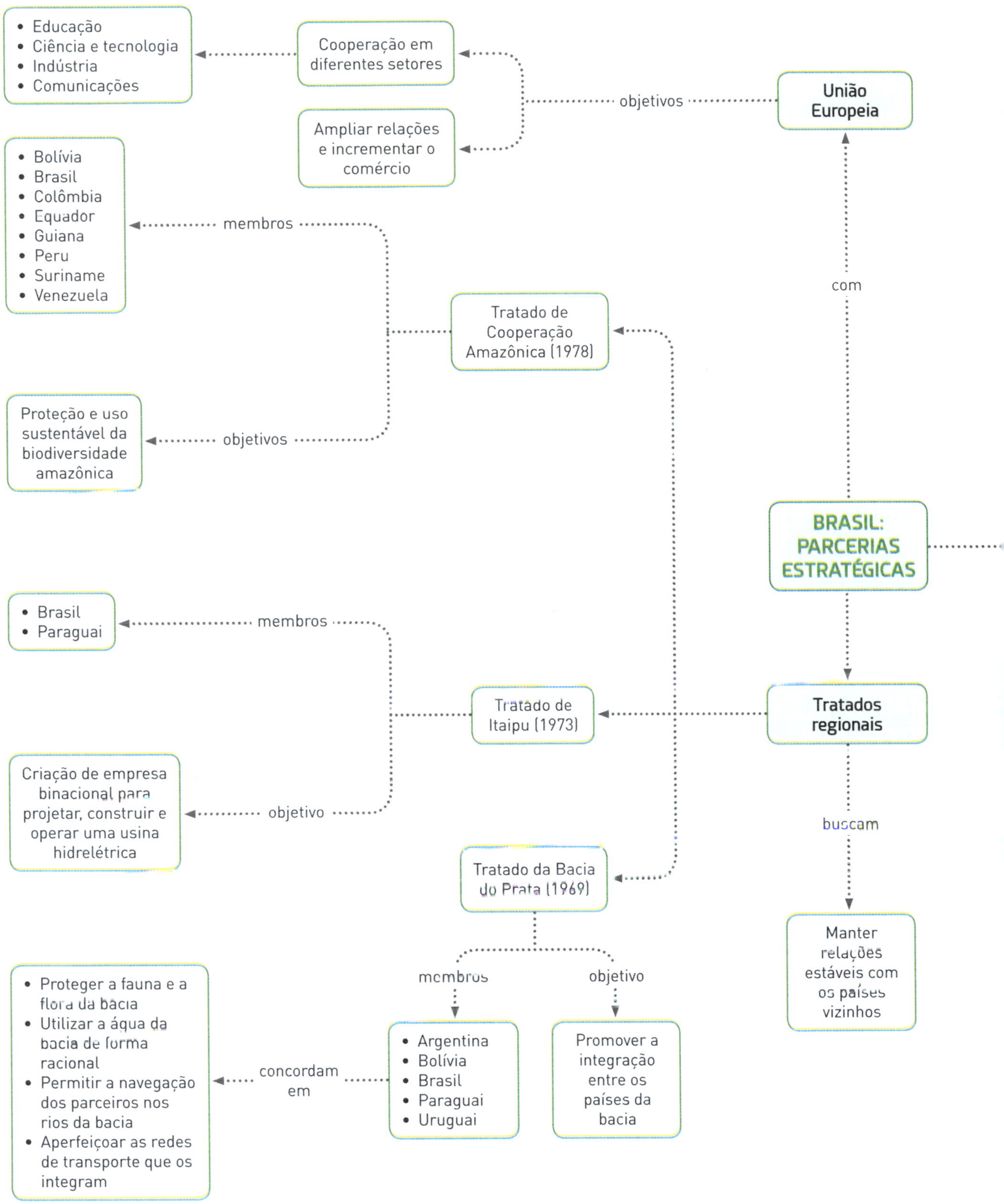

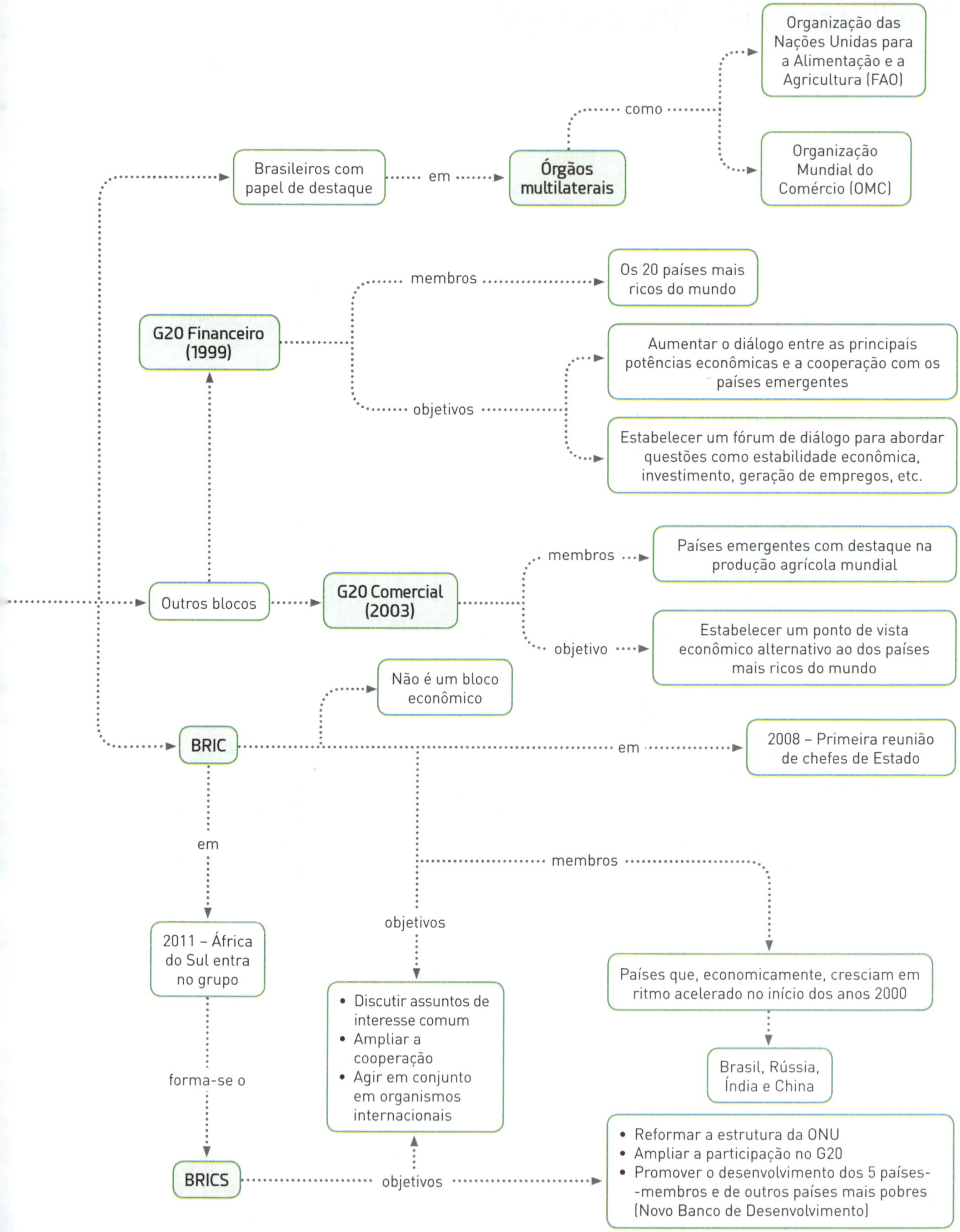
Brasileiros com papel de destaque
em
Órgãos multilaterais
como
Organização das Nações Unidas para a Alimentação e a Agricultura (FAO)
Organização Mundial do Comércio (OMC)
G20 Financeiro (1999)
membros
Os 20 países mais ricos do mundo
objetivos
Aumentar o diálogo entre as principais potências econômicas e a cooperação com os países emergentes
Estabelecer um fórum de diálogo para abordar questões como estabilidade econômica, investimento, geração de empregos, etc.
Outros blocos
G20 Comercial (2003)
membros
Países emergentes com destaque na produção agrícola mundial
objetivo
Estabelecer um ponto de vista econômico alternativo ao dos países mais ricos do mundo
Não é um bloco econômico
BRIC
em
2008 – Primeira reunião de chefes de Estado
membros
Países que, economicamente, cresciam em ritmo acelerado no início dos anos 2000
Brasil, Rússia, Índia e China
em
2011 – África do Sul entra no grupo
forma-se o
BRICS
objetivos
• Discutir assuntos de interesse comum
• Ampliar a cooperação
• Agir em conjunto em organismos internacionais
objetivos
• Reformar a estrutura da ONU
• Ampliar a participação no G20
• Promover o desenvolvimento dos 5 países-membros e de outros países mais pobres (Novo Banco de Desenvolvimento)

Brasil: economia internacional

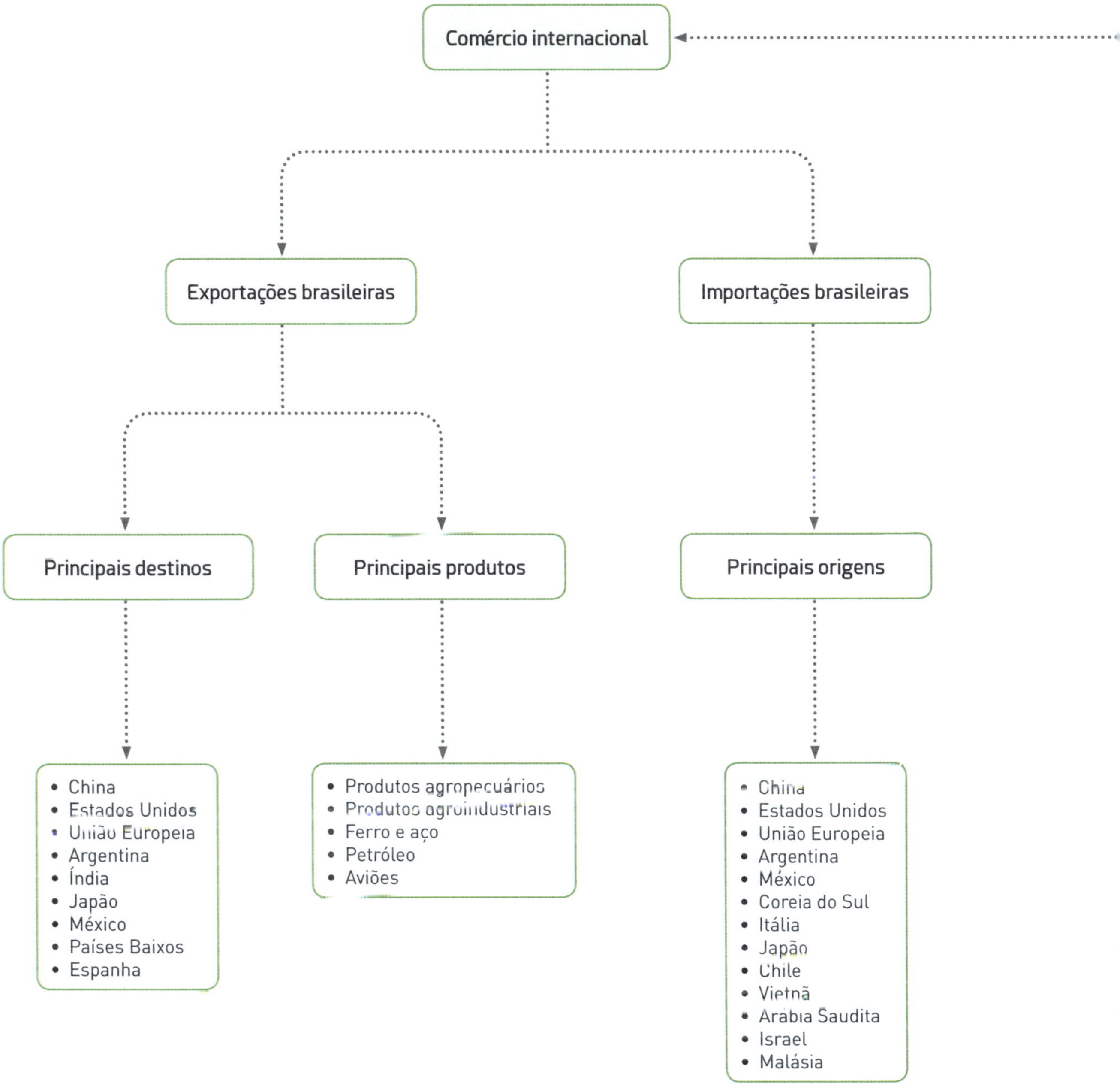

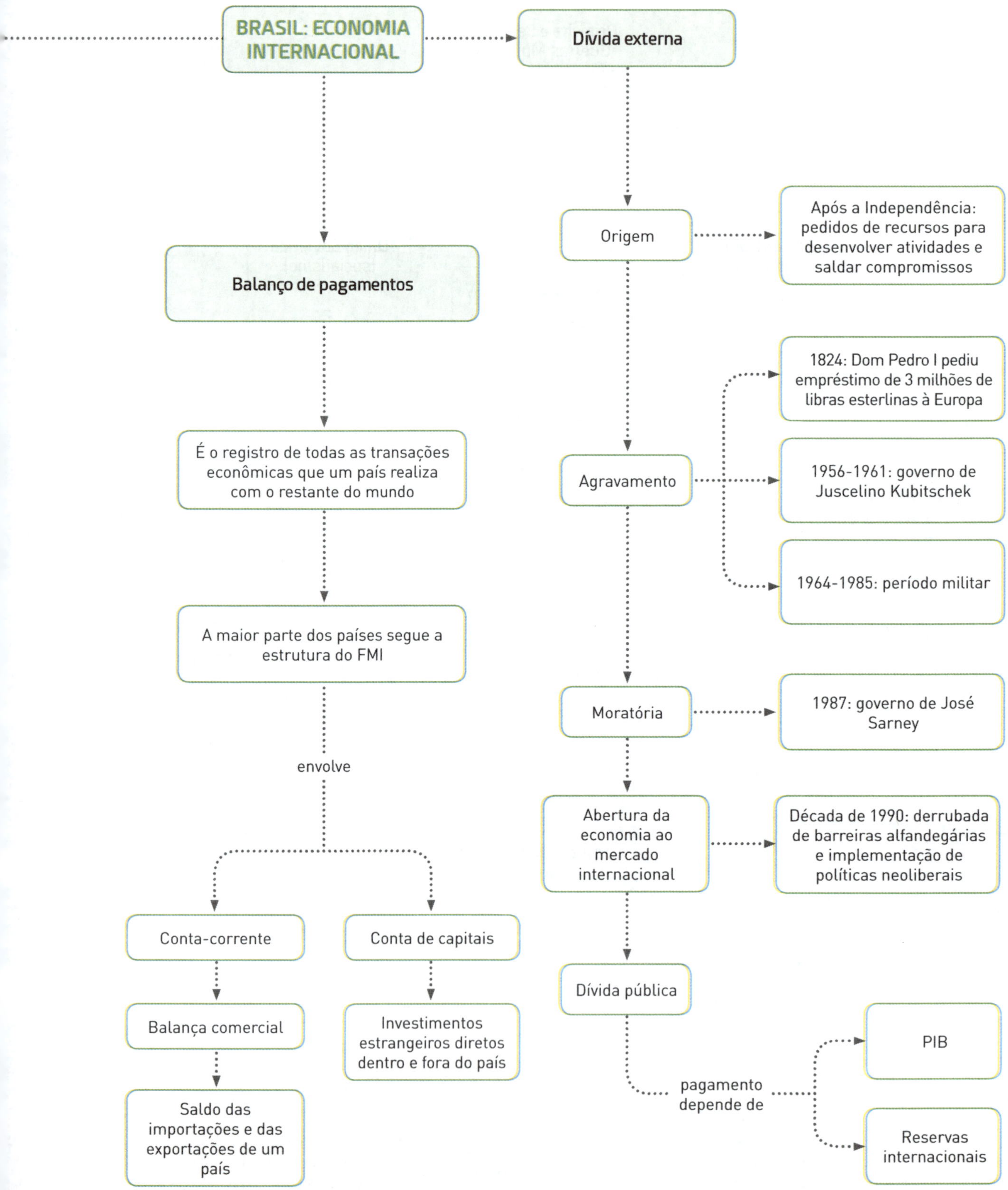

BRASIL: ECONOMIA INTERNACIONAL
Dívida externa
Origem
Após a Independência: pedidos de recursos para desenvolver atividades e saldar compromissos
Agravamento
1824: Dom Pedro I pediu empréstimo de 3 milhões de libras esterlinas à Europa
1956-1961: governo de Juscelino Kubitschek
1964-1985: período militar
Moratória
1987: governo de José Sarney
Abertura da economia ao mercado internacional
Década de 1990: derrubada de barreiras alfandegárias e implementação de políticas neoliberais
Dívida pública
pagamento depende de
PIB
Reservas internacionais
Balanço de pagamentos
É o registro de todas as transações econômicas que um país realiza com o restante do mundo
A maior parte dos países segue a estrutura do FMI
envolve
Conta-corrente
Balança comercial
Saldo das importações e das exportações de um país
Conta de capitais
Investimentos estrangeiros diretos dentro e fora do país

Mundo bipolar e multipolar

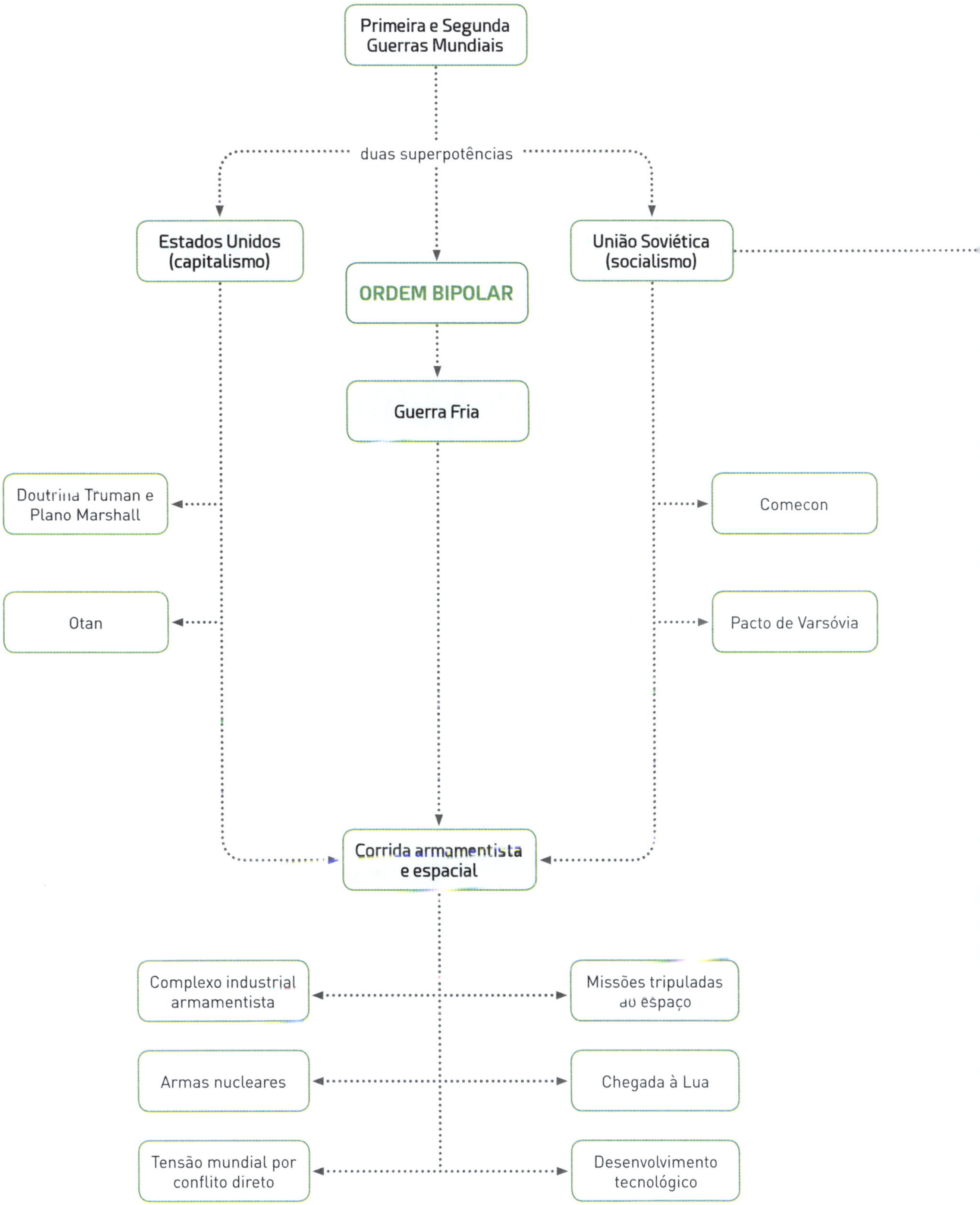

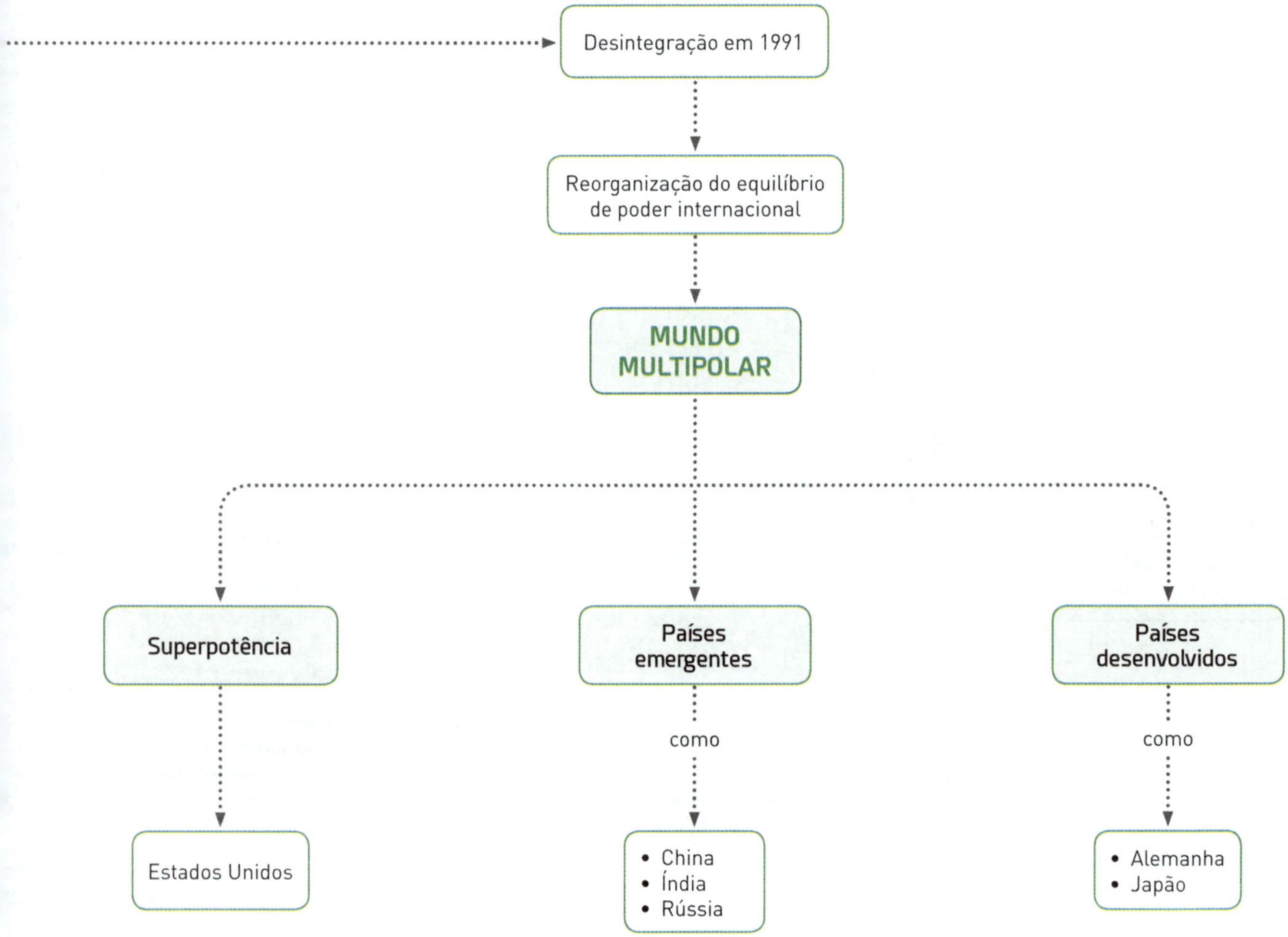
Desintegração em 1991
Reorganização do equilíbrio de poder internacional
MUNDO MULTIPOLAR
Superpotência
Estados Unidos
Países emergentes
como
• China
• Índia
• Rússia
Países desenvolvidos
como
• Alemanha
• Japão

A Organização das Nações Unidas (ONU) e o multilateralismo

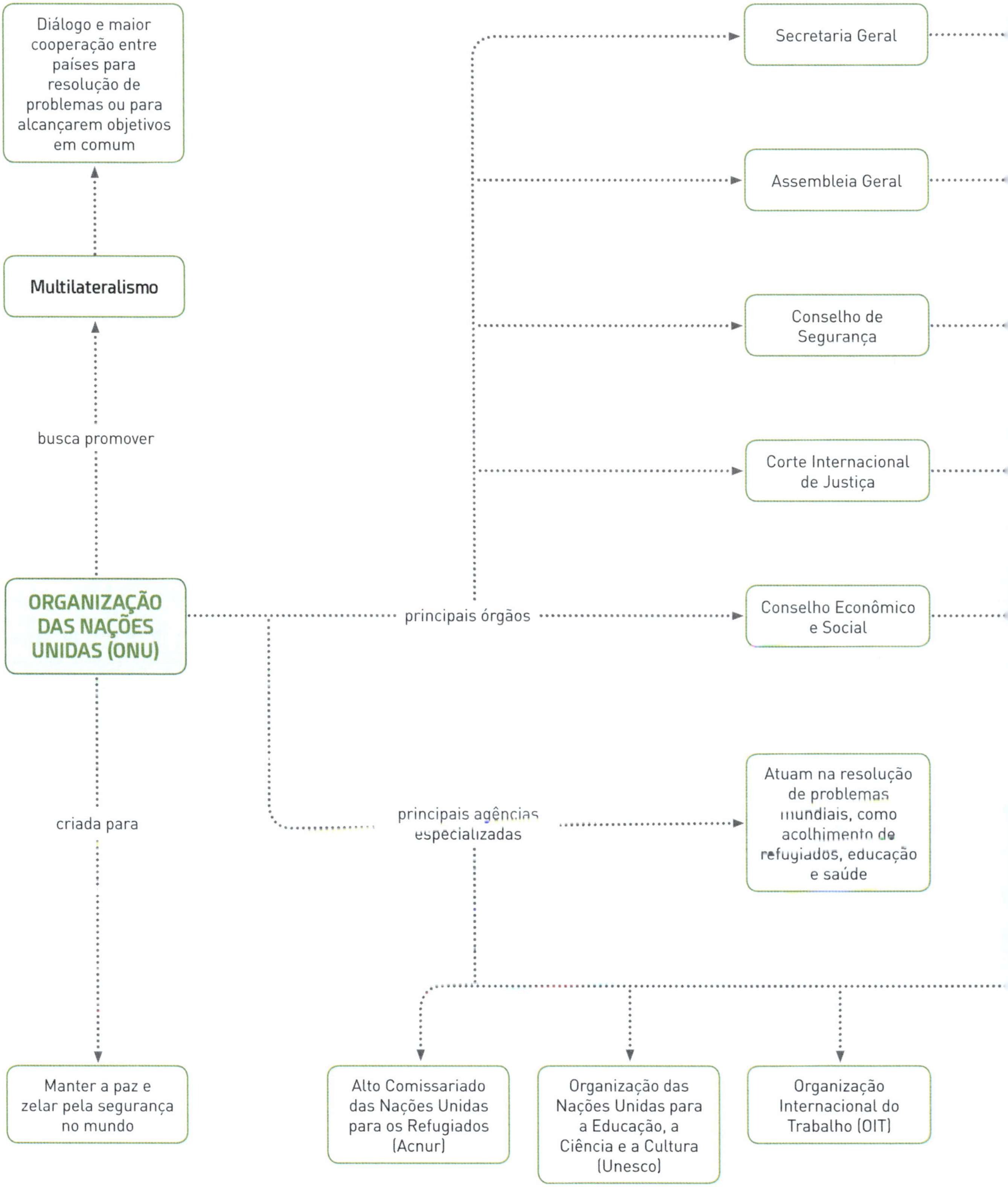

- Dirige a ONU
- Pauta a Assembleia Geral
- Recebe e envia relatórios

- Toma decisões por consenso (cada membro representa um voto)
- Realiza reuniões anuais

- Decide sanções econômicas e questões de segurança (intervenções em conflitos, por exemplo)
- Composto de 15 membros, sendo 10 rotativos e 5 não rotativos (China, EUA, França, Reino Unido, Rússia) e com poder de veto

Julga crimes humanitários

Promove estudos sobre as condições econômicas e sociais dos países e regiões

Organização das Nações Unidas para a Alimentação e a Agricultura (FAO)

Organização Mundial da Saúde (OMS)

Fundo das Nações Unidas para a Infância (Unicef)

Conflitos contemporâneos

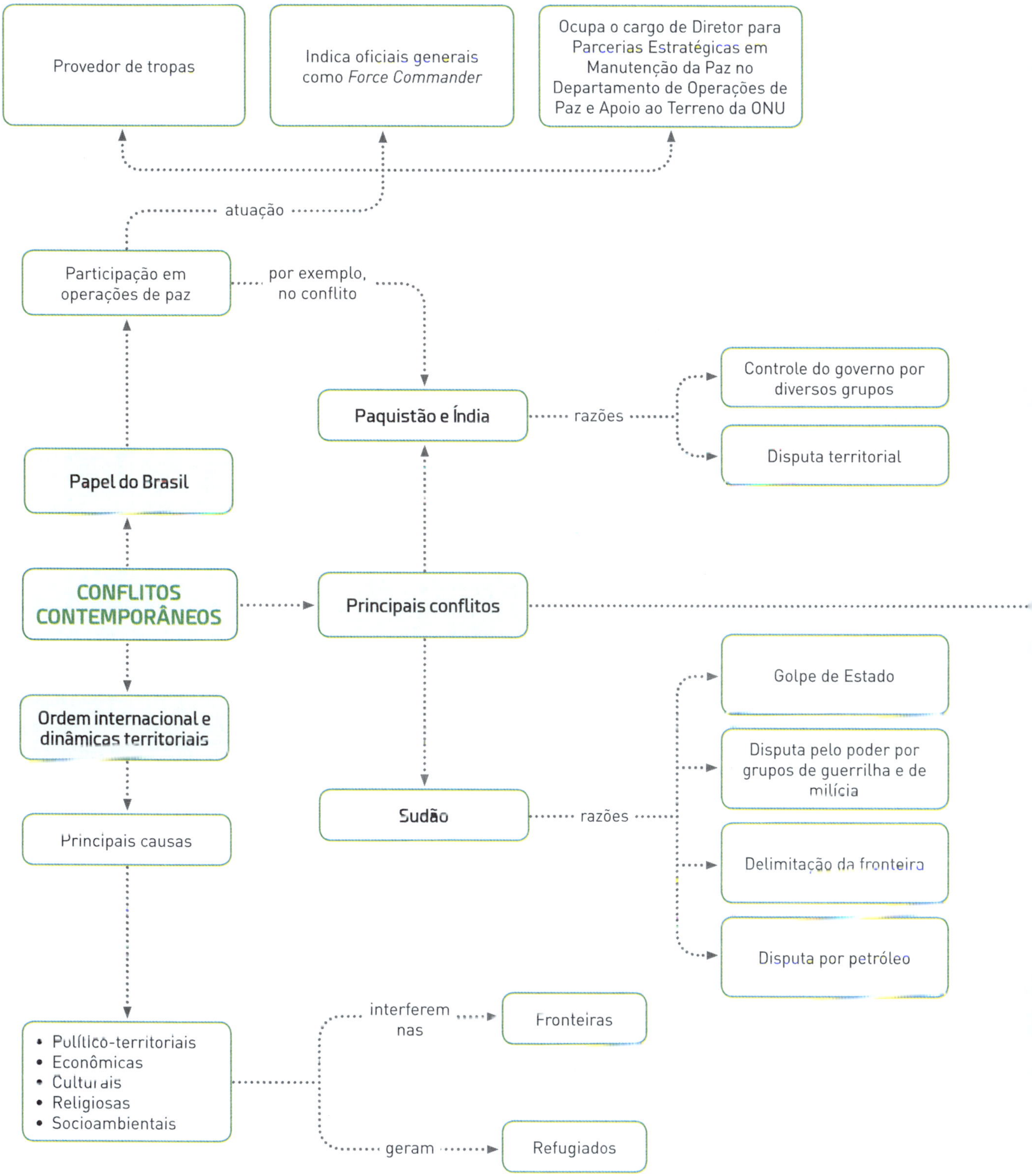

- **Israel e Palestina** — razões:
  - Controle territorial
  - Questões religiosas
  - Disputa por recursos naturais, como água e gás
- **Afeganistão** — razões:
  - Controle do governo por grupos radicais
  - Estabelecimento de um padrão cultural
- **Síria** — razões:
  - Controle do governo por diversos grupos
  - Golpe de Estado
  - Guerra civil por liberdade da população
  - Proclamação do califado pelo Estado Islâmico
- **Líbia** — razões:
  - Golpe de Estado
  - Guerra civil por liberdade da população
  - Ações de facções rebeldes contra o governo
- **Nigéria** — razões:
  - Disputa do poder por governos democráticos e militares
  - Ações terroristas
- **Coreia do Norte** — razões:
  - Controle do governo pela família Kim
  - Posse de armas nucleares

África

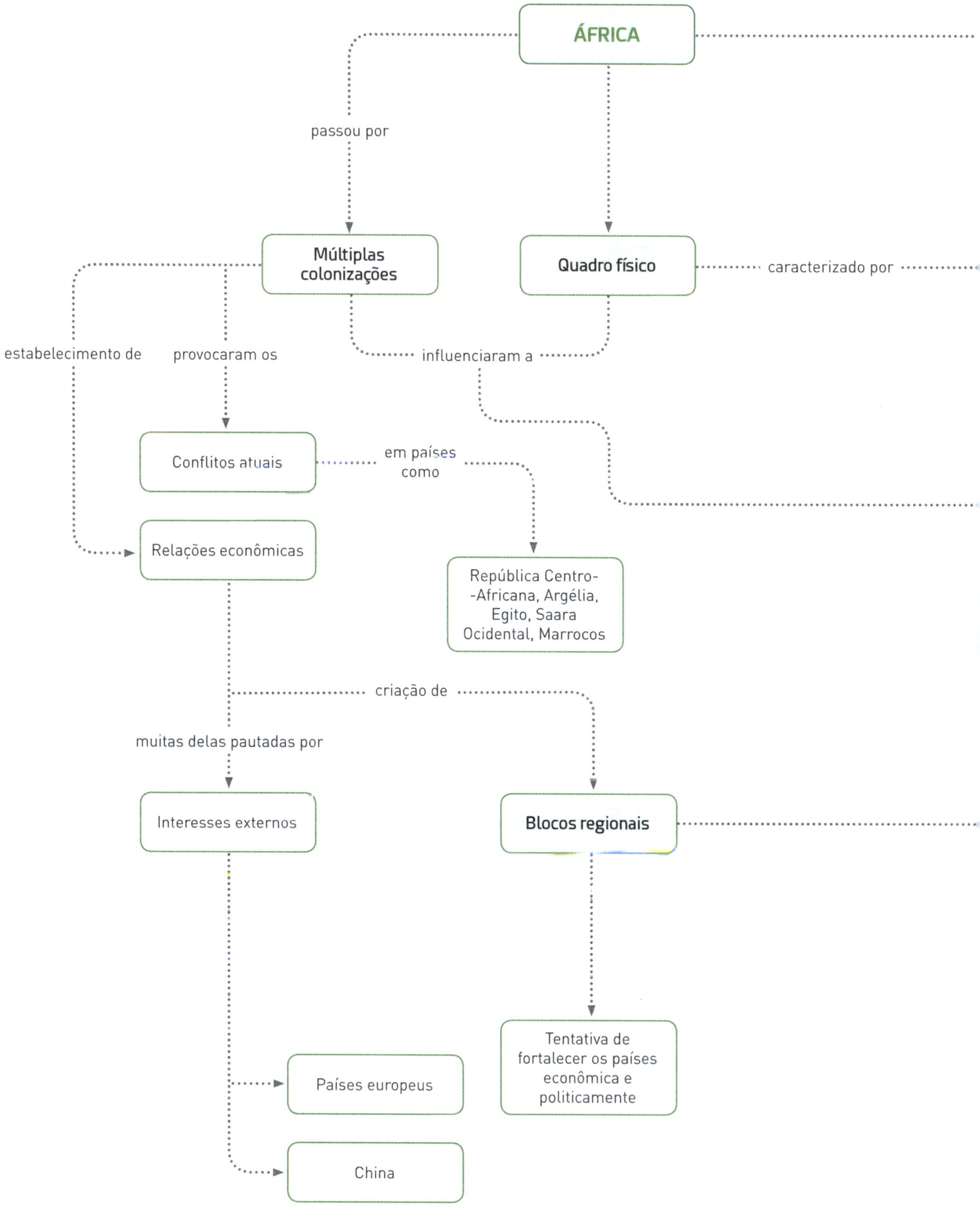
ÁFRICA
passou por
Múltiplas colonizações
Quadro físico
caracterizado por
estabelecimento de
provocaram os
influenciaram a
Conflitos atuais
em países como
Relações econômicas
República Centro-Africana, Argélia, Egito, Saara Ocidental, Marrocos
criação de
muitas delas pautadas por
Interesses externos
Blocos regionais
Tentativa de fortalecer os países econômica e politicamente
Países europeus
China

- Savanas
- Florestas Equatoriais
- Vastas áreas desérticas
- Predomínio de planaltos

Povos originários → Nubas, san, pigmeus, tuaregues

desprezados na

Riqueza de recursos minerais: petróleo, urânio, pedras preciosas, entre outros

Partilha da África

Formação territorial atual ← levou à

como

Mercado Comum da África Austral e Oriental (Comesa)

Comunidade do Leste Africano (EAC)

Comunidade Econômica dos Estados da África Central (ECCAS)

Comunidade Econômica dos Estados da África Ocidental (Ecowas)

Autoridade Intergovernamental para o Desenvolvimento (Igad)

Comunidade de Desenvolvimento da África Meridional (SADC)

União Africana (AU)

África islâmica e os países africanos de língua portuguesa

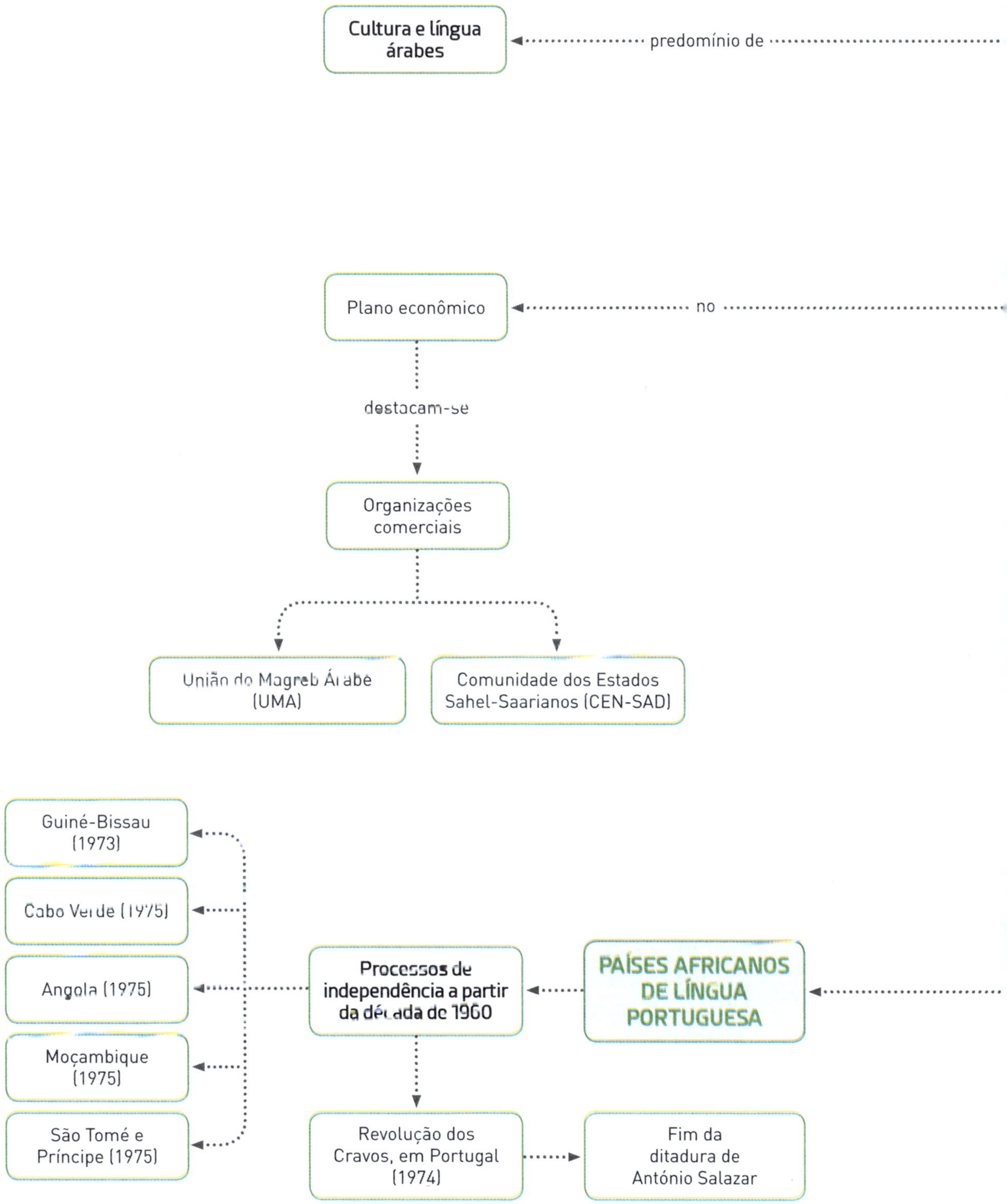

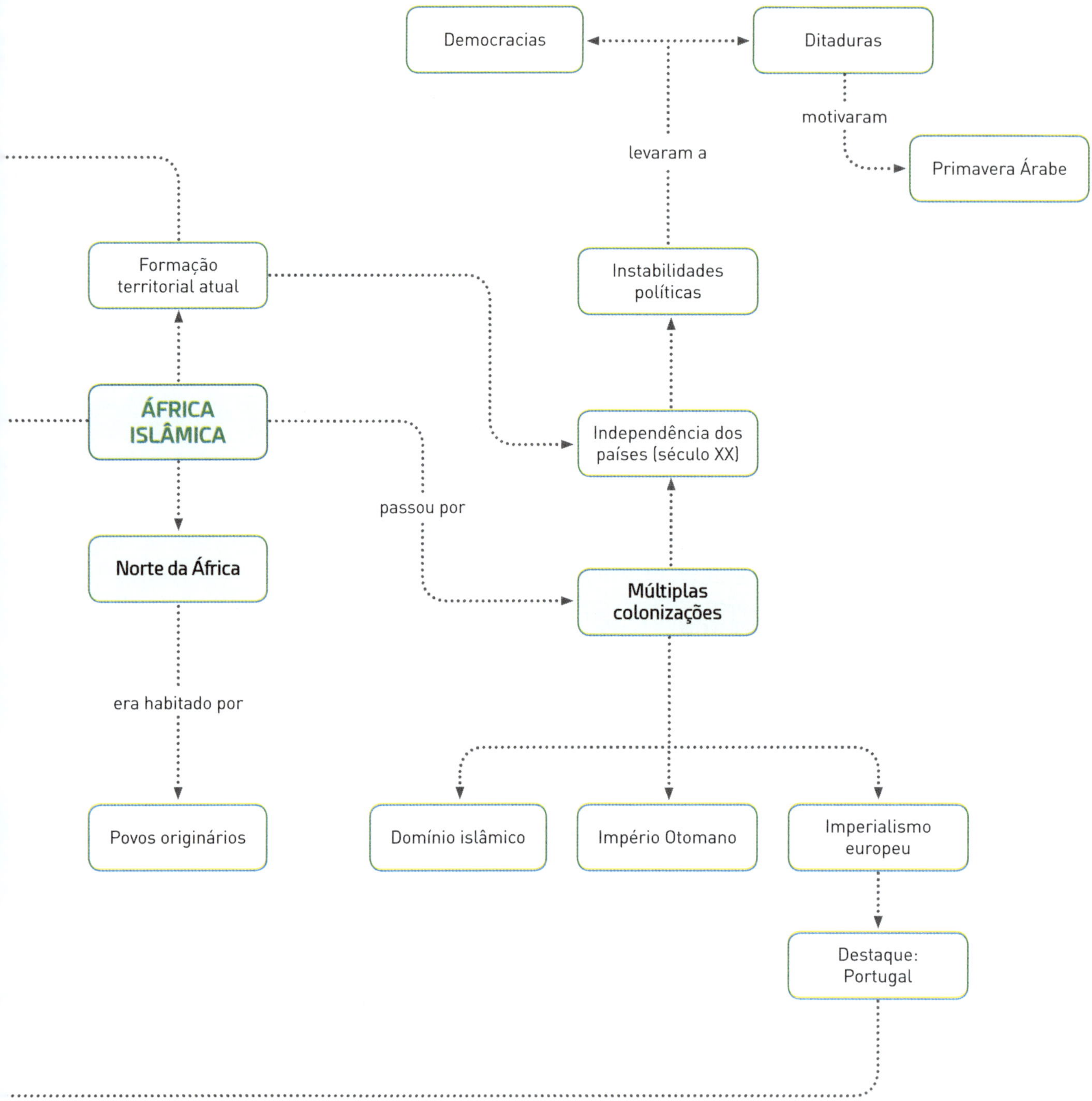
Democracias
Ditaduras
levaram a
motivaram
Primavera Árabe
Formação territorial atual
Instabilidades políticas
ÁFRICA ISLÂMICA
Independência dos países (século XX)
passou por
Norte da África
Múltiplas colonizações
era habitado por
Povos originários
Domínio islâmico
Império Otomano
Imperialismo europeu
Destaque: Portugal

Oceania

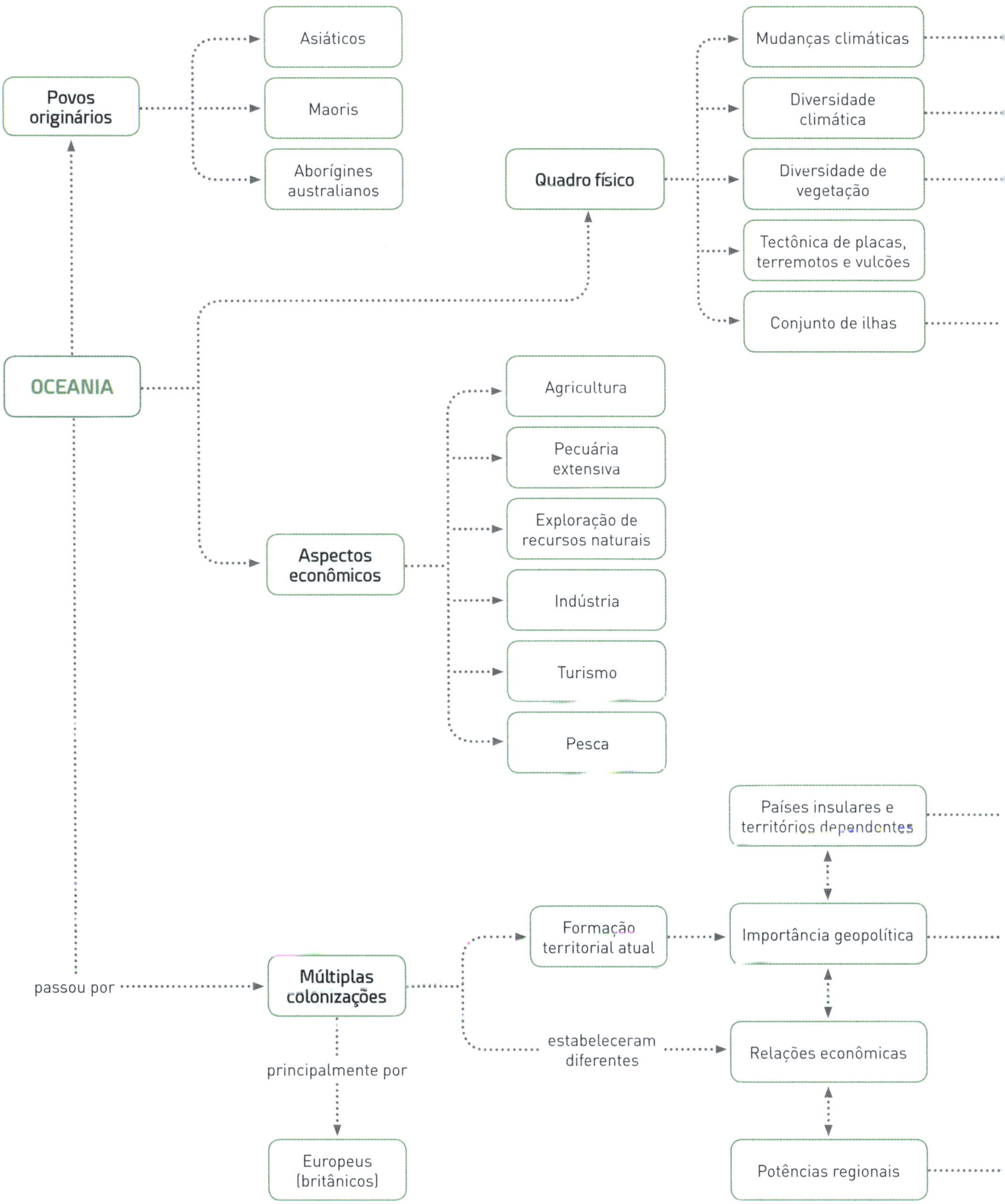

OCEANIA
Povos originários
Asiáticos
Maoris
Aborígines australianos
Quadro físico
Mudanças climáticas
Diversidade climática
Diversidade de vegetação
Tectônica de placas, terremotos e vulcões
Conjunto de ilhas
Aspectos econômicos
Agricultura
Pecuária extensiva
Exploração de recursos naturais
Indústria
Turismo
Pesca
passou por
Múltiplas colonizações
principalmente por
Europeus (britânicos)
Formação territorial atual
estabeleceram diferentes
Países insulares e territórios dependentes
Importância geopolítica
Relações econômicas
Potências regionais

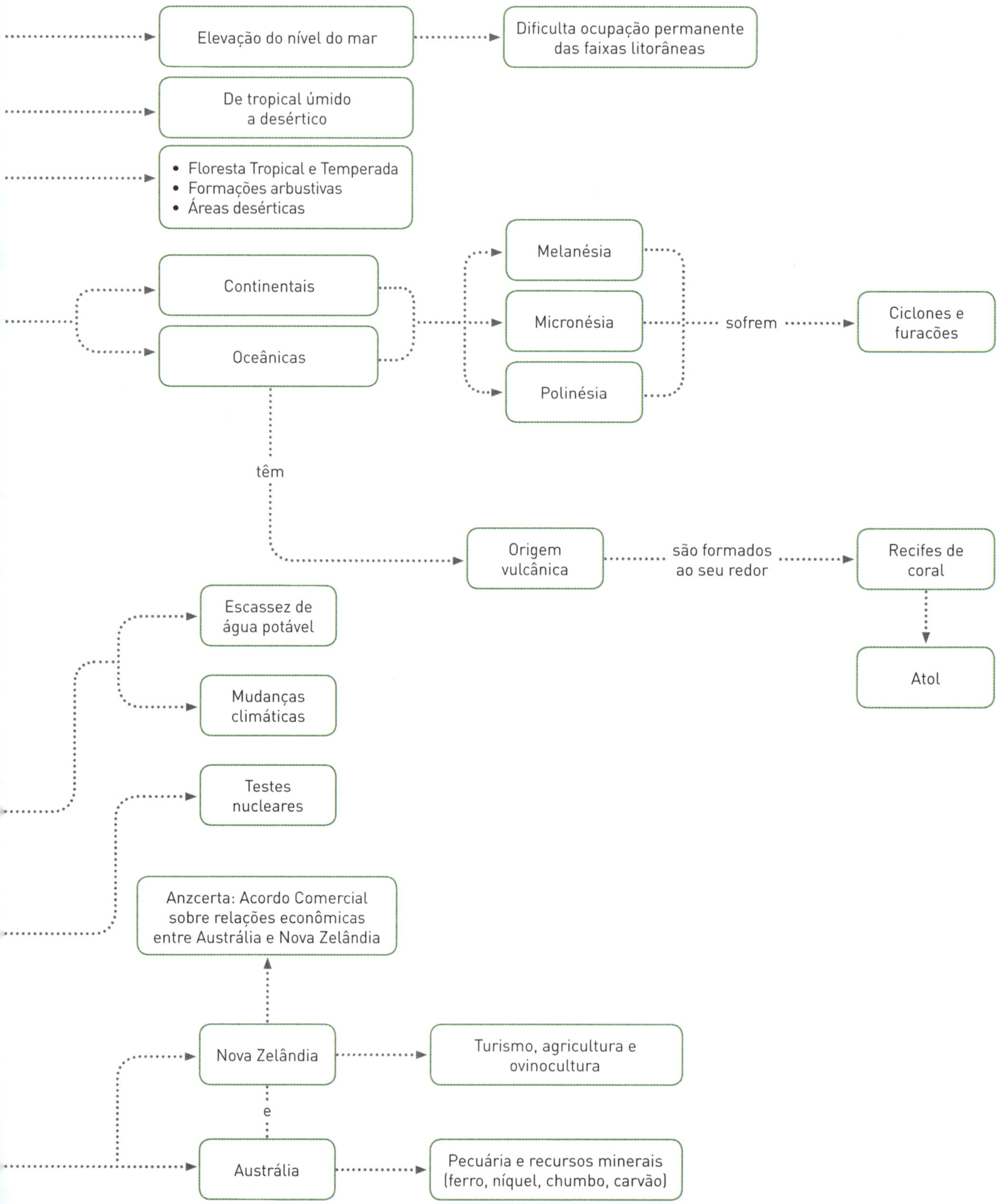
Elevação do nível do mar
Dificulta ocupação permanente das faixas litorâneas
De tropical úmido a desértico
• Floresta Tropical e Temperada
• Formações arbustivas
• Áreas desérticas
Continentais
Oceânicas
Melanésia
Micronésia
Polinésia
sofrem
Ciclones e furacões
têm
Origem vulcânica
são formados ao seu redor
Recifes de coral
Atol
Escassez de água potável
Mudanças climáticas
Testes nucleares
Anzcerta: Acordo Comercial sobre relações econômicas entre Austrália e Nova Zelândia
Nova Zelândia
Turismo, agricultura e ovinocultura
e
Austrália
Pecuária e recursos minerais (ferro, níquel, chumbo, carvão)

Índia

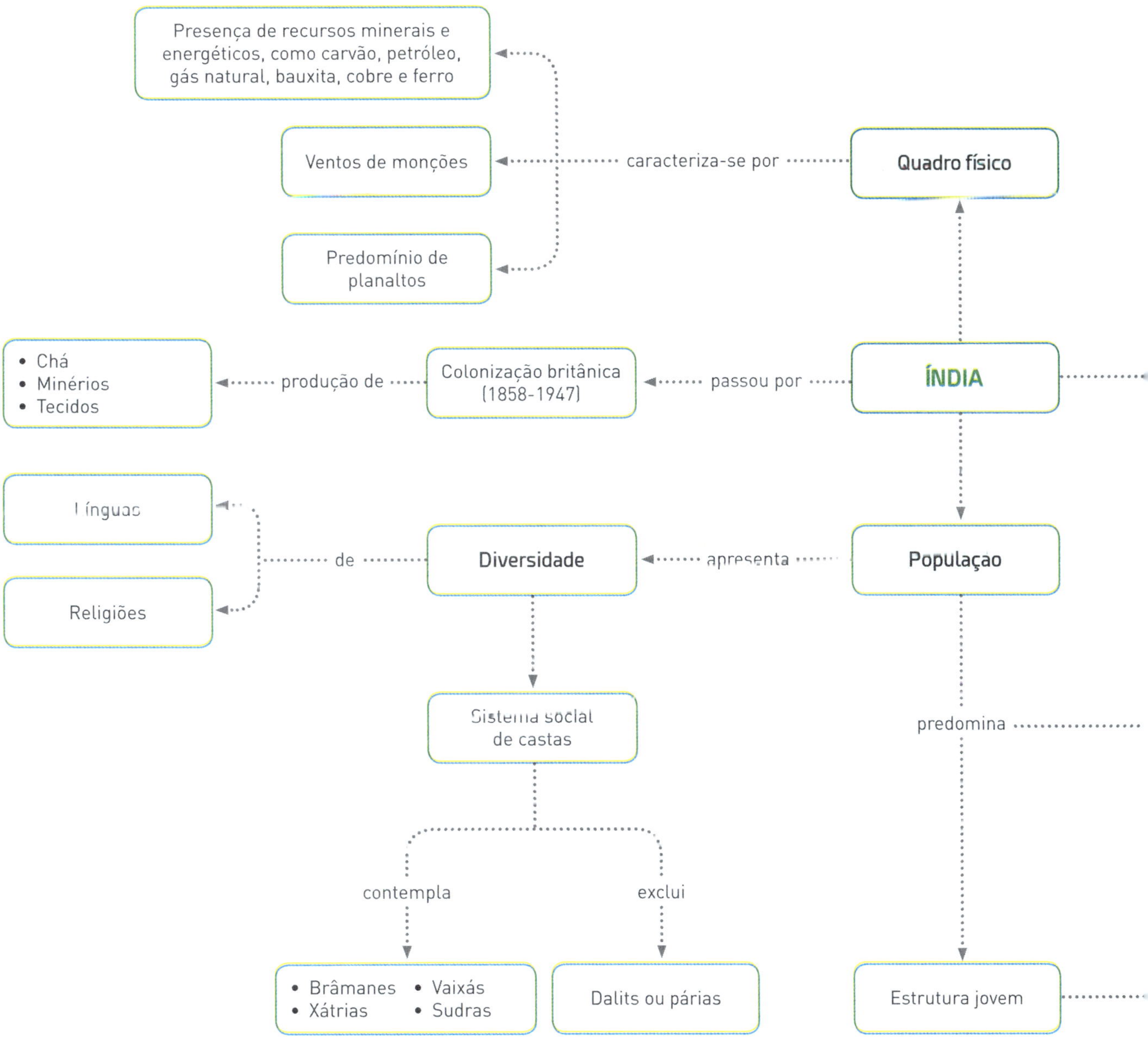

Presença de recursos minerais e energéticos, como carvão, petróleo, gás natural, bauxita, cobre e ferro
Ventos de monções
caracteriza-se por
Quadro físico
Predomínio de planaltos
• Chá
• Minérios
• Tecidos
produção de
Colonização britânica (1858-1947)
passou por
ÍNDIA
Línguas
de
Diversidade
apresenta
População
Religiões
Sistema social de castas
predomina
contempla
exclui
• Brâmanes • Vaixás
• Xátrias • Sudras
Dalits ou párias
Estrutura jovem

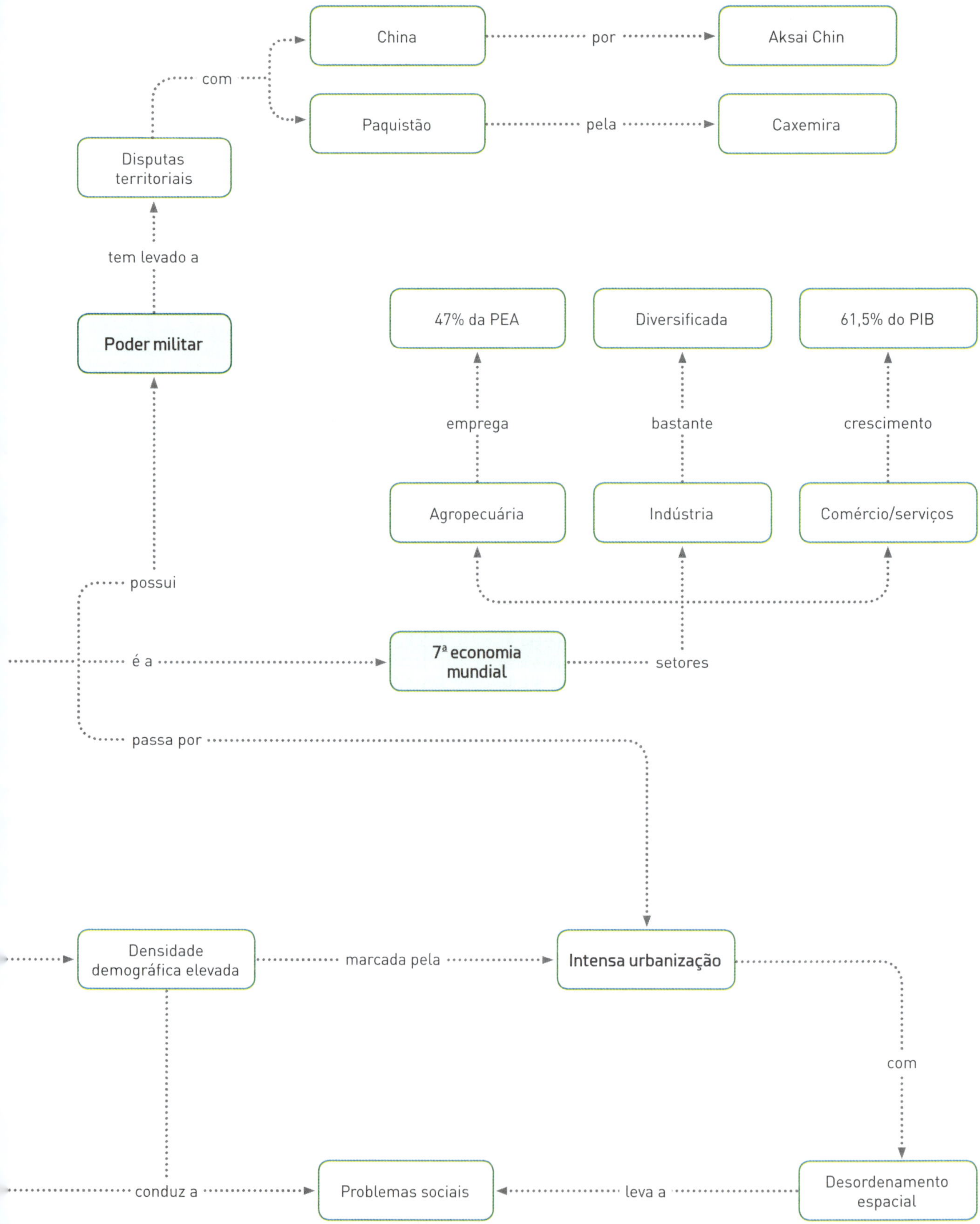
China
por
Aksai Chin
com
Paquistão
pela
Caxemira
Disputas territoriais
tem levado a
Poder militar
47% da PEA
Diversificada
61,5% do PIB
emprega
bastante
crescimento
Agropecuária
Indústria
Comércio/serviços
possui
é a
7ª economia mundial
setores
passa por
Densidade demográfica elevada
marcada pela
Intensa urbanização
com
conduz a
Problemas sociais
leva a
Desordenamento espacial

China

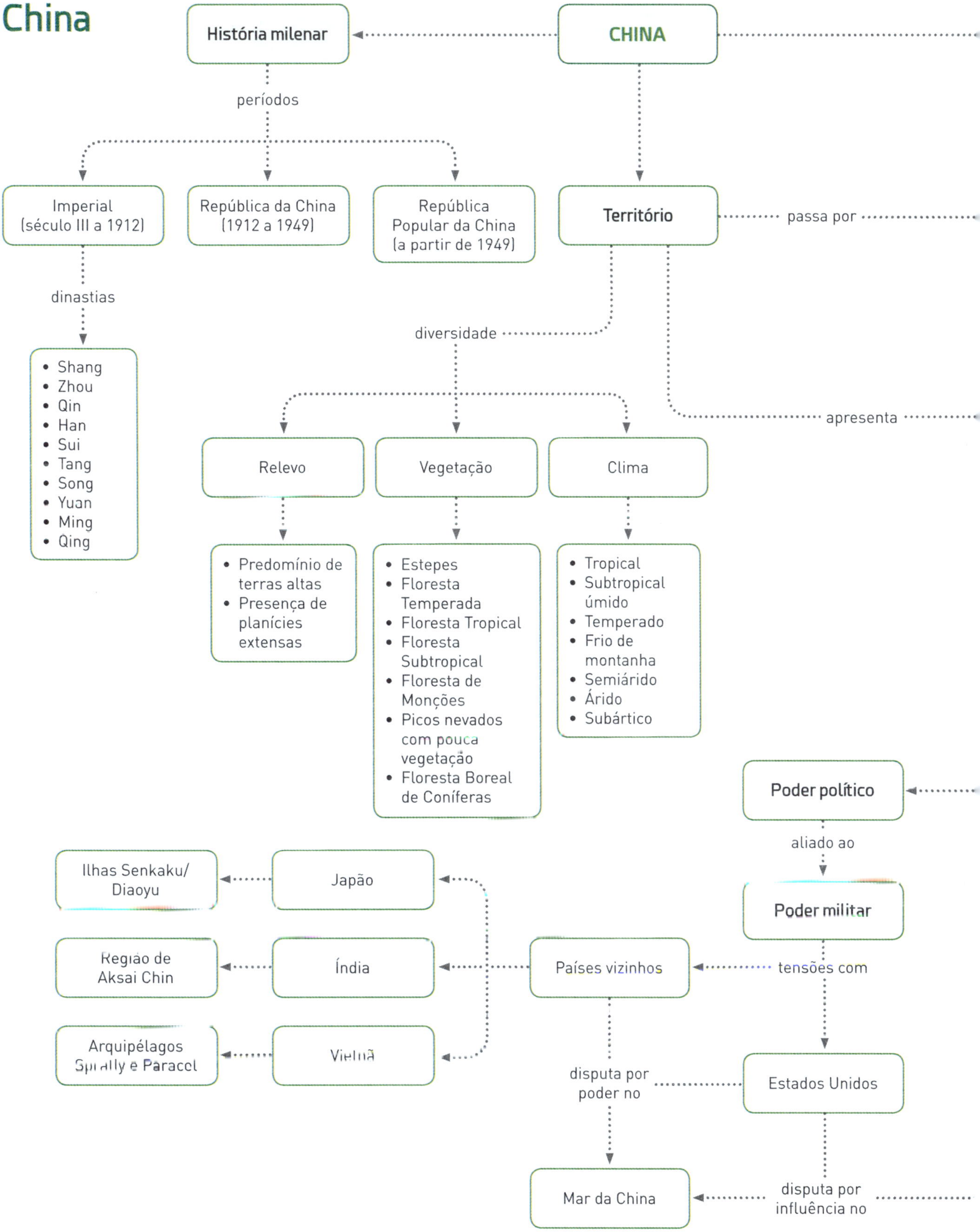

História milenar
CHINA
períodos
Imperial (século III a 1912)
República da China (1912 a 1949)
República Popular da China (a partir de 1949)
Território
passa por
dinastias
• Shang
• Zhou
• Qin
• Han
• Sui
• Tang
• Song
• Yuan
• Ming
• Qing
diversidade
apresenta
Relevo
Vegetação
Clima
• Predomínio de terras altas
• Presença de planícies extensas
• Estepes
• Floresta Temperada
• Floresta Tropical
• Floresta Subtropical
• Floresta de Monções
• Picos nevados com pouca vegetação
• Floresta Boreal de Coníferas
• Tropical
• Subtropical úmido
• Temperado
• Frio de montanha
• Semiárido
• Árido
• Subártico
Poder político
aliado ao
Poder militar
Ilhas Senkaku/ Diaoyu
Japão
Região de Aksai Chin
Índia
Países vizinhos
tensões com
Arquipélagos Spratly e Paracel
Vietnã
disputa por poder no
Estados Unidos
Mar da China
disputa por influência no

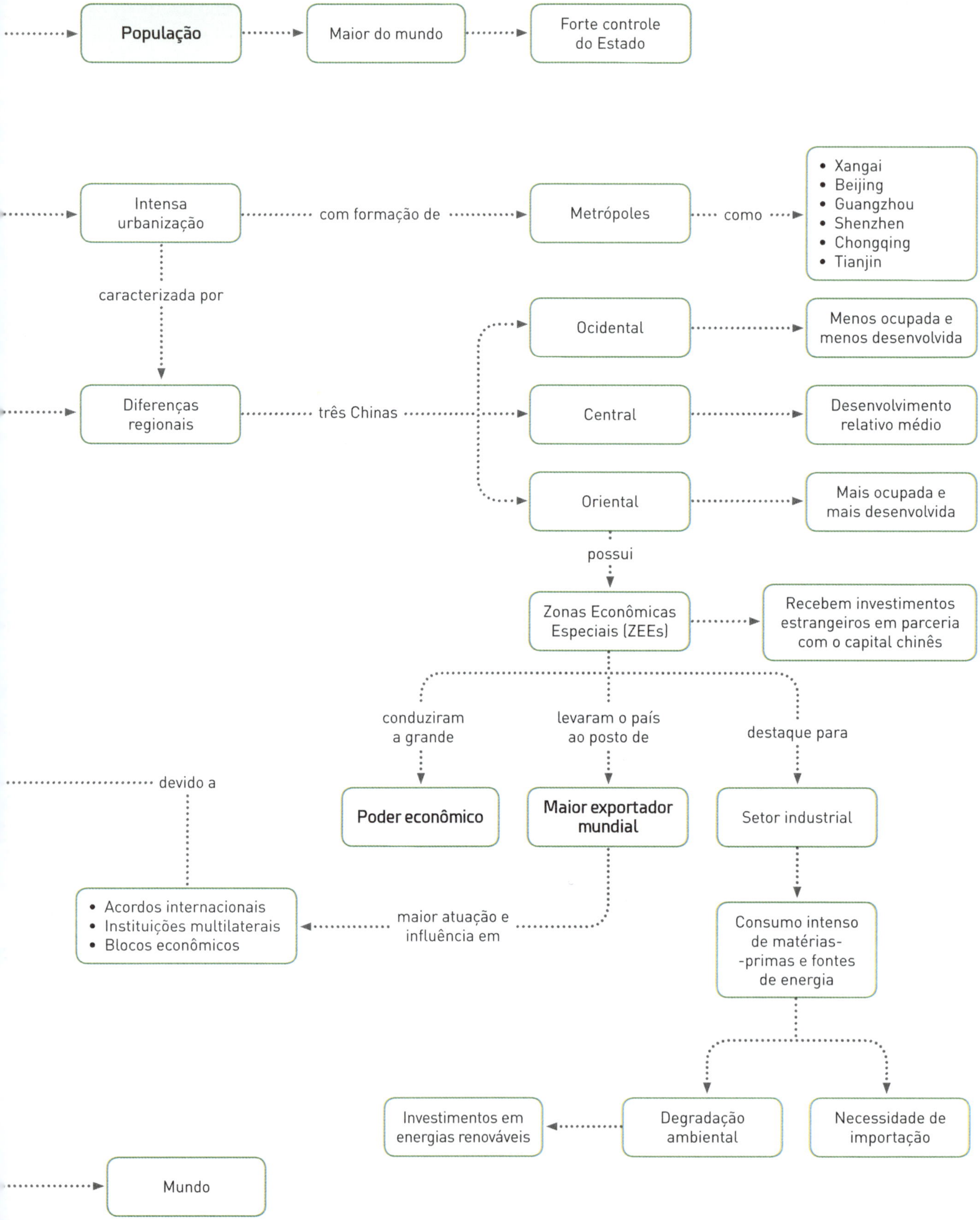

População
Maior do mundo
Forte controle do Estado
Intensa urbanização
com formação de
Metrópoles
como
• Xangai
• Beijing
• Guangzhou
• Shenzhen
• Chongqing
• Tianjin
caracterizada por
Diferenças regionais
três Chinas
Ocidental
Menos ocupada e menos desenvolvida
Central
Desenvolvimento relativo médio
Oriental
Mais ocupada e mais desenvolvida
possui
Zonas Econômicas Especiais (ZEEs)
Recebem investimentos estrangeiros em parceria com o capital chinês
conduziram a grande
Poder econômico
levaram o país ao posto de
Maior exportador mundial
destaque para
Setor industrial
devido a
• Acordos internacionais
• Instituições multilaterais
• Blocos econômicos
maior atuação e influência em
Consumo intenso de matérias-primas e fontes de energia
Investimentos em energias renováveis
Degradação ambiental
Necessidade de importação
Mundo

Japão

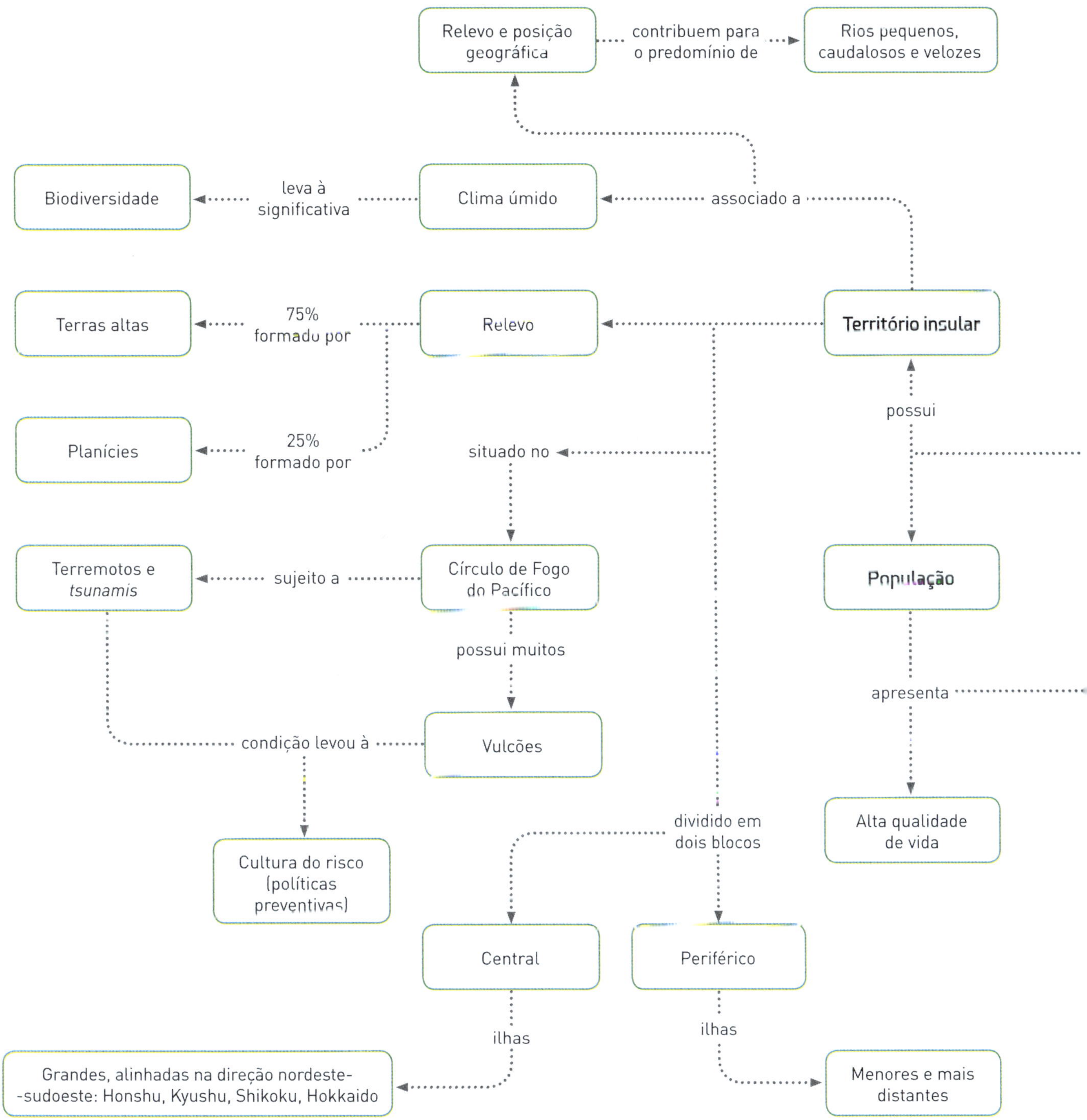

Relevo e posição geográfica
contribuem para o predomínio de
Rios pequenos, caudalosos e velozes
Biodiversidade
leva à significativa
Clima úmido
associado a
Terras altas
75% formado por
Relevo
Território insular
Planícies
25% formado por
situado no
possui
Terremotos e *tsunamis*
sujeito a
Círculo de Fogo do Pacífico
População
possui muitos
apresenta
condição levou à
Vulcões
dividido em dois blocos
Alta qualidade de vida
Cultura do risco (políticas preventivas)
Central
Periférico
ilhas
ilhas
Grandes, alinhadas na direção nordeste-sudoeste: Honshu, Kyushu, Shikoku, Hokkaido
Menores e mais distantes

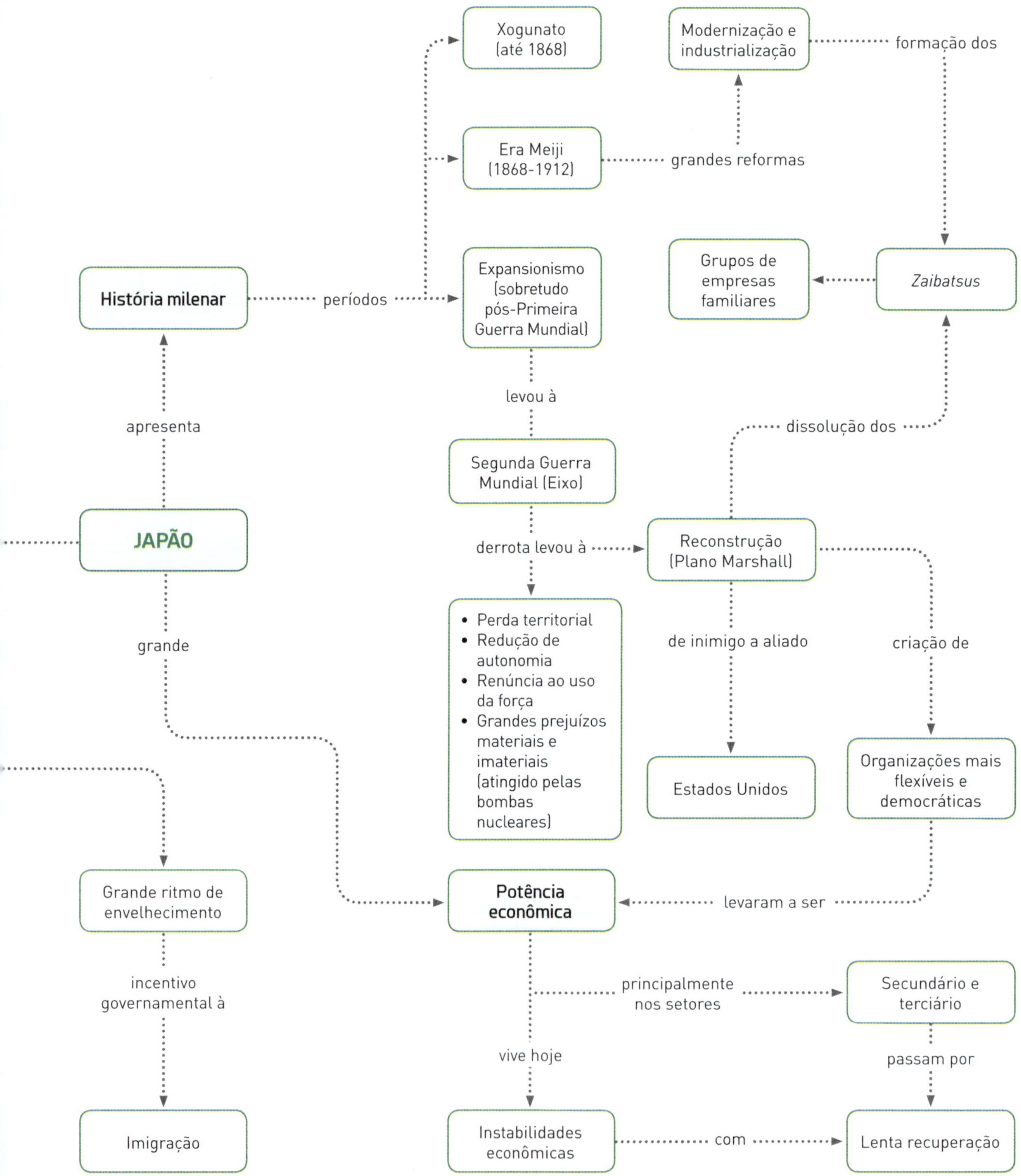
Xogunato (até 1868)
Modernização e industrialização
formação dos
Era Meiji (1868-1912)
grandes reformas
História milenar
períodos
Expansionismo (sobretudo pós-Primeira Guerra Mundial)
Grupos de empresas familiares
Zaibatsus
apresenta
levou à
dissolução dos
Segunda Guerra Mundial (Eixo)
JAPÃO
derrota levou à
Reconstrução (Plano Marshall)
grande
• Perda territorial
• Redução de autonomia
• Renúncia ao uso da força
• Grandes prejuízos materiais e imateriais (atingido pelas bombas nucleares)
de inimigo a aliado
criação de
Estados Unidos
Organizações mais flexíveis e democráticas
Grande ritmo de envelhecimento
Potência econômica
levaram a ser
incentivo governamental à
principalmente nos setores
Secundário e terciário
vive hoje
passam por
Imigração
Instabilidades econômicas
com
Lenta recuperação

Tigres Asiáticos

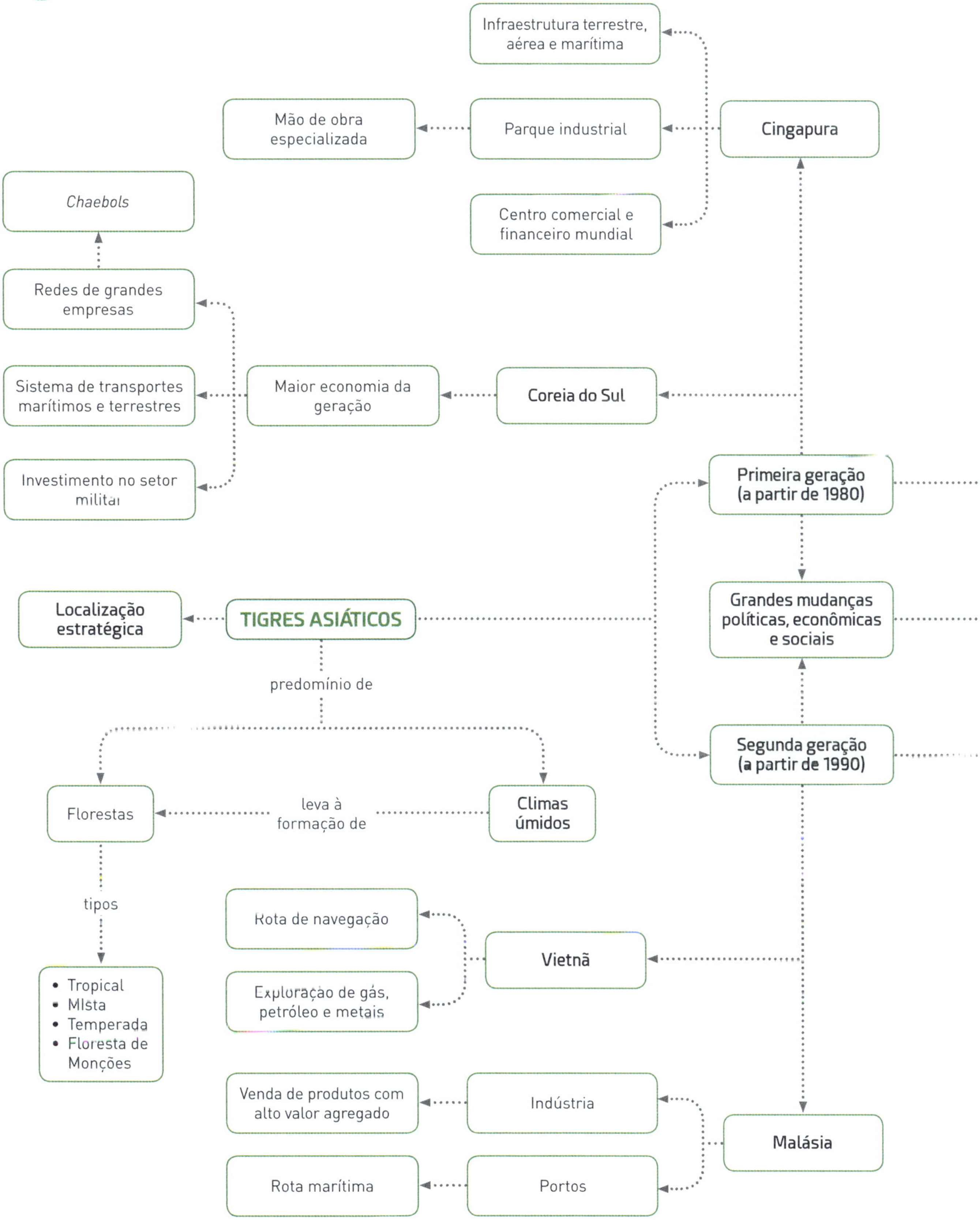

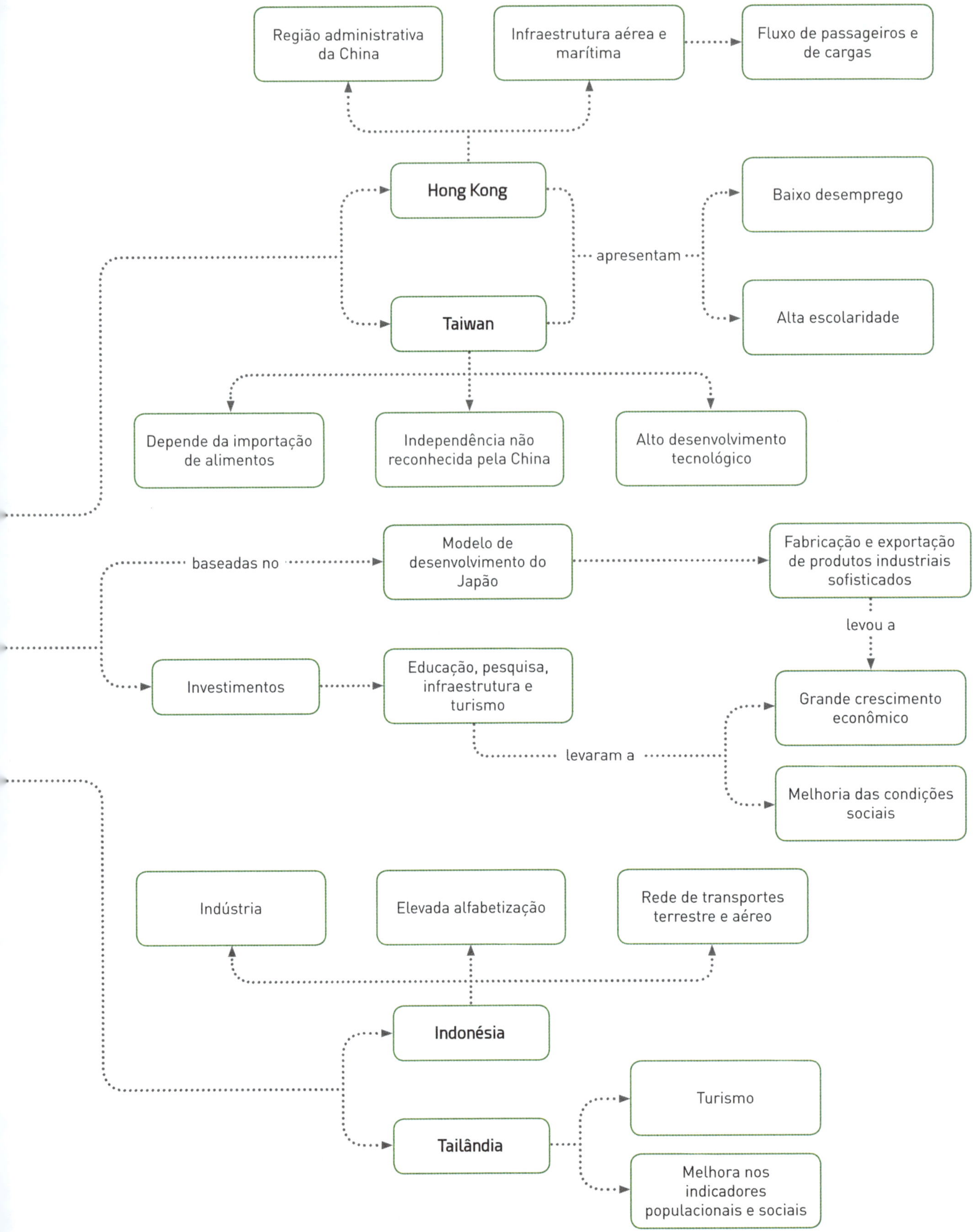
Região administrativa da China
Infraestrutura aérea e marítima
Fluxo de passageiros e de cargas
Hong Kong
Taiwan
apresentam
Baixo desemprego
Alta escolaridade
Depende da importação de alimentos
Independência não reconhecida pela China
Alto desenvolvimento tecnológico
baseadas no
Modelo de desenvolvimento do Japão
Fabricação e exportação de produtos industriais sofisticados
levou a
Investimentos
Educação, pesquisa, infraestrutura e turismo
levaram a
Grande crescimento econômico
Melhoria das condições sociais
Indústria
Elevada alfabetização
Rede de transportes terrestre e aéreo
Indonésia
Tailândia
Turismo
Melhora nos indicadores populacionais e sociais

Europa

EUROPA

- **Relevo**
  - Planícies (costeiras e interiores)
  - Planaltos centrais
  - Terras altas do noroeste
  - Penínsulas e ilhas planálticas e montanhosas do sul
- **Clima**
  - Clima de montanha
  - Marítimo
  - Mediterrâneo
  - Continental
  - Subpolar
- **Hidrografia**
  - Rios e lagos naturais
    - utilizados para
      - Navegação
      - Abastecimento
      - Hidroeletricidade
- **Vegetação**
  - Floresta Mista
  - Floresta de Coníferas
  - Vegetação Mediterrânea
  - Estepes e Pradarias
    - Grande biodiversidade

EUROPA → longo processo de cooperação entre os países → **UNIÃO EUROPEIA (A PARTIR DE 1992)**

- **Eliminação gradual de barreiras à circulação**
  - de
    - Pessoas → **Espaço Schengen (1985)** → Eliminação gradual de controle das fronteiras internas → processo abalado pelas → Crises humanitárias internacionais (imigrações)
    - Mercadorias, serviços e capitais → **Zona do Euro**
      - Segunda moeda de maior importância internacional
      - União monetária
- **Estruturas comuns**

tensões devido a → Crises humanitárias internacionais (imigrações)

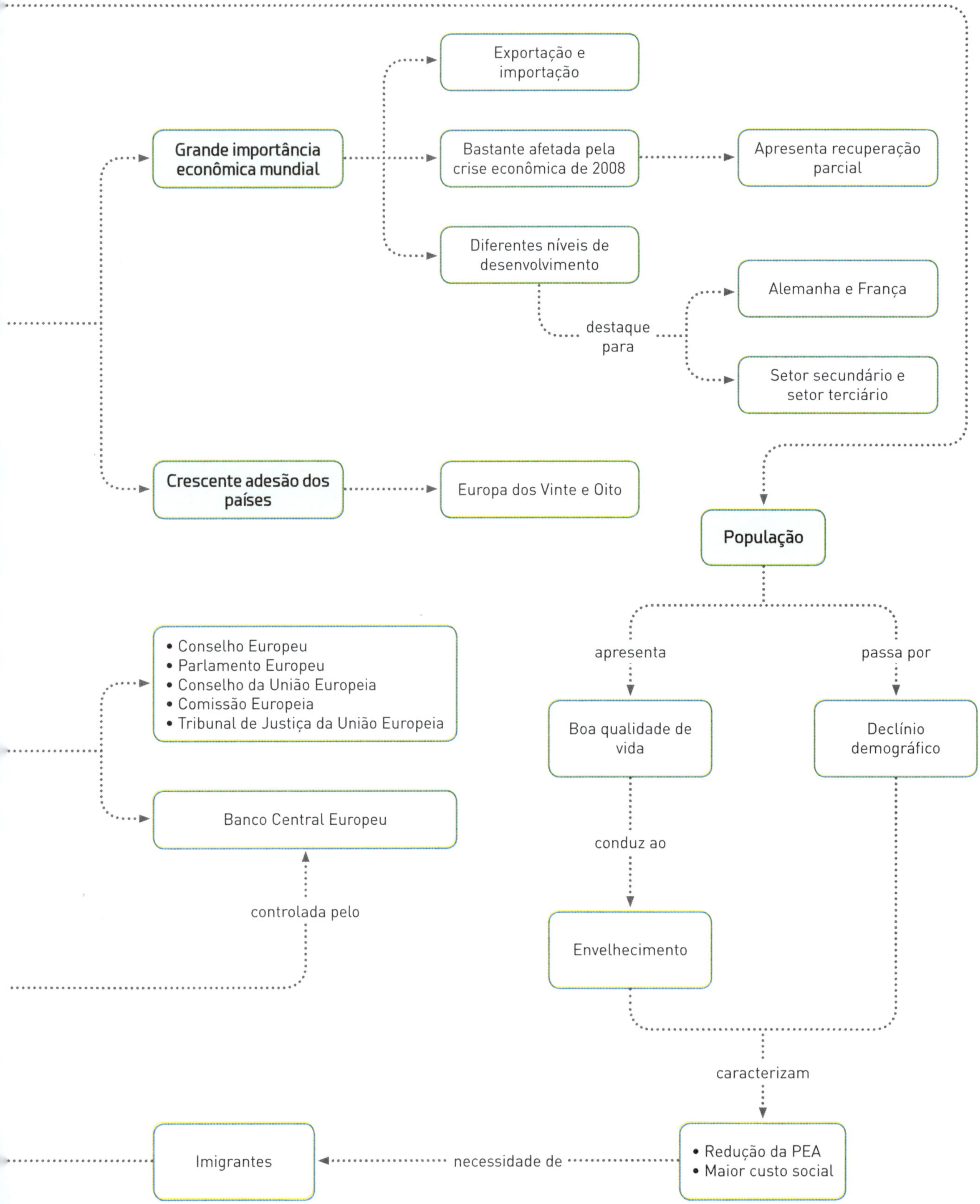

Exportação e importação
Grande importância econômica mundial
Bastante afetada pela crise econômica de 2008
Apresenta recuperação parcial
Diferentes níveis de desenvolvimento
Alemanha e França
destaque para
Setor secundário e setor terciário
Crescente adesão dos países
Europa dos Vinte e Oito
População
apresenta
passa por
• Conselho Europeu
• Parlamento Europeu
• Conselho da União Europeia
• Comissão Europeia
• Tribunal de Justiça da União Europeia
Boa qualidade de vida
Declínio demográfico
Banco Central Europeu
conduz ao
controlada pelo
Envelhecimento
caracterizam
Imigrantes
necessidade de
• Redução da PEA
• Maior custo social

Estados Unidos

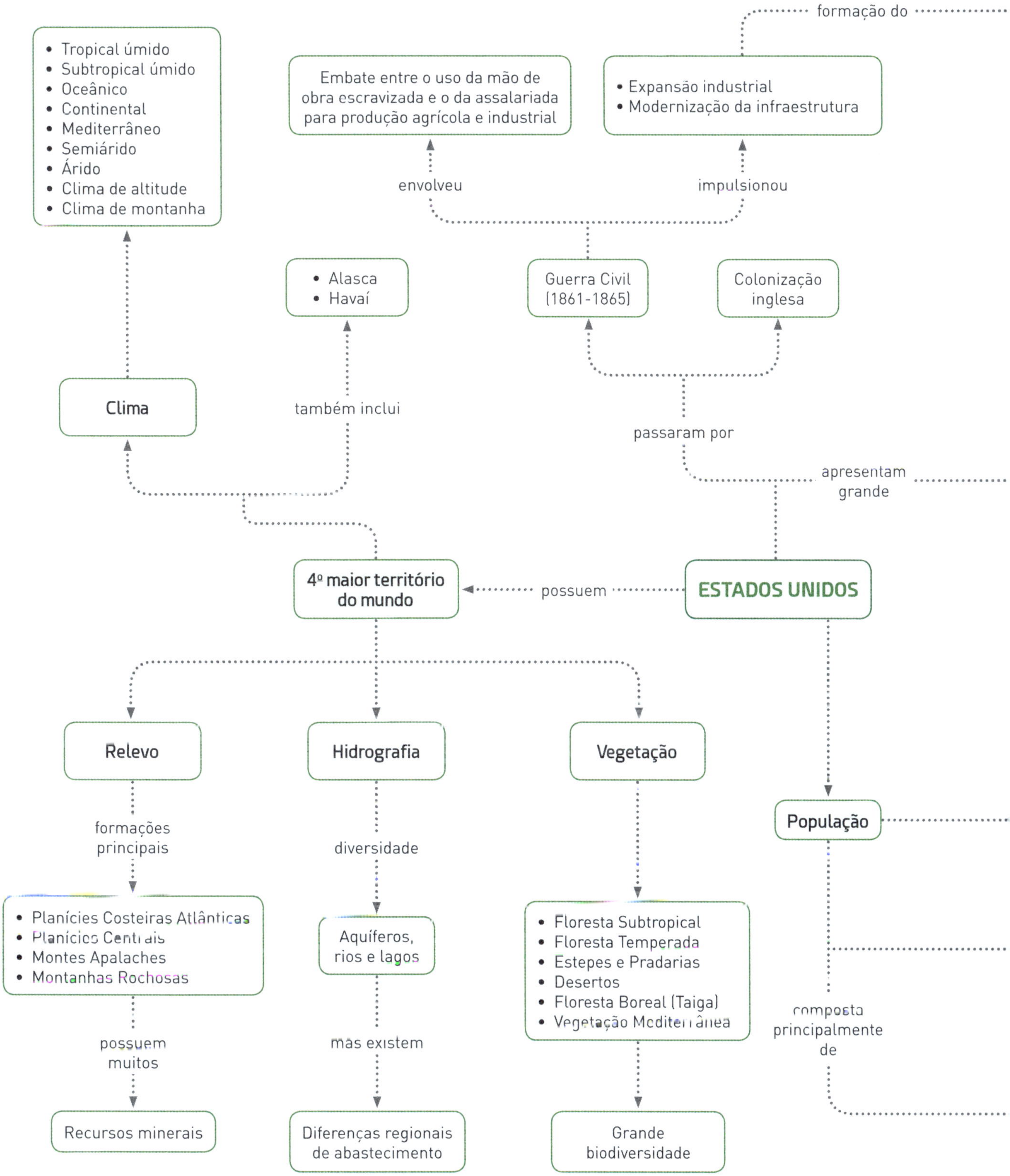

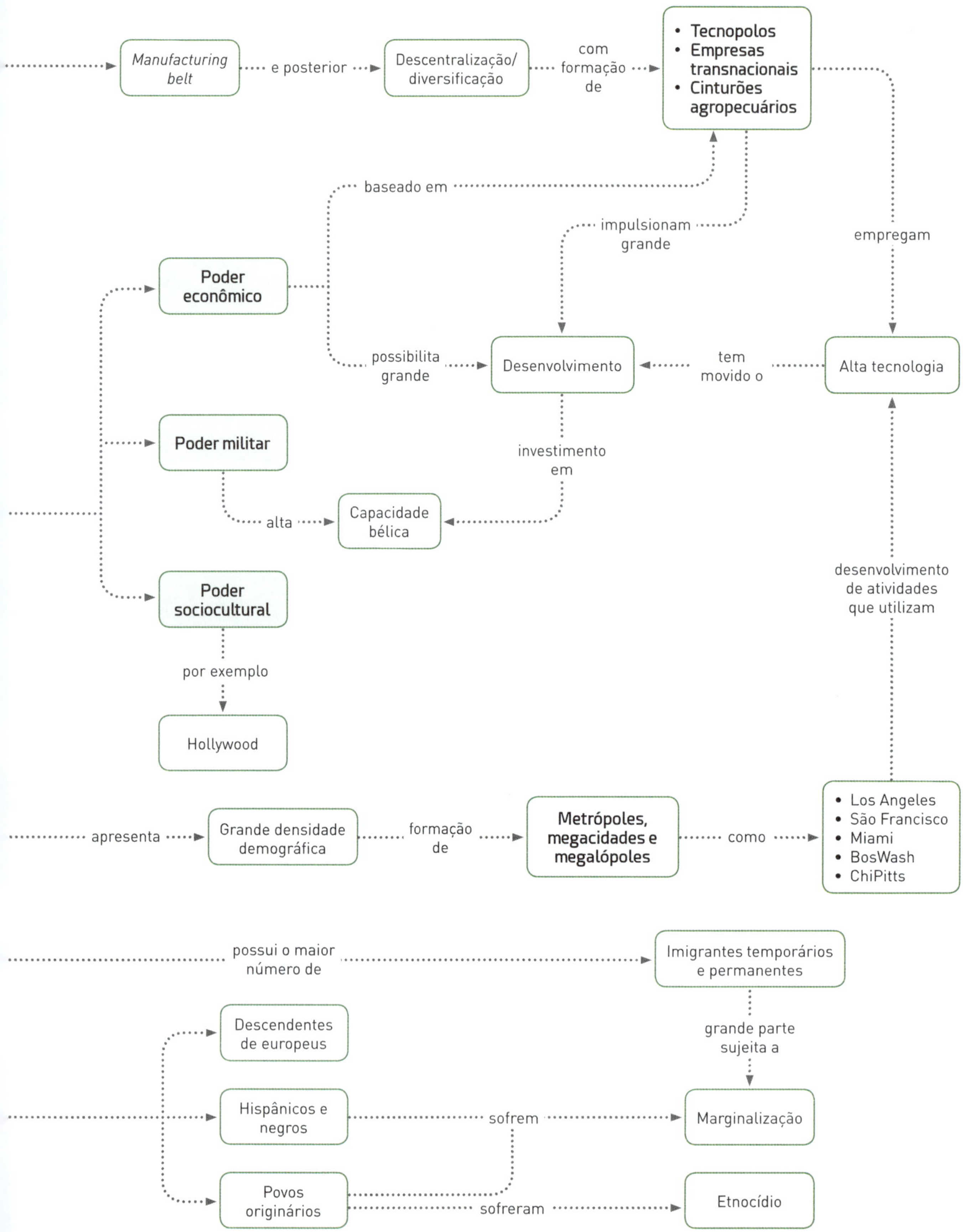

Manufacturing belt
e posterior
Descentralização/ diversificação
com formação de
• Tecnopolos
• Empresas transnacionais
• Cinturões agropecuários
baseado em
impulsionam grande
empregam
Poder econômico
possibilita grande
Desenvolvimento
tem movido o
Alta tecnologia
Poder militar
investimento em
alta
Capacidade bélica
desenvolvimento de atividades que utilizam
Poder sociocultural
por exemplo
Hollywood
apresenta
Grande densidade demográfica
formação de
Metrópoles, megacidades e megalópoles
como
• Los Angeles
• São Francisco
• Miami
• BosWash
• ChiPitts
possui o maior número de
Imigrantes temporários e permanentes
grande parte sujeita a
Descendentes de europeus
Hispânicos e negros
sofrem
Marginalização
Povos originários
sofreram
Etnocídio

América Latina

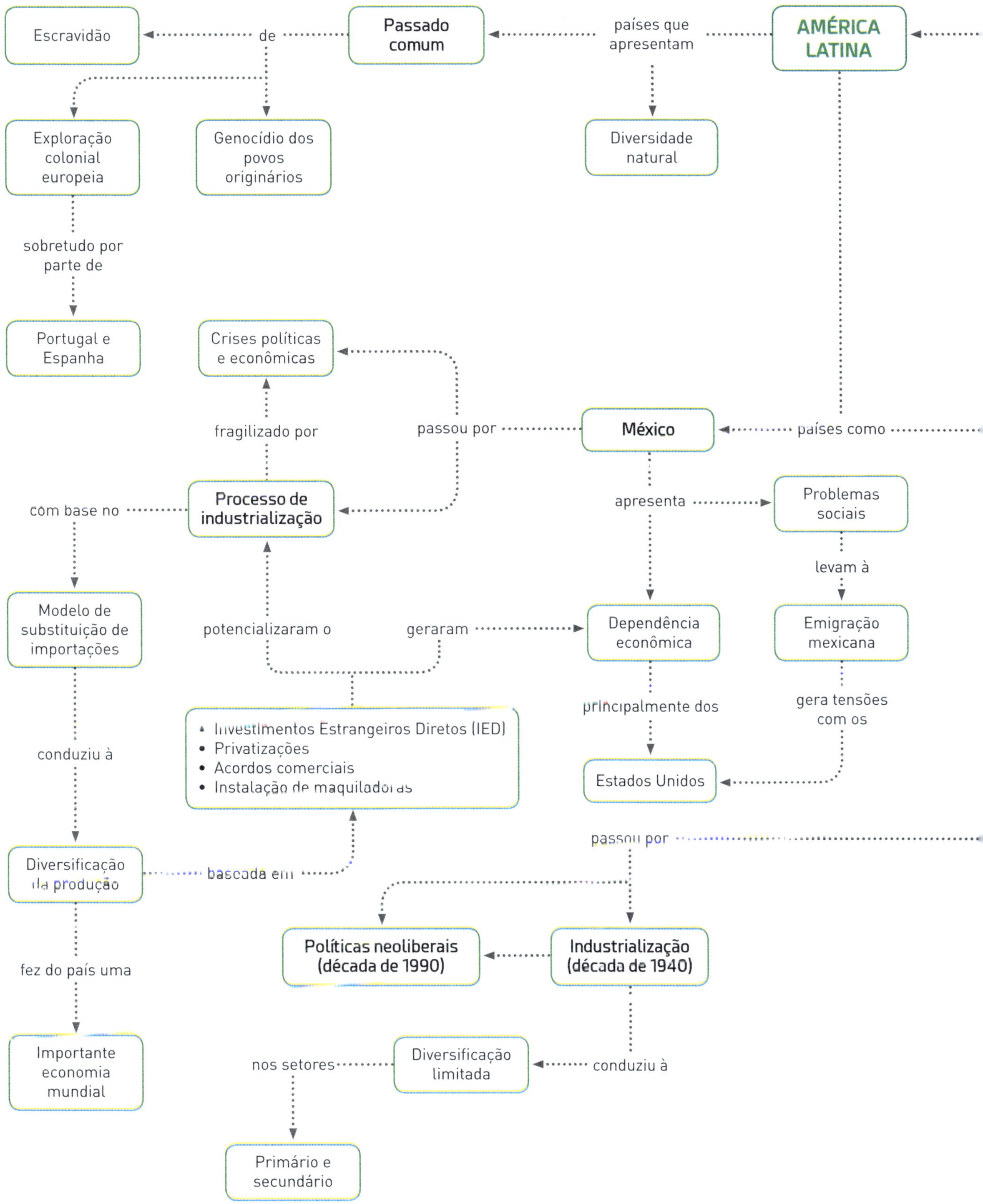

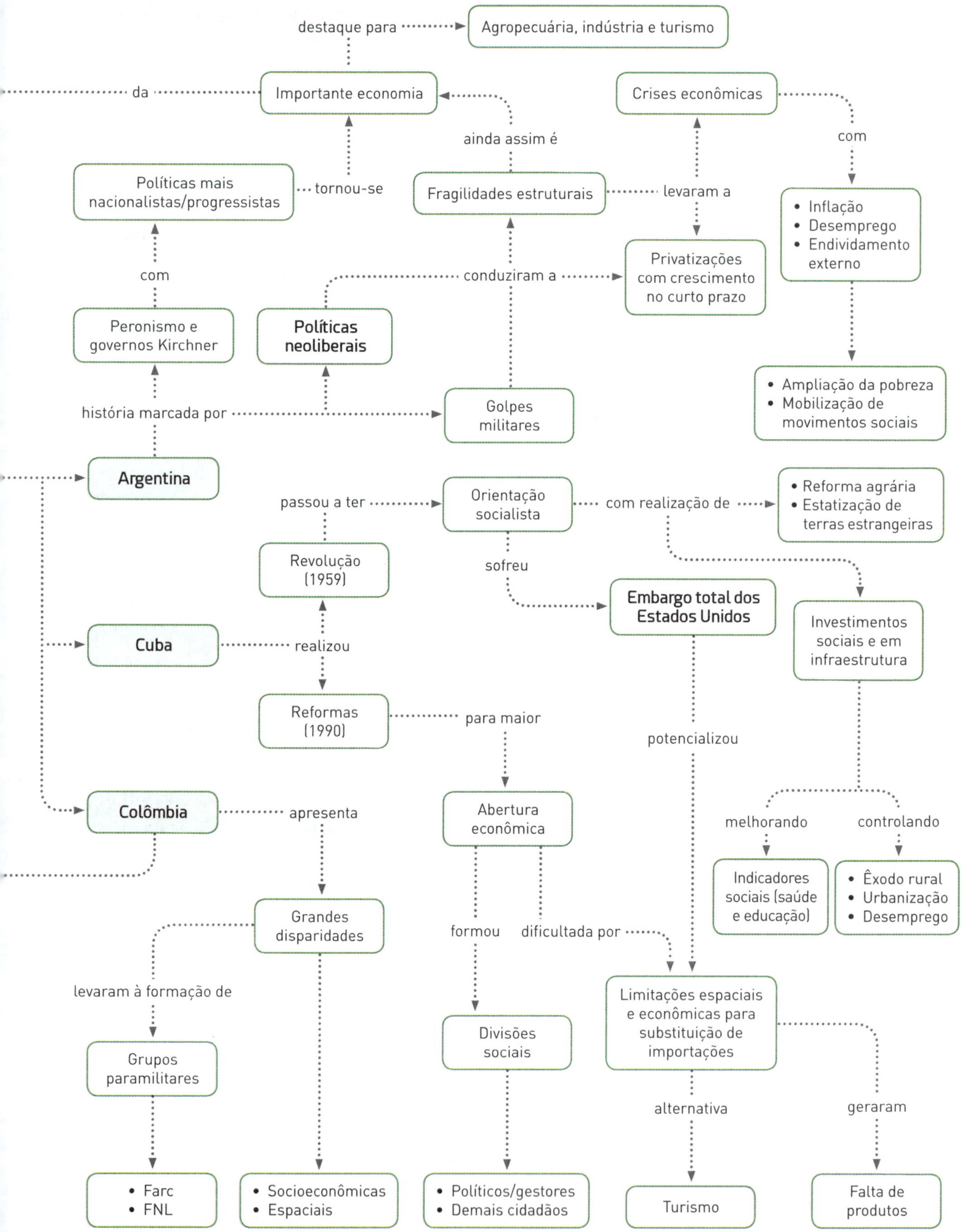

destaque para
Agropecuária, indústria e turismo
da
Importante economia
ainda assim é
Crises econômicas
com
Políticas mais nacionalistas/progressistas
tornou-se
Fragilidades estruturais
levaram a
• Inflação
• Desemprego
• Endividamento externo
com
conduziram a
Privatizações com crescimento no curto prazo
Peronismo e governos Kirchner
Políticas neoliberais
• Ampliação da pobreza
• Mobilização de movimentos sociais
história marcada por
Golpes militares
Argentina
passou a ter
Orientação socialista
com realização de
• Reforma agrária
• Estatização de terras estrangeiras
Revolução (1959)
sofreu
Embargo total dos Estados Unidos
Investimentos sociais e em infraestrutura
Cuba
realizou
Reformas (1990)
para maior
potencializou
Colômbia
apresenta
Abertura econômica
melhorando
controlando
Indicadores sociais (saúde e educação)
• Êxodo rural
• Urbanização
• Desemprego
Grandes disparidades
formou
dificultada por
levaram à formação de
Limitações espaciais e econômicas para substituição de importações
Divisões sociais
Grupos paramilitares
alternativa
geraram
• Farc
• FNL
• Socioeconômicas
• Espaciais
• Políticos/gestores
• Demais cidadãos
Turismo
Falta de produtos

Simulado 1

12 questões de Geografia – Tempo de resolução: 55 minutos

1. (FMP)

Terras indígenas

Os grupos indígenas terão importante papel na integração da Amazônia sul-americana, dada sua presença maciça na faixa de fronteira e suas práticas já em curso. Na medida em que uma mesma etnia é encontrada tanto no Brasil como em países vizinhos, é comum a transposição dos limites políticos para visita a parentes e trocas comerciais complementares. É o que se verifica com maior intensidade no alto Solimões e na fronteira com a Guiana Francesa.

BECKER, B.; STENNER, C. *Um futuro para a Amazônia*. São Paulo: Oficina de Textos, 2008. p. 135.

A presença e as práticas indígenas mencionadas são um fator geográfico de formação e intensificação de

a) reservas extrativistas
b) metrópoles regionais
c) tecnopolos
d) cidades gêmeas
e) zonas francas

2. (Cefet) As Geotecnologias correspondem a um conjunto de tecnologias para coleta, processamento, análise e disponibilização de dados espaciais. Incluem qualquer informação que possua localização na superfície terrestre com referência espacial, diferenciando-se em Sistemas de Informação Geográfica (SIGs) e técnicas de geoprocessamento.

O uso do geoprocessamento para o planejamento urbano pode ser verificado na

a) coleta de dados estatísticos.
b) busca de informações em sites.
c) consulta de guias turísticos online.
d) produção de imagens digitalizadas.
e) procura de rotas de um determinado endereço.

3. (UEM) Considere os textos a seguir:

TEXTO 1: Protesto contra Wall Street chega a mais cidades americanas

"'Estamos incentivando outras cidades do país e do mundo. É um problema global, temos que fazer barulho', disse Tony Rodriguez, 25, deitado numa tenda em frente à prefeitura de Los Angeles. No sábado, 4.000 pessoas, segundo os organizadores, participaram de uma caminhada até o local, com cartazes que pediam mais emprego e justiça para os crimes financeiros de Wall Street."

(Disponível em http://acervo.folha.com.br/fsp/2011/10/04. Acesso em: 19/4/2012)

TEXTO 2: Manifestações espalham-se por 82 países

"Roma registrou os maiores protestos contra o capitalismo, com 200 mil presentes, e houve confrontos com a polícia."

(Disponível em http://acervo.folha.com.br/fsp/2011/10/16. Acesso em: 19/4/2012)

Sobre a crise norte-americana referida nos textos, e sobre suas repercussões globais, assinale o que for correto.

01) Em uma economia planificada como a norte-americana, houve protestos devido a um intenso fluxo de imigrantes desempregados, gerando grandes impactos sociais no país.
02) A ampliação dos fluxos de capitais e a falta de controle estatal sobre o mercado, especialmente financeiro, sobretudo nos Estados Unidos, um país de forte tradição liberal, acabaram levando a uma grave crise econômica, repercutindo em escala global.
04) Os setores sociais, mesmo em países desenvolvidos, protestam contra o desemprego ocasionado por crises econômico-financeiras e medidas neoliberais de uma Economia de Mercado.
08) A fase do capitalismo financeiro caracteriza-se, também, pelo capital especulativo aplicado nas bolsas de valores, em busca de lucros mais rápidos. O capital especulativo, diferente do capital produtivo, não gera empregos. Essas transações financeiras levam muitas vezes a crises econômicas globais.
16) A crise acima referida é idêntica àquela decorrente da quebra da Bolsa de Nova York de 1929, com a diferença de que, nesta última, não houve qualquer consequência para o Brasil.

4. (Enem)

Texto I

A nossa luta é pela democratização da propriedade da terra, cada vez mais concentrada

em nosso país. Cerca de 1% de todos os proprietários controla 46% das terras. Fazemos pressão por meio da ocupação de latifúndios improdutivos e grandes propriedades, que não cumprem a função social, como determina a Constituição de 1988. Também ocupamos as fazendas que têm origem na grilagem de terras públicas.

Disponível em: www.mst.org.br.
Acesso em: 25 ago. 2011 (adaptado).

Texto II

O pequeno proprietário rural é igual a um pequeno proprietário de loja: quanto menor o negócio mais difícil de manter, pois tem de ser produtivo e os encargos são difíceis de arcar. Sou a favor de propriedades produtivas e sustentáveis e que gerem empregos. Apoiar uma empresa produtiva que gere emprego é muito mais barato e gera muito mais do que apoiar a reforma agrária.

LESSA, C. Disponível em: www.observadorpolítico.org.br.
Acesso em: 25 ago. 2011 (adaptado).

Nos fragmentos dos textos, os posicionamentos em relação à reforma agrária se opõem. Isso acontece porque os autores associam a reforma agrária, respectivamente, à

a) redução do inchaço urbano e à crítica ao minifúndio camponês.

b) ampliação da renda nacional e à prioridade ao mercado externo.

c) contenção da mecanização agrícola e ao combate ao êxodo rural.

d) privatização de empresas estatais e ao estímulo ao crescimento econômico.

e) correção de distorções históricas e ao prejuízo ao agronegócio.

5. (Acafe)

"No mundo da globalização, tudo circula: dos capitais ao conhecimento. Se, por um lado, muito daquilo que transita o faz de maneira virtual, por meio de fios, cabos ou fibras ópticas, por outro, pessoas e mercadorias devem ser deslocadas fisicamente de um local para outro".

Disponível em: http://www1.folha.uol.com.br/
folha/educacao/ult305u6595.shtml

Sobre os transportes, todas as alternativas estão corretas, **exceto** a:

a) As cidades brasileiras vêm assegurando a todos os seus moradores o acesso aos recursos disponíveis, começando por um bom sistema de mobilidade e a existência de espaços públicos, com qualidade para todos, inclusive para os turistas.

b) A grande área, a disponibilidade hídrica, a longa faixa litorânea e os relevos pouco acidentados não foram obstáculos à adoção de uma política de transportes apoiada nas rodovias.

c) A poluição, sobretudo nas grandes cidades, os pedágios que vieram com as privatizações e o preço mais caro do que as ferrovias e hidrovias são aspectos negativos do sistema rodoviário predominante no Brasil.

d) A qualidade, a diversificação e a tarifa do transporte público, o respeito ao pedestre, a qualidade das calçadas e a sua adequação às pessoas com necessidades especiais, a quantidade de ciclovias, a segurança no trânsito são aspectos que devem fazer parte de qualquer planejamento urbano.

6. (Unisc)

Uma polêmica na internet envolvendo a defesa da imigração de "*jihadistas*" para o Brasil levou o Ministério da Justiça a determinar nesta sexta-feira (06/11/2015) o afastamento da empresa terceirizada responsável pela moderação dos comentários publicados pela pasta em redes sociais, informou o governo federal.

O comentário foi feito em um *post* da campanha Imigração, lançada há cerca de um mês pelo Ministério da Justiça para combater a xenofobia e defender a tolerância e o respeito dos brasileiros em relação aos imigrantes que têm chegado ao país.

Em resposta a uma mensagem publicada por um internauta na página do Ministério no *Facebook*, a empresa especializada em mídias sociais que fazia a moderação do conteúdo publicou que os *jihadistas*, "assim como qualquer outro povo", vêm ao Brasil para "trazer mais progresso ao país".

http://g1.globo.com/politica/noticia/2015/11/ministerio-da-justica-afasta-empresa-apos-polemica-sobre-jihadistas.html

Com relação ao exposto, é **incorreto** afirmar que

a) *jihadistas* são grupos radicais que lutam para instalar o Estado Islâmico na Síria e em outros países muçulmanos.

b) *jihadistas* entendem que a luta violenta é necessária para erradicar obstáculos para a restauração da lei de Deus na Terra e para defender a comunidade muçulmana, conhecida como *umma*, contra infiéis e apóstatas (pessoas que deixaram a religião).

c) os *jihadistas* dividem o mundo em "reino do islã" (dar al-Islam), terras sob a lei muçulmana, e o "reino da guerra" (dar al-harb), terras que não seguem a lei muçulmana e onde, em determinadas circunstâncias, a guerra em defesa da fé pode ser aprovada.

d) grupos *jihadistas* buscam estabelecer Estados Islâmicos em seus respectivos países de origem, como o Boko Haram na Nigéria e o Movimento Islâmico do Uzbequistão.

e) o Estado Islâmico prevê a total separação entre religião (o islamismo) e estado (Estado Islâmico).

7. (Uerj)

Reprodução/UERJ, 2014

Woodstock-memories.com

Na década de 1960, muitas expressões artísticas representaram uma postura crítica frente a problemas da época, em especial os conflitos da Guerra Fria. Um exemplo é o Festival de Woodstock, ocorrido em 1969 nos E.U.A., em cujo cartaz se lê "Três dias de paz e música".

Nesse contexto da década de 1960, destacava-se a denúncia sobre:

a) presença soviética na China

b) intervenção militar no Vietnã

c) dominação europeia na África do Sul

d) exploração econômica no Oriente Médio

8. (UEPB) Essas observações estão escritas em uma revista de perfil econômico.

> "Máquinas não ficam doentes, não se acidentam, não precisam descansar, nem reclamam do que fazem."

O fenômeno da globalização alterou fortemente nao só as relações econômicas dos países, mas também os aspectos sociais e, em última instância, o próprio cotidiano da população. Logo:

I. Um dos problemas da nova revolução industrial é o de como assegurar a manutenção de um exército de pessoas estruturalmente desempregadas, em consequência da automação e da robotização na produção e nos serviços.

II. Na era dos robôs, eficácia, rapidez e padronização são palavras de ordem. A inovação tecnológica melhora a qualidade dos produtos, diversifica a produção e reduz custos, mas não esconde as feridas profundas dos desempregados que a tecnologia criou.

III. Nas décadas de 1970 e 1980, a mão de obra que migrava em busca de trabalho era bem recebida nos países desenvolvidos. A partir da década de 1990, com a aceleração do desemprego estrutural, passou a não ser bem-vista pelos trabalhadores desses países, acentuando-se os movimentos de xenofobia.

IV. O trabalho com robôs não tem nenhuma influência na população jovem que está iniciando sua vida produtiva. Toda essa mão de obra é absorvida por essa inovação tecnológica.

Estão corretas as proposições:

a) II e III, apenas

b) I, II e III, apenas

c) I e III, apenas

d) I e IV, apenas

e) I, II, III e IV

9. (UEM) Conflitos entre tropas de Israel e grupos radicais palestinos têm, ultimamente, provocado destruições e muitas mortes. Sobre a Faixa de Gaza, Israel e a Palestina, assinale o que estiver **correto**.

01) A Faixa de Gaza é disputada por judeus e palestinos em função de dois motivos principais: é a maior produtora de petróleo do Oriente Médio e tem os solos mais ricos da região.

02) Trata-se de uma estreita faixa de terra localizada na costa oriental do Mar Mediterrâneo, no Oriente Médio, que faz fronteira com Israel e com o Egito.

04) A Faixa constitui, atualmente, um dos territórios mais densamente povoados do mundo, apesar de ser pouco industrializado, de sofrer escassez de água e de ter solos pouco apropriados para a agricultura.

08) Na Guerra dos "Seis Dias", em 1967, a faixa de Gaza foi invadida e ocupada por Israel. Posteriormente Israel se retirou e atualmente Gaza é administrada pelos palestinos.

16) Durante o período da Guerra Fria, tropas soviéticas assumiram o controle da Faixa de Gaza e expulsaram os povos palestino e judeu que lá habitavam. O interesse dos soviéticos era estratégico: a Faixa constitui importante ponto de passagem entre Europa, Ásia e África, através do Mar Mediterrâneo.

___

10. (UFRGS) Considere as seguintes afirmações sobre a Austrália.

I. A Austrália não recebe fluxos migratórios significativos, apesar de ser considerada um país industrializado.

II. O subsolo da Austrália é rico em reservas minerais, entre as quais se destacam o ouro, o carvão mineral, o níquel e a bauxita.

III. O setor terciário, que representa cerca de 70% da economia do país, vem se consolidando pela prestação de serviços qualificados e pelo desenvolvimento de tecnologia de ponta.

Quais estão corretas?

a) Apenas I.

b) Apenas II.

c) Apenas I e III.

d) Apenas II e III.

e) I, II e III.

11. (UEL) Diariamente, milhões de toneladas de lixo são lançados no ambiente. Aos poucos, após a década de 1950, o lixo passou a ser sinônimo de energia, matéria-prima e solução. Processos alternativos, como a reciclagem, por exemplo, reduzem o lixo e atuam nos processos produtivos, economizam energia, água e matéria-prima. A coleta seletiva é a maior aliada no reaproveitamento dos resíduos.

Com base nos conhecimentos sobre reciclagem, atribua **V** (verdadeiro) ou **F** (falso) às afirmativas a seguir.

( ) O alumínio e o vidro mantêm suas características praticamente inalteradas ao serem reciclados.

( ) O vidro é o único material que permite uma junção de cores recicláveis, tendo uma reciclagem finita ao longo do tempo.

( ) A reciclagem busca a redução dos custos de fabricação de alguns produtos, sobretudo em função do menor desperdício de energia.

( ) O volume de matéria-prima recuperado atualmente pela reciclagem encontra-se acima das necessidades da indústria.

( ) A reciclagem é uma forma de reintroduzir o lixo no processo industrial, retirando os resíduos do fluxo terminal.

Assinale a alternativa que contém, de cima para baixo, a sequência correta.

a) V, V, F, V, F.

b) V, F, V, F, V.

c) V, F, F, F, V.

d) F, V, F, V, F.

e) F, F, V, V, V.

12. (Ufscar) Após a Segunda Guerra, principalmente a partir dos anos de 1980, cresceu o fluxo de capitais especulativos no mundo, inaugurando o que é conhecido como "globalização financeira".

a) Qual a relação entre o aumento dos fluxos de capital especulativo no mundo e o avanço dos setores de informática e telecomunicações?

b) Qual a política usualmente adotada pelos países emergentes para atrair capitais especulativos e quais os principais efeitos negativos desta política?

Simulado 2

12 questões de Geografia – Tempo de resolução: 55 minutos

1. (UEPB) Observe os quatro fragmentos de reportagens capturados na internet.

I. No Afeganistão, o risco de morte relacionada **à gestação** ou parto é de uma em oito, a segunda maior taxa em todo o mundo.

Disponível in: http://www.unicef.org/brazil/sowc9pt/cap3-dest4.htm

II. **Diarreia é segunda maior causa de morte de crianças no mundo**

A lista dos países é liderada pela Índia, onde se estima que morram, por ano, quase 390 mil crianças por doenças associadas à diarreia. Em seguida estão a Nigéria, República Democrática do Congo, Afeganistão e Etiópia.

Disponível in: http://noticias.cancaonova.com/noticia.php?id=274418

III. Dos 1,2 milhão de habitantes deste país africano, 200 mil estão contaminados com o vírus HIV, o que faz com que a Suazilândia tenha o recorde em números de casos no mundo.

Disponível in: http://www.rnw.nl/porlugues/article/suazil%C3%A2ndia-plano-ambicioso-para-frear-o-hiv

IV. **Metade dos adultos dos EUA será de obesos até 2030, projeta estudo.**

Hoje, 35,7% dos adultos e 16,9% das crianças e adolescentes são obesos. Relatório também prevê aumento de diabetes e doenças cardíacas.

Disponível em: <http://g1.globo.com/bemestar/noticia/2012/09/metade-dos-adultos-dos-eua-sera-de-obesos-ate-2030-proheta-estudo.html>

Assinale com (**V**) ou com (**F**) as proposições, conforme sejam, respectivamente, Verdadeiras ou Falsas em relação à distribuição geográfica das doenças e das causas-morte no mundo.

( ) As doenças transmissíveis são as principais causas das mortes entre os pobres, causadas pelas péssimas condições sanitárias e as dificuldades de acesso ao atendimento médico e às vacinas.

( ) O acesso à saúde no mundo é uma questão econômica e social, mas também de gênero, em especial em países islâmicos, nos quais a condição da mulher é de inferioridade e de negação de seus direitos.

( ) A população dos países desenvolvidos, por dispor de maior assistência médica e sanitária, melhor acesso aos meios de comunicação e à alimentação saudável, tem reduzido drasticamente os males causados por doenças crônicas não transmissíveis e enfermidades adquiridas.

( ) A mortalidade por causas banais, que poderiam ser facilmente evitadas, é a consequência da desigualdade entre ricos e pobres, situação que persiste e até se aprofunda no mundo globalizado.

Assinale a sequência correta das assertivas.

a) V – F – F – V
b) F – F – F – F
c) V – V – V – V
d) F – F – V – F
e) V – V – F – V

2. (FGV-RJ)

Desmatamento na Floresta Amazônica aumenta mais de 400%

Reprodução/FGV-RJ, 2017

Desmatamento e queimada no sul do Estado do Amazonas.

Levantamento feito por uma ONG do Pará mostra que, no primeiro semestre de 2014, foram destruídos 2.898 km² da floresta amazônica. Em junho, sumiram mais de 800 km² de verde. No período de chuvas na Amazônia, fica mais difícil monitorar o desmatamento. Mesmo com o céu encoberto por muitas nuvens, os satélites revelaram que, em novembro de 2014, a destruição da floresta aumentou em 427% em relação a novembro de 2013.

Sobre as consequências do aumento do desmatamento na Amazônia, analise as afirmações a seguir.

I. A retirada da floresta repercute na dinâmica atmosférica, uma vez que diminui a umidade da massa equatorial continental (mEc), responsável pelo verão úmido da maior parte do país.

II. As queimadas devolvem à atmosfera o gás estufa (CO_2) que, ao longo do tempo, é capturado pela floresta por meio da fotossíntese.

III. O desmatamento facilita a infiltração da água no solo, o que acelera a lixiviação e contribui para a decomposição da matéria orgânica depositada na superfície.

Está correto o que se afirma em

a) II, apenas.
b) I e II, apenas.
c) I e III, apenas.
d) II e III, apenas.
e) I, II e III.

3. (UFRGS) Observe a charge abaixo.

Reprodução/UFRGS, 2018

Fonte: <http://www.marciobaraldi.com.br/baraldi2/component/joomgallery/?func=detail&id=178>. Acesso em: 18 set. 2017.

Assinale a alternativa que indica a correta relação, ilustrada pelos dois quadros.

a) O êxodo rural causou a redução dos empregos no campo, intensificou a urbanização do Brasil e gerou o crescimento desorganizado das cidades.
b) A mecanização das áreas rurais gerou desemprego no campo, mas propiciou melhores ofertas de trabalho e condições de vida nas áreas urbanas.
c) Os latifúndios contribuíram para uma melhor distribuição das terras nas áreas rurais, redistribuindo a população nas áreas urbanas.
d) As cidades atraíram os trabalhadores rurais, que optaram por oportunidades de trabalho mais vantajosas.
e) A política agrária modernizou o trabalho no campo, concentrou a posse da terra e gerou, em condições precárias, o êxodo rural dos migrantes para as cidades.

4. (UFPE) O homem deste milênio tem uma nítida percepção do poder da sociedade moderna em alterar o ambiente econômico, social e natural. Em parte, as rápidas mudanças do último século ocorreram de forma consciente; outras surpreenderam, agradável ou desagradavelmente. Sobre esse tema, é incorreto dizer que:

a) uma das surpresas desagradáveis foi o poder destrutivo e insustentável dos sistemas de produção e do consumo.
b) torna-se cada vez mais eminente a necessidade de compreender a relação existente entre os sistemas humanos e os sistemas naturais.
c) a melhoria tecnológica reduz, em parte, o desperdício dos recursos naturais e, consequentemente, a poluição ambiental.
d) as ações antrópicas sobre o sistema natural, apesar de acarretarem efeitos desagradáveis, provocam, nos espaços rurais, a diminuição do assoreamento fluvial e a intensificação da erosão.
e) o sistema industrial atual, em diversos países do mundo, vem respondendo ao problema da poluição com soluções que vão desde o simples controle dos efluentes até conceitos de "produção mais limpa".

5. (UCS) A partir dos anos 70, outros países se juntaram ao Japão na categoria dos que se destacam pela rapidez dos processos de industrialização: são conhecidos como Tigres Asiáticos. Destacam-se por apresentarem elevada produção industrial destinada essencialmente ao mercado externo. São eles:

a) China, Coreia do Sul, Cingapura e Taiwan.

b) China, Coreia do Sul, Coreia do Norte e Malásia.

c) Coreia do Sul, Hong Kong, Cingapura e Taiwan.

d) Vietnã, Malásia, Cingapura e Filipinas.

e) Coreia do Sul, Malásia, Vietnã e Cingapura.

6. (UPE) O diagrama apresentado a seguir refere-se aos documentos

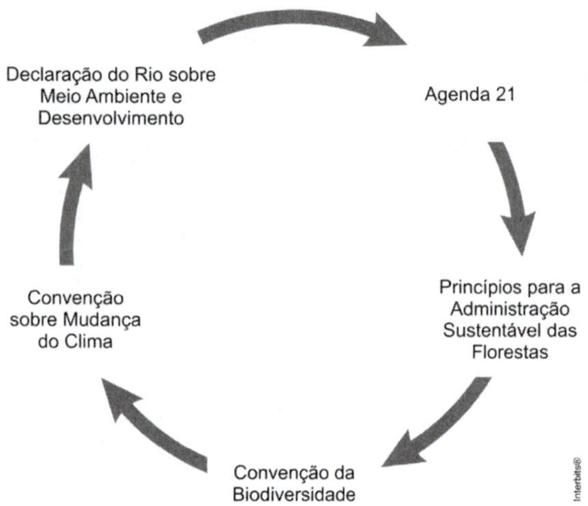

a) da Conferência das Nações Unidas sobre o Meio Ambiente Humano, realizada em Estocolmo, em 1972.

b) da Convenção sobre Poluição Transfronteiriça. Proteção contra os efeitos nocivos da Poluição do Ar, visando à sua redução.

c) da Conferência das Nações Unidas sobre o Meio Ambiente e Desenvolvimento, denominada de "Cúpula da Terra".

d) da Declaração de Princípios sobre Proteção do Meio Ambiente.

e) do Protocolo de Kyoto.

7. (Uerj)

Os líderes dos países que integram os Brics – Brasil, Rússia, Índia, China e África do Sul – encerraram seu terceiro encontro com um comunicado em que pedem conjunta e explicitamente, pela primeira vez, mudanças no Conselho de Segurança das Nações Unidas. O texto defende reformas na ONU para aumentar a representatividade na instituição, além de alterações no Fundo Monetário Internacional e no Banco Mundial. Para os líderes dos Brics, a reforma da ONU é essencial, pois não é mais possível manter as formas institucionais erguidas logo após a Segunda Guerra Mundial.

Adaptado de *O Globo*, 15/04/2011

Uma das principais mudanças no contexto internacional contemporâneo que se relaciona com as reformas propostas pelos Brics está indicada em:

a) afirmação da multipolaridade

b) proliferação de armas atômicas

c) hegemonia econômica dos E.U.A.

d) diversificação dos fluxos de capitais

8. (UFPR)

Para se compreender a divisão do território brasileiro em estados e, consequentemente, a existência dos estados federados e a desigualdade de seu desenvolvimento, torna-se necessário compreender também o processo de transformação do espaço brasileiro em território, o processo de povoamento, as motivações que o provocaram e os percalços encontrados durante cinco séculos de povoamento.

(Fonte: ANDRADE, M. C. de. A *Federação brasileira* – uma análise geopolítica e geossocial. São Paulo: Contexto, 1999.)

Com base nesse texto, assinale a alternativa correta.

a) Mesmo após cinco séculos de ocupação e povoamento, a divisão dos estados brasileiros e sua configuração atual resultam da implantação das capitanias hereditárias.

b) As motivações para o povoamento do território estiveram ligadas à existência dos estados federados e à desigualdade de desenvolvimento existente entre eles.

c) Alguns estados brasileiros têm maior população e são considerados mais desenvolvidos pela forma como ocorreu sua divisão.

d) A divisão do território brasileiro e suas características podem ser compreendidas pela forma histórica como ocorreu a ocupação e o povoamento do espaço.

e) A forma como foram criados os estados federados gerou um país com distribuição populacional e desenvolvimento desiguais.

9. (Uepa) Os objetos tecnológicos invadiram o mundo e chegaram às regiões mais distantes, a exemplo da região andina, na América Latina, uma das regiões consideradas "excluídas" da Nova Ordem Econômica Mundial. A partir da análise da afirmativa e de seus conhecimentos geográficos, é correto afirmar que:

a) em nossos dias parece impossível conservar culturas em estado puro, e o avanço das comunicações tem provocado, nas comunidades nativas da região citada, falsa ideia de uma vida urbana cheia de vantagens, contribuindo não só para a aculturação desses grupos mas também para o estímulo à migração rural-urbana.

b) apesar do avanço no processo de globalização, graças principalmente à revolução técnico-científico informacional, muitas culturas de espaços longínquos continuam intactas, a exemplo das comunidades andinas, tibetanas e da África Subsaariana.

c) uma das causas da pobreza e exclusão das comunidades da região andina é a não participação dos países desta região no Mercosul, bloco econômico mais importante do continente americano, se considerado o PIB (Produto Interno Bruto) de seus integrantes.

d) o alargamento geográfico do Mercosul para o lado do Pacífico, com a inclusão do Chile e Bolívia, países andinos, provocou mudanças significativas na região andina, que atualmente inicia um processo de integração à Ordem Econômica Mundial vigente.

e) o avanço tecnológico que proporcionou a integração desta região ao atual contexto econômico mundial ocasionou também a expansão do narcotráfico, transformando a região na principal área fornecedora de substâncias ilícitas e ponto principal da rota latino-americana deste comércio.

10. (UFRN) Os países localizados na região denominada África do Norte apresentam características que os diferenciam dos países situados na África Subsaariana.

Entre as características dos países da África do Norte, destaca-se a

a) existência dos mais baixos indicadores socioeconômicos do continente.

b) economia em que prevalece a exportação de produtos agrícolas.

c) diversidade étnica e predomínio de religiões que cultuam a natureza.

d) predominância da população árabe e adepta da religião islâmica.

11. (UFRN) O Sudão, maior país da África, enfrentou uma guerra civil que começou na década de 1950, devido à rivalidade entre os árabes muçulmanos – grupo majoritário no norte do país – e a população negra do sul do país, onde os cristãos e os animistas são maioria. No dia 8 de julho de 2011, a divisão do país foi efetivada. A população do Sudão do Sul celebrou a sua independência, resultado de um referendo realizado no início do mesmo ano.

A situação do Sudão ilustra a dinâmica que diz respeito à delimitação territorial de países africanos e à persistência de conflitos existentes em suas fronteiras.

Em relação ao continente africano, explique por que alguns países continuam a enfrentar problemas de instabilidade em suas fronteiras.

12. (PUC-RJ)

Rede de Dutos de Gás e Óleo no Leste Europeu

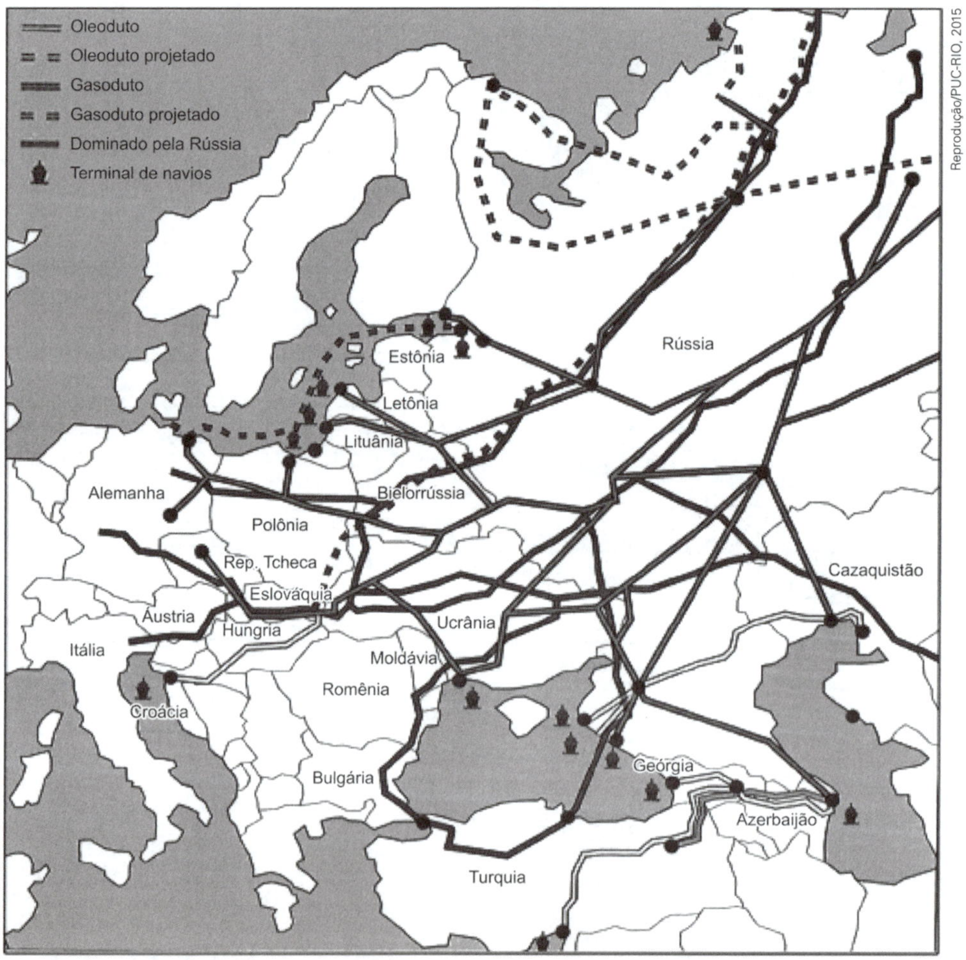

SILVA, Augusto César Pinheiro et al. *Educação geográfica em foco: temas e metodologias para o ensino básico*. Rio de Janeiro, Ed. Lamparina/FAPERJ, 2014, p. 80.

Mesmo com o fim da Guerra Fria no início da década de 1990, as tensões geopolíticas no Leste Europeu parecem não ter desaparecido. Com base no cartograma apresentado, explique:

a) o papel estratégico da Ucrânia para a manutenção do poder da Rússia no Leste da Europa;

b) a pouca repercussão, até agora, das medidas de sanção da Alemanha à Rússia em relação à atual guerra civil na ex-república soviética da Ucrânia.

Simulado 3

12 questões de Geografia – Tempo de resolução: 55 minutos

1. (Unesp) Leia os excertos do geógrafo Aziz Nacib Ab'Sáber.

Excerto 1

Domínio com fortíssima e generalizada decomposição de rochas, densas drenagens perenes, extensiva mamelonização, agrupamentos eventuais de "pães de açúcar", planícies de inundação meândricas.

Excerto 2

Domínio com planaltos de estrutura complexa, planaltos com vertentes em rampas suaves, ausência quase completa de mamelonização, drenagens espaçadas pouco ramificadas.

"Domínios morfoclimáticos e províncias fitogeográficas do Brasil". *In: A obra de Aziz Nacib Ab'Sáber*, 2010. Adaptado.

Os domínios morfoclimáticos caracterizados nos excertos 1 e 2 referem-se, respectivamente,

a) ao cerrado e à caatinga.

b) à caatinga e aos mares de morros.

c) ao amazônico e às pradarias.

d) aos mares de morros e ao cerrado.

e) às araucárias e às pradarias.

2. (Unesp) Analise a charge e o texto a seguir.

Reprodução/UNESP, 2011

As teses dos neoconservadores voltaram a aparecer em plena luz do dia com o regresso dos republicanos à Casa Branca, em 2000, depois de uma controvertida vitória eleitoral de George W. Bush (o filho). Sob a influência de neoconservadores como o vice-presidente Dick Cheney, o novo presidente se recusou a assinar o Protocolo de Kyoto de defesa do meio ambiente e rompeu vários tratados internacionais.

(Igor Fuser. *Geopolítica – o mundo em conflito*, 2006. Adaptado.)

Sobre o período que se segue aos acontecimentos da charge e do texto, fazem-se as seguintes afirmações.

I. Ao contrário dos defensores da redução dos gastos militares após o fim da Guerra Fria, a linha-dura americana propunha a ampliação do aparato militar e do recurso à guerra como principais instrumentos de política externa do governo Bush.

II. O inimigo imediato já estava escolhido: a Arábia Saudita, um país riquíssimo em petróleo. Os EUA acreditavam ter ainda contas a ajustar com o ditador Saddam Hussein, cujo regime havia sobrevivido à derrota na Guerra do Golfo de 1991.

III. A decisão de invadir a Turquia foi tomada quando ocorreram os atentados de 11 de setembro de 2001. Os cidadãos norte-americanos nunca tinham testemunhado um ataque tão devastador em seu próprio território.

IV. A resposta do governo Bush, aos atentados de 11 de setembro de 2001, veio rápida, com um ataque militar fulminante ao Afeganistão. Aproveitando-se da solidariedade internacional aos EUA após os atentados, declara "Guerra ao Terror" e ao "Eixo do Mal", constituído por Iraque, Coreia do Norte e Irã.

É correto apenas o que se afirma em

a) I e IV.

b) II e III.

c) II, III e IV.

d) I, III e IV.

e) I, II e III.

3. (PUC-RJ) Responda com base no esquema a seguir.

A dinâmica climática, provocando variações de umidade, é o principal condicionante para que o território brasileiro apresente uma grande diversidade da paisagem fitogeográfica.

E

Ocorreram acentuadas mudanças paleoclimáticas, alternando fases úmidas e secas, explicando a retração das florestas e a expansão das savanas – cerrado e caatinga no Brasil.

Assinale a alternativa correta:

a) se a primeira afirmativa é falsa e a segunda é verdadeira.

b) se a primeira afirmativa é verdadeira e a segunda é falsa.

c) se as duas afirmativas são verdadeiras e uma se relaciona com a outra

d) se as duas afirmativas são verdadeiras e uma não se relaciona com a outra.

4. (UPE) Observe o mapa a seguir:

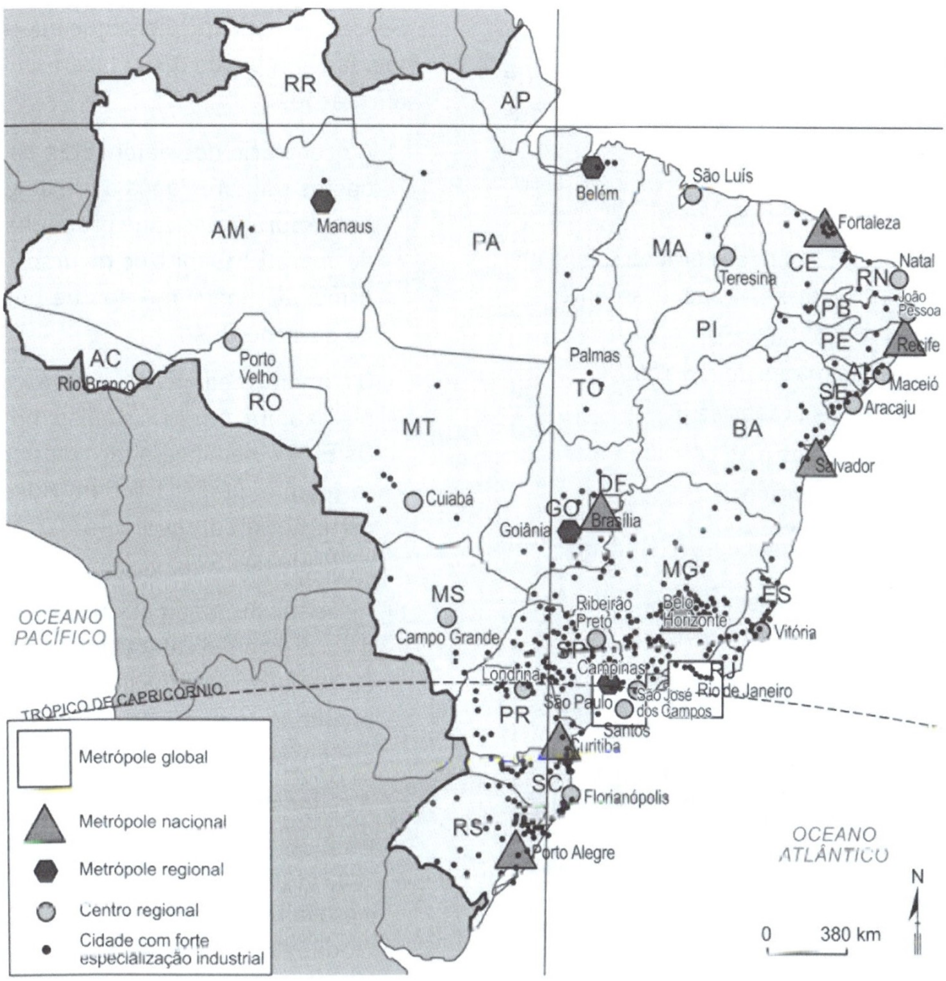

O que nele estão sendo representados(as)?

a) Os índices de poluição ambiental das principais cidades

b) As hierarquias urbanas

c) Os sítios urbanos

d) As industrializações das cidades

e) As principais cidades sustentáveis

5. (ESPM) Leia a entrevista a seguir, concedida por um pesquisador, sobre a crise hídrica no Sudeste brasileiro:

Há um certo ar de tristeza, ao mesmo tempo de resiliência também. É importante ter clareza que esses problemas que estamos vivendo hoje não são de modo algum imprevistos. Ao contrário. Há quinze anos estávamos dizendo a grave situação hídrica que São Paulo enfrentava e enfrenta. E que qualquer tipo de anomalia climática que não é nada surpreendente em se tratando de um país tropical como o Brasil, nós poderíamos enfrentar uma situação séria como essa. (...) Hoje estamos numa situação muito grave que gera um estado de muita atenção e que vai mobilizar de maneira muito séria todos que estão envolvidos com a água e principalmente o cidadão.

Fonte: Wagner Ribeiro em *O Estado de S. Paulo*. Disponível em: http://sustentabilidade.estadao.com.br/blogs/vias-alterlatinas/fazer-cumprir-o-direito-a-agua-e-o-grande-desafio-diz-geografo-da-usp. Acesso: 30/01/2015.

A conclusão mais adequada que podemos extrair do texto é:

a) A causa principal da crise hídrica é o aquecimento global, que alterou o clima brasileiro e mundial, posição consensual entre os pesquisadores em todo o mundo.

b) Apesar de o Brasil apresentar clima tropical, há regiões do país que se encontram dentro do polígono das secas, portanto sujeitas à escassez, como é o caso do estado mencionado na entrevista.

c) O pesquisador insinua que não podemos atribuir a responsabilidade ao clima, e sim à gestão pública, uma vez que o problema estava previsto e anomalias esporádicas são esperadas e anunciadas pela ciência.

d) Segundo o pesquisador, o clima em São Paulo é tropical, ou seja, úmido, portanto a crise hídrica atual é realmente surpreendente e cabe ao poder público agir a partir de agora encaminhando obras emergenciais para amenizar o quadro a que chegamos.

e) O pesquisador atribui a responsabilidade a dois fatores: à anomalia climática que surpreendeu a todos e ao cidadão, que a partir de agora deve alterar seus hábitos consumistas e convencer-se de que ele é parte integrante da reversão desse quadro.

6. (EsPCEx-Aman) Sobre o comércio exterior brasileiro, podemos afirmar que

I. no comércio mundial, o Brasil possui hoje a condição de *Global Trader*, estando, portanto, comprometido com os princípios do multilateralismo e do liberalismo no comércio mundial.

II. a partir da metade da década de 1990, com o aumento da participação de produtos básicos e semimanufaturados na pauta de exportações brasileira, a participação do Brasil nos fluxos comerciais globais deu um salto para mais de 3% do total mundial.

III. enquanto na pauta de exportações brasileiras para a União Europeia e Ásia predominam produtos primários e semimanufaturados, os países do NAFTA (Acordo de Livre Comércio da América do Norte) e da América do Sul absorvem, principalmente, produtos manufaturados do Brasil.

IV. a redução das metas de crescimento da economia chinesa é fato positivo para a economia brasileira, pois tende a abrir um espaço ainda maior para nossas exportações de produtos básicos.

V. o Mercosul responde por cerca de 40% das exportações brasileiras, o que revela a forte dependência comercial do País em relação ao bloco e justifica o aumento dos investimentos privados brasileiros nos países do Mercosul.

Assinale a alternativa em que todas as afirmativas estão corretas.

a) I e III

b) III e V

c) II e V

d) I, III e IV

e) I, II e IV

7. (Uerj)

Fronteiras reais

As fronteiras reais desrespeitam fronteiras cartográficas e geopolíticas e serpenteiam pelo

mundo, dividindo povos e classes. Para cruzar uma fronteira real, não é preciso passaporte ou qualquer outra formalidade. Com um passo, você atravessa uma fronteira econômica, às vezes sem nem se dar conta. Num país como o Brasil, para usar um triste exemplo, pode-se sair de um mundo e entrar em outro ao dobrar uma esquina. Botswana aqui, Miami logo ali.

LUIS FERNANDO VERISSIMO
O Globo, 10/09/2015.

Com base na reflexão do escritor, um exemplo de fronteira real dos dias atuais está presente em:

a)

Reprodução/UERJ, 2019

b)

Reprodução/UERJ, 2019

c)

Reprodução/UERJ, 2019

d)

Reprodução/UERJ, 2019

8. (Uerj)

Edições da Copa do Mundo de Futebol	
País	**Ano**
Uruguai	1930
Itália	1934
França	1938
Brasil	1950
Suíça	1954
Suécia	1958
Chile	1962
Inglaterra	1966
México	1970
Alemanha Ocidental	1974
Argentina	1978
Espanha	1982
México	1986
Itália	1990
Estados Unidos	1994
França	1998
Coreia do Sul / Japão	2002
Alemanha	2006
África do Sul	2010
Brasil	2014
Rússia (previsão)	2018
Catar (previsão)	2022

Adaptado de quadrodemedalhas.com.

A escolha de países que sediam a copa de futebol baseia-se em fatores variáveis. A partir de 2002, observa-se, na tabela, a diversificação geográfica dos países-sede. Duas motivações para a escolha desses países, a partir de 2002, estão explicitadas em:

a) valorização dos campeonatos desportivos – apoio à democratização política
b) inclusão de áreas periféricas – ampliação do número de seleções participantes
c) mundialização do esporte coletivo – multipolaridade das relações internacionais
d) quebra da hegemonia europeia – expansão econômica de áreas subdesenvolvidas

9. (UPE) Observe a imagem a seguir:

Reprodução/UPE-SSA 3, 2017

Palestinos fazem fila para receber comida no campo de refugiados de Yarmouk, na Síria, que foi atacada pela facção Estado Islâmico.

Fonte: adaptado de http://www1.folha.uol.com.br, 2015.

A condição nela apresentada corresponde

a) ao controle do campo de refugiados palestinos no sul de Damasco pelo grupo terrorista sunita Estado Islâmico (EI), originado de um braço da Al-Qaeda, caracterizado por um regime político-religioso, orientado pela Lei Islâmica Sharia.
b) ao grupo militante palestino Hamas, que controla a Faixa de Gaza. Trata-se de um movimento sionista, que procurou criar um Estado para os judeus e que ganhou força no início do século 20, incentivado pelo antissemitismo.
c) ao conflito étnico iniciado há 30 anos, na Síria, quando a União Soviética invadiu os campos de refugiados palestinos, e o grupo Estado Islâmico combateu o governo comunista, com o objetivo comum de instaurar um Estado muçulmano regido pela sharia, a lei islâmica.
d) à atuação da Aliança do Norte, que combate, em conjunto com a facção do Estado Islâmico, os refugiados palestinos em Damasco, sul da Síria, região que está sob o controle das Forças da Síria Democrática (FSD), uma coalizão armada, apoiada pela Rússia.
e) a uma organização sionista que controla a Faixa de Gaza, constituída de partido político-religioso, entidade filantrópica e seu conhecido braço militar. Comanda a Faixa de Gaza e atua em diversas regiões de refugiados palestinos na Síria.

10. (UFU) Durante o governo do Presidente Luiz Inácio Lula da Silva, uma das conquistas mais relevantes de sua administração foi o pagamento da dívida externa ao FMI (Fundo Monetário Internacional), que, devido a sua política econômica recessiva imposta aos países devedores, configurou-se um entrave ao desenvolvimento socioeconômico, pois, para o FMI, a prioridade era garantir o pagamento da dívida externa.

Reprodução/UFU, 2011

Fonte: http://tripalio.blogspot.com/2010/05/fmi-rua.html

A partir das informações acima, assinale a alternativa **incorreta.**

a) Uma estratégia de combate à inflação imposta pelo FMI é o aumento nos juros pagos em investimentos como a poupança e a diminuição da taxa de juros cobrados pelos bancos para que, com base na lei da oferta e procura, não se incentive o consumo excessivo e consequente inflação.

b) O FMI em geral impõe um rigoroso combate à inflação por meio de restrição dos gastos públicos e limite ao aumento salarial, como forma de obrigar governos devedores a ter dinheiro para pagar os juros da dívida.

c) O FMI propõe grande desvalorização da moeda dos países devedores em relação ao dólar, objetivando incentivar as exportações e restringir as importações. Ou seja, vendendo mais e comprando menos, o país consegue um saldo positivo na balança comercial, cujo lucro pode ser utilizado para pagar os juros ou mesmo parte da dívida.

d) Em geral, as medidas impostas pelo FMI recaem sobre a maioria da população, pois é bem mais fácil para o governo reduzir os salários e os gastos públicos com saúde e educação que controlar os preços das mercadorias e serviços oferecidos.

11. (UPE) A China é um país comandado por um partido único, o Partido Comunista, porém vem assumindo um perfil de desenvolvimento típico de sistema capitalista e desempenhando um estratégico papel na economia mundial. Com relação a esse assunto, analise as proposições a seguir:

1) Nas últimas décadas, o conjunto de reformas desencadeadas na China transformou esse país numa das grandes potências mundiais com um modelo de crescimento que executa políticas estratégicas nacionais de industrialização ajustadas ao movimento de expansão da economia global.

2) As Zonas de Proteção às Exportações, áreas com economia mais voltada para o socialismo, ainda são áreas de pouco desenvolvimento na China. São regiões agrícolas localizadas na porção Nordeste e habitadas por população de maioria tibetana.

3) O estabelecimento de Zonas Econômicas Especiais na China, inicialmente nas zonas litorâneas, permitiu a abertura para os investimentos de capitais estrangeiros, elevando a produção global desse país mediante uma política efetiva de incentivos fiscais.

4) As migrações em massa de camponeses das zonas litorâneas, na porção leste, para os centros urbanos do interior da China, onde se concentram as indústrias têxtil, de calçados e de brinquedos, revelam as disparidades sociais e regionais ainda presentes nesse país.

Estão CORRETAS

a) 1 e 2.

b) 3 e 4.

c) 1 e 3.

d) 2 e 4.

e) 1, 2, 3 e 4.

12. (PUC-RJ)

"11 de junho de 2026 - Foi lançado ao mar, no Rio de Janeiro, o gigantesco porta-contêiner Amazônia Azul. A embarcação incorpora a mais avançada tecnologia de construção naval e de controle ambiental (...). Quando o navio entrar em operação no final do ano, a participação da bandeira brasileira no nosso comércio exterior terá atingido o percentual de 40%, o que representa um avanço considerável já que, em 2006 esse percentual não chegava a 3%. Em termos de transporte nacional de mercadorias, as últimas estatísticas são auspiciosas: o modal aquaviário (cabotagem, navegação fluvial e lacustre) igualou-se ao modal rodoviário, ficando a matriz de transportes nacional mais equilibrada e eficiente."

[VIDIGAL, A. A. F. et alii. *Amazônia Azul* - o mar que nos pertence. Rio de Janeiro/São Paulo: Editora Record, cap.4, p. 103-127, 2006 (usos do mar)].

Limites da jurisdição brasileira no Oceano Atlântico, a partir da Convenção das Nações Unidas sobre o Direito do Mar (ZEE + PC = Amazônia Azul)

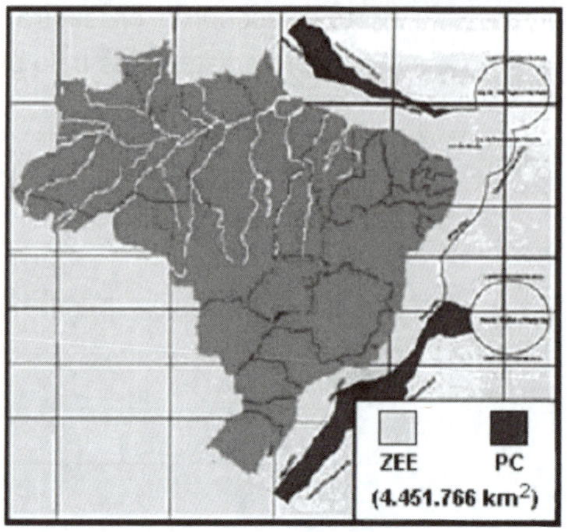

ZEE: Zona Econômica Exclusiva (até 200 milhas marítimas)

PC: Plataforma Continental (até 350 milhas marítimas)

Fonte: http:// www.defesabr.com

O trecho da reportagem fictícia e o cartograma apresentado indicam uma condição territorial brasileira ainda pouco estudada e explorada pelos gestores públicos e privados do país. Reconhecendo a importância da "Amazônia Azul" subexplorada, responda às questões a seguir.

a) Relacione o atraso do modal aquaviário brasileiro às políticas de integração regional adotadas no país, ao longo do século XX.

b) Cite uma consequência desse atraso para o país frente às atuais dinâmicas de investimentos internacionais produtivos na era da globalização.

c) Identifique dois usos do mar (além do transporte) que podem ser vitais para o impulsionamento da economia brasileira perante os desafios a serem enfrentados pelo planeta neste século.

Simulado 4

12 questões de Geografia – Tempo de resolução: 55 minutos

1. (Uema)

A degradação dos solos por diferentes fatores antrópicos tem provocado dois processos distintos, porém ambos têm deixado a base de sustentação dos biomas, os solos, sem condições suficientes à vegetação. Esses processos situam-se em biomas diferentes, distantes 2.200 quilômetros no sentido Norte-Sul.

Amazônia - http://www.greenpeace.org/brasil/pt/O-que-fazemos/Amazonia/; Caatinga – <http://blogs.diariodonordeste.com.br/gestaoambiental/tag/associacao-caatinga/>; Cerrado – <http://pt.slideshare.net/davicante/o-cerrado>; Mata Atlântica – <http://www.ra-bugio.org.br/neutralizacaodecarbono.php>. Pampa – MMA. *Campos Sulinos, conservação e uso sustentável da biodiversidade*. Brasília: MMA, 2009.

Os processos de desertificação e de arenização ocorrem em determinados biomas, climas, regiões, devido a fatores antropogênicos que concorrem para sua ocorrência. Esses processos podem ser expressos, respectivamente, por

a)

Desertificação
Caatinga
Semiárido
Nordeste
Pecuária e agricultura

Arenização
Pampa
Subtropical
Sul
Pecuária e agricultura

b)

Desertificação
Cerrado
Tropical Continental
Centro-Oeste
Pecuária

Arenização
Caatinga
Semiárido
Nordeste
Pecuária e agricultura

c)

Desertificação
Mata Atlântica
Tropical de altitude
Sudeste
Lavoura de café

Fotos: Reprodução/UEMA, 2016

Arenização
Cerrado
Tropical Continental
Centro-Oeste
Pecuária

d)

Desertificação
Pampa
Subtropical
Sul
Pecuária e agricultura

Arenização
Amazônia
Equatorial úmido
Norte
Pecuária

e)

Desertificação
Amazônia
Equatorial úmido
Norte
Pecuária

Arenização
Mata Atlântica
Tropical de altitude
Sudeste
Lavoura de café

Fotos: Reprodução/UEMA, 2016

2. (UFSM) Observe a figura:

Reprodução/UFSM, 2014

Fonte: Revista Conselho em Revista, n. 73, setembro de 2010. Porto Alegre, CREA-RS, p. 4.

A charge satiriza a dicotomia: evolução tecnológica × lixo eletrônico. Nesse sentido, é correto afirmar:

I. No Brasil, a Política Nacional de Resíduos Sólidos (PNRS) institui a logística reversa, obrigando fabricantes, importadores, distribuidores e vendedores a coletarem esses lixos e a darem o melhor destino a eles, uma vez descartados pelos consumidores.

II. A evolução tecnológica cria equipamentos que facilitam a vida moderna; no entanto, na atualidade, estamos "engolidos" pelo lixo eletrônico gerado a partir desses símbolos da nossa própria evolução, uma vez que estão sendo inadequadamente descartados, causando problemas ambientais.

III. Em nível mundial, o Brasil está entre os países signatários da convenção de Basileia que regulamenta o movimento transfronteiriço de resíduos tóxicos, entre eles, os resíduos eletrônicos.

Está(ão) correta(s)

a) apenas I.

b) apenas I e II.

c) apenas III.

d) apenas II e III.

e) I, II e III.

3. (Mackenzie)

Mais de 500 mil mortos em sete anos de Guerra na Síria

NATALIA SANCHA
Beirute 12 MAR. 2018

Conflito também levou 5,6 milhões de sírios ao refúgio, incluindo 2,6 milhões de crianças e adolescentes.

A guerra civil na Síria, prestes a completar sete anos, já tirou a vida de 511.000 pessoas, segundo um balanço apresentado nesta segunda-feira pelo Observatório Sírio dos Direitos Humanos, uma organização que se tornou uma das fontes mais confiáveis graças à presença de informantes no terreno. Desse total, 353.935 mortos foram identificados, sendo 106.390 civis (incluindo 19.811 menores e 12.513 mulheres). As forças do presidente Bashar al Assad e seus aliados são responsáveis por 85% das vítimas civis. O Observatório, com sede no Reino Unido, contabilizou pelo menos outros 155.000 mortos com identidade desconhecida. Também nesta segunda-feira, o UNICEF (órgão da ONU para a infância) informou que os dois primeiros meses deste ano foram os mais mortíferos para as crianças sírias, com mais de 1.000 mortos e feridos.

Fonte: https://brasil.elpais.com/brasil/2018/03/12/internacional/1520865451_577510.html

A respeito da guerra civil na Síria, julgue as afirmações a seguir.

I. O conflito teve início com um levante pacífico contra o regime do presidente Bashar al Assad. A precária situação dos direitos humanos, a corrupção governamental e o elevado desemprego motivaram os protestos, que evoluíram para uma guerra civil quando o governo passou a empregar força letal.

II. Os principais apoiadores do governo são a Turquia e Arábia Saudita, já a Rússia e o Irã apoiam os grupos contrários a Bashar al Assad.

III. A milícia libanesa Hezbollah apoia fortemente o governo sírio, uma vez que é composta por muçulmanos de origem xiita, opondo-se historicamente aos Estados Unidos e Israel.

É correto o que se afirma em

a) I, apenas.

b) I e II, apenas.

c) II e III, apenas.

d) I e III, apenas.

e) II, II e III.

4. (UFPR)

Alguns aplicativos instalados em dispositivos móveis permitem que mapas digitais e imagens de satélite sejam utilizados para encontrar caminhos, locais de interesse, desvios e alertas de acidentes, de fiscalização ou até mesmo de trânsito intenso. A informação georreferenciada é cada vez mais comum também em apps que oferecem produtos, serviços e relacionamentos sociais. [...] Atualmente encontram-se em funcionamento os sistemas de navegação por satélite norte-americano (GPS) e russo (GLONASS),

e estão parcialmente implantados os projetos de navegação por satélite europeu (GALILEO), chinês (COMPASS ou BeiDou-2) e, mais recentemente, o japonês (MICHIBIKI).

A respeito da tecnologia de navegação por satélite, considere as seguintes afirmativas:

1. É a mais importante fonte de dados de navegação terrestre, pois fornece tanto a posição geográfica quanto a atualização da base de dados geográficos dos aparelhos celulares (arruamento, pontos de interesse, direções de vias, entre outros).
2. A informação enviada pelos satélites até o aparelho receptor (*smartphone* ou *tablet*, por exemplo) se propaga por ondas eletromagnéticas e independe da existência de rede de internet.
3. A existência de várias constelações artificiais de sistemas de posicionamento por satélites tende a tornar o sistema impreciso, devido às interferências entre os sinais emitidos pelos diferentes satélites.

Assinale a alternativa correta.

a) Somente a afirmativa 1 é verdadeira.
b) Somente a afirmativa 2 é verdadeira.
c) Somente a afirmativa 3 é verdadeira.
d) Somente as afirmativas 1 e 2 são verdadeiras.
e) Somente as afirmativas 2 e 3 são verdadeiras.

---

5. (IFPE) O Brasil é um dos maiores produtores e exportadores de recursos minerais, e entre seus principais produtos estão o minério de ferro, o manganês e a bauxita, que são matérias-primas essenciais para vários ramos do setor industrial. Sabe-se que essa riqueza em reservas de minerais metálicos está diretamente atrelada a sua estrutura geológica.

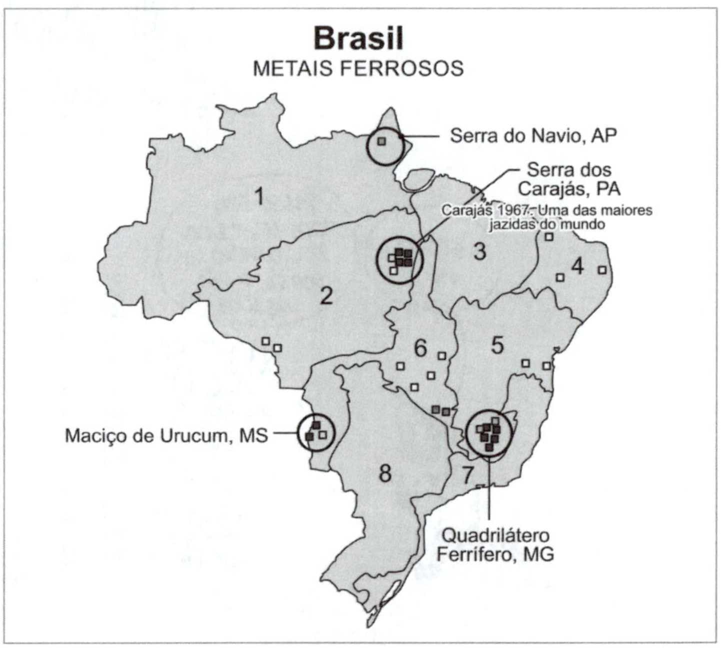

Disponível em: <http://www.saberatual.net/?post=579>. Acesso: 28 set. 2016.

Diante do exposto e observando a imagem, podemos afirmar quanto aos recursos minerais brasileiros que

a) na Serra dos Carajás, encontra-se uma das maiores reservas de minerais metálicos do mundo, responsável pela maior produção do país, o que contribui para o equilíbrio da balança comercial brasileira.
b) o principal centro de exploração mineral está no Quadrilátero Ferrífero no Estado de Minas Gerais, e, entre os principais recursos extraídos, estão: minério de ferro, bauxita e carvão mineral.
c) as principais atividades de exploração dos minerais metálicos, circuladas na imagem, concentram-se nas áreas das bacias sedimentares, que são geologicamente mais antigas.
d) a maior produção de bauxita, mineral de onde é extraído o alumínio, está no Maciço do Urucum – MS, local conhecido pela elevada qualidade de seu minério, que é exportado principalmente para Europa e Japão.
e) as principais jazidas de minerais metálicos são encontradas na Serra do Carajás e no Quadrilátero Ferrífero nas áreas formadas geologicamente por escudos cristalinos.

6. (UEG) Grupos religiosos, étnicos, nacionais, raciais etc., quando negativamente avaliados, discriminados e/ou segregados, constituem as chamadas 'minorias' ou 'grupos minoritários'. Às vezes, o grupo minoritário é assim considerado por ocupar uma posição subordinada na estrutura de poder de uma sociedade.

Maurício Pestana

Reprodução/UEG, 2011

LUCCI, E. Alabi. *Território e sociedade no mundo globalizado: geografia geral e do Brasil*. São Paulo: Saraiva, 2005. p. 386.

Tendo por base a análise do texto e dos cartuns, infere-se que

a) os brancos sul-africanos impuseram o *apartheid* em virtude de sua predominância numérica sobre o negro na África do Sul, visto que esse era considerado um ser inferior.

b) os indígenas no Brasil fazem parte das chamadas 'minorias', devido ao número a que foram reduzidos pelo domínio do branco, ao longo de quinhentos anos de exploração.

c) os negros hoje no Brasil não podem ser considerados 'minoria', por causa do seu grande número no país. O Brasil abriga atualmente o maior número de negros residindo fora da África.

d) os conflitos étnicos nacionais vêm se expandindo em quase todos os recantos do planeta, a exemplo da resistência dos tibetanos contra o domínio chinês, dos curdos na Turquia, dos bascos na Espanha, entre tantos outros.

7. (UEL) Leia o texto e analise os gráficos a seguir, que representam as pirâmides etárias da população (em % de países subdesenvolvidos e desenvolvidos), em 2000.

A estrutura etária da população tem reflexos importantes na economia de um país. A população economicamente ativa (PEA), ou seja, aquela que trabalha e produz riquezas, é composta, em sua maioria, de adultos (de 20 a 59 anos de idade). É essa população que, por meio do recolhimento de impostos, ajuda o Estado a sustentar a economia nacional. Uma defasagem muito grande no número de ativos em relação aos inativos desequilibra essa equação.

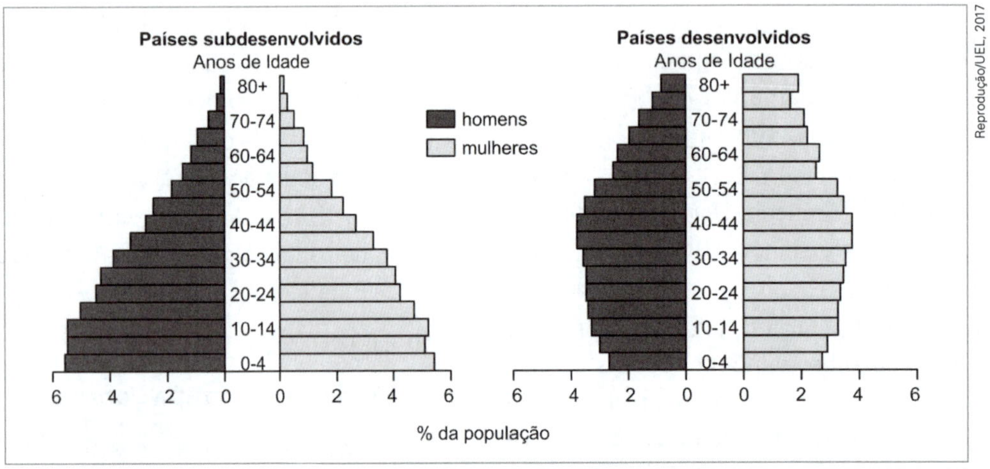

(Adaptado de: MOREIRA, J. C.; SENE, E. *Geografia*. São Paulo: Scipione, 2005. p. 440.)

Com base no texto, nos gráficos e nos conhecimentos sobre estrutura etária da população, atribua **V** (verdadeiro) ou **F** (falso) às afirmativas a seguir.

( ) A pirâmide etária dos países subdesenvolvidos apresenta uma base larga e um topo estreito, em virtude da baixa expectativa de vida da população.

( ) O estudo sobre pirâmides etárias possibilita compreender, entre outros fatores, a dinâmica populacional e econômica de um país e sua história recente.

( ) O aumento da expectativa de vida da população, acompanhado da queda das taxas de natalidade e mortalidade, provoca mudanças na pirâmide etária.

( ) O aumento da população economicamente ativa em relação aos inativos desequilibra a produção de riquezas e diminui o recolhimento de impostos.

( ) Nos países subdesenvolvidos, a combinação entre baixa natalidade e alta expectativa de vida tem levado ao progressivo envelhecimento da população e à recessão econômica.

Assinale a alternativa que contém, de cima para baixo, a sequência correta.

a) V, V, V, F, F.

b) V, F, V, F, V.

c) V, F, F, V, V.

d) F, V, V, F, F.

e) F, F, F, V, V.

8. (UFSC)

Os dilemas do Haiti

Até o início de 2010, podia-se dizer que o Haiti era um país marcado pela pobreza e instabilidade política. Afinal, desde 2004, em meio a um clima de guerra civil, lá estavam tropas de paz da ONU, comandadas pelo governo brasileiro, interessado em ampliar a sua influência no continente – eram mais de sete mil homens!

SANTIAGO, Pedro. *Por dentro da História*, 2. 3. ed. São Paulo: Escala Educacional, 2013, p. 113.

Sobre o Haiti e a trajetória do seu povo, é correto afirmar que:

01) considerado um caso singular, o movimento de independência do Haiti foi resultado de um levante popular comandado pela população negra contrária à dominação francesa.

02) em 2010, um forte terremoto atingiu o país, deixando o cenário de pobreza e instabilidade política ainda mais grave.

04) localizado no noroeste da África, o Haiti possui uma economia baseada na monocultura de cana-de-açúcar e no comércio clandestino de marfim e diamante.

08) no final do século XVIII, durante a rebelião escrava que iniciou o processo de independência, o líder François-Dominique Toussaint Louverture determinou a abolição da escravidão no Haiti.

16) em função do caráter violento do processo de emancipação, a independência do Haiti ainda não foi reconhecida pela ONU (Organização das Nações Unidas) e, por essa razão, o país está sob o controle das tropas internacionais.

32) a Primavera Árabe e o contexto de guerra civil das últimas décadas estão entre as principais razões para o crescimento da imigração de refugiados haitianos para o Brasil nos últimos anos.

9. (Enem)

As autoridades de Kiribati, arquipélago do Oceano Pacífico formado por 33 atóis e uma ilha de coral, estão conscientizando sua população para que aceitem que, nas próximas décadas, terão de fugir do país. A estimativa é que, em um período de 50 anos, as ilhas podem desaparecer. O governo convocou os líderes de todas as ilhas para convencê-los da importância de mudar a mentalidade das pessoas, com pleno conhecimento que é uma questão muito sensível porque ameaça a própria identidade de um país. Kiribati já antecipou convênios com Austrália e Nova Zelândia para enviar seus cidadãos aos países vizinhos, algo que muitos dos moradores do arquipélago não aceitam.

Disponível em: http://noticias.terra.com.br.
Acesso em: 28 jul. 2012.

No texto, faz-se referência a um problema que se tornou um tema recorrente na agenda global. Nesse sentido, a preocupação apresentada pela população de Kiribati fundamenta-se na previsão de

a) submersão de terras habitadas, decorrente da elevação do nível do mar.
b) ocorrência de *tsunamis*, derivada de mudanças no eixo de rotação do planeta.
c) erupções vulcânicas frequentes, visto que estão assentados sobre o Círculo do Fogo.
d) terremotos com magnitude extrema, devido à proximidade de bordas de placas tectônicas.
e) furacões de grande intensidade, em função de redução da temperatura média do Oceano Pacífico.

10. (UERN) Leia.

Herdeiro da Pampa Pobre

Mas que pampa é essa que eu recebo agora
Com a missão de cultivar raízes
Se dessa pampa que me fala a história
Não me deixaram nem sequer matizes?

Passam as mãos da minha geração
Heranças feitas de fortunas rotas
Campos desertos que não geram pão
Onde a ganância anda de rédeas soltas

Se for preciso, eu volto a ser caudilho
Por essa pampa que ficou pra trás
Porque eu não quero deixar pro meu filho
A pampa pobre que herdei de meu pai

(Engenheiros do Hawaii)

A música "Herdeiro da Pampa Pobre" retrata problemas na estrutura agrária e fundiária do Brasil, como

a) a má distribuição de terras e terras altamente produtivas.
b) a concentração de terras e produção de alimentos para o mercado interno.
c) a concentração fundiária e a improdutividade das terras.
d) a boa distribuição de terras e produção voltada para a exportação.

11. (Udesc) O Aquífero Guarani é um dos maiores aquíferos do mundo. Sua localização abrange parte do Brasil, do Paraguai, do Uruguai e da Argentina e constitui a principal reserva de água subterrânea da América do Sul.

Sobre o Aquífero Guarani, analise as proposições.

I. A maior parte do Aquífero Guarani localiza-se no subsolo do Brasil.

II. Os estados do Brasil onde está localizado o Aquífero são: Amazonas, Rio Grande do Norte e Pará.

III. O termo *Guarani*, para nomear o Aquífero, foi sugerido por um geólogo e aprovado em reunião de pesquisadores, em homenagem aos índios guaranis que primeiramente ocupavam a região do Aquífero.

IV. As águas do Aquífero são todas de confinamento, não havendo nenhuma área de afloramento.

V. A água do Aquífero poderia abastecer a população brasileira por centenas de anos.

Assinale a alternativa **correta**:

a) Somente as afirmativas II e IV são verdadeiras.

b) Somente as afirmativas I e III são verdadeiras.

c) Somente as afirmativas I, III e V são verdadeiras.

d) Somente a afirmativa V é verdadeira.

e) Todas as afirmativas são verdadeiras.

12. (UFJF)

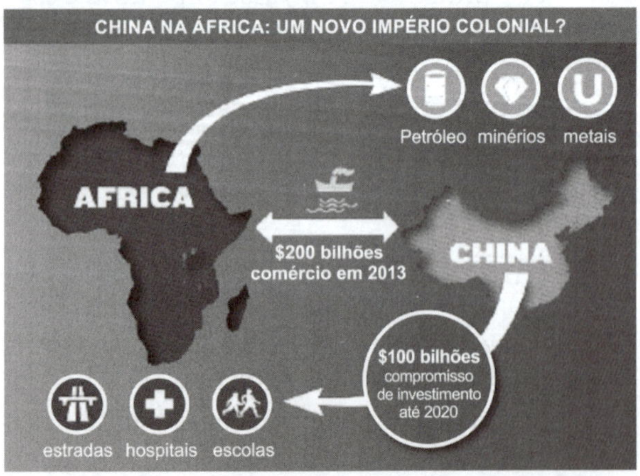

Reprodução/UFJF-PISM 3, 2016

Disponível em: <http://theday.co.uk/international/china-to-fund-new-railway-line-in-east-africa>. Acesso em: 16 nov. 2015. Adaptado.

Por que o comércio e os investimentos chineses na África configuram um novo império colonial?

Simulado 5

13 questões de Geografia – Tempo de resolução: 55 minutos

1. (Udesc) Analise as proposições em relação à organização do espaço geográfico brasileiro, que refletem os diferentes momentos da ocupação do país, sua economia e seu crescimento.

I. O centro econômico do Brasil, bastante industrializado e urbanizado, é constituído por São Paulo e Rio de Janeiro, duas grandes metrópoles globais.

II. As metrópoles regionais têm importância regional, pois seus serviços abrangem uma área extensa, englobando várias cidades de porte menor. Exemplo disso são as cidades de Belém, Manaus e Goiânia.

III. As metrópoles nacionais possuem uma complexa oferta de serviços, equipamentos urbanos, universidades, bancos, etc. que extrapolam a abrangência dos seus estados, a exemplo, Porto Alegre, Curitiba, Belo Horizonte, Recife, Brasília, Fortaleza.

IV. Cidades locais ou pequenas cidades exercem influência apenas nas áreas rurais de sua vizinhança e possuem escasso equipamento urbano (escolas, cinemas, hospitais).

V. Capitais regionais e megalópoles globais são sinônimos, pois se referem a enormes conjuntos de grandes cidades que, uma vez conurbadas, abrangem áreas extensas cuja influência é global.

Assinale a alternativa **correta**:

a) Somente as afirmativas I, II, III e IV são verdadeiras.

b) Somente as afirmativas II e IV são verdadeiras.

c) Somente as afirmativas I, II e V são verdadeiras.

d) Somente as afirmativas I e III são verdadeiras.

e) Todas as afirmativas são verdadeiras.

2. (PUC-SP)

"Enquanto os Estados Unidos e outras nações estão sentindo as dificuldades econômicas causadas pela alta no preço da gasolina, o Brasil garantiu certo nível de autossuficiência graças a décadas de experimentos com etanol, que hoje pode abastecer carros e caminhões (...) esses esforços já beneficiaram e beneficiarão ainda mais o Brasil no futuro."

(SADLIER, Darlene. *Brasil imaginado* – de 1500 até o presente. São Paulo: Edusp, 2016. p. 348)

Sobre o fato descrito é certo dizer que:

a) com a descoberta do Pré-Sal o Brasil obteve autossuficiência com combustível fóssil e isso tornará obsoletos no futuro os investimentos em energia de origem vegetal.

b) embora sejam avanços a tecnologia e a produção do etanol, não nos livraremos do combustível fóssil no futuro, pois o Brasil é carente de outras fontes de energia.

c) a imaginação de um futuro promissor na produção de etanol esbarra num fator incontornável, que é a carência de terras agrícolas no Brasil.

d) os benefícios futuros do etanol vinculam-se ao seu caráter renovável, assim como à emissão de carbono mais atenuada em relação às fontes fósseis.

3. (Cefet) Analise os fragmentos seguintes.

I. O capitalismo concorrencial buscou a unificação do planeta, mas apenas obteve uma unificação relativa, aprofundada sob o capitalismo monopolista, graças aos progressos técnicos alcançados nos últimos dois séculos, possibilitando uma transição para a situação atual do neoliberalismo.

II. Estamos diante de um novo "encantamento do mundo", no qual o discurso e a retórica são o princípio e o fim. Esse imperativo e essa onipresença da informação são insidiosos, já que a informação atual tem dois rostos, um pelo qual ela busca instruir, e um outro pelo qual ela busca convencer.

SANTOS, Milton. *Por uma outra globalização*: do pensamento único à consciência universal. Rio de Janeiro: Record, 2008.

Os dois fragmentos apresentam alterações na configuração do capitalismo na atualidade. Nessa perspectiva, são consequências das mudanças descritas nesses textos, **EXCETO** a(o)

a) aprofundamento da demanda científica pelos conglomerados industriais.

b) generalização do acesso à comunicação pela população dos países emergentes.

c) interferência na pauta das pesquisas acadêmicas pelo mercado competitivo.
d) busca crescente das transnacionais pelos serviços do setor de economia criativa.
e) incremento no controle seletivo dos dados para circulação pelas empresas globais.

4. (PUC-PR)

"O 'ambiente' soa como um contexto externo à ação humana. Porém, as questões ecológicas só vieram à tona porque o 'ambiente' não se encontra mais alheio à vida social humana, mas é completamente penetrado e reordenado por ela. Se houve um dia em que os seres humanos souberam o que era a 'natureza', agora não o sabem mais. Atualmente, o que é 'natural' está tão intrincadamente confundido com o que é 'social', que nada mais pode ser afirmado como tal com certeza. Da mesma forma que muitos aspectos da vida são governados pela tradição, a 'natureza' transformou- se em áreas de ação nas quais os seres humanos têm de tomar decisões práticas e éticas. A 'crise ecológica' abre uma grande quantidade de questões relacionadas essencialmente à plasticidade da vida humana atual – o afastamento do 'destino' em tantas áreas das nossas vidas".

BECK. Ulrich; GUIDDENS, Anthony; SCOTT, Lash. *Modernização reflexiva*: política, tradição e estética na ordem social moderna. São Paulo: Editora da Universidade Estadual Paulista, 1997, p. 08.

No texto acima, os autores tratam de ecologia, das relações e da integração entre o homem e o espaço nos dias atuais. De acordo com sua análise e seus conhecimentos prévios, é **CORRETO** afirmar que:

a) os problemas ecológicos só se tornaram um tema em pauta nos dias atuais em razão da desconexão do humano e seu espaço de vivência.
b) a crise ecológica é própria de nossa época, sendo possível devido à consciência cada vez mais ampla da integração entre o homem e seu espaço, das transformações empreendidas e das decisões práticas e éticas tomadas no espaço de ação que é a natureza.
c) o entendimento da natureza como um objeto distinto do "humano" torna-se cada vez mais claro e nítido à compreensão do homem em suas atividades cotidianas.
d) em se tratando de "crise ecológica", o autor quer se referir aos problemas diretamente afeitos ao contexto em que se desenvolve a Primeira Revolução Industrial, não tendo qualquer conexão significativa com os dias atuais.
e) os diferentes espaços de vivência humana e sua alienação na consciência do homem possibilitaram, ao contrário, a noção exata dos problemas ecológicos e de suas diferentes resoluções, postas em prática de maneira unânime nos dias atuais.

5. (Uerj)

As favelas do Rio de Janeiro se encontram associadas a duas localizações típicas: encostas de morros e margens de rios e canais. A razão para a localização em encostas é econômica: trata-se de locais que, via de regra, foram desprezados pelos privilegiados urbanos como área de residência. Quanto às margens de rios e canais, trata-se de áreas onde é proibida qualquer construção e que por isso igualmente se apresentaram como alternativas para a ocupação por parte da população pobre.

Adaptado de SOUZA, M. L. O *desafio metropolitano*. Rio de Janeiro: Bertrand Brasil, 2005.

Alguns impactos ambientais vêm sendo observados nas áreas onde ocorrem as ocupações mencionadas no texto.

São impactos ambientais resultantes da ocupação de encostas e de margens de rios e canais, respectivamente:

a) queimada e arenização
b) deslizamento e inundação
c) intemperismo e eutrofização
d) desmatamento e desassoreamento

6. (PUC-RJ)

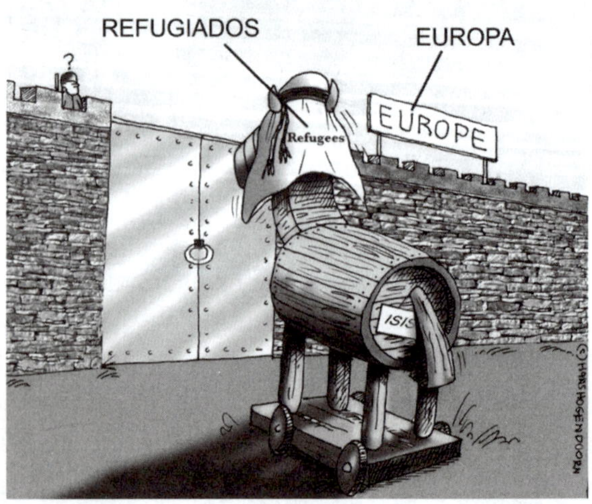

Observe a charge e marque a opção correta, levando-se em conta a emigração em massa do Oriente Médio em direção à Europa.

a) Os estados europeus se utilizam de artifícios diversos para conquistar países em outros continentes.

b) Os países árabes conseguiram definir uma brecha no protecionismo europeu, criando conflitos civis fictícios.

c) Os terroristas podem se aproveitar do enorme fluxo de refugiados das guerras civis dos países árabes para entrarem na Europa.

d) Os países do Leste europeu são os mais prejudicados com o fluxo de refugiados das guerras civis por estarem na fronteira continental.

e) Os signatários dos Acordos de Schengen são os que mais criam problemas para a entrada dos refugiados sírios no continente europeu por via terrestre e marítima.

7. (Uerj) A Organização das Nações Unidas – ONU – foi criada com o propósito de promover o multilateralismo nas relações internacionais, pautando-se no princípio da igualdade soberana de todos os seus integrantes.

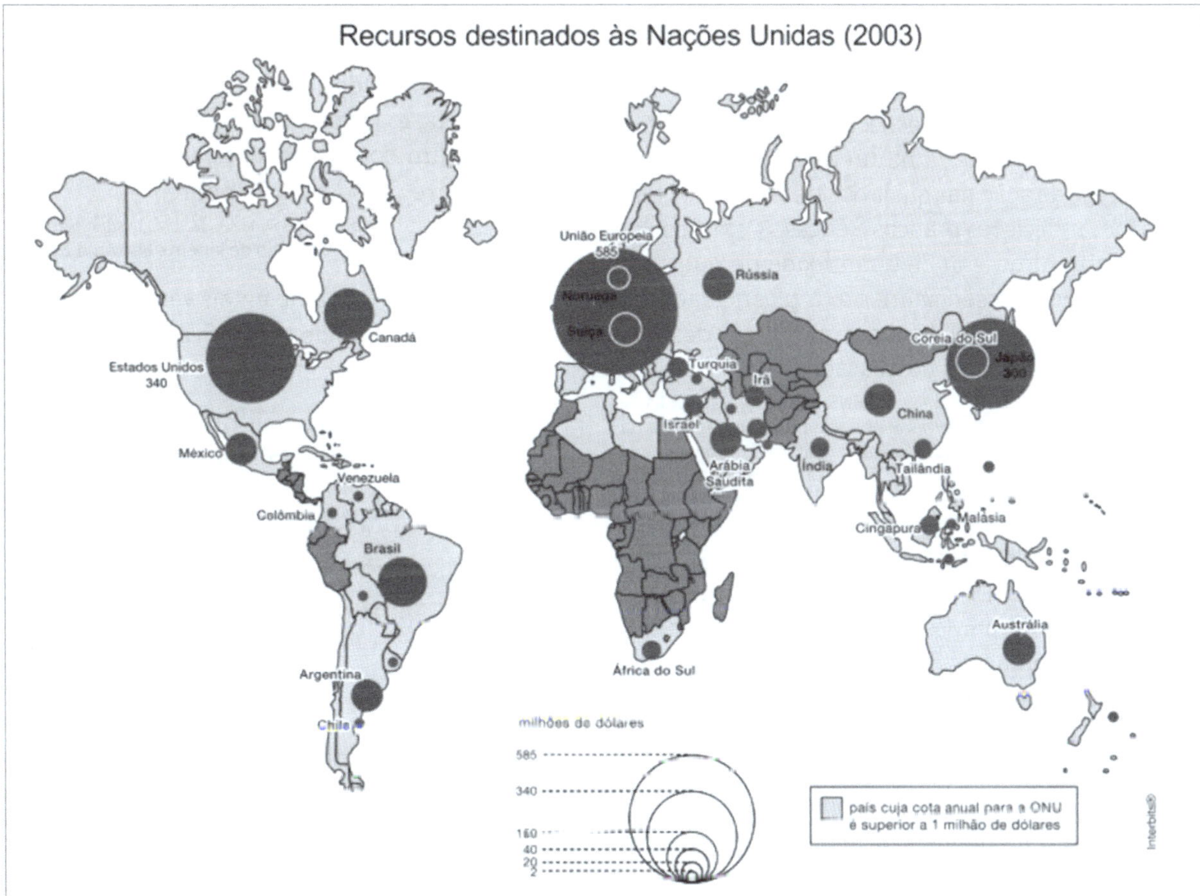

El Atlas de Le Monde Diplomatique II. Buenos Aires: Capital Intelectual, 2006.

De acordo com o mapa, o equilíbrio de poder entre as nações que integram a ONU na atualidade é dificultado pelo seguinte aspecto:

a) poderio militar concentrado nos países asiáticos

b) sistema de voto proporcional na Assembleia Geral

c) desigualdade das contribuições nacionais ao orçamento

d) rotatividade dos países-membros do Conselho de Segurança

8. (UERN) Observe o mapa a seguir.

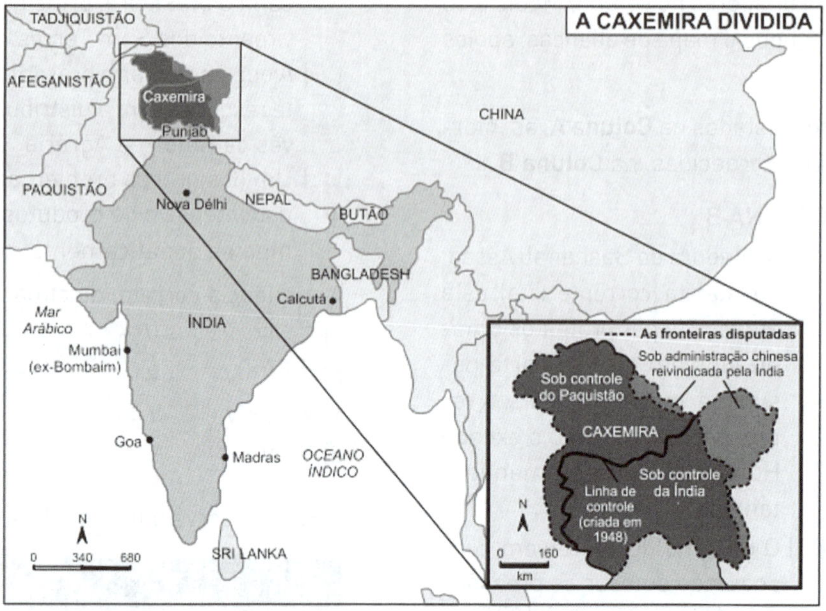

(Vesentini, J. William. *Geografia: o mundo em transição*. São Paulo: Ática, 2010. p. 423.)

Há uma grande quantidade de conflitos étnico-nacionalistas na Ásia. O continente abriga cerca de 60% da população mundial e milhares de etnias. Sobre o conflito étnico na Caxemira, é correto afirmar que o(a)

a) tensão entre hindus e muçulmanos iniciou-se com o fim da Segunda Guerra Mundial.

b) região da Caxemira situa-se entre China, Índia e Paquistão. É uma área árida e montanhosa.

c) região é estratégica e o seu controle significa o controle das águas do curso médio do rio Indo.

d) controle da região tem preocupado o mundo, pois a região é grande produtora de petróleo e xisto betuminoso.

9. (Cefet) Observe a fotografia abaixo.

Fonte: Disponível em <http://wara.nativeweb.org/caca.html>. Acesso em 06 out. 2012.

No bioma brasileiro mostrado na imagem, predominam as seguintes características:

a) folhas largas e solos úmidos

b) vegetação densa e relevo de planícies.

c) estratos variados e grande biodiversidade.

d) rios intermitentes e vegetação xerófita.

10. (UFRGS) Após a Segunda Guerra Mundial, a maioria dos países latino-americanos implementou políticas de industrialização por substituição de importações que tiveram resultados diversos.

Considere as seguintes afirmações sobre os efeitos que a implementação dessas políticas teve no Brasil.

I. Ela acelerou a migração campo-cidade.

II. Ela favoreceu a industrialização nas regiões Sudeste e Sul.

III. Ela reforçou o papel do Estado brasileiro nas políticas territoriais.

Quais estão corretas?

a) Apenas I.

b) Apenas II.

c) Apenas III.

d) Apenas II e III.

e) I, II e III.

11. (UCS) A Primavera Árabe, onda de movimentos populares contra ditadores no Oriente Médio e no norte da África, mudou o mapa de alianças, apoios e rixas na região.

Associe os países, listados na **Coluna A**, às informações sobre eles fornecidas, na **Coluna B**.

COLUNA A

1. Turquia
2. Síria
3. Irã

COLUNA B

( ) A ditadura de Bashar al-Assad, um alauita (corrente xiita), está ameaçada por protestos organizados em grande parte por sunitas, maioria no país. A repressão brutal levou o exilado Hamas a apoiar os manifestantes.

( ) O governo de Teerã vem conseguindo sufocar as pressões populares. Com o intuito de destruir Israel, os aiatolás xiitas financiam até o Hamas. Seu avançado programa nuclear pode ser alvo de um ataque militar israelense.

( ) Berço do Império Otomano, voltou a ter relevância na região, graças à economia forte e à ativa diplomacia do Premiê Recep Erdogan. Apoiou os novos governos do norte da África e tem ajudado os rebeldes contra al-Assad.

Assinale a alternativa que preenche corretamente os parênteses, de cima para baixo.

a) 1 – 3 – 2
b) 2 – 1 – 3
c) 1 – 2 – 3
d) 3 – 2 – 1
e) 2 – 3 – 1

12. (Acafe) Assinale com **V** as afirmações verdadeiras e com **F** as falsas.

( ) Uma das fontes da concentração de terras no Brasil nas mãos de poucos está na Lei de Terras de 1850.

( ) A expansão do agronegócio no meio rural brasileiro tem aumentado a produção e provocado o êxodo rural.

( ) O *agrobusiness* tem levado o conflito para o campo brasileiro, principalmente com o Movimento dos Sem Terras.

( ) A questão agrária brasileira está praticamente resolvida com a distribuição de terras através da Reforma Agrária.

( ) Um dos graves problemas do meio rural é o uso intensivo de produtos químicos e de sementes geneticamente modificadas.

A sequência correta, de cima para baixo, é:

a) F - F - V - F - V
b) V - F - V - F - V
c) V - V - V - F - V
d) F - V - F - V - F

13. (UFJF) Observe a figura e leia o texto a seguir.

Reprodução/UFJF-PISM 3, 2015

Disponível em: <http://www.worldpressphoto.org/content/2014-photo-contest-press-kit-john-stanmeyer>. Acesso em: 2 set. 2014.

A massificação dos celulares é um fenômeno vivido em toda a África. Em grande parte dos países africanos, o acesso aos telefones móveis é maior que à energia elétrica. (...)

Disponível em: <http://operamundi.uol.com.br/conteudo/entrevistas/16516/celulares+sao+cada+vez+mais+importantes+na+africa+diz+ativista+da+freedomfone.shtml>. Acesso em: 3 set. 2014.

Por que o continente africano é o mercado de celulares que mais cresce no mundo?

Simulado 6

13 questões de Geografia – Tempo de resolução: 55 minutos

1. (UPE) Leia o texto a seguir:

"O homem faz parte da natureza. Nossa constituição biológica é parte da energia e da matéria naturais. Somos habitat de outros seres vivos, alimentamo-nos de outros organismos, e, quando morremos, os micro-organismos tratam de reaproveitar a matéria orgânica, que formava nossos corpos. Toda a história humana diz respeito ao modo como os homens mantêm uma relação entre si e com a natureza externa a eles – o meio ambiente. Assim, ao longo da história, a raça humana vem criando diferentes modos de se relacionar com a natureza. Desde a pré-história, com a descoberta do fogo, da agricultura e da pecuária, a capacidade do homem de transformar e agir na natureza tem se tornado maior. Contudo, a partir da Revolução Industrial, a ação do homem sobre o meio ambiente tem se tornado cada vez mais insustentável e destrutiva. Apesar da situação preocupante do planeta, nem tudo está perdido. A educação ambiental aponta para uma solução: a conscientização ambiental e a construção de uma nova relação entre o homem e a natureza. Conhecendo melhor a crise ambiental, que ameaça a sobrevivência de todas as espécies vivas, inclusive a dos seres humanos, as pessoas provavelmente irão interferir, de forma diferente, no meio ambiente."

ALBUQUERQUE, Bruno Pinto de. *As relações entre o homem e a natureza e a crise sócio-ambiental*. Rio de Janeiro: Fiocruz, 2007.

Com base no que foi lido, analise as seguintes proposições:

1. As agressões ao meio ambiente começaram a partir de um fato histórico importante, a Revolução Industrial.
2. As relações estabelecidas entre os seres humanos e entre estes e a natureza poucas modificações sofreram e sempre se caracterizaram pelas agressões ambientais.
3. A conscientização social da questão ambiental poderá ser atingida com base no processo educacional, e, assim, uma relação qualitativamente diferente entre os seres humanos e a natureza se configurará.
4. Não se vislumbra uma melhoria ambiental para o planeta Terra, pois o homem faz parte da natureza, sendo constituído de matéria, e esta se encontra em permanente transformação.

Está CORRETO o que se afirma, apenas, em

a) 3.
b) 4.
c) 1 e 2.
d) 3 e 4.
e) 1, 2 e 3.

2. (Uespi) Observe a charge a seguir.

Reprodução/UESPI, 2012

Qual deve ser o título correto para essa charge?

a) A intensificação da repressão às colônias europeias na África.
b) A distribuição dos recursos minerais da África.
c) A partilha da África pelas potências europeias.
d) O fim das disputas por colônias europeias no continente africano.
e) Os conflitos étnicos no continente africano.

3. (Enem)

Reprodução/ENEM, 2016

Disponível em: http://portaldoprofessor.mec.gov.br. Acesso em: 12 ago. 2012.

A projeção cartográfica do mapa configura-se como hegemônica desde a sua elaboração, no século XVI. A sua principal contribuição inovadora foi a

a) redução comparativa das terras setentrionais.

b) manutenção da proporção real das áreas representadas.

c) consolidação das técnicas utilizadas nas cartas medievais.

d) valorização dos continentes recém-descobertos pelas Grandes Navegações.

e) adoção de um plano em que os paralelos fazem ângulos constantes com os meridianos.

4. (Unisinos)

"A crise dos refugiados que chegam à Europa divide europeus sobre a forma de gerir o fluxo de deslocados, em sua maioria fugitivos da Síria. Após a comoção causada pela imagem do menino sírio Aylan Kurdi morto às margens do Mar Egeu, o grande número de refugiados que chegaram à Europa e o uso de novas rotas além do Mediterrâneo levaram a União Europeia (UE) e a ONU a exigir soluções para o drama humanitário"

(*Zero Hora*, Porto Alegre, 5 de setembro de 2015. p. 6. Adaptação.).

Imediatamente após este trágico acontecimento – apenas um entre tantos outros menos visíveis –, dois países europeus anunciaram iniciativa conjunta para "organizar a recepção dos refugiados e uma distribuição equitativa das famílias na Europa".

Entre estes países, está o mais rico da Europa hoje, o qual prevê receber cerca de 800 mil pedidos de asilo em 2015. Qual é esse país?

a) Alemanha.

b) França.

c) Reino Unido.

d) Suécia.

e) Itália.

5. (Unioeste) Devido às diversidades físicas, sociais e econômicas do Brasil, a divisão territorial brasileira em regiões geográficas sempre foi uma necessidade para a compreensão das suas características, mas, ao mesmo tempo, é também uma dificuldade devido à complexidade dos elementos constituintes. Quanto à regionalização do Brasil, assinale a alternativa correta.

a) A primeira regionalização oficial do Brasil foi realizada em 1942 e vigorou até 1969. Utilizando-se do critério político-administrativo para a divisão regional, foram instituídas as regiões Norte, Sul, Leste e Oeste.

b) Como tentativa de abarcar as diferenciações físicas e econômicas do Brasil, foi instituída a regionalização geoeconômica, que criou quatro regiões: Amazônica, Nordeste, Centro-Sul e Concentrada.

c) A região geoeconômica Amazônica foi criada pelo governo para que nesta unidade administrativa sejam desenvolvidos somente projetos de conservação ambiental.

d) A atual divisão político-administrativa do Brasil foi definida a partir da promulgação da Constituição de 1988, com a qual o país passou a contar com 26 estados e 1 Distrito Federal, divididos em 5 regiões: Norte, Centro-Oeste, Nordeste, Sudeste e Sul.

e) A partir da Constituição de 1988 o Brasil passou a ter territórios, áreas administrativas independentes que devem contribuir para a proteção das fronteiras brasileiras.

6. (PUC-RJ)

"Produtores ganham com plantio de soja tradicional, mas querem a transgênica."

"Preferência europeia por grão convencional fez crescer demanda."

(*Folha de S. Paulo*, 4. ago. 2000).

A questão da biotecnologia está registrada na imprensa.

Sobre a biotecnologia na agricultura, podemos considerar:

I. A revolução da biotecnologia na agropecuária vai desde a inserção do hormônio do crescimento bovino no gado, para aumentar a produção de leite, até as transferências de embriões, as alterações genéticas das células reprodutoras dos peixes, aves, coelhos e porcos, criação de plantas resistentes a vírus e insetos, até a criação de lavouras insensíveis a determinados pesticidas, etc.

II. A biotecnologia também põe em risco as possibilidades que o mundo em desenvolvimento tem de melhorar a sua posição econômica relativa. A pesquisa relacionada com o DNA – a engenharia genética – oferece as melhores perspectivas de aumentar a produção geral de alimentos, mas é muito cara e está quase que exclusivamente nas mãos de companhias agroquímicas e biotécnicas do mundo desenvolvido.

III. Mesmo que os agricultores dos países em desenvolvimento fossem capazes de custear os métodos mais novos de agricultura biotécnica, eles se tornariam dependentes – como muitos de seus colegas no mundo desenvolvido – das empresas ocidentais para os hormônios, sementes, fertilizantes e herbicidas necessários.

Assinale a alternativa correta:

a) Somente I.
b) Somente II.
c) Somente III.
d) Somente I e II.
e) Todas.

7. (Uece) Os solos são o produto da desagregação das rochas pelos processos físicos, químicos e biológicos, sendo constituídos, do ponto de vista pedológico, por matéria mineral, ar, água, matéria orgânica e atividade biológica. Os latossolos são solos

a) pouco evoluídos, com ausência de horizonte B.
b) altamente evoluídos e ricos em argilominerais.
c) essencialmente orgânicos.
d) derivados de rochas calcárias.

8. (UEMG)

A revolução da informação

"A vida política e social foi profunda e irreversivelmente alterada pela redução brutal dos tempos de deslocamento de matéria e informação. Os governos passaram a ter condições de controle efetivo sobre os territórios ao adquirirem a capacidade de emitir ordens, instantaneamente, para agentes administrativos em lugares distantes".

TERRA, Lygia, ARAÚJO, Regina, GUIMARÃES, Raul. *Conexões*. Estudos de geografia geral e do Brasil. Ed. Moderna. p. 460.

Assembleia da ONU aprova proposta contra espionagem

Resolução, que não é obrigatória, foi iniciada por Brasil e Alemanha após dados vazados por Snowden indicarem que os dois governos eram monitorados.

Nenhum país é obrigado a adotar, mas quase 200 apoiaram uma resolução contra espionagem aprovada nesta quarta-feira pela Assembleia Geral da ONU. A proposta foi introduzida por Brasil e Alemanha, depois das alegações de que os governos dos dois países eram monitorados.

O texto pede aos países que revejam procedimentos e legislação relacionados a programas de vigilância e protejam a privacidade dos usuários de internet e outras formas de comunicação eletrônica. Também faz um apelo para que sejam criados ou mantidos mecanismos de controle independentes e efetivos, capazes de assegurar transparência e prestação de contas sobre os programas que interceptam dados pessoais.

http://veja.abril.com.br/noticia/mundo/assembleia-da-onu-aprova-proposta-contraespionagem. Acesso em: 30/9/2015.

O avanço da tecnologia foi sem dúvida um grande passo para a humanidade, porém cobra seu preço.

Com base nos dois textos, podemos concluir que o avanço tecnológico:

a) Trouxe benefícios exclusivos para os países ricos, criando uma separação entre países desenvolvidos e subdesenvolvidos.
b) Gerou a necessidade aos países de criarem leis e medidas de proteção à privacidade de seus órgãos, ações e cidadãos.
c) Levou as empresas a ultrapassarem os limites regionais, atingindo mercados internacionais e equilibrando a economia global.
d) Gera a invasão de privacidade de pessoas e entidades, sendo prática comum de todos os governos e maioria das empresas.

9. (PUC-RJ) O incêndio na Usina Nuclear de Fukushima, no Japão, após o *tsunami* do dia 11 de março de 2011, reacendeu as discussões internacionais sobre a sustentabilidade desse tipo de energia.

Usina nuclear de Fukushima, Japão (após o incêndio).
Disponível em: <www.kotaku.com.br>. Acesso em: 30 jul. 2012.

Os defensores da produção de energia nuclear afirmam que uma das suas vantagens é:

a) a necessidade nula de armazenamento de resíduos radioativos.

b) o menor custo quando comparado às demais fontes de energia.

c) a baixa produção de resíduos emissores de radioatividade.

d) o reduzido grau de interferência nos ecossistemas locais.

e) a contribuição zero para o efeito de estufa global.

10. (Uerj) Na imagem abaixo, foi utilizada a técnica de curvas de nível para representar a topografia de uma região na qual há um vale, entre outras formas de relevo.

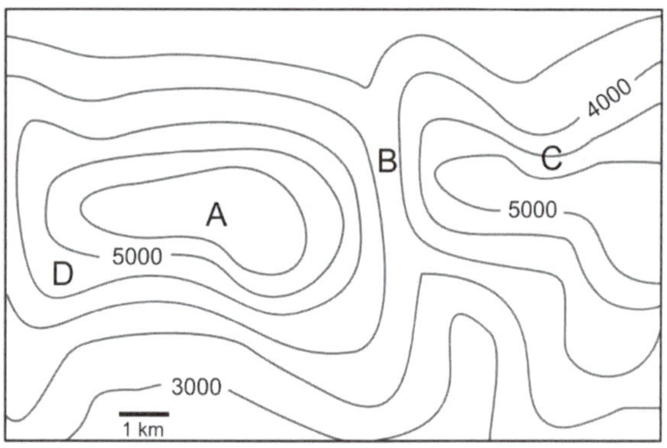

Phil Gersmehl
Adaptado de *Teaching geography*. Nova York: Guilford, 2008.

O ponto localizado no fundo desse vale é o identificado pela seguinte letra:

a) A

b) B

c) C

d) D

11. (UEPB) Mumbai é o principal centro financeiro e de entretenimentos e a maior cidade da Índia, com mais de 14 milhões de habitantes e uma região metropolitana que ultrapassa 22 milhões de pessoas. As fotos abaixo mostram respectivamente o principal centro econômico da cidade, Nariman Point, e a favela de Dharavi, que é a maior da Ásia.

Fonte: <http://www.telegraph.co.uk/travel/picturegalleries/4307256/Slumdog-Millionaire-Mumbais-real-slumdogs.html>

Fonte: <http://gilygily.com/15-pictures-of-overflowing-garbage.html>

Tais paisagens exemplificam que

I. a ocupação desordenada do solo urbano ocorre em todas as grandes cidades dos países subdesenvolvidos, nas quais a segregação espacial se expressa na conivência entre espaços luxuosos que contrastam com a miséria das favelas.

II. as segregações espaciais e sociais ocorrem simultaneamente na urbanização do Terceiro Mundo, e se materializam na cidade formal dotada de toda infraestrutura e na cidade informal dos subúrbios pobres e destituídos de serviços e equipamentos urbanos.

III. o crescimento dos grandes centros urbanos nos países de economia emergente está condicionado à melhoria da qualidade de vida, pois a metrópole oferece aos seus habitantes maior acesso ao emprego, à saúde, à educação, ao consumo, à cultura, à tecnologia, ao lazer etc.

IV. a especulação imobiliária torna o solo urbano uma mercadoria cara e inacessível à maioria da população, que tem como única solução de moradia a construção precária em locais inadequados e de risco, que não se presta para a população de maior poder econômico.

Estão corretas apenas as alternativas

a) II, III e IV.

b) I e IV.

c) II e III.

d) I, II e IV.

e) I, II e III.

12. (UFSM) Observe o mapa:

Fonte: OLIC, N. B.; SILVA, A. C. LOZANO, R. *Geografia*. Vol. único, São Paulo: Moderna, 2012. p. 40.

De acordo com o mapa e seus conhecimentos, observe as afirmativas:

I. Os maiores portos brasileiros podem ser classificados como portos de carga geral.

II. Entre os portos especializados, destaca-se o de Areia Branca, no Rio Grande do Norte, criado principalmente para o transporte de sal marinho.

III. Os portos litorâneos brasileiros possuem menor importância em volume de carga, em comparação com os portos hidroviários.

Está(ão) correta(s)

a) apenas I.

b) apenas II.

c) apenas III.

d) apenas I e II.

e) apenas II e III.

13. (PUC-RJ)

Os 10 países mais robotizados do mundo

Japão desponta como a nação com maior mão de obra robótica; o desafio do Brasil é investir nos próximos anos em modernização para elevar a competitividade no mercado global.

Revista EXAME.com, de 24 de janeiro de 2012.

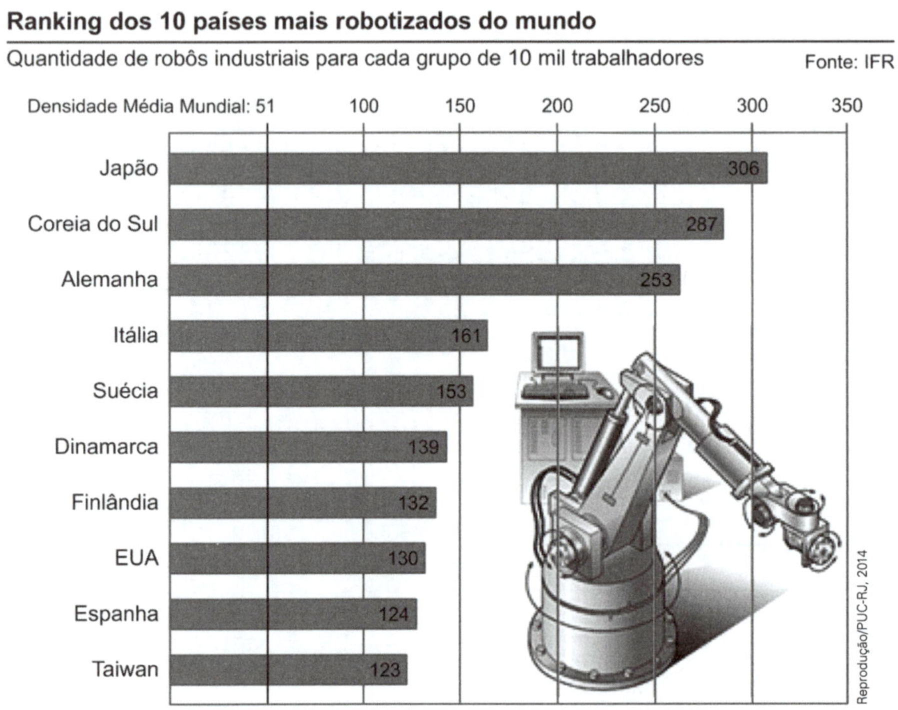

Disponível em: <http://exame.abril.com.br/economia/noticias/os-10-paises-mais-robotizados-do-mundo>.Acesso em: 24 jul. 2013.

O título da reportagem indica que o desafio do Brasil (que ocupava, no período, o 37º lugar no *ranking* de países mais robotizados) é investir em "modernização" para aumentar a sua competitividade no mercado global. Baseando-se nessa premissa e na composição da lista dos dez primeiros países robotizados do mundo, responda ao que se pede.

a) Explique como o aumento da produtividade dos países mais robotizados possibilita o seu crescimento econômico.

b) Comparativamente com os países mais bem colocados no *ranking*, explique como essa "modernização" no Brasil encontra gargalos sociais e infraestruturais.

Simulado 7

12 questões de Geografia – Tempo de resolução: 55 minutos

1. (Cefet) Observe o mapa abaixo.

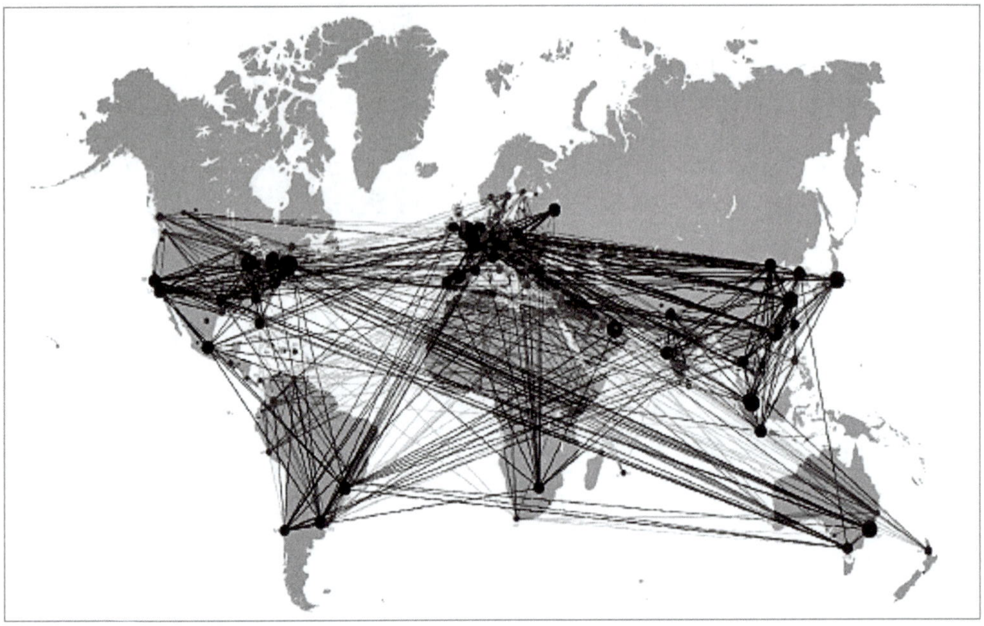

Fonte: http://www.lboro.ac.uk/. Acesso em: 2 abr. 2015.

A informação cartografada no mapa refere-se ao fluxo e à hierarquia de espaços urbanos conhecidos como

a) megalópoles.

b) megacidades.

c) cidades globais.

d) metrópoles nacionais.

e) regiões metropolitanas.

2. (Cefet)

Nos Estados Unidos, o endividamento médio das famílias cresceu algo em torno de 22% nos últimos oito anos – tempos de uma prosperidade que parecia não ter precedente. A soma total das aquisições com cartões de crédito não ressarcidas cresceu 15%. E a dívida, talvez ainda mais perigosa, dos estudantes universitários, futura elite política, econômica e espiritual da nação, dobrou de tamanho.

BAUMAN, Zygmunt. *Vida a crédito*. Rio de Janeiro: Zahar, 2010.

O texto apresenta uma realidade vivenciada pelas sociedades ocidentais na atual etapa do capitalismo globalizado. Nesse contexto, a probabilidade de ocorrência de crises socioeconômicas tem-se ampliado devido a(o)

a) restrição dos empréstimos à população de maior poder aquisitivo que amplia as desigualdades sociais.

b) esgotamento do modelo consumista, que inviabiliza o aumento da produção nos países desenvolvidos.

c) esvaziamento do papel normatizador do Estado, que desloca sua atuação para o setor produtivo.

d) enfraquecimento das agências bancárias, que financiam as políticas públicas nos países centrais.

e) utilização do capital especulativo, que fragiliza a economia interna de regiões em desenvolvimento.

3. (Unimontes)

Após a Segunda Guerra Mundial, além de se formarem os grandes blocos, diversos países se reuniram em organizações geopolíticas e econômicas, constituindo blocos econômicos regionais de diversos tipos.

Fonte: TERRA, L. e COELHO, M. de A. *Geografia Geral e Geografia do Brasil:* O espaço natural e socioeconômico. São Paulo: Moderna, 2005.

Considerando a integração econômica que ocorre no interior dos blocos regionais, relacione as colunas.

1. Mercado comum
2. Zona de livre comércio
3. União aduaneira

( ) Circulação de bens com taxas alfandegárias reduzidas ou eliminadas.
( ) Padronização de tarifas para diversos itens relacionados ao comércio com países que não pertencem ao bloco.
( ) Livre circulação comercial e financeira de pessoas, bens e serviços.

Assinale a sequência correta.

a) 1, 2, 3.
b) 3, 2, 1.
c) 2, 3, 1.
d) 2,1, 3.

4. (UPE) O Brasil possui uma legislação ambiental, que é tida como uma das mais destacadas do planeta. A Política Nacional de Meio Ambiente foi desenvolvida com base em uma série de princípios.

Identifique-os entre os mencionados a seguir:

1. A Educação Ambiental
2. A proteção dos ecossistemas
3. O controle e zoneamento de atividades poluidoras
4. O planejamento e a fiscalização do uso dos recursos ambientais
5. A racionalização do uso do solo, do subsolo, da água e do ar

Estão CORRETOS

a) apenas 1 e 5.
b) apenas 1, 2 e 3.
c) apenas 3, 4 e 5.
d) apenas 2, 3 e 5.
e) 1, 2, 3, 4 e 5.

5. (UEPB) A foto abaixo registra uma das frequentes enchentes que ocorrem em Bangladesh.

Reprodução/UEPB, 2013

Fonte: <http://tvbrasa.files.wordpress.com/2010/10/flooding-in-bangladesh.jpg>

Os temporais que atingem anualmente a população de vários países asiáticos são resultado

a) do aquecimento global, que provoca alterações climáticas e atinge indistintamente todos os continentes.
b) das chuvas de Monções, provenientes do Oceano Índico, que ocorrem no verão e são muito intensas no sudeste deste continente.
c) do El Niño, que provoca chuvas intensas na costa pacífica da América do Sul e seca em outros locais.
d) da falta de estrutura das cidades asiáticas, que submete a população pobre a morar em áreas de riscos.
e) dos ventos alísios provenientes dos trópicos, que provocam chuvas nas regiões equatoriais.

6. (Unesp) Observe o mapa e a fotografia.

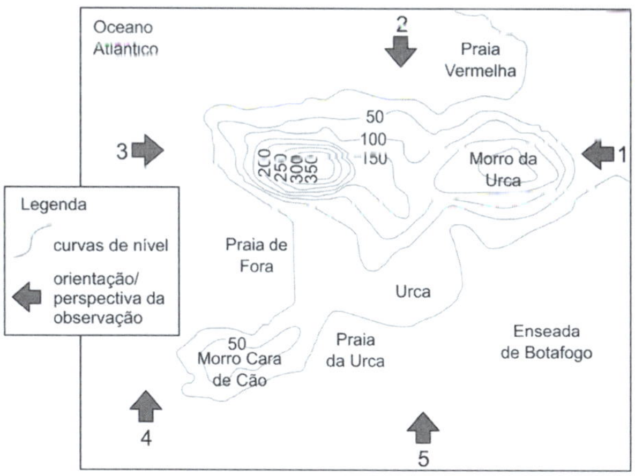

Reprodução/UNESP, 2013

(www.ibge.gov.br. Adaptado.)

A partir de conhecimentos cartográficos sobre orientação, localização e altimetria, é correto afirmar que a fotografia foi realizada a partir da posição

a) 2.

b) 5.

c) 3.

d) 4.

e) 1.

7. (UFPE) A Deriva dos Continentes e a Teoria da Tectônica de Placas são os dois modelos teóricos das geociências que, no século XX, causaram uma revolução dos conceitos relativos, sobretudo, aos processos geológicos internos. Sobre esses assuntos, o que é correto afirmar?

( ) A hipótese da Deriva dos Continentes foi elaborada pelo geógrafo Alexander Von Humboldt e se apoiou na teoria do "Caos Continental", estruturada por Ratzel.

( ) A hipótese da Deriva dos Continentes propõe que o posicionamento relativo das massas continentais mudou de forma considerável ao longo do tempo geológico.

( ) A teoria da Tectônica de Placas fornece uma explicação geométrica e cinemática de como a expansão do fundo oceânico e a deriva das placas litosféricas ocorrem numa superfície aproximadamente esférica.

( ) A velocidade e a taxa de expansão das placas litosféricas variaram ao longo do tempo geológico, demonstrando, assim, que as forças responsáveis pelos movimentos dessas placas também modificaram-se.

( ) Os aspectos paleoclimáticos que foram apresentados pelo autor da hipótese da Deriva dos Continentes não podem ser empregados como argumentos favoráveis à teoria da Tectônica de Placas.

8. (UEM) Sobre o Mercado Comum do Sul (Mercosul), formado no início da década de 1990, por Brasil, Argentina, Paraguai e Uruguai, e que apresentava como objetivo inicial estabelecer uma zona de livre comércio entre os países-membros, assinale a(s) alternativa(s) **correta(s)**.

01) O acordo inicial previa a eliminação gradativa de tarifas alfandegárias e restrições não tarifárias, liberando a circulação da maioria das mercadorias entre os países-membros.

02) Em 2008, a Argentina eliminou completamente todas as medidas de proteção ao mercado interno, e a integração com a economia do Brasil tornou-se ampla e irrestrita.

04) Em 2011, em razão do elevado nível de corrupção interna no Paraguai, em uma reunião realizada em Córdoba, na Argentina, os membros do Mercosul decidiram, por unanimidade, excluir definitivamente o Paraguai do bloco.

08) O Brasil é o país de maior potencial econômico entre os membros do Mercosul, sendo responsável pelo maior volume do comércio exterior entre os países que compõem o bloco.

16) Em 2011, após aprovação dos demais membros do Mercosul, Chile, Venezuela e Equador passaram a integrar esse bloco regional.

---

9. (UFG) Leia a receita apresentada a seguir.

Tacacá

2 litros de tucupi temperado

4 dentes de alho

4 pimentas de cheiro

4 maços de jambu

½ kg de camarão

½ xícara de goma de mandioca

Sal a gosto

Modo de servir: muito quente, em cuias, temperado com pimenta.

Disponível em: <www.receitastipicas.com/receita/tacaca.html>. Acesso em: 9 set. 2013.

Comer é um ato social, histórico, geográfico, religioso, econômico e cultural. O preparo dos alimentos, a escolha dos ingredientes e a maneira de servir identificam um grupo social e ajudam a estabelecer uma identidade cultural. Essa receita, "Tacacá", comida muito apreciada na culinária paraense, demonstra

a) uma interação cultural, com a incorporação de ingredientes advindos de tradições culinárias distintas.

b) um modo de preparo espontâneo, associado aos padrões culinários da colônia.

c) um modelo ritualista de servir, vinculado ao formalismo religioso africano.

d) um modo de utilizar os ingredientes provenientes do extrativismo, associado ao nomadismo dos quilombos.

e) uma imposição de identidade cultural, pelo uso de produtos cultivados em áreas sertanejas.

10. (Enem)

TEXTO I

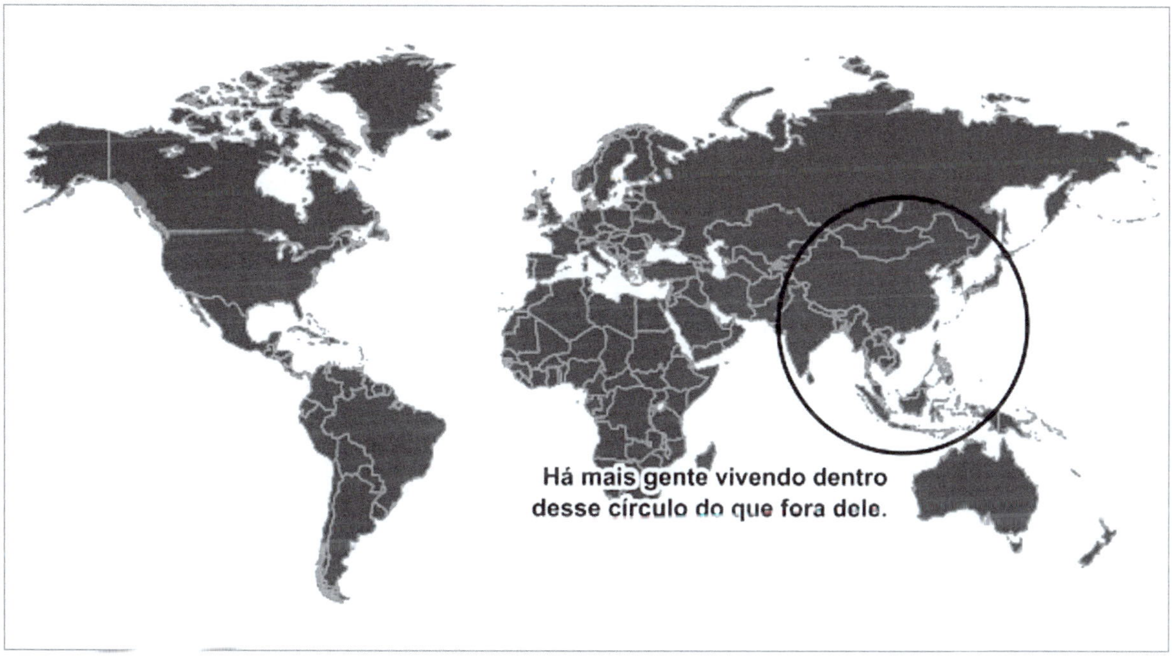

Reprodução/ENEM, 2014

Disponível em: http://twistedsifter.com. Acesso em: 5 nov. 2013 (adaptado).

TEXTO II

A Índia deu um passo alto no setor de teleatendimento para países mais desenvolvidos, como os Estados Unidos e as nações europeias. Atualmente mais de 245 mil indianos realizam ligações para todas as partes do mundo a fim de oferecer cartões de créditos ou telefones celulares ou cobrar contas em atraso.

Disponível em: www.conectacallcenter.com.br.
Acesso em: 12 nov. 2013 (adaptado).

Ao relacionar os textos, a explicação para o processo de territorialização descrito está no(a)

a) aceitação das diferenças culturais.

b) adequação da posição geográfica.

c) incremento do ensino superior.

d) qualidade da rede logística.

e) custo da mão de obra local.

11. (UFPR) Os cinco Estados que integram o agrupamento BRICS têm sido identificados como as potências emergentes neste início de século XXI, ainda que muitos apontem as marcantes assimetrias existentes entre eles, particularmente após o ingresso da África do Sul.

VISENTINI, Paulo. BRICS – *As potências emergentes*, Petrópolis, RJ: Vozes, 2013, p. 7.

Defina o que são BRICS e esclareça as assimetrias existentes entre dois países que integram o agrupamento.

12. (UFG) Analise a figura a seguir.

Reprocução/UFG, 2014

Disponível em: <www.acrissul.com.br/noticias/ver/confinamento-em-2002-aumentará-desfrute-na-pecuária-decorte-do-ms>. Acesso em 11 abr. 2014.

A pecuária sempre foi uma atividade econômica de grande importância no Brasil, que é o segundo maior produtor de gado no mundo. Considerando a imagem apresentada,

a) nomeie o setor da economia ao qual a atividade da imagem está relacionada e descreva esse setor;

b) descreva um impacto ambiental provocado pela atividade ilustrada na imagem apresentada.

13 questões de Geografia – Tempo de resolução: 55 minutos

1. (FGV-SP) Entre o final do século XX e o início do século XXI, a inserção do Brasil na economia globalizada se deu, em grande parte, por meio da cadeia produtiva do agronegócio, graças à sua forte participação no comércio internacional de *commodities*.

Com relação ao agronegócio brasileiro, assinale **V** para a afirmação verdadeira e **F** para a falsa.

( ) As inovações técnicas e organizacionais adotadas pela cadeia produtiva do agronegócio possibilitam o aumento da produtividade.

( ) O agronegócio integra as pequenas e médias propriedades às suas cadeias produtivas por meio da compra de sua produção.

( ) O agronegócio é responsável pela distribuição social da riqueza produzida no campo e pelo fim da estrutura fundiária concentrada.

As afirmações são, respectivamente

a) F - V - F.

b) F - V - V.

c) V - F - F.

d) V - V - F.

e) F - F - V.

2. (UEA) O debate sobre a organização do espaço feito pela Geografia é auxiliado por uma categoria que está ligada à ideia de domínio ou gestão de determinada área. Estas características correspondem à categoria

a) região.

b) paisagem.

c) espaço.

d) lugar.

e) território.

3. (UEMG)

Conflitos mundiais causados por intolerância

Depois da II Guerra Mundial, a ONU adotou a Declaração Universal dos Direitos Humanos, que colocava em pauta o "respeito universal e observância dos direitos humanos e liberdades fundamentais para todos. (...)". Passados muitos anos e outras muitas tentativas de garantir a liberdade e o respeito às diferenças, grande parte dos conflitos que hoje acontecem no mundo se misturam em uma complexa rede de fatores políticos, econômicos, religiosos e étnicos.

Analise o seguinte quadro, que apresenta a natureza de alguns conflitos geopolíticos que persistem no atual cenário mundial.

País	Conflito
Afeganistão	Disputa de poder político entre o grupo Talibã e a Aliança do Norte.
Nigéria	Intolerância entre muçulmanos que vivem no norte e cristãos que habitam as porções centro-sul.
Iraque	Combate entre diferentes milícias lideradas por grupos radicais Xiitas contra grupos Sunitas.
Israel	A criação de um futuro Estado Palestino, que afeta a Cisjordânia e parte oriental de Jerusalém.
Sudão	Grupos de refugiados que deixaram o país em função de guerrilhas motivadas por questões étnicas, entre muçulmanos e não muçulmanos.
Tailândia	Movimento Separatista do Sul, que criou uma atmosfera de suspeita e tensão entre budistas e muçulmanos.

(www.super.abril.com.br/blogs/superlistas. Acesso: 8/10/2012. Adaptado.)

Qual é a natureza comum entre os conflitos apresentados?

a) São países asiáticos que combatem, por meio de suas milícias, as imposições políticas de seus governos ditatoriais

b) São países africanos democráticos que precisam estabelecer políticas de negociação entre os diferentes grupos radicais

c) São países asiáticos e africanos que, por meio de seus processos atuais de redemocratização política, étnica e religiosa, vivem em constantes conflitos armados.

d) São países asiáticos e africanos que convivem com situações de extrema intolerância ideológica provocadas por diferenças religiosas.

4. (FGV-SP)

"Até que ponto o uso (e o valor extraído) por Google e Facebook das nossas informações pessoais está sendo bem valorado pelo mercado e pelos investidores? Até que ponto o uso que os fregueses de Google ou Facebook fazem das suas informações pessoais lhes é providencial, útil, indispensável? Nesse universo em que as redes digitais servem para construir economias e mercados feitos de ícones, a alma é o segredo do negócio."

Gilson Schwartz, http://exame.abril.com.br/rede-de-blogs/iconomia/2012/04/03/facebook-e-o-valor-da-intimidade

Sobre o "valor da intimidade" nas redes sociais, leia as seguintes afirmações:

I. A internet, que já foi vista como ponta de lança da liberdade de expressão e da superação de oligopólios midiáticos, corre o risco de converter-se em seu oposto, ou seja, em nova forma de controle social e de manipulação.

II. Na era da informação e da financeirização das redes sociais, um número cada vez maior de usuários abre mão de restringir o uso que as empresas fazem dos dados gerados pela sua navegação.

III. O potencial criativo e emancipatório das redes sociais representa uma conquista coletiva contra as grandes corporações, que se manifesta nas mais diferentes formas de mobilização social.

São coerentes com os argumentos apresentados no texto apenas o que se afirma em

a) I.

b) I e II.

c) I, II e III.

d) II e III.

e) Nenhuma das afirmações está correta.

5. (Fuvest) Observe a charge.

Petar Pismestrovic. www.contextoshistoricos.blogspot.com.br. Acessado em 15/06/2014. Adaptado.

Com base na charge e em seus conhecimentos, avalie as afirmações:

I. O rápido e intenso crescimento econômico chinês se deu às custas da exploração de recursos florestais da União Europeia.

II. A despeito da distinta condição econômica da União Europeia e da China na atualidade, essas economias permanecem interligadas.

III. A dependência econômica da China em relação à União Europeia assenta-se no consumo do etanol europeu.

IV. Enquanto parte da União Europeia vive uma crise econômica, a economia chinesa cresce.

Está correto apenas o que se afirma em

a) I e II.

b) I, II e III.

c) III e IV.

d) I, III e IV.

e) II e IV.

6. (UPF) Estabeleça a relação entre as duas colunas, considerando as principais formações vegetais do planeta.

<table>
<tr><td rowspan="5">1. Floresta Tropical
2. Mediterrânea
3. Pradaria
4. Taiga</td><td>( ) Própria de verões quentes e secos e invernos amenos. No sul da Europa foi intensamente desmatada para o cultivo de oliveiras e videiras.</td></tr>
<tr><td>( ) Ocorre em altas latitudes do hemisfério Norte, típica de clima temperado. Predominam as coníferas, bastante exploradas para a utilização de madeira e fabricação de papel.</td></tr>
<tr><td>( ) Composta basicamente de gramíneas, ocorre em áreas de clima temperado e solos ricos em matéria orgânica.</td></tr>
<tr><td>( ) Ocorre em áreas delimitadas pelos trópicos, com temperaturas e pluviosidade elevadas. Concentra a maior biodiversidade entre os demais biomas.</td></tr>
<tr><td>( ) Utilizada como pastagem, é encontrada nos Pampas argentinos, no Uruguai e no Sul do Brasil. Originalmente, ocupou praticamente metade da área do Rio Grande do Sul.</td></tr>
</table>

A ordem **correta** da relação estabelecida está na opção:

a) 2, 4, 3, 1, 3.
b) 1, 4, 3, 2, 3.
c) 2, 1, 3, 2, 4.
d) 2, 1, 4, 3, 4.
e) 3, 1, 4, 1, 3.

7. (Uepa) Leia o texto para responder à(s) questão(ões).

Brasis

Seu Jorge

Tem um Brasil que é próspero. Outro não muda
Um Brasil que investe. Outro que suga [...]
Tem um Brasil que é lindo. Outro que fede
O Brasil que dá. É igualzinho ao que pede...
Pede paz, saúde
Trabalho e dinheiro
Pede pelas crianças
Do país inteiro...
Tem um Brasil que soca. Outro que apanha
Um Brasil que saca. Outro que chuta
Perde, ganha
Sobe, desce
Vai à luta bate bola
Porém não vai à escola...
[...] É negro, é branco, é nissei
É verde, é índio peladão
É mameluco, é cafuso
É confusão...

(Fonte: DVD Ana Carolina & Seu Jorge: Série Prime, Gravadora SONY/BMG, ano 2005)

Considere a música *Brasis,* do cantor Seu Jorge, e o mapa abaixo para responder à questão.

Fonte: Santos, Milton & Silveira, Maria L. *O Brasil: território e Sociedade no início do século XXI*. Editora Record, SP: 2000. (Adaptado)

No final da década de 1990, foi apresentada uma proposta de regionalização do Brasil tendo como critério central o meio técnico-científico-informacional representando "um Brasil que soca outro que apanha. Um Brasil que saca outro que chuta. Perde, ganha. Sobe, desce". Sobre essa forma de regionalização, é **correto** afirmar que:

a) a região Amazônica, conhecida como a fronteira do capital no país, possui a maior extensão de desapropriação de terras, com alto contingente populacional, elevado índice de urbanização e moderna rede de industrialização.
b) a região Concentrada tem o menor nível de urbanização em relação às demais, pois apresenta um crescimento desigual e combinado, com desigualdades sociais acentuadas e o setor primário com sistema de mecanização rudimentar.
c) a região Centro-Oeste se caracteriza pela maior biodiversidade, alta difusão das informações e intensidade dos fluxos no meio técnico--científico-informacional do país.
d) a região Nordeste é caracterizada como uma área de povoamento antigo, de perda demográfica, baixo padrão de consumo e deficitários fluxos de capitais e informações.
e) a região Sul é caracterizada por seus intensos conflitos sociais, tornando-se a fronteira do capital no país, devido à instalação de grandes projetos e vastos núcleos urbanos em sua extensão territorial.

8. (CPS) Na história das Olimpíadas, Cuba é uma das nações latino-americanas que mais se destacam, com um total de 194 medalhas, sendo 67 de ouro. Só para comparar, o Brasil tem um total de 91 medalhas, sendo 20 de ouro.

Cuba começou bem nos Jogos Olímpicos, ganhando 2 medalhas em Paris, em 1900, e mais 9 em Saint Louis, em 1904. Porém, mais de 90% das medalhas cubanas foram ganhas a partir de 1959, sobretudo no atletismo, boxe, beisebol, vôlei e judô.

Assinale a alternativa que apresenta fatores sociais que ajudam a explicar essa grande evolução de Cuba, nos Jogos Olímpicos, a partir de 1959.

a) Altos investimentos em educação e saúde, a partir dos lucros obtidos com a exportação de açúcar, fertilizantes e máquinas agrícolas.
b) A formação de atletas com o auxílio financeiro da antiga União Soviética, que importava de Cuba produtos como minérios, tecidos e petróleo.

c) A implantação de políticas socialistas de reforma agrária, saúde e educação, com diminuição significativa das taxas de analfabetismo.

d) O grande incentivo do Estado capitalista aos esportes, como parte da propaganda desse sistema, sustentado pelo turismo e pela indústria de base.

e) A revolução socialista e as políticas públicas que levaram o IDH (Índice de Desenvolvimento Humano) do país a um dos mais altos da América e do mundo.

9. (PUC-RS) Considere o texto e os itens que podem completá-lo.

Uma megalópole é uma grande aglomeração populacional, constituindo uma reunião articulada de várias áreas metropolitanas. A formação de megalópoles ocorre quando os fluxos de pessoas, capitais, informações, mercadorias e serviços entre duas metrópoles, como transportes e telecomunicações, estão plenamente integrados. São exemplos de megalópoles os eixos

1. Rio de Janeiro – São Paulo
2. Tóquio – Osaka/Kobe
3. Boston – Chicago
4. Reno – Ruhr

Estão corretos apenas os itens

a) 1 e 2.
b) 1 e 3.
c) 2 e 3.
d) 1, 2 e 4.
e) 2, 3 e 4.

10. (Cefet)

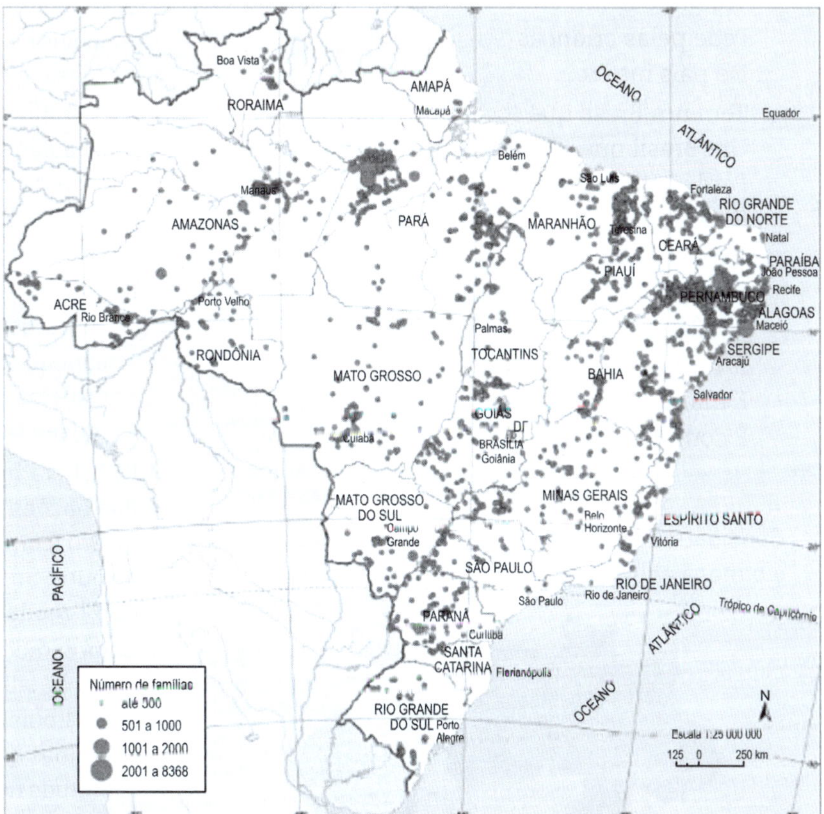

Reprodução/CEFET-MG, 2015

Fonte: Disponível em <http://mapas.ibge.gov.br>. Acesso em: 13 set. 2014. Adaptado.

Relacionando as informações cartografadas com o histórico da questão fundiária no Brasil, afirma-se:

I. O volume de assentamentos rurais realizados pelos governos reduziu as ações de pressão utilizadas pelos movimentos dos "sem-terra".

II. A ampliação da ocorrência de conflitos violentos na Amazônia vincula-se à sobreposição de assentamentos em áreas de grandes projetos de extração mineral.

III. A concentração de assentamentos no Nordeste associa-se às políticas de fixação de população ribeirinha tradicional.

IV. A concessão de direitos às Comunidades Quilombolas, prevista na Constituição de 1988, contribuiu para o incremento dos dados representados no cartograma.

V. O predomínio do número de latifúndios no Brasil ratifica a necessidade de intensificação da Reforma Agrária.

Estão corretas apenas as afirmativas

a) I, II e III.
b) I, II e V.
c) I, IV e V.
d) II, III e IV.
e) III, IV e V.

11. (FGV-SP)

No continente europeu, a lógica das economias nacionais presidiu a implantação da atividade industrial. Ao longo do século XIX, grandes aglomerações industriais se desenvolveram, na maioria das vezes, polarizadas pela presença de complexos siderúrgicos. (...) A integração econômica definida pelo Tratado de Maastricht promoveu uma profunda reestruturação espacial da indústria europeia.

(Adaptado de TERRA, Lygia e outros. *Conexões*. Ed. Moderna. São Paulo, 2010).

Sobre as mudanças observadas na organização espacial da indústria europeia, analise as afirmações a seguir.

I. Os complexos siderúrgicos tendem a se deslocar para as áreas que enfrentam um processo de desindustrialização, com o objetivo de valorizar seus fatores internos.

II. As empresas tendem a traçar novas estratégias locacionais, visando a atender às necessidades de um mercado consumidor multinacional.

III. As empresas de capital intensivo surgidas nas últimas décadas tendem a renovar as bacias carboníferas, graças às possibilidades de geração de energia renovável.

Está correto apenas o que se afirma em

a) I.

b) III.

c) I e II.

d) II.

e) II e III.

12. (UFPR) De acordo com o Painel Intergovernamental para Mudanças Climáticas (da sigla em inglês, IPCC), as alterações causadas pelo aquecimento global acentuarão os eventos climáticos extremos em todo o mundo, especialmente nas áreas urbanas, por serem locais com alta densidade populacional. Segundo as projeções de cenários futuros geradas pelos modelos de previsão, haverá aumento das ondas de calor, das tempestades e consequentemente dos riscos para a população. Considerando o cenário, pergunta-se:

a) Como as características da urbanização do Brasil agravam essas consequências?

b) Que ações de adaptação e mitigação são necessárias para enfrentar esses eventos em áreas urbanas?

13. (Unicamp) As figuras a seguir representam duas concepções geopolíticas de ocupação da Amazônia brasileira no período militar. Responda às perguntas:

EIXOS DE DESENVOLVIMENTO

— ESTRADAS PLANEJADAS E/OU CONSTRUÍDAS

□ ÁREAS ONDE TERRAS DEVOLUTAS SERÃO INCORPORADAS AO GOVERNO FEDERAL

PROGRAMA CARAJÁS

□ PROGRAMA GRANDE CARAJÁS

■ PROGRAMA FERRO CARAJÁS

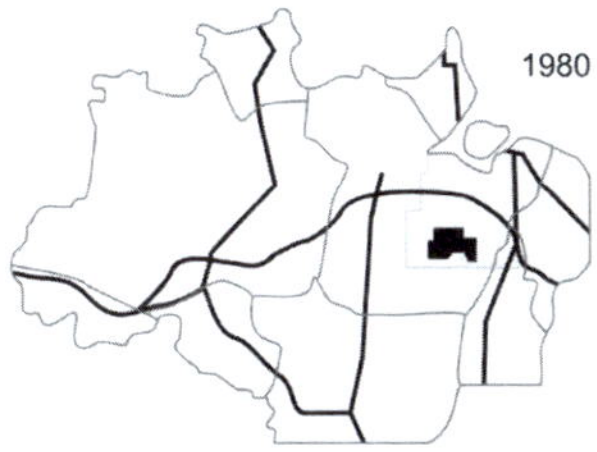

Adaptado de Bertha Becker e Cláudio Egler, *Brasil: uma nova potência regional na economia-mundo*. Rio de Janeiro: Bertrand Brasil, 1994, p. 152.

a) Quais as principais diferenças entre "os eixos de desenvolvimento de 1970" e o "Projeto Calha Norte"?

b) Que razões explicariam o programa Grande Carajás?

Respostas

Simulado 1

1. d
2. d
3. 02 + 04 + 08 = 14
4. e
5. a
6. e
7. b
8. b
9. 02 + 04 + 08 = 14
10. d
11. b
12. a) As facilidades na transmissão e na obtenção de informação por meio do avanço das telecomunicações e da informática favorecem e aceleram a capacidade de circulação de dinheiro na forma de investimentos. Por sua vez, as suas redes são cada vez maiores e mais internacionalizadas.

    b) Os países emergentes adotam, em geral, políticas relacionadas à elevação de suas taxas de juros e, com isso, atraem capitais de curto prazo. Os principais efeitos negativos dessa prática são a pressão inflacionária interna, seguida de recessão econômica, e o achatamento salarial.

Simulado 2

1. e
2. b
3. e
4. d
5. c
6. c
7. a
8. d
9. a
10. d
11. Vários países africanos enfrentam problemas de instabilidade em suas fronteiras, além de separatismos e conflitos étnicos e religiosos, pois herdaram fronteiras artificiais definidas pelos colonizadores europeus no final do século XIX, a exemplo da Conferência de Berlim. A guerra civil no Sudão entre o norte muçulmano e o sul cristão e animista é um exemplo dessa instabilidade, levando à recente fragmentação do país e à criação do Sudão do Sul. Também são exemplos de países que enfrentam problemas territoriais: Nigéria, Mali, República Democrática do Congo, Somália, entre outros.
12. a) A Ucrânia é importante para a Rússia em razão de fatores econômicos e étnicos. Em termos econômicos, corresponde a um país emergente industrializado e destaca-se pela produção de trigo e pelas reservas de carvão. Sua economia é bastante integrada à da Rússia no que se refere às exportações e importações. Além disso, gasodutos russos atravessam territórios desse país e abastecem com gás natural países do Leste Europeu e da Europa Ocidental. Em termos étnicos, o leste da Ucrânia apresenta grande parcela da população de ascendência russa, cuja principal língua é o russo. Desse modo, a Rússia teme uma aproximação da Ucrânia com a União Europeia, os Estados Unidos e a Otan, pois a reconhece como uma ameaça do ponto de vista econômico e militar.

    b) A Rússia e a Alemanha apresentam importantes relações econômicas e comerciais. Além disso, a Alemanha depende do gás natural proveniente do território russo. Por esses motivos, o país não apoia sanções drásticas contra a Rússia em relação à crise na Ucrânia.

Simulado 3

1. d
2. a
3. c
4. b
5. c
6. a
7. d
8. c
9. a
10. a
11. c
12. a) Desde os anos 1930, o transporte rodoviário foi o que mais recebeu investimentos públicos e privados, em detrimento dos demais meios de transporte. As ferrovias foram gradualmente substituídas e o transporte marítimo manteve-se voltado sobretudo para o comércio internacional. A partir da década de 1950, para atender às exigências do setor industrial automobilístico, dominado por empresas estrangeiras, as rodovias se tornaram mais modernas e os carros ficaram mais baratos.

b) Entre as consequências, destacam-se:

- A redução dos investimentos internacionais no país em razão do alto valor do transporte rodoviário (o maior depois do transporte aeroviário).
- O sucateamento da infraestrutura portuária.
- A redução no recolhimento de impostos pelo Estado, em razão da diminuição da circulação de bens, mercadorias e serviços no país.
- A diminuição das exportações brasileiras diante do alto valor do frete.

c) Entre os usos do mar mais importantes a serem citados, estão: a exploração de recursos naturais, especialmente o petróleo na plataforma continental; a pesca e a produção alimentar a partir de recursos da fauna e da flora marinha; a pesquisa científica voltada a diversos setores da sociedade; a produção de energia; o turismo; o esporte.

Simulado 4

1. a
2. e
3. d
4. b
5. e
6. d
7. a
8. 01 + 02 + 08 = 11
9. a
10. c
11. c

12. O comércio e os investimentos chineses na África configuram um novo império colonial porque essa relação reproduz a lógica colonial da divisão internacional do trabalho: a África mantém-se como fornecedora de matéria-prima e depende dos investimentos chineses em infraestrutura.

Simulado 5

1. a
2. d
3. b
4. b
5. b
6. c
7. c
8. c
9. c
10. e
11. e
12. c

13. A África é composta de países periféricos, exportadores de *commodities* e alguns emergentes. O mercado de celulares nesse continente apresenta alto crescimento, pois seu avanço é mais recente em relação ao restante do mundo e requer uma infraestrutura mais flexível e menos onerosa do que o acesso à telefonia fixa.

Simulado 6

1. a
2. c
3. e
4. a
5. d
6. e
7. b
8. b
9. e
10. b
11. d
12. d

13. a) A robotização proporciona o aumento da produção, a melhora da qualidade dos produtos e uma precificação mais competitiva para os produtos no mercado internacional. Isso favorece as exportações e o crescimento da economia.

b) Entre os principais "gargalos sociais e infraestruturais" que a robotização no Brasil enfrenta, estão:

- dificuldades de investimento em modernização por causa do custo Brasil (impostos altos, burocracia e problemas de infraestrutura);
- limitações financeiras, que dificultam, por exemplo, a importação de máquinas e equipamentos oriundos de países desenvolvidos e de outros emergentes;
- problemas sociais, como o desemprego estrutural decorrente da modernização das linhas de montagem.

Simulado 7

1. c
2. e
3. c
4. e
5. b
6. b
7. F, V, V, V, F
8. 01 + 08 = 09
9. a
10. e

11. O acrônimo BRIC foi criado com a teoria desenvolvida pelo analista financeiro Jim O'Neill, do Banco Goldman Sachs, segundo a qual em meados do século XXI as maiores economias do mundo seriam Brasil, Rússia, Índia e China. Essa tese embasou

a aproximação comercial desses países, considerados emergentes com elevado grau de complementaridade. Em 2011, a África do Sul foi incluída no grupo e o bloco passou a se chamar BRICS.

Entre as principais assimetrias dos países do BRICS estão: a estrutura política com traços ditatoriais da China e da Rússia em oposição à democracia do Brasil e da Índia; a estrutura produtiva no setor manufatureiro da China em contraste com a reprimarização da balança comercial brasileira e com o setor de serviços da Índia; o câmbio das moedas.

12. a) A imagem mostra a atividade pecuária, que integra o setor primário da economia. Nas últimas décadas, a pecuária bovina apresentou grande desenvolvimento no Brasil, com expansão da modalidade intensiva, mais produtiva por causa da aplicação de biotecnologia e de cuidados com a alimentação e a saúde animal. No entanto, ainda existem grandes espaços destinados à pecuária extensiva. O país é o maior exportador de carne bovina do mundo e apresenta ampliação do consumo no mercado interno.

b) A expansão da pecuária bovina é um dos principais fatores de desmatamento nos biomas do Cerrado e da Amazônia nos últimos anos.

Simulado 8

1. d
2. e
3. d
4. b
5. e
6. a
7. d
8. c
9. d
10. d
11. d

12. a) Em razão de grande parte do processo de urbanização brasileira ocorrer sem planejamento e de forma muito rápida, há o inchaço urbano, com grande concentração populacional e espraiamento do sítio urbano decorrente da especulação imobiliária. Essas características desdobram-se em supressão de áreas verdes, extensa impermeabilização dos solos, intensa edificação de prédios e residências e aumento dos fluxos de veículos, o que potencializa o aumento da temperatura local e maior incidência de enchentes.

b) São várias e de distintas naturezas as práticas que devem ser assumidas para reverter ou mitigar os impactos negativos desse tipo de urbanização. As primeiras delas são a realização de estudos aprofundados para o desenvolvimento de um planejamento urbano e a instauração de um Plano Diretor, ou seja, um conjunto de leis que regulem o uso do solo considerando o bem-estar coletivo. Esse plano deve prever o aumento de deslocamento em transporte coletivo e do uso de veículos não motorizados; a ampliação de áreas verdes (criação de praças, parques, canteiros, hortas urbanas, etc.); a restrição à circulação de veículos motorizados, entre outras medidas.

13. a) Na década de 1970, o Programa de Integração Nacional (PIN) promoveu a ocupação da região Norte, com projetos econômicos e migrações dirigidas. Já o Projeto Calha Norte, idealizado pelo Exército e implantado a partir de 1985, visa à fiscalização e à integração da fronteira norte-noroeste do Brasil, coibindo o contrabando e garimpos clandestinos.

b) O programa Grande Carajás corresponde a um projeto de suporte à exploração de uma das maiores jazidas minerais do mundo. Fazem parte desse projeto a infraestrutura de transporte (como a Ferrovia Carajás) e a construção da hidrelétrica de Tucuruí, além de usinas de peletização e projetos agropecuários, com grande participação do capital externo.

Siglas de vestibulares

Acafe: Associação Catarinense das Fundações Educacionais (SC)
Cefet: Centro Federal de Educação Tecnológica (MG)
CPS: Centro Paula Souza (SP)
Enem: Exame Nacional do Ensino Médio
EsPCEX-Aman: Escola Preparatória de Cadetes do Exército (SP) – Academia Militar das Agulhas Negras (RJ)
ESPM: Escola Superior de Propaganda e Marketing (SP)
FGV: Fundação Getulio Vargas (RJ e SP)
FMP: Fundação Escola Superior do Ministério Público (RS)
Fuvest: Fundação Universitária para o Vestibular (SP)
IFPE: Instituto Federal de Pernambuco (PE)
Mackenzie: Universidade Presbiteriana Mackenzie (SP)
PUC: Pontifícia Universidade Católica (PR, RJ, RS, SP)
UCS: Universidade de Caxias do Sul (RS)
Udesc: Universidade do Estado de Santa Catarina (SC)
UEA: Universidade do Estado do Amazonas (AM)
Uece: Universidade Estadual do Ceará (CE)
UEG: Universidade Estadual de Goiás (GO)
UEL: Universidade Estadual de Londrina (PR)
UEM: Universidade Estadual de Maringá (PR)
Uema: Universidade Estadual do Maranhão (MA)
UEMG: Universidade Estadual de Minas Gerais (MG)
Uepa: Universidade do Estado do Pará (PA)
UEPB: Universidade Estadual da Paraíba (PB)
Uerj: Universidade Estadual do Rio de Janeiro (RJ)
UERN: Universidade Estadual do Rio Grande do Norte (RN)
Uespi: Universidade Estadual do Piauí (PI)
UFG: Universidade Federal de Goiás (GO)
UFJF: Universidade Federal de Juiz de Fora (MG)
UFPE: Universidade Federal de Pernambuco (PE)
UFPR: Universidade Federal do Paraná (PR)
UFRGS: Universidade Federal do Rio Grande do Sul (RS)
UFRN: Universidade Federal do Rio Grande do Norte (RN)
UFSC: Universidade Federal de Santa Catarina (SC)
Ufscar: Universidade Federal de São Carlos (SP)
UFSM: Universidade Federal de Santa Maria (RS)
UFU: Universidade Federal de Uberlândia (MG)
Unesp: Universidade Estadual Paulista (SP)
Unicamp: Universidade Estadual de Campinas (SP)
Unimontes: Universidade Estadual de Montes Claros (MG)
Unioeste: Universidade Estadual do Oeste do Paraná (PR)
Unisc: Universidade de Santa Cruz do Sul (RS)
Unisinos: Universidade do Vale do Rio dos Sinos (RS)
UPE: Universidade de Pernambuco (PE)
UPF: Universidade de Passo Fundo (RS)